KIEFERSAUER – GLASER – BRUMBY

Grundstücksmiete

Mieterschutz – Wohnraumbewirtschaftung – Mietzinsbildung

9. Auflage

völlig neubearbeitet und erweitert von

Dr. Hugo Glaser
Oberlandesgerichtsrat
in Köln

Gustav Brumby
Rechtsanwalt und Notar
in Berlin

1962

J. SCHWEITZER VERLAG · BERLIN

Gesamtherstellung:
Graphische Betriebe Dr. F. P. Datterer & Cie. - Inh. Sellier - Freising

Vorwort zur achten Auflage

Dr. Kiefersauer, der Verfasser der ersten sieben Auflagen, ist am 18. Oktober 1955 verstorben. Er hat zu dieser Auflage aber noch manche Ergänzung beisteuern können.

Seit dem Erscheinen der letzten Auflage sind 8 Jahre vergangen. In diesen 8 Jahren hat sich auf dem Gebiet des Miet- und Wohnungsrechts sehr viel geändert; u. a. ist das Reichsmietengesetz am 1. August 1955 durch das Bundesmietengesetz und das Wohnungsgesetz am 1. Juli 1953 durch das Wohnraumbewirtschaftungsgesetz ersetzt worden. Das Mieterschutzgesetz ist — abgesehen von einigen Abänderungen und Ergänzungen — in seinen Grundzügen und Grundgedanken unverändert geblieben. Im Bundesjustizministerium ist aber schon im Jahre 1956 ein Referentenentwurf eines neuen Mieterschutzgesetzes erstellt worden. Dieser sieht eine Auflockerung des Mieterschutzes insofern vor, als er das generelle Verbot der Kündigung des Vermieters aufhebt und ihn damit von dem Zwang befreit, in jedem Falle, wo ihm eine Beendigung des Mietverhältnisses erforderlich erscheint, einen Mietaufhebungsprozeß anzustrengen. In Wahrung des Bestandschutzes soll es dem Mieter überlassen sein, der formell freigegebenen Kündigung des Vermieters zu widersprechen. Der Entwurf denkt an ein Klagerecht des Mieters auf Widerruf der Kündigung, wenn und soweit er ein berechtigtes Interesse an der Fortsetzung des Vertrages hat und dem Vermieter diese zugemutet werden kann. Also keine schrankenlose Durchführung des Grundsatzes der Vertragsfreiheit, vielmehr Anpassung an die Grundsätze der sozialen Marktwirtschaft unter notwendiger Rücksichtnahme auch auf die Verhältnisse des Vermieters, wobei fortschreitende Auflockerung des Wohnungsmarktes das Maß bestimmt.

Der Referentenentwurf ist dem 2. Bundestag nicht mehr zugeleitet worden. Ob und wann der 3. Bundestag Gelegenheit haben wird, sich mit diesem Gesetzentwurf zu befassen, steht noch nicht fest. Mit dem Inkrafttreten des neuen Mieterschutzgesetzes ist daher sobald noch nicht zu rechnen. Unter diesen Umständen wird der hier vorgelegte Kommentar noch mehrere Jahre seine volle Bedeutung für die Praxis behalten.

Das Buch will mit seinen knappen Erläuterungen und seinen zahlreichen Hinweisen auf die Rechtsprechung und das Schrifttum jedem, der sich als Richter, Rechtsanwalt, Syndikus eines wohnwirtschaftlichen Verbandes mit dem Miet- und Wohnungsrecht befaßt, eine praktische Hilfe leisten. Bearbeitet wurde: Der erste Abschnitt „Das Mieterschutzrecht" und der dritte Abschnitt „Die Wohnraumbewirtschaftung" von Oberlandesgerichtsrat Dr. Glaser, der zweite Abschnitt „Die Mietzinsbildung" von Rechtsanwalt Brumby, Berlin.

Möge diese wesentlich erweiterte und ergänzte Neuauflage die gleiche freundliche Aufnahme finden, die den ersten sieben Auflagen dieses Buches beschieden gewesen ist.

Berlin/Köln, im April 1958

Die Verfasser

Vorwort zur neunten Auflage

Die Gesetzgebung in den drei Jahren seit dem Erscheinen der 8. Auflage hat das Gesicht des Raumrechts wesentlich und auf längere Zeit verändert. Zwei Einflüsse begegnen sich: raumwirtschaftlicher Abbau und Aufbau so, daß in vier Jahren ein soziales Mietrecht die Rechtsbeziehungen zwischen Mieter und Vermieter regeln wird.

Im Mittelpunkt der ergangenen Gesetzesreformen steht das Gesetz über den Abbau der Wohnungszwangswirtschaft und über ein soziales Miet- und Wohnrecht vom 23. Juni 1960, das in seinen 10 Artikeln zahlreiche Änderungen der Wohnungsgesetzgebung — Mieterschutz, Wohnraumbewirtschaftung und Mietpreisgestaltung — gebracht hat, die von außerordentlicher wohnungs- und wirtschaftspolitischer Bedeutung sind. Dies rechtfertigte, ja erforderte eine völlig neue Bearbeitung der „Grundstücksmiete". Hierbei sind die neuen Vorschriften nicht im Zusammenhang, sondern jeweils an der Stelle erläutert worden, wo sie der Gesetzgeber in die miet- und wohnungsrechtlichen Gesetze eingefügt hat. Gleichzeitig haben die beiden Autoren auch auf die Einarbeitung der reichen Rechtsprechung und des einschlägigen Schrifttums Wert gelegt.

Bearbeitet haben Oberlandesgerichtsrat Dr. Glaser den ersten und zweiten Teil — Mieterschutzrecht und Wohnraumbewirtschaftung — und Rechtsanwalt und Notar Brumby den dritten Teil — Mietzinsbildung.

Vorwort zur neunten Auflage

Das Buch will mit seiner zusammenfassenden Darstellung des gesamten Miet- und Wohnrechts in Zukunft wie bisher allen, die als Richter, Rechtsanwalt oder Syndikus eines wohnwirtschaftlichen Verbandes sich mit miet- und wohnungsrechtlichen Fragen befassen, in der täglichen Praxis eine Arbeitsunterlage, dem Studenten ein Lehrbuch und nicht zuletzt dem Hauseigentümer und dem Mieter ein Ratgeber sein.

So möge die neunte Auflage — nach dem Stande vom Juli 1961 — sich neu bewähren zum Nutzen aller, die die „Grundstücksmiete" in die Hand nehmen.

Berlin/Köln, im Juli 1961

Die Verfasser

Inhaltsverzeichnis

Anhang

Verzeichnis der Abkürzungen und des Schrifttums

A	= Anmerkung
aA	= anderer Ansicht
aaO	= am angegebenen Ort
Abs.	= Absatz
aF	= alte Fassung
AG	= Amtsgericht
AIZ	= Allgemeine Immobilien-Zeitung (Frankfurt a. M.)
a.M.	= anderer Meinung
AO	= Anordnung
Art.	= Artikel
Aufl.	= Auflage
AuflG	= Gesetz über die Auflockerung der Kündigungstermine bei Mietverhältnissen über Wohnräume vom 24. 3. 1938
AVO	= Ausführungsverordnung
BAnz	= Bundesanzeiger
BayGWW	= Zeitschrift für das gemeinnützige Wohnungswesen in Bayern (München)
BB	= Betriebsberater (Verlag Recht und Wirtschaft, Heidelberg)
BBauBl	= Bundesbaublatt (Bauverlag GmbH, Wiesbaden)
Bettermann	= Kommentar zum Mieterschutzgesetz (Verlag Mohr, Tübingen, 1950ff.)
Bettermann-Haarmann	= Das öffentliche Wohnungsrecht, Köln 1947/1949
Beschl.	= Beschluß
BGB	= Bürgerliches Gesetzbuch
BGBl	= Bundesgesetzblatt
BGH	= Bundesgerichtshof
BGHZ	= Entscheidungen des Bundesgerichtshofs in Zivilsachen
BJM	= Bundesjustizministerium
BlGBW	= Blätter für Grundstücks-, Bau- und Wohnungsrecht (Luchterhand-Verlag, Neuwied/Rhein)
Bln GrundE	= Das Grundeigentum (Helios-Verlag, Berlin-Borsigwalde)
BMietG	= Bundesmietengesetz
Bormann/Schade/Schubart	= Ges. über den Abbau der Wohnungszwangswirtschaft und über ein soziales Miet- und Wohnrecht, Verlag Kommentator, Frankfurt a. M.
BR	= Bundesrat

Abkürzungen

Breetzke/Klumpen/Mohnen/Pohl	= Mietreform 1960, Taschenkommentar, W. Kohlhammer Verlag, Stuttgart
BT	= Bundestag
BV	= Bay.Verfassung vom 2. 12. 1946
BVerfG	= Bundesverfassungsgericht
BVerwG	= Bundesverwaltungsgericht
BVerwGE	= Entscheidungen des Bundesverwaltungsgerichts (Carl Heymanns Verlag, Berlin/Köln)
DB	= Der Betrieb (Verlag Handelsblatt, Düsseldorf)
DJ	= Deutsche Justiz
DJZ	= Deutsche Juristenzeitung (Verlag Mohr, Tübingen)
DMR	= Deutsches Mietrecht
DÖV	= Die öffentliche Verwaltung (Verlag Kohlhammer, Stuttgart)
Drews	= Erstes Bundesmietengesetz (Aschendorffsche Verlagsbuchhandlung, Münster)
DRZ	= Deutsche Rechtszeitschrift (Verlag Mohr, Tübingen)
DRiZ	= Deutsche Richterzeitung (Verlag Heymanns, Berlin)
DVBl	= Deutsches Verwaltungsblatt (Verlag Heymanns, Berlin/Köln)
DWW	= Deutsche Wohnungswirtschaft (Düsseldorf)
DWohnA	= Deutsches Wohnungsarchiv
EA	= Einigungsamt und Mieteinigungsamt
Ebel	= Kom. z. Mieterschutzgesetz, 8. Aufl., Berlin 1938
Erl	= Erlaß
ESVGH	= Entscheidungssammlung der Hess. und Württ.-Bad. Verwaltungsgerichtshöfe (Verlag Müller, Karlsruhe)
FamRZ	= Zeitschrift für das gesamte Familienrecht (Deutscher Heimatverlag, Bielefeld)
Fiedler	= Kommentar zum Gesetz über den Abbau der Wohnungszwangswirtschaft, Hermann Luchterhand Verlag, Neuwied/Rhein, 1960
FrWW	= Die freie Wohnungswirtschaft (Verlag Hanseatisches Werbekontor Heuser & Co., Hamburg)
GG	= Grundgesetz für die Bundesrepublik Deutschland
Glaser	= Entscheidungen aus dem Miet-, Wohnungs- und Grundstücksrecht (Verlag Haus und Grund, Köln)
GKG	= Gerichtskostengesetz
GRMG	= Geschäftsraummietengesetz v. 25. 6. 1952
Groothold	= Kommentar zum Ersten Bundesmietengesetz (Werner Verlag GmbH, Düsseldorf)
GS	= Preuß. Gesetzsammlung
GVBl	= Gesetz- und Verordnungsblatt
GWW	= Gemeinnütziges Wohnungswesen (Hammonia-Verlag, Hamburg)
Hans	= Mieterschutzgesetz, 6. und 7. Aufl. (Münster 1956)
HGBR	= Handbuch des Grundstücks- und Baurechts (Werner-Verlag, GmbH, Düsseldorf)
Hbg GrundE	= Hamburger Grundeigentum (Nölke-Verlag, Hamburg)
h.M.	= herrschende Meinung

HMR	=	Handbuch des gesamten Miet- und Raumrechts (Werner-Verlag GmbH, Düsseldorf) bis 1951, fortgesetzt mit ZMR
Hollenberg/ Bender	=	Das neue Recht für Mieter und Vermieter, Verlag Dr. Otto Schmidt, Köln
Holtgrave	=	Das neue Miet- und Wohnrecht, Verlag Vahlen, Berlin, 1960
HuW	=	Haus und Wohnung (Verlag Gubalke, Berlin) bis 30. 7. 1957
i.d.F.	=	in der Fassung
JMBl	=	Justizministerialblatt (mit Landeszusatz)
JR	=	Juristische Rundschau (Verlag Walter de Gruyter & Co., Berlin)
JZ	=	Juristenzeitung (Verlag Mohr, Tübingen)
Kap.	=	Kapitel
KG	=	Kammergericht
Kiefersauer-Glaser	=	Geschäftsraummiete (Schweitzer Verlag, Berlin u. München, 1956, 2. Aufl.)
Komm	=	Kommentar
KO	=	Konkursordnung
KündSchAusfVO	=	Ausführungsverordnung zur Verordnung über Kündigungsschutz für Miet- und Pachträume
KündSchVO	=	Verordnung über Kündigungsschutz für Miet- und Pachträume vom 28. 8. 1937
LG	=	Landgericht
LVG	=	Landesverwaltungsgericht
Maetzel	=	Mietpreisrecht nach dem Lücke-Plan, R. v. Decker's Verlag, G. Schenk, Berlin
MDR	=	Monatsschrift für Deutsches Recht (Deutsche Rechtsprechungs-Verlags-GmbH, Hamburg)
MEA	=	Mieteinigungsamt
MietenVO	=	Verordnung über die Miethöhe für neugeschaffenen Wohnraum vom 20. 11. 1950 (BGBl I, 759)
MinBl.	=	Ministerialblatt
MittBl	=	Mitteilungsblatt
MSchAusnVO	=	Verordnung über Ausnahmen vom Mieterschutz vom 27. 11. 1951 (BGBl I, 926)
MSchG	=	Mieterschutzgesetz
n.F.	=	neue Fassung
NJW	=	Neue Juristische Wochenschrift (C. H. Becksche Verlagsbuchhandlung, München und Berlin)
NHG	=	Niedersächs.Haus- und Grundbesitz (Hannover)
Nds Rpfl	=	Niedersächs.Rechtspflege (Hannover)
NRW	=	Nordrhein-Westfalen
OGH	=	Oberster Gerichtshof für die Brit.Zone Köln
OLG	=	Oberlandesgericht
OVG	=	Oberverwaltungsgericht
OVGE	=	Amtl Sammlung der Entscheidungen der Oberverwaltungsgerichte für das Land Nordrhein-Westfalen in Münster sowie für die Länder Niedersachsen und Schleswig-Holstein in Lüneburg (Aschendorffsche Verlagsbuchhandlung, Münster)

Pergande	= Komm. zum Gesetz über den Abbau der Wohnungszwangswirtschaft, C. H. Becksche Verlagsbuchhandlung, München u. Berlin, 1961
PreisfreigabeAO	= Anordnung über Preisbildung und Preisüberwachung nach der Währungsreform vom 25. 6. 1948 (WiGBl. S. 61)
PreisG	= Übergangsgesetz über Preisbildung und Preisüberwachung vom 10. 4. 1948 (WiGBl. S. 27)
PStopVO	= Verordnung über das Verbot von Preiserhöhungen vom 26. 11. 1936 (RGBl I, 955)
RAnz	= Reichsanzeiger
RArbBl	= Reichsarbeitsblatt
RdErl	= Runderlaß
RdL	= Recht der Landwirtschaft
RegBl	= Regierungsblatt
RfPr	= Reichskommissar für die Preisbildung
RG	= Reichsgericht
RGBl	= Reichsgesetzblatt
RGZ	= Entscheidungen des Reichsgerichts in Zivilsachen (Verlag Walter de Gruyter & Co., Berlin)
RMietG	= Reichsmietengesetz
Roquette	= Mietrecht, 5. Aufl. 1961 (Verlag Mohr, Tübingen)
Roquette	= Mieterschutzgesetz 1956 (C. H. Becksche Verlagsbuchhandlung, München und Berlin)
Roquette	= Ergänzungen zum Mieterschutzgesetz, 1960. Verlag C. H. Beck, München
Roquette	= Die Bundesmietengesetze, 1961, Verlag C. H. Beck, München/Berlin
SchlHA	= Schleswig-Holsteinischer Anzeiger — Justizministerialblatt des Landes Schleswig-Holstein (Schleswig)
Schopp-Groothold	= Kommentar zum Mieterschutzgesetz im Handbuch des gesamten Mietrechts (Werner-Verlag GmbH, Düsseldorf)
SJZ	= Süddeutsche Juristenzeitung
Staudinger-Kiefersauer	= Kommentar zum BGB, 11. Aufl. 1955 (J. Schweitzer Verlag, München u. Berlin)
Stern	= Mieterschutzgesetz, 10. Aufl., Berlin 1930
Thiele	= Das neue Mietrecht Juli 1960, Stuttgart
Urt.	= Urteil
VersR	= Versicherungsrecht (Karlsruhe)
Verw Rspr	= Verwaltungsrechtsprechung in Deutschland (C. H. Becksche Verlagsbuchhandlung München und Berlin)
VG	= Verwaltungsgericht
VGH	= Verwaltungsgerichtshof
VO	= Verordnung
VOBl.	= Verordnungsblatt
Vorbem	= Vorbemerkung
Walter	= Das neue Miet- und Wohnrecht, Erich Schmidt Verlag, Berlin
WBewG	= Wohnraumbewirtschaftungsgesetz
WEG	= Gesetz über das Wohnungseigentum und das Dauerwohnrecht vom 15. 3. 1951 (BGBl I, 175)

Abkürzungen

WiGBl.	= Gesetzblatt der Verwaltung des Vereinigten Wirtschaftsgebietes
WLVO	= Verordnung zur Wohnraumlenkung vom 17. 2. 1943
WM	= Wohnungswirtschaft und Mietrecht (Verlagsgesellschaft des Deutschen Mieterbundes, Köln)
WMG	= Wohnungsmangelgesetz
WohnBauG	= Wohnungsbaugesetz
WohnG	= Wohnungsgesetz
WVVO	= Verordnung zur Wohnraumversorgung der luftkriegsbetroffenen Bevölkerung vom 21. 6. 1943
ZMR	= Zeitschrift für Miet- und Raumrecht (Werner-Verlag GmbH, Düsseldorf)
ZfV	= Zeitschrift für Versicherungswesen (Allg. Fachverlag GmbH Hamburg)
ZPO	= Zivilprozeßordnung
ZVG	= Zwangsversteigerungsgesetz
ZwVO	= VO über das Verbot der Zweckentfremdung von Wohnungen, vom 14. 8. 1942

VORBEMERKUNGEN

I. Gesetz und Recht

1 Der Rechtsstaat nimmt seinen Ursprung vom Recht, das zu ordnen und zu verwirklichen er berufen ist. Da die Ordnung durch Normsetzung im Gesetz geschieht, steht das Recht vor dem Gesetz und sinngemäß müßte unsere Überschrift lauten „Recht und Gesetz". Indes die Umkehrung ist die übliche Ausdrucksweise. Art. 20 Abs. 3 GG legt die Bindung der vollziehenden Gewalt und der Rechtsprechung an „Gesetz und Recht" fest. Dem Gesetzgeber aber ist die verantwortungsvolle Aufgabe gestellt, die „verfassungsmäßige Ordnung" zu verwirklichen, d. h. vor jeder Normsetzung und in jedem Gesetz das Recht so zur Wirksamkeit zu bringen, daß es als die „rechte" Ordnung vom Volk anerkannt und angenommen wird. Der Normsetzer muß, wie Jahreiß, NJW 1950, 3, sich ausdrückt, „so experimentieren, daß im Ergebnis ein anderes Element der ‚verfassungsmäßigen Ordnung' zur Welt kommen, das Gesetz zum Recht werden kann". Die bloße Wortform des Gesetzes muß mit Rechtssinn erfüllt werden; nur ein sinnvolles, sinnerfülltes System ist Recht, vgl. Nawiasky, Die Grundgedanken des Grundgesetzes (1950) S. 4. Recht ist mehr als Gesetz. Damit ist der Staatsgewalt die große, verantwortungsvolle Aufgabe gestellt, von deren mehr oder weniger vollkommenen Lösung der Charakter der staatlichen Organisation als Rechtsstaat abhängt.

Daß bei dieser Entwicklung zum Rechtsstaat auch die religiös-sittlichen Werte nicht unbeachtet bleiben dürfen, sollte nach den Erfahrungen mit den Auswüchsen totalitärer Machtentfaltung, die gesetzliches Unrecht ebenso wie übergesetzliches Recht ablehnte (dazu Radbruch SJZ 1946, 105), nicht mehr in Zweifel gezogen werden, vgl. Buse JR 1949, 361; a. M. Kern MDR 1949, 137; Hammes JR 1949, 457; Rüdel JR 1950, 83. Das religiöse Verständnis setzt freilich die den modernen Menschen weithin verlorengegangene Fähigkeit voraus, eine von ihm schlechthin unabhängige Wirklichkeit zu fassen und sich zu ihr zu verhalten, eine wirkliche Begegnung mit wirklicher göttlicher Macht herbeizuführen und sich ihr hinzugeben. Nur in bewußter Abkehr von einer „Staats- und Gesellschaftsordnung ohne Gott, ohne Gewissen und ohne Achtung vor der Würde des Menschen" — Vorspruch zur Verfassung des Freistaates Bayern —, nur „im Bewußtsein der Verantwortung vor Gott und den Menschen" — Vorspruch des Bonner Grundgesetzes, das eindeutig von dem Bestehen transzendenter Werte ausgeht, vgl. Bachof, Verfassungswidrige Verfassungsnormen? (1951) S. 31 —, nur im Schatten der göttlichen Autorität kann eine dauerhafte verfassungsmäßige Ordnung gegründet, entwickelt und gesichert werden. Recht in seinem tiefsten Grunde ist ein Wert, der auf ewigen Grundlagen ruht, dessen Wurzel, Wesen und Kern im metaphysischen Bereich liegt und darum seine verpflichtende Kraft nicht aus dem menschlichen Willensakt, sondern aus göttlicher Sendung empfängt. Wer Gott als Quelle allen Rechtes anerkennt, wer den Menschen als Bild und Gleichnis Gottes zu sehen vermag, der schöpft aus dieser Quelle der rechtlichen Urordnung, wenn es gilt, durch menschliche Rechtssetzung die Grundsätze dieser Ordnung zu verwirklichen. Zur Gottbezogenheit des Rechts vgl. Guggumos JZ 1951, 108 u. 441 gegen Wehrhan JZ 1951, 284; Neuhaus JZ 1951, 554; ferner Wurm und Weinkauff JZ 1951, 572. Aber auch der dem Gottesglauben Entfremdete kann die Ansprüche des Naturrechts als des allen Menschen gemeinsamen unvergänglichen Rechtes nicht übersehen. In der Anerkennung göttlichen Rechts und des Naturrechts liegt aber die einzige Garantie gegen den Rechtspositivismus, der nur allzugern gröbstes Unrecht in das Gewand des Gesetzes zu kleiden versteht, vgl. Bay VerfGH VGHE n. F. Bd. 4 Teil II S. 58; Weinkauff JZ 1952, 235.

Das Werden des Rechtsstaates ist ein immerwährendes Geborenwerden des Rechtes als Gesetzesnorm, ein fortdauerndes Ringen um die Gestaltwerdung der Idee des Rechtes, ein fortwährendes Heraustreten aus der Enge der Säkularisierung unseres Weltbildes in eine neue Weite des Denkens, das zwischen dem eigenen unmittelbaren Vorteil und den Erfordernissen des Ganzen zu unterscheiden vermag und bereit ist, die unvermeidlichen Opfer auf sich zu nehmen, vgl. Karl Mannheim, Diagnose unserer Zeit (1951). Das Wagnis zum Ganzen, die Schaffung einer von Grund auf neuen Wirtschafts- und Sozialordnung ist als soziologische Forderung zugleich auch eine wesentliche Aufgabe der Demokratie; denn Soziologie darf als wahre Selbstkritik der Demokratie bezeichnet worden. In anthropologischer Sicht ist als Wesensgehalt der demokratischen Staatsform (Art. 20, 28 GG) „Die Begrenzung der Staatsgewalt durch die verfassungsmäßig festgelegten Rechte der Einzelperson" (Generalberichterstatter C. Schmid, v. Mangoldt, Bonner Grundgesetz S. 26) bezeichnet werden; vgl. ferner Kiefersauer JR 1952, 83; BVerfGE 1, 104. Immer wieder muß die Neigung des Staates zur Machtentfaltung unter Mißachtung der Rechte der Staatsbürger zurückgedrängt und an der göttlichen Idee des Rechtes neu orientiert und das, was in der Gesetzgebung widerrechtlich ist, aufgehoben werden. Nie darf sich der Gesetzgeber dazu verleiten lassen, Widerrechtlichkeiten der vollziehenden Gewalt durch Umformung in Gesetzesnormen zu verpflichtender Rechtsgeltung verhelfen zu wollen. Ein solches Gebaren widerspricht dem Rechtsstaatsgedanken; denn der Rechtsstaat setzt wesentlich die Bindung des Normsetzers selbst an das Recht seiner Normen voraus, verlangt, daß der Staat sich selbst in aller Strenge dem Gesetz unterstellt, Nawiasky, Bayer. Verwaltungsblätter 1926, 285; Bettermann MDR 1948, 10. Gesetzliches Unrecht (dazu Radbruch SJZ 1946, 105) darf es im Rechtsstaat nicht geben, Bettermann NJW 1948, 217.

Unter dem Gesichtspunkt der Rechtsstaatlichkeit wird auch das Problem der rückwirkenden Inkraftsetzung von Gesetzen einer Überprüfung bedürfen. Das BVerfG hat es zwar abgelehnt, aus Art. 2 Abs. 1 GG (Recht auf die freie Entfaltung der Persönlichkeit) allgemein ein Rückwirkungsverbot abzuleiten, vgl. hierher Meyer-Cording JZ 1952, 161. BVerfGE 2, 265 hält es für zweifelhaft, ob „der einzelne — über die Grenze des Art 19 Abs. 2 GG hinaus — aus Art. 2 Abs. 1 ein verfassungsmäßiges Recht auf Einhaltung bestimmter gesetzlicher Grenzen für die Entfaltung seiner Persönlichkeit gegenüber dem Gesetzgeber selbst geltend machen kann, läßt aber gleichwohl die Möglichkeit offen, daß es für die nach seiner Auffassung an sich zulässige Rückwirkung gewisse Grenzen gebe, so z.B. (BVerfGE 1, 280 = MDR 1952,

538; vgl. auch BVerfG NJW 1954, 21), wenn das Gesetz „rückwirkende Eingriffe in Rechte oder Rechtslagen des Staatsbürgers vornimmt, mit denen dieser in dem Zeitpunkt, von dem ab sie nun gelten sollen, nicht rechnen konnte und die er also bei einer verständigen Vorausschau im privaten und beruflichen Bereich nicht zu berücksichtigen brauchte". Der BayVerfGH hat die Rückwirkung von Gesetzen auf die Möglichkeit der Durchführung nachgeprüft und die Verpflichtung zur Ausführung von Handlungen in der Vergangenheit als begrifflich unmöglich bezeichnet (Entsch. 18. Januar 1949, GVBl 1949, 23; vom 27. November 1950, GVBl 1950, 263; vom 8. Juni 1951, GVBl 1951, 113); vgl. auch OVG Hamburg DVBl 1951, 573 und DÖV 1952, 278. Zur Beschränkung der Rückwirkung auf die Fälle, daß durch sie ein bestehender Rechtszustand an eine für die Zukunft getroffene allgemeine Regelung angepaßt werden soll, vgl. DOG NJW 1950, 542, ferner DOG bei Tietz NJW 1951, 468. Zur Kritik Ballerstedt ArchöffR 74, 129 und SJZ 1949, 409; Schriftleitung JZ 1951, 639; OVG Münster ZMR 1952, 88; zusammenfassend Oswald JR 1953, 16; vgl. auch Jansen JR 1953, 408. Zur Frage der Zulässigkeit der Anordnung der Rückwirkung einer Verfassungsnorm Giese DÖV 1954, 321. Bloße Verwaltungsvorschriften wie der Runderlaß Nr. 184/1937 an die Preisbehörden schaffen keine ausreichende Rechtsgrundlage für eine rückwirkende Mietpreisfestsetzung, OVG Münster ZMR 1952, 88; BVerwG NJW 1954, 1459.

Zur Verwirklichung des Rechtsstaates seit dem Zusammenbruch kann man in Westdeutschland etwa fünf Entwicklungsstufen feststellen:

a) die Aufhebung bestimmter Gesetze aus der Zeit der totalitären Machtentfaltung des Staates;
b) die Wiederherstellung der dem Gesetzgeber vorausliegenden Menschenrechte und die ihnen folgende Anpassung der Gesetzesauslegung;
c) die Abgrenzung der Rechtssetzungsbefugnis zwischen Bund und Ländern;
d) die Anerkennung und Ordnung der Grundrechte;
e) der Rechtsstaatsgedanke in Begründung, Entwicklung und Sicherung.

2 Durch Art. I des Gesetzes Nr. 1 der Militärregierung Deutschland — Kontrollgebiet des Obersten Befehlshabers — und die zur Ergänzung dieses Gesetzes erlassenen „Bestimmungen zu Gesetz Nr. 1" ist eine Reihe von Gesetzen aus den Jahren 1933 bis 1945 aufgehoben worden. Diese Gesetze sind in Art. I des Kontrollratsgesetzes Nr. 1 nochmals als aufgehoben erklärt und die Liste um einige weitere aufgehobene Gesetze vermehrt worden.

3 Soweit vormalige Reichsgesetze, die zur Zeit der Besetzung in Kraft waren, nicht aufgehoben worden und auch nicht durch die Gesetzgebungsgewalt des Kontrollrates oder der Militärregierung später abgeändert worden sind, bleiben sie gemäß Art. II der Proklamation Nr. 2 der Militärregierung Deutschland — Amerikanische Zone — anwendbar. Diese Gesetze können gemäß Art. II des Gesetzes Nr. 1 der Militärregierung oder Art. II des Kontrollratsgesetzes ganz oder zum Teil unanwendbar geworden sein, wenn sie Bestimmungen oder Tendenzen enthalten, die auf eine Begünstigung oder Benachteiligung von Personen auf Grund ihrer Rasse, ihrer Staatsangehörigkeit, ihres Glaubens oder ihrer Einstellung zum Nationalsozialismus und seiner Lehre abzielen.

Gesetz und Recht

Vor dem Gesetze sind alle Menschen gleich. Dieser Grundsatz zählt zu den elementaren Grundrechten, deren Achtung zum Wesen der Herrschaft des Rechtsstaatsgedankens gehört. Grundrechte sind, wie der BayVerfGH in der Entscheidung vom 15. Oktober 1948 Vf 2 und 24-VII-48 (GVBl 1949, 39 = VerwRspr 1 Nr. 82) ausgeführt hat, „Menschenrechte, die jedem Gesetzgeber vorausliegen und vorgegeben sind" und deshalb „sogleich nach dem Zusammenbruch von alliierter und von deutscher Seite für den Bereich des deutschen Rechtes mit bindender Wirkung proklamiert worden" sind. Diese elementaren Grundrechte „liegen jedem positiven Recht bindend voraus; sie beschränken die Staatsgewalt und bilden für sie eine unübersteigbare Schranke, wie in der Entscheidung Vf 52-VII-47 vom 10. Juni 1949 (VGHE 2. Teil Bd. 2 Nr. 5) ausgeführt und in der Entscheidung Vf 148, 149, 157-VII-50 vom 14. März 1951 (VGHE 2. Teil Bd. 4 Nr. 5) nachdrücklich gegenüber der Auffassung des Landtags betont worden ist. Vgl. auch die Entscheidung vom 24. April 1950 GVBl 1950, 97 = VGHE 2. Teil Bd. 3 Nr. 6 = VerwRspr Bd. 2 Nr. 65. In ausdrücklicher Anlehnung an die Rspr des BayVerfGH hat das BVerfG im Südweststaaturteil vom 23. Oktober 1951 die „Existenz eines überpositiven, auch den Verfassungsgesetzgeber bindenden Rechtes" und die Zuständigkeit des Gerichts, das gesetzliche Recht daran zu messen, anerkannt; JZ 1951, 729 = BVerfGE 1, 18; vgl. hierher auch Roemer JZ 1951, 194; Coing, Grundzüge der Rechtsphilosophie (1950) S. 151, 241, 243; Mallmann JZ 1951, 245. Der Gleichheitssatz, festgelegt in Art. 118 Abs. 1 BayVerf und Art. 3 des Bonner Grundgesetzes, bindet durch den Generalvorbehalt des Art. 98 Satz 2 BV — Entscheidung des BayVerfGH vom 27. November 1948, Vf 30 und 46-VII-48, VerwRspr 1 Nr. 116 — und gemäß der Norm des Art. 1 Abs. 3 GG auch den Gesetzgeber, wie der BayVerfGH in seiner Entscheidung vom 17. August 1949 Vf 82-VII-48 (VGHE 2. Teil Bd. 2 Nr. 8) wiederholt. Ohne die verfassungsmäßige Festlegung mußte der Gleichheitssatz als „überpositiver Rechtsgrundsatz" (BVerfGE 1, 233) und als „Grundwert der staatlichen Einheit" (BVerfGE 2, 12) anerkannt werden. Auch auf Grund der durch Gesetzesvorbehalte dem ordentlichen Gesetzgeber gestatteten Eingriffe kann dieser nicht völlig frei in die Grundrechte eingreifen; eine solche Auffassung würde den vom Grundgesetz selbst anerkannten übergesetzlichen Charakter der Grundrechte verneinen und nach dem Gutachten des BGH vom 25. Januar 1953 (VerwRspr Bd. 5 Nr. 138) die Grundrechte „im Sinne der Weimarer Reichsverfassung zu leerlaufenden Rechten machen".

Zur Durchführung der hiernach anwendbaren Gesetze hat Art. III des Gesetzes Nr. 1 nachstehende Auslegungsvorschriften erlassen:

1. Die Auslegung oder Anwendung des deutschen Rechts nach nationalsozialistischen Lehren, gleichgültig wie, wo und wann dieselben kundgemacht worden sind, ist verboten (OLG Hamburg MDR 1947, 137 will darin nur ein Verbot der Anwendungsmethode sehen; vgl. auch OGH NJW 1949, 582). Es sind aber auch ohne ausdrückliche Bestimmung solche Rechtssätze unanwendbar, die als typischer Ausdruck der beseitigten Staatsauffassung den Grundlagen der neuen Ordnung zuwiderlaufen, OVG Stuttgart DVBl 1951, 760. Die Idee der Hausgemeinschaft — vgl. Staudinger-Kiefersauer 11. Aufl. Vorbem 5 vor § 535 — zählt nicht hierher. Zur Nichtanwendung nationalsozialistischen Rechts vgl. Wengler JR 1949, 67
2. Als Quelle für die Auslegung oder Anwendung deutschen Rechts dürfen

Entscheidungen deutscher Gerichte, Amtsstellen oder Beamten und juristische Schriften, die nationalsozialistische Ziele oder Lehren vertreten, erklären oder anwenden, nicht mehr zitiert oder befolgt werden.

3. Deutsches Recht, das nach dem 30. Januar 1933 in Kraft getreten ist und in Kraft bleiben darf, ist entsprechend dem klaren Sinn des Wortlauts auszulegen und anzuwenden. Gesetzeszwecke und Deutungen, die in Vorsprüchen oder anderen Erklärungen enthalten sind, bleiben bei der Auslegung außer Betracht.

Verboten ist auch die Berufung auf angebliches Volksempfinden, soweit damit eine ungesetzliche oder ungerechte Maßnahme oder Entscheidung gerechtfertigt werden soll; im übrigen darf aber das gesunde Rechtsempfinden des Volkes als Erkenntnis- und Normquelle ebenso wie Treu und Glauben herangezogen werden, Bettermann SJZ 1947, 174; vgl auch OLG Hessen (Kassel) DRZ 1948, 218. Wie schwer es fällt, sich von einem empfindungsbedingten Rechtsdenken loszumachen, lassen die Ausführungen der Entscheidung des BayVerfGH Vf 30-VII-47 (VerwRspr Bd. 2 Nr. 42) über die Rechtsgültigkeit des § 13 Abs. 2 DVO zum WohnG erkennen, die der einwandfreien Rechtsbegründung die nachstehenden Sätze beifügen: „Die vom Gesetzgeber gewählte Unterscheidung in der Heranziehung ist nicht auf Merkmale gegründet, die das Empfinden aller gerecht und billig Denkenden verletzen würden. Wenn vom Gesetzgeber bei der Auferlegung unvermeidlicher, allgemeiner, gegenwärtiger Lasten diejenigen Bevölkerungskreise im Zweifel vorweg herangezogen werden, auf welche nach seiner Meinung die derzeitige Wohnungsnot letzten Endes in der Hauptsache zurückzuführen ist, so ist diese Regelung an der Idee ausgleichender Gerechtigkeit ausgerichtet". Wie ein Fremdkörper stehen diese beiden Sätze in der Urteilsbegründung: stilfremd wegen ihrer auffallend gequälten Ausdrucksweise, — rechtsfremd, weil die Idee ausgleichender Gerechtigkeit nicht für einen Tatbestand Geltung haben kann, für den eine Verschuldung nach dem Prinzip von Ursache und Wirkung wesentlich nicht festzustellen ist. Die Sätze, die für die Urteilsbegründung völlig entbehrlich erscheinen, sind mit rechtsstaatlichem Denken nicht zu vereinbaren, weil für den unterstellten Tatbestand das angeblich ausgleichende Gesetz zu einem Element der verfassungsmäßigen Ordnung sich nicht gestalten läßt und deshalb Recht nicht werden kann, Jahrreiß NJW 1950, 3.

4 Soweit frühere deutsche Reichsgesetze anwendbar geblieben und auch nicht durch übergeordnete deutsche Stellen der bizonalen Verwaltung geändert worden waren, waren diese Gesetze bis zur Bildung einer Bundesgesetzgebungsgewalt der Gesetzgebungsgewalt der Länder unterworfen. Die von der Gesetzgebungsgewalt des Landes ergriffene Materie des früheren Reichsgesetzes wurde vom Zeitpunkt der Besetzung an auf Grund des Art. II der Proklamation Nr. 2 und in deren Grenzen zum Landesrecht erklärt. Demgemäß galten alle Bestimmungen des Mieterschutzrechtes und der Mietzinsbildung in den einzelnen Ländern nur nach Maßgabe der gesetzgeberischen Erfassung dieser Rechtsmaterie und in der ihr von der Landesgesetzgebung gegebenen Form. Das Recht der Wohnraumbewirtschaftung dagegen war bis zum Erlaß des Wohnraumbewirtschaftungsgesetzes (V 95) durch das Kontrollratsgesetz Nr. 18 auf eine einheitliche Rechtsgrundlage gestellt worden, die freilich dadurch, daß das Gesetz nur ein Rahmengesetz darstellte, für die landesrechtliche Gesetzgebungstätigkeit zum Vollzug des WohnG immerhin einen gewissen Spielraum gelassen hat. Landesrecht zur Ausführung des WohnG durfte

mit diesem Gesetz nicht in Widerspruch stehen. Auch vor Inkrafttreten einer Bundesverfassung galt der Rechtsgrundsatz, daß zoneneinheitliches Recht und das ihm übergeordnete Recht der Kontrollratsgesetze und der Gesetze der Militärregierung Deutschland dem Landesrecht in jedem Falle vorgeht.

5 Mit der Errichtung der Bundesrepublik Deutschland durch das Bonner Grundgesetz vom 23. Mai 1949 ist das Verhältnis von Bundesrecht und Landesrecht in die Erscheinung getreten. Das Bonner Grundgesetz hat in Art. 74 das bürgerliche Recht (Ziff. 1) und das Wohnungswesen (Nr. 18) in die konkurrierende Gesetzgebungsgewalt des Bundes einbezogen. Nach Art. 72 haben die Länder im Bereiche der konkurrierenden Gesetzgebung die Befugnis nur solange und soweit, als der Bund von seinem Gesetzgebungsrecht keinen Gebrauch macht. Soweit dies geschieht, gilt der Grundsatz des Art. 31, daß Bundesrecht Landesrecht bricht.

Die jedem Gesetzgeber vorausliegenden und vorgegebenen Grundrechte — vgl. Kiefersauer JR 1952, 87 — sind landes- und bundesrechtlich verfassungsmäßig garantiert. Die Bayerische Verfassung von 1946 widmet den zweiten Hauptteil den „Grundrechten und Grundpflichten". Die durch die Verfassung gewährleisteten Grundrechte, zu denen außer dem Anspruch auf Gleichheit vor dem Gesetz (Art. 118) auch der Anspruch auf Achtung der Würde der menschlichen Persönlichkeit (Art. 100) und auf Schutz des Eigentums (Art. 103, 159) zählen, dürfen grundsätzlich nur unter bestimmten, verfassungsmäßig festgelegten — darum eng auszulegenden — Voraussetzungen und nur durch Gesetz eingeschränkt werden; Gesetze und Verordnungen die ein Grundrecht verfassungswidrig einschränken, müssen vom Verfassungsgerichtshof auf Antrag für nichtig erklärt werden (Art. 98).

Das Bonner Grundgesetz vom 23. Mai 1949 stellt die Anerkennung und Ordnung der Grundrechte, die es aus der Unantastbarkeit der Würde des Menschen ableitet, an die Spitze der verfassungsmäßigen Rechtssatzung, die sich das deutsche Volk zur Ordnung seines staatlichen Lebens für eine Übergangszeit gegeben hat. „Die Würde des Menschen zu achten und zu schützen, ist Verpflichtung aller staatlichen Gewalt. Das deutsche Volk bekennt sich darum zu unverletzlichen und unveräußerlichen Menschenrechten als Grundlage jeder menschlichen Gemeinschaft." Abs. 3 des Art. 1 bestimmt ausdrücklich, daß die nachfolgenden Grundrechte, zu denen insbesondere die Gleichheit aller vor dem Gesetz (Art. 3), die Unverletzlichkeit der Wohnung (Art. 13) und das Eigentumsrecht (Art. 14) gehören, die Gesetzgebung, Verwaltung und Rechtsprechung als unmittelbar geltendes Recht bindend verpflichten; insbesondere ist auch dem Verfassungsgesetzgeber selbst eine Suspension der Grundrechte nicht gestattet, Krüger NJW 1950, 161.

Die Herausstellung der Unverletzlichkeit der Würde des Menschen macht deutlich, daß jede staatliche Macht ihre erste Grenze in der Person und Würde des Menschen findet. Der soziale Wert- und Achtungsanspruch des Einzelnen muß auch vom Staate — von ihm vor allem — respektiert werden, vgl. Entscheidung des BayVerfGH vom 23. März 1948 Vf 32-VI-47, SJZ 1948, 550 = VerwRspr 1 Nr. 1 = VGHE Teil 2 Bd. 1, 29.

Die Beachtung der Grundrechte, wie sie im Grundgesetz und in den Länderverfassungen niedergelegt sind, ist eine Aufgabe, die sich die Westmächte in dem Besatzungsstatut (Ziff. 2 Buchst. f) selbst gestellt hatten. Aber auch für die Zeit vor dem Inkrafttreten des Besatzungsstatuts wird man annehmen dürfen, daß die Militärregierung grundsätzlich bereit war, die verfassungsrechtlichen Grundsätze des deutschen Volkes zu respektieren; denn sie hat wiederholt durch Wort und Tat zu erkennen gegeben, daß es ihr bei der Besetzung besonders um die Wiederherstellung des Rechts und der Demokratie in Deutschland gehe, vgl. Nawiasky-Leusser, Die Verfassung des Freistaates Bayern, S. 59.

6 Der Rechtsstaatsgedanke ist gerade durch die Ordnung und Anerkennung der Grundrechte im Grundgesetz und in den Länderverfassungen in den Vordergrund des Interesses des deutschen Volkes gestellt. Die Grundrechte dienen nicht in erster Linie der Entfaltung der Freiheit des Einzelnen — denn den Rechten stehen wesentliche Grundpflichten gegenüber; Mißbrauch des Rechtes hat nach Art. 18 GG die Verwirkung des Grundrechtes zur Folge —, sondern stellen die verfassungsmäßig gesicherten Grenzpfähle dar, die der Machtentfaltung des Staates gegenüber der Individualsphäre gesetzt sind. Die Überschreitung der hiernach festgelegten Grenzlinie ist dem Staate nur unter ganz bestimmten Voraussetzungen gestattet, Art. 48, 98 BV, Art. 19 Abs. 1 GG. In keinem Falle darf ein Grundrecht in seinem Wesensgehalt angetastet werden. Das bedeutet zunächst allgemein Schutz gegen Willkür und Übergriffe staatlicher Machtentfaltung. Jede Machtüberschreitung muß im Rechtsstaat den Verwaltungsakt nichtig machen, muß ihn wirkungslos sein lassen, Bettermann MDR 1949, 394; LVG Rheinland-Pfalz VerwRspr 1 Nr. 87. Die Feststellung dieser Nichtigkeit herbeizuführen, ist nunmehr gegenüber allen staatlichen Maßnahmen dem Richter übertragen. Art 19 Abs. 4 des Grundgesetzes bestimmt:

„Wird jemand durch die öffentliche Gewalt in seinen Rechten verletzt, so steht ihm der Rechtsweg offen. Soweit eine andere Zuständigkeit nicht begründet ist, ist der ordentliche Rechtsweg gegeben."

Diese Norm ist ein eindrucksvolles Bekenntnis zum Rechtsstaatsgedanken, ist, wie Schultz MDR 1949, 409 betont, Ausdruck einer streng rechtsstaatlichen Grundhaltung. Die Bestimmung besagt, daß, wenn der Gesetzgeber ohne Legitimation in die verbürgte Freiheitssphäre des Einzelnen eingreift, dieser in „seinen Rechten", zu denen in erster Linie die Grundrechte gehören — Jerusalem SJZ 1950, 4 —, verletzt ist. Jede Verletzung dieser Rechte kann also, abweichend vom bisherigen Recht, vor den Richter gebracht werden; jede staatliche Maßnahme ist nunmehr der Kontrolle des Verwaltungsrichters oder des ordentlichen Richters unterworfen. Da die Zuständigkeit des ordentlichen Gerichts nach Satz 2 in allen Fällen begründet ist, in denen der Verwaltungsrichter nicht ausdrücklich zur Entscheidung berufen ist, hat die Norm des § 13 GVG eine erhebliche Erweiterung erfahren, die für die Anerkennung der Zulässigkeit des Rechtsweges von Bedeutung ist, Bettermann MDR 1949, 398; einschränkend Bachof SJZ 1950, 161. Die Verletzung des Grundgesetzes festzustellen, ist Aufgabe des Bundesverfassungsgerichtes, gleichviel ob es sich um eine Verletzung durch Bundesrecht — unter Umständen auch durch das GG selbst, Krüger NJW 1950, 161 (zu Art. 131 GG) — oder durch Landesrecht handelt; hält ein Gericht das Gesetz, auf dessen Gültigkeit es bei der Entscheidung ankommt, für verfassungswidrig, so ist das Verfahren auszusetzen und die Entscheidung des Landes- bzw. Bundesverfassungsgerichtes nach Art. 100 GG einzuholen. Die Anerkennung der Grundrechte durch den Gesetzgeber ermöglicht nunmehr dem Richter, was noch unter der Weimarer Verfassung als revolutionärer Akt erschien — Jerusalem SJZ 1950, 6 —, einem unsittlichen Gesetz die Rechtsgültigkeit zu versagen, da dieses auch als verfassungswidrig zu gelten hat, vgl. LG Bonn MDR 1948, 155.

Gesetz und Recht

Der Rechtsstaatsgedanke, zu dem Gesetzgebung und vollziehende Gewalt verpflichtet sind (Art. 3 BV; Art. 20 GG), ist als Bestandteil der verfassungsmäßigen Ordnung nur lebensfähig, wenn er von der Staatsgewalt und den Staatsbürgern bewußt gepflegt und entwickelt wird. Wir stehen erst am Anfang des Rechts- und Sozialstaates. Die durch die Grundrechte gesicherte Freiheitssphäre des Staatsbürgers gegenüber dem Staate mag den Einzelnen zuweilen zu Betätigungen verleiten, die der Staat auch im Bereich der Grundrechte nicht dulden kann. Schwerwiegender noch aber erscheint die Umformung des Rechtsdenkens, die von der gesetzgebenden und von der vollziehenden Gewalt gefordert wird. Das Bonner Grundgesetz hat an zwei Stellen die Bindung der Staatsgewalt in ihren drei Ausdrucksformen der Gesetzgebung, Verwaltung und Rechtsprechung nachdrücklich betont; die Beachtung der Grundrechte (Art. 1) und der verfassungsmäßigen Ordnung überhaupt (Art. 20) ist dem Staate zur Pflicht gemacht, vgl. Jahrreiß NJW 1950, 3. Nicht Gegenstand der verfassungsmäßigen Ordnung ist das Bekenntnis zu einem bestimmten volkswirtschaftlichen System. Auch die „soziale Marktwirtschaft", für deren Verwirklichung die Bundesregierung seit Inkrafttreten des GG sich einsetzt, ist — ganz abgesehen von der Unbestimmtheit des Begriffes, Kiefersauer JR 1954, 247 — kein Ordnungsprinzip der Verfassung und als solches im Grundgesetz nicht verankert; man kann dieses System auch nicht als notwendiges Prinzip der Entfaltung des Grundrechtes der Persönlichkeit in Art. 2 Abs. 1 GG bezeichnen. Die Einwirkung eines bestimmten Wirtschaftssystems auf Rechtslehre und Rechtsprechung ist stets relativ und überdies an die Funktionsfähigkeit der marktwirtschaftlichen Grundregeln gebunden, wenn anders nicht eine Leere des Rechts entstehen soll, Staudinger-Kiefersauer 3 vor § 535. Über die Berücksichtigung der Prinzipien der sozialen Marktwirtschaft in der Rechtsprechung vgl. Köhler NJW 1954, 1551; Huber, Wirtschafts-Verwaltungsrecht, 2. Aufl. Tübingen Bd. II 224.

Die Pflege des Rechtsstaatsgedankens muß nach der Richtung wirksam werden, daß die Machtentfaltung des Staates in den verschiedenen Zweigen der Verwaltung die verfassungsmäßige Ordnung, insbesondere die Ausübung der Grundrechte, gewährleistet. Die Ausübung der Staatsgewalt durch die Verwaltung ist eng auf ihren eigentlichen Aufgabenkreis zu beschränken; soweit durch den Verwaltungsakt in die Rechtssphäre des Einzelnen eingegriffen wird, ist dieser befugt, die Entscheidung des Gerichtes, des ordentlichen Gerichts oder des Verwaltungsgerichts, anzurufen. Letzte Autorität ist das Urteil des Gerichts, das von jeder Verwaltungsbehörde zu respektieren ist. Der Rechtsstaatsgedanke verpflichtet die Staatsgewalt, so paradox es klingen mag, die Staatsautorität bei den Verwaltungsbehörden durchzusetzen. Es ist unerträglich, daß Verwaltungsbehörden die Entscheidungen der Verwaltungsgerichte unbeachtet lassen und nicht vollziehen sowie daß die für nichtig erklärten Verwaltungsakte die dafür verantwortliche Behörde nicht zur Wiedergutmachung des Unrechts veranlassen. Der Vorrang der richterlichen Entscheidung vor jeder Verwaltungsmaßnahme (Art. 19 Abs. 4 GG) verbietet jede Art von Abhängigmachung richterlicher Entscheidung von der Haltung einer Verwaltungsbehörde.

Die Verpflichtung der Staatsgewalt zur Durchsetzung der Staatsautorität wird heute vielfach nur in der Richtung gegen den Staatsbürger wirksam; darin offenbart sich der Einfluß des staatsrechtlich überwundenen totalitären Gedankens von der Allmacht des Staates. Die Grenzen, die der Staatsgewalt in den Grundrechten gesetzt sind, werden im Eifer der Verfechtung der Staatsinteressen von den Verwaltungsbehörden leicht übersehen, insbesondere von den unteren Behörden. Daraus ergeben sich untragbare Übergriffe und ungesetzliche Eingriffe in die Rechtssphäre des Einzelnen. Wohl steht dem Einzelnen die Befugnis zu, gegen diese Rechtsverletzung die Entscheidung des ordentlichen Richters oder des Verwaltungsrichters anzurufen. Es entspräche aber der Verpflichtung der Staatsgewalt zum Rechtsstaatsgedanken, derartigen Übergriffen der Verwaltungsbehörden durch nachdrücklichere Belehrung und Beaufsichtigung der nachgeordneten Behörden vorzubeugen und — soweit sie erfolgt sind — von Aufsichtswegen im Verwaltungswege (auch ohne Anregung oder Antrag des Verletzten) durch Aufhebung des fehlerhaften Verwaltungsaktes zu beseitigen. Eine staatsrechtliche Notwendigkeit zu dieser Haltung ergibt sich insbesondere für die Fälle, in denen die Verwaltungsbehörde lediglich in privatem Interesse die Entscheidung des Gerichtes zu durchkreuzen versucht.

Art. 100 der BayVerf. 1946 schreibt vor, daß die Würde der menschlichen Persönlichkeit in Gesetzgebung, Verwaltung und Rechtspflege zu achten ist. Es wird Aufgabe der Rechtsprechung des VerfGH sein, bei dem Mangel an einer festumrissenen Begrenzung den gesetzlichen Tatbestand im Einzelfall so abzugrenzen, daß der uferlosen Geltendmachung dieses Grundrechts Schranken gezogen sind, Entscheidung des BayVerfGH vom 21. März 1948 Vf 32-V-47, VerwRspr 1 Nr. 1. Das Bonner Grundgesetz hat die Würde des Menschen zwar nicht ausdrücklich als Grundrecht bezeichnet, sie aber in Art. 1 GG zum Ausgangspunkt und zur Grundlage der in Art. 2 bis 19 normierten Grundrechtsgesetzgebung gemacht, vgl. Nawiasky, Grundgedanken S. 26. Die Gültigkeit des Art. 100 BV wird dadurch weder sachlich noch formell berührt. Aus der Fassung des Art. 1 Abs. 3 GG kann nur gefolgert werden, daß das Bundesrecht ein formelles Grundrecht der Würde des Menschen nicht kennt; die Landesgesetzgebung über die Grundrechte bleibt aber nach Art. 142 GG in Kraft, soweit darin die Übereinstimmung mit der Grundrechtsgesetzgebung der Art. 1 bis 18 GG gewährleistet ist. Da als ihr Fundament die Menschenwürde ausdrücklich in Art. 1 GG bezeichnet ist, kann ihre Gestaltung als Grundrecht in einer Länderverfassung nicht als Widerspruch mit dem GG bezeichnet werden, vgl. Bauer VerwRspr Bd. 1 S. 512 gegen Apelt NJW 1949, 481.

Wenn Apelt aaO. S. 482 das Problem der Grundrechte weder im Bonner Grundgesetz noch in den neuen Länderverfassungen als zeitgemäße Lösung in schöpferischer Kraft ansieht und von einer oberflächlichen Behandlung des Problems spricht, so dürfte dem entgegenzuhalten sein, daß die Größe und Weite des Problems sich der juristischen Erfassung eben deshalb entzieht, weil hier Ausstrahlungen eines menschlichen und göttlichen Grundprinzips sichtbar werden, die in ihrer vollen Bedeutung nur von dem geahnt zu werden vermögen, der das Wesen der Menschenwürde auch unter dem dunklen Schleier menschlicher Unvollkommenheit als Bild und Gleichnis Gottes zu sehen und anzuerkennen vermag. Die Würde des Menschen zu achten, zu pflegen und zur Entfaltung zu bringen, das ist die Aufgabe des Rechtsstaates. Die Größe und Würde des Staates entspricht dem Maße, wie er in Gesetzgebung, Rechtsprechung und Verwaltung die ungeschriebenen Rechte, die unverletzlichen und unveräußerlichen Menschenrechte, zu wahren sich bemüht.

7 Vertrag, Vertragsfreiheit und Vertragsbindung. Zu den jeder verfassungsmäßigen Ordnung immanenten Grundrechten zählt, auch wenn es

im Grundgesetz und in den Länderverfassungen nicht ausdrücklich aufgezählt wird, das Vertragsrecht.

a) Soweit durch Vertrag vermögensrechtliche Ansprüche begründet werden ist das Recht auf das, was dem Einzelnen durch Vertrag zugesichert worden ist, ein Grundwert, der ganz ebenso wie das Eigentum an Sachen unter Verfassungsschutz steht. Das Mittelalter hat diesen an göttlichem und natürlichem Recht orientierten Rechtssatz stets hochgehalten, wie Würtemberger JZ 1951, 502 unter Berufung auf Fenelon darlegt. Demgemäß ist auch die dem Eigentum in Art. 14 GG auferlegte Sozialpflichtigkeit des Wohnungsinhabers, dessen Recht auf Vertrag beruht, in Anspruch zu nehmen. Unter diesem Gesichtspunkt ist deshalb die Zulässigkeit der Vereinbarung einer Abstandssumme zwischen Erst- und Zweitmieter zu prüfen, Kiefersauer MDR 1953, 265. Erst von dieser Gleichbewertungvon Eigentum und Vertragsrecht her wird verständlich, weshalb trotz der Nichterwähnung der Beschränkung des Grundrechts des Art. 14 GG in § 1 Abs. 1 WBewG die Pflichtigkeit des Wohnungsinhabers in diesem Gesetz in so weitgehendem Maße in Anspruch genommen werden konnte, Kiefersauer JR 1953, 358. Gegenüber dieser neugeschaffenen Rechtslage dürfte die von BVerfG im Urteil vom 1. Juli 1953, NJW 1953, 1137 beiläufig vertretene Auffassung, daß der Eigentums- und Enteignungsbegriff nach dem Grundgesetz „möglicherweise enger, keinesfalls aber extensiver zu interpretieren sei als nach Art. 153 WeimRV", kaum zur Ablehnung der Ausdehnung des Eigentumsbegriffs auf alle privaten Vermögensrechte durch ein Urteil des BVerfG führen.

b) Zur verfassungsmäßigen Ordnung zählt aber vor allem der altehrwürdige Rechtssatz des pacta sunt servanda. Es handelt sich hier, wie Coing, Grundzüge der Rechtsphilosophie (1950) S. 146, 182 ausführt, um „den Grundwert des Vertragslebens" und um die rechtlich geformte „Anforderung der Zuverlässigkeit". Das Recht auf Erfüllung des Vertrages bedarf gerade jetzt, wo in weiten Bereichen des Raumrechts die Grundsätze der Vertragsfreiheit und der Vertragsbindung wieder verwirklicht sind, der nachdrücklichen Betonung, vgl. Kiefersauer-Glaser, Geschäftsraummiete, 2. Aufl. Anm 25; LG Frankfurt ZMR 1953, 226.

8 Vertragsfreiheit umfaßt die Freiheit zum Abschluß, zur inhaltlichen Gestaltung und — bei Dauerschuldverhältnissen — zur (einseitigen) Auflösung des Rechtsverhältnisses. Die Wiedergewinnung dieser Vertragsfreiheit ist auf dem Gebiete des Raumrechts weniger ein rechtlicher als ein durch die Raumnot erzwungenes staatspolitisches Problem; sie ist bei Nichtwohnräumen an andere Voraussetzungen gebunden als bei Wohnräumen (Schutz der Ehe und Familie, zu dem Bund und Länder gemäß Art. 6 Abs. 1 GG in besonderem Maße verpflichtet sind), wobei jedoch die wechselseitige Wirkung der Teillösung in einem Bereich auf den anderen Bereich nicht übersehen werden darf. Im Bereich des Geschäftsraummietengesetzes ist für die Geschäftsraummiete durch die Freistellung von Mieterschutz und Preisbindung die Vertragsfreiheit wieder hergestellt.

Die Wiederherstellung der Vertragsfreiheit trägt dem Individualinteresse Rechnung und läßt an sich die Anforderungen der Gemeinschaftsverpflichtung — Staudinger-Kiefersauer, Vorbem.3 vor § 535 — außer Betracht. Das Prinzip der Vertragsfreiheit, die sog. Privatautonomie ist ein unentbehrlicher Grundsatz des Wirtschaftsverfassungsrechts, vgl. Nipperdey DRZ 1950, 197. Aber eben diese Vertragsfreiheit kann dazu mißbraucht werden, die Grundlage der Marktwirtschaft, den Wettbewerb, durch Kartellvereinbarungen im Interesse einzelner Gruppen auf Kosten der Allgemeinheit zu zerstören.

a) Die Abschlußfreiheit gestattet dem Vermieter „selbstverantwortlich" darüber zu entscheiden, ob, zu welchen Bedingungen und mit wem er einen Überlassungsvertrag abschließen will. Da die Wohnraumbewirtschaftung „im Hinblick auf den Wohnungsmangel" (§ 1 Abs. 1 WBewG) auf die Zuteilung freien Wohnraums vorerst noch nicht verzichten kann, stellt sie in ihrem Bereich an den Verfügungsberechtigten unter Inanspruchnahme der Sozialpflichtigkeit (Art. 14 GG) — vgl. Kiefersauer JR 1953, 357, 442 — die Forderung, innerhalb angemessener Frist einen Mietvertrag abzuschließen. Dabei ist in der Regel die Auswahl unter mehreren benannten Wohnungsuchenden dem Verfügungsberechtigten freigestellt (Auswahlzuweisung); in Ausnahmefällen (§ 15 Abs. 6 WBewG) wird aber der Vertragsgegner von der Wohnungsbehörde selbst bestimmt(Alleinzuweisung). Diese Beschränkung der Abschlußfreiheit wird ergänzt durch die in § 13 WBewG vorgeschriebene Genehmigungspflicht der Umwandlung eines Untermieterverhältnisses in ein Hauptmieterverhältnis.

Außerhalb des WBewG, also bei Räumen, die nicht als Wohnräume i. S. des § 2 WBewG anzusehen sind, insbes. also bei Geschäftsräumen, ferner bei den gemäß §§ 3, 4 freigestellten Wohnungen ist dem Verfügungsberechtigten anheimgestellt, ob und mit wem er einen Überlassungsvertrag abschließen will. Die Rücksichtnahme auf das Raumbedürfnis Zehntausender, insbes. der Wohnraumbedarf der kinderreichen Familien, ist insoweit keine Rechtspflicht und hindert den Verfügungsberechtigten nicht daran, die Räume ungenutzt oder nicht voll ausgenutzt zu lassen.

Wegen der Vertragsbedingungen ist in erster Linie auf den deutschen Einheitsmietvertrag und die von den Hausbesitzerorganisationen herausgegebenen Mustermietverträge zu verweisen.

b) Die inhaltliche Ausgestaltung des Überlassungsvertrages einschließlich der Änderung nach Vertragsabschluß ist zunächst der Vereinbarung der Vertragsteile überlassen, § 305 BGB. Der Grundsatz der vertragstreuen Erfüllung ist hinsichtlich der Mietzinsleistung erstmals gegen alle Regeln von Treu und Glauben (Kiefersauer BayZ 1922, 137; Stern BayZ 1922, 217) durch die Einführung der gesetzlichen Miete gemäß §§ 1, 1 a RMietG durchbrochen worden. Die hiernach mögliche Beseitigung der Vertragsmiete durch die gesetzliche Miete durch einfache Erklärung eines Vertragsteiles öffnete den Weg zur berechtigten Verweigerung eingegangener Vertragspflichten, RG JW 1927, 579.

Im Vollzug der den Mietpreisbehörden nach den Anweisungen des RE 184/37 übertragenen Aufgabe der Wahrung des Mietpreisstops erfolgten im Einzelfall Preissenkungen und Preiserhöhungen. Die in Nr. 70 RE 184/37 der Preisherabsetzung zugesprochene unmittelbare Wirkung besteht darin, daß der Mieter von der Zahlung eines den herabgesetzten Betrag übersteigenden Mietzinses auf die Dauer der Preisbindung gemäß § 275 BGB befreit ist, Staudinger-Kiefersauer, 150 vor § 535. Andererseits haben Preiserhöhungen, die im Einzelfall zugelassen sind, keine unmittelbare Einwirkung auf den vereinbarten Mietzins,

Nr. 72 RE 184/37; sie räumen insbes. dem Vermieter keinen Anspruch auf Zahlung des erhöhten Mietzinses ein. Bei mieterschutzfreien Mietverhältnissen kann der Vermieter nach Vertrag oder Gesetz kündigen; bei mieterschutzpflichtigen Mietverhältnissen gilt § 18 BMietG.

Bis zum 1. Dezember 1951 galt für die Untervermietung von Wohnraum die Höchstpreisanordnung PR 111/47 / PR 60/49; durch § 7 der VO PR 71/51 (seit dem 1. 9. 1958 durch § 37 AMVO) wird den Beteiligten die freie Vereinbarung des Untermietzinses zugestanden, zugleich aber jedem Vertragsteil das Recht zugestanden, durch Erklärung gegenüber der Preisbehörde die Wiedereinführung der gesetzlichen Untermiete zu erzwingen. Die Höchstpreisanordnung wird also nur auf ausdrückliche Erklärung eines Vertragsteiles wirksam, vgl. Kiefersauer JR 1952, 227; Kiefersauer-Glaser, Geschäftsraummiete A 99.

Im Rahmen der Vorschriften über den öffentlich geförderten sozialen Wohnungsbau ist die Mietpreisbildung dem Vermieter weitgehend aus der Hand genommen, da die — regelmäßig als Durchschnittsmiete — festgesetzte Miete durch die Bewilligungsstelle erfolgt und die Grundlage für die vom Vermieter zu errechnende Vertragsmiete bildet, deren Höhe der Preisbehörde vom Vermieter anzuzeigen ist.

Eine vom Vermieter „selbstverantwortlich gebildete Miete" ist

α) zugelassen beim öffentlich geförderten sozialen Wohnungsbau für den sog. gehobenen sozialen Wohnungsbau i. S. des § 30 WBauG 1953 zur Entlastung der staatlichen Förderungsmaßnahmen;

β) vorgesehen für die Vertragsmiete beim steuerbegünstigten Wohnungsbau i. S. des § 42/I. WohnBauG und § 85/II. WohnBauG. Die Besonderheit dieser vom Vermieter selbstverantwortlich gebildeten Vertragsmiete besteht darin, daß sie, sofern sie höher ist als die Kostenmiete, auf (innerhalb eines Jahres zu stellenden) Antrag des Mieters von der Preisbehörde auf den der Kostenmiete entsprechenden Betrag herabgesetzt werden kann, jedoch nicht unter einen bestimmten Betrag. Bemerkenswert ist die Bestimmung des § 45 WBauG 1953, die die Rechtsfolge der Herabsetzung dahin regelt, daß die Vereinbarung der höheren Miete mit Wirkung vom nächsten, auf den Eingang des Antrags bei der Preisbehörde folgenden Mietzahlungstermin an insoweit nichtig ist, als sie der Entscheidung der Preisbehörde widerspricht (vgl. auch § 85 Abs. 2/II. WohnBauG).

Wegen der möglichen Aufspaltung des Mietzinses in Grundmiete und Umlagen, Vergütungen und Zuschläge vgl §§ 3, 11 MietenVO. Die Bewilligungsstelle kann aber bei der Festsetzung der Miete die Erhebung von Umlagen, Vergütungen und Zuschlägen dem Vermieter in bestimmter Form zur Auflage machen und ihn dadurch zur entsprechenden vertraglichen Regelung zwingen.

c) Die Auflösung des Mietverhältnisses auf Grund einseitiger Erklärung des Vermieters (Kündigung, Rücktritt) ist durch das Mieterschutzgesetz weitgehend ausgeschlossen. Nur bei Vorliegen bestimmter Mietaufhebungstatbestände kann das Mietverhältnis durch Mietaufhebungsurteil aufgehoben werden. Seit 1. Dezember 1951 sind Miet-(Pacht-)verhältnisse über Geschäftsräume vom Mieterschutz freigestellt; für Rechtsverhältnisse, die vor dem 1. Dezember 1951 begründet worden sind, galt bis zum 31. März 1956 das Kündigungswiderrufsverfahren der §§ 8ff.

GRMG; vgl. 2. Änderungsgesetz zum Geschäftsraummietengesetz vom 28. März 1956 — BGBl I, 159. Zur Änderung der Kündigungstermine und -fristen vgl. Staudinger-Kiefersauer 23 zu § 565.

9 Zweckbestimmung und Handlungsfreiheit. In der Handlungsfreiheit des Menschen entfaltet sich das Recht auf die freie Entfaltung seiner Persönlichkeit, die in Art. 2 Abs. 1 GG jedem als Grundrecht zugestanden ist, „soweit er nicht die Rechte anderer verletzt und nicht gegen die verfassungsmäßige Ordnung oder das Sittengesetz verstößt".

Betätigt sich die Handlungsfreiheit durch Abschluß von Verträgen — Ausübung der Vertragsfreiheit —, so bindet sie zugleich. Wer z. B. ein Haus zur Benutzung als Wohnung vermietet, ist an die Zweckbestimmung als Wohnraum gebunden; er kann sich nicht darauf berufen, daß eine vertragswidrige ganz oder teilweise Verwendung zu Nichtwohnzwecken die vertragsmäßige Zweckbestimmung geändert hat. Umgekehrt macht die Pachtvereinbarung über die Überlassung einer Villa zur Ausnutzung für den Fremdenverkehr den Vertrag auch dann nicht zur Wohnraumüberlassung, wenn der Pächter die Räume ganz oder zum Teil für Wohnzwecke benutzt. Die vertragliche Zweckbestimmung ist insbes. auch entscheidend für die Anwendung des § 2 Abs. 1 und 2 GRMG.

Außerhalb der vertraglichen Regelung der Zweckbestimmung besteht aber für den Wohnraum ein staatspolitisches Interesse an der Erhaltung der Zweckbestimmung als Wohnraum. Deshalb verbietet § 21 WBewG die Zweckentfremdung von Wohnraum, insofern die Zuführung von Wohnraum zu anderen als Wohnzwecken an die Genehmigung der Wohnungsbehörde geknüpft wird. Soweit eine solche Genehmigung nicht vorliegt oder infolge Zeitablaufs oder Wechsels des Rauminhabers oder Wegfalls des Verwendungszweckes erloschen ist, gilt der Raum als Wohnraum i. S. des WBewG.

Außerhalb der eigentlichen Zweckentfremdung kommt der Zweckbestimmung des Wohnraums i. S. des § 18 Abs. 2 WBewG eine besondere Bedeutung zu, insofern zweckbestimmter Wohnraum grundsätzlich seiner Zweckbestimmung entsprechend zuzuteilen ist. Die Wirksamkeit dieser Zweckbestimmung ist in § 18 Abs. 3 WBewG genau umschrieben.

Da die Zweckbestimmung als Wohnraum oder Nichtwohnraum für die Anwendung des Gesetzes gemäß § 2 Abs. 1 WBewG von grundlegender Bedeutung ist, kommt der Herausarbeitung der Voraussetzungen der Widmung (willensmäßige Haltung des Verfügungsberechtigten, objektive Erkennbarkeit, Dauer, Ursprünglichkeit, Aufgabe durch anderweitige Verwendung) durch die Rechtsprechung eine besondere Bedeutung zu.

II. Grundlagen des Raumrechts

10 Es ist schwierig, der Gesamtheit der in diesem Buch zusammengefaßten Rechtsnormen eine einheitliche Bezeichnung zu geben. Denn der Rahmen des „Mietrechts" wird überschritten durch die Ausdehnung des Mieterschutzes auf die Pachtverhältnisse. Auch die Zusammenfassung der Normen als „Wohnungsrecht" genügt nicht, weil auch die gewerbliche, geschäftliche und berufliche Nutzung der Räume und Grundstücke auch nach Erlaß des Geschäftsraummietengesetzes und gerade durch dieses Gesetz einer (nicht immer einfachen) Normsetzung unterworfen ist.

Der Titel „Grundstücksmiete", den Kiefersauer für die Vorauflagen gewählt hat, schließt sich an die vom BGB normierte Gleichsetzung von Grundstück und Raum in § 580 BGB an. Die Wahl des Titels gibt der Überzeugung Ausdruck, daß die Grundsätze des BGB über die Grundstücks(Raum)miete die Grundlage bilden, von der aus allein das weitverzweigte Rechtsgebiet zu begreifen ist. Die soziale Ausgestaltung des Raumrechts begründete und sicherte den Bestand des Raumnutzungsverhältnisses und die Verteilung des Raumes, als der Raum nach dem ersten Weltkrieg zur Mangelware geworden war und das freie Spiel der Kräfte die Bedarfsbefriedigung der Wohnungsuchenden zu beeinträchtigen drohte. Die Maßnahmen zur sozialgerechten Verteilung des vorhandenen Wohnraumes führten über die bloße Bekämpfung des Wohnungsmangels zu der Wohnraumbewirtschaftung, deren Maßnahmen als Beeinträchtigung der Vertragsfreiheit (V 8) von den Beteiligten empfunden werden.

1. Die privatrechtliche Grundlage.

11 a) Der Rechtsbestand und die Rechtsnatur des der Raumnutzung zugrunde liegenden Vertrages ist maßgebend für die Entscheidung der Frage, ob die Vorschriften des Mieterschutzgesetzes Anwendung finden. Die von den Vertragsteilen ursprünglich beabsichtigte Zweckbestimmung des Raumes (V9) oder die selbständige oder unselbständige Benutzung des Wohnraumes ist bedeutungsvoll für die Möglichkeit der Raumerfassung durch die Wohnungsbehörde.

Einer der tragenden Grundsätze des bürgerlichen Rechts, der Grundsatz des pacta sunt servanda, ist nachdrücklich in Erinnerung zu bringen, V 7.

12 b) Der auf Grund des Kontrahierungszwanges abgeschlossene Mietvertrag begründet ebenso wie die Festsetzung des Zwangsmietvertrages (Mietverfügung) ein echtes Mietverhältnis mit allen daraus folgenden privatrechtlichen Rechten und Pflichten.

In einer Reihe von Fällen werden Nutzungsverhältnisse an Räumen kraft Gesetzes, durch Richterspruch oder Verwaltungsakt begründet oder abgeändert. Zu diesen Veränderungen des Vertragsinhaltes zählt auch die Ersetzung der Zustimmung des Vermieters zur Untervermietung und zum Wohnungstausch.

13 c) Die gedruckten Mustermietverträge (Mietvertragsvordrucke) der Hausbesitzerverbände werden seit dem Ende des 1. Weltkrieges, insbesondere seit dem Ende des 2. Weltkrieges in zunehmenden Maße dem Vertragsabschluß zugrundegelegt. Unter Führung des Reichsjustizministeriums wurde im Jahre 1934 in gemeinsamer Arbeit der Spitzenverbände der Hausbesitzer und Mieter der Deutsche Einheitsmietvertrag (DJ 1934, 304) ausgearbeitet, vgl. hierzu Dölle, Der Deutsche Einheitsmietvertrag 1936; Roquette, Mietrecht 96; Staudinger-Kiefersauer, 267 vor § 535. Das Vertragsmuster, dessen alleinige Benutzung die Organisationen ihren Mitgliedern zu empfehlen sich verpflichteten, ließ der freien inhaltlichen Gestaltung des Mietvertrages Raum. Doch haben sich die Organisation bereit erklärt, Änderungen und Ergänzungen des Vertragsmusters nur im Geiste sozialer gegenseitiger Rücksichtnahme vorzunehmen. Sie haben darüber hinaus gewisse Klauseln, die sich in alten Formblättern vorfanden, grundsätzlich als unerwünscht bezeichnet. Diese Klauseln sollen von den Beteiligten in Zukunft nicht mehr vereinbart werden. Die Vereinbarung der hiernach „mißbilligten Klauseln" ist sittenwidrig und nichtig; dies gilt auch für die in alten Mietverträgen vorhandenen Klauseln dieser Art, vgl. Roquette DR 1940, 2149 und Mietrecht S. 99. Wegen

der Behandlung einseitig aufgestellter anderer Formularverträge vgl. LG Essen WM 1952, 14. Die Nichtigkeit beschränkt sich auf die einzelne Klausel, der Mietvertrag bleibt im übrigen gültig und ist notfalls durch die Normen des BGB zu ergänzen.

14 Als „mißbilligte Klauseln" wurden bei den Verhandlungen der Spitzenverbände die nachstehenden Vereinbarungen bezeichnet:

1. a) Recht des Vermieters zur außerordentlichen Kündigung bei geringfügiger Vertragsverletzung seitens des Mieters (Verstöße gegen die Hausordnung, z. B. Waschen von sog. kleiner Wäsche in der Wohnung, lärmendes Spielen von Kindern, Unterlassung einer Anzeigepflicht), gegebenenfalls sogar ohne vorherige Abmahnung seitens des Vermieters.
   b) Vertragsstrafe bei geringfügigen Verstößen gegen die Hausordnung.
2. a) Recht des Vermieters zur außerordentlichen Kündigung schon bei geringfügigem Mietzinsrückstand oder geringfügigem Zahlungsverzug.
   b) Abbedingung des § 554 Abs. 1 Satz 2 BGB (Ausschluß der Kündigungsbefugnis bei nachträglicher Bezahlung des Rückstandes).
3. a) Völliger Ausschluß von Gewährleistungsansprüchen des Mieters sowie des Rechts zur außerordentlichen Kündigung bei wesentlichen Mängeln der Räume (nicht mißbilligt wird der Ausschluß des Minderungsrechts für die Vergangenheit).
   b) Eine bereits vor dem Einzug in die Mieträume von dem Mieter abgegebene Erklärung, die Räume bei Beginn der Mietzeit als dem vereinbarten Zustand entsprechend befunden zu haben.
   c) Ausschluß des Anspruchs auf rechtzeitige Überlassung der Räume zum vereinbarten Zeitpunkt, namentlich Ausschluß des Rechts zur außerordentlichen Kündigung (§ 542) für den Fall, daß die Wohnung nicht zum vereinbarten Zeitpunkt bezogen werden kann.
4. Verbot der Aufrechnung mit Schadenersatzansprüchen, unter Umständen sogar mit einem solchen nach § 538 Abs. 1 BGB, oder mit einer dem Mieter nach § 538 Abs. 2 BGB zustehenden Ersatzforderung (nicht mißbilligt wird jedoch die Vereinbarung, daß eine Aufrechnung nur erfolgen kann, wenn die Aufrechnungsabsicht dem Vermieter eine gewisse Zeit vorher angekündigt worden ist).
5. Ausschluß des in § 549 Abs. 1 Satz 2 BGB vorgesehenen vorzeitigen Kündigungsrechts des Mieters bei Nichtgestattung der Untervermietung.
6. Einschränkung oder Ausschluß des vorzeitigen Kündigungsrechts über Wohnungen im Falle des Todes des Mieters (§ 569) oder der Versetzung des Beamten (§ 570 BGB).
7. Haftung des Mieters für jeden durch höhere Gewalt entstehenden Schaden.
8. Recht des Vermieters zur völlig entschädigungslosen Übernahme von Einrichtungen, mit denen der Mieter die Mietsache versehen hat (§ 547) BGB).
9. Verpflichtung des Mieters zur Anzeige, wenn er später Gegenstände bringt, die ihm nicht gehören.
10. Pflicht des Mieters, bei vorzeitiger Lösung des Mietverhältnisses für die Dauer der vereinbarten Mietzeit den Mietausfall auch dann zu tragen, wenn der Vermieter die Räume anderweit vermietet oder sie sogar bis zum Ablauf der Vertragszeit einem Dritten unentgeltlich überläßt.

15 d) Der vertragliche Verzicht auf die Geltendmachung von Minderungs-, Schadensersatz- und Aufwendungsansprüchen verpflichtet den Mieter unter den Voraussetzungen des § 28 MSchG nicht, vgl. auch Ziff. 4 der mißbilligten Klauseln. Zur Unabdingbarkeit des Mieterschutzes im allgemeinen vgl. § 49 MSchG.

16 e) Die Beendigung des durch das MSchG geschützten Mietverhältnisses gegen den Willen des Mieters ist nur durch Aufhebungsurteil möglich Auch nach rechtswirksamer Beendigung hat der Mieter die Möglichkeit, durch Antrag auf Gewährung einer richterlichen Räumungsfrist selbst da, wo das Rechtsverhältnis außerhalb des MSchG steht und darum in seinem Bestand nicht gesichert ist, einen zeitlich begrenzten Besitzschutz zu erlangen.

2. Die öffentlich-rechtliche Grundlage.

17 a) Der Preisschutz. Mit der Einführung der gesetzlichen Miete durch das Reichsmietengesetz vom 24. März 1922 (RGBl 273), die im wesentlichen an den tatsächlich für den 1. Juli 1914 vereinbarten Mietzins, die Friedensmiete, anknüpfte, war eine Mietzinslenkung eingeführt worden, die grundsätzlich heute noch in Geltung ist.

Der Preisschutz besteht ebenso wie der Mieterschutz ausschließlich im Interesse des Mieters. Die Bindung des Vermieters an die Friedensmiete und die Stopmiete hat trotz aller Lockerungsversuche in den letzten Jahren zu der grundsätzlich unzureichenden Miete geführt. Es erscheint dringend notwendig, den berechtigten Interessen des Vermieters auf eine angemessene Miete Rechnung zu tragen. Die Mietzinsbildung darf nicht länger nur zugunsten des Mieters gehandhabt, sondern muß in den Dienst der Erhaltung des Wohnraumes gestellt werden.

Dieser Forderung entsprechen in etwa die am 1. Dezember 1951 in Kraft getretene VO PR 71/51 vom 29. November 1951, die die Mietherabsetzung im Sinne einer Beschränkung nach unten (Stichtagmiete) und die Mieterhöhung im Sinne eines Rechtsanspruchs des Vermieters auf die ortsübliche Miete neu geordnet hat, die seit 1. Oktober 1952 geltende VO PR 72/52, die die Erhebung eines Mietzuschlags von 10. v. H. für Wohnungen zuläßt, die vor dem 1. April 1924 bezugsfertig geworden sind, das I. Bundesmietengesetz vom 27. Juli 1955, das eine pauschale Erhöhung der Mieten um 10, 15 oder 20% je nach der Ausstattung für sämtliche vor dem Währungsstichtag — 21. Juni 1948 — bezugsfertig gewordenen Wohnungen gebracht hat und schließlich das II. Bundesmietengesetz (Art. I des Gesetzes über den Abbau der Wohnungszwangswirtschaft und über ein soziales Miet- und Wohnrecht vom 23. Juni 1960 — BGBl I, 389), das einen allgemeinen Zuschlag von 15% der am 30. Juni 1960 gezahlten Grundmiete und eine zusätzliche individuelle Mieterhöhung bis zu weiteren 20% dieser Grundmiete und bis zur Tabellenmiete gestattet.

18 b) Die Raumbewirtschaftung beschränkt sich grundsätzlich auf die Wohnraumbewirtschaftung Insoweit sie zum Ziele hat, den Rauminhaber vor der Wohnungslosigkeit, also in seinem Bestand und Besitz zu schützen, stützt sie ihre Maßnahmen auf das Mieterschutzrecht. Insoweit sie ihre Aufgabe in der Unterbringung wohnungsloser Menschen sieht, ist sie von der Bekämpfung des Wohnungsmangels zu der Beschaffung von Wohnraum übergegangen.

Die Beschaffung erfolgt zunächst durch den Rückgriff auf den bereits vorhandenen Wohnraum, sei es, daß dessen ungenügende Ausnutzung beanstandet und beseitigt wird, sei es, daß mangelnde Gebrauchsfähigkeit durch Instandsetzung wiederhergestellt wird.

Die Schaffung neuen Wohnraumes ist Aufgabe des Wohnungsbaues. Bund, Länder, Gemeinden und Gemeindeverbände sind verpflichtet, den Wohnungsbau — unter besonderer Berücksichtigung des sozialen Wohnungsbaues — als vordringliche Aufgabe zu fördern. § 1 WBauG 1953. In erster Linie ist der Raumbedarf der Heimatvertriebenen, Kriegsgeschädigten und derer zu befriedigen, die ihre Wohnung unverschuldet verloren haben. Als sozialer Wohnungsbau ist der Bau von Wohnungen anzusehen, die „nach Größe, Ausstattung und Miete (Belastung) für die breiten Schichten des Volkes bestimmt und geeignet sind". Unter diesem Oberbegriff fällt stets der „öffentlich geförderte soziale Wohnungsbau" (§§ 19—41), soweit der Einsatz von öffentlichen Mitteln im Sinne des § 3 vorliegt. Dagegen wird für den „steuerbegünstigten Wohnungsbau" und — theoretisch wenigstens — auch für den „frei finanzierten Wohnungsbau" im Einzelfall stets zu prüfen sein, ob die Voraussetzungen des Oberbegriffs gegeben sind.

Die Rückführung zweckentfremdeten Wohnraums ist den Wohnungsbehörden nicht mehr möglich; um so größer ist ihre Verantwortung in der Handhabung des Zweckentfremdungsverbots des § 21 WBewG; es dürfte in keinem Falle die Genehmigung ohne die Auflage (Bedingung) der Leistung eines ausreichenden Finanzierungsbeitrages zur Schaffung entsprechenden neuen Wohnraumes erteilt werden, Kiefersauer JR 1953, 362.

3. Die organisatorische Durchführung.

19 Bei der engen Verbindung von öffentlichem und privatem Recht standen von Anfang an bei der Geltendmachung der Rechte Justiz- und Verwaltungsbehörden nebeneinander.

Über die Mietaufhebungsklage entscheidet ausschließlich das Amtsgericht, ursprünglich unter Zuziehung von Beisitzern, die je zur Hälfte aus dem Kreise der Hausbesitzer, zur Hälfte aus dem der Mieter entnommen waren (Mietschöffengericht). Zur Frage der Zuziehung von Laienbeisitzern vgl. die Auseinandersetzung zwischen Becker, Gramse, Schröder, Friedrichs, Weimar und Schubart WM 1952, 54, 62, 63; 1953, 75, 76 u. 88; 1954, 29. Gegen die Laienbeteiligung bei unverändertem Auswahlsystem Bettermann 14 zu § 7 MSchG. Zum Vorschlag einer „Schiedsstelle des Mieteinigungsamtes" vgl. Lemme WM 1954, 88. Ordentliche Rechtsmittel sind Berufung und Beschwerde, § 14 MSchG. In den Fällen der §§ 29—31 MSchG entscheidet das Mieteinigungsamt, das eine besondere Abteilung des Amtsgerichts ist, § 37 MSchG. Ordentliches Rechtsmittel ist die Rechtsbeschwerde zum Landgericht als Beschwerdestelle, § 41 MSchG. Eine Besonderheit ist die Einführung des Rechtsentscheides, die wesentlich zur Sicherstellung der Rechtseinheit in der Spruchpraxis der MEÄ beigetragen hat, § 47 MSchG.

Das MEA war im Bereich des Wohnungsmangelgesetzes weitgehend als Kontrollorgan der Gemeindebehörden (Wohnungsämter) eingeschaltet worden. Nach dem WBewG ist dies ebenso wie nach dem WohnG nicht mehr der Fall; hier erfolgt die Nachprüfung der Anordnungen der Wohnungsbehörden durch die Aufsichtsbehörde bei Erhebung der Verwaltungsbeschwerde und durch das Verwaltungsgericht bei Erhebung der Anfechtungsklage.

Die Mietpreisbildung und Mietpreisüberwachung ist den Preisbehörden anvertraut.

ERSTER TEIL

Das Mieterschutzrecht

Einleitung

Übersicht

1 Rechtsgrundlagen. Das Mieterschutzrecht beruht auf dem Gesetz über Mieterschutz und Mieteinigungsämter vom 1. Juni 1923 (RGBl I 353), dessen Neufassung durch die Bekanntmachungen vom 17. Februar 1928 (RGBl I 25) und vom 15. Dezember 1942 (RGBl I 712) zuletzt durch Art. III des Gesetzes über den Abbau der Wohnungszwangswirtschaft und über ein soziales Miet- und Wohnrecht vom 23. 6. 1960 (BGBl I 389) — sog. Abbaugesetz — eine Änderung erfahren hat.

Eine besondere Stellung haben die sechs Ausführungsverordnungen zu der Verordnung über Kündigungsschutz für Miet- und Pachträume vom 28. August 1937 (RGBl I 917) eingenommen; die Mehrzahl der darin enthaltenen mieterschutzrechtlichen Bestimmungen ist in die Neufassung des Mieterschutzgesetzes übergegangen. Sie sind am 1. Juli 1960 zusammen mit der VO über Kündigungsschutz für Miet- und Pachträume vom 28. 8. 1937 und mit der VO über Änderungen des Mieterschutzrechtes vom 7. November 1944 (RGBl I 319) außer Kraft getreten (vgl. Art. X § 1 Abs. 1 Nr. 3 und 8 des sog. Abbaugesetzes).

Änderungen von einzelnen Bestimmungen des MSchG brachten

a) § 26 WBauG durch Einfügung des § 31a MSchG, ab 1. August 1953 anzuwenden in der Fassung des Art. VI des ÄndGes. vom 25. August 1953 (BGBl I 1037);

b) Art. 13 des Gesetzes über Maßnahmen auf dem Gebiete des Kostenrechts vom 7. August 1952 (BGBl I 401) — durch Änderung des § 13 Abs. 4;

c) § 28 des Wohnraumbewirtschaftungsgesetzes vom 31. März 1953 (BGBl I 97) durch Einfügung der §§ 4a, 4b, 23 Abs. 2, 23c und 24a;

d) § 35 BMietG vom 27. Juli 1955 (BGBl I 458) durch Einfügung des § 31b MSchG und Aufhebung des § 3a;

e) Gesetz zur Änderung des GRMG u. des MSchG vom 25. Dezember 1955 (BGBl I 866) durch Änderung des § 31 b Abs. 1;

f) II. WohnBauG vom 27. 6. 1956 (BGBl I 523) durch Änderung des § 31a;

g) Art. III des sog. Abbaugesetzes vom 23. Juni 1960 (BGBl I 389) durch Änderung der §§ 4 Abs. 1, 4a, 23c und durch Einfügung der §§ 28a u. 54.

Ohne ausdrückliche Änderung des MSchG ist dieses im Rahmen der Förderung des Bergarbeiterwohnungsbaues im Kohlenbergbau vom 23. Oktober 1951 (BGBl I 865) nur nach Maßgabe des § 8 dieses Gesetzes zur Anwendung zu bringen; im Bereich des Geschäftsraummietengesetzes vom 25. Juni 1952 (BGBl I 338) sind Miet- und Pachtverhältnisse über Geschäftsräume und gewerblich genutzte unbebaute Grundstücke vom Mieterschutz ausgenommen.

2 a) Landesrechtliche Bestimmungen zum Mieterschutzrecht sind, soweit sie eine Beschränkung des Mieterschutzgesetzes zum Inhalt hatten, bereits durch § 1 Satz 2 Dritte AusfVO KSchG außer Kraft gesetzt worden. Darüber hinaus bestimmte § 5 Sechste AusfVO KSchV, daß vom 1. Januar 1943 ab alle landesrechtlichen Ausführungsvorschriften zum MSchG außer Kraft treten. Bis zum Zusammenbruch galt also nur reichseinheitliches Mieterschutzrecht.

b) Der Übergang der Gesetzgebungsgewalt auf die Länder — Vorbem. 4 — brachte eine weitgehende Zersplitterung des Mieterschutzrechtes. Bayern hat — abgesehen von der an sich nicht notwendigen Verlängerung der Geltungsdauer der KSchVO — keine Änderungen am Mieterschutzrecht vorgenommen. Württemberg-Baden: Gesetz zur Änderung des Mieterschutzrechts vom 4. März 1948 RegBl 48. Hessen: Verordnung über die einstweilige Regelung von Mietstreitigkeiten vom 23. November 1946 (GVBl 222); § 7 Abs. 2 dieser VO ist durch § 29 Abs. 2 WBewG und § 3 dieser VO durch § 40 BMietG aufgehoben worden. Rheinland-Pfalz: § 32 der Landesverordnung über die Wohnraumbewirtschaftung vom 15. Juli 1949 (GVBl 275), deren Rechtsgültigkeit mit Bettermann (Einl 26 zu § 1) anzuzweifeln ist. Diese landesrechtlichen Vorschriften zum Mieterschutzrecht sind durch Art. X § 1 Abs. 1 Nr. 9 und 10 des sog Abbaugesetzes vom 23. Juni 1960 mit Wirkung vom 1. Juli 1960 aufgehoben worden.

c) Mit dem Inkrafttreten des Bonner Grundgesetzes vom 23. Mai 1949 ist an die Stelle des Reiches für den Geltungsbereich des Grundgesetzes — in Rechtsgemeinschaft mit den Ländern, die als Mitinhaber der Bundesgewalt Träger des staatlichen Lebens des Bundes in ständiger Erneuerung (Integration) geworden sind — die Bundesrepublik Deutschland getreten, vgl. Krüger SJZ 1950, 113.

Das Mieterschutzrecht, das gem. Art. 74 Ziff 1 GG als bürgerliches Recht zum Bereich der konkurrierenden Gesetzgebung gehört, ist in seinem am 8. Mai 1945 bestehenden reichsgesetzlichen Bestand gemäß Art. 125 Ziff. 1 GG und mit den seit diesem Tage ergangenen landes- und zonenrechtlichen Bestimmungen gemäß Art. 125 Ziff. 2 GG Bundesrecht geworden, vgl. Bettermann Einl. 29—33 zu § 1 und DRZ 1950, 529. Die Zuständigkeit des Bundes zur Änderung des aus reichs-, landes- und zonenrechtlichen Bestandteilen bestehenden Mieterschutzrechtes steht außer Zweifel; vgl. auch § 29 WBewG. Die Befugnis der Länder zur Gesetzgebung auf diesem Gebiet ist allgemein durch Art. 72 GG beschränkt; zur Lockerung des Mieterschutzes sind aber die Länder gemäß § 52 MSchG befugt. Die Weitergeltung dieser Ermächtigungsvorschrift kann ebensowenig wie die des § 53 MSchG (für die Bundesminister) in Zweifel gezogen werden, vgl. Kiefersauer NJW 1952, 245 und Kiefersauer-Glaser, Geschäftsraummiete A 97. Das Reich hat nach dem Zusammenbruch nicht zu existieren aufgehört, vgl. LG Bonn MDR 1948, 153; OGH Köln NJW 1950, 65; MDR 1950, 95 und DRZ 1950, 364. Zur staatsrechtlichen Kontinuität in Deutschland ferner Scheuner DVBl 1950, 481 u. 514; BGH DVBl 1951, 728 u. JZ 1952, 116; v. d. Heydte DÖV 1954, 659. Zur Haftung der Länder unter dem Gesichtspunkt der Funktionsnachfolge vgl Schröer DRZ 1948, 228; Reinhardt NJW 1952, 441; BGHZ 8, 169 = NJW 1953, 381; ferner BGH NJW 1953, 1220, 1387 = BGHZ 10, 125; Däubler NJW 1954, 5. Inwieweit die vom BVerfG—insbes. 1 BvR 147/52 NJW 1953, 21 — vertretene Rechtsauffassung zum Gesetz zu Art 131 GG eine Änderung der Rechtsanwendung des Begriffs der Funktionsnachfolge zur Folge hat, bleibt abzuwarten, vgl. Pagendarm zu BGH NJW 1953, 1387 in LM Nr. 6 zu Art. 134 GG. Heegner, NJW 1954, 897, lehnt die Anwendung des Begriffs der Funktionsnachfolge ab und sieht in der methodisch anderen Betrachtungsweise des BVerfG gegenüber der Methode des BGH den besseren, ja einzig richtigen Weg der Rechtsprechung; dagegen überzeugend Jerusalem NJW 1954, 980; vgl. Schlußbetrachtung der Schriftleitung NJW 1954, 1275; BGH GSZ 6/53 NJW 1954, 1073 = MDR 1954, 538 bejaht die Funktionsnachfolge; dazu Giese JR 1954, 401.

I. Geltungsbereich des Mieterschutzgesetzes

3 1. **Der sachliche Geltungsbereich** des Gesetzes umfaßt

A) hinsichtlich des **Mietgegenstandes**

α) Gebäude oder Gebäudeteile d. h. umschlossene Räume, sowie seit Erlaß der Fünften AusfVO KSchV (§ 2)

β) unbebaute Grundstücke, soweit sie gewerblich genutzt werden (§ 1 Abs. 1, § 29 Abs. 1 S. 1, § 36 MSchG, § 8 ÄndVO; jedoch modifiziert durch das Geschäftsraummietengesetz vom 25. Juni 1952 — BGBl 926 —; vgl. unten Vorbem. 19.

Wesentliches Begriffsmerkmal des Gebäudes ist die dauernde Verbindung des Bauwerkes mit dem Erdboden, wobei der tatsächlichen, ohne Zerstörung wesentlicher Bestandteile unmöglichen Trennung die bestimmungsgemäße Dauerverbindung des Bauwerkes mit dem Boden gleichgestellt wird. Diese Voraussetzung ist regelmäßig auch bei Blockhäusern, Holzhäusern, Baracken erfüllt, OLG Königsberg JW 1927, 1950. Auch Behelfsheime stehen insoweit regelmäßig unter Mieterschutz; ebenfalls Wohnungen in einem Altersstift, LG Wuppertal MDR 1956, 35 (n. L.) — ZMR 1956, 91 — Glaser Nr. 1/II/1956; LG Düsseldorf DRspr II (277) 84; AG Baden-Baden MDR 1958, 104, die zu einem Stiftungsvermögen gehörenden Wohnungen, AG Köln MDR 1958, 339 — Glaser Nr. 135/II/1959, ferner Leerzimmer in einem Frauenledigenwohnheim, AG Köln ZMR 1959, 109. Dagegen sind Räume auf Schiffen und in Wohnwagen (LG Waldshut ZMR 1959, 44 — Glaser Nr. 198/II/1959; a. M. Bettermann 63, 64 zu § 1) sowie in Zelten und in Verkaufs- und Wohnbaracken mieterschutzfrei; dem WBewG unterstehen diese Räume, sofern sie als Wohnung im Sinne des § 2 Abs. 1 WBewG überhaupt anzusehen sind, nur insoweit, als die vom WBewG in Anspruch genommene Pflichtigkeit nicht in Widerspruch steht mit der z. B. für Wohnwagen und Wohnschiffe bestehenden Transportbestimmung (insoweit hat der Wegfall der Erfassungsmaßnahme auf Grund des WohnG eine veränderte Rechtslage geschaffen, vgl. Fellner-Fischer 1 zu § 2).

Hausgärten d. h. Teile eines unmittelbar hinter dem Hause gelegenen Geländes, die durch einheitlichen Mietvertrag mit der Wohnung vermietet sind, genießen Mieterschutz, soweit dessen Bestimmungen für das Mietverhältnis gelten. Zur Abgrenzung des Hausgartens von kleingärtnerisch genutztem Land vgl. LG Aachen HMR Rspr 1951 Nr. 146; OVG Münster ZMR 1952, 14.

Die mietweise Überlassung eines unbebauten Grundstücks zur Errichtung eines Behelfsheimes fällt nicht unter § 1 MSchG, dessen Anwendung zugunsten der Bewohner des Behelfsheimes auch nicht im Wege einer angeblich dem Sinn und Zweck dieser Vorschrift entsprechenden ausdehnenden Auslegung (LG Arnsberg MDR 1948, 222; LG M.-Gladbach und LG Wiesbaden ZMR 1952, 102; LG Göttingen ZMR 1953, 182 (Bettermann); Bettermann 73 zu § 1; Hans 7 zu § 1; LG Berlin JR 1956, 64 (abl. Glaser) möglich ist; wie hier LG Hamburg JR 1953, 425 (Kiefersauer) = MDR 1954, 43; LG Hagen ZMR 1956, 91 (Bettermann); AG Hamburg-Wandsbek, Glaser Nr. 311/II/1955; LG Köln WM 1956, 110; LG Köln ZMR 1956, 166, 371; AG Moers ZMR 1957, 232; LG Düsseldorf ZMR 1959, 43; AG München ZMR 1959, 106 — Glaser Nr. 200/II/1959; LG Hamburg ZMR 1957, 232; LG Berlin BlnGrundE 1959, 331; LG Köln MDR 1959, 393; LG Köln, Urt. v. 26. 1. 1961 — 1 S 227/60 — noch nicht veröffentlicht; vgl. auch Glaser, BlGBW 1956, 58; Lenk DWW 1956, 78. Auch die Vorschriften des § 24 Abs. 1 (Wirtschafts- und Haushaltsführung) und Abs. 2 sind nicht anwendbar; a. M. Bettermann 314 zu § 24. Hier können sich die Mieter nur durch eine entsprechende Vereinbarung über die Vertragsdauer oder über die Länge der Kündigungsfrist schützen.

Über die Eigentumsverhältnisse an einem auf einem fremden Grundstück errichteten Gebäude (Behelfsheim) vgl. BGH MDR 1953, 87 (Vennemann); BGH LM Nr. 2 zu § 95 BGB; BGHZ 10, 117 = NJW 1954, 1466.

Die Ausdehnung des Mieterschutzes auf gewerblich genutzte unbebaute Grundstücke stellt die Zweckverwendung des Miet(Pacht)gegenstandes in den Vordergrund, während für die Frage, ob ein bestimmter Raum dem Mieterschutzgesetz untersteht oder nicht, grundsätzlich nur die vertragsmäßig beabsichtigte, nicht die tatsächliche Zweckbestimmung oder Eignung entscheidend ist. Deshalb wird der Charakter der dem Mieter überlassenen Geschäftsräume nicht dadurch geändert, daß der Mieter einen Teil dieser Geschäftsräume z. B. einer Filialleiterin als Wohnung überläßt (RGZ 124, 4; vgl. auch KG JW 1929, 2887) oder wenn in einem Kurort eine Villa pachtweise zur Ausnutzung für den Fremdenverkehr überlassen ist und die Betriebsinhaberin einige Räume für Wohnzwecke für sich in Anspruch nimmt. Wohl aber wird z. B. das einer Zuckerfabrik zur Gewinnung von Zuckerrüben überlassene Grundstück mieterschutzfrei, wenn die Fabrik den Acker in Wiesenland verwandelt und das Heu in ihrem landwirtschaftlichen Betrieb verwendet. Wenn ein Wohnhaus für Wohnzwecke mietweise überlassen wird, so ändert sich der

Wohncharakter des Hauses an sich nicht dadurch, daß ein Teil der Wohnräume (mit oder gegen den Willen des Vermieters) für Nichtwohnzwecke z. B. zur Praxis eines Arztes verwendet wird; wenn aber bei dieser Verwendung für Nichtwohnzwecke mehr als die Hälfte der Wohnfläche in Anspruch genommen wird, so gilt nach § 2 Abs. 2 GRMG die gesamte Raumüberlassung als Geschäftsraumüberlassung, die gemäß § 5 Abs. 1 GRMG mieterschutzfrei ist.

Trümmergrundstücke in bombenzerstörten Städten können begrifflich nicht zu den „unbebauten Grundstücken" gezählt werden; die Bauwerke, die darauf errichtet waren, haben durch die Zerstörung ihre Eigenschaft als Raumgebilde verloren, ohne daß zugleich dem Grundstück die Eigenschaft des Unbebautseins zurückgegeben worden ist; vgl. aber LG Berlin HuW 1951, 117 (Verkaufshäuschen aus Holz auf Ruinengrundstücken ohne Mieterschutz) = DRspr II (277) 31 und LG Essen HMR Rspr 1951 Nr. 109; a. A. für Berlin, wo das Geschäftsraummietengesetz erst am 1. März 1961 in Kraft gesetzt worden ist, KG MDR 1960, 143 — Glaser Nr. 64/II/1960. Deshalb ist die mietweise Überlassung von Trümmergrundstücken zur Errichtung von Verkaufsständen, Buden und Kiosken ebensowenig dem Mieterschutz unterstellt, wie die Überlassung von öffentlichen Straßen und Plätzen; vgl BGH NJW 1952, 620. Dies gilt auch dann, wenn Raumteile, z. B. Hauseingänge, vom Mieter mitbenutzt werden dürfen. Im übrigen wird es sich in der Regel um Vermietung für besondere Zwecke zu vorübergehendem Gebrauch handeln, § 25 MSchG. In der Regel versuchen sich Unternehmer von Geschäften notgedrungen nach der Zerstörung ihrer Geschäftsräume in der Weise zu behelfen, daß sie Verkaufsstände errichten, die in ihrem Eigentum bleiben. Gegen die Kündigung des Vermieters können sie sich nur durch entsprechende Vertragsabrede schützen.

Wegen der Sonderstellung der gewerblich genutzten Grundstücke beim Tode des Mieters vgl. Anm. 6 zu § 19 MSchG.

4 Ausgenommen vom Mieterschutz sind:

1. auf Grund des Mieterschutzgesetzes

a) Gebäude oder Gebäudeteile im Eigentum oder in der Verwaltung des Bundes oder eines Landes, soweit sie öffentlichen Zwecken oder zur Unterbringung von Angehörigen ihrer Verwaltung zu dienen bestimmt sind oder bestimmt werden. § 32 Abs. 1.

Gebäude oder Gebäudeteile im Eigentum oder in der Verwaltung von Gemeinden und sonstigen Körperschaften des öffentlichen Rechts, gemeinnützigen Anstalten und Stiftungen sowie von gemeinnützigen, nicht auf Erwerb gerichteten Organisationen, soweit diese die Räume zur Unterbringung von Angehörigen ihrer Verwaltung oder für sonstige eigene Zwecke dringend benötigen und dieser Zweckbestimmung zuführen, § 32 Abs. 4a.

Gebäude oder Gebäudeteile, die nicht im Eigentum oder in der Verwaltung des Bundes, eines Landes oder einer Gemeinde (Gemeindeverbandes) stehen, aber für Beamte des Bundes, des Landes, der Gemeinde oder für Angestellte oder Arbeiter im öffentlichen Dienst zur Verfügung zu halten sind und benötigt werden, § 32 Abs. 4c.

In diesen Fällen beschränkt sich die Befreiung vom Mieterschutz auf die Nichtanwendung der §§ 1—31 MSchG.

5 b) Mietverhältnisse über steuerbegünstigte und frei finanzierte neugeschaffene Wohnungen und Wohnräume im Sinne des Ersten Wohnungsbaugesetzes i. d. Fassung vom 25. August 1953 (BGB I 1037) und des II. Wohnungsbaugesetzes (Wohnungsbau- und Familienheimgesetz) vom

27. Juni 1956 (BGBl. I 523) nach Maßgabe des § 31 a MSchG in der Fassung des Art. VI des Gesetzes zur Änderung und Ergänzung des WBauG vom 25. August 1953.

Die Freistellung vom Mieterschutz beschränkt sich auf die Nichtanwendung der §§ 1—19, 24—31 MSchG. Sie gilt nicht für die in Abs. 2 bezeichneten Mietverhältnisse, insbes. nicht für die vor dem 27. April 1950 (Inkrafttreten des I. WBauG) begründeten Mietverhältnisse.

Trotz Freistellung gelten die Übergangsbestimmungen des § 52e MSchG. Wegen der Ausdehnung der Freistellung auf die Währungsneubauwohnungen s. unten 9; wegen der Freistellung der Geschäftsräume ohne Rücksicht auf die Bezugsfertigkeit der Bauten s. unten 10.

6 c) Zugunsten der gemeinnützigen Wohnungsunternehmen sind in zwei Sonderfällen die Vorschriften der §§ 1-31 MSchG nicht anzuwenden:

aa) wenn das Wohnungsunternehmen in der Rechtsform der eingetragenen Genossenschaft Räume auf Grund eines Nutzungsvertrags einem Genossen mit Rücksicht auf seine Mitgliedschaft bei der Genossenschaft überlassen hat und dieser aus der Genossenschaft ausscheidet. Der ausscheidende Genosse kann sich nicht auf den Mieterschutz berufen, § 34 MSchG;

bb) wenn das Wohnungsunternehmen — die Rechtsform ist zunächst ohne Bedeutung — dem künftigen Erwerber eines Grundstücks Räume, die zu dem Grundstück gehören, auf Grund eines Kaufanwartschaftsvertrages mietweise überlassen hat und von diesem Vertrag zurücktritt. Die Folgen des Rücktritts regelt im einzelnen § 35 MSchG, wobei für das Wohnungsunternehmen in der Rechtsform der eingetragenen Genossenschaft Sonderbestimmungen getroffen sind.

7 d) Räume, die für besondere Zwecke zu vorübergehendem Gebrauch vermietet sind, §§ 25, 32 Abs. 3 — vorübergehende Zweckverwendung z. B. Vermietung für die Kur- und Badezeit, für Jahrmärkte, Messen, Ausstellungen, Verkaufsstände auf Trümmergrundstücken, oben 3. Auf diese Räume finden die §§ 1 bis 19, 24, 30 und 31 keine Anwendung.

8 e) Kleinsiedlerstellen (Gebäude mit Nutzland), die nach den maßgebenden Bestimmungen gefördert worden sind. Solange sie der Siedler nur für die Dauer einer Probezeit innehat, kann er sich auf den Mieterschutz nicht berufen; die §§ 1—31 finden keine Anwendung. Ist die Probezeit abgelaufen, gilt Mieterschutz, § 33 MSchG.

9 2. Auf Grund des § 31 b MSchG, eingefügt durch § 35 I. BMietG, sind grundsätzlich — von den Ausnahmen des Abs. 2 verdient die Beibehaltung des Mieterschutzes für die am 1. Dezember 1951 bereits bestehenden Mietverhältnisse hervorgehoben zu werden — von den Bestimmungen der §§ 1—31 MSchG ausgenommen Mietverhältnisse über Wohnungen und Wohnräume, die in der Zeit zwischen dem 21. Juni 1948 und dem 31. Dezember 1949 bezugsfertig geworden und ohne öffentliche Darlehen oder Zuschüsse errichtet worden sind.

Auf die freigestellten Wohnräume finden die Übergangsvorschriften des § 52e MSchG entsprechende Anwendung.

10 3. Die mit Wirkung vom 1. Dezember 1951 durch § 2 der Verordnung über Ausnahmen vom Mieterschutz vom 17. November 1951 (BGBl. 926) grundsätzlich ausgesprochene Freistellung der Miet(Pacht)verhältnisse über Geschäfts-

räume und gewerblich genutzte unbebaute Grundstücke ist in das Geschäftsraummietengesetz vom 25. Juni 1952 (BGBl. I 338) übergegangen (§ 23 GRMG).

Die Entlassung der Geschäftsräume und der unbebauten gewerblich genutzten Grundstücke aus dem Mieterschutz ist eine grundsätzlich anders geartete als die der Fälle unter 4—9, insofern die ausgeschiedenen Rechtsverhältnisse weder mit bestimmten Vorschriften des MSchG noch mit dem sog. Übergangsrecht aus § 52e MSchG belastet sind. Die Freistellung vom Mieterschutz ist für die in Betracht kommenden Rechtsverhältnisse unmittelbar mit dem 1. Dezember 1951 wirksam geworden. Von diesem Zeitpunkt kann — abgesehen von der zeitlichen Einschränkung des § 5 Abs. 2 GRMG — der Vermieter das Rechtsverhältnis durch Kündigung gemäß Vertrag oder Gesetz (§ 565 BGB) einseitig zur Auflösung bringen, Kiefersauer-Glaser, Geschäftsraummiete A 22. Daß gegen die Kündigung dem Mieter eines vor dem 1. Dezember 1951 begründeten Miet(Pacht)verhältnisses unter den Voraussetzungen der §§ 8, 11, 12 ein Anspruch auf Widerruf der Kündigung übergangsweise (§ 22) eingeräumt worden war, offenbart nur die besonderen Eigentümlichkeiten der Übergangsregelung, die in keinerlei Zusammenhang mit dem Übergangsrecht des § 52e MSchG steht.

Abgesehen von gewerblich genutzten unbebauten Grundstücken — insoweit § 1 Abs. 1 Satz 2 und § 36 MSchG modifizierend — umfaßt das GRMG Geschäftsräume, für die es in § 2 Abs. 1 und 2 eine Begriffsbestimmung gibt. Hiernach sind Geschäftsräume Räume, die nach ihrer baulichen Anlage und Ausstattung auf die Dauer anderen als Wohnzwecken zu dienen bestimmt sind und solchen Zwecken dienen. Bei doppelt genutzten Wohnungen entscheidet für die Anwendung des GRMG die Art der Verwendung und die Größe der Wohnfläche; beträgt der anderen als Wohnzwecken dienende Teil mehr als die Hälfte der Gesamtwohnfläche, so gilt die Wohnung als Geschäftsraum, § 2 Abs. 2. Besteht eine Rechtsverbindung von Geschäftsraum- und Wohnraumüberlassung in dem Sinne, daß Geschäftsräume wegen ihres räumlichen oder wirtschaftlichen Zusammenhangs mit Wohnräumen zugleich mit diesen vermietet sind, so gilt die Freistellung vom Mieterschutz für die Geschäftsräume — und damit zugleich für die Wohnräume, § 5 Abs. 3 Satz 2 Halbs. 2 — wenn der Mietwert der Wohnräume geringer als der Mietwert der Geschäftsräume ist.

B) Hinsichtlich des **Rechtsverhältnisses** umfaßt der sachliche Geltungsbereich des Mieterschutzgesetzes:

11 a) Mietrechtsverhältnisse, d. h. die durch Mietvertrag begründeten Rechtsverhältnisse einschließlich der durch die Festsetzung eines Zwangsmietvertrages (Mietverfügung unten 22) geschaffenen Rechtsbeziehungen. Der Mietvertrag ist abgeschlossen, wenn über die wesentlichen Punkte, d.s. Überlassung einer Sache zum Gebrauch auf Zeit und Leistung eines Entgelts (auch in Form einer einmaligen Leistung RG JW 1933, 506) für die Überlassung Einigung erzielt ist. Auf die Bezeichnung als Mietvertrag oder auf die schriftliche Festlegung des Vertragsinhaltes kommt es grundsätzlich nicht weiter an. Der Formzwang des § 566 BGB für die Grundstücksmiete berührt lediglich die Vertragsdauer. Mangels ausdrücklicher Vereinbarung über Einzelheiten regeln sich Rechte und Pflichten der Vertragsteile nach den Vorschriften der §§ 535 bis 580 BGB. Einseitige Änderungen des gesetzlichen Inhaltes des Mietverhältnisses sind nachträglich nicht mehr zulässig.

Der Rechtscharakter als Mietvertrag wird auch dadurch nicht beeinträchtigt, daß der Mieter sich an den Kosten des Wiederaufbaues des Gebäudes oder der Wiederherstellung des Gebäudeteiles in irgendeiner Form beteiligt, z. B. durch Gewährung verlorener Instandsetzungszuschüsse, durch Hingabe unverzinslicher Darlehen, durch Übernahme bestimmter Leistungen (Arbeitsleistung, Beschaffung von Baumaterialien usw.), mit oder ohne Verrechnung auf die Mietzinszahlung. Ein solcher Wiederaufbauvertrag ist regelmäßig — vgl. LG Hagen MDR 1948, 350; LG Wuppertal NJW 1949, 346; LG Aachen MDR 1949, 694; LG Münster MDR 1949, 749; Wiethaup JR 1949, 462; LG Duisburg HMR Rspr 1951 Nr. 74 — als echter Mietvertrag anzusehen, der auch zugunsten eines Dritten abgeschlossen werden kann und diesem den Mieterschutz sichert. Der Leistungsempfänger wird auch verpflichtet, dem Vertragspartner mit Hilfe der Gelder eine Wohnung zu erstellen; diese Verpflichtung steht wirtschaftlich im Mittelpunkt des Vertrages und gibt diesem einen auftragsähnlichen Inhalt, vgl. BGH MDR 1954, 495. Zur Auslegung dieser Verträge vgl. Cartellieri BB 1949, 175; Bergmann NJW 1949, 282; Pergande NJW 1951, 737; Bettermann ZMR 1952, 29 und 14—18 zu § 3 MSchG; Schopp ZMR 1952, 73 und 1954, 37; Himmelmann MDR 1952, 196; Korn MDR 1953, 587; LG Stuttgart NJW 1951, 927 (Pergande); AG Hamburg HMR Rspr 1951 Nr. 26; Haegele BlGBW 1953, 297; 1954, 148; Matthias MDR 1954, 649; OLG München MDR 1952, 105 = NJW 1952, 307 = DWW 1952, 92; OLG Nürnberg NJW 1953, 385; LG Kassel MDR 1953, 295; OLG Celle BBauBl 1952, 348; OLG Stuttgart BBauBl 1952, 395 = ZMR 1952, 207; OLG Hamm MDR 1952, 103; LG Hannover MDR 1953, 39; LG Lüneburg MDR 1955, 560; BGH V ZR 79/51 BGHZ 6, 202 = NJW 1952, 867 = MDR 1952, 544 = ZMR 1952, 179 (Bull); bestätigt durch VI ZR 223/52 MDR 1953, 473 = NJW 1953, 1182; vgl. auch BGH VI ZR 236/52 MDR 1954, 283 = NJW 1954, 673 = ZMR 1954, 163; OLG Braunschweig MDR 1953, 551 u. BBauBl 1954, 434; LG Hamburg ZMR 1954, 44. Eine bereits im Mietvertrag vereinbarte Mietvorauszahlung, die zum Wiederaufbau verwendet wurde, ist auch dem Konkursverwalter (BGH aaO.) und dem Zwangsverwalter (OLG München MDR 1952, 105; LG Köln MDR 1952, 163 und WM 1953, 7; OLG Celle BBauBl 1952, 348) gegenüber rechtswirksam. Eine Gefährdung des Realkredits ist mit dieser Rechtsauffassung nicht verbunden, da die Leistungen des Mieters den Hypothekengläubigern zugute gekommen sind.

Durch die §§ 57b und 57c ZVG, die mit Wirkung vom 1. Oktober 1953 durch das Gesetz über Maßnahmen auf dem Gebiete der Zwangsvollstreckung vom 20. August 1953 (BGBl I 952) eingefügt worden sind, ist das Kündigungsrecht des Erstehers gegenüber Mietern, die durch Baukostenzuschüsse zur Schaffung oder Instandsetzung vom Mietraum wesentlich beigetragen haben, nicht unerheblich eingeschränkt werden.

12 Durch die Verrechnung der Baukostenzuschüsse gemäß Vereinbarung auf die Mietzinsforderungen sind diese getilgt. Durch die Vorschriften der Währungsreform wird die Aufrechnungsvereinbarung nicht berührt, LG Aachen MDR 1949, 694; LG Essen MDR 1949, 227; OLG Stuttgart NJW 1950, 226; KG HW 1950, 53 und 334; LG Hamburg MDR 1951, 483; LG Koblenz WM 1951 Nr. 5; LG Berlin JR 1951, 120; OLG Hamm MDR 1952, 103; Oechßler NJW 1952, 571; vgl. auch LG Berlin ZMR 1954, 274.

13 Preisrechtlich unzulässig war die Gewährung von Baukostenzuschüssen durch den Mieter bis zum Inkrafttreten des WBauG, soweit nicht der RE

Nr 5/49 vom 7. April 1949 (VfWMBl II S. 49) eine allgemeine Ausnahmegenehmigung enthielt oder im Einzelfall von der Preisbehörde eine Ausnahmebewilligung auf Grund dieses RE erteilt worden ist. Zur Rechtswirksamkeit des RE 5/49 vgl DOG NJW 1951, 71; Schopp ZMR 1954, 37; zur Rückforderung des übersteigenden Betrages bei vorzeitiger Beendigung des Mietverhältnisses vgl. LG Köln MDR 1950, 38; AG Hamburg ZMR 1952, 157 = BB 1952, 72.

Zur Anrechnung der Baukostenzuschüsse auf den rückständigen Mietzins vgl. Anm. 1 zu § 3. Zu der umstrittenen Frage der Zulässigkeit der Vereinbarung von Abstandsgeldern vgl. Kiefersauer MDR 1953, 256 u. NJW 1954, 941; OLG Celle NJW 1953, 864 (Rötelmann); OLG Stuttgart (Karlsruhe) ZMR 1953, 7; OLG Düsseldorf MDR 1953, 294; OLG Köln MDR 1953, 292; Roquette zu LG Bonn NJW 1952, 1097 u. zu OLG Celle ZMR 1953, 277; Roquette NJW 1954, 657 einerseits; Hurst WM 1953, 58 und Rötelmann MDR 1953, 586; OLG Celle NJW 1953, 1392; BGH ZMR 1954, 75 = NJW 1954, 425; LG Göttingen NJW 1953, 225; LG Lüneburg MDR 1953, 98; Herold BlGBW 1954, 325 andererseits; vgl. für die Hansestadt Hamburg das Gesetz über das Verbot von Abstandszahlungen und Sonderleistungen für Wohnraum vom 2. Oktober 1953 (GVBl S. 245); aufgehoben durch § 29 Abs. 5 I. BMietG; jetzt gilt bezügl. der Vereinbarung von Abstandsgeldern § 29 I. BMietG vom 27. Juli 1955.

14 Der Zwangsmietvertrag ist die Begründung eines echten Mietverhältnisses — nur ein solches kann erzwungen werden — zwischen den Beteiligten durch autoritativen Staatsakt; vgl. Bastian JR 1950, 170. An Stelle des übereinstimmenden Parteiwillens, der den schuldrechtlichen Vertrag über die Raumüberlassung in voller Freiheit (als Miete, Pacht, Leihe) schafft, tritt der unabhängig vom Willen der Parteien ausgesprochene Staatsbefehl, die Mietverfügung der Wohnungsbehörde, § 16 WBewG. Der Befehl ist erst und nur solange möglich, als das Verlangen auf Abschluß des Vertrages, das von der Wohnungsbehörde in der Auswahl- oder Alleinzuweisung gemäß § 15 WBewG gestellt wird, nicht erfüllt ist. Die Mietverfügung setzt den Verwaltungsakt der Zuweisung voraus, den sie durch Überführung in die Sphäre des bürgerlichen Rechts wirksam macht und zur Vollendung bringt.

Auf die in Ausführung der obrigkeitlichen Anordnung — Abschluß-(Kontrahierungs-)zwang — durch Abschluß eines Vertrages oder durch die Mietverfügung begründeten Mietrechtsverhältnisse finden die Vorschriften des Bürgerlichen Gesetzbuches und des Mieterschutzgesetzes grundsätzlich — den Ausschluß des Mieteranspruchs nach § 539 BGB ausgenommen — in gleicher Weise Anwendung wie auf freiwillig begründete Mietverhältnisse (KG JW 1923, 765; RGZ 167, 285). Bei diktierten Verträgen vollzieht sich nur das Zustandekommen nicht nach bürgerlich-rechtlichen Regeln, wohl aber ist das Ergebnis des Zwangseingriffs ein privatrechtlicher Vertrag, BGH II ZR 41/51 MDR 1952, 155; OVG Hamburg ZMR 1952, 115.

Mit der Festsetzung des Zwangsmietvertrages ist die behördliche Tätigkeit grundsätzlich beendigt; das Verhältnis des zu dem Rechtsverhältnis gezwungenen Vermieters zu dem Vertragspartner bestimmt sich lediglich nach den Grundsätzen des bürgerlichen Rechtes, Roquette, 7a zu § 16 WBewG. Spätere Eingriffe der Wohnungsbehörde in das bestehende Mietverhältnis sind als unzulässig zu betrachten, ebenso Roquette, Mietrecht S. 23. Streitigkeiten aus dem Rechtsverhältnis entscheiden gemäß § 13 GVG die ordentlichen Gerichte, denen allein auch die Auslegung der Mietverfügung zusteht.

Die Aufhebung des Zwangsmietvertrages erfolgt in der Regel durch gegenseitige Vereinbarung. Der Vermieter kann nur im Rahmen der Bestimmungen des Mieterschutzgesetzes das Mietverhältnis kündigen, er ist im übrigen auf die Mietaufhebungsklage angewiesen. Die Aufhebungsklage des Vermieters wegen Eigenbedarfs ist alsbald nach Festsetzung des Zwangsmietvertrages nicht zulässig, da sie offensichtlich nur eine Rückgängigmachung der Zuteilung (§ 12 WBewG) durch Gerichtsentscheid herbeiführen soll, Hans, 6 zu § 4 MSchG Bettermann 2c vor §§ 2—4 MSchG. Dagegen wird eine auf § 2 MSchG gestützte Klage grundsätzlich zuzulassen sein; Meyerhoff NJW 1948 262; aM LG Hagen und Hans VI 4 zu Art. VIII WohnG. Die Beschränkung der Aufhebungsklage wegen Eigenbedarfs entfällt, wenn der die Zuteilung begründende Sachverhalt sich geändert hat und die Wohnungsbehörde nicht von sich aus der veränderten Lage durch Aufhebung der Zuweisung Rechnung tragen kann oder will.

Die auf Grund des § 16 WBewG erlassene Mietverfügung der Wohnungsbehörde bringt mangels einer dem Art. VIII Abs. 2e WohnG entsprechenden ausdrücklichen Vorschrift das vor der Zuteilung begründete Rechtsverhältnis nicht zum Erlöschen. Die durch eine frühere Mietverfügung nach dem WohnG eingetretene Rechtsfolge des Erlöschens bleibt aber bestehen; das erloschene Rechtsverhältnis kann nur durch Vereinbarung der Parteien wiederaufleben. Das zwischen dem Eigentümer und dem Mieter bestehende Mietrechtsverhältnis wird in seiner Rechtswirksamkeit durch eine nach dem 1. Juli 1953 erlassene Mietverfügung nicht berührt. Durch die Mietverfügung ist der Eigentümer aber verpflichtet, den Mietraum dem Zugewiesenen zu überlassen, so daß ihm die Leistungspflicht aus dem ersten Mietvertrag infolge eines von ihm nicht zu vertretenden Umstandes teilweise unmöglich wird, § 323 Abs. 1 BGB. Soweit die (nach der Zuweisung zu beurteilende) Unmöglichkeit reicht, ist der Erstmieter nur zur Entrichtung eines nach den §§ 472, 473 BGB zu bemessenden Teiles des Mietzinses verpflichtet, vgl. § 541, § 552 BGB. Betrifft die Mietverfügung lediglich den Mieter, wird also ein Untermietverhältnis zwischen Wohnungsinhaber und dem Zugewiesenen begründet, so bleibt das Hauptmietverhältnis unberührt; insbes. muß trotz der Einschränkung des Mietgebrauchs der Hauptmieter die vertragsmäßig vereinbarte Miete in vollem Umfang entrichten.

Gegenstand der Wohnraumbewirtschaftung und damit der Mietverfügung sind die zu Wohnzwecken geeigneten und dazu bestimmten Räume sowie zur Wohnung gehörenden und zu ihrer Benutzung erforderlichen Nebenräume, Flächen, Einrichtungen und Anlagen, § 2 Abs. 1 und 2 WBewG. Deshalb sind, wie bereits nach dem WohnG, Garagen nicht der Verfügung der Wohnungsbehörde unterworfen, zustimmend Fellner-Fischer 10 zu § 2.

Als Inhalt des Zwangsmietvertrages gelten grundsätzlich die Normen des Bürgerlichen Gesetzbuches. Ausreichend zur Schaffung eines gültigen Rechtsverhältnisses ist die genaue Bezeichnung der vom Verfügungsberechtigten zu überlassenden Räume, die Bestimmung des Mietpreises und des Zeitpunktes, von dem an das Mietverhältnis Geltung hat, wobei auf die Möglichkeit des Beziehens Rücksicht zu nehmen ist. Wegen der Einzelheiten, insbes. der Überlassung der Bestimmung des Mietpreises an die Preisbehörde vgl. § 16 WBewG.

Beruht die Mietverfügung auf einer gemäß § 15 Abs. 2, § 14 Abs. 3 WBewG bedingt oder befristet ausgesprochenen Zuweisung, so erlischt das Mietverhältnis kraft der positiven Vorschrift des § 14 Abs. 3 Satz 2 WBewG mit dem Eintritt der Bedingung oder dem Fristablauf, gleichgültig ob die Bedingung oder Befristung in die Mietverfügung aufgenommen ist oder nicht (s. unten 44). Im Bereich des MSchG kommt eine Verlängerung der Mietdauer gemäß § 1 Abs. 2 MSchG nicht in Betracht (A 13 zu § 1).

15 Außerhalb der Vertragsgrundlage entsteht im Falle des § 21 MSchG nach Auflösung des Dienst- oder Arbeitsverhältnisses hinsichtlich der überlassenen Räume ein Mietrechtsverhältnis kraft Gesetzes auch gegen den Willen der Beteiligten. Familienangehörige, die zum Hausstand des Mieters gehören, treten bei dessen Tod in die Rechte und Pflichten des Mieters kraft Gesetzes (§ 19 Abs. 1 MSchG) ein, es sei denn, daß einer der Familienangehörigen Erbe ist; in diesem Falle geht die Gesamtrechtsnachfolge des Erben der Einzelnachfolge des Familienmitgliedes vor. Dies gilt auch für Untermietverhältnisse, § 24 Abs. 2 MSchG.

Eine gesetzlich begründete Rechtsstellung als Vermieter erhält auch der Grundstückserwerber gemäß § 571 BGB, § 1 Abs. 4 MSchG.

Durch Richterspruch werden Mietrechtsverhältnisse begründet bei Gewährung einer Räumungsfrist im Mietaufhebungsurteil gemäß § 5a Abs. 4 MSchG, zur Durchführung des Wohnungstausches und zwecks Auseinandersetzung wegen der ehelichen Wohnung nach der Scheidung gemäß §§ 5, 6 Sechste DVO zum Ehegesetz vom 21. Oktober 1944 (RGBl I 256). Diese VO über die Behandlung der Ehewohnung und des Hausrats nach der Scheidung ist trotz Aufhebung des Ehegesetzes von 1938 in Kraft geblieben. Sie ermächtigt und verpflichtet den Richter durch rechtsgestaltende Entscheidung die künftige Benutzung der Ehewohnung nach Grundsätzen zu regeln, die bereits durch die Rechtsprechung — vgl. KG DR 1943, 369 und 371, vor allem aber die Entscheidung des Großen Senates des RG vom 30. Oktober 1943 DR 1944, 69 — entwickelt worden waren; amtl. Erl. der VO DJ 1944, 278; Roquette, Mietrecht S. 49; Fachinger MDR 1949, 75; de la Motte MDR 1950, 718; Staudinger-Kiefersauer, 9 zu § 535. Die Wohnungsbehörde ist zur Aufteilung der Ehewohnung nach Scheidung der Ehe nicht berechtigt, VG Stuttgart DVBl 1950, 151 (Bettermann). Zur Notwendigkeit der Berücksichtigung der Ursachen der Eheauflösung im Rahmen des billigen Ermessens vgl. LG Bremen WM 1954, 147. Die HausratsVO verletzt kein Grundrecht der BV, Entscheidung des BayVerfGH vom 24. Januar 1949 Vf 67-VII-47, VerwRspr 1 Nr. 118 = VGHE n. F. Teil 2 Bd. 2 S. 1.

16 b) Pachtrechtsverhältnisse über Räume — eingeführt durch § 9 Dritte AusfVO KSchVO — und über gewerblich genutzte unbebaute Grundstücke — eingeführt durch § 2 Fünfte AusfVO KSchVO —, § 36 MSchG, sind seit 1. Dezember 1951 gemäß § 5 GRMG vom Mieterschutz freigestellt, oben 10.

Die Ausdehnung des Mieterschutzgesetzes auf Pachtverhältnisse beseitigt zunächst die Schwierigkeiten, die nicht selten bei der Unterscheidung von Raummiete und Raumpacht auftreten, weil jedenfalls der leere Raum, mit dem Einrichtungen nicht verbunden sind oder dessen bauliche Gestaltung nicht einem besonderen Vertragszwecke dient, auch bei Überlassung zu gewerblichen Zwecken immer zunächst nur dem Gebrauch, nicht unmittelbar der

Gewinnerzielung dient. Die Abgrenzung von Miete und Pacht ist flüssig; vgl. Staudinger-Kiefersauer, 4 zu § 581; RGRKomm I 1 vor § 535; Roquette, Mietrecht S. 59.

Mit der Einbeziehung der Raumpacht in den Mieterschutz ergeben sich indes neue Schwierigkeiten hinsichtlich der Abgrenzung der Raumpacht von sonstigen Pachtverhältnissen. Diese sind auch nicht durch die Einbeziehung der unbebauten Grundstücke, soweit sie gewerblich genutzt werden, beseitigt. Man kann nicht sagen, daß damit die Grenzen zwischen Raumpacht und Unternehmenspacht gefallen sind, weil zur Pacht eines Unternehmens stets Räume und Grundstücke gehörten (Roquette, DR 1942, 224 und Mietrecht S. 274; dagegen Bettermann 84 zu § 1). Es erscheint vielmehr notwendig, das Interesse des Pächters am Bestandschutz, das sich im Geltungsbereich des Mieterschutzgesetzes naturgemäß nur auf den Raum und das gewerblich genutzte Grundstück erstrecken kann, gegen die sonstigen von diesem Gesetz nicht geschützten Interessen des Pächters am Pachtgegenstand abzugrenzen. Wenn daher der Grundstücksüberlassung im Vergleich zur sonstigen Rechtsüberlassung bei der Übergabe des Unternehmens (Organisation, Firma, geschäftliche Beziehungen, Rechte, Patente usw.) das wirtschaftlich überragende Interesse des Pächters zukommen kann und darf — was im Einzelfall nicht nur aus der Meinung eines der beiden Vertragsteile, sondern auch aus dem Wesen der Betriebsführung im Hinblick auf die allgemeine volkswirtschaftliche Bedeutung ebenso wie auf die technische Gestaltung des Unternehmens zu entscheiden ist —, dann hat der Pächter einen rechtlichen Anspruch auf Bestandschutz i. S. der Raumschutzgesetzgebung; vgl. hierher OLG Stuttgart SJZ 1950, 339; LG Göttingen NdsRpfl 1950, 42. Die Unternehmenspacht als solche genießt keinen Bestandschutz; insoweit gilt auch heute noch RGZ 138, 199, vgl Staudinger-Kiefersauer, 13 zu § 581; OGH Köln MDR 1949, 281; Schoan MDR 1949, 401; Schrodt NJW 1950, 678; Brumby NJW 1954, 665.

Diese Auffassung deckt sich in etwa mit der eingehend begründeten These des „Maximalraums", die Tannert DRZ 1948, 2. Beiheft im Anschluß an das Urteil des OLG Freiburg vom 11. Juni 1946 DRZ 1946, 194 aufstellt. OLG Freiburg hat die Anerkennung des Kündigungschutzes für den Pächter einer Apotheke im Anschluß an die Entscheidung des Reichsgerichts vom 13. November 1941 RGZ 168, 44 = DR 1942, 221 (Roquette) ausgesprochen, vgl. auch Kleinrahm MDR 1947, 297. Die Abgrenzung nach dem Zweck des Gesetzes, der zur Ausdehnung des Kündigungsschutzes geführt hat, unternimmt OLG Celle MDR 1948, 351 (Baugeschäft) = NJW 1947, 66; dazu Bettermann 86 zu § 1. RG u. OLG Freiburg, sowie KG SJZ 1949, 199 wollen dem Pächter eines Unternehmens, das sowohl Räume (Grundflächen) als auch andere Gegenstände umfaßt, den Kündigungsschutz des § 36 MSchG stets zubilligen, „es sei denn, daß ausnahmsweise die Überlassung der Räume (Grundflächen) im Vergleich zur Verpachtung anderer Gegenstände völlig nebensächlich und unbeachtlich ist." Gegen RGZ 168, 44 aber BGH NJW 1953, 1391 = ZMR 1953, 347; unentschieden BGH V ZR 5/50 NJW 1952, 620 u V ZR 20/51 NJW 1952, 821 = MDR 1952, 666. Es sei nicht darauf abzustellen, welcher der verschiedenen Pachtgegenstände wirtschaftlich überwiege (zustimmend Kleinrahm zu OLG Köln MDR 1947, 297). Aber Raum und Recht müssen unter dem Gesichtspunkt der Interessenabwägung nach Vertragsinhalt, Bestandschutzinteresse und öffentlichem Interesse geprüft werden. Dann kann vielleicht auch der von der höchstrichterlichen Rechtsprechung anerkannte Grundsatz des Minimal-Raumes vor einer Verengung der Rechtsprechung bewahren. Das Bestandschutzinteresse muß bei der Unternehmenspacht auf die Räume (Grundflächen) beschränkt werden, deshalb ist es im Hinblick auf die rechtliche Ordnung des Apothekenwesens und die grundsätzliche Bedeutung der Bedürfnisfrage bei der Apothekenpacht stets zu verneinen, ebenso Bettermann 114 zu § 1. Das Raumschutzinteresse des Apothekenpächters hat hinter das Recht des Verpächters auf Verfügung über das Apothekenrecht zurückzutreten, LG Bielefeld NJW 1948, 191; a. M. OLG Freiburg aaO., OLG Frankfurt MDR 1949, 113 und 286 (Lewald); LG Aurich NJW 1949, 830; AG Oldenburg MDR 1950, 672; KG HW 1951, 116.

Mit der Aufhebung des Mieterschutzes für Geschäftsräume und gewerblich genutzte unbebaute Grundstücke — oben 10 — hat die Auseinandersetzung über den Rechtscharakter der Unternehmenspacht an Bedeutung verloren, s. aber § 21 Abs. 2 GRMG.

17 Rechtspacht ist nicht Gegenstand des Mietschutzgesetzes, LG Berlin DR 1941, 1900 (Pacht einer Tankanlage innerhalb einer Garage).

Landwirtschaftlich genutzte Grundstücke unterliegen nicht den Vorschriften des Mieterschutzgesetzes. Landpachtverträge, d. s. Verträge, durch die Grundstücke zur landwirtschaftlichen Nutzung verpachtet werden, umfassen nach § 1 Abs. 2 des Gesetzes über das landwirtschaftliche Pachtwesen (Landpachtgesetz) vom 25. Juni 1952 (BGBl I 343, 398) mit den Änderungen der §§ 9, 17 durch das Gesetz über das gerichtliche Verfahren in Landwirtschaftssachen vom 27. Juli 1953 (BGBl I 667) auch Rechtsverhältnisse, die sich zugleich auf Wohn- oder Wirtschaftsräume, die der Bewirtschaftung des verpachteten Grundstücks dienen, oder auf forstwirtschaftliche Grundstücke erstrecken. Die Reichspachtschutzordnung ist mit dem 1. Juli 1952 außer Kraft getreten.

Zur Abgrenzung des Rechtsverhältnisses, wenn mit dem landwirtschaftlichen Grundstück zugleich gewerbliche Grundstücke, Räume und Einrichtungen verpachtet sind, vgl. Bettermann 76 zu § 1. Zur Anwendung des MSchG auf einheitliche Gebrauchsüberlassung landwirtschaftlicher Grundstücke und Gebäude, wenn die Gebäude als Hauptsache anzusehen sind vgl BGHZ 6, 185 = MDR 1952, 542 = NJW 1952, 931.

Kleingärtnerisch genutzte Grundstücke sind hinsichtlich des Kündigungsschutzes der Kleingarten- und Kleinpachtlandordnung vom 31. Juli 1919/23. Mai 1942 (RGBl I 343) unterstellt; der Erwerbsgartenbau dagegen gehört zur Landwirtschaft. Der Kündigungsschutz der Kleingärten hat durch die Verordnung vom 27. September 1939 in der Fassung der Bekm. vom 15. Dezember 1944 (RGBl I 347) eine besondere Regelung erfahren.

18 c) Untermietverhältnisse sowie Unterpachtverhältnisse über Räume und gewerblich genutzte unbebaute Grundstücke.

1. Das Untermietverhältnis ist ein echtes Mietverhältnis, OLG Breslau Rspr. 42, 156; LG München I BayZ 1925, 188. Demgemäß finden die Vorschriften des Mieterschutzgesetzes an sich auch auf Untermietverhältnisse Anwendung, d. h. Rechtsverhältnisse, durch die der Mieter die von ihm selbst gemieteten Räume ganz oder teilweise einem Dritten überläßt. Das Mieterschutzgesetz vom 1. Juni 1923 hatte in § 24 Abs. 1 die Anwendung des Gesetzes mit einigen

Erleichterungen ausdrücklich ausgesprochen; die Erleichterungen für die Eigenbedarfsklage des Untervermieters galten aber nicht gegenüber dem Untermieter, der in dem Mietraum eine eigene Wirtschaft oder Haushaltung führte. Die Novelle zum MSchG vom 29. Juni 1926 beschränkte dann die Anwendung der §§ 1—19 auf Untermietverhältnisse, die sich ausschließlich auf Wohnraum beziehen, in dem der Untermieter eine eigene Wirtschaft oder Haushaltung führt.

Eine mietrechtliche Neuerung hatte dagegen bereits das Gesetz von 1923 gebracht und sie blieb unverändert in allen Neufassungen des Gesetzes bestehen: Die Gleichstellung von Untermietverhältnis und Quasi-Untermietverhältnis durch den in § 24 Abs. 3 MSchG enthaltenen Rechtssatz:

„Einem Untermietverhältnis steht es gleich, wenn ein Hauseigentümer oder jemand, der einen Raum auf Grund eines Erbbaurechts, Nießbrauchs oder eines ähnlichen Rechtsverhältnisses innehat, einen Teil des von ihm selbst im Hause benutzten Raumes vermietet."

Im Zuge der späteren Lockerungsmaßnahmen sind die Untermietverhältnisse und die sog. Quasi-Untermietverhältnisse aus dem Sonderrecht des Mieterschutzgesetzes weitgehend herausgenommen worden. Durch die dritte AusfVO z. KSchVO vom 5. September 1939 ist der Mieterschutz für Untermiet- und Quasi-Untermietverhältnisse in dem Ausmaße des geltenden Abs. 1 des § 24 MSchG wieder eingeführt worden.

Die PreisstopVO galt für alle Untermiet- und Quasiuntermietverhältnisse; insbes. waren sie der Preisbindung und Preisüberwachung durch die Preisbehörde auf Grund des RE 184/37 unterworfen. Darüber hinaus hat die VfW durch Anordnung Nr. 111/47 vom 18. November 1947 Höchstpreise bei Untervermietung von Wohnraum und als ergänzende Sonderregelung Vergütungssätze bei der Benutzung von Räumen des Beherbergungsgewerbes für Dauerwohnzwecke durch Anordnung Nr. 115/48 vom 5. Oktober 1948 festgesetzt.

Bei der Lockerung des Mieterschutzes durch § 7 der AbänderungsVO vom 7. November 1944 sind Quasi-Untermietverhältnisse den Untermietverhältnissen mit dem Abmaße gleichgestellt worden, daß auch die Untervermietung des ganzen Mietraumes — also die Weitervermietung im ganzen — als Untervermietung gilt, während § 24 MSchG nur die Weitervermietung eines Teiles des vom Eigentümer benutzten Raumes — also nur die Abvermietung — als Quasi-Untervermietung anerkennt.

Diese unterschiedliche Begriffsfestlegung für das Quasi-Untermietverhältnis läßt den Schluß zu, daß von hier aus der Begriff der Untervermietung in § 24 Abs. 1 kein anderer sein könne als in Abs. 3. Demgemäß bestimmt in § 24 MSchG der Abs. 3 den Begriff der Untermiete in Abs. 1, d. h. § 24 beschränkt die Untervermietung auf den Tatbestand der Abvermietung (Abverpachtung). Die Weitervermietung (Weiterverpachtung) wird durch die Regelung in § 24 nicht getroffen, soweit sie nicht zugleich Abvermietung ist, vgl. Bettermann SJZ 1949, 465; Bettermann 61 zu § 1 und 7 zu § 24; Kiefersauer JZ 1953, 288. Diese Auffassung ist im Anschluß an Roquette Mietrecht S. 283 (4. Aufl. S. 363) vom BGH V ZR 20/51 MDR 1952, 666 (Bettermann) = NJW 1952, 821 = ZMR 1953, 343 = LM Nr. 2 zu § 36 abgelehnt worden. Die Begriffe Abvermietung und Weitervermietung überschneiden sich; sie können sich gegenseitig ausschließen, müssen es aber nicht.

19 2. Die Entscheidung der Frage, ob ein Rechtsverhältnis als Mietverhältnis oder Untermietverhältnis anzusehen ist, hat daher Bedeutung für die Geltung des Mieterschutzrechtes und für die Anwendung der Höchstpreisanordnungen Nr. 111/47 u. Nr. 115/48.

Der Begriff des vom Eigentümer „selbst im Hause benutzten Raumes" darf nicht zu eng ausgelegt werden. Die Selbstnutzung steht im Gegensatz zu der Fremdnutzung im Wege der Dauervermietung. Der Hauseigentümer, der Räume seines Hauses an Kurgäste vermietet, behält die Selbstnutzung auch dann, wenn der einzelne Kurgast mehrere Wochen wohnen bleibt oder wenn der Kurbetrieb das ganze Jahr über andauert. Diese Gäste wohnen nur vorübergehend beim Gastgeber, sie sind keine Wohnungsinhaber, keine Dauermieter. § 25 MSchG trägt diesem Gedanken insofern Rechnung, als er dem Kurgast den Mieterschutz versagt. An der Bestimmung der für den Kurgast bereitgestellten Räume wird aber durch die Einweisung von Dauermietern durch die Wohnungsbehörde nichts geändert; das Mietverhältnis, das durch den freiwilligen Vertragsabschluß oder durch den Zwangsmietvertrag — oben 22 — begründet wird, ist stets als Untermietverhältnis im Sinne des § 24 MSchG anzusehen, auch wenn es als solches nicht bezeichnet und nicht erkannt ist.

20 3. Gemäß § 549 Abs. 2 BGB hat der Hauptmieter das einem Untermieter bei dem Gebrauch der Mietsache zur Last fallende Verschulden zu vertreten, wenn er dem Untermieter den Gebrauch der Mietsache überlassen hat. Diese Haftung des Hauptmieters gegenüber dem Vermieter (Hauseigentümer) folgt aus dem allgemeinen Grundsatz des § 278 BGB, wonach der Schuldner jedes Verschulden seines Erfüllungsgehilfen zu vertreten hat. Die Frage, ob der Hauptmieter dem Hauseigentümer gegenüber für den Schaden haftet, den ein auf Grund einer Mietverfügung gemäß § 16 WBewG in die Mietwohnung eingewiesener Untermieter schuldhaft verursacht hat, ist dagegen heftig umstritten.

Das Landgericht München hat diese Frage in seinem Urteil vom 6. Juni 1956 — 13 S. 246/55 — DWW 1956, 187 —verneint mit dem Hinweis, daß die Haftung aus § 278 und damit aus § 549 Abs. 2 BGB nur dann eintreten könne, wenn der Schuldner seine Hilfskräfte frei ausgewählt, der Hauptmieter also mit seinem Untermieter freiwillig einen Untermietvertrag abgeschlossen habe. Diese Auffassung wird zwar auch vertreten von Genzmer: DJZ 1922, 331; Stork JW 1921, 1353; Hedemann, Schuldrecht 106; Nipperdey, Kontrahierungszwang, Jena, 1920 S. 150/51; Brandis ArchZivPrax 121, 194; Mittelstein JW 1924, 1938; Bandmann MietG 1926, 96 und Hans VI 5 zu Art. VIII WohnG. Jedoch muß Bettermann (Anm. 251 zu § 2 MSchG) darin zugestimmt werden, daß die Haftung aus § 278 BGB nicht nur dort vertretbar ist, wo der Schuldner seinen Erfüllungsgehilfen frei wählen kann, sondern auch dort, wo die Auswahlfreiheit für den Mieter fehlt. Mit Recht weist Bettermann (aaO.) darauf hin, daß §278 BGB den Schuldner auch für seinen gesetzlich oder amtlich bestellten Vertreter oder Verwalter haften läßt.

Wenn eine Zwangseinweisung erfolgt und das Wohnungsamt einen Zwangsmietvertrag verfügt, so ersetzt das Wohnungsamt durch seine behördliche Mietverfügung den Willen des verfügungsberechtigten Wohnungsinhabers. Das Zwangsuntermietverhältnis ist ein echtes Mietverhältnis. Der Zwangsmietvertrag hat die Wirkung eines Mietvertrages, der zwischen dem Wohnungsinhaber und dem Wohnungssuchenden (Begünstigten) als zustande gekommen gilt und den allgemeinen Vorschriften über den Mietvertrag (§§ 535ff.

BGB) unterliegt. Bei einem auf diese Weise zustandegekommenen Untermietvertrag kann es aber keinen Unterschied machen, welches seine Entstehungsursache ist (so Kellerhals DWW 1956, 188).

Deshalb geht es nicht an, die Haftung des Mieters für das Verschulden seines zwangseingewiesenen Untermieters zu verneinen (wie hier Palandt-Gramm Anm. 6 zu § 549; Staudinger-Kiefersauer bis zur 10. Aufl., Anm. 23 zu § 549; RG JW 1934, 2129, wo der Zwangsuntermieter mit dem freiwillig in die Mietwohnung aufgenommenen Mieter gleichgestellt wird).

Für die hier vertretene Auffassung, daß der Mieter auch für die durch den zwangseingewiesenen Untermieter schuldhaft verursachten Schäden dem Hauseigentümer gegenüber aufkommen muß, spricht auch der Wortlaut des § 2 Abs. 1 MSchG, der den Mieter für das Verhalten seines Untermieters mietaufhebungsrechtlich voll haften läßt, ohne einen Unterschied zu machen, ob der Mieter die Untermieträume dem Untermieter freiwillig oder auf Anordnung des Wohnungsamtes erzwungen überlassen hat (so auch mit Recht Bettermann (aaO), der zutreffend darauf hinweist, daß der Gesetzgeber, wenn er hier einen Unterschied hätte machen wollen, dies bestimmt getan hätte, zumal zur Zeit der Schaffung des Mieterschutzgesetzes Zwangsuntermietverhältnisse bereits in zahlreichen Fällen bestanden haben und laufend begründet worden sind).

Schließlich dürfte aus der Sonderregelung in § 23 Nr. 2 WVVO und § 9 MSchÄndVO zu entnehmen sein, daß § 549 Abs. 2 BGB auch für solche Mietverhältnisse gilt, die unter den gegenwärtigen Wohnungsnotverhältnissen auf nicht freiwilliger Grundlage abgeschlossen worden sind. Es wäre im übrigen auch unbillig, dem Wohnungsinhaber, der freiwillig auf die Zuweisung hin der Aufforderung zum Vertragsabschluß nachgekommen ist, die Last der Haftung aufzuerlegen, demjenigen aber, der es auf die Festsetzung eines Zwangsuntermietvertrages hat ankommen lassen, diese Last abzunehmen.

Das Zwangsuntermietverhältnis endet nicht mit dem Hauptmietverhältnis, Staudinger-Kiefersauer 26 zu § 549; LG Stade HMR Rspr 1949 Nr. 21; LG Hamburg HMR Rspr 1950 Nr. 37; OVG Münster ZMR 1952, 111; LG Kassel MDR 1953, 233 und WM 1953, 12; Bettermann 61c zu § 1; Roquette Mietrecht S. 331. Der Hauptvermieter aber kann die Mieträume vom Untermieter zurückfordern, § 556 Abs. 3 BGB. Wegen der Sonderregelung des § 37 I WEG vgl. Staudinger-Kiefersauer aaO.

21 4. Das Unterpachtverhältnis ist ein echtes Pachtverhältnis. Die Ausdehnung des Mieterschutzes auf Pachtverhältnisse ist dem Wortlaut nach nur auf die Hauptpacht beschränkt, doch dürfte bei der Neufassung des § 36 eine materiellrechtliche Änderung nicht beabsichtigt gewesen sein, so daß § 36 auch für Unterpachtverhältnisse entsprechend anzuwenden ist; wie hier Bettermann SJZ 1949, 463 gegen Tannert ArchZivPrax 150, 187; Roquette, Mietrecht S. 283; BGH V ZR 20/51 MDR 1952, 666; Bettermann 317 zu § 24.

Die Beschränkung des § 24 auf die Abvermietung — oben 18 — bedeutet bei der Abverpachtung die Notwendigkeit der Fortdauer nicht nur des Pachtbesitzes durch den Abverpächter, sondern auch des Fortbezuges der Pachtnutzung aus einem Teil der Pachtgrundstücke.

22 Vorübergehend, vom 1. April 1932 bis 6. September 1939, waren die Vorschriften der §§ 1—35 MSchG auf Untermietverhältnisse nicht mehr anwendbar gewesen, auch wenn es sich um Wohnräume handelte, in denen der Untermieter eine eigene Wirtschaft oder Haushaltung führte.

Seit 7. September 1939 sind gemäß § 2 Abs. 2 Dritte AusfVO KSchVO, § 24 Abs. 1 MSchG die Vorschriften des ersten Abschnittes dieses Gesetzes anzuwenden, wenn der Untermieter in den Mieträumen mit seiner Familie eine selbständige Wirtschaft oder Haushaltung führt oder die Räume ganz oder überwiegend mit Einrichtungsgegenständen ausgestattet hat. Bei selbständiger Wirtschafts- oder Haushaltführung sind Familienangehörige nach dem Tode des Haushaltvorstandes oder dessen Ausscheiden aus der Wohnung nach Maßgabe des § 24 Abs. 2 MSchG in ihrem Wohnrecht besonders geschützt.

23 Die seit 1. April 1932 beseitigte Möglichkeit der Ersetzung der Erlaubnis des Vermieters zur Untervermietung durch das Mieteinigungsamt ist ab 7. September 1939 durch § 5 Dritte AusfVO, § 4 Fünfte AusfVO KSchV, als § 29 MSchG wieder eingeführt worden. Hiernach kann der Vermieter (Verpächter) nur aus einem wichtigen Grunde die Erlaubnis zur Untervermietung (Unterverpachtung) des Raumes oder des gewerblich genutzten unbebauten Grundstücks verweigern; auf Antrag kann die Erlaubnis vom Mieteinigungsamt ersetzt werden, was besonders bei der Unterverpachtung mit Rücksicht auf § 596 Abs. 1 BGB eine nicht unerhebliche Verstärkung der Rechtsstellung des Pächters bedeutet. Bei allgemeiner Ersetzung der Erlaubnis bleibt das Recht des Vermieters (Verpächters), im Einzelfall aus wichtigem Grunde zu widersprechen, unberührt.

24 Gegenstand des Untermiet- und Unterpachtverhältnisses sind außer Räumen und gewerblich genutzten unbebauten Grundstücken (§ 36 MSchG) in der Regel Einrichtungsgegenstände, die mit dem Grundstück überlassen werden, insbesondere Möbel. In diesem Fall erstreckt sich regelmäßig nach dem übereinstimmenden Vertragswillen der Parteien die Gebrauchsüberlassung einheitlich auf die Grundstücks(Raum)nutzung und die Benutzung der Möbel und sonstigen Einrichtungsgegenstände mit der Rechtsfolge, daß ohne Zustimmung des anderen Teiles weder der Untervermieter die Rückgabe noch der Untermieter die Rücknahme der Möbel verlangen kann; insbesondere ist der Untervermieter nicht verpflichtet, die Möbel ganz oder teilweise zurückzunehmen, LG Dortmund MDR 1948, 181; LG Hamburg MDR 1949, 171; LG Göttingen NdsRpfl 1951, 16 = DRspr II (279) 47. Das Interesse des Mieters an der Ingebrauchnahme neubeschaffter eigener Möbel kann die Veränderung der Vertragsgrundlage durch einseitige Erklärung oder Handlung des Mieters nicht rechtfertigen, Glaser NJW 1951, 301 u. HW 1951, 331; a.M. LG Wuppertal MDR 1949, 617 (Bettermann); AG Duisburg JR 1949, 473; LG Hannover WM 1949 Nr. 11; LG Osnabrück WM 1950 Nr 10.

Diese umstrittene und von den Heimatvertriebenen als unerträglich empfundene (Weidner JZ 1951, 33) Rechtslage hat in dem durch § 28 Ziff. 4 WBewG neu eingefügten § 24a MSchG eine gesetzliche Regelung gefunden, die den Interessen beider Teile Rechnung trägt und eine Kündigung nur zuläßt, wenn sie dem anderen Teil zugemutet werden kann. Die Zumutbarkeit bildet auch die Voraussetzung für eine nach Kündigung des Mietverhältnisses (vor Erlaß des § 24a) durch den Mieter durch die Wohnungsbehörde erfolgte Alleinzuweisung des bisherigen Mieters als Zwangsmieter (Vorauflage A 27; dagegen Bettermann 99 zu § 24), ganz abgesehen von den nach § 15 Abs. 6 WBewG geforderten „besonders dringenden Gründen der Wohnraumbewirtschaftung".

Die Wiedereinweisung des räumungspflichtigen Mieters in die Wohnung — ganz oder zum Teil — durch die Obdachlosenfürsorge (Ordnungsbehörde) kann nur eine kurzfristige sein, VG Stuttgart ZMR 1952, 114 und 1953, 229. Nach Ablauf der Unterbringungsfrist ist die Ordnungsbehörde verpflichtet, den Eingewiesenen aus der Wohnung zu entfernen; sie kann sich nicht auf ihr finanzielles oder technisches Unvermögen berufen, vgl. OLG Münster ZMR 1952, 283 und Fischer gegen LVG Köln aaO.; VG Bremen, Glaser Entsch. Nr. 140/IV/54; Staudinger-Kiefersauer 23 vor § 535; OVG Münster ZMR 1954, 314; OVG Lüneburg ZMR 1955, 60; OVG Berlin ZMR 1955, 29.

25 Wohnungstausch. 1. Der Wohnungstausch. eine Rechtsfigur des Wohnungsnotrechts, war zunächst nur ein Notbehelf der Beteiligten, der unter die Kontrolle der Gemeindebehörde gestellt wurde. § 8 des bis 1. April 1933 geltenden Wohnungsmangelgesetzes verpflichtete die Tauschpartner, die Genehmigung der beteiligten Gemeindebehörden unter Beifügung der schriftlich gegebenen oder durch die Entscheidung des Mieteinigungsamtes ersetzten Zustimmung des Vermieters vor der Durchführung des Tausches einzuholen. Die Durchführung des genehmigten Tausches war Sache der Beteiligten, die ihre Rechte im ordentlichen Rechtsweg geltend machen konnten; öffentliche Zwangsmittel standen nicht zur Verfügung.

2. Nur Wohnungen, nicht Geschäftsräume können getauscht werden; ein Tausch zwischen Wohnungen und Geschäftsräumen ist nicht zulässig. Dies galt nicht nur für das WMG (KG JW 1925, 1883 und MietG 1927, 67), sondern auch für den Zwangstausch nach Art. I der mit Wirkung vom 1. Juli 1960 aufgehobenen (vgl. Art X § 1 Abs. 1 Nr. 8 Abbaugesetz) MSchÄndVO. Nur selbständige Wohnungen sind tauschfähig, KG JW 1925, 1127 u. 1926, 1584; OVG Münster MDR 1950, 507.

3. Der Wohnungstausch ist kein festumgrenzter Rechtsvorgang; er bezeichnet zunächst lediglich einen tatsächlichen Vorgang und ist in der Regel — einzige Möglichkeit des Tausches in §§ 30, 31 MSchG — nichts anderes als der Eintritt des Tauschpartners in das bereits bestehende Mietrechtsverhältnis des Tauschgegners mit dem Abmaße, daß gleichzeitig der bisherige Mieter endgültig aus dem Mietrechtsverhältnis ausscheidet, Kiefersauer, LZ 1924, 581; zustimmend KG 17 Y 8/28 JW 1928, 2551; Scholtz DR 1942, 880. Es findet ein Austausch einer Rechtsstellung statt, Roquette, Mietrecht S. 155.

Der Wohnungstausch kann aber auch in der Form vollzogen werden, daß die bestehenden Mietverträge durch Vereinbarung der Beteiligten aufgehoben und neue Verträge zwischen den Tauschpartnern und den Vermietern abgeschlossen werden.

Endlich können die Beteiligten Untermietverträge abschließen, für deren Durchführung die Mitwirkung des Mieteinigungsamtes nach § 29 MSchG in Anspruch genommen werden kann, KG EA 374 u. 546 sowie DR 1942, 1554.

Diese drei Grundformen des Wohnungstausches können durch Mischung der Rechtsformen eine besondere Prägung erfahren, dazu Roquette, Mietrecht S. 175; vgl. ferner Hermes WM 1954, 85.

26 § 1 der Fünften AusfVO KSchV — in Kraft getreten am 16. August 1940 — hat eine den Wohnungstausch erleichternde Regelung getroffen. Die §§ 1, 2, der Sechsten AusfVO KSchVO haben diese Vorschriften geändert und ergänzt; in dieser Form sind die Bestimmungen über den Wohnungstausch in die Neufassung des Mieterschutzgesetzes vom 15. Dezember 1942 — §§ 30, 31 —

übernommen worden. Die Genehmigung des Wohnungstausches durch die beteiligten Gemeindebehörden ist nicht erforderlich; dagegen setzt die Gültigkeit des von den Beteiligten frei zu vereinbarenden Wohnungstausches voraus:

1. Das Verfügungsrecht eines jeden Beteiligten über die Wohnung in allen ihren Teilen, weshalb Untermieter kein selbständiges Tauschrecht besitzen. Dies galt nicht nur für § 8 WMG (KG JW 1926, 1584), sondern gilt ebenso für § 30 MSchG (KG DR 1942, 1093; Roquette Mietrecht S. 163; BayObLGZ 1952, 175 = MDR 1953, 40; einschränkend LG Göttingen ZMR 1953, 122 und Hermes WM 1954, 85). Die Wohnraumzuteilung durch Zuweisung seitens der Wohnungsbehörde (§ 12, § 15 WBewG) gibt dem Zugewiesenen noch kein Verfügungsrecht, OLG Hamm ZMR 1954, 283.

   Die Beendigung des Mietverhältnisses entzieht dem Mieter grundsätzlich die Verfügungsfreiheit und damit die Tauschbefugnis KG DR 1941, 1368 und 1899. Nach § 31 Abs. 1 MSchG kann aber das Mieteinigungsamt dem Mieter auf Antrag gestatten, die Mieträume mit einem Dritten für die Zeit nach Beendigung des Mietverhältnisses zu tauschen, und die hierzu erforderliche Einwilligung des Vermieters ersetzen.

2. Die Einwilligung des Vermieters zum Tausch; die bei Verweigerung — allgemein oder für den Einzelfall — ohne wichtigen Grund auf Antrag des Mieters nach § 30 MSchG durch die Entscheidung des MEA ersetzt werden kann. Wird die Einwilligung allgemein ersetzt, so bleibt wie im Falle des § 29 MSchG bei der Untervermietung das Recht des Vermieters, im Einzelfall dem Tausch aus wichtigem Grunde zu widersprechen, unberührt, § 30 Abs. 5 MSchG. Der Wohnungstausch setzt voraus, daß die Tauschwohnungen dem Mieterschutzrecht unterstellt sind. Bei mieterschutzfreien Wohnungen — früher unbeschränkt bei Wohnungen bestimmter Gesellschaften und Genossenschaften, KG JW 1925, 2481 —, insbesondere also bei den für öffentliche Angestellte nach Maßgabe des § 32 MSchG zur Verfügung gestellten Wohnungen, kann die Einwilligung des Vermieters nicht ersetzt werden, KG DR 1941, 2569.

27 Durch Art. I der am 1. Juli 1960 außer Kraft getretenen (vgl. Art. X § 1 Abs. 1 Nr. 8 Abbaugesetz) MSchÄndVO war für räumungspflichtige Mieter die Durchführung eines Zwangswohnungstausches auf Antrag des räumungsberechtigten Vermieters oder der Gemeinde eingeführt worden. Voraussetzung für die Durchführung des Wohnungstausches war materiellrechtlich die Weigerung eines oder mehrerer der beteiligten Mieter, den Tausch durchzuführen, obwohl sie auf Grund vollstreckbaren Räumungsurteils oder Vergleichs zur Räumung ihrer Wohnung verpflichtet waren, gleichviel, ob die Räumungspflicht im Rahmen des Mietaufhebungsverfahrens oder im Herausgabeverfahren festgestellt worden war, gleichviel, ob mieterschutzfreie oder mieterschutzpflichtige Wohnungen in Frage standen. Möglich war der Tausch nur für Wohnungen in derselben Gemeinde. Weitere materiellrechtliche Voraussetzung war, daß der Tausch den räumungspflichtigen Mietern nach der gesamten Sachlage billigerweise zugemutet werden konnte.

Der Zwangswohnungstausch, der nach Art. VIa WohnG zur besseren Verteilung des Wohnraumes durch die Wohnungsbehörde angeordnet werden konnte (Kiefersauer, Grundstücksmiete 7. Aufl. V 31 u. A 314; dazu BGH

HMR Rspr 1951 Nr. 231; OVG Lüneburg JR 1951, 563 u. HMR 1951 Nr. 197; LVG RheinlPfalz NJW 1953, 158), ist als Anordnung eines „endgültigen Wohnungswechsels" im Rahmen der auf die Gewinnung von Dauerwohnraum abzielenden Baumaßnahmen des § 25 Abs. 2 WBewG nach Abs. 3 dieser Vorschrift nur zulässig, wenn dies in zumutbarer Weise „zum Wohle der Allgemeinheit, insbesondere aus städtebaulichen Gründen erforderlich ist". Als wohnwirtschaftliche Maßnahme, die besonders tief in die Rechtssphäre der Betroffenen eingreift, muß die Anordnung auf Ausnahmefälle beschränkt bleiben.

Über das Verhältnis des § 25 Abs. 3 WBewG zu der weitergehenden landesrechtlichen Räumungsanordnung des bayerischen Gesetzes über die Freimachung und Vergütung zweckentfremdeten Beherbergungsraumes vom 22. November 1950 (GVBl 1951) vgl. Staudinger-Kiefersauer 8 vor § 535 BGB.

28 C) **Benutzungsrechte außerhalb des Mietrechts.**

1. Wohnungsleihe, d. i. die unentgeltliche Überlassung von Räumen zum Gebrauch (§ 598 BGB), ist keine Miete. Zur Abgrenzung von Miete und Leihe vgl. Bettermann 36 zu § 1 MSchG. Eine entsprechende Anwendung der Vorschriften des Mieterschutzgesetzes ist nicht zulässig. Aus einem Mietrechtsverhältnis wird nicht ohne weiteres ein Leihverhältnis, wenn der Vermieter auf die Mietzinszahlung verzichtet oder wenn der Mieter aus rechtlichen Gründen die Zahlung des Mietzinses für eine bestimmte Zeit verweigert. Zur sinngemäßen Anwendung sozialpolitischer Gesichtspunkte auf die Ausübung des Kündigungsrechts des Verleihers gem. § 605 BGB unter Bezugnahme auf RG JW 1921, 1362 vgl. von Bernstorff WM 1950 Nr. 4; vgl. auch Loening, Grundstücksmiete S. 40.

29 2. Das dingliche Wohnrecht (§ 1093 BGB) untersteht auch dann nicht den Bestimmungen des MSchG. wenn die Gestaltung des Rechts im einzelnen dem Recht einen mietähnlichen Charakter verleiht, KG JW 1923, 760. Wird aber bei der Bestellung des Wohnrechts vereinbart, daß das Recht zum Gebrauch der Räume „nach Mietgrundsätzen" geregelt werden soll, so liegt in Wahrheit ein nicht eintragungsfähiges Mietrecht vor (LG Düsseldorf ZMR 1957, 55; Soergel-Bauer, 8. Aufl. Anm 1 zu § 1093 BGB) und es gilt das Mieterschutzgesetz auch dann, wenn die Eintragung eines „Benutzungsrechtes" im Grundbuch erwirkt worden ist, RG DWohnA 1926, 231; RG LZ 1927, 640; RG JW 1927, 1922; 1929, 2872; 1931, 2363. Der Inhalt des Rechts ist im Wege der Auslegung festzustellen. Die Bezeichnung des Rechtsverhältnisses durch die Vertragsteile ist nicht maßgebend. Die Bezeichnung der Entschädigung als Miete und die Bezeichnung als Mietverhältnis ist dann unschädlich, wenn die Parteien ein Wohnrecht gewollt haben, RG DWohnA 1933, 368.

Wird auf Grund eines Mietvertrages dem Mieter ein dingliches Wohnrecht bestellt, so bleibt gleichwohl der Mietvertrag weiter in Kraft, aus ihm kann dem Mieter auch dann noch ein Recht zum Besitze der Mietwohnung zustehen, wenn das dingliche Wohnrecht in der Zwangsversteigerung untergegangen ist, LG München BBauBl 1954, 273; OLG Hamm DNotZ 1957, 314 = Glaser Nr. 192/IX/1957.

Der Rechtsbestand des dinglichen Wohnrechts wird durch die vorübergehende Unbewohnbarkeit der Räume nicht berührt und lebt nach der Wiederinstandsetzung des Gebäudes auf. Das dingliche Wohnrecht erlischt dagegen mit der vollständigen Zerstörung des Gebäudes, so OLG Braunschweig, ZMR

1952, 131; BGH NJW 1952, 1375 = BlGBW 1953, 287; BGH ZMR 1954, 216; Staudinger, Anm 13 zu § 1093 BGB; Haegele, BlGBW 1956, 55; a. A. Ballerstedt, SJZ 48, 388.

Das durch Vererblichkeit und Veräußerlichkeit vom dinglichen Wohnrecht verschiedene, im übrigen wesensverwandte Dauerwohn(nutzungs)-recht gemäß §§ 31 ff des Gesetzes über das Wohnungseigentum und das Dauerwohnrecht am 15. März 1951 (BGBl I 175) steht nicht unter Mieterschutz.

30 3. Der Inhaber einer Dienstwohnung genießt keinen Mieterschutz es sei denn, daß die Überlassung auf Grund eines Mietvertrages erfolgt. Die Überlassung der Dienstwohnung erfolgt regelmäßig im Zusammenhang mit der Berufung ins Beamten (nicht auch Angestellten)verhältnis auf die Dienststelle, also auf Grund öffentlich-rechtlichen Aktes. Dies gilt auch, wenn die Behörde den Beamten nach seinem Ausscheiden aus dem Dienst noch eine Zeitlang in der Wohnung wohnen läßt, es sei denn, es wird ein privatrechtlicher Nutzungsvertrag (Mietvertrag) abgeschlossen, RGZ 105, 47 und RG LZ 1925, 769.

Die Übernahme der Verwaltung oder Reinhaltung eines Hauses gegen Überlassung einer Wohnung (Hausverwalter- oder Hauswartvertrag) kann Miet- oder Dienstvertrag sein, je nachdem die Raumüberlassung oder die Dienstleistung im Vertrage als Neben- oder Hauptverpflichtung anzusehen ist, vgl. RG JW 1910, 398; JR 1926, 1922; Roquette Mietrecht S. 81; a. M. Bettermann, 34 zu § 1, der die Verwalterwohnung stets als Mietwohnung erachtet; vgl. auch Heinisch DWW 1953, 236. Wegen der Anwendung der für Werkwohnungen geltenden Vorschriften s. Anm. 1 zu § 21 MSchG.

31 4. Der Beherbergungsvertrag d. h. die gewerbsmäßige Aufnahme von Fremden zur Beherbergung durch den Gastwirt (§ 701 BGB) wird auch dadurch nicht zu einem Mietvertrag, daß die Aufnahme für einen längeren Zeitraum erfolgt. Es handelt sich um ein eigenartiges Schuldrechtsverhältnis, vgl. RGZ 65, 12; 104, 45; 105, 202. Wenn auch der Gast das nächste Interesse an der Unterbringung hat, so darf dennoch nicht übersehen werden, daß ohne die weitere Vertragsleistung der Bedienung, Beleuchtung, Beheizung und gegebenenfalls der Verpflegung der Vertrag nicht zustandegekommen wäre. Die neuere Auffassung des Reichsgerichts in RGZ 169, 84, wonach der Beherbergungsvertrag im wesentlichen Wohnungsmietvertrag sei (zustimmend Roquette, Mietrecht S. 80; „gesteigerter Mietvertrag" Bettermann 30 zu § 1), kann deshalb nicht geteilt werden.

Stellt man beim Beherbergungsvertrag den sozialen Gehalt des Mieterschutzes in den Vordergrund, so kann den auf der anderen Seite des „Doppelgesichtes" (Bettermann 68 f zu § 1) dieser Raumüberlassung sichtbaren wirtschaftlichen Interessen mindestens im Falle der Dauervermietung nicht das Übergewicht eingeräumt werden, wie dies in der Gesetzgebung (z. B. durch das bayer Gesetz zur Freimachung zweckentfremdeten Beherbergungsraumes vom 2. November 1950, Kiefersauer DVBl 1951, 303) und in der Rechtsprechung durch die Aberkennung der Eigenschaft als Wohnraum i. S. des WohnG (BGHZ 10, 215) geschehen ist, vgl. Staudinger-Kiefersauer 8, 66 vor § 535 BGB.

32 5. Der Nutzungsvertrag, den die Wohnungsunternehmen mit den Mitgliedern der Genossenschaft über die Überlassung von Räumen in Genossenschaftshäusern einzugehen pflegen, begründet in aller Regel — Staudinger-Kiefersauer 56 zu § 535 — kein Mietrechtsverhältnis, auch wenn das Entgelt als Miete bezeichnet ist. Die Gebäude gemeinnütziger Wohnungsunternehmen

sind jedoch — die Sonderfälle der §§ 34, 35 MSchG ausgenommen — dem Mieterschutz unterstellt, oben Anm. 6.

33 6. Die Einweisung in eine Wohnung auf Grund des Reichsleistungsgesetzes vom 1. September 1939 (RGBl I 1645) begründet ein öffentlich-rechtliches, auf vorübergehende Zeit berechnetes, widerrufliches (BVerwG ZMR 1954, 119) Nutzungsverhältnis auf Grund des zwischen dem Leistungspflichtigen und der anfordernden Behörde geschaffenen Unterwerfungsverhältnisses. Sie gewährt nur Unterkunft, kein Wohnungsrecht. Bei diesen, durch den Verwaltungsakt nach Umfang und Dauer bestimmten öffentlich-rechtlichen Beziehungen hat es sein Bewenden, soweit nicht die Beteiligten über die Raumnutzung durch Vertrag d. i. regelmäßig durch einen Mietvertrag bürgerlich-rechtliche Beziehungen begründen, vgl. LG Bochum SJZ 1946, 175; Meiß MDR 1947, 223; LG Göttingen Hann. Rpfl 1947, 50; LG Essen MDR 1947, 292; RGZ 167, 285; LG Düsseldorf, ZMR 1955, 239; a. M. LG Detmold MDR 1947, 54; BGH MDR 1952, 98 = ZMR 1952, 11 erachtet Rechtsgeschäfte über beschlagnahmte Räume nicht als nichtig, wohl aber als schwebend unwirksam bis zur Entscheidung der Bedarfsstelle. Die durch den Vertrag begründeten privatrechtlichen Beziehungen bleiben auch nach Aufhebung des öffentlich-rechtlichen Nutzungsverhältnisses bestehen, OVG Hamburg MDR 1949, 245 (Bettermann); Naumann MDR 1949, 718; LG Hamburg HMR Rspr 1950 Nr. 36; Bettermann 2a zu § 1.

Dieser Rechtsauffassung steht nicht entgegen, daß der Leistungspflichtige gegen den Eingewiesenen bürgerlich-rechtliche Ansprüche z. B. aus §§ 985ff. BGB, aus unerlaubter Handlung usw. vor den ordentlichen Gerichten geltend machen kann, vgl. Bettermann, MDR 1947, 46, 59 und 224; JR 1949,121; a. M. Meiß SJZ 1947, 82 und MDR 1947, 222; OLG Frankfurt JR 1949, 120. Die Zulässigkeit des Rechtsweges ist aber insoweit zu verneinen, als die Herausgabe der Räume vom Leistungsempfänger mit einer anderen Begründung als der verlangt wird, daß die Einweisung nichtig ist; denn die Herausgabepflicht des Eingewiesenen besteht insolange nicht, als der (rechtsgültige) Verwaltungsakt von der zuständigen Behörde aufrechterhalten wird. Wird dagegen behauptet, der Verwaltungsakt sei nichtig — sei es wegen Unzuständigkeit der Behörde, sei es wegen grober Fehlerhaftigkeit oder Willkürlichkeit des Aktes —, so ist der Rechtsweg als zulässig zu erachten, LG Oldenburg NJW 1949, 195 Nr. 380; OLG Düsseldorf MDR 1948, 107 (Kleinrahm) u. 1948, 286 (Bettermann); LG Osnabrück MDR 1949, 48 (Hornig); OLG Kiel JR 1948, 324; OLG Hamburg MDR 1949, 233 (Naumann); OGH Köln MDR 1949, 551 und 677 = NJW 1949, 545 und 714; LG Hamburg MDR 1950, 96 (Kleinrahm); BGH NJW 1952, 624; einschränkend OLG Celle MDR 1949, 443 (Hornig) und LVG Hannover MDR 1949, 441. Der öffentlich-rechtliche Charakter der Rechtsbeziehungen zwischen Leistungspflichtigen und Leistungsempfänger — Clemens DR 1943, 475 und MDR 1950, 588 — wird hier durch die Behauptung der Nichtigkeit des Verwaltungsaktes verneint. OGH Köln MDR 1948, 472 erachtet die Zulässigkeit des Rechtsweges auch bei wohnungsamtlicher Einweisung für gegeben; vgl. auch Meiß SJZ 1950, 203. Ebenso ist der Rechtsweg zulässig, wenn Haftungsansprüche wegen Amtspflichtverletzung des einweisenden Beamten geltend gemacht werden, OLG Hamburg MDR 1947, 299; LG Essen MDR 1949, 42; LG Düsseldorf ZMR 1955, 239.

Das Problem der Zulässigkeit des Rechtsweges hat durch die Regelung in Art. 19 Abs. 4 GG eine grundsätzliche Klärung dahin erfahren, daß § 13 GVG allgemeine Gültigkeit beansprucht, soweit nicht durch Sonderregelung die Zuständigkeit besonderer Verwaltungsgerichte festgelegt ist, Bettermann MDR 1949, 394.

Die Rechtsbeziehungen zwischen Leistungsverpflichteten und Leistungsempfänger werden im übrigen durch die zuständige Behörde geregelt; die Festsetzung der Vergütung, die als Festsetzung einer Wertschuld (BGH NJW 1954, 1485) ein „unerläßliches mitgestaltendes Element für das endgültige Wirksamwerden des Entschädigungsanspruchs ist" (BGHZ 11, 156), erfolgt durch die Behörde, die die Einweisung vorgenommen hat und die dem Leistungsverpflichteten gegenüber haftet, § 27 RLG; RG DR 1942, 135. Vergütung und Entschädigung können vom Leistungspflichtigen im Rahmen des § 26 auch für die Zeit beansprucht werden, in der die durch den hoheitlichen Eingriff geschaffene nachteilige Lage trotz formeller Aufhebung der Inanspruchnahme in ihrer tatsächlichen Wirkung bestehen bleibt; BGH MDR 1954, 607; über den Anspruch auf Nutzungsentschädigung nach § 26 RLG vgl. BGH MDR 1956, 605 = BB 1956, 218. Die Vorschriften des Mieterschutzgesetzes finden keine Anwendung; insbesondere kann der Leistungspflichtige nicht die Mietaufhebungsklage erheben, vgl. Bettermann-Haarmann S. 165, 177; Roquette, Mietrecht S. 294, Kleinrahm SJZ 1946, 229. Für die Annahme, daß die Einweisung ein tatsächliches, mietähnliches Verhältnis — so LG Duisburg SJZ 1947, 198 und NJW 1949, 198 Nr. 476 — oder ein wirkliches Mietrechtsverhältnis — so LG Essen SJZ 1946, 228 und (einschränkend) NJW 1949, 627 — zur Folge habe, fehlt jede rechtliche Begründung, LG Hagen MDR 1947, 233; OLG Düsseldorf MDR 1948, 286; Hans, 6 zu § 1 MSchG; Cranz HW 1952, 362; BGHZ 5, 217; KG HW 1953, 113. Ist der Mietvertrag vor der Inanspruchnahme der Räume durch die Verwaltungsbehörde unter den Parteien abgeschlossen worden, so liegt in der Regel eine echte Beschlagnahme (Erfassung, Einweisung, Zuweisung, Zuteilung) gar nicht vor, sondern nur die Genehmigung des Nutzungsvertrages (Bezugsgenehmigung); zu einer förmlichen Inanspruchnahme auf Grund des RLG besteht keine Veranlassung; so mit Recht Bettermann MDR 1949, 247. Auch nach der Inanspruchnahme kann der Mietvertrag von den Beteiligten abgeschlossen werden; das öffentliche Nutzungsverhältnis steht dem nicht entgegen; LG Hamburg MDR 1950, 158; BVerwG ZMR 1954, 119; a. M. LG Hamburg MDR 1949, 359 und OLG Hamburg MDR 1949, 745 (das eine Unwirksamkeit des Mietvertrages annimmt); VGH Bremen DRZ 1950, 562.

Zur Frage der Abwicklung von Benutzungsverhältnissen nach dem RLG vgl. Naumann MDR 1949, 718.

An dieser Rechtslage hat sich auch seit dem Inkrafttreten des WohnG und des WBewG nichts geändert, LG Braunschweig DRZ 1946, 158; a.M. OVG Jena RegBl Thür 1947 II 40 und NJW 1948, 663. Die Behandlung der Erfassung und Zuweisung von Wohnraum in Art. VIII WohnG geht ebenso wie die Zuweisung gemäß § 15 WBewG davon aus, daß der behördliche Verwaltungsakt erst durch den Abschluß eines bürgerlich-rechtlichen Nutzungsvertrages oder ersatzweise durch die Festsetzung des Zwangsmietvertrages privatrechtliche Beziehungen zu schaffen vermag. Deshalb gehört die Aufforderung zum Abschluß eines Vertrages zum wesentlichen Inhalt der Zuweisung. Solange für die auf Grund des Reichsleistungsgesetzes ausgesprochenen Einweisungen im Einzelfall ein Nutzungsvertrag nicht abgeschlossen oder durch die Wohnungsbehörde ein Zwangsmietvertrag nicht festgesetzt ist, hat es bei den öffentlich-rechtlichen

Beziehungen sein Bewenden. Die Wohnungsbehörde kann aber bei der Prüfung der Frage der Zuweisung und der Festsetzung eines Zwangsmietvertrages unter Umständen genötigt sein, „zur Vermeidung unbilliger Härten" die Einweisung auf Grund des Reichsleistungsgesetzes aufzuheben; sie ist dazu verpflichtet, wenn die Voraussetzungen für den Widerruf einer Erfassungsmaßnahme vorliegen. Die Aufhebung der Einweisung nach dem RLG kann nicht in eine Zuweisung nach dem WohnG umgedeutet werden, LG Göttingen, Hannov.Rpfl 1947, 50. Keine generelle Umwandlung in ein Wohnrechtsverhältnis nach dem WohnG, Hamburg MDR 1949, 245 (Bettermann); BGHZ 5, 217 = NJW 1952, 823 = ZMR 1952, 184; Hermes DÖV 1952, 525 u. WM 1953, 89 u. 99.

34 2. Der räumliche Geltungsbereich: Das Mieterschutzgesetz gilt nur mehr in den Grenzen des Deutschen Reiches vor dem Jahre 1938. Die auf Grund der Verordnung über Kündigungsschutz für Miet- und Pachträume vom 28. August 1937 (RGBl I 917) ergangenen sechs Ausführungsverordnungen sowie die VO über Änderungen des Mieterschutzrechtes vom 7. November 1944 (RGBl I 319) brachten zahlreiche Sondervorschriften für das Sudetenland, die Ostmark und die eingegliederten Ostgebiete, die gegenstandslos sind.

II. Strafrecht

35 Die Sonderbestimmungen über Mietwucher — §§ 49a, 49b der früheren Fassung des Mieterschutzgesetzes — sind in die Neufassung nicht übernommen worden. Es gelten für die Mietzinsbildung die allgemeinen Vorschriften des Preisrechts, insbesondere die Verordnung über das Verbot von Preiserhöhungen vom 26. November 1936 (RGBl I 955) — Preisstopverordnung. Die Verordnung über Strafen und Strafverfahren bei Zuwiderhandlungen gegen Preisvorschriften — Preisstrafrechtsverordnung — ist durch das Gesetz zur Vereinfachung des Wirtschaftsstrafrechts (Wirtschaftsstrafgesetz) vom 26. Juli 1949 (WiGBl 193) aufgehoben worden.

Die Mieten und Pachten für Grundstücke und Räume jeder Art einschließlich der Preise für Übernachtungen gelten als Höchstpreisvorschriften im Sinne der Anordnung der Verwaltung für Wirtschaft über Preisbildung und Preisüberwachung nach der Währungsreform vom 25. Juni 1948 (MtBl II 91). Der Wirtschaftsrat hat ein Gesetz gegen Preistreiberei am 7. Oktober 1948 (WiGBl 99) erlassen, das am 31. Dezember 1948 außer Kraft getreten ist; an seine Stelle ist mit Wirkung vom 5. Februar 1949 das Gesetz gegen Preistreiberei vom 28. Januar 1949 (WiGBl 99) getreten, das nach vorübergehender Inkraftsetzung gemäß § 103 WiStG durch § 109 der Neufassung des WiStG vom 25. März/17. Dezember 1952 (BGBl I 190, 805) endgültig aufgehoben ist.

Nach § 19 WiStG begeht eine Zuwiderhandlung i. S. des zweiten Abschnittes dieses Gesetzes, „wer in Ausübung eines Gewerbes oder Berufes" für Güter oder Leistungen des lebenswichtigen Bedarfs unangemessene Entgelte — dazu BayObLG MDR 1951, 504; OLG Celle MDR 1952, 245 — fordert, verspricht, vereinbart, annimmt oder gewährt. Da der Hauseigentümer als Vermieter nach bisheriger Auffassung in aller Regel (anders bei Wohnungsunternehmen, Verwaltungsgesellschaften, Beherbergungsbetrieben) durch die Vermietung weder einen Beruf noch ein Gewerbe ausübt, ist diese Vorschrift nicht anwendbar, vgl Gmelin, Mietpreisrecht (1952) Forts. Blatt 3 u. 17; Kiefersauer MDR 1951, 708; Kiefersauer-Glaser, 2. Aufl., Geschäftsraummiete V 8; Roquette KlMietreform S. 176; OLG Braunschweig ZMR 1953, 161; OLG Hamm ZMR 1954, 64; a. M. Schoan, DB 1952, 265).

Vgl. noch Arndt, Das neue Preistreiberei-Strafrecht SJZ 1949, 81; Dipper NJW 1949, 286; Erbs, Strafrechtl. Nebengesetze, Anm. 3—9 zu § 19 WiStG.

Mit dem am 10. Juli 1954 in Kraft getretenen Gesetz zur weiteren Vereinfachung des Wirtschaftsstrafrechts (Wirtschaftsstrafgesetz 1954) vom 9. Juli 1954 (BGBl I 175) ist die Bestimmung über Preistreiberei in § 19 WiStG in Wegfall gekommen. Das OLG Hamburg (Beschl. v. 16. 6. 1959 — Ws 272/59 — HbgGrundE 1960, 181 = BB 1960, 502 = Glaser Nr. 37/XII/1960 und Beschl. v. 21. März 1960 — Ws 89/60 — HbgGrundE 1960, 181 = DB 1960, 814 = BlGBW 1960, 238 = Glaser Nr. 38/XII/1960) wendet § 2a WiStG 1954 an, indem es Wohnräume als Gegenstände des lebenswichtigen Bedarfs i.S.d. § 2a Abs. 1 WiStG ansieht; vgl. auch BGHZ 11, 182 (188) = NJW 1958, 599; zum Raumwucher vgl. noch OLG Hamm, Beschl. v. 23. Mai 1960 — 3 Ws 215/60; AG Freiburg, Urt. v. 13 April 1960 — 27 Ds 12/60 — BB 1960, 888.

III. Rechtsinhalt

36 Das MSchG zielt ab auf die Erhaltung des Rechtes des Mieters zum Besitz in seinem durch das Mietrechtsverhältnis begründeten Bestand. Es soll, wie § 1 der Neufassung sagt, das auf unbestimmte Zeit eingegangene Mietverhältnis „auf Verlangen des Vermieters gegen den Willen des Mieters nur im Wege der Klage durch gerichtliches Urteil und nur aus den in den §§ 2 bis 4 bezeichneten Gründen aufgehoben werden" können,

Ein auf bestimmte Zeit eingegangenes Mietverhältnis wird nach dem Ablauf der Mietzeit fortgesetzt, sofern nicht der Vermieter oder der Mieter sich innerhalb bestimmter Zeit gemäß § 1 Abs. 2 auf die Beendigung des Mietverhältnisses beruft. Die tatsächliche Besitzherrschaft ist unerheblich; deshalb kann der Mieter, noch ehe er die Mietsache in Besitz genommen hat — im Vorstadium zwischen Vertragsabschluß und Beginn des Mietverhältnisses, Roquette, Mietrecht S. 293 —, sich auf das MSchG berufen, während der rechtlose Besitzer (Mietvertrag ist nichtig, überhaupt nicht abgeschlossen) trotz der tatsächlichen Besitzausübung keinen Bestandschutz genießt. Deshalb ist der von der Bedarfsstelle nach dem RLG Eingewiesene (oben 33) oder der von der Wohnungsbehörde ohne Abschluß oder Festsetzung eines Zwangsmietvertrages Zugewiesene ohne Mieterschutz (Anm. 2 zu § 1 MSchG) und bei nachfolgendem Mietverhältnis können Mietaufhebungstatbestände aus der Zeit des Besitzverhältnisses vorher nicht geltend gemacht werden.

Der Bestandschutz in diesem Sinne — also nicht in seinem vollen Umfang, da Anfechtung, Rücktritt, Eintritt der Bedingung ihn wirksam bedrohen, unten 41 — ist Gegenstand des Mieterschutzrechtes; er setzt das Vorhandensein eines rechtsgültigen Miet(Pacht)verhältnisses voraus. Der Bestandschutz ist seinem Wesen nach eine besondere Gemeinschaftsverpflichtung des Vermieters (Verpächters), die diesen über den Rahmen der bloß privatrechtlichen Verpflichtung hinaus an dem eingegangenen Rechtsverhältnis festhält und ihn zur Gebrauchsüberlassung über die vereinbarte Dauer hinaus zwingt, sofern der Mieter nicht von sich aus im Einzelfall auf die Fortdauer der Bindung verzichtet, zustimmend Roquette JZ 1952, 103. Der Parteivereinbarung ist der Bestandschutz als solcher in den Grenzen des § 49 MSchG entzogen und damit in gewisser Hinsicht über die bloße Privatrechtssphäre herausgehoben. Andererseits hat der Bestandschutz des Wohnungsinhabers, gleichviel, ob er Eigentümer, Mieter, Pächter oder sonst Rechtsinhaber ist, eine wesentliche Beeinträchtigung durch die Wohnraumbewirtschaftung gemäß WohnG und WBewG erfahren. Zur Anordnung des Wohnungstausches nach WohnG und WBewG s oben 32.

Polizeiliche Maßnahmen und Verwaltungsanordnungen der dazu berufenen Bauaufsichtsbehörde — Staudinger-Kiefersauer 22 vor § 535 — treffen den Mieter als polizeipflichtige Person, ohne daß er sich ihnen gegenüber unter Hinweis auf die ihm privatrechtlich gegenüber dem Vermieter zustehende besondere Rechtsstellung auf „Mieterschutz" berufen könnte, BVerwG NJW 1954, 1460. Vom Vermieter selbst kann die Bauaufsichtsbehörde die Freimachung der vermieteten Räume zu einem bestimmten Zeitpunkt nicht fordern; sie kann nur verlangen, daß er das Mietverhältnis nach privatrechtlichen Grundsätzen baldmöglichst zur Beendigung bringt, neue Nutzungsmöglichkeiten nicht schafft oder die Räume in Benutzung nimmt, OVG Münster NJW 1954, 446.

37 1. Der Bestandschutz sichert den Mieter, der das Rechtsverhältnis auf unbestimmte Zeit eingegangen ist, gegen die einseitige Kündigung des Vermieters (§§ 564, 565 BGB).

An die Tatsache der Fortsetzung des Mietgebrauchs nach Beendigung der Mietzeit knüpft § 568 BGB unter bestimmten Voraussetzungen — entgegenstehender Vertragswille ist innerhalb bestimmter Frist zum Ausdruck zu bringen — die Wirkung einer zeitlichen Erstreckung des Vertragsverhältnisses, RGZ 140, 314. Das Mietverhältnis gilt als auf unbestimmte Zeit verlängert. Es wird unwiderleglich unterstellt, daß die Vertragsteile sich über die Fortsetzung des Mietverhältnisses auf unbestimmte Zeit geeinigt haben. Die Fiktion gilt nicht nur für Mietverhältnisse, die durch Zeitablauf ihr Ende gefunden haben, sondern auch für solche, die durch Kündigung oder Einigung der Parteien beendigt worden sind, Staudinger-Kiefersauer, 12 zu § 568. Die Vorschrift des § 568 BGB findet auch dann Anwendung, wenn es sich um ein auf unbestimmte Zeit eingegangenes Mietverhältnis handelt, LG Düsseldorf, ZMR 1957, 61 (Anm. Glaser). Ist das Mietverhältnis durch Aufhebungsurteil beendet worden, so kann die Fiktion des § 568 BGB nicht wirksam werden, wenn und soweit die Parteien durch Gewährung einer Räumungsfrist gemäß § 5a Abs. 4 MSchG in das durch Richterspruch begründete neue Mietverhältnis eingetreten sind. Aber auch wenn eine Räumungsfrist ausnahmsweise im Mietaufhebungsurteil nicht gewährt worden oder die Räumungsfrist abgelaufen oder nicht verlängert worden ist, ist für die Anwendung des § 568 BGB kein Raum, LG Leipzig DWohnA 1928, 485; LG Oldenburg JBl Oldenburg 1947, 18 u. WM 1954, 616; Bettermann 79a zu § 5a und WM 1954, 30; a. M. Roquette Mietrecht S. 436; Weimar WM 1954, 19.

Im Geltungsbereich des Mieterschutzgesetzes ist die Kündigung des Vermieters, wenn auch nicht ausnahmslos, so doch grundsätzlich beseitigt; zulässig und wirksam ist sie nur bei Erbfällen gemäß § 19 und im Falle des Konkurses des Mieters nach § 26 MSchG.

38 Das bis zum 1. Januar 1943 mögliche gerichtliche Kündigungsverfahren (§§ 1a—1o MSchG früherer Fassung) ist beseitigt. Dem Vermieter steht demgemäß nur mehr die Klage auf Aufhebung des Mietverhältnisses zur Verfügung, wenn er von sich aus gegen den Willen des Mieters die

Lösung des Rechtsverhältnisses herbeiführen will. Die Mietaufhebungsklage ist nur aus den im Gesetz bezeichneten Gründen zulässig. Auch muß ein gewisses Rechtsschutzbedürfnis für den Kläger gegeben sein. Ein Rechtsschutzbedürfnis ist zu verneinen, die Eigenbedarfsklage deshalb ohne Tatbestandsprüfung abzuweisen, wenn — vgl. LG Bielefeld NJW 1949, 266 (Friese) — der Vater das Mietgrundstück dem Sohn übereignet, um diesem die Erhebung der Eigenbedarfsklage aus den in seiner Person günstigeren Umständen zu erleichtern oder wenn ein zur Stellung eines Ersatzraumes verpflichtender Räumungsvergleich vorliegt; denn durch diesen in einem Mietaufhebungsprozeß abgeschlossenen Vergleich ist das Mietverhältnis mit sofortiger Wirkung aufgehoben worden, Bettermann zu LG Bielefeld NJW 1954, 76. Das Rechtschutzbedürfnis kann aber nicht deshalb verneint werden, weil dem Kläger der Verwaltungsweg offensteht; denn es muß ihm überlassen bleiben, ob er den Weg des öffentlichen oder des privatrechtlichen Anspruchs gehen will, Bettermann MDR 1947, 47 und DRZ 1949, 372; LG Bielefeld NJW 1948, 346; LG Hamburg MDR 1950, 96 gegen LG Essen DRZ 1946, 193. Vgl. die vermittelnde Auffassung Kleinrahms DRZ 1947, 140; 1948, 47; MDR 1950, 99.

Die Klage des Grundstückseigentümers, dem das Mietgrundstück seit mindestens drei Jahren gehört und der die Wohnung für eigene Zwecke benötigt — § 4a frühere Fassung — ist bereits seit dem 7. September 639 nicht mehr zulässig, § 3 Dritte AusfVO KSchV. Die Vorschrift des § 4a ist in die Neufassung des Mieterschutzgesetzes vom 15. Dezember 1942 nicht übernommen worden.

39 Als Mietaufhebungsgründe — hierzu Breetzke, Klumpen NJW 1953, 847 — kommen unter Berücksichtigung der durch § 28 WBewG erfolgten Ergänzung des MSchG und der im Zuge der Eingliederung von Vertriebenen und Sowjetzonenflüchtlingen in die Landwirtschaft in den §§ 57, 63 des Bundesvertriebenengesetzes geschaffenen erleichterten Aufhebung von Mietverhältnissen ausschließlich in Betracht:

a) Erhebliche Belästigungen des Vermieters oder eines Hausbewohners, erhebliche Gefährdung der Mietsache durch unangemessenen Gebrauch oder Vernachlässigung der gebotenen Sorgfalt oder unbefugte Gebrauchsüberlassung an Dritte — § 2;
b) Mietrückstand — § 3;
c) Eigenbedarf (Eigeninteresse) des Vermieters — § 4 in der Fassung des Art. III des sog. Abbaugesetzes vom 23. Juni 1960; § 4a (Ergänzung durch die §§ 22 bis 23c);
d) Sicherstellung von Wiederaufbau oder Wiederherstellung durch Kriegseinwirkung zerstörter oder erheblich beschädigter Gebäude sowie der Umwandlung von Behelfsbauten in Dauerbauten, § 4b;
e) Raumbedarf für Zwecke des gekauften oder gepachteten landwirtschaftlichen Betriebes, §§ 57, 63 BVFG.

40 Wegen der Möglichkeit der Vorabentscheidung durch Teilurteil, wenn von mehreren Aufhebungsgründen bei Klagenhäufung einer entscheidungsreif ist, vgl. Bettermann 77 vor §§ 2—4; ihm folgend AG Weilheim und LG München MDR 1953, 297 u. 495 gegen die h.M.

Der durch § 4 Erste AusfVO KSchVO eingeführte Mietaufhebungsgrund in § 3a MSchG — Ablehnung einer von der Preisbehörde genehmigten Mietpreiserhöhung durch den Mieter — ist mit Wirkung vom 1. August 1955 wieder weggefallen; § 40/I. BMietG vom 27. Juli 1955 hat § 3a MSchG aufgehoben.

Eine Erweiterung der Begründung etwa nach dem Vorbild des für das Kündigungsrecht des BGB entwickelten allgemeinen Gedankens der Unzumutbarkeit der Vertragsfortsetzung für alle jene Mietverhältnisse, bei denen ein dauerndes persönliches Zusammenwirken der Parteien geboten erscheint (RGZ 94, 255; 149, 88), kommt für die Geltendmachung des Aufhebungsanspruches des Vermieters im Geltungsbereich des MSchG nicht in Frage, Bettermann NJW 1948, 345; Weimar WM 1950 Nr. 2; Kiefersauer zu LG Berlin JR 1953, 25; Roquette Mietrecht S. 388. Zur Weiterentwicklung dieses Rechtsgedankens vgl. RGZ 150, 193; RG JW 1936, 1829; RGZ 150, 321; RG JW 1937, 1146; RGZ 160, 366; OGH WM 1950 Nr. 2 (Beilage); BGH MDR 1951, 610 u. 836.

Übermäßig starke Abnutzung der Mieträume, die der Mieter nicht verschuldet hat (Überbelegung eines Einzelraumes), bildet keinen Aufhebungsgrund, AG Bielefeld ZMR 1954, 9. Wegen der Ausgleichsmöglichkeit bei Betriebswohnungen durch § 23a, der dem Vermieter die Aufhebungsklage einräumt, wenn die Wohnung im Verhältnis zur Zahl der Bewohner übermäßig groß ist, vgl. § 23a.

In Hessen waren die §§ 2, 3 und 3a MSchG aufgehoben und durch die §§ 1—3 der VO über die einstweilige Regelung von Mietstreitigkeiten vom 23. November 1946 (GVBl 222) ersetzt worden. Der § 4 MSchG war, soweit er sich auf Wohnraum bezieht, außer Kraft gesetzt worden; § 7 Abs. 2 HessMStrVO. § 29 Abs. 2 WBewG hat diesen § 7 Abs. 2 mit Wirkung vom 1. Juli 1953 aufgehoben. § 40 Abs. 1/I. BMietG hat § 3 der HessVO, der den § 3a MSchG ersetzt hatte, mit Wirkung vom 1. August 1955 aufgehoben. Nun ist die HessMStrVO durch Art. X § 1 Nr. 9 des sog. Abbauges. vom 23. Juni 1960 mit Wirkung vom 1. Juli 1960 aufgehoben worden.

41 2. Der Bestandschutz bei Mietverhältnissen, die auf bestimmte Zeit eingegangen sind und deshalb nach der Regel des § 564 Abs. 1 BGB mit dem Ablauf der Zeit endigen, für die sie eingegangen sind, geht im Geltungsbereich des Mieterschutzgesetzes dahin, daß diese Mietverhältnisse nach Ablauf der vereinbarten Zeitdauer kraft Gesetzes — also ohne Erklärung eines Vertragsteiles — fortgesetzt werden, sofern nicht der Mieter oder der Vermieter innerhalb bestimmter Frist sich auf die Beendigung des Mietverhältnisses ausdrücklich beruft. Die „Berufung" des Vermieters ist formell und materiell an die Vorschriften des Mietaufhebungsverfahrens gebunden. Das bedeutet, daß der Vermieter, wenn der Mieter mit der Beendigung des Mietverhältnisses nicht einverstanden ist, die „Berufung" durch Erhebung der Klage geltend machen muß, die nur zulässig ist, wenn sie sich auf Gründe zu stützen vermag, die die Aufhebungsklage bei Mietverhältnissen auf unbestimmte Zeit rechtfertigen, § 1 Abs. 2 MSchG. Wirksam wird demgemäß die „Berufung" nur, wenn durch rechtsgestaltendes Urteil gemäß § 5 MSchG die Aufhebung des Mietverhältnisses erfolgt, Roquette, Mietrecht S. 297 und WM 1950 Nr. 6; Bettermann 157 zu § 1; a.M. Schopp-Groothold, 30 zu § 1.

Bestimmt ist die Mietzeit nicht nur dann, wenn sie nach der Kalenderzeit festgelegt ist, sondern auch dann, wenn die Gebrauchsüberlassung für einen zeitlich bestimmbaren Zeitraum (Dauer einer Tagung) erfolgt oder wenn das Ende der Mietzeit an den Eintritt eines gewissen Ereignisses (Mietvertrag auf Lebenszeit, auf die Dauer des Wohnsitzes in einer Gemeinde) gebunden ist. In beiden Fällen ist zwar die Dauer der vereinbarten Mietzeit von Anfang an nicht oder nicht notwendigerweise zur Zeit des Vertragsabschlusses genau zu begrenzen, weil der Eintritt des bestimmten Ereignisses nicht im voraus zu berechnen ist. Trotzdem liegt gerade in der Einbeziehung eines (möglichen) Ereignisses in die Vertragsdauer die Vereinbarung einer bestimmten Dauer. Bestimmbarkeit der Mietzeit ist weder für die bestimmte noch für die unbestimmte Mietzeit eine Eigenart (so Roquette, Mietrecht S. 64); erst wenn ein bestimmter Maßstab für die Abgrenzung vertragsmäßig vereinbart ist, wird die Bestimmbarkeit von rechtserheblicher Bedeutung und diese liegt dann darin, daß die Mietzeit vertragsmäßig bestimmt ist. Wo eine solche Bestimmung fehlt, also bei Mietverhältnissen von unbestimmter Dauer, wird die Bestimmbarkeit rechtserheblich durch die Kündigung, die zugleich dem Rechtsverhältnis ein Ende setzt; bis zur Erklärung der Kündigung durch einen der beiden Vertragsteile bleibt die Zeitdauer rechtlich indifferent. Vereinbarung des Vertragsendes mit dem Eintritt eines bestimmten Ereignisses ist auch dann als Bestimmung der Dauer des Mietverhältnisses anzusehen, wenn die Zeit seines Eintritts noch ungewiß ist oder wenn die Beendigung des Mietverhältnisses von der Handlung eines der Beteiligten abhängig gemacht ist.

Die vertragsmäßige Verpflichtung, die Mieträume zu dem vereinbarten Zeitpunkt zu räumen, steht dem Eintritt der Wirkung des § 1 Abs. 2 MSchG nicht entgegen. Der Vermieter kann sich auf diesen Verzicht gemäß § 49 Abs. 1 MSchG nicht berufen.

42 3. Mietverträge mit Verlängerungsklausel. Der Abschluß von Mietverträgen auf bestimmte Zeit mit der Abrede, daß das Mietverhältnis auf bestimmte oder unbestimmte Zeit weiterläuft, wenn nicht eine bestimmte Zeit vor Ablauf der vereinbarten Vertragsdauer „gekündigt" wird, findet sich in der Praxis sehr häufig. Die „Kündigung" ist keine echte Kündigung, weil sie nicht auf die Beendigung eines fortlaufenden Mietverhältnisses gerichtet ist; durch diese Erklärung wird vielmehr die Erstreckung des Mietverhältnisses über die ursprünglich vereinbarte Zeitdauer hinaus oder — nach der Auffassung in RGZ 86, 80; 97, 79; 107, 300; 114, 135 — die Entstehung eines neuen Mietverhältnisses abgelehnt. Unterbleibt die Erklärung der sogenannten Kündigung, so tritt kraft des bereits bindend festgelegten Vertragswillens die Fortsetzung des Mietverhältnisses mit den bisherigen Rechten und Pflichten ein. Es bedarf nicht des Abschlusses eines neuen Mietvertrages. Es liegt vielmehr ein einheitliches Mietverhältnis vor, das zunächst auf bestimmte Zeit eingegangen ist, dessen Fortsetzung auf weitere bestimmte oder unbestimmte Zeit von dem weiteren, im Vertrag näher festgelegten Verhalten eines Vertragsteiles abhängig gemacht ist. Jeder Vertragsteil — auch der Vermieter im Geltungsbereich des Mieterschutzgesetzes — hat aber die Befugnis, sich durch „Kündigung" vom Mietverhältnis für die Zukunft freizumachen, ebenso Hans 15 zu § 1. Der Ablauf des Mietverhältnisses wird freilich in diesem Falle nach der Methode der Verlängerung der Mietverhältnisse im Mieterschutzgesetz gehemmt: das ablaufende Mietverhältnis wird kraft Gesetzes auf unbestimmte Zeit fortgesetzt, oben 38. Insoweit beschränkt sich bei Annahme eines einheitlichen Mietverhältnisses — Kiefersauer, DWohnA 1939, 23 — die Wirkung der „Kündigung" des Vermieters auf die Beseitigung der Verlängerungsklausel und auf die gleichzeitige Umwandlung des Mietverhältnisses in ein Rechtsverhältnis mit unbestimmter Zeitdauer, LG Aachen HMR Rspr Nr. 3/1951. Die Absicht des Vermieters, sich vom Vertrage loszusagen (dazu Hermes JR 1952, 156),

wird durch die Norm des § 1 Abs. 2 MSchG bis auf die Beseitigung der Verlängerungsklausel vereitelt. Da der Wille des Vermieters nicht auf diese Teilwirkung gerichtet ist, liegt eine Teilkündigung nicht vor; die Unzulässigkeit einer Teilkündigung kann deshalb nicht gegen die hier vertretene Rechtsauffassung geltend gemacht werden, a. M. Roquette, Mietrecht S. 70, 295. Es wird auch nicht das Bestandschutzrecht des Mieters durch die Kündigung gefährdet (so Bettermann 14[4] zu § 1), da auch bei der Veränderung des Mietverhältnisses dem Mieter gemäß § 1 Abs. 2 das Bestandschutzrecht dem Wesen nach gesichert bleibt.

Erhebt der Vermieter nach „Kündigung" der Verlängerungsklausel die Mietaufhebungsklage, so ist der Zeitpunkt der Aufhebung des Mietverhältnisses nach den für Mietverhältnisse auf unbestimmte Zeit maßgebenden Grundsätzen zu bestimmen.

43 4. Der Bestandschutz ist dem Mieter im Bereich des Mieterschutzgesetzes gegen die einseitige Kündigung des Vermieters (oben 37) und über die vereinbarte Zeit hinaus gegen den Ablauf der Zeitdauer gesichert. Dieser Bestandschutz ist aber auch gefährdet, wenn das Gebäude oder die Mieträume durch Einwirkungen von außen verändert oder zerstört werden, wie dies in vielen deutschen Gemeinden durch die Bombenangriffe im zweiten Weltkrieg geschehen ist. Das Mietminderungsrecht des Mieters aus § 537 BGB kann bei der allgemeinen Not der Zerstörungen nur in Ausnahmefällen geltend gemacht werden. Wichtiger erscheint es, bei völliger Zerstörung des Gebäudes und nicht nur vorübergehender Unbrauchbarkeit der Räume eine Regelung zu finden, die die Rechte der Beteiligten auf die neue Wohnung klarstellt; mit der aus den §§ 275, 323 BGB folgenden Befreiung des Vermieters von seiner Leistung unter Verlust seines Mietzinsanspruchs ist die Rechtslage nicht geklärt. Das Mietrechtsverhältnis bleibt bestehen, obgleich die Aufrechterhaltung des Mietvertrages in den meisten Fällen für die Beteiligten praktisch wertlos geworden ist. Andererseits muß auch die Fortdauer der Bindungen zwecklos werden, wenn die Wiederherstellung der Räume sich jahrelang verzögert. Die Verordnung über die Einwirkung von Kriegssachschäden an Gebäuden auf Miet- und Pachtverhältnisse vom 28. September 1943 (RGBl I 546) ordnete das Erlöschen des Nutzungsverhältnisses (§ 7), also die Aufhebung des Bestandschutzes ohne Rücksicht auf den Willen der Beteiligten, bei völliger Zerstörung des Gebäudes und bei nicht nur vorübergehender Unbenutzbarkeit der Räume im Sinne des § 1 an; soweit gleichwohl gemäß § 1 Abs. 1, § 5, § 6 und § 7 Abs. 1 die Vertragsverhältnisse bestehen geblieben sind, sind sie mit dem Inkrafttreten des die VO aufhebenden Gesetzes über die Einwirkung von Kriegsschäden an Gebäuden auf Miet- und Pachtverhältnisse vom 4. September 1950 (BGBl I 447) bzw. mit dem 30. Juni 1951 als endgültig erloschen erklärt, soweit nicht die Voraussetzungen des § 2 Abs. 2 dieses Gesetzes vorliegen.

Eine weitgehende Einschränkung des Bestandschutzes des Inhabers von Wohnraum brachte die Wohnraumbewirtschaftung. Wenngleich das WBewG die das Erlöschen des früheren Nutzungsverhältnisses gemäß Art VIII Abs. 2c WohnG aussprechende Vorschrift nicht übernommen hat und die Anordnung des Wohnungswechsels durch die Wohnungsbehörde in engeren Grenzen hält — oben 27 —, so beeinträchtigt gleichwohl die Wohnraumbewirtschaftung durch das allgemeine Benutzungs- und Überlassungsverbot des § 12 WBewG das Bestandschutzrecht des Mieters in erheblichem Maße. Gerade die dem Mieter auferlegten Pflichten, die das WBewG zur Erfüllung der Sozialpflichtigkeit des Raumnutzungsrechts im einzelnen festlegt (Kiefersauer JR 1953, 357 und 442), erschweren die Geltendmachung des privaten Raumnutzungsrechts, sofern sie nicht überhaupt dessen Ausübung unmöglich machen.

44 5. Weitere Beendigungsgründe für das Mietverhältnis:

a) Ist das Mietverhältnis unter einer auflösenden Bedingung abgeschlossen, so endet nach § 158 BGB das Rechtsverhältnis mit dem Eintritt der Bedingung, LG Berlin HW 1947, 268; einschränkend LG Dortmund NJW 1950, 269. § 1 Abs. 2 MSchG ist hier nicht anwendbar — a. M. Bettermann SJZ 1949, 617 u. Anm. 163 zu § 1 —, da der Vertrag mit auflösender Bedingung nicht auf „bestimmte Zeit" abgeschlossen ist. Auch kann die Vereinbarung dieser Art nicht ohne weiteres als eine Umgehung des Gesetzes oder als unzulässiger Verzicht im Sinne des § 49 MSchG angesehen werden, a. M. Roquette, Mietrecht S. 385; Hans, 2 zu § 1 MSchG; Lewald MDR 1950, 22; LG Hamburg HMR Rspr Nr. 164/1950; vgl. Bettermann zu LG Dortmund NJW 1950, 269.

Ist eine Wohnungszuweisung (Benutzungsgenehmigung) durch die Wohnungsbehörde aus besonderem Grunde unter einer auflösenden Bedingung oder befristet erfolgt, so erlischt das Benutzungsverhältnis kraft der Bestimmung des § 14 Abs. 3 Satz 2 (in Verbindung mit § 15 Abs. 2) WBewG mit dem Eintritt der auflösenden Bedingung oder mit dem Ablauf der Frist, auch wenn die Bedingung oder die Befristung in die Mietverfügung nicht ausdrücklich aufgenommen worden sind (V 22, Anm. 12 zu § 1).

45 b) Rücktrittsrecht. Gemäß § 1 Abs. 3 MSchG darf das vertraglich vorbehaltene Rücktrittsrecht (§§ 346 ff. BGB) vom Vermieter gegen den Willen des Mieters nicht ausgeübt werden. Dagegen ist die Ausübung des gesetzlichen Rücktrittsrechts des Vermieters (§§ 326, 361 BGB, § 20 KO) auch im Geltungsbereich des MSchG grundsätzlich nicht ausgeschlossen, OLG Stuttgart SJZ 1950, 339; LG Hagen HW 1948, 316. Dabei ist aber zu beachten, daß die Anwendung der Sondervorschriften der §§ 553, 554 BGB für Mietverhältnisse den Geltungsbereich des § 326 BGB einschränkt; soweit aber dem Vermieter die Kündigungsbefugnis aus den §§ 553. 554 BGB durch das MSchG (§§ 2, 3) entzogen ist, kann er auch das Rücktrittsrecht nicht geltend machen, weil für ihn nicht § 326 BGB, sondern die §§ 553, 554 BGB maßgebend sind, RGZ 105, 167; 149, 88; BGH ZMR 1957, 49; Staudinger-Kiefersauer 11. Aufl. Vorbem. 84 vor § 535; Anm 10 zu § 553 BGB; OLG Köln MDR 1947, 295; LG Hagen MDR 1948, 350. Insoweit — ebenso Bettermann 137a zu § 1 — ist die Ausübung des gesetzlichen Rücktrittsrechtes des Vermieters in- und außerhalb des Geltungsbereiches des Mieterschutzgesetzes erheblich eingeschränkt. Roquette, Mietrecht S. 264, 319, 386 hält sowohl das gesetzliche wie das vertragliche Rücktrittsrecht nach Beginn des Mietverhältnisses für ausgeschlossen; bei Mietverhältnissen unter Kündigungsschutz bereits mit Abschluß des Mietvertrages, a.A. BGH ZMR 1957, 49 im Anschluß an RG 105, 167.

Kündigungs- und Rücktrittserklärung sind verschiedene Rechtsbegriffe. Durch die Erklärung des Rücktritts wird das Schuldverhältnis mit rückwirkender Kraft aufgelöst, während die Kündigung dem bis zu einem bestimmten Zeitpunkt fortdauernden, ganz oder teilweise erfüllten Rechtsverhältnis ein Ziel setzt (RGZ 90, 328).

Die von LG Hagen MDR 1948, 350 versuchte Umdeutung der Kündigungserklärung in eine Rücktrittserklärung des Vermieters ist nicht unbedenklich; sie wird durch die bloße Feststellung des Willens des Vermieters, vom Vertrage loszukommen, nicht gerechtfertigt. Die Unabdingbarkeit des Mieterschutzes (§ 49) verbietet derartige Rechtsaushilfen; auch die Veränderung oder der Fortfall der Geschäftsgrundlage berechtigen den Vermieter nicht, sich einseitig vom Vertrage zu lösen, OLG Köln MDR 1947, 295 und MDR 1948, 355 (Schimmels).

Beim Wiederaufbauvertrag, der in irgendeiner Form die Verpflichtung zur Raumüberlassung mit der Verpflichtung zum Ausbau oder zur Wiederherstellung des Gebäudes oder Gebäudeteiles verknüpft, wird bei Verzögerung des Ausbaues durch den verpflichteten Mieter oder Vermieter der andere Teil gemäß § 361 BGB zum Rücktritt vom Vertrag berechtigt sein. Der Rücktritt vom Wiederaufbauvertrag umfaßt, gleichviel ob vom Mieter oder Vermieter erklärt, auch den Mietvertrag.

46 c) Die Geltendmachung von Anfechtungs- und Nichtigkeitsgründen ist im Geltungsbereich des MSchG dem Vermieter nicht verwehrt. Anfechtungsgründe sind z. B. Irrtum (RGZ 102, 225; RG DWohnA 1935, 268; RGZ 157, 173), Drohung, arglistige Täuschung (RGZ 86, 334; RG JW 1936, 916); Nichtigkeitsgründe z. B. Geschäftsunfähigkeit, nicht aber Formmangel; denn die Fehlerhaftigkeit der Form hat nicht die Nichtigkeit des Mietvertrages, sondern nur die Umwandlung der Geltungsdauer in eine solche auf unbestimmte Zeit zur Folge, vgl. § 566 BGB; Staudinger-Kiefersauer, 18 zu § 566; Roquette, Mietrecht S. 141.

Mit Rücksicht darauf, daß beim Mietverhältnis wie bei allen Dauerrechtsverhältnissen mindestens ein Teil der Leistungen nach Beginn des Rechtsverhältnisses nicht mehr rückgängig gemacht werden kann, ist die Zulässigkeit des Rechtsbehelfes der Anfechtung nach Beginn des Mietgebrauchs bestritten worden, Roquette, Mietrecht S. 148, 247; Münzel, DWohnA 1939, 54. Richtig ist, daß eine völlige Beseitigung der rechtlichen Auswirkungen bei einem bereits vollzogenen Dauerrechtsverhältnis nicht mehr möglich ist und daß sich deshalb die Geltendmachung des Rechtsbehelfs der Anfechtung praktisch in der Hauptsache auf die Zukunft beschränkt, wie dies grundsätzlich bei der Kündigung — oben b — der Fall ist. Diese aus dem Ablauf der tatsächlichen Verhältnisse sich ergebende Beschränkung des Rücktausches der bereits vollzogenen Leistungen — es kann nur mehr die Besitzeinräumung an den Mieter durch Rückübertragung des Besitzes an der Mietsache auf den Vermieter rückgängig gemacht werden — erscheint aber nicht ausreichend, um die Unzulässigkeit der Anwendung des allgemeinen Rechtsbehelfes der Anfechtung zu begründen, Staudinger-Kiefersauer, 4 zu § 537; LG Berlin ZMR 1953, 218 = JR 1954, 62 (unter Aufgabe der bisherigen Rechtsauffassung).

d) Weitere Erlöschungsgründe sind Unmöglichkeit der Gebrauchsüberlassung durch den Vermieter, sei es, daß diese überhaupt nicht, sei es daß sie erst nach einem Zeitraum möglich ist, den abzuwarten dem Mieter nicht zugemutet werden kann. Kraft positiver Vorschrift erlischt das Mietverhältnis, wenn die Zuweisung der Wohnung oder die Erteilung der Benutzungsgenehmigung aus besonderen Gründen befristet erfolgt ist, § 14 Abs. 3, § 15 Abs. 2 WBewG (Anm. 12 zu § 1). Das Miet(Pacht)verhältnis, das der Dauerwohnberechtigte abgeschlossen hat, erlischt nach § 37 Abs. 1 WEG, wenn das Dauerwohnrecht erlischt, gleichviel für welche Zeitdauer das Rechtsverhältnis eingegangen wurde. In beiden Fällen kommt eine Berufung auf das MSchG, insbes. auf § 1 Abs. 2, nicht in Frage.

47 6. Der Vollstreckungsschutz des Mieters beschränkt sich im Rahmen des Mietaufhebungsverfahrens auf die Zubilligung einer Räumungsfrist (§§ 5a, 27 MSchG), sonst gilt § 721 ZPO.

Durch den Nachweis eines „den Umständen nach für den Mieter ausreichenden und an ihn vermietbaren" Ersatzraumes kann der Vermieter dem Antrag des zur Räumung rechtskräftig verurteilten Mieters auf Ersetzung der Einwilligung des Vermieters zum Wohnungstausch mit Aussicht auf Erfolg entgegentreten, § 31 Abs. 1 Satz 3 MSchG.

Durch die §§ 30, 31 WBewG ist der Vollstreckungsschutz einer Sonderregelung — dazu zusammenfassend Weitnauer ZMR 1954, 193 — unterworfen, durch die für Mietverhältnisse für Wohnraum die einstweilige Einstellung der Zwangsvollstreckung von der Sicherstellung der Unterbringung des Schuldners und der zu seinem Hausstand gehörenden Personen von der angemessenen oder ausreichenden anderweitigen Unterbringung abhängig gemacht werden kann oder muß. Diese, seit 1. Juli 1953 bestehende Sondervorschrift gilt auch für die seit 1. Oktober 1953 geltende, den Art. 6 VollstSchutzVO ersetzende Vorschrift des § 765a ZPO — eingefügt durch Art. I Nr. 1 des Gesetzes über Maßnahmen auf dem Gebiete der Zwangsvollstreckung vom 20. August 1953 (BGBl I 952) —, soweit eine einstweilige Einstellung der Vollstreckung in Frage kommt. Die hiernach dem Vollstreckungsrichter überantwortete Entscheidung über die Ersatzraumsicherung erfolgt nur auf Antrag des Schuldners, der an keine Frist gebunden, auch nach Einleitung der Zwangsvollstreckung (LG Mainz ZMR 1953, 232) bis zur Durchführung der Vollstreckung gestellt werden kann. Der Schuldner, der es unterläßt, Antrag auf Gewährung oder Verlängerung der Räumungsfrist beim Prozeßgericht zu stellen, ist nicht gehindert, den Vollstreckungsschutz gemäß §§ 30, 31 WBewG bzw. § 765a ZPO zu beantragen, OLG Celle NJW 1953, 1397; Breithaupt NJW 1953, 1003; Bauknecht NJW 1954, 53; a. M. Tübingen ZMR 1954, 21 und NJW 1954, 79.

48 Die Zubilligung einer Räumungsfrist ist möglich

a) außerhalb des Mieterschutzgesetzes nur bei Wohnräumen, § 721 ZPO;
b) im Räumungsverfahren nach § 27 MSchG bei Wohnräumen und Nichtwohnräumen aller Art; dieses Verfahren gilt bei Räumen, die dem Mieterschutz unterstehen, deren Herausgabe aber verlangt wird, ohne daß eine Aufhebung des Mietverhältnisses im Sinne des Mieterschutzgesetzes in Frage steht, § 27 MSchG, § 721 ZPO.
c) bei Aufhebung eines Mietverhältnisses über Wohnräume und Nichtwohnräume gemäß §§ 5a, 6 MSchG. Im Rahmen des § 5a Abs. 2 und 3 ist auch die einmalige Verlängerung der Räumungsfrist zulässig. Für die Aufhebung der gewährten Räumungsfrist gelten die Vorschriften des § 6 Abs. 2.

Außerhalb des Mietaufhebungsverfahrens ist eine Fristverlängerung möglich auf Grund des § 765a ZPO.

7. Sonstige Beschränkungen des Vermieters:

49 a) Im Geltungsbereich des Mieterschutzgesetzes, ferner bei Vermietung für besondere Zwecke zu vorübergehendem Gebrauch (§ 25 MSchG) kann der

Vermieter sich auf den vertraglichen Ausschluß des Aufrechnungs-, Minderungs- oder Zurückbehaltungsrechtes des Mieters hinsichtlich bestimmter Forderungen nicht berufen, § 28 MSchG.

50 b) Die Erlaubnis des Vermieters, die gemäß § 549 BGB zur Gebrauchsüberlassung der Räume oder des gewerblich genutzten unbebauten Grundstücks an Dritte durch den Mieter notwendig ist, kann gemäß § 29 MSchG vom Mieteinigungsamt auf Antrag des Mieters ersetzt werden, oben 23.

51 c) Bis zum 1. April 1933 war die von den Gemeinden zulässigerweise angeordnete Anzeige- oder Genehmigungspflicht für den Abschluß von Raummietverträgen durch § 31 älterer Fassung insofern zivilrechtlich verstärkt, als die Geltendmachung von Rechten aus solchen Verträgen, die entgegen der gemeindlichen Anordnung nicht angezeigt oder nicht genehmigt worden sind, für die Beteiligten und Dritte ausgeschlossen worden war. Der Zweck dieser Bestimmung war die zivilrechtliche Sicherung der Durchführung wohnungspolizeilicher Maßnahmen. § 31 Abs. 2 gab dem späteren Mieter, der mit Zustimmung der Wohnungsbehörde mietet, einen ursprünglichen und unmittelbaren Herausgabeanspruch gegen den Schwarzmieter, ohne daß zwischen ihm und dem Schwarzmieter irgendwelche Rechtsbeziehungen bestanden hätten.

Genehmigungspflichtig und daher bis zur Erteilung der Genehmigung der Wohnungsbehörde schwebend unwirksam sind nach § 13 WBewG nur Mietverträge, durch die dem Untermieter oder einem sonstigen Wohnungsbenutzer die Rechtsstellung eines Hauptmieters eingeräumt wird.

52 d) Die durch Art. XIV WohnG aufgehobene Verordnung zur Wohnraumlenkung vom 27. Februar 1943 hatte für die Erfassung und Zuteilung von Wohnraum nach § 10 Abs. 1 Buchst. d die Zustimmung der Gemeinde für erforderlich erklärt, wenn eine selbständige Wohnung von einer Einzelperson gemietet oder sonstwie in Benutzung genommen werden wollte.

53 Im Bereich des WBewG darf Wohnraum — soweit nicht eine Zuteilung in der Form der Benutzungsgenehmigung oder der Auswahl- oder Alleinzuweisung gemäß §§ 14, 15 vorliegt — nur mit Genehmigung der Wohnungsbehörde in Benutzung genommen oder zur Benutzung überlassen werden (§ 12 Abs. 1 WBewG). Von dem Überlassungsverbot wird lediglich das Erfüllungs-, nicht auch das Verpflichtungsgeschäft berührt. Die Nichtbeachtung des Verbots berührt weder die Rechtsgültigkeit des Mietvertrages (§ 134 BGB), noch macht sie die Leistung nach § 306 BGB unmöglich. Auch eine schwebende Unwirksamkeit des Nutzungsvertrages bis zur Erteilung oder Versagung der Genehmigung — so LG Frankfurt ZMR 1953, 13 — liegt nicht vor, ebenso Fischer aaO. unter Hinweis auf die gesetzliche Regelung der §§ 12, 13 WBewG. Die ausdrückliche Verweigerung der Genehmigung durch die Wohnungsbehörde befreit aber in aller Regel die Beteiligten von der vertraglichen Verpflichtung §§ 275, 323 BGB; unter Umständen können für einen Vertragsteil Schadenersatzansprüche z. B. bei Vorspiegelung der Genehmigungsfreiheit begründet sein. Unterbleibt jede Erklärung der Wohnungsbehörde, so ist der Mietvertrag rechtswirksam; er ist privatrechtlich vollziehbar, a. M. Hermes WM 1953, 52. Wegen des Wegfalls einer dem Art. VIII Abs. 2e WohnG entsprechenden Bestimmung über das Erlöschen früherer Rechtsverhältnisse s. oben 14.

54 f) Das Verbot der Umwandlung von Wohnungen in Räume anderer Art, z. B. in Werkstätten, Dienst-, Fabrik-, Lager- oder Geschäftsräume, das die Verordnung über das Verbot der Zweckentfremdung von Wohnungen vom 14. August 1942 (RGBl I 545) ausgesprochen hat, ist mit dem Außerkrafttreten dieser Verordnung am 31. Dezember 1945 (§ 8 Abs. 2) in Wegfall gekommen. Sachlich aber hat sich die Rechtslage der Beschränkung der Verfügungsfreiheit des Vermieters und Hauseigentümers insoweit nicht geändert, als jede Ingebrauchnahme von Räumen, die als Wohnraum geeignet sind, der Genehmigung der Wohnungsbehörde bedarf (oben 53) und Wohnraum anderen als Wohnzwecken nur mit Genehmigung der Wohnungsbehörde zugeführt werden darf (§ 21 WBewG).

55 g) Zwecks Vermehrung des vorhandenen Wohnraumes konnte die Wohnungsbehörde zweckentfremdete Wohnräume ihrem ursprünglichen Zweck wieder zuführen, Art. VI Buchst. a WohnG. Diese Bestimmung ist in das WBewG nicht übergegangen.

56 8. Die Unabdingbarkeit des Mieterschutzes (Bestandschutzes) ist in den beiden Sätzen des § 49 Abs. 1 MSchG festgelegt. Sie gilt auch für die Ausdehnung des Mieterschutzes, insbesondere auch für die Raumpacht und für die gewerblich genutzten unbebauten Grundstücke, soweit diese und Geschäftsräume i. S. des GRMG noch dem Mieterschutz unterworfen sind, oben 10.

57 **IV. Verfahren**

Nach Beseitigung des formellen Kündigungsverfahrens (§§ 1a ff. MSchG 1928) steht dem Vermieter im Geltungsbereich des Mieterschutzgesetzes zum Zwecke der Lösung des Mietverhältnisses gegen den Willen des Mieters nur mehr die Mietaufhebungsklage zur Verfügung. Bei Mietverhältnissen auf bestimmte Zeit kann er sich auf die Beendigung des Mietverhältnisses durch Zeitablauf nur unter den gleichen Voraussetzungen berufen — oben 38.

Für das Mietaufhebungsverfahren gelten neben den §§ 38—47 MSchG die Bestimmungen für das Verfahren in Mieteinigungssachen vom 16. Dezember 1942 (RGBl I 723).

58 **V. Organisation**

Die in den §§ 4 Abs. 3, 48, 52, 53 MSchG gegebene Zuständigkeit des Reichswohnungskommissars, eingeführt durch den Erlaß über den deutschen Wohnungsbau vom 23. Oktober 1942 (RGBl I 623), ist mit der Auflösung des Reiches weggefallen.

Mieterschutzgesetz

in der Fassung der Bekanntmachung vom 15. Dezember 1942 (RGBl I 712) und unter Berücksichtigung der Änderungen durch Art. III der VO über Änderungen des Mieterschutzrechtes vom 7. November 1944 (RGBl I 319), durch § 26 des WohnBauG vom 24. April 1950 (BGBl I 83), durch Art. 13 des Gesetzes über Maßnahmen auf dem Gebiete des Kostenrechts vom 7. August 1952 (BGBl I 401), durch § 28 des Wohnraumbewirtschaftungsgesetzes vom 31. März 1953 (BGBl I 97), durch Art. VI des Ersten Wohnungsbaugesetzes i. d. F. vom 25. August 1953 (BGBl I 1037), durch §§ 35 u. 40 des I. Bundesmietengesetzes vom 27. Juli 1955 (BGBl I S. 458), durch § 115 des II. WohnBauG vom 27. Juni 1956 (BGBl I 523) und des Art. III. des Gesetzes über den Abbau der Wohnungszwangswirtschaft und über ein soziales Miet- und Wohnrecht vom 23. Juni 1960 (BGBl I 389).

Übersicht

1. Abschnitt
Mieterschutz

VORBEMERKUNGEN

1 Geltungsbereich des Mieterschutzgesetzes.

1. Dem Wortlaut der §§ 1, 36 nach findet das Mieterschutzgesetz Anwendung
   a) auf Räume jeder Art, gleichviel, ob sie zu Wohnzwecken oder anderen Zwecken überlassen sind,
   b) auf gewerblich genutzte unbebaute Grundstücke,
   c) auf Miet- und Pachtverhältnisse über Räume und gewerblich genutzte unbebaute Grundstücke.

2. Abgesehen von den im Gesetz selbst vorgesehenen Ausnahmen (§§ 25, 31a, 31b, 32–35) und den für Bergarbeiterwohnungen geltenden Sonderbestimmungen der §§ 5, 8 des Gesetzes zur Förderung des Bergarbeiterwohnungsbaues im Kohlenbergbau vom 23. Oktober 1951 (BGBl I 865) wird der Anwendungsbereich des Mieterschutzes durch die VO über Ausnahmen vom Mieterschutz vom 27. November 1951 (BGBl I 926) eingeschränkt. Hiernach sind — vorbehaltlich der Ausnahmen in § 6 Abs. 2 VO PR 71/51 und des § 1 Abs. 2 MSchAusnVO — von den Vorschriften des ersten Abschnitts ausgenommen:

Mietverhältnisse über Wohnräume, die in der Zeit nach dem 20. Juni 1948 bis zum 31. Dezember 1948 bezugsfertig geworden und ohne öffentliche Darlehen oder Zuschüsse geschaffen worden sind.

Seit dem 1. Dezember 1951 (in Berlin seit dem 1. März 1961; vgl. Art. IV GRMG Berlin) sind auf Grund des § 5 des Geschäftsraummietengesetzes vom 25. Juni 1952 (BGBl I 338), das die entsprechende Vorschrift des § 2 MSchAusnVO aufgehoben hat (§ 23), von den Vorschriften des ganzen Mieterschutzgesetzes ausgenommen Mietverhältnisse über Geschäftsräume im Sinne des § 2 Abs. 1 u. 2 sowie gewerblich genutzte unbebaute Grundstücke nach Maßgabe des § 5 GRMG.

Demgemäß findet das MSchG grundsätzlich nur mehr Anwendung auf

1. Mietverhältnisse über Wohnräume d. h. über Räume, die weder Geschäftsräume i. S. des § 2 Abs. 1 sind, noch als solche gemäß § 2 Abs. 2 GRMG gelten und
2. Miet- oder Pachtverhältnisse, die sich außer auf Wohnräume auch auf Geschäftsräume oder gewerblich genutzte unbebaute Grundstücke beziehen, soweit sich aus § 5 GRMG die Unterstellung unter Mieterschutz ergibt.

2 3. Über den Rahmen des MSchG hinaus ist in § 36 Abs. 2 des Gesetzes über das Wohnungseigentum und das Dauerwohnrecht vom 15. März 1951 (BGBl I 175) das Mieterschutzrecht ausgedehnt auf Vereinbarungen über Dauerwohnrechte des Inhalts, daß der Berechtigte bei Eintritt bestimmter Voraussetzungen zur Übertragung des Dauerwohnrechts auf den Grundstückseigentümer oder einen von diesem zu bezeichnenden Dritten verpflichtet ist. Diesen „Heimfallanspruch" kann der Eigentümer, sofern sich das Dauerwohnrecht auf sonst bei Vermietung mieterschutzpflichtige Räume erstreckt, nur aus einem Grund geltend machen, aus dem der Vermieter die Aufhebung des

Mietverhältnisses verlangen oder kündigen kann. Das Dauerwohnrecht wird insoweit dem Mietverhältnis hinsichtlich der Aufhebung durch einseitige Rechtshandlung des Vermieters, d.h. der Geltendmachung des Heimfallanspruchs, dessen Rechtsgrundlage der Vertrag bildet, gleichgestellt. Die Vorschrift des § 36 Abs. 2 ist zwingend in dem Sinne, daß sie nur zugunsten des Dauerwohnungsberechtigten abgeändert werden kann.

3 Das Mieterschutzrecht erstreckt sich mit der sich aus Vorbem. 1 ergebenden Einschränkung nicht nur auf Mietrechtsverhältnisse, sondern auch auf Pachtrechtsverhältnisse, umfaßt insoweit nicht nur die Raumnutzung, sondern auch die pachtweise Überlassung gewerblich genutzter unbebauter Grundstücke.

Mietrechtsverhältnisse, die im Vollzuge der dem Verfügungsberechtigten durch das WBewG auferlegten Sozialpflichtigkeit (Kiefersauer JR 1953, 367, 442) durch Abschluß eines Mietvertrages oder durch die autoritative Festsetzung eines Zwangsmietvertrages (Mietverfügung) begründet worden sind, unterstehen im gleichen Umfang den Vorschriften dieses Gesetzes wie die durch freie Entschließung der Vertragsteile begründeten mietrechtlichen Beziehungen. Wegen der Beschränkung der Haftung für den Untermieter s. Einl. vor MSchG 20.

4 Das Mieterschutzgesetz gilt zunächst nur für Gebäude und Gebäudeteile, ist also wesentlich Raumschutz. Mietverhältnisse über bewegliche Sachen, über Räume in Schiffen und Wohnwagen unterstehen — anders als nach dem WBewG — dem Gesetze nicht; Lagerplätze nur insoweit sie für gewerbliche Zwecke vermietet oder verpachtet sind, § 36; vgl. aber LG Berlin BlnGrundE 1959, 530. Die Art der Raumnutzung ist grundsätzlich ohne Einfluß: Das Mieterschutzgesetz umfaßt die gewerbliche, geschäftliche, berufliche Raumnutzung ebenso wie die Wohnraumnutzung, wenn auch in mancher Hinsicht abweichende Vorschriften, z. B. hinsichtlich der Räumungsfristen bestehen.

Die Grundsätze der §§ 1—18 für die Aufhebung von Mietverhältnissen können nicht im voraus im Wege der Parteivereinbarung eingeschränkt werden. Der Kündigungsschutz besteht unabhängig von dem Willen der Vertragsteile, OLG Köln MDR 1947, 295. Ein Verzicht auf die einem Vertragsteil im Gesetz eingeräumten Rechte ist unzulässig. Der Mieterschutz kann auch nicht dadurch für das konkrete Miet(Pacht)rechtsverhältnis beseitigt werden, daß für dieses eine andere Bezeichnung gewählt oder daß ausdrücklich festgestellt wird, daß ein Mietverhältnis nicht oder vorläufig noch nicht abgeschlossen werden soll, vgl. RG EA 344; LG Köln WM 1952, 42; Groothold ZMR 1953, 44 (Nutzungsentschädigung); LG Essen ZMR 1953, 66. Derartigen Abmachungen kommt keine Rechtswirkung zu; sie sind als nichtig anzusehen, ohne daß die Rechtsgültigkeit der Vertragsregelung im übrigen in Frage gestellt werden kann, RG EA 419. Wegen der Möglichkeit, den bei der Freistellung vom Mieterschutz, z.B. gemäß § 31a MSchG, gemachten Vorbehalt zugunsten bestehender Mietverhältnisse durch Parteivereinbarung auszuschließen vgl. Staudinger-Kiefersauer 51 vor § 535 BGB.

5 Zur Vereinbarung des Mieterschutzes vgl. Bettermann NJW 1953, 490; Staudinger-Kiefersauer 52 vor § 535; eine Vereinbarung dahingehend, daß als Kündigungsgründe nur die dem Mietaufhebungsverfahren eigenen Gründe gelten sollen, dürfte nicht zu beanstanden sein, Groothold ZMR 1953, 56 und Weimar gegen LG Köln MDR 1953, 172 und WM 1952, 42.

Die Beschränkung der Aufhebungsklage auf einen Teil des Mietraumes ist zulässig (vgl. § 4 Abs. 2; Bettermann 17 vor §§ 2—4; LG Duisberg WM 1955, 22 (abl. Scherer); LG Berlin NJW 1948, 156. Die Teilaufhebungsklage aus §§ 2 und 3 MSchG — für § 2 verneint von LG Cleve MietG 1927, 174 — ist auch als zulässig zu erachten; Hans, 10 zu § 2 MSchG; LG Köln: Glaser Nr. 24/II/54; Glaser NJW 1953, 853; aA LG Kassel WM 1954, 100.

Über beschränkten Kündigungsschutz für Mietverhältnisse, die aus Anlaß einer Betriebsstillegung oder kriegsbedingter Einschränkung des Betriebs des Verfügungsberechtigten begründet worden waren, vgl. VO über Änderungen des Mieterschutzrechts vom 7. November 1944 (RGBl I 319), außer Kraft durch Art X § 1 Nr. 8 des sog. Abbaugesetzes vom 23. Juni 1960; hierzu LG Wuppertal ZMR 1957, 170 = Glaser Nr. 219/II/57.

6 Bei Grundstücken, die im Rückerstattungsverfahren dem Berechtigten zugesprochen worden sind, ist zunächst davon auszugehen, daß ein Eigentumswechsel vorliegt, der analog den Grundsätzen der §§ 571 ff. BGB zu behandeln ist, Roquette Mietrecht S. 375; Bettermann 38. Hiernach ist der Rückerstattungspflichtige (und sein Rechtsvorgänger) formell Eigentümer des Grundstücks gewesen. Durch den Rückerstattungsakt — nach BGH NJW 1954, 266 = ZMR 1954, 327 = BGHZ 11, 27 (dazu Johannsen LM Nr. 1 Art. 42 REG) wird dem Berechtigten die Rechtsstellung des Vermieters nicht erst mit der Wiedereintragung im Grundbuch, sondern bereits mit der Rechtskraft der RE-Anordnung eingeräumt — verliert der Verpflichtete diese Rechtsstellung an den Rückerstattungsberechtigten. In dem während der Dauer seines Eigentums von ihm als Vermieter abgeschlossenen Mietvertrag tritt ein Wechsel auf der Vermieterseite ein. Der Rückerstattungsberechtigte tritt „an Stelle des Vermieters in die sich während der Dauer seines Eigentums aus dem Mietverhältnis ergebenden Rechte und Verpflichtungen" ein (zur Rechtskonstruktion vgl. Roquette, Mietrecht S. 154 einerseits, Kiefersauer, Die Miete S. 125 andererseits). Er ist an den Mietvertrag gebunden; im Geltungsbereich des Mieterschutzgesetzes genießt der Mieter Kündigungsschutz. Diese Rechtslage gilt uneingeschränkt in der französischen Zone, deren REVO den Rückerstattungspflichtigen als Geschäftsführer ohne Auftrag behandelt; hier sind dem Eigentümer gegenüber nur diejenigen Mietverhältnisse ohne Schutz, die dem Interesse und dem mutmaßlichen Willen des wahren Eigentümers nicht entsprechen, dazu Roquette DRZ 1950, 559. In der britischen und amerikanischen Zone dagegen gelten für bestimmte Fälle Ausnahmen vom Kündigungsschutz und wird dem Rückerstattungsberechtigten ein Sonderkündigungsrecht eingeräumt, Einzelheiten bei Roquette, Mietrecht, S. 375, Hurst WM 1950 Nr. 5; Brumby HW 1950, 128; Bettermann, Miete und Pacht in der Rückerstattung (1951).

a) Aufhebung von Mietverhältnissen

§ 1

(1) Mietverhältnisse über Gebäude oder Gebäudeteile können, vorbehaltlich der §§ 19 bis 26, 31a bis 35 auf Verlangen des Vermieters gegen den Willen des Mieters nur im Wege der Klage durch gerichtliches Urteil und nur aus den in den §§ 2 bis 4 bezeichneten Gründen aufgehoben werden. Das gleiche gilt für Mietverhältnisse über gewerblich genutzte unbebaute Grundstücke.

(2) Ist das Mietverhältnis für eine bestimmte Zeit eingegangen, so wird es nach dem Ablauf der Mietzeit fortgesetzt, wenn nicht der Vermieter oder der Mieter spätestens in dem Zeitpunkt, in dem nach § 565 des Bürgerlichen Gesetzbuchs eine für den Ablauf der Mietzeit zulässige Kündigung zu erfolgen haben würde, sich auf die Beendigung des Mietverhältnisses beruft. Für die Berufung des Vermieters gilt Abs. 1 entsprechend.

(3) Ein vertraglich vorbehaltenes Rücktrittsrecht kann vom Vermieter nicht gegen den Willen des Mieters ausgeübt werden.

(4) Dem Vermieter steht gleich, wer nach dem Abschluß des Mietvertrags das Eigentum an dem Grundstück erwirbt.

1 Nur rechtsgültige Mietverhältnisse genießen den Schutz des Gesetzes, RGZ 113, 159; bei ungültigen Mietverhältnissen ist die Räumungsklage ohne Anwendung des § 27 MSchG durchzuführen. Daß es sich um ein auf die Dauer berechnetes Rechtsverhältnis handeln muß (Bettermann 57 zu § 1) ist wohl nur in dem Sinne zu verstehen, daß die Voraussetzungen des § 25 MSchG die Anwendbarkeit der dort bezeichneten Vorschriften ausschließen. Keinesfalls berechtigt die Bemerkung Bettermanns zu der Schlußfolgerung, daß die mangelnde Genehmigung der Wohnungsbehörde zum Vertragsabschluß nach § 12 Abs. 1 WBewG zwar die Rechtswirksamkeit des Mietvertrages unberührt läßt, den Vertrag aber zu einem „Vertrag ohne Mieterschutz" macht, so Hermes WM 1953, 52. Die vor Erlaß der Mietverfügung geübte oder auch landesrechtlich zugelassene Besitzeinweisung schafft kein Mietrechtsverhältnis; sie ist im übrigen gemäß § 20 WBewG nur mehr nach erfolgter Zuteilung und ausgesprochener Mietverfügung zulässig. Die Mietverfügung, auch die vorläufige des § 16 Abs. 2 WBewG, begründet ein Mietrechtsverhältnis, das dem MSchG untersteht.

2 Sog. faktische Mietverhältnisse, d. h. Beziehungen, denen ein rechtswirksames Mietverhältnis nicht zugrundeliegt, insbesondere familienrechtlich begründete Wohnverhältnisse (LG Berlin DRspr II (277) 52) genießen keinen Mieterschutz, ebensowenig Vorverträge auf Abschluß eines Mietvertrages oder Optionsverträge (Einräumung eines Vormietrechts), vgl. Staudinger-Kiefersauer 120 zu § 535; Bettermann 62 zu § 1. Weder bei Einweisung auf Grund des Reichsleistungsgesetzes (V 33), noch bei der Zuteilung einer Wohnung (Zuweisung eines Wohnungsuchenden gemäß § 15 WBewG) kommt ein Mietvertrag oder ein mietvertragähnliches Rechtsverhältnis zustande, das die entsprechende Anwendung der Mietvorschriften des BGB oder des MSchG ermöglichen würde, KG HW 1953, 113. Rechtsverhältnisse, kraft denen ein Beamter die ihm zugewiesene Dienstwohnung (V 33) bewohnt, begründen kein Mietverhältnis, das MSchG findet keine Anwendung, vgl. LG Kiel ZMR 1954, 220 (Bettermann). Bestreitet der Mieter die Rechtsgültigkeit des Mietvertrages-so entfällt damit nicht ohne weiteres der Mieterschutz, wenn sich aus dem vorgetragenen Sachverhalt, den aufzuklären das Gericht nach § 139 ZPO verpflichtet ist, das Bestehen eines Mietverhältnisses ergibt, a. M. Hermes NJW 1951, 635 und JR 1952, 156, 354; Hensel NJW 1951, 871.

Fehlt bei der vertragsmäßigen Raumüberlassung erkennbar der Verpflichtungswille des Überlassers — sog. Gefälligkeitsmiete —, so liegt eine (widerrufliche) Gestattung der Raumnutzung vor, die nicht mit der Mieterschutzpflicht belastet ist; z. B. der Eigentümer beläßt dem, der sich eigenmächtig in den Besitz der Räume gesetzt hat, diese bis zur Erlangung eines Ersatzraumes (LG Duisburg HW 1949, 316). Auch die nachträgliche Ausdehnung der Raumnutzung des Mieters kann „gestattet" werden, ohne daß hierfür eine Rechtspflicht (und damit Mieterschutz) begründet wird, Bettermann 14 zu § 1. Im Rahmen der durch das WBewG begründeten Sozialpflichtigkeit des Verfügungsberechtigten (Kiefersauer JR 1953, 437) wird aber der mangelnde Verpflichtungswille z. B. bei der Aufnahme von Flüchtlingen regelmäßig nicht anzuerkennen sein. Die Nichtbenutzung des Mietraumes durch den Mieter seit Abschluß des Vertrages hat für sich allein den Verlust des Mieterschutzes für den Mieter, der lediglich untervermietet, nicht zur Folge, irrig LG Berlin HW 1950, 275 u. 455 = WM 1951, 3 (abl. Weimar).

3 Ohne Bestandschutz, weil ohne Mietverhältnis, bleibt der Untermieter gegenüber dem Hauptvermieter bei Beendigung des Hauptmietverhältnisses (§ 556 Abs. 3 BGB); Ausnahme: § 4 der am 1. Juli 1960 außer Kraft getretenen HessMStrVO; vgl. Art. X § 1 Abs. 1 Nr. 9 sog. Abbaugesetz. Das Untermietverhältnis erlischt nicht automatisch mit der Beendigung des Hauptmietverhältnisses. Ohne Mieterschutz ist ferner der bloße Besitzdiener, der kein selbständiges Wohnrecht inne hat (VGH München ZMR 1953, 131); das Hausmädchen, der Schlafbursche, der geschiedene Ehegatte, sofern er nicht Mitmieter ist oder nach § 24 Abs. 2 MSchG nach dem Ausscheiden des mietberechtigten Ehegatten in das Mietverhältnis eintritt, genießen keinen Mieterschutz. Der nach dem RLG Eingewiesene bleibt ohne Mieterschutz, solange nicht ein Mietvertrag abgeschlossen ist (Einl. 33). Das Gleiche gilt von der Zuweisung eines Wohnungsuchenden durch die Wohnungsbehörde, sofern nicht durch die Mietverfügung (§ 16 WBewG) ein Mietrechtsverhältnis geschaffen wird, das den Vorschriften des MSchG unterliegt, LG Hagen HW 1948, 187.

Wird dem Pächter z. B. wegen Stillegung des Pachtbetriebes der Fruchtgenuß dauernd unmöglich, so entfällt für ihn die Pachtleistungspflicht nach § 275 BGB und für die Verpächter die Gewährleistungspflicht nach § 323 Abs. 1 BGB, so daß das Rechtsverhältnis keinerlei Rechtswirkungen mehr äußert, ein Mieterschutzrecht daher nicht mehr in Anspruch genommen werden kann, OLG Köln DRspr II (277) 14 = BB 1949, 217.

Das Erlöschen von Mietrechtsverhältnissen an Gebäuden, die infolge eines Kriegsschadens zerstört oder nicht nur vorübergehend unbenutzbar geworden sind, gemäß der aufgehobenen Verordnung über die Einwirkung von Kriegsschäden an Gebäuden auf Miet- und Pachtverhältnisse vom 28. September 1943 (RGBl I 546) ist durch das Gesetz vom 4. September 1950 (BGBl I 447) abschließend geregelt.

4 Zur Abgrenzung der Mietrechtsverhältnisse gegenüber anderen Rechtsverhältnissen vgl. Einl. zum MSchG 28. Bei der sog. Genossenschaftsmiete, d.i. der Rechtsform, in der den Mitgliedern der Genossenschaft die Nutzung der Wohnung in Genossenschaftshäusern überlassen wird, werden trotz der körperschaftsrechtlichen Gestaltung des Nutzungsverhältnisses im allgemeinen die Bestimmungen über Mietrecht anzuwenden sein. Das Mieterschutzgesetz bezieht jedenfalls die Überlassung „auf Grund eines Nutzungsvertrages" (§ 34) in den Geltungsbereich des Gesetzes ein, vgl. Staudinger-Kiefersauer 56 zu § 535; Bettermann 21 zu § 1. Bei Auflösung eines Gesellschaftsverhältnisses, z. B. der gemein-

samen Berufsausübung von Rechtsanwälten, Ärzten usw., müssen die einem Gesellschafter zur Praxisausübung überlassenen Räume herausgegeben werden (§ 732 BGB); der Räumungspflichtige hat keinen Mieterschutz, AG Celle NJW 1947, 29; LG Berlin NJW 1952, 30. Besteht keine Rechtsgemeinschaft, sondern kommt nur die Gestattung einer Mitbenutzung wie z. B. bei einer Ladengemeinschaft in Frage, so liegt Miete oder Untermiete vor und der Berechtigte genießt Mieterschutz, wenn ihm ein abgeschlossener Raum überlassen ist, Bettermann 19 u. 66 zu § 1.

Wegen der Unternehmenspacht vgl. Einl. zum MSchG 16. Bestehen in einem Vertrag zwei verschiedene Vertragstypen nebeneinander, z. B. ein Kaufvertrag und ein Mietvertrag, so entscheiden nach den Auslegungsregeln der §§ 133, 242 BGB die Absicht der Vertragsparteien und die näheren Umstände darüber, ob einer der Teile und welcher Teil der wichtigere ist, OLG Celle MDR 1948, 351 (gemischter Pachtvertrag). LG Augsburg NJW 1949, 949 hat mit Recht entschieden, daß für den vorliegenden Mischkaufvertrag unter Überlassung betriebswirtschaftlicher Räume nebst Wohnung und Inventar das MSchG nicht zur Anwendung zu bringen ist, a. M. Bettermann 49c zu § 1.

5 Zum Begriff des Gebäudes vgl. Einl. zum MSchG 3. Das MSchG findet auch auf Höfe, Gärten (Hausgarten vgl. § 4 Abs. 2) und Plätze Anwendung, die gemeinsam mit einem Gebäude (Gebäudeteil) vermietet sind, sofern das Gebäude die Hauptsache bildet und die mitüberlassenen Flächen an Bedeutung übertrifft, BGHZ 6, 187 (= MDR 1952, 542). Unter dieser Voraussetzung stehen auch mitüberlassene landwirtschaftliche Grundstücke unter Mieterschutz, vgl. auch OVG Münster ZMR 1952, 14; Hans 8; Bettermann 77a; Schopp-Groothold 36. Zum Mieterschutz einer gepachteten Gartenparzelle vgl. LG Berlin HW 1953, 13. Die Ausdehnung des Mieterschutzes auf unbebaute Grundstücke, soweit sie gewerblich genutzt werden, beruht auf § 2 der Fünften AusfVO Die Neufassung des MSchG hat dieser Erweiterung des Raumschutzes nicht überall Rechnung getragen; auch wo „Raum" oder „Mietraum" stehen blieb, z.B. in § 2 Abs. 1 u. 4, § 5a Abs. 1, §§ 16, 18, 24, 25, 27 muß die Anwendung des Gesetzes auf unbebaute gewerblich genutzte Grundstücke als zulässig erachtet werden, zustimmend LG Berlin HW 1952, 72; vgl. aber auch Bettermann 78 zu § 1. Seit dem 1. Dezember 1951 (in Berlin seit dem 1. März 1961; vgl. Art. IV GRMG Berlin) ist die Anwendung des MSchG für gewerblich genutzte unbebaute Grundstücke gemäß § 5 GRMG nur noch bei Verbindung mit Wohnräumen gestattet, Vorbem. 1 vor § 1.

6 Die Frage, ob der Mieter, der auf einem unbebaut gemieteten Grundstück ein Wohnheim (Behelfsheim, Wohnlaube) errichtet, Mieterschutz genießt, ist zu verneinen, so LG Essen ZMR 1952, 279; LG Hamburg JR 1953, 425 (Anm. Kiefersauer); AG Hamburg-Wandsbek: Glaser Nr. 311/II/1955; LG Hagen ZMR 1956, 91 m. abl. Anm. v. Bettermann; LG Köln ZMR 1956, 371 = MDR 1956, 424 = Glaser Nr. 95/II/1956; LG Hamburg ZMR 1957, 232; AG Moers ZMR 1957, 232; Kiefersauer JR 1953, 425; Schopp-Groothold, Anm. 35 zu § 1 MSchG; Glaser, BlGBW 1956, 58; Staudinger-Kiefersauer, 11. Aufl. Vorbem. 42 zu § 535 BGB; LG Düsseldorf ZMR 1959, 43; AG München ZMR 1959, 106; LG Köln MDR 1959, 393; LG Köln (12. ZK.) WM 1956, 100 (abl. Anm. v. Becker) = ZMR 1956, 303; LG Köln (1. ZK.), Urt. v. 26. Jan. 1961 — 1 S 227/60; a. A. LG Berlin (Urt. vom 18. Februar 1955) ZMR 1956, 92; LG Berlin (Urt. vom 1. November 1955) JR 1956, 64 m. abl. Anm. von Glaser;

LG Berlin BlGBW1958, 350; LG Mönchen-Gladbach ZMR 1952, 102; LG Arnsberg MDR 1948, 222; LG Wiesbaden ZMR 1952, 102; LG Münster JMBl NRW 1952, 120; Bettermann, Anm. 73 zu § 1; Hans, Anm. 7 zu § 1; Vennemann MDR 1953, 205; vgl. auch Lenk DWW 1956, 78.

Trümmergrundstücke sind wegen ihrer Verbindung mit der Wasser- und Stromversorgung, mit dem Kanal- und Straßennetz, zuweilen auch zufolge der Mitbenutzung von Kellerräumen, Hauseingängen und anderen Gebäuderesten nicht als unbebaute Grundstücke anzusehen; zustimmend Hans 10 zu § 1. Im übrigen wird die Vermietung zur Errichtung von Verkaufsgelegenheiten (Buden, Kioske) durch den Mieter regelmäßig unter § 25 (Einl. 16) fallen, es sei denn, daß der bisherige Raummieter in dieser Form das Mietverhältnis fortzusetzen wünscht. Wird dagegen eine Verkaufsgelegenheit vom Eigentümer errichtet und vermietet, so hängt die Entscheidung darüber, ob Mieterschutz gilt, davon ab, ob der behelfsmäßige Ladenbau, der Verkaufsstand, Kiosk als Gebäude oder Gebäudeteil anzusehen ist oder nicht; dagegen als unzulässige Begriffsspalterei Bettermann 54 zu § 25; a. M. auch Schopp-Groothold 18 zu § 25. Nur bei dauerhafter Verbindung mit dem Boden, also bei festen, fundierten Holz- oder Steinbauten ist der Begriff „Gebäude" gegeben (Einl. 12); deshalb zählen Buden, bloße Verkaufsstände nicht zu den Gebäuden. Die Mieter können sich auf Kündigungsschutz nicht berufen. Im übrigen kann auch vereinbarungsgemäß nur eine vorübergehende Zweckverwendung beabsichtigt sein und demgemäß § 25 zur Anwendung kommen.

Bestimmte Gebäude (Räume) sind unter besonderen Voraussetzungen auf Grund des MSchG (Einl 13—17) und der MSchAusn V (Einl. 18) von einzelnen Vorschriften dieses Gesetzes ausgenommen oder auf Grund des Geschäftsraummietengesetzes (Einl. 19) vom Mieterschutz freigestellt worden.

7 Nach § 4a MSchG in der früheren Fassung konnte der Erwerber des Mietgrundstückes, der seit mindestens drei Jahren das Grundstück besaß und darin keine selbständige Wohnung inne hatte, die Aufhebung des Mietverhältnisses über eine Wohnung verlangen, wenn er selbst den Raum zu Wohnzwecken benutzen wollte. Diese Vorschrift ist durch § 3 Dritte AusfVO KSchV aufgehoben. Der Grundstückserwerber ist jetzt auf die Aufhebungsklage aus § 4 angewiesen.

8 Der Grundgedanke des Mieterschutzes liegt in der grundsätzlichen, wenn auch nicht ausnahmslosen Beseitigung des vertraglichen und gesetzlichen Kündigungsrechtes des Vermieters (Verpächters) bei Miet- und Pachtverhältnissen über Gebäude, Gebäudeteile und gewerblich genutzte unbebaute Grundstücke sowie in der Einführung des Aufhebungsverfahrens. Das formelle Kündigungsverfahren, das man als eine Art Vorverfahren der Mietaufhebungsklage bezeichnen konnte, ist seit 1. Januar 1943 beseitigt. Die materielle Rechtsgrundlage der Mietaufhebungsgründe der §§ 2 bis 4, 4a, 4b MSchG und § 57 BVFG gilt nicht nur für das Aufhebungsverfahren bei Miet- und Pachtverhältnissen auf unbestimmte Zeit, sondern auch für die Geltendmachung der Beendigung des Rechtsverhältnisses durch den Vermieter (Verpächter) bei Miet(Pacht)verhältnissen, die auf bestimmte Zeit eingegangen sind.

9 Die Aufhebungsklage ist der Rechtsbehelf des Vermieters (Verpächters), wenn er an Stelle der ihm sonst zustehenden Kündigungsbefugnis „gegen den Willen des Mieters" (Pächters) die Beendigung des Rechtsverhältnisses durch einseitiges Begehren herbeiführen will. Die Beendigung erfolgt durch Urteil auf

Grund der Mietaufhebungsklage. Es können mehrere der in den §§ 2—4b bezeichneten Aufhebungsgründe gleichzeitig geltend gemacht werden; im Verlauf des Rechtsstreites — auch noch in der Berufungsinstanz — kann der Kläger einen Aufhebungsgrund zum Wegfall bringen. Klägeänderung ist im Rahmen des § 13 weitgehend zulässig.

Der Mietaufhebungsprozeß ist eine bürgerliche Rechtsstreitigkeit i. S. des § 13 GVG; die Vorschriften der ZPO sind deshalb, soweit nicht in den §§ 7—18 MSchG etwas anderes bestimmt ist, auf das Mietaufhebungsverfahren unmittelbar anzuwenden. Mietaufhebungsklagen und mietrechtliche Räumungsklagen, nicht aber Pachtaufhebungs- und Pachträumungsprozesse sind Feriensachen, § 200 Abs. 2 Ziff. 4 GVG.

10 Das Mietaufhebungsbegehren ist auf ein rechtsgestaltendes Urteil gerichtet, durch das nicht etwa die Zulässigkeit einer Kündigung festgestellt, sondern unmittelbar durch Aufhebung des Rechtsverhältnisses eine Rechtsänderung herbeigeführt wird, RGZ 113, 51. Der Aufhebungsanspruch steht nur dem Vermieter zu und wird nur aus den Rechtstatsachen begründet, die zwischen ihm und seinem Mieter bestehen; eine Abtretung des Aufhebungsanspruchs, durch den ein subjektives Recht geltend gemacht wird, an einen Dritten, etwa den Erwerber des Grundstücks, erscheint deshalb nicht zulässig, vgl. Roquette DR 1940, 1990; Bettermann 13a vor §§ 2—4; LG Krefeld HMR Rspr 1949 Nr. 75; LG Berlin HW 1951, 243; Roquette, Mietrecht S. 442; a.M. KG DR 1940, 1144; Dahmann DR 1940, 2152 und LG Göttingen NJW 1948, 659. Dies gilt auch, wenn der Vermieter alle ihm aus dem Mietvertrag erwachsendenRechte an einen anderen abgetreten hat, LG Hagen HW 1947, 299. Mit Recht weist Roquette DRZ 1949, 481 darauf hin, daß im Mietaufhebungsverfahren dem Vermieter als solchem eine Klagebefugnis eingeräumt ist, durch die er zwar das Prozeßverfahren in Gang zu setzen vermag, durch deren Ausübung aber eben diese Rechtsbefugnis erschöpft wird. Unter diesem Gesichtspunkt kann von der Abtretung eines „Anspruchs" überhaupt nicht die Rede sein, Roquette WM 1949 Nr. 10 und 1950 Nr. 2; Lewald NJW 1949, 628; Weis JR 1951, 140; LG Frankfurt NJW 1952, 827; Schopp-Groothold 50 zu § 1; a. M. Bettermann zu LG Coburg NJW 1949, 270 und WM 1950 Nr. 1. Auch die Klage in sog. gewillkürter Prozeßstandschaft d.h. auf Grund einer bloßen Ermächtigung zur Klageerhebung (im eigenen Namen und auf eigenes Risiko) durch den Hauseigentümer (Vermieter) ist nicht zulässig, denn die Mietaufhebungsklage zielt auf eine Rechtsgestaltung der Beziehungen zwischen Mieter und Vermieter als Prozeßparteien, zu deren Änderung das bloße Interesse eines Dritten auch bei vorliegender Ermächtigung durch den Vermieter prozessual nicht ausreichen dürfte, vgl LG Hannover Nds. Rpfl. 1940, 245; LG Berlin HW 1951, 243; LG Kassel MDR 1953, 233 (Bettermann) u. WM 1953, 12; KG JR 1953, 262; Roquette, Mietrecht S. 443; a. M. LG Göttingen NJW 1948, 659; Bettermann 23a vor §§ 2—4; LG Frankfurt NJW 1952, 857; Hans 17 zu § 1; LG Braunschweig Nds. Rpfl. 1952, 166; LG Köln MDR 1954, 361; Dommnich ZMR 1954, 261 u. NJW 1954, 1589. Zur Lehre von der gewillkürten Prozeßstandschaft vgl. Rosenberg JZ 1952, 137.

11 Die Kündigung des Vermieters (Verpächters) ist im Geltungsbereich des Mieterschutzgesetzes grundsätzlich rechtsunwirksam, soweit nicht ausdrücklich ein anderes bestimmt ist; die ihr nach § 564 Abs. 2 BGB zukommende Wirkung der Beendigung des Mietverhältnisses ist ihr versagt. Der Tatsache

der vom Vermieter (unzulässigerweise) ausgesprochenen Kündigung darf bei der Bestimmung des Zeitpunktes der Mietaufhebung gemäß § 5 MSchG ein Einfluß nicht eingeräumt werden. Die sogenannte „Kündigung" der Verlängerungsklausel ist keine Kündigung im Rechtssinn, Einl. 39.

Einer Zurückweisung dieser Kündigung durch den Mieter (Pächter) bedarf es an sich nicht; im Geltungsbereich des MSchG ist die Kündigung des Vermieters ohne jede rechtliche Wirkung, BGH NJW 1953, 1391; Roquette, Mietrecht S. 382. Es ist aber zu beachten, daß eine an sich unwirksame Kündigung den Charakter eines Vertragsangebotes annehmen und zum Abschluß eines das Mietverhältnis bis zum angegebenen Zeitpunkt beendenden Vertrages führen kann, wenn der Gegner sich damit einverstanden erklärt. Es empfiehlt sich deshalb, daß der Mieter seinen Willen auf Fortsetzung des Mietverhältnisses auch bei unwirksamer Kündigung des Vermieters ausdrücklich erklärt, etwa dadurch, daß er die Kündigung „nicht annimmt". Ein besonderes Rechtsschutzinteresse braucht der Mieter nicht darzutun oder zu beweisen, Roquette, Mietrecht S. 387 gegen LGBerlin HW 1950, 455. Zur Auslegung der „Annahme" der Kündigung eines dem Mieterschutz unterliegenden Mietverhältnisses durch den Mieter vgl. LG Essen ZMR 1952, 250.

Der Beendigung des Miet(Pacht)verhältnisses durch vertragliche Vereinbarung steht das Mieterschutzgesetz (§ 49 MSchG) nicht entgegen, LG Oldenburg Glaser Nr. 309/II/1955; LG Aachen ZMR 1952, 104 = JMBl NRW 1952, 47; LG Essen ZMR 1952, 250; LG Köln Glaser Nr. 124/II/1954.

12 Mietverhältnisse auf bestimmte Zeit (Einl. 38) enden nach § 564 Abs. 1 BGB mit dem Ablaufe der Zeit, für die sie eingegangen sind. Diese Rechtsfolge tritt im Geltungsbereich des Mieterschutzgesetzes nicht ein. Nach der Methode der Verlängerung wird der Grundsatz des BGB in das Gegenteil verkehrt: das Rechtsverhältnis wird kraft Gesetzes — also ohne Vereinbarung oder auch nur Erklärung, ja selbst gegen den Widerspruch eines Vertragsteiles — fortgesetzt, sofern nicht der Mieter oder der Vermieter sich auf die Beendigung fristgemäß beruft, § 1 Abs. 2 Satz 1. Die Frist zur Abgabe der Erklärung richtet sich nach der gesetzlichen Regelung des § 565 BGB; vertragliche Kündigungsfristen bleiben außer Betracht. Versäumnis der Frist macht die „Berufung" wirkungslos, es sei denn, daß der andere Teil auf die Einhaltung ausdrücklich verzichtet.

Die „Berufung" des Vermieters, die nur im Wege der Aufhebungsklage gegen den Willen des Mieters geltend gemacht werden kann, kann materiell nur auf eine oder mehrere der in den §§ 2 bis 4b bezeichneten Klagegründe gestützt werden. Über das Vorliegen eines Berufungsgrundes wird wie beim Mietaufhebungsverfahren durch Urteil entschieden. Insoweit hat diese „Berufung" des Vermieters nach Abs. 2 neben der Norm des Abs. 1 keine selbständige Bedeutung, so mit Recht Roquette, Mietrecht S. 272, 296.

Die Fortsetzung des Miet(Pacht)verhältnisses erfolgt auf unbestimmte Zeit; der Inhalt des Miet(Pacht)vertrages bleibt im übrigen bestehen. Für die Aufhebung des fortgesetzten Rechtsverhältnisses gegen den Willen des Mieters (Pächters) gelten die Grundsätze des Abs. 1.

13 Die Regel des § 1 Abs. 2 gilt auch für die durch befristete Mietverfügung der Wohnungsbehörde begründeten Rechtsverhältnisse, soweit diese unter das MSchG fallen. Eine Beendigung des Zwangsmietverhältnisses tritt hiernach mit dem Eintritt des in der Mietverfügung festgesetzten Zeitpunktes nicht ein; vielmehr wird das Mietverhältnis von diesem Zeitpunkt auf unbe-

stimmte Zeit fortgesetzt, LG Essen JR 1950, 472 = JMBl NRW 1949, 146; Roquette, Mietrecht S. 20, 23; Kiefersauer JR 1951, 382; a. M. Hans V 2a zu Art. VIII WohnG; Bettermann 162 zu § 1; BayObLG München ZMR 1956, 405. Für das WBewG kann die abweichende Meinung um so weniger aufrecht erhalten werden, als die dem Art VIII 2c WohnG entsprechende Rechtsvorschrift in das WBewG nicht übergegangen ist. Eine Ausnahme gilt nur kraft der positiven Bestimmung des § 14 Abs. 3, § 15 Abs. 2 WBewG, wenn die Wohnungszuweisung aus besonderen Gründen unter einer auflösenden Bedingung oder befristet erfolgt ist; hier erlischt das Benutzungsverhältnis mit dem Eintritt der Bedingung oder dem Ablauf der Frist, gleichviel ob die Bedingung oder Befristung in die Mietverfügung aufgenommen worden ist oder nicht. Im Bereich des WBewG ist für die Anwendung des § 1 Abs. 2 MSchG kein Raum. Zum Mietaufhebungsverfahren gegenüber Zwangsmietverträgen s. Roquette WBewG S. 244.

Eine dem § 1 Abs. 2 nachgebildete Verlängerung eines abgelaufenen Mietverhältnisses wird bei der Verkoppelung von Mietverhältnis und Arbeits(Dienst)-verhältnis im Sinne von § 20 durch § 20 Satz 1 MSchG angeordnet; diese Ausdehnung des Mieterschutzes entfällt aber, wenn die Auflösung des Arbeits(Dienst) verhältnisses gemäß § 20 Satz 2 vom Mieter zu verantworten ist.

14 Rücktrittsrecht. Nur das vertraglich vorbehaltene, nicht auch das gesetzliche Rücktrittsrecht aus § 326 BGB — Einl. zum MSchG 41 — darf vom Vermieter gegen den Willen des Mieters nicht ausgeübt werden, § 1 Abs. 3; BGH ZMR 1957, 49. Die Regelung beim Rücktritt des Wohnungsunternehmens vom Kaufanwartschaftsvertrag gemäß § 35 MSchG entspricht dem für reine Mietverhältnisse geltenden Recht.

15 Erwerb des Grundstücks. Die Vorschrift des Abs. 4 bedeutet gegenüber der Regelung des § 571 BGB eine Erweiterung des Mieterschutzes, insofern der Erwerber auch vor der Überlassung des Mietraumes oder Grundstückes in jedem Fall als Vermieter im Sinne des Gesetzes gilt. Die Ausdehnung des Mieterschutzrechtes gilt auch für den Erwerber im Wege der Zwangsvollstreckung (§§ 57a, 172 ZVG, § 21 KO), nicht aber für den Fall der Enteignung (h. M.; a. M. Bettermann 130 zu § 1). Das Kündigungsrecht des Erstehers gegenüber dem Mietberechtigten aus § 57a ZVG ist damit beseitigt; dagegen genießt der besitzende Zwangsvollstreckungsschuldner gegenüber dem Ersteher keinerlei Schutz. Dem Grundstückserwerber gleichzustellen ist der Erwerber eines dinglichen Rechtes am Grundstück, insbesondere eines Nießbrauchrechtes (§ 1056 BGB) oder eines Dauerwohnrechts (§ 37 WEG), vgl. LG Köln HMR Rspr Nr. 76/1949. Der Nutzungsberechtigte hat das Recht des Mieters zu achten, gleichviel, ob er vor oder nach Überlassung der Mietsache berechtigt wird, Staudinger-Kiefersauer, 61 vor § 535; Roquette, Mietrecht S. 173. Bei Weiterveräußerung des Grundstücks durch den Erwerber oder Belastung mit einem Nutzungsrecht gelten die für den ersten Eigentumserwerb oder die erste Belastung geltenden Vorschriften (§ 579 BGB).

Gibt der Grundstückserwerber das Eigentum am Grundstück nach § 928 BGB auf, so kann bis zur Aneignung des Grundstücks durch den Fiskus durch Eintragung im Grundbuch der Fall eintreten, daß das Mietverhältnis ohne Vermieter fortbesteht; mit dem Vollzug der Eintragung tritt der Fiskus in die Rechtsstellung des bisherigen Vermieters ein.

Abs. 4 setzt voraus, daß der Erwerber des Grundstücks das Eigentum erworben hat, daß also die Eintragung des Eigentumsüberganges im Grundbuch vollzogen ist. Solange der Vollzug der Auflassung nicht erfolgt ist, kann der Erwerber auch dann nicht die Aufhebungsklage erheben, wenn ihm vom bisherigen Vermieter das Grundstück mit Nutzungen und Lasten übergeben worden ist. Praktische Bedürfnisse können dem klaren Wortlaut des Gesetzes gegenüber eine andere Rechtsauffassung nicht begründen, wie hier Roquette, Mietrecht S. 350; Bettermann 129 zu § 1; LG Hagen HW 1948, 381; OGH Köln OGH 1, 314; LG Berlin HuW 1956, 230; vgl. auch LG Kreuznach NJW 1955, 950 = MDR 1955, 553; a. M. LG Traunstein (Friese) NJW 1948, 345. Eine Übertragung des Mietaufhebungsanspruchs zur Geltendmachung aus eigenem Recht ist nicht zulässig und nicht möglich. Der Verkäufer des Grundstücks kann nicht den Käufer ermächtigen, im eigenen Namen die Mietaufhebungsklage durchzuführen, Roquette, Mietrecht S. 150. Zur Frage der Ermächtigung zur gerichtlichen Geltendmachung fremder Rechte im eigenen Namen vgl. im allgemeinen Bettermann zu LG Coburg NJW 1949, 260; vgl. auch A 10. Aus der besonderen Regelung des Abs. 4 folgt jedenfalls, daß der bloße Besitzerwerb am Grundstück nicht ohne weiteres dem Eigentumserwerb gleichgestellt werden kann.

§ 2

(1) **Der Vermieter kann auf Aufhebung des Mietverhältnisses klagen, wenn der Mieter oder eine Person, die zu seinem Hausstand oder Geschäftsbetrieb gehört oder der er den Gebrauch des Mietraums überlassen hat, sich einer erheblichen Belästigung des Vermieters oder eines Hausbewohners schuldig macht oder durch unangemessenen Gebrauch des Mietraums oder Vernachlässigung der gebotenen Sorgfalt den Mietraum oder das Gebäude erheblich gefährdet oder wenn der Mieter einem Dritten den Gebrauch des Mietraumes beläßt, obwohl er zur Überlassung nicht befugt ist.**

(2) **Die Aufhebung ist nur zulässig, wenn der Mieter ungeachtet einer Abmahnung des Vermieters das Verhalten fortsetzt oder es unterläßt, eine ihm mögliche Abhilfe zu schaffen, oder wenn das Verhalten des Mieters oder einer der im Abs. 1 bezeichneten Personen ein solches war, daß dem Vermieter die Fortsetzung des Mietverhältnisses nicht zugemutet werden kann. Hatte der Vermieter oder eine zu seinem Hausstand oder Geschäftsbetrieb gehörige oder mit seiner Vertretung in Mietangelegenheiten betraute Person die Belästigung (Abs. 1) durch eigenes Verschulden veranlaßt, so findet eine Aufhebung nicht statt.**

(3) **Der Vermieter muß die Klage binnen sechs Monaten von dem Zeitpunkt an erheben, in dem er von dem Aufhebungsgrund Kenntnis erlangt hat. Die Klage ist ausgeschlossen, wenn seit dem Entstehen des Aufhebungsgrundes ein Jahr verstrichen ist.**

1 Die in Abs. 1 und 2 festgelegten materiellrechtlichen Voraussetzungen der Aufhebungsklage in § 2 sind gegenüber dem Kündigungstatbestand des § 553 BGB erweitert. Die Aufhebungsgründe — zur Zulässigkeit der Teilaufhebung

vgl. LG Aachen, Glaser Nr. 349/1953; Glaser NJW 1953, 853; verneinend LG Hamburg Glaser Nr. 75/II/1960 — umfassen zwei Gruppen:

a) Belästigung des Vermieters oder eines Hausbewohners (nicht des eigenen Untermieters, LG Köln ZMR 1960, 113 = Glaser Nr. 5/II/1960; vgl. aber LG Augsburg MDR 1960, 1015 (u.L.) = BlGBW 1960, 287 = Glaser Nr. 74/II/1960) durch den Mieter; sind mehrere Personen Mieter, so genügt, daß einer von ihnen belästigt, Bettermann 92 zu § 2. Die Verletzung der Interessen des bloß wirtschaftlichen Miteigentümers des Hauses dürfte nicht ausreichen (Bettermann NJW 1948, 346; a.M. LG Berlin NJW 1948, 230, das diesen dem Vermieter gleichstellt). Die Belästigung muß erheblich (d.h. so schwerwiegend sein, daß sie – in aller Regel wegen der Unzumutbarkeit der Fortsetzung des Mietverhältnisses für den Vermieter, LG Hagen HW 1949, 46 — die Mietaufhebung rechtfertigt) und vom Mieter grundsätzlich verschuldet sein (LG Leipzig MietG 1929, 55; Roquette Mietrecht S. 392; Bettermann 81; Bessel DWW 1954, 153), sie muß im vertraglichen Schuldrecht nach den allgemeinen Regeln des § 276 BGB zu vertreten sein; die Tatsache, daß unzumutbare Zustände in der Raumbewirtschaftung bestehen, über § 14 WBewG sogar eingeführt werden können oder müssen, rechtfertigt nicht eine andere Auslegung dieser Vorschrift, wie Mohr (NJW 1954, 943) sie fordert*). Strafrechtliche Verantwortung ist weder erforderlich noch als solche (z.B. bei Konkursverbrechen) ausreichend. Der Mieter kann für das mietwidrige Verhalten seines aus der Heilanstalt beurlaubten Sohnes dann nicht verantwortlich gemacht werden, wenn der Sohn im Einverständnis mit den Anstaltsarzt als ungefährlich aus der Anstalt beurlaubt worden ist, LG Aachen DRZ 1950, 498. Der Mieter muß Vorsorge treffen, um Beleidigungen und Tätlichkeiten durch seine geistig erkrankte Ehefrau zu verhindern (Unterbringung in eine Pflegeanstalt), so LG Köln MDR 1956, 613 (Anm. Weimar). Zur Frage, wann Geisteskrankheit des Mieters die Aufhebung des Mietverhältnisses rechtfertigt vgl. AG Köln WM 1956, 101; LG Köln WM 1956, 102 (abl. Anm. Weimar); LG Berlin GrundE 1928, 988; AG Dortmund Glaser Nr. 6/II/1960; Court, Haus und Boden 1954, 32; LG Mainz ZMR 1960, 114.

Belästigung im Sinne des Abs. 1 ist jede die berechtigten wirtschaftlichen, gesellschaftlichen oder sittlichen Interessen des Vermieters in erheblichem Maße beeinträchtigende Betätigung des Mieters (zustimmend OLG München BayZ 1933, 16; a. M. Bettermann 8), also Störung des Hausfriedens, Verletzung der Sittlichkeit, grobe Beleidigung.

2 In aller Regel trifft die störende Handlung — ohne auf eine positive Vertragsverletzung beschränkt zu sein, Bettermann 17, 75 — gerade die Beziehungen, die sich aus der Hausgemeinschaft der Beteiligten, die unter einem Dache wohnen, ergeben. Gleichwohl ist der Begriff der Belästigung nicht auf die Störung der Hausgemeinschaft zu beschränken mit der Folge, daß der Vermieter, der nicht im Hause wohnt, in aller

*) De lege ferenda wäre gerade für den Fall des § 2 die Einzelregelung durch eine Art Generalklausel zu ersetzen, die die Aufhebung des Mietverhältnisses auf Antrag des Vermieters zuläßt, wenn ihm die Fortsetzung des Mietverhältnisses nicht zugemutet werden kann; die gesetzlichen Tatbestandsmerkmale würden alsdann nur Beispiele darstellen; vgl. § 9 GRMG.

Regel nicht klageberechtigt ist, so Bettermann 25ff. Die Zugehörigkeit des Vermieters zur Haus- oder Raumgemeinschaft ist nicht Voraussetzung der Mietaufhebung, LG Essen HMR Rspr 1949 Nr. 60; Roquette, MietR S. 301; BGH NJW 1953, 1390 = ZMR 1953, 341 = LM Nr. 1 zu § 2 MSchG; LG Düsseldorf NJW 1954, 1204 (Bettermann); Groothold zu BGH ZMR 1954, 368.

3 Die Meinung, daß als erhebliche Belästigungen im Hinblick auf die Überbelegung Deutschlands nur noch die „Eingriffe, die eine Verletzung oder zumindest Gefährdung von Leben, Gesundheit und Eigentum unmittelbar nach sich ziehen" anzuerkennen seien, kann mit Bettermann gegen LG Frankfurt DRZ 1948, 103 nicht gebilligt werden. Es muß auf beiden Seiten vermehrte Rücksichtnahme verlangt werden; das ist die wirklichkeitsnahe Forderung, die aus der Zusammendrängung der Menschen auf engsten Raum zu ziehen ist. Es muß — wie bereits die AV des Reichsjustizministers vom 12. Juni 1943 (DJ 1943, 320) ausführt — „von jedem Vermieter und Mieter in erhöhtem Maße erwartet werden, daß er mit allen Kräften zur Erhaltung und Pflege einer vertrauensvollen Hausgemeinschaft beiträgt und im Falle einer Störung dieser Gemeinschaft sich bemüht, seinen eigenen Fehler wieder gutzumachen und das gegenseitige Vertrauen wiederherzustellen". Die aus dem engen Zusammenleben entspringenden unvermeidbaren gewissen Beeinträchtigungen müssen hingenommen werden, LG Bremen WM 1954, 78 (Weimar).

4 Soweit nach Aufhebung des Mietverhältnisse und Verurteilung zur Räumung dem Vorliegen einer erheblichen Belästigung rechtserhebliche Bedeutung eingeräumt ist (§§ 5, 5a MSchG; § 30 Abs. 3 u. 5 WBewG), werden an die Erheblichkeit der Belästigung geringere Anforderungen zu stellen sein. Insbesondere wird im Vollstreckungsverfahren das bewußte Unterlassen jeder Bemühung um Ersatzwohnraum, die unberechtigte Ausschlagung des Ersatzraumes als ausreichende Pflichtverletzung des Räumungsschuldners zu bewerten sein, Mohr ZMR 1954, 193; über das Ausmaß der Mitwirkungspflicht des Räumungsschuldners vgl. Grein NJW 1954, 419; Bull und Fischer ZMR 1954, 158 gegen LG Hamburg; AG Landshut ZMR 1954, 159 und 185; vgl. auch Schreiber WM 1954, 61 und (einschränkend) Hermes WM 1954, 100.

5 Über die Ausdehnung des Mietaufhebungsgrundes auf die außerordentliche Kündigungsbefugnis des Vermieters gemäß § 52e Abs. 1 Ziff. 4 auf den nach § 31a MSchG und § 31b MSchG vom Mieterschutz freigestellten Wohnraum s. A 1 zu §§ 31a, 31b.

6 Eine auf die belästigende Wirkung hinzielende Absicht ist nicht erforderlich; es genügt — abgesehen von der Verschuldung der Handlung oder Unterlassung — grundsätzlich die Tatsache der Störung (zustimmend LG Würzburg JW 1925, 1048).

7 Wiederholte unpünktliche Mietzinszahlung kann, muß aber nicht eine Belästigung des Vermieters darstellen, AG Bremen DWW 1956, 70; LG Göttingen DWW 1951, 306; LG Aachen, Glaser Rspr 1952 Nr. 316; LG

Berlin HW 1952, 474; LG Mannheim DWW 1954, 121; LG Berlin WM 1954, 129; LG Darmstadt ZMR 1957, 234; LG Bielefeld ZMR 1954, 277; LG Frankenthal (Pfalz) MDR 1957, 422 = DWW 1957, 95 = Glaser Nr. 211/II/1957; LG Köln BlGBW 1954, 175 LG Karlsruhe ZMR 1956, 93; LG München JR 1955, 467; AG Bonn Glaser Nr. 210/II/1957; LG Hannover NHG 1956, 121; AG Witzenhausen ZMR 1957, 57; LG Kassel WM 1955, 120; LG Göttingen ZMR 1958, 51; LG Mönchen-Gladbach ZMR 1958, 50; LG Bonn Glaser Nr. 145/II/1959 LG Kassel WM 1958 43, 151 AG Bonn ZMR 1960, 112 = Glaser Nr. 146/II/1959 AG Dortmund ZMR 1960, 12; LG Essen BlGBW 1959, 207; LG Landau (Pfalz) BlGBW 1956, 126 (Lutz) = MDR 1959, 490 = Glaser Nr. 208/II/1959; AG Münster WM 1959, 77; LG Mannheim WM 1959, 122; LG Darmstadt WM 1960, 138 LG Hamburg WM 1960, 55; LG Berlin BlnGrundE 1960, 186; Glaser ZMR 1952, 147; Hans 4 zu § 3; Groothold zu LG Bielefeld und LG Koblenz ZMR 1954, 277; a.M. Bettermann 198; LG Bonn MDR 1958, 773 = BlGBW 1958, 303 = FrWW 1959, 472; LG Wiesbaden WM 1956, 73.

8 Bei Aufbaumietverträgen ist die Leistung eines Baukostenzuschusses durch den Mieter entsprechend (Bettermann 64) zu berücksichtigen, LG Bonn NJW 1952, 268; LG Düsseldorf ZMR 1953, 154; Weimar WM 1951, 6. LG Duisburg HMR Rspr 1951 Nr. 74 will dem Vermieter ein gesetzliches Rücktrittsrecht unter den Voraussetzungen des § 2 einräumen.

9 Nach den Umständen des Falles ist auch die Erstattung einer Strafanzeige gegen den Vermieter zu würdigen, z. B. wenn die Anzeige ohne hinreichende Verdachtsgründe leichtfertig oder grob fahrlässig erstattet worden ist; vgl. LG Berlin ZMR 1956, 373; LG Kassel WM 1958, 102; AG Velbert BlGBW 1959, 47; Glaser BlGBW 1959, 43; BGH MDR 1961, 226; wegen einer Strafanzeige gegen einen Mitmieter vgl. LG Köln WM 1955, 185 = Glaser Nr. 34/II/1956. Die Ausübung der dem Mieter zustehenden Rechte, insbesondere die Geltendmachung des Rechtes auf Mietzinssenkung, kann keinesfalls als Belästigung des Vermieters angesehen werden, sofern die Wahrung der Rechte nicht in ungehöriger Form erfolgt, LG Bonn WM 1954, 99 (Schreiber). In Betracht kommen Störung des Treue- und Vertrauensverhältnisses — Staudinger-Kiefersauer 3 zu § 535; Roquette Mietrecht S. 389 — z. B. durch Täuschungs versuch (BGH ZMR 1953, 341 und 1954, 368); Betrug (AG Northeim, Glaser Nr. 35/II/56); üble Nachrede (AG Düsseldorf ZMR 1959, 111); Beleidigungen (dazu Weimar WM 1954, 87); Vorstrafen (LG Bonn MDR 1958, 693 = BlGBW 1958, 270 = Glaser Nr. 148/II/1959; Weimar BlGBW 1954, 324; Straffälligkeit (Verurteilung zu Zuchthaus) LG Stuttgart ZMR 1956, 304 = MDR 1957, 102; AG Nürnberg ZMR 1957, 366 = Glaser Nr. 61/II/1958; AG Dortmund ZMR 1958, 225 = Glaser Nr. 149/II/1159; AG Düsseldorf BlGBW 1959, 159 = BayGWW 1959, 264 (Anm. Glaser) = MDR 1960, 52); dauernde Zänkereien; Denuntiation (LG Düsseldorf, Glaser Nr. 310/1953; aber auch BGH NJW 1953, 1390 [Schneider]); AG Dortmund MDR 1959, 763 = Glaser Nr. 206/II/1959; Erregung beträchtlichen ruhestörenden Lärmes (Brombach HW 1948, 337; LG Berlin JR 1953, 24); häufige Familienfeiern (Pritsching HW 1953, 467; AG Bremen WM 1957, 185; überlauter Rundfunkempfang insbesondere nach 22 Uhr; Hausdieb-

stähle (LG Hagen ZMR 1952, 161; AG Dortmund BayGWW 1960, 497 = Glaser Nr. 88/II/1960); Entwicklung übler in die Räume von Mitbewohnern dringender Gerüche, Haltung von Kleintieren in übermäßigem Umfang (AG Uslar, LG Göttingen NdsRpfl 1948, 234); Hundehaltung (dazu Staudinger-Kiefersauer 81 zu § 535; Bettermann 196; AG Rastatt MDR 1954, 167; LG Mönchen-Gladbach ZMR 1958, 50; AG Dortmund Glaser Nr. 7/II/1960). Nicht aber Ablehnung der schriftlichen Abfassung des Mietvertrages LG Landshut ZMR 1952, 41; nicht Ablehnung der Unterschrift unter den Mietvertrag, AG Bremen WM 1957, 10; nicht Waschen in der Wohnung mit Waschautomat, AG Köln WM 1958, 56; nicht einmaliges Tanzvergnügen in der Wohnung, LG Bochum WM 1958, 71; nicht Abstellen eines Mopeds im Kellerraum LG Essen WM 1959, 153; nicht das Verschweigen der Schwangerschaft seitens der ledigen Wohnungssuchenden LG Berlin JR 1953, 24 (Kiefersauer); nicht die Verweigerung des Untermietzuschlags, AG Köln WM 1958, 264. Zur Anzeigepflicht des Mieters bei Auftreten von Ungeziefer (Wanzen) vgl. LG Aachen, Glaser Nr. 45/1951; LG Wiesbaden WM 1953, 72 = ZMR 1954, 217; LG Düsseldorf ZMR 1956, 303.

Antisemitische Betätigung gegenüber der Ehefrau des jüdischen Vermieters kann unter Umständen auch dann zu berücksichtigen sein, wenn diese Betätigung fünf Jahre zurückliegt, die Aufhebungsklage aber unverzüglich erhoben wird, nachdem der wegen der Luftangriffe ausgezogene Mieter erneut Anspruch auf die Wohnung erhoben hat, LG Hamburg, Hans. JustVBl 1946 28.

10 Wilde Ehe (LG Essen ZMR 1952, 63; LG Koblenz ZMR 1953, 153; LG Frankfurt ZMR 1954, 10; LG Wiesbaden MDR 1954, 166 = ZMR 1954, 296; LG Lübeck BlGBW 1956, 240 = Glaser Nr. 99/II/1956; LG Hamburg: Hbg. GrundE 1956, 101; LG Hannover BlGBW 1956, 79; LG Kassel BlGBW 1957/208; LG Augsburg WM 1958, 26; LG Traunstein ZMR 1958, 224; LG Duisburg MDR 1955, 480; AG Moers ZMR 1958, 225; LG Berlin BlnGrundE 1958, 622; AG Hameln ZMR 1960, 12 = Glaser Nr. 42/II/60) kann nach den Verhältnissen des Einzelfalles, insbesondere nach der sittlichen Auffassung des Vermieters, auf die es hier wesentlich ankommt, Ärgernis erregen und deshalb als erhebliche Belästigung anzusehen sein, Roquette, Mietrecht S. 301; vgl. auch AG Bonn Glaser Nr. 207/II/1957; LG Bonn ZMR 1959, 111. Häufig wechselnder Männerverkehr einer (verheirateten) Frau verletzt heute nicht weniger als früher das Anstands- und Sittlichkeitsempfinden weitester, auch großstädtischer Volkskreise, LG Bochum MDR 1950, 417; Schultz MDR 1950, 341; Glaser JR 1951, 141; Küster JZ 1951, 91; Bettermann 199b; AG Burgsteinfurt ZMR 1952, 209; Glaser zu LG Wiesbaden MDR 1954, 166; LG Essen ZMR 1952, 63 gegen AG Kiel WM 1950 Nr. 4 und AG Solingen DWW 1950, 182. Aberkennung des Mietaufhebungsanspruchs, wenn Vermieterin unsittlichen Verkehr in ihren eigenen Räumen duldet oder unterhält, LG Bremen WM 1953, 93; vgl. auch LG Bonn ZMR 1959, 111; vgl. aber AG Bonn Glaser Nr. 207/II/1957. Keine Beseitigung des Aufhebungsgrundes durch nachfolgende Heirat OLG Augsburg BayZ 1925, 83; LG Koblenz ZMR 1953, 153; AG Bremen Glaser Nr. 5/1954; a.M. LG Landshut ZMR 1952, 210; Hans 8; LG Köln WM 1954, 58 (zust. Weimar); über wechseln-

den Männerverkehr der Tochter des Mieters vgl. AG Husum: Glaser Nr. 120/II/1956; über sittenwidriges Verhalten in der Mietwohnung vgl. noch AG Bonn ZMR 1958, 52 = BlGBW 1958, 96 = Glaser Nr. 6/II/1958; AG Bonn ZMR 1957, 365; AG Düsseldorf Glaser Nr. 8/II/1960; LG Augsburg BlGBW 1960, 287 = Glaser Nr. 74/II/1960.

11 Krankheit, die nicht offenkundig selbstverschuldet ist, ist kein Aufhebungsgrund. Wenn aber der Mieter sich bei einer schweren, den Vermieter besonders aufregenden Krankheit (Epilepsie) der von der Gesundheitsbehörde und dem Wohnungsamt vorgeschlagenen anderweitigen Unterbringung ohne Rücksicht auf die Schädigung der Gesundheit des Vermieters widersetzt, so kann darin eine erhebliche Belästigung liegen, wenn er sich um eine andere Wohnung nicht bemüht, AG Wiesbaden NJW 1949, 950 (zustimmend Bettermann). Toben und Lärmen des Mieters (als Folge einer Hirnverletzung) kann erhebliche Wertminderung der Mieträume zur Folge haben und unter dem Gesichtspunkt zu b) die Mietaufhebung rechtfertigen, LG Göttingen NJW 1954, 125.

12 b) Unangemessener Gebrauch der Mietsache durch den Mieter, insbesondere unbefugte Gebrauchsüberlassung an einen Dritten sowie Vernachlässigung der gebotenen Sorgfalt. Unangemessener Gebrauch ist nicht notwendig vertragswidriger Gebrauch; umgekehrt braucht vertragswidriger Gebrauch nicht immer auch unangemessen zu sein; vgl. dazu Bettermann 204. Kein vertragswidriger Gebrauch bei Vereinbarung eines vor dem 1. Dezember 1951, d.h. der Wirksamkeit des § 7 VO PR 71/51 preisrechtlich unzulässigen Untermietzinses, KG ZMR 1952, 153. Unangemessener Gebrauch liegt z. B. vor beim Waschen großer (nicht auch kleiner) Wäsche in der Wohnung, beim Halten großer Haustiere, Duldung von Ungeziefer (KG DR 1941, 1367 und LG Wiesbaden WM 1953, 72). Über Wanzen als Mietaufhebungsgrund vgl. LG Düsseldorf ZMR 1956, 303; LG Aachen: Glaser Nr. 45/51. Unangemessener Gebrauch oder Vernachlässigung der gebotenen Sorgfalt (die aus der Obhutspflicht des Mieters entspringt, dazu Roquette Mietrecht S. 306; Staudinger-Kiefersauer 114 zu § 535, 30 zu § 536 und 2 zu § 545; Bettermann MDR 1947, 232 u. 211, 215 zu § 2 MSchG) müssen den Mietraum oder das Gebäude erheblich gefährden (z. B. durch mangelhafte Lüftung, AG Bonn ZMR 1959, 298 = Glaser Nr. 11/II/1960). Gefährdung des Gebäudes (Gebäudeteiles) ist jede drohende Beeinträchtigung des baulichen Zustandes, auch wenn dadurch eine Störung des Mietgebrauches der Hauseinwohner nicht verursacht wird oder der Mieter Vertragspflichten nicht verletzt. Unter diesem Gesichtspunkt kann auch das Nichtbewohnen als Mietaufhebungsgrund in Betracht kommen, LG Landshut ZMR 1953, 30. Da die Obhutspflicht sich auch auf die dem Vermieter oder anderen Hausbewohnern gehörenden beweglichen Sachen erstreckt (Staudinger-Kiefersauer aaO), wird man die Gefährdungshaftung des § 2 auch auf diese Gegenstände ausdehnen müssen, gleichviel ob diese mitvermietet sind oder nicht, Bettermann 222. Erheblich ist die Gefährdung wie bei der Belästigung (oben a) erst, wenn sie die Aufhebung des Mietverhältnisses rechtfertigt. Verschulden des Mieters ist nicht notwendige Voraussetzung, ebenso Bettermann 240, Roquette Mietrecht S. 395.

13 Jede Zweckentfremdung, die der Mieter ohne Zustimmung des Vermieters an den Mieträumen vornimmt, stellt, sofern dadurch die Interessen des Vermieters in erheblichem Maße beeinträchtigt oder gefährdet werden, einen Mietaufhebungsgrund nach § 2 auch dann dar, wenn die Zweckentfremdung vom Wohnungsamt genehmigt worden ist, LG Hagen JR 1950, 56; a.M. Bettermann 384ff. und ZMR 1953, 30; gewerbliche Nutzung der Wohnräume als Mietaufhebungsgrund, LG Dortmund MDR 1959, 215 = BlGBW 1958, 383 = FrWW 1959, 517 = BayGWW 1959, 22; vgl. auch LG Kassel WM 1959, 123. Wegen der Anwendung des § 2 Abs. 1 auf Zwangsuntermietverträge s. Einl. vor MSchG 20.

14 c) Unbefugte Gebrauchsüberlassung ist jede entgeltliche oder unentgeltliche Überlassung, für die die Erlaubnis des Vermieters nicht vorliegt, also die Aufrechterhaltung (Hinnahme, Duldung) eines rechtswidrigen Zustandes (Bettermann 257; LG Köln NJW 1953, 1752 = ZMR 1953, 312; vgl. aber auch LG Oldenburg MDR 1954, 41). Dies gilt auch für die teilweise Raumüberlassung und für die vorübergehende Überlassung an Messegäste (AG Köln MDR 1952, 615) oder für die Überlassung während der Abwesenheit des in Tag- und Nachtschichten abwechselnden Mieters an einen Arbeitskameraden (AG Celle HMR Rspr 1949 Nr. 67). Zur Frage des entschuldbaren Irrtums über die Genehmigungspflicht bei Aufnahme von Messegästen Weimar gegen AG Köln MDR 1952, 615. Das ME kann nach § 29 MSchG die Erlaubnis des Vermieters im Einzelfall oder allgemein ersetzen, Einl. vor MSchG Anm. 23. Die Raumüberlassung an die Ehefrau durch den Mieter (LG Wiesbaden ZMR 1952, 41 u. 1954, 8; a. M. LG Verden (Aller), Glaser 1953 Nr. 296), an Angehörige des Haushaltes, insbesondere an Hausangestellte, Pflegekinder (AG Viersen WM 1954, 40), Haustöchter, Pensionsschüler ist nicht als selbständige, der Genehmigung durch den Vermieter unterworfene Gebrauchsüberlassung anzusehen. Das gleiche kann unter Umständen für die Aufnahme der Eltern, der Schwiegertöchter (LG Landshut ZMR 1952, 41) und Schwiegersöhne (LG Düsseldorf ZMR 1952, 129 [abl. Fischer]; AG Köln MDR 1954, 547) gelten, ebenso Hans 4, Einzelheiten bei Bettermann 273—279. Diese für die Vorkriegszeit durch KG EA 482, 778; LG Düsseldorf MietG 1929, 22 u.a. bestätigte Auffassung — Staudinger-Kiefersauer 102 vor § 535 — wird im Hinblick auf die Verschärfung der Wohnungsnot und die unvermeidbare Überbelegung von Wohnraum in erweitertem Umfang zur Geltung kommen müssen, vgl. AG Köln ZMR 1954, 10; AG Duisburg ZMR 1958, 52; AG Münster WM 1959, 77; vgl. aber LG Bonn ZMR 1960, 113 = Glaser Nr. 9/II/1960; AG Gelsenkirchen WM 1959, 185. Die Grenze bildet die Gefährdung von Gesundheit und Sittlichkeit einerseits, andererseits die für den Eigentümer nicht mehr zumutbare Abnutzung der Wohnung durch Überbelegung, AG Hamburg DWW 1950, 159; LG Bochum WM 1960, 54; a.M. LG Hagen HMR Rspr Nr. 69/1949. Nimmt dagegen die Mieterin, die nach Abschluß des Mietvertrages geheiratet hat, ihren Ehemann gegen den Willen des Vermieters in den Mietraum auf, so handelt es sich nicht mehr um eine unselbständige Raumüberlassung, da der Mann als Haushaltvorstand ein selbständiges Gebrauchsrecht an der ehelichen Wohnung erwirbt, Kiefersauer JR 1953, 25 gegen LG Berlin; LG Göttingen HMR Rspr 1949 Nr. 51; LG Essen ZMR 1952, 63; Glaser NJW 1954, 666; a. M. LG Hamburg JZ 1951, 76, 720 (Roquette); Roquette Mietrecht S. 135.

15 Unbefugte Gebrauchsüberlassung liegt vor, wenn der Kaufmann, der unter einer bestimmten Firma gemietet hat, die Räume, wenn auch unter Genehmigung der Fortführung der bisherigen Firma, einem anderen überläßt. Es liegt eine der Genehmigung des Vermieters bedürftige Rechtsabtretung vor, Kiefersauer, Recht 1924, 522.

16 Raumüberlassung auf Grund einer Erfassungsmaßnahme der Wohnungsbehörde im Vollzuge des Wohnungsgesetzes war in jedem Falle eine befugte, ebenso LG Aachen, Glaser 1951 Nr. 80; LG Frankfurt ZMR 1953, 311; Hans 4; a. M. Bettermann 301. Nach Wegfall der Erfassungsmaßnahme im WBewG gilt dies nicht nur für den gemäß § 15 WBewG durch Zuweisung, sondern auch für gemäß § 14 durch Erteilung der Benutzungsgenehmigung „zugeteilten" Wohnraum; denn auch in letzterem Falle handelt der Verfügungsberechtigte auf Grund der ihm im Rahmen des WBewG auferlegten Sozialpflicht, Kiefersauer JR 1953, 357 u. 442; Roquette Mietrecht S. 397.

17 Ein einmal bestehender und rechtzeitig durch Klageerhebung geltend gemachter Mietaufhebungsgrund nach § 2 wird durch späteres Wohlverhalten des Mieters nicht beseitigt, LG Aachen ZMR 1952, 14; LG Berlin JR 1953, 25; aber auch LG Landshut ZMR 1952, 210.

Kein Verstoß gegen § 2 ist — entgegen AG Schwelm DWW 1953, 117 — darin zu erblicken, daß der Mieter durch Untervermietung eines Zimmers ohne eigene wesentliche Arbeitsleistung einen die Wohnungsmiete um mehr als das Doppelte übersteigenden Mietzins erzielt (Kiefersauer JR 1953, 445); denn durch die Freigabe des Untermietpreises auf Grund des § 7 VO PR 71/51 (jetzt § 37 AltbaumietenVO v. 23. Juli 1958) ist ein solches, ursprünglich preiswidriges Verhalten des Mieters bei der Untervermietung von Gesetzgeber ausdrücklich sanktioniert worden, Kiefersauer JR 1952, 227.

18 Dem Mieter steht gleich jede Person, die zu seinem Hausstand oder Geschäftsbetrieb gehört. Zum Hausstand zählen alle Personen, die dauernd oder vorübergehend in den Haushalt des Mieters (Haushaltungsvorstand) aufgenommen sind, also alle Familienangehörigen (Frau, Kinder, Verwandte, die dauernd aufgenommen sind), Hausangestellte, aber auch (AG Celle HMR Rspr 1951 Nr. 41; a. M. Bettermann 96) alle zu vorübergehender Dienstleistung angenommenen Hilfskräfte (Waschfrauen, Näherinnen, Zugeherinnen, Säuglings- und Krankenschwestern); auch der Untermieter AG Köln WM 1958, 8. Auch die Gäste der Familie zählen ohne Rücksicht auf die Dauer ihrer Aufnahme zum Hausstand des Mieters, vgl. hierher Dahmann MietG 1928, 56 und Bettermann 113. Alle diese Personen sind nur Wohnungsbenutzer, nicht Wohnungsinhaber, sind nur Besitzdiener, nicht Besitzer, die Ehefrau ausgenommen — seit dem 1. April 1933 — vgl. LG Braunschweig ZMR 1955, 57; BGH NJW 1954, 918; LG Münster MDR 1955, 104; LG Stuttgart NJW 1953, 989; LG Mainz NJW 1953, 1107; Breetzke NJW 1953, 735. Der Wohnungsinhaber ist nicht notwendigerweise zugleich Benutzer der Wohnung; er kann sie leerstehen lassen. Als unbenutzt unterliegt der Raum der Wohnraumbewirtschaftung gemäß § 10 Abs. 1 WBewG. Die Zahl der Haushaltangehörigen ist für den Begriff des unterbelegten Wohnraumes von Bedeutung. Ehegatte, Verwandte und Verschwägerte gerader Linie und Arbeitnehmer, die üblicherweise zum Hausstand des Verfügungsberechtigten gehören, sind auch, wenn sie ohne Genehmigung der Wohnungsbehörde aufgenommen worden sind, für die Feststellung des

überschüssigen Wohnraums bei Erteilung der Benutzungsgenehmigung zu berücksichtigen, § 14 Abs. 2 WBewG.

19 Geschäftsbetrieb ist jede sowohl auf Gewinn abzielende wie sonst berufsmäßig ausgeübte Tätigkeit. Hierunter fällt der kaufmännische, handwerksmäßige oder fabrikmäßige Betrieb — ausgeübt in Läden, Werkstätten, Büroräumen, Geschäftshäusern, Fabriken — ebenso wie der land- und forstwirtschaftliche Betrieb, die Tätigkeit der freien Berufe (Ärzte, Künstler, Rechtsanwälte) oder die Betätigung auf charitativem und sozialem Gebiete. Der Geschäftsbetrieb muß nicht notwendigerweise in den Räumen des Mieters ausgeübt werden (a. M. Bettermann 100); doch muß die Belästigung im Hause des Vermieters erfolgen und der Aufenthalt der lästig gewordenen Person muß noch im Zusammenhang mit dem Geschäftsbetrieb stehen.

Die Dauer der Zugehörigkeit zum Haushalt oder zum Geschäftsbetrieb ist grundsätzlich ohne Bedeutung, wenn die Belästigung vom Mieter geduldet wird; im übrigen wird sie für die Beurteilung der Erheblichkeit der Belästigung von Bedeutung sein.

20 Die Aufhebungsklage ist, auch wenn eine der in Abs. 1 angegebenen Tatsachen vorliegt, nur (dazu LG Kassel WM 1953, 82) zulässig, wenn

a) der Mieter ungeachtet einer Abmahnung des Vermieters — dazu Alter, GrundE 1940, 290 u. 411; Bettermann 414; LG Mainz ZMR 1953, 311 —, für die eine besondere Form nicht vorgeschrieben ist, das Verhalten fortsetzt oder es unterläßt, eine ihm mögliche, d.h. innerhalb seines rechtlichen, moralischen oder physischen Einflusses gelegene Abhilfe zu schaffen, oder wenn

b) das Verhalten des Mieters oder der in Abs. 1 bezeichneten Personen ein solches war, daß dem Vermieter die Fortsetzung des Mietverhältnisses nicht zugemutet werden kann. Das Maß des Zumutbaren richtet sich nach den gesellschaftlichen Verhältnissen der Vertragsteile, dem Zuschnitt des Hauses, aber auch der Rücksichtnahme auf die soziale Notwendigkeit der Unterbringung Heimatloser, Bettermann 441.

21 Eine an sich zulässige Aufhebungsklage muß abgewiesen werden, wenn im Falle der Belästigung (Abs. 1) die Belästigung vom Vermieter selbst oder von einer zu seinem Hausstand (Geschäftsbetrieb) gehörenden Person oder von seinem Vertreter in Mietangelegenheiten durch eigenes Verschulden — dazu Roquette, Mietrecht S. 303; Bettermann 151 — veranlaßt worden ist, vgl. aber auch LG Essen HMR Rspr 1950 Nr 105 u. DWW 1950, 47; LG Aachen ZMR 1954, 82 (Groothold); LG Kassel WM 1953, 82; LG Köln BlGBW 1953, 174 (Weimar); LG Kassel WM 1956, 36.

22 Die Fortdauer der Belästigung, Raumgefährdung oder unbefugten Gebrauchsüberlassung bis zur Klageerhebung oder gar bis zum Erlaß des Urteils ist nicht erforderlich, a. M. Bettermann 401. Es genügt die Feststellung des Tatbestandes der fortgesetzten Handlung zu irgendeinem Zeitpunkt vor der Klageerhebung. Erforderlich ist nur, daß die Belästigung, Gefährdung oder unbefugte Gebrauchsüberlassung — wenn auch ohne Zutun des Täters — bis zum Erlasse des Urteils fortwirkt mindestens in der Weise, daß dem Vermieter wegen des Vorfalles die Fortsetzung des Mietverhältnisses nicht zugemutet werden kann, LG Köln MDR 1954, 421. Schafft der Mieter z. B. durch Entfernung der Person, von der die Belästigung ausgeht, Abhilfe, dann kann die

Aufhebung nicht ausgesprochen werden, AG Köln WM 1958, 8. Dies gilt auch, wenn bei unbefugter Gebrauchsüberlassung der Dritte während des Aufhebungsverfahrens auszieht (Bettermann gegen LG Oldenburg NJW 1954, 199) oder im Regelfall, wenn die in wilder Ehe lebende Mieter heiraten (a. M. OLG Augsburg BayZ 1927, 83).

23 Bei einer ausschließlich auf § 2 gestützten und begründeten Mietaufhebungsklage hat das Gericht gemäß § 11 das Verfahren von Amts wegen — also ohne Antrag, aber nicht gegen den Willen des Mieters — auf bestimmte Zeit auszusetzen, wenn die Wiederherstellung des Friedens innerhalb der Hausgemeinschaft bei Fortdauer des Mietverhältnisses nach Lage des Falles erwartet werden darf, LG Oldenburg, Glaser Nr. 13/II/1954.

24 Die Ausschlußfristen für die Erhebung der Aufhebungsklage (Abs. 3) können durch Parteivereinbarung nicht verlängert werden. Zum Beginn der Frist LG Koblenz ZMR 1953, 153; bei Fortdauer der Belastung des Vertrauensverhältnisses durch das Verhalten des Mieters kann die Klage auch nach Ablauf der Frist erhoben werden, LG Hagen ZMR 1952, 161. Die Kenntnis des Vermieters, für die der Mieter beweispflichtig ist (ebenso Bettermann 530), muß eine tatsächliche sein. Kenntnis ist nicht gleichbedeutend mit Kennenmüssen; deshalb genügt schuldhafte Unkenntnis nicht, selbst wenn sie auf grober Nachlässigkeit beruht, Bettermann 453a. Andererseits bedarf die Kenntnis nicht bestimmter Beweismittel, vgl. LG Göttingen ZMR 1952, 64. Die Kenntnis der mit der Verwaltung des Hauses betrauten Personen (Hausverwalter, Pförtner usw.) steht der Kenntnis des Vermieters gleich.

25 Bei einem Dauerverstoß gegen die Pflichten des Mietvertrages, insbes. bei unerlaubter Untervermietung beginnt die Frist aus § 2 Abs. 3 unabhängig von der Frage der Abmahnung erst mit der Beendigung des vertragswidrigen Zustandes, LG Wiesbaden, U. vom 8. Januar 1957 — 1 S 564/56 — MDR 1957, 484 = BlGBW 1957, 207 = Glaser Nr. 206/II/1957; AG Bonn ZMR 1958, 226.

§ 3

(1) **Der Vermieter kann auf Aufhebung des Mietverhältnisses klagen, wenn der Mieter, welcher den Mietzins in kürzeren als vierteljährigen Zeitabschnitten zu entrichten hat, mit einem Betrag in Verzug ist, welcher den für die Dauer eines Monats zu entrichtenden Mietzins übersteigt; bei einem den Betrag für zwei Monate nicht erreichenden Rückstand ist die Erhebung der Klage erst zwei Wochen nach der Fälligkeit zulässig. Ist der Mietzins in vierteljährigen oder längeren Zeitabschnitten zu entrichten, so kann die Aufhebungsklage erhoben werden, wenn der Mieter mit einem Betrag in Verzug ist, welcher den für die Dauer eines Vierteljahres zu entrichtenden Mietzins erreicht; bei nur einmaligem Rückstand ist die Erhebung der Klage erst zwei Wochen nach der Fälligkeit zulässig. Bezieht sich der Rückstand auf mehrere Zeitabschnitte, so ist für die Berechnung des nach Satz 1, 2 maßgebenden Betrags der Mietzins des Zeitabschnitts zugrunde zu legen, hinsichtlich dessen der Mieter zuerst in Verzug geraten ist.**

(2) Der Anspruch besteht nicht, wenn der Verzug auf Unkenntnis des Mieters über den Betrag oder den Zeitpunkt der Fälligkeit des Mietzinses oder auf irrige Annahme eines Aufrechnungs-, Minderungs- oder Zurückbehaltungsrechts zurückzuführen ist, es sei denn, daß die Unkenntnis oder der Irrtum auf Fahrlässigkeit beruht.

(3) Die Aufhebung ist nicht mehr zulässig, wenn bis zum Ablauf eines Monats seit Erhebung der Klage der Mieter den Vermieter befriedigt oder eine gegenüber der Mietzinsforderung zulässige Aufrechnung erklärt oder wenn innerhalb dieser Frist dem Gericht die Erklärung der Fürsorgebehörde (§ 10 Abs. 2) zugeht, daß sie zur Befriedigung des Vermieters bereit sei. Beantragt in diesen Fällen der Vermieter alsbald, den Rechtsstreit in der Hauptsache für erledigt zu erklären, so hat der Mieter die Kosten des Rechtsstreits zu tragen.

1 Vgl. § 554 BGB.

Mietzins ist sowohl die vereinbarte Miete (§ 535 BGB) als auch die gesetzliche Miete (§ 1 I. BMietG). Zum Mietzins zählt auch die Kostenbeteiligung an der Sammelheizung und Warmwasserversorgung, wenn der Anteil im Mietvertrag festgelegt oder als stillschweigend übernommen anzusehen ist; LG Hamburg BlnGrundE 1956, 229 = ZMR 1957, 180 = BlGBW 1957, 160; OLG Hamburg MDR 1956, 240; OLG Karlsruhe NJW 1953, 1396; KG HuW 1955, 355; vgl. aber BGH NJW 1955, 1633 = MDR 1956, 349 (Bettermann) = ZMR 1955, 369 = BB 1955, 876; Verzug mit dem Sommeranteil als einer einmaligen Umlage reicht nicht aus zur Anwendung des § 3, LG Bonn MDR 1952, 550; ebenso wenig Verweigerung von Vorauszahlungen für die Vergangenheit, LG Dortmund MDR 1954, 360. Nicht hierher zählen Schadenersatz- und Erstattungsansprüche des Vermieters oder Sachleistungen, die der Mieter übernommen hat, wie z.B. Schönheitsreparaturen (LG Berlin GrundE 1929, 1249 u. 1940, 148) oder Instandsetzungs(Instandhaltungs)arbeiten. Wenn Bettermann 24, 29 auch zuzugeben ist, daß deren Übernahme das Verhältnis von Leistung und Gegenleistung beeinflußt und darum preisrechtlich zu berücksichtigen ist — wobei Art und Ausmaß völlig verschieden geregelt ist, vgl. § 3 Abs. 3 gegen § 11 MietenVO —, so dürfte doch die Einbeziehung der Mietersachleistungen, deren Erbringung nur von Fall zu Fall erfolgt, der auf die Höhe der Rückstände der Mieterleistungen an den Vermieter abgestellten Regelung des Abs. 1 nicht entsprechen; a. A. LG Göttingen NdsRpfl 1959, 157 bzl. Sachleistungen, nicht bzl. Dienstleistungen des Mieters. Nicht hierher gehören ferner Kosten eines Mietstreits (Vorprozesses), LG I Berlin MietG 1929, 36 und GrundE 1940, 148; LG Düsseldorf ZMR 1953, 154; Liebers ZMR 1954, 202; LG München WM 1954, 91; LG Berlin BlGBW 1956, 303 = Glaser Nr. 123/II/56; LG Darmstadt BlGBW 1957, 79 = MDR 1957, 230 (n. L); Roquette, Anm. 46 zu § 3 MSchG; a. M. Hans 6; Hertel, S. 64; Ebel, Anm. 6 zu § 3 MSchG; LG Aachen HW 1953, 50; AG Bad Wildungen Glaser Nr. 44/II/1960); nicht die dem Vermieter zu zahlende Abstandsumme (a.M. Bettermann 13), wohl aber verlorene Baukostenzuschüsse oder Aufbaudarlehn (AG Memmingen, Bay GWW 1956, 556 = BlnGrundE 1957, 131 = Glaser Nr. 166/II/1957;

LG Bremen Glaser Nr. 196/II/1957), nicht verlorene Baukostenzuschüsse nur insoweit, als ihre Tilgung durch Verrechnung auf den Mietzins erfolgt, Bettermann 14 u. 64; OLG Braunschweig BBauBl 1954, 18; AG Köln BBauBl 1954, 19. Bei Pachtverhältnissen ist als maßgebender Pachtzins nur die nach Zeitabschnitten zu entrichtende und in gleichbleibende regelmäßige Einzelbeträge gegliederte Gegenleistung des Pächters anzusehen; was sonst noch als Pachtzins i. S. des BGB anzusehen ist, z.B. die vertragsmäßige Instandhaltungspflicht und Inventarerhaltungspflicht des Pächters, kommt hier nicht in Betracht, RG DR 1942, 802.

2 Durch die nach § 28 zulässige Geltendmachung von Aufrechnungs- und Minderungsrechten seitens des Mieters wird die Mietzinsforderung vermindert oder aufgehoben. Ist der Mieter gemäß § 31 I. BMietG ermächtigt, Instandsetzungsarbeiten selbst auszuführen und den entsprechenden Betrag von der Miete abzuziehen, so kann er dies dem Vermieter entgegenhalten (vgl. Roquette, Anm. 20 zu § 31 I. BMietG).

3 Der Zahlungsverzug des Mieters tritt ohne Mahnung des Vermieters und ohne Rücksicht auf ein Verschulden des Mieters ein, § 284 Abs. 2 BGB. Hat der Vermieter längere Zeit eine unpünktliche Mietzinszahlung ohne ernsthaften Widerspruch geduldet, so wird dadurch zwar die vertragliche Verpflichtung nicht aufgehoben, der Zahlungstermin nicht geändert; der Vermieter ist aber, wenn er die Verzugsfolgen geltend machen will, gehalten, vorher dem Mieter mitzuteilen, daß er auf der Einhaltung der vertraglichen Vereinbarung über die Zahlung des Mietzinses besteht, Hans 3; Bettermann 136. Soweit eine Mahnung nach § 284 Abs. 1 BGB erforderlich ist, muß sie nach der Fälligkeit erfolgen; sie wird durch die Mietaufhebungsklage nicht ersetzt, da diese keine Leistungsklage ist. Hat der Vermieter die Zahlungsunfähigkeit des Mieters durch sein Verhalten z. B. durch grundlose Verweigerung der Genehmigung der Untervermietung mitverursacht oder bewirkt, so findet § 3 keine Anwendung, LG Bremen WM 1954, 79 (Weimar).

4 Abweichend von § 565 BGB — Bettermann 183 — ist maßgebend, für welchen Zeitabschnitt die Miete gezahlt wird, nicht nach welchen Zeitabschnitten sie „bemessen" wird. Die Aufhebungsklage ist zulässig,

a) wenn der Mietzins in kürzeren als vierteljährlichen Zeitabschnitten zu zahlen ist, sobald der Rückstand — es genügen auch mehrere Teilbeträge, AG Remscheid-Lennep WM 1958, 153 — insgesamt den Betrag einer Monatsmiete — wenn auch nur um einen geringfügigen Betrag, Bettermann 200 — übersteigt; erreicht der Rückstand nicht den Betrag zweier Monatsmieten, so ist die Klage erst zwei Wochen nach Fälligkeit statthaft;

b) wenn der Mietzins in vierteljährlichen oder längeren Zeitabschnitten zu zahlen ist, sobald der Rückstand insgesamt den Betrag einer Vierteljahresmiete erreicht; bei nur einmaligem Rückstand ist die Erhebung der Klage erst zwei Wochen nach der Fälligkeit zulässig.

Bei verschieden hohen Mietzinsraten, z. B. bei Vermietung zur Zeit der Hochsaison in Badeorten oder bei Veränderung des Mietzinses durch Erhöhung oder Senkung in dem gemäß Abs. 1 Satz 1 oder 2 maßgebenden Zeitabschnitt ist die Ein- oder Zweimonatsmiete (Satz 1 Halbs. 1 oder Halbs. 2) bzw. die Quartalsmiete (Satz 2) nach der Höhe der Miete des Zeitabschnitts — Monats

(Satz 1) bzw. Quartals (Satz 2) — zugrunde zu legen, für den der Mieter zuerst in Rückstand gekommen ist, Satz 3, so mit Recht Bettermann 200; Roquette, Mietrecht 4. Aufl. S. 399.

5 Trotz Nichtleistung des Mietzinses gemäß Abs. 1 (Bettermann 272) ist dem Vermieter der Aufhebungsanspruch versagt, wenn der Mieter ohne Fahrlässigkeit, d. h. ohne Verletzung der im Verkehr erforderlichen Sorgfalt den Betrag oder den Zeitpunkt der Fälligkeit der Rückstände (insbes. bei Umlegungsbeträgen LG Frankfurt HW 1953, 290) nicht kennt oder irrigerweise ein Aufrechnungs-, Minderungs- oder Zurückbehaltungsrecht annimmt und geltend macht, Abs. 2. Zur Frage der Beseitigung des entschuldbaren Irrtums während des Prozesses (vgl. Trischmann WM 1950 Nr. 7 u. AG Bremerhaven DWW 1952, 192; AG Oldenburg Glaser Nr. 11/II/1958; LG Hannover ZMR 1960, 13; LG Bremen MDR 1959, 920 = BlGBW 1959, 47 = FrWW 1959, 517) oder durch Einholung von Rechtsrat bei einem Rechtsanwalt (vgl. LG Bonn ZMR 960, 13; Bettermann 262 zu § 3; Roquette, 38 zu § 3). Die irrigeAnnahme eines Hinterlegungsrechts wird durch Abs. 2 nicht gedeckt, AG Freiburg ZMR 1953, 84; LG Kassel WM 1956, 122. Nach Auffassung der Berliner prozeßrichterlichen Vereinigung (JR 1952, 161) können nach Klagabweisung aus Abs. 2 die bis dahin entstandenen Rückstände trotz Wegfalls des Irrtums für sich allein eine neue Mietaufhebungsklage nach § 3 nicht rechtfertigen; vgl. auch Glaser NJW 1952, 1205; über das beschränkte Aufrechnungsrecht des Mieters (Pflicht zur Zahlung von mindestens 50% der laufenden Miete vgl. AG Oldenburg Glaser Nr. 11/II/1958; LG Düsseldorf ZMR 1960, 301.

6 Nachträgliche Beseitigung des Aufhebungsanspruchs (Abs. 3). Nach Klageerhebung kann die Aufhebung abgewendet werden, wenn innerhalb einer unteilbaren, d. i. unverkürzbaren (LG Berlin HW 1951, 56; Bettermann 408; Glaser MDR 1951, 602; AG Schwerte MDR 1953, 172; a. M. LG Göttingen MDR 1952, 615) Frist von einem Monat — die Schonfrist beginnt grundsätzlich mit der Rechtshängigkeit, nicht (auch) mit der Zustellung der Klageschrift an die Fürsorgebehörde (Bettermann 371; Lewald ZMR 1952, 241; Brandt gegen LG Hagen ZMR 1954, 279); vor ihrem Ablauf ist keine streitige Verhandlung möglich, Deupmann NJW 1954, 1187 gegen Sauerlandt u. Bull NJW 1954, 667 —

entweder der Mieter durch Zahlung, zulässige Hinterlegung (LG Kassel Glaser Nr. 212/II/1957; LG Coburg WM 1956, 133) oder zulässige Aufrechnung (§ 28 MSchG) den Rückstand in voller Höhe beseitigt,
oder die zuständige Fürsorgebehörde dem Gericht gegenüber die Erklärung abgibt, daß sie zur Befriedigung des Vermieters bereit sei, § 3 Abs. 3.

Die Befriedigung, die als Erfüllung die Mietzinsschuld tilgt, bezieht sich nicht nur auf die Mietforderung, wegen deren Nichterfüllung die Aufhebungsklage erhoben ist; auch die während des Aufhebungsverfahrens entstehenden Rückstände müssen innerhalb der Schonfrist beglichen werden, so LG Hamburg NJW 1952, 828 (gegen LG Hamburg NJW 1950, 910 u. LG Aachen HMR Rspr 1951 Nr. 229); LG Essen u. AG Hamm HMR Rspr 1951 Nr. 11 u. 12; LG Essen HW 1950, 354; Glaser MDR 1951, 602; Schubart WM 1952, 14; Lewald ZMR 1952, 242; Groothold ZMR 1953, 153 (gegen LG Düsseldorf); LG Düsseldorf DWW 1954, 202; LG Bremen DWW 1954, 225; Roquette, Mietrecht S. 400; Nehring DWW 1955, 8; LG Düsseldorf ZMR 1955, 15; LG Osnabrück, Glaser Nr. 336/II/55; AG Osnabrück Glaser Nr. 41/II/1956;

LG Wiesbaden ZMR 1956, 408; LG Göttingen DRspr. II 273, 37g; LG Mannheim WM 1959, 89; Darkow, Bln. GrundE 1956, 288; Roquette 46 zu § 3 MSchG; a.A. Bettermann 309, 373; Kiefersauer JZ 1953, 288; LG Bochum ZMR 1953, 113; LG Düsseldorf ZMR 1953, 154; LG Wiesbaden ZMR 1953, 312; LG Frankfurt MDR 1954, 230 (Glaser); LG Berlin BlGBW 1956, 303 = Glaser Nr. 123/II/56; LG Berlin HuW 1956, 336 = Glaser Nr. 161/II/1957; LG Darmstadt BlGBW 1957, 79 = MDR 1957, 230 (n.L.); AG Recklinghausen BlGBW 1957, 127; AG München WM 1958, 135.

7 Die Befriedigung kann außer durch den Mieter auch durch einen Dritten (auch Fürsorgebehörde) erfolgen; befriedigt i. S. des Abs. 3 ist auch der Vermieter, der im Wege der Zwangsvollstreckung befriedigt worden ist, Bettermann 316; Schopp-Groothold 24.

8 Die Erklärung der Fürsorgebehörde verpflichtet sie zivilrechtlich gegenüber dem Vermieter; deshalb kann eine unverbindliche Erklärung ebensowenig genügen wie eine bloß teilweise Befriedigung des Anspruchs des Vermieters oder ein Anerbieten der Bezahlung unter Bedingungen, die dem Vermieter nicht zugemutet werden können, LG Hamburg BlGBW 1959, 31 = FrWW 1959, 435. Eine teilweise Befriedigung beseitigt den Aufhebungsanspruch auch dann nicht, wenn dadurch der Restbetrag der Schuld unter dem Monats- bzw. Vierteljahresbetrag herabsinken sollte. Geringfügigkeit des Restbetrages (Glaser MDR 1951, 602; AG Schwerte MDR 1953, 172; a. A. Bettermann 312; vgl. auch LG Essen HMR Rspr 1951 Nr. 11 m. abl. Anm. v. Brandt), Hinterlegung des Mietzinses ohne Rechtsgrund zur Hinterlegung oder irrige Annahme eines Hinterlegungsrechts (AG Freiburg ZMR 1953, 84; LG Kassel WM 1956, 122) können die Aufhebung des Mietverhältnisses nicht abwenden, Bettermann 362. LG Göttingen (MDR 1952, 615) will bei nur kurzfristiger Überschreitung der Schonfrist den Aufhebungsgrund erlöschen lassen; a. A. Glaser MDR 1951, 602; LG Bielefeld ZMR 1956, 408. Stundung und Erlaß der rückständigen Forderung beseitigen die Verzugsfolgen; da für sie Abs. 3 nicht gilt, führen auch spätere Stundung und Erlaß zur Abweisung der Aufhebungsklage. Mietzinsforderungen, die vor der Währungsumstellung begründet worden sind, können im Wege der Vertragshilfe gestundet oder herabgesetzt werden, Vertragshilfegesetz vom 26. März 1952 (BGBl I 198).

9 Gemäß § 5 VHG kann der Vertragshilferichter wie bisher nach Art. 3 der 18. DVO zur UmstVO vom 30. November 1949 die durch den Mietzahlungsverzug entstandenen Rechtsnachteile rückwirkend in Wegfall bringen und dadurch dem rechtskräftigen Mietaufhebungsurteil, ohne daß dieses beseitigt wird, die Rechtsgrundlage entziehen, vgl. KG WM 1952, 6 (Schubart); Bettermann 465; LG Berlin JR 1953, 339 (Saage).

10 Außer dem Falle des Abs. 3 Satz 2 hat der Mieter die Kosten des in der Hauptsache erledigten Rechtsstreites auch dann zu tragen, wenn er den Vermieter bereits in der Zeit zwischen Einreichung und Zustellung der Klageschrift befriedigt hat, sofern die Voraussetzungen der Abs. 1 und 2 erfüllt waren, Bettermann 406; LG Aachen ZMR 1954, 279; über Befriedigung nach Einreichung der Klage, aber vor Terminbestimmung vgl. LG Berlin BlnGrundE 1958, 214; Schubart BlnGrundE 1958, 203.

Zur entsprechenden Anwendung der Abs. 2 und 3 auf die Kündigungsbefugnis des Vermieters aus § 554 BGB bei dem neugeschaffenen, gemäß § 31a MSchG vom Mieterschutz freigestellten und bei frei finanzierten Wohnraum, vgl. BGH MDR 1960, 922 = BB 1960, 965; vgl. auch Zeitlmann FrWW 1960, 475; vgl. aber BGH NJW 1959, 2017 = MDR 1959, 754 = ZMR 1959, 262 = DB 1959, 943.

§ 3a

Der Vermieter kann auf Aufhebung des Mietverhältnisses klagen, wenn der Mieter sich weigert, eine vom Reichskommissar für die Preisbildung oder der von ihm beauftragten Stelle genehmigte Mieterhöhung anzuerkennen.

§ 3a ist durch § 40 I. BMietG mit Wirkung vom 1. August 1955 aufgehoben worden.

§ 4

(1) Der Vermieter kann auf Aufhebung des Mietverhältnisses klagen, wenn er an der Rückgabe des Mietraumes ein dringendes Interesse hat und nicht das Interesse des Mieters und seiner Familie an der Beibehaltung des Wohnraumes derart überwiegt, daß dem Mieter die Rückgabe nicht zugemutet werden kann. Zugunsten des Vermieters ist es besonders zu berücksichtigen, wenn

a) der Vermieter die Räume als Wohnung für sich, die zu seinem Hausstand gehörenden Personen oder seine Familienangehörigen benötigt; dabei ist im Zweifel anzunehmen, daß das Interesse des Vermieters überwiegt, wenn er und die zu seinem Hausstand gehörenden Familienangehörigen nicht angemessen oder zu nicht zumutbaren Bedingungen untergebracht sind;

b) der Vermieter durch die Fortsetzung des Mietverhältnisses an einer gerechtfertigten wirtschaftlichen Verwertung des Grundstücks gehindert und dadurch erhebliche Nachteile erleiden würde; die Möglichkeit, im Falle einer anderweitigen Vermietung als Wohnraum eine höhere Miete zu erzielen, bleibt außer Betracht.

Zugunsten des Mieters ist es besonders zu berücksichtigen, wenn

a) nach Lage der Wohnraumversorgung mit einer anderweitigen angemessenen Unterbringung des Mieters und der zu seinem Hausstand gehörenden Personen zu zumutbaren Bedingungen auch innerhalb einer zu gewährenden Räumungsfrist nicht gerechnet werden kann;

b) der Mieter oder für ihn ein Dritter durch Gewährung von Zuschüssen oder Darlehen oder in sonstiger Weise einen erheblichen Beitrag zur Schaffung, Instandsetzung, Instandhaltung oder neuzeitlichen Ausgestaltung des Wohnraumes geleistet hat, der durch die Mietdauer noch nicht als getilgt angesehen werden kann.

(2) Liegen die im Abs. 1 bezeichneten Gründe nur für einen Teil des Mietraums vor, so kann die Aufhebung hinsichtlich dieses Teiles, insbesondere auch eines Hausgartens, verlangt werden. Auch kann das Gericht die Aufhebung auf einen Teil des Mietraums beschränken, insbesondere wenn der Vermieter Nebenräume, welche nicht Wohnräume sind, oder entbehrliche Teile des Mietraums zur Herstellung selbständigen Wohnraums braucht. Bei teilweiser Aufhebung des Mietverhältnisses ist, sofern ein vereinbarter Mietzins zu zahlen ist, auf Antrag in der Urteilsformel auszusprechen, um welchen Betrag sich der Mietzins für den verbleibenden Teil des Mietraums mindert; gilt die gesetzliche Miete, so wird der verbleibende Teil des Mietzinses nach § 2 Abs. 4 des Reichsmietengesetzes von dem Mieteinigungsamt festgesetzt.

(3) Wird das Mietverhältnis lediglich auf Grund des Abs. 1 aufgehoben, so kann das Gericht auf Antrag des Mieters den Vermieter verpflichten, dem Mieter die für den Umzug innerhalb des Gemeindebezirkes erforderlichen Kosten ganz oder teilweise zu ersetzen, wenn dies nach Lage der Sache, insbesondere nach den Vermögens- und Erwerbsverhältnissen der Vertragsteile, der Billigkeit entspricht. Die oberste Landesbehörde kann bestimmen, daß benachbarte Gemeinden als eine Gemeinde im Sinne dieser Vorschrift anzusehen sind. Für Gemeinden, die verschiedenen Ländern angehören, kann auf Antrag der beteiligten obersten Landesbehörden der Reichswohnungskommissar die Bestimmung treffen. Bei Geschäftsräumen kann das Gericht auf Antrag des Mieters, soweit es zum Ausgleich unbilliger Härten erforderlich ist, den Vermieter auch zur Leistung einer angemessenen Entschädigung für die sonstigen wirtschaftlichen Nachteile verpflichten, die der Mieter durch den Verlust der Räume erleidet. In gleicher Weise kann dem Mieter Ersatz der Umzugskosten und eine Entschädigung zugebilligt werden, wenn das Mietverhältnis im gegenseitigen Einvernehmen beendigt worden ist und der Mieter den Ersatz der Umzugskosten oder die Entschädigung spätestens einen Monat nach Beendigung des Mietverhältnisses von dem Vermieter verlangt.

(4) Soweit die Ersatzpflicht ausgesprochen wird, ist auf Antrag des Mieters die Zwangsvollstreckung von der Hinterlegung eines in der Urteilsformel zu bezeichnenden, die Umzugskosten oder die Entschädigung mutmaßlich deckenden Geldbetrags abhängig zu machen.

(5) Der Mieter ist über die Zulässigkeit der in den Abs. 3, 4 bezeichneten Anträge zu belehren. Wird das Urteil nur wegen der Umzugskosten angefochten, so erfolgt die Anfechtung durch sofortige Beschwerde.

(6) **Auf Antrag des Mieters kann durch einstweilige Verfügung die Hinterlegung des im Abs. 4 bezeichneten Betrags angeordnet werden, wenn der Mieter einen Ersatzraum gemietet hat. Zum Erlaß der einstweiligen Verfügung ist nicht erforderlich, daß eine Gefährdung des Anspruchs glaubhaft gemacht wird.**

1 Abs. 1 ist durch Art. III Nr. 1 des Gesetzes über den Abbau der Wohnungszwangswirtschaft und über ein soziales Miet- und Wohnrecht vom 23. Juni 1960 (BGBl. I 329) mit Wirkung vom 1. Juli 1960 geändert.

§ 4 Abs. 1 n.F. gilt auch in Berlin und im Saarland (vgl. Art. X § 9 Nr. 3, §§ 10, 11 Abs. 3 Abbaugesetz). Für Geschäftsraummietverhältnisse gilt in Berlin die alte Fassung des § 4 Abs. 1 vorläufig fort; vgl. § 4 Abs. 7 Berliner Fassung; Art. X § 9 Nr. 3 Abbaugesetz.

An die Stelle des Eigenbedarfs als Mietaufhebungsgrund ist nunmehr das überwiegende Interesse des Vermieters an der Rückgabe des Mietraums getreten.

Nach der bisherigen Fassung des § 4 MSchG, der von der überwiegenden Rechtslehre (Schopp-Groothold, Anm. 1 zu § 4; Bettermann, Anm. 6 zu § 4; Hans, Anm. 1 zu § 4; Roquette, Mietrecht S. 407) als Ausnahmevorschrift von dem Bestandsschutz des Mieters zu ungunsten des Vermieters eng ausgelegt worden ist, konnte der Vermieter auf Aufhebung des Mietverhältnisses wegen dringenden Eigenbedarfs nur dann mit Erfolg klagen, wenn er den Beweis führen konnte, daß die Vorenthaltung der Mieträume auch bei Berücksichtigung der Verhältnisse des Mieters für ihn eine schwere Unbilligkeit darstellen würde. Nunmehr hat der Vermieter nur noch die Darlegungs- und Beweislast für sein Interesse an der Rückgabe des Mietraumes, während es Sache des Mieters ist, den Nachweis zu führen, daß seine Interessen und die seiner Familie an der Beibehaltung des Wohnraumes derart überwiegen, daß ihm die Rückgabe des Wohnraumes nicht zugemutet werden kann (vgl. Holtgrave DB 1960, 906 zu II A 4; Thiele: Neues Mietrecht Juli 1960, S. 33).

Schon diese Verteilung der Beweislast auf beide Parteien bedeutet für den Mieter in Zukunft eine gewisse Schlechterstellung im Prozeß.

Da der Gesetzgeber sich darauf hat beschränken müssen, nur allgemein gültige Grundsätze aufzustellen, wird es in jedem Einzelfalle die Aufgabe des mit der sogenannten Eigenbedarfsklage (jetzt besser: Eigeninteressenklage) befaßten Richters sein, bei der Abwägung der beiderseitigen Interessen zu entscheiden, ob die Interessen des Vermieters oder die des Mieters überwiegen. Er wird sich hierbei von dem Gedanken leiten lassen müssen, daß es die Absicht des Gesetzgebers ist, die Voraussetzungen für die Aufhebung des Mietverhältnisses wegen dringenden Eigenbedarfs zu erleichtern (LG Berlin BlnGrundE 1960, 683; Glaser MDR 1960, 719; LG Düsseldorf NJW 1961, 31 (zustimmend Pergande).

Bei der Abwägung der beiderseitigen gleich starken Interessen gibt zu Gunsten des Vermieters die Tatsache den Ausschlag, daß der Vermieter der Eigentümer des Hauses ist; AG Remscheid, Urt. vom 29. November 1960 — 7 CM 575/60.

2 Personelle Interessen des Vermieters.

Eine wesentliche Besserstellung des Vermieters ergibt sich daraus, daß der Kreis der Personen, für die der Vermieter ein dringendes Interesse an der Rückgabe des Mietraumes geltend machen kann, erweitert worden ist. Während bisher der Vermieter nur für sich und seine zu seinem Hausstand gehörigen Kinder einen dringenden Raumbedarf hat geltend machen können (vgl. LG Kiel, Glaser Nr. 102/II/1956; AG Oldenburg, Glaser Nr. 81/II/1956), sind in Zukunft die Interessen aller — nicht nur vorübergehend — zu seinem Hausstand gehörigen Personen, also auch soweit sie keine Familienangehörigen sind (z. B. Hausangestellte oder bei einem Handwerksbetrieb der Wohnbedarf eines in den Hausstand des Meisters aufgenommenen Gesellen oder Lehrlings), sowie die Interessen aller übrigen Familienangehörigen zu berücksichtigen, auch wenn diese nicht oder nicht mehr im Haushalt des Vermieters leben, z. B. im Interesse der Zusammenführung der Familie der Wohnbedarf eines verheirateten Kindes mit eigenem Hausstand; vgl. LG Hannover, Urt. vom 22. November 1960 — 11 S 203/60 — NHG 1960, 273.

Eine Begrenzung auf einen bestimmten Grad der Verwandtschaft oder Schwägerschaft ist nicht vorgesehen. Jedoch wird der Wohnbedarf eines nahen Angehörigen (eines Kindes oder eines Elternteils) schwerer ins Gewicht fallen als der eines entfernteren Verwandten (eines Neffen oder einer Nichte), es sei denn, daß der altersschwache Vermieter gerade auf die tägliche Pflege einer entfernteren Verwandten dringend angewiesen ist.

Wenn also auch im Rahmen der Interessenabwägung jedes Interesse des Vermieters an der Rückgabe des Mietraumes zu berücksichtigen ist, so muß es sich doch um ein „dringendes" Interesse handeln. Es genügt daher nicht jeder Wunsch, den Raum zurückzuerlangen; der Vermieter muß vielmehr darlegen können, daß sein Interesse ein besonderes Gewicht hat (so Holtgrave DB 1960, 907; Bettermann Anm. 54 zu § 4 MSchG a. F.).

Wenn der Vermieter und die zu seinem Hausstand gehörigen Familienangehörigen, was die Lage (z. B. Entfernung zur Arbeitsstelle), Ausstattung und Größe der Wohnung (z. B. weil die heranwachsenden Kinder des Vermieters getrennte Schlafzimmer haben müssen) anbetrifft, nicht angemessen oder zu nicht zumutbaren Bedingungen (Höhe der Miete) untergebracht sind, so ist im Zweifel anzunehmen, daß das Interesse des Vermieters das des Mieters überwiegt (§ 4 Abs. 1a MSchG); AG Köln, Urt. v. 13. Jan. 1961 — 72 C 754/60 — Glaser Nr. 131/II/1961).

3 Wirtschaftliche Interessen des Vermieters.

Zugunsten des Vermieters ist ferner besonders zu berücksichtigen, wenn er durch die Fortsetzung des Mietverhältnisses an einer gerechtfertigten wirtschaftlichen Verwertung des Grundstückes gehindert und dadurch erhebliche Nachteile erleiden würde. Dies dürfte z. B. dann der Fall sein, wenn er ein kleines, unmodernes Haus durch ein größeres Haus ersetzen will, wodurch das Wohnraumangebot vergrößert wird und dem Vermieter größere Einnahmen zufließen (LG Düsseldorf NJW 1961, 31), oder wenn er auf dem Hof seines Miethauses Garagen bauen will und für die Zufahrt zu den Garagen im Erdgeschoß des Hauses eine Durchfahrt schaffen muß oder einen auf dem Hof stehenden Schuppen oder Stall abbrechen muß (LG Essen, Urt. vom 22. September 1960 — 12 S 256/60 — Glaser Nr. 105/II/1961=DWW 1960, 352). Auch ist an den Fall zu denken, daß der Vermieter das Haus verkaufen will, einen angemessenen Kaufpreis aber nur dann erzielen kann, wenn er die Wohnung seines Mieters freimacht (vgl. Holtgrave DB 1960, 907). Schließlich dürfte auch der Fall hierher gehören, daß der Vermieter ein im Hause betriebenes Geschäft nur dann zu einem angemessenen Pachtzins verpachten kann, wenn er dem Pächter

Wohnraum zur Verfügung stellen kann, der z. Z. aber noch von einem Wohnungsmieter seines Hauses bewohnt wird (so Korff: AIZ 1960, 98). Einschränkend ist jedoch bestimmt, daß die Möglichkeit, im Falle einer anderweitigen Vermietung als Wohnraum eine höhere Miete — insbesondere durch eine freie Mietvereinbarung gemäß § 3/I. BMietG — zu erzielen, außer Betracht bleiben muß, § 4 Abs. 1b MSchG; vgl. auch LG Detmold HMR Rspr 1951 Nr. 171; LG Aachen, Glaser Nr. 23/1953; AG Köln, Glaser Nr. 325/1953; LG Kassel WM 1954, 100).

Dagegen ist es dem Vermieter nicht verwehrt, sich darauf zu berufen, daß er bei einer anderweitigen Vermietung des Wohnraumes als Geschäftsraum eine höhere Miete erzielen könnte, vorausgesetzt, daß ihm das Wohnungsamt gemäß § 4a MSchG bescheinigt, daß es ihm die dazu erforderliche Zweckentfremdungsgenehmigung für die Umwandlung des bisherigen Wohnraumes in Gewerberaum erteilen wird (§ 21 WBewG). Will der Vermieter sein Haus baulich so umgestalten, daß eine Mietwohnung nicht mehr für Wohnzwecke geeignet ist, so kann er diese Absicht allerdings nur dann verwirklichen, wenn ihm das Wohnungsamt gemäß § 4a MSchG bescheinigt, daß es die hierzu gemäß § 22 WBewG erforderliche Genehmigung erteilen wird. Diese Genehmigung wird jedoch in der Regel nur dann erteilt, wenn der Vermieter an der baulichen Änderung ein überwiegendes berechtigtes Interesse hat (§ 22 Abs. 1 Satz 2 WBewG).

Über die Berücksichtigung der wirtschaftlichen Interessen des Vermieters nach bisherigem Recht vgl. insbes. LG Köln MDR 1956, 425 (Anm. Weimar) = BlGBW 1957, 159.

4 Interessen des Mieters

a) Allgemeines Wohninteresse.

Bei der Interessenabwägung ist zugunsten des Mieters zu berücksichtigen sein Interesse und das Interesse seiner Familie an der Beibehaltung des Wohnraums. Auch hier ist der Kreis der Familienangehörigen nicht beschränkt auf einen bestimmten Grad der Verwandtschaft oder Schwägerschaft. Das Interesse des Mieters und seiner Familie steht dem Mietaufhebungsbegehren des Vermieters nur dann entgegen, wenn es gegenüber dem Interesse des Vermieters an der Rückgabe des Mietraumes derart überwiegt, daß dem Mieter die Rückgabe nicht zugemutet werden kann.

b) Besonders zu berücksichtigende Umstände.

aa) Zugunsten des Mieters ist nach § 4 Abs. 1 Satz 3a MSchG zu berücksichtigen, wenn nach Lage der Wohnraumversorgung mit einer anderweitigen angemessenen Unterbringung des Mieters und der zu seinem Hausstand gehörenden Personen zu zumutbaren Bedingungen auch innerhalb einer nach § 5a MSchG zu gewährenden Räumungsfrist nicht gerechnet werden kann. Korff (AIZ 1960, 99) äußerst gegen diese Vorschrift mit Recht erhebliche Bedenken, weil es nicht nur für den klagenden Vermieter, sondern auch für den entscheidenden Richter und das Wohnungsamt außerordentlich schwierig ist, über die tatsächlichen Verhältnisse auf dem Wohnungsmarkt in der Gemeinde einen klaren Überblick zu gewinnen.

Zu den zum Hausstand des Mieters gehörenden Personen rechnen nicht nur die Familienangehörigen, sondern auch die Hausangestellten oder in einem gewerblichen Haushalt der Geselle, der Lehrling oder die Verkäuferin.

bb) Zugunsten des Mieters fällt bei der Interessenabwägung ferner besonders ins Gewicht, wenn der Mieter oder für ihn ein Dritter (z. B. sein Arbeitgeber) durch Gewährung von Zuschüssen oder Darlehen (Finanzierungsbeitrag) oder in sonstiger Weise (durch Sach- oder Dienstleistungen) einen erheblichen Beitrag zur Schaffung, Instandsetzung, Instandhaltung oder neuzeitlichen Ausgestaltung des Wohnraumes (z. B. Einrichtung eines Badezimmers) geleistet hat, der durch die Mietdauer noch nicht als getilgt angesehen werden kann (§ 4 Abs. 1 Satz 3b MSchG).

Es ist nicht ausdrücklich gesagt, wann ein Beitrag als getilgt anzusehen ist. Man wird aber in Anlehnung an § 57c Abs. 2 ZVG und § 19 Abs. 2 I. BMietG davon ausgehen dürfen, daß Mieterleistungen in Höhe eines Betrages, der einer Jahresmiete z. Z. der Leistung entspricht, als durch eine Mietdauer von 4 Jahren getilgt anzusehen ist.

5 Die Tatsache, daß der Vermieter durch Freibauen Räume zur Verfügung erhalten hat, ist zu berücksichtigen; sie mindert die Dringlichkeit der Raumbefriedigung, AG Schenefeld ZMR 1953, 185; LG Hamburg MDR 1954, 296.

6 An den Wohnbedarf des Grundstückserwerbers hat die Rechtsprechung und Rechtslehre bisher strenge Anforderungen gestellt; in Anlehnung an den früheren § 4a ist angesichts der allgemeinen Wohnungsnot dem Grundstückserwerber eine angemessene Wartezeit (2—3 Jahre) zugemutet worden; vgl. Roquette, Mietrecht, 4. Aufl. S. 410, Fußnote 147; LG Landshut BBauBl 1954, 440; LG Köln BlGBW 1954, 350; AG Bremen WM 1954, 147; LG Hannover MDR 1951, 233; AG Viersen WM 1951, 4 u. HMR Rspr 1951 Nr. 170; Glaser NJW 1952, 1083; LG Aachen ZMR 1953, 114; LG Essen ZMR 1953, 184; LG Oldenburg Glaser Nr. 44/II/1954; LG Paderborn MDR 1955, 295; LG Berlin HuW 1956, 516; LG Lüneburg MDR 1956, 425; AG Husum Glaser Nr. 125/II/1956; AG Oldenburg Glaser Nr. 82/II/1956; AG Bremen BlnGrundE 1956, 73; LG Bielefeld WM 1956, 183 = ZMR 1957, 61 (n. L.); LG Kassel BlGBW 1957, 208; Bettermann 157, 163; Kiefersauer JZ 1951, 266; anders — weniger streng — AG Liebenburg BlGBW 1957, 208 = Glaser Nr. 213/II/1957. Diese Auffassung kann heute nicht mehr gebilligt werden, weil § 4 Abs. 1 u. a. auch deshalb neu gefaßt worden ist, um den Eigenbedarf des Grundstückserwerbers besser als bisher durchsetzen zu können (so mit Recht Fiedler, Abbaugesetz, S. 194; Weimar: BlGBW 1960, 345; ähnlich Holtgrave, Anm. 10 zu § 4; LG Berlin BlnGrundE 1960, 683; a. A. Scherer WM 1960, 146; Hollenberg/Bender, Anm. 3 zu § 4.

7 Wegen der Berücksichtigung des Alters der beiderseitigen Wohnrechte bei der Interessenabwägung vgl. Bettermann zu LG Bonn MDR 1949, 684; vgl. auch LG Aachen Glaser 1953 Nr. 33; bedenklich LG Düsseldorf DWW 1953, 298. Mit Recht stellt Bettermann 154 fest: je älter das Mietverhältnis, desto schwerer ist es nach § 4 lösbar.

8 Die Schwierigkeiten der Ersatzraumbeschaffung sind früher bei der Interessenabwägung berücksichtigt worden (LG Hagen JR 1948, 132; LG München NJW 1950, 267; LG Bochum NJW 1950, 910; LG Krefeld HMR Rspr 1950 Nr. 106; OLG Kiel MDR 1952, 749). Dies gilt nicht mehr nach der Neuregelung des Vollstreckungsschutzes im Vollstreckungsschutzverfahren gemäß §§ 30, 31 WBewG und gemäß § 765a ZPO, da in § 30 WBewG gerade die Ersatzraumbeschaffung eine eingehende gesetzliche Lösung gefunden hat. Fehlender Ersatzraum zur Zeit der Urteilsfällung reicht also nicht aus, um das Eigeninteresse des Vermieters zurücktreten zu lassen; das LG Berlin (BlnGrundE

1960, 623) befürwortet in diesem Fall aber, die Räumungsfrist nach § 5a Abs. 1 MSchG besonders lang zu bemessen.

Zur Frage von Recht und Pflicht des Vermieters zur Auswahl unter mehreren Mietern des Hauses vgl. einerseits LG Itzehoe MDR 1949, 362; LG Aurich MDR 1954, 232; LG Stuttgart MDR 1955, 172 (n. L.) = Glaser Nr. 267/II/1955; AG Ludwigsburg Glaser Nr. 180/II/1954; LG Duisburg WM 1955, 22; Schumacher HbgGrundE 1956, 11; Roquette Mietrecht S. 412; Glaser HW 1952, 168 und NJW 1954, 1595 (bejahend), andererseits LG Hamburg MDR 1949, 688; Schrodt WM 1950 Nr. 8/9; LG Landshut ZMR 1952, 161; LG Köln MDR 1956, 488 (Weimar); Hans 4a und Bettermann 46 (verneinend).

9 Bei einer Mehrheit von Vermietern ist für die Eigenbedarfsklage der Raumbedarf eines der Mitvermieter ausreichend und aus dessen Verhältnissen heraus ohne Rücksicht auf die Bedarfslage der übrigen Mitvermieter zu beurteilen, LG Fulda NJW 1954, 965 (Roquette); AG Kirchen/Sieg Glaser Nr. 159/II/1959; LG Bremen HuW 1950, 413; OG Düsseldorf BlGBW 1959, 127; Roquette Mietrecht S. 408; Bettermann 202.

10 Selbstverschuldeter Eigenbedarf verwirkt die Klagebefugnis des Vermieters Der Rechtsgedanke des § 254 BGB findet, wie aus § 2 Abs. 2 Satz 2 zu entnehmen ist, auch innerhalb des Mieterschutzrechtes grundsätzlich Anerkennung, Bettermann SJZ 1949, 618; LG Bremen WM 1954, 93; LG Tübingen MDR 1954, 547; LG Hamburg ZMR 1958, 230 = BlGBW 1958, 95 = HbgGrundE 1958, 17 — Glaser Nr. 71/II/1958. Eine Verwirkung des Aufhebungsanspruchs durch Zeitablauf besteht nicht; eine Frist zur Erhebung der Eigenbedarfsklage ist nicht gesetzt, Bettermann 492. Über Eigenbedarf bei Verheiratung des Vermieters LG Hagen JR 1948, 132, bei Geschäftserweiterung LG Essen NJW 1950, 267; vgl. auch LG Aachen HMR Rspr 1951 Nr. 3; LG Hagen ZMR 1952, 42.

11 Sind die Voraussetzungen des § 4 gegeben, so muß die Aufhebung des Mietverhältnisses ausgesprochen werden; Bettermann 507. Kann aber der Vermieter bei einem langfristigen Mietvertrag nicht kündigen, so kann auch die Aufhebung des Mietverhältnisses wegen dringenden Eigenbedarfs nicht vor diesen Zeitpunkt ausgesprochen werden, die Klage auf sofortige Mietaufhebung ist abzuweisen, LG Aachen ZMR 1952, 181, s. auch A 2 zu § 5.

12 Eine über § 4a hinausgehende Mitwirkung der Wohnungsbehörde findet nicht statt. Die Anordnung des Wohnungstausches durch die Wohnungsbehörde ist, abweichend vom WohnG, im Bereich des WBewG nicht mehr zulässig; § 25 WBewG gestattet in den engen Grenzen des Abs. 2 die Anordnung einer endgültigen, sonst nur einer vorübergehenden Wohnungsräumung. Hiernach kann ein endgültiger Wohnungswechsel nur verfügt werden, wenn dies zum Wohle der Allgemeinheit, insbesondere aus städtebaulichen Gründen, erforderlich ist und der Räumungspflichtige in der Gemeinde anderweit angemessen untergebracht werden kann. Soweit dies der Fall ist, besteht eine — nach Bettermann 415 unerwünschte — Doppelgleisigkeit von Verwaltungsweg und Rechtsweg.

13 Die Voraussetzungen der Eigenbedarfsklage sind für Betriebs- und Werkwohnungen eingeschränkt, §§ 22, 23. Dazu wegen des Umzugskostenersatzes Lemme WM 1952, 61; Schubert WM 1953, 12.

14 Die Teilaufhebung des Mietverhältnisses kann im Falle des § 4 Abs. 2 vom Vermieter durch Teilaufhebungsklage beantragt werden; sie kann auch vom Gericht selbst ausgesprochen werden, indem es die Aufhebung auf einen Teil z. B. auf einen Nebenraum beschränkt. Diese Vorschrift ist durch die neueingefügte Vorschrift des § 4a nicht unanwendbar geworden, so mit Recht Roquette Mietrecht S. 412. Wird die Aufhebung auf einen Teil des Mietverhältnisses beschränkt, so kann auf Antrag einer Partei, der bis zum Schluß der mündlichen Verhandlung gestellt werden kann (auch noch in zweiter Instanz) das Gericht in der Urteilsformel den Betrag festsetzen, um den sich der vereinbarte Mietzins für den verbleibenden Mietraum mindert. Dabei wird nicht nur die Größe des abgetrennten Teiles, sondern auch die Gebrauchsfähigkeit des dem Mieter noch belassenen Mietraumes zu berücksichtigen sein. Ist der Antrag übergangen, so findet Ergänzung des Urteils nach § 321 ZPO statt. Unterbleibt die Klärung der Mietzinsminderung im Mietaufhebungsverfahren, so kann bei vorliegendem Feststellungsinteresse die Frage im ordentlichen Prozeßverfahren (§ 256 ZPO) entschieden werden.

§ 41 BMietG hat das RMietG ersatzlos aufgehoben. Damit ist auch die Zuständigkeit des Mieteinigungsamtes für Entscheidungen nach dem RMietG weggefallen. Die in § 4 Abs. 2 Satz 3 Halbsatz 2 vorgesehene Festsetzung des verbleibenden Teiles der gesetzlichen Miete durch das Mieteinigungsamt ist daher seit dem 1. August 1955 gegenstandslos (so auch Roquette 54 zu § 4; a. A. Hans 5 zu § 4).

15 Die Eigenbedarfsklage des Vermieters einer möblierten Wohnung kann unter Umständen auf die Herausgabe einzelner Möbelstücke beschränkt werden, vgl. LG Braunschweig MDR 1947, 119 (Lewald) und Brumby EA 873; OLG Köln MDR 1947, 295 (Kleinrahm); LG Göttingen NJW 1948, 157; Hans 9 zu § 1 MSchG; Meyerhoff gegen Bettermann NJW 1948, 262; LG Hamburg MDR 1949, 171, Bettermann 428. Dem Vermieter ist seit 1. Juli 1953 durch den gemäß § 28 WBewG neu eingefügten § 24a MSchG ebenso wie dem Mieter die Möglichkeit der Kündigung des Mietvertrages hinsichtlich einzelner oder aller mitvermieteten Einrichtungsgegenstände eingeräumt, sofern die Kündigung bei Abwägung der Verhältnisse des Mieters und des Vermieters dem anderen Teil zugemutet werden kann.

16 Ist nur ein einziger Raum vorhanden, so greift Abs. 2 nicht Platz; zu einer tatsächlichen Teilung z. B. durch Einziehen von Wänden ist der Richter nicht befugt a. M. Hans 5; Bettermann 430. Der mitvermietete Hausgarten steht unter Mieterschutz, wie aus Abs. 2 zu entnehmen ist; wegen der Milderung des anzulegenden Maßstabes s. LG Münster ZMR 1954, 328. Zur Anwendung dieser Vorschrift auf die Fälle des § 32 vgl. Bettermann gegen LG Hamburg MDR 1949, 484. Die Erfassung des zum Wohnraum gehörenden Hausgartens durch die Wohnungsbehörde (nunmehr die Inanspruchnahme durch Zuweisung gemäß § 15 WBewG) ist dagegen nicht zulässig.

17 Ersatz der Umzugskosten (Abs. 3) wird dem Vermieter nach pflichtgemäßem Ermessen des Gerichts nur auf Antrag des Mieters, der über das Antragsrecht zu belehren ist (Abs. 5), auferlegt. Der Antrag muß spätestens in der letzten mündlichen Verhandlung vor Erlaß des Urteils gestellt sein, Roquette Mietrecht S. 344. Sofern die Aufhebung des Mietverhältnisses sich außer auf § 4 Abs. 1 — Teilaufhebung nach Abs. 2 steht im Sinne des Abs. 3 der Vollaufhebung gleich, Staudinger-Kiefersauer 113 vor § 535; Bettermann 522 — auf

andere Gründe (§§ 2, 3) stützt, darf der Vermieter zum Ersatz von Umzugskosten nicht verurteilt werden. Diese Bestimmung gilt auch für die erleichterte Eigenbedarfsklage bei Betriebs- und Werkwohnungen, §§ 22, 23 MSchG. Die Anfechtung des Urteils nur wegen der Umzugskosten erfolgt ohne Rücksicht auf den Wert des Beschwerdegegenstandes (Bettermann gegen LG Tübingen ZMR 1954, 148) durch sofortige Beschwerde (Abs. 5). Die Beschwerde ist auch dann zulässig, wenn der Mieter es versäumt hat, den Antrag auf Umzugskostenerstattung zu stellen, weil er nicht gemäß § 4 Abs. 5 Satz 1 über die Zulässigkeit eines solchen Antrags belehrt worden ist, LG Lübeck MDR 1958, 339; LG Hagen MDR 1955, 419; Schopp-Groothold, 37 zu § 4; a.M. Bettermann 676 zu 4 m.w.N., der in diesem Fall nur die Berufung zulassen will. Umzug ist gegeben, auch wenn nur ein Teil der Wohnung zu räumen ist. Bei Umzug nach einer anderen Gemeinde sind die Kosten nur anteilmäßig für die Wegschaffung innerhalb des Gemeindebezirks zu erstatten, Staudinger-Kiefersauer 113 vor § 535 BGB.

18 Die Verpflichtung zum Umzugskostenersatz ist nicht davon abhängig, daß der Mieter die ihm vom Gericht bewilligte Räumungsfrist eingehalten hat; sie besteht auch dann, wenn gegen ihn die Zwangsräumung hat durchgeführt werden müssen (LG Köln WM 1954, 115).

Durch die Umzugskostenerstattung soll dem nach § 4 Abs. 1 zur Räumung der Mietwohnung wegen dringenden Eigenbedarfs des Vermieters Verurteilten oder dem freiwillig ausziehenden Mieter ein wirtschaftlicher Ausgleich für die mit dem Umzug unmittelbar verbundenen Nachteile gegeben werden. Der Begriff der Umzugskosten wird daher vielfach weit gefaßt (vgl. Roquette, A. 45 zu § 4; LG Essen WM 1959, 170).

19 Zu den Umzugskosten gehören in erster Linie die Kosten für den Transport des Umzugsgutes von der bisherigen Wohnung zur neuen Wohnung. Es ist üblich und es muß daher auch dem Mieter zugemutet werden, daß er sein Umzugsgut ohne fremde Hilfe verpackt und innerhalb des Gemeindebezirks ohne Transportversicherung befördern läßt (LG Mannheim Beschl. v. 14. August 1957 — 2 T 39/57 — ZMR 1959, 299; LG Mannheim, Beschl. v. 7. April 1960 — 5 T 30/60 — WürttHztg. 1960 Nr. 11). Roquette (45 zu § 4) rechnet allerdings zu den Umzugskosten auch alle Transportnebenkosten, z. B. die Kosten des Packers, die Trinkgelder für die Möbelträger, die Zusatzgebühren für den Transport eines Geldschrankes oder eines Konzertflügels und die Kosten einer Transportversicherung.

20 Zu den Umzugskosten gehören weiterhin die Aufwendungen für den An- und Abschluß der Elektro- und Gasgeräte, der Badeeinrichtung und des Küchenherdes, ferner die Kosten für das Abnehmen und Aufhängen der Lampen und für das Abmontieren und Anbringen der Radio- und Fernsehantenne. Der Mieter kann hinsichtlich dieser Kosten nicht darauf verwiesen werden, die An- und Abschlußarbeiten selbst ohne fachmännische Kenntnisse durchzuführen, zumal für leistungsstarke Gas- und Elektrogeräte sowie für Radio- und Fernsehantennen aus Sicherheitsgründen eine Pflicht zur fachgerechten Durchführung der Arbeiten besteht.

21 Dagegen können die Kosten, die dem Mieter für das Abändern der Gardinen wegen der verschiedenen Fenstergrößen und der verschiedenen Zimmerhöhen entstehen, nicht als ersatzpflichtig anerkannt werden. Insoweit handelt es sich um Aufwendungen, die notwendig sind, um die neue Wohnung für den Mieter wohnlich herzurichten. Diese Herrichtungskosten sind nicht erstattungsfähig (vgl. Bettermann, Anm. 532 zu § 4 MSchG; LG Mannheim, ZMR 1959, 299). Billigerweise muß von dem Mieter verlagt werden, daß er die erforderlichen Abänderungsarbeiten selbst vornimmt oder ohne Kostenaufwand durch einen guten Bekannten aus Gefälligkeit durchführen läßt.

22 In keinem Fall sind die Kosten des Mieters für Anschaffungen erstattungsfähig, auch wenn diese durch den Umzug bedingt und notwendig sind; dies gilt insbesondere für Neuanschaffungen von Lampen, Gardinen und Öfen, gleichgültig aus welchem Grunde die bisher gebrauchten Gegenstände nicht mehr verwendet werden können (vgl. Bettermann, 536 zu § 4 MSchG; LG Bremen DWW 1955, 117 = HuW 1955, 232; LG Essen HuW 1954, 92; LG Duisburg BlGBW 1955, 159; LG Göttingen MDR 1957, 102; AG Stuttgart-Bad Cannstatt ZMR 1957, 371; anderer Ansicht hinsichtlich der Erstattungsfähigkeit der Kosten für die Neuanschaffung von Gardinen und Lampen: Roquette, 45 zu § 4 MSchG und für die Neuanschaffung von Gardinen: Hans, 7 zu § 4; Schopp, A 39 zu § 4; LG Essen WM 1959, 170; AG Rheinberg, Urt. v. 22. Juli 1960 — 5 C 226/60).

Nicht zu den Umzugskosten gehören ferner die Aufwendungen des Mieters für die Instandsetzung der neuen Mietwohnung, sowie eine etwaige Abstandssumme, die der Mieter für die neue Wohnung an seinen neuen Vermieter oder an seinen Vormieter zahlen muß (Staudinger-Kiefersauer, Anm. 122 vor § 535 BGB; LG Aachen MDR 1950, 100; Bettermann, 539 zu § 4), sowie ein etwaiger Baukostenzuschuß des Mieters (anderer Ansicht Weimar WM 1950 Nr. 12) oder sonstige Aufwendungen des Mieters für die Beschaffung der neuen Wohnung (z. B. Maklergebühren; vgl. LG Mannheim ZMR 1959, 299; Bettermann, 539 zu § 4).

Nicht erstattungsfähig sind schließlich die mit dem Umzug verbundenen sonstigen Nachteile, z. B. die Beschädigung des Umzugsgutes, die höhere Miete für die neue Wohnung, die ungünstigere Lage der neuen Wohnung zur Arbeitsstätte des Mieters, der Verdienstausfall des Mieters am Umzugstage usw.

23 Die Entscheidung erfolgt, soweit es sich um den Umfang der Ersatzleistung handelt, nach Billigkeitsgrundsätzen; soweit die Voraussetzungen des Abs. 3 vorliegen, muß der Richter dem Antrag stattgeben, Bettermann 594; Staudinger-Kiefersauer 114 vor § 575. Leitender Grundsatz ist, daß die Räumung im Interesse des Vermieters erfolgt und daß dieser daher grundsätzlich die Kosten dem Mieter zu ersetzen hat, zustimmend Hans 7. Das gilt auch für die Umzugskosten des Untermieters, wenn der Mieter seinerseits dem Untermieter gegenüber erstattungspflichtig ist, LG Berlin BlnGrundE 1960, 361; Bettermann 545 zu § 4.

Auch bei Vereinbarung der Beendigung des Mietverhältnisses erfolgt Verpflichtung des Vermieters zum Ersatz der Umzugskosten nach Maßgabe des Satzes 4.

Die Wohnungsbehörde kann die Durchführung der gemäß § 25 Abs. 1—3 WBewG angeordneten Räumung eines Wohnung davon abhängig machen, daß die Räumungs- bzw. Umzugskosten von dem Begünstigten im voraus bezahlt oder hinterlegt werden. § 25 Abs. 4 WBewG.

24 Die Verpflichtung des Vermieters zur Zahlung einer besonderen Entschädigung zum Ausgleich wirtschaftlicher Nachteile des Mieters kann bei Ge-

schäftsräumen und Mischräumen — jedoch nur für den Verlust der Geschäftsräume, nicht auch für den Verlust der Wohnräume, BGH NJW 1957, 1836 = BB 1957, 1093; vgl. auch BGH ZMR 1958, 56 = DB 1957, 1099; Bettermann, 689 zu § 1 und 558 zu § 4; Roquette, 4. Aufl, S. 431; Roquette 4 zu § 4 — neben der Umzugskostenersatzpflicht ausgesprochen werden. Die Räumungsentschädigung gilt nach § 36 MSchG auch für Miet- und Pachtverhältnisse über gewerblich genutzte unbebaute Grundstücke, soweit diese im Hinblick auf § 5 GRMG überhaupt noch mieterschutzpflichtig sind. In den Fällen des § 32 Abs. 2 Satz 2 hat der Mieter einen gesetzlichen Anspruch auf die Räumungsentschädigung, sofern nicht die Ausschließungsgründe des § 32 Abs. 3 vorliegen. Im Rahmen des § 4 bedarf es zur Begründung eines Ausspruchs im Urteil. Die Entschädigung umfaßt lediglich die Nachteile, die aus dem Verlust des Mietgegenstandes — abgesehen von der Räumung als solchen — dem Mieter erwachsen, insbesondere den Verlust der Kundschaft. Voraussetzung ist, daß die Entschädigung zum Ausgleich unbilliger Härten erforderlich ist. Zur ganzen Frage vgl. Roquette DR 1940, 1252.

Die Verpflichtung des Vermieters zur Zahlung der Entschädigung ist bei Geschäftsräumen und bei mit Zustimmung des Vermieters zu gewerblichen Zwecken benutzten Wohnräumen, LG Hannover ZMR 1957, 372 — und bei Wohnräumen, BGH ZMR 1958, 56 — lediglich als Erweiterung der Schadloshaltung des Mieters anzusehen und deshalb in der prozessualen Behandlung dem Umzugskostenersatzanspruch gleichzustellen. Aus diesem Grunde wird man dem Mieter von Geschäftsräumen, der nach Abs. 5 auch über die Zulässigkeit des Entschädigungsantrages zu belehren ist, auch das Recht einräumen, die Entscheidung wegen der Entschädigung zugleich mit oder auch ohne die Entscheidung über die Umzugskosten gemäß Abs. 5 Satz 2 mit der sofortigen Beschwerde anzufechten; Bettermann 673; LG Landshut ZMR 1952, 252; Hans 8. Der Wortlaut „nur wegen der Umzugskosten" dürfte dieser Auslegung nicht entgegenstehen; die Ergänzung aus Anlaß der Einführung des Satzes 4 in Abs. 3 dürfe lediglich übersehen worden sein. Auch der Vermieter kann die Auferlegung der Entschädigungszahlung mit der sofortigen Beschwerde anfechten.

25 In den Fällen des Abs. 3 Sätze 1 u. 4 erfolgt die Entscheidung nur dem Grunde nach, d.h. der Vermieter wird im Mietaufhebungsurteil zur Erstattung der Umzugskosten und — nicht auch oder, Bettermann 572 — der Entschädigung dem Grunde nach verpflichtet; diese Entscheidung ist Voraussetzung für die Geltendmachung des Erstattungsanspruchs des Mieters gegen den Vermieter, sofern dieser sich hierzu nicht vertraglich verpflichtet hat. Im Mietaufhebungsverfahren kann trotz der erforderlichen Anstellung von Billigkeitserwägungen über die Höhe des Erstattungsbetrages nicht entschieden werden. Ohne rechtzeitige, d.h. bis zur letzten mündlichen Verhandlung zweiter Instanz erfolgte Antragstellung des Mieters (des Beklagten) kann im Mietaufhebungsverfahren eine Entscheidung über die Erstattungspflicht des Vermieters nicht ergehen. Bleibt es bei diesem Urteil, dann kann der Vermieter auch im ordentlichen Prozeßverfahren nicht mehr erstattungspflichtig gemacht werden, Bettermann 648. Zur Bestimmung des Ausmaßes der Beteiligung des Vermieters vgl. Bettermann 661; Schopp-Groothold 36.

Bei der Streitwertfestsetzung ist der Entschädigungsbetrag nicht zu berücksichtigen, KG u. OLG Karlsruhe ZMR 1953, 115 u. 313; LG Berlin HW 1953, 133; OLG München BayJMBl 1951, 109; OLG Düsseldorf JMBl NRW 1956, 154 = ZMR 1956, 310; OLG Celle ZMR 1952, 14; LG Verden/Aller ZMR

1952, 14; Schopp/Groothold, 4 zu § 13; Bettermann 166 zu § 13; a. A. OLG Hamm JMBl NRW1950, 268; OLG Neustadt/Weinstr. MDR 1955, 745 = ZMR 1956, 125; Roquette, 14 zu § 13; OLG Hamburg ZMR 1953, 10 in Anwendung der AV. vom 12. Jan. 1944 — DJ 1944, 66; LG Hamburg MDR 1961, 151.

26 Wird die Zwangsvollstreckung von der Hinterlegung eines die Umzugskosten bzw. die Entschädigung voraussichtlich deckenden Geldbetrages abhängig gemacht (Abs. 4), so darf die Zwangsvollstreckung nicht vor Hinterlegung des Geldbetrages erfolgen. Vollstreckbare Ausfertigung des darauf lautenden Urteilstenors erfolgt nur auf Anordnung des Amtsrichters, § 16. Wegen Aufhebung derVollstreckungsbeschränkung s. § 6 Abs. 2. Wegen der Möglichkeit der Anwendung der die Zwangsvollstreckung beschränkenden Vorschrift s. A 3 zu § 16.

Neben einer Anordnung nach Abs. 4 oder ohne eine solche Anordnung kann, sofern der Mieter einen Ersatzraum gemietet hat, der Vermieter schon vor der Räumung gemäß Abs. 6 zur Hinterlegung des Betrages für Umzugskosten und Räumungsentschädigung durch einstweilige Verfügung verpflichtet werden. Erforderlich ist Antrag desMieters, d.h. des im Aufhebungsverfahren Beklagten und ein Mietaufhebungsurteil mit Verpflichtung nach Abs. 3 Satz 1 und (oder) Satz 3. Darüber hinaus ist weder eine Gefährdung des Ersatzanspruchs (§§ 935, 936 ZPO) noch eine Notlage des Mieters (so Hans 10) nachzuweisen. Das Mietaufhebungsurteil mit der Verpflichtung braucht — abweichend von der h. M. — nicht rechtskräftig zu sein, Bettermann 667, 767; Staudinger-Kiefersauer 115 vor § 535.

27 Auch wenn das Mietverhältnis nicht durch ein Mietaufhebungsurteil, sondern im gegenseitigen Einvernehmen der Beteiligten, insbesondere also durch Vergleich, mit Rücksicht auf einen vom Vermieter geltend gemachten Eigenbedarf (nicht aus anderen Gründen, Roquette, Mietrecht S. 335) beendigt worden ist, kann der Mieter nach § 4 Abs. 3 Satz 5 innerhalb einer Ausschlußfrist von einem Monat seit der Beendigung des Mietverhältnisses — richtig seit Auszug, Bettermann 734 — vom Vermieter Ersatz der Umzugskosten und bei Geschäftsräumen die besondere Entschädigung nach Satz 4 verlangen. Dem „gegenseitigen Einvernehmen" steht die Abweisung einer Eigenbedarfsklage nicht entgegen, LG Mainz ZMR 1953, 313. Hat aber der Mieter den Eigenbedarf des Vermieters bestritten und ist er nur deshalb ausgezogen, weil er den Schikanen des Vermieters entgehen wollte, so besteht für diesen keine Kostenerstattungspflicht nach Satz 5, AGr Wuppertal HW 1954, 12. Dagegen besteht der Umzugskostenerstattungsanspuch trotz Zurücknahme der Eigenbedarfsklage, wenn der Mieter unter dem Druck dieser Klage sich eine andere Wohnung beschafft hat und zwecks Vermeidung doppelter Mietzinszahlung die herausverlangte Wohnung freigibt, KG NJW 1960, 2102 = BlGBW 1960, 238. Bei Streit entscheidet hierüber auf Klage des Mieters das nach § 7 zuständige Amtsgericht, dessen ausschließliche Zuständigkeit (LG Hamburg MDR 1951, 739) von Bettermann 750 bestritten wird. Gleichartige Regelung ist in § 32 Abs. 2 getroffen.

28 Eine erweiterte Eigenbedarfsklage als Ergänzung und Erweiterung des Mieterschutzgesetzes zugunsten der Vertriebenen und Flüchtlinge, die im Rahmen des dritten Abschnitts des Bundesvertriebenengesetzes — BVFG — vom 19. Mai 1953 (BGBl I 201) in die Landwirtschaft eingegliedert werden sollen, enthält die nachstehende Vorschrift dieses Gesetzes.

§ 57

Aufhebung von Mietverhältnissen

(1) Wird ein Betrieb, Betriebsteil oder ein Grundstück mit Gebäuden nach Maßgabe des § 42 veräußert oder verpachtet und sind in diesen Gebäuden Räume zu Wohnzwecken vermietet, so kann der Vermieter die Aufhebung des Mietverhältnisses verlangen, wenn und soweit die Räume für Zwecke des Betriebes benötigt werden.

(2) In den Fällen des Absatzes 1 gelten die Vorschriften des § 4 Abs. 2 bis 6 des Mieterschutzgesetzes entsprechend.

Die nach § 49 MSchG unabdingbare Sonderregelung — dazu Bettermann Anhang E zu §§ 20—23c — gilt nur für den Fall der Veräußerung oder Verpachtung eines land- oder forstwirtschaftlichen Betriebes (Betriebsteiles) oder Grundstückes unter Mitwirkung der Siedlungsbehörde an Vertriebene und Sowjetzonenflüchtlinge (§§ 1, 3, 4), die aus der Landwirtschaft stammen oder nach der Vertreibung überwiegend in der Landwirtschaft tätig waren. Die Verpachtung muß auf mindestens zwölf Jahre erfolgen; der Zweck der Veräußerung oder Verpachtung des Grundstücks muß der Bildung eines land- oder forstwirtschaftlichen Betriebes des Erwerbers oder Pächter dienen oder zur Grundlage einer landwirtschaftlichen Nebenerwerbsstelle werden. Zugunsten dieses Personenkreises wird im Bereich des Mieterschutzgesetzes die Aufhebung des bestehenden Mietverhältnisses über Wohnungen erleichtert.

1. Die Erleichterung besteht darin, daß zur Klage berechtigt ist
   a) bei der Veräußerung an den Vertriebenen (Flüchtling) dieser als Erwerber des Grundstücks — irrig Werber-Ehrenforth 4 zu § 57 — gemäß § 571 BGB, § 1 Abs. 4 MSchG, wenn der Veräußerer die in Betracht kommenden Wohnräume vermietet hatte. Soweit dies nicht der Fall ist, wenn also der Veräußerer zur Zeit der Veräußerung nicht die Rechtstellung eines Vermieters besitzt, steht der Aufhebungsanspruch aus § 57 dem bisherigen Vermieter zu;
   b) bei der Verpachtung an den Vertriebenen (Flüchtling) der (bisherige) Vermieter, da ein Rechtsübergang auf den Pächter entsprechend den §§ 571, 577 BGB nicht stattfindet.

   Die Geltendmachung des Aufhebungsanspruchs durch den Vermieter außerhalb der §§ 571, 577 BGB, § 1 Abs. 4 MSchG erfolgt zugunsten des Raumbedarfs des neuen Betriebsinhabers, nicht zugunsten des Eigenbedarfs des Vermieters. Ob dieser von diesem Recht Gebrauch machen will, steht in seinem Ermessen; der neue Betriebsinhaber hat auf die Rechtsausübung keinen Anspruch.

2. Gegenstand der Eigenbedarfsklage des Vermieters bzw. Betriebsinhabers sind die Wohnräume, die im Bereich des gepachteten oder erworbenen Betriebes (Grundstücks) als solche vermietet sind, gleichviel ob sie benutzt sind oder nicht; auch vertragswidrig für andere als Wohnzwecke verwendete Räume gehören hierher. Zu anderen als Wohnzwecken vermieteteRäume unterliegen der Sonderregelung des § 57 auch dann nicht, wenn sie für Betriebszwecke geeignet oder benötigt sind. In aller Regel werden aber derartige Nichtwohnräume gemäß § 5 GRMG

vom Mieterschutz freigestellt sein und deshalb für die Eigenbedarfsklage überhaupt nicht in Betracht kommen.

3. Denn § 57 setzt ein mieterschutzpflichtiges Mietrechtsverhältnis voraus; die Vorschrift beschränkt sich auf die „Aufhebung von Mietverhältnissen" im Sinne des § 1 MSchG, erweitert daher die Zahl der in den §§ 2 bis 4b MSchG aufgeführten Mietaufhebungstatbestände zugunsten des bei der Eingliederung der Flüchtlinge in die Landwirtschaft auftretenden Raumbedarfs für Zwecke des Betriebes. Die sonst auf Pachtverhältnisse anzuwendenden Vorschriften des MSchG (§ 36) gelten hier nicht; dies ergibt sich nicht nur aus dem Wortlaut „vermietet", sondern auch aus der in § 58 für die pachtweise Überlassung getroffenen Sonderregelung.

4. Im übrigen gelten die für das Mietaufhebungsverfahren geltenden Bestimmungen insbesondere

a) die für die Eigenbedarfsklage geltenden Bestimmungen über Teilaufhebung, Auferlegung von Umzugskostenersatz, Belehrung des Mieters, Zulässigkeit einer einstweiligen Verfügung und Anordnung der Hinterlegung des Umzugskostenbetrages zur Abwendung der Zwangsvollstreckung, § 4 Abs. 2—6 MSchG, deren entsprechende Anwendung in § 57 Abs. 2 ausdrücklich vorgeschrieben ist; die Zulässigkeit der Teilaufhebung ergibt sich im übrigen auch aus § 57 Abs. 1, insofern die Aufhebung „wenn und soweit" für Zwecke des Betriebes verlangt werden kann.

b) Der Betriebszweck muß die Räume, gleichviel ob zu Wohn- oder anderen Zwecken (Bettermann 57 nach § 23c), benötigen. Raumbedarf für private Zwecke des neuen Betriebsinhabers kommt hier nicht in Betracht; er kann nur nach § 4 oder § 22 MSchG zugunsten des Betriebsinhabers als Vermieter begehrt werden. Das Betriebsinteresse als solches genügt; es bedarf, anders als in den §§ 4, 22, 23 nicht des Nachweises einer besonderen Dringlichkeit; ebensowenig findet wie in § 4 eine Interessenabwägung statt, es ist das einfache Betriebsinteresse wie in § 22 ausreichend zur Begründung der Mietaufhebung.

c) Für die Mietaufhebung gilt

1. bei dem der Wohnraumbewirtschaftung unterliegenden Wohnraum die den Richter verpflichtende Vorschrift des § 4a MSchG, daß er die Aufhebung des Mietverhältnisses auch beim Vorliegen der sonstigen Voraussetzungen nur aussprechen darf, wenn die Wohnungsbehörde bescheinigt hat, daß sie dem Kläger (Betriebsinhaber) bzw. dem, dessen Interessen er rechtmäßig vertritt, die Räume im Falle ihres Freiwerdens zuteilen wird; sollen sie Betriebsangehörigen überlassen werden, so erteilt die Wohnungsbehörde die Bescheinigung nach Maßgabe des § 23c; soll der Raum anderen als Wohnzwecken zugeführt, also zweckentfremdet werden, so bedarf die Änderung der Genehmigung der Wohnungsbehörde (§ 21 WBewG), ohne die die Mietaufhebung nicht ausgesprochen werden darf, Bettermann 77 nach §§ 20—23c.

2. die Vorschrift des § 5 über den Zeitpunkt, zu dem die Mietaufhebung zu erfolgen hat; es gelten in aller Regel die gesetzlichen

oder vertraglichen Kündigungsfristen und -termine wie auch sonst für die Eigenbedarfsklage des Vermieters. Verträge müssen ausgehalten werden; eine vorzeitige Mietaufhebung findet nicht statt.

5. Bestritten ist die Anwendung der die Ersatzraumbeschaffung bei der Eigenbedarfsklage regelnden Bestimmungen des § 30 Abs. 1 u. 2 WBewG. Während Weitnauer BAnz 1953 Nr. 195 diese Vorschriften unmittelbar anwenden möchte (ebenso OLG Hamm JMBl NRW 1955, 177), wird man mit Ehrenforth BAnz 1953 Nr. 118 und Werber-Ehrenforth, Das deutsche Bundesrecht 4 zu § 57 BVFG die Vorschriften des § 30 Abs. 4 WBewG über den Vollstreckungsschutz in jedem Falle zur Geltung bringen müssen; vgl. auch Straßmann-Nitsche zu § 57 BVFG.
6. Außerhalb der Geltung des Mieterschutzgesetzes gilt die Sonderregelung des § 57 nicht; insbesondere kann aus der Regelung nicht geschlossen werden, daß dem Vermieter ein außerordentliches — befristetes oder unbefristetes — Kündigungsrecht zustehe (Bettermann 70 nach §§ 20 bis 23c). Auch hier sind die gesetzlichen oder vertraglichen Kündigungsbestimmungen einzuhalten.

§ 4a

Ein Mietverhältnis über Wohnraum kann nach § 4 nur aufgehoben werden, wenn die zuständige Stelle dem Vermieter bescheinigt hat, daß eine erforderliche Zuteilung des Wohnraumes entsprechend den Absichten des Vermieters erfolgen oder von einer Zuteilung nach § 9 Satz 2 des Wohnraumbewirtschaftungsgesetzes abgesehen wird, oder daß eine für die beabsichtigte anderweitige Verwendung des Raumes erforderliche Genehmigung erteilt wird.

1 § 4a ist neu gefaßt worden durch Art. III Nr. 2 Aufbaugesetz; er gilt auch in Berlin, nicht aber im Saarland (Art. X § 9 Nr. 3, 10, 11 Abs. 3 aaO). — Der bisherige Abs. 2 von § 4a ist ersatzlos gestrichen worden; hierdurch wird die Prüfung der Zumutbarkeit der Ersatzwohnung durch das Gericht entbehrlich.

2 Die Vorschrift des § 4a, deren Vereinbarkeit mit dem Grundgesetz vom AG Köln nach Heinisch DWW 1954, 84 angezweifelt wird, ist durch den die Änderung des MSchG betreffenden § 28 WBewG eingefügt und seit 1. Juli 1953 in Wirksamkeit getreten. Durch sie wird das für den Bereich des WohnG vom BGH V ZR 81/51 (BGHZ 6, 185 = MDR 1952, 542 = JR 1952, 325 = JZ 1952, 560 = L.-M. Nr. 1 zu § 4 [Pritsch]) in Übereinstimmung mit VGH Stuttgart (Karlsruhe) VerwRspr 3 Nr. 93 und Anm 19 der 7. Aufl. verneinte Erfordernis der Bezugsgenehmigung der Wohnungsbehörde als Voraussetzung für die Aufhebung des Mietverhältnisses wegen Eigeninteresses durch positive Regelung im gegenteiligen Sinne entschieden. Es kann dahingestellt bleiben, ob mit dieser Regelung die Reibungen zwischen Justiz und Verwaltung beseitigt sind (so Fellner-Fischer 1 zu § 28 WBewG); denn die in der Bescheinigung gegebene Zusage der Wohnraumzuteilung ist für die Wohnungsbehörde nur unter dem Vorbehalt gleichbleibender Verhältnisse verbindlich (amtl. Begr.; Bettermann 50 und Hans zu § 32 WBewG; Holtgrave DB 1960, 908 zu B), weshalb Fellner-Fischer 5 zu § 28 WBewG den Wohnungsbehörden sogar die Aufnahme einer clausula rebus sic stantibus in die Bescheinigung empfehlen. Damit wird

aber eine Abhängigkeit der gerichtlichen Entscheidung von der Verwaltungsbehörde in einer Weise offenkundig gemacht, die der Staatsautorität nicht dient. Die in § 4a für die Eigenbedarfsklage geschaffene neue materiell-rechtliche Voraussetzung des Klageanspruchs — sie ist keine Prozeßvoraussetzung, Fellner-Fischer 2; Weitnauer DWW 1954, 36; Roquette JZ 1954, 222 — erschwert nicht nur in gewisser Hinsicht das Mietaufhebungsverfahren, sondern setzt sich auch über die vom BGH zu der Abhängigmachung des Gerichts von der Verwaltungsbehörde geltend gemachten Bedenken hinweg.

3 Nach dem neugefaßten § 4a MSchG — für Werk- und Betriebswohnungen gilt der in gleicher Weise abgeänderte § 23c MSchG — kann ein Mietverhältnis über Wohnraum auf Grund des § 4 MSchG (§§ 22—23b MSchG) nur aufgehoben werden, wenn die zuständige Stelle (Wohnungsbehörde) dem Vermieter bescheinigt hat, daß im Falle des Freiwerdens des Mietraumes

a) eine erforderliche Zuteilung des Wohnraumes entsprechend den Absichten des Vermieters erfolgen wird, oder
b) von einer Zuteilung nach § 9 Satz 2 WBewG abgesehen wird (z. B. wenn der streitige Mietraum nur Teil einer Wohnung ist), oder
c) eine für die beabsichtigte anderweitige Verwendung des Raumes erforderliche Genehmigung erteilt wird (Zweckentfremdungsgenehmigung gemäß § 21 WBewG; Genehmigung zur baulichen Veränderung gemäß § 22 WBewG).

Eine solche Bescheinigung ist jedoch nur in den Fällen für die Mietaufhebungsklage aus § 4 MSchG (§§ 22 bis 23b MSchG) Voraussetzung, in denen eine Zuteilung oder Genehmigung der zuständigen Stelle (Wohnungsbehörde) erforderlich ist. Das Mietgericht wird daher diese Bescheinigung nicht verlangen, wenn der streitige Mietraum der Wohnraumbewirtschaftung nicht oder nicht mehr unterliegt.

Zu beachten ist aber, daß für den gemäß den §§ 3a bis 3c WBewG aus der Wohnraumbewirtschaftung herausgenommenen Wohnraum das Zweckentfremdungsverbot und das Verbot baulicher Veränderungen bestehen geblieben ist, so daß für diesen Wohnraum die Genehmigung nach den §§ 21, 22 WBewG und damit die Bescheinigung nach den §§ 4a, 23c MSchG erforderlich ist.

4 **§ 4a fordert das prozessuale Vorhandensein — nicht die Vorlage — einer schriftlichen (§§ 26, 32 WBewG) Bescheinigung der Wohnungsbehörde, des Inhalts, daß sie bereit ist, die mit der Eigeninteressenklage begehrten, dem MSchG unterstellten Wohnräume dem Kläger nach Freiwerden (regelmäßig eine Folge der Mietaufhebung in Verbindung mit der Räumungsverpflichtung, § 5 Abs. 3 MSchG, § 10 Abs. 1 Buchst b WBewG) zuzuteilen. Das Vorhandensein der Bescheinigung als Voraussetzung der Aufhebungsklage wegen Eigenbedarfs ist der Verhandlungsmaxime unterworfen. Deshalb kann die Aufhebung des Mietverhältnisses nach Abs. 1 erfolgen, wenn die Behauptung des Klägers, die Bescheinigung erhalten zu haben, vom Beklagten nicht bestritten oder zugestanden wird, Fellner-Fischer 3; Bettermann 57; a. M. Roquette WBewG S. 399; Weimar WM 1953, 27; Friese DWW 1954, 38; Roquette JZ 1954, 223. Im einzelnen gilt folgendes:**

1. Die mit der Eigeninteressenklage begehrten Räume müssen der Wohnraumbewirtschaftung i.S. des § 2 WBewG unterliegen; es scheiden deshalb alle gemäß §§ 2, 3, 3a—3c WBewG von der Bewirtschaftung freigestellten Wohn-

räume sowie alle Nichtwohnräume aus. Bei Räumen, die z.T. der Bewirtschaftung unterworfen sind, z.T. nicht (als Wohnraum oder als Nichtwohnraum), ist zunächst die Anwendbarkeit der Mieterschutzbestimmungen (§ 31a MSchG, § 1 MSchGAusnVO, § 5 GRMG) wegen der von Gesetzgeber gewollten (Weitnauer MDR 1953, 766 gegen Roquette WBewG 3 zu § 3) Diskrepanz zwischen Mieterschutz und Wohnraumbewirtschaftung festzustellen. Soweit hiernach mieterschutzpflichtige, aber nicht bewirtschaftete Räume begehrt werden, entfällt die materiellrechtliche Voraussetzung des § 4a und zwar vollständig, wenn der Vermieter nur die Mietaufhebung solcher Räume begehrt; sie ist zum Teil gegeben, wenn die Aufhebungsklage auch bewirtschaftete Räume in Rechtsverbindung mit nichtbewirtschafteten umfaßt. Bei Teilaufhebung, die sich nur auf die bewirtschafteten Räume beschränkt, ist die Bescheinigung für den Teilantrag notwendig (LG Düsseldorf ZMR 1956, 125, LVG Schleswig SchlHA 55, 179).

5 § 4a beschränkt die richterliche Aufhebung des Mietverhältnisses wegen Eigenbedarfs, läßt aber die vergleichsweise Erledigung des Rechtsstreits unberührt, Weitnauer DWW 1954, 36; Heinisch DWW 1954, 85; Mohr ZMR 1954, 357; a. M. Friese DWW 1953, 285 u. 1954, 38 sowie Hermes DRZ 1954, 192; bei der Protokollierung eines Vergleichs braucht daher § 4a nicht geprüft zu werden, OVG Münster ZMR 1956, 102.

6 Zu welchem Zweck der Vermieter die (bewirtschafteten) beanspruchten Räume verwenden will, ist an sich unerheblich, vgl. AG Lüneburg DWW 1954, 46; LG Lüneburg ZMR 1954, 175. Auch wenn er sie zu anderen als Wohnzwekken verwenden will, bedarf er der Bescheinigung der Wohnungsbehörde. Denn die Zweckentfremdung bedarf nach § 21 WBewG der Genehmigung der Wohnungsbehörde, soweit es sich nicht um nicht überschüssige Räume handelt, § 10 Abs. 2, 3 WBewG. Bei Doppelwohnungen, sofern die Erlangung einer solchen im Wege der Eigenbedarfsklage überhaupt gerechtfertigt werden kann, ist zu beachten, daß der steuerbegünstigte neugeschaffene Wohnraum trotz der grundsätzlichen Freistellung von der Bewirtschaftung in § 3 WBewG bei der Anwendung des § 11, der in § 3 ausdrücklich vorbehalten ist, als bewirtschafteter Wohnraum behandelt wird. Die Ausstellung der Bescheinigung dürfte auch dann notwendig sein, wenn der Vermieter von dem ihm in § 11 eingeräumten Wahlrecht Gebrauch macht (a. M. Bettermann 9), da die Ausübung dieses Rechts zu seiner Wirksamkeit der Wohnungsbehörde gegenüber zu erfolgen hat.

Auch wenn die Bescheinigung sich nur auf einen Teil der begehrten Räumc beschränkt, kann das Mietverhältnis unter Umständen im Ganzen aufgehoben werden, LG Münster MDR 1954, 679.

7 2. Die Bescheinigung der Wohnungsbehörde erfolgt regelmäßig auf Antrag des Vermieters (Klägers) § 32 WBewG, Verfügungsberechtigten § 33 Abs. 2 WBewG. Ob die Stellung eines solchen Antrags notwendig ist oder ob im Einzelfall die Wohnungsbehörde von sich aus handelt, ist für § 4a gleichgültig. Ebensowenig kommt es darauf an, ob die Wohnungsbehörde mit der Ausstellung der Bescheinigung einem Zuteilungsanspruch des Klägers (§ 14 Abs. 2, § 18, § 33 Abs. 2, 3 WBewG, §§ 39, 40, 43 WBauG) oder einer bundes- oder landesrechtlich auferlegten Zuteilungsverpflichtung (§ 17 Abs. 1 S. 1 u. 2, § 14 Abs. 1 WBewG; § 7 BergarbWBauG; § 5 HeimkehrerG; § 17 Abs. 3

Satz 1 i. V. mit § 36 Abs. 2 WBewG) entsprechen muß oder in freier Ermessensentscheidung handelt, Bettermann 37.

8 Die Bescheinigung ist in aller Regel dem Vermieter, der den Raum für sich oder für einen Dritten (a.A. VGH München ZMR 1955, 313 = WM 1956, 15) begehrt, auszustellen, sofern in letzterem Fall nicht unmittelbar dem Dritten die Bescheinigung erteilt werden soll, Fischer ZMR 1953, 235; Bettermann 31, 40; Heinisch DWW 1954, 35; a. M. Roquette JZ 1954, 223; LVG Hannover ZMR 1956, 136 = DWW 1956, 118.

9 Ihrem Wesen nach ist die Bescheinigung ein bindendes Zuteilungsversprechen, das die Wohnungsbehörde — freilich nur bei gleichbleibender Sach- und Rechtslage bindend (A 2) — erteilt. Dem Zuteilungsversprechen steht die Zuteilung i. S. des § 12 WBewG d. h. die Bezugs- oder Überlassungsgenehmigung, die Benutzungsgenehmigung (§ 14) und die Zuweisung (§ 15) gleich, es sei denn, daß die Benutzungsgenehmigung oder Zuweisung unter einer auflösenden Bedingung (§ 14 Abs. 3, § 15 Abs. 2) erfolgt. Auch die Bedingung einer Ersatzraumgestellung, die der Wohnungsbehörde nicht gestattet ist, macht die Bescheinigung untauglich, a. M. LG Essen ZMR 1953, 248. Befristung oder Auflage sind unschädlich, Bettermann 316.

10 3. Bei der Erteilung der Bescheinigung hat die Wohnungsbehörde lediglich zu prüfen, ob unter den gegenwärtigen Verhältnissen dem Vermieter bzw. dem von ihm bezeichneten Dritten bei Freiwerden der mit der Aufhebungsklage begehrte Wohnraum zugeteilt werden kann, dazu Fischer gegen LVG RhPfalz ZMR 1954, 84; LVG Hannover ZMR 1956, 137; LVG Arnsberg ZMR 1956, 244 = Glaser Nr. 138/II/1957. Die Ersatzraumfrage ist von der Wohnungsbehörde bei der Entscheidung über die Ausstellung der Bescheinigung nicht zu prüfen, da sie dem Vollstreckungsverfahren gemäß §§ 30, 31 WBewG zugewiesen ist, Fellner-Fischer 8 zu § 32. Die Nachprüfung des Wohnraumbedarfs entfällt nur für den Grundstückseigentümer und den ihm gleichgestellten dinglich Berechtigten, weil diesen Personen die begehrte Wohnraumeinheit ohne Rücksicht auf ihren eigenen oder auf fremden Wohnraumbedarf gemäß § 17 Abs. 1 Satz 1 WBewG zugeteilt werden muß und die Entscheidung über den zulässigen Raumbedarf erst nach erfolgter Zuteilung fällig wird, Roquette WBewG S. 398.

Die dem Gericht gemäß § 4 Abs. 1 obliegende Interessenabwägung wird durch die Erteilung der Bescheinigung in keiner Weise beeinflußt; die Erfordernisse der Eigeninteressenklage nach § 4 werden durch die Erfüllung der zur Schlüssigkeit der Klage gemäß Abs. 1 aufgestellten Voraussetzung nicht berührt, Bettermann 59; Roquette S. 399; LVG RhPfalz ZMR 1954, 84.

11 Durch die Erteilung der Bescheinigung wird der Mieter in aller Regel in seinen Rechten nicht beschränkt, OVG Münster MDR 1953, 187; OVG Hamburg ZMR 1954, 192; StdAussch Zweibrücken ZMR 1954, 239 (Glaser); OLG Koblenz WM 1954, 142; dagegen Weimar WM 1954, 3; Scherer WM 1954, 25. Wenn aber bei beabsichtigter Zweckentfremdung die Wohnungsbehörde über die Zuteilungsmaßnahme des § 12 WBewG hinaus die Genehmigung zur Zweckentfremdung erteilt, liegt ein die Interessen des Mieters wesentlich berührender Verwaltungsakt vor, der im Verwaltungsrechtsverfahren von ihm angefochten werden kann, Scherer WM 1954, 25; a. M. Hurst WM 1954, 62.

§ 4b

(1) **Der Vermieter kann die Aufhebung des Mietverhältnisses verlangen,**

a) **wenn auf dem vermieteten Grundstück oder Grundstücksteil ein Gebäude durch Kriegseinwirkungen zerstört oder erheblich beschädigt ist, der alsbaldige Wiederaufbau oder die alsbaldige Wiederherstellung gewährleistet erscheint und bei Fortsetzung des Mietverhältnisses der Wiederaufbau oder die Wiederherstellung wesentlich erschwert wäre;**

b) **wenn die vermieteten Räume sich in einem behelfsmäßig errichteten Gebäude, insbesondere in einem Behelfsheim, einer Wohnbaracke oder Wohnlaube befinden, die alsbaldige Errichtung eines für die Dauer bestimmten Gebäudes auf dem Grundstück gewährleistet erscheint und bei Fortbestehen des Mietverhältnisses die Errichtung des Gebäudes wesentlich erschwert wäre.**

(2) **Im Falle des Absatzes 1 gelten die Vorschriften des § 4 Abs. 2 bis 6 entsprechend.**

1 In enger Anlehnung an § 4 — Abs. 2 fordert ausdrücklich die entsprechende Anwendung der für die Eigenbedarfsklage geltenden Vorschriften des § 4 Abs. 2 bis 6 — schafft die durch § 28 WBewG neu eingefügte Vorschrift des § 4b zwei neue Mietaufhebungstatbestände, die dem Vermieter in seinem Interesse die Mietaufhebungsklage gestatten, wenn dadurch Hindernisse für die Durchführung der von ihm in Aussicht genommenen Baumaßnahmen bestimmter Art beseitigt werden sollen. Zur Anwendung des § 4 auf diese Fälle nach bisherigem Recht vgl. AG Hannover u. AG Osnabrück, Glaser Nr. 326 u. 327/1953. Die Besonderheit dieser Regelung besteht darin, daß nicht nur der für § 4 a.F. maßgebende Eigenbedarf vom Gesetzgeber erstmalig zum Eigeninteresse klar und eindeutig ausgeweitet wird, sondern darüber hinaus in ein Interesse des Bauherrn umgeformt wird, so daß auch eine andere Person als der Vermieter als Bauherr z. B. ein bauwilliger Mieter für den Wiederaufbau bzw. die Umwandlung des Behelfsbaues auftreten kann, Fellner-Fischer 3; Roquette S. 405. Eine Interessenabwägung wie in § 4 findet nicht statt, AG Köln WM 1958, 167.

Dagegen rechtfertigt die Notwendigkeit einer vorübergehenden Räumung zum Zwecke der Instandsetzung nicht die endgültige Aufhebung des Mietverhältnisses, LG Aachen ZMR 1953, 342; LG Oldenburg HuW 1953, 471 = DRspr *II* (275) Blatt 25.

2 1. Der Tatbestand des Abs. 1 Buchst. a — wörtlich bereits in § 9 Abs. 1 Ziff. 3 GRMG als Grund für die Unzumutbarkeit der Fortsetzung des Mietverhältnisses anerkannt, vgl. hierher LG Essen ZMR 1954, 47 — ist im Gegensatz zu der für das Eingreifen der Wohnungsbehörde in § 25 Abs. 2 WBewG maßgebenden Regelung auf kriegszerstörte und kriegsbeschädigte Gebäude beschränkt. Nur soweit die Zerstörung bzw. erhebliche Beschädigung des Gebäudes als mittelbare oder unmittelbare Folge von Kriegseinwirkungen anzu-

sehen ist, kann die Aufhebungsklage erhoben werden; daher keine Anwendung bei Schäden durch Wasser, Feuer, Erdbeben, Windschaden, Witterungseinflüsse usw.

3 Zur Begriffsbestimmung Wiederaufbau und Wiederherstellung vgl. § 2/I. BerechnungsVO vom 20. November 1950/17. Oktober 1957 (BGBl 1950, 753; 1957, 1731), dessen Abs. 2 als Wiederaufbau den Aufbau eines zerstörten Gebäudes und dessen Abs. 3 als Wiederherstellung die Instandsetzung eines beschädigten Gebäudes bezeichnet, wobei für den Begriff der Zerstörung das Nichtvorhandensein von auf die Dauer benutzbaren Räumen oberhalb des Kellergeschosses gefordert wird. Beschädigung eines Gebäudes liegt vor, wenn solche Räume oberhalb des Kellergeschosses noch vorhanden sind. Die Beschädigung muß erheblich d. h. so stark sein, daß von einer bloßen Instandsetzung unbewohnbar gewordener Räume nicht mehr gesprochen werden kann, wenn erhebliche Aufwendungen gemacht werden müssen. Die Beschädigung braucht nicht bei den Mieträumen eingetreten zu sein, die der Vermieter begehrt; es genügt, wenn sie sich auf dem beschädigten Grundstück befinden, Hans 4; Weitnauer MDR 1953, 325.

4 Der geplante Wiederaufbau (Wiederherstellung) muß alsbald d. h. sofort nach Beendigung des Mietverhältnisses beabsichtigt und in seiner Durchführung gewährleistet d. h. hinsichtlich Planung, Baugenehmigung und Finanzierung gefördert sein, daß mit der Durchführung begonnen werden kann. Die Finanzierung muß für die nahe Zukunft gewährleistet, nicht unbedingt gesichert sein, AG Köln WM 1956, 152; AG Köln WM 1957, 139. Die Bestellung der Baumaterialien und die Erteilung des Bauauftrages sind nicht erforderlich, LG Hannover, Glaser Nr. 103/II/1956. Als einziges Hindernis der förderungswürdigen Baumaßnahmen steht ihrer Ausführung die Fortdauer (Fortsetzung, Fortbestehen) des Mietverhältnisses entgegen, dessen Aufhebung beantragt ist. Sofern diese Fortdauer den Wiederaufbau oder die Wiederherstellung wesentlich erschwert, ist der Klage stattzugeben. Diese Voraussetzung ist erfüllt, wenn die Bauausführung unmöglich ist. Wesentliche Erschwerung liegt vor, wenn erhebliche Mehraufwendungen notwendig werden oder wenn besondere Finanzierungsschwierigkeiten eintreten, z. B. zugesagte Baukostenzuschüsse bei Verschleppung des Baues hinfällig werden. Bei Instandsetzungsarbeiten entscheiden die Umstände des Falles; hier wird auch die Möglichkeit der Anordnung der vorübergehenden Wohnungsräumung durch die Wohnungsbehörde (§ 25 WBewG) zu erwägen sein.

5 Die Zwecksetzung beim Wiederaufbau (Wiederherstellung) ist für die Anwendung des Abs. 1 unerheblich. Auch wenn die Errichtung eines Geschäftshauses an Stelle des wiederherstellungsbedürftigen Wohngebäudes geplant ist, dürfte der Klage stattzugeben sein, Roquette WBewG S. 406. Es ist aber zu beachten, daß der Abbruch von Wohngebäuden der Genehmigung der Wohnungsbehörde gemäß § 22 WBewG bedarf. Die Prüfung dieser Frage ist, anders als im Falle des § 4a, dem Aufhebungsgericht nicht auferlegt.

6 Der Tatbestand des Abs. 1 Buchst. b betrifft die Aufhebung von Mietverhältnissen in behelfsmäßig errichteten Gebäuden. Als solche werden beispielsweise Behelfsheime, Wohnbaracken und Wohnlauben angeführt. Die Behelfsmäßigkeit ist dadurch charakterisiert, daß die Räume nur auf verhältnismäßig kurze Lebensdauer errichtet und die Materialverwendung und Aus-

stattung diesem Zweck angepaßt sind. Der Bauaufwand als solcher wird aber nicht immer ausschlaggebend sein können, wohl aber im Einzelfall ebenso wie die Anlage und Wahl des Standortes als Indiz für die Zweckverwendung bewertet werden können.

Wird die alsbaldige Ersetzung des behelfsmäßigen Baues durch einen Dauerbau geplant und ist die alsbaldige Errichtung des Neubaues gewährleistet (dazu A 4), so kann, wenn bei Fortdauer des Mietverhältnisses die Errichtung wesentlich erschwert ist, die Aufhebung vom Vermieter beantragt werden und zwar auch dann, wenn dieser nicht selbst als Bauherr auftritt. Es gelten insoweit die Ausführungen in A 1.

§ 5

(1) **In den Fällen der §§ 2 bis 4 ist das Mietverhältnis für den Zeitpunkt aufzuheben, für den eine zur Zeit der Klageerhebung erfolgende Kündigung nach dem Vertrag oder beim Mangel einer Vertragsbestimmung nach § 565 des Bürgerlichen Gesetzbuchs** oder nach dem Gesetz über die Auflockerung der Kündigungstermine bei Mietverhältnissen über Wohnräume vom 24. März 1938 (Reichsgesetzbl. I S. 306) **zulässig sein oder an dem die vereinbarte Mietzeit ablaufen würde. In den Fällen der §§ 2, 3,** 4 Abs. 1 letzter Satz **kann auf Antrag des Vermieters das Mietverhältnis mit sofortiger Wirkung aufgehoben werden.**

(2) **Der Zeitpunkt, für den die Aufhebung erfolgt, ist in der Urteilsformel festzustellen.**

(3) **In der Urteilsformel ist ferner zu bestimmen, daß der Mieter den Mietraum zu dem im Abs. 1 bezeichneten Zeitpunkt oder nach Ablauf der im § 5a vorgesehenen oder dem Mieter sonst bewilligten Räumungsfrist an den Vermieter herauszugeben hat.**

1 Das Gesetz über die Auflockerung der Kündigungstermine bei Mietverhältnissen über Wohnräume vom 24. März 1938 ist durch Art. X § 1 Abs. 1 Nr. 4 des Abbaugesetzes mit Wirkung vom 1. Juli 1960 aufgehoben worden. Deshalb ist der Hinweis auf eine Kündigung nach diesem Gesetz in Abs. 1 des § 5 gegenstandslos.

2 Der Zeitpunkt, zu dem das Mietverhältnis auf Grund der Aufhebungsklage aus den §§ 2, 3, 4, 4b oder §§ 22, 23b MSchG (Roquette, Mietrecht S. 417) oder §57 BVFG (A28 zu§4) aufgehoben wird, ist im Mietaufhebungsurteil kalendermäßig festzustellen. Das Urteil hat rechtsgestaltende Wirkung. Der Aufhebungszeitpunkt ist in der Urteilsformel auch dann festzustellen, wenn er im Zeitpunkt der Urteilsfällung bereits verstrichen ist. Das Urteil kann trotz seines rechtsgestaltenden Charakters auf einen früheren Zeitpunkt zur ckwirken, RGZ 116, 382; Breetzke NJW 1952, 1238. Unterbleibt die Feststellung in der Urteilsformel, so kann der Urteilsspruch gemäß § 319 ZPO von Amts wegen berichtigt werden; auf Antrag einer Partei ist das Urteil nach § 321 ZPO zu ergänzen, auch wenn sie hinsichtlich des Aufhebungstermins keinen Antrag gestellt hatte, Bettermann 30; Hans 1.

Soweit nach Gesetz (§ 564 BGB) oder Vertrag — Bettermann 11 — dem Vermieter außerhalb des MSchG ein Kündigungsrecht nicht zusteht oder von ihm wirksam nicht ausgeübt werden kann, besteht auch für die Aufhebung des

Mietverhältnisses durch das Mietaufhebungsgericht keine Möglichkeit der Aufhebung des Rechtsverhältnisses. Durch das MSchG wird der Vermieter grundsätzlich nicht besser gestellt, als er nach den Bestimmungen des BGB stünde, Roquette, Mietrecht S. 319; LG Aachen ZMR 1952, 181. Der Grundsatz des pacta sunt servanda bleibt in Geltung, soweit er durch § 1 MSchG nicht ausdrücklich eingeschränkt ist; bei der Bestimmung des normalen Aufhebungszeitpunktes in Abs. 1 Satz 1 kommt dieser Gedanke klar zum Ausdruck.

3 Der normale Zeitpunkt, zu dem das Mietverhältnis aus einem der oben bezeichneten Gründe aufzuheben ist, bestimmt sich

a) bei Mietverhältnissen auf bestimmte Zeit — Einl zum MSchG 41 — nach dem Ende der vereinbarten Mietzeit (§ 564 Abs. 1 BGB). Ohne Aufhebungsklage läuft das Mietverhältnis nach Ablauf der vereinbarten Mietzeit gemäß § 1 Abs. 2 MSchG auf unbestimmte Zeit weiter, wenn sich nicht der Mieter oder der Vermieter rechtzeitig auf die Beendigung beruft.

   Da die Aufhebung des Mietverhältnisses grundsätzlich — Ausnahme Abs. 1 Satz 2 — zu einem früheren als dem vertraglich festgelegten Endzeitpunkt nicht ausgesprochen werden darf, versagt die Klagebefugnis des Vermieters bei Mietverhältnissen mit langer Mietzeit.

b) bei Mietverhältnissen auf unbestimmte Zeit — Einl zum MSchG 37 — nach dem Ablauf der Kündigungsfrist, der in erster Linie nach der vertraglichen Vereinbarung zu ermitteln ist. Wo eine solche Vereinbarung nicht besteht, ist die gesetzliche Regelung maßgebend, bei der es im Gegensatz zu der Norm des § 3 MSchG nicht auf den Zeitabschnitt ankommt, für den der Mietzins zu entrichten, sondern auf jenen Abschnitt, nach dem der Mietzins „bemessen" ist. Bei Mietverträgen mit Verlängerungsklausel — Einl zum MSchG 42 — muß die Aufhebungsklage bis zu dem Zeitpunkt erhoben sein, zu dem die „Kündigung" hätte erfolgen müssen.

4 Die Kündigungsfrist bemißt sich von der Klageerhebung an d. h. der Geltendmachung des einzelnen Klagegrundes durch Zustellung (nicht Einreichung) der Klage an den Beklagten; § 496 Abs. 3 ZPO findet hier keine Anwendung, weil eine Frist nicht zu wahren ist, LG Leipzig DWohnA 1928, 142; Hans 2; Ebel 3; a. M. Bettermann 33.

Da die echte Kündigung des Vermieters im Geltungsbereich des MSchG grundsätzlich rechtlich wirkungslos ist darf einer vor der Erhebung der Mietaufhebungsklage vom Vermieter ausgesprochenen Kündigung keinerlei Einfluß auf die Bestimmung des Zeitpunktes der Mietaufhebung eingeräumt werden. Wenn also z. B. der Vermieter Ende Dezember zum 31. März gekündigt, die Aufhebungsklage aber erst im Januar erhoben hat, darf die Aufhebung des Mietverhältnisses nicht etwa mit Rücksicht auf die Kündigung zum 31. März, sondern erst zum gesetzlich zulässigen nächsten Termin ausgesprochen werden, so mit Recht Roquette, Mietrecht S. 319, dem allerdings hinsichtlich der Behandlung der „gekündigten" Verlängerungsklausel (Einl zum MSchG 42) nicht gefolgt werden kann.

5 Die sofortige Aufhebung des Mietverhältnisses d. h. zum Zeitpunkt der Klageerhebung (Bettermann 12, 20) ist nur zulässig, wenn das Klagebegehren auf § 2 (Belästigung, unangemessener Gebrauch der Mietsache) oder § 3 (Zahlungsverzug) allein oder in Verbindung miteinander oder mit § 4 (Eigenbedarf des Vermieters) oder § 4b (Wiederaufbau, Neubau) gestützt wird. Für die Klage aus § 4 oder § 4b MSchG oder § 57 BVFG (Anm. 28 zu § 4) oder

§§ 22 bis 23b MSchG allein oder in Verbindung miteinander verbleibt es bei der Regel des Abs. 1 Satz 1. Der Hinweis auf § 4 Abs. 1 letzter Satz ist gegenstandslos, weil dieser Satz (Bedarf für kriegswichtige Zwecke) seit Kriegsende gegenstandslos ist; vgl. jetzt die Neufassung von § 4 Abs. 1 durch das Abbaugesetz.

Aus der Verschiedenheit der Rechtsfolgen der Aufhebung des Mietverhältnisses je nach dem vorgebrachten Klagegrund folgt die Befugnis des Klägers, die Reihenfolge der Aufhebungsgründe von sich aus zu bestimmen, vgl. Roquette, Mietrecht S. 352; Bettermann 81 vor §§ 2–4 u. ZMR 1954, 83 zu LG Hamburg; Schopp-Groothold 55 zu § 4; Bauknecht NJW 1954, 53; Lewald MDR 1954, 141 u. Weitnauer ZMR 1954, 193 (mit Rücksicht auf die Neuregelung des Vollstreckungsschutzes in §§ 30, 31 WBewG). Mit Rücksicht auf die Möglichkeit der sofortigen Aufhebung des Mietverhältnisses in den Fällen der §§ 2, 3 wird der Vermieter diese zuerst und zwar wegen der günstigeren Beweisführung in erster Linie Mietzinsrückstand und dann erst Belästigung oder unangemessenen Mietgebrauch geltend machen.

Die sofortige Aufhebung bei Vorliegen der Voraussetzungen der §§ 2, 3 steht im pflichtgemäßem Ermessen des Richters — dazu Bettermann 20; sie setzt einen Antrag des Klägers voraus, der bis zum Schlusse der letzten mündlichen Verhandlung gestellt werden kann, Bettermann 12a. Ohne Antrag darf nur zum ordentlichen Kündigungstermin das Rechtsverhältnis aufgehoben werden.

6 Neben der Aufhebung des Mietverhältnisses ist — LG Lübeck NJW 1948, 657 — im Urteil die aus der Beendigung des Rechtsverhältnisses folgende (§ 556 BGB) Verpflichtung des Mieters zur Herausgabe der Mieträume auszusprechen, auch dann, wenn der beklagte Mieter den gesamten Mietraum untervermietet hat und infolgedessen nur mittelbarer Besitzer ist, LG Hamburg MDR 1958, 28; Roquette 27 zu § 5. Der Mieter hat nach Beendigung des Mietverhältnisses den Mietraum nach § 556 BGB „zurückzugeben", herauszugeben; ist er noch im Besitz, so hat er zu räumen. Mit diesem Vorbehalt kann man von einem Räumungsurteil sprechen. Die Räumungsverpflichtung, die ohne Antrag (Roquette, Mietrecht S. 357; Schopp-Groothold 4; Weimar zu LG Weiden WM 1951, 8; LG Hamburg MDR 1958, 38; a.M. Bettermann 51) ausgesprochen werden muß, kann in engen Grenzen an Bedingungen geknüpft werden; unzulässig ist insbes. die Bedingung der Stellung eines Ersatzraumes durch den Vermieter, zumal die Regelung dieser Frage dem Vollstreckungsverfahren durch die §§ 30, 31 WBewG überwiesen ist; vgl. Bettermann 47; Hans 3; LG Landshut ZMR 1953, 101 (Groothold). Ohne diese Anordnung ist das Urteil ein geeigneter Vollstreckungstitel für die Räumung; denn das Mietaufhebungsurteil als solches ist reines Gestaltungsurteil*). Deshalb ist gegen das Mietaufhebungsurteil die Zwangsvollstreckungsgegenklage aus § 767 ZPO nicht zulässig, wohl aber gegen den Räumungsausspruch in diesem Urteil, der dem Beklagten eine Leistungspflicht auferlegt, Bettermann 800 zu § 4 u. 74 zu § 5; Jaeger MDR 1952, 462; Lang MDR 1952, 595; a.M. LG Weiden WM 1951, 8; LG Schweinfurt MDR 1952, 687; AG Kemnath MDR 1953, 232. Gegen einen Räumungsver-

*) Zu der aus dieser Auffassung sich ergebenden Beurteilung der Klagehäufung, wenn die Raumherausgabe in erster Linie auf § 985 BGB und nur hilfsweise Mietaufhebung und Räumung nach dem MSchG begehrt wird, vgl. Bettermann MDR 1954, 196 gegen BGHZ 8, 47 und 9, 22 (= MDR 1953, 290) Der BGH verneint das Vorliegen einer Stufenklage (Klagehäufung, § 260 ZPO) und nimmt für die Verbindung von Mietaufhebungs- und Räumungsklage, ebenso wie für die Klage auf Herausgabe des Eigentums in Verbindung mit der hilfsweisen Geltendmachung von Mietaufhebungs- und Raumherausgabeanspruch das Vorliegen eines „einheitlichen Klagebegehrens mit mehrfacher rechtlicher Begründung" an (dagegen auch Lauterbach NJW 1953, 170).

gleich ist die Vollstreckungsgegenklage gleichfalls zulässig, LG Göttingen HMR Rspr 1950 Nr 184.

Als Termin für die Herausgabe gilt grundsätzlich der Zeitpunkt nach Abs. 1. Durch die Neufassung des Abs. 3 in § 10 der Verordnung über Änderungen des Mieterschutzrechts vom 7. November 1944 (RGBl I 319) — aufgehoben durch Art. X § 1 Abs. 1 Nr. 8 Abbaugesetz — ist es dem Gericht ermöglicht, die Raumherausgabe auf die Endzeit der Räumungsfrist zu verlegen.

§ 5a

(1) **Bei Aufhebung des Mietverhältnisses ist dem Mieter eine den Umständen nach angemessene Räumungsfrist zu gewähren, es sei denn, daß hiermit für den Vermieter unbillige Härten verbunden wären oder daß die Versagung der Frist keine unbillige Härte für den Mieter darstellt. Erfolgt die Aufhebung wegen erheblicher Belästigung des Vermieters oder eines Hausbewohners oder wegen erheblicher Gefährdung des Mietraums oder des Gebäudes** oder weil der Vermieter die Räume für kriegswichtige Zwecke benötigt, **so soll die Frist nur gewährt werden, wenn besondere Umstände dies dringend geboten erscheinen lassen.**

(2) **Auf Antrag des Mieters kann das Gericht erster Instanz zur Vermeidung von Härten die Räumungsfrist einmal verlängern, es sei denn, daß hierdurch unbillige Nachteile für den Vermieter oder einen Dritten entstehen würden; die Nachfrist kann bis auf drei Monate bemessen werden. Der Antrag ist spätestens zwei Wochen vor dem Ablauf der Räumungsfrist zu stellen. Die Entscheidung erfolgt durch Beschluß nach Anhörung des Vermieters; gegen den Beschluß findet sofortige Beschwerde statt.**

(3) **Hat sich der Mieter in einem gerichtlichen Vergleich zur Räumung verpflichtet, so kann in entsprechender Anwendung des Abs. 2 eine Räumungsfrist gewährt oder eine im Vergleich vereinbarte Räumungsfrist verlängert werden.**

(4) **Während der Räumungsfrist, jedoch nicht über den Zeitpunkt der Räumung hinaus, haben die Vertragsteile die bisherigen Rechte und Pflichten.**

1 Im Rahmen des Mietaufhebungsverfahrens muß beim Fehlen der gesetzlichen Gründe, die die Zubilligung der Räumungsfrist ausschließen, dem Mieter im Aufhebungsurteil auch ohne Antrag eine angemessene Räumungsfrist gewährt werden. Besitzt der Mieter die Räume nicht selbst, so hat er die Räume „herauszugeben" d. h. dafür Sorge zu tragen, daß der Besitzer z.B. der Untermieter räumt; in diesem Falle gilt für die Herausgabefrist, was in § 5a für die Räumungsfrist bestimmt ist. Die Grundsätze des § 5a gelten auch bei der Teilaufhebung gemäß § 4 Abs. 2, sowie bei Räumungsvergleichen, die im Mietaufhebungsverfahren von den Vertragsteilen abgeschlossen werden (Roquette Mietrecht S. 362; Hans 1). Im Herausgabeverfahren, dem ein Aufhebungsurteil nicht zugrundeliegt (§ 27 MSchG), gilt lediglich § 721 ZPO, wonach auf Antrag des Räumungspflichtigen eine angemessene Räumungsfrist

gewährt werden kann; gemäß § 27 Abs. 1 Satz 2 MSchG gilt § 721 ZPO entsprechend auch für Nichtwohnräume, soweit diese nach § 5 GRMG überhaupt noch dem MSchG unterstellt sind.

2 Außerhalb des Geltungsbereiches des Mieterschutzgesetzes gilt für mieterschutzfreie Räume grundsätzlich nur die auf Antrag vom Gericht nach Ermessen zu gewährende Räumungsfrist des § 721 ZPO, die bei den auf Grund der §§ 52, 53 MSchG gelockerten Mietverhältnissen nicht nur für Wohnräume, sondern auch für Geschäftsräume gemäß § 52e Abs. 1 Nr. 1a, § 27 Abs. 1 Satz 2 MSchG gewährt werden kann. Bei Geschäftsräumen oder gewerblich genutzten unbebauten Grundstücken, die gemäß § 5 GRMG vom Mieterschutz freigestellt sind, kann auf Antrag des Mieters (Pächters) gemäß § 7 Abs. 1 GRMG eine den Umständen nach angemessene Räumungsfrist im Räumungsurteil bewilligt werden.

3 Die Gewährung der Räumungsfrist des § 5a soll dem Mieter einen Ersatz für den Wegfall des Ersatzraumschutzes bieten; vgl. Haarmann DRZ 1948, 78. Voraussetzung ist lediglich Aufhebung des Mietverhältnisses durch Urteil nach § 5 oder durch Vergleich (Abs. 3). Die Prüfung hat von Amts wegen zu erfolgen; Antrag ist nicht erforderlich. Zum Verfahren, insbesondere bei Versäumnis und Anerkenntnis des Mieters vgl. Bettermann 25, 26. Bei Urteilen muß die Frist, bei Vergleich kann sie zufolge der im Abs. 3 auch für die erstmalige Gewährung einer Räumungsfrist vorgeschriebenen Anwendung des Abs. 2 (statt Abs. 1) gewährt werden. Diese Gegenüberstellung verkennt keineswegs, wie Bettermann 62d anzunehmen scheint, daß das Gericht bei Vorliegen der Voraussetzungen des Abs. 2 dem Antrag stattzugeben verpflichtet ist, Staudinger-Kiefersauer 28 vor § 535. Die Räumungsfrist darf nur dann nicht gewährt werden, wenn

a) mit der Gewährung für den Vermieter unbillige Härten verbunden sind (bei Belästigung oder Raumgefährdung ist nach Abs. 1 Satz 2 die Fristgewährung an den Nachweis besonderer Umstände geknüpft, die sie als dringend geboten erscheinen lassen) oder

b) wenn die Versagung der Frist für den Mieter keine unbillige Härte darstellt; also Räumungsfrist z.B. bei fehlendem Ersatzraum, schwerer Erkrankung in der Familie des Mieters, bevorstehende Niederkunft der Frau.

4 § 5a ist durch die Vorschriften der §§ 30, 31 WBewG über die Gewährung von Vollstreckungsschutz unberührt gelassen worden. Beide Rechtsbehelfe führen zwar praktisch insofern zu dem gleichen Ergebnis, als sie die Vollstreckung eines Räumungstitels hinausschieben; in ihren Voraussetzungen und Auswirkungen sind sie jedoch grundverschieden, LG Wuppertal MDR 1954, 361; LG München ZMR 1954, 218; OLG Düsseldorf NJW 1954, 120 = MDR 1954, 548 = ZMR 1954, 79; LG Essen ZMR 1956, 283, 305. Die Räumungsfrist wird ausschließlich von dem Prozeßgericht bei dem Erlaß des Räumungsurteils gewährt, während die Einstellung der Zwangsvollstreckung — der Vollstreckungsschutz — Aufgabe des Vollstreckungsgerichts ist, vgl. LG Itzehoe SchlHA 1956, 83.

Der Wesensunterschied zwischen der Räumungsfrist und dem Vollstreckungsschutz ergibt sich vor allem aus der Entstehungsgeschichte des § 5a. Diese Vorschrift ist im Jahre 1933 im Zusammenhang mit der Aufhebung der Wohnungszwangswirtschaft in das Mieterschutzgesetz neu eingefügt worden (vgl. auch Hermes: NJW 1956, 1467). Der Gesetzgeber ist damals von dem bis dahin geltenden Grundsatz der Ersatzraumsicherung nach der bis dahin geltenden Vorschrift des § 6 MSchG a. F. abgegangen und zur Gewährung einer bloßen Räumungsfrist übergegangen. Die Herausgabepflicht des Räumungsschuldners wird durch die Räumungsfrist aufschiebend bedingt, indem im Urteil ein Räumungstermin bestimmt wird, der gegebenenfalls auf Antrag des Mieters einmal bis zu drei Monaten verlängert werden kann (§ 5a Abs. 2). Darauf, daß der Räumungsmieter nach dem Ablauf der Räumungsfrist oder der Nachfrist eine Ersatzwohnung gefunden hat oder nicht, kommt es nicht an, weil zu der Zeit, als der § 5a geschaffen wurde, keine allgemeine Wohnungsnot mehr bestand. Im Gegensatz zu den Vollstreckungsschutzbestimmungen der §§ 30, 31 WBewG ist also § 5a, wie das LG Stade, Glaser Nr. 57/IV/1960 zutreffend ausführt, keine Vorschrift zur Bekämpfung der heute wieder herrschenden allgemeinen Wohnungsnot. Sein Anwendungsbereich liegt vielmehr auf einem ganz anderen Gebiet. Er soll dem Räumungsmieter die Genehmigung einer Räumungsfrist oder deren Verlängerung auch in den Fällen ermöglichen, die mit der allgemeinen Wohnungsnot nichts zu tun haben. Nach der mit dem Beschluß des LG Stade übereinstimmenden Auffassung der Landgerichte Darmstadt (MDR 1957, 617), Braunschweig (ZMR 1960, 89) und Bremen (DWW 1958, 233) sind daher nicht die §§ 30, 31 WBewG, sondern der § 5a ist z. B. dann anzuwenden, wenn der Schuldner oder seine Ehefrau erkrankt ist und er deshalb zu dem vorgesehenen Termin nicht räumen kann oder wenn der Räumungsschuldner leidend und die Jahreszeit für einen Umzug ungeeignet ist oder wenn der Räumungsschuldner eine andere Wohnung zu einem Zeitpunkt, der dicht auf den vorgesehenen Räumungstermin folgt, bereits fest gemietet oder in sicherer Aussicht hat oder wenn sich die Fertigstellung einer Neubauwohnung kurzfristig verzögert hat, dem Räumungsmieter also durch die Gewährung oder Verlängerung einer Räumungsfrist ein doppelter Umzug erspart bleiben kann.

5 Da aber nach § 5a bei jeder Aufhebung des Mietverhältnisses dem Mieter eine den Umständen nach angemessene Räumungsfrist — nicht nur auf Antrag, sondern sogar von Amts wegen — bewilligt werden muß und die Räumungsfrist nur dann versagt werden darf, wenn mit der Gewährung der Frist für den Vermieter unbillige Härten verbunden wären oder die Versagung der Frist für den Mieter keine unbillige Härte darstellt (bei Belästigungen oder Raumgefährdung i. S. des § 2 MSchG ist die Fristgewährung nach § 5a Abs. 1 Satz 2 MSchG an den Nachweis besonderer Umstände geknüpft, die sie als dringend geboten erscheinen lassen), wird die Prüfung stets auch die allgemeine Lage auf dem Wohnungsmarkt zu berücksichtigen haben; denn es ist nicht zu verkennen, daß gerade die allgemeinen Schwierigkeiten, sich eine Ersatzwohnung zu beschaffen, zu Härten führen, die durch eine angemessene Räumungsfrist gemildert werden sollen (LG Hannover ZMR 1958, 231 — BlGBW 1958, 191; LG Münster MDR 1958, 166 — WM 1958, 30). Jedoch darf bei der Prüfung der Frage, welche Frist für den Räumungsmieter angemessen ist, nicht so sehr das Gewicht auf die allgemeine, immer noch sehr angespannte Lage auf dem Wohnungsmarkt und die dadurch bedingten Schwierigkeiten für den Mieter bei der Ersatzraumbeschaffung gelegt werden. Würde man der allgemeinen Wohnungsnot bei der Bemessung der Räumungsfrist die entscheidende Bedeutung beilegen, dann müßte das Gericht grundsätzlich eine ausgedehnte Räumungsfrist gewähren.

Dies aber würde unter Umständen eine unbillige Benachteiligung des Vermieters bedeuten, weil dem Vermieter — anders als bei der Einstellung der Zwangsvollstreckung nach § 30 WBewG — während der Räumungsfrist selbst dann die Möglichkeit zur zwangsweisen Durchsetzung seines Räumungsanspruches genommen ist, wenn er dem Mieter eine den Erfordernissen des § 30 Abs. 1 WBewG entsprechende Ersatzwohnung anbieten kann (vgl. LG Essen ZMR 1957, 322). Die Bewilligung einer Räumungsfrist nach § 5a kann daher nicht allein mit dem Hinweis darauf gerechtfertigt werden, daß eine angemessene Ersatzwohnung angesichts der allgemeinen Wohnungsnot nicht zur Verfügung steht. Da insoweit die Vollstreckungsschutzvorschriften der §§ 30, 31 WBewG eingreifen, muß der Räumungsmieter darüber hinaus besondere Umstände geltend machen, die die Versagung der Räumungsfrist für ihn als eine „unbillige Härte" darzutun geeignet sind (vgl. LG Hannover NHG 1958, 241).

6 Daß die beiden Bestimmungen — § 5a einerseits, § 30 WBewG andererseits — völlig verschiedene Ziele und Zwecke verfolgen, ergibt sich schließlich auch aus den unterschiedlichen zivilrechtlichen Folgen, die mit der Bewilligung einer Räumungsfrist nach § 5a einerseits und der Gewährung von Vollstreckungsschutz nach § 30 WBewG andererseits verbunden sind: Wenn dem Mieter nach § 5a eine Räumungsfrist bewilligt wird, dann haben nach § 5a Abs. 4 die beiden Vertragsteile während der Dauer der Räumungsfrist die bisherigen Rechte und Pflichten. Während der Räumungsfrist besteht ein mietähnliches Verhältnis, LG Braunschweig ZMR 1960, 89; Fellner/Fischer, Anm. 10 zu § 30 WBewG; Bettermann Anm. 24 zu § 27 MschG; während ihrer Dauer ist also ein Verzug des Mieters ausgeschlossen (vgl. BGH NJW 1953, 1586 — MDR 1953, 676; LG Hamburg, ZMR 1959, 49), so daß der Vermieter keinen Schadensersatz deswegen verlangen kann, weil der Mieter die Wohnung nicht im Zeitpunkt der Aufhebung des Mietverhältnisses herausgegeben hat. Dagegen begründet die Bewilligung des Vollstreckungsschutzes kein mietähnliches Verhältnis; in diesem Fall wird lediglich die Zwangsvollstreckung eingestellt. Die Wirkungen der Einstellung der Zwangsvollstrekkung nach den Vorschriften des Wohnraumbewirtschaftungsgesetzes liegen allein auf verfahrensrechtlichem Gebiet, indem sie nur einen zeitweisen Aufschub der Zwangsvollstreckung schafft. Die materiell-rechtlichen Pflichten der Mietparteien werden dagegen durch die Einstellung der Zwangsvollstreckung nicht berührt. Das bedeutet, daß der Mieter trotz des ihm gewährten Vollstreckungsschutzes mit seiner Räumungsverpflichtung in Verzug kommt, so daß der Vermieter nach § 557 BGB Ersatz des Schadens verlangen kann, der ihm dadurch entstanden ist, daß dem Mieter Vollstreckungsschutz bewilligt worden ist (vgl. AG Pforzheim: ZMR 1952, 252; KG HuW 1954, 412; OLG Schleswig SchlHA 1955, 63 — ZMR 1955, 142; LG Frankfurt WM 1956, 133; LG Darmstadt MDR 1957, 617; LG Hannover ZMR 1957, 372; LG Kassel ZMR 1957, 242; LG Hamburg; ZMR 1959, 49; so auch Jonas-Pohle, Zwangsvollstreckungsnotrecht, 16. Aufl. S. 44; Stein-Jonas-Pohle, Anhang zu § 721 ZPO unter I; Bettermann, 24, 25 zu § 27; Hans, 10 im Anhang zu § 5a; Fellner-Fischer, 37 zu § 30 WBewG; Schopp-Groothold, 22 zu § 27).

7 Zusammenfassend ist demnach festzustellen, daß die Vollstreckungsschutzbestimmungen der §§ 31, 30 WBewG dem Räumungsschuldner einen selbständigen, von § 5a unabhängigen, in seinen Voraussetzungen und Wirkungen verschiedenen Anspruch auf Vollstreckungsschutz geben. Daraus folgt, daß

beide Schutzmöglichkeiten nebeneinder bestehen (OLG Düsseldorf NJW 1954, 1201; OLG Celle NJW 1953, 1397; OLG Hamm MDR 1954, 297; LG München ZMR 1954, 218; LG Göttingen ZMR 1956, 66; LG Bielefeld ZMR 1956, 175; LG Darmstadt MDR 1957, 617). Die Frage, ob einem Räumungsmieter auch dann noch nach §§ 30, 31 WBewG Vollstreckungsschutz gewährt werden kann, wenn er es versäumt hat, rechtzeitig nach § 5a Abs. 2 eine Verlängerung der ihm im Räumungsurteil bewilligten Räumungsfrist zu beantragen, muß daher entgegen der Auffassung des Landgerichts Tübingen (ZMR 1954, 21 und NJW 1954, 79, letztere Entscheidung aufgehoben durch OLG Stuttgart NJW 1954, 515), des Landgerichts Ulm (NJW 1953, 226) und des Landgerichts Göttingen (HuW 1952, 452 = NdsRpfl. 1952, 186) in Übereinstimmung mit der wohl herrschenden Rechtsprechung (LG Bielefeld DWW 1953, 274; LG Hamburg ZMR 1953, 248 und 285; OLG Düsseldorf JMBl (NRW) 1954; 156 = ZMR 1954, 298; LG Wuppertal MDR 1954, 361; OLG Karlsruhe NJW 1954, 1206; LG Duisburg MDR 1954, 550; OLG Stuttgart NJW 1954, 52) und der überwiegenden Rechtslehre (Heinisch ZMR 1954, 198; Sommer JR 1954, 132; Bauknecht NJW 1954, 53) bejaht werden. Das Prozeßgericht muß also jeden auf die Verlängerung der Räumungsfrist gerichteten Antrag, der nach dem Ablauf der in § 5a Abs. 2 vorgeschriebenen Frist bei ihm eingeht, an das Vollstreckungsgericht abgeben; das Vollstreckungsgericht muß einen solchen verspäteten Antrag ohne weiteres nach den §§ 30, 31 WBewG behandeln (LG Bielefeld DWW 1953, 274; LG Itzehoe ZMR 1956, 175).

8 § 5a wird allerdings insofern von dem § 31 WBewG eingeschränkt, als nach § 31 Abs. 1 WBewG im Falle der Aufhebung des Mietverhältnisses wegen Mietzahlungsverzuges dem Räumungsschuldner eine Räumungsfrist oder ein Vollstreckungsschutz nur bis zum Ablauf von 2 Wochen seit der Rechtskraft des Urteils oder seit der Vollstreckbarkeit des gerichtlichen Vergleichs gewährt werden darf. Wenn also von dem Prozeßgericht dem Räumungsschuldner bereits nach § 5a eine Räumungsfrist von 2 Wochen seit der Rechtskraft des Urteils gewährt worden ist, dann kann die gleiche Frist nicht nochmals von dem Vollstreckungsgericht zugebilligt werden (vgl. Hans, 1a zu § 30 WBewG). Eine Verlängerung der Räumungsfrist ist nur unter den einschränkenden Voraussetzungen des § 31 Abs. 2 WBewG zulässig (Gewährleistung der Nutzungsentschädigung). Eine Verlängerung der Räumungsfrist nach § 5a Abs. 2 kommt demnach bei Aufhebung des Mietverhältnisses wegen Mietzahlungsverzuges nicht in Betracht.

9 Eine zeitliche Begrenzung ist für die Räumungsfrist — anders für die Nachfrist — im Gesetze nicht vorgesehen; sie muß den „Umständen nach angemessen" sein, also insbesondere den Verhältnissen der jeweiligen Lage der Wohnungsbeschaffung Rechnung zu tragen. Mit Rücksicht darauf, daß nach § 5a Abs. 2 Satz 1 MSchG die Verlängerung der im Urteil bewilligten Räumungsfrist höchstens für 3 Monate zulässig ist, wird man mit dem Landgericht Essen (ZMR 1957, 322) grundsätzlich auch für die Bemessung der ersten Räumungsfrist eine Dauer von höchstens 3 Monaten als angemessen ansehen dürfen, es sei denn, daß der Mieter nachweist, daß er zu einem nicht weit darüber hinausgehenden Zeitpunkt eine Ersatzwohnung beziehen kann, oder der Vermieter sich bereit erklärt, dem Mieter vorher eine Ersatzwohnung anzubieten. Es empfiehlt sich, die Frist kalendermäßig oder (Berliner Prozeßrichter-Vereinigung NJW 1952, 611) datummäßig (etwa drei Monate nach dem Tage der

Urteilsverkündung) festzulegen, vgl. aber auch Bettermann 19. Ist in dem Mietaufhebungsurteil der Zeitpunkt des Beginns der Räumungsfrist kalendermäßig nicht festgelegt, so beginnt die Räumungsfrist erst einen Monat nach der Zustellung des Urteils, d.h. mit dem Ablauf der einmonatigen Berufungsfrist, AG Bonn, Beschluß vom 29. März 1957 — 6 C 322/56. Für Beschränkung auf die Zeit der notwendigen Umzugsvorbereitungen bei Mietaufhebung wegen erheblicher Belästigung vgl. LG Göttingen ZMR 1952, 180.

10 Kann eine Räumungsfrist nicht gewährt werden oder wird die Verlängerung abgelehnt oder ist sie nicht möglich, so muß das Mietaufhebungs- oder Räumungsurteil vollstreckt werden. Die Vollstreckung kann und darf grundsätzlich nicht von der Gestellung von Ersatzraum abhängig gemacht werden. Der Gläubiger hat ein Recht darauf, daß der von der Autorität des Staates gestützte Vollstreckungstitel verwirklicht wird. Der Vollstreckungsrichter und der Vollstreckungsbeamte sind nicht berechtigt, über die Eignung des Ersatzraumes, insbesondere ob dieser als angemessen oder ausreichend anzusehen ist, zu urteilen und von dieser Beurteilung die Durchführung der Zwangsräumung abhängig zu machen.

Die Vorlage einer Bescheinigung der Wohnungsbehörde, daß Ersatzraum zur Verfügung gestellt ist — grundsätzliche Verpflichtung der Wohnungsbehörde, sofern sich der Räumungspflichtige selbst darum bemüht, dazu Bettermann 406; Hans 2c; Grein NJW 1954, 419 —, darf nach § 726 ZPO nur in dem Ausnahmefall gefordert werden, daß die Aufgabe der Wohnung der Genehmigung der Wohnungsbehörde bedarf, wie dies vorübergehend in der britischen Zone auf Grund der VO Nr. 16 der brit. Militärregierung der Fall war. Wenn dagegen nur die Ingebrauchnahme einer Wohnung (§ 12 Abs. 1 WBewG) genehmigungspflichtig ist, so kann und muß die Räumung ohne Genehmigung der Wohnungsbehörde durchgeführt werden. Die Unterlassung der Vollstreckungsmaßnahme durch den Gerichtsvollzieher kann auch nicht durch den Hinweis auf § 885 ZPO gerechtfertigt werden, der die „Einweisung des Gläubigers in den Besitz" der Räume vorschreibt, da diese Besitzeinweisung nicht gleichbedeutend mit dem Bezug der Wohnung ist, Haarmann DRZ 1948, 80.

11 Zur Behandlung der Räumungsvergleiche mit Ersatzraumklausel vgl. Lewald MDR 1950, 22; BayObLG NJW 1950, 909; OLG Bamberg NJW 1950, 917; Weber DRiZ 1952, 132; LG Landshut ZMR 1952, 16; LG Frankfurt ZMR 1952, 272; OLG Celle ZMR 1953, 103; Schopp ZMR 1953, 1; LG Stade MDR 1953, 537. Enthält der Räumungsvergleich keine Bestimmung darüber, wer über die Angemessenheit der Ersatzwohnung entscheiden soll, so setzt die Zwangsvollstreckung aus dem Vergleich die Erhebung der Klage auf Erteilung der Vollstreckungsklausel nach § 731 ZPO voraus, LG Kassel WM 1953, 39. Die Neuregelung der Zuteilung von Wohnraum durch das WBewG (§§ 14, 15) berührt Vergleichsverpflichtungen aus der Zeit des WohnG, das andere Grundsätze der behördlichen Zuweisung kannte, nicht; die Verpflichtung des Vermieters aus dem Vergleich bleibt wirksam, LG Tübingen ZMR 1954, 173. Zu der ganzen Frage ferner Potrykus NJW 1950, 897; Bull NJW 1951, 302; Eilles MDR 1951, 266; Rosenthal HW 1951, 351; Weimar WM 1951 Nr. 5; Habscheid MDR 1954, 392; Weitnauer ZMR 1954, 195; Hans 8 zu § 5a. Vgl. auch A 24.

12 Die Verlängerung der nach Abs. 1 vom Gericht gewährten oder im Vergleich vereinbarten (Abs. 3) Räumungsfrist ist nur einmal möglich. Erforderlich ist hierfür

a) Stellung eines Antrages des Mieters spätestens zwei Wochen (Ausschlußfrist) vor (LG Bochum ZMR 1953, 87) Ablauf der ursprünglichen Räumungsfrist. Diese Frist beginnt mit dem Tag nach Aufhebung des Mietverhältnisses zu laufen, nicht erst mit der Rechtskraft des Aufhebungsurteils, so Hans 1; vgl. hierzu AG Bonn, Beschl. v. 29. März 1957 — 6 C 322/56; ihr Ablauf wird durch die etwaige Einlegung der Berufung nicht gehemmt, LG Hannover NJW 1954, 1609. Nach Fristablauf können neu eingetretene Umstände Antrag auf weitere Fristverlängerung gem. § 765a ZPO rechtfertigen, LG Ulm NJW 1953, 226.

b) Vermeidung von Härten; die Gewährung der Nachfrist, die ohne Rücksicht auf die ursprüngliche Räumungsfrist höchstens auf drei Monate bemessen werden darf, ist unzulässig, wenn sie dem Vermieter oder einem Dritten, z. B. dem neuen Mieter unbillige Nachteile bringen würde, dazu Bettermann 35; LG Münster WM 1954, 33; vgl. auch LG Braunschweig WM 1954, 96. Das Fehlen von Ersatzraum begründet stets eine unbillige Härte für den Mieter, Haarmann DRZ 1948, 79. Bei Vergleichen muß eine Veränderung der Verhältnisse gegenüber denen zur Zeit des Vergleichsabschlusses nachgewiesen sein, LG Hagen MDR 1947, 102.

13 Eine Nachfrist ist nicht zu gewähren, wenn der Mieter sich nach Erlaß des Mietaufhebungsurteils einer der in §§ 2, 3 bezeichneten Verfehlungen schuldig gemacht hat, arg § 5a Abs. 1 Satz 2 und § 6 Abs. 2 Satz 1. Ob eine gleiche Verwirkung des Räumungsschutzes der Nachfristgewährung auch dann anzuerkennen ist, wenn der Mieter sich während der Vorfrist nicht oder nicht ernstlich genug um Ersatzraum bemüht (dazu LG Mainz ZMR 1953, 220) hat, kann nur nach Lage des Einzelfalles unter Berücksichtigung der wirtschaftlichen, beruflichen und sozialen Verhältnisse des Mieters entschieden werden, Bettermann 406; Hans 2.

14 Das Nachverfahren, in dem über den Antrag entschieden wird, ist streitiges Erkenntnisverfahren (Bettermann 45), das die Rechtskraft des Aufhebungsurteils nicht voraussetzt, Bettermann 43a. Zuständig ist das Gericht erster Instanz (§ 7) auch dann, wenn die Räumungsfrist vom LG als Berufungs- oder Beschwerdeinstanz gewährt worden ist. Das Nachverfahren bildet kostenrechtlich mit der Hauptsache ein Verfahren; die Kosten des Nachverfahrens folgen denen der Hauptsache, AG Bremen WM 1958, 75; LG Stuttgart ZMR 1960, 117.

15 Die Möglichkeit des Vollstreckungsschutzes — nach Art. 6 SchVO, LG München NJW 1952, 268 — nach § 30 WBewG schließt die Gewährung der Fristverlängerung nach Abs. 2 nicht aus, LG Osnabrück WM 1954, 43; LG Wuppertal MDR 1954, 361; a. M. LG Hannover, Glaser Nr. 54/IV/1954.

16 Der Beschluß des AG ist durch sofortige Beschwerde zum LG anfechtbar, und zwar auch dann, wenn nur die Dauer der Nachfrist beanstandet wird. Beschwerdeberechtigt sind nur Mieter und Vermieter, nicht auch Dritte, auch wenn die Entscheidung sie benachteiligt. Eine weitere Beschwerde gegen die Entscheidung der Beschwerdestelle findet nicht statt, KG DR 1941, 50; OLG Braunschweig NJW 1950, 268; OLG

Düsseldorf JR 1951, 658 = JMBl NRW 1951, 44 m. w. N.; OLG Köln ZMR 1955, 297; OLG Celle Nds. Rpfl. 1952, 70; OLG Hamm JMBl. NRW 1950, 118; OLG Oldenburg MDR 1957, 363; Bettermann, Anm. 51 zu § 5a; Anm. 41 zu § 6; Roquette, Anm. 28 zu § 5a.

17 Außerhalb des Mietaufhebungsverfahrens ist eine Verlängerung der Räumungsfrist für Fristen gemäß § 27 MSchG und § 721 ZPO nicht vorgesehen.

18 Hat sich der Mieter in oder außerhalb (Bettermann 56; a. M. Hans 1; Roquette, Mietrecht S. 362) eines Mietaufhebungsverfahrens durch gerichtlichen Vergleich (§ 794 Ziff. 1 ZPO) zur Räumung bzw. Herausgabe der Mieträume, die unter Mieterschutz stehen (Bettermann 57), verpflichtet, so kann er gemäß Abs. 3 beim Mietaufhebungsgericht (§ 7) innerhalb der Zweiwochenfrist vor Ablauf des im Vergleich vereinbarten Räumungstermines die Gewährung einer Räumungsfrist oder die Verlängerung einer im Vergleich vereinbarten Räumungsfrist beantragen. Für beide Fälle sind die Vorschriften des Abs. 2 entsprechend anzuwenden. Das Recht des Mieters, Antrag auf Bewilligung einer Räumungsfrist oder einer Nachfrist nach Abs. 3 zu stellen, ist gemäß § 49 unverzichtbar und kann auch durch Vergleichsabrede nicht beschränkt werden, LG Göttingen HMR Rspr 1951 Nr. 196. Derartige Vereinbarungen können gemäß § 139 BGB die Wirksamkeit des ganzen Vergleichs gefährden, Bettermann 62b. Der Richter kann — abweichend von der Regel des Abs. 1 — sowohl die erstmalige Räumungsfrist wie die Nachfrist nur einmal gewähren; sie darf in keinem Falle die Dauer von drei Monaten überschreiten. Räumungsfrist und Nachfrist dürfen nur zugebilligt werden, wenn dies zur Vermeidung von Härten nötig ist und wenn dadurch keine unbilligen Nachteile für den Vermieter oder für einen Dritten entstehen. Wegen der Berücksichtigung nachträglich d. h. nach Abschluß des Vergleichs entstandener Ausschlußgründe, insbesondere solcher i. S. des Abs. 1 Satz 2 s. oben Anm. 13 und Bettermann 61, 62.

19 Hat sich der Mieter im Vergleich zur sofortigen Räumung verpflichtet, so entfällt die Möglichkeit einer Antragstellung nach Abs. 2 Satz 2. Der Richter kann daher in diesem Falle nicht eingreifen, Bettermann 59; a. M. anscheinend Roquette MietR S. 363.

20 Außerhalb des Mietaufhebungsverfahrens war eine Verlängerung der Räumungsfrist dem Vollstreckungsgericht ursprünglich möglich auf Grund des Gesetzes zur Verhütung mißbräuchlicher Ausnutzung von Vollstreckungsmöglichkeiten vom 13. Dezember 1934 (RGBl I 1234) und auf Grund der Ermächtigung durch Art. 6 Abs. 1 der Verordnung über Maßnahmen auf dem Gebiete der Zwangsvollstreckung (Schutzverordnung) vom 4. Dezember 1943 (RGBl I 666). Das Gesetz ist seit dem 1. Oktober 1950 aufgehoben, Art. II Ziff. 6 des Gesetzes zur Wiederherstellung der Rechtseinheit auf dem Gebiete der Gerichtsverfasssung, der bürgerlichen Rechtspflege usw. vom 12. Sept. 1950 (BGBl 455, 505). Bis 1. Oktober 1953 galt noch — wenn auch eingeschränkt durch die als lex specialis anzusehende Regelung der §§ 30, 31 WBewG — Art. 6 der SchutzVO, vgl. dazu Staudinger-Kiefersauer 35 vor § 535. Art 6 der SchutzVO ist mit Wirkung vom 1. Oktober 1953 außer Kraft gesetzt, Art. 5 Nr. 17 des Gesetzes über Maßnahmen auf dem Gebiete der Zwangsvollstreckung vom 20. August 1953 (BGBl I 952). An seiner Stelle ist der durch Art. 1 Nr. 1 dieses Gesetzes neu geschaffene § 765a ZPO getreten, der das Vollstreckungsgericht ermächtigt, auf Antrag des Schuldners die Zwangsvoll-

streckungsmaßnahme aufzuheben oder einstweilen einzustellen, wenn sie „unter voller Würdigung des Schutzbedürfnisses des Gläubigers wegen ganz besonderer Umstände eine Härte bedeutet, die mit den guten Sitten nicht vereinbar ist". Zur Auslegung vgl. Vogel MDR 1953, 524; Böhle-Stamschräder NJW 1953, 1449 und BAnz 1953 Nr. 195; Riedel JR 1953, 397.

21 Soweit eine einstweilige Einstellung der Vollstreckung in Frage kommt, gelten in aller Regel in erster Linie (OLG Hamm MDR 1954, 168) die besonderen Vorschriften der §§ 30, 31 WBewG, während der Antrag auf endgültige Aufhebung oder Untersagung der Vollstreckung nach § 765a ZPO zu entscheiden ist.

22 Die Gewährung des Vollstreckungsschutzes nach der SchutzVO war (a. M. LG Hagen HW 1948, 108; LG Göttingen NdsRpfl 1952, 186; Hans 5) und ist nach den §§ 30, 31 WBewG nicht von der Ausschöpfung der Möglichkeit zur Erlangung oder Verlängerung einer Räumungsfrist nach § 5a abhängig, OLG Celle MDR 1953, 682; LG Hamburg ZMR 1953, 248 und 286; OLG Stuttgart NJW 1954, 515; Weitnauer ZMR 1954, 197; OLG Düsseldorf ZMR 1954, 298; LG Lüneburg MDR 1956, 428; LG Wuppertal MDR 1954, 361; a. M. AG Hildesheim MDR 1953, 365; LG Hannover, Glaser Nr. 54/IV/1954; LG Tübingen NJW 1954, 79 (aufgehoben durch OLG Stuttgart NJW 1954, 515) und ZMR 1954, 21. Vgl .auch Breithaupt NJW 1953, 1003; v. Richthofen NJW 1953, 1380; Bauknecht NJW 1954, 52. Umgekehrt darf der Antrag auf Verlängerung der Räumungsfrist nicht abgelehnt werden mit der Begründung, der Mieter könne Vollstreckungsschutz in Anspruch nehmen, vgl. LG Verden, Glaser Nr. 114/IV/1954; LG Wuppertal WM 54, 90; LG Osnabrück WM 1954, 43; Weitnauer ZMR 1954, 197; a. A. LG Hannover, Glaser Nr. 54/IV/1954; LG Hamburg ZMR 1953, 285.

23 Das Mietrechtsverhältnis nach Aufhebung des bisherigen Mietverhältnisses gründet sich auf den Richterspruch, der die Gewährung der Räumungsfrist ausspricht und die sonst für das Vertragsrecht notwendige Willenseinigung der Beteiligten ersetzt; Roquette, MietR S. 362. Die Dauer dieses Mietverhältnisses reicht nicht über den Zeitpunkt des Ablaufes der Räumungsfrist hinaus; wird die Räumungsfrist gemäß § 6 Abs. 2 aufgehoben oder zieht der Mieter vorzeitig aus — wozu er jederzeit das Recht hat, AG Münster WM 1958, 152; Bettermann 74 — so erlischt das Mietverhältnis, Bettermann 79a. Für die Anwendung des § 568 BGB ist kein Raum, wenn die Räumungsfrist abgelaufen ist, Bettermann 79a und WM 1954, 30; Staudinger-Kiefersauer 17 zu § 568; a.M. Roquette Mietrecht S. 344 und Weimar WM 1954, 19. Rechte und Pflichten sind nach dem Inhalt des bisherigen Rechtsverhältnisses zu beurteilen. Deshalb ist der bisherige Mietzins weiterzuzahlen, der Mieter kann sich aber auch wie bisher auf die gesetzliche Miete berufen. Instandhaltungspflichten der Beteiligten bemessen sich weiterhin nach Vertrag oder Gesetz, § 535ff. BGB; mit Rücksicht auf die kurzfristige Natur des Abwicklungsverhältnisses versagt Bettermann 71 dem Mieter das Recht auf größere und nicht dringende Instandsetzungsarbeiten; LG Landshut ZMR 1952, 38 will die Instandsetzungspflicht des Vermieters auf die Vermeidung eines menschenunwürdigen Zustandes beschränken; vgl. auch Staudinger-Kiefersauer 28 vor § 535. Schadensersatzansprüche des Vermieters nach § 557 BGB sind ausgeschlossen, weil der Mieter zur Benutzung des Raumes befugt ist, RGZ 122, 57; Bettermann 78a; LG Münster WM 1954, 33; LG Lüneburg MDR 1956,

681; BGH DWW 1953, 200 = MDR 1953, 675 = ZMR 1953, 344. Herausgabeklage des Vermieters auf Grund des § 985 BGB ist unzulässig. Der Mieter kann auf Antrag vom MEA ermächtigt werden, die Wohnung zu tauschen; das MEA ersetzt die hierzu erforderliche Einwilligung des Vermieters gemäß § 31 Abs. 1 MSchG. Geschieht dies und wird der Tausch durchgeführt, so gilt die Beendigung des Mietverhältnisses als nicht erfolgt, § 31 Abs. 2 MSchG. Wegen der Anwendung des § 28 s. A zu § 28. Der Mieter kann dagegen keinen Antrag auf Ersetzung der Erlaubnis zur Untervermietung gemäß § 29 MSchG stellen, Bettermann 71.

24 Die nach Abs. 4 den bisherigen Vertragsteilen zugewiesenen Rechte und Pflichten gelten nur für die Dauer der Räumungsfrist, sofern nicht vor deren Ablauf die tatsächliche Räumung erfolgt. Diese auf die Abwicklung der ausgesprochenen Aufhebung des Mietverhältnisses abzielende Regelung, die für den gerichtlichen Vergleich nach Abs. 3 entsprechend anwendbar ist, gestattet nicht, dieses Rechtsverhältnis durch Aufhebungsurteil, gleichviel aus welchem Grunde, aufzuheben. Die für den Räumungsvergleich vorgeschriebene entsprechende Anwendung ergibt sich auch aus der Erwägung, daß der Vergleich in aller Regel das Mietverhältnis mit sofortiger Wirkung beendet, so daß eine Aufhebung durch Urteil nicht mehr in Frage kommt; irrig daher AG Bruchhausen-Vilsen ZMR 1953, 155. Der Antrag darf nur auf Aufhebung der Vollstreckungsbeschränkung der Ersatzraumsicherung gestellt werden.

Die Weiterbenutzung der Wohnung während der Dauer der Räumungsfrist ist nicht „unberechtigt" im Sinne des § 10 Abs. 1 Buchst. b WBewG.

§ 6

(1) Hat der Mieter die Gewährung einer Räumungsfrist beantragt und ist der Antrag im Urteil übergangen, so ist das Urteil zu ergänzen. Auf das Verfahren finden die Vorschriften des § 319 Abs. 2, 3 der Zivilprozeßordnung entsprechende Anwendung. Wird das Urteil nur wegen der Gewährung oder Versagung der Räumungsfrist angefochten, so erfolgt die Anfechtung durch sofortige Beschwerde.

(2) Ist dem Mieter eine Räumungsfrist gewährt worden, oder ist die Zwangsvollstreckung von der Hinterlegung eines Umzugskosten- oder Entschädigungsbetrages abhängig gemacht (§ 4 Abs. 4) und treten nach Ablauf der Beschwerdefrist (Abs. 1 Satz 3, § 4 Abs. 5) Tatsachen ein, welche die Aufhebung des Mietverhältnisses nach den §§ 2, 3 rechtfertigen würden, so kann der Vermieter die Aufhebung der Räumungsfrist oder der Vollstreckungsbeschränkung verlangen. Das gleiche gilt, wenn seit der Rechtskraft des lediglich Umzugskosten zubilligenden Urteils zwei Jahre verstrichen sind, es sei denn, daß die Aufhebung zu außergewöhnlichen Nachteilen für den Mieter führen würde. Über den Antrag des Vermieters wird auf Grund mündlicher Verhandlung durch Urteil entschieden; gegen das Urteil findet sofortige Beschwerde statt: § 25 Abs. 2 des Gerichtskostengesetzes gilt entsprechend.

1 Abs. 1 des § 6 gilt — im Gegensatz zu der nur auf mieterschutzpflichtige Rechtsverhältnisse beschränkten Regelung des Abs. 2 — nicht nur für alle

Mietverhältnisse, auf die § 27 Abs. 1 Satz 2 anwendbar ist, sondern auch für die landes- oder bundesrechtlich gemäß §§ 52, 53 freigestellten Mietverhältnisse (§ 52e Abs. 1 Ziff. 1a), insbes. also für die nach §§ 31a, 31b befreiten, nicht dagegen für die gemäß § 5 GRMG vom Mieterschutz ausgenommenen Miet-(Pacht)verhältnisse.

Die Gewährung der Räumungsfrist muß im Mietaufhebungsverfahren oder im Räumungsverfahren gemäß § 27 in der Urteilsformel ausgesprochen sein. Sofern der Mieter bis zum Schlusse der mündlichen Verhandlung, auf die das Urteil ergeht, die Räumungsfrist beantragt hatte, ist, wenn der Antrag versehentlich im Urteilstenor (Bettermann 11, 12) übergangen worden ist, das Urteil ohne einen (an sich zulässigen) Antrag im Verfahren entsprechend § 319 Abs. 2, 3 ZPO zu ergänzen. Der Ergänzungsbeschluß, der formalrechtlich im amtsgerichtlichen Verfahren wie eine Berichtigung einer offenbaren Unrichtigkeit behandelt wird, ist gemäß § 319 Abs. 3 ZPO mit der sofortigen Beschwerde anfechtbar. Materiellrechtlich handelt es sich um eine Urteilsergänzung i. S. des § 321 ZPO, die nur auf dem in dieser Vorschrift gewiesenen Weg, nicht auch durch Rechtsmittel herbeigeführt werden kann. Der Antrag auf Fristgewährung kann nicht durch Einlegung der Beschwerde nachgeholt werden, LG Bielefeld MDR 1958, 772.

Die Regelung des Abs. 1 Satz 1 u. ? gilt nur hinsichtlich der Räumungsfrist. Wenn der Antrag auf Zubilligung eines Umzugskosten- oder Entschädigungsbetrags übergangen worden ist, gelten die Vorschriften der §§ 321, 716, 721 ZPO.

2 Die Anfechtung des Mietaufhebungsurteils allein wegen der Gewährung oder Versagung (Nichtgewährung) der Räumungsfrist — auch die Angemessenheit der Frist kann allein Gegenstand der Anfechtung sein, OLG München DR 1943, 61; Roquette Mietrecht S. 453; LG Düsseldorf MDR 1950, 620; LG Hamburg HMR Rspr 1950 Nr. 22; LG Arnsberg DRspr II (277) 30; Albers HW 1951, 89; LG Amberg ZMR 1952, 103; a. M. LG Berlin GrundE 1931, 26 und 1934, 194; LG Düsseldorf MietG 1931, 67; Hans 2; LG Kiel DRspr II (277) 25; einschränkend LG Flensburg MDR 1952, 232; LG Berlin ZMR 1953, 314 — erfolgt durch sofortige Beschwerde; vgl. Haarmann DRZ 1948, 78; Albers HW 1951, 89; Bettermann 36. Über die Anfechtung der in einem Anerkenntnisurteil zugebilligten Räumungsfrist vgl. LG Essen ZMR 1960, 117. Weitere Beschwerde findet hier ebensowenig wie im Falle des § 5a Abs. 2 Satz 3 oder des § 4 Abs. 5 statt, OLG Nürnberg BayZ 1926, 112 und 1929, 230; OLG Hamm JMBl NW 1950, 118; OLG Düsseldorf JR 1951, 155; OLG Celle NdsRpfl 1951, 99; OLG München WM 1953, 15; OLG Köln ZMR 1954, 112; OLG Oldenburg MDR 1957, 363 m w. N.; OLG Stuttgart ZMR 1957, 244. Im übrigen erfolgt die Anfechtung des Mietaufhebungsurteils durch Berufung (§ 14).

Die sofortige Beschwerde (§ 577 ZPO) ist an eine Notfrist von zwei Wochen, beginnend mit der Zustellung des Urteils, gebunden; sie ist regelmäßig beim Amtsgericht (§ 7 MSchG, § 569 ZPO) durch Einreichung einer Beschwerdeschrift oder zu Protokoll des Urkundsbeamten zu erheben. Beschwerdesumme ist nicht gefordert; die Beschwerde hat keine aufschiebende Wirkung. Gegenstand der Entscheidung ist lediglich die Räumungsfristentscheidung, nicht auch die Entscheidung über die Mietaufhebung; an deren Begründung durch das AG ist das Beschwerdegericht gebunden, Bettermann 51 u. 57.

Die Anfechtung der Gewährung oder Versagung der Räumungsfrist außerhalb des Mietaufhebungsverfahrens, also insbes. bei Gewährung einer Räumungsfrist gemäß § 721 ZPO, erfolgt wie im Falle des Abs. 1 Satz 1 nur im Räumungsverfahren gemäß § 27 durch sofortige Beschwerde; eine Beschränkung des „Urteils" in Abs. 1 Satz 3 auf Urteile gemäß § 5 ist nicht vertretbar, Bettermann 21 gegen LG Essen ZMR 1952, 102.

3 Die Aufhebung der Vollstreckungsbeschränkung im Mietaufhebungsurteil, und zwar der Gewährung einer Räumungsfrist einschließlich der Nachfrist (§ 5a) oder der Anordnung der Hinterlegung eines Umzugskosten- oder Entschädigungsbetrages (§ 4 Abs. 4) kann der Vermieter gemäß Abs. 2 Satz 1 verlangen, wenn nach Ablauf der Beschwerdefrist (§ 4 Abs. 4, § 5a Abs. 2 und § 6 Abs. 1) Tatsachen eingetreten sind, die die Aufhebung des Mietverhältnisses nach § 2 (Belästigung, Gefährdung der Mietsache) oder § 3 (Mietzinsrückstand) rechtfertigen würden, Kiefersauer EA 466. Formelle Voraussetzung ist Antrag des Vermieters und Ablauf der Beschwerdefrist oder Rechtskraft des Urteils; auch auf rechtswirksam abgeschlossene gerichtliche Vergleiche findet Abs. 2 Anwendung (Roquette NJW 1953, 1395; Bettermann 76; LG Göttingen ZMR 56, 128; LG Mönchen-Gladbach DWW 1960, 354; LG Dortmund WM 1960, 138; LG Darmstadt Glaser Nr. 109/II/1961; a.M. LG Stuttgart NJW 1953, 1395), insbes. kann die Aufhebung einer im Vergleich vereinbarten Ersatzraumklausel beantragt werden, wenn Tatsachen der in §§ 2, 3 bezeichneten Art neu eingetreten sind, LG Hagen, HW 1948, 301; LG Itzehoe MDR 1949, 363; LG Osnabrück NJW 1952, 1262; LG Hagen NJW 1950, 911; OLG Düsseldorf JR 1951, 155; LG Frankfurt a.M. WM 1957, 172; LG Göttingen NdsRpfl 1957, 102; LG Landshut ZMR 1955, 10 will nicht § 6 Abs. 2 MSchG, sondern § 30 Abs. 4, 5 WBewG als das speziellere Gesetz anwenden. Vgl. hierher auch Lewald MDR 1950, 23; Lutz NJW 1950, 910; OLG Celle NJW 1950, 915. Zur Behandlung der Ersatzraumfrage als Geschäftsgrundlage des Vergleichsabschlusses LG Hamburg HMR Rspr 1961 Nr. 227; LG Osnabrück NJW 1952, 1262; LG Bielefeld NJW 1954, 76 (Bettermann); LG Landshut ZMR 1956, 127; Bettermann 216ff.

4 Bei Vorliegen der formellen und materiellen Voraussetzung muß dem Antrag stattgegeben werden; aus Billigkeitserwägungen kann er vom Gericht nicht abgelehnt werden, OLG Augsburg BayZ 1930, 230; Kiefersauer BayZ 1926, 125 und MietG 1927, 21; Bettermann 121 u. 124. Zur Auslegung der Klausel „nach Ablauf der Beschwerdefrist" vgl. Bettermann 110—113. Wird die Gewährung der Räumungsfrist aufgehoben, so erlischt damit zugleich das gemäß § 5a Abs. 4 durch Richterspruch begründete Mietrechtsverhältnis. Das Verfahren nach § 6 Abs. 2 kann nicht nach § 11 ausgesetzt werden, LG Köln BlGBW 1959, 334.

5 Das Vorliegen der Aufhebungsgründe der §§ 4, 4b, 22—23b MSchG berechtigt den Vermieter nicht zur Einleitung des Nachverfahrens, LG Darmstadt Glaser Nr. 109/II/1961 = WM 1960, 56; Bettermann 88 u. NJW 1954, 77; a.M. Lewald MDR 1950, 23; AG Brühl ZMR 1953, 313; LG Hannover MDR 1958, 920. Insbes. kann bei einem Räumungsvergleich mit Ersatzraumklausel deren Beseitigung nicht wegen nachträglichen Eintritts oder nachträglicher Erhöhung des Eigenbedarfs des Vermieters (Grundstückserwerbers) verlangt werden, Weimar gegen AG Brühl ZMR 1953, 313; Bettermann gegen LG Bielefeld NJW 1954, 76.

6 Auch kann nicht unter dem Gesichtspunkt des Wegfalls der Geschäftsgrundlage der Mieter auf Einwilligung in die Aufhebung der Ersatzraumklausel vom Vermieter verklagt werden, vgl. LG Darmstadt Glaser Nr. 109/II/1961 = WM 1960, 56; a. M. LG Osnabrück NJW 1952, 1262. Die im Urteil ausgesprochene Mietaufhebung kann auch nicht durch die Vollstreckungsgegenklage aus § 767 ZPO, die sich nur gegen den Räumungsanspruch richten kann, beseitigt werden; bei der Selbständigkeit des Räumungsausspruchs im Aufhebungsurteil (a. M. LG Schweinfurt MDR 1952, 687; AG Kemnath MDR 1953, 232) kann aber dieser Ausspruch mit der Vollstreckungsgegenklage aus § 767 ZPO bekämpft werden, vgl. Bettermann 800 und Jäger MDR 1952, 462; a. M. Lang MDR 1952, 595.

Das in den sog. „Frankfurter Vergleichen" vereinbarte „Nachverfahren" verstößt gegen die zwingenden Vorschriften der §§ 726, 731 ZPO; im Mietaufhebungsverfahren kann das Prozeßgericht über die Angemessenheit des Ersatzraumes weder als Schiedsgericht oder Schiedsgutachter noch in einem besonders vereinbarten Verfahren entscheiden BayObLGZ 1951, 227.

7 Auch kann die bloße Auferlegung (§ 4 Abs. 3) der Zahlung eines Umzugskosten- oder Entschädigungsbetrags nicht Gegenstand des Nachverfahrens sein, da nur die Anordnung der Hinterlegung eines Geldbetrages gemäß § 4 Abs. 4 als Beschränkung der Zwangsvollstreckung anzusehen ist. Nur bezüglich der Umzugskosten (nicht auch der Entschädigung gemäß § 4 Abs. 3 Satz 5) gilt die Sonderregelung des Abs. 2 Satz 2: zwei Jahre nach Rechtskraft des ausschließlich Umzugskosten zubilligenden Mietaufhebungsurteils kann die Aufhebung der Hinterlegungsanordnung, d.h. die Sicherung der Ersatzpflicht, nicht diese selbst (so mit Recht Bettermann 132; Roquette Anm 22 zu § 6) vom Vermieter beantragt werden, es sei denn, daß die Aufhebung zu „außergewöhnlichen", d. h. zu besonders großen, über das normale Maß hinausgehenden Nachteilen für den Mieter führen würde. Im Gegensatz zu Abs. 2 Satz 1 greifen hier Billigkeitserwägungen Platz; eine Interessenabwägung zwischen den Parteien findet aber gleichwohl nicht statt, Bettermann 140. Abs. 2 Satz 2 findet keine Anwendung auf Vollstreckungsbeschränkungen durch Ersatzraumsicherung, Bettermann 141.

Der Antrag des Vermieters geht auf Abänderung des Urteils, ist nicht Klageantrag (a. M. Bettermann 147), sondern Prozeßbegehren. Er kann statt dessen auch eine neue Aufhebungsklage erheben, sofern ein aufhebungsfähiges Mietverhältnis (nicht bloß Abwicklungsverhältnis, Anm. 23 zu § 5a) überhaupt noch vorliegt, Bettermann 210—212, 45; vgl. Roquette gegen LG Stuttgart NJW 1953, 1395; Groothold gegen AG Bruchhausen-Vilsen ZMR 1953, 155.

8 Zur prozessualen Gestaltung des Nachverfahrens, insbes. zur entsprechenden Anwendung der für das Mietaufhebungsverfahren geltenden Vorschriften der §§ 7, 10—18 MSchG, vgl. Bettermann 156ff. Das dem Antrag stattgebende Urteil ist Gestaltungsurteil, das die Vollstreckungsbeschränkung ex tunc beseitigt; in ihm kann nicht eine Räumungsfrist bewilligt werden, da hierfür nicht nur die gesetzliche Grundlage des § 721 ZPO fehlt, sondern auch dem Sinn des Nachverfahrens die Auferlegung einer neuen Vollstreckungsbeschränkung widersprechen würde, Bettermann 179. Der Anwendung der §§ 30, 31 WBewG steht die Entscheidung gemäß Abs. 2 nicht entgegen; sie ist für das Vollstreckungsschutzverfahren von rechtserheblicher Bedeutung, wenn Verstöße gegen §§ 2, 3 MSchG festgestellt werden, Bettermann, 195, 221a.

Die Entscheidung erfolgt durch Urteil, das nicht durch Berufung, sondern nur mit der sofortigen Beschwerde (Abs. 2 Satz 3 Halbsatz 2) anfechtbar ist; weitere Beschwerde ist ausgeschlossen, OLG München BayZ 1925, 297; OLG Karlsruhe Rspr. 44. 250; OLG Düsseldorf JR 1951, 155 u. 658 (Anm. 16 zu § 5a). Das Urteil kann in entsprechender Anwendung des § 13 Abs. 2 für vorläufig vollstreckbar erklärt werden; LG Hamburg EA 382; a.M. OLG Augsburg BayZ 1930, 230.

§ 7

Für die Aufhebungsklage ist das Amtsgericht ausschließlich zuständig, in dessen Bezirk sich der Mietgegenstand befindet. Die Vereinbarung der schiedsgerichtlichen Erledigung ist unwirksam.

1 Die ausschließliche — sachlich über die Regelung des § 23 Ziff. 2 GVG herausgehende (Bettermann 3) — Zuständigkeit — sie ist keine funktionelle Zuständigkeit, auf die § 528 Satz 2 ZPO nicht angewandt werden könnte, BGHZ 6, 185 — beschränkt sich auf das Mietaufhebungsverfahren nach § 1 Abs. 1 und 2, auf Streitigkeiten über Entschädigungs- und Umzugskostenersatzpflicht des Vermieters gemäß § 4 Abs. 3 Satz 5 (zustimmend LG Hamburg MDR 1951, 739 = DRspr II (277) 38c; a. M. Bettermann 42), auf Klagen wegen Rückgabe (Rücknahme) von Einrichtungsgegenständen gemäß § 24a, auf das Herausgabeverfahren nach § 27 Abs. 1 (nicht auch für die gemäß §§ 31a, 31b, 52, 53 freigestellten Mietverhältnisse) sowie auf das Verfahren zur Feststellung, daß ein Räumungsanspruch nicht gegeben sei, weil Mieterschutz bestehe, KG EA 709. Zur Anwendung von § 7 auf Exterritoriale vgl. LG Bonn NJW 1958 1685.

Dagegen kommt § 7 nicht in Frage für Klagen auf Feststellung des Bestehens oder Nichtbestehens eines Mietverhältnisses (OLG Köln JW 1929, 3258), für Räumungsklagen auf Grund Eigentums nach § 985 BGB (LG Bonn NJW 1958, 1685). Keine Zuständigkeit des Arbeitsgerichts zur Mietaufhebung, auch nicht im Zusammenhang mit der Entscheidung über andere bürgerliche Rechtsstreitigkeiten, da § 3 AGG die Ausdehnung der Zuständigkeit des Arbeitsgerichts nur gestattet, soweit nicht eine ausschließliche Zuständigkeit für die bürgerlichen Rechtsstreitigkeiten begründet ist, Roquette, Mietrecht S. 439. Auch bei Werkwohnungen hat das Arbeitsgericht nur über Vorfragen zu entscheiden, nämlich darüber, ob von einer der Parteien ein gesetzlich begründeter Anlaß zur Auflösung des Arbeitsverhältnisses gegeben ist. Obgleich § 16 Abs. 2 GRMG die Zuständigkeitsregelung des Amtsgerichts, wenn auch nicht als ausschließliche für das Kündigungswiderrufsverfahren übernommen hat, gilt für die Räumungsklage im Bereich des GRMG die Regelung des § 7 MSchG nicht, soweit es sich um mieterschutzfreie Rechtsverhältnisse handelt. Wegen der daraus entstehenden Schwierigkeiten vgl. Bettermann 92.

Die ausschließliche Zuständigkeit des Amtsgerichts ist auch eine sachliche insofern, als sie die Befugnis der Wohnungsbehörde zur Mitwirkung beim Mietaufhebungsverfahren — abgesehen von der materiellrechtlichen Sonderregelung für Wohnungsmietverhältnisse in den §§ 4a, 4b u. § 23c — ausschließt, a. M. Bettermann 24. Unter diesem Gesichtspunkt ist es unmöglich, daß der Vermieter statt aus § 4 MSchG zu klagen, sich von der Wohnungsbehörde in Räume seines Mieters einweisen läßt, Bettermann gegen LG Paderborn NJW 1949, 268.

Zur Sonderregelung der HausratsVO und der möglichen Einwirkung eines Mietaufhebungsverfahrens auf die Anordnungen des Hausratsrichters vgl. Bettermann 25ff.; Staudinger-Kiefersauer 9 zu § 535 BGB.

2 Die Mietaufhebungsklage kann nur zum Amtsgericht, nicht zum Landgericht erhoben werden. Das gilt auch für Pachtverhältnisse über Räume oder gewerblich genutzte unbebaute Grundstücke. Wird aber der Mietaufhebungsantrag durch Klageerweiterung, Klageänderung oder Widerklage erst in der Berufungsinstanz geltend gemacht, so kann das LG den Antrag nicht mit der Begründung abweisen, daß nach § 7 das AG zuständig sei, Bettermann 12; vgl. § 10 ZPO. Die Unzuständigkeit des Gerichts ist von Amts wegen zu beachten; diese Regel wird aber von nicht unerheblichen Ausnahmen durchbrochen, dazu Bettermann 60ff; vgl. insbes. § 528 ZPO.

3 Zur Erhebung der Klage ist nur befugt, wer die Rechtsstellung des Vermieters innehat. Wegen der Gleichstellung des Grundstückserwerbers vgl. A 15 zu § 2. Beklagter ist der Mieter, d.h. der aus dem Mietvertrag berechtigte Inhaber des Miet(Pacht)rechtes. Haben beide Ehegatten gemietet, so ist die Klage gegen beide zu richten. Die Frage, ob der Ehemann, der sich in Kriegsgefangenschaft befindet oder vermißt ist, unter dem Gesichtspunkt der Schlüsselgewalt von der Frau vertreten werden kann — dafür Holthöfer MDR 1947, 8, DRZ 1948, 384 u. NJW 1951, 909; Beitzke DRZ 1949, 104; LG Köln JR 1949, 316; Bastian JR 1949, 437; KG JR 1949, 472; OLG Celle SJZ 1950, 199; vgl. auch OLG Kiel NJW 1949, 150 u. OLG Celle MDR 1950, 228; OLG Braunschweig NJW 1952, 31; LG Göttingen MDR 1952, 227 = ZMR 52, 129 —, dürfte zu bejahen sein. Die Bestellung eines Abwesenheitspflegers (Laue DRZ 1948, 50) kommt wohl nicht in Frage, weil für diese Aushilfsmaßnahme nur das Schutzbedürfnis des Abwesenden, nicht aber das ausschließliche Interesse anderer maßgebend ist, OGH Köln NJW 1948, 552 (anders 1950, 307); Meyerhoff NJW 1949, 150; Arnold NJW 1949, 248; u. MDR 1952, 239; Dirian NJW 1953, 492; Tribian MDR 52, 88; Roquette, Mietrecht S. 440; Hans 19 zu § 1; BayObLGZ 1952, 129; vgl. auch Zimmermann JR 1950, 751; OLG Stuttgart MDR 1950, 675; LG Stade MDR 1952, 227; BayObLGZ 1952, 318 (= NJW 1953, 506) erachtet die Bestellung eines Abwesenheitspflegers zur Vertretung des kriegsvermißten Ehemannes im Rechtsstreit wegen Aufhebung des Mietverhältnisses mangels eines Fürsorgebedürfnisses nicht zur zulässig, wenn nicht besondere Umstände vorliegen; hierzu Dirian NJW 1953, 492 u. 506.

4 Mietgegenstand statt bisher „Mietraum" mit Rücksicht auf die Ausdehnung des Mieterschutzes auf gewerblich genutzte unbebaute Grundstücke. Wenn für diese Grundstücke der Mieterschutz in § 5 GRMG auch grundsätzlich aufgehoben ist, so können im Einzelfalle dennoch solche Grundstücke dem MSchG unterworfen sein. Trotz der Beibehaltung des Wortes „Mietraum" in § 18 wird auch das Verbot der einstweiligen Verfügung für die Herausgabe auf gewerblich genutzte Grundstücke auszudehnen sein.

Entsprechend anzuwenden ist § 7 auf das Klageverfahren über die Herausgabe oder Rücknahme von Einrichtungsgegenständen auf Grund einer Kündigung des Vermieters oder des Mieters gemäß § 24a.

5 Die Erledigung im schiedsrichterlichen Verfahren nach § 1025 ZPO ist für das Aufhebungsverfahren ebenso ausgeschlossen wie das Schiedsverfahren nach § 510c ZPO, dessen Vorschrift an die Stelle des § 20 der EntlastungsVO vom

13. Mai 1924 (RGBl I 552) getreten und durch Art. 8 Nr. 106 VereinhG ergänzt worden ist. Wegen der Einschränkung der Gestaltung des Schiedsverfahrens durch die Konvention zum Schutze der Menschenrechte und der Grundfreiheiten vgl. Müller ZMR 1954, 231. Schiedsklauseln und Schiedsverträgen sind in diesem Bereich unwirksam; der unter Verletzung des Satzes 2 ergangene Schiedsspruch ist nicht nichtig, sondern anfechtbar, sei es durch Klage bei dem nach Satz 1 zuständigen Gericht, sei es durch einredeweise Geltendmachung im Verfahren über die Vollstreckbarkeitserklärung, §§ 1041, 1042 ZPO, Bettermann 86. Zur Unwirksamkeit des Schiedsvergleichs und dessen Geltendmachung vgl. Bettermann 87.

§ 8

....

§ 9

Die Bestimmung eines Termins zur Güteverhandlung kann auch von dem Mieter beantragt werden, der eine Aufhebungsklage befürchtet.

Das Güteverfahren ist auf Grund des Gesetzes zur Wiederherstellung der Rechtseinheit auf dem Gebiete der Gerichtsverfassung, der bürgerlichen Rechtspflege usw. vom 12. September 1950 (BGBl. 455) in Wegfall gekommen. Die — übrigens selten praktisch gewordene — Vorschrift des § 9 ist dadurch seit 1. Oktober 1950 gegenstandslos geworden.

§ 10

(1) **Jede Ladung einer Partei zur mündlichen Verhandlung über die Aufhebungsklage soll den Hinweis darauf enthalten, daß gegen die Partei Versäumnisurteil ergehen kann, wenn sie im Termin nicht erscheint oder sich nicht ordnungsmäßig vertreten läßt.**

(2) **Von dem Eingang einer Klage, mit welcher die Aufhebung eines auf Wohnraum bezüglichen Mietverhältnisses auf Grund des § 3 verlangt wird, hat die Geschäftsstelle der Fürsorgebehörde unter Hinweis auf die Fürsorgepflicht gemäß den Reichsgrundsätzen über Voraussetzungen, Art und Maß der öffentlichen Fürsorge unverzüglich Mitteilung zu machen. Der Vermieter hat für diese Mitteilungen zwei weitere Abschriften der Klage einzureichen, die der Fürsorgebehörde zugestellt werden.**

(3) **Eine Aufhebung des Mietverhältnisses wegen Zahlungsverzugs darf nicht vor dem Ablauf der im § 3 Abs. 3 bezeichneten Frist erfolgen.**

1 Im Mietaufhebungsverfahren — einschließlich des Räumungsverfahrens gemäß § 27 — soll jeder Ladung, die an die Partei (nicht auch an deren Anwalt) ergeht, eine Belehrung über die Versäumnisfolgen beigefügt werden. Die Verletzung dieser Vorschrift hindert weder den Erlaß eines Versäumnisurteils noch begründet sie einen wesentlichen Verfahrensmangel i. S. des § 539 ZPO;

auch eine Haftung des Staates aus § 839 BGB in Verbindung mit Art 34 GG kann in aller Regel nicht geltend gemacht werden, vgl. § 839 Abs. 2, 3 BGB.

2 Die Mitteilung des Eingangs der auf § 3 gestützten Mietaufhebungsklage, die einen Wohnraum zum Gegenstand hat, beschränkt sich auf die Unterrichtung der Fürsorgebehörde, die durch ihre Bereitschaftserklärung zur finanziellen Hilfe die Aufhebung des Mietverhältnisses abwenden kann. Die Feststellung der Hilfsbedürftigkeit ist Sache der Fürsorgebehörde, nicht des Gerichts.

Die Vorschrift des Abs. 2 findet Anwendung, gleichviel ob mit dem Wohnraum andere Räume verbunden sind, es sei denn, daß der Mietzins für Wohnraum und Nichtwohnraum getrennt berechnet ist und nur Zahlungsverzug hinsichtlich des Nichtwohnraumes geltend gemacht ist, Bettermann 28. Unerheblich ist, ob neben dem Zahlungsverzug noch andere Aufhebungsgründe geltend gemacht werden.

Auf Räumungsklagen, für die § 27 gilt (§§ 31 a, 31 b, 52, 53, 52 c), ist die Vorschrift des Abs. 2 ebenso anzuwenden wie auf Anträge gemäß § 6 Abs. 2, soweit sie sich auf Mietrückstände stützen. Insbes. finden die Vorschriften der Abs. 2 u. 3 entsprechende Anwendung auf den neugeschaffenen Wohnraum (§ 31 a), wenn der Vermieter wegen Mietzinsrückstandes gemäß § 554 BGB gekündigt hat.

Die Nichtbeachtung der der Geschäftsstelle des Gerichts obliegenden Mitteilungspflicht gemäß Abs. 2 hindert nicht den Beginn und Ablauf der Frist des § 3 Abs. 3 und damit die Mietaufhebung nach Ablauf dieser Frist, LG Essen JR 1951, 152; LG Flensburg RRspr II (277) 32; LG Kassel WM 1954, 145; Hans 3; Bettermann 44 sowie ZMR 1954, 219 gegen LG Göttingen DRspr II (277) 63. Schuldhafte Unterlassung oder Verspätung der Mitteilung verpflichtet gegebenenfalls den Fiskus zu Schadensersatz; versäumte Unterrichtung kann wesentlicher Verfahrensmangel sein, LG Göttingen DRspr II (277) 63.

3 Die dem Mieter in § 3 Abs. 3 gegebene Möglichkeit, innerhalb der Monatsfrist durch Erfüllung, Aufrechnung oder Eingreifen der Fürsorgebehörde die Aufhebung des Mietverhältnisses abzuwenden, verdichtet Abs. 3 zu der Verpflichtung des Gerichts, die Aufhebung wegen Zahlungsverzuges nicht eher als einen Monat nach Rechtshängigkeit auszusprechen. Die Monatsfrist muß im Zeitpunkt der letzten mündlichen Verhandlung, auf die das Urteil nach § 3 ergeht, abgelaufen sein. Bei Häufung mehrerer Aufhebungsgründe neben § 3 entscheidet über die Anwendung des Abs. 3 die Art der Klagehäufung, Bettermann 52. Zur Frage der Notwendigkeit der Terminsverlegung vgl. Hans 3; Bettermann 53; Prozeßrichter-Vereinigung Berlin JR 1951, 372.

Da die Regelung des § 3 Abs. 3 u. § 10 Abs. 3 dem Vermieter die Erhebung der Klage nicht verwehrt, andererseits dem Gericht die Aufhebung des Mietverhältnisses erst nach Ablauf der Schonfrist gestattet, ist die Möglichkeit der streitigen Verhandlung vor Fristablauf außer Zweifel; in gewisser Hinsicht ist die Zurückstellung dieser Verhandlung prozessual unerwünscht; hierzu und zur Frage der Anwaltsgebühr vgl. Sauerlandt und Bull. NJW 1954, 667.

§ 11

(1) **Wird die Aufhebung des Mietverhältnisses lediglich aus einem im § 2 vorgesehenen Grunde begehrt, so kann das Gericht das Verfahren auf bestimmte Zeit aussetzen, wenn nach den gesamten**

Umständen des Falles zu erwarten ist, daß bei Fortdauer des Mietverhältnisses der Friede in der Hausgemeinschaft wiederhergestellt werden kann.

(2) **Die Aussetzung kann unter Auflagen ausgesprochen werden. Sie kann im Falle der Fortsetzung des Verfahrens (Abs. 4) einmal wiederholt werden.**

(3) **Während der Aussetzung kann die Klage ohne Zustimmung des Beklagten zurückgenommen werden. Im Falle der Zurücknahme sind die Kosten des Verfahrens gegeneinander aufzuheben.**

(4) **Das Verfahren ist auf Antrag fortzusetzen, wenn der Antragsteller glaubhaft macht, daß die der Aussetzung zugrunde liegende Erwartung (Abs. 1) nicht eingetreten ist oder der andere Teil eine Auflage nicht erfüllt hat. Ist bis zum Ablauf einer Woche seit Beendigung der Aussetzungsfrist ein begründeter Antrag nicht gestellt, so ist die Hauptsache durch Beschluß für erledigt zu erklären. In diesem Fall sind die Kosten des Verfahrens gegeneinander aufzuheben, sofern nicht nach Abs. 5 eine abweichende Entscheidung zu treffen ist.**

(5) **Wird bei einem auf Antrag des Vermieters fortgesetzten Verfahren die Klage abgewiesen oder wird die Hauptsache gemäß Abs.4 Satz 2 für erledigt erklärt, so können die Kosten des Verfahrens ganz oder teilweise dem Mieter oder Vermieter auferlegt werden, soweit dies nach den Umständen des Falles der Billigkeit entspricht.**

(6) **Die in den vorstehenden Vorschriften vorgesehenen Beschlüsse sind ohne Rücksicht auf die Höhe des Beschwerdegegenstandes mit der sofortigen Beschwerde anfechtbar. Eine weitere Beschwerde findet nicht statt. Eine Anfechtung der Entscheidung lediglich wegen der Kosten ist nicht zulässig.**

1 Entstehung: § 3 Sechste AusfVO KSchVO. Die Vorschrift bezweckt, die Durchführung des Mietaufhebungsverfahrens und den Erlaß eines Räumungsurteils möglichst zu vermeiden oder doch hinauszuschieben.

2 Die in § 11 geregelte Aussetzung des Verfahrens, die auf Grund vorheriger mündlicher Verhandlung erfolgt (LG Berlin ZMR 1954, 12), beschränkt sich auf Mietaufhebungsverfahren, die lediglich aus einem der in § 2 vorgesehenen Gründe — nach Bettermann 30 und Bettermann gegen AG Hamburg ZMR 1953, 183 nur wegen erheblicher Belästigung; wie hier aber auch Roquette, Mietrecht S. 356 u. Anm. 4 zu § 11; Hans 1; Schopp/Groothold 1a zu § 11; LG Hamburg MDR 1959, 491; LG Berlin ZMR 1956, 16; LG Münster WM 1957, 150 = JMBl (NRW) 1957, 232 und WM 1958, 39; AG Brühl MDR 1955, 418 — anhängig gemacht werden; a.M. gegen den Wortlaut Mammey ZMR 1952, 293; LG Göttingen ZMR 1954, 112; OLG Düsseldorf JMBl NRW 1954, 57 = DRspr II (277) 63, für den Fall, daß der andere Grund, z.B. aus § 4, offensichtlich nicht gerechtfertigt ist; so auch LG Koblenz ZMR 1959, 208. Die Vorschrift des § 11 findet deshalb keine Anwendung in Mietaufhebungsverfahren, die aus Gründen der in den §§ 3, 4 oder 4b bezeichneten Art allein oder in Verbindung mit dem Mietaufhebungsgrund des § 2 eingeleitet

worden sind, so LG Köln ZMR 1955, 109; LG Hamburg MDR 1959, 491; einschränkend Bettermann 34; LG Göttingen ZMR 1954, 112; OLG Düsseldorf JMBl NRW 1954, 57; dasselbe gilt, wenn erst während des Rechtsstreits die Klage zusätzlich auf § 4 oder die übrigen Gründe gestützt wird, LG Bielefeld MDR 1957, 362; die Vorschrift des § 11 gilt auch nicht für das Räumungsverfahren gemäß § 27 (Bettermann 19) und für Anträge nach § 6 Abs. 2 (z. B. zur Beseitigung der Ersatzraumklausel), LG Köln MDR 1956, 109 [Weimar]; LG Köln BlGBW 1959, 334; LG Darmstadt WM 1961, 9; Hans, Anm. 1 zu § 11; a.A. Bettermann, Anm. 28 zu § 11. Die Aussetzung, die ohne Antrag von Amts wegen erfolgt, aber nicht gegen den Willen des Mieters zulässig ist (Bettermann 73; LG Hagen HW 1949, 218; LG Mannheim NJW 1957, 1523 = WM 1957, 170 = ZMR 1958, 53 [n. L.]), kann nur auf bestimmte Zeit erfolgen. Es muß begründete Aussicht bestehen, daß der durch die geltendgemachten und vom Richter, ev. nach Beweiserhebung (a.M. Mammey ZMR 1952, 273), als begründet anerkannten (Roquette, Mietrecht S. 448; Bettermann 50; LG Mannheim, Glaser 1954 Nr. II 14; LG Dortmund WM 1954, 43) Mietaufhebungstatsachen gestörte Friede in der Hausgemeinschaft durch gütliche Verhandlung, durch Aussprache u.a. wiederhergestellt werden kann, vgl. Roquette DR 1943, 421; LG Köln ZMR 1953, 88; LG Frankenthal DWW 1954, 69. Erachtet der Richter diese Möglichkeit nicht als gegeben, so gibt er der Klage statt und erörtert in den Gründen, weshalb er von der Befugnis zur Aussetzung keinen Gebrauch macht. Die Ablehnung durch Zwischenurteil ist nicht zulässig, Bettermann 136, 141. Eine unbegründete Aufhebungsklage muß der Richter abweisen; er kann in diesem Fall das Verfahren nicht aussetzen, LG Kassel ZMR 1957, 244; LG Bielefeld ZMR 1957, 373; LG Frankenthal (Pfalz) ZMR 1958, 232.

3 Die Aussetzung des Verfahrens führt nach Ablauf der bestimmten Zeit — die Frist ist keine Notfrist, LG Frankfurt ZMR 1954, 113 — zur Erledigung des Verfahrens (Abs. 4 Satz 2), sofern nicht die Fortsetzung des Verfahrens vorher gemäß Abs. 4 Satz 1 beantragt wird. Der Antrag, der nur vom Vermieter, nicht vom Mieter d. h. dem Beklagten (a. A. LG Braunschweig ZMR 1955, 334) gestellt werden kann, setzt voraus und ist damit zu begründen, daß die Erwartung des Aussetzungsbeschlusses (Abs. 1) ohne Verschulden des Vermieters nicht eingetreten ist oder daß der Mieter die gerichtliche Auflage ganz oder zum Teil nicht erfüllt hat. Die Entscheidung über den Antrag erfolgt durch Beschluß, der, wenn er vom Amtsgericht ausgeht, durch sofortige Beschwerde anfechtbar ist. Die Fortsetzung des Verfahrens kann auch stillschweigend angeordnet werden, etwa durch Anberaumung eines Termins oder Erlaß eines Beweisbeschlusses, LG Aachen ZMR 1959, 209. Wird der Fortsetzungsantrag für begründet erachtet, so wird ein neuer Termin anberaumt; ist er unbegründet oder verspätet eingereicht, so wird der Rechtsstreit in der Hauptsache für erledigt erklärt (Abs. 4 Satz 2) mit der Kostenentscheidung gemäß Abs. 4 Satz 2 oder Abs. 5.

4 Die Beschlüsse des Verfahrens der Abs. 1 bis 5 unterliegen „ohne Rücksicht auf die Höhe des Beschwerdegegenstandes" gemäß Abs. 6 Satz 1 der Anfechtung durch die sofortige Beschwerde, also insbes. die Aussetzungsbeschlüsse der Abs. 1 und 2, der Beschluß des Abs. 3 Satz 1 über die Klagezurücknahme (§ 271 Abs. 3 S. 1 u. 3 ZPO), der Beschluß gemäß Abs. 4 Satz 1 und Satz 2. Soweit Erledigungsbeschlüsse gemäß Abs. 4 Satz 3 u. Abs. 5 eine Kostenentscheidung enthalten, ist diese gemäß Abs. 6 Satz 1 für sich allein

(entgegen § 271 Abs. 3 Satz 5 ZPO) unanfechtbar, OLG Hamm DRspr II (277) 37. Nicht anfechtbar im Sinne des Abs. 6 Satz 1 ist die Ablehnung des Aussetzungsantrages sowie die Klagabweisung einschl. der Kostenentscheidung (für die aber § 99 Abs. 1 ZPO gilt) bei Fortsetzung des Verfahrens auf Antrag des Vermieters (Abs. 5 Halbs. 1).

5 Aussetzungs- und Erledigungsbeschlüsse (Abs. 1, 2, 4), die vom LG in der Berufungsinstanz erlassen werden, sind mit der sofortigen Beschwerde nicht anfechtbar, OLG Celle Nds. Rpfl. 1950, 168 u. 1952, 70 (unter Aufgabe MDR 1949, 619); OLG Braunschweig NJW 1954, 115 = MDR 1954, 107 (unter Aufgabe JZ 1951, 310); OLG Stuttgart NJW 1950, 912 (Hans); OLG Düsseldorf JZ 1951, 528; OLG Nürnberg BayJMBl 1951, 173; OLG Köln WM 1951, 23 = NJW 1952, 1101; OLG Hamm JMBl NW 1951, 214; OLG Frankfurt JZ 1952, 377 u. WM 1954, 32; OLG Freiburg NJW 1953, 69; OLG Koblenz ZMR 1956, 129; OLG Bremen WM 1956, 22; LG Schleswig JR 1954, 138 (unter Aufgabe von JR 1951, 28); OLG München NJW 1954, 1609; NJW 1956, 636; Hans 1; Roquette, Mietrecht S. 449; Bettermann 232 und zu OLG Celle ZMR 1954, 30; vgl. auch Groothold ZMR 1954, 180; a.M. (soweit ersichtlich) nur noch OLG Hamburg MDR 1951, 686; Schopp-Groothold 7.

6 Der Erledigungsbeschluß gemäß Abs. 4 Satz 2 schließt wie das Urteil den Rechtsstreit ab, ist daher, wenn vom LG erlassen, unanfechtbar.

Der Ausschluß der Anfechtung nur wegen der Kosten (Abs. 6 Satz 3) gilt außer in den Fällen des Abs. 3, des Abs. 4 Satz 3, des Abs. 5 für die isolierte Kostenentscheidung, Bettermann 259.

7 Durch die Auflage, die insbesondere im Genehmigungsverfahren de Verwaltungsbehörden erhebliche Bedeutung gewonnen hat, kann dem Mieter — nicht auch dem Vermieter, dessen Aufhebungsanspruch als begründet vorausgesetzt ist, so mit Recht Bettermann 109 — die Vornahme oder Unterlassung bestimmter Handlungen auferlegt werden. Die Auflage kann sich nur auf das den Hausfrieden störende Verhalten beziehen, z.B. Abhilfe der Störung, Entschuldigung, Hausverbote, nicht aber Mietzinserhöhung, Buße usw.; unzulässig ist eine Auflage, durch die dem Mieter sein vertragswidriges Verhalten — z.B. die unbefugte Untervermietung — bis zum Ablauf der Aussetzungsfrist gestattet wird, so LG Düsseldorf MDR 1956, 109 = BlGBW 1956, 15. Die Auflage als solche begründet für keinen der Beteiligten einen klagbaren Rechtsanspruch auf Vornahme oder Unterlassung, es sei denn, daß die Rechtsgrundlage der Handlung im Mietrechtsverhältnis als solchen begründet ist oder die Unterlassung oder Vornahme strafrechtlich verfolgt werden kann. Die Nichterfüllung der Auflage gibt jedoch dem durch sie Begünstigten in jedem Falle das Recht, die Fortsetzung des Verfahrens zu beantragen, Abs. 4 Satz 1; LG Düsseldorf ZMR 1958, 227.

§ 12

Wird in einem Aufhebungsstreit eine Partei, die einer anerkannten Vereinigung der Hausbesitzer oder der Mieter angehört, von einem Beauftragten dieser Vereinigung oder eines ihr angeschlossenen Verbandes oder Vereins vertreten, so findet § 157 Abs. 1 der Zivilprozeßordnung insoweit keine Anwendung. Als Beauftragte gelten alle mit Vertretungsausweis versehenen Personen.

1 In den Ländern Hamburg, Niedersachsen, Nordrhein-Westfalen und Schleswig-Holstein gilt § 12 in der Fassung des § 1 der Verordnung des Zentral-Justizamts für die Britische Zone zur Änderung des Mieterschutzgesetzes vom 27. Juli 1948 (VOBl BZ 225). Hier sind den Beauftragten der Hausbesitzer- und Mietervereine diejenigen der Arbeitnehmerverbände (Gewerkschaften, die dem DGB angeschlossen sind) und der Arbeitgeberverbände gleichgestellt, vgl. Bettermann 78ff.

Auf Grund des Gesetzes über Anerkennung und Beaufsichtigung von Vereinigungen von Hausbesitzern und Mietern vom 7. März 1935 (RGBl I 352) — aufgehoben durch Art. X § 1 Abs. 1 Nr. 1 des Abbaugesetzes vom 23. Juni 1960 — hat der Reichsarbeitsminister den Reichsbund der Haus- und Grundbesitzer e.V. in Berlin als alleinige Vertretung des deutschen Hausbesitzes und den Bund deutscher Mietervereine e.V. in Dresden als alleinige Vertretung der deutschen Mieterschaft anerkannt; zur praktischen Anwendung und Zulässigkeit dieser Regelung vgl. Bettermann 21. An ihre Stelle sind getreten der Zentralverband der Deutschen Haus- und Grundbesitzer e.V. in Düsseldorf und der Deutsche Mieterbund e.V. in Köln bzw. deren Landesverbände, soweit sie als berufsständische Verbände satzungsgemäß die Beratung und Vertretung ihrer Mitglieder in Mietprozessen wahrnehmen.

2 Soweit eine der am Mietaufhebungsverfahren — für andere Mietstreitigkeiten gilt § 157 ZPO, LG Darmstadt DRspr II (277) 52, vgl. LG Köln MDR 1954, 679 — beteiligten Parteien Mitglied eines anerkannten Verbandes ist, kann sie sich durch einen Beauftragten des Verbandes vertreten lassen. Der Beauftragte braucht nicht selbst Mitglied des Verbandes zu sein, er kann entgeltlich oder unentgeltlich tätig sein. Die Kosten der Vertretung sind, soweit die Zuziehung eines Vertreters nach Lage der Sache notwendig war, von der unterliegenden Partei gemäß § 91 ZPO zu erstatten — die Höhe des erstattungsfähigen Betrages ist umstritten; wenn die Vertretung von Angestellten der Verbände wahrgenommen wird, wird vom LG Wuppertal HMR Rspr 1951 Nr. 23 sowie vom OVG Münster HMR Rspr 1951 Nr. 136 u. 191, DRspr II (272) 54 = ZMR 1953, 134; LG Karlsruhe MDR 1953, 174; LG Bayreuth NJW 1954, 436; Bettermann 62ff; AG Weilheim MDR 1954, 679; Müller zu LG Duisburg ZMR 1956, 198; LG Duisburg ZMR 1958, 159 — Glaser Nr. 32/II/1958; LVG Braunschweig DWW 1958, 138 (abl. Anm. Häusler); LG Verden/Aller ZMR 1959, 300; BGH NJW 1955, 422, die Zubilligung von festen Gebühren abgelehnt, während LG Köln WM 1952, 5; LG Essen HMR Rspr 1951 Nr 144; LG Wiesbaden WM 1953, 105; LG Dortmund DWW 1953, 199; LG Düsseldorf ZMR 1956, 164; LG Kassel DWW 1953, 249; AG Lüneburg ZMR 1953, 200; LG München WM 1954, 57; LVG Schleswig DWW 1954, 122 u. 199; LG Essen u. Bielefeld DWW 1954, 199 u. 225; LG Wiesbaden WM 1954, 149; LG Essen DWW 1958, 140; LG Kassel WM 1958, 77; LG Düsseldorf WM 1959, 96; LG Köln WM 1959, 111 die Erstattung der Gebühren für Rechtsbeistände (AV d. RJM vom 16. September 1938 [DJ 1513], vom 13. Juli 1940 [DJ 823] und vom 16. Januar 1941 [DJ 132]) allgemein zulassen. Zur Rechtsprechung vgl. die Übersicht von Gramse in WM 1952, 64 u. 1953, 62 und von Bode in NJW 1956, 498; vgl. auch Glaser Nr. 21 und 76/II/1956; Hollenberg WM 1959, 101; gegen die Erstattungsfähigkeit der Prozeßkosten Chemnitz in NJW 1959, 868.

3 Die Zurückweisung nach Abs. 1 — nicht aber auch nach § 157 Abs. 2 ZPO — ist unzulässig und durch Beschwerde anfechtbar, OLG Breslau MietG 1930, 195; Bettermann 47.

Die Vorschrift des § 12 gilt nur für die Mietaufhebungs- und Herausgabeverfahren gemäß § 27 (LG Berlin ZMR 1952, 131), für Räumungsprozesse aus Mietverhältnissen, die gemäß §§ 31a, 31b, 52, 53 MSchG vom Mieterschutz freigestellt sind, ferner für Streitigkeiten um Rücknahme oder Rückgabe von Einrichtungsgegenständen gemäß § 24a MSchG, nicht aber für sonstige Mietstreitigkeiten, LG Heidelberg NJW 1952, 268. Lediglich im Bereich des Geschäftsraummietengesetzes ist durch § 16 Abs. 5 GRMG die entsprechende Anwendung auf Räumungs- und Herausgabeverfahren sowie auf das Kündigungswiderrufsverfahren vorgeschrieben.

Die Geltendmachung anderer Ansprüche neben dem Mietaufhebungsanspruch (Räumungsanspruch aus § 27, Anspruch aus § 6 Abs. 2 oder § 24a) steht der Anwendung des § 12 nicht entgegen, solange eine Abtrennung dieser Ansprüche (Gegenansprüche) nicht erfolgt ist, Bettermann 8.

§ 13

(1) **Bis zum Schluß der mündlichen Verhandlung, auf die das Urteil ergeht, können andere als die in der Klage vorgebrachten Klagegründe geltend gemacht werden. In der Berufungsinstanz gilt dies nur, wenn glaubhaft gemacht wird, daß der Vermieter ohne sein Verschulden außerstande gewesen sei, jene Gründe im ersten Rechtszug vorzubringen, oder wenn der Mieter zu der Änderung der Klage seine Einwilligung erteilt hat.**

(2) **Erfolgt die Aufhebung des Mietverhältnisses lediglich nach § 4, so ist das Urteil,** sofern ihm nicht eine Bescheinigung der zuständigen Behörde über den kriegswichtigen Eigenbedarf des Vermieters (§ 4 Abs. 1 Satz 5) zugrunde liegt, **nicht für vorläufig vollstreckbar zu erklären. Ein Urteil, das auf einem anderen Grunde beruht, darf nur dann für vorläufig vollstreckbar erklärt werden, wenn glaubhaft gemacht wird, daß die Aussetzung der Vollstreckung dem Vermieter einen nicht zu ersetzenden Nachteil bringen würde.**

(3) **Die Kosten des Rechtsstreits können, wenn die Aufhebung lediglich nach § 4 erfolgt, dem Vermieter ganz oder teilweise auferlegt werden, sofern dies nach Lage der Sache, insbesondere nach den Vermögens- und Erwerbsverhältnissen der Vertragsteile, der Billigkeit entspricht.**

(4) **Für die Wertberechnung bei der Aufhebungsklage ist der Betrag des für die Dauer eines Jahres zu entrichtenden Zinses maßgebend.**

1 Die Änderung des Klagegrundes — als solche gilt auch das Nachschieben von Mietaufhebungsgründen — unterliegt grundsätzlich dem Verbot des § 264 ZPO, sofern nicht eine bloße „Ergänzung und Berichtigung der tatsächlichen Ausführungen" im Sinne des § 268 Ziff. 1 ZPO vorliegt, dazu Bettermann 4. Für das Mietaufhebungsverfahren — nicht auch für das Räumungsverfahren gemäß §§ 27, 52, 53 oder das Rückgabe- oder Rücknahmeverfahren gemäß § 24a — ändert Abs. 1 Satz 1 diesen Grundsatz zugunsten des Austausches und der nachträglichen Häufung (Bettermann 13) der Mietauf-

hebungsgründe ab. Der Übergang von der Aufhebungsklage zur Räumungsklage (§ 985 BGB) — vgl. hierher BGHZ 8, 47 u. 9, 22 sowie Bettermann MDR 1954, 196 — oder zur Herausgabeklage nach § 27 ist nur nach § 264 ZPO zulässig.

Die für die Berufungsinstanz in Abs. 1 Satz 2 vorgesehene Einschränkung des Satzes 1 nähert sich wiederum der Regel des § 264 ZPO, ohne freilich eine befriedigende Lösung des Interessenausgleichs bei Verschleppungsabsichten zu finden, vgl. Bettermann 20. Die Verspätung des Nachschiebens bestehender Aufhebungsgründe darf vom Kläger nicht verschuldet sein, wobei er sich ein Verschulden seines Prozeßvertreters anrechnen lassen muß. Die Einwilligung des Beklagten bzw. seines Prozeßbevollmächtigten (§ 269 ZPO) heilt aber in jedem Fall die Verspätung des Nachschiebens der Aufhebungsgründe.

2 Die vorläufige Vollstreckbarkeit von Mietaufhebungsurteilen ist in Abs. 2 entgegen der Regel des § 709 Ziff. 1 ZPO eingeschränkt; auch die Vorschriften des § 708 Ziff. 1 und 3 sowie des § 710 ZPO sind nicht anwendbar (LG Landshut ZMR 1953, 266), wohl aber kann das Berufungsgericht gemäß § 534 ZPO verfahren (so mit Recht Bettermann 57). Die vorläufige Vollstreckbarkeit des auf Räumung lautenden Mietaufhebungsurteils (Roquette, Mietrecht S. 359) samt Kostenentscheidung ist verboten für Urteile, die sich lediglich auf § 4 (Eigenbedarf des Vermieters) stützen; die Sonderbehandlung für kriegswichtigen Eigenbedarf ist in Wegfall gekommen. Der Verurteilung aus § 4 gleichzustellen sind Urteile, die sich auf § 4b, § 22, § 23, § 23a MSchG sowie § 57 BVFG (A 28 zu § 4) gründen. Mietaufhebungsurteile (auch Teilaufhebungen nach § 4 Abs. 2), die lediglich auf einem dieser Gründe beruhen, müssen daher erst rechtskräftig werden, um einen geeigneten Vollstreckungstitel zu bilden, § 704 ZPO.

Alle anders begründeten (§§ 2, 3) Mietaufhebungsurteile, insbesondere auch Verbindungen des § 4 mit den §§ 2, 3 (Bettermann 73) dürfen — auch ohne förmliche Antragstellung (Bettermann 102) nach Abs. 2 Satz 2 — nur dann für vorläufig vollstreckbar erklärt werden, wenn glaubhaft (§ 294 ZPO) gemacht wird, daß die Aussetzung der Vollstreckung dem Vermieter einen nicht zu ersetzenden ideellen oder vermögenswerten Nachteil bringt. Liegen diese Voraussetzungen vor, so muß das Gericht die vorläufige Vollstreckbarkeit aussprechen, Bettermann 101. Wird diese abgelehnt oder wird im Urteil zur Frage der Vollstreckbarkeit überhaupt nicht Stellung genommen (Bettermann 112), so ist Berufung zulässig.

Zur Frage der Anwendbarkeit der §§ 712—714a ZPO neben und trotz der Regelung in Abs. 2 Satz 2 vgl. Bettermann 103—108.

Die Regelung des Abs. 2 Satz 2 — nicht auch die des Satzes 1 — gilt auch für das sog. qualifizierte Räumungsverfahren des § 27 und gemäß § 52 Satz 1 in aller Regel — sofern nicht eine gegenteilige Anordnung nach § 52 Satz 2 ergeht — für die gemäß §§ 52, 53 freigestellten Mietverhältnisse (§§ 31a, 31b MSchG). Die Regelung des Abs. 2 gilt nicht für Urteile auf Rückgabe oder Rücknahme von Einrichtungsgegenständen im Verfahren nach § 24a, da hier nur Abs. 4 für anwendbar erklärt ist. Für die Vollstreckbarkeitserklärung von Räumungsurteilen im Bereich des GRMG ist die Regelung des Abs. 2 in § 7 Abs. 2 GRMG übernommen.

3 Die Kosten des Reichtsstreits können abweichend von den Vorschriften der §§ 91 ff. ZPO nach Absatz 3 verteilt werden, wenn die Aufhebung des Mietverhältnisses lediglich aus § 4 oder einem gleichgestellten Grund

(§§ 4b, 22 bis 23b, § 37 BVFG; bzgl. § 22 vgl. AG Frankfurt a.M. BlGBW 1959, 335 = BayGWW 1960, 264 = WM 1960, 23 = Glaser Nr. 53/II/1960) erfolgt ist; bei Verurteilung aus § 2 oder § 3 oder bei Verbindung des Aufhebungsgrundes nach § 4 mit einem Grunde aus § 2 oder § 3 ist Abs. 3 nicht anwendbar. Abs. 3 verpflichtet den Richter, bei Mietaufhebung lediglich wegen Eigenbedarfs die Kostenverteilung abweichend von dem Grundsatz des § 91 ZPO vorzunehmen (Bettermann 139). Die in den §§ 94—96, 97 Abs. 2 ZPO gesetzlich festgelegten (Billigkeits-)Grundsätze müssen auch im Rahmen der Entscheidung nach Abs. 3 beachtet werden. Wenn daher der Mieter gegen das Aufhebungsgsurteil Berufung einlegt, so sind ihm, wenn das Rechtsmittel erfolglos bleibt, gemäß § 97 Abs. 1 ZPO die Kosten der Berufung aufzuerlegen; diese Entscheidung entspricht allein „nach Lage der Sache" der Billigkeit, da die Einlegung der Berufung auf eigene Verantwortung des Mieters geht, vgl Bettermann 125ff. (149); LG Frankenthal/Pfalz BB 1956, 1109.

Die bisher abweichend von der Regel des § 99 ZPO mögliche selbständige Anfechtung der Kostenentscheidung durch sofortige Beschwerde des Vermieters, sofern der Wert des Beschwerdegegenstandes 50 M übersteigt, findet nicht mehr statt; Abs. 3 Satz 2 ist durch § 5 der 4. VereinfachungsVO vom 12. Januar 1943 (RGBl I, 7) gestrichen. Die isolierte Kostenanfechtung ist nur mehr im Rahmen des § 99 Abs. 2 ZPO zulässig; es genügt aber die Anfechtung einer Nebenentscheidung (z.B. über Umzugskostenersatz, Räumungsfrist, vorläufige Vollstreckbarkeit), um die Anfechtung der Kostenentscheidung gemäß § 99 Abs. 1 ZPO zu ermöglichen.

4 Mit Wirkung vom 1. August 1952 — zum Übergangsrecht vgl. Art. 16 u. LG Aachen ZMR 1953, 116 — ist Abs. 4 durch Art. 13 des Gesetzes über Maßnahmen auf dem Gebiete des Kostenrechts vom 7. August 1952 (BGBl I 401, 406) dahin abgeändert worden, daß an die Stelle des Vierteljahresmietzinses der für das Jahr im Zeitpunkt der Urteilsfällung (vgl. § 9 Abs. 2 GKG, jetzt § 12 Abs. 2 GKG i.d.F. vom 26. Juli 1957 (BGBl I 941), gegen § 4 Abs. 1 ZPO, dazu Bettermann 164) maßgebende Mietzins tritt. Diese Streitwertberechnung gilt auch für den im Rahmen des Aufhebungsverfahrens abgeschlossenen Vergleich.

Im reinen Raumherausgabeverfahren — auch bei Anwendung des § 27, der nur Abs. 2, nicht auch Abs. 4 für anwendbar erklärt — erfolgt die Streitwertberechnung nicht nach Abs. 4, sondern nach § 10 GKG; wird die Klage nicht auf den Mietvertrag, sondern auf die §§ 812, 823 BGB gestützt, so berechnet sich der Streitwert nicht nach § 10 GKG, sondern nach den Grundsätzen des § 6 ZPO (Bettermann 181) bzw. der §§ 3, 6 ZPO, vgl. hierzu OLG Koblenz ZMR 1952, 71 u. LG Wiesbaden ZMR 1953, 12.

Entsprechend anzuwenden ist Abs. 4 auf das Klageverfahren über die Herausgabe oder Rücknahme von Einrichtungsgegenständen auf Grund einer Kündigung des Vermieters oder Mieters gemäß § 24a.

5 Zum Begriff des Mietzinses vgl A. 1 zu § 3. Vereinbarte Nebenleistungen z.B. für Wasserentnahme, Heizung, Treppenbeleuchtung zählen zu dem Begriff des Mietzinses und sind deshalb bei der Streitwertberechnung nach Abs. 4 zu berücksichtigen, OLG Karlsruhe ZMR 1953, 88; OLG Stuttgart NJW 1953, 1396; Roquette, 13 zu § 13; a.A. aber BGH NJW 1955, 1633 = ZMR 1955, 369 = MDR 1956, 349, der jedoch Sonderleistungen des Mieters zur Unterhaltung und Instandsetzung der Mietsache, Baukostenzuschüsse berücksichtigen will;

vgl. auch LG Bonn, Beschluß vom 7. Juni 1957 — 4 T 272/57. Für die Streitwertfestsetzung nach § 10 GKG ist der durch einmalige Baukostenzuschußleistung niedriger angesetzte Mietzins zu berücksichtigen, LG Hannover NJW 1954, 1614. Dagegen hat die gemäß § 4 Abs. 3 ausgesprochene Verpflichtung des Vermieters zum Umzugskostenersatz und zur Entschädigungsleistung bei der Streitwertfestsetzung außer Betracht zu bleiben, OLG Hamm JMBl 1950, 259; OLG Celle ZMR 1952, 14; LG Berlin HW 1953, 133; OLG Düsseldorf ZMR 1956, 310; LG Verden ZMR 1952, 14; KG ZMR 1953, 114; OLG Karlsruhe ZMR 1953, 313; Schopp/Groothold, 4 zu § 13; Bettermann, 166 zu § 13; a. A. Roquette 13 zu § 13. Dies gilt auch dann, wenn ein ziffernmäßiger Betrag angegeben (A 25 zu § 4) sein sollte; a. M. OLG Hamm JMBl NRW 1950, 268; OLG Hamburg ZMR 1953, 10; OLG Neustadt/Weinstraße ZMR 1956, 125 = WM 1955, 156 unter Berufung auf die AV des RJM vom 12. Januar 1944 (Hans 5). Vgl. A 25 zu § 4 u. Nachw. bei Bettermann 169.

§ 14

(1) **Gegen ein Urteil, durch das ein Mietverhältnis aufgehoben oder eine Aufhebungsklage abgewiesen ist, findet die Berufung und in den Fällen des § 6 Abs. 1, 2 auch die sofortige Beschwerde ohne Rücksicht auf den Wert des Beschwerdegegenstandes statt.**

(2) **In den Fällen des § 4 Abs. 5 und des § 6 Abs. 1 findet die sofortige Beschwerde auch dann statt, wenn mehrere Beschwerdegründe nebeneinander geltend gemacht werden.**

(3) **Wird ein Urteil mit der Berufung und der sofortigen Beschwerde angefochten, so ist über beide Rechtsmittel von derselben Kammer des Landgerichts zu entscheiden.**

(4) **Jedes auf eine Aufhebungsklage ergehende Urteil soll einen Hinweis auf den zulässigen Rechtsbehelf sowie auf die Form und Frist seiner Einlegung enthalten.**

1 Die hier wiedergegebene Fassung der Absätze 1 und 3 entspricht dem Wortlaut des § 14 vor der Abänderung durch § 11 der VO über Änderungen des Mieterschutzrechts vom 7. November 1944 (RGBl I 319), aufgehoben durch Art. X Abs. 1 Nr. 8 des Abbaugesetzes vom 23. Juni 1960. Die damals neu eingeführte Zuständigkeit des Oberlandesgerichts ist als durch das Gesetz über Rechtsmittel in der streitigen und der freiwilligen Gerichtsbarkeit (Rechtsmittelgesetz) vom 16. April 1946 (GVBl 300) — Württemberg-Baden: Gesetz vom 9. Oktober 1946 (RegBl 244); Hessen: Gesetz vom 7. September 1946 (GVBl 174) — beseitigt zu erachten. Während des Krieges war in Miet- und Pachtstreitigkeiten über Räume und gewerblich genutzte Grundstücke, insbesondere auch im Mietaufhebungsverfahren jedes Rechtsmittel untersagt, § 3 Zweite Kriegsmaßnahmenverordnung vom 27. September 1944 (RGBl I 299). Nach Art. 1 des Rechtsmittelgesetzes findet in bürgerlichen Rechtsstreitigkeiten gegen die Endurteile der Amtsgerichte die Berufung an das Landgericht statt; sie ist im Mietaufhebungsverfahren unabhängig vom Wert des Beschwerdegegenstandes, Art. 1 Abs. 2 und 3. Die Wiederherstellung der Zuständigkeit in Angelegenheiten der freiwilligen Gerichtsbarkeit brachte die Zuständigkeit der Landgerichte, LG Hagen MDR 1949, 40; vgl. Bettermann 10.

Der Geltungsbereich des § 14 beschränkt sich nicht auf das Mietaufhebungsverfahren, sondern gilt für alle Räumungsverfahren, auf die § 27 Anwendung findet — § 27 Abs. 1 Satz 1; § 52 Satz 1, soweit nicht Anwendung nach § 52 Satz 2 ausgeschlossen ist; § 53 —. Die Vorschrift findet keine Anwendung auf das Verfahren wegen Rückgabe oder Rücknahme überlassener Einrichtungsgegenstände gemäß § 24a, vgl. Bettermann 70.

2 Das Rechtsmittel der Berufung ist im Mietaufhebungsverfahren das einzige, ohne Rücksicht auf den Streitwert zugelassene Rechtsmittel (oben 1), sofern das Urteil in seinem ganzen Umfang angefochten wird. Für die Berufung gelten die Vorschriften der §§ 511—544 ZPO, soweit sich aus den §§ 13, 15, 17 MSchG und Art. 2 des Rechtsmittelgesetzes (oben 1) nichts anderes ergibt. Über die Berufung entscheidet die Berufungskammer des Landgerichts, deren Entscheidung, abgesehen vom Versäumnisverfahren, unanfechtbar ist, auch soweit sie über Kosten und Zubilligung oder Versagung von Räumungsfrist, Umzugskostenersatz oder Räumungsentschädigung befindet, OLG München BayZ 1925, 297 und 1929, 293; a.M. OLG Augsburg BayZ 1925, 377 und OLG Stuttgart MietG 1926, 144.

Für die Anfechtung der Kostenentscheidung im Mietaufhebungsstreit gilt grundsätzlich die Regel des § 99 Abs. 1 ZPO; hiernach kann die Entscheidung über die Kosten nur zusammen mit der in der Hauptsache ergangenen Entscheidung, also mit der Berufung angefochten werden, vgl. OLG Celle NJW 1954, 1043. Die isolierte Kostenanfechtung ist nur im Rahmen des § 99 Abs. 2 ZPO möglich und erfolgt durch sofortige Beschwerde, sofern die Entscheidung in erster Instanz ergangen ist; weitere Beschwerde findet nicht statt. Entscheidung über die Hauptsache i. S. des § 99 Abs. 1 ZPO wird im Mietaufhebungsstreit auch dann begehrt, wenn neben der Anfechtung der Kostenentscheidung eine andere Entscheidung über Nebenforderungen (Räumungsfrist, Umzugskostenersatz, Räumungsentscheidung) begehrt wird; dies gilt selbst dann, wenn dies durch Beschwerdeeinlegung z. B. nach § 6 Abs. 1 Satz 3 geschehen muß.

3 Das Rechtsmittel der sofortigen Beschwerde ist das im Mietaufhebungsverfahren gegebene Rechtsmittel und tritt an die Stelle der sonst zulässigen Berufung, wenn das Urteil nicht in der Hauptsache, sondern nur wegen einer oder mehrerer der nachstehend bezeichneten Nebenentscheidungen angefochten wird, nämlich

1. die Zubilligung oder Versagung einer Räumungsfrist oder der Verlängerung der Räumungsfrist, § 5a Abs. 2 Satz 3, § 6 Abs. 1 Satz 3 MSchG;
2. die Zubilligung oder Versagung des Umzugskostenersatzes, § 4 Abs. 5 Satz 2 MSchG oder der Räumungsentschädigung, § 4 Abs. 3 Satz 4 MSchG;
3. die Entscheidung über den Antrag auf Aufhebung der Vollstreckungsbeschränkungen im Nachverfahren des § 6 Abs. 2 MSchG;
4. die Urteilsberichtigung gemäß § 319 Abs. 2, 3 ZPO, § 6 Abs. 1 Satz 1 MSchG, wenn der Antrag auf Gewährung einer Räumungsfrist übergangen worden ist;
5. die Anordnung der Aussetzung oder Fortsetzung des Verfahrens gemäß § 11 MSchG.

4 Die Häufung mehrerer Beschwerdegründe ist ohne Einfluß auf die Zulässigkeit des Rechtsmittels, auch wenn eine Anfechtung in der Hauptsache nicht

erfolgt ist, ebenso Bettermann 28. Abs. 2, der nur die in Ziff. 2 und 3 bezeichneten Fälle erwähnt, scheint diesen Grundsatz klarstellen zu wollen, ohne freilich eine erschöpfende Rechtsnorm aufzustellen; zur Auslegung des Abs. 2 vgl. Bettermann 29ff. Die sofortige Beschwerde ist grundsätzlich ohne Rücksicht auf den Wert des Beschwerdegegenstandes zulässig; die in § 13 Abs. 3 MSchG a. F. vorgesehene Beschränkung nach dem Wert des Beschwerdegegenstandes ist beseitigt. Es gilt der auch in Art. 1 Abs. 3 des Rechtsmittelgesetzes vom 10. April 1946 (GVBl 300) festgelegte Grundsatz, daß in Mietaufhebungs- und Räumungsprozessen der Wert des Beschwerdegegenstandes außer Betracht bleibt. Die sofortige Beschwerde ist innerhalb einer Notfrist von zwei Wochen seit Zustellung bzw., sofern das Urteil nicht zugestellt ist, spätestens fünf Monate nach Verkündung des Urteils einzulegen, § 577 Abs. 2 ZPO.

5 Die sog. isolierte Kostenentscheidung d. h. die auf die Kostentragungspflicht beschränkte Entscheidung des Amtsgerichts — § 91a ZPO (zur Auslegung und formalen Behandlung vgl. OLG Köln NJW 1954, 1043; BGH NJW 1954, 1038; KG Berlin MDR 1954, 489 [Gesetzesänderung]; OLG Oldenburg NJW 1954, 1771; OLG Stuttgart NJW 1954, 273 und Horn NJW 1953, 924), §§ 271, 515 ZPO und § 11 MSchG — ist, abgesehen von der Sonderregelung in § 11 Abs. 6 Satz 3, mit der sofortigen Beschwerde anfechtbar, BayObLG SJZ 1950, 280 (= BayObLGZ 1951, 140) gegen OLG München und Frankfurt SJZ 1949, 127 (Rahn); OLG Hamburg MDR 1953, 740 verneint die Zulässigkeit der entsprechenden Anwendung des § 91a Abs. 2 ZPO auf den Fall, daß in einem Urteil über einen Teil der Hauptsache streitig und über die Gesamtkosten des im übrigen erledigten Rechtsstreites entschieden worden ist; die sofortige Beschwerde gegen die Kostenentscheidung ist in diesem Fall nach der Regel des § 99 Abs. 1 ZPO unzulässig.

6 Beide Rechtsmittel — Berufung und sofortige Beschwerde — können nicht gleichzeitig von ein und derselben Partei eingelegt werden, da die Berufung für sich allein hinreicht, um das Urteil in seinem ganzen Umfang einschließlich der Nebenpunkte anzufechten. Dagegen kann die eine Partei Berufung, die andere Beschwerde einlegen; dazu Bettermann 46. Für diesen Fall ordnet Abs. 3 die zusammenfassende Entscheidung einer Kammer des Landgerichts über beide Rechtsmittel an. Anschlußberufung des Vermieters nur wegen eines Nebenpunktes — bei Anfechtung des ganzen Urteils durch Berufung des Mieters — ist als unzulässig zu erachten; doch wird sie als Beschwerde zu behandeln sein, wenn sie innerhalb der Beschwerdefrist eingelegt worden ist, ebenso Bettermann 54.

Da die sofortige Beschwerde nur als Ersatz der Berufung anzusehen ist, muß eine weitere Beschwerde gegen den Beschluß des Landgerichts als unzulässig angesehen werden; OLG Düsseldorf JR 1951, 155 und 658; OLG Braunschweig NJW 1950, 268; OLG Celle DRsp II (277) 35a u. 40a; Bettermann 41 zu § 6. In § 11 Abs. 6 Satz 2 MSchG ist dieser Rechtssatz ausdrücklich aufgenommen.

7 Beschwerdebelehrung. Es handelt sich formell – vgl. aber die vorgeschriebene Rechtsbelehrung im Verfahren vor dem MEA in § 40 Abs. 4, wo auf § 14 Abs. 4 Bezug genommen ist — um eine Sollvorschrift, deren Verletzung ohne Einfluß auf die Rechtswirksamkeit des Urteils ist. Unterbleibt der Hinweis, so wird die Rechtsmittelfrist nicht in Lauf gesetzt, weil die Nichtaufnahme eines richtigen Rechtsmittelhinweises in die Urteilsausfertigung diese zu einem

unvollständigen Rechtstitel macht, der nicht Gegenstand prozessualer Zustellung sein kann; OLG Nürnberg BayZ 1929, 230; a. M. KG EA 373; Hans 5; Schopp-Groothold 1; Bettermann 67; Friese NJW 1954, 663; Roquette 7. Durch Wiedereinsetzung in den vorigen Stand nach § 233 ZPO will OLG München BayZ 1925, 218 Abhilfe schaffen; ebenso LG Hamburg EA 770; Roquette 7. Für den Bereich der Durchführungsvorschriften zum KRG 45 hat BGH NJW 1954, 1407 (unter Bezugnahme auf BGH LM Nr. 19) erkannt, daß die Zustellung der vor dem 1. Oktober 1953 ergangenen Entscheidung ohne die vorgeschriebene Beschwerdebelehrung unwirksam ist und die Beschwerdefrist nicht in Lauf setzt; unter der Geltung der bisherigen Vorschriften konnte die Entscheidung durch Zeitablauf allein (etwa entsprechend den Vorschriften der §§ 516, 552 ZPO) nicht rechtskräftig werden.

8 Ist die Rechtsmittelbelehrung unrichtig, so wird man unterscheiden müssen, ob die Rechtsmittelfrist, die in der Entscheidung angegeben ist, kürzer oder länger ist als die vom Gesetz vorgesehene Frist. Im ersten Fall steht die unrichtige Belehrung, die die Rechte des Betroffenen verkürzt, der Wirkung nach einer unterlassenen Belehrung gleich; die Frist wird in diesem Falle nicht in Lauf gesetzt. Ist dagegen eine längere als die gesetzliche Frist irrtümlich in der Belehrung angegeben, so wird dem Beschwerdeberechtigten die Einhaltung dieser Frist zuzumuten sein; macht er von dem ihm zustehenden Rechtsbehelf innerhalb dieser Frist keinen Gebrauch, so wird die Entscheidung zwar nicht mit dem Ablauf der gesetzlichen, wohl aber der in der Belehrung irrtümlich angegebenen längeren Frist rechtskräftig; diese Frist ist als in Lauf gesetzt anzusehen. Im übrigen setzt eine sachlich unrichtige Beschwerdebelehrung (z. B. in Verwaltungsgerichtssachen die Belehrung, daß zur Erhebung der Anfechtungsklage die Behauptung einer Rechtsverletzung notwendig sei, VGH München NJW 1954, 1663) die Rechtsmittelfrist nicht in Lauf.

§ 15

(1) Der Vermieter kann in der Klage neben dem Aufhebungsanspruch auch andere Ansprüche erheben, sofern sie das gleiche Mietverhältnis betreffen und das Gericht auch für sie zuständig ist.

(2) Die Erhebung einer Widerklage ist nur statthaft, sofern der Gegenanspruch des Mieters das gleiche Mietverhältnis betrifft.

(3) Wird mit der Aufhebungsklage ein Anspruch anderer Art verbunden, so ist auf Antrag des Beklagten anzuordnen, daß der Anspruch in getrenntem Prozesse verhandelt werde. Die Anordnung kann auch von Amts wegen getroffen werden. In entsprechender Weise ist zu verfahren, wenn eine Widerklage anderer Art erhoben wird. Die Abtrennung der Widerklage ist auf Antrag auch dann anzuordnen, wenn der mit ihr erhobene Anspruch die sachliche Zuständigkeit des Amtsgerichts übersteigt.

(4) Der Antrag auf Abtrennung ist nur vor der Verhandlung des Antragstellers zur Hauptsache zulässig. Die Abtrennung von Amts wegen darf nur erfolgen, solange nicht eine Verhandlung zur Hauptsache stattgefunden hat und darauf ein Beschluß verkündet ist.

1 Objektive Klagenverbindung (Klagenhäufung). Gemäß § 260 ZPO kann der Kläger (Vermieter) die Aufhebungsklage aus jedem der in den §§ 2 bis 4b, 22—23c MSchG und § 57 BVFG (A 28 zu § 4) bezeichneten Gründen einzeln oder in Verbindung miteinander — alternativ, kumulativ oder evtl. (Bettermann 80, 83b vor § 2) — geltend machen. Unter der weiteren Voraussetzung, daß der mit dem Aufhebungsanspruch verbundene Anspruch das gleiche Mietverhältnis betrifft, läßt Abs. 1 die Verbindung der Aufhebungsklage mit anderen Ansprüchen aus dem die Parteien verbindenden Mietverhältnis zu, z. B. Ansprüche auf Zahlung des fälligen Mietzinses, Schadensersatzansprüche, Herausgabeansprüche wegen Vermieterpfandrechts (§ 561 Abs. 2 BGB), Unterlassungsansprüche (§ 550 BGB), Ansprüche auf Vornahme von Instandsetzungsarbeiten, auf Befreiung von Verbindlichkeiten usw. Die geforderte Identität des Mietverhältnisses ist auch bei dem Herausgabeanspruch des Vermieters gegen den Untermieter gemäß § 556 Abs. 3 BGB gegeben (Bettermann 12). Über Ansprüche, die nicht in engem, wenn auch nur in wirtschaftlichem Zusammenhang (a. M. Bettermann 7) stehen und für die das Amtsgericht zuständig ist, kann nur verhandelt werden, wenn der Beklagte sich einläßt, andernfalls ist nur Klagabweisung möglich, sofern nicht Verweisungsantrag (§ 276 ZPO) gestellt wird.

Mit der Aufhebungsklage kann die Räumungsklage aus § 556 Abs. 1, § 985 BGB verbunden werden, vgl. KG JW 1925, 1417; RG EA 460 und 522; teilweise a. M. Bettermann 10. Ist nur Räumungsklage erhoben, so kann der Vermieter in zweiter Instanz auch nicht mit Zustimmung des Gegners zur Aufhebungsklage übergehen, weil, wie Bettermann 906 vor § 2 betont, in aller Regel neues, nicht geprüftes Tatsachenmaterial vorgelegt wird, dessen Überprüfung dem Berufungsgericht nicht zugemutet werden kann.

2 Der für die Erhebung der Widerklage nach § 33 ZPO maßgebende Grundsatz des rechtlichen Zusammenhangs der Ansprüche wird durch Abs. 2 für das Mietaufhebungsverfahren, d.h. für die Widerklage gegen eine Mietaufhebungsklage auf die Voraussetzung beschränkt, daß der Gegenanspruch das gleiche Mietverhältnis (A 1) betrifft. Die sachliche Zuständigkeit des Gerichts wird, im Gegensatz zu Abs. 1, für den Gegenanspruch nicht gefordert.

3 Gemäß § 145 ZPO kann der Richter ohne Antrag der Parteien die Abtrennung einzelner Ansprüche anordnen; dies gilt auch für die Widerklage, wenn der Gegenanspruch mit dem in der Klage geltend gemachten Anspruch nicht in rechtlichem Zusammenhang steht. Diese Vorschrift gilt gemäß § 495 ZPO auch für das Aufhebungsverfahren. Die Behandlung von Ansprüchen anderer Art (Bettermann 51, 57), als sie nach § 260 ZPO zur Verbindung zugelassen sind, (A 1), wird in Abs. 3 über den Rahmen des § 260 ZPO hinaus für das Aufhebungsverfahren selbständig geregelt. Wird die Abtrennung, deren Behandlung in Abs. 4 in ihrer Beziehung zu der „Verhandlung zur Hauptsache" gesondert geregelt ist, abgelehnt, so ist die Entscheidung nicht selbständig (§ 567 ZPO), sondern nur durch Berufung gegen das Endurteil anfechtbar, ebenso Bettermann 105; Roquette 16 zu § 15. Erfolgt die Ablehnung des Trennungsantrages durch Beschluß, so kann der Beschluß nicht durch Beschwerde, sondern nur durch Berufung gegen das Urteil gerügt werden. Abs. 3 gilt auch für die Behandlung einer Widerklage gegen eine Aufhebungsklage, die nach Abs. 2 nicht zulässig ist, weil sie nicht das Mietverhältnis betrifft, dessen Aufhebung mit der Klage begehrt wird. Zu der von § 506 ZPO abweichenden Regelung der Abtrennung der Widerklage in Abs. 3 Satz 4 vgl. Bettermann 76.

4 Entsprechend anzuwenden ist § 15 auf das Klageverfahren über die Herausgabe oder Rücknahme von Einrichtungsgegenständen auf Grund einer Kündigung des Vermieters oder des Mieters gemäß § 24a. Im übrigen gilt die Vorschrift sowohl im Verfahren nach § 6 Abs. 2 als auch in Räumungsprozessen, auf die § 27 Abs. 1 Satz 1 anwendbar ist; sie gilt nicht für Räumungsprozesse aus Mietverhältnissen, die gemäß §§ 52, 53 MSchG vom Mieterschutz freigestellt — vgl. §§ 31a, 31b MSchG — sind (§ 52c Abs. 1 Ziff. 1a).

§ 16

(1) **Ist die Vollstreckung eines Urteils nach § 4 von der Hinterlegung eines Geldbetrages abhängig gemacht, so darf von demjenigen Teile des Urteils, welcher die Herausgabe des Mietraums zum Gegenstand hat, eine vollstreckbare Ausfertigung nur auf Anordnung des Amtsrichters erteilt werden. Die Anordnung ist erst zulässig, wenn durch öffentliche oder öffentlich beglaubigte Urkunden nachgewiesen ist, daß die Hinterlegung erfolgt und daß dem Mieter eine beglaubigte Abschrift der Hinterlegungserklärung zugestellt ist.**

(2) **Die Anordnung des Amtsrichters ist in der Vollstreckungsklausel zu erwähnen.**

(3) **Die Vollstreckung darf erst beginnen, wenn die vollstreckbare Ausfertigung mindestens sieben Tage vorher zugestellt ist. Auf Antrag des Mieters kann der Amtsrichter eine längere Frist bestimmen.**

(4) **Die vorstehenden Vorschriften finden keine Anwendung, wenn die Beschränkung der Zwangsvollstreckung nach § 6 Abs. 2 aufgehoben ist.**

1 Die Beschränkung der Zwangsvollstreckung betrifft die Hinterlegung eines die Umzugskosten bzw. die Entschädigung voraussichtlich deckenden Geldbetrages nach § 4 Abs. 4 MSchG. Die Erteilung der vollstreckbaren Ausfertigung des Mietaufhebungsurteiles ist in § 16 abweichend von der Regel des § 724 ZPO nach dem Vorbild der §§ 730ff. ZPO geordnet. Voraussetzung ist:

1. Anordnung des Amtsrichters (auch wenn Berufung eingelegt war oder erst das LG verurteilt hatte, Bettermann 9);
2. Erwähnung der Anordnung in der Vollstreckungsklausel (Abs. 2);
3. Siebentagefrist seit Zustellung der vollstreckbaren Ausfertigung, sofern nicht eine längere Frist bestimmt ist.

Wird die Anordnung in der Vollstreckungsklausel nicht erwähnt, so ist diese, da ein wesentlicher Teil der Klausel fehlt, unwirksam und die Zwangsvollstreckung aus ihr unzulässig (§ 766 ZPO), Schopp-Groothold 2; a.M. Hans 2; Bettermann 19.

2 Die Vorschriften der Abs. 1—3 sind nicht nur auf Aufhebungsurteile gemäß §§ 22—23c, sondern auch auf Räumungsvergleiche im Mietaufhebungsverfahren anwendbar, sofern in der Vereinbarung eine Verpflichtung nach § 4 Abs. 3 u. 4 niedergelegt oder die Verpflichtung nach Abs. 3 durch gerichtliche Anordnung nach Abs. 4 ergänzt oder mangels vertraglicher Verpflichtung

Anordnungen nach Abs. 3 und 4 durch das Gericht erlassen sind. Voraussetzung ist in jedem Falle, daß der Mieter sich nur wegen des vom Vermieter geltend gemachten Eigeninteresses zu dem Räumungsvergleich bereit gefunden hat, Bettermann 33.

3 Nach rechtskräftiger Aufhebung der Beschränkung der Zwangsvollstreckung aus § 4 Abs. 4 MSchG gemäß § 6 Abs. 2 MSchG gelten wie auch für die vollstreckbare Ausfertigung des sonstigen Urteilsinhaltes (insbesondere hinsichtlich der Räumungsfrist) die allgemeinen Vorschriften der §§ 724ff, 750; ZPO über die Erteilung einer vollstreckbaren Ausfertigung.

§ 17

Der Vermieter, der mit der Aufhebungsklage abgewiesen ist, kann das Recht, die Aufhebung zu verlangen, nicht mehr auf Tatsachen gründen, die er in einem früheren Rechtsstreit geltend gemacht hat oder geltend machen konnte. Tatsachen, auf die aus diesem Grunde oder wegen § 2 Abs. 3 eine Aufhebungsklage nicht mehr gegründet werden kann, dürfen zur Unterstützung einer auf andere Tatsachen gegründeten Aufhebungsklage geltend gemacht werden.

1 Der Verbrauch der Aufhebungsgründe durch das klagabweisende Mietaufhebungsurteil — ihm gleichzustellen ist die abgewiesene Feststellungsklage von Aufhebungsrechten, nicht aber der Vergleich, Bettermann 3, 6 — ist von Amts wegen zu berücksichtigen, Hans 1; Bettermann 60; vgl. § 616 ZPO (dazu RGZ 104, 155). Die Beschränkung des § 17 gilt nur für das Mietaufhebungsverfahren, nicht auch für das Räumungsverfahren; Roquette Mietrecht S. 297 u. Anm. 1 zu § 16; Bettermann 4, 73. Maßgebend für die Anwendung dieser Vorschrift ist nicht die Begründung der Klage, sondern die in den §§ 2 bis 4b MSchG aufgeführten Tatsachen, die einen neuen Aufhebungsgrund abgeben, sofern dessen gesetzliche Anerkennung im früheren Zeitpunkt bereits gegeben war, Bettermann 103.

2 Über die prozessuale Rechtskraftwirkung des Urteils gemäß § 322 ZPO hinaus — Bettermann 55 — geht die Ausschlußwirkung des § 17 dahin, daß eine neue Aufhebungsklage nach Abweisung der ersten Klage nur auf neue Tatsachen gegründet werden kann. Das gilt sowohl für das Aufhebungsbegehren hinsichtlich des Gesamtraumes als auch für die Teilaufhebungsklage. Die Vorschrift des § 17 steht deshalb nach Abweisung der Aufhebungsklage der Erhebung der Teilaufhebungsklage entgegen, so mit Recht Roquette gegen LG Augsburg DR 1943, 701; Bettermann 72; LG Aachen ZMR 1953, 117; a. M. Hans 2.

Zur Rechtskraft und Ausschlußwirkung klagabweisender Urteile in Mietaufhebungsprozessen vgl. Roquette DR 1942, 874.

Ähnliche Regelung trifft § 44 für das Verfahren vor dem MEA.

§ 18

Im Wege der einstweiligen Verfügung darf die Herausgabe eines Mietraums nicht angeordnet werden.

1 Das Verbot der Räumungsverfügung bezieht sich auf Mieträume aller Art, auf die das MSchG Anwendung findet. Infolge der in § 36 MSchG vorgeschriebenen Ausdehnung des ganzen Mieterschutzgesetzes auf Pachtverhältnisse über Räume und der dort und in § 1 Abs. 1 Satz 2 verfügten Einbeziehung der gewerblich genutzten unbebauten Grundstücke, wird man den § 18 über den Wortlaut hinaus auch für Pachträume und verpachtete gewerblich genutzte Grundstücke — soweit für diese der Mieterschutz nicht gemäß § 5 GRMG aufgehoben ist — zur Anwendung bringen müssen, obgleich hier nicht wie in § 7 das Wort „Mietraum" geändert worden ist, A 4 zu § 7. Dagegen findet § 18 keine Anwendung, wenn der zur Räumung verurteilte Mieter sich im Wege verbotener Eigenmacht den Besitz der Wohnung verschafft hat, so LG Frankenthal DWW 1956, 95 = MDR 1956, 304 — ZMR 1956, 336 = JR 1956, 379 — Glaser Nr. 78/II/1956; AG Frankfurt a. M. WM 1958, 168; Bettermann 15 zu § 18; § 18 findet ferner keine Anwendung, wenn die Mitbenutzung eines Badezimmers im Wege der einstweiligen Verfügung geregelt wird, LG Köln ZMR 1957, 61 = WM 1956, 173.

2 Nur die Herausgabe an den Vermieter kommt in Frage, daher keine Anwendung des § 18 auf Streitigkeiten unter den Mietern selbst (KG JW 1924, 848), auf Herausgabe an einen Mieter (LG Hamburg EA 570; WM 1951, 39; Bettermann 24). Die Herausgabe des Mietraumes an den geschiedenen Ehegatten, dem allein das Mietrecht zusteht, fällt überhaupt nicht unter das Mietaufhebungsverfahren, da zwischen den Eheleuten durch die Eheschließung kein Mietverhältnis begründet wird, dieses aber allein den Schutz des Gesetzes genießt. Zur Frage der Behandlung der Ehewohnung nach der Scheidung vgl. die weiterhin geltende Sechste Durchführungsverordnung zum Ehegesetz vom 21. Oktober 1944 (RGBl I 256), sog. HausratsVO, vgl. 15 Einl vor MSchG; Staudinger-Kiefersauer, 9 zu § 535.

3 Durch § 27 Abs. 1 Satz 1 MSchG ist die Vorschrift des § 18 ausgedehnt auf alle sonstigen Fälle, in denen die Herausgabe eines Mietraumes begehrt wird, ohne daß eine Aufhebung des Mietverhältnisses verlangt wird.

Für landesrechtlich oder bundesrechtlich gelockerte Mieträume gilt zwar nach §§ 52, 53 MSchG das Verbot der Anordnung der Herausgabe im Wege der einstweiligen Verfügung, es kann aber eingeschränkt werden, § 52 Satz 2 MSchG.

4 Die Vorschrift findet keine Anwendung, wenn gemäß § 24a die Rückgabe mitvermieteter Einrichtungsgegenstände vom Vermieter verlangt wird; Abs. 4 bezeichnet § 18 nicht als entsprechend anwendbar.

Über Sinn und Zweck des § 18 vgl. LG Köln MDR 1959, 40; LG Münster ZMR 1959, 211; vgl. auch Weimar: Die einstweilige Verfügung in Mietsachen in ZMR 1955, 135.

b) Besondere Mietverhältnisse

§ 19

(1) **Stirbt der Mieter, so treten seine Familienangehörigen, wenn sie beim Tode zu seinem Hausstand gehört haben, in die Rechte und Pflichten des Mieters ein. In diesem Fall ist eine Kündigung des Vermieters gemäß § 569 des Bürgerlichen Gesetzbuchs nicht zulässig. Gibt einer der bezeichneten Familienangehörigen oder sein gesetz-**

licher Vertreter binnen einer Woche, nachdem er von dem Tode des Mieters Kenntnis erlangt hat, dem Vermieter gegenüber die Erklärung ab, daß er das Mietverhältnis nicht fortsetzen wolle, so gilt hinsichtlich dieses Familienangehörigen der Eintritt als nicht erfolgt; § 206 des Bürgerlichen Gesetzbuchs gilt entsprechend. Satz 1 gilt nicht, wenn einer der Familienangehörigen Erbe des Mieters ist.

(2) Das beim Tode des Mieters dem Vermieter wie dem Erben nach § 569 des Bürgerlichen Gesetzbuchs zustehende Kündigungsrecht wird durch dieses Gesetz nicht berührt; entgegenstehende Bestimmungen des Mietvertrags kommen nicht in Betracht. Der Vermieter kann jedoch nicht kündigen, wenn bei dem Erben die Voraussetzungen des Abs. 1 Satz 1 vorliegen.

(3) Auf Mietverhältnisse, die sich auf Geschäftsraum oder auf gewerblich genützte unbebaute Grundstücke beziehen, finden die Vorschriften des Abs. 1 und des Abs. 2 Satz 2 keine Anwendung. Abs. 2 Satz 1 gilt mit der Maßgabe, daß der Vermieter nicht kündigen kann, wenn der Erbe das Geschäft fortführt.

(4) Haben Ehegatten gemeinschaftlich gemietet und stirbt einer von ihnen, so ist der andere berechtigt, das Mietverhältnis unter Einhaltung der gesetzlichen Frist für den ersten zulässigen Termin zu kündigen. Auf eine abweichende Vereinbarung kann sich der Vermieter nicht berufen.

1 Die Neufassung des Kündigungsrechts des Vermieters beruht auf der Änderung der Rechtsanwendung des § 19 durch § 6 Dritte und später durch § 3 Vierte AusfVO zur Kündigungsschutzverordnung (aufgehoben durch Art. X § 1 Abs. 1 Nr. 3 des Abbaugesetzes vom 23. Juni 1960). Das dem Vermieter beim Tode des Mieters nach § 569 BGB zustehende vorzeitige Kündigungsrecht des Vermieters wird im Geltungsbereich des Mieterschutzgesetzes für Wohnräume, Mischräume und gewerblich genutzte Grundstücke (A 7) eingeschränkt und zugleich in gewisser Hinsicht erweitert. Die Erweiterung besteht darin, daß der Vermieter das ihm nach § 569 BGB zustehende Kündigungsrecht im Geltungsbereich des Mieterschutzgesetzes auch dann ausüben kann, wenn er durch Vertragsabrede daran gehindert ist. Die Erweiterung gilt auch zugunsten des Erben des Mieters. Für Pachtverhältnisse kommt die Erweiterung der Rechte des Verpächters aus § 19 MSchG trotz § 36 MSchG nicht in Betracht, da dem Verpächter das Kündigungsrecht aus § 569 BGB gemäß § 596 Abs. 2 BGB nicht zusteht; soweit es ihm vertraglich eingeräumt ist, hat er die Beschränkungen aus § 19 MSchG zu beachten. Das Kündigungsrecht des Erben des Pächters bleibt bestehen (§ 581 Abs. 2 BGB) und zwar auch dann, wenn es durch Vertrag ausgeschlossen ist, Abs. 2 Satz 1, Bettermann 143.

Für die vom MSchG gemäß §§ 31a, 31b grundsätzlich ausgenommenen neugeschaffenen Wohnungen gelten auch weiterhin die Bestimmungen der Absätze 1 und 4, § 52e Abs. 1 Ziff. 1; Wormit MDR 1950, 710; Wandersleb DÖV 1950, 288; a. M. Bettermann 218.

2 Die Einschränkung des Kündigungsrechts des Vermieters aus § 569 BGB besteht zunächst gegenüber bestimmten Familienangehörigen des ver-

storbenen oder für tot erklärten (Staudinger-Kiefersauer, 1 zu § 569) Mieters. Soweit nicht einer der zum Hausstand des Verstorbenen gehörenden Familienangehörigen kraft Gesetzes oder Testament oder Erbvertrag Erbe ist (Abs. 1 Satz 4), treten die hausstandzugehörigen Familienangehörigen in Rechtsgemeinschaft — zu ihrer Auseinandersetzung vgl. Roquette, DR 1944, 56 und Mietrecht S. 34 u. NJW 1952, 1143 gegen LG Lübeck — kraft Gesetzes in die Rechte und Pflichten des Mieters ein — gesetzliches Mietverhältnis, das nach Inhalt und Dauer nach dem bisher zwischen dem Vermieter und dem verstorbenen Mieter bestehenden Mietverhältnis zu beurteilen ist, 15. Einl. vor MSchG. Zum Begriff der Hausstandszugehörigkeit vgl. LG Kiel WM 1956, 10; zur Rechtslage hinsichtlich eines Untermietverhältnisses vgl. BVerwG ZMR 1955, 399 = DWW 1955, 295; vgl. auch Kürzel BlGBW 1955, 246. Die Familienangehörigen treten ohne und zunächst auch gegen ihren Willen in den laufenden Mietvertrag ein. Sie haften auch für die bis zum Tode des Mieters angefallenen Verpflichtungen aus dem Mietvertrag (rückständige Miete); so mit Recht LG Düsseldorf BlGBW 1960, 175 = BayGWW 1960, 266 = Glaser Nr. 83/II/1960; LG Berlin JR 1958, 460 (Anm. Glaser) = NJW 1958, 1098 = ZMR 1960, 14 = WM 1958, 152 = Bln GrundE 1958, 531 = Glaser Nr. 176/II/1959; Glaser BlGBW 1958, 379; Ebel, Nachtrag zum MSchG, 8. Aufl., S. 11; Bettermann 66, 67, 69; Hans 3; Schopp-Groothold 15; LG Köln WM 1953, 15; a. A. dagegen Roquette, 19 zu § 19; Mietrecht S. 187; Brombach HuW 1947, 210; LG Wiesbaden NJW 1958, 594 = ZMR 1958, 304 = MDR 1959, 129 = BlGBW 1958, 383 = Glaser Nr. 175/II/1959. Die gesetzliche Regelung verpflichtet sie zur Einhaltung der Verpflichtungen aus dem Mietvertrag, wie wenn sie diesen selbst abgeschlossen hätten. Sie werden kraft Gesetzes Vertragspartner, auch wenn sie von dieser Rechtsregelung zunächst keine Kenntnis haben.

3 Haben mehrere Personen die Raumeinheit gemietet und stirbt einer von ihnen, so tritt die Rechtsfolge des Abs. 1 ein, obwohl für diesen Fall das Kündigungsrecht des Vermieters aus § 569 BGB nicht wirksam werden kann (Staudinger-Kiefersauer 9 zu § 569). In diesem Fall treten die hausstandzugehörigen Familienangehörigen des verstorbenen Mitmieters an dessen Stelle, Roquette Mietrecht S. 185; Bettermann 7. Über die Rechtsverhältnisse beim Tod eines Mitmieters vgl. OLG Braunschweig NJW 1959, 152 (abl. Anm. v. Müller) = ZMR 1959, 234 = Nds Rpfl 1958, 190 = Bln GrundE 1958, 595.

Die Rechtsfolge des Abs. 1 Satz 1 kann jeder Familienangehörige für sich dadurch abwenden, daß er binnen einer Woche, gerechnet von der Kenntnis vom Tode des Mieters an dem Vermieter gegenüber schriftlich oder mündlich erklärt, daß er das Mietverhältnis nicht fortsetzen wolle. Es liegt eine der Ausschlagung der Erben nachgebildete Entscheidung vor, LG Hamburg HMR 1951 Nr. 24; Bettermann 93. Für geschäftsunfähige oder in der Geschäftsfähigkeit beschränkte Familienangehörige ohne gesetzliche Vertreter läuft die Erklärungsfrist erst von dem Zeitpunkt an, in welchem der Angehörige unbeschränkt geschäftsfähig wird oder der Mangel der Vertretung aufhört, § 206 BGB. Wird die Erklärung fristgemäß abgegeben, dann wird die durch den Tod des Mieters eingetretene Rechtsnachfolge des Familienangehörigen (Abs. 1 Satz 1) rückwirkend wieder beseitigt: der Eintritt in das Mietrechtsverhältnis gilt als nicht erfolgt (Abs. 1 Satz 3). Haben alle Familienangehörigen die Erklärung abgegeben, so wird der Erbe Mieter, Roquette Mietrecht S. 187; Bettermann 122; Schopp-Groothold 20. Die nicht eintretenden Familienangehörigen sind zur Raumherausgabe verpflichtet, dem Vermieter gegenüber als Eigentümer gemäß § 985 BGB (Nießbraucher § 1065 BGB), sonst gemäß § 812 BGB; die Verpflichtung ist keine mietrechtliche, daher § 27 MSchG nicht anwendbar. Die nicht eintretenden bzw. nicht mietberechtigten Familienangehörigen sind auch gegenüber den fortsetzenden Angehörigen gemäß § 812 BGB räumungspflichtig, Bettermann 132.

4 Abweichend von der Regelung des bisherigen § 19 Abs. 1 MSchG und des § 6 Dritte AusfVO KSchV, die nur bestimmte nahe Familienangehörige — Ehegatte des Mieters, Eltern, Großeltern, volljährige Kinder, Enkel und Geschwister des verstorbenen Mieters — schützte, wird in Abs. 1 das Eintrittsrecht auf alle Hausstandsangehörigen ohne Rücksicht auf deren Volljährigkeit (LG Hamburg HMR Rspr 1950 Nr. 2; LG Kassel JR 1961, 221 = Glaser Nr. 143/II/61), ohne Rücksicht auf den Grad der Verwandtschaft und Schwägerschaft, ausgedehnt, Bettermann 8; Schopp-Groothold 7; LG Berlin Bln GrundE 1959, 270; LG Hannover NJW 1958, 1687 = MDR 1959, 215 = ZMR 1959, 235 (n. L.) = FrWW 1959, 517; a. M. Hans 2. Auch das Pflegekind rechnet hierzu, Hans 2 zu § 19; Roquette 14 zu § 19, LG Nürnberg WM 1958, 165; LG Hannover NHG 1960, 221 = Glaser Nr. 92/II/1961. Der Begriff „hausstandszugehöriger Familienangehöriger" ist weit zu fassen, LG Darmstadt MDR 1959, 491. Hausstandszugehörigkeit setzt Wohnungsgemeinschaft und Haushaltsgemeinschaft voraus, LG Hamburg MDR 1959, 764. Die Verbundenheit muß durch Eheschließung erfolgt sein; bloßes Eheversprechen (Verlöbnis) genügt in aller Regel nicht, VGH München Glaser 1953 Nr. 333; LG Wiesbaden ZMR 1956, 195 = FamRZ 1955, 262; a. M. LG Lüneburg ZMR 1954, 46. Die Zugehörigkeit zum Hausstand wird durch vorübergehende Abwesenheit des Familienangehörigen z. B. zu Studienzwecken nicht ausgeschlossen, vgl. LG Berlin JR 1950, 245 (Evakuierung); LG Berlin BlnGrundE 1956, 298 (Wehrdienst, Kriegsverschollenheit). Hausstandszugehörigkeit wird begründet durch Aufnahme in die häusliche Gemeinschaft des Wohnungsinhabers (ebenso Bettermann 21; vgl. auch LG Lüneburg ZMR 1954, 46), ist also gleichbedeutend mit der Teilnahme an der Wohnungsgemeinschaft des Rauminhabers. Kinder sind zum Hausstand des Mieters auch dann zu rechnen, wenn sie mit dem Mieter nicht räumlich zusammengelebt haben, aber in der Mietwohnung ihr Zuhause haben, LG Hamburg HMR Rspr. 1950 Nr. 2. Polizeiliche Anmeldung ist nicht Voraussetzung der Hausstandszugehörigkeit (Hans 2), Nichtabmeldung bei auswärtiger Beschäftigung hingegen ausreichender Nachweis für die Aufrechterhaltung des „Zuhause". Dabei ist unerheblich, ob die hausstandszugehörige Person ohne den Wohnungsinhaber einen selbständigen Haushalt (Haushaltung, § 24) oder mit diesem eine gemeinsame Hauswirtschaft führt. Der Begriff der Hausstandszugehörigkeit ist demnach weitergreifend als der Begriff der Haushaltsangehörigkeit, vgl. hierher auch LG Bonn MDR 1949, 684 (Bettermann); VGH München WM 1954, 70; LG Kassel JR 1961, 221 = MDR 1961, 416 = BlGBW 1961, 159 rechnet zu den Familienangehörigen auch das uneheliche Kind, nicht nur dann, wenn dieses bei seiner Mutter als Mieterin wohnt, sondern auch dann, wenn es sein Vater in seinem Haushalt aufgenommen hat, obwohl es mit ihm im Rechtssinn nicht verwandt ist.

Der Eintritt des Familienangehörigen hat zur Folge, daß der Vermieter sich die Fortsetzung des Mietverhältnisses mit dem Familienangehörigen an Stelle des verstorbenen Mieters gefallen lassen muß. Die Wohnung gilt als nicht frei im Sinne des § 10 WBewG. Das öffentlich-rechtliche Wohnrecht geht auf die beim Tode des Mieters hausstandszugehörigen Familienangehörigen, die das Mietverhältnis gemäß Abs. 1 Satz 1 fortsetzen, über, OVG Münster MDR 1951, 187 u. ZMR 1954, 20 u. 179; Roquette WBewG S. 142; VGH Freiburg (Breisgau) ZMR 1952, 134; Bettermann Einl zu § 19; a. M. Fellner 11 zu § 10 WBewG u. ZMR 1954, 180. Zur Frage der Auflösbarkeit der Erbengemeinschaft LG Lübeck NJW 1952, 1143 (Roquette); AG Frankfurt a. M. BlGBW 1956, 16; LG Berlin NJW 1956, 1282 (Bettermann). Wird die Wohnung durch den Eintritt unterbelegt, so kann die Wohnungsbehörde eingreifen (§ 10 Abs. 2 WBewG). Der Beitritt des Familienangehörigen zu Lebzeiten des Mieters bedarf nicht der Genehmigung der Wohnungsbehörde, § 12 Abs. 3 WBewG.

5 Das gesetzliche Mietverhältnis für die hausstandszugehörigen Familienangehörigen greift gemäß Abs. 1 Satz 4 nicht Platz, wenn auch nur einer (Bettermann 148) dieser Familienangehörigen Erbe des Mieters und daher als solcher Gesamtrechtsnachfolger des Verstorbenen ist. Alsdann verdrängt die Gesamtrechtsnachfolge des Erben jede Einzelnachfolge aus Abs. 1 Satz 1; ähnliche Auslegung in RG DR 1943, 1074 (Roquette); LG Hamburg HMR Rspr 1949 Nr. 77; Schopp-Groothold 29; Hans 4; Bettermann 147; anders Bettermann 58, der die Regelung des S. 1 durch Satz 4 nicht ausgeschlossen, sondern nur modifiziert wissen will. Der Schutz des Erben gegenüber dem Kündigungsrecht des Vermieters aus § 569 BGB bemißt sich nach Abs. 2. Soweit der Erbe hausstandszugehörig ist, kann ihm vom Vermieter nicht gekündigt werden, Abs. 2 Satz 2; LG Hannover Glaser Nr. 92/II/1961. Diese Rechtsstellung verliert der hausstandszugehörige Erbe durch die Ausschlagung der Erbschaft; ein Ablehnungsrecht nach Abs. 1 Satz 3 steht ihm nicht zu, a. M. Bettermann 39, 59, 95.

Obgleich mit dem Tode des Mieters der unmittelbare Besitz an der Wohnung gemäß § 857 BGB auf den Erben übergeht, dieser also dem Vermieter gegenüber in seinem Besitz geschützt ist, kann der Erbe, der nicht Familienangehöriger ist, die Wohnung ohne öffentliche Wohnberechtigung, d.h. ohne ausdrückliche Genehmigung — Rechtsformen der Zuteilung gemäß § 12 WBewG — der Wohnungsbehörde nicht erhalten. Eine Verpflichtung der Wohnungsbehörde zur Erteilung der Genehmigung besteht auch dann nicht, wenn der Erbe am Orte wohnt und seine bisherigen Räume zur Verfügung stellt. Wird die Wohnung beim Vermieter als Zuweisungsempfänger (§ 15 Abs. 3 WBewG, VG Stuttgart DÖV 1950, 693) einem anderen Bewerber zugewiesen und schließt der Vermieter mit diesem einen Mietvertrag ab, so erlischt dadurch nicht das Mietverhältnis, in das der Erbe durch den Erbfall eingetreten war, da eine dem Art. VIII Abs. 2e WohnG entsprechende Bestimmung in das WBewG nicht übergegangen ist. Es liegt eine Doppelvermietung vor, Staudinger-Kiefersauer 22 zu § 535.

6 Das Kündigungsrecht ist dem Vermieter und dem Erben auch bei entgegenstehender Vertragsabrede gewährleistet, A 1. Nur dem hausstandszugehörigen Erben gegenüber kann der Vermieter von Wohnungen sich auf das Kündigungsrecht aus § 569 BGB nicht berufen, VGH München ZMR 1953, 322 = DRspr II (277) 58. Abweichend vom bisherigen Recht gilt diese Beschränkung des Kündigungsrechtes gegenüber jedem erbberechtigten Familienangehörigen ohne Rücksicht auf Alter, Verwandschafts- oder Schwägerschaftsgrad. Wegen der weitergehenden Beschränkung des Kündigungsrechts bei der Vermietung von Geschäftsraum vgl. A 7.

Hinsichtlich der Beschränkung der Zulässigkeit der Kündigung auf den ersten zulässigen Termin (§ 569 Satz 2 BGB) sind nicht objektive, sondern subjektive Gesichtspunkte je nach den Umständen des Falles zur Anwendung zu bringen, vgl. RGZ 74, 35; 103, 274. Erster Termin ist derjenige, auf den bei Beobachtung der im Verkehr erforderlichen Sorgfalt die Kündigung zuerst möglich ist, Staudinger-Kiefersauer, 4 zu § 569; LG Berlin BlnGrundE 1956, 298. Es entscheidet nicht die rechtlich-rechnerische, sondern die tatsächliche Kündigungsmöglichkeit, Roquette, Mietrecht S. 193.

7 Für Mietverhältnisse über Geschäftsräume — und zwar nicht nur über reine Geschäftsräume, sondern auch über sogenannte Mischräume, gleichviel ob bei einheitlichem Mietverhältnis das wirtschaftliche Schwergewicht bei den Wohnräumen oder bei den Nichtwohnräumen liegt, weil die „Beziehung" (Abs. 3) genügt, a. M. Bettermann 3, LG Berlin BlnGrundE 1956, 298 — und über gewerblich genutzte unbebaute Grundstücke werden (soweit das MSchG überhaupt noch Anwendung findet, A 1) die Grundsätze der Abs. 1 und 2 eingeschränkt.

1. Der Eintritt hausstandszugehöriger Familienangehörigen ohne Erbrecht (Abs. 1 Satz 1) findet in keinem Falle statt.

2. Das Kündigungsrecht des Vermieters aus § 569 BGB gegenüber dem Erben des Mieters bleibt bestehen, wird aber gegenüber erbberechtigten Familienangehörigen nicht allgemein (Abs. 2 Satz 2), sondern nur jenem Erben gegenüber ausgeschlossen, der das Geschäft des verstorbenen Mieters (wenn auch nur für eine vorübergehende Zeit, LG Wuppertal MDR 1953, 295) fortführt. Zum Begriff der Fortführung des „Geschäfts" — hierunter fällt nicht nur das Handelsgeschäft und der Handwerks- und Fabrikationsbetrieb, sondern auch jede freiberuflich ausgeübte Tätigkeit — gehört die Weiterführung des Unternehmens als Inhaber (LG Berlin DRsp II (277) 52), gleichviel in welcher handelsrechtlichen Form (Mitinhaberschaft, LG Königsberg DR 1944, 73), sofern nicht eine Neueröffnung (LG Köln WM 1952, 24) oder eine Auflösung der das Unternehmen tragenden Gesellschaft dazwischen liegt (LG Essen HMR Rspr 1949 Nr. 70). Die Verpachtung des Geschäfts erfüllt nicht den Begriff der Fortführung, Bettermann 153 gegen LG Hamburg HMR Rspr 1949 Nr. 61; Schopp-Groothold 72; LG Berlin HW 1953, 12; a.M. LG Hamburg HMR Rspr 1950 Nr. 92.

   Die Beschränkung des Kündigungsrechts gilt aber jedem Erben gegenüber ohne Rücksicht auf das Verwandtschaftsverhältnis zum Erblasser und ohne Rücksicht auf die Hausstandszugehörigkeit des oder der Erben. Der Ausschluß des Kündigungsrechts des Vermieters gilt auch dann, wenn das Geschäft des verstorbenen Mieters nur durch einen Miterben mit Zustimmung der Mehrheit der Erbengemeinschaft fortgeführt wird, LG Berlin HW 1953, 313.

8 Bei der Pacht von Geschäftsräumen oder Grundstücken kommt eine Einschränkung des Kündigungsrechts des Verpächters aus § 569 BGB nur in Frage, wenn ein solches ihm vertraglich eingeräumt ist, Bettermann 163 und oben 1.

9 Über die Norm des § 569 BGB hinaus — Staudinger-Kiefersauer 9 zu § 569; Bettermann 164 — räumt Abs. 4 (über die Vereinbarkeit dieses Abs. 4 mit

Art. 14 GG vgl. LG Hamburg ZMR 1961, 16) — ohne die Rechte des hausstandszugehörenden Ehegatten aus Abs. 1 zu beeinträchtigen, Hans 7; Bettermann 188 — dem überlebenden Ehegatten beim Tode des anderen ein außerordentliches befristetes Kündigungsrecht ein, wenn beide Ehegatten gemeinschaftlich Räume, d.h. Wohnräume, Geschäftsräume, Mischräume oder gewerblich genutzte unbebaute Grundstücke gemietet oder gepachtet haben. Dieses Kündigungsrecht des überlebenden Ehegatten, das durch abweichende Vereinbarung nicht ausgeschlossen werden kann, besteht ohne Rücksicht darauf, ob er Erbe, Miterbe oder Alleinerbe des verstorbenen Ehegatten ist oder nicht, Bettermann 186, und ob er von dem verstorbenen Ehegatten getrennt gelebt hat, LG Hamburg ZMR 1961, 16 = HbgGrundE 1929, 240 = Glaser Nr. 50/II/1960. Als Mitmieter ist der Überlebende grundsätzlich zur Fortsetzung des Mietverhältnisses verpflichtet, so daß für den überlebenden Ehegatten das Kündigungsrecht aus § 569 BGB auch dann nicht in Frage käme, wenn er Alleinerbe wäre. Die Eigenart der Regelung des Abs. 4 besteht aber darin, daß die Kündigung des überlebenden Ehegatten auch für die Mitmieter das Mietverhältnis zur Auflösung bringt, Bettermann 187, 212; Schopp-Groothold 80, 83. Das Kündigungsrecht aus Abs. 4 besteht nur, wenn die beiden Ehegatten gemeinschaftlich gemietet haben, also Gesamtschuldner (§§ 427, 431 BGB) des Vermieters sind. Das ist regelmäßig der Fall, wenn beide Ehegatten den Mietvertrag unterzeichnet haben, Schopp-Groothold 76; Abs. 4 gilt aber auch bei Festsetzung des Zwangsmietvertrages zugunsten der beiden Ehegatten (Mietverfügung, § 16 WBewG) oder bei Rechtserwerb durch Erbfolge, Bettermann 168; vgl. § 14 DEMV und Staudinger-Kiefersauer 310 vor § 535.

§ 20

Ist der Raum nur mit Rücksicht auf ein zwischen den Vertragsteilen bestehendes Dienst- oder Arbeitsverhältnis vermietet, so gelten die §§ 1 bis 19 auch über die Dauer des Dienst- und Arbeitsverhältnisses hinaus. Dies gilt nicht, wenn der Mieter durch sein Verhalten dem Vermieter gesetzlich begründeten Anlaß zur Auflösung des Dienst- oder Arbeitsverhältnisses gegeben hatte oder wenn der Mieter das Verhältnis aufgelöst hatte, ohne daß ihm vom Vermieter ein solcher Anlaß gegeben war. Ist streitig, ob ein begründeter Anlaß zur Auflösung des Dienst- oder Arbeitsverhältnisses vorlag, und ist für die Entscheidung die Zuständigkeit einer anderen Stelle begründet, so ist die Verhandlung bis zur endgültigen Erledigung des Streites auszusetzen. Die Entscheidung der anderen Stelle ist für das Gericht bindend, das über den Mietstreit entscheidet.

1 Die §§ 20—23c umfassen das Recht der Werk- und Betriebswohnungen; diese zusammenfassende Bezeichnung findet sich in § 1 Abs. 2 MSchAusnVO u. in § 18 Abs. 2 WBewG. Werkwohnungen im engeren Sinn sind Wohnungen, die an Arbeiter oder Angestellte des Betriebes nur mit Rücksicht auf ein bestehendes Dienst- oder Arbeitsverhältnis überlassen sind, vgl. Roquette, Mietrecht S. 372. Auch soweit es sich bei der Überlassung nicht um ein reines Mietrechtsverhältnis handelt, gilt — abgesehen von den Fällen

des § 20 Satz 2 — Mieterschutz. Bei den Betriebswohnungen im eigentlichen Sinn dagegen kommt es nicht auf die tatsächliche Benutzung durch Dienstverpflichtete oder Arbeitnehmer an, sondern — unabhängig von der Person des gegenwärtigen Mieters — auf die beabsichtigte oder vorgeschriebene Zweckwidmung des Gebäudes oder Gebäudeteiles zur Unterbringung von Betriebsangehörigen im Interesse des Betriebes. Durch die Überlassung an eine nicht betriebszugehörige Person verliert die Wohnung nicht diese Eigenschaft, BGH NJW 1953, 259 (hier wird die zweckbestimmte Wohnung als „Werkwohnung" bezeichnet). Die Wohnung kann dem Betriebsinhaber zu Eigentum gehören — werkseigene Betriebswohnung — oder im Eigentum eines Dritten stehen, aber von diesem im ganzen ermietet oder zur Verfügung des Betriebsinhabers zu halten sein (§ 23b MSchG) — werksfremde Betriebswohnung. Die Betriebswohnung wird zur Werkwohnung, wenn sie Werkangehörigen überlassen wird (vgl. OVG Münster DVBl 1952, 350 und DÖV 1952, 339; OVG Lüneburg ZMR 1952, 165); sie bleibt Betriebswohnung, auch wenn sie einem Betriebsfremden überlassen ist (LG Köln NJW 1949, 830), verliert jedoch oder erhält dadurch nicht die Eigenschaft einer Werkwohnung. Denn für den Begriff der Werkwohnung ist gerade die Überlassung auf Grund oder mit Rücksicht auf ein zwischen den Vertragsteilen bestehendes Dienst- oder Arbeitsverhältnis wesentlich. Ist diese Voraussetzung erfüllt, dann kann Werkwohnung auch in einem Gebäude in Frage kommen, das sonst für die Unterbringung von Betriebsangehörigen nicht bestimmt ist. Vgl. Roquette, Mietrecht S. 316.

2 Die Regelung der §§ 20—23c beschränkt sich auf Wohnräume sinngemäß (Unterbringung von Betriebsangehörigen) nur in den §§ 23—23c, während für die Anwendung der §§ 20—22 auch Nichtwohnräume in Frage kommen, soweit diese nicht gemäß § 5 GRMG vom Mieterschutz freigestellt sind, A 1 zu § 1. Andererseits gelten auch die §§ 23—23c dann, wenn die Betriebswohnungen zu anderen als Wohnzwecken überlassen sind oder verwendet werden, Bettermann 4. Soweit unbebaute gewerblich genutzte Grundstücke zusammen mit Wohnräumen vermietet oder verpachtet sind, finden die §§ 20ff. trotz des entgegenstehenden Wortlautes Anwendung, Bettermann 6.

3 Im Rahmen der Freistellung des neugeschaffenen Wohnraumes (§ 31a MSchG) bleiben die Bestimmungen der §§ 20—23c in Geltung, Hans 7; Holzapfl BB 1955, 83; LG Bochum WM 1955, 171 = ZMR 1956, 20 = BBauBl 1956, 535; Schopp-Groothold 40 zu § 20; Wormit MDR 1950, 709; Bay ObLG 1951, 336 = MDR 1951, 617; LG Essen ZMR 1960, 276; Roquette, Anm. 16 zu § 31a MSchG; vgl. auch A 4 zu § 31a; LG Hagen ZMR 1959, 235; LG Düsseldorf ZMR 1957, 405; Fischer-Dieskau/Pergande/Wormit, A 26 zu § 26 WohnBauG 1950; a.M. Bettermann MDR 1950, 514 (einschränkend MDR 1951, 618) und Bettermann 62; Butz BB 1957, 790; LG Nürnberg-Fürth ZMR 1958, 312 = MDR 1958, 38; vgl. auch Roquette ZMR 1952, 302. Für die in der Zeit vom 20. Juni 1948 bis 31. Dezember 1949 fertiggestellten und ohne öffentliche Darlehen oder Zuschüsse neugeschaffenen Werk- und Betriebswohnungen ist die Fortgeltung des Mieterschutzes in § 1 Abs. 2 Ziff. 2 MSchAusnVO ausdrücklich ausgesprochen.

Die Tatsache, daß die Betriebs- oder Werkwohnung nur einen Einzelraum umfaßt, steht der Anwendung der §§ 20ff. nicht entgegen, OVG Münster ZMR 1953, 41; VGH Karlsruhe VerwRspr Bd. 2 Nr. 17; OVG Münster HMR Rspr 1951 Nr. 239.

4 Im Rahmen der Wohnraumbewirtschaftung sind Betriebs- und Werkwohnungen als zweckbestimmter Wohnraum der Zweckbestimmung entsprechend bei der Zuteilung zu berücksichtigen, § 18 WBewG; § 39 WBauG 1953. Bei der Förderung von Betriebs- und Werkwohnungen ist die Bewilligung der öffentlichen Mittel gemäß § 24 WBauG 1953 mit der Auflage zu verbinden, daß mit den Betriebsangehörigen Mietverhältnisse zu vereinbaren sind, die nach Ablauf von fünf Jahren von dem Bestehen des Dienst- oder Arbeitsverhältnisses unabhängig werden. Der Arbeitnehmer soll nach fünf Jahren die Rechtsstellung eines gewöhnlichen Mieters erhalten und damit die Möglichkeit, seinen Arbeitsplatz zu wechseln, ohne Gefahr zu laufen, seine Wohnung zu verlieren. In § 5 Abs. 3 BergarbWBauG ist die Abhängigmachung ausdrücklich untersagt und für nichtig erklärt (A 2 zu § 23c).

5 Die Ausdehnung des Mieterschutzes in § 20 über die Beendigung des Dienst- oder Arbeitsverhältnisses hinaus — AG Siegen HMR Rspr 1949 Nr. 71 — gilt nur für Wohnräume, die mit Rücksicht auf diese dienst- oder arbeitsrechtliche Beziehung vermietet worden sind; es muß also ein Mietverhältnis vorliegen, dessen „Grundlage" das Dienst- oder Arbeitsverhältnis bildet (Bettermann 23; LG Hamburg HMR Rspr 1950 Nr. 48; Roquette DR 1943, 927; Bretzke-Klumpen NJW 1953, 848), wobei die Koppelung beider Rechtsverhältnisse als Beweggrund des Vermieters von beiden Vertragsteilen zum Vertragsinhalt gemacht sein muß, Bettermann 31; a. M. OLG Hamm HMR Rspr 1950 Nr. 108. vgl. A 2 zu § 23b über die strengeren Anforderungen an den Nachweis in § 23b. Nur für diesen Fall ist das Kündigungsrecht des Vermieters für die Zeit nach Beendigung des Dienst-(Arbeits)verhältnisses beschränkt zugelassen (Satz 2). Für die Zeit vor Beendigung des Dienst-(Arbeits)verhältnisses gilt das MSchG uneingeschränkt.

Soweit eine derartige Verkoppelung von Miet- und Arbeitsverhältnis vorliegt, erlischt — a. M. Karlsruhe HW 1952, 390 — in aller Regel das Mietverhältnis mit der Beendigung des Arbeitsverhältnisses, Staudinger-Kiefersauer 20 zu § 535. Diese Rechtsfolge des bürgerlichen Rechts schließt Satz 1 aus, indem nach dem Vorbild von § 1 Abs. 2 die Fortsetzung der Mietzeit über den Endtermin angeordnet und gleichzeitig die Weitergeltung der Vorschriften des Mieterschutzgesetzes (nicht nur der ausdrücklich erwähnten §§ 1—19, vgl. Bettermann 51) ausgesprochen wird. Bei diesem auf Grund des Satzes 1 fortgesetzten Mietverhältnis kann der Vermieter gegen den Willen des Mieters das Rechtsverhältnis, das auf unbestimmte Zeit läuft, nur durch Mietaufhebungsklage zur Beendigung bringen. Der Mieter kann sich gemäß § 1 Abs. 2 auf die Beendigung des Mietverhältnisses durch die Beendigung des Dienst-(Arbeits)verhältnisses berufen und damit die gesetzliche Verlängerung des Mietverhältnisses auf Grund des Satzes 1 verhindern oder später nach §§ 564 Abs. 2, 565 BGB das fortgesetzte Mietverhältnis kündigen.

Auf die Raumüberlassung ohne Abschluß eines Mietrechtsvertrages finden gemäß § 21 die Vorschriften des § 20 entsprechende Anwendung.

Für beide Fälle ist bei Raumbedarf des Verfügungsberechtigten die Aufhebungsklage aus § 4 erleichtert, § 22.

6 In Satz 1 soll es wohl wie bisher heißen „Dienst- oder Arbeitsverhältnisses"; bei der Neufassung vom 15. Dezember 1942 ohne ersichtlichen Grund geändert.

7 Die auf die Weiterführung des Mietverhältnisses trotz Koppelung mit dem beendigten Dienst-(Arbeits)verhältnis abzielende Regelung des Satzes 1 entfällt, wenn gemäß Satz 2 die Verantwortung für die Auflösung des Dienst-

(Arbeits)verhältnisses den Mieter trifft. Soweit dies der Fall ist, wird in erster Linie die durch Satz 1 aufgehobene Rechtsfolge der Beendigung des Mietverhältnisses aus der Verkoppelung mit dem Dienst-(Arbeits)verhältnis (A 5) wiederhergestellt und in zweiter Linie dem Mieter der Mieterschutz wegen seines verantwortungslosen Verhaltens entzogen, Bettermann 61. Die Regelung des Satzes 2 gilt nicht, wenn die Mietparteien die im Satz 1 vorausgesetzte Abhängigkeit etwa durch die — zulässige, insbes. durch § 49 MSchG nicht berührte — Vereinbarung aufgehoben haben, daß das Mietverhältnis auch nach Beendigung des Dienst-(Arbeits)verhältnisses fortbestehen soll, Bettermann 64. Wenn nach bürgerlichem Recht die Beendigung des Arbeitsverhältnisses infolge der Verkoppelung die Beendigung des Mietverhältnisses zur Folge hat, dann ist für die Anwendung des Mieterschutzes kein Raum, da dieser ein bestehendes Mietverhältnis voraussetzt.

Anerkennt man diese Auslegung, dann ist die Kündigungsbefugnis des Vermieters im Falle der Tatbestandsvoraussetzung — sie ist auch für die Gewährung des Vollstreckungsschutzes für den aus § 32 räumungspflichtigen Mieter von rechtserheblicher Bedeutung (§ 30 Abs. 3 WBewG) — nicht weiter zu erörtern, da der Vermieter die Raumherausgabe gemäß § 556 BGB ohne Kündigung verlangen kann, Bettermann 68; a. M. Roquette, Mietrecht S. 287. Nur wenn das Mietverhältnis nach Maßgabe des § 568 BGB als fortgesetzt gilt, ist für dieses Mietverhältnis die Frage des Mieterschutzes neu zu prüfen.

Die Vereinbarung, daß der Mietvertrag bei Beendigung des Dienst-(Arbeits) verhältnisses erlöschen soll, oder daß der Vermieter kündigen kann, bleibt — auch bei Annahme der Unzulässigkeit der Vereinbarung auflösender Bedingungen, 44 Einl vor MSchG — wirksam. Für das Herausgabeverfahren gilt § 27; Räumungsfrist nach § 721 ZPO.

8 Das Verhalten muß ein schuldhaftes sein, AG Dortmund-Hörde WM 1958, 87; andauernde Krankheit oder Arbeitsunfähigkeit, sofern sie unverschuldet ist, rechtfertigt die Auflösung des Dienst-(Arbeits)verhältnisses nicht, Bettermann 112; LG Frankfurt a. M. WM 1959, 154 (Pensionierung eines Angestellten). Ein Recht zur fristlosen Entlassung braucht nicht vorzuliegen, LG III Berlin, GrundE 1929, 1052.

Die Auflösung des Dienstverhältnisses kann sowohl durch ordentliche als auch durch außerordentliche Kündigung erfolgt sein, sofern diese Kündigung nur durch das Verhalten des Mieters veranlaßt ist und dieses Verhalten einen gesetzlichen (außerordentlichen) Kündigungsgrund bildet. Die Kündigung, zu der der Arbeitgeber berechtigt ist, braucht nicht ausgesprochen sein, LAG Stuttgart MDR 1950, 363.

Der Rechtsgrundsatz, der im Abs. 2 früherer Fassung ausdrücklich festgelegt war, daß gewerkschaftliche Betätigung des Arbeitnehmers, insbesondere Beteiligung an Bestrebungen zur Erhaltung oder Verbesserung von Lohn- oder Arbeitsbedingungen, die Aufhebung des Mietverhältnisses nicht rechtfertigen, hat wieder Geltung; a. M. Schopp-Groothold 111; Bettermann 39.

9 Wird das Verfahren gemäß Satz 3 bis zur Entscheidung der zuständigen Stelle ausgesetzt, so gelten hinsichtlich der Anfechtung des Beschlusses die gleichen Grundsätze wie im Falle des § 11; die vom LG als Berufungsinstanz erlassene Entscheidung ist nicht beschwerdefähig, OLG Köln JMBl NRW 1952, 155; OLG Hamm WM 1954, 77; OLG München ZMR 1953, 248 (Bettermann); a. A. OLG Düsseldorf DRspr II (277) 45c. Wegen der Anwendung des § 149 ZPO LG Bochum ZMR 1953, 286.

Wohnungsrechtlich gilt die nicht genehmigte Weiterbenutzung der Räume als unberechtigt, § 10 Abs. 1 Buchst. b WBewG.

10 Zuständig zur Entscheidung darüber, ob der Mieter begründeten Anlaß im Sinne des Satzes 2 gegeben hat, ist in erster Linie das Arbeitsgericht, BArbG ZMR 1957, 265 = WM 1957, 151 = Betrieb 1957, 559 = NJW 1957, 1125 = BArbG 4, 114 = GWW 1957, 298; BArbG ZMR 1958, 165 = NJW 1958, 805 = WM 1959, 26; OLG Celle NJW 1957, 1844; OLG München JZ 1955, 334; LG Frankfurt a.M. WM 1959, 172; LG Stuttgart MDR 1959, 215; LG Duisburg ZMR 1958, 306; LG Mannheim BB 1952, 777 (Oßwald); LG Mannheim ZMR 1960, 341; OLG Hamm DRspr II (277) 32d; Nickisch BB 1951, 200; Breetzke NJW 1954, 423 u. Bettermann 183; a. A. Bötticher JZ 1955, 335; 1957, 670. Ist dessen Zuständigkeit nicht gesetzlich begründet, so hat das Amtsgericht selbst zu entscheiden, ob ein gesetzlicher Entlassungsgrund vorliegt, Schopp-Groothold 102; LG Wiesbaden ZMR 1953, 186; Bettermann 184. Ist ein Streit beim Arbeitsgericht nicht anhängig, so ist eine Aussetzung des Verfahrens nicht zulässig, OLG Dresden JW 1928, 2572; LArbG München JW 1929, 2005; OLG Frankfurt JW 1927, 1526; LG Berlin HW 1948, 300; LG Wiesbaden ZMR 1955, 139; OLG Düsseldorf JMBl NRW 1952, 215; LG Göttingen ZMR 1952, 131; Hans 4; LG Braunschweig ZMR 1959, 237 = ZMR 1960, 277 = JZ 1959, 285 = NdsRpfl 1959, 65; LG Essen DRspr II (277) 94a; LG Essen ZMR 1958, 305 = BB 1958, 487; a. M. BArbG ZMR 1957, 265 = WM 1957, 151; LArbG Stuttgart DRZ 1950, 282; LG Tübingen MDR 1955, 743; LG Münster ZMR 1955, 238 = JMBl NRW 1955, 100; Bettermann 187; Roquette, Mietrecht S. 374. Das gleiche gilt, wenn die Frist zur Klage vor dem Arbeitsgericht verstrichen ist, ArbGer. Gelsenkirchen BB 1953, 681; LG Bochum ZMR 1953, 286; LG Hagen ZMR 1957, 405. Das Amtsgericht kann die sachliche Entscheidung auch nicht ablehnen, wenn die Vorfrage vom Arbeitsgericht nicht erledigt ist, es muß vielmehr in diesem Falle selbst entscheiden, LG Berlin DR 1942, 1370. Wegen der ausschließlichen Zuständigkeit des Amtsgerichts vgl. § 7.

§ 21

Ist ein Raum nur mit Rücksicht auf ein zwischen den Vertragsteilen bestehendes Dienst- oder Arbeitsverhältnis überlassen und stellt die Überlassung einen Teil der für die Leistung der Dienste zu gewährenden Vergütung dar, so finden die Vorschriften des § 20 nach der Auflösung des Dienst- oder Arbeitsverhältnisses entsprechende Anwendung. Der für die weitere Überlassung des Raumes zu entrichtende Mietzins wird auf Antrag eines Vertragteils von der Preisbehörde festgesetzt.

1 Diese Vorschrift gestattet die entsprechende Anwendung des § 20 auf Raumüberlassung ohne Begründung eines Mietrechtsverhältnisses — a. M. Bettermann 2, 9, der im Gegensatz zu der Verbindung von Miet- und Arbeitsvertrag in § 20 hier eine Vertragsmischung, nämlich ein aus Miete und Dienstvertrag gemischtes Rechtsverhältnis, annimmt — wie dies regelmäßig bei Werkwohnungen in landwirtschaftlichen Betrieben (RG MietG 1929, 26), bei Dienstwohnungen (Werkdienstwohnungen, Sichtermann NJW 1952, 811) und auch Hausmeister(Pförtner)wohnungen (LG Wiesbaden ZMR

1953, 186; Cranz HW 1948, 177) der Fall ist. Das Entgelt für die Raumüberlassung ist vereinbarungsgemäß in Form von Diensten zu leisten und zwar muß die Dienstleistungsvergütung höher oder mindestens gleichhoch wie die Überlassungsvergütung sein; übersteigt der Mietzins den Dienstlohn, so ist § 21 nicht anwendbar, Bettermann 55. Zur Rechtsstellung des für den kriegsvermißten Arzt bestellten Praxisvertreters vgl. LG Hagen ZMR 1953, 185 (kein Mieterschutz). Für die Beamtendienstwohnung ist die Anwendung der Vorschrift ausgeschlossen, soweit § 32 MSchG Platz greift, RGZ 105, 46; 128, 59. Hausangestellte haben kein selbständiges Wohnrecht, sie haben nur ein Mitbenutzungsrecht, sind nur Besitzdiener, LG Kiel SchlHA 1954, 355; OVG Lüneburg ZMR 1955, 344; OVG Münster ZMR 1954, 303; vgl. auch Fischer: Rechtsstellung der Hausgehilfin im Wohnungsrecht WM 1951 Nr. 7.

2 Da ein Mietverhältnis bis zur Beendigung des Dienstverhältnisses — wegen der Anwendung mieterschutzrechtlicher Vorschriften bis zu diesem Zeitpunkt vgl. Schopp-Groothold 2—8; Bettermann 63—77 — nicht vorgelegen hat, wird nach Beendigung (Auflösung) des Dienst(Arbeits)verhältnisses durch die entsprechende Anwendung des § 20 ein Mietrechtsverhältnis neu geschaffen, Roquette, Mietrecht S. 286; vgl. dazu Bettermann 80. Die Vergütung für die weitere Raumüberlassung nach Auflösung des Dienst- oder Arbeitsverhältnisses wird in Satz 2 ausdrücklich als „Mietzins" bezeichnet: sie kann nicht mehr in der Form der Dienstleistung gewährt werden. Man wird daher hier die Entstehung eines Mietverhältnisses kraft Gesetzes annehmen dürfen, dessen Beendigung den allgemeinen Vorschriften, insbesondere den Beschränkungen des Mieterschutzgesetzes unterworfen ist: die Vorschriften der §§ 1—19 MSchG finden Anwendung. Für die Aufhebungsklage aus § 4 schafft § 22 Erleichterungen.

3 Soweit in entsprechender Anwendung des § 20 Satz 2 die Auflösung des Dienst- oder Arbeitsverhältnisses vom Mieter zu verantworten ist und deshalb die Anordnung der Weitergeltung des Nutzungsverhältnisses und des Mieterschutzes gemäß § 20 Satz 1 nicht wirksam werden kann, wird auch im Falle des § 21 ein Mietverhältnis nicht begründet und für die Anwendung des Mieterschutzgesetzes ist kein Raum. Das Herausgabeverfahren richtet sich nach § 27, ebenso Bettermann 89; die Gewährung der Räumungsfrist demgemäß nach § 721 ZPO. Bleibt der Räumungspflichtige in den Räumen, so gilt unter den Voraussetzungen des § 568 BGB das Mietverhältnis als fortgesetzt mit der Folge, daß der Mieter Mieterschutz nach den Grundsätzen des MSchG genießt; eine Mietpreisfestsetzung durch die Preisbehörde gemäß Satz 2 kommt nicht in Betracht, Bettermann 117.

4 Der Mietzins wird seit der Neufassung des Mieterschutzgesetzes vom 15. Dezember 1942 nicht mehr vom Mieteinigungsamt, sondern von der Preisbehörde, d. h. der unteren Verwaltungsbehörde nach den für die Preisbehörden im Rahmen ihrer Zuständigkeit — Staudinger-Kiefersauer 182ff. vor § 535 — maßgebenden Gesichtspunkten festgesetzt, Bettermann 104, der mit Recht darauf verweist, daß die preisrechtlich höchstzulässige Miete nicht unter Hinweis auf die wirtschaftliche Notlage des Mieters dem Vermieter verweigert werden darf, vgl. die Nachprüfung der vom Vermieter eines steuerbegünstigten neugeschaffenen Wohnraums „selbstverantwortlich gebildeten Miete" durch die Preisbehörde gemäß § 45 WBauG 1953, vgl. Roquette 10 zu § 21.

§ 22

Gelten in den Fällen der §§ 20, 21 die §§ 1 bis 19 auch nach der Beendigung des Dienst- oder Arbeitsverhältnisses, so genügt es an Stelle des im § 4 bezeichneten Aufhebungsgrundes, daß der Vermieter den Mietraum aus besonderen Gründen dringend braucht; dies ist namentlich der Fall, wenn der Vermieter den Mietraum für einen Nachfolger des Mieters in dem Dienst- oder Arbeitsverhältnis oder im Betriebsinteresse für einen anderen Angehörigen des Betriebes braucht, insbesondere bei Einstellung neuer Arbeitskräfte oder um ein Gefolgschaftsmitglied in der Nähe seiner Arbeitsstelle unterzubringen.

1 Die Vorschrift bringt eine Erleichterung der Aufhebung des Mietrechtsverhältnisses (des ursprünglichen, § 20, und des neugeschaffenen, § 21) durch Einschränkung der Voraussetzungen des § 4; es genügt, daß der Vermieter den überlassenen Raum aus besonderen Gründen dringend braucht. Bei Räumen, die nur mit Rücksicht auf ein zwischen den Parteien bestehendes Dienst(Arbeits)verhältnis vermietet und die gemäß § 20 Satz 1 auch nach Beendigung dieses Rechtsverhältnisses, sofern die Verantwortung hierfür nach Satz 2 nicht dem Mieter auferlegt ist, ist bei der Entscheidung über die Eigenbedarfsklage lediglich das Erlangungsinteresse des Vermieters zu würdigen; eine Interessenabwägung wie im Falle des § 4 findet nicht statt, LG Essen HMR Rspr 1950 Nr. 62; LG Mannheim BB 1952, 777; AG Lüneburg DWW 1953, 155. Eine ähnliche Regelung ist in § 4b MSchG und in § 57 BVFG (A 28 zu § 4) vorgesehen. Liegt eine Koppelung von Miet- und Arbeitsverhältnis im Sinne der §§ 20, 21 nicht vor, so ist der Vermieter auf die Eigenbedarfsklage gemäß § 4 angewiesen; doch gilt auch dann die Regelung des § 22, wenn er die Räume zur Unterbringung von Betriebsangehörigen benötigt (§ 23) oder bei Vermietung an eine betriebsfremde Person Unterbelegung geltend gemacht wird (§ 23a).

2 Die Vorschrift des § 22 wird auch dann anzuwenden sein, wenn der Vermieter trotz einer vom Mieter gemäß § 20 Satz 2 zu verantwortenden Auflösung des Dienst(Arbeits)verhältnisses mit diesem das Mietverhältnis fortsetzt; es ist mit Bettermann 11 kein Grund einzusehen, weshalb der Mieter in diesem Falle verfahrensrechtlich besser gestellt sein soll als bei Geltung des § 20 Satz 1. Neuabschluß des Mietvertrages darf nicht dazwischenliegen, LG Essen HMR Rspr 1949 Nr. 78.

3 Der dringende Bedarf des Vermieters — nur dieser steht in Frage, Bettermann 64, 73 — ist in den Fällen des Halbsatzes 2 ohne weiteren Beweis anzunehmen, während in allen anderen Fällen die Dringlichkeit des Bedarfs vom Vermieter besonders nachzuweisen ist. Es ist nicht erforderlich, daß der Raum gerade für den Nachfolger dringend benötigt ist, LG I München BayZ 1929, 335. Bei der Unterbringung eines Betriebsangehörigen — dessen Arbeitsverhältnis nicht schon begründet zu sein braucht, Bettermann 29; a. M. LG Köln HMR Rspr 1949 Nr. 72 — in der Nähe seiner Arbeitsstelle bedarf es nicht mehr eines Nachweises, daß die Unterbringung im Interesse des Betriebes liegt, LG Essen HMR Rspr 1950 Nr 62; Schoppp-Groothold 32; a. M. Bettermann 57. Andere „besondere Gründe" für die Freimachung von Betriebswohnungen liegen z. B. vor, wenn die in Aussicht genommene Arbeitskraft nur bei Bereit-

stellung einer Wohnung gewonnen werden kann. Eine Prüfung der Frage, ob ein anderer Arbeitnehmer zur Verfügung steht, der keinen oder keinen so dringenden Raumbedarf hat oder bereits in der Nähe der Arbeitsstätte wohnt, kann im Verfahren des § 22 nicht vorgenommen werden, Bettermann 60; LG Essen HMR Rspr 1950 Nr. 143. Grundlose Entlassung kann die Verurteilung aus § 22 nicht verhindern, Bettermann 32; a. M. Hans 1; Schopp-Groothold 31; LG Berlin HW 1948, 300. Im übrigen gilt § 4, insbesondere hinsichtlich der Auferlegung der Verpflichtung zur Zahlung und Sicherstellung eines Umzugskosten- und Entschädigungsbetrages, Roquette, Mietrecht S. 334; LG Hagen JR 1950, 245; LG Essen HMR Rspr 1950 Nr. 62 u. MDR 1952, 234; Bettermann 94; Hans 2; Lemme WM 1952, 61; LG Mannheim BB 1952, 777; LG Münster MDR 1956, 426. Auch die Gewährung einer Räumungsfrist ist möglich, LG Hagen HMR Rspr 1950 Nr. 41 und Berliner Prozeßrichtervereinigung JR 1956, 22.

4 Wegen der Notwendigkeit der Erteilung der Bescheinigung der Wohnungsbehörde, daß sie die Räume im Falle des Freiwerdens dem Betriebsangehörigen zuteilen wird, sofern die Räume der Wohnraumbewirtschaftung unterliegen, vgl. die dem § 4a entsprechende Vorschrift des § 23c.

5 Ist die Betriebswohnung lediglich auf Grund des Reichsleistungsgesetzes für einen Betriebsfremden in Anspruch genommen, so liegt ein bürgerlichrechtliches (Miet-) Verhältnis nicht vor und eine Mietaufhebungsklage ist nicht möglich. Hier kann aber der Arbeitgeber die Aufhebung der Beschlagnahme von der zuständigen Stelle verlangen, wenn er die Wohnräume zur Unterbringung von Betriebsangehörigen braucht.

§ 23

(1) **Sind Räume in Gebäuden, die von dem Inhaber eines Betriebes zur Unterbringung von Angehörigen des Betriebes errichtet oder zu Eigentum erworben oder gemietet sind, an einen Betriebsfremden überlassen, so kann der Vermieter die Aufhebung des Mietverhältnisses verlangen, wenn er den Raum für einen Angehörigen des Betriebes dringend braucht. § 22 findet entsprechende Anwendung.**

(2) **Absatz 1 gilt auch, wenn ein Mietverhältnis über Räume, die nur mit Rücksicht auf ein zwischen den Vertragsteilen bestehendes Dienst- oder Arbeitsverhältnis vermietet oder überlassen sind, gemäß den getroffenen Vereinbarungen nach Ablauf einer bestimmten Zeit von dem Bestehen des Dienst- oder Arbeitsverhältnisses unabhängig geworden ist.**

1 Die Vorschrift des § 23, deren Absatz 2 durch § 28 WBewG mit Wirkung vom 1. Juli 1953 eingefügt worden ist, umfaßt wie § 23a die Betriebsräume d.h. die zur Unterbringung von Betriebsangehörigen erworbenen oder gemieteten Räume; sie nehmen anders als die §§ 20—22 keine Rücksicht auf die Verkoppelung von Dienst(Arbeits)verpflichtung und Raumüberlassung. Über den Wortlaut des § 23 hinaus gilt die Vorschrift auch für Dienstverhältnisse außerhalb eines Betriebes, insbes. auch für Hausmeister(Pförtner)wohnungen, Bettermann 24.

2 Die Raumüberlassung an den Betriebsfremden unterliegt im Bereich des MSchG der Mieterschutzpflicht; es gelten daher für die Aufhebungsklage des Vermieters grundsätzlich die Vorschriften der §§ 2 bis 4b MSchG. Wie im Falle des § 22 wird aber durch § 23 die Eigenbedarfsklage des Vermieters erleichtert; eine Interessenabwägung findet auch hier nicht statt. Zur Klagebegründung genügt der Nachweis, daß der Raum, der einem Betriebsfremden überlassen ist, für einen Angehörigen des Betriebes dringend benötigt wird; die in § 22 angeführten Gesichtspunkte gelten insoweit auch hier, vgl. aber A 5. Die Auswahl unter mehreren betriebsfremden Wohnungsinhabern steht in der Regel dem Vermieter zu, LG Essen HMR Rspr 1950 Nr. 143. Betriebsfremd ist jeder, der nicht oder nicht mehr (früherer Arbeitnehmer, Hinterbliebene) zum Betrieb gehört. Daß die Überlassung an einen Betriebsfremden erfolgt ist, ist auch Voraussetzung für die Anwendung des Abs. 2, der nach Wegfall der Abhängigkeit des Mietverhältnisses vom Dienst(Arbeits)verhältnis — vgl. § 24 WBauG 1953 — die Eigenbedarfsklage des Vermieters wegen Betriebsbedarfes gemäß Abs. 1 zuläßt. Demgemäß ist Abs. 1 nicht anwendbar, solange der Rauminhaber dem Betrieb angehört, mag auch die Verkoppelung von Miet- und Dienst(Arbeits)verhältnis gelöst sein; für diesen Fall gelten die allgemeinen Mietaufhebungsgründe der §§ 2ff., ergänzt durch die Sonderregelung des § 23a, Bettermann 107. Ist der Mieter vor Ablauf der Frist der vereinbarten Aufhebung der Bestandsabhängigkeit aus dem Dienst(Arbeits)verhältnis ausgeschieden, also betriebsfremd geworden, dann gilt Abs. 1 unmittelbar. Zum Begriff der Betriebsfremdheit vgl. LG Köln ZMR 1958, 313 = BlGBW 1958, 126 = BayGWW 1958, 320 = WM 1958, 40.

3 Die Betriebsbedarfsklage des § 23 gilt nur für Räume in Gebäuden, die der Betriebsinhaber rechtsgeschäftlich gegen Entgelt errichtet, zu Eigentum erworben oder angemietet hat (wegen der Ausdehnung dieses Verfügungsrechts auf Pacht, Nießbrauch, Dienstbarkeit, Wohnrecht, Dauernutzungsrecht s. Bettermann 6; Hans 1), sofern die Errichtung oder der Erwerb der rechtlichen Verfügungsmacht zu dem Zweck erfolgt, Betriebsangehörige in dem Gebäude oder in bestimmten Teilen dieses Gebäudes unterzubringen. Zweckbestimmung ohne gleichzeitigen Erwerb genügt nicht; daher kann — anders als im Falle des § 32, vgl. LG Kassel MDR 1953, 235 = NJW 1953, 867 — bei nachträglicher Zweckbestimmung eines früher erworbenen Gebäudes § 23 nicht zur Anwendung kommen; LG Wiesbaden ZMR 1953, 156; LG Bielefeld ZMR 1952, 253; NJW 1955, 186; Rademacher WM 1953, 17; a. M. LG Tübingen NJW 1954, 1609. Wann der Erwerb des Gebäudes zum Zweck der Unterbringung von Betriebsangehörigen erfolgt ist, bleibt unbeachtlich, LG Dortmund WM 1950 Nr. 5; a. M. Weimar und AG Hamm.

4 Die Unterscheidung, ob die werkseigenen Wohnungen vor oder nach dem 1. Juli 1918 zu Eigentum erworben sind, ist durch Streichung der Worte „vor dem 1. Juli 1918" in §§ 23 und 23a durch § 12 der Abänderungsverordnung vom 7. November 1944 aufgehoben worden; das gleiche gilt für werksfremde Betriebswohnungen für die Errichtung des Gebäudes. Der Zeitpunkt der Errichtung des Gebäudes zur Unterbringung von Angehörigen war schon bisher rechtsunerheblich (§§ 23, 23a).

Hat der Betriebsinhaber das Verfügungsrecht am Gebäude erworben, für das bereits Mietverhältnisse bestanden haben, so gilt § 23 in dem Falle, daß er entsprechend §§ 571ff. BGB in die Mietverhältnisse eingetreten ist, LG Dortmund WM 1950 Nr. 5; LG Frankenthal/Pfalz MDR 1957, 230 = BlGBW 1957, 159 = BB 1956, 1109 = Glaser Nr. 183/II/1957; Bettermann 83; Hans 2; a. M. LG Bielefeld ZMR 1952, 254; LG Kassel MDR 1953, 235 = NJW 1953, 867.

5 Abs. 1 Satz 2 läßt § 22 entsprechend anwenden. Die Verweisung ist praktisch bedeutungslos; sie kann jedenfalls die Voraussetzungen des Satzes 1 nicht abändern, Bettermann 102, 120; a. M. LG Köln HMR Rspr 1949 Nr. 72.

Begehrt der Vermieter mit der Klage aus § 23 bewirtschaftete Wohnräume für den Betriebsangehörigen, so kann das Mietverhältnis nach § 23c grundsätzlich nur aufgehoben werden, wenn die Wohnungsbehörde bescheinigt, daß sie im Falle des Freiwerdens die Räume dem Betriebsangehörigen zuteilen wird.

§ 23a

Ist in Gebäuden, die von dem Inhaber eines Betriebes zur Unterbringung von Angehörigen des Betriebes errichtet oder erworben oder gemietet sind, ein Raum nur mit Rücksicht auf ein zwischen den Vertragsteilen bestehendes Dienst- oder Arbeitsverhältnis vermietet oder hat ihn ein Betriebsfremder mietweise inne, so kann der Vermieter auf Aufhebung des Mietverhältnisses klagen, wenn der Raum im Verhältnis zu der Zahl der Bewohner übermäßig groß ist; als Bewohner kommen nur der Mieter und seine Familienangehörigen in Betracht. Der Anspruch besteht nur, wenn über die Angelegenheit im Vertrauensrat **verhandelt worden ist.**

1 Voraussetzung für die Anwendung des § 23a ist, daß es sich um Räume in Gebäuden handelt, die der Betriebsinhaber zur Unterbringung von Betriebsangehörigen errichtet, (zu Eigentum) erworben oder gemietet hat — Fall des § 23. Über diesen objektiven Tatbestand hinaus muß es sich entweder um ein im Sinne des § 20 gekoppeltes Miet- und Dienst(Arbeits)verhältnis — Bettermann 13 erachtet entgegen dem Wortlaut die Abhängigkeit des Mietverhältnisses vom Dienstverhältnis für unerheblich — oder um die Raumüberlassung an einem Betriebsfremden (§ 23) handeln. Zur Kritik vgl. Bettermann 16, 17.

2 Die Klage aus § 23a ist keine Eigenbedarfsklage, hat aber eine gewisse Ähnlichkeit mit ihr, insofern ein ausschließliches Vermieterinteresse zur Geltung gebracht wird, ohne daß ein Verschulden des Mieters in Mitte steht. Aus diesem Grunde dürfte die entsprechende Anwendung der Vorschriften des § 4 Abs. 2—6 und des § 13 Abs. 2, 3 zu rechtfertigen sein, Schopp-Groothold 23, 24; Bettermann 77; LG Essen HW 1948, 28; LG Hagen JR 1950, 245; LG Siegen WM 1955, 24; AG Frankfurt a. M. BlGBW 1959, 385 = WM 1960, 23 = Glaser Nr. 53/II/1960 = BayGWW 1960, 264; LG Münster WM 1956, 102; LG Essen WM 1959, 27; Lemme WM 1952, 61; Schubert WM 1953, 12 m. w. N., Hans 2 zu § 22.

3 Für die Feststellung der Unterbelegung des Wohnraumes kommen als Benutzer nur die hausstandszugehörigen Familienangehörigen des Mieters in Betracht, ohne Rücksicht auf Alter, Geschlecht, Verwandtschafts- und Schwägerschaftsgrad, nicht dagegen Hausangestellte, Hans 1; Bettermann 42. Untermieter sind nicht zu berücksichtigen; untervermietete Räume werden mitgezählt, Bettermann 31.

4 Als Grundsatz für die Beurteilung der Frage, ob der Wohnraum des Beklagten „im Verhältnis zu der Zahl der Bewohner übermäßig groß ist", kann höchstens der wohnraumwirtschaftliche Begriff der Unterbelegung gelten. Nach § 10 Abs. 2 Satz 2 WBewG gilt in der Regel eine Wohnung als unterbelegt, wenn der Inhaber mehr Räume innehat, als ihm nach seinen persönlichen, familiären und beruflichen Bedürfnissen unter Berücksichtigung der Wohndichte der Gemeinde zugestanden werden kann. Dieser Raumbedarf kann auch durch die Klage aus § 23a nicht beschränkt werden, wohl aber kann ein Mehrraum dem Beklagten insbesondere dann nicht als „übermäßig" angerechnet werden, wenn, worauf Bettermann 49 mit Recht hinweist, die Herausgabe der ganzen Wohnung gefordert wird, Schopp-Groothold 10.

5 Ist die Wohnung nach Satz 1 als übermäßig groß ermittelt, so ist, sofern bei bewirtschaftetem Wohnraum die materiellrechtliche Voraussetzung des § 23c erfüllt ist, die Aufhebung des Mietverhältnisses auszusprechen, ohne daß im Einzelfall zu prüfen ist, ob der Kläger die Wohnung für einen Betriebsangehörigen dringend benötigt (Bettermann 51; a.M. Schopp-Groothold 2), es sei denn, daß eine rechtsmißbräuchliche Rechtsausübung vom Beklagten geltend gemacht und nachgewiesen wird.

6 Die in Satz 2 vorgeschriebene „Verhandlung der Angelegenheit" im Vertrauensrat des AOG, nun im Betriebsrate des Betriebsverfassungsgesetzes vom 11. Oktober 1952 (BGBl I 681) dürfte die nötige Klarheit auch nach dieser Richtung schaffen. Verhandelt kann nur werden, wenn ein Betriebsrat besteht. Das Ergebnis der Verhandlung im Betriebsrat ist, über die formale Voraussetzung des Aufhebunganspruchs hinaus, rechtserheblich nur in dem Falle, daß dem Betriebsrat nach Gesetz, Tarif oder Betriebsvereinbarung ein Mitbestimmungsrecht in dieser Angelegenheit zusteht; im übrigen ist das Ergebnis der Verhandlung ohne Bedeutung, Hans 2.

§ 23b

Die Vorschriften der §§ 20 bis 23a sind entsprechend anzuwenden, wenn Räume, die nach Gesetz oder Rechtsgeschäft für Angehörige eines bestimmten Betriebes oder einer bestimmten Art von Betrieben zur Verfügung zu halten sind und dem Betriebsinhaber weder gehören noch ihm vermietet sind, einem Betriebsangehörigen mit Rücksicht auf ein zwischen ihm und dem Betriebsinhaber bestehendes Dienst- oder Arbeitsverhältnis oder einem Betriebsfremden mietweise oder sonst zum Gebrauch überlassen sind.

1 Entstehung: § 4 Zweite AusfVO. Die bisherige Bestimmung § 23b — Hausmeister(Pförtner)wohnungen — ist in die Neufassung vom 15. Dezember 1942 nicht übernommen worden.

Die Vorschriften der §§ 20—23a betreffen Betriebs-, Dienst- und Werkwohnungen, die dem Betriebsinhaber (Dienstherrn) zu Eigentum gehören oder von ihm gemietet sind. § 4 dehnt diese Vorschriften aus auf Räume, die nicht vom Betriebsinhaber, sondern von dritter Seite, z. B. von Gemeinden, Wohnungsunternehmen — meist mit finanzieller Unterstützung der Betriebe — errichtet worden sind und für Angehörige eines bestimmten Betriebes oder einer bestimmten Art von Betrieben (z. B. des Bergbaues, der Bauindustrie) von dieser Seite zur Verfügung des Betriebsinhabers (Dienstherrn) zu halten sind. Die Räume dürfen dem Betriebsinhaber (Dienstherrn) weder gehören noch vermietet sein; zu dieser Klausel Schopp-Groothold 14; Bettermann 27, 31.

Die Verpflichtung zur wohnungsmäßigen Unterbringung von Angehörigen des Betriebes (Dienstbereiches) beruht auf Gesetz (z. B. dem Bergmannsiedlungsgesetz vom 30. März 1930, dem BergArbWohnBauG vom 23. Oktober 1950), Satzung oder Rechtsgeschäft (Vertrag, Testament). Solange diese Verpflichtung nicht erfüllt ist, kommt § 23b zur Anwendung, insbes. dann, wenn der Wohnraum einem Betriebsfremden überlassen ist, was in § 23b a. E. ausdrücklich noch hervorgehoben ist.

2 Die beiden Voraussetzungen für die entsprechende Anwendung der §§ 20 bis 23a sind

1. Raumüberlassung auf Grund eines gekoppelten Miet- und Dienst(Arbeits)verhältnisses (§ 20); entsprechend anzuwenden sind die §§ 20—22 und § 23a;
2. Raumüberlassung an einen Betriebsfremden (§ 23); entsprechend anzuwenden § 23 u. § 23a.

Die Voraussetzungen beider Kategorien sind nicht vertauschbar, Bettermann 37. Im Gegensatz zu den Fällen der §§ 20, 21 braucht für § 23b Vermieter und Betriebsinhaber (Dienstherr) nicht die gleiche Person zu sein (LG Essen MDR 1952, 233), woraus Bettermann 46 mit Recht gegen OLG Hamm HMR Rspr 1950 Nr. 108 die Schlußfolgerung zieht, daß an dem Nachweis der Abhängigkeit von Miet- und Dienstverhältnis strengere Anforderungen zu stellen sind als im Falle des § 21.

Die Kenntnis des Mieters von der Zweckbestimmung der Räume ist ebenso Erfordernis für die Anwendung des § 23b wie in den Fällen der §§ 23, 23a, Schopp-Groothold 18; Bettermann 51.

Die Anwendung des § 4 Abs. 2—6 und des § 13 Abs. 2 und 3 kommt für § 23b unmittelbar in Betracht, soweit es sich um die Erleichterung der Eigenbedarfsklage in den Fällen der §§ 20—23 handelt, mittelbar im Falle des § 23a vgl. auch LG Hagen JR 1950, 245. Soweit bewirtschafteter Wohnraum mit der Aufhebungsklage verlangt wird, ist § 23c zu beachten.

§ 23c

Ein Mietverhältnis über Wohnraum kann nach den §§ 22 bis 23b nur aufgehoben werden, wenn die zuständige Stelle dem Vermieter bescheinigt hat, daß eine erforderliche Zuteilung des Wohnraums entsprechend den Absichten des Vermieters erfolgen oder von einer Zuteilung nach § 9 Satz 2 des Wohnraumbewirtschaftungsgesetzes abgesehen wird, oder daß eine für die beabsichtigte anderweitige Verwendung des Raumes erforderliche Genehmigung erteilt wird.

1 Die gemäß § 28 Ziff. 3 WBewG mit Wirkung vom 1. Juli 1953 neu eingefügte Vorschrift des § 23c entspricht der für die Eigenbedarfsklage aus § 4 geltenden Vorschrift des § 4a. § 23c hat ebenso wie § 4a mit Wirkung vom 1. Juli 1960 eine neue Fassung erhalten (Art. III Nr. 3 des Abbaugesetzes). Nach

der früheren Fassung des § 23c mußte es sich um Wohnräume handeln, die der Wohnraumbewirtschaftung unterlagen. Diese Voraussetzung ist — ebenso wie in § 4a — bei der Neufassung des § 23c weggefallen. In der Neufassung wird statt von der „Wohnungsbehörde" von der „zuständigen Stelle" gesprochen. Das ist, solange in dem Gebiet, in dem die Wohnung belegen ist, die Wohnraumbewirtschaftung noch nicht aufgehoben ist (§§ 3c bis 3e WohnBewG i. d. F. d. Art. II Abbaugesetz), die Wohnungsbehörde. Wenn die Wohnraumbewirtschaftung für ein bestimmtes Gebiet aufgehoben und die Wohnungsbehörde aufgelöst ist, dann werden für die Erteilung der Bescheinigungen landesrechtlich andere Behörden bestimmt werden.

Soweit der Vermieter, wie im Falle des § 22 Halbsatz 1, den Betriebsbedarf für sich selbst oder einen Angehörigen geltend macht, gilt an Stelle des § 23c, § 4a, Bettermann 15. Die Verweisung auf die §§ 20, 21 ist insofern gegenstandslos, als hier nicht die Mietaufhebung geregelt, vielmehr die Eigenbedarfsklage erst durch die Vorschrift des § 22 erleichtert ist; in gleicher Weise wird die Bezugnahme auf § 23b erst durch Vermittlung der §§ 22, 23, 23a wirksam, Bettermann 8, 10.

Die Erteilung der Bescheinigung der Wohnungsbehörde (der zuständigen Stelle) ist materiellrechtliche Voraussetzung für die Aufhebung des Mietverhältnisses; es gelten im übrigen die Ausführungen zu § 4a.

Wegen der wohnungsbehördlichen Zuteilung des erstrittenen Wohnraumes vgl. § 33 Abs. 3 WBewG.

2 Die grundsätzlich auch auf Bergarbeiterwohnungen im Sinne der §§ 2, 4, 24 des Gesetzes zur Förderung des Bergarbeiterwohnungsbaues im Kohlenbergbau vom 30. November 1954 (BGBl I 358) in der Fassung vom 4. Mai 1957 (BGBl I, 418) anzuwendenden Vorschriften der §§ 20 bis 23c MSchG sind durch § 8 BergArbWohnBauG eingeschränkt. Grundsätzlich ist die Verkoppelung von Raumüberlassung und Arbeitsverhältnis im Kohlenbergbau untersagt; in § 5 Abs. 3 ist eine entgegenstehende Vereinbarung ausdrücklich für nichtig erklärt. Demgemäß kommen alle auf die Abhängigkeit von Miet- und Arbeitsverhältnis bezüglichen Bestimmungen der §§ 20, 21 in Wegfall, auch diejenige des § 20 Satz 2, so daß auch der für die Auflösung des Dienst-(Arbeits)verhältnisses verantwortliche Mieter im Genusse des Mieterschutzes bleibt, Bettermann 6 nach § 23c.

Zu dieser aus § 5 Abs. 3 BergArbWohnBauG zu folgernden, in § 8 Satz 2 BergArbWohnBauG ausdrücklich vorbehaltenen Einschränkung der Vorschriften der §§ 20, 21, 23b — die lediglich der Erweiterung der Aufhebungsgründe dienenden Vorschriften der §§ 22, 23, 23a und 23b kommen hier nicht weiter in Betracht — tritt die Beschränkung der in den §§ 20 bis 23b niedergelegten Vermieterrechte durch § 8 Satz 3 BergArbWohnBauG, durch die dem wohnungsberechtigten Bergarbeiter und seiner Familie ein verstärkter Mieterschutz gewährt wird. Hiernach darf der Vermieter einer Bergarbeiterwohnung gegen den gemäß § 5 Abs. 1 Wohnberechtigten (§ 4) Rechte, die sonst gemäß §§ 20—23b MSchG ihm zustehen, gegen die wohnberechtigte Bergarbeiterfamilie nicht ausüben. Dies gilt insbesondere für die Aufhebungsklagen gemäß §§ 22, 23, 23a; soweit — wie im Falle des § 20 Satz 2 — von einer Rechtseinräumung nicht gesprochen werden kann, wird das Recht von dem Ausschluß in § 8 Satz 3 BergArbWohnBauG nicht betroffen, Bettermann 22 nach § 23c. Der Ausschluß der Rechte besteht auch dann, wenn die Wohnung nicht mietweise, sondern in anderer Rechtsform überlassen ist. Der Bergarbeiter soll den Arbeitgeber im

Kohlenbergbau wechseln können, ohne befürchten zu müssen, daß er die Wohnung verliert (amtl. Begr. zu Entwurf). Unerheblich ist auch, aus welchem Grunde er den Arbeitgeber gewechselt hat. Als Wohnberechtigte kommen auch ehemalige Arbeitnehmer des Kohlenbergbaues in Betracht, die wegen Invalidität oder infolge Arbeitsunfalls aus der Beschäftigung ausscheiden mußten oder die nach mindestens fünfjähriger Beschäftigung ohne ihr Verschulden gegen ihren Willen ausgeschieden sind, § 4 Buchst. b BergArbWohnBauG; vgl. LG Bochum NJW 1959, 1880 (abl. Anm. Bettermann).

§ 24

(1) **Auf Untermietverhältnisse sind die Vorschriften des ersten Abschnittes dieses Gesetzes nur anzuwenden, wenn der Untermieter die Räume ganz oder überwiegend mit Einrichtungsgegenständen ausgestattet hat oder wenn er in den Mieträumen mit seiner Familie eine selbständige Wirtschaft oder Haushaltung führt.**

(2) **Soweit nach Abs. 1 der Mieterschutz davon abhängt, daß der Untermieter in den Mieträumen mit seiner Familie eine selbständige Wirtschaft oder Haushaltung führt, ist der Tod eines Familienangehörigen oder sein Ausscheiden aus der gemeinsamen Wohnung für die Fortdauer des Schutzes ohne Einfluß, selbst wenn nur noch ein Familienangehöriger die Mieträume inne hat. Jeder im Haushalt des Verstorbenen oder des Ausgeschiedenen verbliebene Familienangehörige tritt, wenn keiner von ihnen selbst Untermieter ist, an Stelle des Weggefallenen in das Untermietverhältnis ein, sofern sich dieser Eintritt nicht schon aus anderen Vorschriften ergibt.**

(3) **Einem Untermietverhältnis steht es gleich, wenn ein Hauseigentümer oder jemand, der einen Raum auf Grund eines Erbbaurechts, Nießbrauchs oder eines ähnlichen Rechtsverhältnisses inne hat, einen Teil des von ihm selbst im Haus benutzten Raumes vermietet.**

1 Entstehung: § 2 Abs. 2 Dritte AusfVO KSchVO (hinsichtlich des Abs. 1); § 4 Sechste AusfVO KSchVO (hinsichtlich des Abs. 2). § 24 gilt nun auch wieder in Hessen und in Württemberg-Baden, nachdem die Hess VO über die einstweilige Regelung von Mietstreitigkeiten vom 23. November 1946 (GVBl 222) und das Württ. Bad. Gesetz Nr. 228 zur Änderung des Mieterschutzrechts vom 4. März 1948 (RegBl 1948, 48) durch Art. X § 1 Abs. Nr. 9 und 10 Abbaugesetz mit Wirkung vom 1. Juli 1960 aufgehoben worden sind.

Die Zuteilung der Wohnung durch die Wohnungsbehörde begründet an sich kein Mietrechtsverhältnis, also auch keinen Mieterschutz, irrig LG Hannover MDR 1949, 422; wie hier LG Kiel DRspr II (277) 24; LG Paderborn WM 1950 Nr. 4; LG Hildesheim HMR Rspr 1950 Nr. 31; Bettermann Einl. 49 und 60a zu § 1.

2 Geltungsbereich: § 24 gilt dem Wortlaut nach nur für Räume; die Ausdehnung auf gewerblich genutzte unbebaute Grundstücke — soweit diese nicht

gemäß § 5 GRMG vom Mieterschutz wieder befreit sind — folgt aus § 1 Abs. 1 Satz 2 MSchG. Zur umstrittenen Anwendung auf die Vermietung unbebauter Grundstücke zum Zwecke der Errichtung von Wohnungen Einleitung 2 vor § 1. Wegen der Anwendung des § 24 auf unterverpachtete Grundstücke vgl. Einleitung vor § 1.

Die Ordnung des § 24 umfaßt nicht nur den Tatbestand der Abvermietung (Abverpachtung), d. h. der Weitergabe der Nutzung von Teilen des Miet(Pacht)-gegenstandes; sie gilt auch für die Weitervermietung (Weiterverpachtung) im ganzen; so Roquette 4 und Mietrecht S. 282, Schopp-Groothold 19; BGH V ZR 20/51 MDR 1952, 666; a. A. Bettermann 2; BayObLGZ 1952, 175 läßt die Frage dahingestellt sein. Untervermieter i. S. des § 24 ist auch nach der h. M. nicht nur der Hauptmieter (Hauptpächter BGH MDR 1952, 666), sondern jeder zum Besitz Berechtigte (Entleiher, Eingewiesene), sofern das Benutzungsrecht nicht auf einem dinglichen Recht beruht, Bettermann 31, 15.

Hat der Betriebsinhaber Räume der von ihm bewohnten Betriebswohnung an Angehörige des Betriebes vermietet, so kann er sich seinem Untermieter gegenüber nicht darauf berufen, daß ihm die Wohnung als Betriebswohnung überlassen sei und ihm deshalb die erleichterte Eigenbedarfsklage aus § 23 zustehe, so mit Recht LG Flensburg MDR 1952, 233 vgl. auch LG Göttingen Glaser 1953 Nr. 367.

Die Sonderregelung des Bestandschutzes des Untermieters in § 24 beruht auf dem Grundgedanken, daß der Kündigungsschutz nur den auf Dauer berechneten Nutzungsrechtsverhältnissen zu gewähren sei, KG JR 1948, 314. Als Beweisanzeichen für die Dauer seien die besonderen Voraussetzungen des Abs. 1 zu erfüllen.

3 Der Bestandschutz des Untermieters ist nicht nur gegenüber dem Untervermieter ein beschränkter, sondern vor allem gegenüber dem Hauptvermieter gefährdet; denn dieser hat nach § 556 Abs. 3 BGB mit Beendigung des Hauptmietverhältnisses einen Rückgabeanspruch gegen den Untermieter, gleichviel, ob er zur Untervermietung die Erlaubnis gegeben hat oder nicht. Der Rechtsbestand des Untermietverhältnisses wird von der Beendigung des Hauptmietverhältnisses nicht berührt, Staudinger-Kiefersauer, 26 zu § 549; KG DR 1942, 1093; LG Stade HMR Rspr 1949 Nr. 21; LG Hamburg HMR Rspr 1950 Nr. 37; OVG Münster ZMR 1952, 111; Bettermann zu LG Kassel MDR 1953, 234. Es kann aber zwischen den Vertragsteilen auch im Geltungsbereich des MSchG vereinbart werden, daß mit der Auflösung des Hauptmietverhältnisses (gleichviel aus welchem Grunde) das Untermietverhältnis beendigt sein soll, weil die Vereinbarung einer auflösenden Bedingung als rechtswirksam anzusehen ist. Zur Frage der mißbräuchlichen Rechtsausübung bzw. Umgehung des MSchG (§ 49) vgl. LG Hannover NJW 1949, 825 (Lewald); LG Göttingen MDR 1949, 744 (Lewald); LG Osnabrück ZMR 1952, 13, Roquette NJW 1952, 1395; Grund NJW 1953, 491; LG Kassel MDR 1953, 233 (Bettermann) und WM 1954, 79 = MDR 1954, 484; AG Pinneberg MDR 1953, 359; LG Landshut ZMR 1953, 218; LG Oldenburg, Glaser Nr. 14/IV/1954; LG Kleve MDR 1954, 361; LG Düsseldorf MDR 1954, 419 (Bettermann); LG Köln MDR 1954, 420 (Weimar); LG Aachen ZMR 1954, 212; LG Freiburg/Breisgau ZMR 1956, 119; LG Frankfurt a.M. WM 1955, 56; LG Köln ZMR 1958, 314 = JMBl (NRW) 1957, 280 = WM 1958, 23; LG Osnabrück WM 1958, 166; Roquette, Mietrecht 421; Bettermann 367; Schopp-Groothold 30; Hans 5; Bull NJW 1954, 946;

Weimar BlGBW 1955, 150; Domnich: NJW 1955, 1620; Liebers HuW 1955, 386; Domnich ZMR 1955, 322. Die Abwehr des Räumungsanspruchs des Vermieters wird nur in besonderen Ausnahmefällen mit Hilfe des § 826 BGB dem Untermieter möglich sein, vgl. LG Essen HMR Rspr. 1950 Nr. 30.

3 Gegenüber der Klage des Hauptvermieters aus § 556 Abs. 3 BGB kann sich der Untermieter in keinem Fall auf Mieterschutz berufen, Staudinger-Kiefersauer 31 zu § 549; Bettermann SJZ 1949, 618; LG Bayreuth MDR 1950, 223; LG Gießen, Urt. vom 13. Februar 1957 — 2 S 232/56 —. Auch § 27 MSchG findet keine Anwendung RGZ 110, 124; OLG Düsseldorf JW 1925, 2346; LG Köln JW 1925, 1926; a. M. OLG Köln EA 356; LG Berlin JW 1929, 2901; Bettermann SJZ 1949, 618; Anm. 13 zu § 1 und 6 zu § 27 MSchG.

4 Die Wiedereinweisung des gemäß § 556 Abs. 3 BGB räumungspflichtigen Untermieters durch die Wohnungsbehörde in die Räume ist im Hinblick auf § 33 Abs. 1 WBewG auch nach Vorliegen eines Räumungstitels grundsätzlich insoweit zulässig, als die Maßnahme der Wohnungsbehörde dem Sinn des Urteils nicht zuwiderläuft (Fellner-Fischer 3 zu § 33 WBewG); liegt ein Urteil nicht vor, so kann die Wohnungsbehörde ohne Vermeidung von Ermessensfehlern gegen den Willen des Vermieters die Wiedereinweisung des Untermieters (Zuteilung des Wohnraumes) mit nachfolgender Mietverfügung (§ 15 Abs. 6, § 16 WBewG) nur vornehmen, wenn diese Maßnahme dem Vermieter zumutbar (Roquette WBewG S. 264; Bettermann MDR 1950, 265) und zugleich aus „besonders dringenden Gründen der Wohnraumbewirtschaftung" notwendig ist, OVG Hamburg ZMR 1956, 280 = Glaser Nr. 187/VII/1956; BayVGH ZMR 1955, 152; LVG Hamburg DWW 1955, 269; Becker WM 1954, 54, 140; 1955, 109. Die Wohnungsbehörde ist keinesfalls berechtigt, das Untermietverhältnis in ein Hauptmietverhältnis umzuwandeln (LG Lüneburg MDR 1949, 167) und der Vermieter selbst kann eine solche Umwandlung nur mit Genehmigung der Wohnungsbehörde vornehmen, § 13 WBewG.

5 Die — mindestens überwiegende (LG Landshut ZMR 1952, 255) — Ausstattung der vereinbarungsgemäß überlassenen Mieträume mit für die Lebenshaltung des Mieters bedeutsamen (Bettermann 117; Hans 1) bzw. zur zweckentsprechenden Benutzung als Gewerberaum zweckdienlichen, wenn auch nicht unbedingt erforderlichen (LG Essen HMR Rspr 1949 Nr. 15; LG Regensburg ZMR 1952, 65; AG Köln ZMR 1954, 220) Einrichtungsgegenständen durch den Untermieter, gleichviel ob sie diesem zu Eigentum gehören oder nicht, gleich, ob der Mieter sie von seinem Vorgänger (käuflich, miet- oder leihweise) oder (unabhängig von der Raumüberlassung) vom Vermieter übernommen hat, ist Voraussetzung für die Anwendung der §§ 1—36 MSchG; kein Mieterschutz, wenn sich nicht mit Sicherheit feststellen läßt, ob der Anteil des Untermieters überwiegt, LG München WM 1958, 72. Die Art der Raumnutzung — Wohnung, Büro, Sprechzimmer, Laden (LG Göttingen WM 1950 Nr. 1), Lagerraum (LG Hamburg MDR 1950, 483), Unterrichtsraum — ist unerheblich. Auch der Untermieter von Nichtwohnräumen genießt Mieterschutz nur, wenn er diese — vereinbarungsgemäß, also mit Zustimmung (nicht nur mit Duldung, a. M. Hannover WM 1954, 102) des Vermieters — ganz oder überwiegend mit Einrichtungsgegenständen ausgestattet hat. Eine Ausnahme ist nur für den Fall anzuerkennen, daß der Mieter sich vertraglich verpflichtet hat, die Einrichtungsgegenstände bei Beendigung des Mietverhält-

nisses dem Vermieter zurückzulassen; der Mieter ist alsdann nicht schutzbedürftig, Bettermann 121. Der Mieterschutz beginnt bereits mit der Vereinbarung der Einbringung von Einrichtungsgegenständen, nicht erst mit deren tatsächlicher Einbringung, LG Augsburg MDR 1951, 33.

6 Der alleinstehende Untermieter hat keinen Anspruch auf Bestandschutz. Sind vom Untermieter nach Abschluß des Vertrages ohne Wissen oder Willen des Untervermieters Einrichtungsgegenstände in die Räume verbracht worden, so erlangt der Untermieter dadurch keinen Kündigungsschutz; maßgebend ist die vertragliche Regelung hinsichtlich der Stellung der Einrichtungsgegenstände durch den Untervermieter. Sind die Räume mit den vom Untervermieter gestellten Einrichtungsgegenständen vermietet und führt der Untermieter in den Mieträumen keine selbständige Wirtschaft oder Haushaltung — bei gewerblichen Räumen mit anschließender Wohnung (sofern diese gemäß § 5 GRMG überhaupt noch dem Mieterschutzgesetz unterworfen sind) kommt es auf Einrichtung des Gewerbebetriebes an, nicht auf die Haushaltführung in der Wohnung, KF JR 1948, 286 und 314 —, so gilt auch bei Abvermietung kein Mieterschutz. Wegen der Möglichkeit, die Rücknahme einzelner oder sämtlicher Einrichtungsgegenstände durch den Vermieter im Wege der Teilkündigung des Mieters bzw. deren Rückgabe durch den Mieter durch Teilkündigung des Vermieters zu erzwingen, vgl. § 24 a.

7 Bei Unterpachtverhältnissen wird der Pächter regelmäßig einen vom Verpächter eingerichteten Betrieb übernehmen und daher auch bei Abvermietung ohne Kündigungsschutz sein. Hat dagegen der Unterpächter ausnahmsweise das Inventar ganz oder teilsweise selbst mitgebracht und kann die Raumüberlassung trotzdem rechtlich noch als Pacht angesehen werden, so kann er sich bei Abverpachtung auf § 24 berufen, Bettermann 318.

Bei gewerblich genutzten unbebauten Grundstücken — soweit diese nicht gemäß § 5 GRMG aus dem Mieterschutz ausgeschieden sind — genießt der Untermieter (Unterpächter) bei Abvermietung (Abverpachtung) Mieterschutz, wenn er erlaubterweise, d. h. mit Zustimmung des Vermieters (Verpächters) auf dem Grundstücke nicht ganz unerhebliche Anlagen errichtet hat.

8 Eine selbständige Haushaltführung in den Mieträumen — sie bildet die Grundlage für die (hier nicht geforderte) wirtschaftlich und räumlich selbständige Wohnung, KG JW 1925, 1127; 1926, 717; 1927, 277; MietG 1931, 147; DR 1940, 868; OVG Münster HMR Rspr 1950 Nr. 24 u. 66; DÖV 1950, 503; ZMR 1953, 69, 126 u. 228; VGH München ZMR 1952, 44; OVG Hamburg ZMR 1954, 338 — ist auch dann möglich, wenn die Familie des Untermieters keinen ausdrücklichen Rechtsanspruch auf Küchenmitbenutzung, wohl aber die Möglichkeit einer solchen eingeräumt erhalten hat, KG DR 1941, 650; Hans 2; a. M. Bettermann 134. Erforderlich ist in Abs. 2 die Zugehörigkeit zum Haushalt des Mieters, nicht nur wie in § 19 Zugehörigkeit zum Hausstand. Durch Abs. 2 ist beim Ausscheiden des Untermieters (Tod, Wegzug) den oder dem einzigen in den Mieträumen verbliebenen Familienangehörigen ein weitgehender Raumschutz eingeräumt, LG Köln WM 1954, 128. Diese Regelung beschränkt sich auf Wohnräume (ebenso Bettermann 306) und auf Untermieter mit Familie; zum Begriff der Familie (Roquette DR 1943, 420; Scholz WM 1951, 18; LG Landshut ZMR 1952, 131; LG Essen ZMR 1953, 117; LG Berlin HW 1953, 53 u. 1954, 173; AG Köln WM 55, 151; LG Hamburg,

verneinend für Verlobte, BlGBW 1958, 31 m. abl. Anm. v. Schumacher; Bettermann 144, 146a (der mit Recht für eine weite Auslegung eintritt und für die entsprechende Anwendung des Abs. 1 und des Abs. 2 Satz 1 auf Fälle, in denen der Mieter mit einer Haushälterin [Hausangestellten] einen eigenen Haushalt führt; a. M. Hans 2); Grenzfall, wenn Sohn die Mutter zur Haushaltführung später zu sich nimmt, LG Traunstein Glaser Nr. 22/III/1954. Einzelpersonen haben auch dann keinen Kündigungsschutz, wenn sie mehr oder weniger sich selbst verköstigen, AG Stuttgart Glaser Nr. 55/III/1955; auch nicht die Untermieterin nach der Geburt eines unehelichen Kindes, AG Dillingen (Donau) ZMR 1956, 19; eine Ausnahme bildet der Fall, daß sich im Laufe des Mietverhältnisses der Familienhaushalt z. B. durch den Tod eines Ehegatten in einen Einzelhaushalt verwandelt, Bettermann 154; LG Köln ZMR 55, 14. Die Haushaltführung des Untermieters muß von der des Mieters getrennt sein. Eigene Möbelstücke des Untermieters sind nicht notwendig, wohl aber, daß der Untermieter regelmäßig wenigstens eine Hauptmahlzeit im Hause einnimmt, Hans 2; unentschieden KG EA 575; dazu Bettermann 136.

9 Die für die Aufnahme von Angehörigen ohne Zustimmung des Vermieters geltenden Grundsätze gelten für § 24 nur mit Einschränkung; denn die Überlassung von nichtselbständigen Teilen einer Wohnung und von Einrichtungsgegenständen verlangt eine stärkere Berücksichtigung der Vermieterinteressen, Bettermann 167; Staudinger-Kiefersauer 18 zu § 549.

10 Bei Unterpachtverhältnissen ist die Vorschrift nur anwendbar, wenn mit den gewerblichen Räumen Wohnräume mitverpachtet sind, in denen die Haushaltführung möglich ist, vgl. LG Göttingen DRspr II (277) 9; KG Berlin JR 1948, 286; LG Hamburg MDR 1950, 483. Hier entscheidet aber das wirtschaftliche Schwergewicht zwischen Wohnraum und Gewerberaum für die Anwendung der Vorschriften dieses Gesetzes; wird das Übergewicht des Wohnraumes verneint, so entfällt der Mieterschutz überhaupt, § 24 ist nicht anwendbar und es bedarf keiner weiteren Prüfung der Frage, ob bei Unterpachtverhältnissen an Stelle der „selbständigen Wirtschaft" des Unterpächters der „selbständige Gewerbebetrieb" tritt, was KG SJZ 1949, 119 mit Recht als unzulässig erachtet; a. M. Bettermann 319; Roquette Mietrecht S. 284. Der Gewerbebetrieb ist stets selbständig, auch wenn der Unterpächter etwa Maschinen des Hauptpächters mitbenutzen würde, BGH MDR 1952, 666 = ZMR 1953 343.

11 Die Grundsätze des § 24 gelten uneingeschränkt auch für Untermieter, denen der Wohnraum durch die Wohnungsbehörde zugeteilt ist, LG Paderborn MDR 1950, 225; Bettermann 327. Die Zuweisung des Wohnungssuchenden als solche begründet keinen Mieterschutz, LG Hildesheim HMR Rspr 1950 Nr. 31; AG u. LG Hannover, Glaser Nr. 338/53 u. Nr. 2/III/1954; a. M. LG Hannover MDR 1949, 422. Es ist nicht richtig, wenn LG Hamburg — Reinecke NJW 1948, 650 — ausführt, daß die „Bestimmung des § 24 MSchG insoweit als durch das Wohnungsgesetz abgeändert anzusehen ist". Die Zuweisung zielt wesentlich (vgl. § 15 Abs. 1, § 16 WBewG) auf die Schaffung eines privatrechtlichen Nutzungsverhältnisses ab, ohne dessen Mieterschutzfähigkeit zu beeinflussen. Sofern daher nach der Norm des § 24 ein Mieterschutz dem zugewiesenen Untermieter nicht zusteht, ist er der Kündigung des Vermieters ausgesetzt. Der Vorschlag Reineckes a.a.O., das Kündigungsrecht des Vermieters gemäß § 242 BGB unter dem Gesichtspunkt des Rechtsmiß-

brauchs einzuschränken, erscheint bedenklich, da die Kündigung im Sinne des BGB eines rechtfertigenden Grundes nicht bedarf, vgl. Staudinger-Kiefersauer 1 u. 28 zu § 564.

12 Soweit nicht bereits aus anderen Gründen, z. B. durch Erbfall eine Rechtsnachfolge (Gesamtrechtsnachfolge) und damit ein Eintritt in das Untermietverhältnis durch den haushaltzugehörigen Familienangehörigen stattgefunden hat, findet gemäß Abs. 2 Satz 2 in jedem Fall — beim Tode ebenso wie beim Ausscheiden des Untermieters aus der gemeinsamen Wohnung — eine Einzelrechtsnachfolge, hier „Eintritt" genannt, statt, vgl. hierher § 19 Abs. 1 diese Vorschrift geht als lex specialis der Regelung in Abs. 2 Satz 2 vor, Bettermann 227, 240. Der „Eintritt" erfolgt kraft Gesetzes; die Angehörigen haben — anders als nach § 19 Abs. 1 Satz 3 — kein Recht, den Eintritt abzulehnen, können sich also nur für die Zukunft durch Kündigung aus dem Untermietverhältnis oder durch freie Vereinbarung lösen. Durch diese Regelung kann der Kündigungsschutz für die nach dem Tode oder dem Ausscheiden des eigentlichen Mieters aus der Wohnung (z. B. der Ehemann verläßt böswillig Frau und Kinder, Roquette DR 1943, 421 und Mietrecht S. 285) in der Wohnung Verbleibenden aufrechterhalten werden, sofern diese weiterhin darin einen eigenen Hausstand (Familienhaushalt) im Rahmen des Untermietverhältnisses — dazu Bettermann 270 — führen. Für die Fortdauer des Kündigungsschutzes ist es unerheblich, wenn die Voraussetzungen des Abs. 1 entfallen, wenn also nur mehr eine Einzelperson ohne selbständigen Haushalt die Räume innehat, ebenso Bettermann 288.

Da der „Eintritt" gemäß Abs. 2 Satz 2 das Fortbestehen des Mietverhältnisses zur Voraussetzung hat, kann diese Vorschrift nicht zur Anwendung kommen, wenn das Mietverhältnis vom Mieter durch Vereinbarung oder Kündigung vor seinem Ausscheiden aufgelöst worden ist, Bettermann 223, 251.

13 Untermietähnliches Rechtsverhältnis („Quasi-Untermietverhältnis"). Die Vermietung selbstgenutzter Räume durch den Hauseigentümer ist an sich Miete; durch die Gleichstellung mit dem Untermietverhältnis finden die Vorschriften der Abs. 1 und 2 Anwendung. Es gilt also für den Rauminhaber der beschränkte Mieterschutz des Abs. 1, zugleich aber auch für die haushaltangehörigen Familienangehörigen die Erweiterung des Raumschutzes gemäß Abs. 2. Von den eigengenutzten Räumen darf nur ein Teil zur Alleinbenutzung überlassen, die Raumnutzung einer Raumeinheit („im Hause") muß also in Eigen- und Fremdnutzung aufgeteilt sein, ohne daß damit die Einheit zerstört wird z. B. zwei selbständige d. h. wirtschaftlich und räumlich getrennte Wohnungen geschaffen werden. Vermietet der Hauseigentümer einen räumlich und wirtschaftlich selbständigen Teil seiner eigenen Wohnung, so findet § 24 keine Anwendung, KG DR 1940, 868; Cranz HuW 1950, 190; Schopp-Groothold 61; Roquette 6; Bettermann SJZ 49, 465.

§ 24a

(1) **Sind dem Mieter eines Wohnraums Möbel oder andere Einrichtungsgegenstände von dem Vermieter mitvermietet worden und sind die Vorschriften des ersten Abschnitts anzuwenden, so können Vermieter und Mieter den Mietvertrag hinsichtlich aller oder ein-**

zelner mitvermieteter Gegenstände kündigen, wenn die Kündigung bei Abwägung der Verhältnisse des Mieters und des Vermieters dem anderen Teil zugemutet werden kann.

(2) **Die Kündigung ist nur für den Schluß eines Kalendermonats zulässig. Sie hat spätestens am dritten Werktag des Monats zu erfolgen.**

(3) **Von dem Zeitpunkt an, in dem die Kündigung wirksam wird, ermäßigt sich die Miete in angemessenem Verhältnis. Die preisrechtlichen Vorschriften bleiben unberührt.**

(4) **Bei einem Rechtsstreit, der die Zurücknahme oder Herausgabe von Möbeln oder Einrichtungsgegenständen betrifft, finden die §§ 7, 12, § 13 Abs. 4 und § 15 entsprechende Anwendung.**

1 Die Vorschrift des § 24a ist mit Wirkung vom 1. Juli 1953 durch § 28 Ziff. 4 WBewG in das Mieterschutzgesetz eingefügt worden. Durch sie wird für mieterschutzpflichtige Mietverhältnisse die bisher umstrittene Frage bejaht, ob bei Mitvermietung von Einrichtungsgegenständen deren Überlassung von einem Vertragsteil aufgekündigt werden kann, vgl. hierzu Bettermann 79 zu § 1 und 10 zu § 24; Hans 9 zu § 1; Roquette Mietrecht R. 828 und WBewG S. 413; Schopp-Groothold 38, 44 zu § 24; Staudinger-Kiefersauer 82 vor § 535; LG Göttingen ZMR 1952, 178; LG Lüneburg MDR 1953, 100; LG Essen ZMR 1953, 250; LG Köln Glaser Nr. 216/1952; AG Bremen Glaser Nr. 341/1953.

2 Die gesetzliche Regelung beschränkt sich auf Mietverhältnisse über Wohnräume, die dem Mieterschutz unterliegen. § 24a ist daher unanwendbar auf Miet(Pacht)verhältnisse, bei denen diese Voraussetzung nicht vorliegt; dies gilt insbes. für Untermietverhältnisse, in denen der Untermieter einen selbständigen Haushalt nicht führt (8 zu § 24) oder bei denen die überwiegende Ausstattung mit Einrichtungsgegenständen nicht durch ihn erfolgt ist (6 zu § 24). In diesen Fällen ist die Frage der Zulässigkeit der Teilkündigung nach allgemeinen Rechtsgrundsätzen zu entscheiden.

3 § 24a gilt ferner nicht für die Vermietung von Wohnraum und Einrichtungsgegenständen, wenn diese getrennt d. h. unabhängig von einander erfolgt ist. Für die Auslegung des Begriffs der Mitvermietung gibt die in § 3 Abs. 2, § 5 Abs. 3 GRMG gewählte Ausdrucksweise „zugleich mit" einen Anhaltspunkt, wobei unbestritten ist, daß damit nicht der Vertragsabschluß zum gleichen Zeitpunkt und in demselben Vertrag gemeint ist (RGZ 122, 274), so daß auch Mitvermietung durch mehrere Mietverträge bei entsprechender (auch nachträglicher) Verkoppelung die Voraussetzung erfüllen kann, vgl. LG Hamburg MDR 1953, 174; AG Bremen ZMR 1953, 159. Liegt ein einheitliches Mietrechtsverhältnis nicht vor, so kann jeder Vertragsteil den Mietvertrag über die Einrichtungsgegenstände ohne Rücksicht auf die für den Raumüberlassungsvertrag geltenden Mieterschutzvorschriften gemäß Gesetz oder Vertrag kündigen; § 24a findet keine Anwendung. Die bloße Aufteilung des Mietzinses in das Entgelt für die Raumüberlassung und für die Benutzung der Einrichtungsgegenstände steht der Annahme der Mitvermietung nicht ohne weiteres entgegen.

4 Aus der Ausdrucksweise des Gesetzes „Mieter eines Wohnraumes" dürfte nicht zu folgern sein, daß § 24 a nur auf die Vermietung von Einzelräumen, nicht auf die Überlassung ganzer möblierter Wohnung anwendbar sei (so Roquette 3 zu § 24 a; wie hier Bettermann 13, 17; Hans 1). Gerade weil § 24 a nicht auf Untermietverhältnisse beschränkt ist, dürfte die Einengung auf Einzelwohnräume nicht gerechtfertigt sein, ganz abgesehen davon, daß die Abgrenzung einer Mehrheit von Einzelräumen gegen den Begriff der Wohnung erheblichen Schwierigkeiten begegnen kann.

5 Bei einheitlicher Vermietung von Raum und Einrichtungsgegenständen — das Gesetz zählt die Möbel (zu denen auch das Zubehör wie Decken, Matratzen, Bettwäsche gehört) ausdrücklich zu den Einrichtungsgegenständen anderer Art, die der Wohnlichkeit des Raumes dienen, wie Teppiche, Vorhänge, Beleuchtungskörper, Bilder — räumt die Vorschrift des Abs. 1 sowohl dem Mieter als auch dem Vermieter ein auf einzelne oder alle mitvermieteten Einrichtungsgegenstände bezügliches Teilkündigungsrecht ein. Dieses Recht ist ein Schutzrecht im Sinne des § 49 MSchG, auf das die Vertragsteile im voraus nicht verzichten können und das durch Vereinbarung von Rechtsnachteilen nicht unwirksam gemacht werden kann. Entgegenstehende, vor Inkrafttre en des § 24 a getroffene Vereinbarungen sind unwirksam; dies gilt insbes. auch für Kündigungstermine und Kündigungsfristen, die der Vorschrift des Abs. 2 entgegenstehen, Fellner-Fischer 4 zu § 24 a (§ 28 WBewG).

6 Die Kündigung aus Abs. 1 ist nur für den Schluß eines Kalendermonats zulässig und muß spätestens am dritten Werktag ausgesprochen d. h. dem Vertragsgegner zugegangen (§ 130 BGB) sein.

Die Kündigung ist gemäß Abs. 1 nur zulässig, wenn die durch sie bewirkte Beendigung des Mietverhältnisses (§ 564 BGB) und die dadurch ausgelöste Rückgabepflicht (§ 556 BGB) bzw. Rücknahmepflicht hinsichtlich der bezeichneten Einrichtungsgegenstände dem Vertragsgegner bei Abwägung der Verhältnisse des Vermieters und des Mieters zugemutet werden kann.

7 Die Entscheidung über die Zumutbarkeit obliegt dem Gericht, wenn die Zulässigkeit der Kündigung vom Vertragsgegner bestritten wird. Kündigt der Mieter, so ist die Kündigung für den Vermieter in aller Regel dann nicht zumutbar, wenn er auf die möblierte Vermietung zur Erhaltung seiner wirtschaftlichen Lebensgrundlage angewiesen ist (OVG Münster HMR Rspr 1951 Nr. 153 und ZMR 1952, 260; vgl. § 19 S. 2 WBewG) oder wenn er die Einrichtungsgegenstände in den eigenen Räumen nicht ohne Schwierigkeiten unterbringen kann. Andererseits ist das Interesse des Mieters an der Einbringung eigener Einrichtungsgegenstände in den Wohnraum, insbes. bei Flüchtlingen, angemessen zu berücksichtigen. Auch die besonderen Umstände des Einzelfalles (Versprechungen hinsichtlich der Möbelnutzung, Zustand der Möbel) sind zu beachten.

Kündigt der Vermieter, z. B. weil er die Möbel selbst benötigt, so sind die wirtschaftlichen Verhältnisse des Mieters zu berücksichtigen, insbes. nach der Richtung, ob er selbst Möbel zu beschaffen vermag. Gegebenenfalls kann die Kündigung auf einen Teil der begehrten Einrichtungsgegenstände beschränkt werden.

8 Die preisrechtlichen Auswirkungen einer nach Abs. 1 zulässigen Kündigung einzelner oder aller überlassenen Einrichtungsgegenstände werden in Abs. 3, vorbehaltlich der allgemeinen Preisvorschriften, dahin festgelegt, daß vom Wirksamwerden der Kündigung an die Miete in angemessenem Verhältnis von Raummiete und Möbelmiete sich ermäßigt. Dabei ist vorausgesetzt, daß die Rückgabe der Einrichtungsgegenstände bei Kündigung des Vermieters auch tatsächlich zu diesem Zeitpunkt erfolgt; geschieht dies nicht, so kann der Vermieter gemäß § 557 BGB für die Dauer der Vorenthaltung als Entschädigung den vereinbarten Mietzins, gegebenenfalls weiteren Schaden verlangen. Hat der Mieter gekündigt und nimmt der Vermieter die Einrichtungsgegenstände nicht zurück, so tritt gleichwohl die Mietermäßigung nach Abs. 3 in Kraft.

9 Die Ausscheidung von Raummiete und Möbelmiete erfolgt, wenn im Vertrag eine Aufteilung nicht erfolgt ist, nach dem durch Schätzung zu ermittelnden Verhältnis der Nutzungswerte zueinander; die Entscheidung trifft im Streitfall das Gericht nach billigem Ermessen, § 315 Abs. 3 BGB. Dies gilt in aller Regel auch bei der Untervermietung von Wohnraum, da nach § 37 Abs. 2 AMVO vom 23. Juli 1958 (BGBl I, 549) die Miethöhe solange als frei vereinbart gilt, als nicht einer der Vertragsteile dem anderen gegenüber schriftlich erklärt hat, daß die preisgebundene Untermiete gelten soll.

10 Kommt es auf Grund einer nach Abs. 1 ausgesprochenen Kündigung zu einem Prozeßverfahren über die Herausgabe oder Rücknahme an Einrichtungsgegenständen, so sind nach Abs. 4 auf dieses Verfahren die besonderen, sonst nur für das Mietaufhebungsverfahren gemäß § 1 MSchG geltenden Vorschriften des § 7 (ausschließliche Zuständigkeit des Amtsgerichts; Ausschluß der schiedsrichterlichen Erledigung); des § 12 (Vertretung der Parteien durch Beauftragte der Vereinigung des Hausbesitzer oder Mieter); des § 13 Abs. 4 (Wertberechnung nach dem Jahresmietzins für die Einrichtungsgegenstände) und des § 15 (Klagehäufung, sofern die Ansprüche das gleiche Mietverhältnis betreffen, Widerklage, Abtrennung) zur entsprechenden Anwendung zu bringen. Im übrigen gelten die Vorschriften der ZPO.

§ 25

Ist ein Raum für besondere Zwecke zu vorübergehendem Gebrauch vermietet, so finden, unbeschadet des § 27, die §§ 1 bis 19, 24, 30 und 31 keine Anwendung.

1 Diese Vorschrift ist auch nach Ausdehnung des Mieterschutzes in Kraft geblieben; § 2 Abs. 1 Dritte AusfVO KSchV (mitgeteilt auf S. 230 der Vorauflage) hatte sie ausdrücklich aufrechterhalten. Der Grundgedanke der Vorschrift ist, nur den auf die Dauer berechneten Mietverhältnissen den Bestandschutz zu sichern. Der vorübergehende Gebrauch und die besondere Zweckverwendung muß Gegenstand des Vertrages sein. Die Zwecksetzung geht vom Mieter aus (LG Braunschweig NJW 1961, 321 (Anm. Müller) — MDR 1961, 236); ihr ist die Gebrauchsüberlassung durch den Vermieter anzupassen. Darin liegt die Besonderheit dieser Vermietung, daß sie zweckgebunden ist, Bettermann 16, 20. Die Befriedigung eines allgemeinen Wohnbedarfs genügt nicht, LG Kassel WM 1953, 107; andererseits braucht der Zweck nicht ein vom normalen Raumbedarf verschiedener zu sein, Bettermann 14 gegen LG Hamburg HMR Rspr 1950 Nr. 60 und LG Krefeld MDR 1952, 102; LG Freiburg/Breisgau ZMR 1956, 307. Nebengelasse einer Wohnung (Waschküche, Keller) oder

Garagen können einen Wohnbedarf nicht befriedigen, sind nur für Notunterkunft geeignet, AG Köln WM 1953, 22. Vorübergehend ist der Gebrauch nicht schon dann, wenn die Gebrauchszeit zeitlich — auf kurze Frist („vorübergehend"), nicht auf ein ungewisses, in ferner Zukunft liegendes Ziel gerichtet, LG Aachen, JMBl NRW 52, 227 — DRsp II (277) 46 — beschränkt ist, sondern nur dann, wenn von vornherein der spätere Wegfall der Benutzung in ursächlichem Zusammenhang mit der Erreichung des besonderen Zweckes der Raumüberlassung beabsichtigt ist. Gegen diese Formulierung Bettermann 6; vgl. auch Schopp-Groothold 12 und Roquette Mietrecht S. 281, ihm folgend LG Aachen HMR Rspr 1951 Nr. 100. Zur Auslegung des § 25 vgl. auch Weimar HW 1949, 22. Stillschweigende Verlängerung der auf kurze Frist berechneten Benutzung schadet nicht, Hans 1; wohl aber befristeter Mietvertrag mit Verlängerungsklausel, AG Marburg ZMR 1958, 228.

2 Beispiele für die Anwendung des § 25, Vermietung von gewerblichen Räumen für Zwecke der Ausstellung während eines Marktes, einer Jubiläumsschau, einer Messe oder für Vorführungen und Gastspiele; Vermietung von Wohn- und Unterkunftsräumen für Teilnehmer von Messen, Lehrgängen oder sportlichen Veranstaltungen, AG Remscheid-Lennep WM 1958, 153; Vermietung von gewerblichen Räumen für bestimmte, zeitlich dem Zweck entsprechend begrenzte Aufgaben, z.B. Durchführung einer Versteigerung, eines Saisonverkaufes, eines Umbaues usw., Vermietung von Wohnräumen an Gäste (Bettermann 50), — insbes. einer gewerbsmäßigen Zimmervermieterin AG Wuppertal, Glaser Nr. 347/1953 — an Studenten und Schüler, sofern nicht die Begründung eines Dauerverhältnisses in Frage kommt; Vermietung von gewerbl. Räumen zum Wohnen bis zur Wiederverwendung der gewerblichen Räume zu gewerbl. Zwecken, AG Köln MDR 1958, 921. Ob die Aufnahme eines von der Besatzungsmacht Exmittierten hierher gehört, ist Tatfrage; ein Erlöschen des Mieterverhältnisses in dem Augenblick, in dem die alte Wohnung wieder beziehbar geworden ist (so LG Hagen JMBl NRW 1949, 134), dürfte nicht ohne weiteres anzunehmen sein. Wegen der Vermietung von Beherbergungsräumen eines Gasthofes für die Dauer der kriegsbedingten Stillegung des Beherbergungsbetriebes, LG Gießen NJW 1949, 831. Die Rückkehr des geschiedenen Ehegatten in die frühere eheliche Wohnung begründet nicht die Anwendung des § 25, LG Aachen HMR Rspr 1951 Nr. 100. Dagegen gehört hierher die aushilfsweise Überlassung einer Kleinsiedlerstelle an einen Nichtsiedler (arg. aus § 33), LG Aachen DRspr II (277) 38.

3 Nicht anwendbar soll § 25 sein, wenn der Verkäufer eines Grundstückes mit dem Käufer vereinbart, daß er nach dem Verkauf noch weiterhin für kurze Zeit in den von ihm bisher bewohnten Räumen gegen Zahlung von Entgelt verbleiben dürfe, LG Aachen ZMR 1955, 332 = HuW 1954, 390; Roquette 7 zu § 25; LG Hildesheim MDR 1958, 36; AG Sulingen MDR 1957, 293; a.A. aber mit Recht Schopp-Grootbold 16 zu § 25; Bettermann 38 zu § 25; Hans 2 zu § 25; KG DR 1942, 1094; BGH ZMR 1958, 357; LG Kassel WM 1959, 4; LG Braunschweig NJW 1961, 321 (Anm. Müller) — MDR 1961, 236.

Vereinbart der Verkäufer eines Hausgrundstücks mit dem Käufer, daß dieser für den Fall der Versagung der behördlichen Genehmigung des Kaufvertrages auf ein Jahr Mieter des Grundstücks sein soll, so genießt der Käufer keinen Mieterschutz, KG DR 1942, 1094.

§ 25 ist auch auf Zwangsmietverhältnisse anwendbar (BayObLG München ZMR 1956, 405; Bettermann Anm. 7, 38, 76 zu § 25).

Wegen der Anwendung des § 25 auf Verkaufsstände (Kioske, Buden), die vom Mieter oder Vermieter (Eigentümer) auf Trümmergrundstücken errichtet worden sind, vgl. 5 zu § 1.

4 Der Vorbehalt des § 27 schließt die Anwendung der §§ 7, 10, 12, 13 Abs. 2 Satz 2, 14, 15, 18 in sich. Die nach dem Wortlaut des § 25 nicht ausgeschlossene Anwendung der §§ 20—23c stößt auf erhebliche Bedenken, vgl. Bettermann 57—67. Als gegenstandslos dürften die Vorschriften der §§ 26, 32—35, 52—53 zu betrachten sein, so daß ihre Anwendung entfällt. Unanwendbar bleiben demnach lediglich die §§ 1—6, 11, 13 (ausgenommen Abs. 2 Satz 2), 16, 17, 19 (Bettermann 59 will Abs. 4 gelten lassen), §§ 20—24 und 30, 31. Im Falle des § 32 Abs. 2 dürfte dem Zweckmieter ein Umzugskostenersatz oder eine Räumungsentschädigung nicht zuzubilligen sein, ebenso Bettermann 68.

Die Ersetzung der Erlaubnis zur Untervermietung — § 29 MSchG — ist auch bei der Untervermietung an Sommergäste möglich, LG Berlin DR 1942, 893. Obgleich die Anwendbarkeit des § 29 in § 25 nicht ausgeschlossen ist, wird die Anwendung von Bettermann 73 als widerspruchsvoll abgelehnt.

Auf das Verfahren findet § 27 Anwendung.

§ 26

Das dem Vermieter nach § 19 der Konkursordnung zustehende Kündigungsrecht wird durch dieses Gesetz nicht berührt.

1 Im Konkurs des Mieters kann der Vermieter sowohl wie der Konkursverwalter, wenn der Mietraum vor Eröffnung des Verfahrens dem Gemeinschuldner überlassen war, gemäß § 19 KO das Mietverhältnis kündigen. Dieses Recht bleibt auch durch die Ausdehnung des Mieterschutzes unberührt, Roquette, Mietrecht S. 375.

Die Kündigung des Vermieters muß gegenüber dem Konkursverwalter erfolgen. Die Kündigungsfrist ist, sofern nicht eine kürzere Frist vereinbart ist, die gesetzliche gemäß §§ 565, 595 BGB. Ist bei einem einheitlich an mehrere Mieter vermieteten Mietraum nur ein Mieter in Konkurs geraten, so kann der Vermieter nicht gemäß § 19 KO kündigen, wohl aber (RGZ 141, 293) der Konkursverwalter, LG Wuppertal NJW 1951, 662; Groothold ZMR 1954, 299; Roquette 4; a. M. LG Berlin HW 1953, 433 = NJW 1954, 1207; Bettermann ZMR 1955, 298.

2 War der Mietraum dem Mieter zur Zeit der Eröffnung des Konkursverfahrens noch nicht überlassen, so kann der Vermieter gemäß § 20 Abs. 1 KO vom Vertrag zurücktreten. Die Ausübung dieses gesetzlichen Kündigungsrechts, die nach § 20 Abs. 2 KO unverzüglich erfolgen muß, wird durch das MSchG nicht beeinträchtigt. § 27 ist nicht anwendbar, Staudinger-Kiefersauer 32 vor § 535; Bettermann A I 2; Hans 1; Schopp-Groothold 8.

3 Bei Konkurs des Vermieters bleibt der Miet(Pacht)vertrag gemäß § 21 KO auch der Konkursmasse gegenüber rechtswirksam. Der Mieter bleibt im Rahmen des MSchG im Genuß des Mieterschutzes. War der Mietraum bei Eröffnung des Konkurses des Vermieters noch nicht überlassen, so kann der Konkursverwalter die Erfüllung des Mietvertrages ablehnen (§ 17 KO). Im Geltungsbereich des Mieterschutzes ist ihm aber die Ausübung dieses kündi-

gungsähnlichen Rechtes nicht gestattet, Loening, Grundstücksmiete S. 220 u. MietG 1928, 104; Staudinger-Kiefersauer 33 vor § 535; Bettermann 143 zu § 1; a. M. Schopp-Groothold 11.

4 Auf das Vergleichsverfahren nach der Vergleichsordnung vom 26. Februar 1935 (RGBl I 321) findet § 26 keine Anwendung, auch nicht entsprechend. Die Vergleichsordnung berührt das Mieterschutzgesetz nicht, vgl. Staudinger-Kiefersauer, Vorbem. 34 zu § 535; Roquette 11; vgl. aber § 51 VglO.

§ 27

(1) **Bei einem Rechtsstreit, der die Herausgabe eines Mietraums zum Gegenstande hat, ohne daß eine Aufhebung des Mietverhältnisses im Sinne dieses Gesetzes verlangt wird, finden die §§ 7, 9, 10, 12, § 13 Abs. 2 Satz 2, §§ 14, 15, 18 Anwendung. Dem Mieter kann auf seinen Antrag eine den Umständen nach angemessene Räumungsfrist auch dann gewährt werden, wenn das Urteil die Herausgabe von Räumen zum Gegenstande hat, die nicht Wohnräume sind; die Vorschriften des § 721 der Zivilprozeßordnung in Verbindung mit § 6 Abs. 1 gelten entsprechend.**

(2) **Die Vorschriften des Abs. 1 gelten auch für Räume, die nur mit Rücksicht auf ein Dienst- oder Arbeitsverhältnis vermietet oder überlassen sind.**

1 Das Räumungsverfahren muß die Herausgabe eines Mietraumes (oder eines gewerblich genutzten unbebauten Grundstücks, § 36; vgl. Bettermann 31/32), zu der der Mieter gemäß § 556 Abs. 1 BGB verpflichtet ist, zum Gegenstand haben. Rechtsgültiges Miet- oder Pachtverhältnis (§ 36) ist Voraussetzung für die Anwendung des § 27, BGH BlGBW 1956, 367; LG Berlin BlnGrundE 1957, 20; daher keine Anwendung, wenn das Rechtsverhältnis nichtig oder durch Anfechtung vernichtet worden ist und deshalb aus § 985 BGB geklagt wird, LG Wiesbaden ZMR 1953, 12. Keine Anwendung bei Leihe, Nießbrauch, dinglichem Wohnrecht, Altenteil. Keine Anwendung auf die Klage des Hauptvermieters gegen den Untermieter nach § 556 Abs. 3 BGB (RGZ 110, 124); Hans 2; Schopp-Groothold 7; Roquette 5; LG Berlin BlnGrundE 1957, 20; a.M. Bettermann 6 im Hinblick auf die Beurteilung des Anspruchs aus § 556 Abs. 3 BGB als eines auf dem gesetzlichen Schuldbeitritt zu der Vertragsschuld des Hauptmieters beruhenden Rechtes, RGZ 136, 33; Staudinger-Kiefersauer 32 zu § 556. § 27 hat Bedeutung nur für die Fälle, in denen grundsätzlich ein Schutz nach dem Mieterschutzgesetz genießendes Mietverhältnis ausnahmsweise doch nicht durch Gestaltungsurteil (§ 1 Abs. 1) aufgehoben zu werden braucht, z. B. weil der Mietvertrag durch Vereinbarung aufgehoben ist oder weil der Mieter gekündigt hat oder weil der Mieter dem vom Vermieter erklärten, ihm vertraglich vorbehaltenen Rücktritt zugestimmt hat (§ 1 Abs. 3). Für die Anwendung des § 27 fehlt es dagegen dann an einer Grundlage, wenn das Gesetz den Mieterschutz in jeder Form von vornherein und unter allen Umständen dadurch versagt, daß es die Anwendbarkeit seines ersten, die Überschrift „Mieterschutz" tragenden Abschnittes ausschließt, BGH ZMR 1957, 22 = BlGBW 1956, 367. § 27 findet also keine Anwendung auf die Klage des einen Ehegatten auf Räumung der Ehewohnung durch den anderen Ehegatten.

2 In Betracht kommen dagegen folgende Fälle:

a) der Mieter hat gekündigt §§ 564, 565 BGB oder sich auf die Beendigung des Mietverhältnisses berufen, § 1 Abs. 2 MSchG;
b) der Mieter oder Vermieter hat von dem ihm zustehenden gesetzlichen Rücktrittsrecht Gebrauch gemacht (a. M. Hans 2; Schopp-Groothold 7);
c) das Mietverhältnis ist durch übereinstimmende Willenserklärung beider Vertragsteile oder durch den Eintritt einer auflösenden Bedingung beendigt worden;
d) der Vermieter klagt auf die Herausgabe von Räumen,
   α) die für besondere Zwecke zu vorübergehendem Gebrauch vermietet sind, § 25 MSchG;
   β) gegen den im Konkurs befindlichen Mieter oder den Konkursverwalter, § 19 KO, § 26 MSchG;
e) der Vermieter verlangt vom Erben des Mieters gemäß § 569 BGB, § 19 MSchG die Herausgabe des Mietraumes;
f) der Arbeitgeber verlangt gemäß § 20 Satz 2, § 21, § 20 Satz 1, § 27 Abs. 2 die Herausgabe des nur mit Rücksicht auf ein Dienst(Arbeits)-verhältnis überlassenen Raumes, Bettermann 30;
g) der Mieter verlangt vom Untermieter die Herausgabe des Mietraumes, sofern gemäß § 24 die Vorschriften des ersten Abschnitts in ihrer Gesamtheit wegen des Fehlens der besonderen Voraussetzungen (Abvermietung, überwiegende Ausstattung mit Einrichtungsgegenständen, Führung eines Familienhaushaltes) keine Anwendung finden und deshalb das Mietaufhebungsverfahren entfällt, Bettermann SJZ 1949, 467 sowie 194, 197 zu § 24 und 10 zu § 27; Hans 1 Buchst. b; BGH HuW 1956, 307 — BlnGrundE 1956, 599; a. M. Schopp-Groothold 54 zu § 24.

3 Auf das sog. qualifizierte Räumungsverfahren finden Anwendung:

1. die Vorschriften des § 7 über die ausschließliche Zuständigkeit des Amtsgerichts, die Unzulässigkeit schiedsgerichtlicher Erledigung des Verfahrens; § 9 ist gegenstandslos, da es heute kein Güteverfahren mehr gibt (vgl. Art. 2 Nr. 62—69 des Ges. v. 12. Sept. 1950 — BGBl I, 455 — Aufhebung des Güteverfahrens);
2. die prozessualen Vorschriften des § 10 Abs. 1 über den Hinweis auf die Möglichkeit eines Versäumnisurteils bei der Ladung der Partei und des § 12 über die Zurückweisung von Vertretern von Mieter- oder Vermietervereinigungen;
3. die Bestimmung des § 13 Abs. 2 Satz 2 über die Voraussetzungen der vorläufigen Vollstreckbarkeitserklärung des Räumungsurteils;
4. die Bestimmung des § 14 über Berufung und sofortige Beschwerde, des § 15 über Klageverbindung und Widerklage, des § 18 über die Unzulässigkeit der Anordnung der Herausgabe des Mietraumes im Wege der einstweiligen Verfügung.

4 Die Gewährung einer Räumungsfrist ist in Abs. 1 Satz 2 für das Verfahren nach § 27 abweichend von der Regel des § 5a geregelt. Erforderlich ist ein Antrag des Mieters; die Entsprechung ist nicht Pflicht des Gerichts, sondern steht in seinem Ermessen. Die Frist kann nicht verlängert werden; sie kann auch nicht vorzeitig aufgehoben werden. Während der Dauer der Räu-

mungsfrist besteht kein Mietverhältnis; es besteht also ein vertragloser Zustand, Staudinger-Kiefersauer 26 vor § 535. Sachlich-rechtliche Beziehungen werden durch die Gewährung der Räumungsfrist nicht begründet, insbes. die Verzugsfolgen für den Mieter nicht ausgeschlossen, BGH MDR 1953, 675 = NJW 1953, 1586 = LM Nr. 1 zu § 27 = ZMR 1953, 344. Der Vermieter hat daher Anspruch auf Entschädigung nach § 557 BGB. Dagegen wird die Anwendung des sonst nur für Wohnräume geltenden § 721 ZPO auch auf Nichtwohnräume ausgedehnt. Die Anfechtung des Mieters wegen Ablehnung seines Antrages und die des Vermieters wegen Gewährung der Räumungsfrist erfolgt nicht durch Berufung, sondern gemäß § 6 Abs. 1 Satz 3 durch sofortige Beschwerde (also ohne Rücksicht auf den Streitwert). Die Ergänzung des Urteils bei Übergehung des Antrags auf Gewährung der Räumungsfrist erfolgt entsprechend § 6 Abs. 1 MSchG im Verfahren nach § 319 Abs. 2, 3 ZPO.

Diese Grundsätze gelten auch für landes- bzw. bundesrechtlich (§ 1 MSchG AusnVO, § 31 MSchG) gelockerte Mietverhältnisse, § 52e Abs. 1 Ziff. 1a. Die Räumungsfrist kann durch besondere landes- bzw. bundesrechtliche Anordnung verlängert werden, § 52e Abs. 3.

5 Das einfache Räumungsverfahren greift überall da Platz, wo weder ein Mietaufhebungsverfahren nach § 1 MSchG noch das qualifizierte Räumungsverfahren nach § 27 MSchG zur Anwendung kommt. In diesem Verfahren gibt es nur das Rechtsmittel der sofortigen Beschwerde, zulässig ohne Rücksicht auf den Wert des Beschwerdegegenstandes, § 567 ZPO, Art. 1 Abs. 3 des Rechtsmittelgesetzes. Eine Räumungsfrist kann nach § 721 ZPO nur für Wohnräume gewährt werden. Die Herausgabe des Mietraumes an den Vermieter kann auch im Wege der einstweiligen Verfügung angeordnet werden.

§ 28

(1) Auf eine Verpflichtung des Mieters, eine ihm nach § 538 Abs. 2 des Bürgerlichen Gesetzbuchs gegenüber dem Vermieter zustehende Ersatzforderung nicht gegen eine Mietzinsforderung aufzurechnen, kann sich der Vermieter nicht berufen. Der Mieter kann jedoch nur aufrechnen, wenn er dem Vermieter die Absicht der Aufrechnung mindestens einen Monat vor der Fälligkeit des Mietzinses in schriftlicher Form angezeigt hat.

(2) Diese Vorschriften finden auf den vertraglichen Ausschluß eines Minderungs- oder Zurückbehaltungsrechts oder eines Rechts auf Aufrechnung mit einem Schadensersatzanspruch nach § 538 Abs. 1 des Bürgerlichen Gesetzbuchs entsprechende Anwendung.

1 Die Vorschrift gilt für alle Miet(Pacht)- und Untermiet(Pacht)verhältnisse, auf welche das MSchG Anwendung findet. Sie ist nicht beschränkt auf das Mietaufhebungsverfahren aus § 3 MSchG, sondern kann vom Mieter in jedem Streitverfahren über die Zinsleistungsverpflichtung geltend gemacht werden. Über den Geltungsbereich des MSchG hinaus gilt § 28 kraft ausdrücklicher Vorschrift in den Fällen der §§ 25, 52e Abs. 1 Ziff. 2. Soweit daher § 31a MSchG oder § 31b MSchG für neugeschaffenen Wohnraum die Anwendung des § 52e vorschreibt, gilt auch § 28 für die aus dem Mieterschutz entlassenen Rechts-

verhältnisse, Schopp-Groothold 3; a.M. Bettermann 127. Trotz des entgegenstehenden Gesetzeswortlautes will Bettermann 122, 123 die Vorschrift des § 28 zur Anwendung bringen auf Untermietverhältnisse, die nicht unter § 24 fallen, auf die in den §§ 32—35 bezeichneten Rechtsverhältnisse und auf die Abwicklungsmietverhältnisse des § 5a Abs. 4 und auf bereits beendete Mietverhältnisse im Bereich des § 557 BGB.

2 Das Recht des Mieters im Falle des Verzuges des Vermieters zur Beseitigung von Mängeln der Mietsache diese selbst zu beseitigen und alsdann vom Vermieter den Ersatz der erforderlichen Aufwendungen zu verlangen (§ 538 Abs. 2 BGB) kann durch Vertragsabrede ausgeschlossen werden. Zur Aufrechnungsvereinbarung vgl. Cranz HW 1950, 346; zur Auslegung einer solchen Vereinbarung KG DRspr II (279) 44.

3 Soweit auf die Aufrechnung dieser (LG Köln WM 1950 Nr. 1; KG NJW 1949, 307 und HW 1951, 243) Aufwendungs-Ersatzforderung (§ 387 BGB) vom Mieter ganz oder teilweise verzichtet ist, entzieht § 28 MSchG im Geltungsbereich dieses Gesetzes dem vertraglichen Aufrechnungsverbot zugunsten des Mieters seine rechtliche Wirkung. Voraussetzung ist aber, daß die Absicht, mit der Ersatzforderung aufzurechnen, vom Mieter dem Vermieter mindestens einen Monat vor der Fälligkeit angezeigt wird, vgl. hierzu Bettermann 86, 94, 110. Angabe des Betrages ist nicht erforderlich, a. M. Hans 2. Ohne Erfüllung dieser Voraussetzung bleibt es bei dem vertraglichen Aufrechnungsverbot; der Vermieter braucht eine Aufrechnung nicht gegen sich gelten zu lassen. Eine nach § 28 zulässige Aufrechnung wirkt nicht nur gegen den Mietaufhebungsanspruch des Vermieters, sondern auch gegenüber dem Mietzinsanspruch des Vermieters, KG JW 1928, 526; Bettermann 121.

Der Eintritt der gesetzlichen Miete in ein Mietverhältnis ändert an dieser Rechtslage nichts, RGZ 115, 47; Bettermann 125.

4 Wegen der geringen Ertragsfähigkeit des Miethausbesitzes und der steigenden Grundstückslasten gestatten die Gerichte dem Mieter eine Aufrechnung mit einer Instandsetzungskostenforderung nur in Höhe von 40—50% der Mietforderung, OLG Köln ZMR 1954, 54; LG Hannover Nds. Haus- u. Grundbesitz 1952, 11; LG Berlin HuW 1952, 25 = ZMR 1952, 60; LG Berlin HuW 1951, 135; LG Aachen ZMR 1953, 151 (Glaser); LG Mannheim WM 1953, 42; AG Oldenburg, Glaser Nr. 122/I/1954; AG Mülheim/Ruhr MDR 1956, 613 = BlGBW 1956, 303 = Glaser Nr. 91/I/561; über das beschränkte Aufrechnungsrecht des Mieters vgl. auch Glaser NJW 1952, 1205; Blei NJW 1953, 211.

5 Das Recht des Mieters, wegen Mängel der Mietsache Minderung des Mietzinses zu verlangen, richtet sich nach § 537 BGB. Ist dieses Minderungsrecht — ungenaue Ausdrucksweise, da die Minderung kraft Gesetzes eintritt, Staudinger-Kiefersauer 89 vor § 535; Bettermann 73 — oder das Zurückbehaltungsrecht (zur Gleichstellung dieses Rechts in § 28 mit der Aufrechnung s. Bettermann 51) oder das gemäß § 538 Abs. 1 BGB statt dessen zustehende Recht auf Schadensersatz wegen Nichterfüllung — dazu KG NJW 1949, 307 — vertraglich ausgeschlossen, so gilt unter der Voraussetzung, daß die Geltendmachung dieses Rechts fristgemäß dem Vermieter nach Abs. 1 Satz 2 schriftlich angezeigt wird, die vertragliche Bindung nicht: der Vermieter kann sich im Geltungsbereich des Mieterschutzgesetzes auf die Vereinbarung nicht berufen, Schopp-Groothold 12; Bettermann 89. Die Verpflichtung des Mieters zur Anzeige gilt insbesondere auch bei Geltendmachung des Minde-

rungsrechts, obgleich es sich bei der Minderung um eine kraft Gesetzes von selbst eintretende Ermäßigung des Mietzinses handelt, deren Wirksamkeit an keine Erklärung des Mieters geknüpft ist, RGZ 66, 75; LG LZ 1918, 621.

§ 28a

(1) Auf Antrag des Vermieters kann das Mieteinigungsamt den Mieter verpflichten, bauliche Verbesserungen oder das Anbringen von Einrichtungen, durch die Wohnraum in seinem Gebrauchswert auf die Dauer verbessert wird, zu dulden, wenn und soweit ihm die Maßnahmen und ihre Durchführung zuzumuten sind. Das Mieteinigungsamt kann die Maßnahmen und ihre Durchführung im einzelnen bestimmen; es kann auch dem Vermieter Verpflichtungen auferlegen, insbesondere den Vermieter verpflichten, dem Mieter notwendige Aufwendungen, die diesem durch die Maßnahmen erwachsen, vorzuschießen oder zu ersetzen. Auf Antrag des Vermieters oder Mieters kann das Mieteinigungsamt seine Entscheidung ändern, wenn sich die Verhältnisse geändert haben.

(2) Im Falle des Absatzes 1 darf der Vermieter eine preisrechtlich zugelassene Mieterhöhung gegen den Mieter nur geltend machen, soweit das Mieteinigungsamt dies zugelassen hat. Eine Mieterhöhung soll zugelassen werden, wenn es den Umständen nach billig erscheint, jedoch darf der Mieterhöhung höchstens ein Betrag für die Kosten und Aufwendungen zugrunde gelegt werden, der dem Dreifachen der jährlichen Grundmiete nach § 1 Abs. 2, 3 des Zweiten Bundesmietengesetzes entspricht; abweichende Vereinbarungen zwischen dem Vermieter und Mieter sind zulässig.

1 § 28a MSchG soll als eine durch Art. III Nr. 4 des Abbaugesetzes in das Mieterschutzgesetz eingefügte Vorschrift der Verbesserung des Gebrauchswerts von Wohnraum dienen, insbesondere die sogenannte Modernisierung der Altwohngebäude fördern, um nach der Freigabe der Mieten und bei ausgeglichener Lage auf dem Wohnungsmarkt den Althausbesitz gegenüber dem Neuhausbesitz, was die Ausstattung der Mietwohnungen anbetrifft, wettbewerbsfähig zu erhalten. Zu bedenken ist nämlich, daß § 40/II. WohnBauG für die öffentlich geförderten Wohnungen, die in erster Linie für einkommensschwache Mieter bestimmt sind, eine Mindestausstattung vorschreibt (z. B. Bad, Wassertoilette), die in vielen Altbauwohnungen fehlt.

Die Vorschrift gilt für Wohnraum jeder Art, die den Mieterschutz genießt, also nicht nur für den bis zum 20. 6. 1948 bezugsfertig gewordenen preisgebundenen Wohnraum, sondern z. B. auch für den nach dem 20. Juni 1948 öffentlich geförderten Wohnraum, nicht dagegen für die nach § 31a und 31b MSchG vom Mieterschutz ausgenommenen Mietverhältnisse (vgl. Pergande, Abbaugesetz, Anm. 1 zu § 28a; Roquette, Anm. 4—6 zu § 28a).

2 Der Vermieter kann seine Modernisierungspläne nicht verwirklichen, wenn der Mieter sich weigert, die hierzu erforderlichen Arbeiten in seiner Mietwohnung zu dulden. Ist der Mieter einverstanden, dann erhöht sich der Mietzins mit Rücksicht auf die bauliche Verbesserung nach Maßgabe des § 12 AMVO

vom 23. Juli 1958 (BGBl I, 549). Weigert sich der Mieter, so kann das Mieteinigungsamt — Amtsgericht (§ 37 MSchG) — auf Antrag des Vermieters den Mieter verpflichten, die baulichen Verbesserungen oder das Anbringen von Einrichtungen, durch die der Wohnraum in seinem Gebrauchswert auf die Dauer verbessert wird, zu dulden, wenn und soweit ihm die Maßnahmen und ihre Durchführung zuzumuten sind (§ 28a Abs. 1 S. 1 MSchG). Der Vermieter hat einen Anspruch darauf, daß das Mieteinigungsamt die Duldungspflicht ausspricht, wenn es die Voraussetzungen für gegeben erachtet (Roquette, 15 zu § 28a).

3 Zu den baulichen Verbesserungen und Einrichtungen ist die in § 40/II. WohnBauG für öffentlich geförderte Wohnungen vorgesehene Mindestausstattung zu rechnen, also z. B. ein Wohnungsabschluß, ein Kochraum mit ausreichenden Entlüftungsmöglichkeiten, eine Wasserzapfstelle mit Spülbecken, eine Anschlußmöglichkeit für Kohlen-, Gas- oder Elektroherd, eine entlüftbare Speisekammer oder ein entlüftbarer Speiseschrank, ferner neuzeitliche sanitäre Anlagen innerhalb der Wohnung (Wasserklosett), ein eingerichtetes Bad oder eine eingerichtete Dusche sowie Waschbecken, elektrischer Brennstellenanschluß in allen Räumen mit Steckdosen. Außerdem wird man zu den Modernisierungsarbeiten rechnen müssen den Bau einer zentralen Heizungs- und Warmwasseranlage, Ersatz der selbst zu bedienenden Etagenheizung durch eine vollautomatische Ölheizung, Anbringung einer Gemeinschaftsantenne, Einbau eines Fahrstuhls, Ersatz der Gasbeleuchtung durch elektrische Beleuchtung, Anlage des Telefons, die Beseitigung störender Mauern, das Einziehen oder Durchbrechen von Trennwänden, die Beseitigung von Dachschrägen in Mansardwohnungen oder der Anbau eines Balkones. Schließlich gehören nach § 12 AltbaumietenVO vom 23. Juli 1958 (BGBl I, 549) zu den baulichen Verbesserungen auch der Ausbau einer Verkehrsfläche (z. B. die Anlage eines Kinderspielplatzes oder die Schaffung eines Abstellplatzes für Kraftwagen), die Anlage der Kanalisation oder die Anlage von Hausanschlüssen an Versorgungsleitungen.

Der Begriff „bauliche Verbesserungen" ist weit auszulegen, weil das Gesetz den Gebrauchswert der Wohnungen in jeder Weise fördern will (Pergande 2 zu § 28a).

4 Außenanlagen sind dem Mieter grundsätzlich zuzumuten, da sie in der Regel ohne Belästigungen des Mieters durchgeführt werden können. Dagegen hat das Mieteinigungsamt bei baulichen Verbesserungen, die in der Mietwohnung vorgenommen werden müssen, zu prüfen, ob diese Maßnahmen dem Mieter zuzumuten sind. Unzumutbar wäre z. B. für den ohnehin schon beengt wohnenden Mieter die Einrichtung eines Badezimmers durch Umwandlung eines Wohnraumes. Eine an sich baulich zumutbare Veränderung kann für den Mieter dennoch aus persönlichen Gründen unzumutbar sein, z. B. dann, wenn er oder einer seiner Familienangehörigen die sich oft über mehrere Wochen hin erstreckenden Bauarbeiten in der Mietwohnung wegen seines Gesundheitszustandes oder wegen schwerer beruflicher Beeinträchtigungen nicht ertragen kann.

Bei der Prüfung der Frage, was dem Mieter zuzumuten ist, hat das Mieteinigungsamt alle Umstände des Einzelfalles gegeneinander abzuwägen. Hierbei muß aber wesentlich ins Gewicht fallen, daß der Gesetzgeber durch den § 28a MSchG dem Hauseigentümer die Möglichkeit hat geben wollen, seinen Althausbesitz den heutigen Auffassungen entsprechend auszugestalten und für die zukünftige Zeit der ausgeglichenen Wohnungsmarktlage wettbewerbsfähig zu machen (vgl. Holtgrave, Anm. 9 zu § 28a MSchG).

5 Das Mieteinigungsamt kann nach § 28a Abs. 1 S. 2 MSchG die Maßnahmen und ihre Durchführung im einzelnen bestimmen, z. B. auch die Baupläne des Hauseigentümers abändern. Es kann auch dem Vermieter Verpflichtungen auferlegen, insbesondere ihn verpflichten, dem Mieter notwendige Aufwendungen, die diesem durch die Maßnahmen erwachsen, vorzuschießen oder zu ersetzen (z. B. Aufwendungen für die Reinigung der Wohnung während der Bauarbeiten, für eine vorübergehende anderweitige Unterkunft oder für das zeitweilige anderweitige Unterstellen von Möbeln). Das Miteinigungsamt kann dem Vermieter auch aufgeben, einen Vorschuß zu leisten (vgl. Pergande 3 zu § 28a; Roquette, 16 zu § 28a).

Wenn nur ein Teil der von dem Vermieter geplanten Maßnahmen dem Mieter zugemutet werden kann, kann das Mieteinigungsamt dem Antrag nur insoweit entsprechen, z. B. den Mieter verpflichten, die Einrichtung des Bades zu dulden, nicht aber auch die Anlage der Zentralheizung, wenn deren Betriebskosten für den Mieter nicht tragbar sind (vgl. Pergande, 4 zu § 28a), oder nur die Einrichtung eines Wasserklosetts zulassen, wenn die Einrichtung eines Bades, das nur durch Wegnahme eines Raumes möglich ist, für den Mieter bei der Größe seiner Familie nicht zumutbar ist (vgl. Roquette, 14 zu § 28a).

6 Auf Antrag des Vermieters oder des Mieters kann das Mieteinigungsamt seine Entscheidung ändern (z. B. die Höhe der ursprünglich festgesetzten Mietminderung für die Dauer der restlichen Bauarbeiten herabsetzen), wenn sich die Verhältnisse (z. B. der Umfang der Störungen) geändert haben (§ 28a Abs. 1 S. 3 MSchG).

7 Wenn das Mieteinigungsamt auf Antrag des Vermieters tätig geworden ist, dann darf der Vermieter eine nach der Modernisierung preisrechtlich zulässige Mieterhöhung gegen den Mieter nur geltend machen, soweit das Mieteinigungsamt dies zugelassen hat (§ 28a Abs. 2 S. 1 MSchG). Eine preisbehördliche Genehmigung ist dann nicht mehr erforderlich. Eine Mieterhöhung soll zugelassen werden, wenn es den Umständen nach billig erscheint; jedoch darf der Mieterhöhung höchstens ein Betrag für die Kosten und Aufwendungen zugrundegelegt werden, der dem Dreifachen der jährlichen Grundmiete nach § 1 Abs. 2/II. BMG, d. h. der am 30. Juni 1960 preisrechtlich zulässigen Miete entspricht. Ist im Beschluß des Mieteinigungsamtes kein Höchstbetrag angegeben, so gilt der gesetzliche Höchstbetrag. Enthält der Beschluß keine Bestimmung über die Zulassung einer Mieterhöhung, sondern nur die Pflicht zur Duldung, so ist eine Mieterhöhung gegen den Willen des Mieters nicht möglich (Pergande 6 zu § 28a). Die Parteien können aber eine andere Vereinbarung treffen. Abweichende Vereinbarungen zwischen ihnen sind zulässig (§ 28a Abs. 2 S. 2 MSchG). § 28a Abs. 2 MSchG ist also kein zwingendes Recht.

8 Die Billigkeitsprüfung des Mieteinigungsamtes wird sich nicht nur auf die persönlichen Einkommens- und Vermögensverhältnisse von Vermieter und Mieter, sondern auch auf die objektiven Umstände erstrecken müssen; das Mieteinigungsamt wird insbesondere zu prüfen haben, inwieweit eine Mieterhöhung zu genehmigen ist, um eine angemessene Verzinsung, Abschreibung und Instandhaltung der baulichen Verbesserungen und Einrichtungen zu ermöglichen.

Es darf erwartet werden, daß die Mieteinigungsämter hierbei ohne zwingenden Anlaß nicht von den Prozentsätzen abweichen werden, die in § 12 AltbaumietenVO vom 23. Juli 1958 (BGBl I, 549) in der Fassung vom 23. Juni 1960 (BGBl I, 389) für die Mieterhöhungen wegen baulicher Verbesserungen niedergelegt sind. Danach ist eine jährliche Mieterhöhung zulässig

1. bei baulichen Verbesserungen und bei Einrichtungen um 14 v.H. der aufgewendeten Bau- und Einrichtungskosten,
2. bei Aufwendungen des Vermieters nach dem 31. Dezember 1954 für den Ausbau einer Verkehrsfläche oder die Anlage der Kanalisation um 6 v.H. dieser Aufwendungen,
3. bei Hausanschlüssen an Versorgungsleitungen um 6 v.H. der Aufwendungen (§ 12 Abs. 1 AMVO).

Mit dieser jährlich zulässigen Mieterhöhung sind alle Kosten der Verzinsung, Abschreibung und Instandhaltung abgegolten. Zusätzliche Betriebskosten (z.B. die Kosten des Verbrauchs an Brennstoffen (Koks oder Öl) sowie die Bedienungskosten der Sammelheizung) dürfen in der tatsächlichen Höhe umgelegt werden (§ 12 Abs. 2 AMVO).

Werden die Kosten für die Durchführung der Modernisierungsarbeiten durch zinsverbilligte oder zinslose Darlehen aus öffentlichen Haushalten vom Mieter oder für diesen von einem Dritten (z.B. Arbeitgeber) gedeckt, so ermäßigen sich die Vomhundertsätze um den Unterschiedsbetrag zwischen dem marktüblichen Zinssatz für erststellige Hypotheken und dem für das Darlehen zu entrichtenden Zinssatz. Eine Mietvorauszahlung steht einem Darlehen des Mieters gleich (§ 12 Abs. 3 S. 2 AMVO).

9 Das Verfahren vor dem Mieteinigungsamt richtet sich gemäß § 38 MSchG nach den Vorschriften der ZPO über das Verfahren vor den Amtsgerichten sowie nach den Vorschriften der §§ 39—47 MSchG und weiterhin nach der auf Grund des § 48 MSchG erlassenen Anordnung für das Verfahren in Mieteinigungssachen vom 16. Dezember 1942 (RGBl I 723), mitgeteilt unter A 1 zu § 48 MSchG.

Gegen den Beschluß des MEA ist nur die Rechtsbeschwerde zulässig (§ 41 MSchG). Aus den Entscheidungen des MEA findet gemäß § 794 Abs. 1 Nr. 3 ZPO die Zwangsvollstreckung statt, so Holtgrave 23 zu § 28a; Weimar BlGBW 1961, 104 und NJW 1961, 1150; a.A. Roquette, 26 zu § 28a, der unter Berufung auf § 45 MSchG und unter Hinweis auf die Verfahrensanordnung die Auffassung vertritt, daß nur aus Vergleichen, die vor dem MEA oder der Beschwerdestelle abgeschlossen worden sind, die gerichtliche Zwangsvollstreckung betrieben werden könne. Diese Auffassung hat zur Folge, daß der Vermieter gegen den Mieter Klage vor dem ordentlichen Gericht erheben muß, wenn dieser der Duldungspflicht nicht nachkommt oder er sich weigert, die vom MEA zugelassene Mieterhöhung zu zahlen. Mit Recht ist Weimar (a.a.O.) dieser Auffassung entgegengetreten unter Hinweis darauf, daß § 45 MSchG lediglich der Klarstellung diene, daß nicht nur aus einer beschwerdefähigen Entscheidung des MEA, sondern auch aus einem vor dem MEA abgeschlossenen Vergleich die Zwangsvollstreckung stattfindet. Die Auffassung Roquettes widerspricht, darin muß Weimar (a.a.O.) zugestimmt werden, dem Grundsatz der Prozeßökonomie und bedeutet für die Beteiligten einen weiteren Zeitverlust und die Aufwendung weiterer Kosten. Sie ist daher abzulehnen.

10 § 28a gilt auch in Berlin und im Saarland (vgl. Art. X § 9 Nr. 3; §§ 10, 11 Abs. 3 Abbaugesetz).

§ 29

(1) **Will der Mieter die Mieträume oder das gewerblich genutzte unbebaute Grundstück untervermieten, so kann die hierzu erforderliche Erlaubnis von dem Vermieter nur aus einem wichtigen Grunde verweigert werden. Auf Antrag des Mieters kann das Mieteinigungsamt die Erlaubnis ersetzen.**

(2) **Wird die Erlaubnis des Vermieters zur Untervermietung allgemein ersetzt, so bleibt das Recht des Vermieters, im Einzelfall der Untervermietung aus wichtigem Grunde zu widersprechen, unberührt.**

1 Entstehung: § 5 Dritte, § 4 Fünfte AusfVO KSchV.

Für die gemäß § 31a und § 31b vom Mieterschutz grundsätzlich ausgenommenen neugeschaffenen steuerbegünstigten und freifinanzierten oder von den Bindungen befreiten öffentlich geförderten Wohnungen gilt weiterhin die Norm des § 29, vgl. § 52e; Roquette 3; Groothold 8 zu § 31a; AG Münster WM 1958, 186; a.M. Bettermann 75.

Zur Anwendung des § 29 im Rahmen des § 32 und der §§ 33—35 vgl. Bettermann 76ff.

2 Bei Zuweisung eines Wohnungsuchenden durch die Wohnungsbehörde bedarf der Mieter keiner Erlaubnis des Vermieters (KG JW 1923, 765), da er lediglich die behördliche Aufforderung vollzieht; ferner Hans 1; Schopp-Groothold 5; Roquette 20; a. M. Bettermann 45. Ein Verfahren nach § 29 kommt nach der grundsätzlich dem Wohnungsinhaber auferlegten Pflichtigkeit gemäß §§ 12, 14, 15, 16 WBewG, die notwendigerweise eine Verkürzung der Belange des Vermieters in sich schließt, nicht in Frage, vgl. auch BayObLGZ 1951, 293 (299), das in aller Regel das Rechtsschutzbedürfnis hierfür verneint; a. M. Bettermann 301 zu § 2. Durch die Neuregelung der Wohnraumbewirtschaftung ist die „Selbstrationierung" (Bettermann 49a) eindeutig in die Verantwortung des pflichtigen Wohnungsinhabers gestellt, Kiefersauer JZ 1953, 357, 442.

3 Die Gebrauchsüberlassung an Dritte ist grundsätzlich an die Erlaubnis des Vermieters gebunden (§ 549 Abs. 1 Satz 1 BGB), mag es sich dabei um die Mietsache im ganzen oder um Teile handeln, vgl. KG DR 1940, 1145; DR 1941, 2337; DR 1942, 1554; DR 1943, 702; Bettermann 37; Schopp-Groothold 6; OLG Oldenburg MDR 1952, 551, LG Aachen WM 1954, 9. Unerheblich ist, ob es sich um eine Raumüberlassung zu dauerndem oder vorübergehendem Gebrauch handelt, LG Berlin DR 1942, 93; AG Köln MDR 1952, 615; Bettermann 40, 74a; a. M. Roquette MietR S. 254. Daher bejaht BayObLG NJW 1954, 192 mit Recht die Anwendung des § 29 auf die Untervermietung an Sommergäste. Überlassung zum selbständigen Gebrauch liegt nicht vor bei Überlassung zum Mitgebrauch; daher kein Erlaubniszwang für die Aufnahme von Familienangehörigen in den Haushalt und von Haushaltgehilfen, wenn und soweit sich der Mieter damit nicht der Herrschaft über die Mieträume im ganzen begibt. Die vollständige Aufnahme von bisher getrennt lebenden Familienangehörigen, insbesondere von evakuierten oder bombengeschädigten Verwandten ohne Rücksicht auf den Verwandtschafts- oder Schwägerschaftsgrad, wird unter den gegenwärtigen außergewöhnlichen Wohnverhältnissen ohne besondere Erlaubnis des Vermieters als zulässig zu erachten

sein, vgl. AG Köln MDR 1954, 41; LG Düsseldorf MDR 1954, 40. Das gleiche gilt von der Einheirat haushaltzugehöriger Kinder (a. M. Roquette, Mietrecht S. 253), nicht aber von der Aufnahme des Ehemannes der Untermieterin, da dieser ein selbständiges Mietrecht als Haushaltungsvorstand erwirbt, Kiefersauer gegen LG Berlin JR 1953, 25; LG Düsseldorf ZMR 1958, 229; LG Münster MDR 1955, 104; OLG Stuttgart WM 1958, 185; AG München DWW 1959, 215; Glaser NJW 1954, 666.

4 Die Untervermietung ist die in die Rechtsform der Miete gekleidete Gebrauchsüberlassung; dem Wortlaut nach wird sie allein von der Vorschrift des § 29 MSchG getroffen, doch würde eine solche Beschränkung weder dem Sinn der Vorschrift noch ihrer ursprünglichen Fassung entsprechen, Bettermann 31. Deshalb fällt auch die unentgeltliche Gebrauchsüberlassung unter § 29 — KG DR 1943, 702 —, nicht aber die bloß tatsächliche Überlassung, die dem Dritten kein Recht verleiht. Bei der Abtretung der Mietrechte aus dem Mietvertrag ist § 549 BGB und damit § 29 MSchG entsprechend anzuwenden, vgl. RG JW 1911, 487; KG JW 1922, 234; Kiefersauer, Recht 1924, 523; Bettermann 33; a. M. KG JW 1927, 1653. Der Sonderfall des Wohnungstausches ist in den §§ 30, 31 geregelt. Auf die Unterverpachtung findet § 29 gemäß § 36 MSchG grundsätzlich Anwendung; da dem Pächter durch § 596 Abs. 1 BGB das vorzeitige Kündigungsrecht aus § 549 BGB versagt ist, bedeutet für ihn die Möglichkeit der Ersetzung der Erlaubnis des Verpächters durch das MEA eine nicht unerhebliche Verstärkung seiner Rechtsstellung und seines Bestandschutzinteresses, vgl. Bettermann 32, 68.

Die ursprünglich nur für Wohnräume geltende Vorschrift ist nunmehr ausgedehnt auf Räume aller Art (LG Berlin HW 1951, 342; BayObLGZ 1951, 293; zur Frage der Zweckentfremdung KG DR 1943, 938; Schopp-Groothold 14; Bettermann 42; vgl. auch BayObLGZ 1952, 89) und übereinstimmend mit § 2 Fünfte AusfVO KSchV auch auf gewerblich genutzte unbebaute Grundstücke. Deshalb kann das MEA die Erlaubnis des Vermieters zur Untervermietung von Räumen eines Gebäudes ersetzen, das auf einem dem Mieter zum Gewerbebetrieb vermieteten Grundstück errichtet worden ist, auch wenn das Gebäude Eigentum des Mieters ist, KG DR 1942, 1097; Bettermann 61. § 29 ist auf gewerblich genutzte unbebaute Grundstücke nur noch nach Maßgabe des § 5 Abs. 3 bis 5 GRMG vom 25. Juni 1952 anwendbar.

Zur Anwendung des § 29 auf Dienst-, Betriebs- und Werkwohnungen im Sinne der §§ 20ff. vgl. Bettermann 74; Hans 1. Fehlt die Erlaubnis des Vermieters, so wird dadurch die Rechtswirksamkeit des Überlassungsvertrages nicht berührt.

5 Die Entscheidung über die Erteilung oder Verweigerung der Erlaubnis, die an sich grundsätzlich dem Ermessen des Vermieters überlassen ist, wird durch § 29 MSchG eingeschränkt. Das Gesetz erlaubt dem Vermieter nur die Verweigerung aus einem wichtigen Grunde; abweichend von der Regelung des für das vorzeitige Kündigungsrecht des Mieters maßgebenden § 549 Abs. 1 Satz 2 BGB braucht aber dieser wichtige Grund nicht in der Person des Dritten zu liegen, er kann auch auf andere Tatsachen sich gründen (Überbelegung [AG u. LG Düsseldorf Glaser 1953 Nr. 355 u. 1954 III Nr. 9 u. 10; LG Oldenburg aaO Nr. 26], Überbeanspruchung durch Anwaltspraxis, AG Hamburg-Altona MDR 1950, 547 oder durch Parteibüro [anders LG Berlin DRspr II (277) 63], Zweckveränderung, Eigenbedarf).

6 Die Wichtigkeit des Grundes, die die Stärke der Unzumutbarkeit (LG Düsseldorf HW 1952, 90) nicht zu erreichen braucht, bedarf sorgfältiger Prüfung, die auch einer objektiven Würdigung standhalten muß, vgl. Bettermann 97, 102, 107a. Eigenbedarf des Vermieters ist, sofern dieser klageweise mit Aussicht auf Erfolg geltend gemacht ist, als wichtiger Grund i. S. des § 29 zu bewerten, Bettermann 128; a. M. AG Bonn MDR 1952, 748; einschränkend Zöll BlGBW 1954, 311. Das gleiche gilt, wenn der Mieter sich weigert, die preisrechtlich zugelassenen Untermietzuschläge (§ 19 AMVO) zu zahlen, sofern der Vermieter darauf angewiesen ist und der Mieter die Zuschläge leisten kann, Bettermann 126; a. M. Schopp-Groothold 16. Der wichtige Grund kann in der Person des Untermieters liegen, AG Frankfurt a. M. WM 1958, 72. Ein wichtiger Grund liegt vor, wenn der Mieter seine ganze Wohnung untervermieten will, LG Wuppertal ZMR 1960, 343; LG Hamburg MDR 1960, 53; AG Hamburg, ZMR 1960, 343 = Glaser Nr. 3/III/1960; a. A. OLG Frankfurt a. M. ZMR 1960, 342 = WM 1960, 58 = NJW 1959, 1976; LG Hamburg ZMR 1957, 409 = HbgGrundE 1957, 221; einschränkend LG Frankfurt a. M. ZMR 1958, 317. Kein wichtiger Grund ist die Tatsache, daß der Mieter durch die Untervermietung Mieteinnahmen erzielt, die möglicherweise den Mietzins für die gesamte Wohnung übersteigen (AG Bonn MDR 1952, 748; LG Frankfurt u. LG Köln, Glaser Nr. 353 u. 354/1953; LG Aachen WM 1954, 9; AG Hamburg ZMR 1956, 268; LG Hamburg HbgGrundE 1957, 129 = BlGBW 1958, 79 = BayGWW 1957, 559; LG Köln MDR 1956, 36; vgl. aber LG München DWW 1959, 133. Zugleich gibt § 29 dem Mieter in Abänderung des § 549 BGB gegen den Vermieter einen gemäß § 49 unverzichtbaren Anspruch auf Erlaubniserteilung; ein Recht zur Gebrauchsüberlassung erhält der Mieter aber nur, wenn die Erlaubnis erteilt oder bei Verweigerung durch die Entscheidung des MEA ersetzt ist, Bettermann 18.

Zur möglichen Stellungnahme der Wohnungsbehörde bei Hingabe von bewirtschaftetem gegen nicht bewirtschafteten Wohnraum vgl. Hermes WM 1954, 85.

7 Erkennt der Mieter den vom Vermieter geltend gemachten wichtigen Grund nicht an oder beruft sich der Vermieter auf ein vertragliches Verbot der Untervermietung, so kann der Mieter die Entscheidung des MEA nach Abs. 1 Satz 2 anrufen. Diese Befugnis kann ihm auch durch vertraglichen Verzicht nicht genommen werden, da dieser nach § 49 Abs. 1 Satz 1 MSchG wirkungslos ist, vgl. KG JW 1924, 2009; KG DR 1941, 1901; LG Köln WM 1953, 96; LG Frankfurt MDR 1954, 619; AG Münster MDR 1958, 772; LG Hannover ZMR 1961, 17 — Glaser Nr. 21 III/1960 (hinsichtlich einer freifinanz. Wohnung). Wird der Grund vom MEA als wichtig anerkannt, so hat es die Erlaubnis zu versagen.

8 Die Entscheidung des MEA erfolgt nur auf Antrag des Hauptmieters und nur in dem Fall, daß der Vermieter die erbetene Erlaubnis nicht oder nur bedingungsweise erteilt oder die Erteilung berechtigt oder unberechtigt widerrufen hat; wegen der Antragstellung bei einer Mehrheit von Mietern vgl. Bettermann 149. Der Antrag ist von allen Mietern, z. B. von beiden Ehegatten gemeinschaftlich zu stellen, LG Frankfurt a. M. MDR 1957, 422. Der Untermieter kann den Antrag nicht selbst stellen. Die Entscheidung geht, wenn das MEA die Wichtigkeit des vom Vermieter geltend gemachten Grundes nicht anerkennt, auf Erteilung der Erlaubnis, sonst auf Versagung der Erlaubnis. Die Ersetzung der Erlaubnis durch das MEA ist insbesondere auch dann

möglich, wenn die Befugnis zur Untervermietung im Vertrag ausdrücklich ausgeschlossen worden ist, LG Berlin DR 1941, 1368. Ob die Ersetzung der Untervermietungserlaubnis unter einer Bedingung erfolgen kann, ist streitig, verneinend BayObLG München NJW 1957, 1763 = MDR 1958, 38; KG JW 1927, 1938; Hertel, Mieterschutz Bd. IV Nr. 331; Hans, 2 zu § 29; bejahend Roquette, 30 zu § 29; Bettermann, 166, 167 zu § 29; Hein JW 1925, 396; Stern JW 1925, 500.

9 § 29 ist auch dann anwendbar, wenn die erteilte Erlaubnis vom Vermieter zu Recht (LG Berlin HW 1953, 313) oder zu Unrecht (BayObLGZ 1951, 293; Bettermann 90) widerrufen worden ist. Die Erlaubnis kann versagt werden, wenn der Vermieter in seinem Hause selbst ein Fremdenheim betreibt, BayObLG NJW 1954, 192; wenn die Sittlichkeit im Hause gefährdet ist, AG Oldenburg Glaser Nr. 26/II/1954; AG Moers ZMR 1958, 317 = BlGBW 1959, 31 m Anm. v. Glaser; AG Münster WM 1959, 77; AG Oldenburg BlGBW 1959, 271 = MDR 1959, 1015; wenn die übrigen Hausbewohner durch die Untervermietung belästigt werden, LG Frankfurt, Glaser Nr. 353/1953.

10 Angesichts der Raumnot in Deutschland stehen die Belange des öffentlichen Wohles im Vordergrund der Erwägungen, die das MEA bei seiner Entscheidung anzustellen hat, Bettermann 108; LG Göttingen MDR 1952, 748 u. AG Bonn, Glaser 1953 Nr. 352; auch die Interessen der Hausgemeinschaft — Staudinger-Kiefersauer 4 vor § 535 — sind zu berücksichtigen, Hans 3; Bettermann 121; LG Essen ZMR 1952, 63. Die Frage der möglichen Überbelegung des Wohnraumes (KG DR 1940, 1430; LG Düsseldorf BlGBW 1959, 31; AG Münster WM 1959, 77) kann vom MEA im allgemeinen wohl nur nach den Gesichtspunkten geprüft werden, die für die Wohnungsbehörde für den Vollzug des WBewG maßgebend sind, § 10 Abs. 2 WBewG. Die Interessen des Vermieters an geringst möglicher Belegung des Mietraumes sind im Rahmen der Wohnraumbewirtschaftung so gut wie beseitigt, ganz ebenso wie das Interesse des Mieters an der Erhaltung seines Bestandschutzes, vgl. LG Düsseldorf HW 1952, 90; LG Köln WM 1953, 96. Angesichts der dem Mieter ebenso wie dem Eigentümer als Ausfluß der in Art. 14 GG festgelegten Sozialpflichtigkeit im WBewG auferlegten Pflicht, Mieträume anderen zu überlassen, wird eine unbefugte Gebrauchsüberlassung im Sinne des § 2 MSchG auch dann nicht anzunehmen sein, wenn die Erlaubnis des Vermieters nicht vorliegt, ja sogar dann, wenn sie ausdrücklich verweigert ist; a. M. LG Berlin DR 1941, 246; OLG Frankfurt NJW 1952, 829 u. Bettermann 45, 49a. Anpassung an die gegebene Raumnot kann und darf für den Mieter keine Rechtsnachteile zur Folge haben, vgl. KG DR 1941, 2337.

11 Bei gewerblichen Räumen wird die Änderung des Verwendungszwecks oft ein wichtiger Grund zur Versagung der Erlaubnis sein, KG DR 1941, 2570; DR 1943, 938; AG Hamburg-Altona MDR 1950, 547 (Untervermietung eines Zimmers als Anwaltsbüro).

12 Die Entscheidung über die Ersetzung der Erlaubnis durch das MEA kann auch nach erfolgter Überlassung an den Dritten vom Mieter beantragt werden, BGH NJW 1953, 662 = ZMR 1953, 108 = LM Nr. 1 zu § 29; OLG Frankfurt ZMR 1953, 345 (unter Aufgabe OLG Frankfurt NJW 1952, 829); AG Köln WM 1953, 7; AG u. LG Köln WM 1953, 7 u. 15; LG Bielefeld WM 1950 Nr. 8/9; AG Kerpen MDR 1954, 296; OLG Celle, Glaser Nr. 7/III/1954;

a. M. Moschel JR 1954, 86 unter Berufung auf LG Berlin HW 1953, 342. Das BayObLG MDR 1953, 423 = BayObLGZ 1953, 13 schränkt diese Auffassung mindestens auf den Fall ein, daß der Mieter schon vor dem Einzug des Untermieters den Vermieter verständigt und erfolglos um die Erlaubnis zur Gebrauchsüberlassung gebeten hat; ähnlich LG Berlin HW 1953, 13; vgl. Bettermann 139; LG Hamburg ZMR 1953, 119.

13 Über die Untervermietungserlaubnis des Vermieters beim Abschluß des Mietvertrages unter Benutzung des Formblattes des Einheitsmietvertrages vgl. OLG München JR 1955, 260 (Glaser) = ZMR 1955, 233 = NJW 1955, 956 = MDR 1955, 231 = BlGWB 1955, 94; LG Hannover MDR 1958, 242 = BlGBW 1958, 96; LG Göttingen NHG 1956, 121 = Glaser Nr. 29 /III/1956; Lucas WM 1958, 81.

14 Die Erlaubnis des Vermieters kann nicht nur für einen bestimmten Dritten ersetzt werden (so KG EA 354 u. 444), sondern auch dann, wenn eine bestimmte dritte Person nicht in Frage steht. Die Frage, ob es zweckmäßig ist, die Erlaubnis allgemein zu erteilen (BayObLG BayZ 1926, 160) bedarf angesichts der Raumnot wohl keiner weiteren Prüfung.

15 Nach Beendigung des Mietverhältnisses kann die Erlaubnis nicht mehr ersetzt werden (Bettermann 66; LG Göttingen DRspr II [277] 59), auch dann nicht, wenn im Herausgabeurteil eine Räumungsfrist bewilligt oder die Zwangsvollstreckung einstweilen eingestellt ist, KG DR 1941, 1899. Eine dem § 31 MSchG entsprechende Ausdehnung der Möglichkeit der Erlaubnis für Untervermietung ist nicht vorgesehen. Wenn aber infolge ausdrücklicher oder stillschweigender Vereinbarung der Beteiligten das Mietverhältnis auf unbestimmte Zeit fortgesetzt wird oder wenn im Mietaufhebungsverfahren eine Räumungsfrist gemäß § 5a MSchG bewilligt oder verlängert und deshalb kraft Richterspruch ein Mietverhältnis entstanden ist, kann die Erlaubnis durch das MEA ersetzt werden, LG München BayZ 1925, 399; KG DR 1943, 937; Bettermann 67. Wird eine Räumungsfrist gemäß § 27 MSchG, § 721 ZPO oder auf Grund des Vollstreckungsschutzrechtes (§§ 30, 31 WBewG, § 765a ZPO) gewährt, so besteht während der Dauer der Räumungsfrist ein vertragsloser Zustand — Staudinger-Kiefersauer 26 vor § 535 —, so daß § 29 nicht mehr zur Anwendung kommen kann. Wird aber das Mietverhältnis gemäß § 568 BGB verlängert, so tritt § 29 wiederum in Wirksamkeit, KG DR 1941, 899; DR 1943, 937.

16 Liegt ein Mietverhältnis überhaupt nicht vor, so kann § 29 nicht zur Anwendung kommen. Deshalb kann die Erlaubnis des Grundstückseigentümers dazu, daß der Inhaber eines dinglichen Wohnrechts die Räume einem anderen überläßt, vom MEA nicht ersetzt werden, weil weder der Grundstückseigentümer Vermieter, noch der Wohnberechtigte Mieter ist, KG DR 1943, 937.

Gegenstand der Entscheidung des MEA ist nur die Ersetzung der Erlaubnis des Vermieters; das MEA kann den Vermieter nicht zwingen, in den Hauptmietvertrag eine andere Person als Mitmieter neben dem Mieter aufzunehmen (Mietbeitritt), LG Berlin MDR 1954, 104; a.M. Bettermann 35.

17 Die allgemeine Ersetzung der Erlaubnis des Vermieters durch das MEA darf das Recht des Vermieters, im einzelnen Fall aus wichtigem Grunde der Untervermietung (Gebrauchsüberlassung) zu widersprechen, nicht beeinträch-

tigen. Beim Wohnungstausch muß dieses Recht des Vermieters in der Entscheidung ausdrücklich hervorgehoben werden. Der Antrag des Mieters auf Ersetzung der Erlaubnis des Vermieters für den Einzelfall hindert das MEA nicht, die Erlaubnis allgemein zu ersetzen.

Der Widerspruch des Vermieters, für dessen Geltendmachung eine Form nicht vorgeschrieben ist, beseitigt für den Einzelfall die Wirksamkeit der generellen Erlaubniserteilung (LG Berlin HW 1952, 373), mag diese auf Gesetz, Vertrag oder Richterspruch beruhen. Diese Wirkung tritt aber nur ein, wenn der Widerspruch berechtigt ist, d. h. auf einem wichtigen Grunde beruht; unberechtigter Widerspruch bleibt wirkungslos, Bettermann 187, 204; a. M. Hans 6. Wegen des Begriffs „wichtiger Grund" (§ 549 Abs. 1 Satz 2 BGB) vgl. Staudinger-Kiefersauer 21 zu § 549 und die Ausdehnung des Begriffs unter dem Gesichtspunkt der Berücksichtigung wohnungswirtschaftlicher Belange, oben Anm. 5—13; Bettermann 193.

18 Die Entscheidung des MEA über die Begründetheit des Widerspruchs ist — im Gegensatz zu der Entscheidung gemäß Abs. 1 — nicht rechtsgestaltender, sondern nur feststellender Art. Deshalb ersetzt sie bei unbegründetem Widerspruch nicht die Erlaubnis des Vermieters zur Überlassung; erklärt das MEA den Widerspruch für den Einzelfall für begründet, so wird dadurch die früher erteilte generelle Erlaubnis nicht berührt, Bettermann 205; a. M. Hans 6 u. Schopp-Groothold 20.

§ 30

(1) **Will der Mieter einer Wohnung die Mieträume einem Dritten im Wege des Tausches überlassen, so kann das Mieteinigungsamt auf Antrag des Mieters die zum Eintritt des Dritten in den Mietvertrag erforderliche Einwilligung des Vermieters ersetzen. Der Antrag ist abzulehnen, wenn der Vermieter dem Verlangen des Mieters aus wichtigen Gründen widerspricht. Bei einem auf bestimmte Zeit abgeschlossenen Mietvertrag kann die Einwilligung des Vermieters für einen vor dem Ende der ursprünglichen Mietzeit liegenden Zeitpunkt nur ersetzt werden, wenn der Mieter aus zwingenden Gründen genötigt ist, seine bisherige Wohnung aufzugeben.**

(2) **Entspricht das Mieteinigungsamt dem Antrag, so gilt der Eintritt des neuen Mieters in den Mietvertrag in dem Zeitpunkt als vollzogen, in dem der Mieter die Wohnung räumt.**

(3) **Der bisherige Mieter haftet für dieVerpflichtungen, die während seiner Mietzeit entstanden sind, neben dem neuen Mieter weiter.**

(4) **Die Wirkungen der Entscheidung, durch die die Erlaubnis des Vermieters ersetzt worden ist, treten nur ein, wenn für jeden am Tausch beteiligten Mieter die Erlaubnis seines Vermieters zum Eintritt eines der Mieter in den Mietvertrag vorliegt.**

(5) **Verweigert der Vermieter allgemein seine Einwilligung ohne triftigen Grund, so ist die Einwilligung auf Antrag allgemein zu er-**

setzen und in der Entscheidung zum Ausdruck zu bringen, daß das Recht des Vermieters, im Einzelfall dem Tausch aus wichtigem Grunde zu widersprechen, unberührt bleibt. In diesem Falle gilt der Eintritt eines Dritten in den Mietvertrag, unbeschadet der Vorschriften in den Abs. 2 und 4, erst als vollzogen, wenn die Einwilligung des Vermieters hierzu vorliegt.

1 Entstehung: § 1 Fünfte, § 1 Sechste AusfVO KSchV. Die Regelung der §§ 30, 31 umfaßt den freiwilligen, von den Beteiligten gewünschten Wohnungstausch, der erleichtert werden soll. Für räumungspflichtige Mieter, die trotz vollstreckbaren Urteils oder Vergleiches einen angebotenen Tausch nicht eingehen wollen, konnte das MEA auf Antrag gemäß § 1 der am 1. Juli 1960 außer Kraft getretenen (vgl. Art. X § 1 Abs. 1 Nr. 8 Abbaugesetz) Verordnung zur Änderung des Mieterschutzrechts vom 7. November 1944 (RGBl I, 319) den Zwangswohnungstausch anordnen.

In Fällen, in denen die beteiligten Mieter nicht tauschen wollen — ob dabei die Vermieter zustimmen oder nicht, ist gleichgültig —, war ohne Einschaltung des MEA die Wohnungsbehörde auf Grund des Art. VI Buchst. b WohnG befugt, den Zwangswohnungstausch anzuordnen, „wenn dies eine bessere Verteilung des Wohnraums bedeutet". Im übrigen konnte die Wohnungsbehörde nicht statt des MEA die dem Tausch entgegenstehenden Hindernisse, insbesondere den Widerspruch des Eigentümers durch wohnungsrechtliche Maßnahmen der Erfassung und Zuteilung beseitigen; insbesondere war und ist es nicht ihre Aufgabe, die (vermeintlichen) privatrechtlichen Ansprüche von Mietern gegen den Hauseigentümer durchzusetzen, Bettermann MDR 1949, 380 gegen Reg.-Präs. Arnsberg, der bei freiwilligem Wohnungstausch die Geltendmachung von Eigenbedarf durch den Vermieter verhinderte; OVG Münster HMR Rspr 1951 Nr. 103; OVG Münster DVBl 1952, 56; Schopp-Groothold 10; vgl. auch OLG Hamburg HMR Rspr 1950 Nr. 93 u. Schopp gegen LG Darmstadt HMR Rspr 1949 Nr. 3.

Im Rahmen des Geltungsbereichs des WBewG ist der Wohnungsbehörde nur mehr die Anordnung eines „endgültigen Wohnungswechsels" unter den besonderen Voraussetzungen des § 25 Abs. 3 in Ausnahmefällen gestattet. Die Anordnung des Wohnungstausches als wohnungsbehördliche Zwangsmaßnahme ist nach dem WBewG nicht mehr zulässig.

2 Im übrigen sind die §§ 30, 31 weder durch das WohnG (OVG Münster DVBl 1952, 56 = VerwRspr Bd. 3 Nr. 157) noch durch das WBewG außer Kraft gesetzt. Diese Bestimmungen gelten auch für die gemäß §§ 31a, 31b Mieterschutz freigestellten neugeschaffenen steuerbegünstigten oder freifinanzierten oder von den Bindungen befreiten öffentlich geförderten Wohnungen, ebenso BayObLGZ 1951, 336 = MDR 1951, 617 (abl. Bettermann) = NJW 1951, 924; OLG Oldenburg MDR 1955, 484; LG Hamburg MDR 1953, 173; LG Bochum WM 56, 60; LG Frankfurt WM 1955, 72; LG Köln BBauBl 1957, 529; Bettermann MDR 1950, 514; 1951, 618.

3 Nach dem WBewG ist der Wohnungstausch im Geltungsbereich dieses Gesetzes zwar der Genehmigungspflicht der Wohnungsbehörde unterworfen, doch darf die Genehmigung nach § 12 Abs. 4 nur aus besonders dringenden Gründen der Wohnraumbewirtschaftung versagt werden. Zur Frage, ob der Mieter zum

Wohnungstausch auch dann berechtigt ist oder ob die Genehmigung der Wohnungsbehörde (nach früherem Recht) versagt werden muß, wenn der Mieter die Tauschwohnung nicht selbst beziehen, sondern sie einem Dritten überlassen will, der ihm einen Baukostenzuschuß zur Erlangung einer Neubauwohnung leistet, LG Hannover (ablehnend Beschwerdestelle Essen) Glaser 1953 Nr. 385 oder wenn er durch den Tausch zusätzlichen Raum (gegebenenfalls als Geschäftsraum) erlangen will und den eigenen Wohnraumbedarf durch Inanspruchname unbewirtschafteten freien Wohnraums voll zu decken vermag, OLG Frankfurt BlGBW 1954, 285. Der Wohnungstausch ohne die vorgeschriebene Genehmigung entbehrt nicht der zivilrechtlichen Wirksamkeit, Hans 8.

Der Vermieter hat (trotz § 15 WBewG) kein Auswahlrecht bei Ersetzung der Zustimmung durch das MEA; die Vorschriften sowohl des WohnG als auch des WBewG berühren die Anwendung der §§ 30, 31 nicht, LG Frankenthal ZMR 1954, 240.

4 Der Begriff des Wohnungstausches ist nicht eindeutig; vgl. Roquette, Mietrecht S. 155. Erforderlich ist Austausch von zwei oder mehreren Wohnungen. Gleichwertigkeit der Tauschwohnungen ist nicht erforderlich, BayObLG NJW 1959, 2165; Zusammenfassung mehrerer Wohnungen ist zulässig, BayObLG NJW 1959, 2165 — ZMR 1960, 348 — MDR 1960, 53; LG Hannover NdsRpfl 1959, 212. Die Rechtsgestaltung des Tausches beschränkt sich in den §§ 30, 31 auf den Eintritt in bestehende Mietzinsverhältnisse. Der Mieter muß das Verfügungsrecht über die Wohnung besitzen. Beim Wiederaufbauvertrag genügt es, daß der Mieter durch Hingabe von Baukostenzuschüssen die Wohnungsherstellung ermöglicht hat; ist die Aufbauwohnung im Zeitpunkt der Entscheidung des MEA noch nicht bezugsfertig, so ist auszusprechen, daß die Einwilligung erst dann wirksam wird, wenn die Wohnung bezugsfertig ist, OLG Frankfurt ZMR 1952, 161. Besitz an der Tauschwohnung ist nicht erforderlich; es genügt der Anspruch auf Besitzüberlassung, AG Kiel SchlHA 1949, 230; OLG Frankfurt ZMR 1952, 161; LG Bochum, Glaser Nr. 88/II/1956; LG Oldenburg, Glaser Nr. 89/II/56; LG Wuppertal ZMR 1959, 79; LG Hannover ZMR 1960, 212. Der Anwendung des § 30 steht nicht entgegen, daß bei einem Ringtausch einer der Beteiligten die ihm zugedachte Wohnung nicht als Mieter, sondern als Eigentümer beziehen will, OLG Stuttgart NJW 1952, 1144. Der Mieter, dessen Mietverhältnis durch seine eigene Kündigung, durch Vereinbarung oder Mietaufhebungsurteil oder durch Zeitablauf im Zeitpunkt der Entscheidung des MEA beendet ist, kann nicht auf dem Wege des § 30 den Wohnungstausch durchführen; die Einwilligung des Vermieters kann nicht ersetzt werden. Beruht das Tauschrecht auf einem Räumungsvergleich nach Beendigung des Mietverhältnisses, so kommt die Ersetzung nach § 30 nicht in Frage, da der Aufgabenkreis des MEA nicht erweitert werden kann, KG DR 1941, 2570. Die Sonderregelung des § 31 beruht wohl auf der Anerkennung dieser Rechtslage. Im übrigen kann das MEA ohne Rücksicht auf Kündigungsfristen oder Vereinbarungen über die Beendigung des Mietverhältnisses die Einwilligung des Vermieters ersetzen. Will der Mieter die Mieträume einem Dritten überlassen, so findet § 30 auch dann Anwendung, wenn das Mietverhältnis zwar noch nicht aufgehoben ist, der Mieter aber die Wohnung bereits geräumt und vorläufig eine andere als die einzutauschende Wohnung des Dritten bezogen hat, es sei denn, daß er die Wohnung des Dritten überhaupt nicht zu beziehen oder in einen Ringtausch einzureihen gedenkt, BayObLGZ 1953, 237.

5 Die Ersetzung der Einwilligung des Vermieters ist auch dann möglich, wenn die Tauschbefugnis im Mietvertrag ausdrücklich ausgeschlossen ist; es gilt das gleiche wie bei der Untervermietung, A 6 zu § 29. Die Ersetzung kann auch dann noch erfolgen, wenn der Mieter die Wohnung vor Stellung des Antrages geräumt und der Tauschpartner eingezogen ist, LG Göttingen und OLG Hamburg DRsp II (277) 18 u. 39 gegen LG Dortmund MDR 1949, 360; ebenso OVG Münster DVBl 1952, 56.

Die Erteilung der Einwilligung des Vermieters „zum Eintritt des Dritten in den Mietvertrag" ist grundsätzlich in das Ermessen des Vermieters gestellt; abweichend von der Regelung in § 549 Abs. 1 Satz 2 BGB steht dem Mieter gegen die Ablehnung des Wohnungstausches kein Rechtsbehelf zu. Insofern schafft § 30 MSchG für den Wohnungstausch eine völlig neue Rechtslage; im übrigen ist dem Vermieter gegenüber dem Antrag des Mieters die Einrede des wichtigen Grundes gegeben, A 10.

6 Der Antrag ist vom Mieter zu stellen; bei einer Mehrheit von Mietern ist jeder Mieter zur Stellung des Antrages berechtigt. Der Antrag kann auch nach Durchführung des Tausches gestellt werden, OLG Hamburg HMR Rspr 1950 Nr. 93; Schopp-Groothold 16; Hans 5; a.M. LG Dortmund MDR 1949, 360.

7 Die Ersetzung der Einwilligung kann nur beantragt werden, wenn ein rechtsgültiges Mietverhältnis über einen Wohnraum — auch Einzelwohnraum, Holthöfer DR 1941, 537 — vorliegt. Zum Begriff der Wohnung OLG Stuttgart NJW 1952, 1144; zur Anwendung auf die Untervermietung von Wohnungsteilen im Falle des § 24 vgl. OLG Oldenburg NJW 1953, 70 sowie BayObLGZ 1952, 175 = MDR 1953, 40. Vgl. hierher auch OLG Oldenburg MDR 1952, 551 und LG Göttingen ZMR 1953, 122. Andere Nutzungsrechte an einer Wohnung, insbesondere bei Werkwohnungen und Dienstwohnungen, ein Nießbrauch oder ein Pachtrecht kommen nicht in Frage, auch nicht im Tausch gegen Wohnraum, LG Hamburg HMR Rspr 1950 Nr. 167.

8 Mietrechtsverhältnisse kommen im übrigen nur insoweit in Betracht, als die Wohnräume dem Mieterschutzrecht unterstellt sind (ebenso Hans 2; Schopp-Groothold 3; Roquette DR 1944, 54; OLG Stuttgart NJW 1952, 1144; OLG Oldenburg NJW 1953, 70), also nicht Räume in Gebäuden der in § 32 MSchG bezeichneten Art, KG DR 1941, 2569; nicht bei Vermietung von Räumen zu vorübergehendem Gebrauch, § 25 MSchG. Auch soweit eine Werk- oder Betriebswohnung Mietwohnung ist (§ 20 Satz 1, § 21 Satz 1), dürfte sie als Tauschwohnung mit Rücksicht auf die Zweckbestimmung und Zweckverwendung ohne Zustimmung des Betriebsinhabers nicht in Frage kommen, a.M. Roquette DR 1944, 54 u. Mietrecht S. 163; Schopp-Groothold 3; LG Göttingen ZMR 1952, 103; LG Berlin DR 1941, 1857; AG Düsseldorf ZMR 1960, 350. Auch bei Genossenschaftswohnungen, bei denen die Tauschwohnung auf Grund eines Nutzungsvertrages einem Genossen mit Rücksicht auf die Mitgliedschaft überlassen ist, kann das MEA die Einwilligung des Vermieters nicht ersetzen, LG Hannover BB 1951, 208.

Besteht Streit über das Vorhandensein eines Mietverhältnisses, so kann dieser Streit mit Bindung für die Beteiligten nur von den ordentlichen Gerichten entschieden werden. Das MEA hat deshalb insoweit vom Sachvortrage des Antragstellers und wenn dieser eine verschiedene rechtliche Beurteilung zuläßt, von der Rechtsansicht des Antragstellers auszugehen, KG DR 1941, 2338; vgl. auch LG Karlsruhe DR 1942, 225 (Dahmann).

9 Durch den Wohnungstausch bleibt die Rechtsstellung des Untermieters grundsätzlich unberührt, KG JW 1928, 2551; Brombach HW 1948, 66; Hans 9; Schopp-Groothold 14; a.M. Scholtz DR 1942, 830. Da durch den Tausch das Mietverhältnis in aller Regel nicht beendigt wird, kann insbes. der Eigentümer gegen den Untermieter die Herausgabeklage aus § 556 Abs. 3 BGB nicht erheben. Will der neue Mieter den Untermieter nicht übernehmen, so kann er gemäß Vertrag oder Gesetz kündigen, im Bereich des MSchG (§ 24) aber nur einen der Mietaufhebungsgründe durch die Aufhebungsklage geltend machen.

10 Bei Vorhandensein eines wichtigen Grundes — LG Hagen MDR 1949, 40 — kann der Vermieter den Antrag des Mieters zu Fall bringen und damit den Wohnungstausch vereiteln. Der Vermieter hat einen Rechtsanspruch darauf, daß das MEA, wenn es den wichtigen Grund anerkennt, den Antrag ablehnt; insoweit geht Abs. 1 Satz 2 weiter als die für die Erlaubnisersetzung bei Untervermietung in der früheren Fassung des § 29 Abs. 1 Satz 2 gegebene Sollvorschrift. Umgekehrt hat der Mieter einen Rechtsanspruch auf Ersetzung der Erlaubnis, wenn kein wichtiger Versagungsgrund vorliegt, OLG Düsseldorf, WM 1956, 184 u.w.N. Auch für die Erteilung der allgemeinen Erlaubnisersetzung gilt die Mußvorschrift des Abs. 5, A 14.

Der wichtige Grund kann in privaten Interessen des Vermieters liegen, z.B. im Eigenbedarf des Vermieters, wenn er so dringend ist, daß eine Aufhebungsklage gerechtfertigt wäre und seine spätere Befriedigung durch den Tausch vereitelt oder wesentlich erschwert wird, LG Frankfurt a.M. ZMR 1958, 321; AG Wuppertal ZMR 1961, 349 — Glaser Nr. 33/II/60; LG Mannheim WM 1960, 139; Dahmann DR 1942, 224; KG DR 1942, 1097; KG DR 1943, 699; Roquette DR 1944, 55; LG Wuppertal HMR Rspr 1951 Nr. 172; LG Göttingen ZMR 1952, 103; LG Hamburg, Glaser Nr. 73/1951; LG Düsseldorf, Glaser Nr. 379/1953; OLG Frankfurt ZMR 1953, 287; vgl. aber auch Hans 4; LG Landshut ZMR 1953, 122; LG Frankfurt BlGBW 1954, 205 = Glaser Nr. 96c/II/54; AG Köln WM 1953, 12; AG Köln BlGBW 1957, 384. Ein wichtiger Grund liegt vor bei einem fingierten Wohnungstausch, LG Hannover ZMR 1959, 338 — BlGBW 1960, 111 — Glaser Nr. 31/II/ 1960; ferner wenn der Tauschpartner keine Gewähr dafür bietet, daß der Hausfrieden gewahrt bleibt, AG Moers ZMR 1957, 409; ferner, wenn der Tauschpartner nicht in eine nach § 3/I. BMietG zulässige Mieterhöhung einwilligt, LG Hagen WM 1958, 73 (abl. Anm. Scherer); a.A. LG Hamburg ZMR 1960, 16 — Glaser Nr. 115/II/1959 (abl. Anm. Glaser); ferner wenn begründete Zweifel an der Zahlungsfähigkeit oder auch nur Zahlungswilligkeit des Tauschpartners bestehen, LG Frankfurt a.M. ZMR 1958, 319 — BlGBW 1958, 111 — BayGWW 1958, 322 — WM 1958, 9; ferner schlechte Vermögensverhältnisse des Tauschpartners, LG Augsburg WM 1958, 169; wenn der Vermieter ein besonders dringendes Interesse daran hat, die Wohnung einem von ihm ausgewählten neuen Mieter zu geben, dem er sie zugesagt hat, LG Mannheim WM 1959, 7; Bettermann 194 zu § 30; der Wunsch allein, einen Mieter nach seiner Wahl aufzunehmen, genügt nicht, LG Bochum WM 1956, 60; LG Dortmund WM 1959, 40; ebensowenig genügt die Berufung auf den Eigentümervorrang nach § 17 WBewG, LG Darmstadt MDR 1959, 764; ebensowenig ist ein wichtiger Grund die Vereinbarung einer Ablösungssumme mit dem Tauschpartner, LG München WM 1959, 90; a.A. aber LG Hannover ZMR 1960, 61 — Glaser Nr. 56/II/60, wenn der Mieter mit dem Tausch seiner Mietwohnung ein Geschäft machen will. Als wichtiger Grund ist nicht anzusehen die Berufung des Vermieters auf die ihm bei Neuvermietung gegebene

Möglichkeit, eine höhere als die mit dem Mieter vereinbarte Miete zu fordern, LG Hamburg WM 1960, 75.

11 Eine Aussetzung des Verfahrens vor dem MEA bis zur Entscheidung des Mietaufhebungsverfahrens ist jedoch nicht zulässig, KG DR 1942, 1096. Bedeutungsvoller sind jedoch die Belange des öffentlichen Wohles, insbesondere die Interessen der Raumbewirtschaftung; denn gerade der Wohnungstausch soll die Schwierigkeiten der Unterbringung der Wohnungssuchenden erleichtern. Unter diesen Gesichtspunkten wird in manchen Fällen aus der Überlegung des Wohnraums (LG Berlin DR 1941, 1898; LG Hamburg, Glaser 1951 Nr 24; LG Hannover, Glaser 1953 Nr. 377; LG Hannover Glaser Nr. 112/II/1956; LG Wuppertal ZMR 1954, 113) ein Versagungsgrund herzuleiten sein, A 10 zu § 29. Die nach Art. VIa WohnG früher möglich gewesene Anordnung eines Zwangswohnungstausches ist seit dem Inkrafttreten des WBewG weggefallen. Die Durchkreuzung der ablehnenden Entscheidung des MEA ist der Wohnungsbehörde in entsprechender Anwendung des § 33 Abs. 1 WBewG untersagt.

12 Der Zeitpunkt, von dem an der Wohnungstausch zu vollziehen ist, braucht in der Entscheidung des MEA nicht angegeben zu werden, KG DR 1941, 1369; a. M. Bosch ZAkDR 1941, 313. Im Streitfall entscheidet bei Mietverhältnissen auf unbestimmte Zeit, bei denen der Tausch jederzeit zulässig ist (KG DR1943, 938), über den Zeitpunkt das ordentliche Gericht. Für Mietverhältnisse auf bestimmte Zeit trifft Abs. 1 Satz 3 eine besondere Regelung, die der Bindung der Vertragsteile an den Vertrag Rechnung trägt. Deshalb wird man auch bei Mietverträgen mit Verlängerungsklausel (A 42 Einl. z. MSchG). bei denen es ohne „Kündigung" bei der automatischen Fortsetzung des Mietverhältnisses auf bestimmte Zeit verbleibt, die Ersetzung der Einwilligung des Vermieters zum Tausch nur für das Ende des verlängerten Zeitraumes als zulässig ansehen dürfen (a. M. von Hoffer, GrundE 1943, 3), soweit nicht der Mieter aus zwingenden Gründen seine bisherige Wohnung aufgeben muß.

13 Der Vollzug des Wohnungstausches bedarf nicht nur der rechtlichen Gestaltung durch Vereinbarungen der Beteiligten über den Eintritt in den Mietvertrag des anderen, nicht nur der Einwilligung der beteiligten Vermieter, deren Wirksamkeit Abs. 4 vom Vorliegen jeder einzelnen Einwilligung und damit voneinander abhängig macht, oder deren Ersetzung durch die Entscheidung des MEA, sondern auch der tatsächlichen Mitwirkung des Mieters durch Räumung seiner Wohnung. Diese besondere Regelung gilt nur für den Fall, daß die Einwilligung des Vermieters zum Wohnungstausch durch Entscheidung des MEA ersetzt wird; stimmt der Vermieter freiwillig zu, so verbleibt es bei der allgemeinen Regel, daß mit dem Abschluß des Tauschvertrages zugleich der Wohnungstausch vollzogen ist. Bei allgemeiner Ersetzung muß darüber hinaus auch noch die Einwilligung des Vermieters vorliegen, Abs. 5 Satz 2.

14 Die Bestimmung des Abs. 3 bedeutet eine Erweiterung der Haftung für den neu eintretenden Mieter; dieser wird neben dem bisherigen Mieter Gesamtschuldner für alle Verbindlichkeiten des bisherigen Mieters aus dessen Mietrechtsverhältnis. Er haftet dem Vermieter für rückständigen Mietzins, für unterlassene Schönheitsreparaturen (LG Frankfurt a.M. ZMR 1958, 319 —

BlGBW 1958, 111 — BayGWW 1958, 322), für alle Schadenersatzansprüche des Vermieters gegen den bisherigen Mieter, ohne zugleich in dessen Rechte gegen den Vermieter einzutreten. Die gesamtschuldnerische Verpflichtung tritt nur ein, wenn die Einwilligung des Vermieters durch eine Entscheidung des MEA gemäß Abs. 1 ersetzt wird, Roquette Mietrecht S. 164; Hans 7; Schopp-Groothold 22. Bei Einigung aller Beteiligten bleibt die Haftungsregelung der Vereinbarung der Beteiligten überlassen. Die Haftung des neuen Mieters tritt bereits mit der Räumung (A 13) des früheren Mieters ein.

15 Die Tauscherlaubnis des Vermieters ist grundsätzlich Einzelerlaubnis; wird sie allgemein, etwa durch vertragliches Tauschverbot, verweigert, so hat — wiederum (A 10) weitergehend als im Fall der Untervermietung (A 14 zu § 29) eine Mußvorschrift — das MEA auf Antrag des Mieters die Einwilligung allgemein zu ersetzen (Abs. 5 Satz 1). Geschieht dies, so bleibt wie bei der Untervermietung (A 17 zu § 29) das Recht des Vermieters, im Einzelfall aus wichtigem Grunde dem Tausch zu widersprechen, unberührt. Diese Befugnis muß in der Entscheidung des MEA zum Ausdruck gebracht werden (Abs. 5 Satz 1 Halbsatz 2). Über Einschränkung der allgemeinen Ersetzung auf einen bestimmten Personenkreis vgl. LG Duisburg ZMR 1958, 319.

Der Eintritt in den Mietvertrag (A 12) bedarf, wenn eine allgemeine Ersetzung ausgesprochen ist, im Einzelfall stets noch der Einwilligung des Vermieters (Abs. 5 Satz 2).

§ 31

(1) **Ist ein Mietverhältnis über eine Wohnung beendigt und hat der bisherige Mieter die Mieträume noch inne oder steht die Beendigung eines Mietverhältnisses über eine Wohnung bevor, so kann das Mieteinigungsamt dem Mieter auf Antrag gestatten, die Mieträume mit einem Dritten für die Zeit nach Beendigung des Mietverhältnisses zu tauschen, und die hierzu erforderliche Einwilligung des Vermieters ersetzen. Der Antrag ist abzulehnen, wenn der Vermieter dem Verlangen des Mieters aus wichtigen Gründen widerspricht. Ist der Mieter rechtskräftig zur Räumung verurteilt, so ist es als wichtiger Grund auch anzusehen, wenn der Vermieter eine Wohnung in derselben Gemeinde nachweist, die den Umständen nach für den Mieter ausreicht und an ihn vermietbar ist.**

(2) **Entspricht das Mieteinigungsamt dem Antrag und wird der Tausch durchgeführt, so gilt die Beendigung des Mietverhältnisses als nicht erfolgt. Die Vorschriften des § 30 Abs. 2 bis 5 sind entsprechend anzuwenden.**

(3) **Ist die Verpflichtung zur Herausgabe der Wohnung in einem vollstreckbaren Urteil oder Vergleich ausgesprochen, so kann das Mieteinigungsamt auf Antrag des bisherigen Mieters die Zwangsvollstreckung für die Dauer des Verfahrens über den Wohnungstausch einstellen.**

1 Entstehung: § 2 AusfVO KSchVO; Abs. 3 in der Fassung des § 13 MSchÄndVO vom 7. November 1944 (RGBl I, 319). Wegen der Anwendung auf neugeschaffenen Wohnraum vgl 2 zu § 30.

2 Mit der Beendigung des Mietverhältnisses erlischt das Verfügungsrecht des Mieters über die Wohnung; er kann daher weder für die Zeit nach Ablauf der vereinbarten Mietzeit noch nach Beendigung des Mietverhältnisses einen Wohnungstausch durchführen. Die Regelung des § 31 schafft neue Möglichkeiten des Wohnungstausches, insofern das MEA auf Antrag des Mieters diesem den Tausch gestatten und in dieser Entscheidung soweit erforderlich die Erlaubnis des Vermieters gemäß § 30 ersetzen kann.

Voraussetzung für die Anwendung des § 31 ist, daß der Mieter

a) eine Beendigung des Mietverhältnisses z. B. durch eine vom Vermieter angestrengte Aufhebungsklage gewärtigen muß (gegenüber § 30, der an sich anwendbar ist, vorteilhafter, weil Tauscherlaubnis für die Zeit nach der Beendigung vom MEA erwirkt werden kann, ohne daß Tauschverpflichtung vorliegt); oder daß

b) trotz Beendigung des Mietverhältnisses der Mieter noch im Besitz der Wohnung ist; Wiedererlangung des Besitzes nach Räumung z. B. durch behördliche Wiedereinweisung genügt nicht, LG Braunschweig DRsp II (277) 53. Antragsberechtigt ist nur der Mieter, nicht auch der Vermieter.

3 Die Rechtsgestaltung, die in der Ermächtigung des Mieters zum Wohnungstausch liegt, steht grundsätzlich im Ermessen des MEA. Es muß aber den Antrag des Mieters wie im Falle des § 30 ablehnen, wenn der Vermieter dem Verlangen des Mieters aus wichtigem Grunde widerspricht. Es gelten die gleichen Grundsätze wie in A 10 zu § 30 angeführt, vgl. ferner Hans 2; AG Köln WM 1953, 12. Darüber hinaus wird für den Fall, daß der antragstellende Mieter bereits rechtskräftig zur Räumung seiner Wohnung verpflichtet ist, als wichtiger Grund die Tatsache angesehen, daß der Vermieter in derselben Gemeinde eine Ersatzwohnung nachweist. Eine Verpflichtung zur Ersatzraumstellung besteht für den Vermieter nicht.

4 Im Falle der Mietaufhebungsklage wegen Eigenbedarfs kann der Mieter unter Umständen vom Vermieter zum Wohnungstausch gezwungen werden, während er selbst, obwohl vertragstreu, keine Möglichkeit zum Wohnungstausch hat. In den Fällen der §§ 2, 3 MSchG kann dagegen der vertragsuntreue Mieter auch gegen den Willen des Vermieters gemäß §§ 30, 31 tauschen.

5 Die Ersatzwohnung, die der Vermieter bereitstellen kann, muß ausreichend, d. h. ohne Rücksicht auf Größe, Ausstattung und Lage der bisherigen Wohnung dem Wohnungsbedürfnis des Mieters genügen. Die Fortsetzung des bisherigen Mietgebrauchs braucht nicht gewährleistet zu sein, andererseits genügt aber auch nicht ein bloß „notdürftiger" Ersatzraum. Der Tausch muß dem Mieter zumutbar sein, insbesondere auch seine Leistungsfähigkeit zur Aufbringung der Miete berücksichtigen. Die Ersatzwohnung muß ferner vermietbar sein, d. h. der Vermieter muß bereit und in der Lage sein, die Wohnung in Übereinstimmung mit den gesetzlichen Bestimmungen dem Mieter zu überlassen (Abs. 1 Satz 3). Dabei ist insbesondere das allgemeine Verbot des § 12 Abs. 1, 4 WBewG zu beachten, daß Räume, die zu Wohnzwekken geeignet sind, nur mit schriftlicher Genehmigung des Wohnungsamtes in Benutzung genommen oder anderen überlassen werden dürfen.

6 Die Durchführung des Wohnungstausches ist dem Mieter so lange möglich, als ihm ein Räumungsschutz zusteht. Das MEA kann ihm auch zur Durch-

führung des Tausches eine Frist bestimmen. Die Fiktion der Fortsetzung des Mietverhältnisses reicht auf den Zeitpunkt der Beendigung zurück; das alte Vertragsverhältnis mit dem bisherigen Inhalt wird fortgesetzt, Roquette DR 1943, 420. Wird der Tausch nicht tatsächlich durchgeführt, so tritt die Fortsetzung nicht ein; es verbleibt bei der eingetretenen Beendigung des Mietverhältnisses.

7 Der Antrag des Mieters auf Einstellung der Zwangsvollstreckung wird beim MEA gestellt und von diesem nach pflichtgemäßem Ermessen entschieden. Die Maßnahme ist nur zulässig für die Dauer des Verfahrens über den Wohnungstausch (Abs. 3). Die Zuständigkeit des Prozeßgerichts (Verlängerung der Räumungsfrist, § 5a) oder des Vollstreckungsgerichts bleibt im übrigen unberührt.

§ 31a

(1) Die Vorschriften der §§ 1 bis 19 und der §§ 24 bis 31 sind nicht anzuwenden auf Mietverhältnisse über steuerbegünstigte und frei finanzierte Wohnungen und Wohnräume im Sinne des Ersten Wohnungsbaugesetzes in der Fassung vom 25. August 1953 (Bundesgesetzbl. I S. 1037) und des Zweiten Wohnungsbaugesetzes (Wohnungsbau- und Familienheimgesetz) vom 27. Juni 1956 (Bundesgesetzbl. I S. 523); § 52e findet entsprechende Anwendung.

(2) Absatz 1 gilt nicht

a) für Mietverhältnisse über Wohnungen oder Wohnräume, für die Grundsteuervergünstigung gemäß § 7 des Ersten Wohnungsbaugesetzes oder gemäß den im § 11 des Ersten Wohnungsbaugesetzes bezeichneten Vorschriften oder gemäß §§ 92 bis 94 oder § 110 des Zweiten Wohnungsbaugesetzes gewährt wird; dies gilt auch nach Ablauf des Zeitraums, für den die Grundsteuervergünstigung gewährt worden ist.

b) für Mietverhältnisse, die vor dem 27. April 1950 begründet worden sind,

c) für Mietverhältnisse über Wohnräume, die an Mieter einer unter Mieterschutz stehenden Wohnung im gleichen Wohngebäude vermietet werden.

(3) Absatz 1 ist auf Mietverhältnisse über Wohnungen und Wohnräume, die gemäß den Vorschriften des Ersten Wohnungsbaugesetzes oder des Zweiten Wohnungsbaugesetzes von den für öffentlich geförderte Wohnungen bestehenden Bindungen freigestellt sind, entsprechend anzuwenden; dies gilt nicht in den Fällen des Absatzes 2 Buchstaben a und c und für Mietverhältnisse, die vor der Freistellung begründet worden sind.

1 § 31a — eingefügt durch § 26 Abs. 2/I. WohnBauG vom 24. April 1950 (BGBl I, 83) — hat seine heutige Fassung seit dem 1. August 1953 durch Änderung gemäß Art. VI des Gesetzes zur Änderung und Ergänzung des Ersten

Wohnungsbaugesetzes vom 25. August 1953 (BGBl I, 1037), gemäß § 115 des II. Wohnungsbaugesetzes vom 27. Juni 1956 (BGBl I, 523), sowie schließlich gemäß Art. 2 des Gesetzes zur Änderung des Mieterschutzgesetzes vom 10. April 1961 (BGBl. I, 421). Die Einfügung des Abs. 3 trägt der Rechtsänderung Rechnung, die durch § 41 Abs. 2 WohnBauG 1953 durch die Gleichstellung der gemäß § 41 Abs. 1 wegen vorzeitiger Rückzahlung der öffentlichen Baudarlehen freigestellten Wohnungen mit den steuerbegünstigten und freifinanzierten Wohnungen eingetreten ist, soweit die Freistellung vom Mieterschutz in Frage kommt. Die Aufrechterhaltung des Mieterschutzes für die vor der Freistellung begründeten Mietverhältnisse (§ 31 a Abs. 3 Halbsatz 2) ist bereits in § 41 Abs. 3 Satz 2 WohnBauG 1953 ausgesprochen.

2 Für die Freistellung gemäß Abs. 1 kommen in Betracht Wohnungen oder einzelne Wohnräume (§ 47 WohnBauG 1953), die durch Neubau, durch Wiederaufbau zerstörter oder Wiederherstellung beschädiger Gebäude oder durch Ausbau oder Erweiterung bestehender Gebäude (ohne Rücksicht auf einen wesentlichen Bauaufwand (LG Verden MDR 1954, 232; LG Lüneburg ZMR 1954, 220) geschaffen und

1. durch öffentliche Mittel (§ 3) gemäß §§ 19 ff gefördert worden sind, sofern sie auf Antrag des Eigentümers (dinglich Berechtigten) von den für öffentliche geförderte Wohnungen bestehenden Bindungen an den Mieterschutz wegen vorzeitiger Rückzahlung der öffentlichen Baudarlehen gemäß § 41 freigestellt worden sind;
2. unter Inanspruchnahme von Steuervergünstigungen nach §§ 7, 11 WohnBauG oder nach § 7c EStG, jedoch ohne Einsatz öffentlicher Mittel (§ 3) geschaffen und nach dem 31. Dezember 1949 bezugsfertig geworden sind — steuerbegünstigte Wohnungen;
3. ohne Inanspruchnahme von Steuervergünstigung und ohne Einsatz öffentlicher Mittel geschaffen und nach dem 31. Dezember 1949 bezugsfertig geworden sind — frei finanzierte Wohnungen.

Die Freistellung vom Mieterschutz erfolgt kraft Gesetzes; Parteivereinbarungen haben keinen Einfluß auf diese Rechtsgestaltung, LG Köln MDR 1953, 172 (Weimar).

3 Trotz des Vorliegens der in A 2 bezeichneten Voraussetzung bleibt der Mieterschutz nach Maßgabe der Vorschriften des MSchG aufrechterhalten

a) für Mietverhältnisse über grundsteuerbegünstigte (§§ 7, 11 WohnBauG) Wohnungen (Wohnräume), Abs. 2 Buchst. a, Abs. 3. Die Frage, ob der Mieterschutz entfällt, wenn der Vermieter **nach** dem Abschluß des Mietverhältnisses über eine freifinanzierte Wohnung zunächst die Grundsteuervergünstigung in Anspruch nimmt, dann aber später auf diese Vergünstigung verzichtet, wird wohl mit Recht einhellig bejaht (vgl. LG Stuttgart: MDR 1959, 492 — ZMR 1960, 17 (n. L.); AG Stadthagen: ZMR 1960, 17; LG Köln DWW 1960, 353).

Dagegen wird die Frage, ob der Verzicht des Vermieters auf die Grundsteuervergünstigung auch dann den Mieterschutz für ein laufendes Mietverhältnis beseitigt, wenn die Grundsteuervergünstigung bereits beim Abschluß des Mietverhältnisses gewährt worden war, nur von dem Landgericht Düsseldorf (BBauBl 1953, 552), dem LG Kassel (MDR 1953, 749 = NJW 1954, 113), dem Landgericht Göttingen (MDR 1954,

231), dem Amtsgericht Gummersbach (MDR 1957, 362 — BBauBl 1957, 572), dem Landgericht Lübeck (BBauBl 1959, 391) sowie von Pergande (WM 1955, 66) und Schopp-Groothold (18 zu § 31a MSchG) und Roquette (31 zu § 31a) bejaht. Neuerdings haben sich dieser zu billigenden Auffassung die Landgerichte Dortmund (DWW 1960, 285 = Glaser Nr. 100/II/1961) und Hamburg (Urteil vom 4. Jan. 1961 — 16 S 186/60 — Glaser Nr. 152/II/1961) mit sehr beachtlichen Gründen angeschlossen.

Die gegenteilige Rechtsmeinung geht dahin, daß für den Fall des nachträglichen Verzichts auf die Grundsteuervergünstigung der Mieterschutz nicht für das bereits laufende Mietverhältnis, sondern erst für ein nach dem Verzicht auf die Grundsteuervergünstigung begründetes Mietverhältnis wegfällt. Diese gegenteilige Ansicht wird vertreten von den Landgerichten Köln (BBauBl 1955, 281 — ZMR 1955, 142 — WM 1955, 21 — Glaser Nr. 64/II/1955), Bielefeld (BBauBl 1956, 538 — WM 1956, 37 — MDR 1956, 35), Mönchen-Gladbach (MDR 1955, 677 — ZMR 1955, 205 — WM 1955, 73), Osnabrück (WM 1956, 153), Berlin (WM 1958, 88 — Glaser Nr. 127/II/1959), Hamburg (MDR 1958, 339 — ZMR 1959, 269 sowie MDR 1959, 129 — DWW 1959, 40 — BlGBW 1959, 15 — Glaser Nr. 128/II/1959), Düsseldorf (MDR 1959, 575 — BBauBl 1959, 137 — BlGBW 1959 ,111 — WM 1959, 104 — Glaser Nr. 194/II/1959), Bremen (WM 1960, 8), Hannover (Urteil vom 19. Februar 1960 — 10 S 5/60 — Glaser Nr. 60/II/1960) sowie von den Amtsgerichten Dortmund (WM 1956, 137 — Glaser Nr. 126/II/1959) und München (WM 1961, 42).

b) für Mietverhältnisse über Wohnräume, die im gleichen Gebäude ohne Rücksicht auf räumlichen Zusammenhang und Größe an den Mieter einer mieterschutzpflichtigen Wohnung vermietet werden, Abs. 2 Buchst. c, Abs. 3; vgl. LG Hamburg BBauBl 1956, 475; LG Aachen ZMR 1957, 272 (ebenso für die einheitliche Vermietung der gesamten Wohnung an einen nachfolgenden Mieter); LG Berlin BlnGrundE 1957, 412. Wenn das Mietverhältnis einheitlich über eine Wohnung abgeschlossen wird, die sowohl aus Neubau- wie aus Altbauwohnräumen besteht, so kann § 31a Abs. 2c keine Anwendung finden. Die Frage, ob eine solche Mietwohnung den Mieterschutz genießt, kann aber für alle Räume nur einheitlich beurteilt werden. Entscheidend ist, welche Räume im Hinblick auf Wohnwert und Größe überwiegen. Überwiegen die neugeschaffenen Räume, dann entfällt der Mieterschutz; überwiegen dagegen die alten Wohnräume, dann bleibt Mieterschutz bestehen. Für den Fall, daß ein Überwiegen nach der einen oder anderen Richtung nicht festgestellt werden kann, muß es bei der allgemeinen Regelung des § 1 MSchG verbleiben, da das Nichtbestehen von Mieterschutz die Ausnahme bildet — LG Hamburg, Urt. vom 21. Juli 1960 — 7 S 81/59 — Glaser Nr. 102/II/1961; ebenso LG Münster ZMR 1958, 321 — DWW 1957, 287; AG Ibbenbüren, Urt. vom 2. April 1957 — 3 C 370/56.

c) für bestehende Mietverhältnisse, d. h. bei frei finanzierten und steuerbegünstigten Wohnungen für die vor dem 27. April 1950 — Tag des Inkrafttretens des WohnBauG — § 31 a Abs. 2 Buchst. b —, bei öffentlich geförderten Wohnungen für die vor der Freistellung — § 41 Abs. 3 Satz 2 WohnBauG 1953; § 31 a Abs. 3 — begründeten Mietverhältnisse. Dies gilt auch für Mietverhältnisse, die vor diesem Zeitpunkt durch Mietverfügung der Wohnungsbehörde (§ 16 WBewG) festgesetzt worden sind.

Begründet im Sinne des Abs. 2 ist ein Mietverhältnis, sobald der Mietvertrag abgeschlossen ist; unerheblich ist, zu welchem Zeitpunkt die Wohnung vom Mieter bezogen wird, LG Verden BlGBW 1954, 13 = Glaser Nr. 34/VIII/1954.

4 Durch Art. 2 des Gesetzes zur Änderung des Gesetzes über die Gewährung von Miet- und Lastenbeihilfen und des Mieterschutzgesetzes vom 10. April 1961 — BGBl I 421 — ist durch einen Zusatz zu § 31a Abs. 2a angeordnet, daß der Mieterschutz für freifinanzierte Neubauwohnungen auch nach dem Ablauf der Zehnjahresfrist für die Grundsteuervergünstigung aufrechterhalten bleiben soll. Dadurch ist die zutreffende Rechtsprechung (vgl. LG Hamburg DWW 1960, 394 Anm. Häusler) — HbgGrundE 1960, 321 — MDR 1961, 236 (n. L.) — Glaser Nr. 101/II/1961), daß der Mieterschutz in jedem Fall — auch für ein laufendes Mietverhältnis — endet, wenn die Zehnjahresfrist abgelaufen ist, überholt. Die Gesetzesänderung wird in DWW 1961, 66 mit Recht als eine Ausweitung des Mieterschutzes bezeichnet, die durch die Lage auf dem Wohnungsmarkt nicht zu rechtfertigen sei.

Mit Rücksicht darauf, daß der eine oder andere Vermieter seinem Mieter bereits nach dem Ablauf der Zehnjahresfrist gekündigt haben könnte, hat der Gesetzgeber in Art. 2 Nr. 2 des Änderungsgesetzes vom 10. April 1961 folgende Übergangsvorschriften erlassen:

a) Eine Beendigung des Mietverhältnisses auf Grund einer Kündigung des Vermieters gilt als nicht eingetreten, es sei denn, daß die Räumung bereits erfolgt oder der Mieter zur Räumung rechtskräftig verurteilt ist.

b) Ist eine Räumungsklage anhängig, so kann der Kläger zur Mietaufhebungsklage übergehen.

c) Soweit sich ein anhängiger Rechtsstreit durch die Vorschriften dieses Artikels erledigt, trägt jede Partei ihre außergerichtlichen Kosten und die Hälfte der gerichtlichen Auslagen. Gerichtsgebühren werden nicht erhoben.

5 Die Freistellung der Wohnungen — für Geschäftsräume vgl. § 5 GRMG — vom Mieterschutz nach Abs. 1 beschränkt sich auf die Nichtanwendung der §§ 1—19 und der §§ 24—31. Die Freistellung ist daher keine allgemeine. Anwendbar bleiben insbes. die für Betriebs- und Werkwohnungen geltenden Sonderbestimmungen der §§ 20—23c MSchG, deren Modifizierung durch § 24 WohnBauG 1953 in § 23 Abs. 2 MSchG (A 1 in § 23) übergegangen ist, wie hier Wandersleb DÖV 1950, 228; Hans 3; Schopp-Groothold 12; LG Bochum WM 1955, 171 = BBauBl 1955, 535 = NHG 1957, 40; LG Düsseldorf, Urt. vom 24. Juni 1954 — 7 S 377/54 — Düsseldorfer HZtg 1956 Nr. 5; a.M. Bettermann MDR 1950, 514, MDR 1951, 618 (zu BayObLG) u. WM 1954, 137. Auf Grund der vorgeschriebenen entsprechenden Anwendung des § 52e MSchG finden die dort bezeichneten Vorschriften, insbesondere auch die §§ 29—31 (dazu BayObLG MDR 1951, 617 = BBauBl 1952, 60, ihm folgend LG Hamburg MDR 1953, 173) trotz des entgegenstehenden Wortlautes des Abs. 1 Halbs. 1 Anwendung, Wormit MDR 1950, 709; Roquette 16; Hans 3; LG Bochum WM 1955, 171; OLG Oldenburg: BBauBl 1956, 536 = NHG 1957, 40; LG Köln MDR 1957, 231 (Weimar); a.A. Bettermann: MDR 1950, 515; 1951, 618.

§ 31b

(1) Die Vorschriften der §§ 1 bis 19 und der §§ 24 bis 31 sind nicht anzuwenden auf Mietverhältnisse über Wohnungen und Wohnräume, die in der Zeit zwischen dem 21. Juni 1948 und dem 31. Dezember 1949 bezugsfertig geworden und ohne öffentliche Mittel im Sinne des § 3 des Ersten Wohnungsbaugesetzes geschaffen sind. § 52e findet entsprechend Anwendung.

(2) Absatz 1 gilt nicht:

a) für Mietverhältnisse über Wohnungen und Wohnräume, für die auf Grund eines gemäß § 8 des Ersten Wohnungsbaugesetzes ergangenen Landesgesetzes oder entsprechender Vorschriften der Länder oder Gemeinden eine Ermäßigung oder ein Erlaß der Grundsteuer in Anspruch genommen oder, soweit es sich um Arbeiterwohnstätten handelt, eine Grundsteuerbeihilfe gewährt wird; dies gilt auch nach Ablauf des Zeitraums, für den die Grundsteuerermäßigung, der Grundsteuererlaß oder die Grundsteuerbeihilfe gewährt worden ist;

b) für Mietverhältnisse, die vor dem 1. August 1955 begründet worden sind, es sei denn, daß sie bereits durch § 1 der Verordnung über Ausnahmen vom Mieterschutz vom 27. November 1951 (Bundesgesetzbl. I S. 926) von den Vorschriften des Ersten Abschnitts des Mieterschutzgesetzes ausgenommen waren;

c) für Mietverhältnisse über Wohnräume, die an Mieter einer unter Mieterschutz stehenden Wohnung im gleichen Wohngebäude vermietet werden.

(3) Die Verordnung über Ausnahmen vom Mieterschutz vom 27. November 1951 (Bundesgesetzbl. I S. 926) wird, soweit sie nicht bereits nach § 23 Satz 2 Nr. 2 des Geschäftsraummietengesetzes außer Kraft getreten ist, aufgehoben.

1 Die Vorschrift des § 31 b MSchG, die sich mit Ausnahmen vom Mieterschutz befaßt, ist erst durch § 35 Nr. 1/I.BMietG vom 27. Juli 1955 (BGBl I, 458) in das Mieterschutzgesetz eingefügt worden. Sie ist am 1. August 1955 in Kraft getreten. Sie gilt nicht im Lande Berlin (§ 45 Nr. 19/I. BMietG i. d. F. des Art. IX Nr. 1 des sog. Abbaugesetzes in Vbdg. m. § 35/I. BMietG) und auch nicht im Saarland (§ 45 a/I. BMietG i. d. F. des Art. IX Nr. 1 Abbaugesetz). Da bei der Verabschiedung des Bundesmietengesetzes im Abs. 1 dieses § 31 b MSchG versehentlich die Bezugnahme auf § 52e MSchG unterblieben war (vgl. Weitnauer: MDR 1955, 521, Fußnote 25; derselbe, BAnz Nr. 145/1955 vom 30. Juli 1955 S. 7 unter G I Fußnote), hat der Gesetzgeber die Gelegenheit wahrgenommen, im Gesetz zur Änderung des Geschäftsraummietengesetzes und des Mieterschutzgesetzes vom 25. Dezember 1955 (BGBl I, 866) den § 31 b MSchG dahin zu ergänzen, daß in seinem Abs. 1 der Halbsatz angefügt wurde, daß § 52e

MSchG entsprechende Anwendung finden soll, und zwar mit Rückwirkung auf den 1. August 1955. Lediglich rechtskräftige Entscheidungen sollten insoweit unberührt bleiben (Art. IV Abs. 2 des Änderungsgesetzes). Damit gilt nunmehr auch für die zwischen dem 21. Juni 1948 und 31. Dezember 1949 ohne öffentliche Mittel bezugsfertig gewordenen Wohnräume, die nach Abs. 1 des § 31b MSchG mit den sich aus Abs. 2 ergebenden Einschränkungen vom Mieterschutz freigestellt sind, die restlichen, schon in § 31a MSchG verankerten Schutzvorschriften des § 52e MSchG (A 4 zu § 31a).

2 Von der in § 31b Abs. 1 ausgesprochenen Freistellung vom Mieterschutz für Wohnungen, die zwischen dem 21. Juni 1948 und 31. Dezember 1949 ohne öffentliche Mittel bezugsfertig geworden sind, gibt es nach Abs. 2 drei Ausnahmen. Danach behalten den Mieterschutz

1. grundsteuerbegünstigte Wohnungen und Wohnräume, die ohne öffentliche Mittel im Sinne des § 3 des Ersten Wohnungsbaugesetzes geschaffen worden sind;
2. Mietverhältnisse, die vor dem 1. August 1955 begründet worden sind. Ein Mietverhältnis ist dann begründet, wenn der Mietvertrag abgeschlossen ist (vgl. LG Verden/Aller: BlGBW 1954, 13 = Glaser Nr. 34/VIII/1954). Mietverhältnisse, die vor dem 1. August 1955 begründet worden sind, sind nur dann mieterschutzfrei, wenn sie bereits durch § 1 VO über Ausnahmen vom Mieterschutz vom 27. November 1951 (BGBl I, 926) vom Mieterschutz ausgenommen waren, das sind diejenigen Mietverhältnisse, die nach dem 1. Dezember 1951, aber vor dem 1. August 1955 neu abgeschlossen worden sind, soweit im übrigen die Voraussetzungen der Freistellung vom Mieterschutz nach § 1 MSchAusnVO vorgelegen haben.
3. Mietverhältnisse über Wohnräume, die an Mieter einer unter Mieterschutz stehenden Wohnung im gleichen Wohngebäude vermietet werden (vgl. die gleiche Ausnahme in § 31a Abs. 2c MSchG).

Über Zweck und Bedeutung des § 31b MSchG vgl. ausführlich Kunkel: DWW 1956, 55; Kürzel: Westdeutscher Türmer 1956, 101.

3 Zu beachten ist auch hier der Zusatz zu § 31b Abs. 2a, durch den im Gesetz zur Änderung des Mieterschutzgesetzes vom 10. April 1961 — BGBl I, 421 — angeordnet ist, daß der Mieterschutz für freifinanzierte Neubauwohnungen auch nach dem Ablauf der Zehnjahresfrist für die Grundsteuerermäßigung, für den Grundsteuererlaß und für die Grundsteuerbeihilfe aufrecht erhalten bleiben soll; vgl. im übrigen auch wegen der Übergangsvorschriften Anm. 4 zu § 31a.

§ 32

(1) Hat jemand mietweise oder auf Grund eines sonstigen Rechtsverhältnisses ein Gebäude oder den Teil eines Gebäudes inne, das im Eigentum oder in der Verwaltung des Reichs oder eines Landes steht und entweder öffentlichen Zwecken oder zur Unterbringung von Angehörigen der Verwaltung des Reichs oder des Landes zu dienen bestimmt ist oder bestimmt wird, so finden die §§ 1 bis 31 keine Anwendung.

(2) Der Mieter oder derjenige, dem der Gebrauch überlassen ist, kann vom Reiche oder vom Lande den Ersatz der erforderlichen Umzugskosten verlangen, es sei denn, daß ihm bereits nach den Dienstvorschriften angemessene Umzugskosten zustehen. Bei Geschäftsräumen kann der Mieter, soweit es zum Ausgleich unbilliger Härten erforderlich ist, auch die Leistung einer angemessenen Entschädigung für die sonstigen wirtschaftlichen Nachteile verlangen, die er durch den Verlust der Räume erleidet. Über die Ersatz- und Entschädigungspflicht ist im Falle der Verurteilung zur Herausgabe des Raumes auf Antrag des Berechtigten in der Urteilsformel Bestimmung zu treffen.

(3) Abs. 2 gilt nicht, wenn Tatsachen vorliegen, welche die Aufhebung des Mietverhältnisses nach den §§ 2, 3 rechtfertigen würden, oder wenn der Raum für besondere Zwecke zu vorübergehendem Gebrauch überlassen ist.

(4) Die Vorschriften der Abs. 1 bis 3 sind entsprechend anzuwenden.

a) **auf Gemeinden und sonstige Körperschaften des öffentlichen Rechts, gemeinnützige Anstalten und Stiftungen sowie auf gemeinnützige, nicht auf Erwerb gerichtete Organisationen, soweit sie die Räume für eigene Zwecke dringend benötigen;**

b) wenn Räume in einem Gebäude, dessen Errichtung oder Erwerb von der Wehrmacht unmittelbar oder mittelbar gefördert worden ist, für Zwecke der Wehrmacht zur Verfügung zu halten sind und zur Unterbringung von Angehörigen der Wehrmacht, einschließlich von Angestellten und Arbeitern der Wehrmacht benötigt werden. Zum Nachweis dieser Voraussetzungen genügt es, wenn hierüber eine Bescheinigung der obersten Behörde der Wehrmacht oder der von ihr bestimmten Dienststelle vorgelegt wird;

c) **wenn Räume in einem Gebäude, das nicht im Eigentum oder in der Verwaltung des Reichs, eines Landes oder einer Gemeinde (Gemeindeverbandes) steht, für Beamte des Reichs, eines Landes oder einer Gemeinde oder für Angestellte oder Arbeiter im öffentlichen Dienst zur Verfügung zu halten sind und benötigt werden.**

Umzugskosten und eine Entschädigung, die der Vermieter gemäß Abs. 2 zu ersetzen hat, sind ihm von derjenigen Stelle zu erstatten, zu deren Gunsten die Räume herauszugeben sind.

1 Entstehung: Die Ausnahmestellung, die den im Eigentum oder in der Verwaltung des Reiches, der Länder und sonstiger öffentlicher Körperschaften stehenden Gebäuden oder Gebäudeteilen eingeräumt ist, wurde durch die §§ 5, 10 Zweite AusfVO KSchVO auf die in Abs. 4 Buchst. b u. c bezeichneten Gebäude ausgedehnt. Die Vorschrift soll im Interesse der Erfüllung öffentlicher Aufgaben durch die bezeichneten Körperschaften eine leichtere Lösung des Mietverhält-

nisses zwischen den Vertragsteilen — nicht auch zwischen Vermieter und Untermieter des Mieters, LG Flensburg MDR 1952, 233; Bettermann 192 zu § 24 und ZMR 1953, 346; LG Nürnberg-Fürth ZMR 1960, 173 gegen OLG Oldenburg ZMR 1953, 250 — ermöglichen; sie findet nur Anwendung, wenn die Raumüberlassung auf Grund eines bürgerlich-rechtlichen oder öffentlich-rechtlichen Vertrages oder vertragsähnlichen Rechtsverhältnisses erfolgt ist. Bloße Einweisung durch die Wohnungsbehörde genügt nicht, BGH ZMR 1953, 345. Die Vorschrift ermächtigt die Behörde nicht, auf Grund ihrer Räumungsaufforderung die Räumung etwa im Zwangsverwaltungsverfahren selbst durchzuführen; sie ist auf den ordentlichen Rechtsweg angewiesen, LG Hamburg HMR Rspr 1949 Nr. 31; Naumann DV 1950, 133.

Trotz des engeren Wortlautes „Gebäude" ist § 32 entsprechend der mieterschutzrechtlichen Erfassung des „Mietgegenstandes" auch auf die gemäß § 36 einbezogenen und nicht nach dem GRMG ohnehin freigestellten Grundstücke anzuwenden, LG Düsseldorf HMR Rspr 1951 Nr. 145 (Bahnhofvorplatz); LG Berlin HuW 1955, 173; auch Gärten gehören hierher Bettermann gegen LG Hamburg MDR 1949, 484. Vgl. auch Bauer NJW 1950, 331.

Eine Ergänzung findet § 32 durch § 30 Abs. 3 WBewG, insofern dem räumungspflichtigen Mieter die Vollstreckungsschutzmaßnahmen gemäß § 30 Abs. 1 für den Regelfall zugestanden sind.

Zur Kritik der Vorschrift vgl. Roquette JZ 1952, 71; Martin NJW 1951, 37. Mit dem Grundgesetz steht die Vorschrift nicht in Widerspruch, Schopp-Groothold 3; LG Bonn MDR 1951, 32. Das dem Fiskus in § 32 eingeräumte Privileg kann nicht auf das Verhältnis zwischen dem Mieter des Fiskus und dessen Untermieter ausgedehnt und dem Untermieter der Mieterschutz versagt werden, LG Flensburg MDR 1952, 233; LG Göttingen NdsRpfl 1952, 104; Bettermann ZMR 1953, 346 gegen LG Oldenburg ZMR 1953, 250; a. M. Roquette Mietrecht 4. Aufl. S. 341.

Abs. 2 Satz 2 ist durch § 5 Abs. 1 GRMG v. 25. Juni 1952 (BGBl I, 338) überholt, jedoch nach Maßgabe des § 5 Abs. 3 bis 5 GRMG noch anwendbar.

Abs. 4b ist seit der Auflösung der Wehrmacht (vgl. KRG Nr. 34— ABlKR S. 19) gegenstandslos; diese Vorschrift dürfte aber auf die Bundeswehr anzuwenden sein (vgl. Roquette, 67 zu § 32).

2 Die Zweckbestimmung — öffentlicher Zweck oder Unterbringung von Verwaltungsangehörigen — ist ausschlaggebend, nicht die tatsächliche Zweckverwendung, ebenso OLG Hamburg ZMR 1952, 177. Es genügt, daß das Gebäude teilweise öffentlichen Zwecken dient, OLG Königsberg DR 1944, 73. Die Vorschrift findet auch Anwendung, wenn das Grundstück, auf dem das Gebäude steht, nach Abbruch des Gebäudes öffentlichen Zwecken dienen soll, Haarmann HW 1948, 103; BGH ZMR 1953, 345 = LM Nr. 1 zu § 32 = DRspr II (277) 60; LG Düsseldorf NJW 1959, 1924; a. A. LG Hamburg ZMR 1960, 351, das § 32 wegen seines Ausnahmecharakters eng auslegen will, verneinend bei Abbruch eines Gebäudes zwecks Schaffung einer öffentlichen Grünfläche. Eine Änderung der Zweckbestimmung ist unzulässig, BVerwG HuW 1954, 452 = ZMR 1954, 382. Ist die Zweckbestimmung erfolgt, ehe der Mieter die Räume bezogen hat, so hatte er von vornherein keinen Mieterschutz zu beanspruchen; ist sie späterhin erfolgt, so verliert er die ihm zustehenden Schutzrechte, ebenso LG Bonn MDR 1951, 32 = NJW 1951, 37; LG Kiel BBauBl 1954, 441. Das gilt für beide Arten von Zweckbestimmungen. Vor der Zweckbestimmung müssen bestehende Miet(Pacht)-verhältnisse weichen. Deshalb kommt es auf

den Zeitpunkt der Zweckbestimmung an, zu dem diese erkennbar zum Ausdruck gebracht worden ist; dieser Zeitpunkt ist nicht nur für den Wegfall des Mieterschutzes, sondern auch für die Anwendung der Bestimmungen der Wohnraumbewirtschaftung maßgebend, die in Abweichung von der Norm des § 17 WBewG für zweckbestimmte Wohnräume bei der Zuteilung den Wohnungsbehörden in § 18 Abs. 1 besondere Rücksichtnahmeverpflichtungen auferlegen. Soweit die Zweckbestimmung nicht gemäß § 18 Abs. 3 Buchst. a oder b nachgewiesen ist, bedarf der Vermieter der Bestätigung der Wohnungsbehörde gemäß § 18 Abs. 3 Buchst. c WBewG, vgl. Weitnauer MDR 1953, 324.

3 Öffentliche Zwecke sind Angelegenheiten, die die Bundesrepublik (dazu Roquette MietR 4. Aufl. S. 338) oder das Land im Rahmen der ihnen verfassungsmäßig gestellten Aufgaben durch ihre Behörden — beim Land in oder außerhalb der eigenen Landesgrenzen, LG Bonn MDR 1951, 32 — zu erledigen haben. Eine Abgrenzung dieser Aufgaben nach den einzelnen Verwaltungszweigen (Ressorts) oder den einzelnen stationes fisci ist für die Anwendung des § 32 unbeachtlich. Wenn daher in einem Gebäude, das vom Justizministerium verwaltet wird, ein Finanzamt untergebracht wird, findet § 32 Anwendung, weil in beiden Fällen das Land als solches Rechtsträger ist, Roquette, Mietrecht S. 277; Bettermann gegen LG Hamburg MDR 1949, 486; LG Bielefeld MDR 1951, 740; RG EA 581 und JW 1925, 2448; OLG Königsberg DR 1943, 57 wollen dagegen die Anwendung auf die Ressortzugehörigkeit bzw. die statio fisci beschränken. Dem Sinn der Vorschrift entspricht das nicht. Im Hinblick auf die durch Art. 134 GG vollzogene und beabsichtigte engere Verknüpfung von Bundes- und Länder-Verwaltungsaufgaben dürfte auch dem Austausch der Zweckverwendung im Rahmen des § 32 nichts im Wege stehen.

Auch bei der Unterbringung von Angehörigen der Bundes- oder Landesverwaltung entfällt die Beschränkung auf Angehörige bestimmter Ressorts; es genügt, daß der Nutzungsberechtigte im Dienste des Bundes oder des Landes steht.

4 Unter Abs. 1 — nicht Abs. 4 OLG Hamburg ZMR 1952, 177 — fällt auch die Bundesbahn (BundesbahnG vom 2. März 1951, BGBl I 155), die keine selbständige Körperschaft, sondern Zweig der Bundesverwaltung ist, LG Hagen MDR 1950, 161; LG Düsseldorf HMR Rspr 1951 Nr. 145; Sichtermann WM 1952, 55; vgl. auch BGH NJW 1951, 188 u. 1954, 1724. Auch Dienstmietwohnungen der Bundesbahn gehören hierher, LG Aachen ZMR 1954, 221. Auch der Bundespost (PostverwaltungsG vom 24. Juli 1953, BGBl I 676) und der Deutschen Bundesbank, früher Bank Deutscher Länder (Art. VI Nr. 30b vom 30. August 1951, BGBl I 509) steht das Privileg des § 32 zu.

5 Der Ersatz der Umzugskosten ist abweichend von der Regelung in § 4 Abs. 3 Satz 1 nicht auf den Umzug in der Gemeinde beschränkt (LG Berlin ZMR 1958, 321 m. Anm. v. Brumby); es sind aber die erforderlichen Kosten ganz zu ersetzen (Abs. 4 Satz 2). Die Verpflichtung zum Ersatz der Umzugskosten beruht im Gegensatz zur Regelung in § 4 unmittelbar auf dem Gesetz; sie bedarf daher nicht erst eines Ausspruches des Gerichtes, kann auch nicht auf einen Teil der tatsächlichen Umzugskosten beschränkt werden; zustimmend LG Aachen JR 1952, 244. Unter den gleichen Voraussetzungen hat der Mieter Anspruch auf Entschädigung für den Verlust von Geschäftsräumen, soweit diese nicht gemäß § 5 GRMG vom Mieterschutz freigestellt sind. Eine Beschränkung der Zwangsvollstreckung gemäß § 4 Abs. 4, 6 findet nicht statt. Ist

der Antrag auf Feststellung der Ersatzpflicht im Urteil übergangen, so ist das Urteil gemäß § 321 ZPO zu ergänzen.

Über Umzugskosten bei Räumung einer Werkwohnung eines komunalen Eigenbetriebs, vgl. LG Lübeck, Glaser Nr. 146/II/1956. Auch ehemalige Bundesbedienstete können Umzugskosten verlangen, LG Köln ZMR 1961, 18.

Umzugskostenersatz und Entschädigung entfallen — abgesehen von dem Fall, daß dem Mieter auf Grund der einschlägigen Dienstvorschriften ein Anspruch auf Umzugskostenersatz bereits zusteht, Abs. 2 Satz 1 — gemäß Abs. 3 bei Raumüberlassung für besondere Zwecke zu vorübergehendem Gebrauch (§ 25) und bei Vorliegen der Tatbestände der §§ 2, 3 MSchG. Die Kostenregelung des § 13 Abs. 3 MSchG gilt nicht im Bereich der Anwendbarkeit des § 32 MSchG, Bettermann 129; LG Lübeck ZMR 1957, 64; LG Berlin ZMR 1958, 321 m. Anm. v. Brumby.

6 Die Worte „für eigene Zwecke dringend benötigen" in Abs. 4 Buchst. a bedeuten kein neues Erfordernis für die Zweckbestimmung — so LG Düsseldorf MDR 1952, 102, s. aber oben 3 —, beschränken aber den Verlust des Mieterschutzes auf den Fall des Eigenbedarfs des Vermieters, OLG Königsberg HRR 1940 Nr. 908; LG Wiesbaden ZMR 1953, 251; Roquette MietR 369; Schopp-Groothold 18. Der Vermieter muß daher die Mietaufhebungsklage erheben, wenn er das Mietverhältnis aus den in den §§ 2, 3 bezeichneten Gründen einseitig lösen will; nur bei dringendem Eigenbedarf (§ 4) kann er kündigen. Roquette, Mietrecht S. 279 bezeichnet es mit Recht als nicht recht verständlich, weshalb der vertragsuntreue Mieter durch die Belassung des Mieterschutzes besser gestellt werden soll als der vertragstreue, wenn der Vermieter die Folgerungen aus diesem vertragswidrigen Verhalten ziehen will.

Die „entsprechende" Anwendung der Abs. 1 bis 3 ermöglicht es den öffentlichen Körperschaften und gemeinnützigen Anstalten, Stiftungen und Organisationen (hierher zählen insbes. auch die gemeinnützigen Baugenossenschaften, so LG Düsseldorf MDR 1956, 172; LG Hannover ZMR 1956, 199 = MDR 1956, 481), zur Unterbringung von Verwaltungsangehörigen im Rahmen der eigenen Zweckerfüllung (Roquette, Mietrecht S. 279) nachträglich (A 2) die Mieterschutzfreiheit in Anspruch zu nehmen.

7 Voraussetzung für die Anwendung des Abs. 4 Buchst. c ist, daß eine andere Rechtspersönlichkeit als Bund, Land oder Gemeinde Eigentümer oder Verwalter des Gebäudes ist. Die Verpflichtung zur Verfügungstellung wird in der Regel durch Zuschußleistung, Darlehenshingabe, Bürgschaftsleistung des Bundes, Landes oder der Gemeinde herbeigeführt worden sein. Hierher gehören auch Wohngebäude, die mit Baukostenzuschüssen der ehemaligen Deutschen Reichsbahn gebaut und deshalb für deren Beamte und Arbeiter bereitzuhalten sind, LG Berlin NJW 1949, 194; LG Ellwangen MDR 1954, 742. Die Vorschrift gilt nur für Mieter, die nicht zum Kreise der Beamten, Angestellten und Arbeiter des öffentlichen Dienstes im Bund, Ländern und Gemeinden gehören; bei diesen Personen entscheidet die Zweckbestimmung, A 2, 6. Erforderlich ist nicht dringender Eigenbedarf wie im Falle a, sondern es genügt jeder Bedarf für die angegebenen Zwecke, LG Aachen MDR 1950, 101.

§ 33

Die Vorschriften der §§ 1 bis 31 sind nicht anzuwenden auf Kleinsiedlerstellen (Gebäude mit Nutzland), die auf Grund der Verord-

nung des Reichspräsidenten zur Sicherung von Wirtschaft und Finanzen vom 6. Oktober 1931, Vierter Teil, Kapitel II (Reichsgesetzbl.I S. 537,551) und der reichsrechtlichen Aus- und Durchführungsbestimmungen hierzu gefördert worden sind, solange sie der Siedler für die Dauer einer Probezeit mietweise inne hat. Zum Nachweis der Eigenschaft als Kleinsiedlerstelle genügt es, wenn der Bewilligungsbescheid (Bürgschaftsvorbescheid) der Bewilligungsbehörde oder der Anerkennungsbescheid der Anerkennungsbehörde vorgelegt wird.

1 Entstehung: § 1 Zweite AusfVO KSchVO. Dem Inhaber von Kleinsiedlerstellen steht während der Dauer der Probezeit der Mieterschutz für die Dauer der Probezeit nicht zu. Der Siedler kann also während dieser Zeit z. B. wegen mangelnder Eignung, die der endgültigen Übertragung der Siedlerstelle entgegensteht, durch einen anderen besseren Siedler ersetzt werden. Nach Ablauf der Probezeit tritt der Mieterschutz nach Maßgabe des Gesetzes ohne weiteres in Kraft; dies gilt auch dann, wenn der Siedler von dem ihm zustehenden Recht auf Übertragung des Eigentums oder auf Einräumung eines Erbbaurechts keinen Gebrauch macht, OLG Düsseldorf HMR Rspr 1951 Nr. 28. Die mieterschutzrechtliche Ausnahmestellung gilt nur für das Verhältnis zwischen dem Siedlungsträger und dem Siedler, nicht auch für die Beziehungen zwischen dem Siedler und einem Untermieter z. B. der Einliegerwohnung (zum Begriff vgl. OVG Lüneburg ZMR 1953, 20 u. § 20 Abs. 2 WBauG 1953); dieser genießt nach Maßgabe des § 24 Mieterschutz auch während der Probezeit des Siedlers, LG Lüneburg ZMR 1954, 240 = Glaser Nr. 118/II/1954; LG Bochum ZMR 1958, 323; Bettermann 84, 85 zu § 33; Bettermann ZMR 1955, 110 (Anm. zu LG Lüneburg); Hans 2 zu § 33. Aus der Tatsache, daß der Hauptmieter keinen Mieterschutz erhält, folgt nicht ohne weiteres, daß dies auch für den Untermieter gilt, wie Schopp-Groothold 6 und Groothold ZMR 1954, 241; Roquette, 17 zu § 33 sowie AG Oldenburg BBauBl 1954, 275 = ZMR 1955, 110 annehmen. Die Auslegung des § 33 kann keine andere sein als die des § 32 (A 1 zu § 32), um so mehr als die Ausnahmeregelung des § 33 nur auf die dreijährige Probezeit beschränkt ist.

2 Die Förderungsbestimmungen der VO vom 6. Oktober 1931 (§§ 9—19 Kap. II des 4. Teils) i. d. F. d. VO zur Änderung der Vorschriften über Kleinsiedlungen u. Kleingärten vom 26. Februar 1938 (RGBl I 233) sind durch § 123/II. WohnBauG aufgehoben worden, ebenfalls die VO über die Landbeschaffung für Kleinsiedlungen vom 17. Oktober 1936 (RGBl I, 890), ferner die Bestimmungen über die Förderung der Kleinsiedlung vom 14. September 1937 (Reichsanzeiger Nr. 214 vom 16. September 1937) in d. Fassung vom 23. Dezember 1938 (Reichsanzeiger Nr. 303 vom 29. Dezember 1938). Dagegen hat § 123/II. WohnBauG die VO zur Kleinsiedlung und Bereitstellung von Kleingärten vom 23. Dezember 1931/15. Januar 1937 (RGBl I, 790/I, 17) unberührt gelassen. Nunmehr enthält das II. WohnBauG in den §§ 57—60 die Bestimmungen über die Förderung der Kleinsiedlung.

§ 34

Die Vorschriften der §§ 1 bis 31 sind nicht anzuwenden, wenn ein Wohnungsunternehmen in der Rechtsform der eingetragenen

Genossenschaft Räume auf Grund eines Nutzungsvertrags einem Genossen mit Rücksicht auf seine Mitgliedschaft zur Genossenschaft überlassen hat und dieser aus der Genossenschaft ausscheidet.

1 Entstehung: § 2 Zweite AusfVO KSchVO. — Der Mieterschutz des Genossenschaftsmitgliedes entfällt mit dem Zeitpunkt seines Ausscheidens aus der Genossenschaft, LG Bochum GWW 1957, 222; AG Wattenscheid GWW 1957, 222. Aus welchem Grunde das Mitglied ausscheidet, ist unerheblich; scheidet es durch Tod aus, so können die Familienangehörigen oder Erben sich durch Eintritt in die Genossenschaft den Mieterschutz sichern, sofern der Beitritt satzungsmäßig möglich und von der Genossenschaft anerkannt ist, LG Oldenburg NJW 1952, 267 = MDR 1952, 103; LG Köln BayGWW 1955, 253 = WM 55, 43 = ZMR 1956, 20; LG Mannheim GWW 1955, 433; Hans 2; ohne entsprechende Satzungsbestimmung kann die Rechtsfolge des § 19 nicht angewendet werden, es sei denn, daß das hausstandzugehörige Familienmitglied bereits vor dem Tode des Erblassers der Genossenschaft beigetreten ist, vgl. Schopp-Groothold 7; LG München I, BayGWW 1956, 555 m. Anm. v. Aub; einschränkend LG Nürnberg MDR 1950, 484. Zu beachten ist, daß die Vorschrift nicht nur für das gemeinnützige Wohnungsunternehmen — a. M. Roquette, Mietrecht S. 371, der im Hinblick auf die Sonderregelung des § 32 Abs. 4 Buchst. a die Anwendbarkeit hier verneint — sondern für jedes Wohnungsunternehmen gilt. Für die Ausnahmeregelung der §§ 34, 35 kommen daher nicht nur die auf Grund des Wohnungsgemeinnützigkeitsgesetzes vom 29. Februar 1940 (RGBl I 438) als „gemeinnützig" anerkannten Wohnungsunternehmen in Betracht, sondern — abgesehen von dem Erfordernis der Rechtsform der eingetragenen Genossenschaft in § 34 — jeder auf die Herstellung, Verwaltung oder Vermietung von Wohnungen gerichteter Geschäftsbetrieb.

2 War die Genossenschaftswohnung von Anfang an einem Nichtgenossen überlassen, so kann die Genossenschaft nicht die Aufhebung des Mietverhältnisses zugunsten eines Genossenschaftsmitgliedes — etwa wie im Falle des § 22 zugunsten eines Betriebsangehörigen — verlangen, sondern muß die Rückführung der Zweckentfremdung im Wege der Eigenbedarfsklage nach § 4 durchzusetzen versuchen; vgl. Aub, BayGWW 1953, 12; LG Mannheim BayGWW 1955, 166; LG Hamburg BayGWW 1955, 174.

§ 35

Die Vorschriften der §§ 1 bis 31 sind nicht anzuwenden, wenn ein Wohnungsunternehmen dem künftigen Erwerber eines Grundstücks Räume, die zu dem Grundstück gehören, auf Grund eines Kaufanwartschaftsvertrags mietweise überlassen hat und von diesem Vertrag zurücktritt. Der Rücktritt hat diese Folge nur dann, wenn bei der Rücktrittserklärung die Voraussetzungen für die Erhebung der Aufhebungsklage gemäß §§ 2 oder 3 dieses Gesetzes vorliegen oder wenn der Inhaber der Räume ohne Zustimmung des Wohnungsunternehmens sich zu einer Verfügung über das Grundstück verpflichtet oder die Rechte aus dem Kaufanwartschaftsver-

trag abgetreten hat; bei Wohnungsunternehmen in der Rechtsform der eingetragenen Genossenschaft hat der Rücktritt diese Folge ferner, wenn der Inhaber der Räume mit seinen Pflichtzahlungen auf den Geschäftsanteil ganz oder teilweise länger als drei Monate im Rückstand ist oder wenn er aus der Genossenschaft ausscheidet.

1 Entstehung: § 3 Zweite AusfVO KSchVO. — Wegen der Streichung der Worte „gemeinnütziges" Wohnungsunternehmen vgl. A 1 zu § 34.

Sinn und Zweck der Bestimmungen des § 35 MSchG ist es, einem Wohnungsunternehmen im Interesse aller gutwilligen Siedlungsanwärter die Möglichkeit zu geben, von zahlungsunfähigen oder unwilligen Siedlungsanwärtern gemietete Wohnungen möglichst bald frei zu bekommen, um sie zahlungsfähigen und zahlungswilligen Siedlern zur Verfügung stellen zu können; denn es kann einem Wohnungsunternehmen, das die von ihm gebauten Siedlungshäuser seinen Siedlungsanwärtern zu Eigentum überträgt, aber auch nach erfolgter Übereignung für die Zahlung der für die Baukredite zu entrichtenden Zinsen und Amortisationsbeträge neben dem Erwerber haftet, nicht zugemutet werden, ein so erhebliches Risiko für unpünktlich zahlende Siedlungsanwärter zu übernehmen. Um dem Sinn und gesetzgeberischen Zweck des § 35 MSchG gerecht zu werden, kann daher nicht streng auf den Wortlaut der gesetzlichen Bestimmung, daß das Mietverhältnis „auf Grund eines Kaufanwartschaftsvertrages" besteht, abgestellt werden, sondern die Vorschrift muß mit Roquette (Mietrecht 4. Aufl. S. 371) dahin verstanden werden, daß die mietweise Überlassung der Wohnung „im Hinblick auf einen Kaufanwartschaftsvertrag" geschehen ist. Die Anwendung des § 35 Satz 1 MSchG nach dem Gesetzeswortlaut würde gerade dann den vom Gesetzgeber verfolgten Zweck vereiteln, wenn eine noch losere Bindung zwischen den Vertragsteilen besteht, als diese durch einen rechtswirksamen, formgültigen Kaufanwartschaftsvertrag geschaffen wird. Dies war aber vom Gesetzgeber bei der Ausnahmevorschrift des § 35 MSchG sicher nicht beabsichtigt.

Der Mieterschutz entfällt also auch dann, wenn ein Wohnungsunternehmen dem künftigen Erwerber eines Grundstücks Räume, die zu dem Grundstück gehören, im Hinblick auf einen später abzuschließenden Kaufanwartschaftsvertrag mietweise überlassen hat, der vorgesehene Kaufanwartschaftsvertrag aber aus Gründen, die der Mieter (Kaufanwärter) zu vertreten hat, nicht zustande kommt und zum Zeitpunkt der Kündigung die Voraussetzungen für die Erhebung der Mietaufhebungsklage gemäß §§ 2 oder 3 MSchG vorliegen (LG Freiburg/Breisgau ZMR 1957, 22).

2 Der Rücktritt des Wohnungsunternehmens vom Kaufanwartschaftsvertrag hat die Aufhebung des Mietverhältnisses — hinsichtlich des ersten Falles in Übereinstimmung mit der für Mietverhältnisse geltenden Norm (§ 1 Abs. 3) — dann zur Folge, wenn

1. im Zeitpunkt der Rücktrittserklärung Gründe für den Rücktritt vorliegen, die den Mietaufhebungsgründen der §§ 2 oder 3 MSchG entsprechen, also nach diesen Vorschriften und unter Beschränkung auf die Mieterleistung (ohne Ausdehnung auf die Verpflichtung aus dem Kaufanwartschaftsvertrag, Schopp-Groothold 6 gegen Pritsch-Rexroth u. Hans 2) die Mietaufhebung rechtfertigen, oder wenn
2. der Inhaber der Räume sich ohne Zustimmung des Wohnungsunternehmens zu einer Verfügung über das Grundstück im Ganzen verpflichtet

hat (z. B. Verkauf, Vermietung, Verpachtung, Nießbrauchbestellung); bei Untervermietung tritt die Rechtsfolge nicht ein, wenn die Zustimmung des Vermieters durch das MEA ersetzt ist; oder wenn

3. der Inhaber der Räume die Rechte aus dem Kaufanwartschaftsvertrag abgetreten hat, oder wenn
4. der Inhaber der Räume — bei Wohnungsunternehmen in der Rechtsform der eingetragenen Genossenschaft — mit den Pflichteinzahlungen auf den Genossenschaftsanteil ganz oder teilweise länger als drei Monate im Rückstand ist, oder wenn
5. der Kaufanwärter aus der Genossenschaft (Ziff. 4), gleichviel aus welchen Grunde, ausscheidet.

Ist der Kaufanwärter nicht Mitglied der Genossenschaft, so gelten beim Tode die Vorschriften des § 19 MSchG.

§ 36

Die Vorschriften dieses Gesetzes gelten entsprechend für Pachtverhältnisse über Räume und über gewerblich genutzte unbebaute Grundstücke.

1 Entstehung: Ausdehnung des Mieterschutzes auf Pachtverhältnisse und Unterpachtverhältnisse über Räume durch § 9 Dritte AusfVO KSchVO; auf Miet- und Pachtverhältnisse über gewerblich genutzte unbebaute Grundstücke durch § 2 Fünfte AusfVO KSchVO.

Entgegen dem Wortlaut des § 36 gilt die Ausdehnung des Bestandschutzes grundsätzlich auch für Unterpachtverhältnisse, A 18 Einl. z. MSchG.

2 Die Ausdehnung des Mieterschutzes beschränkt sich nicht wie nach dem Wortlaut des § 9 Dritte AusfVO KSchVO auf den 1. Abschnitt, sondern umfaßt alle Bestimmungen des Mieterschutzgesetzes. Dies gilt insbesondere auch für § 49 MSchG, vgl. dazu RG DR 1941, 1008 (Dahmann); KG DR 1941, 1901.

Die Vorschriften des Gesetzes finden keine Anwendung auf die Unternehmens- und Rechtspacht (A 16, 17 Einl. z. MSchG). Sie finden ferner keine Anwendung auf Plakatanschlagverträge, bei denen die Überlassung der zur Aufstellung der Anschlagsäulen erforderlichen Straßenflächen im Rahmen des Gesamtvertrages von ganz untergeordneter Bedeutung ist, BGH NJW 1952, 620 = LM Nr. 1 zu § 36.

3 Das Kündigungsrecht des Vermieters aus § 19 MSchG kann nicht vom Verpächter als gesetzliches Recht geltend gemacht werden, da der Verpächter nach § 596 Abs. 2 BGB nicht berechtigt ist, das Pachtverhältnis aus § 569 BGB zu kündigen. Insoweit findet § 19 MSchG auf Pachtverhältnisse nur in beschränktem Umfang Anwendung, A 1 zu § 19. Bei Unterverpachtung von gewerblich genutzten unbebauten Grundstücken kommen die für die Begründung des Mieterschutzes erforderlichen Voraussetzungen des § 24 regelmäßig nicht in Frage, so daß die unterverpachteten Grundstücke in der Regel außerhalb des MSchG stehen. Sind gewerbliche Räume unterverpachtet, so unterliegen sie dem Mieterschutz nur dann, wenn der Unterpächter die Räume

ganz oder überwiegend mit Einrichtungsgegenständen ausgestattet hat, vgl. LG Hamburg MDR 1950, 483. Bei Mischräumen ist die Haushaltführung in der zu den gewerblichen Räumen gehörenden Wohnung ohne rechtserhebliche Bedeutung; die Wohnung folgt dem für den gewerblichen Betrieb maßgebenden Rechtsstand auch dann, wenn die Verbindung von Wohnraum und Gewerbebetrieb unerläßlich ist, z. B. bei Gastwirtschaften, Bäckereibetrieben u. a. m.; a. M. Roquette, Mietrecht S. 284 (gegen KG HuW 1948, 268); Bergmann SJZ 1949, 121.

4 Seit 1. Dezember 1951 ist die Anwendung dieser Vorschrift erheblich eingeschränkt, insofern Pachtverhältnisse über Geschäftsräume im Sinne des Geschäftsraummietengesetzes und über gewerblich genutzte unbebaute Grundstücke vom Mieterschutz freigestellt sind, § 5 GRMG; vgl. aber § 5 Abs. 3 bis 5 GRMG.

2. Abschnitt

Mieteinigungsämter

§ 37

Die in diesem Gesetz den Mieteinigungsämtern übertragenen Aufgaben sind von den Amtsgerichten wahrzunehmen.

1 Durch die Übertragung der Aufgaben des Mieteinigungsamtes auf das Amtsgericht ist die bisherige Streitfrage über die Rechtsnatur des Mieteinigungsamts — dazu Roquette DR 1942, 1679 — entschieden: die Entscheidung des Mieteinigungsamts ist die Entscheidung eines Gerichts; Roquette, Mietrecht S. 367; LG Hagen MDR 1949, 40.

Die Errichtung gemeindlicher Mieteinigungsämter ist nicht mehr möglich. Soweit die Zuständigkeit des MEA gegeben ist, ist das MEA ausschließlich; es kann in der Ausübung seiner Befugnisse durch die Preisbehörde nicht verdrängt werden, vgl. LG Duisburg WM 1950 Nr. 8/9; OVG Münster DWW 1951, 282; LG Wuppertal u. OVG Münster ZMR 1953, 31 u. 32. Das Amtsgericht als MEA ist nicht berechtigt, Mietpreiserhöhungen mit bindender Wirkung festzusetzen, LG Osnabrück MDR 1948, 354. In weitgehendem Maße ist das MEA bei seinem Entscheidungen über den Mietzins an die Zustimmung der Preisbehörde gebunden, die mehr und mehr die Zuständigkeit des MEA verdrängt. Die Heranführung der gesetzlichen Miete an den ortsüblichen Stand vom 1. November 1936 gemäß VO PR 71/51 gehört zur Zuständigkeit der Preisbehörde, nicht des MEA, AG Düsseldorf (Groothold) ZMR 1954, 284.

Im Rahmen des Mieterschutzgesetzes hat das MEA nur mehr bei Teilaufhebung des Mietverhältnisses nach § 4 Abs. 2 MSchG die Festsetzung des Mietzinses für die dem Mieter verbleibenden Räume vorzunehmen, während die dem MEA früher nach § 21 Satz 2 MSchG obliegende Aufgabe der Mietzinsfestsetzung für die Werkwohnung nach Auflösung des Dienst- oder Arbeitsverhältnisses seit der Neufassung des MSchG vom 15. Dezember 1942 an die Preisbehörde übertragen wurde, A 4 zu § 21. Weitere Zuständigkeit des MEA begründen die §§ 29, 30, 31 MSchG für die Ersetzung der Erlaubnis des Vermieters zur Untervermietung und der Einwilligung zum Wohnungstausch.

2 Die Zuständigkeit des MEA ist eine gesetzliche; sie kann durch Parteivereinbarung weder begründet noch erweitert werden; LG Bonn ZMR 1957, 53. Schiedsrichterliche Vereinbarung ist möglich, vgl. Holthöfer DR 1942, 1682; Holtkamp DR 1943, 571. Die Vereinbarung in einem Räumungsvergleich, daß über die Angemessenheit der Ersatzwohnung im Streitfall das Mieteinigungsamt zu entscheiden habe, begründet nicht die Zuständigkeit des Mieteinigungsamtes als öffentlich rechtliche Behörde, sondern bedeutet allenfalls, daß der derzeitige Richter des Mieteinigungsamts als privater Schiedsrichter tätig werden soll; LG Bonn ZMR 1957, 53; vgl. auch A 6 zu § 49.

3 Die Entscheidung des MEA innerhalb seiner gesetz- und verordnungsmäßigen Zuständigkeit ist für das ordentliche Gericht bindend RGZ 101, 55; 103, 315; 140, 144. Innerhalb des ihm übertragenen Wirkungskreises ist das MEA zur Entscheidung von Rechtsfragen berufen, RG LZ 1923, 563; KG 17 Y 124/25 und 44/28 EA 443 und 732; KG 17 Y 59/29 DMR 897; BayObLG BayZ 1925, 235. Die Entscheidungen des MEA haben auch auf dem Gebiet des MSchG unmittelbare Rechtswirkung auf den Inhalt des Miet-(Pacht)vertrages sei es, daß durch die Entscheidung entgegenstehende Vertragsvereinbarungen außer Wirksamkeit gesetzt oder abgeändert werden, sei es, daß die Entscheidung bei fehlender Abmachung ergänzend einen die Vertragsteile verpflichtenden neuen Vertragsinhalt schafft oder eine fehlende Willenserklärung eines Beteiligten, z. B. die Erlaubnis des Vermieters zur Untervermietung oder zum Wohnungstausch in unanfechtbarer und unwiderruflicher Weise ersetzt, Roquette, Mietrecht S. 374.

§ 38

Das Verfahren vor dem Amtsgericht als Mieteinigungsamt bestimmt sich nach den Vorschriften der Zivilprozeßordnung über das Verfahren vor den Amtsgerichten nach Maßgabe der nachfolgenden Vorschriften.

Die für das Verfahren vor dem MEA geltenden Vorschriften sind in erster Linie den §§ 39 bis 47 MSchG, weiterhin der auf Grund des § 48 MSchG erlassenen „Anordnung für das Verfahren in Mieteinigungssachen" vom 16. Dezember 1942 (RGBl I, 723) zu entnehmen. Nur soweit hier keine ausdrückliche Rechtsnorm vorgesehen ist, sind die Vorschriften der ZPO ergänzend zur Anwendung zu bringen; dies gilt vorzüglich von allgemein anerkannten Rechtsgedanken, z. B. den Bestimmungen des § 62 ZPO über die notwendige Streitgenossenschaft (KG JW 1926, 1583), dem § 79 über die Prozeßfähigkeit des Bevollmächtigten (LG Berlin EA 499), dem § 139 über die Aufklärungspflicht des Gerichts (KG JW 1930, 161 und LG Wuppertal ZMR 1953, 122), den §§ 233 ff. ZPO über die Wiedereinsetzung in den vorigen Stand (KG JW 1925, 1128), den §§ 578 ff. ZPO über die Wiederaufnahme des Verfahrens (KG JW 1930, 3272). Das Verbot der reformatio in peius (KG JW 1926, 100) gilt auch für die Beschwerdestelle (BayObLG BayZ 1925, 235; KG DR 1939, 1754, Roquette, Mietrecht S. 481; a. M. Schopp-Groothold 1 zu § 43). Unanwendbar, weil mit der besonderen Aufgabe des MEA unvereinbar, sind dagegen z. B. die §§ 303, 304 ZPO (Zwischenentscheide, LG II München BayZ 1924, 248); § 148 ZPO (Aussetzung des Verfahrens, KG LZ 1924, 305; EA 387 und 443; DR 1943, 939), § 295 ZPO (Heilung von Verfahrensmängeln durch Rügeverzicht, KG EA 345); § 320 ZPO (Tatbestandsberichtigung, KG EA 575).

§ 39

Das Mieteinigungsamt kann den Urkundsbeamten der Geschäftsstelle mit der Vornahme von vorbereitenden Maßnahmen beauftragen.

Vorbereitende Maßnahmen sind z. B. Einnahme des Augenscheins, Vernehmung von Zeugen oder Sachverständigen, Entgegennahme von Urkunden.

§ 40

(1) **Die Beteiligten sind zu einem Termin, der nicht in ihrer Anwesenheit anberaumt ist, schriftlich zu laden; § 10 Abs. 1 gilt entsprechend. Die Ladungsfrist beträgt drei Tage; eine Abkürzung der Frist ist zulässig. Das Mieteinigungsamt muß in der Lage sein, festzustellen, daß die Ladungsschrift den Beteiligten rechtzeitig zugegangen ist.**

(2) **Sind die Beteiligten ordnungsgemäß geladen und ist die Sache zu einer Entscheidung reif, so kann das Mieteinigungsamt auch in Abwesenheit eines Beteiligten entscheiden. Wird die Verhandlung vertagt, so hat der säumige Teil die den anderen Beteiligten durch das Ausbleiben verursachten notwendigen Kosten zu ersetzen. Erscheint der Säumige auch in dem zweiten Termin nicht, so darf eine weitere Vertagung nur mit Zustimmung der anderen Beteiligten stattfinden.**

(3) **Das Mieteinigungsamt entscheidet im Rahmen der im § 38 bezeichneten Vorschriften und der dazu erlassenen Anordnungen nach billigem Ermessen. Die Entscheidung darf nur erlassen werden, wenn den Beteiligten Gelegenheit gegeben worden ist, sich zur Sache und über das Ergebnis einer Beweisaufnahme zu äußern und der Erhebung der Beweise beizuwohnen.**

(4) **Die Entscheidung ist schriftlich zu begründen. Sind die Beteiligten im Termin anwesend, so kann die Begründung mündlich erfolgen; jeder Beteiligte kann jedoch innerhalb der Notfrist (§ 41 Abs. 1) die schriftliche Mitteilung der Gründe beantragen. Die Beteiligten sind auf die zulässigen Rechtsbehelfe hinzuweisen; § 14 Abs. 4 gilt entsprechend.**

(5) **Vor der Entscheidung kann eine einstweilige Anordnung erlassen werden.**

1 Die Entscheidung des MEA erfolgt nach billigem Ermessen. Billiges Ermessen ist nicht gleichbedeutend mit freiem Ermessen, zustimmend KG 17 Y 110/26 MietG 1927, 34. Was billig ist, hat das MEA aus dem Inhalt der Verhandlung unter Abwägung der Parteiinteressen und unter Beachtung der in der Rechtsordnung vorgeschriebenen Normen zu entnehmen. Ermessensüberschreitung ist ebenso wie Ermessensmißbrauch rechtswidrig. Billiges Ermessen ist ein Rechtsbegriff, zustimmend KG JW 1924, 877. Deshalb hat die Beschwerdestelle (A 2 zu § 41) nicht nur zu prüfen, ob die Anwendung

billigen Ermessens überhaupt erfolgt ist, sondern auch, ob sie richtig geschehen ist. Dem ordentlichen Gericht steht eine solche Nachprüfung nicht zu. Für billiges Ermessen ist da kein Raum, wo das Gesetz oder die Anordnung der zuständigen Behörde unzweideutige Normen gibt. Die Entscheidung des MEA ist immer nur Sachentscheidung; Zwischenentscheide sind unzulässig, A zu § 38. Teilentscheidung über einen von mehreren Anträgen ist möglich. Das MEA kann in der Entscheidung Auflagen machen, KG JW 1924, 2013 u. EA 396.

2 Die Ladung, die sich nach Abs. 1 auf die Beteiligten, d.s. Antragsgegner und Antragsteller erstreckt, erfolgt abweichend von § 214 ZPO von Amts wegen nach den Grundsätzen des Abs. 2 in Verbindung mit § 3 VerfAO. Das MEA kann von Amts wegen Beweise erheben und den Sachverhalt von sich aus aufklären, soweit das für die Entscheidung notwendig ist, LG Berlin DJ 1941, 2338; LG Wuppertal ZMR 1953, 122; § 4 VerfAO. Es ist an die Beweisanträge der Beteiligten nicht gebunden. Vor der Entscheidung ist den Beteiligten rechtliches Gehör zu gewähren, Abs. 3 Satz 2; diese Vorschrift steht aber einer Entscheidung nach Abs. 2 Satz 1 nicht entgegen, wenn eine Partei trotz ordnungsmäßiger Ladung weder erschienen ist noch eine Stellungnahme eingereicht hat, LG Frankfurt a.M. WM 1958, 154.

3 Die Entscheidung des MEA ist, sofern sie sich innerhalb der sachlichen Zuständigkeit hält, für das ordentliche Gericht (RGZ 103, 315; 104, 153) und für jede andere Behörde bindend.

Rechtsfragen zu entscheiden ist das MEA nur befugt, soweit der ihm zugeteilte Aufgabenkreis dies erfordert; darüber hinaus darf es insbesondere in die Zuständigkeit des ordentlichen Gerichts nicht eingreifen. Andererseits kann es nicht das Verfahren aussetzen und die Parteien an das ordentliche Gericht verweisen; es muß vielmehr vom Sachvortrage des Antragstellers ausgehen (KG EA 444; KG MietG 1926, 31; KG DMR 884; KG JW 1926, 999; Grundstücksmiete, 4. Aufl. S. 313; KG DR 1941, 2338; KG DR 1942, 1096). Das MEA hat daher das Vorbringen des Antragstellers insoweit als richtig ohne weitere Prüfung anzusehen, als es sich um Rechtsfragen handelt, die der Entscheidung des MEA entzogen und dem Gericht zugewiesen sind, RGZ 140, 144.

Die Entscheidung des MEA ist zu begründen; die Begründung hat grundsätzlich (vgl. aber § 6 VerfAO) schriftlich zu erfolgen. Unterbleibt die in Abs. 4 vorgeschriebene Rechtsmittelbelehrung, so wird die Rechtsmittelfrist nicht in Lauf gesetzt, a.M. Hans 8; Schopp-Groothold; Günther JW 1926, 942. Ist die Rechtsmittelbelehrung unrichtig, so gilt das in A 7 zu § 14 Ausgeführte.

§ 41

(1) Gegen die Entscheidung des Mieteinigungsamts findet innerhalb der Notfrist von zwei Wochen die Rechtsbeschwerde statt. Über die Rechtsbeschwerde entscheidet die Zivilkammer des Landgerichts als Beschwerdestelle.

(2) Die Rechtsbeschwerde kann nur darauf gestützt werden, daß die Entscheidung auf einer Verletzung des Gesetzes beruhe. Dies ist stets anzunehmen, wenn § 40 Abs. 3 Satz 2 nicht beachtet ist oder wenn die Voraussetzungen vorliegen, unter denen nach § 551 Nr. 1

bis 5 der Zivilprozeßordnung eine gerichtliche Entscheidung als auf einer Verletzung des Gesetzes beruhend anzusehen ist. Die §§ 550, 563 der Zivilprozeßordnung finden Anwendung.

(3) **In Fällen, in denen es ihr notwendig erscheint, kann die Beschwerdestelle von Amts wegen die Nachprüfung oder Vornahme einzelner tatsächlicher Feststellungen anordnen.**

1 Die in der Fassung des § 14 der Verordnung über Änderungen des Mieterschutzrechts eingefügte Zuständigkeit des Oberlandesgerichts ist durch das Rechtsmittelgesetz beseitigt; aus diesem Grunde ist im Text die Fassung vom 15. Dezember 1942 wiedergegeben, A 1 zu § 14. Vgl. OLG Oldenburg JustBl Oldenburg 1947, 77; OLG Kiel NJW 1949, 195 Nr. 362; LG Hagen MDR 1949, 40; OLG Oldenburg ZMR 1952, 133.

2 Die Rechtsbeschwerde ist das ordentliche Rechtsmittel gegen die Sachentscheidung des MEA, durch die die Instanz beendet wird. Deshalb ist die Rechtsbeschwerde nicht gegen prozeßleitende Anordnungen und Entscheidungen möglich, die nur das Verfahren betreffen (Terminsanberaumung, Beweisanordnung, Vertagung); ebensowenig gegen die Kostenfestsetzung. Dagegen kann die unzulässigerweise vom MEA angeordnete Aussetzung des Verfahrens mit der Rechtsbeschwerde angefochten werden, KG DR 1942, 1096; Groothold 1; a.A. Roquette 10. Das gleiche gilt gegenüber einer unzulässigen Zwischenentscheidung. Zur Einlegung des Rechtsmittels, der aufschiebenden Wirkung und der Beschwerdeberechtigung vgl. A 2 und 3 zur VerfAO, mitgeteilt zu § 48.

3 Die Rechtsbeschwerde ist ein der Revision nachgebildetes Rechtsmittel, LG Aachen WM 1954, 9; sie ist grundsätzlich beim MEA einzulegen; in dringenden Fällen kann sie auch bei der Beschwerdestelle eingelegt werden, OLG Oldenburg ZMR 1952, 133; LG Hagen MDR 1949, 40; sie kann nur auf die Verletzung des Gesetzes durch die Entscheidung des MEA gegründet werden. Das Gesetz ist verletzt, wenn eine Rechtsnorm, zu deren Anwendung das MEA verpflichtet war (gleichviel, ob es sich um eine materielle oder prozessuale Norm handelt), nicht oder nicht richtig angewendet worden ist, § 550 ZPO. Die Entscheidung des MEA ist stets als auf einer Verletzung des Gesetzes beruhend anzusehen, wenn der Grundsatz des rechtlichen Gehörs verletzt ist (A 2 zu § 40; vgl. LG Rottweil WM 1959, 78: keine Gelegenheit für die Parteien zur Äußerung über das Ergebnis der Beweisaufnahme) oder wenn einer der Fälle des § 551 Ziff. 1 bis 5 ZPO vorliegt. Verletzung des Gesetzes ist auch die nicht richtige Anwendung des billigen Ermessens (KG JW 1926, 1001), vgl. A 1 zu § 40.

4 Die tatsächlichen Feststellungen des MEA sind grundsätzlich für die Beschwerdestelle bindend (ebenso LG Wuppertal ZMR 1954, 113), soweit nicht neue Tatsachen zur Begründung eines wesentlichen Mangels des Verfahrens vorgebracht werden, § 8 Abs. 4 VerfAO, vgl. aber auch OLG Celle ZMR 1954, 86. Eine Nachprüfung nach Abs. 3 ist nur zulässig, wenn eine Gesetzesverletzung festgestellt ist; eine Ergänzung der tatsächlichen Feststellungen ist nur gerechtfertigt, wenn dies zur Ergänzung der eigenen Entscheidung der Beschwerdestelle notwendig ist. Insoweit können auch Feststellungen des MEA nachgeprüft und ergänzt werden, die nicht unmittelbar von der Gesetzesverletzung berührt werden.

§ 42

Erachtet das Mieteinigungsamt die Rechtsbeschwerde für begründet, so hat es ihr abzuhelfen; andernfalls ist die Beschwerde der Beschwerdestelle vorzulegen.

Die Entscheidung, durch die der Rechtsbeschwerde abgeholfen wird, kann wiederum mit der Rechtsbeschwerde angefochten werden, Hans 1; Schopp-Groothold, Anm. zu § 42; Ebel 1.

§ 43

(1) **Die Beschwerdestelle kann in der Sache selbst entscheiden oder sie zur nochmaligen Verhandlung und Entscheidung an das Mieteinigungsamt zurückverweisen. Die Zurückverweisung kann an eine andere Abteilung des Mieteinigungsamts erfolgen. Das Mieteinigungsamt, an das die Sache zurückverwiesen wird, hat die rechtliche Beurteilung, die der Aufhebung seiner Entscheidung zugrunde liegt, seiner neuen Entscheidung zugrunde zu legen.**

(2) **Eine Entscheidung, die der Beschwerde unterliegt, wird erst endgültig, wenn die Beschwerdefrist abgelaufen ist oder wenn die Beschwerde nach Ablauf der Beschwerdefrist zurückgenommen oder von der Beschwerdestelle zurückgewiesen wird.**

1 Die Endgültigkeit der Entscheidung des MEA tritt außer in den in Abs. 2 bezeichneten Fällen ohne sachliche Entscheidung der Beschwerdestelle auch dann ein, wenn sämtliche Beschwerdeberechtigte vor Ablauf der Beschwerdefrist auf das Rechtsmittel verzichtet haben.

2 Die Entscheidung der Beschwerdestelle selbst schließt den Instanzenzug ab; eine weitere Beschwerde ist ausgeschlossen, KG JW 1924, 840; 843; BayObLG BayZ 1926, 64.

Die Endgültigkeit bedeutet nicht nur, daß es kein weiteres Rechtsmittel gegen die Entscheidung gibt, sondern auch, daß eine gerichtliche Klage unzulässig ist.

§ 44

Wer mit einem Antrag endgültig abgewiesen ist, kann den gleichen Antrag nicht mehr auf Tatsachen gründen, die er in einem früheren Verfahren geltend gemacht hat oder geltend machen konnte. Tatsachen, auf die der Antrag nicht mehr gegründet werden kann, dürfen zur Unterstützung eines auf andere Tatsachen gegründeten Antrags geltend gemacht werden.

1 Die Vorschrift entspricht dem den Verbrauch der Mietaufhebungsgründe regelnden § 17. Sie gilt nur für den Fall der Abweisung des Antrags durch rechtskräftige Sachentscheidung des MEA, nicht aber bei Rücknahme des Antrags oder vergleichsweiser Erledigung. Die Beschränkung des Satzes 1 gilt nicht nur für die Parteien des Verfahrens, sondern auch für deren Rechts-

nachfolger (Gesamt- oder Einzelnachfolge), z. B. für den Grundstückserwerber gemäß § 571 BGB, für den Tauschpartner beim Wohnungstausch.

2 Neue Tatsachen im Sinne des Satzes 2 sind z. B. Gesetzesänderungen, die eine andere rechtliche Beurteilung der früher geltend gemachten Tatsachen rechtfertigen; Rechtsentscheide unter der gleichen Voraussetzung; neue gerichtliche, von der Ansicht des MEA (über seine Zuständigkeit) abweichende Entscheidung (RG DMR 819), nicht aber Änderung der Rechtsprechung des MEA oder der Beschwerdestelle.

§ 45

Aus Vergleichen, die vor dem Mieteinigungsamt, der Beschwerdestelle oder im Falle des § 39 vor dem Urkundsbeamten der Geschäftsstelle zwischen dem Vermieter, dem Mieter oder einem Dritten abgeschlossen sind, findet die gerichtliche Zwangsvollstrekkung statt.

1 Die Vollstreckbarkeit des Vergleichs ist auch dann gegeben, wenn in den Vergleich Ansprüche einbezogen oder durch ihn Verpflichtungen begründet werden, die nicht Gegenstand des Verfahrens waren oder sein konnten, es sei denn, daß die Regelung einer Form bedurft hätte, die vor dem MEA nicht erfüllt werden kann, z. B. § 313 BGB (RGZ 107, 284). Über Zwangsvollstreckung aus einem Vergleich mit unklarem Inhalt OLG Augsburg BayZ 1905, 435.

2 Die Erteilung der Vollstreckungsklausel richtet sich nach § 797 ZPO.

§ 46

(1) **In dem Verfahren vor dem Mieteinigungsamt und der Beschwerdestelle werden Gebühren und Auslagen erhoben. Die Vorschriften des Gerichtskostengesetzes gelten entsprechend.**

(2) **Für die Gebührenerhebung steht die Sachentscheidung des Mieteinigungsamts einem Urteil, das Verfahren vor der Beschwerdestelle einem Berufungsverfahren gleich.**

(3) **Der Streitwert wird nach freiem Ermessen, jedoch nicht über den Jahresbetrag der Miete hinaus, festgesetzt. Der Jahresbetrag ist auf Grund des Betrags der Miete zu ermitteln, der für den der Entscheidung des Mieteinigungsamts oder der Beschwerdestelle vorhergehenden Monat Geltung hatte.**

(4) **Die Kosten (Gebühren und Auslagen) werden fällig, wenn der Rechtszug beendet ist oder das Verfahren länger als drei Monate nicht betrieben wird. Vorschüsse werden nicht erhoben.**

(5) **Der Betrag der Gerichtskosten und der außergerichtlichen Auslagen, die ein Beteiligter dem anderen nach § 7 der Anordnung für das Verfahren in Mieteinigungssachen vom 16. Dezember 1942 (Reichsgesetzbl. I S. 723) zu erstatten hat, ist in der Sachentscheidung und, wenn eine solche nicht ergeht, durch Beschluß festzusetzen; zugleich ist zu bestimmen, wer die Kosten und die außer-**

gerichtlichen Auslagen zu tragen hat. Sie sind in der Regel dem unterliegenden Teil aufzuerlegen; die §§ 92, 93, 97 und 102 der Zivilprozeßordnung gelten entsprechend. Die Kosten können jedoch auch dem obsiegenden Teil auferlegt werden, soweit dies nach Lage der Sache, insbesondere nach den Vermögens- und Erwerbsverhältnissen der Beteiligten, der Billigkeit entspricht. Die Entscheidung über die Kosten ist endgültig, soweit nicht die ihr zugrunde liegende Entscheidung geändert wird.

(6) **Die Vorschriften der Zivilprozeßordnung über das Armenrecht gelten entsprechend.**

1 Neuregelung des Kostenrechts, das bereits bisher abweichend von der Kostentragung im bürgerlichen Streitverfahren geregelt war, KG DR 1943, 940. Hinsichtlich des Armenrechts gelten nach Abs. 6 ausschließlich die Vorschriften der ZPO; auch das Gesetz betr. die Erstattung von Rechtsanwaltsgebühren im Armenverfahren wird entsprechend anzuwenden sein.

Hinsichtlich der Kosten gilt das Verfahren vor dem MEA — wie auch sonst A zu § 38 — als Prozeßverfahren vor dem Richter. Ein Kostenfestsetzungsverfahren wie im Prozeßverfahren findet nicht statt. Die Kosten sind grundsätzlich (Abs. 5) neben der Verpflichtung zur Kostentragung in der Entscheidung des MEA (der Beschwerdestelle) selbst festzusetzen. Fehlt der Ausspruch über die Kostenregelung, so erfolgt Ergänzung der Entscheidung gemäß § 321 ZPO.

Die Gebühren der Rechtsanwälte sind, auch wenn eine Bestimmung darüber fehlt, nach der Bundes-LG Stuttgart Anwaltsblatt 1960, 206; vgl. auch RA-Gebührenordnung, nicht nach den Landesgebührenordnungen zu berechnen, vgl. RG JW 1930, 135; LG Lübeck SchlHA 1960, 97; LG Frankfurt a. M., Beschl. v. 12. Jan. 1961 —2/9 T 154/59.

2 Die Kostenentscheidung ist nicht selbständig mit dem Rechtsmittel der Rechtsbeschwerde anfechtbar; sie kann nur zugleich mit der Nachprüfung der Sachentscheidung eine Änderung erfahren. Dies gilt auch für die isolierte Kostenentscheidung, OLG Stuttgart WM 1959, 140. Dies gilt nach § 7 Satz 2 VerfAO auch für die Erstattung von Auslagen und für die Entschädigung unter den Beteiligten.

§ 47

(1) **Will die Beschwerdestelle bei der Entscheidung über eine Rechtsfrage von der ihr bekannten Entscheidung einer anderen Beschwerdestelle oder, falls über die Rechtsfrage bereits von einem höheren Gericht entschieden ist, von dieser Entscheidung abweichen, so hat es eine Vorabentscheidung über die Rechtsfrage (Rechtsentscheid) herbeizuführen. Das gleiche gilt, wenn es sich um eine durch Rechtsentscheid noch nicht entschiedene Rechtsfrage von grundsätzlicher Bedeutung handelt. Der Rechtsentscheid ist in der Sache verbindlich.**

(2) **Die Zuständigkeit für den Rechtsentscheid bestimmt sich nach der Verordnung über die Zuständigkeit der Oberlandesgerichte in Angelegenheiten der freiwilligen Gerichtsbarkeit und der**

Kostenordnung vom 23. März 1936 (Reichsgesetzbl. I S. 251). § 28 Abs. 2 und 3 des Reichsgesetzes über die Angelegenheiten der freiwilligen Gerichtsbarkeit gilt entsprechend.

1 Die Einholung des Rechtsentscheids, die früher landesrechtlich geregelt war, ist durch die Vorschrift des § 47 reichseinheitlich geordnet. Abweichend von den außer Kraft gesetzten landesrechtlichen Vorschriften des § 6 Preuß., § 4 Bayer. AusfVO z. MSchG (Kannvorschrift) ist die Beschwerdestelle auch bei der Entscheidung von Rechtsfragen von grundsätzlicher Bedeutung zur Einholung des Rechtsentscheides verpflichtet, KG DR 1943, 939. — Zuständig für den Erlaß des Rechtsentscheids ist in Bayern auf Grund des § 5 des Bayer. Gesetzes Nr. 124 i. d. F. der Bek. vom 15. November 1950 (GVBl 215) das Oberste Landesgericht, BayObLGZ 1951, 293 = JZ 1951, 345 (wiederholt BayObLG RegNr. 14/53 u. 23/53 BayObLGZ 1953, 237 u. NJW 1954, 192) unter Aufgabe von BayObLGZ 1951, 146. In den Ländern des früheren Staates Preußen ist die Zuständigkeit bestritten: OLG Hamm JMBl NW 1952, 146 u. ZMR 1954, 86 (zustimmend Groothold ZMR 1954, 101) verneint die Zuständigkeit für alle Gerichte. OLG Hamburg DRspr II (277) 28; OLG Frankfurt BlGBW 1954, 287 u. OLG Oldenburg ZMR 1952, 133 bejahen sie für das jeweils zuständige OLG. Die im Abs. 2 erwähnte VO vom 23. März 1936 ist durch Art. 8 Abs. 2 Ziff. 9 des Gesetzes zur Wiederherstellung der Rechtseinheit vom 12. September 1950 (BGBl 455) aufgehoben worden, Roquette 19; es gilt wieder § 28 Abs. 1 FGG. Das bedeutet, daß die Zuständigkeit auf die Oberlandesgerichte übergegangen ist. Von der Befugnis des § 199 FGG, die Entscheidung einem von mehreren Oberlandesgerichten zuzuweisen, hat nur Bayern Gebrauch gemacht (Ges. vom 15. November 1950, GVBl 215).

2 Der Rechtsentscheid ist nicht ein Rechtsmittel der Partei (einschränkend Roquette ZMR 1952, 134), sondern die Vorabentscheidung einer Rechtsfrage, die von einem höheren Gericht als der Beschwerdestelle erteilt wird. Die Verpflichtung der Beschwerdestelle zur Einholung des Rechtsentscheides ist in Abs. 1 festgelegt. Die Berechtigung hierzu ist dadurch nicht eingeschränkt. Es ist in das pflichtgemäße Ermessen der Beschwerdestelle gestellt, auch in anderen Fällen einen Rechtsentscheid einzuholen. Die Einrichtung des Rechtsentscheides ist dazu bestimmt und geeignet, die Einheitlichkeit der Spruchpraxis der Mieteinigungsämter sicherzustellen, Dahmann DWohnA 1939, 82.

§ 48

Im übrigen wird das Verfahren vor dem Mieteinigungsamt und der Beschwerdestelle durch Verordnung des *Reichsministers der Justiz und des Reichswohnungskommissars* geregelt.

1 Am 16. Dezember 1942 (RBGl I, 723) ist die nachfolgende Anordnung für das Verfahren in Mieteinigungssachen ergangen, die gemäß § 54 Abs. 1 Satz 2 MSchG erst mit dem Mieterschutzgesetz — 31. Dezember 1965 — außer Kraft treten soll:

§ 1

Als Mieteinigungsamt ist das Amtsgericht zuständig, in dessen Bezirk die Mietsache gelegen ist.

2. Abschnitt: Mieteinigungsämter

§ 2

Der Antrag an das Mieteinigungsamt ist schriftlich oder zu Protokoll des Urkundsbeamten der Geschäftsstelle zu stellen. Er soll unter Darlegung der Sachlage und Angabe der Beweismittel kurz begründet werden. Der Antragsteller soll die ihm zugänglichen Beweisurkunden beifügen.

§ 3

Der Antrag und die sonstigen Erklärungen eines Beteiligten sind den übrigen Beteiligten von Amts wegen mitzuteilen. Die hierfür erforderlichen Abschriften sollen beigefügt werden. Von der Mitteilung kann abgesehen werden, wenn das mitzuteilende Schriftstück lediglich Wiederholungen früherer Angaben oder Ausführungen enthält.

§ 4

(1) Das Mieteinigungsamt entscheidet durch Beschluß. Einer mündlichen Verhandlung bedarf es nicht.

(2) Das Mieteinigungsamt kann von Amts wegen Beweise erheben.

(3) Gegenüber Bevollmächtigten oder Beiständen, die nicht Rechtsanwälte sind, hat das Mieteinigungsamt in jeder Lage des Verfahrens die gleichen Befugnisse wie das Amtsgericht im Verfahren über die Aufhebungsklage (§ 157 der Zivilprozeßordnung, § 12 des Mieterschutzgesetzes).

§ 5

(1) Mündliche Verhandlungen vor dem Mieteinigungsamt sind nicht öffentlich. Der Richter kann Personen, die ein Interesse an der Entscheidung haben, zu der Verhandlung zulassen.

(2) Zeugen und Sachverständige, die im Antrag oder in sonstigen Erklärungen benannt sind, sollen zu der nächstfolgenden Verhandlung geladen werden, sofern ihre Vernehmung zur Aufklärung des Sachverhalts dienlich erscheint.

§ 6

(1) Von einer schriftlichen Begründung seiner Entscheidung soll das Mieteinigungsamt nur absehen, wenn die anwesenden Beteiligten oder deren Bevollmächtigte nach mündlicher Mitteilung der Gründe auf die Einlegung der Rechtsbeschwerde und die Mitteilung einer schriftlichen Begründung verzichten.

(2) Der Beschluß ist den Beteiligten oder deren Bevollmächtigten, wenn er nicht in ihrer Gegenwart verkündet ist, von Amts wegen zuzustellen.

§ 7

Das Mieteinigungsamt kann in seiner Entscheidung bestimmen, daß und zu welchem Betrag ein Beteiligter anderen Beteiligten Ersatz der baren Auslagen sowie Entschädigung für eine durch notwendige Reisen oder durch die notwendige Wahrnehmung von Terminen entstandene Zeitversäumnis zu gewähren hat. Die für die Entschädigung von Zeugen geltenden Vorschriften sowie § 46 Abs. 5 Satz 4 des Mieterschutzgesetzes gelten entsprechend.

§ 8

(1) **Durch die Einlegung der Rechtsbeschwerde wird die Wirksamkeit der angefochtenen Entscheidung gehemmt.**

(2) **Die Zulässigkeit der Rechtsbeschwerde ist vom Mieteinigungsamt von Amts wegen zu prüfen. Weist das Mieteinigungsamt die Beschwerde als unzulässig zurück, so kann der Beschwerdeführer binnen einer Woche die Entscheidung der Beschwerdestelle hierüber beantragen.**

(3) **Will das Mieteinigungsamt der Beschwerde abhelfen, so hat es vor der Entscheidung den Beschwerdegegner zu hören.**

(4) **Für die Beschwerdestelle sind, unbeschadet des § 41 Abs. 3 des Mieterschutzgesetzes, die tatsächlichen Feststellungen des angefochtenen Beschlusses bindend. Neue Tatsachen dürfen nur zur Begründung eines wesentlichen Mangels des Verfahrens vorgebracht werden.**

(5) **Die Beteiligten können auf das Recht der Beschwerde verzichten. Auf den Verzicht sowie auf die Zurücknahme der Beschwerde finden § 514 und § 515 Abs. 3 der Zivilprozeßordnung entsprechende Anwendung.**

2 Die Einlegung der Rechtsbeschwerde erfolgt zweckmäßigerweise beim MEA, da dieses die Zulässigkeit der Beschwerde zu prüfen hat und ihr unter Umständen selbst abhelfen kann, Abs. 1 u. 3. Doch wird auch die Einreichung bei der Beschwerdestelle (A 2 zu § 41) zur Wahrung der Notfrist genügen. Beschwerdefähig sind nur Sachentscheidungen des MEA, die den Streitstoff ganz oder teilweise erledigen, A 2 zu § 41. Wegen der Beschwerdefähigkeit von Entscheidungen, durch die — ausdrücklich oder mittelbar — die Fortsetzung des Verfahrens von der Zahlung eines Auslagenvorschusses abhängig gemacht wird, vgl. KG JW 1932, 167; DR 1943, 700.

3 Beschwerdeberechtigt ist nur die von der Entscheidung unmittelbar betroffene Partei, nicht auch die nach § 5 Abs. 1 Satz 2 zu hörenden Personen, KG EA 599. Bei mehreren Vermietern oder Mietern steht jedem einzelnen das Beschwerderecht zu (KG JW 1932, 447).

§ 9

Diese Anordnung tritt am 1. Januar 1943 in Kraft. Zugleich tritt die Anordnung für das Verfahren vor dem Mieteinigungsamt

und der Beschwerdestelle vom 19. September 1923 (RGBl I 889) in der Fassung der Bekanntmachungen vom 17. Februar 1928 (RGBl I 25) und vom 27. März 1932 (RGBl I 166) außer Kraft.

3. Abschnitt

Schluß- und Übergangsvorschriften

§ 49

(1) **Auf die nach diesem Gesetze den Beteiligten zustehenden Rechte kann nicht verzichtet werden. Eine Vereinbarung, nach der einem Beteiligten bei Ausübung der Rechte besondere Nachteile erwachsen sollen, ist unwirksam.**

(2) **Die Vorschriften dieses Gesetzes finden auch auf Verträge Anwendung, die unter Umgehung oder zum Zwecke der Umgehung des Gesetzes abgeschlossen sind.**

1 Die Vorschrift des Abs. 1 ist zwingenden Rechts, LG Hamburg MDR 1958, 38; sie bestimmt ein Doppeltes; sie erklärt einen Verzicht auf die durch das MSchG den Beteiligten (Mieter, Vermieter und Erben, LG Hamburg DWW 1951, 236) gewährten Rechte für unzulässig und darum wirkungslos; in Betracht kommt lediglich ein vertraglicher Verzicht, da die Nichtausübung von Rechten dem Einzelnen überlassen bleibt und nur eine rechtliche Bindung in dieser Hinsicht von der Rechtsordnung zu beachten ist. Der Vermieter kann nicht durch vertragliche Vereinbarung auf die ihm nach dem Gesetz zustehende Mietaufhebungsklage oder der Mieter auf das Recht der Untervermietung gemäß § 29 MSchG (A 6 zu § 29) verzichten. Den Vertragsbeteiligten steht jedoch jederzeit frei, durch Vereinbarung das Mietverhältnis aufzuheben, LG Kassel WM 1953, 39; LG Oldenburg Glaser Nr. 309/II/1955; LG Köln, Glaser Nr. 124/II/1954; LG Aachen MDR 1952, 748 = DWW 1952, 96; keine Mietaufhebungsvereinbarung liegt vor, wenn der Mieter die Kündigung in Unkenntnis ihrer rechtlichen Bedeutung annimmt, LG Essen ZMR 1952, 250.

2 Die Vorschrift bestimmt darüber hinaus, daß auch die mittelbare Beschränkung der Rechtsausübung durch Vereinbarung besonderer, d. h. über die durch das Rechtsverhältnis als solches begründeten Leistungen hinausgehender Nachteile unwirksam, d. h. nichtig im Sinne des § 134 BGB sein soll. Eine solche Vereinbarung kann auch in einem selbständigen Vertrag, also nicht bloß im Mietvertrag getroffen sein; immerhin aber muß eine Beziehung zum Mietverhältnis gegeben sein, ohne daß jedoch die Nachteile gerade den Mieter in dieser seiner Eigenschaft treffen müssen, ebenso Hans 2. Welcher Art die Nachteile sind, wie groß sie im Verhältnis zur Preisgabe des Rechtes sind, ist für die Anwendung des Abs. 1 unerheblich. In Betracht kommen; Vertragsstrafen, Übernahme sämtlicher Reparaturen durch den Mieter (AG Essen-Steele WM 1957, 170), Räumungsverpflichtung — vgl. Bettermann zu LG Oldenburg MDR 1949, 41; vgl. ferner LG Göttingen HMR Rspr 1951 Nr. 196; LG Aachen MDR 1952, 748 = ZMR 1952, 104; LG Kassel WM 1953,

82; LG Köln ZMR 1954, 329; AG Köln MDR 1958, 373 (Räumungsverpflichtung bei jedem zukünftigen, über 2 Wochen hinausgehenden Mietrückstand); Mohr ZMR 1954, 357 (Verzicht auf Vollstreckungsschutz oder Änderung der Voraussetzungen des Vollstreckungsschutzes der §§ 30, 31 WBewG); Verzicht auf gleichwertigen Ersatzraum ist zulässig, dagegen nicht der Verzicht des Mieters auf notwendigen Ersatzraum, OLG Celle ZMR 1953, 103; OLG Celle Nds. Rpfl. 1952, 170; Einschränkung des Mietgebrauchs, Verlust vertraglicher Rechte, Beendigung des Mietverhältnisses überhaupt, RGZ 104, 311. Ungültig ist eine Vereinbarung des Inhalts, daß die Anwendung des MSchG auf das vorliegende Mietverhältnis ausgeschlossen sein soll, LG Lüneburg MDR 1949, 167; AG Münster WM 1956, 152. Auch die Wohnungsbehörde kann bei der Festsetzung des Zwangsmietvertrages — Erlaß der Mietverfügung gemäß § 16 WBewG — die Mieterschutzrechte nicht einschränken. Die Nichtigkeit der Vertragsbestimmungen, die in Widerspruch zu § 49 stehen, bewirkt jedoch nicht die Nichtigkeit des Mietvertrages im ganzen; es sind vielmehr gemäß § 139 BGB nur die einzelnen unzulässigen Vertragsabreden als unwirksam anzusehen, RG III 253/24 EA 419.

3 Das Verbot des Abs. 1 bezieht sich nur auf den Verzicht im voraus (AG Sulingen MDR 1957, 293; LG Lüneburg MDR 1949, 167; Bettermann MDR 1949, 42), d.h. vor der Kündigung und vor Ablauf des Mietvertrages von bestimmter Dauer, ebenso für die Landpacht BGHZ 6, 263. Der Mieter ist nicht gehindert, einer Kündigung des Vermieters zuzustimmen; tut er dies — das Einverständnis braucht nicht ausdrücklich zu erfolgen, es kann auch stillschweigend gegeben sein, worüber die Umstände des einzelnen Falles entscheiden —, dann kann er sich nachträglich nicht mehr auf den Schutz des Gesetzes berufen. Der Mieter, der das Bestehen eines Mietverhältnisses, insbes. den Abschluß eines Mietvertrages, bestreitet, sich also vom Vertrag lossagt, verzichtet auf den Mieterschutz; für ein Mietaufhebungsverfahren ist nach dem Bestreiten kein Raum mehr, Hermes NJW 1951, 634.

4 Die Erklärung des Mieters, zu einem bestimmten Termin zu räumen, gleich viel ob sie in einem Vergleich oder sonstwie aus freien Stücken (dazu LG Kassel WM 1953, 39) abgegeben wird, fällt nicht unter § 49 und verpflichtet ihn, Bettermann gegen LG Oldenburg MDR 1949, 42; Lewald MDR 1950, 21; LG Köln ZMR 1954, 329. Nur wenn die Räumungsverpflichtung bereits beim Abschluß des Mietvertrages für einen bestimmten Zeitpunkt eingegangen, greift die Verlängerungswirkung des § 1 Abs. 2 MSchG durch und der Vermieter kann sich auf die Räumungsvereinbarung nicht berufen. Ist der Verzicht wirksam, so ist der Vermieter berechtigt, ohne Erhebung der Mietaufhebungsklage die Herausgabe der Räume im Verfahren nach § 27 MSchG zu verlangen, Roquette, Mietrecht S. 298.

5 Kündigt der Mieter auf Verlangen des Vermieters beim Abschluß des Vertrages gleichzeitig das Mietverhältnis, so ist diese Erklärung gemäß Abs. 1 Satz 1 nichtig, da sie einen Verzicht auf den Mieterschutz des zeitlich begrenzten Mietverhältnisses (§ 1 Abs. 2 MSchG) enthält, LG Hamburg HMR Rspr 1950 Nr. 60.

6 Nur offensichtliche Umgehungen und Umgehungsversuche sollen durch die Regelung des Abs. 2 getroffen werden. Deshalb fällt die Vereinbarung einer auflösenden Bedingung nicht unter § 49, sofern die Absicht einer Umgehung des Gesetzes nicht klar ersichtlich ist. Grundsätzlich wird auch vom MSchG

die Vertragsfreiheit der Beteiligten geachtet. Deshalb kommt die Nachprüfung der gewählten Rechtsform (z. B. bei Vereinbarung von Leihe, Nießbrauch, Wohnrecht, Gesellschaftsvertrag usw.) nur da in Frage, wo eine Regelung in der Absicht und mit dem Erfolg gewählt wurde, dem aus diesem Gesetz Berechtigten die Vorteile dieses Gesetzes zu entziehen; a.M. Bettermann, Wesen und Technik des Mieterschutzes S. 4; Schopp-Groothold 6. Die Tatsache, daß der Gesetzgeber in § 31 Abs. 1 Satz 3 MSchG trotz der angespannten Wohnraumlage mit der Möglichkeit der Beschaffung eines Ersatzraumes durch den Vermieter rechnet, bestätigt die Auffassung, daß die Vereinbarung einer Verpflichtung des Mieters zur Räumung, „sobald der Vermieter dem Mieter einen (gleichwertigen oder angemessenen) Ersatzraum beschafft oder nachweist", nicht gegen den Grundgedanken des MSchG und deshalb auch nicht gegen § 49 Abs. 2 verstößt, LG Frankfurt JW 1924, 1630; LG Schweidnitz JW 1927, 1958; Schopp-Groothold 6; a. M. LG Leipzig DWohnA 1927, 179; LG Berlin III GrundE 1931, 882; Bandmann, DWohnA 1942, 261; Ebel, Mieterschutzgesetz, 8. Aufl S. 35; LG Oldenburg DWW 1951, 223 (abl. Heinisch). Eine andere Frage ist, ob der Abschluß einer solchen Vereinbarung wegen der Schwierigkeiten ihrer Durchführung für den Vermieter zweckmäßig ist; in dieser Richtung ist der ablehnenden Meinung Bandmanns zuzustimmen. Unzulässig ist ferner die Vereinbarung, daß Streitigkeiten über die Angemessenheit (Gleichwertigkeit) des Ersatzraumes vom MEA entschieden werden sollen, da eine Ausdehnung der dem MEA übertragenen Aufgaben durch Parteivereinbarung nicht möglich ist, es sei denn als schiedsrichterliche Instanz, A 2 zu § 37. KG DR 1943, 699 verneint jedenfalls die gesetzliche Zuständigkeit des MEA zur Entscheidung und die Verpflichtung des MEA, eine solche Schiedsgutachtertätigkeit auf Grund der Vereinbarung zu entfalten.

7 Wegen der Ausdehnung auf Miet- und Pachtverhältnisse über Räume und gewerblich genutzte unbebaute Grundstücke vgl. § 36 MSchG. Auch eine vorläufige entgeltliche Raumüberlassung mit der Inaussichtstellung des demnächstigen Mietvertragsabschlusses fällt unter § 49, LG Essen ZMR 1953, 66 = DRspr II (277) 54.

8 Die zivilrechtlichen Folgen eines Verstoßes gegen § 49 sind beschränkt; nichtig ist gemäß §§ 134, 139 BGB die Vereinbarung der Vergütung und zwar nur insoweit, als sie den angemessenen Betrag übersteigt, der Vertrag bleibt im übrigen rechtswirksam. Der Mieter kann diesen Teil der Vergütung im Rahmen des § 814 BGB zurückfordern; er hat aber nach Treu und Glauben durch vorbehaltlose Zahlung des Mietzinses den Rückforderungsanspruch verwirkt, sofern nicht vorsätzlicher Mietwucher vorliegt, RGZ 134, 99; OLG Hamm JW 1934, 2867; OLG Naumburg JW 1935, 229; Sieber JW 1934, 1829; einschränkend RGZ 144, 22 und RG JW 1934, 1829.

9 Nichtigkeit wegen Verstoßes gegen die guten Sitten (§ 138 BGB) ist gegeben, wenn die Vergütung unangemessen ist; rücksichtslose Konjunkturausnützung erfüllt den Tatbestand des § 138 Abs. 1 BGB, auch wenn die Voraussetzungen des Abs. 2 nicht erfüllt sind.

10 Die als Miet- oder Raumwucher bedeutsam gewordene Vorschrift des § 49a MSchG ist bei der Neufassung des MSchG vom 15. Dezember 1942 nicht mehr in das Gesetz aufgenommen werden. Hiernach machte sich strafbar, wer für die Raumüberlassung eine Vergütung forderte, annahm oder sich versprechen ließ, die unter Berücksichtigung der gesamten Verhältnisse als

unangemessen anzusehen war. Zur Auslegung dieser Vorschrift vgl. die Rspr des RG bei Staudinger-Kiefersauer, 10. Aufl. Vorbem 71 bis 84. Zur strafrechtlichen Situation der Gegenwart vgl. A 35 Einl z. MSchG.

§ 50

....

§ 51

....

§ 52

Die für das Wohnungswesen zuständige oberste Landesbehörde kann mit Zustimmung des *Reichswohnungskommissars und des Reichsministers der Justiz* **anordnen, daß bestimmte Gemeinden oder Gemeindeteile oder bestimmte Arten von Mieträumen von den Vorschriften des 1. Abschnitts ausgenommen werden; § 6 Abs. 1, § 9, § 10 Abs. 1, § 12, § 13 Abs. 2 Satz 2, §§ 14, 18 gelten entsprechend. Auch von diesen Vorschriften sind Ausnahmen im Wege einer nach Satz 1 ergehenden Anordnung zulässig.**

Durch § 1 Satz 2 der am 1. Juli 1960 außer Kraft getretenen (vgl. Art. X § 1 Abs. 1 Nr. 3 Abbaugesetz) Dritten AusfVO KSchVO vom 5. September 1939 (RGBl I 1670), mitgeteilt auf S. 230 der Vorauflage, sind die landesrechtlichen Beschränkungen (Lockerungen) des Mieterschutzes außer Kraft gesetzt worden. Die bisherigen landesrechtlichen Ausführungsvorschriften zum Mieterschutzgesetz sind seit dem 1. Januar 1943 aufgehoben, § 5 Abs. 3 SechsteAusfVO KSchVO (mitgeteilt auf S. 237 der Vorauflage), die ebenfalls seit dem 1. Juli 1960 außer Kraft gesetzt ist (Art. X § 1 Abs. 1 Nr. 3 Abbaugesetz). Die obersten Landesbehörden haben in der Zeit nach dem 1. Januar 1943 von der Ermächtigung des § 52 keinen Gebrauch mehr gemacht.

Die Ermächtigungsnorm des § 52 ist auch heute noch rechtgültig, vgl. Roquette 7—12.

§ 52a

....

§ 52b

(1) **Auf Grund einer Kündigung, die zwischen der Bekanntgabe einer Anordnung gemäß § 52 Satz 1 und ihrem Inkrafttreten vom Vermieter erklärt ist, kann die Herausgabe des Mietraums verlangt werden, jedoch frühestens für den Zeitpunkt des Inkrafttretens; für die Kündigung gilt** *unbeschadet der Vorschriften des Gesetzes über die Auflokkerung der Kündigungstermine bei Mietverhältnissen über Wohnäume vom 24. März 1938 (Reichsgesetzbl. I S. 306)* **der § 565 Abs. 1 Satz 1 des Bürgerlichen Gesetzbuchs, sofern nicht eine längere Kündigungsfrist vereinbart ist. Der Vermieter kann schon vor dem Inkrafttreten auf künftige Räumung klagen.**

(2) **Eine vor der Bekanntgabe vom Vermieter erklärte Kündigung berechtigt nicht zum Verlangen auf Herausgabe des Mietraums,**

3. Abschnitt: Schluß- und Übergangsvorschriften

Das Gesetz über die Auflockerung der Kündigungstermine bei Mietverhältnissen über Wohnräume vom 24. März 1938 (RGBl I, 306) — mitgeteilt auf S. 125 der Vorauflage — ist mit Wirkung vom 1. Juli 1960 durch Art. X § 1 Abs. 1 Nr. 4 des Abbaugesetzes aufgehoben; vgl. auch § 565 Abs. 2 Satz 3 BGB in der Fassung des Abbaugesetzes.

§ 52c

(1) **Nach der Bekanntgabe einer Anordnung gemäß § 52 Satz 1 kann der Vermieter von der Aufhebungsklage zur Räumungsklage übergehen.**

(2) **Mit dem Inkrafttreten der Anordnung ist der Aufhebungsstreit in der Hauptsache erledigt. Jede Partei trägt die ihr entstandenen außergerichtlichen Kosten; die Gerichtskosten werden niedergeschlagen. Das gleiche gilt bei dem Übergang zur Räumungsklage (Abs. 1) bezüglich der durch das Aufhebungsverfahren verursachten besonderen Kosten.**

§ 52d

. . . .

§ 52e

(1) **Für Mietverhältnisse, auf die sich eine Anordnung gemäß § 52 Satz 1 bezieht, gelten folgende Vorschriften:**

1. **Der § 19 Abs. 1, Abs. 3 Satz 1, Abs. 4 findet Anwendung.**

1a. **Der § 27 Abs. 1 Satz 2 findet Anwendung.**

2. **Der § 28 findet Anwendung.**

3. **Die §§ 29, 30 und 31 finden Anwendung.**

4. **Der Vermieter kann das Mietverhältnis ohne Einhaltung einer Kündigungsfrist nur nach den §§ 553, 554 des Bürgerlichen Gesetzbuchs sowie unter den Voraussetzungen kündigen, unter denen nach § 2 die Aufhebung eines Mietverhältnisses wegen erheblicher Belästigung verlangt werden kann. Geringfügige Mietzinsrückstände berechtigen nicht zu einer fristlosen Kündigung. Eine auf Grund des § 554 erfolgte Kündigung ist unwirksam, wenn der Mieter bis zum Ablauf von einem Monat seit der Fälligkeit des Mietzinses den Vermieter befriedigt, eine gegenüber der Mietzinsforderung zulässige Aufrechnung erklärt oder ein ihm zustehendes Minderungs- oder Zurückbehaltungsrecht geltend macht. Der § 3 Abs. 2, 3 findet entsprechende Anwendung; das gleiche gilt von § 10 Abs. 2, 3 für Mietverhältnisse über Wohnräume.**

5. **Ist der Mietzins nach Monaten bemessen, so gilt für die Kündigung des Vermieters** *unbeschadet der Vorschriften des Gesetzes über die Auflockerung der Kündigungstermine bei Mietverhältnissen über*

Wohnräume vom 24. März 1938 (Reichsgesetzbl. I S. 306) **der § 565 Abs. 1 Satz 1 des Bürgerlichen Gesetzbuchs. Hiervon werden Mietverhältnisse der im § 24 bezeichneten Art nicht berührt.**

(2) **Auf eine Vereinbarung, die den Vorschriften des Abs. 1 Nr. 4 entgegensteht, kann sich der Vermieter nicht berufen. Das gleiche gilt für eine Vereinbarung, wonach die Kündigung des Mietverhältnisses zuungunsten des Mieters abweichend vom § 565 des Bürgerlichen Gesetzbuchs und von Abs. 1 Nr. 5 geregelt ist.**

(3) **Die oberste Landesbehörde kann mit Zustimmung des** *Reichswohnungskommissars* **und** *des Reichsministers der Justiz* **für ein Mietverhältnis, auf das sich eine Anordnung gemäß § 52 Satz 1 bezieht, zur Vermeidung von Härten**

a) die Kündigung des Vermieters von der Einhaltung einer die Grenzen des § 565 des Bürgerlichen Gesetzbuchs oder des Abs. 1 Nr. 5 überschreitenden Kündigungsfrist abhängig machen,

b) bestimmen, daß eine dem Mieter nach § 721 der Zivilprozeßordnung für Wohnräume oder nach Abs. 1 Nr. 1a für sonstige Räume gewährte Räumungsfrist auf seinen Antrag vom Gericht gemäß § 5a Abs. 2 verlängert werden kann.

1 Zu dem in Abs. 1 Nr. 5 kursiv gesetzten Satzteil vgl. die Anm. zu § 52b.

2 Die Vorschrift des § 52e bildet einen Teil des Mietrechtes der Übergangszeit, vgl. Staudinger-Kiefersauer, 10. Aufl. Vorbem 208—219, 11. Aufl Vorbem 251—266 vor § 535. Da § 52e zunächst sich nur auf landesrechtliche Lockerungsanordnungen bezieht, die im Wege des § 52 Abs. 1 ergangen sind, ist diese Vorschrift mit der Außerkraftsetzung der landesrechtlichen Beschränkung des Mieterschutzes vorläufig gegenstandslos geworden. Nach dem 8. Mai 1945 ist die Gesetzgebungsgewalt auf die von den Besatzungsmächten abgegrenzten Länder übergegangen; sie konnten früheres Reichsrecht, also auch das Mieterschutzgesetz abändern, was z.B. in Hessen und Württemberg-Baden geschehen ist (vgl. hessVO über die einstweilige Regelung von Mietstreitigkeiten vom 23. November 1946 — GVBl für Groß-Hessen S. 222 (vgl. S. 254 der Vorauflage) — und württ.-bad. Gesetz Nr. 228 zur Änderung des Mieterschutzrechts vom 4. März 1948 — RegBl S. 48 — (vgl. S. 252 der Vorauflage). Sowohl die hess. VO wie das württ.-bad. Gesetz sind mit Wirkung vom 1. Juli 1960 durch Art. X § 1 Abs. 1 Nr. 9 und 10 des Abbaugesetzes aufgehoben worden. Nach dem Inkrafttreten des Grundgesetzes am 24. Mai 1949 ist das Mieterschutzgesetz gemäß Art. 125 GG Bundesrecht geworden.

3 Die in § 52 ausgesprochene Ermächtigung der Landesbehörden bleibt trotz des Übergangs der Mieterschutzgesetzgebung auf den Bund in Wirksamkeit. Auch die nach § 53 den Bundesbehörden zustehende Ermächtigungsbefugnis ist nicht, wie Bettermann MDR 1952, 1 ausführt, im Hinblick auf Art. 129 GG als erloschen zu betrachten, vgl. Schopp-Groothold 7 zu § 52; Roquette 7—12 zu § 52. Die vom Bundesgesetzgeber als Ziel gestellte Auflockerung der Wohnungszwangswirtschaft hat zu weittragender Einschränkung des Mieter-

schutzrechtes geführt, insofern neugeschaffener Wohnraum nach Maßgabe des § 31a und des § 31b MSchG vom Mieterschutz grundsätzlich — bestehende Mietverhältnisse bleiben unberührt — freigestellt worden ist, wobei aber zufolge des ausdrücklichen Vorbehalts in Abs. 1 von § 31a u. § 31b die Schutzbestimmungen des § 52e (dazu Kiefersauer JR 1953, 77) weiterhin für diese Mietverhältnisse in Geltung bleiben.

4 Die für diese Wohnungen weiterhin geltenden Bestimmungen des MSchG haben folgenden Rechtsinhalt:

a) Beim Tode des Mieters treten die hausstandszugehörigen Familienangehörigen in die Rechte und Pflichten des Mieters ein, sofern keiner der Familienangehörigen Erbe des Mieters ist. Das Kündigungsrecht des Vermieters nach § 569 BGB ist ausgeschlossen, § 19 Abs. 1.

Die Bezugnahme auf § 19 Abs. 3 Satz 1 ist gegenstandslos, da für die Lokkerung nur Wohnungen (Wohnräume) in Frage kommen. Das nach Abs. 4 des § 19 bei gemeinschaftlicher Miete dem überlebenden Ehegatten zustehende außerordentliche unabdingbare Kündigungsrecht gilt auch für die frei finanzierten Wohnungen.

b) Die Bezugnahme auf § 27 Abs. 1 Satz 2 ist gegenstandslos, da hier nur Wohnungen (Wohnräume) in Frage kommen, für die § 721 ZPO unmittelbar gilt. Doch kann die an sich unzulässige Verlängerung der Räumungsfrist zur Vermeidung von Härten gemäß Abs. 3 des § 52e durch Anordnung des Bundes ermöglicht werden.

c) Das vertragliche Verbot der Geltendmachung von Aufrechnungs-, Minderungs- und Zurückbehaltungsrechten ist im Rahmen des § 28 unwirksam.

d) Die Vorschriften über die Erteilung und Ersetzung der Erlaubnis des Vermieters zur Untervermietung durch das MEA und über die Regelung des Wohnungstausches gelten auch für die frei finanzierten Wohnungen.

e) Das Recht des Vermieters zur fristlosen Kündigung ist — unabdingbar zu ungunsten des Mieters, Abs. 2 Satz 1 — abweichend von den Vorschriften des BGB gestaltet. Die Kündigung des Vermieters kann nur erfolgen

aa) bei Fortsetzung des vertragswidrigen Mietgebrauchs oder bei erheblicher Verletzung der Rechte des Vermieters, insbesondere durch unbefugte Gebrauchsüberlassung an Dritte trotz Abmahnung, ferner bei erheblicher Gefährdung des Mietraumes durch Sorgfaltvernachlässigung, § 553 BGB. Dann aber auch im Rahmen des § 2 MSchG bei erheblicher Belästigung des Vermieters oder eines Hausbewohners durch den Mieter oder seine Hausstandsangehörigen.

bb) bei Mietzinsrückständen für zwei aufeinander folgende Termine (§ 554 BGB), sofern es sich um für den Vermieter wirtschaftlich und im Verhältnis zum Gesamtmietzins wesentliche, nicht nur geringfügige (Satz 2; LG Würzburg MietG 1931, 51) Rückstände handelt. Die Kündigung ist nicht zulässig

α) wenn der Verzug des Mieters auf dessen Unkenntnis über den Betrag oder den Zeitpunkt der Fälligkeit des Mietzinses oder auf irriger Annahme eines Aufrechnungs-, Minderungs- oder Zurückbehaltungsrechtes beruht, sofern Unkenntnis oder Irrtum nicht als fahrlässig gelten, § 3 Abs. 2;

β) wenn der Mieter den Vermieter befriedigt, bevor die Kündigung erfolgt, § 554 Abs. 1 Satz 2 BGB; über die Beweislastverteilung bei verspäteter Zahlung des Mietzinses vgl. BGH MDR 1960, 1006 = BlnGrundE 1961, 18 — DB 1960, 1036.

γ) wenn der Mieter bis zum Ablauf eines Monats seit der Fälligkeit des Mietzinses den Vermieter befriedigt, eine gegenüber der Mietzinsforderung zulässige Aufrechnung erklärt oder ein ihm zustehendes Minderungs- oder Zurückbehaltungsrecht geltend macht, Satz 3. Die Monatsfrist beginnt mit der Fälligkeit derjenigen Mietzinsrate, deren Nichtzahlung das Kündigungsrecht des Vermieters auslöst, also mit der zweiten folgenden Verzugsrate, LG I Berlin DMR 1115.

Aber auch nach Erhebung der (zulässigen) Räumungsklage kann der Mieter bis zum Ablauf eines Monats seit Klageerhebung den Vermieter rechtswirksam befriedigen oder aufrechnen, ebenso Zöll BlGBW 1954, 343. Die Räumungsklage ist auch dann nicht mehr zulässig, wenn innerhalb der Frist die Fürsorgebehörde ihre Bereitwilligkeit zur Befriedigung des Vermieters erklärt. Die Fürsorgebehörde ist von der Erhebung der Räumungsklage entsprechend § 10 Abs. 2 zu verständigen und die Vorschrift des § 10 Abs. 3 ist zu beachten.

5 Für die befristete Kündigung des Vermieters, gleichviel, ob es sich um ein ordentliches oder außerordentliches Kündigungsrecht des Vermieters, des Erstehers (§ 57a ZVG) oder Erwerbers (§ 21 Abs. 3 KO) handelt, gilt folgende Regelung: Das befristete Kündigungsrecht bei Hauptmietverhältnissen — für Untermietverhältnisse gilt das Übergangsrecht nach Satz 2 auch dann nicht, wenn sie bisher mieterschutzpflichtig waren — ist insofern eingeschränkt, als die Kündigung bei monatlicher Mietzinsbemessung — auf die Vereinbarung monatlicher Zahlung kommt es nicht an, vgl. zu dem Unterschied Staudinger-Kiefersauer, 7 zu § 551 — nur nach § 565 Abs. 1 Satz 1 (vgl. auch § 565 Abs. 2 Satz 3 neuer Fassung) BGB als zulässig erklärt ist, auch wenn vertragsmäßig eine andere Kündigungsfrist vereinbart ist (Abs. 2 Satz 2).

§ 53

Der *Reichswohnungskommissar* und der *Reichsminister der Justiz* können die von den obersten Landesbehörden erlassenen Vorschriften aufheben oder ändern. Sie können ferner die Anordnungen treffen, für deren Erlaß die obersten Landesbehörden zuständig sind, auch die ihnen nach diesem Gesetz zustehenden Befugnisse anderen Stellen übertragen.

§ 54

(1) **Dieses Gesetz tritt mit Ablauf des 31. Dezember 1965 außer Kraft, jedoch nicht vor dem Zeitpunkt, in dem das in § 2 des Gesetzes über die Gewährung von Miet- und Lastenbeihilfen bezeichnete Gesetz in Kraft tritt. Gleichzeitig treten die Anordnung für das Verfahren in Mieteinigungssachen vom 16. Dezember 1942 (Reichsgesetzbl. I S. 723) und die Verordnung des Zentral-Justizamtes für**

die Britische Zone zur Änderung des Mieterschutzgesetzes vom 27. Juli 1948 (Verordnungsblatt für die Britische Zone S. 225) außer Kraft.

(2) **Werden auf Grund des § 15 des Zweiten Bundesmietengesetzes die Mietpreise schon vor dem 1. Januar 1966 freigegeben, so sind in den kreisfreien Städten, den Landkreisen und den Gemeinden eines Landkreises, für welche die Preise freigegeben werden, das Mieterschutzgesetz und die in Absatz 1 Satz 2 bezeichneten Vorschriften nicht mehr anzuwenden.**

(3) **§ 18 Abs. 3 des Zweiten Bundesmietengesetzes gilt entsprechend.**

1 § 54 ist durch Art. III Nr. 5 des Abbaugesetzes eingefügt.

2 Für das gebietsweise Außerkrafttreten des Mieterschutzgesetzes ist der 1. Juli 1963 der früheste Termin, weil die Aufhebung des Mieterschutzes mit der Mietpreisfreigabe gekoppelt ist und für die Preisfreigabe der 1. Juli 1963 als frühester Termin gilt (vgl. Abs. 2).

3 Aus der Verweisung auf § 16/II. BMietG in § 18 Abs. 3/II. BMietG, der in § 54 Abs. 3 entsprechend anzuwenden ist, folgt, daß durch eine Rechtsverordnung der Bundesregierung mit Zustimmung des Bundesrats der Schlußtermin für die Preisbindung und damit auch die Geltungsdauer des Mieterschutzgesetzes über den 31. Dezember 1965 hinaus um ein Jahr bis spätestens zum 31. Dezember 1966 hinausgeschoben werden kann. Vom 1. Januar 1967 ab gilt also nur noch das Recht des BGB, es sei denn, daß bis zu jenem Zeitpunkt — was aber kaum anzunehmen ist — das in § 2 des Gesetzes über die Gewährung von Miet- und Lastenbeihilfen bezeichnete Gesetz noch nicht in Kraft getreten ist (vgl. § 54 Abs. 1).

ZWEITER TEIL

Die Wohnraumbewirtschaftung

Einleitung

I. Rechtsgrundlagen

1 Das Wohnungsmangelgesetz vom 26. Juli 1923 (RGBl I 754) mit späteren Änderungen ist am 1. April 1933 in vollem Umfang außer Kraft getreten; damit ist zugleich die Befugnis der Gemeindebehörden zur Beschlagnahme von Räumen, insbesondere von Wohnungen in Wegfall gekommen. Zwangsmietverträge auf Grund des § 4 WMG bleiben gültig, bis sie auf normalem Wege von den Beteiligten aufgelöst werden. Wegen der Bedeutung der Bestimmungen über die „Inanspruchnahme von Räumen auf Grund des Wohnungsmangelgesetzes" vgl. Staudinger-Kiefersauer, 11. Aufl Vorbem. 205 vor § 535 BGB.

2 Art. III des Gesetzes zur Änderung des Reichsmietengesetzes und des Mieterschutzgesetzes vom 18. April 1936 (RGBl I 371) hatte den Reichsarbeitsminister ermächtigt, zu bestimmen, daß in einer Gemeinde die Umwandlung von Wohnungen in Räume anderer Art z.B. in Fabrik- oder Lagerräume, Werkstätten, Dienst- oder Geschäftsräume nur mit Genehmigung der Gemeindebehörde erfolgen dürfe. Von sich aus konnten die Gemeinden Beschränkungen dieser Art nicht einführen. Für etwa 450 Gemeinden ist durch 10 Verordnungen des Reichsarbeitsministers die Genehmigungspflicht eingeführt worden; die Verordnungen sind auf Antrag der einzelnen Gemeinden erlassen, im Deutschen Reichsanzeiger veröffentlicht und im Reichsarbeitsblatt abgedruckt worden.

In jeder Verordnung sind die Grundsätze angeführt, nach denen die Gemeinde die Genehmigung zur Umwandlung von Wohnraum in einen Raum anderer Art erteilen kann oder muß. Die Genehmigung konnte unter der Auflage erteilt werden, daß für den beanspruchten Raum neuer Wohnraum geschaffen oder der Gemeinde ein entsprechender Geldbetrag gezahlt werden sollte. Nichterfüllung der Auflage war als Zuwiderhandlung gegen die Anordnung unter Strafe gestellt. Einzelheiten bei Kiefersauer, Kriegsnotrecht für Miet- und Pachtverhältnisse, Zweite Folge 1941, 136.

Mit Wirkung vom 6. August 1941 ist durch § 1 der Verordnung über das Verbot der Umwandlung von Wohnungen in Räume anderer Art vom 29. Juli 1941 (RGBl I 451) für alle Orte von 10000 und mehr Einwohnern allgemein die Genehmigungspflicht der Umwandlung von Wohnraum eingeführt worden; für kleinere Orte wurde der Genehmigungszwang durch drei Anordnungen des Reichsarbeitsministers vom 29. Juli und 8. November 1941 (RArbBl I 341 und 529) und vom 5. Mai 1942 (RArbBl I 248) ausgesprochen.

3 Die Verordnung über das Verbot der Zweckentfremdung von Wohnungen vom 14. August 1942 (RGBl I 545) hatte mit Wirkung vom 15. September 1942 insofern eine grundsätzliche Änderung der Rechtslage gebracht, als unter Aufhebung der Zuständigkeit der Gemeindebehörde zur Ausnahmebewilligung die Umwandlung von Wohnungen in Räume anderer Art ausnahmslos in allen Gemeinden untersagt und zugleich die Rückgängigmachung der Umwandlung von Wohnungen für Zwecke öffentlicher Dienststellen angeordnet wurde. Zur Erleichterung der Freimachung wurde dem Mieter ein außerordentliches Kündigungsrecht eingeräumt und den Gemeindebehörden das Recht und die Pflicht zur Beschlagnahme nicht oder nicht genügend ausgenutzter Geschäftsräume übertragen. Lehnte der Verfügungsberechtigte den Abschluß eines Nutzungsvertrages ab, so konnte die Gemeindebehörde einen Zwangsmietvertrag festsetzen. Diese Verordnung, die den Art. III des Änderungsgesetzes vom 18. April 1936 sowie die VO vom 29. Juli 1941 aufgehoben hatte, ist am 31. Dezember 1945 gemäß § 8 Abs. 2 außer Kraft getreten. Zur Durchführung der Verordnung hatte der Reichsarbeitsminister am 15. September 1942 (RArbl I 407) einen Erlaß herausgegeben.

In diesem Erlaß hatte er bestimmt, daß die Freimachung von Wohnungen zunächst nur für solche Wohnungen vorzunehmen sei, bei denen die Umwandlung in Räume anderer Art seit dem 20. April 1936 (Inkrafttreten der Ermächtigung zum Erlaß des Umwandlungsverbotes in Art. III AbändGes vom 18. April 1936 (RGBl I 122) erfolgt war. Wenn auch an diesem Termin nach dem Ersten AusfErl zur VO zur Wohnraumlenkung vom 27. Februar 1943 (RGBl 1943 I 127; 1944 I 218 — WLVO — nicht unbedingt festzuhalten war, so durfte doch grundsätzlich auch für die Durchführung des Art. VI Buchst. a WohnG, in dem ein allgemeiner Stichtag für die Rückführungsanordnung der Wohnungsbehörde nicht genannt war, mindestens bis zum 20. April 1936 zurückgegriffen werden, vgl. BGHZ 5, 217 = NJW 1952, 823, aber auch BVerwG ZMR 1954, 115.

4 Die Verordnung zur Wohnraumlenkung vom 27. Februar 1943 (RGBl 1943 I 127; 1944 I 218) — WLVO — ist durch Art. XIV des Kontrollratsgesetzes Nr. 18 — WohnG — vom 8. März 1946 ausdrücklich aufgehoben worden. Das WohnG ist am 16. März 1946 in Kraft getreten.

Die zum Teil auf § 16 III WLVO gestützte Verordnung zur Wohnraumversorgung der luftkriegsbetroffenen Bevölkerung vom 21. Juni 1943 (RGBl I 355) ist formell erst durch Art. X § 1 Nr. 7 des sog. Abbaugesetzes vom 23. Juni 1960 aufgehoben worden.

Neben der Wohnraumlenkung auf Grund der WLVO suchten die Verwaltungsbehörden während und nach Beendigung des Krieges auf Grund des § 5 des Reichsleistungsgesetzes (RLG) — Gesetz über Sachleistungen für Reichsaufgaben — vom 1. September 1939 (RGBl I 1645) durch Beschlagnahme von Wohnraum und unter Inanspruchnahme von Einrichtungsgegenständen Obdachlose unterzubringen und mit dem notwendigen Hausrat zu versehen. Durch diese Einweisung wurden keine privatrechtlichen Beziehungen zwischen Leistungsempfänger und Leistungspflichtigen begründet, sondern lediglich ein öffentlich-rechtliches Rechtsverhältnis zwischen Bedarfsstelle und Leistungspflichtigen geschaffen, das dem Eingewiesenen ein öffentlich-rechtliches Nutzungsverhältnis verschaffte. Streitigkeiten über den Umfang der

Rechte und Pflichten muß die Verwaltungsbehörde entscheiden, sofern nicht die Beteiligten über den Abschluß eines privatrechtlichen Nutzungsvertrages sich geeinigt haben.

5 Mit dem 14. März 1946 — diesen Tag nennt nach Fellner-Fischer 6 zu § 1 WBewG die verbindliche Bekanntmachung des Kontrollrats als maßgebenden Zeitpunkt — ist das Kontrollratsgesetz Nr. 18 — WohnG — vom 8. März 1946 in Kraft getreten. Als Besatzungsrecht hatte es mit den dazu erlassenen landesrechtlichen Ausführungsverordnungen Geltung bis zum 1. Juli 1953, zu dem es für die drei westlichen Besatzungszonen als dem Tage des Inkrafttretens des WBewG durch das Gesetz Nr. A-31 zur „Beseitigung der Wirksamkeit des Kontrollratsgesetzes Nr. 18 (Wohnungsgesetz) im Gebiet der Bundesrepublik" vom 14. Mai 1953 (Amtsblatt der Alliierten Hohen Kommission für Deutschland Nr. 103 S. 2494) außer Wirksamkeit gesetzt worden ist.

Das im Bundesgesetzblatt vom 1. April 1953 verkündete Wohnraumbewirtschaftungsgesetz ist drei Monate nach der Verkündung (d. h. Ausgabe i. S. des Art. 82 Abs. 2 GG, dazu Giese DÖV 1952, 45; Kiefersauer JR 1953, 357), also am 1. Juli 1953 in Kraft getreten (§ 36 WBewG).

6 Soweit sie dem WBewG nicht widersprachen — widersprechendes Landesrecht ist durch Art. 31 GG aufgehoben —, galten die ordnungsgemäß zum WohnG erlassenen landesrechtlichen Ausführungsvorschriften nach § 36 Abs. 2 WBewG bis zu ihrer Aufhebung weiter; sie sind aber spätestens am 1. Juli 1954 erloschen. Der neuen landesrechtlichen Regelung steht der Weg offen, soweit das WBewG keine oder keine erschöpfende Regelung trifft. Vgl. für Bayern: ME vom 27. Mai 1953 StAnz Nr. 22 = MABl S. 365; vom 12. Juni 1953 StAnz Nr. 26 = MABl S. 429; für Nordrhein-Westfalen: RE vom 16. Juli 1953 MBl 1127; für Niedersachsen; Gesetz vom 14. Juli 1953 GVBl 48.

7 Das WohnG hatte die deutschen Gemeindebehörden unmittelbar verpflichtet, die „zwecks Erhaltung, Vermehrung, Sichtung, Zuteilung und Ausnutzung des vorhandenen Wohnraums" erforderlichen Maßnahmen zu treffen. An diese Verpflichtung knüpft § 1 Abs. 2 WBewG an, wenn den Wohnungsbehörden die Durchführung der Wohnraumbewirtschaftung als staatliche Aufgabe (als Angelegenheit des übertragenen Wirkungskreises) übertragen wird.

8 Das WBewG unterscheidet sich vom WohnG grundsätzlich dadurch, daß es

a) auf das Erfordernis der Erfassung als Voraussetzung der Zuweisung —BGH MDR 1952, 93 (Bettermann) — grundsätzlich verzichtet, soweit man nicht in der Bereitstellungsverfügung des § 19 WBewG eine Ersatzmaßnahme sehen will. Aber auch in diesem Fall ist der Wegfall der Erfassungsmaßnahme von rechtserheblicher Bedeutung, insofern die Neuregelung eine grundsätzliche, wenn auch durch zahlreiche Bestimmungen zugunsten des Individualrechts durchlöcherte Zuordnung zur Gemeinschaftsverpflichtung der Raumnutzung im Sinne der Sozialpflichtigkeit (Art 14 GG) gebracht hat, Kiefersauer JR 1953, 357 und 442;

b) die nach Art VI Buchst a WohnG zulässige Rückführung zweckentfremdeten Wohnraumes zu ihrer ursprünglichen Zweckverwendung nicht übernommen hat;

c) den Wohnungstausch (Art VI Buchst b WohnG) als wohnungsbehördliche Zwangsmaßnahme nicht mehr zuläßt und statt dessen die

Anordnung des endgültigen Wohnungswechsels nur unter den besonderen Voraussetzungen des § 25 WBewG gestattet und

d) die Vornahme baulicher Maßnahmen (Art VI Buchst c, d WohnG) auf die Ausführung oder Verbesserung sanitärer Einrichtungen und Versorgungsanlagen nach Maßgabe des § 23 WBewG beschränkt.

II. Das Wohnraumbewirtschaftungsgesetz

9 Das WBewG vom 31. März 1953 (BGB I 97) ist bereits wenige Wochen nach seinem Inkrafttreten am 1. Juli 1953 durch das Gesetz zur Ergänzung des WBewG vom 13. August 1953 (BGBl I 915) in § 14 Abs. 1 aus Gründen der Verschärfung der Wohnraumlage abgeändert werden. Es gilt jetzt in der Neufassung vom 23. Juni 1960, vgl. Art. X § 6 des Abbaugesetzes.

Weitere Vorschriften über Wohnraumbewirtschaftung enthalten die §§ 37 bis 40 WBauG 1953. Hiernach gelten mit Wirkung vom 1. August 1953 für den öffentlich geförderten Wohnungsbau Sondervorschriften hinsichtlich der Erteilung der Benutzungsgenehmigung (sie kann unter den Voraussetzungen des § 37 Abs. 2 Satz 1 abgelehnt werden) und der Befristung der Zuweisung nach § 15 Abs. 5 (diese entfällt). Die Grundsätze der §§ 17, 18 WBewG werden durch die besonderen Bestimmungen der §§ 38—40 WBauG 1953 ergänzt.

In Ausführung des WBewG sind folgende Vorschriften der Länder ergangen:

a) Baden-Württemberg: Gesetz zur Ausführung vom 14. Juni 1954 (GesBl 79);
b) Bayern: Gesetz zur Ausführung und Ergänzung vom 7. Mai 1954 (BayGS IV, 771);
c) Berlin: Gesetz zur Ausführung vom 13. Mai 1954 (GVBl 290) und VO vom 1. Juli 1954 (GVBl 371);
d) Hessen: Ausführungsgesetz vom 2. Juni 1954 (GVBl 100) und AO vom 27. Dezember 1956 (StAnz. 1957, 2);
e) Niedersachsen: Gesetz zur Durchführung vom 14. Juli 1953 (GVBl 48);
f) Nordrhein-Westfalen: Landeswohnungsgesetz vom 9. Juni 1954 (GVBl 205) i. d. F. vom 23. Juli 1957 (GVBl 213, 216);
g) Rheinland-Pfalz: Landesgesetz zur Ausführung vom 19. Juni 1954 (GVBl 101);
h) Schleswig-Holstein: Durchführungsgesetz vom 16. Februar 1954 (GVBl 31).

III. Aufgaben der Wohnungsbehörden

10 Das WBewG knüpft in organisatorischer Hinsicht an die durch Art I WohnG geschaffene Rechtslage an; hier sind die örtlichen Behörden (Gemeinden u. Gemeindeverbände) verpflichtet worden, alle zum Vollzug des WohnG erforderlichen Maßnahmen zu treffen. Die von den Ländern geschaffene Organisation ist, wie aus § 36 WBewG (weggefallen bei der Neufassung des WBewG vom 23. Juni 1960 — BGBl I, 418) zu entnehmen ist, für die bundesrechtliche Wohnraumbewirtschaftung in Anspruch genommen worden. Den Ländern ist der Vollzug des WBewG nicht nur gemäß Art 84 GG, sondern zufolge der ausdrücklichen Bestimmung des § 1 Abs. 2 WBewG den (bereits errichteten) Wohnungsbehörden als staatliche Aufgabe zur Pflicht gemacht. Die Organisation der Wohnungsbehörden zu bestimmen, ist und war Aufgabe der Länder; die örtlichen Behörden üben u. übten ihre Aufgaben als staatliche Auftragsangelegenheit aus

und sind insoweit als Hilfsorgane für die Durchführung staatlicher Aufgaben in Anspruch genommen, Roquette 3 zu § 1. Mit der Aufhebung des Art II WohnG ist auch die Verpflichtung zur Bildung von Wohnungsausschüssen entfallen; diese sind jedoch gemäß dem bei der Neufassung vom 23. Juni 1960 (BGBl I 418) — vgl. Art. X § 6 Abbaugesetz — weggefallenen § 36 Abs. 2 WBewG bis zur Änderung der landesrechtlichen Durchführungsvorschriften bzw. bis 1. Juli 1954 bestehen geblieben. Eine Verpflichtung zur Beibehaltung der Ausschüsse besteht nicht. Das WBewG kennt die in Art. II WohnG getroffene Unterscheidung zwischen Wohnungsämter und Wohnungsausschüsse nicht mehr. Wohnungsbehörde im Sinne des WBewG ist nur die zu einer organisatorischen Einheit zusammengefaßte Verwaltungsbehörde vgl. OVG Lüneburg HMR Rspr 1950 Nr. 55 = VerwRspr Bd. 3 Nr. 7; OVG Hamburg MDR 1950, 183; Fellner-Fischer 23 zu § 1. Hans 4 zu § 1. Die Weiterführung der staatlichen Aufgabe durch die Selbstverwaltungskörper ist nicht als Neuübertragung einer Aufgabe im Sinne landesverfassungsrechtlicher Vorschriften anzusehen, die etwa die Verpflichtung des Staates zur Bereitstellung der erforderlichen Mittel in sich schließen könnte, Fellner-Fischer 22 zu § 1.

11 Die im WohnG mit der Beschaffung, Verteilung und Erhaltung von Wohnraum den Wohnungsbehörden gestellte Aufgabe ist wesentlich Pflege der öffentlichen Wohlfahrt, RG JW 1924, 72. Als Wohlfahrtspflege auf dem Gebiete der Wohnraumbewirtschaftung erschöpft sie sich in der Erfüllung ihres Zweckes, den Wohnbedarf der Bevölkerung zu befriedigen. Die Verfolgung polizeilicher oder politischer Grundsätze steht den Wohnungsbehörden nicht zu, VGH Stuttgart MDR 1948, 488; VG Würzburg NJW 1948, 197; Bettermann gegen LG Paderborn NJW 1949, 267. Die durch Ehescheidung erforderlich gewordene Auseinandersetzung der Parteien hat nicht die Wohnungsbehörde, sondern das Gericht nach der 6. DVO zum Ehegesetz durchzuführen, OVG Münster ZMR 1952,235.

12 Die Vermittlung von Wohnraum ist weder nach dem WohnG noch nach dem WBewG Aufgabe der Wohnungsbehörden. § 24 bayer. WMVO (Grundstücksmiete, 4. Aufl. S. 92) hatte jede private gewerbsmäßige Vermittlung von Wohnraum und des Wohnungstausches verboten und die Vermittlung ausschließlich den Wohnungsbehörden vorbehalten und diese hierzu verpflichtet. Die private Tauschvermittlung ist, sofern sie nicht die Genehmigung der Wohnungsbehörde behindert oder zu vereiteln sucht, nicht behindert.

13 1. Die den Wohnungsbehörden im Rahmen des WBewG übertragenen Aufgaben der Wohnraumbewirtschaftung faßt das Gesetz (§ 6) in vier Gruppen zusammen, nämlich

a) in die vorbereitende „Feststellung des Wohnraumbestandes und der Wohnungsuchenden" — Abschnitt II §§ 7, 8 —. Bereits in diesem Abschnitt steht die Verpflichtung des Eigentümers oder Inhabers eines bewirtschafteten Wohnraumes zur Auskunfterteilung, Duldung der Besichtigung durch Beauftragte der Wohnungsbehörde sowie zur Meldung des Freiwerdens und der Unterbelegung im Vordergrund; denn von der Erfüllung dieser mit Ordnungsstrafen (§ 35 WBewG) bedrohten Verpflichtung hängt die Wirksamkeit der Tätigkeit der Wohnungsbehörde in der Erfüllung zunächst der vorbereitenden Aufgabe der Feststellung des Wohnraumbestandes, dann aber auch der Hauptaufgabe der Zuteilung des Wohnraumes ab.

14 b) Diese Zuteilung von Wohnraum — Abschnitt III §§ 9—20 — stellt das Kernstück des Gesetzes dar. Wie nach dem WohnG ist auch hier der

Wohnungsbehörde die „Sichtung, Zuteilung und Ausnutzung des vorhandenen Wohnraumes" durch den Gesetzgeber zur Pflicht gemacht. Hier wie dort dient die Tätigkeit der Wohnungsbehörde dem Ausgleich zwischen Nachfrage und Angebot von Wohnraum. Die Wohnungsbehörde hat also die Aufgabe, das nichtfunktionsfähige marktwirtschaftliche Prinzip des Ausgleichs von Angebot und Nachfrage im Interesse der Aufrechterhaltung der öffentlichen Ordnung und Ruhe durch behördliche Maßnahmen zu ersetzen und den Ausgleich herbeizuführen. Diese Tätigkeit heißt Wohnraumbewirtschaftung. Das WBewG ist eine Dokumentation der auf dem Wohnungsmarkt entstandenen Notlage. Die Wohnraumbewirtschaftung beruht auf dem Zwang der Verhältnisse; die sog. Zwangswirtschaft ist erst eine Folge des Versagens wesentlicher Prinzipien der Marktwirtschaft. Auch eine funktionierende Marktwirtschaftsordnung muß in eine höhere Gemeinschaftsordnung eingebaut werden; um wie viel mehr bedarf die nichtfunktionierende Marktwirtschaft einer festen Rechtsordnung, die nicht auf der Unwirklichkeit eines „Als-ob" aufgebaut werden kann, Kiefersauer JR 1954, 245.

15 Die Art und Weise, wie die Hauptaufgabe der Wohnraumbewirtschaftung nach dem WBewG zu erfüllen ist, unterscheidet sich in zwei Punkten von der Regelung des WohnG:

α) Auf die Erfassungsmaßnahme der Wohnungsbehörde (Art. VII WohnG) ist im Gesetz grundsätzlich verzichtet; sie ist nach dem Inkrafttreten des WBewG als der der Zuteilungsmaßnahme vorausgehende Verwaltungsakt, der das Verfügungsverbot im Einzelfall enthält, nicht mehr zulässig (ohne daß freilich die altrechtliche Erfassung ihre Wirksamkeit ohne weiteres verloren hätte, vgl. aber OVG Münster ZMR 1953, 227, 228). Soweit die Erfassung des WohnG das Gebot der Freimachung enthalten hat, lebt sie in der gemäß § 19 WBewG möglichen Bereitstellungsverfügung der Wohnungsbehörde fort.

β) Dieser Verzicht war aber gesetzestechnisch nur möglich, weil die Neuordnung der Wohnraumbewirtschaftung in den gesetzlichen Verboten der §§ 12, 21 und 22 WBewG eine grundsätzliche Wandlung der Rechtsstellung des Verfügungsberechtigten (Eigentümer, Rauminhaber) geschaffen hat. Er darf nur mit Genehmigung der Wohnungsbehörde

1. Wohnraum in Benutzung nehmen oder zur Benutzung überlassen, sofern nicht eine Zuteilung vorliegt (§ 12 Abs. 1);
2. Wohnraum anderen als Wohnzwecken zuführen (§ 21) und
3. Wohnraum und bewirtschaftungsfähige Gegenstände derart verändern, daß ihre bisherige Brauchbarkeit für Wohnzwecke erheblich beeinträchtigt wird (§ 22).

16 Durch diese gesetzlichen Verbote wird der Verfügungsberechtigte zum Mitträger der Verantwortung für den Vollzug des Gesetzes. Mit dieser Regelung wendet sich der Gesetzgeber nicht mehr, wie im WohnG, an die Wohnungsbehörden allein, sondern nimmt die Sozialpflichtigkeit des Vermögensrechtsträgers in Anspruch. Die Gemeinschaftsverpflichtung im Sinne des Art. 14 Abs. 2 GG wird in Anspruch genommen, Kiefersauer JR 1953, 357 u. 442.

17 Der Gesetzgeber setzt die Sozialpflichtigkeit des Eigentums (OVG Hamburg MDR 1950, 760) als gegeben voraus, auch wenn im WBewG nirgends davon die Rede ist. Das geschieht so selbstverständlich, daß der

Gesetzgeber, der sich entsprechend Art. 19 Abs. 1 Satz 2 GG für verpflichtet gehalten hat, die Einschränkung des Grundrechts der Unverletzlichkeit der Wohnung (Art. 13 GG) in § 1 Abs. 1 Satz 2 WBewG ausdrücklich auszusprechen, die gleiche Verpflichtung hinsichtlich des Art. 14 GG nicht für vorliegend erachtet, offenbar weil die Beschränkungen, die das WBewG dem Eigentümer auferlegt, auch ohne ausdrückliche Bezugnahme auf die Abgrenzungsbefugnis in Art. 14 Abs. 1 Satz 2 GG als eine gegebene, mit dem Wohnraumeigentum verbundene Gemeinschaftsverpflichtung im Sinne des Art. 14 Abs. 2 GG ansieht.

18 Ist dies aber der Fall, wollte das Gesetz (wie Fellner-Fischer 19 zu § 1 bemerken) „nicht enteignen, sondern nur Inhalt und Schranken der vermögenswerten Rechte bestimmen" (vgl. auch Forsthoff DÖV 1955, 193), so konnte es die Sozialverpflichtung nur von allen Rechtsträgern in gleichem Maße in Anspruch nehmen und durfte die als status unverzichtbare Pflichtigkeit des Eigentümers (Jellinek, Verwaltungsrecht S. 192), die der verfassungsmäßigen Ordnung und deshalb auch dem Gleichheitsgrundsatz des Art. 3 Abs. 1 GG unterworfen ist, nicht ohne gewichtige, in der Zielsetzung des Gesetzes, d. h. in der Schaffung von Wohnraum gelegene Gründe einschränken.

19 Die Tatsache der Inanspruchnahme der sozialen Verpflichtung des Verfügungsberechtigten für die Wohnraumbewirtschaftung wird überdeckt durch die betonte Herausstellung von „Rechten", die dem Verfügungsberechtigten unter dem bereits für das WohnG wirksam gemachten Gedanken der „Auflockerung der Wohnungszwangswirtschaft" zustehen (§ 2 Buchst. e, § 22, § 23 WBauG). Hiernach ist bei der Zuteilung von Wohnraum

a) zugunsten des Eigentümers sowohl wie des Rauminhabers die gemäß § 18 Abs. 3 WBewG wirksame Zweckbestimmung des Wohnraumes nach Maßgabe des § 18 WBewG und des § 7 BergarbWBauG zu berücksichtigen;
b) die Rechtsform der Benutzungsgenehmigung (§ 14) oder der Auswahlzuweisung (§ 15) zugunsten des Verfügungsberechtigten die normale Form der Zuteilung von Wohnraum, soweit nicht „gewichtige" oder „besonders dringende" Gründe der Wohnraumbewirtschaftung entgegenstehen;
c) dem Grundstückseigentümer oder an seiner Stelle dem ihm gleichstehenden dinglich Berechtigten (nicht also dem obligatorisch berechtigten Wohnungsinhaber wie z. B. dem Mieter) unter den Wohnungsbewerbern ein absoluter Vorrang (§ 17 Abs. 1 Satz 1, Abs. 2) zugestanden.

Diese, die Tätigkeit der Wohnungsbehörden erschwerende Rechtsgestaltung ist nur aus dem Gedanken der Anerkennung der Sozialpflichtigkeit des Eigentums und dem Bestreben zu verstehen, die Beschränkungen des Verfügungsberechtigten zu erleichtern.

20 Die Auflockerung der Wohnraumbewirtschaftung, die über die Freistellung auf Grund des Gesetzes (§ 3) hinaus in § 4 auch eine künftige Entwicklung erfaßt und im Wege der Rechtsverordnung der Bundes- und Landesregierung unter bestimmten Voraussetzungen anheimgegeben ist, hat zur Voraussetzung, daß die tatsächliche Wohnraummarktlage dies gestattet. Die zweifellos optimistische Beurteilung der Verhältnisse, die bei der Beschlußfassung im Bundestag und Bundesrat am 27. November und 19. Dezember 1952 in etwa noch begründet sein mochte, war im Zeitpunkt der Beschlußfassung über die Vor-

lage des Vermittlungsausschusses am 4. und 6. Februar 1953 infolge des Einströmens der Ostzonenflüchtlinge über Westberlin in die Bundesrepublik kaum mehr gerechtfertigt. Der Bundesgesetzgeber hat bereits am 9. März 1953 (BGBl I 45) das Flüchtlings-Notleistungsgesetz (vgl. Änderungen durch Gesetz vom 6. Juni 1955 (BGBl I 265) und 2. Gesetz vom 14. Mai 1957 — BGBl I 498) erlassen, das an Stelle des Reichsleistungsgesetzes (§ 39) als besonderes Obdachlosenfürsorgegesetz die nur vorübergehende Unterbringung der Flüchtlinge in Nichtwohnräumen regelt, vgl. Fischer ZMR 1953, 105 und 216; a.M. Oppermann aaO S. 215.

21 Die wohnraummäßige Unterbringung der Vertriebenen, Flüchtlinge und Evakuierten ist übereinstimmend in § 80 des Bundesvertriebenengesetzes vom 19. Mai 1953 (BGBl I 201) idF. vom 14. August 1957 (BGBl I 1215) und in § 9 des Bundesevakuiertengesetzes vom 14. Juli 1953 (BGBl I 586) idF. vom 5. Oktober 1957 (BGBl I 1687) dahin geregelt, daß

1. die Versorgung der Vertriebenen, der Sowjetzonenflüchtlinge sowie der Evakuierten im Ausgangsort als zur vordringlichen Aufgabe der Wohnraumbewirtschaftung erklärt wird und
2. den Wohnungsbehörden die Zuteilung eines angemessenen Teiles des vorhandenen und des neu zu schaffenden Wohnraumes zur Pflicht gemacht ist.

Die Durchführung dieser Aufgabe ermächtigt die Wohnungsbehörden, die dem Verfügungsberechtigten in den §§ 14, 15 WBewG eingeräumten Befugnisse (Anspruch auf Bezugsgenehmigung, Auswahlrecht bei der Zuweisung) einzuschränken, da insoweit gewichtige oder besonders dringende Gründe der Wohnraumbewirtschaftung vorliegen. Im Interesse der Flüchtlinge und Umsiedler hat es der Gesetzgeber für nötig erachtet, kurz nach Inkrafttreten des WBewG — die Beschlußfassung des Bundestages erfolgte bereits am 3. Juli 1953 — durch ein Gesetz zur Ergänzung des WBewG vom 13. August 1953 (BGBl I 915) durch authentische Auslegung des Begriffes „gewichtige Gründe" den § 14 Abs. 1 zu ergänzen und die Rechtsanwendung zu Lasten des Verfügungsberechtigten den Wohnungsbehörden in den Fällen des neu eingefügten § 14 Abs. 1 Satz 2 zu entziehen. Soweit die Voraussetzungen dieser Neuregelung vorliegen, muß auch ohne ausdrückliche Regelung das Auswahlrecht des Verfügungsberechtigten wegen der „besonders dringenden Gründe der Wohnraumbewirtschaftung" der Alleinzuweisung des Flüchtlings oder Umsiedlers gemäß § 15 Abs. 6 WBewG weichen.

22 c) Die Verhinderung der Zweckentfremdung von Wohnraum — Abschnitt IV § 21 —. Hiernach darf Wohnraum, soweit es sich nicht um nicht überschüssige Räume im Sinne des § 10 Abs. 2, 3 handelt, anderen als Wohnzwecken nur mit Genehmigung der Wohnungsbehörde zugeführt werden. Die Erteilung der Genehmigung ist dem pflichtgemäßen Ermessen der Wohnungsbehörde anheimgegeben. Einer gerichtlichen Kontrolle ist die Entschließung der Wohnungsbehörde nur im Rahmen des § 36 VGG, § 23 Abs. 3 VO Nr. 165 unterworfen. Ein Anspruch auf Erteilung der Genehmigung besteht nicht, auch dann nicht, wenn die Bereitstellung eines (bisher nicht verfügbaren) Ersatzraumes oder die Leistung eines Baukostenzuschusses angeboten wird. Dem Gedanken der „Erhaltung und Ausnutzung des vorhandenen Wohnraumes" (Einleitung zum WohnG) entspricht es, jeden Verlust von Wohnraum durch Ersatz auszugleichen, Kiefersauer JR 1953, 362.

Die nach Art. VI Buchst. a WohnG mögliche Anordnung der Rückführung zweckentfremdeten Wohnraums ist in das WBewG nicht übernommen worden.

23 d) Maßnahmen zur Erhaltung, Verbesserung und Vermehrung von Wohnraum und zur Erleichterung des Städtebaues — Abschnitt V §§ 22 bis 25 —. Neben dem bereits erwähnten Verbot baulicher Veränderungen, die bei überwiegendem berechtigten Interesse an der Änderung von der Wohnungsbehörde genehmigt werden muß (§ 22), kann die Wohnungsbehörde

1. bei fehlender oder mangelhafter Ausstattung eines Wohnraumes mit sanitäten Einrichtungen oder Versorgungsanlagen deren Ausführung, die auf Kosten der Behörde erfolgt, anordnen (§ 23);
2. die vorübergehende oder „zum Wohle der Allgemeinheit, insbesondere aus städtebaulichen Gründen" endgültige Wohnungsräumung zur Vornahme baulicher Maßnahmen gemäß § 25 anordnen.

24 2. Zur Erfüllung dieser Aufgaben sind in Abschnitt I Allgemeine Vorschriften (§§ 1—6) erlassen, die in Verbindung mit den §§ 26, 27, 32—35 der „Ergänzenden Vorschriften" des Abschnittes VI den Gegenstand der Wohnraumbewirtschaftung festlegen und den Vollzug des Gesetzes durch die Wohnungsbehörden und die Mitwirkung der Betroffenen sicherstellen. Hiernach ist

a) die Wohnraumbewirtschaftung, die in § 1 Abs. 1 „im Hinblick auf den Wohnungsmangel", also als Maßnahme zur Bekämpfung des Wohnungsmangels — daher „Wohnraummangelgesetz" Bundestags-Drucksache Nr. 2158 — gerechtfertigt wird, eine staatliche Aufgabe, die durch die Wohnungsbehörden ausgeübt wird.

b) Gegenstand der Bewirtschaftung der Wohnraum, d. h. der zu Wohnzwecken geeignete und dazu bestimmte Raum. Die von der Rspr. zum WohnG entwickelte Zweckbestimmungstheorie ist in das WBewG ausdrücklich übernommen, ohne freilich einen Zeitpunkt festzulegen, von dem an der mehr oder weniger erkennbar zum Ausdruck gebrachte Akt der Widmung für Wohnzwecke als wohnraumwirtschaftlich verpflichtender Verwaltungsakt in Anspruch genommen werden kann. Da die ursprüngliche Zweckbestimmung durch eine jahrelang geübte andersartige Verwendung in ihrer Wirksamkeit bedroht sein kann, sind die Umstände des Einzelfalles von rechtserheblicher Bedeutung; dies gilt insbes. von der Dauer der zweckfremden Verwendung. Soweit diese nicht contra legem erfolgt, kann aus langandauernder, anderweitiger Verwendung der Wille geschlossen werden, die frühere Zweckbestimmung aufzuheben. Bei der Verwendung von ursprünglichem Geschäftsraum für Wohnzwecke wird in aller Regel die Wohnraumeigenschaft durch vorübergehende — freiwillige oder einer behördlichen Anordnung entsprechende — Verwendung als Wohnraum nicht begründet (OVG Lüneburg HMR Rspr. 1950 Nr. 173; VGH München VGHE Bd. 2 Nr. 14 = MDR 1949, 703; OVG Hamburg HMR Rspr. 1951 Nr. 181; OVG Lüneburg Amtl. Sg. Bd. 4 S. 171; OVG Münster ZMR 1953, 17; 1955, 282).

Schwerwiegender wird die Entscheidung der Frage bei der Verwendung ursprünglicher Wohnräume für wohnfremde Zwecke (vgl. OVG Münster ZMR 1956, 138; Bay VGH ZMR 1956, 171; LVG Hannover ZMR 1956, 281 = DWW 1956, 213).

Über den Unterschied zwischen Zweckentfremdung und Umwidmung vgl. LVG Hannover ZMR 1956, 281.

IV. Gegenstand der Wohnraumbewirtschaftung

25 1. Wohnräume, das sind Räume ohne Rücksicht auf Größe, Lage und Ausstattung, sofern sie

a) objektiv zum Wohnen geeignet sind, d. h. den nach allgemeiner Anschauung und den gegebenen örtlichen, insbes. den klimatischen Verhältnissen gebotenen Anforderungen in baulicher Hinsicht entsprechen;

b) subjektiv zum Wohnen bestimmt sind, § 2 Abs. 1 WBewG. Das Erfordernis der Zweckbestimmung, das im Anschluß an die überwiegende Rspr zum WohnG (OVG Lüneburg HMR Rspr 1950 Nr. 63 und 173 sowie DVBl 1951, 54; VGH München MDR 1949, 703 (Bettermann); OVG Münster HMR Rspr 1950 Nr. 174; OVG Hamburg MDR 1949, 377, 649 und ZMR 1952, 259) von WBewG ausdrücklich übernommen worden ist, bedeutet eine nicht unerhebliche Einschränkung des Geltungsbereichs des Gesetzes.

26 2. Nichtwohnräume, d.h. Räume, bei denen eine der beiden Voraussetzungen Eignung und Widmung fehlt, sind, abweichend von § 3 Abs. 3 des Regierungsentwurfs (Bundestags-Drucksache Nr. 2158) nicht Gegenstand der Wohnraumbewirtschaftung. Sie können aber zur „Unterbringung" von Personen, sofern sie dazu geeignet sind, notfalls auf Grund bundes- oder landesrechtlicher Regelung in Anspruch genommen werden. Darauf bezieht sich der Vorbehalt in § 2 Abs. 4 WBewG. Neben dem Reichsleistungsgesetz kommt hier das Flüchtlings-Notleistungsgesetz vom 9. März 1953 (BGBl I 45) in Betracht, das in § 7 Abs. 3 die Inanspruchnahme von Wohnräumen für die Zwecke dieses Gesetzes ausdrücklich verbietet, ohne daß damit die wohnraummäßige Versorgung dieser Bevölkerungskreise auf die Dauer ausgeschlossen werden soll.

27 3. Wohnung und Wohnungszubehör

Der Einzelraum ist ebenso Gegenstand der Wohnraumbewirtschaftung wie die Wohnung als Einheit von mehreren Räumen. Die Selbständigkeit oder Abgeschlossenheit der Wohnung ist nicht gefordert; nach § 9 Satz 2 WBewG kann Wohnungszubehör auch aus anderen Wohnungen, auch aus benachbarten Häusern, herangezogen werden.

Einbezogen in die Wohnraumbewirtschaftung ist nach § 2 Abs. 2 WBewG das zur Benutzung der Wohnung erforderliche und zur Wohnung gehörende Zubehör. Das Gesetz nennt Nebenräume (z. B. Küche, Abort, Badezimmer, Keller, Speicher, Waschküche), Flächen (z.B. Hofraum, Trockenplätze, nicht aber Hausgärten), Einrichtungen und Anlagen. Eine selbständige Inanspruchnahme von Nebenräumen ist nicht zulässig.

V. Rechtsinhalt

28 1. Beschränkungen der Raumnutzung.

a) Das gesetzliche Verfügungsverbot, § 12 Abs. 1. Im Bereich des WBewG darf Wohnraum nur mit Genehmigung der Wohnungsbehörde in Benutzung genommen oder anderen zur Benutzung überlassen werden. Diese Beschränkung der Raumnutzung gilt für jeden

Wohnraum, ohne Rücksicht darauf, ob er als frei oder überschüssig im Sinne des § 10 anzusehen ist oder nicht. Erfolgt die Benutzung oder Überlassung ohne Genehmigung, so liegt eine Zuwiderhandlung (Ordnungswidrigkeit) gemäß § 35 vor. Zivilrechtliche Folgen knüpfen sich nicht daran.

Das Verbot ist Ausdruck der in Anspruch genommenen Sozialpflichtigkeit des Eigentums (Art 14 GG).

29 b) Die Bereitstellungsverfügung (§ 19) ergänzt das allgemeine Verfügungsverbot, insofern durch sie für den Einzelfall von der Wohnungsbehörde dem Verfügungsberechtigten die Verpflichtung auferlegt wird, bestimmten zuteilbaren Raum nebst Zubehör zur Benutzung oder Mitbenutzung durch Wohnungssuchende bereitzustellen. Die Bereitstellung umfaßt u. a. die Entfernung von einigen oder sämtlichen Einrichtungsgegenständen (dazu Satz 2), die Raumherausgabe, Schlüsselabgabe usw. Im Ergebnis stellt sich die Verfügung als Erfassungsmaßnahme i. S. des WohnG dar; im Gegensatz zu dieser braucht sie aber der Zuweisung weder voranzugehen noch zu folgen.

c) Die wohnungsbehördliche Genehmigung umfaßt

30 aa) die Benutzungsgenehmigung. Sie setzt nach § 14 einen Antrag des Verfügungsberechtigten voraus, dem unter bestimmten Voraussetzungen zu entsprechen ist, sofern nicht „gewichtige Gründe der Wohnraumbewirtschaftung" entgegenstehen, die die Wohnungsbehörde zur Auswahl- oder Alleinzuweisung gemäß § 15 nötigen. Hat der Verfügungsberechtigte einen Rechtsanspruch auf Berücksichtigung, z.B. der Hauseigentümer gemäß § 17 Abs. 1 Satz 1, so kann die Erteilung der Benutzungsgenehmigung nicht verweigert werden. Aus besonderen Gründen kann die Genehmigung befristet oder unter einer auflösenden Bedingung erteilt werden.

31 bb) Die Genehmigung des Wohnungstausches darf innerhalb des Geltungsbereiches des WBewG nach § 12 Abs. 4 nur aus besonders dringenden Gründen der Wohnraumbewirtschaftung versagt werden. Die Tauschgenehmigung gilt als erteilt, wenn der Antragsteller nicht innerhalb zwei Wochen nach Eingang des Antrags einen ablehnenden Bescheid erhalten hat. Die Anordnung des Zwangswohnungstausches kennt das WBewG nicht mehr.

32 d) Die Zuweisung von Wohnungsuchenden stellt die zweite Form der Wohnraumzuteilung dar (§ 12 Abs. 2). Sie erfolgt im Regelfall in der Weise der Auswahlzuweisung, d.h. der Verfügungsberechtigte wird von der Wohnungsbehörde aufgefordert, mit einem von mehreren zur Auswahl benannten Wohnungsuchenden binnen angemessener Frist ein Benutzungsverhältnis über den bezeichneten Wohnraum und das Wohnungszubehör zu vereinbaren. In Ausnahmefällen kann die Wohnungsbehörde, wenn besonders dringende Gründe der Wohnraumbewirtschaftung dies erforderlich machen, das Auswahlrecht versagen und die Zuweisung an einen bestimmten Wohnungsuchenden vornehmen — Alleinzuweisung, § 15 Abs. 6.

33 An die Zuweisung schließt sich die Mietverfügung (Festsetzung des Zwangsmietvertrages) an, wenn der vom Verfügungsberechtigten

geforderte Vertragsabschluß nicht oder nicht fristgemäß oder nicht entsprechend der Zuweisung erfolgt, § 16 Abs. 1 Verweigert der Wohnungsuchende von sich aus den Vertragsabschluß, so kommt eine Mietverfügung nur in Frage, wenn es sich um einzelne Punkte der vertraglichen Regelung handelt, nicht aber dann, wenn von ihm der Wohnraum überhaupt nicht gewünscht wird. Der Erlaß einer vorläufigen Mietverfügung ist in dringenden Fällen ohne Anhörung der Beteiligten zulässig, § 16 Abs. 2.

34 e) Das Zweckentfremdungsverbot ist im Gegensatz zum WohnG ausdrücklich in § 21 in der Weise aufgenommen, daß die Zuführung von überschüssigem Wohnraum zu anderen als Wohnzwecken an die Genehmigung der Wohnungsbehörde gebunden ist. Die Genehmigung kann befristet, bedingt oder unter Auflagen erteilt werden.

35 2. Der genehmigungsbedürftige Vertragsabschluß (§ 13) bedeutet eine zivilrechtliche Einschränkung der Vertragsfreiheit, insofern ein ohne die erforderliche Genehmigung der Wohnungsbehörde abgeschlossener Vertrag bis zur Erteilung schwebend unwirksam ist; mit der Erteilung der Genehmigung wird der Vertrag — rückwirkend auf den Zeitpunkt des Vertragsabschlusses — wirksam. Die Genehmigungspflicht beschränkt sich auf die Umwandlung eines Untermietverhältnisses und des ihm gleichstehenden Wohnungsnutzungsrechts in ein Hauptmietverhältnis.

3. Gegenstand der Wohnraumzuteilung

36 a) Der freie Wohnraum ist allein der Zuteilung durch die Wohnungsbehörde unterworfen, soweit nicht überschüssiger Raum einer unterbelegten Wohnung in Frage steht. Ohne Rücksicht auf die tatsächlichen Verhältnisse sind als frei zu behandeln Wohnräume, die nicht benutzt werden (dringendes berechtigtes Interesse des Inhabers an der Beibehaltung ausgenommen) oder einem Inhaber gehören, der nach privatem oder öffentlichem Recht zum Besitz nicht berechtigt ist; § 10 Abs. 1.

Der benutzte Wohnraum des rechtmäßigen Wohnungsinhabers gilt als frei, wenn überschüssiger Raum einer unterbelegten Wohnung in Frage steht. Dies ist der Fall, wenn der Wohnungsberechtigte mehr Räume innehalt, als ihm, gemessen einerseits an seinen persönlichen, familiären und beruflichen Bedürfnissen, andererseits an der Wohndichte der Gemeinde oder sonstigen landesrechtlich bestimmten Quote zugestanden wird. Landesrechtlich kann der Quotenbestimmung der Vorrang vor dem konkreten Wohnraumbedürfnis eingeräumt werden, § 10 Abs. 3.

37 b) Die Doppelwohnung. Im Bereich des WBewG ist der Besitz mehrerer Wohnungen nur bei anerkanntem dringendem Interesse gestattet; regelmäßig muß der Berechtigte sich gemäß § 11 für eine Wohnung entscheiden. Wegen der Ausdehnung dieses Grundsatzes auf den sonst (§ 3) freigestellten steuerbegünstigten neugeschaffenen Wohnraum vgl. Abs. 2.

38 4. Zuteilungsgrundsätze.

Sie umfassen

a) die allgemeinen Richtlinien des § 17, die die Dringlichkeit der Bewerbung, bei gleicher Dringlichkeit die zeitliche Reihenfolge der

Bewerber als Maßstab für die Zuweisung aufstellen, soweit nicht landesrechtlich auf Grund des Absatzes 3 eine andere Stufenfolge festgelegt ist.

Dem Grundstückseigentümer und den ihm gleichgestellten dinglich Berechtigten ist vor allen anderen Bewerbern ein absolutes Vorrangrecht in Abs. 1 Satz 1 zuerkannt.

b) Sondervorschriften für den zweckbestimmten Wohnraum d. h. Raum, der nach anerkannter Zweckbestimmung (Abs. 3) dem Raumbedürfnis bestimmter Personenkreise zu dienen hat, § 18.

5. Bauliche Maßnahmen

39 a) Verbot baulicher Änderungen. Im Bereich des WBewG darf Wohnraum und Wohnungszubehör ohne Genehmigung der Wohnungsbehörde nicht derart verändert werden, daß eine Wohnung für Wohnzwecke nicht mehr geeignet ist, § 22 Abs. 1.

b) Der Einbau von sanitären Einrichtungen und Versorgungsanlagen kann von der Wohnungsbehörde veranlaßt werden, wenn ein Wohnraum nicht oder nur mangelhaft damit ausgestattet ist, § 23.

c) Die Anordnung des Wohnungswechsels ist zulässig

α) als vorübergehende Räumungsanordnung in den Fällen der §§ 22 Abs. 2, 23 sowie zur Sicherung von Wiederherstellungsmaßnahmen im Sinne des § 25 Abs. 2;

β) als endgültige Räumungsanordnung in den Fällen des Abs. 2, sofern dies zum Wohle der Allgemeinheit — insbes. aus städtebaulichen Gründen — erforderlich ist und die Betroffenen innerhalb der Gemeinde anderweit angemessen untergebracht werden können, § 25 Abs. 3.

VI. Verfahren

40 1. Die wohnungsbehördliche Bescheinigung (Einzugsgenehmigung), auf deren Erteilung der Vermieter in den Fällen der Eigenbedarfsklage (§§ 4a, 23c MSchG) einen Rechtsanspruch hat, sofern ihm ein Anspruch auf Zuteilung zusteht (z.B. § 17 Abs. 1 Satz 1), verpflichtet die Wohnungsbehörde zur Zuteilung des Wohnraumes, § 32. Haben sich seit Ausstellung der Bescheinigung die Verhältnisse beim Vermieter geändert oder sind „besonders dringende Gründe der Wohnraumbewirtschaftung" im Sinne des § 15 Abs. 6 eingetreten, so kann die Zuteilung abgelehnt werden.

41 2. Die Besitzeinweisung durch die Wohnungsbehörde gemäß § 20, die sowohl Zuweisung als auch Mietverfügung (mit der sie gleichzeitig erfolgen kann) voraussetzt, erspart dem zugewiesenen Wohnungsuchenden die Klage auf Einräumung des Mietbesitzes gegen den Vermieter.

42 3. Durch Verwaltungszwang können alle Verfügungen der Wohnungsbehörde, insbes. also die Besitzeinweisung (oben 2), vollzogen werden, § 27.

VII. Ordnungswidrigkeit und Strafrecht

43 Die Strafvorschrift des § 34, wonach mit Gefängnis bis zu drei Monaten oder mit Geldstrafen bestraft wird, wer vorsätzlich Wohnraum oder Wohnungszubehör ohne Genehmigung der Wohnungsbehörde derart verändert, daß ihre bis-

herige Brauchbarkeit für Wohnzwecke erheblich beeinträchtigt wird, ist durch Art. II Nr. 13 Abbauges. vom 23. Juni 1960 gestrichen worden. Aufrecht erhalten ist dagegen § 35. Danach liegt eine Ordnungswidrigkeit, deren Ahndung nur bei vorsätzlicher Zuwiderhandlung zulässig ist, vor,

1. wenn bewirtschafteter Wohnraum entgegen § 12 ohne Genehmigung der Wohnungsbehörde in Benutzung genommen oder zur Benutzung überlassen wird;
2. wenn bewirtschafteter Wohnraum entgegen § 21 ohne Genehmigung der Wohnungsbehörde zu anderen als Wohnzwecken verwendet oder überlassen wird;
3. wenn entgegen § 22 Abs. 1 Satz 1 ein Gebäude ohne Genehmigung verändert wird;
4. wenn die dem Verfügungsberechtigten, Rauminhaber oder seinem Beauftragten gemäß § 7 Abs. 2 u. 3 obliegende Verpflichtung zur Auskunfterteilung, Meldung und Anzeigeerstattung und zur Duldung der Besichtigung nicht oder nicht rechtzeitig erfüllt wird.

Die Ordnungswidrigkeit kann nur mit einer Geldbuße geahndet werden. Die Geldbuße, die nach § 5 des Gesetzes über Ordnungswidrigkeiten vom 25. März 1952 (BGBl I 177) bis 1000 DM beträgt, ist bei Zuwiderhandlung gegen § 7 Abs. 2 u. 3 WBewG auf den Höchstbetrag von 150 DM begrenzt, § 35 Abs. 2 Satz 2. In minderschweren Fällen erfolgt bei Ordnungswidrigkeiten eine gebührenpflichtige Verwarnung, § 8 OWiG.

VIII. Das Doppelgesicht der Wohnraumbewirtschaftung

44 1. Die Freistellung von der Wohnraumbewirtschaftung.

Die bundesrechtliche Regelung der Wohnraumbewirtschaftung ist trotz des Fortbestandes der Verpflichtung der Wohnungsbehörden zum Vollzug eine wesentlich andere als die Ordnung des WohnG. Nicht nur weil sie Besatzungsrecht ablöst, sondern vor allem deshalb, weil das WBewG den Vollzug des Gesetzes nicht ausschließlich und nicht einmal in erster Linie den Wohnungsbehörden überläßt, sondern zu einem großen Teil der Verantwortung der Grundstückseigentümer und Wohnrauminhaber anvertraut, indem es diesen bestimmte Pflichten überträgt. Es ist charakteristisch für die neue Rechtsgestaltung, daß sie grundlegende Pflichten dieses Personenkreises in der Sicht der Rechtsausübung (Bezugsgenehmigung, Auswahlzuweisung) behandelt. Die im WBewG ausdrücklich ausgesprochenen Pflichten sind ebenso wie die vorausgesetzten nur Ausdruck für die vom Gesetzgeber anerkannte Sozialpflichtigkeit des Eigentums und des Wohnungsinhaberrechts gemäß Art. 14 GG. Weil jedes dieser beiden Vermögensrechte in seinem Wesen mit Pflichten belastet ist, darum bedurfte es nicht des Hinweises gemäß Art 19 Abs. 1 Satz 2 GG; § 1 Abs. 1 Satz 2 WBewG nennt deshalb nur das Grundrecht der Unverletzlichkeit der Wohnung (Art. 13 GG) als vorübergehend eingeschränkt.

45 Gemäß § 3 WBewG i.d.F. des § 37 des Bundesmietengesetzes vom 27. Juli 1955 sind, vorbehaltlich der Regelung des § 11 für Doppelwohnungen, die Vorschriften des WBewG nicht anzuwenden auf

a) freifinanzierte und steuerbegünstigte Wohnungen, §§ 42, 47/I. WohnBauG, §§ 5, 99/II. WohnBauG;

b) ohne öffentliche Darlehen oder Zuschüsse geschaffene Wohnräume, die in der Zeit vom 21. Juni 1948 bis zum 31. Dezember 1949 bezugsfertig geworden sind;

c) Wohnraum, der wegen seines räumlichen oder wirtschaftlichen Zusammenhangs mit Geschäftsraum zugleich mit diesem vermietet oder verpachtet ist oder in sonstiger Weise genutzt ist, sofern nach § 5 GRMG Mieterschutz nicht besteht oder im Falle der Vermietung nicht bestehen würde.

46 2. Die vordringliche Aufgabe der wohnraummäßigen Unterbringung der Vertriebenen, Sowjetzonenflüchtlinge und Evakuierten.

a) Das Bundesvertriebenengesetz vom 19. Mai 1953 (BGBl I 201, 216) in der Fassung vom 14. August 1957 (BGBl I, 1215) hat noch vor Inkrafttreten des WBewG den Aufgabenkreis der Wohnungsbehörde erweitert, indem es die Unterbringung bestimmter Personenkreise als vordringlich bezeichnet und die Zuteilung eines angemessenen Teiles des vorhandenen und des neu zu schaffenden Wohnraumes an diesen Personenkreis den Wohnungsbehörden zur Pflicht macht. Die Absätze 1, 2 u. 4 des § 80 BVFG lauten:

aa) Die Versorgung der Vertriebenen und Sowjetzonenflüchtlinge mit Wohnraum ist eine vordringliche Aufgabe der Wohnraumbewirtschaftung und des öffentlich geförderten Wohnungsbaues.

bb) Vertriebenen und Sowjetzonenflüchtlingen ist ein angemessener Teil des vorhandenen und des neu zu schaffenden Wohnraumes zuzuteilen. Dabei sind die noch in Lagern und anderen Notunterkünften Untergebrachten besonders zu berücksichtigen.

cc) Die Bundesregierung wird ermächtigt, durch Rechtsverordnung mit Zustimmung des Bundesrates Vorschriften über die angemessene Berücksichtigung der Vertriebenen und Sowjetzonenflüchtlinge bei der Zuteilung des Wohnraumes zu erlassen, der im Rahmen des mit öffentlichen Mitteln geförderten sozialen Wohnungsbaues neu geschaffen wird.

b) Fast mit dem gleichen Wortlaut trifft § 9 des Bundesevakuiertengesetzes vom 14. Juli 1953 (BGBl I 586) in der Fassung vom 5. Oktober 1957 (BGBl I 1687) die entsprechende Regelung für die wohnraummäßige Unterbringung der Evakuierten im Ausgangsort.

IX. Entschädigungsansprüche

47 1. Enteignungsentschädigung. Das WBewG enthält ebenso wie das WohnG, abweichend von den früheren Vorschriften über Wohnraumlenkung (§ 15 WLVO, § 25 WVVO) keine ausdrückliche Bestimmung, daß aus Maßnahmen der Wohnungsbehörden, die auf Grund des Gesetzes erfolgen, Ansprüche auf Entschädigung nicht hergeleitet werden können. Da der Ausschluß der Entschädigung in der modernen Gesetzgebung sich häufig findet (vgl. § 6 Abs. 2 des inzwischen wieder aufgehobenen Preisbildungsgesetzes, § 12 des Wohnsiedlungsgesetzes), muß der Wiederherstellung der allgemeinen Grundsätze über die Entschädigungspflicht bei behördlichen Eingriffen in die Vermögensrechte der Staatsbürger eine besondere Bedeutung beigemessen werden. Eine „Enteignung durch Unterlassen" ist dem deutschen Recht unbekannt; deshalb ist die Duldung der Ausübung des Requisitionsrechts durch die Besatzungsmacht keine Amtspflichtverletzung (unten 54), für die die Gemeinde haftet, BGH ZMR 1954, 71.

48 Im Geltungsbereich des Wohnungsmangelgesetzes hatte § 6 Abs. 1 Satz 3 WMG die nach allgemeinen Vorschriften gegebene Entschädigungspflicht grundsätzlich anerkannt und bestimmt: „Soweit für Eingriffe in Privatrechte Entschädigung zu gewähren ist, haftet für die Zahlung der Entschädigung die Stelle, welche die Verfügung trifft". Das RG hat in ständiger Rechtsprechung (u. a. RGZ 105, 251; 108, 252; 111, 224; 112, 189) ebenso wie das BayObLG (DWohnA 1926, 284) anerkannt, daß Eingriffe in das Recht des Eigentümers, die von den zuständigen Behörden auf Grund der gesetzlichen Vorschriften zur Bekämpfung des Wohnungsmangels vorgenommen werden, als Enteignung im Sinne des Art. 153 Abs. 2 RVerf anzusehen sind, ebenso OGH MDR 1948, 411; OVG Hamburg MDR 1950, 504, 568, 760 u. 1951, 178; a. M. LG Detmold HMR Rspr 1950 Nr. 20; vgl. hierher Katzenstein MDR 1952, 193. Eine Enteignung, so führt das Reichsgericht aus, dürfe hiernach nur gegen angemessene Entschädigung vorgenommen werden, soweit nicht ein Reichsgesetz ein anderes bestimme. Die Rechtsprechung des RG hat die zunächst nur für die Eigentumsentziehung geltenden Grundsätze auf die Eigentumsbeschränkung und darüber hinaus auf die Beeinträchtigung aller subjektiven Privatrechte ausgedehnt, so daß nicht der Eigentümer der beschlagnahmten Räume, sondern jeder Rauminhaber, der in seinem Rechte von der Verfügung der Behörden getroffen wurde, Entschädigungsansprüche erheben konnte.

49 Im Geltungsbereich des WohnG war die Erfassungsmaßnahme der Wohnungsbehörde als Beschlagnahmeverfügung i. S. des WMG anzusehen. Sie beschränkte den betroffenen Eigentümer in seinem Eigentum, den betroffenen Wohnungsinhaber in seinem Nutzungsrecht. Eigentumsrecht und Wohnrecht sind von der Verfassung gewährleistete Grundrechte, Art. 13, 14 GG. Insoweit hat sich an der Rechtslage nichts geändert. Was sich geändert hat, ist die Notlage aller Deutschen und der ungeheuere Zwang, Menschen in menschenwürdige Wohnräume einzuweisen. Die Beschaffung von Wohnraum ist die alles überragende Aufgabe der Wohnungsbehörde. Nur wenn sie alle gesetzlichen Möglichkeiten hierfür ausschöpft, erfüllt sie die harte Anforderung des Gesetzes. Eine Entschädigungspflicht der Gemeinde wegen Eingriffe in die Freizügigkeit war bereits im Geltungsbereich des WMG nicht anzuerkennen. Der für den Vollzug des WohnG gegebene Rechtsnotstand der Wohnungsbehörden wird dagegen in seiner ganzen Schärfe offenbar in dem landesgesetzlichen, auf der Ermächtigung des Art. IV WohnG beruhenden Verbot der Ingebrauchnahme von Räumen, die als Wohnraum geeignet sind (§ 4 DVO), das gesetzesändernden Charakter trug, BayVerfGH VGHE Teil 2 Bd. 5 Nr. 6 = VerwRspr Bd. 5 Nr. 4 = GVBl 1952, 141. Diese Nutzungsbeschränkung trifft jeden, auch den Nichtberechtigten. Gerade darin zeigt sich die grundlegende Wendung der Rechtsanschauung: Der Staatsbürger ist gehalten, sich an die Wohnungsbehörde zu wenden, noch ehe er Rechtshandlungen unternimmt oder unternehmen kann. Diese wohnungsrechtliche Verpflichtung geht allen Rechten des Staatsbürgers vor; sie wird zum Maßstab seines Tuns nicht bloß bei der Ausübung von Rechten, sondern auch in seinem tatsächlichen Verhalten. Unter diesem Gesichtspunkt wird man von jedem verlangen dürfen, daß er selbst nach Kräften mitwirkt, daß die wohnrechtliche Maßnahme so rasch als möglich in Einklang mit den berechtigten Privatinteressen des Betroffenen gebracht wird. Daraus ergeben sich Schlußfolgerungen anderer Art als die bisher gewohnten, z. B. Ablehnung einer Entschädigung für geringfügige Einbußen (OVG Hamburg MDR 1950, 180; OLG Bremen ZMR 1952, 232) an Nutzung für die Zeit zwischen Erfassung und Abschluß des Mietvertrages (vgl. § 26 Abs. 1 Buchst. a RLG); Aberkennung einer Entschädigung, wenn der Verpflichtete die Verzögerung der Erfassung oder des Mietvertragsabschlusses nach Zuweisung verschuldet hat. Vgl. weiter hierher KG ZMR 1952, 10; LG Bielefeld ZMR 1952, 188; LG Essen ZMR 1952, 150; aber auch OLG Hamburg MDR 1950, 495 u. LG Hagen MDR 1952, 176.

50 Die wohnungsrechtliche Verpflichtung, Wohnraum nicht ohne Genehmigung der Wohnungsbehörde in Benutzung zu nehmen oder anderen zur Benutzung zu überlassen, hat das WBewG nicht nur in § 12 ausdrücklich ausgesprochen, sondern für seinen Geltungsbereich als Ausdruck der Sozialpflichtigkeit des Grundstückseigentümers und des Wohnungsinhabers gemäß Art. 14 GG zur Grundlage einer Wohnraumbewirtschaftung gemacht, die auf die Einzelmaßnahme der Erfassung verzichtet und in erster Linie ein Tätigwerden des Verpflichteten erwartet, das durch die Bezugsgenehmigung und Auswahlzuweisung erleichtert werden soll. In dieser Zuordnung des Rechts der Raumnutzung in das Problem der Gemeinschaftsverpflichtung unterscheidet sich die Neuordnung der Wohnraumbewirtschaftung wesentlich vom WohnG, vgl. Kiefersauer JR 1953, 357 u 442.

51 Die Enteignungsentschädigung, deren Höhe durch die Vorschriften über den Preisstop beeinflußt wird (BGH BBauBl 1954, 432; Rößler NJW 1953, 1309; Dickertmann NJW 1953, 1954 gegen OLG Celle NJW 1953, 547 = MDR 1953, 371 u. OLG Frankfurt DWW 1954, 122), ist nach den Grundsätzen des Grundgesetzes zu beurteilen, vgl. im übrigen die Rechtsprechung des BGH (BGHZ 6, 270; 12, 273) zur (rechtmäßigen) Enteignung und zum (rechtswidrigen) enteignungsgleichen Eingriff.

52 Die Entschädigungspflicht trifft die Gemeinde, nicht den Wohnungsuchenden, der die Wohnung erhält BGHZ 7, 296 = MDR 1953, 97 = NJW 1953, 101; OLG Nürnberg MDR 1954, 676; BGH ZMR 1954, 294. Sie kann aber auch — wie dies BGH MDR 1954, 609 = ZMR 1954, 294 für die Unterbringung von Flüchtlingen ausgesprochen hat — das Land treffen, wenn dieses bei enteignungsgleichen Eingriffen unmittelbar begünstigt ist, BGHZ 11, 248.

53 Zur Bemessung der „Entschädigung für den Rechtsverlust" im Rahmen des Baulandbeschaffungsgesetzes vom 3. August 1953 (BGBl I 720) vgl. die in ihrer verfassungsrechtlichen Gültigkeit umstrittene Vorschrift des § 10 BaulandbeschG, dazu Müller BlGBW 1954, 98; Diester NJW 1954, 1144; Rdschr des BWM BBauBl 1954, 346.

Die Entschädigungspflicht des Staates für Eingriffe der Preisbehörden war bisher durch § 6 Abs. 2 PBG ausdrücklich ausgeschlossen. Durch § 15 des neuen Preisgesetzes vom 10. April 1948 (WiGBl S. 27) ist diese Vorschrift mit der Aufhebung des Gesetzes außer Kraft gesetzt worden. Es gilt demnach kein Sonderrecht mehr und da den Preisbehörden unmittelbare Eingriffe in die Vertragsrechte der Beteiligten nicht zustehen, können die für die Enteignung geltenden Grundsätze zur Anwendung kommen, vgl. OGH SJZ 1949, 407

54 2. Haftungsansprüche wegen Amtspflichtverletzung der Beamten. Abgesehen von der unter dem Gesichtspunkt der Enteignung zu gewährenden Entschädigung können auch Schadenersatzansprüche wegen Amtspflichtverletzung des Beamten geltend gemacht werden, von dem die rechtswidrige Anordnung ausgeht oder durchgeführt wird. Der Beamte haftet bei schuldhafter Pflichtverletzung dem Betroffenen unmittelbar nach

Maßgabe des § 839 BGB; eine Verfassungsverletzung ist schlechthin als eine Amtspflichtverletzung i. S. des § 839 zu erachten, Krüger NJW 1949, 166. Nach Art. 34 GG trifft die Verantwortlichkeit aber auch grundsätzlich — abgesehen von dem Fall der unzulässigen Rechtsausübung oder des Rechtsmißbrauchs BGH MDR 1951, 667 = NJW 1951, 917 — die Körperschaft, in deren Dienst der Beamte steht, RGZ 125, 11; 142, 195; 158, 97; 168, 218. Beamter im Sinne dieser Vorschrift ist jeder, der mit öffentlicher Gewalt ausgestattet ist, und zwar mit einer Gewalt, in deren Ausübung er pflichtwidrig handelt, RGZ 105, 335. Auf die Art der Beschäftigung, ob Anstellung als Beamter oder Angestellter, kommt es nicht an, BGHZ 2, 350 = NJW 1951, 919 — abweichend von RGZ 158, 95 —; OLG Hamburg ZMR 1952, 9. Auch ehrenamtliche Beamte, insbesondere Mitglieder des Wohnungsausschusses, zählen hierher. Ein Verschulden des Gemeindebeamten und damit die Haftung der Gemeinde entfällt, wenn der Beamte lediglich eine bindende Anweisung der vorgesetzten Aufsichtsbehörde ausgeführt hat, OLG Frankfurt JW 1927, 810. Das gleiche gilt, wenn der Beamte (Angestellte) auf Grund einer Weisung der Militärregierung und der hiernach erlassenen Richtlinien einer deutschen Behörde Wohnungen beschlagnahmt hat, BayObLG 1953, 127. Soweit der Beamte bei Erteilung der Anweisung schuldhaft gehandelt hat, trifft die Verantwortung den Staat. Bei Erlaß einer allgemeinen Dienstanweisung verbleibt die Haftung bei der Gemeinde, deren Beamten eine selbständige Entscheidung gelassen ist. Verschulden liegt vor, wenn der Beamte z. B. nicht gewissenhaft prüft, ob eine unbillige Härte vermeidbar ist, ob das Zusammenleben mit der zugewiesenen Person dem Wohnungsinhaber zumutbar ist, ob sie den festgesetzten Mietzins zu zahlen gewillt und in der Lage ist (RGZ 138, 309; KG JR 1953, 141; OLG Hamburg ZMR 1952, 233; OVG Münster ZMR 1952, 188 u. 293; HessVGH ZMR 1952, 137; LG Hamburg DWW 1953, 227) oder ob die formellen und materiellen Voraussetzungen für die getroffene Verfügung vorhanden und ausreichend aufgeklärt sind. Auch soweit die Entscheidung nach Ermessen zu treffen ist, kann Ermessensmißbrauch verschuldet sein und deshalb die Haftung der Körperschaft begründen. Auch die Ablehnung des Widerrufes einer Verfügung und der Rückgängigmachung der durch die verfehlte Anordnung herbeigeführten Rechtslage kann Haftungsansprüche auslösen.

55 Die Ersatzpflicht des Beamten ist ausgeschlossen, wenn der Betroffene vorsätzlich oder fahrlässig unterlassen hat, den Schaden durch Gebrauch eines Rechtsmittels abzuwenden. Der Rechtszug muß erschöpft sein, d. h. es muß die Aufsichtsbeschwerde und die Anfechtungsklage erhoben werden; die Nichteinlegung des Rechtsmittels schließt die Haftung nur dann aus, wenn sie verschuldet ist und ganz oder teilweise für den Schaden ursächlich geworden ist, was nach beiden Richtungen von dem in Anspruch genommenen Beamten oder der an seiner Stelle verklagten Körperschaft zu beweisen ist. Der Rechtsweg ist zulässig. Die formell auf § 839 BGB und Art. 34 GG gestützte Amtshaftungsklage darf aber nicht nur dem Zwecke dienen, im Rechtswege eine gerichtliche Nachprüfung der Rechtmäßigkeit der Verwaltungsakte herbeizuführen (RGZ 143, 84). Über das Verhältnis des Art. 34 GG zu Art.131 WRVerf vgl. Heidenhain NJW 1949, 841; Weimar DÖV 1952, 459; zur Zuständigkeit der ordentlichen Gerichte Bachof SJZ 1950, 167; VGH Stuttgart VerwRspr 3 Nr. 91; zu den Grundsätzen der Amtshaftungsklagen BGH JZ 1952, 241 u. NJW 1952, 538 u. 738; Heidenhain NJW 1952, 604.

56 Bei einem schuldhaft rechtswidrigen enteignungsgleichen Eingriff kann neben einem etwaigen Schadensersatzanspruch aus § 839 BGB in Verbindung mit Art. 131 WeimRVerf oder Art 34 GG ein nach Enteignungsrecht zu beurteilender Entschädigungsanspruch geltend gemacht werden. In diesen Fällen kann die aus Amtspflichtverletzung in Anspruch genommene öffentlich-rechtliche Körperschaft den Geschädigten nicht auf den Entschädigungsanspruch aus enteignungsgleichem Eingriff als eine anderweite Ersatzmöglichkeit gemäß § 839 I 2 BGB verweisen, BGH GZS 1/54 MDR 1954, 472 = ZMR 1954, 267.

57 Zur Frage der Haftung der Gemeinde für Mietausfall als Folge einer Maßnahme der Wohnungsbehörde z. B. bei übermäßig langem Leerstehen der Wohnung LG Hamburg MDR 1950, 237; OLG Hamburg MDR 1950, 496; LG Hagen MDR 1952, 176; KG ZMR 1952, 10; LG Bielefeld ZMR 1955, 128; LG Essen ZMR 1952, 150.

X. Obdachloseneinweisung*)

58 a) Rechtsgrundlage. Nach § 21 des Preuß. Polizeiverwaltungsgesetzes (PVG) vom 1. Juni 1931 (GS S. 77) darf die Polizeibehörde zur Beseitigung einer bereits eingetretenen Störung der öffentlichen Sicherheit und Ordnung oder zur Abwehr einer unmittelbar bevorstehenden polizeilichen Gefahr, falls die Beseitigung der Störung oder die Abwehr der Gefahren auf andere Weise nicht möglich ist, Maßnahmen auch gegen solche Personen treffen, die nach den §§ 18—20 Preuß. PVG nicht polizeipflichtig sind (vgl. jetzt für Nordrhein-Westfalen das Gesetz über Aufbau und Befugnisse der Ordnungsbehörden — Ordnungsbehördengesetz (OBG) — vom 16. Oktober 1956 (GVBl NW 1956, 289); (in Niedersachsen und in den anderen Bundesländern gelten inhaltsgleiche Gesetze über die öffentliche Sicherheit und Ordnung).

Auch die Obdachlosigkeit eines zur Räumung verurteilten Mieters bedeutet eine Störung der öffentlichen Ordnung, die die Polizeibehörde zu einem Eingreifen auch gegenüber einer nicht polizeipflichtigen Person berechtigt. Wenn aber die Ordnungspolizei als zur Aufrechterhaltung der öffentlichen Sicherheit und Ordnung berufenes Organ die in erster Linie ihr selbst zu Lasten der Allgemeinheit obliegenden Pflichten gem. § 21 PVG (§ 19 OBG) auf einen Dritten abwälzt, so muß sich eine solche Inanspruchnahme sachlich und zeitlich auf das unbedingt Notwendige beschränken. Hält sich die Polizeibehörde nicht an diese gesetzlich vorgeschriebenen Grenzen, so läuft sie Gefahr, den Grundsatz der Gleichberechtigung des Art. 3 GG sowie die Grundrechte der Art 13 und 14 GG zu verletzen und sich dem Staatsbürger gegenüber, den sie als „Nichtstörer" in Anspruch genommen hat, schadensersatzpflichtig zu machen (§ 839 BGB in Verbindung mit § 34 GG; OVG Münster: ZMR 1954, 181, 254).

59 b) Voraussetzungen der Obdachloseneinweisung. Im Rahmen der durch § 21 PVG (§ 19 OBG) der Ordnungspolizeibehörde gegebenen Eingriffsmöglichkeit gegenüber einem sog. Nichtstörer liegt es, wenn sie den Obdachlosen, dessen privatrechtliches Wohnrecht durch die Aufhebung des Mietverhältnisses erloschen ist, als letztes Mittel, wenn alle anderen Maßnahmen versagen, wieder in die Räume einweist, die er bisher bewohnt hat (so schon das frühere Preuß. Oberverwaltungsgericht in ständiger Rechtsprechung (Bd. 75, 339; 81, 246) und ihm folgend die Rechtsprechung der Verwaltungsgerichte, z. B. OVG Münster:

*) Über die Rechtsprechung zur Obdachloseneinweisung vgl. Glaser: Mietvollstreckungsrecht und Obdachloseneinweisung 1961 (Verlag Luchterhand/Neuwied/Rhein).

ZMR 1954, 254; LVG Düsseldorf: ZMR 1954, 253; VGH Stuttgart: ZMR 1954, 249; Hess. VGH: DVBl. 1954, 675).

Bei dieser Wiedereinweisung eines zur Räumung verurteilten Mieters in seine frühere Mietwohnung handelt es sich nicht um eine wohnungsamtliche Maßnahme, nicht um die Zuweisung einer Wohnung im Sinne des Wohnraumbewirtschaftungsgesetzes, sondern um eine ordnungspolizeiliche Maßnahme zur Beseitigung eines polizeilichen Notstandes. Deshalb darf die Ordnungspolizei von der bisherigen Mietwohnung des Räumungsmieters nur so viel Wohnraum für seine Unterbringung beschlagnahmen, als zur Gewährung eines notdürftigen, einstweiligen Obdachs erforderlich ist. Ein Obdach ist keine Wohnung; es braucht also nicht „wohnlich zu sein". Ansprüche, wie sie üblicherweise an eine Wohnung gestellt werden, sind an ein nur für vorübergehende Zeit bestimmtes Obdach nicht zu stellen, OVG Münster ZMR 1960, 150. Grundsätzlich genügt es, wenn der Räumungsmieter nur in einen Teil seiner bisherigen Mietwohnung eingewiesen wird (OVG Münster: ZMR 1953, 71).

60 Es ist Pflicht einer jeden Behörde, dem Richterspruch, der den Mieter zur Räumung verurteilt hat, die ihm als staatlichem Hoheitsakt gebührende Achtung zu verschaffen (vgl. § 33 WBewG). Deshalb muß es sich die Ordnungsbehörde ganz besonders angelegen sein lassen, dem Räumungsmieter eine andere Unterbringungsmöglichkeit als seine frühere Mietwohnung zu beschaffen. Sie darf keinesfalls unter Anwendung von Notstandsrecht rechtskräftige Räumungsurteile praktisch für längere Zeit oder gar für dauernd außer Kraft setzen. Sie muß vielmehr vor der Inanspruchnahme der früheren Mietwohnung alle Mittel erschöpfen, den obdachlos gewordenen Räumungsmieter anderweitig unterzubringen. Wenn es ihr nicht möglich ist, den Obdachlosen in den ihr zur Verfügung stehenden Räumen unterzubringen, z. B. in den der Gemeinde gehörenden Häusern (VGH Freiburg ZMR 1958, 171), Baracken oder Behelfsbauten, muß sie versuchen, leerstehende Räume, ggf. sogar Fremdenzimmer in Gasthäusern (so OVG Lüneburg: NJW 1955, 599; BayVHG München ZMR 1955, 154; vgl. aber OVG Lüneburg ZMR 1955, 380) oder baufällige, in ihrem gegenwärtigen Zustand zum Bewohnen ungeeignete oder nicht mehr verwendbare Räume anzumieten und zu Unterkunftszwecken notdürftig herzurichten, oder Schlichtwohnungen oder Baracken zu bauen, die im sozialen Wohnungsbau nicht förderungswürdig wären (Hess. VGH: DVBl 1954, 675; OVG Berlin ZMR 1955, 124). Die hierfür benötigten Mittel müssen auf dem Wege, auf dem die sonstigen sachlichen Kosten der Polizeiverwaltung aufgebracht werden, bereitgestellt werden. Die Pflicht der Ordnungspolizeibehörde, für die Beschaffung eines Obdachs in erster Linie selbst zu sorgen, darf nicht an der Kostenfrage scheitern (OVG Münster GWW 1959, 195 = ZMR 1959, 181; LVG Schleswig: Glaser, Entscheidungen Nr. 17/IV/1954). Über die Zulässigkeit der Obdachloseneinweisung in eine Werkwohnung vgl. VGH Stuttgart VerwRspr 55, 800. Über die Zulässigkeit der Umquartierung eines Obdachlosen vgl. OVG Lüneburg ZMR 1958, 102.

61 c) Mindestanforderungen an ein Obdach. Wenn die Obdachlosenunterbringung ihren Zweck, von der Allgemeinheit oder dem Einzelnen Gefahren abzuwenden, erreichen soll, dann darf die Unterbringung eines Obdachlosen nicht dazu führen, daß durch sie die Kinder des Obdachlosen sittlich gefährdet werden (OVG Münster ZMR 1959, 183) oder gesundheitsschädliche Zustände geschaffen oder bereits bestehende aufrechterhalten werden (OVG Münster: ZMR 1955, 29). Das ist z.B. dann der Fall, wenn der Obdachlose in eine Man-

sarde eingewiesen wird, ohne die Möglichkeit zu haben, im Hause ein Klosett zu benutzen. Wenn es auch nicht die Aufgabe der Obdachlosenpolizei ist, den Obdachlosen wohnungsmäßig („wohnlich") unterzubringen (vgl. oben b), so muß doch — wenigstens in der Stadt — seine Trinkwasserversorgung und die Benutzung eines Klosetts sichergestellt sein. Andererseits genügt es, wenn ein Unterkommen in einfachster Form zur Verfügung gestellt wird, das Schutz vor den Unbilden der Witterung gewährt, OVG Münster ZMR 1954, 187; 1955, 381; 1956, 285; 1957, 209, 426; 1958, 371; 1959, 27; 1960, 150. Auch ist es nicht die Aufgabe der Obdachlosenpolizei, dafür zu sorgen, daß der Obdachlose in dem Obdach seinen Gewerbebetrieb oder Handwerksbetrieb ausüben kann, OVG Münster ZMR 1956, 284; 1957, 426. Der Obdachlose hat gegen den Hauseigentümer keinen Anspruch auf Instandsetzung der beschlagnahmten Wohnung, LG Kiel ZMR 1956, 356; AG Berlin-Schöneberg HuW 1955, 332; Roquette, Mietrecht, 4. Aufl. S. 460.

62 d) Maßnahmen des Obdachlosen. Die Obdachlosenbehörde hat bei der Prüfung der Mittel und Wege zur Beseitigung der Obdachlosigkeit nicht nur ihre eigenen Möglichkeiten in Rechnung zu stellen, sondern auch diejenigen des obdachlos gewordenen Räumungsmieters.

Nach § 361 Nr. 8 StGB wird bestraft, wer nach Verlust seines bisherigen Unterkommens binnen der ihm von der zuständigen Behörde bestimmten Frist sich kein anderweitiges Unterkommen verschafft hat und auch nicht nachweisen kann, daß er solches der von ihm angewandten Bemühungen ungeachtet nicht vermocht habe. Damit wird die Pflicht jedes Staatsbürgers begründet, sich zur Vermeidung der Obdachlosigkeit nach Kräften selbst um eine andere Unterkunft zu bemühen. Vor der Inanspruchnahme einer nicht polizeipflichtigen Person zur Unterbringung eines Obdachlosen muß daher die Ordnungsbehörde auch prüfen, ob der Unterzubringende seinen Verpflichtungen nach § 361 Nr. 8 StGB nachgekommen ist. Es geht nicht an, daß der Räumungsmieter sich auf das Eingreifen der Ordnungsbehörde zu seinen Gunsten verläßt. Auch genügt es nicht, wenn das Wohnungsamt erklärt, daß für den Vollstreckungsschuldner keine freie Wohnung zur Verfügung stehe. Die Inanspruchnahme einer nicht polizeipflichtigen Person zur Vermeidung der Obdachlosigkeit eines Mieters ist vielmehr in der Regel dann nicht zulässig, wenn der Räumungsmieter hinreichende finanzielle Mittel (Einkommen oder Vermögen) hat, um seine Obdachlosigkeit zu verhindern. Es muß daher von ihm verlangt werden, daß er sich darum bemüht, eine nicht der Zwangsbewirtschaftung unterliegende Neubauwohnung zu finden. Auch ist ihm zuzumuten, daß er seine Möbel in einem Lagerhaus unterstellt und sich möbliert einmietet. Danach darf also die Obdachlosenpolizei einen zur Räumung verurteilten Mieter, für den die mit einer Neubauwohnung oder einer möblierten Mietwohnung verbundene höhere finanzielle Belastung bei seinen Einkommens- und Vermögensverhältnissen ohne weiteres tragbar ist, nicht wieder in seine frühere Mietwohnung einweisen (vgl. LVG Düsseldorf: ZMR 1954, 253; OVG Lüneburg: ZMR 1955, 60).

63 e) Höchstdauer der Einweisung. Feste Regeln über die Höchstdauer einer Obdachloseneinweisung gibt es nicht. Sie lassen sich auch nicht aufstellen, weil die Auswirkungen auf den von der Maßnahme betroffenen Staatsbürger wie auch die örtlichen Unterbringungsmöglichkeiten in jedem Fall anders sind. Da durch die Wiedereinweisung eines zur Räumung verurteilten Mieters in die Rechte eines Staatsbürgers eingegriffen wird, der den ordnungswidrigen Zustand weder verschuldet noch verursacht hat, darf diese polizeiliche Notmaß-

nahme nur für kurze Zeit erfolgen. Sie darf nur so lange Zeit aufrecht erhalten bleiben, als es unbedingt nötig ist, um auf andere Weise eine Beseitigung der Störung der öffentlichen Ordnung zu erreichen.

64 Die Landesregierungen haben dieser Rechtslage Rechnung getragen und daher die Obdachlosenpolizeibehörden angewiesen, die Wiedereinweisung eines Räumungsmieters auf eine möglichst kurze Zeit zu beschränken. Wenn der Notstand beim Ablauf der im allgemeinen einen Monat betragenden Einweisungsfrist noch andauert und die Ordnungspolizei in der Zwischenzeit alle Mittel zur Beschaffung einer Unterkunft erschöpft hat, so kann allerdings die Einweisung ein oder sogar mehrere Male wiederholt werden. In der Rechtsprechung der Verwaltungsgerichte ist aber klargestellt, daß bei etwa notwendig werdenden mehrfachen Einweisungen die Zeit von 4—6 Monaten unter keinen Umständen überschritten werden darf. Nach der Auffassung des Oberverwaltungsgerichts Lüneburg (NJW 1953, 599; ZMR 1954, 312/3; 1955, 60) kann die Wiedereinweisung eines Räumungsmieters in die Wohnung, zu deren Räumung er verurteilt worden ist, höchstens für vier Monate erfolgen. Der Verwaltungsgerichtshof Karlsruhe (ESVGH 1, 234) hat eine 5 Monate übersteigende polizeiliche Wiedereinweisung eines Räumungsmieters für unzulässig erklärt. Das Verwaltungsgericht Stuttgart (NJW 1952, 912) hat als Höchstdauer eine Frist von 4—5 Monaten bezeichnet, während das Oberverwaltungsgericht Münster (ZMR 1953, 71; 1954, 314; 1956, 285; 1958, 371), der VGH Stuttgart (ZMR 1955, 217), das OVG Berlin (NJW 1955, 319 = ZMR 1955, 29; ZMR 1955, 247) und der BGH (NJW 1959, 768 = MDR 1959, 375 = ZMR 1959, 152) eine Frist von insgesamt 6 Monaten für zulässig halten.

65 f) Schadensersatzansprüche bei Obdachloseneinweisungen. Durch die Einweisung des Obdachlosen in eine Mietwohnung wird zwischen dem Wohnungsinhaber und der Gemeinde weder ein Mietverhältnis noch ein sonstiges vertragliches oder gesetzliches Schuldverhältnis begründet (OVG Berlin: Haus und Wohnung 1950, 130; AG Mainz: ZMR 1954, 128; AG Münster ZMR 1955, 278; AG Pforzheim BlGBW 1955, 95; Essen ZMR 1956, 8; WM 1956, 59). Das Rechtsverhältnis zwischen dem Wohnungsinhaber und der Ordnungspolizei ist vielmehr öffentlich-rechtlicher Natur. Auf Grund dieses öffentlich-rechtlichen Rechtsverhältnisses ist die Obdachlosenbehörde verpflichtet, dem nach § 21 PVG in Anspruch genommenen Hauseigentümers für die Dauer der rechtsmäßigen Einweisung gem. § 70 PVG den durch die Beschlagnahme der Wohnräume entstehenden Schaden zu ersetzen, sei es nun, daß der Eingewiesene die Miete nicht bezahlt oder daß er in der Wohnung einen Schaden verursacht, sei es, daß durch die Einweisung eine anderweitige günstigere Vermietung der Wohnräume unmöglich gemacht wird und ein Nutzungsverlust eintritt (AG Kassel ZMR 1959, 80).

Über die Ansprüche aus § 70 PVG entscheidet, obwohl es sich um öffentlichrechtliche Ansprüche handelt, nicht das Verwaltungsgericht, sondern gem. § 73 PVG das ordentliche Gericht (OVG Münster: ZMR 1954, 253; 1956, 396).

66 Überschreitet die Ordnungspolizei durch die wiederholten Einweisungen des Räumungsmieters die Höchstdauer der zulässigen Wiedereinweisung oder überschreitet das Ordnungsamt seine Befugnisse, indem es mehr Räume in Anspruch nimmt, als zur notdürftigen Unterbringung des Obdachlosen erforderlich sind (OVG Münster ZMR 1957, 285), so wird die Einweisung rechtswidrig und die Behörde macht sich dem zu Unrecht in Anspruch genommenen Hauseigentümer gegenüber einer Amtspflichtverletzung im Sinne des § 839 BGB in Ver-

bindung mit Art. 34 GG schuldig. Auch für diesen Schadensersatzanspruch ist nicht der Verwaltungsrechtsweg, sondern der ordentliche Rechtsweg gegeben (Art. 34 Satz 3 GG).

67 g) Beseitigung der Folgen der Obdachloseneinweisung. Nach dem Ablauf der Einweisungsfrist ist die Ordnungsbehörde verpflichtet, den untergebrachten Obdachlosen nötigenfalls zwangsweise wieder aus den Wohnräumen, in die er eingewiesen worden ist, herauszunehmen (OVG Münster: DWW 1954, 123; ZMR 1954, 187 = DWW 1954, 273 = DVBl 1954, 781; LVG Lüneburg ZMR 1955, 183, 185). Dasselbe gilt für den Fall, daß bereits vor dem Ablauf der Einweisungsfrist die Voraussetzungen für die Inanspruchnahme weggefallen sind (OVG Münster DWW 1954, 123). Kommt die Polizeibehörde dieser Verpflichtung nicht nach, dann kann der durch die Inanspruchnahme betroffene Wohnungsinhaber eine sog. Vornahmeklage auf Beseitigung der Folgen der Einweisungsverfügung vor dem Verwaltungsgericht erheben, d. h. die Entfernung des Untergebrachten verlangen (OVG Münster: DWW 1954, 123; ZMR 1954, 345; 1956, 251; BlGBW 1956, 382; ZMR 1957, 175; 388; 1959, 151; LVG Düsseldorf ZMR 1957, 69 = BlGBW 1957, 95; OVG Hamburg MDR 1958, 547; über den Streitwert dieser Klage (Vierteljahresmietwert) vgl. VGH Bremen ZMR 1956, 359; vgl. aber OVG Münster (Jahresmietwert) DÖV 1955, 386 = ZMR 1954, 286; 1956, 396; 1958, 72. Daneben hat er, wenn er Eigentümer der Räume ist, nach dem durchaus billigenswerten, jedoch nicht unangefochten gebliebenen Urteil des Landgerichts Mainz (NJW 1954, 194 mit einer ablehnenden Anmerkung von Roquette; vgl. auch ablehnend Pentz: NJW 1954, 432) die Möglichkeit, kraft seines Eigentums vor dem ordentlichen Gericht gegen die Behörde die Eigentumsherausgabeklage nach § 985 BGB zu erheben und auf Grund des auf diese Weise erstrittenen Urteils gem. § 886 ZPO unmittelbar gegen den Eingewiesenen vorzugehen.

68 h) Rechtsverhältnis zwischen dem Eingewiesenen und der Obdachlosenbehörde. Auch das Rechtsverhältnis zwischen dem Eingewiesenen und der Ordnungspolizei ist öffentlich-rechtlicher Natur. Durch die Maßnahmen der Ordnungspolizeibehörde wird dem Obdachlosen keine Wohnung vermietet. Ihm wird vielmehr für die Zeit seiner Wohnungslosigkeit nur eine Notunterkunft zur Verfügung gestellt. Wenn daher die Voraussetzungen für seine obdachlosenpolizeiliche Unterbringung weggefallen sind, muß er auf die entsprechende Aufforderung der Polizei hin ohne weiteres seine Unterkunft verlassen. Auch muß der Eingewiesene nach Ablauf der Einweisungsfrist eine Umquartierung — wiederum auf obdachlosenpolizeilicher Grundlage — hinnehmen, weil er mit dem Ablauf der Einweisungsfrist die polizeiliche Notunterkunft ohne Rechtsgrund innehat (VG Bremen: Glaser Nr. 73/IV/1954). Sein Privatinteresse, noch weiterhin in der zugewiesenen Unterkunft bleiben zu können, bis er eine passende Wohnung gefunden hat, muß gegenüber dem dringenden öffentlichen Interesse, rechtswidrige Verhältnisse sofort zu beseitigen, zurückstehen (VG Bremen aaO). Jedoch ist der Obdachlose nicht verpflichtet, zu dulden, daß er in einem Nachbarort vorübergehend zwangsweise untergebracht wird (OVG Lüneburg: NJW 1935, 599).

69 Da es sich bei der Einweisungsverfügung der Obdachlosenpolizei um eine Maßnahme handelt, die von der Polizei auf dem Gebiet des öffentlichen Rechts getroffen worden ist, unterliegt ein Streit des Eingewiesenen mit der Obdachlosenpolizei über den Umfang des durch die Einweisung begründeten öffentlichrechtlichen Benutzungsrechts nicht der Nachprüfung durch die ordentlichen

Gerichte, sondern der Klärung im Verwaltungsstreitverfahren (LG Göttingen: ZMR 1953, 27).

Jedoch ist gemäß § 73 PVG die Zuständigkeit des ordentlichen Gerichts gegeben zur Entscheidung über den Anspruch der Obdachlosenpolizeibehörde gegen den Eingewiesenen auf Erstattung der Beträge, die die Polizei an den durch die polizeiliche Einweisung Betroffenen als Ersatz für den ihm durch diese Maßnahme entstandenen Schaden gemäß § 70 Abs. 1 PVG hat zahlen müssen (OVG Münster: ZMR 1954, 253).

70 Wegen des Verbrauchs des Räumungstitels vgl. einerseits zum WohnG die Entsch. der LG Lüneburg u. Düsseldorf MDR 1953, 559, andererseits die positive Regelung des § 31 Abs. 3 WBewG (beschränkt auf Vollstreckungsschutz bei Zahlungsverzug).

Über den Verbrauch des Räumungstitels durch „symbolische Räumung" vgl. OLG Stuttgart NJW 1956, 1844; LG Darmstadt NJW 1955, 1640; LG Verden (Aller) MDR 1956, 37 = Glaser Nr. 41/IV/1956 m. w. N.; LG Braunschweig ZMR 1955, 277; LG Dortmund ZMR 1955, 371; LG Landshut ZMR 1956, 353; OLG Hamm NJW 1955, 28; OLG Nürnberg NJW 1953, 1398.

Wohnraumbewirtschaftungsgesetz

Vom 31. März 1953 (BGBl I 97) i.d.F. d. Ges. vom 18. August 1953 (BGBl I 915), des § 37 BMietG vom 27. Juli 1955 (BGBl I 458), des § 114 II. WohnBauG vom 27. Juni 1956 (BGBl I 523) u. des Ges. vom 23. Juni 1960 (BGBl I 418).

Vorbemerkungen

1 Die Neufassung des Wohnraumbewirtschaftungsgesetzes (Art. X § 6 und Anlage zum Abbaugesetz vom 23. Juni 1960 — BGBl I 389) gilt nicht im Lande Berlin und im Saarland. Der Senat von Berlin und die Regierung des Saarlandes sind aber ermächtigt, das Wohnraumbewirtschaftungsgesetz mit den für Berlin und für das Saarland geltenden Abweichungen neu bekannt zu machen (vgl. Art. X § 6 i.d.F. d. Art. X § 9 Nr. 8 und § 11 Abs. 9 des Abbaugesetzes).

2 Das Wohnraumbewirtschaftungsgesetz hat durch Art. II des Gesetzes über den Abbau der Wohnungszwangswirtschaft und über ein soziales Miet- und Wohnrecht vom 23. Juni 1960 (BGBl I 389) eine Reihe von Änderungen erfahren, deren Ziel darin besteht, die öffentliche Wohnraumbewirtschaftung durch die Wohnungsbehörden aufzulockern und sie in einer Übergangszeit bis zum 31. Dezember 1965 gebietsweise aufzuheben (§§ 3a—3e).

3 Im wesentlichen handelt es sich um folgende Maßnahmen:

I. Sofortige Aufhebung der Wohnraumbewirtschaftung (§§ 3a, 3b)

1. Mit Wirkung vom 1. Juli 1960 ist folgender bis zum 21. Juni 1948 bezugsfertig gewordener Wohnraum (Altbauwohnraum) ohne Rücksicht auf die Höhe der Grundmiete von der Wohnraumbewirtschaftung ausgenommen (§ 3a Abs. 1 WBewG):

a) abgeschlossene Wohnungen mit 5 oder mehr Wohnräumen einschl. Küche in Gemeinden unter 100000 Einwohnern,
(Wohnräume und Küchen mit weniger als 6 Quadratmeter werden nicht mitgezählt.)

stellung einer Wohnung gewonnen werden kann. Eine Prüfung der Frage, ob ein anderer Arbeitnehmer zur Verfügung steht, der keinen oder keinen so dringenden Raumbedarf hat oder bereits in der Nähe der Arbeitsstätte wohnt, kann im Verfahren des § 22 nicht vorgenommen werden, Bettermann 60; LG Essen HMR Rspr 1950 Nr. 143. Grundlose Entlassung kann die Verurteilung aus § 22 nicht verhindern, Bettermann 32; a. M. Hans 1; Schopp-Groothold 31; LG Berlin HW 1948, 300. Im übrigen gilt § 4, insbesondere hinsichtlich der Auferlegung der Verpflichtung zur Zahlung und Sicherstellung eines Umzugskosten- und Entschädigungsbetrages, Roquette, Mietrecht S. 334; LG Hagen JR 1950, 245; LG Essen HMR Rspr 1950 Nr. 62 u. MDR 1952, 234; Bettermann 94; Hans 2; Lemme WM 1952, 61; LG Mannheim BB 1952, 777; LG Münster MDR 1956, 426. Auch die Gewährung einer Räumungsfrist ist möglich, LG Hagen HMR Rspr 1950 Nr. 41 und Berliner Prozeßrichtervereinigung JR 1956, 22.

4 Wegen der Notwendigkeit der Erteilung der Bescheinigung der Wohnungsbehörde, daß sie die Räume im Falle des Freiwerdens dem Betriebsangehörigen zuteilen wird, sofern die Räume der Wohnraumbewirtschaftung unterliegen, vgl. die dem § 4a entsprechende Vorschrift des § 23c.

5 Ist die Betriebswohnung lediglich auf Grund des Reichsleistungsgesetzes für einen Betriebsfremden in Anspruch genommen, so liegt ein bürgerlichrechtliches (Miet-) Verhältnis nicht vor und eine Mietaufhebungsklage ist nicht möglich. Hier kann aber der Arbeitgeber die Aufhebung der Beschlagnahme von der zuständigen Stelle verlangen, wenn er die Wohnräume zur Unterbringung von Betriebsangehörigen braucht.

§ 23

(1) **Sind Räume in Gebäuden, die von dem Inhaber eines Betriebes zur Unterbringung von Angehörigen des Betriebes errichtet oder zu Eigentum erworben oder gemietet sind, an einen Betriebsfremden überlassen, so kann der Vermieter die Aufhebung des Mietverhältnisses verlangen, wenn er den Raum für einen Angehörigen des Betriebes dringend braucht. § 22 findet entsprechende Anwendung.**

(2) **Absatz 1 gilt auch, wenn ein Mietverhältnis über Räume, die nur mit Rücksicht auf ein zwischen den Vertragsteilen bestehendes Dienst- oder Arbeitsverhältnis vermietet oder überlassen sind, gemäß den getroffenen Vereinbarungen nach Ablauf einer bestimmten Zeit von dem Bestehen des Dienst- oder Arbeitsverhältnisses unabhängig geworden ist.**

1 Die Vorschrift des § 23, deren Absatz 2 durch § 28 WBewG mit Wirkung vom 1. Juli 1953 eingefügt worden ist, umfaßt wie § 23a die Betriebsräume d.h. die zur Unterbringung von Betriebsangehörigen erworbenen oder gemieteten Räume; sie nehmen anders als die §§ 20—22 keine Rücksicht auf die Verkoppelung von Dienst(Arbeits)verpflichtung und Raumüberlassung. Über den Wortlaut des § 23 hinaus gilt die Vorschrift auch für Dienstverhältnisse außerhalb eines Betriebes, insbes. auch für Hausmeister(Pförtner)wohnungen, Bettermann 24.

2 Die Raumüberlassung an den Betriebsfremden unterliegt im Bereich des MSchG der Mieterschutzpflicht; es gelten daher für die Aufhebungsklage des Vermieters grundsätzlich die Vorschriften der §§ 2 bis 4b MSchG. Wie im Falle des § 22 wird aber durch § 23 die Eigenbedarfsklage des Vermieters erleichtert; eine Interessenabwägung findet auch hier nicht statt. Zur Klagebegründung genügt der Nachweis, daß der Raum, der einem Betriebsfremden überlassen ist, für einen Angehörigen des Betriebes dringend benötigt wird; die in § 22 angeführten Gesichtspunkte gelten insoweit auch hier, vgl. aber A 5. Die Auswahl unter mehreren betriebsfremden Wohnungsinhabern steht in der Regel dem Vermieter zu, LG Essen HMR Rspr 1950 Nr. 143. Betriebsfremd ist jeder, der nicht oder nicht mehr (früherer Arbeitnehmer, Hinterbliebene) zum Betrieb gehört. Daß die Überlassung an einen Betriebsfremden erfolgt ist, ist auch Voraussetzung für die Anwendung des Abs. 2, der nach Wegfall der Abhängigkeit des Mietverhältnisses vom Dienst(Arbeits)verhältnis — vgl. § 24 WBauG 1953 — die Eigenbedarfsklage des Vermieters wegen Betriebsbedarfes gemäß Abs. 1 zuläßt. Demgemäß ist Abs. 1 nicht anwendbar, solange der Rauminhaber dem Betrieb angehört, mag auch die Verkoppelung von Miet- und Dienst(Arbeits)verhältnis gelöst sein; für diesen Fall gelten die allgemeinen Mietaufhebungsgründe der §§ 2ff., ergänzt durch die Sonderregelung des § 23a, Bettermann 107. Ist der Mieter vor Ablauf der Frist der vereinbarten Aufhebung der Bestandsabhängigkeit aus dem Dienst(Arbeits)verhältnis ausgeschieden, also betriebsfremd geworden, dann gilt Abs. 1 unmittelbar. Zum Begriff der Betriebsfremdheit vgl. LG Köln ZMR 1958, 313 = BlGBW 1958, 126 = BayGWW 1958, 320 = WM 1958, 40.

3 Die Betriebsbedarfsklage des § 23 gilt nur für Räume in Gebäuden, die der Betriebsinhaber rechtsgeschäftlich gegen Entgelt errichtet, zu Eigentum erworben oder angemietet hat (wegen der Ausdehnung dieses Verfügungsrechts auf Pacht, Nießbrauch, Dienstbarkeit, Wohnrecht, Dauernutzungsrecht s. Bettermann 6; Hans 1), sofern die Errichtung oder der Erwerb der rechtlichen Verfügungsmacht zu dem Zweck erfolgt, Betriebsangehörige in dem Gebäude oder in bestimmten Teilen dieses Gebäudes unterzubringen. Zweckbestimmung ohne gleichzeitigen Erwerb genügt nicht; daher kann — anders als im Falle des § 32, vgl. LG Kassel MDR 1953, 235 = NJW 1953, 867 — bei nachträglicher Zweckbestimmung eines früher erworbenen Gebäudes § 23 nicht zur Anwendung kommen; LG Wiesbaden ZMR 1953, 156; LG Bielefeld ZMR 1952, 253; NJW 1955, 186; Rademacher WM 1953, 17; a. M. LG Tübingen NJW 1954, 1609. Wann der Erwerb des Gebäudes zum Zweck der Unterbringung von Betriebsangehörigen erfolgt ist, bleibt unbeachtlich, LG Dortmund WM 1950 Nr. 5; a. M. Weimar und AG Hamm.

4 Die Unterscheidung, ob die werkseigenen Wohnungen vor oder nach dem 1. Juli 1918 zu Eigentum erworben sind, ist durch Streichung der Worte „vor dem 1. Juli 1918" in §§ 23 und 23a durch § 12 der Abänderungsverordnung vom 7. November 1944 aufgehoben worden; das gleiche gilt für werksfremde Betriebswohnungen für die Errichtung des Gebäudes. Der Zeitpunkt der Errichtung des Gebäudes zur Unterbringung von Angehörigen war schon bisher rechtsunerheblich (§§ 23, 23a).

Hat der Betriebsinhaber das Verfügungsrecht am Gebäude erworben, für das bereits Mietverhältnisse bestanden haben, so gilt § 23 in dem Falle, daß er entsprechend §§ 571ff. BGB in die Mietverhältnisse eingetreten ist, LG Dortmund WM 1950 Nr. 5; LG Frankenthal/Pfalz MDR 1957, 230 = BlGBW 1957, 159 = BB 1956, 1109 = Glaser Nr. 183/II/1957; Bettermann 83; Hans 2; a. M. LG Bielefeld ZMR 1952, 254; LG Kassel MDR 1953, 235 = NJW 1953, 867.

5 Abs. 1 Satz 2 läßt § 22 entsprechend anwenden. Die Verweisung ist praktisch bedeutungslos; sie kann jedenfalls die Voraussetzungen des Satzes 1 nicht abändern, Bettermann 102, 120; a. M. LG Köln HMR Rspr 1949 Nr. 72.

Begehrt der Vermieter mit der Klage aus § 23 bewirtschaftete Wohnräume für den Betriebsangehörigen, so kann das Mietverhältnis nach § 23c grundsätzlich nur aufgehoben werden, wenn die Wohnungsbehörde bescheinigt, daß sie im Falle des Freiwerdens die Räume dem Betriebsangehörigen zuteilen wird.

§ 23a

Ist in Gebäuden, die von dem Inhaber eines Betriebes zur Unterbringung von Angehörigen des Betriebes errichtet oder erworben oder gemietet sind, ein Raum nur mit Rücksicht auf ein zwischen den Vertragsteilen bestehendes Dienst- oder Arbeitsverhältnis vermietet oder hat ihn ein Betriebsfremder mietweise inne, so kann der Vermieter auf Aufhebung des Mietverhältnisses klagen, wenn der Raum im Verhältnis zu der Zahl der Bewohner übermäßig groß ist; als Bewohner kommen nur der Mieter und seine Familienangehörigen in Betracht. Der Anspruch besteht nur, wenn über die Angelegenheit im Vertrauensrat **verhandelt worden ist.**

1 Voraussetzung für die Anwendung des § 23a ist, daß es sich um Räume in Gebäuden handelt, die der Betriebsinhaber zur Unterbringung von Betriebsangehörigen errichtet, (zu Eigentum) erworben oder gemietet hat — Fall des § 23. Über diesen objektiven Tatbestand hinaus muß es sich entweder um ein im Sinne des § 20 gekoppeltes Miet- und Dienst(Arbeits)verhältnis — Bettermann 13 erachtet entgegen dem Wortlaut die Abhängigkeit des Mietverhältnisses vom Dienstverhältnis für unerheblich — oder um die Raumüberlassung an einem Betriebsfremden (§ 23) handeln. Zur Kritik vgl. Bettermann 16, 17.

2 Die Klage aus § 23a ist keine Eigenbedarfsklage, hat aber eine gewisse Ähnlichkeit mit ihr, insofern ein ausschließliches Vermieterinteresse zur Geltung gebracht wird, ohne daß ein Verschulden des Mieters in Mitte steht. Aus diesem Grunde dürfte die entsprechende Anwendung der Vorschriften des § 4 Abs. 2—6 und des § 13 Abs. 2, 3 zu rechtfertigen sein, Schopp-Groothold 23, 24; Bettermann 77; LG Essen HW 1948, 28; LG Hagen JR 1950, 245; LG Siegen WM 1955, 24; AG Frankfurt a. M. BlGBW 1959, 385 = WM 1960, 23 = Glaser Nr. 53/II/1960 = BayGWW 1960, 264; LG Münster WM 1956, 102; LG Essen WM 1959, 27; Lemme WM 1952, 61; Schubert WM 1953, 12 m. w. N., Hans 2 zu § 22.

3 Für die Feststellung der Unterbelegung des Wohnraumes kommen als Benutzer nur die hausstandszugehörigen Familienangehörigen des Mieters in Betracht, ohne Rücksicht auf Alter, Geschlecht, Verwandtschafts- und Schwägerschaftsgrad, nicht dagegen Hausangestellte, Hans 1; Bettermann 42. Untermieter sind nicht zu berücksichtigen; untervermietete Räume werden mitgezählt, Bettermann 31.

4 Als Grundsatz für die Beurteilung der Frage, ob der Wohnraum des Beklagten „im Verhältnis zu der Zahl der Bewohner übermäßig groß ist", kann höchstens der wohnraumwirtschaftliche Begriff der Unterbelegung gelten. Nach § 10 Abs. 2 Satz 2 WBewG gilt in der Regel eine Wohnung als unterbelegt, wenn der Inhaber mehr Räume innehat, als ihm nach seinen persönlichen, familiären und beruflichen Bedürfnissen unter Berücksichtigung der Wohndichte der Gemeinde zugestanden werden kann. Dieser Raumbedarf kann auch durch die Klage aus § 23a nicht beschränkt werden, wohl aber kann ein Mehrraum dem Beklagten insbesondere dann nicht als „übermäßig" angerechnet werden, wenn, worauf Bettermann 49 mit Recht hinweist, die Herausgabe der ganzen Wohnung gefordert wird, Schopp-Groothold 10.

5 Ist die Wohnung nach Satz 1 als übermäßig groß ermittelt, so ist, sofern bei bewirtschaftetem Wohnraum die materiellrechtliche Voraussetzung des § 23c erfüllt ist, die Aufhebung des Mietverhältnisses auszusprechen, ohne daß im Einzelfall zu prüfen ist, ob der Kläger die Wohnung für einen Betriebsangehörigen dringend benötigt (Bettermann 51; a.M. Schopp-Groothold 2), es sei denn, daß eine rechtsmißbräuchliche Rechtsausübung vom Beklagten geltend gemacht und nachgewiesen wird.

6 Die in Satz 2 vorgeschriebene „Verhandlung der Angelegenheit" im Vertrauensrat des AOG, nun im Betriebsrate des Betriebsverfassungsgesetzes vom 11. Oktober 1952 (BGBl I 681) dürfte die nötige Klarheit auch nach dieser Richtung schaffen. Verhandelt kann nur werden, wenn ein Betriebsrat besteht. Das Ergebnis der Verhandlung im Betriebsrat ist, über die formale Voraussetzung des Aufhebunganspruchs hinaus, rechtserheblich nur in dem Falle, daß dem Betriebsrat nach Gesetz, Tarif oder Betriebsvereinbarung ein Mitbestimmungsrecht in dieser Angelegenheit zusteht; im übrigen ist das Ergebnis der Verhandlung ohne Bedeutung, Hans 2.

§ 23b

Die Vorschriften der §§ 20 bis 23a sind entsprechend anzuwenden, wenn Räume, die nach Gesetz oder Rechtsgeschäft für Angehörige eines bestimmten Betriebes oder einer bestimmten Art von Betrieben zur Verfügung zu halten sind und dem Betriebsinhaber weder gehören noch ihm vermietet sind, einem Betriebsangehörigen mit Rücksicht auf ein zwischen ihm und dem Betriebsinhaber bestehendes Dienst- oder Arbeitsverhältnis oder einem Betriebsfremden mietweise oder sonst zum Gebrauch überlassen sind.

1 Entstehung: § 4 Zweite AusfVO. Die bisherige Bestimmung § 23b — Hausmeister(Pförtner)wohnungen — ist in die Neufassung vom 15. Dezember 1942 nicht übernommen worden.

Die Vorschriften der §§ 20—23a betreffen Betriebs-, Dienst- und Werkwohnungen, die dem Betriebsinhaber (Dienstherrn) zu Eigentum gehören oder von ihm gemietet sind. § 4 dehnt diese Vorschriften aus auf Räume, die nicht vom Betriebsinhaber, sondern von dritter Seite, z. B. von Gemeinden, Wohnungsunternehmen — meist mit finanzieller Unterstützung der Betriebe — errichtet worden sind und für Angehörige eines bestimmten Betriebes oder einer bestimmten Art von Betrieben (z. B. des Bergbaues, der Bauindustrie) von dieser Seite zur Verfügung des Betriebsinhabers (Dienstherrn) zu halten sind. Die Räume dürfen dem Betriebsinhaber (Dienstherrn) weder gehören noch vermietet sein; zu dieser Klausel Schopp-Groothold 14; Bettermann 27, 31.

Die Verpflichtung zur wohnungsmäßigen Unterbringung von Angehörigen des Betriebes (Dienstbereiches) beruht auf Gesetz (z. B. dem Bergmannsiedlungsgesetz vom 30. März 1930, dem BergArbWohnBauG vom 23. Oktober 1950), Satzung oder Rechtsgeschäft (Vertrag, Testament). Solange diese Verpflichtung nicht erfüllt ist, kommt § 23b zur Anwendung, insbes. dann, wenn der Wohnraum einem Betriebsfremden überlassen ist, was in § 23b a. E. ausdrücklich noch hervorgehoben ist.

2 Die beiden Voraussetzungen für die entsprechende Anwendung der §§ 20 bis 23a sind

1. Raumüberlassung auf Grund eines gekoppelten Miet- und Dienst(Arbeits)verhältnisses (§ 20); entsprechend anzuwenden sind die §§ 20—22 und § 23a;
2. Raumüberlassung an einen Betriebsfremden (§ 23); entsprechend anzuwenden § 23 u. § 23a.

Die Voraussetzungen beider Kategorien sind nicht vertauschbar, Bettermann 37. Im Gegensatz zu den Fällen der §§ 20, 21 braucht für § 23b Vermieter und Betriebsinhaber (Dienstherr) nicht die gleiche Person zu sein (LG Essen MDR 1952, 233), woraus Bettermann 46 mit Recht gegen OLG Hamm HMR Rspr 1950 Nr. 108 die Schlußfolgerung zieht, daß an dem Nachweis der Abhängigkeit von Miet- und Dienstverhältnis strengere Anforderungen zu stellen sind als im Falle des § 21.

Die Kenntnis des Mieters von der Zweckbestimmung der Räume ist ebenso Erfordernis für die Anwendung des § 23b wie in den Fällen der §§ 23, 23a, Schopp-Groothold 18; Bettermann 51.

Die Anwendung des § 4 Abs. 2—6 und des § 13 Abs. 2 und 3 kommt für § 23b unmittelbar in Betracht, soweit es sich um die Erleichterung der Eigenbedarfsklage in den Fällen der §§ 20—23 handelt, mittelbar im Falle des § 23a vgl. auch LG Hagen JR 1950, 245. Soweit bewirtschafteter Wohnraum mit der Aufhebungsklage verlangt wird, ist § 23c zu beachten.

§ 23c

Ein Mietverhältnis über Wohnraum kann nach den §§ 22 bis 23b nur aufgehoben werden, wenn die zuständige Stelle dem Vermieter bescheinigt hat, daß eine erforderliche Zuteilung des Wohnraums entsprechend den Absichten des Vermieters erfolgen oder von einer Zuteilung nach § 9 Satz 2 des Wohnraumbewirtschaftungsgesetzes abgesehen wird, oder daß eine für die beabsichtigte anderweitige Verwendung des Raumes erforderliche Genehmigung erteilt wird.

1 Die gemäß § 28 Ziff. 3 WBewG mit Wirkung vom 1. Juli 1953 neu eingefügte Vorschrift des § 23c entspricht der für die Eigenbedarfsklage aus § 4 geltenden Vorschrift des § 4a. § 23c hat ebenso wie § 4a mit Wirkung vom 1. Juli 1960 eine neue Fassung erhalten (Art. III Nr. 3 des Abbaugesetzes). Nach

der früheren Fassung des § 23c mußte es sich um Wohnräume handeln, die der Wohnraumbewirtschaftung unterlagen. Diese Voraussetzung ist — ebenso wie in § 4a — bei der Neufassung des § 23c weggefallen. In der Neufassung wird statt von der „Wohnungsbehörde" von der „zuständigen Stelle" gesprochen. Das ist, solange in dem Gebiet, in dem die Wohnung belegen ist, die Wohnraumbewirtschaftung noch nicht aufgehoben ist (§§ 3c bis 3e WohnBewG i. d. F. d. Art. II Abbaugesetz), die Wohnungsbehörde. Wenn die Wohnraumbewirtschaftung für ein bestimmtes Gebiet aufgehoben und die Wohnungsbehörde aufgelöst ist, dann werden für die Erteilung der Bescheinigungen landesrechtlich andere Behörden bestimmt werden.

Soweit der Vermieter, wie im Falle des § 22 Halbsatz 1, den Betriebsbedarf für sich selbst oder einen Angehörigen geltend macht, gilt an Stelle des § 23c, § 4a, Bettermann 15. Die Verweisung auf die §§ 20, 21 ist insofern gegenstandslos, als hier nicht die Mietaufhebung geregelt, vielmehr die Eigenbedarfsklage erst durch die Vorschrift des § 22 erleichtert ist; in gleicher Weise wird die Bezugnahme auf § 23b erst durch Vermittlung der §§ 22, 23, 23a wirksam, Bettermann 8, 10.

Die Erteilung der Bescheinigung der Wohnungsbehörde (der zuständigen Stelle) ist materiellrechtliche Voraussetzung für die Aufhebung des Mietverhältnisses; es gelten im übrigen die Ausführungen zu § 4a.

Wegen der wohnungsbehördlichen Zuteilung des erstrittenen Wohnraumes vgl. § 33 Abs. 3 WBewG.

2 Die grundsätzlich auch auf Bergarbeiterwohnungen im Sinne der §§ 2, 4, 24 des Gesetzes zur Förderung des Bergarbeiterwohnungsbaues im Kohlenbergbau vom 30. November 1954 (BGBl I 358) in der Fassung vom 4. Mai 1957 (BGBl I, 418) anzuwendenden Vorschriften der §§ 20 bis 23c MSchG sind durch § 8 BergArbWohnBauG eingeschränkt. Grundsätzlich ist die Verkoppelung von Raumüberlassung und Arbeitsverhältnis im Kohlenbergbau untersagt; in § 5 Abs. 3 ist eine entgegenstehende Vereinbarung ausdrücklich für nichtig erklärt. Demgemäß kommen alle auf die Abhängigkeit von Miet- und Arbeitsverhältnis bezüglichen Bestimmungen der §§ 20, 21 in Wegfall, auch diejenige des § 20 Satz 2, so daß auch der für die Auflösung des Dienst-(Arbeits)verhältnisses verantwortliche Mieter im Genusse des Mieterschutzes bleibt, Bettermann 6 nach § 23c.

Zu dieser aus § 5 Abs. 3 BergArbWohnBauG zu folgernden, in § 8 Satz 2 BergArbWohnBauG ausdrücklich vorbehaltenen Einschränkung der Vorschriften der §§ 20, 21, 23b — die lediglich der Erweiterung der Aufhebungsgründe dienenden Vorschriften der §§ 22, 23, 23a und 23b kommen hier nicht weiter in Betracht — tritt die Beschränkung der in den §§ 20 bis 23b niedergelegten Vermieterrechte durch § 8 Satz 3 BergArbWohnBauG, durch die dem wohnungsberechtigten Bergarbeiter und seiner Familie ein verstärkter Mieterschutz gewährt wird. Hiernach darf der Vermieter einer Bergarbeiterwohnung gegen den gemäß § 5 Abs. 1 Wohnberechtigten (§ 4) Rechte, die sonst gemäß §§ 20—23b MSchG ihm zustehen, gegen die wohnberechtigte Bergarbeiterfamilie nicht ausüben. Dies gilt insbesondere für die Aufhebungsklagen gemäß §§ 22, 23, 23a; soweit — wie im Falle des § 20 Satz 2 — von einer Rechtseinräumung nicht gesprochen werden kann, wird das Recht von dem Ausschluß in § 8 Satz 3 BergArbWohnBauG nicht betroffen, Bettermann 22 nach § 23c. Der Ausschluß der Rechte besteht auch dann, wenn die Wohnung nicht mietweise, sondern in anderer Rechtsform überlassen ist. Der Bergarbeiter soll den Arbeitgeber im

Kohlenbergbau wechseln können, ohne befürchten zu müssen, daß er die Wohnung verliert (amtl. Begr. zu Entwurf). Unerheblich ist auch, aus welchem Grunde er den Arbeitgeber gewechselt hat. Als Wohnberechtigte kommen auch ehemalige Arbeitnehmer des Kohlenbergbaues in Betracht, die wegen Invalidität oder infolge Arbeitsunfalls aus der Beschäftigung ausscheiden mußten oder die nach mindestens fünfjähriger Beschäftigung ohne ihr Verschulden gegen ihren Willen ausgeschieden sind, § 4 Buchst. b BergArbWohnBauG; vgl. LG Bochum NJW 1959, 1880 (abl. Anm. Bettermann).

§ 24

(1) **Auf Untermietverhältnisse sind die Vorschriften des ersten Abschnittes dieses Gesetzes nur anzuwenden, wenn der Untermieter die Räume ganz oder überwiegend mit Einrichtungsgegenständen ausgestattet hat oder wenn er in den Mieträumen mit seiner Familie eine selbständige Wirtschaft oder Haushaltung führt.**

(2) **Soweit nach Abs. 1 der Mieterschutz davon abhängt, daß der Untermieter in den Mieträumen mit seiner Familie eine selbständige Wirtschaft oder Haushaltung führt, ist der Tod eines Familienangehörigen oder sein Ausscheiden aus der gemeinsamen Wohnung für die Fortdauer des Schutzes ohne Einfluß, selbst wenn nur noch ein Familienangehöriger die Mieträume inne hat. Jeder im Haushalt des Verstorbenen oder des Ausgeschiedenen verbliebene Familienangehörige tritt, wenn keiner von ihnen selbst Untermieter ist, an Stelle des Weggefallenen in das Untermietverhältnis ein, sofern sich dieser Eintritt nicht schon aus anderen Vorschriften ergibt.**

(3) **Einem Untermietverhältnis steht es gleich, wenn ein Hauseigentümer oder jemand, der einen Raum auf Grund eines Erbbaurechts, Nießbrauchs oder eines ähnlichen Rechtsverhältnisses inne hat, einen Teil des von ihm selbst im Haus benutzten Raumes vermietet.**

1 Entstehung: § 2 Abs. 2 Dritte AusfVO KSchVO (hinsichtlich des Abs. 1); § 4 Sechste AusfVO KSchVO (hinsichtlich des Abs. 2). § 24 gilt nun auch wieder in Hessen und in Württemberg-Baden, nachdem die Hess VO über die einstweilige Regelung von Mietstreitigkeiten vom 23. November 1946 (GVBl 222) und das Württ. Bad. Gesetz Nr. 228 zur Änderung des Mieterschutzrechts vom 4. März 1948 (RegBl 1948, 48) durch Art. X § 1 Abs. Nr. 9 und 10 Abbaugesetz mit Wirkung vom 1. Juli 1960 aufgehoben worden sind.

Die Zuteilung der Wohnung durch die Wohnungsbehörde begründet an sich kein Mietrechtsverhältnis, also auch keinen Mieterschutz, irrig LG Hannover MDR 1949, 422; wie hier LG Kiel DRspr II (277) 24; LG Paderborn WM 1950 Nr. 4; LG Hildesheim HMR Rspr 1950 Nr. 31; Bettermann Einl. 49 und 60a zu § 1.

2 Geltungsbereich: § 24 gilt dem Wortlaut nach nur für Räume; die Ausdehnung auf gewerblich genutzte unbebaute Grundstücke — soweit diese nicht

gemäß § 5 GRMG vom Mieterschutz wieder befreit sind — folgt aus § 1 Abs. 1 Satz 2 MSchG. Zur umstrittenen Anwendung auf die Vermietung unbebauter Grundstücke zum Zwecke der Errichtung von Wohnungen Einleitung 2 vor § 1. Wegen der Anwendung des § 24 auf unterverpachtete Grundstücke vgl. Einleitung vor § 1.

Die Ordnung des § 24 umfaßt nicht nur den Tatbestand der Abvermietung (Abverpachtung), d. h. der Weitergabe der Nutzung von Teilen des Miet(Pacht)-gegenstandes; sie gilt auch für die Weitervermietung (Weiterverpachtung) im ganzen; so Roquette 4 und Mietrecht S. 282, Schopp-Groothold 19; BGH V ZR 20/51 MDR 1952, 666; a. A. Bettermann 2; BayObLGZ 1952, 175 läßt die Frage dahingestellt sein. Untervermieter i. S. des § 24 ist auch nach der h. M. nicht nur der Hauptmieter (Hauptpächter BGH MDR 1952, 666), sondern jeder zum Besitz Berechtigte (Entleiher, Eingewiesene), sofern das Benutzungsrecht nicht auf einem dinglichen Recht beruht, Bettermann 31, 15.

Hat der Betriebsinhaber Räume der von ihm bewohnten Betriebswohnung an Angehörige des Betriebes vermietet, so kann er sich seinem Untermieter gegenüber nicht darauf berufen, daß ihm die Wohnung als Betriebswohnung überlassen sei und ihm deshalb die erleichterte Eigenbedarfsklage aus § 23 zustehe, so mit Recht LG Flensburg MDR 1952, 233 vgl. auch LG Göttingen Glaser 1953 Nr. 367.

Die Sonderregelung des Bestandschutzes des Untermieters in § 24 beruht auf dem Grundgedanken, daß der Kündigungsschutz nur den auf Dauer berechneten Nutzungsrechtsverhältnissen zu gewähren sei, KG JR 1948, 314. Als Beweisanzeichen für die Dauer seien die besonderen Voraussetzungen des Abs. 1 zu erfüllen.

3 Der Bestandschutz des Untermieters ist nicht nur gegenüber dem Untervermieter ein beschränkter, sondern vor allem gegenüber dem Hauptvermieter gefährdet; denn dieser hat nach § 556 Abs. 3 BGB mit Beendigung des Hauptmietverhältnisses einen Rückgabeanspruch gegen den Untermieter, gleichviel, ob er zur Untervermietung die Erlaubnis gegeben hat oder nicht. Der Rechtsbestand des Untermietverhältnisses wird von der Beendigung des Hauptmietverhältnisses nicht berührt, Staudinger-Kiefersauer, 26 zu § 549; KG DR 1942, 1093; LG Stade HMR Rspr 1949 Nr. 21; LG Hamburg HMR Rspr 1950 Nr. 37; OVG Münster ZMR 1952, 111; Bettermann zu LG Kassel MDR 1953, 234. Es kann aber zwischen den Vertragsteilen auch im Geltungsbereich des MSchG vereinbart werden, daß mit der Auflösung des Hauptmietverhältnisses (gleichviel aus welchem Grunde) das Untermietverhältnis beendigt sein soll, weil die Vereinbarung einer auflösenden Bedingung als rechtswirksam anzusehen ist. Zur Frage der mißbräuchlichen Rechtsausübung bzw. Umgehung des MSchG (§ 49) vgl. LG Hannover NJW 1949, 825 (Lewald); LG Göttingen MDR 1949, 744 (Lewald); LG Osnabrück ZMR 1952, 13, Roquette NJW 1952, 1395; Grund NJW 1953, 491; LG Kassel MDR 1953, 233 (Bettermann) und WM 1954, 79 = MDR 1954, 484; AG Pinneberg MDR 1953, 359; LG Landshut ZMR 1953, 218; LG Oldenburg, Glaser Nr. 14/IV/1954; LG Kleve MDR 1954, 361; LG Düsseldorf MDR 1954, 419 (Bettermann); LG Köln MDR 1954, 420 (Weimar); LG Aachen ZMR 1954, 212; LG Freiburg/Breisgau ZMR 1956, 119; LG Frankfurt a.M. WM 1955, 56; LG Köln ZMR 1958, 314 = JMBl (NRW) 1957, 280 = WM 1958, 23; LG Osnabrück WM 1958, 166; Roquette, Mietrecht 421; Bettermann 367; Schopp-Groothold 30; Hans 5; Bull NJW 1954, 946;

Weimar BlGBW 1955, 150; Domnich: NJW 1955, 1620; Liebers HuW 1955, 386; Domnich ZMR 1955, 322. Die Abwehr des Räumungsanspruchs des Vermieters wird nur in besonderen Ausnahmefällen mit Hilfe des § 826 BGB dem Untermieter möglich sein, vgl. LG Essen HMR Rspr. 1950 Nr. 30.

3 Gegenüber der Klage des Hauptvermieters aus § 556 Abs. 3 BGB kann sich der Untermieter in keinem Fall auf Mieterschutz berufen, Staudinger-Kiefersauer 31 zu § 549; Bettermann SJZ 1949, 618; LG Bayreuth MDR 1950, 223; LG Gießen, Urt. vom 13. Februar 1957 — 2 S 232/56 —. Auch § 27 MSchG findet keine Anwendung RGZ 110, 124; OLG Düsseldorf JW 1925, 2346; LG Köln JW 1925, 1926; a. M. OLG Köln EA 356; LG Berlin JW 1929, 2901; Bettermann SJZ 1949, 618; Anm. 13 zu § 1 und 6 zu § 27 MSchG.

4 Die Wiedereinweisung des gemäß § 556 Abs. 3 BGB räumungspflichtigen Untermieters durch die Wohnungsbehörde in die Räume ist im Hinblick auf § 33 Abs. 1 WBewG auch nach Vorliegen eines Räumungstitels grundsätzlich insoweit zulässig, als die Maßnahme der Wohnungsbehörde dem Sinn des Urteils nicht zuwiderläuft (Fellner-Fischer 3 zu § 33 WBewG); liegt ein Urteil nicht vor, so kann die Wohnungsbehörde ohne Vermeidung von Ermessensfehlern gegen den Willen des Vermieters die Wiedereinweisung des Untermieters (Zuteilung des Wohnraumes) mit nachfolgender Mietverfügung (§ 15 Abs. 6, § 16 WBewG) nur vornehmen, wenn diese Maßnahme dem Vermieter zumutbar (Roquette WBewG S. 264; Bettermann MDR 1950, 265) und zugleich aus „besonders dringenden Gründen der Wohnraumbewirtschaftung" notwendig ist, OVG Hamburg ZMR 1956, 280 = Glaser Nr. 187/VII/1956; BayVGH ZMR 1955, 152; LVG Hamburg DWW 1955, 269; Becker WM 1954, 54, 140; 1955, 109. Die Wohnungsbehörde ist keinesfalls berechtigt, das Untermietverhältnis in ein Hauptmietverhältnis umzuwandeln (LG Lüneburg MDR 1949, 167) und der Vermieter selbst kann eine solche Umwandlung nur mit Genehmigung der Wohnungsbehörde vornehmen, § 13 WBewG.

5 Die — mindestens überwiegende (LG Landshut ZMR 1952, 255) — Ausstattung der vereinbarungsgemäß überlassenen Mieträume mit für die Lebenshaltung des Mieters bedeutsamen (Bettermann 117; Hans 1) bzw. zur zweckentsprechenden Benutzung als Gewerberaum zweckdienlichen, wenn auch nicht unbedingt erforderlichen (LG Essen HMR Rspr 1949 Nr. 15; LG Regensburg ZMR 1952, 65; AG Köln ZMR 1954, 220) Einrichtungsgegenständen durch den Untermieter, gleichviel ob sie diesem zu Eigentum gehören oder nicht, gleich, ob der Mieter sie von seinem Vorgänger (käuflich, miet- oder leihweise) oder (unabhängig von der Raumüberlassung) vom Vermieter übernommen hat, ist Voraussetzung für die Anwendung der §§ 1—36 MSchG; kein Mieterschutz, wenn sich nicht mit Sicherheit feststellen läßt, ob der Anteil des Untermieters überwiegt, LG München WM 1958, 72. Die Art der Raumnutzung — Wohnung, Büro, Sprechzimmer, Laden (LG Göttingen WM 1950 Nr. 1), Lagerraum (LG Hamburg MDR 1950, 483), Unterrichtsraum — ist unerheblich. Auch der Untermieter von Nichtwohnräumen genießt Mieterschutz nur, wenn er diese — vereinbarungsgemäß, also mit Zustimmung (nicht nur mit Duldung, a. M. Hannover WM 1954, 102) des Vermieters — ganz oder überwiegend mit Einrichtungsgegenständen ausgestattet hat. Eine Ausnahme ist nur für den Fall anzuerkennen, daß der Mieter sich vertraglich verpflichtet hat, die Einrichtungsgegenstände bei Beendigung des Mietverhält-

nisses dem Vermieter zurückzulassen; der Mieter ist alsdann nicht schutzbedürftig, Bettermann 121. Der Mieterschutz beginnt bereits mit der Vereinbarung der Einbringung von Einrichtungsgegenständen, nicht erst mit deren tatsächlicher Einbringung, LG Augsburg MDR 1951, 33.

6 Der alleinstehende Untermieter hat keinen Anspruch auf Bestandschutz. Sind vom Untermieter nach Abschluß des Vertrages ohne Wissen oder Willen des Untervermieters Einrichtungsgegenstände in die Räume verbracht worden, so erlangt der Untermieter dadurch keinen Kündigungsschutz; maßgebend ist die vertragliche Regelung hinsichtlich der Stellung der Einrichtungsgegenstände durch den Untervermieter. Sind die Räume mit den vom Untervermieter gestellten Einrichtungsgegenständen vermietet und führt der Untermieter in den Mieträumen keine selbständige Wirtschaft oder Haushaltung — bei gewerblichen Räumen mit anschließender Wohnung (sofern diese gemäß § 5 GRMG überhaupt noch dem Mieterschutzgesetz unterworfen sind) kommt es auf Einrichtung des Gewerbebetriebes an, nicht auf die Haushaltführung in der Wohnung, KF JR 1948, 286 und 314 —, so gilt auch bei Abvermietung kein Mieterschutz. Wegen der Möglichkeit, die Rücknahme einzelner oder sämtlicher Einrichtungsgegenstände durch den Vermieter im Wege der Teilkündigung des Mieters bzw. deren Rückgabe durch den Mieter durch Teilkündigung des Vermieters zu erzwingen, vgl. § 24 a.

7 Bei Unterpachtverhältnissen wird der Pächter regelmäßig einen vom Verpächter eingerichteten Betrieb übernehmen und daher auch bei Abvermietung ohne Kündigungsschutz sein. Hat dagegen der Unterpächter ausnahmsweise das Inventar ganz oder teilsweise selbst mitgebracht und kann die Raumüberlassung trotzdem rechtlich noch als Pacht angesehen werden, so kann er sich bei Abverpachtung auf § 24 berufen, Bettermann 318.

Bei gewerblich genutzten unbebauten Grundstücken — soweit diese nicht gemäß § 5 GRMG aus dem Mieterschutz ausgeschieden sind — genießt der Untermieter (Unterpächter) bei Abvermietung (Abverpachtung) Mieterschutz, wenn er erlaubterweise, d. h. mit Zustimmung des Vermieters (Verpächters) auf dem Grundstücke nicht ganz unerhebliche Anlagen errichtet hat.

8 Eine selbständige Haushaltführung in den Mieträumen — sie bildet die Grundlage für die (hier nicht geforderte) wirtschaftlich und räumlich selbständige Wohnung, KG JW 1925, 1127; 1926, 717; 1927, 277; MietG 1931, 147; DR 1940, 868; OVG Münster HMR Rspr 1950 Nr. 24 u. 66; DÖV 1950, 503; ZMR 1953, 69, 126 u. 228; VGH München ZMR 1952, 44; OVG Hamburg ZMR 1954, 338 — ist auch dann möglich, wenn die Familie des Untermieters keinen ausdrücklichen Rechtsanspruch auf Küchenmitbenutzung, wohl aber die Möglichkeit einer solchen eingeräumt erhalten hat, KG DR 1941, 650; Hans 2; a. M. Bettermann 134. Erforderlich ist in Abs. 2 die Zugehörigkeit zum Haushalt des Mieters, nicht nur wie in § 19 Zugehörigkeit zum Hausstand. Durch Abs. 2 ist beim Ausscheiden des Untermieters (Tod, Wegzug) den oder dem einzigen in den Mieträumen verbliebenen Familienangehörigen ein weitgehender Raumschutz eingeräumt, LG Köln WM 1954, 128. Diese Regelung beschränkt sich auf Wohnräume (ebenso Bettermann 306) und auf Untermieter mit Familie; zum Begriff der Familie (Roquette DR 1943, 420; Scholz WM 1951, 18; LG Landshut ZMR 1952, 131; LG Essen ZMR 1953, 117; LG Berlin HW 1953, 53 u. 1954, 173; AG Köln WM 55, 151; LG Hamburg,

verneinend für Verlobte, BlGBW 1958, 31 m. abl. Anm. v. Schumacher; Bettermann 144, 146a (der mit Recht für eine weite Auslegung eintritt und für die entsprechende Anwendung des Abs. 1 und des Abs. 2 Satz 1 auf Fälle, in denen der Mieter mit einer Haushälterin [Hausangestellten] einen eigenen Haushalt führt; a. M. Hans 2); Grenzfall, wenn Sohn die Mutter zur Haushaltführung später zu sich nimmt, LG Traunstein Glaser Nr. 22/III/1954. Einzelpersonen haben auch dann keinen Kündigungsschutz, wenn sie mehr oder weniger sich selbst verköstigen, AG Stuttgart Glaser Nr. 55/III/1955; auch nicht die Untermieterin nach der Geburt eines unehelichen Kindes, AG Dillingen (Donau) ZMR 1956, 19; eine Ausnahme bildet der Fall, daß sich im Laufe des Mietverhältnisses der Familienhaushalt z. B. durch den Tod eines Ehegatten in einen Einzelhaushalt verwandelt, Bettermann 154; LG Köln ZMR 55, 14. Die Haushaltführung des Untermieters muß von der des Mieters getrennt sein. Eigene Möbelstücke des Untermieters sind nicht notwendig, wohl aber, daß der Untermieter regelmäßig wenigstens eine Hauptmahlzeit im Hause einnimmt, Hans 2; unentschieden KG EA 575; dazu Bettermann 136.

9 Die für die Aufnahme von Angehörigen ohne Zustimmung des Vermieters geltenden Grundsätze gelten für § 24 nur mit Einschränkung; denn die Überlassung von nichtselbständigen Teilen einer Wohnung und von Einrichtungsgegenständen verlangt eine stärkere Berücksichtigung der Vermieterinteressen, Bettermann 167; Staudinger-Kiefersauer 18 zu § 549.

10 Bei Unterpachtverhältnissen ist die Vorschrift nur anwendbar, wenn mit den gewerblichen Räumen Wohnräume mitverpachtet sind, in denen die Haushaltführung möglich ist, vgl. LG Göttingen DRspr II (277) 9; KG Berlin JR 1948, 286; LG Hamburg MDR 1950, 483. Hier entscheidet aber das wirtschaftliche Schwergewicht zwischen Wohnraum und Gewerberaum für die Anwendung der Vorschriften dieses Gesetzes; wird das Übergewicht des Wohnraumes verneint, so entfällt der Mieterschutz überhaupt, § 24 ist nicht anwendbar und es bedarf keiner weiteren Prüfung der Frage, ob bei Unterpachtverhältnissen an Stelle der „selbständigen Wirtschaft" des Unterpächters der „selbständige Gewerbebetrieb" tritt, was KG SJZ 1949, 119 mit Recht als unzulässig erachtet; a. M. Bettermann 319; Roquette Mietrecht S. 284. Der Gewerbebetrieb ist stets selbständig, auch wenn der Unterpächter etwa Maschinen des Hauptpächters mitbenutzen würde, BGH MDR 1952, 666 = ZMR 1953 343.

11 Die Grundsätze des § 24 gelten uneingeschränkt auch für Untermieter, denen der Wohnraum durch die Wohnungsbehörde zugeteilt ist, LG Paderborn MDR 1950, 225; Bettermann 327. Die Zuweisung des Wohnungssuchenden als solche begründet keinen Mieterschutz, LG Hildesheim HMR Rspr 1950 Nr. 31; AG u. LG Hannover, Glaser Nr. 338/53 u. Nr. 2/III/1954; a. M. LG Hannover MDR 1949, 422. Es ist nicht richtig, wenn LG Hamburg — Reinecke NJW 1948, 650 — ausführt, daß die „Bestimmung des § 24 MSchG insoweit als durch das Wohnungsgesetz abgeändert anzusehen ist". Die Zuweisung zielt wesentlich (vgl. § 15 Abs. 1, § 16 WBewG) auf die Schaffung eines privatrechtlichen Nutzungsverhältnisses ab, ohne dessen Mieterschutzfähigkeit zu beeinflussen. Sofern daher nach der Norm des § 24 ein Mieterschutz dem zugewiesenen Untermieter nicht zusteht, ist er der Kündigung des Vermieters ausgesetzt. Der Vorschlag Reineckes a.a.O., das Kündigungsrecht des Vermieters gemäß § 242 BGB unter dem Gesichtspunkt des Rechtsmiß-

brauchs einzuschränken, erscheint bedenklich, da die Kündigung im Sinne des BGB eines rechtfertigenden Grundes nicht bedarf, vgl. Staudinger-Kiefersauer 1 u. 28 zu § 564.

12 Soweit nicht bereits aus anderen Gründen, z. B. durch Erbfall eine Rechtsnachfolge (Gesamtrechtsnachfolge) und damit ein Eintritt in das Untermietverhältnis durch den haushaltzugehörigen Familienangehörigen stattgefunden hat, findet gemäß Abs. 2 Satz 2 in jedem Fall — beim Tode ebenso wie beim Ausscheiden des Untermieters aus der gemeinsamen Wohnung — eine Einzelrechtsnachfolge, hier „Eintritt" genannt, statt, vgl. hierher § 19 Abs. 1 diese Vorschrift geht als lex specialis der Regelung in Abs. 2 Satz 2 vor, Bettermann 227, 240. Der „Eintritt" erfolgt kraft Gesetzes; die Angehörigen haben — anders als nach § 19 Abs. 1 Satz 3 — kein Recht, den Eintritt abzulehnen, können sich also nur für die Zukunft durch Kündigung aus dem Untermietverhältnis oder durch freie Vereinbarung lösen. Durch diese Regelung kann der Kündigungsschutz für die nach dem Tode oder dem Ausscheiden des eigentlichen Mieters aus der Wohnung (z. B. der Ehemann verläßt böswillig Frau und Kinder, Roquette DR 1943, 421 und Mietrecht S. 285) in der Wohnung Verbleibenden aufrechterhalten werden, sofern diese weiterhin darin einen eigenen Hausstand (Familienhaushalt) im Rahmen des Untermietverhältnisses — dazu Bettermann 270 — führen. Für die Fortdauer des Kündigungsschutzes ist es unerheblich, wenn die Voraussetzungen des Abs. 1 entfallen, wenn also nur mehr eine Einzelperson ohne selbständigen Haushalt die Räume innehat, ebenso Bettermann 288.

Da der „Eintritt" gemäß Abs. 2 Satz 2 das Fortbestehen des Mietverhältnisses zur Voraussetzung hat, kann diese Vorschrift nicht zur Anwendung kommen, wenn das Mietverhältnis vom Mieter durch Vereinbarung oder Kündigung vor seinem Ausscheiden aufgelöst worden ist, Bettermann 223, 251.

13 Untermietähnliches Rechtsverhältnis („Quasi-Untermietverhältnis"). Die Vermietung selbstgenutzter Räume durch den Hauseigentümer ist an sich Miete; durch die Gleichstellung mit dem Untermietverhältnis finden die Vorschriften der Abs. 1 und 2 Anwendung. Es gilt also für den Rauminhaber der beschränkte Mieterschutz des Abs. 1, zugleich aber auch für die haushaltangehörigen Familienangehörigen die Erweiterung des Raumschutzes gemäß Abs. 2. Von den eigengenutzten Räumen darf nur ein Teil zur Alleinbenutzung überlassen, die Raumnutzung einer Raumeinheit („im Hause") muß also in Eigen- und Fremdnutzung aufgeteilt sein, ohne daß damit die Einheit zerstört wird z. B. zwei selbständige d. h. wirtschaftlich und räumlich getrennte Wohnungen geschaffen werden. Vermietet der Hauseigentümer einen räumlich und wirtschaftlich selbständigen Teil seiner eigenen Wohnung, so findet § 24 keine Anwendung, KG DR 1940, 868; Cranz HuW 1950, 190; Schopp-Groothold 61; Roquette 6; Bettermann SJZ 49, 465.

§ 24a

(1) **Sind dem Mieter eines Wohnraums Möbel oder andere Einrichtungsgegenstände von dem Vermieter mitvermietet worden und sind die Vorschriften des ersten Abschnitts anzuwenden, so können Vermieter und Mieter den Mietvertrag hinsichtlich aller oder ein-**

zelner mitvermieteter Gegenstände kündigen, wenn die Kündigung bei Abwägung der Verhältnisse des Mieters und des Vermieters dem anderen Teil zugemutet werden kann.

(2) **Die Kündigung ist nur für den Schluß eines Kalendermonats zulässig. Sie hat spätestens am dritten Werktag des Monats zu erfolgen.**

(3) **Von dem Zeitpunkt an, in dem die Kündigung wirksam wird, ermäßigt sich die Miete in angemessenem Verhältnis. Die preisrechtlichen Vorschriften bleiben unberührt.**

(4) **Bei einem Rechtsstreit, der die Zurücknahme oder Herausgabe von Möbeln oder Einrichtungsgegenständen betrifft, finden die §§ 7, 12, § 13 Abs. 4 und § 15 entsprechende Anwendung.**

1 Die Vorschrift des § 24a ist mit Wirkung vom 1. Juli 1953 durch § 28 Ziff. 4 WBewG in das Mieterschutzgesetz eingefügt worden. Durch sie wird für mieterschutzpflichtige Mietverhältnisse die bisher umstrittene Frage bejaht, ob bei Mitvermietung von Einrichtungsgegenständen deren Überlassung von einem Vertragsteil aufgekündigt werden kann, vgl. hierzu Bettermann 79 zu § 1 und 10 zu § 24; Hans 9 zu § 1; Roquette Mietrecht R. 828 und WBewG S. 413; Schopp-Groothold 38, 44 zu § 24; Staudinger-Kiefersauer 82 vor § 535; LG Göttingen ZMR 1952, 178; LG Lüneburg MDR 1953, 100; LG Essen ZMR 1953, 250; LG Köln Glaser Nr. 216/1952; AG Bremen Glaser Nr. 341/1953.

2 Die gesetzliche Regelung beschränkt sich auf Mietverhältnisse über Wohnräume, die dem Mieterschutz unterliegen. § 24a ist daher unanwendbar auf Miet(Pacht)verhältnisse, bei denen diese Voraussetzung nicht vorliegt; dies gilt insbes. für Untermietverhältnisse, in denen der Untermieter einen selbständigen Haushalt nicht führt (8 zu § 24) oder bei denen die überwiegende Ausstattung mit Einrichtungsgegenständen nicht durch ihn erfolgt ist (6 zu § 24). In diesen Fällen ist die Frage der Zulässigkeit der Teilkündigung nach allgemeinen Rechtsgrundsätzen zu entscheiden.

3 § 24a gilt ferner nicht für die Vermietung von Wohnraum und Einrichtungsgegenständen, wenn diese getrennt d. h. unabhängig von einander erfolgt ist. Für die Auslegung des Begriffs der Mitvermietung gibt die in § 3 Abs. 2, § 5 Abs. 3 GRMG gewählte Ausdrucksweise „zugleich mit" einen Anhaltspunkt, wobei unbestritten ist, daß damit nicht der Vertragsabschluß zum gleichen Zeitpunkt und in demselben Vertrag gemeint ist (RGZ 122, 274), so daß auch Mitvermietung durch mehrere Mietverträge bei entsprechender (auch nachträglicher) Verkoppelung die Voraussetzung erfüllen kann, vgl. LG Hamburg MDR 1953, 174; AG Bremen ZMR 1953, 159. Liegt ein einheitliches Mietrechtsverhältnis nicht vor, so kann jeder Vertragsteil den Mietvertrag über die Einrichtungsgegenstände ohne Rücksicht auf die für den Raumüberlassungsvertrag geltenden Mieterschutzvorschriften gemäß Gesetz oder Vertrag kündigen; § 24a findet keine Anwendung. Die bloße Aufteilung des Mietzinses in das Entgelt für die Raumüberlassung und für die Benutzung der Einrichtungsgegenstände steht der Annahme der Mitvermietung nicht ohne weiteres entgegen.

4 Aus der Ausdrucksweise des Gesetzes „Mieter eines Wohnraumes" dürfte nicht zu folgern sein, daß § 24 a nur auf die Vermietung von Einzelräumen, nicht auf die Überlassung ganzer möblierter Wohnung anwendbar sei (so Roquette 3 zu § 24 a; wie hier Bettermann 13, 17; Hans 1). Gerade weil § 24 a nicht auf Untermietverhältnisse beschränkt ist, dürfte die Einengung auf Einzelwohnräume nicht gerechtfertigt sein, ganz abgesehen davon, daß die Abgrenzung einer Mehrheit von Einzelräumen gegen den Begriff der Wohnung erheblichen Schwierigkeiten begegnen kann.

5 Bei einheitlicher Vermietung von Raum und Einrichtungsgegenständen — das Gesetz zählt die Möbel (zu denen auch das Zubehör wie Decken, Matratzen, Bettwäsche gehört) ausdrücklich zu den Einrichtungsgegenständen anderer Art, die der Wohnlichkeit des Raumes dienen, wie Teppiche, Vorhänge, Beleuchtungskörper, Bilder — räumt die Vorschrift des Abs. 1 sowohl dem Mieter als auch dem Vermieter ein auf einzelne oder alle mitvermieteten Einrichtungsgegenstände bezügliches Teilkündigungsrecht ein. Dieses Recht ist ein Schutzrecht im Sinne des § 49 MSchG, auf das die Vertragsteile im voraus nicht verzichten können und das durch Vereinbarung von Rechtsnachteilen nicht unwirksam gemacht werden kann. Entgegenstehende, vor Inkrafttre en des § 24 a getroffene Vereinbarungen sind unwirksam; dies gilt insbes. auch für Kündigungstermine und Kündigungsfristen, die der Vorschrift des Abs. 2 entgegenstehen, Fellner-Fischer 4 zu § 24 a (§ 28 WBewG).

6 Die Kündigung aus Abs. 1 ist nur für den Schluß eines Kalendermonats zulässig und muß spätestens am dritten Werktag ausgesprochen d. h. dem Vertragsgegner zugegangen (§ 130 BGB) sein.

Die Kündigung ist gemäß Abs. 1 nur zulässig, wenn die durch sie bewirkte Beendigung des Mietverhältnisses (§ 564 BGB) und die dadurch ausgelöste Rückgabepflicht (§ 556 BGB) bzw. Rücknahmepflicht hinsichtlich der bezeichneten Einrichtungsgegenstände dem Vertragsgegner bei Abwägung der Verhältnisse des Vermieters und des Mieters zugemutet werden kann.

7 Die Entscheidung über die Zumutbarkeit obliegt dem Gericht, wenn die Zulässigkeit der Kündigung vom Vertragsgegner bestritten wird. Kündigt der Mieter, so ist die Kündigung für den Vermieter in aller Regel dann nicht zumutbar, wenn er auf die möblierte Vermietung zur Erhaltung seiner wirtschaftlichen Lebensgrundlage angewiesen ist (OVG Münster HMR Rspr 1951 Nr. 153 und ZMR 1952, 260; vgl. § 19 S. 2 WBewG) oder wenn er die Einrichtungsgegenstände in den eigenen Räumen nicht ohne Schwierigkeiten unterbringen kann. Andererseits ist das Interesse des Mieters an der Einbringung eigener Einrichtungsgegenstände in den Wohnraum, insbes. bei Flüchtlingen, angemessen zu berücksichtigen. Auch die besonderen Umstände des Einzelfalles (Versprechungen hinsichtlich der Möbelnutzung, Zustand der Möbel) sind zu beachten.

Kündigt der Vermieter, z. B. weil er die Möbel selbst benötigt, so sind die wirtschaftlichen Verhältnisse des Mieters zu berücksichtigen, insbes. nach der Richtung, ob er selbst Möbel zu beschaffen vermag. Gegebenenfalls kann die Kündigung auf einen Teil der begehrten Einrichtungsgegenstände beschränkt werden.

8 Die preisrechtlichen Auswirkungen einer nach Abs. 1 zulässigen Kündigung einzelner oder aller überlassenen Einrichtungsgegenstände werden in Abs. 3, vorbehaltlich der allgemeinen Preisvorschriften, dahin festgelegt, daß vom Wirksamwerden der Kündigung an die Miete in angemessenem Verhältnis von Raummiete und Möbelmiete sich ermäßigt. Dabei ist vorausgesetzt, daß die Rückgabe der Einrichtungsgegenstände bei Kündigung des Vermieters auch tatsächlich zu diesem Zeitpunkt erfolgt; geschieht dies nicht, so kann der Vermieter gemäß § 557 BGB für die Dauer der Vorenthaltung als Entschädigung den vereinbarten Mietzins, gegebenenfalls weiteren Schaden verlangen. Hat der Mieter gekündigt und nimmt der Vermieter die Einrichtungsgegenstände nicht zurück, so tritt gleichwohl die Mietermäßigung nach Abs. 3 in Kraft.

9 Die Ausscheidung von Raummiete und Möbelmiete erfolgt, wenn im Vertrag eine Aufteilung nicht erfolgt ist, nach dem durch Schätzung zu ermittelnden Verhältnis der Nutzungswerte zueinander; die Entscheidung trifft im Streitfall das Gericht nach billigem Ermessen, § 315 Abs. 3 BGB. Dies gilt in aller Regel auch bei der Untervermietung von Wohnraum, da nach § 37 Abs. 2 AMVO vom 23. Juli 1958 (BGBl I, 549) die Miethöhe solange als frei vereinbart gilt, als nicht einer der Vertragsteile dem anderen gegenüber schriftlich erklärt hat, daß die preisgebundene Untermiete gelten soll.

10 Kommt es auf Grund einer nach Abs. 1 ausgesprochenen Kündigung zu einem Prozeßverfahren über die Herausgabe oder Rücknahme an Einrichtungsgegenständen, so sind nach Abs. 4 auf dieses Verfahren die besonderen, sonst nur für das Mietaufhebungsverfahren gemäß § 1 MSchG geltenden Vorschriften des § 7 (ausschließliche Zuständigkeit des Amtsgerichts; Ausschluß der schiedsrichterlichen Erledigung); des § 12 (Vertretung der Parteien durch Beauftragte der Vereinigung des Hausbesitzer oder Mieter); des § 13 Abs. 4 (Wertberechnung nach dem Jahresmietzins für die Einrichtungsgegenstände) und des § 15 (Klagehäufung, sofern die Ansprüche das gleiche Mietverhältnis betreffen, Widerklage, Abtrennung) zur entsprechenden Anwendung zu bringen. Im übrigen gelten die Vorschriften der ZPO.

§ 25

Ist ein Raum für besondere Zwecke zu vorübergehendem Gebrauch vermietet, so finden, unbeschadet des § 27, die §§ 1 bis 19, 24, 30 und 31 keine Anwendung.

1 Diese Vorschrift ist auch nach Ausdehnung des Mieterschutzes in Kraft geblieben; § 2 Abs. 1 Dritte AusfVO KSchV (mitgeteilt auf S. 230 der Vorauflage) hatte sie ausdrücklich aufrechterhalten. Der Grundgedanke der Vorschrift ist, nur den auf die Dauer berechneten Mietverhältnissen den Bestandschutz zu sichern. Der vorübergehende Gebrauch und die besondere Zweckverwendung muß Gegenstand des Vertrages sein. Die Zwecksetzung geht vom Mieter aus (LG Braunschweig NJW 1961, 321 (Anm. Müller) — MDR 1961, 236); ihr ist die Gebrauchsüberlassung durch den Vermieter anzupassen. Darin liegt die Besonderheit dieser Vermietung, daß sie zweckgebunden ist, Bettermann 16, 20. Die Befriedigung eines allgemeinen Wohnbedarfs genügt nicht, LG Kassel WM 1953, 107; andererseits braucht der Zweck nicht ein vom normalen Raumbedarf verschiedener zu sein, Bettermann 14 gegen LG Hamburg HMR Rspr 1950 Nr. 60 und LG Krefeld MDR 1952, 102; LG Freiburg/Breisgau ZMR 1956, 307. Nebengelasse einer Wohnung (Waschküche, Keller) oder

Garagen können einen Wohnbedarf nicht befriedigen, sind nur für Notunterkunft geeignet, AG Köln WM 1953, 22. Vorübergehend ist der Gebrauch nicht schon dann, wenn die Gebrauchszeit zeitlich — auf kurze Frist („vorübergehend"), nicht auf ein ungewisses, in ferner Zukunft liegendes Ziel gerichtet, LG Aachen, JMBl NRW 52, 227 — DRsp II (277) 46 — beschränkt ist, sondern nur dann, wenn von vornherein der spätere Wegfall der Benutzung in ursächlichem Zusammenhang mit der Erreichung des besonderen Zweckes der Raumüberlassung beabsichtigt ist. Gegen diese Formulierung Bettermann 6; vgl. auch Schopp-Groothold 12 und Roquette Mietrecht S. 281, ihm folgend LG Aachen HMR Rspr 1951 Nr. 100. Zur Auslegung des § 25 vgl. auch Weimar HW 1949, 22. Stillschweigende Verlängerung der auf kurze Frist berechneten Benutzung schadet nicht, Hans 1; wohl aber befristeter Mietvertrag mit Verlängerungsklausel, AG Marburg ZMR 1958, 228.

2 Beispiele für die Anwendung des § 25, Vermietung von gewerblichen Räumen für Zwecke der Ausstellung während eines Marktes, einer Jubiläumsschau, einer Messe oder für Vorführungen und Gastspiele; Vermietung von Wohn- und Unterkunftsräumen für Teilnehmer von Messen, Lehrgängen oder sportlichen Veranstaltungen, AG Remscheid-Lennep WM 1958, 153; Vermietung von gewerblichen Räumen für bestimmte, zeitlich dem Zweck entsprechend begrenzte Aufgaben, z. B. Durchführung einer Versteigerung, eines Saisonverkaufes, eines Umbaues usw., Vermietung von Wohnräumen an Gäste (Bettermann 50), — insbes. einer gewerbsmäßigen Zimmervermieterin AG Wuppertal, Glaser Nr. 347/1953 — an Studenten und Schüler, sofern nicht die Begründung eines Dauerverhältnisses in Frage kommt; Vermietung von gewerbl. Räumen zum Wohnen bis zur Wiederverwendung der gewerblichen Räume zu gewerbl. Zwecken, AG Köln MDR 1958, 921. Ob die Aufnahme eines von der Besatzungsmacht Exmittierten hierher gehört, ist Tatfrage; ein Erlöschen des Mieterverhältnisses in dem Augenblick, in dem die alte Wohnung wieder beziehbar geworden ist (so LG Hagen JMBl NRW 1949, 134), dürfte nicht ohne weiteres anzunehmen sein. Wegen der Vermietung von Beherbergungsräumen eines Gasthofes für die Dauer der kriegsbedingten Stillegung des Beherbergungsbetriebes, LG Gießen NJW 1949, 831. Die Rückkehr des geschiedenen Ehegatten in die frühere eheliche Wohnung begründet nicht die Anwendung des § 25, LG Aachen HMR Rspr 1951 Nr. 100. Dagegen gehört hierher die aushilfsweise Überlassung einer Kleinsiedlerstelle an einen Nichtsiedler (arg. aus § 33), LG Aachen DRspr II (277) 38.

3 Nicht anwendbar soll § 25 sein, wenn der Verkäufer eines Grundstückes mit dem Käufer vereinbart, daß er nach dem Verkauf noch weiterhin für kurze Zeit in den von ihm bisher bewohnten Räumen gegen Zahlung von Entgelt verbleiben dürfe, LG Aachen ZMR 1955, 332 = HuW 1954, 390; Roquette 7 zu § 25; LG Hildesheim MDR 1958, 36; AG Sulingen MDR 1957, 293; a. A. aber mit Recht Schopp-Grootbold 16 zu § 25; Bettermann 38 zu § 25; Hans 2 zu § 25; KG DR 1942, 1094; BGH ZMR 1958, 357; LG Kassel WM 1959, 4; LG Braunschweig NJW 1961, 321 (Anm. Müller) — MDR 1961, 236.

Vereinbart der Verkäufer eines Hausgrundstücks mit dem Käufer, daß dieser für den Fall der Versagung der behördlichen Genehmigung des Kaufvertrages auf ein Jahr Mieter des Grundstücks sein soll, so genießt der Käufer keinen Mieterschutz, KG DR 1942, 1094.

§ 25 ist auch auf Zwangsmietverhältnisse anwendbar (BayObLG München ZMR 1956, 405; Bettermann Anm. 7, 38, 76 zu § 25).

in Gebäuden von Genossenschaften, der satzungsgemäß nur an Mitglieder vergeben werden darf.

Die §§ 21, 22, 35 bleiben unberührt.

(2) **Ist nach Absatz 1 Buchstabe a und b die Zahl der Wohnräume zu berücksichtigen, so werden Küchen und andere Wohnräume mit weniger als sechs Quadratmetern nicht mitgezählt. Die Wohnflächen sind gemäß §§ 25 bis 27 der Ersten Berechnungsverordnung vom 20. November 1950/17. Oktober 1957 (Bundesgesetzbl. 1950 S. 753/1957 I S. 1719) zu berechnen.**

(3) **Die Ausnahme von der Wohnraumbewirtschaftung bleibt auch bestehen, wenn die Voraussetzungen nachträglich wegfallen.**

1 § 3a ist durch Art. X Nr. 3 des Abbaugesetzes eingefügt.

2 Wegen des Begriffes der abgeschlossenen Wohnung ist das DIN-Blatt 283 maßgebend; vgl. auch Rundschreiben des Bundesministers für Wohnungsbau vom 25. Juli 1960 — I A 7 — 6213/3/60 — BBauBl 1960, 486.

Die Gesamtheit der Wohnräume eines Einfamilienhauses bildet eine abgeschlossene Wohnung i. S. d. § 3a Abs. 1, VG Hannover, Urt. v. 9. 9. 1960 — VII A 123/60 — NHG 1961, 59 — DWW 1961, 94.

Weil unter a) und b) in § 3a Ab. 1 im Gegensatz zu § 2 Nr. 1 und 2/II. BMietG der Hinweis darauf fehlt, daß die Großwohnung „Gegenstand des Mietverhältnisses" sein muß, nimmt Holtgrave (5 zu § 3a) an, daß es für die Freigabe von der Wohnraumbewirtschaftung unerheblich sei, ob die abgeschlossene Wohnung Gegenstand eines Mietverhältnisses ist oder ob sie in Teilen an zwei oder mehr Hauptmieter vermietet ist; § 3a stelle es auf die räumliche Einheit ab. Dagegen vertritt Pergande (2 zu § 3a) die gegenteilige Auffassung, indem er wohl mit Recht darauf hinweist, daß die Wohnraumbewirtschaftung in erster Linie mit freigewordenen, also nicht mit vermieteten Wohnungen zu tun habe.

3 Unter Abs. 1c fallen alle vom Eigentümer bewohnten Gebäude, in denen nicht mehr als 2 abgeschlossene Wohnungen vorhanden sind, also auch solche Gebäude, in denen außer zwei abgeschlossenen Wohnungen noch eine oder mehrere nicht abgeschlossene Wohnungen vorhanden sind, ebenso Gebäude, in denen nur eine oder keine Wohnung abgeschlossen ist; vgl. Rundschreiben des Bundesministers für Wohnungsbau vom 11. Oktober 1960 — I A 7 — 6213/9/60 — BBauBl 1960, 682; Pergande 2 zu § 3a; Wormit DWW 1960, 234; a. a. aber Beschwerdestelle in Wohnungssachen Bielefeld ZMR 1961, 55 (abl. Anm. Büchel), die § 3a Abs. 1c nur auf Ein- und Zweifamlienhäuser anwenden will, weil die Gegenmeinung zu dem Ergebnis führe, daß auch Mehrfamilienhäuser aus der Wohnraumbewirtschaftung herausgenommen werden müßten, wenn darin der Hauseigentümer wohne und nicht mehr als zwei abgeschlossene Wohnungen vorhanden seien.

4 Wenn die Voraussetzungen für die Freigabe aus der Wohnraumbewirtschaftung später wegfallen, z.B. wenn der Hauseigentümer auszieht, dann bleibt die Ausnahme von der Wohnraumbewirtschaftung bestehen (Abs. 3). Für den umgekehrten Fall nimmt Holtgrave (19 zu § 3a) an, daß der Wohnraum mit dem Einzug des Hauseigentümers von der Wohnraumbewirtschaftung frei wird; anderer Ansicht Pergande, 2 a. E. zu § 3a. Der Auffassung von Holtgrave dürfte zuzustimmen sein, weil sie der Tendenz des Gesetzes (Abbau der Wohnungszwangswirtschaft) entspricht; ebenso VG Hannover, Urt. vom. 22 Dez. 1960 — IV A 104/60 — Glaser Nr. 60/VII/1961.

§ 3b

Ausnahmen von der Wohnraumbewirtschaftung auf Antrag

(1) **Mit Wirkung vom Inkrafttreten des Gesetzes über den Abbau der Wohnungszwangswirtschaft und über ein soziales Miet- und Wohnrecht kann der Verfügungsberechtigte von der Wohnungsbehörde verlangen, daß Wohnraum, der bis zum 20. Juni 1948 bezugsfertig geworden ist, von der Wohnraumbewirtschaftung ausgenommen wird, wenn die monatliche Grundmiete im Sinne des § 1 des Zweiten Bundesmietengesetzes den folgenden Betrag übersteigt:**

	bei Mietverhältnissen über			
	5	4	3	2
	Wohnräume einschl. Küche			
in Gemeinden	**DM**	**DM**	**DM**	**DM**
unter 20000 Einwohnern	**—**	**40,—**	**35,—**	**25,—**
mit 20000 bis unter 100000 Einwohnern	**—**	**50,—**	**45,—**	**32,50**
mit 100000 und mehr Einwohnern	**70,—**	**65,—**	**60,—**	**45,—**

Der Verfügungsberechtigte hat darzulegen, daß diese Voraussetzungen vorliegen. Die §§ 21, 22, 35 bleiben unberührt.

(2) **§ 3a Abs. 2 und 3 ist entsprechend anzuwenden.**

(3) **Besteht kein Mietverhältnis, so ist für die Anwendung des Absatzes 1 der Wohnraum oder die Gesamtheit der Räume maßgebend, die einheitlich genutzt werden oder nach der Bestimmung des Verfügungsberechtigten einheitlich genutzt werden sollen.**

1. § 3b ist durch Art X Nr. 3 des Abbaugesetzes eingefügt worden.

2. Zu Abs. 3: Bei Eigennutzung der Wohnung durch den Hauseigentümer muß die Grundmiete nach dem Stande vom 30. Juni 1960 gemäß § 7 AltbaumietenVO vom 23. Juli 1958 ermittelt werden (Vergleichsmiete).

§ 3c

Gebietsweise Aufhebung der Wohnraumbewirtschaftung drei Monate nach Inkrafttreten des Gesetzes über den Abbau der Wohnungszwangswirtschaft und über ein soziales Miet- und Wohnrecht

(1) **Die Wohnraumbewirtschaftung soll mit Wirkung von dem Monatsersten, der drei Monate nach Inkrafttreten des Gesetzes über den Abbau der Wohnungszwangswirtschaft und über ein**

soziales Miet- und Wohnrecht liegt, durch Rechtsverordnung der Landesregierung in den kreisfreien Städten und Landkreisen aufgehoben werden, in denen die Zahl der Wohnparteien die Zahl der vorhandenen Normalwohnungen am 31. Dezember 1959 um weniger als 3 vom Hundert überschritten hat. Die §§ 21, 22, 35 bleiben unberührt.

(2) **Für die Zahl der Normalwohnungen ist die amtliche Bautätigkeitsstatistik maßgebend; jedoch ist die Zahl der Normalwohnungen abzuziehen, die nach der Statistik auf Grund des Gesetzes über eine Statistik der Wohn- und Mietverhältnisse und des Wohnungsbedarfs (Wohnungsstatistik 1956/57) vom 17. Mai 1956 (Bundesgesetzbl. I S. 427) nur beschränkt bewohnbar sind. Als Wohnparteien zählen die Mehrpersonenhaushalte und die Hälfte der Einpersonenhaushalte, in Gemeinden mit 100000 und mehr Einwohnern 60 vom Hundert der Einpersonenhaushalte. Die Zahl der Wohnparteien ist aus der Wohnungsstatistik 1956/57 mit Fortrechnung bis zum 31. Dezember 1959 zu entnehmen. Die Fortrechnung geschieht so, daß das Verhältnis der Wohnparteien zur Einwohnerzahl nach der Wohnungsstatistik 1956/57 auf die amtliche Bevölkerungsstatistik am 31. Dezember 1959 übertragen wird.**

(3) **In der Rechtsverordnung nach Absatz 1 soll die Wohnraumbewirtschaftung in den in Absatz 1 bezeichneten Landkreisen für Gemeinden auf deren Antrag aufrechterhalten werden, wenn die wohnungswirtschaftlichen Verhältnisse es erfordern und wenn**

a) **die Zahl der Einwohner über 10000 beträgt und die Zahl der Wohnparteien die Zahl der vorhandenen Normalwohnungen am 31. Dezember 1959 um 5 vom Hundert überschritten hat oder**

b) **die Zahl der Wohnparteien die Zahl der vorhandenen Normalwohnungen am 31. Dezember 1959 um 3 vom Hundert überschritten hat, die Zahl der Einwohner über 2000 beträgt und sich in den letzten drei Jahren vor dem 1. Januar 1960 um mehr als 10 vom Hundert erhöht hat.**

(4) **Die Wohnraumbewirtschaftung in den in Absatz 3 bezeichneten Gemeinden soll durch Rechtsverordnung der Landesregierung vom 1. Juli 1961 oder vom 1. Juli jedes weiteren Jahres an aufgehoben werden, wenn am 31. Dezember des vorhergegangenen Jahres die Zahl der Wohnparteien die Zahl der vorhandenen Normalwohnungen um weniger als 3 vom Hundert überschritten hat.**

§ 3c ist durch Art. X Nr. 3 des Abbaugesetzes eingefügt worden. Danach „soll", d. h. „muß" — nicht „kann" die Länderregierung die Wohnraumbewirtschaftung gebietsweise durch Rechtsverordnung aufheben, und zwar jeweils für die Landkreise und die kreisfreien Städte, wenn der Wohnungsfehlbestand 3% der vorhandenen Normalwohnungen nicht übersteigt.

§ 3d

Gebietsweise Aufhebung der Wohnraumbewirtschaftung ab 1. Juli 1961

(1) **Die Wohnraumbewirtschaftung soll mit Wirkung vom 1. Juli 1961 und sodann vom 1. Juli jedes weiteren Jahres an durch Rechtsverordnung der Landesregierung in den kreisfreien Städten und Landkreisen aufgehoben werden, in denen die Zahl der Wohnparteien die Zahl der vorhandenen Normalwohnungen am 31. Dez. des vorhergegangenen Jahres um weniger als 3 vom Hundert überschritten hat; § 3c Abs. 2 ist entsprechend anzuwenden. Die §§ 21, 22, 35 bleiben unberührt.**

(2) **In der Rechtsverordnung nach Absatz 1 soll die Wohnraumbewirtschaftung in den in Absatz 1 bezeichneten Landkreisen für Gemeinden auf deren Antrag aufrechterhalten werden, wenn die wohnungswirtschaftlichen Verhältnisse es erfordern und wenn**

a) **die Zahl der Einwohner über 10000 beträgt und die Zahl der Wohnparteien die Zahl der vorhandenen Normalwohnungen am 31. Dezember des vorhergegangenen Jahres um 5 vom Hundert überschritten hat oder**

b) **die Zahl der Wohnparteien die Zahl der vorhandenen Normalwohnungen am 31. Dezember des vorhergegangenen Jahres um 3 vom Hundert überschritten hat, die Zahl der Einwohner über 2000 beträgt und sich in den letzten drei Jahren vor dem 1. Januar 1961 oder dem 1. Januar jedes weiteren Jahres um mehr als 10 vom Hundert erhöht hat.**

§ 3c Abs. 4 ist entsprechend anzuwenden.

§ 3d behandelt die Fälle, in denen die Wohnraumbewirtschaftung noch nicht am 1. Oktober 1960 aufgehoben worden ist, sondern ab 1. Juli 1961 aufgehoben wird.

Abs. 2 regelt die Voraussetzungen, unter denen die Dauer der Wohnraumbewirtschaftung verlängert wird.

§ 3e

Vorzeitige Aufhebung der Wohnraumbewirtschaftung

(1) **Die Landesregierungen können durch Rechtsverordnungen die Wohnraumbewirtschaftung für eine kreisfreie Stadt, einen Landkreis oder eine Gemeinde eines Landkreises vor den in den §§ 3c und 3d angegebenen Terminen aufheben, wenn die wohnungswirtschaftlichen Verhältnisse dies rechtfertigen. Auf Antrag einer kreisfreien Stadt, eines Landkreises oder einer Gemeinde eines**

Landkreises soll die Landesregierung eine solche Rechtsverordnung erlassen, wenn die wohnungswirtschaftlichen Verhältnisse dies rechtfertigen. Von der Aufhebung der Wohnraumbewirtschaftung bleiben die §§ 21, 22, 35 unberührt.

(2) **Bei einer Aufhebung der Wohnraumbewirtschaftung durch Rechtsverordnung nach Absatz 1 für Landkreise ist § 3c Abs. 3 und 4 entsprechend anzuwenden.**

1 § 3e bezieht sich auf die Fälle, in denen die Wohnraumbewirtschaftung schon vor den Freigabeterminen, die sich aus den §§ 3c und 3d ergeben, aufgehoben wird.

2 Die vorzeitige Aufhebung der Wohnraumbewirtschaftung läßt die Mietpreisbindung und den Mieterschutz unberührt (vgl. § 15 Abs. 5/II. BMietG; § 54 Abs. 2 MSchG).

§ 4

Ermächtigung zu weiteren Ausnahmen

. . . .

§ 4 ist durch Art. II Nr. 4 des Abbaugesetzes aufgehoben worden, weil für die Ermächtigung der Bundesregierung und gegebenenfalls für die Ermächtigung der Landesregierungen, durch Rechtsverordnung die Wohnraumbewirtschaftung zu lockern oder aufzuheben, neben den §§ 3c bis 3e kein Bedürfnis mehr besteht (vgl. Ausschußbericht zur Bundestagsdrucksache 1850 S. 7).

§ 5

Sondervorschriften

Öffentlich geförderte Wohnungen im Sinne des Ersten und des Zweiten Wohnungsbaugesetzes unterliegen der Wohnraumbewirtschaftung nach Maßgabe dieses Gesetzes. Unberührt bleiben die Vorschriften der genannten Gesetze und anderer entsprechender Gesetze, soweit sich aus diesen etwas anderes ergibt.

1 Die neue Fassung des § 5 — mit Wirkung vom 1. 7. 1956 — beruht auf § 114/II. WohnBauG. Neben § 5 gelten für öffentlich geförderte Wohnungen, die nach dem 31. Dez. 1949 bezugsfertig geworden sind, die Vorschriften der §§ 37—41/I. WohnBauG und der §§ 75—81/II. WohnBauG. Diese Wohnungen werden mit der gebietsweisen Aufhebung von der Wohnraumbewirtschaftung ausgenommen (§§ 3cff.) Danach unterliegen sie bei der Begründung eines Mietverhältnisses den privatrechtlichen Verpflichtungen des § 2 des Gesetzes über Bindungen für öffentlich geförderte Wohnungen vom 23. Juni 1960 (BGBl I, 389). Die Vorschriften der §§ 3a und 3b WBewG gelten nur für sog. Altbauwohnungen, die vor dem 20. Juni 1948 bezugsfertig geworden sind.

2 Der Vorbehalt des Satzes 2 bezieht sich insbesondere auf das Gesetz zur Förderung des Bergarbeiterwohnungsbaues im Kohlenbergbau vom 23. Okt. 1951 in der Fassung vom 30. November 1954 (BGBl I, 358), mit Wirkung vom 1. Juli 1956 geändert und ergänzt durch §§ 121, 126/II. WohnBauG; neueste Fassung vom 4. Mai 1957 (BGBl I, 418).

§ 6

Aufgaben der Wohnungsbehörden

Die Wohnungsbehörden haben folgende Aufgaben:

a) die Feststellung des Wohnraumbestandes und der Wohnungssuchenden (§§ 7, 8),

b) die Zuteilung von Wohnraum (§§ 9 bis 20),

c) Maßnahmen zur Verhinderung der Zweckentfremdung von Wohnraum (§ 21),

d) Maßnahmen zur Erhaltung, Verbesserung und Vermehrung von Wohnraum und zur Erleichterung des Städtebaues (§§ 22 bis 25).

§ 6 gibt lediglich einen systematischen Überblick über die Abschnitte II—V.

Zweiter Abschnitt

Feststellung des Wohnraumbestandes und der Wohnungsuchenden

§ 7

Feststellung des Wohnraumbestandes

(1) **Die Wohnungsbehörden haben Unterlagen über den Wohnraumbestand, soweit solche noch nicht vorhanden sind, anzulegen und auf dem laufenden zu halten.**

(2) **Verfügungsberechtigte, Rauminhaber und ihre Beauftragten sind verpflichtet,**

a) auf Verlangen der Wohnungsbehörden Formblätter für die Wohnraumbestandsaufnahme wahrheitsgemäß auszufüllen und über Raum aller Art, seine Verwendung und die ihn betreffenden Rechtsverhältnisse Auskunft zu erteilen,

b) Beauftragten der Wohnungsbehörden und Wohnungssuchenden, die sich durch eine besondere wohnungsbehördliche Bescheinigung ausweisen, die Besichtigung von Raum und dazu gehörenden Flächen, Einrichtungen und Anlagen an den Werktagen von 9 bis 18 Uhr zu gestatten. Die Landesregierungen können durch Rechtsverordnung die Besichtigungszeiten nach örtlichen Bedürfnissen ändern.

(3) **Verfügungsberechtigte und ihre Beauftragten sind verpflichtet, der Wohnungsbehörde binnen einer Woche anzuzeigen, wenn Wohnraum frei oder bezugsfertig geworden ist oder wenn die Belegung von Wohnraum sich für einen Zeitraum von mehr als sechs Monaten oder dauernd verringert. Ist ein anderer Verfügungsberechtigter nicht vorhanden, so ist der Grundstückseigentümer oder der ihm gleichstehende dinglich Berechtigte zu der Anzeige verpflichtet.**

3. Abschnitt: Zuteilung von Wohnraum

Die Wohnungsbehörden, deren Aufgaben in § 6 umschrieben sind, haben nach § 7 die erforderlichen Unterlagen zur Feststellung des Wohnraumbestandes anzulegen und auf dem laufenden zu halten (Wohnungskartei). Zur Durchführung dieser gesetzlichen Anforderung sind die Verfügungsberechtigten und die Rauminhaber einer weitgehenden Auskunfts- und Kontrollpflicht unterworfen. Insbesondere aber haben sie unaufgefordert das Freiwerden von Wohnraum binnen einer Woche der Wohnungsbehörde anzuzeigen. Die Verpflichtungen aus § 7 Abs. 2 bestehen auch für die in §§ 3a und 3b aufgeführten Wohnungsgruppen über den 1. Juli 1960 hinaus, weil die Wohnungsbehörde in der Lage sein muß, nachzuprüfen, ob der Ausnahmetatbestand gegeben ist (Pergande, Vorbem. vor § 7). Zuwiderhandlungen gegen die in § 7 Abs. 2, 3 den Beteiligten auferlegten Pflichten können nach § 35 Abs. 1d, 2 mit einer Geldbuße bis zu 150 DM geahndet werden.

Über Zeitpunkt und Form der Freimeldung vgl. BayVGH München, ZMR 1959, 177.

§ 8

Aufzeichnung der Wohnungsuchenden

Die Wohnungsbehörden haben Vormerklisten zu führen, Wohnungsuchende auf Antrag einzutragen und ihnen hierüber eine Bescheinigung zu erteilen sowie die Vormerklisten auf dem laufenden zu halten.

Wohnungssuchende sind auf Antrag in die von der Wohnungsbehörde zu führende Vormerklisten einzutragen; dies gilt auch dann, wenn sie am Ort noch keine Wohnung haben, BVerwG BBauBl 1956, 218. Diese sind nach § 8 auf dem laufenden zu halten. Ein Wohnungssuchender kann sich auch bei mehreren Wohnungsbehörden vormerken lassen; der Besitz einer Wohnung steht der Antragstellung nicht entgegen, Gützkow DÖV 1953, 396. Der Antrag kann nicht abgelehnt werden. Über die Eintragung in die Vormerkliste, die die zeitliche Reihenfolge im Sinne des § 17 Abs. 1 festlegt, ist eine Bescheinigung zu erteilen. Ob und inwieweit daneben auch besondere, für den innerdienstlichen Gebrauch bestimmte Dringlichkeitslisten zu führen sind, ist der Bestimmung der Landesbehörde überlassen. Die Eingruppierung in eine bestimmte Dringlichkeitsstufe kann aber u. U. ein anfechtbarer Verwaltungsakt sein, Haarmann DVBl 1953, 328; Hurst WM 1953, 20; OVG Münster BBauBl 1953, 261 = DVBl 1953, 31 = ZMR 1952, 292; vgl. aber VGH München ZMR 1955, 127; OVG Münster Amtl. Sg. 5, 284.

Dritter Abschnitt

Zuteilung von Wohnraum

§ 9

Gegenstand der Zuteilung

Die Wohnungsbehörden haben freien Wohnraum und die zu einer Wohnung gehörenden Nebenräume, Flächen, Einrichtungen und Anlagen nach Maßgabe der §§ 10 bis 20 zuzuteilen. Sie können

davon absehen, Teile einer Wohnung zuzuteilen, wenn nicht gewichtige Gründe der Wohnraumbewirtschaftung eine Zuteilung erfordern.

1 § 9 ist durch Art. II Nr. 5 des Abbaugesetzes neu gefaßt.

2 § 9 Satz 1 entspricht dem bisherigen § 9 Abs. 1. Dagegen ist § 9 Abs. 2 a. F. gestrichen worden; das bedeutet, daß die Wohnungsbehörde nicht mehr berechtigt ist, Nebenräume (z. B. eine Toilette oder ein Badezimmer) oder eine Fläche (z. B. einen Wäschetrockenplatz) oder eine Einrichtung oder Anlage (z. B. eine Wasserzapfstelle), die zu einer fremden Wohnungseinheit gehören, dem Bewohner einer Wohnung, der sie fehlen, zur Benutzung oder Mitbenutzung zuzuteilen; vgl. auch Anm. 9 zu § 2. Bemerkt sei, daß das LVG Düsseldorf (DWW 1957, 69 — Glaser Nr. 217/VII/1957) die Anwendbarkeit des § 9 Abs. 2 a. F. schon für den Fall verneint hat, daß es tatsächlich möglich ist, die erforderlichen sanitären Einrichtungen und Anlagen zu schaffen.

3 § 9 Satz 2 n. F. lockert die Wohnraumbewirtschaftung insofern, als diese Vorschrift den Wohnungsbehörden anheimstellt, von einer Zuteilung von Teilen einer Wohnung (z.B. zur Begründung eines Untermietverhältnisses) abzusehen, wenn nicht gewichtige Gründe der Wohnraumbewirtschaftung eine Zuteilung erfordern; vgl. Rundschreiben des Bundesministers für Wohnungsbau vom 25. Juli 1960 — BBauBl 1960, 486. Solche gewichtige Gründe können z. B. vorliegen, wenn der Verfügungsberechtigte die Wohnung nur zu einem ganz geringfügigen Teil auslastet oder wenn dringend Wohnungssuchende vorhanden sind, die anderweitig nicht untergebracht werden können (vgl. Oschmann, BayGWW 1960, 471, 478); vgl. im übrigen § 14.

§ 10

Freier Wohnraum

(1) **Wohnraum gilt als frei,**

a) **wenn er nicht benutzt wird, es sei denn, daß der Inhaber ein dringendes berechtigtes Interesse hat, ihn zu behalten,**

b) **wenn der Inhaber nach privatem oder öffentlichem Recht nicht zum Besitz berechtigt ist.**

(2) **Ferner gelten überschüssige Räume unterbelegter Wohnungen als frei. Eine Wohnung gilt unbeschadet des § 14 Abs. 2 Satz 2 als unterbelegt, wenn der Verfügungsberechtigte mehr Räume innehat, als ihm nach seinen persönlichen, familiären und beruflichen Bedürfnissen unter Berücksichtigung der Wohndichte der Gemeinde zugestanden werden kann. Die Landesregierungen können durch Rechtsverordnung bestimmen, daß an die Stelle der Wohndichte der Gemeinde die Wohndichte eines kleineren oder größeren Gebiets oder des Landes tritt; sie können ferner durch Rechtsverordnung bestimmen, daß anstelle der Wohndichte mit Rücksicht auf die Umsiedlung von Heimatvertriebenen oder die Rückführung von Evakuierten eine von ihnen zu bestimmende**

höhere Verhältniszahl zwischen Wohnräumen und Wohnungsbenutzern der Ermittlung überschüssiger Räume zugrunde zu legen ist. § 5 Abs. 2 des Heimkehrergesetzes bleibt unberührt.

(3) **Der Landesregierung bleibt vorbehalten, zu bestimmen, daß bei der Ermittlung überschüssiger Räume unterbelegter Wohnungen von einer bestimmten Verhältniszahl zwischen Wohnräumen und Wohnungsbenutzern auszugehen ist und alsdann besondere persönliche, familiäre und berufliche Verhältnisse gemäß Absatz 2 zu berücksichtigen sind.**

(4) **Bei der Auswahl der Räume, die dem Verfügungsberechtigten zu belassen oder als überschüssig Wohnungsuchenden zuzuteilen sind, ist auf die Vorschläge und Bedürfnisse des Verfügungsberechtigten Rücksicht zu nehmen, soweit nicht besonders dringende Gründe der Wohnraumbewirtschaftung entgegenstehen.**

1 Im Bereich des WBewG ist Wohnung und Wohnungszubehör grundsätzlich — eine Ausnahme ist für die Erteilung der Benutzungsgenehmigung anzuerkennen, Wormit ZMR 1954, 19; VGH Bremen ZMR 1954, 54; Bade ZMR 1954, 35 — nur insoweit der Zuteilung unterworfen, als sie frei im Sinne des § 10 sind. Die Verwirklichung der im § 2 begründeten Sozialpflichtigkeit von Wohnung und Wohnungszubehör, d.s. zu einer Wohnung gehörenden Nebenräume, Flächen, Einrichtungen und Anlagen, in konkrete Pflichtleistungen des Verfügungsberechtigten beschränkt sich auf das zur Behebung der Raumnot (Art. 13 Abs. 3 GG, § 1 Abs. 1 WBewG) der Wohnungsuchenden erforderliche Maß. Nur die Bekämpfung der allgemeinen Wohnungsnot, nicht die Beseitigung des Wohnungsnotstandes im Einzelfall ist der Wohnungsbehörde zur Aufgabe gestellt, OVG Münster ZMR 1952, 68. Unter diesem Gesichtspunkt ist auch die Zulässigkeit der nachträglichen Ergänzungen von früheren Zuteilungsmaßnahmen (Mietverfügung) oder von Mietverträgen, die freiwillig abgeschlossen worden sind, zu verneinen.

2 Wohnräume gelten als frei, d. h. sie sind als frei ohne Rücksicht auf die tatsächlichen Verhältnisse zu behandeln, wenn sie

a) nicht benutzt werden. Die Benutzung, die hier in Frage steht, ist zunächst die Benutzung zum Wohnen; doch wird auch die zweckfremde d.h. die Benutzung zu anderen als Wohnzwecken gemäß § 21 Satz 5 als eine die Fiktion des Freiseins ausschließende Benutzung anerkannt, soweit es sich um nicht überschüssigen Wohnraum im Sinne der Absätze 2 u. 3. handelt. Nicht benutzt ist — hiervon abgesehen — ein Raum, der nicht nur vorübergehend nicht bewohnt wird, sei es, weil der Mieter den Raum überhaupt nicht bezogen, sei es, weil er ihn freiwillig oder unfreiwillig aufgegeben hat. Gibt der Alleinmieter sein persönliches Nutzungsrecht auf, ohne das Mietverhältnis zu lösen, weil er seine Familie in der Wohnung lassen will, so gilt die Wohnung nicht als unbenutzt, soweit nicht die Voraussetzungen des Abs. 2 und 3 gegeben sind. Nur wenn der Haushaltvorstand das Mietverhältnis selbst zur Auflösung gebracht hätte, würden auch die Mitglieder der Wohngemeinschaft ihr unselbständiges Wohnrecht (OVG Lüneburg ZMR 1953, 18) verloren haben und die Wohnung gälte gemäß Abs. 1 Buchst. b als frei, so mit Recht

Fellner-Fischer 2 zu § 10. Bei Auswanderung einer Familie dagegen erlischt die Wohnberechtigung für die zurückbleibenden Angehörigen, denen nicht wie beim Tod des Mieters gemäß § 19 MSchG ein Wohnrecht zusteht, VGH Freiburg ZMR 1952, 134.

Dringendes berechtigtes Interesse an der Beibehaltung des nicht bewohnten Wohnraumes kann aber im Einzelfall der Anwendung der Schlußfolgerung des Abs. 1 Buchst. a entgegengehalten werden; z. B. kurzfristige Freihaltung einer unbenutzten Wohnung für Tauschzwecke, BayVGH ZMR 1956, 344, jedoch nur dann, wenn in der Wohnung noch die Haushaltungsgegenstände (Möbel) vorhanden sind, nicht auch dann, wenn die Wohnung schon leer geräumt ist, BVerwG NJW 1958, 605 = MDR 1958, 432 = ZMR 1958, 204. Es liegt hier die gleiche verwaltungsgerichtlich nachprüfbare Tat- und Rechtsfrage vor wie bei der Anerkennung des Besitzes von Doppelwohnungen gemäß § 11. Zumeist handelt es sich um Personen, die auf Grund ihres Berufs genötigt sind, sich an mehreren Orten des In- und Auslandes aufzuhalten, insbes. also Diplomaten, Politiker, Professoren, Künstler, Vertreter. Hierher gehört auch das in der Praxis auch nach Erlaß des Heimkehrergesetzes vom 19. Juni 1950 (BGBl I, 221); 30. Oktober 1951 (BGBl I, 875); 17. August 1953 (BGBl I, 931) häufig mißachtete Recht des Heimkehrers auf Wahrung des ihm zustehenden Wohnraumes gemäß § 5 HeimkG. Zu diesem „Rechtsanspruch" vgl. OVG Lüneburg NJW 1951, 856; WürttBad VGH (Karlsruhe) Verw. Rspr. 3 Nr. 119; LVG Gelsenkirchen ZMR 1952, 115; OVG Hamburg DVBl 1953, 538; ferner DBest vom 19. September 1952 BAnz. Nr. 182; einschränkend LVG Hamburg und OVG Münster ZMR 1952, 191 u. 292; OVG Hamburg WM 1952, 59; VG Freiburg ZMR 1953, 21.

4 b) einem Inhaber gehören, der nach privatem oder öffentlichem Recht nicht zum Besitz berechtigt ist. Die Nichtberechtigung kann sowohl auf Gründen beruhen, die dem Privatrecht angehören (z. B. das Mietrechtsverhältnis ist nichtig oder das Recht auf die Ehewohnung ist durch richterliche Entscheidung auf Grund der HausratsVO vom 21. Oktober 1944 (RGBl. I, 256) zugunsten des anderen Ehegatten aufgehoben worden), als auch auf öffentlich-rechtlichem Grunde beruhen, z. B. wenn der Mietvertrag ohne Einvernehmen mit der Wohnungsbehörde abgeschlossen worden ist (OVG Hamburg MDR 1951, 187), wenn der Eigentümer ohne wohnungsbehördliche Genehmigung Räume seines Hauses in Benutzung genommen hat, wenn der Untermieter nach Beendigung des Hauptmietverhältnisses trotz der Herausgabeverpflichtung gegenüber dem Vermieter gemäß § 556 Abs. 3 BGB in den Mieträumen verbleibt, ebenso im Ergebnis, aber ungenau in der Begründung VGH München ZMR 1952, 261 und OVG Münster DÖV 1950, 653, insofern beide Entscheidungen ein Erlöschen des Untermietverhältnisses annehmen. Die Alleinzuweisung des Untermieters als Hauptmieter ist nur unter den Voraussetzungen des § 15 Abs. 6 zulässig, OVG Hamburg DVBl 1955, 708 = MDR 1955, 631 = ZMR 1956, 24; OVG Lüneburg DÖV 1955, 417; OVG Lüneburg ZMR 1956, 241; VGH München ZMR 1955, 152; OVG Hamburg ZMR 1956, 280 = Glaser Nr. 187/VII/1956. Die vom BGH V ZR 7/50 zu Art. V WohnG vertretene Auffassung, daß Nichtberechtigter nur sei, wer weder kraft Mietrechts noch kraft Zu-

weisung zum Besitz der Wohnung berechtigt sei (dagegen Bettermann MDR 1952, 93), ist durch die gesetzliche Regelung in Abs. 1 Buchst. b für das WBewG mindestens überholt. Die Berechtigung des Rauminhabers erlischt nicht, solange dem Räumungspflichtigen Räumungsfrist oder Vollstreckungsschutz gewährt ist; auch Evakuierung oder Inanspruchnahme der Räume durch die Besatzungsmacht bringt weder das private noch das öffentlich-rechtliche Nutzungsrecht zum Erlöschen; VGH München VGHE n. F. 3 Nr. 9 = DVBl 1950, 372; vgl. auch LG Köln MDR 1951, 356. Ohne Einfluß auf die Berechtigung i. S. dieser Vorschrift ist der vertragswidrige Gebrauch, der den Vermieter gegebenenfalls zur Mietaufhebungsklage nach § 2 MSchG oder zur Kündigung oder Klage auf Unterlassung gemäß §§ 550, 553 BGB berechtigt, keinesfalls aber der Wohnungsbehörde Anlaß zum Eingreifen gibt.

5 Ist infolge Aufhebung des Verwaltungsaktes der Bereitstellungsverfügung (§ 19) oder der Zuweisung (§ 15) dem Mietverhältnis die Rechtsgrundlage im öffentlichen Bereich als nicht bestehend entzogen, so ist die Wohnungsbehörde verpflichtet, die vom Nichtberechtigten auf Grund des Mietverhältnisses in Besitz genommenen Räume zugunsten des bisherigen Wohnungsinhabers nach §§ 19, 27 WBewG freizumachen, obwohl privatrechtlich der Mieter zum Besitz berechtigt ist. Der frühere Wohnungsinhaber hat hierauf einen rechtsstaatlich begründeten Wiedergutmachungsanspruch gegenüber der Wohnungsbehörde, der als Folgebeseitigungsanspruch auch durch das Recht eines Dritten nicht beschränkt wird und vor den Verwaltungsgerichten geltend zu machen ist. Vgl. Stückrath zu HessVGH und VG Stuttgart DVBl 1950, 684 und 795; OVG Hamburg MDR 1949, 506; Bachof, Die verwaltungsgerichtliche Klage auf Vornahme einer Amtshandlung, Tübingen 1951 S. 107, 126, 136; VGH Stuttgart DÖV 1950, 444; VG Stuttgart DVBl 1950, 792; OVG Hamburg DVBl 1951, 472; VGH Stuttgart JZ 1951, 462 und 599; VG München DVBl 1950, 795; VGH München VGHE n. F. Bd. 5 Nr. 3.

6 c) wenn sie nach Maßgabe der Abs. 2—4 des § 10 als überschüssige Räume einer unterbelegten Wohnung anzusehen sind, z. B. durch Todesfall oder Wegzug der Kinder. Die Unterbelegung ist auch auf Grund der Größe (nicht nur auf Grund der Zahl) der Wohnräume zu ermitteln, OVG Hamburg ZMR 1955, 92; Fellner-Fischer 21 zu § 10. Im Gegensatz zu der Regelung in Abs. 1 kommen hier immer nur Raumeinheiten, nicht Einraumwohnungen in Betracht. Unerheblich ist, ob die zu der Wohnung gehörenden Räume ein abgeschlossenes Ganzes bilden ob, sie in mehreren Stockwerken liegen oder nicht. Der Begriff der Wohnung ergibt sich aus § 2 Abs. 1 und 3. Soweit eine Wohnung weder frei ist im Sinne des Abs. 1 noch als Doppelwohnung nach § 11 als frei gilt, unterliegt sie nach Abs. 2 der Wohnraumbewirtschaftung nur, wenn sie unterbelegt, das ist nach Satz 2 unter Berücksichtigung der Wohndichte der Gemeinde einerseits und der persönlichen, familiären und beruflichen Bedürfnisse des Wohnungsinhabers andererseits zu groß ist. Nach einer Grundregel der Wohnraumbewirtschaftung sind einer Wohnungsgemeinschaft soviel Räume zu belassen, als erwachsene Personen dazu gehören, BVerwG in BVerwGE 6, 177, 183 = NJW

1958, 1105 = MDR 1958, 435; BVerwG BBauBl 1959, 316. Für zwei Kinder gleichen Geschlechts genügt in der Regel ein Raum bis zum vollendeten 18. Lebensjahr, für Kinder ungleichen Geschlechts dagegen nur bis zum vollendeten 8. Lebensjahr (vgl. z.B. § 6 Abs. 1 Landeswohnungsgesetz für Nordrhein-Westfalen vom 9. Juni 1954 — GVBl 205 — i.d.F. vom 23. Juli 1957 — GVBl 213, 216). Die Landesbehörden können sowohl nach Abs. 2 Satz 3 für die Ermittlung der Wohndichte durch Rechtsverordnung nähere Bestimmungen erlassen als auch nach Abs. 3 die Belegungsdichte einer Wohnung mit der Maßgabe festlegen, daß von einer bestimmten Verhältniszahl zwischen Wohnräumen und Wohnungsbenutzern auszugehen und dann erst die besonderen persönlichen, familiären und beruflichen Verhältnisse bei der Ermittlung überschüssiger Räume einer unterbelegten Wohnung zu berücksichtigen sind, Wormit DWW 1953, 131.

7 Zu den vom Gesetz selbst vorgesehenen Besonderheiten zählen die den Heimkehrern gemäß § 5 des Gesetzes vom 19. Juni 1950 (dazu Nr. 54 bis 58 der Verwaltungsvorschriften vom 16. September 1952, BAnz. Nr. 182) in der Fassung der Gesetze vom 30. Oktober 1951 und 17. August 1953 (BGBl I, 221, 875, 931) eingeräumte Vorzugsstellung (§ 10 Abs. 2 Satz 4) bei Erteilung der Benutzungsgenehmigung, die Rücksichtnahme auf Verwandte und Verschwägerte gerader Linie und hausstandzugehöriger Arbeitnehmer (§ 14 Abs. 2 Satz 2) und im Falle der Mietaufhebung wegen Eigenbedarfs die Berücksichtigung des zuerkannten Wohnraumes (§ 33 Abs. 2 Satz 1). Dazu kommen die Raumvergünstigungen, die durch § 40/I. WohnBauG. und §§ 78—81/II. WohnbauG eingeräumt sind.

8 Innerhalb dieser Grenzen ist der Wohnungsbehörde, die zu der Zuteilung des überschüssigen Wohnraums verpflichtet ist, ein weiter Beurteilungsspielraum gegeben, der verwaltungsgerichtlicher Nachprüfung unterliegt, BVerwG NJW 1958, 1105 = MDR 1958, 435. Soweit die gesetzlichen Voraussetzungen gegeben sind, muß die Wohnungsbehörde in allen gleichgelagerten Fällen möglichst gleichmäßig ihre Befugnisse ausüben; dies verlangt der Gleichheitsgrundsatz des Art. 3 GG. Gleichwohl kann der Betroffene nicht mit dem Einwand gehört werden, daß in anderen Wohnungen auch überschüssige Räume zur Verfügung stünden (OVG Münster HMR Rspr. 1951 Nr. 36 u. 168; ZMR 1952, 58 u. DVBl 1953, 377), es sei denn, daß eine bestimmte bisherige Übung ohne Nachweis neuer Umstände nicht eingehalten wird (VGH Bremen ZMR 1952, 113). Keinesfalls kann der Beschwerdeführer verlangen, daß, weil in einem andern Fall die Behörde unrichtig gehandelt habe, sie nun in seinem Fall ebenfalls gegen das Gesetz handeln soll (Bettermann zu HMR Rspr. 1950 Nr. 111—114; OVG Münster HMR Rspr. 1951 Nr. 58; VGH Bremen ZMR 1952, 44; VGH München ZMR 1952, 58).

9 Die Berücksichtigung der persönlichen, familiären und beruflichen Bedürfnisse stellt nicht geringe Anforderungen an den Gerechtigkeitssinn der Behörde; vgl. Pergande FrWW 1953 Heft 4, 4. An die Zuteilung von zusätzlichem Wohnraum ist ein strenger Maßstab anzulegen, OVG Münster ZMR 1956, 380 und 1957, 28, 136. Alter,

Geschlecht, Gesundheitszustand der Wohngemeinschaft sind vor allem bei der Ermittlung der erforderlichen Schlafzimmer zu berücksichtigen. Getrennte Schlafzimmer für Eheleute können nur aus besonders dringenden gesundheitlichen Gründen zugestanden werden, VGH München WM 1957, 28. Die Geschlechter sind grundsätzlich (etwa vom 6. Lebensalter an) zu trennen; Kinder über 12 Jahre gehören nicht mehr ins elterliche Schlafzimmer, OVG Lüneburg: Glaser Nr. 128/1951. Zu jeder Wohnung gehört eine Küche; diese muß dem Wohnungsinhaber unter allen Umständen verbleiben. Ihre Bereitstellung zur Mitbenutzung als Koch-(nicht Wohn-)raum kann unter Umständen notwendig sein. In aller Regel muß dem Wohnungsinhaber ein Wohnraum belassen werden (Bay VGH München WM 1956, 175), insbes. wenn dieser zugleich Arbeitsraum ist. Die Überlassung eines eigenen Arbeitsraumes zur Ausübung des Berufs steht nicht im Ermessen der Behörde; diese ist verpflichtet, dem Mehrbedarf an Raum Rechnung zu tragen. Die sog. unbestimmten Rechtsbegriffe räumen kein rechtliches Ermessen ein, sondern lassen lediglich der rechtlichen Beurteilung einen gewissen Spielraum, vgl. Bachof zu LVG Minden DÖV 1952, 119 gegen Loppuch DÖV 1952, 111; Loening DVBl 1952, 237 gegen OVG Münster. Der Zurücksetzung der rein geistigen Arbeitsleistung gegenüber der kaufmännischen und gewerblichen Tätigkeit muß Einhalt geboten werden; wer zur Berufsausübung, wie der Lehrer, auf die häusliche Vorbereitung angewiesen ist, hat einen Anspruch auf einen Arbeitsraum, VGH München ZMR 1956, 173; LVG Hannover: Glaser Nr. 218/1955; es bedeutet eine völlige Verkennung der Verhältnisse, wenn OVG Münster ZMR 1953, 326 meint, der Schwerpunkt der beruflichen Tätigkeit liege im Unterricht in der Schule, nicht in der häuslichen Vorbereitung; denn ohne die Vorbereitung taugt der Unterricht kaum etwas. Auch die Erteilung von Nachhilfestunden im Schlafzimmer einer Studienrätin (VGH Stuttgart ZMR 1952, 107) entspricht nicht den Anforderungen, die an die Bewertung der individuellen geistigen Arbeit zu stellen sind. Dem geistigen Arbeiter ist entgegen VGH Bremen (ZMR 1952, 44) grundsätzlich ein besonderer Arbeitsraum zuzubilligen; denn die Sicherung der geistigen Arbeit ist entscheidend für das wirtschaftliche Gedeihen eines Volkes. Unbillige Härten zu vermeiden, ist auch ohne ausdrückliche gesetzliche Bestimmung geboten, VGH München DVBl 1951, 391. Über die Zubilligung eines Arbeitszimmers an einen Beamten vgl. VGH München ZMR 1955, 24; eines Arbeitszimmers an den Abteilungsleiter einer Sparkasse, OVG Lüneburg ZMR 1958, 266. Die Zuerkennung eines zusätzlichen Arbeitszimmers endet bei einem Wohnungswechsel, OVG Münster ZMR 1958, 325, sowie bei Änderung des Wohnbedarfs, OVG Münster ZMR 1958, 266.

10 Die Berücksichtigung der familiären Verhältnisse kann unter Umständen zu einer Beschränkung des Wohnbedarfs führen, z. B. wenn eine Wohngemeinschaft (Miteigentümer, Ehemann und Ehefrau) zwei Wohnungen besitzt, von denen jede auf den Namen eines anderen Teilhabers an der Wohnungsgemeinschaft gemietet ist und dem Nichtinhaber zur Mitbenutzung freisteht. Dem Namen nach liegt keine Doppelwohnung vor und die Mitbenutzung der Wohnung bedarf nach § 12 Abs. 3 nicht der Genehmigung. Da aber für die Mitbenutzung ein wohnrechtliches Bedürfnis nicht anzuerkennen ist, dürften nach den familiären Verhält-

nissen in einer jeden der beiden Wohnungen überschüssige Räume gemäß § 10 Abs. 2 festzustellen sein.

11 Über das Recht des Verfügungsberechtigten zur Auswahl des als überschüssig erfaßten Wohnraums (§ 10 Abs. 4) vgl. OVG Münster BlGBW 1957, 31 — Glaser Nr. 208/VII/1957; LVG Schleswig, Glaser Nr. 55/VII/1956.

§ 11

Doppelwohnungen

(1) **Verfügt jemand über mehrere Wohnungen, so gelten von diesen alle bis auf eine als frei, soweit der Verfügungsberechtigte nicht ein dringendes berechtigtes Interesse hat, sie zu behalten. Der Verfügungsberechtigte kann der Wohnungsbehörde die Wohnung bezeichnen, die er behalten will. Bezeichnet er die Wohnung binnen einer von der Wohnungsbehörde zu bestimmenden angemessenen Frist nicht, so bestimmt die Wohnungsbehörde die Wohnung, die als frei gilt.**

(2) **Absatz 1 gilt auch für steuerbegünstigte Wohnungen im Sinne der §§ 42, 47 des Ersten Wohnungsbaugesetzes und des § 5 Abs. 2 und des § 99 Abs. 2 des Zweiten Wohnungsbaugesetzes und ohne öffentliche Darlehen oder Zuschüsse geschaffenen Wohnraum, der in der Zeit vom 21. Juni 1948 bis zum 31. Dezember 1949 bezugsfertig geworden ist, wenn für ihn Grundsteuervergünstigungen oder Grundsteuerbeihilfen in Anspruch genommen werden, oder wenn bei seiner Finanzierung unverzinsliche Darlehen oder Zuschüsse verwendet sind, für die Steuervergünstigungen nach § 7c des Einkommensteuergesetzes gewährt sind. Wird hiernach als frei geltender Wohnraum nicht binnen einer von der Wohnungsbehörde zu bestimmenden angemessenen Frist einem Wohnungsuchenden zur Benutzung überlassen, so unterliegt er der Zuteilung. Bei späterem Freiwerden ist in gleicher Weise zu verfahren.**

1 Der Besitz mehrerer Wohnungen ist zunächst unter dem Gesichtspunkt des überschüssigen Raumes unterbelegter Wohnungen im Sinne des § 10 Abs. 2 wohnrechtlich zu würdigen. Wohnwirtschaftliche Erwägungen verlangen aber im Interesse einer besseren Verteilung des Wohnraumes den Verzicht auf alle Wohnungen bis auf eine (§ 11). § 11 Abs. 1 greift nicht ein, wenn jeder Ehegatte über eine Wohnung verfügt, OVG Hamburg ZMR 1957, 136 (Anm. Fellner). Die Wahl der Wohnung, die der Verfügungsberechtigte behalten will, steht ihm zu. Zur Ausübung der Wahl stellt ihm die Wohnungsbehörde eine Frist. Wird innerhalb der Frist die gewünschte Wohnung nicht bezeichnet, so trifft die Wohnungsbehörde die Wahl, indem sie die Wohnung(en) bezeichnet, die als frei gilt (gelten). Die Aufforderung zur Ausübung der Wahl ist entbehrlich, wenn der Verfügungsberechtigte sich schon vorher eindeutig und verbindlich für die Aufgabe einer Wohnung entschieden hat, OVG Münster ZMR 1956, 279. Die Wahlerklärung bz. die Bezeichnung der Wohnung durch die Wohnungsbehörde kann bei mehreren Verfügungsberechtigten nur von bz. gegenüber

allen abgegeben werden, sofern nicht Vertreter (Bevollmächtigte) aufgestellt sind.

2 Trotz der grundsätzlichen Freistellung des steuerbegünstigten neugeschaffenen Wohnraums von der Wohnraumbewirtschaftung in § 3 wird dieser bei der Anwendung des Abs. 1 als bewirtschafteter Wohnraum behandelt. Fällt die Entscheidung zufolge Erklärung des Verfügungsberechtigten oder Bestimmung der Wohnungsbehörde auf den anderen Wohnraum, gilt also der steuerbegünstigte neugeschaffene Wohnraum als frei, so muß die Wohnungsbehörde den Verfügungsberechtigten zunächst auffordern, die Wohnung einem Wohnungsuchenden zu überlassen; geschieht dies innerhalb der gesetzten angemessenen Frist nicht, so erfolgt die Zuteilung. Das gleiche Verfahren gilt bei späterem Freiwerden des steuerbegünstigten Wohnraumes, sofern nicht Wahl oder Bestimmung gemäß Abs. 1 auf ihn fällt. Die Sonderregelung des Abs. 2, die in etwa die Vorschriften des § 42/I. WohnBauG und der §§ 5 Abs. 2, 99 Abs. 2/II. WohnBauG einschränkt (vgl. VGH Stuttgart NJW 1953, 119 = ZMR 1953, 38), findet keine Anwendung auf freifinanzierten Wohnraum; eine Anrechnung des neugewonnenen Wohnraums auf den Raumbesitz der Altwohnung zur Ermittlung der Unterbelegung findet hier nicht statt (a. A. Hans NJW 1953, 842; z.T. überholt OVG Lüneburg NJW 1953, 397 = ZMR 1952, 293; wie hier OVG Lüneburg BBauBl 1955, 131 = DÖV 1955, 416). Nach § 42 WohnBauG 1953 finden die Vorschriften der Wohnraumbewirtschaftung auf steuerbegünstigte und freifinanzierte Wohnungen insoweit keine Anwendung, als sich aus dem WBewG nicht etwas anderes ergibt, § 37 WohnBauG 1953.

3 § 11 Abs. 3 ist durch Art. II Nr. 6 des Abbaugesetzes gestrichen worden. Diese Vorschrift enthielt die Ermächtigung der Landesregierung, durch Rechtsverordnung zu bestimmen, daß eine für eine von der Besatzungsmacht beschlagnahmte Wohnung zugeteilte Ersatzwohnung als frei gilt, wenn die Beschlagnahme (Requisition) aufgehoben wird und dem Inhaber der Ersatzwohnung die Rückkehr in seine frühere Wohnung zugemutet werden kann. Durch diese auf Wunsch Hamburgs eingefügte Ermächtigung zum Erlaß einer Rechtsverordnung sollte die Frage geklärt werden, ob die Zuteilung der Ersatzwohnung an seinen von der Besatzungsmacht verdrängten Wohnungsinhaber nicht schon der Natur der Sache nach auf die Zeit beschränkt ist, in der die frühere Wohnung beschlagnahmt ist, VGH Stuttgart (Karlsruhe) DÖV 1949, 20.

Von dieser Ermächtigung hat aber kein Land Gebrauch gemacht.

§ 12

Benutzung und Überlassung von Wohnraum

(1) **Wohnraum darf außer auf Grund einer Zuteilung nur mit Genehmigung der Wohnungsbehörden in Benutzung genommen oder zur Benutzung überlassen werden.**

(2) **Wohnraum kann zugeteilt werden**

a) durch Benutzungsgenehmigung (§ 14),

b) durch Zuweisung (§ 15).

(3) Eine Genehmigung ist nicht erforderlich, wenn Wohnraum einem anderen nicht zur ausschließlichen Benutzung überlassen wird (Mitbenutzung), es sei denn, daß eine Bereitstellungsverfügung (§ 19) entgegensteht.

(4) Wollen Verfügungsberechtigte ihre Wohnungen innerhalb des Geltungsbereiches dieses Gesetzes tauschen, so darf die Genehmigung nur aus besonders dringenden Gründen der Wohnraumbewirtschaftung versagt werden. Die Genehmigung gilt als erteilt, wenn dem Verfügungsberechtigten nicht binnen zwei Wochen nach Eingang seines Antrags ein ablehnender Bescheid zugegangen ist. Im Streitfalle hat der Verfügungsberechtigte den Eingang des Antrages zu beweisen.

1 1. Beschränkung der Wohnraumnutzung

a) Allgemeines gesetzliches Verfügungsverbot. Die grundlegende Änderung der Wohnraumbewirtschaftung gegenüber dem bisherigen System der wohnungsbehördlichen Eingriffsmaßnahme, in deren Mittelpunkt die Erfassungsverfügung (Beschlagnahme) stand, besteht in dem in § 12 Abs. 1 ausgesprochenen generellen Verbot der Ingebrauchnahme oder Überlassung der Benutzung von Wohnraum zu Wohnzwecken, sofern dieser nicht gemäß §§ 3, 4 von der Bewirtschaftung freigestellt ist oder die Benutzung durch einen Einzelakt der Wohnungsbehörde d. h. durch Genehmigung oder durch Bereitstellungsverfügung gelenkt wird. Das Verbot des § 12 Abs. 1 ist kein gesetzliches Verbot im Sinne des § 134 BGB; a. A. LG Frankfurt Glaser Nr. 132/VII/1956; privatrechtlich ist daher der Mietvertrag, den der Verfügungsberechtigte mit dem Schwarzmieter abschließt, rechtswirksam, Hans NJW 1953, 842. Das Verfügungsverbot trifft lediglich das Erfüllungsgeschäft; der Überlassungsvertrag, der verbotswidrig erfolgt, schafft wohnraumrechtlich einen Schwebezustand, der durch nachträgliche Genehmigung zu einen rechtsmäßigen Zustand erklärt wird, Roquette 2b zu § 12; Staudinger-Kiefersauer, 11. Aufl. 87 zu § 535. Die Ingebrauchnahme und Verwendung von Wohnraum zu anderen als Wohnzwecken ist gemäß § 21 genehmigungspflichtig.

2 Das allgemeine Verfügungsverbot beschränkt sich nicht auf Wohnraum, der frei ist oder als frei gilt, sondern gilt für jeden Wohnraum, ohne Rücksicht darauf, ob er frei ist, insbes. als überschüssig i. S. des § 10 Abs. 2 gilt oder nicht, Wormit DWW 1953, 132; Gützkow DÖV 1953, 397; Roquette 2b zu § 12. Da nach dem früheren Recht (§ 12 DVO, Kiefersauer, 7. Aufl., Grundstücksmiete Anm. 317) nur der überschüssige Wohnraum von der Wohnungsbehörde erfaßt werden durfte, geht das allgemeine Verfügungsverbot über die Eingriffsmöglichkeiten des WohnG hinaus und enthält insoweit eine weitergehende Einengung des Verfügungsberechtigten. Dieser muß nunmehr in jedem Fall um die vorherige Genehmigung der Überlassung auch des nicht überschüssigen Wohnraumes bei der Wohnungsbehörde nachsuchen, andernfalls er sich einer Zuwiderhandlung (Ordnungswidrigkeit) gemäß § 35 schuldig macht. Bürgerlichrechtliche Folgen, etwa Nichtigkeit wegen Gesetzesverletzung, hat die Nichteinholung der Genehmigung für den abgeschlossenen Vertrag nicht, Gützkow DÖV 1953, 397. Bei dieser Neuregelung, deren Zweckmäßigkeit von Roquette JZ 1953, 259 insbes. im Zusammenhang mit der Bestimmung des § 21 Satz 4

kritisch erörtert wird, wäre die von OVG Münster DÖV 1950, 503; HMR Rspr. 1950 Nr. 24 u. 66; ZMR 1953, 16; VGH München ZMR 1952, 44 u. BayBgm. 1952, 235 bejahte Anspruchsberechtigung auf Erteilung der Bezugsgenehmigung eines durch den Auszug des Untermieters freigewordenen Wohnungsteiles (Lehre vom „Zuwachsen", dazu Bade ZMR 1952, 78) an sich gegenstandslos geworden, wenn sie nicht in ihrem Grundgedanken in den Zuteilungsgrundsätzen für die Benutzungsgenehmigung eine Sonderregelung eigener Art in § 14 Abs. 2 gefunden hätte.

3 b) Die wohnungsbehördliche Genehmigung. Soweit das WBewG Geltung hat, ist die Raumnutzung eingeengt zwischen dem gesetzlichen Bezugs- und Überlassungsverbot sowie der als Sonderfall der allgemeinen Genehmigung des § 12 anzusehenden Benutzungsgenehmigung des § 15 (Weitnauer MDR 1953, 323) und dem für den Einzelfall möglichen Gebot der Bereitstellung. In diesem Bereich ist der Verfügungsberechtigte nicht nur zum Handeln berechtigt, sondern auch nach dem Grundgedanken des Gesetzes zu handeln verpflichtet. Es wird von ihm eine Betätigung in diesem Sinne erwartet und ihm — im Gegensatz zu dem WohnG — eine gewisse Entschlußfreiheit zugebilligt, die aber unter die Kontrolle der Wohnungsbehörde gestellt ist. Der Entschlußfreiheit des Verfügungsberechtigten sind demgemäß enge Grenzen gezogen. Das WBewG, das auf die bisher übliche Erfassungs- und Zuweisungsmaßnahmen der Wohnungsbehörde dem Wortlaut nach verzichtet, verleiht den Lenkungsmaßnahmen dieser Behörde nicht weniger Wirksamkeit als bisher. Es ist bezeichnend, daß auch die neu eingeführte Benutzungsgenehmigung (§ 14) ausdrücklich als ein Akt der Wohnungszuteilung bezeichnet wird (§ 12 Abs. 2 u. Überschrift zu § 14).

Eine Genehmigung der Wohnungsbehörde ist nicht erforderlich, wenn Wohnraum einem anderen nur zur Mitbenutzung neben dem Wohnungsinhaber überlassen wird, insbes. also wenn eine Person in den Hausstand aufgenommen wird; § 12 Abs. 3 läßt aber eine durch Erlaß einer Bereitstellungsverfügung auszusprechende gegenteilige Anordnung der Wohnungsbehörde zu. Zum bisherigen Recht vgl. einerseits VGH München ZMR 1953, 129, andererseits OVG Münster DVBl 1952, 349 = VerwRspr 3 Nr. 72.

4 2. Die Genehmigungspflichtigkeit des Wohnungstausches, die nach der Fassung des Bundestagsbeschlusses nicht erforderlich und an deren Stelle der Tausch nur nachträglich der Wohnungsbehörde anzuzeigen war, beruht auf der Regel des § 12 Abs. 1. Die Tauschgenehmigung ist eine Unterart der Benutzungsgenehmigung; sie kann stillschweigend erteilt werden; sie kann auch unter einer auflösenden Bedingung erteilt werden, BVerwG ZMR 1958, 61 = DWW 1957, 212 = WM 1958, 92. Der nicht freie Wohnraum wird hier einer (schlichten, Gützkow DÖV 1953, 397) Genehmigung unterworfen. Die Genehmigung darf nach Abs. 4 aber nur versagt werden, wenn „besonders dringende Gründe der Wohnraumbewirtschaftung" vorliegen. Die Gründe der Versagung werden in aller Regel bei den Verhältnissen der Tauschpartner selbst (Zahlungsfähigkeit und -willigkeit, Zumutbarkeit, Gesundheit, Sittlichkeit) oder ihren Rechtsverbindungen (Untermieter) liegen. Die Tauschgenehmigung, die die Benutzungsgenehmigung in sich schließt, gilt als erteilt, wenn nicht dem Verfügungsberechtigten binnen zwei Wochen nach Eingang seines Antrages ein ablehnender Bescheid zugeht.

5 Die Erteilung der Genehmigung durch die Wohnungsbehörde setzt einen rechtsgültigen Wohnungstausch voraus, OVG Hamburg MDR 1956, 380. Die Tauschwohnungen müssen im Gebiete der Bundesrepublik (einschließlich Berlin, vgl. § 37) liegen. Ihrem Wesen nach enthält die Erteilung der Tauschgenehmigung die Genehmigung zum Bezug und zur Überlassung der eingetauschten Wohnung, setzt also die Anwendung des WBewG auf diese Wohnung voraus; gemäß §§ 3, 4 freigestellter Wohnraum kann daher ohne Genehmigung bezogen werden, nicht dagegen die bewirtschaftete Tauschwohnung. Privatrechtlich setzt der Tausch die Einwilligung des Vermieters voraus, die nach §§ 30, 31 MSchG (OVG Münster VerwRspr. 3 Nr. 157; OLG Hamburg HMR Rspr. 1950 Nr. 93) durch Entscheidung des MEA ersetzt werden kann. Die Wohnungsbehörde kann die fehlende Einwilligung nicht ersetzen, OVG Münster aaO.

Die Anordnung eines Zwangswohnungstausches, die nach Art. VI Buchst. b WohnG vorgesehen war, ist nicht mehr zulässig.

Zum Widerruf der Tauschgenehmigung BVerwG ZMR 1958, 61 = DWW 1957, 212; BVerwG JR 1957, 311 = ZMR 1957, 318 = BlGBW 1957, 278; BayVGH München WM 1958, 174 = ZMR 1959, 180.

§ 13

Genehmigungsbedürftige Verträge

Verträge, die Untermietern oder anderen Wohnungsbenutzern die Rechtsstellung eines Hauptmieters einräumen, bedürfen der Genehmigung der Wohnungsbehörden.

1 Eine über den Rahmen der Wohnraumbewirtschaftung hinausgehende zivilrechtliche Einschränkung der Freiheit zum Abschluß von Mietverträgen bedeutet die Regelung des § 13 WBewG, insofern der schuldrechtliche Vertrag über die Abtretung des Mietrechtes an den bisherigen Untermieter oder einen sonstigen Wohnungsbenutzer, dessen Rechtsstellung über die Eigenschaft eines bloßen Besitzdieners (Kinder, Hausgehilfen) hinausreicht, an die Genehmigung der Wohnungsbehörde gebunden wird.

Genehmigungspflichtig ist nur die Umwandlung des Untermietverhältnisses und des ihm gleichgestellten Wohnungsnutzungsrechtes in ein Hauptmietverhältnis. Die Begründung anderer Rechtsverhältnisse, insbes. die Einräumung eines Altenteilwohnrechts an bisherige Mitbenutzungsberechtigte fällt nicht unter die Vorschrift des § 13. Die Vorschrift dient der Sicherung wohnraumwirtschaftlicher Maßnahmen der Zuteilung von Wohnraum, die durch die Vereinbarung über die Umwandlung bestehender Untermietverhältnisse in Hauptmietverhältnisse durchkreuzt werden können.

2 Der Genehmigungszwang für den Vertragsabschluß hat zur Folge, daß der Vertrag bis zur Erteilung der Genehmigung schwebend unwirksam ist. Die Wirksamkeit des Vertrages tritt erst — rückwirkend auf den Zeitpunkt des Vertragsabschlusses — mit der Erteilung der Genehmigung der Wohnungsbehörde ein. Daß diese Genehmigung unter Bedingungen oder Auflagen erteilt werden kann, ist im Gesetz nicht vorgesehen. Die Genehmigung kann nur erteilt oder versagt werden, worüber die Wohnungsbehörde nach pflichtgemäßem Ermessen entscheidet. Ein Rechtsanspruch auf Erteilung besteht nicht. Wird die Genehmigung erteilt, so bedarf der nunmehrige Hauptmieter für die Räume,

die ihm nach dem Freiwerden (Wegzug, Tod des bisherigen Rauminhabers) zufallen sollen, der Benutzungsgenehmigung gemäß § 12, für deren Erteilung die Grundsätze des § 14 gelten. Wird die Genehmigung verweigert, so entbehrt die Vereinbarung der Rechtswirksamkeit; der Untermieter bleibt Untermieter und verliert mit dem Auszug bz. dem Tod des Hauptmieters zwar nicht ohne weiteres das Mietrecht, gilt aber der Wohnungsbehörde gegenüber als unberechtigter Wohnungsinhaber, so daß die ganze Wohnung als frei gilt (§ 10 Abs. 1 Buchst. b) und zuteilbar ist, Fellner-Fischer 1 zu § 13; VGH München ZMR 1952, 261; Roquette, WBewG 3d zu § 10.

Infolge des Wegfalls des Hauptmietverhältnisses hat der Untermieter die untergemieteten Wohnräume als Nichtberechtigter inne; die Tatsache, daß er diese Wohnräume bewohnt, gibt ihm keinen Rechtsanspruch auf Zuteilung in Hauptmiete, VGH München ZMR 1952, 261. Die Wohnungsbehörde kann ihm aber den Wunsch erfüllen.

3 Zur Frage der Rechtswirksamkeit von Mietverträgen, die ohne Genehmigung der Wohnungsbehörde abgeschlossen werden, vgl. zum bisherigen Recht KG HW 1952, 332 (vor Erfassung rechtswirksam); ebenso Bettermann-Haarmann ÖWR 67 u. LG Berlin HW 1951, 135.

§ 14

Zuteilung durch Benutzungsgenehmigung

(1) Die Benutzungsgenehmigung ist entsprechend dem Antrag des Verfügungsberechtigten zu erteilen; sie kann jedoch versagt werden, wenn der Wohnraum aus gewichtigen Gründen der Wohnraumbewirtschaftung einem anderen als dem vorgeschlagenen Wohnungsuchenden zuzuteilen ist. Ein gewichtiger Grund liegt insbesondere auch vor, wenn

a) eine Person, die auf Grund des Gesetzes über die Notaufnahme von Deutschen in das Bundesgebiet vom 22. August 1950 (Bundesgesetzbl. S. 367) oder der Verordnung über die Bereitstellung von Durchgangslagern und über die Verteilung der in das Bundesgebiet aufgenommenen deutschen Vertriebenen auf die Länder des Bundesgebietes (Verteilungsverordnung) vom 28. März 1952 (Bundesgesetzbl. I S. 236) in ein Land eingewiesen wurde,

b) ein Evakuierter im Sinne der §§ 1, 2 des Bundesevakuiertengesetzes in der Fassung vom 5. Oktober 1957 (Bundesgesetzblatt I S. 1687),

c) ein im Sinne der Asylverordnung vom 6. Januar 1953 (Bundesgesetzbl. I S. 3) anerkannter ausländischer Flüchtling oder

d) ein Umsiedler im Sinne der §§ 26 bis 34 des Bundesvertriebenengesetzes in der Fassung vom 14. August 1957 (Bundesgesetzbl. I S. 1215)

unterzubringen ist, dem an Stelle einer öffentlich geförderten Woh-

nung, die unmittelbar oder mittelbar der Unterbringung von Personen dieser Personenkreise dient, eine andere zumutbare Wohnung zugeteilt werden soll.

(2) **Die Genehmigung zur Benutzung von freigewordenen Teilen einer Wohnung ist zugunsten des Verfügungsberechtigten zu erteilen, soweit die Räume für ihn nicht überschüssig sind. Dabei bleiben Personen außer Betracht, die der Verfügungsberechtigte ohne Genehmigung der Wohnungsbehörde aufgenommen hat; dies gilt nicht für den Ehegatten, für Verwandte und Verschwägerte gerader Linie und Arbeitnehmer, die üblicherweise zum Hausstand des Verfügungsberechtigten gehören. Soweit nicht § 78 und § 109 Abs. 4 des Zweiten Wohnungsbaugesetzes anzuwenden sind, gelten die Sätze 1 und 2 entsprechend, wenn eine Einliegerwohnung in einer öffentlich geförderten Kleinsiedlung ganz oder teilweise frei wird.**

(3) **Die Benutzungsgenehmigung kann aus besonderen Gründen unter einer auflösenden Bedingung oder befristet erteilt werden. In diesem Falle erlischt ein über die Benutzung abgeschlossenes Rechtsverhältnis mit dem Eintritt der Bedingung oder dem Ablauf der Frist.**

(4) **Die Benutzungsgenehmigung gilt als erteilt, wenn dem Verfügungsberechtigten nicht binnen drei Wochen nach Eingang seines Antrages ein ablehnender Bescheid zugegangen ist. Im Streitfalle hat der Verfügungsberechtigte den Eingang des Antrages zu beweisen.**

1 Abs. 1 ist durch Art. II Nr. 7 des Abbaugesetzes neu gefaßt.

Entsprechend der Auflockerungstendenz des Gesetzgebers ist die Wohnungsbehörde nicht mehr — wie bisher — verpflichtet, den Zuteilungsantrag abzulehnen, wenn gewichtige Gründe der Wohnraumbewirtschaftung entgegenstehen; sie „kann" ihn ablehnen. Die Entscheidung liegt in ihrem Ermessen.

In dem neu gefaßten Abs. 1 Satz 2 ist der Kreis der bevorzugt unterzubringenden Personen erweitert und neu geordnet worden.

2 Die Benutzungsgenehmigung, die in aller Regel die zweite Art der Wohnraumzuteilung, die Zuweisung (§ 15), zu verdrängen bestimmt ist und als Lenkungsmaßnahme (Fischer-Dieskau BBauBl 1953, 89; Gützkow DÖV 1953, 399) den Vorzug verdient, soll grundsätzlich den Wünschen des Antragstellers entsprechen (§ 14 Abs. 1), sofern nicht überhaupt im Einzelfall wie z. B. gemäß § 17 Abs. 1 Satz 1 dem Grundstückseigentümer und dem ihm gleichstehenden dinglichen Berechtigten ein Rechtsanspruch vor allen anderen Wohnungsuchenden ohne Rücksicht auf die Dringlichkeit seiner Bewerbung eingeräumt ist. Weitere Fälle der Anspruchsberechtigung: § 14 Abs. 2, § 18, § 33 Abs. 3 WBewG; § 43, § 44, § 47 I. WohnBauG 1953, § 7 Abs. 3, § 9 BergarbWBauG. Soweit Rechtsansprüche nicht bestehen, kann die Genehmigung entgegen dem Antrag des Verfügungsberechtigten — vorbehaltlich der Sonderbestimmung für öffentlich geförderte Wohnungen in § 37 Abs. 2 Satz 1 I. WohnBauG 1953 und § 75 Abs. 2/II. WohnBauG — nur versagt werden, wenn Wohnraum „aus gewichtigen Gründen der Wohnraumbewirtschaftung" einem anderen als dem vorgeschlagenen Wohnungsuchenden zuzuteilen ist. Die Verantwortung der Woh-

nungsbehörde einerseits für die Durchführung der ihr gestellten Aufgabe der Unterbringung der Wohnungsuchenden, andererseits das möglichst reibungslose Zusammenleben der Mietparteien bleibt wie bisher bestehen, vgl. VGH München VGHE 4 Nr. 1, ZMR 1952, 233 u. BayBgm 1952, 283; OVG Münster ZMR 1953, 40 u. HW 1951, 95. Über den Begriff des Verfügungsberechtigten i.S.d. § 14 Abs. 1 vgl. OVG Münster Glaser Nr. 209/VII/1957; BVerwG ZMR 1957, 28 = NJW 1956, 1572 = Glaser Nr. 178/VII/1956 (bz. Verfügungsberechtigten über eine Einliegerwohnung eines Siedlerhauses); zum Begriff der „gewichtigen Gründe" vgl. OVG Lüneburg ZMR 1956, 58; geringfügige Unterschiede in der Dringlichkeit allein rechtfertigen keine Ablehnung, BVerwG ZMR 1956, 205 = DÖV 1956, 312; OVG Lüneburg ZMR 1957, 319; OVG Berlin ZMR 1959, 179; OVG Münster ZMR 1957, 379; 1958, 266; LVG Arnsberg ZMR 1960, 249; auch nicht die spätere Registrierung des Wunschmieters gegenüber anderen Bewerbern, BVerwG ZMR 1957, 173; teilweise anders bei einem erheblichen Unterschied in der zeitlichen Reihenfolge der Eintragung in der Wohnungsliste, LVG Hannover ZMR 1957, 421; ferner bei dringender Notwendigkeit der Unterbringung eines Tuberkulosekranken, OVG Berlin ZMR 1959, 179; GWW 1960, 134 (n. L.).

3 Die Benutzungsgenehmigung kann — aber nur aus besonderen Gründen — unter einer auflösenden Bedingung oder befristet erlassen werden. Gemäß § 14 Abs. 3 Satz 2 erlischt in diesem Falle ein über die Benutzung abgeschlossenes Rechtsverhältnis mit dem Eintritt der Bedingung oder dem Ablauf der Frist. Durch diese gesetzliche Regelung ist für diesen Bereich die Streitfrage über die Geltung des Mieterschutzes (vgl. Bettermann 162, 163 zu § 1; Roquette Mietrecht 198; Schopp-Groothold 33 zu § 1; LG Berlin HW 1952, 151; Kiefersauer JZ 1951, 382) beseitigt; nach Eintritt der Bedingung oder nach Zeitablauf erlischt der Mieterschutz. Darüber hinaus kann die Wohnungsbehörde die Erteilung der Genehmigung im Interesse gewichtiger wohnraumwirtschaftlicher Ziele auch mit der Auferlegung zusätzlicher Verpflichtungen für den Wohnungsuchenden verbinden, z. B. daß der Hauptmieter mit einem Wohnungsuchenden oder mit dem bisherigen Untermieter einen Untermietvertrag abschließt. Bei der Nichterfüllung dieser besonderen Auflage kann die Wohnungsbehörde entweder die Benutzungsgenehmigung zurücknehmen oder Verwaltungszwang gemäß § 27 WBewG ausüben.

4 Die Benutzungsgenehmigung gilt als erteilt, wenn der Antrag nicht binnen drei Wochen nach Eingang von der Wohnungsbehörde nicht ausdrücklich ablehnend verbeschieden und dem Antragsteller zugestellt worden ist. Die Beweislast für den Eingang des Antrages bei der Wohnungsbehörde trifft den Verfügungsberechtigten, OVG Münster ZMR 1956, 279. Beim Wohnungstausch und beim zweckbestimmten Wohnraum beträgt die Frist zwei Wochen (§§ 12 Abs. 4, 18 Abs. 4). Die Frist beginnt mit der Stellung des Antrages auch dann zu laufen, wenn — was zulässig ist, Wormit u. Bade ZMR 1954, 20 u. 35 — der Antrag gestellt wird, bevor die Wohnung frei geworden ist, vgl. VGH Bremen DWW 1953, 297 u. LVG Hannover DWW 1954, 21. Erforderlich ist lediglich, daß das Freiwerden tatsächlich bevorsteht und daß der Antrag hinreichend bestimmt ist, so daß die Wohnungsbehörde auf Grund der in dem Antrag enthaltenen Angaben entscheiden kann, OVG Lüneburg BBauBl. 1956, 218; LVG Hamburg BBauBl 1956, 218; OVG Hamburg ZMR 1957, 66; VG Bremen DWW 1955, 115; LVG Arnsberg Glaser Nr. 130/VII/1955 m. w. N.;

VGH Bremen ZMR 1954, 54; LVG Hannover DWW 1954, 21; LVG Hannover Glaser Nr. 226/VII/1957; a. A. aber BVerwG ZMR 1957, 171; 1959, 81; Bay-VGH München ZMR 1956, 420 = WM 1957, 111.

5 Eine Genehmigung anderer Art als die Benutzungsgenehmigung ist die der Wohnungsbehörde in § 14 Abs. 2 Satz 2 zur Pflicht gemachte Anerkennung der Aufnahme von Ehegatten, Verwandten oder Verschwägerten gerader Linie (nicht von Verlobten, OVG Münster ZMR 1959, 24) und von Arbeitnehmern, die üblicherweise zum Hausstand des Verfügungsberechtigten gehören. Bei der Prüfung der Frage, ob die Bezugsgenehmigung zugunsten des Verfügungsberechtigten zur Benutzung freigewordener, nicht überschüssiger Teile einer Wohnung nach § 14 Abs. 2 Satz 1 zu erteilen ist, muß die Haushaltzugehörigkeit dieser Personen Berücksichtigung finden. Eine Stundenfrau, die hauswirtschaftliche Arbeiten in einem Umfang verrichtet, der lediglich einen verhältnismäßig geringen Teil ihrer Arbeitskraft in Anspruch nimmt, ist nicht hausstandszugehörig, OVG Münster ZMR 1956, 279; 1958, 94 = BlGBW 1958, 142, 158 = WM 1958, 109; unter einer Arbeitnehmerin, die üblicherweise zu einem Hausstand gehört, ist nur die Hausangestellte zu verstehen, die den ganzen Tag über — ggf. auch während der Nacht — dem Hausstand zur Verfügung steht, OVG Münster ZMR 1955, 280. Die Begriffsauslegung „unterbelegt" findet insoweit eine Einschränkung (worauf in § 10 Abs. 2 Satz 2 ausdrücklich hingewiesen ist), gleichviel, ob vor Inkrafttreten des WBewG eine Aufnahme zur Mitbenutzung, wenn sie als genehmigungspflichtig erachtet wurde, die Genehmigung gefunden hat oder nicht. Der Verfügungsberechtigte, der die „Genehmigung" oder „Bewilligung" (so Fellner-Fischer 11 zu § 14) der Aufnahme dieser Personen nicht einholt oder sich über die Versagung hinwegsetzt, macht sich nicht einer Zuwiderhandlung (Ordnungswidrigkeit) im Sinne des § 35 schuldig.

Den Vorbehalt der §§ 78, 109/II. WohnBauG hat § 114 Nr. 5/II. WohnBauG mit Wirkung vom 1. Juli 1956 eingefügt.

6 Das sog. Anwachsen von Wohnraum, insbesondere bei Auszug des Untermieters, war bereits bisher von der Wohnungsbehörde zu beachten, sofern nicht eine „selbständige Wohnung" (dazu KG JFG Erg. 3, 1; OVG Münster HMR Rspr. 1950 Nr. 24 u. 66 u. ZMR 1953, 69, 126 u. 228; VGH München VerwRspr. 4 Nr. 89 = ZMR 1952, 44) vorliegt. Zur ganzen Frage vgl. Hurst WM 1951, 33; Langensiepen MDR 1950, 593 u. Bade ZMR 1952, 78.

Die vom WBewG beabsichtigte Einschränkung der Befugnisse der Wohnungsbehörden gegenüber den Vermietern von bewirtschaftetem Wohnraum — Fischer-Dieskau BBauBl 1953, 89 spricht von einer Ersetzung von Befehlsmaßnahmen durch Lenkungsmaßnahmen — darf nicht darüber hinwegtäuschen, daß die Notwendigkeit der Unterbringung von Wohnungsuchenden die den Wohnungsbehörden gestellte Aufgabe der Betreuung nicht nur nicht verringert, sondern infolge des Zustroms der Ostzonen-Flüchtlinge nach Westdeutschland nicht unerheblich vermehrt hat. Sie sind durch § 80 des Bundesvertriebenengesetzes vom 19. Mai 1953 (BGBl I 201) i. d. F. vom 14. August 1957 (BGBl I 1215) mit zusätzlichen Aufgaben der „vordringlichen" Versorgung der Vertriebenen und Sowjetzonenflüchtlinge mit Wohnraum betraut worden. Die Dringlichkeit der für die Zuteilung von Wohnraum nach § 17 Abs. 1 WBewG maßgebenden subjektiven Verhältnisse des Einzelfalles sind hier nicht nur durch die ausdrücklich gebotene „besondere" Berücksichtigung der noch in

Lagern und anderen Notunterkünften Untergebrachten gesteigert, sondern darüber hinaus in gewissem Sinn objektiviert durch die Anweisung, daß von dem verfügbaren vorhandenen und neu geschaffenen Wohnraum (soweit er der Bewirtschaftung unterliegt, § 80 Abs. 4) ein angemessener Teil auszusondern und nur für Vertriebene und Sowjetzonenflüchtlinge zwecks Zuteilung zur Verfügung zu halten ist, § 80 Abs. 2 BVFG. Diese die Regelung des WBewG ergänzende Vorschrift bedeutet aber eine nicht unerhebliche Verstärkung der Pflichten der Wohnungsbehörde zur Bewältigung der ihr nach wie vor in die eigene Verantwortung gestellten Aufgabe der Wohnraumbewirtschaftung, § 1 Abs. 2 WBewG. Solange der „angemessene Teil" des vorhandenen Wohnraumes nicht für die Sonderaufgabe bereitgestellt ist, wird die Wohnungsbehörde vielfach noch auf die Lenkungsmaßnahmen, insbes. der Benutzungsgenehmigung (§ 14 WBewG) verzichten und die „gewichtigen Gründe der Wohnraumbewirtschaftung" nicht nur im Falle des § 14, sondern auch im Rahmen des § 12 Abs. 4 u. des § 15 Abs. 6 WBewG zur Geltung bringen.

Zum Widerruf der Benutzungsgenehmigung, BVerwG JR 1957, 311 = ZMR 1957, 318 = BlGBW 1957, 287 = DWW 1957, 211; OVG Lüneburg ZMR 1958, 206.

§ 15

Zuweisung von Wohnungsuchenden

(1) **Die Wohnungsbehörden können verlangen, daß der Verfügungsberechtigte mit einem von mehreren zur Auswahl benannten Wohnungsuchenden binnen einer angemessenen Frist ein Rechtsverhältnis vereinbart, das den Wohnungsuchenden zur Benutzung von Wohnraum und zur Benutzung oder Mitbenutzung von Küchen, Nebenräumen, Flächen, Einrichtungen und Anlagen berechtigt (Zuweisung). Die Wohnungsbehörden dürfen Wohnungsuchende nur zuweisen, wenn sie nach vorangegangener Prüfung annehmen können, daß diese in der Lage sind, die vertraglichen Verpflichtungen zu erfüllen, insbesondere den preisrechtlich zulässigen Mietzins zu zahlen, oder daß die Zahlung des Mietzinses in sonstiger Weise gewährleistet ist.**

(2) **§ 14 Abs. 3 findet entsprechende Anwendung.**

(3) **Die Zuweisung soll bei Wohnraum, der üblicherweise von dem Grundstückseigentümer oder dem ihm gleichstehenden dinglich Berechtigten vermietet wird, an diesen, im übrigen an den sonstigen Verfügungsberechtigten (Hauptmieter) gerichtet werden.**

(4) **Die Zuweisung ist außer im Falle des Absatzes 6 nur zulässig, wenn nicht innerhalb von zwei Wochen, seitdem die Anzeige vom Freiwerden oder Bezugsfertigwerden von Wohnraum (§ 7 Abs. 3) erstattet ist, ein Antrag auf Benutzungsgenehmigung nach § 14 eingegangen ist, oder wenn einem innerhalb dieser Frist gestellten Antrag nicht entsprochen ist. Ist eine Anzeige nicht oder**

nicht fristgemäß erstattet, so wird die bezeichnete Frist erst durch eine Mitteilung der Wohnungsbehörde an den Verfügungsberechtigten in Lauf gesetzt.

(5) **Wohnungsuchende müssen binnen drei Wochen zugewiesen werden, nachdem Wohnraum frei oder bezugsfertig geworden ist und die Anzeige gemäß § 7 Abs. 3 bei der Wohnungsbehörde erstattet ist. Im Streitfalle hat der Verfügungsberechtigte den Eingang der Anzeige zu beweisen. Ergeht die Zuweisung nicht fristgemäß, so gilt die Überlassung von Wohnraum an den Wohnungsuchenden als genehmigt, den der Verfügungsberechtigte der Wohnungsbehörde benennt. § 10 Abs. 2, 3 bleibt unberührt.**

(6) **Das Auswahlrecht darf nur versagt werden, wenn besonders dringende Gründe der Wohnraumbewirtschaftung die Zuteilung an einen bestimmten Wohnungsuchenden erforderlich machen. Die Gründe sind dem Verfügungsberechtigten bekanntzugeben.**

1 Die nach dem Willen des Gesetzgebers erst in zweiter Linie nach der Benutzungsgenehmigung anzuwendende Art der Wohnraumzuteilung ist die Zuweisung von Wohnungsuchenden. Sie ist in die Hände der Wohnungsbehörde gelegt, die aus besonders dringenden Gründen der Wohnraumbewirtschaftung ganz ebenso wie die beantragte Benutzungsgenehmigung nach § 14 Abs. 1 das dem Verfügungsberechtigten bei Zuweisung grundsätzlich zustehende Auswahlrecht versagen und für den Wohnraum ohne Rücksicht auf die Interessen des Verfügungsberechtigten einen bestimmten, einzigen Wohnungsuchenden zuweisen kann. Die Alleinzuweisung gilt gemäß § 37/I. WohnBauG und gemäß § 75/II. WohnBauG auch für öffentlich geförderte Wohnungen.

2 Die Alleinzuweisung ist in der Verfügung zu begründen und die gewichtigen Gründe (Fischer ZMR 1953, 51) sind dem Verfügungsberechtigten bekanntzugeben; OVG Lüneburg ZMR 1956, 280 (§ 15 Abs. 6). Sie ist nach dem Willen des Gesetzgebers auf wenige Ausnahmefälle (LVG Hannover DWW 1954, 65) zu beschränken, z. B. zur Unterbringung von Bewohnern aus einsturzgefährdeten Häusern, BVG Neustadt/Weinstraße DWW 1960, 250 = ZMR 1959, 180; zur Behebung besonderer Notstände, Haarmann DVBl 1953, 329; zur Unterbringung einer kinderreichen Familie, LVG Arnsberg ZMR 1956, 212; OVG Münster ZMR 1957, 30 und 1959, 310; BVG Neustadt/Weinstraße DWW 1960, 250; vgl. auch Glaser FrWW 1957, 149; zur Unterbringung einer obdachlosen Familie, OVG Münster ZMR 1957, 281; 1959, 310; zwecks Familienzusammenführung, OVG Münster 1959, 311; zugunsten des bisherigen Untermieters nach Aufhebung des Hauptmietverhältnisses vgl. OVG Lüneburg Glaser Nr. 231/VII/1957; OVG Hamburg MDR 1955, 631 = ZMR 1956, 24 = DVBl 1955, 708; BayVGH ZMR 1955, 152; ZMR 1956, 424; OVG Münster WM 1959, 127; ZMR 1956, 388; 1959, 311, 373; VG Freiburg/Breisgau ZMR 1959, 306; OVG Hamburg ZMR 1956, 286 = BlGBW 1957, 46; OVG Hamburg ZMR 1956, 98; BVerwGE 4, 180 = NJW 1957, 555; zugunsten des Vermieters gegenüber dem Hauptmieter, BVerwGE 5, 179 = NJW 1957, 1733. Überbelastung von Wohnraum dürfte in aller Regel kaum zu beanstanden sein, Wormit DWW 1953, 133; vgl. aber auch OVG Münster WM 1954, 69. So notwendig dieser Vorbehalt für die Durchführung der der Wohnungsbehörde übertragenen Aufgabe der Unter-

bringung der Wohnungssuchenden nach der Dringlichkeit der Bewerbung ist, um so nachdrucksvoller erweist sich die in kleineren Gemeinden hänfig eintretende Notwendigkeit der Umkehrung der Regel der Auswahlzuweisung in eine Alleinzuweisung (Fellner-Fischer 17 zu § 15) als eine empfindliche Verschärfung der Wohnraumbewirtschaftung. Die Dringlichkeit des Wohnungssuchenden rechtfertigt für sich allein es noch nicht, eine Einzelzuweisung zu erlassen, VGH Bremen BlnGrundE 1956, 683 = Glaser Nr. 210/VII/1957; vgl. auch Babel BlnGrundE 1957, 63; BVerwG ZMR 1956, 348 = NJW 1956, 1293 = DWW 1956, 190; OVG Hamburg ZMR 1956, 24; OVG Lüneburg ZMR 1956, 100; BayVGH BayVerwBl 1956, 199. Die Alleinzuweisung ist nicht nur dann zulässig, wenn ein eindeutiger Spitzenfall der Dringlichkeit vorliegt, sondern immer dann, wenn sie die einzige wohnungswirtschaftlich vertretbare Lösung ist, BVerwGE 3, 267 = ZMR 1956, 348 = NJW 1956, 1293 = ZMR 1956, 348; 1957, 139; OVG Münster ZMR 1956, 388; BayVGH München ZMR 1956, 424; WM 1956, 128; 1959, 46; a. A. OVG Lüneburg ZMR 1956, 100 und 241; vgl. aber auch OVG Lüneburg ZMR 1956, 423. Zur Beurteilung der praktischen Auswirkung der vom Gesetzgeber bewußt ermöglichten elastischen Handhabung des WBewG, die auf eine allmähliche Besserung der Wohnraumlage eingestellt ist, vgl. Scheerbarth, Krieg u. Fischer ZMR 1954, 33, 104 u. 106. An die staatsbürgerliche Gesinnung der von der Alleinzuweisung Betroffenen werden angesichts der sonstigen Auflockerung der Wohnraumbewirtschaftung im Einzelfall oft kaum zumutbare Anforderungen gestellt.

3 Umso größer ist die Verantwortung der Wohnungsbehörde, die bei der unvermeidbaren Alleinzuweisung an die in § 15 Abs. 1 Satz 2 vorgeschriebene Prüfung der Zumutbarkeit unter Berücksichtigung der persönlichen, gesellschaftlichen, beruflichen, familiären und wirtschaftlichen Verhältnisse zu stellen sind. Dabei sind nicht nur Zahlungsfähigkeit (VG Freiburg/Breisgau ZMR 1959, 306) und Zahlungswilligkeit des künftigen Mieters (KG HW 1951, 55), seine Bereitschaft, sich in die Hausgemeinschaft einzufügen (VG Karlsruhe DÖV 1949, 200; VGH München BayBgm 1952, 283; OVG Münster ZMR 1958, 133, 266) und der Mietsache die erforderliche Obhut und Pflege angedeihen zu lassen (VGH Freiburg ZMR 1952, 141), sondern auch die erforderlichen gesundheitlichen Voraussetzungen zu prüfen. Unzumutbar ist ein arbeitsscheuer Wohnungssuchender, OVG Münster ZMR 1955, 241; ein in Onkelehe lebendes Paar, OVG Lüneburg ZMR 1957, 422; ein ansteckend kranker Wohnungssuchender, VGH München ZMR 1957, 29; OVG Berlin ZMR 1959, 45; ferner der eigenmächtig eingezogene Mieter, VGH München ZMR 1956, 314 = WM 1956, 190; aA OVG Lüneburg DWW 1956, 69 = Glaser Nr. 66/VII/1956; OVG Münster ZMR 1955, 25; 1957, 320; BayVGH München ZMR 1953, 254; 1956, 314, 423; 1958, 63, 134, 209, 266; WürttBad VGH MDR 1949, 576; BayVGH München WM 1958, 46, 94, 191; 1959, 28. Rechtserhebliche Tatsachen aus früherer Zeit können unter Umständen für die Beurteilung künftigen Verhaltens ausgewertet werden (VG Freiburg ZMR 1952, 290); zur Frage der Gewährung einer Frist zur Einlebung vgl. OVG Münster ZMR 1952, 108.

4 Wie bei der Benutzungsgenehmigung kann gemäß § 15 Abs. 2 auch die Zuweisung „aus besonderen Gründen" mit einer Befristung oder auflösenden Bedingung verbunden werden, die sich auf den Benutzungsvertrag beziehen, dessen Abschluß verlangt wird. Unterliegt das abzuschließende Rechtsverhältnis dem Mieterschutz, so wird durch die Begrenzung des Mietverhältnisses auf

bestimmte Zeit dem Mieter entgegen der Regel des § 1 Abs. 2 MSchG der Mieterschutz gemäß § 14 Abs. 3 Satz 2 durch Zeitablauf entzogen. Bei Mietrechtsverhältnissen, die außerhalb des MSchG stehen, aber gleichwohl z. B. auf Grund freiwilliger Unterwerfung unter die Wohnraumbewirtschaftung (Ringe DVBl 1952, 460; OVG Münster ZMR 1952, 286; LVG Hamburg mit Bem von Pergande u. Wormit, BBauBl 1953, 23 u. 26) ausnahmsweise den Zuteilungsvorschriften unterliegen, bedeutet die zeitliche Begrenzung eine dem Mieterschutz ähnliche Beschränkung der Rechte des Vermieters. Da die Rechtsfolge des Erlöschens der Rechtsverhältnisse nach Eintritt der Bedingung oder Ablauf der gesetzten Frist auch nicht durch eine vertragliche Übereinkunft ohne Zustimmung der Wohnungsbehörde ausgeschlossen werden kann, bedarf die Auferlegung der Auflage einer verantwortungsvollen Prüfung.

5 Die Auswahlzuweisung, die eine erhebliche Verbesserung des bisherigen Rechtzustandes darstellt (Weitnauer MDR 1953, 323), ist die Aufforderung der Wohnungsbehörde an den Verfügungsberechtigten (Eigentümer, Mieter in der Rangordnung des § 15 Abs. 3), mit einem der mehreren zur Auswahl benannten Wohnungssuchenden binnen einer angemessenen Frist einen Nutzungsvertrag über Benutzung von Wohn- und Schlafraum und Mitbenutzung von Wohnungszubehör abzuschließen. Die bloße Aufforderung an den oder die Wohnungssuchenden, sich mit dem Verfügungsberechtigten in Verbindung zu setzen, ist keine Zuweisung im Rechtssinne, OVG Münster ZMR 1952, 108. Andererseits darf die Zuweisung noch nicht, auch nicht für den Eventualfall mit einer Mietverfügung nach § 16 verbunden werden. Die Zuweisung verschafft dem Zugewiesenen eine gewisse Rechtsstellung, die mindestens insoweit schutzwürdig ist, als die Zuweisung von der Wohnungsbehörde nicht ohne weiteres widerrufen werden kann (vgl BGH IV ZR 175/50 HMR Rspr. 1951 Nr. 147 (Naumann) = MDR 1951, 281; LVG Düsseldorf HMR Rspr. 1949 Nr. 47; OVG Hamburg MDR 1950, 505; OVG Lüneburg MDR 1952, 381; VGH Freiburg DVBl 1952, 51; VGH München DVBl 1950, 679, VerwRspr. 4 Nr. 34 und ZMR 1952, 43), es sei denn, daß eine Täuschungsabsicht vorliegt (OVG Münster HMR Rspr. 1951 Nr. 84) oder der Widerruf in angemessenen Grenzen vorbehalten worden ist (OVG Münster ZMR 1952, 112; bedenklich OVG Hamburg ZMR 1952, 115).

6 Die Zuweisung gibt dem Wohnungssuchenden kein Recht zur Inbesitznahme der Räume, VGH Stuttgart DÖV 1950, 52; VGH München DVBl 1950, 679; Bettermann (mit weiteren Nachweisen) gegen ZMR 1953, 9. Die Zuweisung verpflichtet den Zugewiesenen nicht zur Annahme; er kann verzichten, BayVGH München ZMR 1958, 63; WM 1958, 190. Ist keiner der zur Auswahl benannten Bewerber bereit, in die zugeteilte Wohnung einzuziehen, so gilt die Wohnung erneut als frei und es muß ein neues Zuteilungsverfahren eingeleitet werden, bis die Zuweisung zum Erfolg führt, BVerwG ZMR 1956, 56. Die entsprechende Anwendung des § 15 Abs. 5 Satz 3 kommt nicht in Frage, ebenso Gützkow DÖV 1953, 398.

7 Die Zuweisungsverfügung erlischt mit dem Tode des Zugewiesenen, nicht aber mit dem Tode des Verfügungsberechtigten, BVerwG ZMR 1956, 314; OVG Münster ZMR 1957, 95.

8 Die Auswahlzuweisung geht davon aus, daß Wohnraum frei oder bezugsfertig geworden ist und daß die Tatsachen gemäß § 7 Abs. 3 der Wohnungs-

behörde binnen der vorgeschriebenen Wochenfrist zur Anzeige gebracht sind. Die Zuweisung kann erst nach Ablauf von zwei Wochen nach Eingang dieser Anzeige erfolgen, sofern nicht innerhalb der Frist ein Antrag auf Bezugsgenehmigung eingegangen oder wenn einem innerhalb dieser Frist gestellten Antrag nicht entsprochen worden ist. Unterbleibt die fristgemäße Erstattung der Anzeige, dann muß die Wohnungsbehörde von sich aus tätig werden und die Frist durch eine Mitteilung, die die Zuweisung ankündigt, aber selbst keine solche, überhaupt keinen Verwaltungsakt darstellt, von sich aus in Lauf setzen. Der Ablauf der Zweiwochenfrist verpflichtet die Wohnungsbehörde zur Zuweisung, wenn der Verfügungsberechtigte die Anzeige über das Freiwerden oder die Bezugsfertigkeit zwar erstattet, selbst aber einen Wohnungssuchenden für die Bezugsgenehmigung nicht vorgeschlagen hat; die Wohnungsbehörde muß alsdann innerhalb von 3 Wochen (§ 187 Abs. 1, 188 Abs. 2 BGB) nach Eingang der Anzeige dem Verfügungsberechtigten eine Zuweisung zugehen lassen. Diese Frist besteht jedoch nicht für öffentlich geförderten Wohnraum (§ 37 Abs. 2/I. WohnBauG, § 75 Abs. 2/II. WohnBauG); sie beginnt erst, nachdem der Wohnraum tatsächlich frei geworden u. die in § 7 vorgeschriebene Anzeige erstattet ist, BVerwG DWW 1959, 157 = WM 1959, 94. Der fruchtlose Ablauf der Dreiwochenfrist hat zur Folge, daß der Verfügungsberechtigte nunmehr von sich aus der Wohnungsbehörde einen Wohnungssuchenden benennen kann, für den die Benutzungsgenehmigung (§ 14) gemäß § 15 Abs. 5 Satz 3 als erteilt gilt, auch wenn die Wohnung dadurch unterbelegt wird. Nach Satz 4 ist aber gleichwohl die Inanspruchnahme der überschüssigen Räume der Wohnung gemäß § 10 Abs. 2, 3 der Wohnungsbehörde möglich. Benennt der Verfügungsberechtigte keinen Wohnungssuchenden, so gilt die Wohnung weiterhin als frei und kann von der Wohnungsbehörde durch Zuweisung zugeteilt werden.

9 Zu Abs. 6 Satz 2: Die Rechtmäßigkeit der Alleinzuweisung hängt nicht von der Mitteilung der Gründe ab, sondern davon, daß solche Gründe vorliegen, die sie rechtfertigen, BVerwG WM 1957, 142; die Begründung kann nachgeholt werden, OVG Münster ZMR 1956, 387.

§ 16

Mietverfügung

(1) Kommt ein der Zuweisung entsprechender Vertrag über Wohnraum nicht fristgemäß zustande, so kann die Wohnungsbehörde auf Antrag eines Beteiligten eine Verfügung erlassen, welche die Wirkung eines Mietvertrages hat (Mietverfügung). In die Verfügung sind die wesentlichen Bestimmungen eines Mietvertrages, auf Antrag eines Beteiligten auch ergänzende oder von den Vorschriften des Bürgerlichen Gesetzbuches abweichende besondere Bestimmungen, aufzunehmen, soweit diese nach Lage des Einzelfalles geboten und zumutbar sind. Die Höhe des Mietzinses richtet sich nach den für die Bemessung von Mietpreisen geltenden Vorschriften. Die Wohnungsbehörde kann auch verfügen, daß die Preisbehörde an ihrer Stelle den Mietzins bestimmt; in diesem Falle hat die Wohnungsbehörde den einstweilen zu entrichtenden Miet-

zins festzusetzen. Für das Verfahren der Preisbehörden gelten die dafür erlassenen besonderen Vorschriften. Vor Erlaß der Mietverfügung sind die Beteiligten zu hören.

(2) **Müssen Zugewiesene so dringend untergebracht werden, daß die endgültige Regelung nicht abgewartet werden kann, so kann eine vorläufige Mietverfügung ohne Anhören der Beteiligten ergehen. Die vorläufige Mietverfügung wird endgültig, falls nicht einer der Beteiligten binnen drei Monaten nach Zugang der vorläufigen Mietverfügung beantragt, sie zu ändern oder zu ergänzen**

1 Die Mietverfügung — der Zwangsmietvertrag des WMG — ist der auf die Zuweisung folgende Verwaltungsakt der Wohnungsbehörde, durch den der vom Verfügungsberechtigten verweigerte oder nicht fristgemäß erfolgte Abschluß des verlangten Raumnutzungsvertrages gegen oder ohne den Willen der Beteiligten mit bürgerlich-rechtlicher Wirkung autoritär als verpflichtender Rechtsakt gesetzt wird. In der Mietverfügung erst wird die Zuweisung vollendet, wenn die Beteiligten sich der Aufforderung zum Vertragsabschluß versagen. Eine Mietverfügung ist aber nicht zulässig, wenn nur der Zugewiesene den Vertragsabschluß verweigert; denn ihm kann die bürgerlich-rechtliche Verpflichtung der Wohnungsnutzung gegen seinen Willen nicht auferlegt werden (OVG Münster ZMR 1952, 189).

2 Die Mietverfügung entfällt, wenn der Zuweisung entsprechend von den Beteiligten eine Vereinbarung über das bürgerlich-rechtliche Nutzungsverhältnis getroffen worden ist; dies gilt auch dann, wenn die Beteiligten die Festsetzung des Mietpreises ausdrücklich der Preisbehörde überlassen haben. Eine Ergänzung oder Abänderung des abgeschlossenen Vertrages durch die Wohnungsbehörde ist auch im Wege einer Mietverfügung nicht zulässig. Wird aber später durch gerichtliche Entscheidung incidenter oder rechtskräftig durch Urteilsspruch festgestellt, daß ein Vertrag nicht zustande gekommen ist, so hat die Wohnungsbehörde auf Antrag des Zugewiesenen eine Mietverfügung zu erlassen. Wird umgekehrt aber nach Erlaß der Mietverfügung gerichtlich festgestellt, daß entgegen der Annahme der Wohnungsbehörde ein rechtsgültiger Vertrag zustande gekommen sei, so besteht für die Wohnungsbehörde kein Anlaß, die Mietverfügung aufzuheben, wenn diese Feststellung nur incidenter erfolgt ist, weil nur die der Rechtskraft fähige Entscheidung des Gerichts die Verwaltungsbehörden zu binden vermag, vgl. hierher Bettermann MDR 1950, 265; Hermes FrWW 1952 Heft 5, 21.

3 Grundlage der Mietverfügung bildet die Zuweisung, deren Aufhebung oder Widerruf die ergangene Mietverfügung gegenstandslos macht, das durch sie begründete Mietverhältnis zum Erlöschen bringt (VGH München VGHE 4 Nr. 32; Bastian JR 1950, 170) und eine noch nicht ergangene Mietverfügung unmöglich macht. Diese Rechtswirkung tritt mit der Zustellung der Zuweisung ein und zwar ohne Rücksicht darauf, ob sie unanfechtbar geworden ist, so mit Recht Fellner-Fischer 5 zu § 16; BVerwG WM 1957, 142; ZMR 1957, 171. Die Voraussetzungen der Zuweisung, insbes. die der Zumutbarkeit, müssen noch im Zeitpunkt des Erlasses der Mietverfügung gegeben sein, andernfalls eine

Mietverfügung nicht erlassen werden darf und die Zuweisung aufgehoben (widerrufen) werden muß.

4 Gegenstand der Mietverfügung sind die in der Zuweisung angeführten Wohnräume samt Wohnungszubehör, die in der Mietverfügung genau zu bezeichnen sind (OVG Münster ZMR 1952, 136). Wesentlicher Inhalt der Mitverfügung sind ferner die Angabe des Mietpreises, dessen Bestimmung oder Kontrolle bei preisgebundenen Mietverhältnissen der Preisbehörde vorbehalten bleiben kann (zum bisherigen Recht LG Dortmund HMR Rspr. 1950 Nr. 20); nach § 16 Abs. 1 Satz 4 muß aber in diesem Falle der einstweilen zu zahlende Mietpreis von der Wohnungsbehörde festgelegt werden. Hinsichtlich der Zeitdauer soll — wenn nicht besondere Gründe eine Zeitbestimmung angezeigt erscheinen lassen — die Mietzeit als auf unbestimmte Dauer geltend bezeichnet werden. Stets empfiehlt es sich den Mietbeginn kalendermäßig festzustellen, wobei auf die Möglichkeit zum Bezug der Wohnung an diesem Zeitpunkt entsprechend Rücksicht zu nehmen ist. Im übrigen können auf Antrag eines Beteiligten weitere Bestimmungen als Vertragsinhalt — auch in Abweichung von den Regeln des BGB — in die Verfügung aufgenommen werden; doch sollen die Grundsätze des Deutschen Einheitsmietvertrages nicht ohne zwingende Notwendigkeit abgeändert werden. Der hier versuchte Interessenausgleich sollte auch für die Wohnungsbehörde eine bindende Richtlinie sein; die Zumutbarkeit der Vertragsbedingungen ist hier von den beiden Interessenverbänden weitgehend geklärt und die Lage des Einzelfalles dürfte stets nur unbedeutende Anpassung erfordern. Das gleiche gilt für die den gemeinnützigen Wohnungsunternehmen vorgeschriebenen Nutzungsverträge, vgl. BAnz 1953 Nr. 105; BBauBl 1935 Nr. 7. Ein unanfechtbar gewordener Zwangsmietvertrag ist Änderungen der Wohnungsbehörde entzogen, OVG Lüneburg ZMR 1956, 242. Die Auslegung des Inhalts und des Umfangs der Vertragspflichten auf Grund eines Zwangsmietvertrages oder einer Mietverfügung ist Aufgabe der Zivilgerichte, nicht der Wohnungsbehörde, OVG Lüneburg ZMR 1956, 242; Fellner-Fischer, 2 zu § 16; Wormit 3 zu § 16; a. A. Hans 8 zu § 16.

5 Die Beteiligten sind vor dem Erlaß der Mietverfügung stets zu hören; die dabei geltend gemachten Wünsche sind nach Möglichkeit im Rahmen des Deutschen Einheitsmietvertrages aufeinander abzustimmen. Lehnt der Zugewiesene die Wohnung ab, so kann weder die Zuweisungsverfügung aufrechterhalten werden, noch eine Mitverfügung und Besitzeinweisung ergehen, OVG Münster NJW 1958, 77. Die Anhörung, die in der Regel mündlich erfolgt, darf nur bei der in dringenden Fällen nach § 16 Abs. 2 möglichen vorläufigen Mietverfügung unterbleiben. Die vorläufige Verfügung wird endgültig, sofern nicht einer der Beteiligten binnen drei Monaten nach Zugang die Änderung oder Ergänzung der vorläufigen Mietverfügung beantragt. Die Frist ist eine Ausschlußfrist, deren Ablauf das Antragsrecht zum Erlöschen bringt. Vor der Entscheidung über den rechtzeitig gestellten Antrag sind die Beteiligten zu hören. Der Antrag muß auch dann gestellt werden, wenn gegen die vorläufige Verfügung als solche Rechtsmittel (Einspruch, Beschwerde, Anfechtungsklage) eingelegt worden sind.

Die Mietverfügung — nicht aber die Vereinbarung eines Mietverhältnisses, Hans NJW 1953, 843 — ermöglicht der Wohnungsbehörde, die Besitzeinweisung gemäß § 20 anzuordnen.

§ 17

Richtlinien für die Berücksichtigung der Wohnungsuchenden bei der Zuteilung

(1) **Bei der Zuteilung von Wohnraum hat der Grundstückseigentümer oder ein ihm gleichstehender dinglich Berechtigter den Vorrang. Im übrigen sind die Wohnungsuchenden nach der Dringlichkeit ihrer Bewerbung zu berücksichtigen. Die Dringlichkeit einer Bewerbung richtet sich außer nach persönlichen Verhältnissen des Wohnungsuchenden auch nach volkswirtschaftlichen Bedürfnissen. Insbesondere sind Wohnungsuchende in der Nähe ihrer Arbeitsstätte oder an Orten unterzubringen, die ihnen Arbeitsmöglichkeiten bieten. Ferner sind diejenigen Wohnungsuchenden besonders zu bevorzugen, deren anderweitige Unterbringung zum Wiederaufbau, zur Wiederherstellung und zum Neubau von Wohnraum erforderlich ist. Weiter ist das rechtsstaatliche Interesse an der Vollstreckung gerichtlicher Räumungstitel zu berücksichtigen. Bei gleicher Dringlichkeit hat ein früher vorgemerkter Wohnungsuchender den Vorrang.**

(2) **Ein Rechtsanspruch auf bestimmten Wohnraum besteht außer im Falle des Absatzes 1 Satz 1 nicht.**

(3) **Die Länder können im Wege der Gesetzgebung Vorschriften über die Bevorzugung bestimmter Personengruppen erlassen. Hierbei bleibt § 5 Abs. 1 des Heimkehrergesetzes unberührt.**

1 Zuteilungsgrundsätze.

Die Richtlinien des § 17 enthalten zunächst die Grundsätze, nach denen innerhalb der für die Zuteilung einer Wohnung in Betracht kommenden Wohnungsuchenden die Rangordnung der Bewerber zu bestimmen ist. Darüber hinaus wird durch Abs. 1 Satz 1 für den Grundstückseigentümer oder an seiner Stelle für den ihm gleichgestellten dinglich Berechtigten (nicht hierher gehört der dinglich wohnberechtigte Altenteiler, OVG Lüneburg ZMR 1958, 65, wohl aber der Inhaber eines dinglichen Wohnrechts, VGH Stuttgart BBauBl 1959, 140; DÖV 1959, 269) ein Vorrecht vor allen Wohnungssuchenden begründet. Unerheblich ist dabei, ob der Bevorrechtete einen dringlichen Wohnraumbedarf hat oder ob er gleichzeitig seine bisherige Wohnung zur Verfügung stellt oder nicht, Roquette JZ 1953, 261. Ihm steht ein jedes behördliche Ermessen der Wohnungsbehörde ausschaltender und ohne Rücksicht auf die Bedürfnisse der örtlichen Wohnraumbewirtschaftung durchsetzbarer Rechtsanspruch auf einen bestimmten Wohnraum zu, Abs. 1 Satz 1, Abs. 2. Über die Grenzen des Vorranges des Grundstückseigentümers vgl. aber BVerwG ZMR 1958, 134 = MDR 1957, 763 = JR 1958, 112 = WM 1957, 172 (Anm. Becker WM 1957, 166); OVG Lüneburg ZMR 56, 23. Der Anspruch des Verfügungsberechtigten aus § 14 Abs. 2 ist stärker als der Eigentümervorrang des § 17, OVG Hamburg ZMR 1955, 213; VGH Karlsruhe ZMR 1955, 215; OVG Lüneburg ZMR 1958, 206. Der Anspruch steht auch dem Erwerber zu, der kurz vor dem Freiwerden der Wohnung das Grundstück erworben hat, Friese NJW 1953, 845. Der Besitz einer Wohnung, selbst einer solchen im gleichen Gebäude (überholt OVG Münster ZMR 1953, 215) steht der Geltendmachung des Rechtsanspruchs ebensowenig entgegen wie die mangelnde Auslastung der in Anspruch genommenen Wohnung, a. A. VG Freiburg/Breisgau ZMR 1959, 345. Die Anwendung des § 10 Abs. 2, 3 und des § 11 wird freilich nicht ausgeschlossen. Das Vorrecht ist nicht auf die ganze Wohnung beschränkt, sondern kann auch auf freiwerdende Teile einer Mieterwohnung geltend gemacht werden, BayVGH ZMR 1955, 118 m. abl. Anm. v. Fellner; 1956, 389. Der Vorrang gilt auch gegenüber dem durch Beendigung des Hauptmietverhältnisses dem Vermieter gegenüber herausgabepflichtigen Untermieter (§ 556 Abs. 3 BGB). Bei einer Mehrheit von Grundstückseigentümern (Bruchteilsgemeinschaft, Gesamthandseigentum) bestimmen die Eigentümer nach den Grundsätzen der §§ 709, 744, 2038 BGB den Bewerber für die freiwerdende Wohnung. Als solcher kann für jedes Gebäude immer nur ein Miteigentümer anerkannt werden; vgl. OVG Münster ZMR 1952, 214; 1953, 41; ZMR 1960, 149; BlGBW 1960, 271 = Glaser Nr. 48/VII/1960; OVG Hamburg ZMR 1954, 335; BayVGH ZMR 1956, 318; BVerwG BVerwGE 3, 186 = ZMR 1956, 205 = DÖV 1956, 312 = MDR 1956, 439 = NJW 1956, 1291 = BlGBW 1956, 238 m. abl. Anm. v. Roquette = DWW 1956, 186 = Glaser Nr. 121/VII/1956; LVG Lüneburg ZMR 1954, 336; Fellner-Fischer 2 zu § 17; Hans 1 zu § 17; Wormit 2 zu § 17; Friese NJW 1953, 846; Althaus DVBl 1953, 460; a.M. Roquette 2 zu § 17 WBewG; Steinberg DWW 1953, 238; LVG Minden DWW 1954, 273; VGH Stuttgart ZMR 1955, 26 = DÖV 1954, 758 u. ZMR 1955, 181 = DÖV 1955, 411; VG Frankfurt a.M. BlGBW 1956, 334 = Glaser Nr. 135/VII/1956.

2 Außer der Vorrangstellung des Grundstückeigentümers und des ihm gleichgestellten dinglich Berechtigten sind Rechtsansprüche auf Zuteilung in den §§ 14 Abs. 2, 18 Abs. 2, 33 Abs. 2 WBewG sowie in den §§ 37—40, 43/I. WohnBauG und §§ 76—81/II. WohnBauG sowie in den §§ 7, 9 BergarbWohnBauG begründet.

3 Nicht bevorrechtigte Bewerber sind nach der Dringlichkeit der Bewerbung — soweit neben den in § 8 vorgeschriebenen Vormerklisten auf Grund landesrechtlicher Weisung besondere Dringlichkeitslisten geführt werden, handelt es sich nur um eine innerdienstliche Einstufung, die weder als anspruchsbegründend noch als anspruchsvernichtend anzusehen ist — unter den in Abs. 1 Sätzen 3 mit 5 beispielsweise angeführten Gesichtspunkten, die im Einzelfall ergänzt werden können und müssen, zu berücksichtigen (vgl. LVG Arnsberg ZMR 1959, 245). Eine besondere Betreuung erfährt im Zusammenhang mit der Regelung des Vollstreckungsschutzes in § 30 das rechtsstaatliche Interesse an der Vollstreckung gerichtlicher Räumungstitel (Urteile, Vergleiche) im Abs. 1 Satz 6. Hierher ist auch die Verpflichtung der Wohnungsbehörde im Zuge der Erfüllung eines Folgebeseitigungsanspruchs zu rechnen.

4 Bei gleicher Dringlichkeit hat nach Abs. 1 Satz 7 der früher vorgemerkte Wohnungsuchende den Vorrang vor dem später in die Vormerkliste Eingetragenen. Die zeitliche Reihenfolge, die an die Vormerkung und den Zeitpunkt der Eintragung gebunden ist, wirkt sich nur mittelbar für die Reihenfolge der Zuteilung aus und begründet für sich keinen Anspruch auf Zuteilung, für die z. B. bei Erteilung der Benutzungsgenehmigung (§ 14 WBewG) die Eintragung in die Vormerkliste (OVG Münster ZMR 1952, 17 = Verw Rspr. 4 Nr. 86) ebensowenig eine unerläßliche Voraussetzung bildet wie für die Unterbringung

eines unberechtigten Wohnungsinhabers im Zuge der Erfüllung des Folgebeseitigungsanspruchs des Vermieters, vgl. OVG Berlin ZMR 1952, 109.

5 Die Dringlichkeit der Bewerbung kann gemäß Abs. 3 im Wege der landesrechtlichen Gesetzgebung unter Bevorzugung bestimmter Personengruppen — aber ohne Einräumung einer absoluten Vorrangstellung, Wormit DWW 1953, 135 — anders abgestuft werden. Die Vorzugsstellung des Heimkehrers darf dabei nicht eingeschränkt werden; zum „Rechtsanspruch" des Heimkehrers vgl. einerseits OVG Lüneburg NJW 1951, 856 = DVBl 1952, 49; DÖV 1951, 536 (die Fellner-Fischer 12 zu § 17 für überholt erklären); OVG Münster VerwRspr. 5 Nr. 84; andererseits OVG Münster und LVG Hamburg ZMR 1952, 191 u. VG Freiburg ZMR 1953, 21.

6 Die Dringlichkeit der Unterbringung ist bundesrechtlich außer für die Heimkehrer vor allem für die Vertriebenen und Sowjetzonenflüchtlinge ausdrücklich anerkannt. Ihnen ist gemäß § 80 Abs. 2 des Bundesvertriebenengesetzes vom 19. Mai 1953 (BGBl I, 201) i. d. F. vom 14. August 1957 (BGBl I 1215) ein angemessener Teil des vorhandenen Wohnraumes zuzuteilen; dabei sind die noch in Lagern und anderen Notunterkünften Untergebrachten besonders zu berücksichtigen. Solange dieser angemessene Teil noch nicht erfüllt ist, kann die Wohnungsbehörde u. U. die Erteilung der Benutzungsgenehmigung gemäß § 14 Abs. 1 WBewG ablehnen, vgl. Pergande FrWW 1953 Heft 4, 4. Für die Zuteilung von Wohnraum in den mit öffentlichen Mitteln geförderten neugeschaffenen Wohnungen kann die Bundesregierung durch Rechtsverordnung gemäß § 80 Abs. 4 BVFG die angemessene Berücksichtigung der Vertriebenen und Sowjetzonenflüchtlinge näher regeln.

7 Bereits für die Geltung des WohnG war in der Rspr. der Verwaltungsgerichte anerkannt, daß kein klagbarer Anspruch auf Zuteilung einer bestimmte Wohnung besteht; WürttbBadVGH (Karlsruhe) VerwRspr. 1 Nr. 52; VGH München BayBgm 1950, 284, DÖV 1950, 380 u. ZMR 1952, 261; OVG Lüneburg DVBl 1952, 49; OVG Münster DVBl 1950, 241 u. ZMR 1952, 115; OVG Hamburg ZMR 1952, 188; vgl. auch Müller ZMR 1952, 125. Durch die Vorschrift des § 17 Abs. 2 WBewG wird ausdrücklich festgestellt, daß niemandem ein Rechtsanspruch auf einen bestimmten Wohnraum zusteht; die ausdrückliche Bezugnahme auf Abs. 1 Satz 1 läßt die Sonderstellung des Grundstückseigentümers und des ihm gleichgestellten dinglich Berechtigten nur um so klarer als eine Durchbrechung des Gleichheitsgrundsatzes erkennen. Die Vorrangstellung des Eigentümers, die aus Billigkeitsgründen bereits im Vollzug des WohnG dem Eigentümer einzuräumen war (Kiefersauer JZ 1951, 266; VGH München VGHE 4 Nr. 32) wird hier der Ermessensprüfung der Behörde entzogen und zu einem von jeder Rücksicht auf die raumwirtschaftliche Lage losgelösten unabdingbaren Rechtsanspruch erhoben.

8 Unabhängig von der materiellrechtlichen Regelung des Abs. 2 bleibt die verfahrensrechtliche Frage der Möglichkeit der verwaltungsgerichtlichen Nachprüfung des Ermessens, wenn der Wohnungsuchende durch die Zuweisung anderer in seinem Recht verletzt zu sein glaubt, vgl. WürttBad VGH (Karlsruhe) ZMR 1952, 265 = DVBl 1952, 404 (Naumann); Ewald DVBl 1952, 110; OVG Hamburg HMR Rspr 1950 Nr. 119.

§ 17 findet nur auf natürliche Personen Anwendung; das WBewG trägt dem Bedürfnis juristischer Personen, ihre Bediensteten unterzubringen, durch die

Vorschrift des § 18 WBewG über zweckbestimmten Wohnraum besonders Rechnung, OVG Lüneburg ZMR 1957, 67 = MDR 1956, 635.

§ 17a

Für Wohnungsuchende mit geringem Einkommen vorbehaltener Wohnraum

(1) **Folgender Wohnraum ist für Wohnungsuchende mit geringem Einkommen im Sinne des § 27 des Zweiten Wohnungsbaugesetzes vorbehalten:**

a) Wohnungen, für die öffentliche Mittel im Sinne des § 6 Abs. 1 des Zweiten Wohnungsbaugesetzes erstmalig nach dem 31. Dezember 1956 bewilligt sind, wenn die Wohnungen nach § 27 Abs. 3 des Zweiten Wohnungsbaugesetzes bei der Bewilligung der öffentlichen Mittel für Wohnungsuchende mit geringem Einkommen vorbehalten sind;

b) Wohnungen, für die öffentliche Mittel im Sinne des § 3 des Ersten Wohnungsbaugesetzes erstmalig in der Zeit vom 21. Juni 1948 bis zum 31. Dezember 1956 bewilligt worden sind, und für die am Vortag der Inkrafttretens des Gesetzes über den Abbau der Wohnungszwangswirtschaft und über ein soziales Miet- und Wohnrecht keine höheren Mieten preisrechtlich zulässig waren, als dem Mietrichtsatz entspricht, der nach § 29 Abs. 1 des Ersten Wohnungsbaugesetzes für öffentlich geförderte Wohnungen am 1. Oktober 1954 für die Gemeinde oder den Gemeindeteil bestimmt war;

c) Wohnungen, die auf Grund der Verordnung über die Förderung von Arbeiterwohnstätten vom 1. April 1937 (Reichsgesetzbl. I S. 437) als Arbeiterwohnstätten gelten oder als solche anerkannt sind.

(2) **Wohnraum, der nach Absatz 1 für Wohnungsuchende mit geringem Einkommen vorbehalten ist, ist entsprechend diesem Vorbehalt zuzuteilen, sofern die Wohnungsbehörde nicht im Einzelfall auf den Vorbehalt verzichtet. Die Wohnungsbehörde kann auf den Vorbehalt insbesondere verzichten, wenn sichergestellt ist, daß hierdurch eine Wohnung frei gemacht wird, die einem Wohnungsuchenden mit geringem Einkommen zugeteilt wird.**

(3) **Bei Wohnraum der in Absatz 1 Buchstabe b oder c bezeichneten Art entfällt der Vorbehalt, soweit ein Anspruch auf Zuteilung nach § 17 Abs. 1 Satz 1 geltend gemacht wird oder soweit es sich um zweckbestimmten Wohnraum im Sinne von § 18 Abs. 1 bis 4 handelt.**

(4) **38 Abs. 2 des Ersten Wohnungsbaugesetzes und § 76 Abs. 4 des Zweiten Wohnungsbaugesetzes bleiben unberührt.**

1 § 17a ist durch § 114 Nr. 6, § 126 des II. WohnBauG mit Wirkung vom 1. Juli 1956 eingefügt zugunsten der Wohnungssuchenden mit geringem Einkommen im Sinne des § 27/II.WohnBauG. Diese Vorschrift ist von erheblicher materieller Bedeutung.

Abs. 1 Buchstabe b ist durch Art. II Nr. 8 Abbauges. geändert worden, um den Vorbehalt auch für diejenigen öffentlich geförderten Wohnungen zu erhalten, deren Miete infolge der im Abbaugesetz vorgesehenen Mieterhöhungen (vgl. § 6/II. BMietG; §§ 30a, 30b und 32 Abs. 5/I. WohnBauG) über den Mietrichtsatz hinausgeht. Über die Richtsatzmiete vgl. § 29/I. WohnBauG.

Als Wohnungssuchende mit geringem Einkommen gelten diejenigen, deren Jahreseinkommen

a) bei Alleinstehenden den Betrag von 2400 DM,

b) bei Familien mit zwei Familienmitgliedern den Betrag von 3600 DM, zuzüglich 1200 DM für jeden weiteren zur Familie rechnenden Angehörigen nicht übersteigt (§ 27 Abs. 1 II. WohnBauG).

2 Den Wohnungssuchenden mit geringem Einkommen stehen kinderreiche Familien, Schwerkriegsbeschädigte und Kriegerwitwen mit Kindern gleich, wenn das Jahreseinkommen die in § 25/II. WohnBauG bestimmte Grenze nicht übersteigt (Versicherungspflichtgrenze in der Rentenversicherung der Angestellten, zur Zeit 9000 DM Jahreseinkommen).

§ 18

Zweckbestimmter Wohnraum

(1) **Zweckbestimmter Wohnraum ist seiner Zweckbestimmung entsprechend zuzuteilen. Bei der Zuteilung überschüssiger Räume zweckbestimmter Wohnungen soll auf diese Bestimmung Rücksicht genommen werden.**

(2) **Als zweckbestimmter Wohnraum sind insbesondere anzusehen Dienstwohnungen, sonstige für Angehörige des öffentlichen Dienstes bestimmte Wohnungen, Werks- und Betriebswohnungen, von gewerblichen oder land- oder forstwirtschaftlichen Betrieben geförderte Wohnungen, für den Heimstätter bestimmte Wohnungen in Reichsheimstätten, für den Kleinsiedler bestimmte Wohnungen in öffentlich geförderten Kleinsiedlungen und Wohnungen auf Grundstücken mit gewerblichen oder land- oder forstwirtschaftlichen Betrieben, die für den Betriebsinhaber oder Betriebsleiter bestimmt sind.**

(3) **Eine Zweckbestimmung im Sinne des Absatzes 1 ist nur wirksam,**

a) wenn die Zweckbestimmung vor dem 16. März 1946 erfolgt ist oder

b) wenn der Wohnraum für die besonderen Zwecke errichtet worden ist oder errichtet wird oder

c) wenn in anderen als in den unter Buchstaben a) und b) bezeich-

neten Fällen die Zweckbestimmung von der Wohnungsbehörde bestätigt worden ist oder bestätigt wird.

In den in Satz 1 Buchstaben a und b bezeichneten Fällen hat die Wohnungsbehörde auf Antrag des Verfügungsberechtigten den Wohnraum als zweckbestimmt anzuerkennen. Bei den mit öffentlichen Mitteln geförderten Wohnungen, die als Werks- oder Betriebswohnungen errichtet worden sind oder errichtet werden und nach dem 31. Dezember 1949 bezugsfertig geworden sind oder bezugsfertig werden, gilt Satz 1 Buchstabe b nur, wenn die Voraussetzungen des § 39 des Ersten Wohnungsbaugesetzes oder des § 77 des Zweiten Wohnungsbaugesetzes vorliegen; insoweit darf bei Fehlen dieser Voraussetzungen eine Bestätigung nach Satz 1 Buchstabe c nicht erfolgen.

(4) Hat die Wohnungsbehörde Wohnraum als zweckbestimmt bestätigt oder anerkannt (Absatz 3), so gilt eine von dem Verfügungsberechtigten beantragte Benutzungsgenehmigung zugunsten des vorgeschlagenen Wohnungsuchenden als erteilt, wenn die Wohnungsbehörde sie nicht binnen zwei Wochen nach dem Eingang des Antrages versagt. Im Streitfalle hat der Verfügungsberechtigte den Eingang des Antrages zu beweisen. Die Versagung ist nur zulässig, wenn der vorgeschlagene Wohnungsuchende die Voraussetzungen für den zweckbestimmten Wohnraum nicht erfüllt.

(5) Die Absätze 1, 3, 4 finden auf Einliegerwohnungen in öffentlich geförderten Kleinsiedlungen entsprechende Anwendung, soweit nicht § 78 und § 109 Abs. 4 des Zweiten Wohnungsbaugesetzes anzuwenden sind. Bei der Zuteilung von Wohnraum in Gebäuden von Genossenschaften, der satzungsgemäß nur an Mitglieder vergeben werden darf, ist der Satzungsbestimmung Rechnung zu tragen.

1 Sondervorschriften für zweckbestimmten Wohnraum.

Soweit eine die Wohnungsbehörde gemäß § 18 Abs. 3 verpflichtende Zweckbestimmung eines Wohnraumes vorliegt, hat die Wohnungsbehörde in erster Linie die Grundsätze des § 18, nicht die allgemeinen Bestimmungen des § 17 zur Anwendung zu bringen. Die wohnraumrechtliche Wirksamkeit der Zweckbestimmung bedarf der Anerkennung oder der Bestätigung durch die Wohnungsbehörde.

a) Die Anerkennung stellt auf Antrag des Verfügungsberechtigten — über den Begriff des Verfügungsberechtigten vgl. OVG Münster ZMR 1956, 426 — fest, daß die vom Gesetz in Abs. 3 Buchst. a u. b als wirksam bezeichnete Zweckbestimmung zugunsten des Verfügungsberechtigten und seines Rechtsnachfolgers über den Einzelfall der in Frage stehenden Zuteilung hinaus Geltung hat. Für den neugeschaffenen, mit öffentlichen Mitteln geförderten Wohnraum in Werks- oder Betriebswohnungen verbleibt es bei der Regelung des § 39/I. WohnBauG und des § 77/II.WohnBauG, worauf in Abs.3 Satz3 trotz der ausdrücklichen

Aufrechterhaltung der Ordnung der Wohnungsbaugesetze in § 5 WBewG nochmals hingewiesen ist. Die wiederholte Verweisung dient um so weniger der Klärung der Rechtslage, als sie durch einen Zusatz ergänzt wird, der „beim Fehlen der Voraussetzungen" (nämlich des § 39/I. WohnBauG und des § 77/II. WohnBauG) die Bestätigung nach Satz 1 Buchst. c verbietet, obwohl hier nur eine Anerkennung, nicht aber eine Bestätigung in Frage kommt, vgl. Fellner-Fischer 33, 34 zu § 18.

b) Die Bestätigung ist ein in das pflichtgemäße Ermessen der Wohnungsbehörde gestellter begünstigender Verwaltungsakt, der — im Gegensatz zur Anerkennung — rechtsgestaltenden Charakter hat und nur zugunsten des Antragstellers wirkt. Ebenso wie die Benutzungsgenehmigung kann die Bestätigung aus besonderen Gründen (§ 14 Abs. 3) unter Bedingungen, Auflagen, Zeitbestimmungen und Widerrufsvorbehalten ergehen; insbesondere dürfte zum Ausgleich der wohnraumwirtschaftlichen Bevorzugung wie bei der Ausnahme vom Zweckentfremdungsverbot die Auferlegung der Zahlung eines angemessenen Finanzierungsbeitrages zur Schaffung von neuem Wohnraum in Betracht kommen. Zur Versagung der Bestätigung einer Zweckbestimmung vgl. OVG Münster ZMR 1958, 170.

2 Als zweckbestimmte Wohnräume werden in § 18 Abs. 2 zahlreiche Wohnungen in nicht erschöpfender Weise aufgezählt. Trotz der über den Begriff der Werkwohnung im Sinne des Mieterschutzgesetzes hinausreichenden Einbeziehung der Betriebswohnungen ist davon auszugehen, daß die bloße Mitbenutzung eines Wohnraumes durch den Besitzdiener die Anwendung der Vorschriften wie beim Mieterschutz (OVG Münster HMR Rspr. 1951 Nr. 239) so auch hier ausschließt, Fellner-Fischer 5 zu § 18 gegen LVG Gelsenkirchen ZMR 1952, 285 u. Fischer ZMR 1953, 51. Räume zur Unterbringung von ledigem Personal, das zur Hausgemeinschaft des verfügungsberechtigten Wohnungsinhabers gehört, sind keine zweckbestimmten Räume im Sinne des § 18, OVG Lüneburg ZMR 1955, 344; OVG Lüneburg NJW 1955, 1651. Altenteilerwohnungen sind ebenfalls keine zweckbestimmten Wohnräume i.S.d. § 18, OVG Lüneburg ZMR 1956, 389.

3 Nur wenn die Zweckbestimmung rechtswirksam ist, wird die Wohnungsbehörde die nach § 23c MSchG verlangte Bescheinigung erteilen, ohne die der Vermieter im Falle des Betriebsbedarfs die Mietaufhebung nicht verlangen kann. Auch das sog. Kündigungsprivileg des Fiskus gemäß § 32 MSchG kann nur bei Vorliegen der Bestätigung der Zweckbestimmung durch die Wohnungsbehörde, soweit diese erforderlich ist, geltend gemacht werden, Weitnauer MDR 1953, 324.

4 Ohne ausdrückliche Zweckbestimmung finden die Vorschriften der Abs. 1, 3 u. 4 entsprechende Anwendung auf die sog. Einliegerwohnung in öffentlich geförderten Kleinsiedlungen, das sind Wohnungen, die gegenüber der für den Kleinsiedler bestimmten Wohnung von untergeordneter Bedeutung sind (§ 18 Abs. 5 Satz 1). Zur Begriffsbestimmung der Einliegerwohnung vgl. § 20 Abs. 2/I. WohnBauG und § 11/II. WohnBauG. Es kann dahingestellt bleiben, ob in dieser Begünstigung der Kleinsiedler gegenüber den Besitzern landwirtschaftlicher Anwesen eine Verletzung des Gleichheitsgrundsatzes zu erblicken ist, wie Fellner-Fischer 25 zu § 18 andeuten. Über die Zuteilung überschüssigen Wohnraums einer Kleinsiedlung vgl. BVerwG ZMR 1958, 57 = BBauBl 1958, 69 = BlGBW 1958, 158 = WM 1958, 59; LVG Hannover ZMR 1956, 132; Rohdewald, BlGBW 1956, 373.

5 Bei der Zuteilung von Wohnraum in Gebäuden von Genossenschaften die satzungsgemäß nur an Mietglieder vergeben werden dürfen, muß in jedem Falle der Satzungsbestimmung Rechnung getragen werden, auch im Falle der Zuweisung gemäß § 15 WBewG, VG Frankfurt a.M. WM 1959, 29. Die Anordnung des § 18 Abs. 5 Satz 2 gilt für alle im Eigentum (Erbbaurecht) einer Genossenschaft stehenden Wohnungen, gleichgültig, ob die Genossenschaft als gemeinnützig anerkannt ist oder nicht. Kapitalgesellschaften sind den Genossenschaften auch dann nicht gleichgestellt, wenn sie als gemeinnützig anerkannt sind, Fellner-Fischer 26 zu § 18; Haarmann DVBl 1953, 329.

6 Die Einschränkung der Grundsätze des § 17 besteht darin, daß — ohne Rücksicht darauf, ob in den Fällen a) und b) eine Anerkennung gemäß § 18 Abs. 3 vorliegt oder nicht — zweckbestimmter Wohnraum seiner Zweckbestimmung entsprechend zuzuteilen ist. Wird Antrag auf Benutzungsgenehmigung gestellt, so darf diese gemäß Abs. 4 Satz 3 versagt werden, wenn der Vorgeschlagene die Voraussetzungen für den zweckbestimmten Wohnraum nicht erfüllt. Wird überschüssiger Raum einer unterbelegten zweckbestimmten Wohnung in Anspruch genommen, so soll nach Abs. 1 Satz 2 auf die Zweckbestimmung Rücksicht genommen werden.

7 Im Falle der Anerkennung oder Bestätigung der Zweckbestimmung durch die Wohnungsbehörde tritt an die Stelle der in § 14 Abs. 4 für die Annahme einer stillschweigenden Benutzungsgenehmigung vorgesehenen Frist von drei Wochen nach Eingang des Antrages gemäß Abs. 4 Satz 1 eine Frist von zwei Wochen.

8 Die Zweckbestimmung im Sinne des § 18 ist immer nur eine solche zur Benutzung als Wohnraum, der der Bewirtschaftung unterliegt, also nicht gemäß §§ 3—3e WBewG von der Bewirtschaftung freigestellt ist. Die Zweckbestimmung bedarf für die Zukunft der Genehmigung durch die Wohnungsbehörde; früher erfolgte Zweckbestimmung wird nach Treu und Glauben anzuerkennen sein, Gützkow DÖV 1953, 398. Die Zweckbestimmung endet, wenn sie gegenstandslos wird, OVG Münster ZMR 1958, 209 = DWW 1958, 184; wegen der durch das I./WohnBauG ab 1. August 1953 geltenden veränderten Wirksamkeit des § 5 WBewG vgl. Fellner-Fischer, 2. Aufl., 7 zu § 5. Für die Zuteilung gelten die Grundsätze der §§ 37ff./I. WohnBauG und der §§ 76ff./II. WohnBauG für den öffentlich geförderten Wohnraum, insbesondere ist jetzt auch die Alleinzuweisung möglich.

9 Wird Wohnraum zu anderen als Wohnzwecken bestimmt, so liegt eine Zweckentfremdung vor, die nach § 21 WBewG ausdrücklich verboten ist. Eine vorübergehende zweckfremde Vermietung nimmt der Dienstwohnung nicht die Eigenschaft einer zweckbestimmten Wohnung, WürttBad VGH GWW 1957, 398. Das gleiche gilt für Beherbergungsräume, OLG Celle ZMR 1956, 390. Über Änderung der Zweckbestimmung vgl. VGH Kassel ZMR 1957, 317. Über Zweckbestimmung und Zweckentfremdung von Wohnraum vgl. Korff DWW 1957, 223.

§ 19

Bereitstellung von Wohnraum

Die Wohnungsbehörden können verlangen, daß Verfügungsberechtigte und Rauminhaber zuteilbaren Wohnraum und sonstige

Gegenstände der Zuteilung (§ 9) zur Benutzung (Mitbenutzung) durch Wohnungsuchende bereitstellen (Bereitstellungsverfügung). Die Entfernung aller oder einzelner Einrichtungsgegenstände können sie nicht verlangen, wenn die wirtschaftliche Lebensgrundlage der Verfügungsberechtigten dadurch erheblich beeinträchtigt würde.

1 Die Bereitstellungsverfügung des § 19 ist zunächst als Ergänzung des allgemeinen Verfügungsverbotes insofern anzusehen, als sie nach § 12 Abs. 3 für die vom Genehmigungszwang nicht betroffene Mitbenutzung von Wohnräumen durch bloße Besitzdiener im Einzelfall das gesetzliche Bezugs- und Überlassungsverbot des § 12 Abs. 1 zur Auslösung bringt. Darüber hinaus kommt aber der Bereitstellungsverfügung als einem öffentlich-rechtlichen Titel (Wormit DWW 1953, 133) eine durchaus selbständige Bedeutung zu, da sie sich auch an den Verfügungsberechtigten und den Rauminhaber unmittelbar wendet, um von ihm die Bereitstellung der durch Benutzungsgenehmigung (§ 14) oder durch Zuweisung (§ 15) „zugeteilten" Wohnräume zu verlangen. Ihrem Wesen nach ist sie eine unvollkommene (weil ein Verfügungsverbot nicht enthaltende) Erfassungsmaßnahme, die dem Verfügungsberechtigten gebietet, die ausreichend bestimmten (VGH Freiburg ZMR 1952, 135) Räume zur Verfügung zu halten, auf Anfordern der Wohnungsbehörde herauszugeben (OVG Münster VerwRspr. 4 Nr. 66; Baring NJW 1952, 1075), die in den Räumen befindlichen Sachen (Einrichtungsgegenstände und Möbel) zu entfernen — sofern sie nicht billigerweise, insbes. zur Erhaltung der Lebensgrundlage belassen werden müssen, nunmehr § 19 Satz 2 (Becker WM 1953, 41) — und dafür zu sorgen, daß die Wohnräume zugänglich sind (Hinterlegung oder Herausgabe der Wohnungsschlüssel usw.). Im Ergebnis kommt, wie Roquette JZ 1953, 260 treffend bemerkt, diese Regelung der Erfassung des früheren Rechts gleich, vgl. auch Hans NJW 1953, 843.

2 Die Bereitstellungsverfügung braucht — abweichend von der bisherigen Auffassung über das Verhältnis von Erfassung und Zuweisung (VGH München BayBgmstr. 1952, 283) — der Zuweisung nicht voranzugehen, muß mit dieser nicht unter allen Umständen verbunden werden. Sie kann sich erübrigen; sie kann aber auch mit der Besitzeinweisung (§ 20) verbunden werden. Vollzogen wird die Bereitstellungsverfügung mit Verwaltungszwang (§ 27), HessVGH Kassel ZMR 1957, 282. Die Bereitstellungsverfügung, deren Erlaß in das Ermessen der Behörde gestellt ist, wird insbes. dann zweckmäßig sein, wenn überschüssiger Wohnraum erstmals in Anspruch genommen wird, Gützkow DÖV 1953, 397.

3 Über Bereitstellungsverfügungen gegen Schwarzbezieher von Wohnraum vgl. OVG Münster NJW 1954, 167; OLG Hamm ZMR 1956, 72; OVG Münster ZMR 1956, 251; BVerwG Glaser Nr. 117/VII/1956; OVG Münster ZMR 1956, 208; OVG Münster ZMR 1955, 191; 1956, 209, 431; 1959, 347, 371; VGH Stuttgart ZMR 1956, 431; LVG Münster DWW 1955, 244 = BB 1955, 837; LVG Köln WM 1956, 15. Rauminhaber i.S. des § 19 ist nur derjenige, der zu dem Raum in einem tatsächlichen Gewaltverhältnis steht, OVG Lüneburg ZMR 1955, 312.

Über die Voraussetzungen der Bereitstellungsverfügungen vgl OVG Münster ZMR 1955, 119; über die Zulässigkeit der Bereitstellungsverfügung vor dem

Freiwerden des Wohnraums vgl. OVG Lüneburg ZMR 1957, 382; zur Rechtskraft der Bereitstellungsverfügung vgl. VGH Stuttgart ZMR 1956, 26; über den Zweck des Bereitstellungsverfahrens vgl. BVerwG NHG 1959, 210.

§ 20

Besitzeinweisung

Die Wohnungsbehörden können den Zugewiesenen in den Besitz zugeteilten Wohnraums und der sonstigen Gegenstände der Zuteilung (§ 9) entsprechend der Mietverfügung (§ 16) einweisen.

1 Der durch § 20 neu eingeführte Verwaltungsakt der Besitzeinweisung setzt voraus, daß nicht nur die Raumzuteilung gemäß § 12 Abs. 2 als rechtsgestaltender Vorakt, sondern auch die der Zuweisung entsprechende Mietverfügung (§ 16) ergangen ist oder gleichzeitig erlassen wird, Wormit DWW 1953, 134. Die Zuweisung als solche verleiht kein Recht auf die zugewiesene Wohnung (VGH München DVBl 1950, 679). — Erst durch die privatrechtliche Begründung eines Mietverhältnisses wird dem Zugewiesenen ein Anspruch auf Besitzüberlassung gemäß §§ 535, 536 BGB eingeräumt. Deshalb ist in § 15 das Verlangen der Wohnungsbehörde auf den Abschluß eines Nutzungsverhältnisses über Wohnung und Wohnungszubehör gerichtet. Die Nichtbefolgung dieser Aufforderung innerhalb der gestellten angemessenen Frist hat die Festsetzung des Zwangsmietvertrages (Mietverfügung) zur Folge, die dem Zugewiesenen die gleichen Rechte und Pflichten einräumt wie ein freiwillig abgeschlossener Mietvertrag. Damit erst gewinnt der Mieter das Recht, die Einräumung des Besitzes vom Vermieter zu verlangen.

2 Verweigert der Vermieter die Besitzeinräumung, so wäre der Mieter auf die Klage aus dem Mietverhältnis angewiesen. § 20 will für diesen Fall, sofern eine Mietverfügung ergangen ist, der Wohnungsbehörde die Möglichkeit geben, durch Verwaltungsakt den Zugewiesenen in den Besitz der Räume zu setzen, indem sie die Besitzeinweisung nach § 20 nach Festsetzung des Zwangsmietvertrages (OVG Münster VerwRspr. 3 Nr. 56) im Rahmen dieser Mietverfügung zu Lasten des Verfügungsberechtigten ausspricht (Fischer ZMR 1953, 51) und unter Umständen gegen störende Dritte durch eine Bereitstellungsverfügung (§ 19) ergänzt. Bei der Zwangspacht im Zuge der Eingliederung der Flüchtlinge in die Landwirtschaft schließt dagegen die Verfügung der Siedlungsbehörde die Besitzeinweisung bereits in sich, vgl. Staudinger-Kiefersauer, 11. Aufl. Anm. 9a vor § 581.

3 Die Anordnung der Besitzeinweisung steht im pflichtgemäßen Ermessen der Wohnungsbehörde. Trotz der Möglichkeit des Mieters, durch Klageerhebung vor dem ordentlichen Gericht den Anspruch auf Besitzüberlassung geltend zu machen, wird die Wohnungsbehörde zur Vermeidung von Verzögerungen im Interesse der beschleunigten Unterbringung von Wohnungsuchenden regelmäßig die Besitzeinweisung anordnen (OVG Lüneburg BBauBl 1956, 219), es sei denn, daß unklare Rechtsverhältnisse (Anfechtung der Vorakte, Änderung der Verhältnisse) eine Zurückhaltung nahelegen. An sich ist die Unanfechtbarkeit der Mietverfügung keine Voraussetzung der Besitzeinweisung; sie kann auch im Falle der vorläufigen Mietverfügung gemäß § 16 Abs. 2 angeordnet werden,

Hans NJW 1953, 843. Vollzogen wird die Besitzeinweisung im Wege des Verwaltungszwangsverfahrens gemäß § 27, vgl. Gützkow DÖV 1953, 398; OVG Lüneburg ZMR 1954, 302.

Vierter Abschnitt

Zweckentfremdung von Wohnraum

§ 21

Verbot der Zweckentfremdung von Wohnraum

Wohnraum darf anderen als Wohnzwecken nur mit Genehmigung der Wohnungsbehörde, nach Aufhebung der Wohnraumbewirtschaftung nur mit Genehmigung der von der Landesregierung bestimmten Stelle zugeführt werden. Die Genehmigung kann befristet, bedingt oder unter Auflagen erteilt werden. Ist die Wirksamkeit der Genehmigung erloschen, so ist der Raum wieder als Wohnraum zu behandeln. Einer Genehmigung bedarf es nicht für die Umwandlung eines Wohnraums in einen Nebenraum, insbesondere einen Baderaum. Einer Genehmigung bedarf es ferner nicht, wenn und solange Räume nach den Vorschriften des § 10 Abs. 2, 3 nicht überschüssig sind.

1 § 21 ist durch Art. II Nr. 9 Abbauges. neu gefaßt.

Das Zweckentfremdungsverbot gilt nicht für Wohnraum, der gemäß § 3 WBewG von der Wohnraumbewirtschaftung freigestellt ist, wohl aber bis zum Außerkrafttreten des Wohnraumbewirtschaftungsgesetzes, d.h. bis zum 31. Dezember 1965 (vgl. § 38 WBewG), für Wohnraum, der nur gemäß §§ 3a, 3b WBewG von der Wohnraumbewirtschaftung ausgenommen ist oder infolge einer gebietsweisen Aufhebung der Wohnraumbewirtschaftung von der Bewirtschaftung frei ist; vgl. § 3a Abs. 1 Satz 2, § 3b Abs. 1 Satz 3, § 3c Abs. 1 Satz 2, § 3d Abs. 1 Satz 2, § 3e Abs. 1 Satz 3.

Neu ist Satz 4; er stellt klar, daß die Umwandlung eines Wohnraumes in ein Badezimmer, z.B. einer Schlafkammer in einen Baderaum, keiner Genehmigung bedarf; so schon nach bisherigem Recht VGH München ZMR 1959, 21; bisher streitig.

2 Das Verbot der Zweckentfremdung von Wohnraum, d. h. der völligen oder überwiegenden Aufgabe der bisherigen Wohnraumnutzung, war bereits früher Gegenstand von Gesetzen und Verordnungen. Von einzelnen landesrechtlichen Sondervorschriften abgesehen, bestand seit 1. Januar 1946 bis zum Inkrafttreten des WohnG kein ausdrückliches Verbot der Umwandlung von Wohnraum in Nichtwohnraum. Da aber das WohnG in Art. VIa die Wohnungsbehörden zwecks Vermehrung des vorhandenen Wohnraumes „ermächtigte", zweckentfremdete Wohnräume ihrem ursprünglichen Zweck wieder zuzuführen, ist das frühere Zweckentfremdungsverbot wenn auch nicht ausdrücklich, so doch mittelbar in den Bundesländern wieder wirksam geworden.

3 Eine dem Art. VI Buchst. a WohnG entsprechende Vorschrift, die Rückführung zweckentfremdeter Wohnräume ist in das WBewG nicht übergegangen, weil nach Fischer ZMR 1953, 51 der Gesetzgeber davon ausgegangen ist, daß „alle wichtigen Fälle, in denen die Zweckentfremdungsgenehmigung nicht auf dem normalen Weg ende, bis zum Inkrafttreten des WBewG angesichts der wirtschaftlichen Möglichkeiten in den fast fünf Jahren seit der Währungsreform doch bereinigt seien". Frühere Zweckentfremdung kann vom 1. Juli 1953 an von der Wohnungsbehörde nicht mehr rückgängig gemacht werden, vgl. aber wegen der Möglichkeit der andersartigen Beurteilung bei Behandlung der Überschüssigkeit von Räumen, die für Berufszwecke Verwendung finden, Wormit DWW 1953, 135.

4 Die Vorschrift des § 21 macht die ausschließliche (OVG Lüneburg NJW 1952, 279) Zuführung von bewirtschaftetem Wohnraum an Nichtwohnzwecke von der Genehmigung der Wohnungsbehörde abhängig (z.B. Umwandlung von Wohnräumen in Fremdenzimmer, VG Freiburg/Breisgau ZMR 1959, 347), es sei denn, es handle sich um nicht überschüssigen Raum im Sinne des § 10 Abs. 2, 3 WBewG. Innerhalb einer ausgelasteten Wohnung kann der Wohnungsinhaber die Räume so benutzen, wie er will, Pergande FrWW 1953, Heft 4, 5. Auf die Erteilung der Genehmigung durch die Wohnungsbehörde besteht kein Rechtsanspruch; ihre Versagung kann aber gegebenenfalls Ermessensmißbrauch sein, Wormit DWW 1953, 132, z. B. wenn die Versagung den Antragsteller wirtschaftlich zugrunde richtet, BVerwG ZMR 1957, 27 m.w.N.; OVG Lüneburg ZMR 1957, 321; OVG Berlin BlnGrundE 1959, 388.

5 Die Erteilung oder Versagung einer Zweckentfremdungsgenehmigung steht im Ermessen der Wohnungsbehörde, LVG Köln ZMR 1956, 349; BVerwG HuW 1956, 286; BVerwG ZMR 1957, 27 = MDR 1956, 633; OVG Koblenz ZMR 1955, 120 = BBauBl 1956, 219; OVG Münster Glaser Nr. 79/VII/1956; VGH München WM 1956, 15; BayVGH ZMR 1955, 282; OVG Lüneburg ZMR 1957, 321. Verwendung oder Überlassung ohne Genehmigung begründet eine Zuwiderhandlung im Sinne des § 35 Abs. 1 Buchstabe b. Jedoch ist eine nachträgliche Zweckentfremdungsgenehmigung möglich, OVG Berlin ZMR 1959, 247, 279.

6 Die Genehmigung kann auf bestimmte Zeit beschränkt werden; sie kann unter Bedingungen z. B. der Erstellung eines Ersatzraumes (LVG Köln ZMR 1956, 349) oder der Leistung eines entsprechenden Baukostenzuschusses zur Herstellung neuen Wohnraumes erteilt werden, OVG Lüneburg ZMR 1957, 321, 383; OVG Berlin ZMR 1959, 215. Wird die Genehmigung unter einer aufschiebenden Bedingung erteilt, so wird die Genehmigung erst mit dem Eintritt der Bedingung wirksam. Anders bei Erteilung einer Auflage, deren Nichterfüllung die sofort wirksame Genehmigung nicht berührt, die Wohnungsbehörde aber zum Widerruf der Genehmigung berechtigt, vgl. Jellinek, VerwR 285. Über eine Zweckentfremdungsgenehmigung unter einer Auflage für den Mieter vgl. OVG Berlin ZMR 1959, 47.

7 Mit dem Erlöschen der Genehmigung z. B. mit Ablauf der Frist, Eintritt der auflösenden Bedingung (vgl. OVG Berlin ZMR 1959, 247), Wechsel in der Person des Verfügungsberechtigten (Auszug, Tod [sofern nicht Rechtsnachfolge i.S. des § 19 MSchG vorliegt]), Wechsel des Verwendungszweckes tritt das Zweckentfremdungsverbot automatisch wieder in Wirksamkeit. Diese Rechts-

folge tritt auch ein bei Genehmigungen, die vor dem Inkrafttreten des WBewG bedingt, befristet oder unter Vorbehalt des Widerrufs ergangen sind. Wurde Wohnraum, der nach dem WBewG der Wohnraumbewirtschaftung unterliegt, nach dem Inkrafttreten des WohnG, gegebenenfalls entgegen landesrechtlicher Vorschrift, ohne Genehmigung zweckfremder Verwendung zugeführt, so gilt er als Wohnraum, der der Zuteilung gemäß §§ 9—20 WBewG unterliegt. Wird nunmehr Antrag auf Genehmigung der Zweckentfremdung gestellt, so wird die Wohnungsbehörde die besonderen Verhältnisse der Übergangszeit und die bisherige Verwendung entsprechend würdigen, gegebenenfalls von ihrer Befugnis zur Auflageerteilung Gebrauch machen oder die Genehmigung nur befristet erteilen.

Die bürgerlich-rechtliche Befugnis des Verfügungsberechtigten zur Zweckentfremdung wird durch die wohnungsrechtliche Norm des § 21 nicht berührt.

8 Über den Unterschied zwischen Zweckentfremdung und Umwidmung vgl. LVG Hannover ZMR 1956, 281 = DWW 1956, 213 = FrWW 1957, 198 = Glaser Nr. 150/VII/1956; zur Umwidmung vgl. auch OVG Lüneburg ZMR 1957, 382; OVG Münster ZMR 1959, 304; VG Berlin Glaser Nr. 21/VII/1960.

Fünfter Abschnitt

Maßnahmen zur Erhaltung, Verbesserung und Vermehrung von Wohnraum und zur Erleichterung des Städtebaues

§ 22

Verbot baulicher Veränderungen

(1) Ein Gebäude darf ohne Genehmigung der Wohnungsbehörde und nach Aufhebung der Wohnraumbewirtschaftung ohne Genehmigung der von der Landesregierung bestimmten Stelle durch bauliche Maßnahmen nicht derart verändert werden, daß eine Wohnung für Wohnzwecke nicht mehr geeignet ist. Die Genehmigung ist zu erteilen, wenn der Verfügungsberechtigte an der Änderung ein überwiegendes berechtigtes Interesse hat.

(2) Wer der Vorschrift des Absatzes 1 Satz 1 zuwiderhandelt, hat auf Verlangen der Wohnungsbehörde auf seine Kosten die Eignung für Wohnzwecke wiederherzustellen. Kommt er dem Verlangen nicht nach, so kann die Wohnungsbehörde die Arbeiten auf Kosten des Verpflichteten ausführen oder ausführen lassen.

1 § 22 Abs. 1 Satz 1 und Abs. 2 Satz 1 sind durch Art. II Nr. 10 Abbauges. neu gefaßt. Das Verbot baulicher Veränderungen ist dahin eingeengt worden, daß es nur noch eingreift, wenn durch bauliche Maßnahmen eine Wohnung als Ganzes so verändert wird, daß sie für Wohnzwecke nicht mehr geeignet ist.

Das Verbot gilt ebenso wie das Zweckentfremdungsverbot bis zum 31. Dezember 1965 (§ 38), auch wenn die Wohnraumbewirtschaftung für die Wohnung oder das Gebiet vorher aufgehoben wird; vgl. den letzten Satz in Abs. 1 der §§ 3a bis 3e.

2 Anstelle der in einzelnen Ländern (Hamburg, Nordrhein-Westfalen, Rheinland-Pfalz, Württemberg-Hohenzollern) allgemein erlassenen oder für den Einzelfall als zulässig erachteten (OVG Hamburg HMR Rspr. 1951 Nr. 50) Verbotsvorschriften, verbietet § 22 bundesrechtlich ohne Genehmigung der Wohnungsbehörde jede Veränderung einer Wohnung im Bereich der Wohnraumbewirtschaftung, sofern dadurch die bisherige Brauchbarkeit für Wohnzwecke beseitigt wird.

3 Die Wohnungsbehörde ist verpflichtet, die Genehmigung zu erteilen, wenn der Verfügungsberechtigte an der Änderung ein überwiegendes berechtigtes Interesse nachzuweisen vermag. Über den Begriff des Verfügungsberechtigten vgl. HessVGH ZMR 1958, 362. Ein berechtigtes Interesse liegt vor, wenn die Instandsetzungskosten für ein baufälliges Haus weitaus höher sind, als die aus dem Haus für mehrere Jahre zu erzielenden Einnahmen, OVG Koblenz ZMR 1956, 135. Auf die Erteilung der Genehmigung hat der Berechtigte einen klagbaren Rechtsanspruch, § 35 VGG. Es findet eine Interessenabwägung statt; das private Interesse an der Änderung muß im Einzelfall die Belange der Wohnraumwirtschaft überwiegen. Die Genehmigung kann unter Bedingungen und Auflagen erteilt werden (OVG Lüneburg ZMR 1957, 383), insbes. kann dem Verfügungsberechtigten die Zahlung eines Finanzierungsbeitrages auferlegt werden, die in etwa einen Ausgleich für den raumwirtschaftlichen Verlust darstellt.

4 Die ohne Genehmigung unzulässigerweise ausgeführte Veränderung muß auf schriftliches (§ 26) Verlangen der Wohnungsbehörde vom Verfügungsberechtigten beseitigt und die Eignung für Wohnzwecke auf seine Kosten wiederhergestellt werden. Kommt der Pflichtige diesem Verlangen innerhalb der gestellten Frist nicht nach (sei es, weil er die Arbeit nicht beginnt, sei es, weil sie nicht zu Ende geführt wird), so ist die Wohnungsbehörde befugt, die erforderlichen Arbeiten im Wege der Ersatzvornahme auf Kosten des Pflichtigen ausführen zu lassen. Ob diese Ersatzvornahme zuvor ausdrücklich angedroht sein muß, richtet sich nach Landesrecht. Zwangsstrafen sind nicht zulässig. Die Anwendung unmittelbaren Zwanges kann in Betracht kommen, wenn die Ersatzvornahme vom Pflichtigen nicht geduldet wird. Die Zuwiderhandlung gegen § 22 Abs. 1 Satz 1 wird als Ordnungswidrigkeit nach § 35 Abs. 1 Buchstabe c mit einer Geldstrafe geahndet.

5 Das gesetzliche Verbot des § 22 steht auch einer gerichtlichen Verurteilung zum Abbruch bewirtschafteten Wohnraums (Behelfsheim) entgegen, AG Bremen ZMR 1953, 189; OLG Düsseldorf ZMR 1953, 350; a. A. LG Düsseldorf ZMR 1955, 121 (Berücksichtigung des Verbots erst bei der Vollstreckung).

§ 23

Einbau von sanitären Einrichtungen und Versorgungsanlagen

Ist Wohnraum nicht oder nur mangelhaft mit sanitären Einrichtungen oder Versorgungsanlagen ausgestattet, so können die Wohnungsbehörden die erforderlichen sanitären Einrichtungen und Versorgungsanlagen ausführen oder ausführen lassen. Sie können verfügen, daß der Grundstückseigentümer oder der ihm gleichstehende dinglich Berechtigte die Maßnahmen zu dulden hat, so-

weit es ihm zugemutet werden kann; zur Erstattung der Kosten ist er nicht verpflichtet.

1 Grundstückseigentümer und die ihnen gleichstehenden dinglich Berechtigten sind auf Anordnung der Wohnungsbehörde verpflichtet, die Ausführung des Einbaues fehlender oder unzureichender Einrichtungen oder Versorgungsanlagen durch die Behörde zu dulden, soweit dies ihnen zumutbar ist. Die Zumutbarkeit bezieht sich sowohl auf die vorübergehende Störung der Benutzung während der Vornahme der Arbeiten (z. B. Verschlimmerung der Krankheit eines Bewohners), als auch auf die endgültige Veränderung des Gebäudes, die nicht notwendig eine Verbesserung darzustellen braucht (Einfamilienhaus kann entwertet werden). Zu berücksichtigen ist, daß die Kosten vom Eigentümer nicht zu erstatten sind (§ 23 Satz 2). Die Duldungspflicht Dritter, die durch die angeordneten Maßnahmen in ihren Rechten beeinträchtigt werden, kann gemäß § 24 von derselben Behörde unter der gleichen Voraussetzung der Zumutbarkeit angeordnet werden.

2 Die Befugnis zur Anordnung von Baumaßnahmen ist ein Recht, auf dessen Ausübung kein Anspruch besteht, OVG Hamburg WM 1952, 59; sie ist gegenüber den weitgehenden, in der Praxis der Wohnungsbehörden nur ausnahmsweise ausgeübten Befugnissen nach Art. VI Buchst. c und d WohnG beschränkt auf Baumaßnahmen, die zur Herbeiführung oder Wiederherstellung der Eignung eines Wohnraumes im Bereich der Wohnraumbewirtschaftung deshalb notwendig sind, weil es an den erforderlichen sanitären Einrichtungen oder Versorgungsanlagen fehlt. Fehlenden Einrichtungen (Anlagen) sind mangelhafte gleichzustellen, soweit dadurch die Bewohnbarkeit aufgehoben oder erheblich beeinträchtigt wird. In Betracht kommen: Einrichtung eines Klosetts, in Ausnahmefällen möglicherweise eines einfachen Bades; die Zuleitung und Verlegung von Wasser-Zu- und Ableitungsrohren (Zapfstellen, Ausgüsse), Gas- und Stromzufuhr, Sickergrube, Kläranlage, nicht aber der Bau eines Kamins (OVG Lüneburg ZMR 1955, 312; SchlHA 1957, 253). Nicht verlangt werden kann, wie dies nach dem Wohnungsgesetz (Art. VI) möglich war, der Umbau oder Ausbau von Wohnungen oder die Durchführung von Instandsetzungsarbeiten.

3 Die Verpflichtung des Trägers der Wohnungsbehörde zur Tragung der mit der Anordnung entstehenden Kosten kann dadurch erleichtert werden, daß die Behörde vertraglich die Kosten oder einen Teil der Kosten sich von dem Wohnungsuchenden erstatten läßt.

Über die Rechtsstellung des Mieters vgl. Fellner-Fischer 16 zu § 23; OVG Hamburg WM 1952, 59 = ZMR 1953, 126.

§ 24

Duldungspflicht Dritter

Die Wohnungsbehörden können verfügen, daß Dritte, die durch Maßnahmen nach § 22 Abs. 2 und § 23 in ihren Rechten beeinträchtigt werden, die angeordneten Maßnahmen zu dulden haben, soweit es ihnen zugemutet werden kann.

Als Dritte kommen in Betracht: Mieter, Untermieter, Pächter, Nießbraucher, Wohnberechtigte, Nachbarn (vgl. § 906 BGB).

§ 25

Wohnungsräumung zur Vornahme baulicher Maßnahmen

(1) **Die Wohnungsbehörden können eine vorübergehende Räumung von Wohnraum in den Fällen des § 22 Abs. 2 und § 23 verfügen, wenn die Maßnahmen ohne eine Räumung nicht durchgeführt werden können oder in einem unzumutbaren Maße erschwert würden und die Räumung dem Betroffenen zugemutet werden kann.**

(2) **Absatz 1 gilt entsprechend**

a) **im Falle des Wiederaufbaues eines zerstörten oder der Wiederherstellung eines beschädigten Gebäudes;**

b) **wenn zur Errichtung eines für die Dauer bestimmten Gebäudes die Freimachung behelfsmäßig errichteten Raumes, insbesondere eines Behelfsheimes, einer Wohnbaracke oder Wohnlaube, erforderlich ist.**

(3) **In den in Absatz 2 bezeichneten Fällen kann auch ein endgültiger Wohnungswechsel verfügt werden, wenn dies zum Wohle der Allgemeinheit, insbesondere aus städtebaulichen Gründen, erforderlich ist und die Betroffenen innerhalb der Gemeinde anderweitig angemessen untergebracht werden. Rechte, die dem verfügten Wohnungswechsel entgegenstehen, können nicht ausgeübt werden; sie erlöschen mit dem Zeitpunkt, an dem die Verfügung der Durchführung des Wohnungswechsels unanfechtbar geworden ist.**

(4) **Die Wohnungsbehörden haben die Durchführung der in den Absätzen 1 bis 3 vorgesehenen Maßnahmen davon abhängig zu machen, daß der Begünstigte dem Betroffenen die Kosten, die durch die vorübergehende Räumung oder im Falle des Wohnungswechsels durch den Umzug entstehen, im voraus bezahlt oder zu seinen Gunsten hinterlegt.**

1 Anordnung des Wohnungswechsels

Der Regierungsentwurf hatte in § 20 zum Zwecke der Freimachung zweckbestimmter Räume die Wohnungsbehörden zur Anordnung des Wohnungswechsels ermächtigt, wenn zweckbestimmter Wohnraum zweckwidrig belegt oder wenn für Dauerwohnzwecke nicht bestimmter Raum entgegen seiner Zweckbestimmung bewohnt wird. Diese allgemeine Regelung, gegen die begründete Einwendungen erhoben worden sind (vgl. Kiefersauer WM 1951, 37), ist nicht Gesetz geworden. § 25 gestattet die Möglichkeit der Anordnung des Wohnungswechsels im Sinne eines auf dauernde oder vorübergehende Räumung der Wohnung gerichteten Räumungsbefehls der Wohnungsbehörde nur

1. im Falle der angeordneten Wiederherstellung der Eignung für Wohnzwecke gemäß § 22 Abs. 2;
2. im Falle des gemäß § 23 von der Wohnungsbehörde angeordneten Einbaues von sanitären Einrichtungen und Versorgungsanlagen;

3. im Falle des Wiederaufbaues eines zerstörten oder der Wiederherstellung eines beschädigten Gebäudes;
4. im Falle der Notwendigkeit der Freimachung eines behelfsmäßig errichteten Raumes (Behelfsheim, Wohnbaracke, Wohnlaube) zum Zwecke der Errichtung eines für die Dauer bestimmten Gebäudes.

Ohne Vorliegen eines dieser vier Tatbestände ist der Wohnungsbehörde die Anordnung des Wohnungswechsels auch dann nicht gestattet, wenn eine weitergehende landesrechtliche Regelung früher ergangen ist. Deshalb kann in Bayern § 2 des Gesetzes zur Freimachung zweckentfremdeten Beherbergungsraumes vom 22. November 1950, der die Wohnungsbehörde auf bloßen Antrag des Verfügungsberechtigten zur Freimachung der Räume ermächtigt, die Dauermietern überlassen sind, nicht mehr vollzogen werden; die Anordnung des Wohnungswechsels ist nur mehr in den engen Grenzen des § 25 WBewG gestattet.

2 Die Anordnung des Wohnungswechsels ist grundsätzlich nur eine auf die Zeit der Bauvornahme berechnete Maßnahme der Wohnungsbehörde. Deshalb bezeichnet sie Abs. 1 als eine Verfügung zur vorübergehenden Räumung, die die Rechte des Wohnungsinhabers als solche nicht beeinträchtigt. Die Räumungsanordnung kann auch als echte Anordnung eines Wohnungswechsels, nach dem etwas ungenauen Sprachgebrauch des Gesetzes als „endgültiger Wohnungswechsel" erlassen werden, der in die Rechte der Wohnungsinhaber eingreift und die Nutzungsrechte zum Erlöschen bringt. Zulässig ist diese Anordnung nur in den Fällen 3 u. 4. Gemäß Abs. 3 kann die endgültige Räumung nur verlangt werden, wenn die Maßnahme zum Wohle der Allgemeinheit, insbesondere aus städtebaulichen Gründen erforderlich ist. Die bloße Möglichkeit der wirtschaftlich günstigeren Verwertung des Raumes durch den Verfügungsberechtigten, die z. B. das bayerische Freimachungsgesetz als ausreichend erachtet, genügt nicht. Es entspricht auch nicht der Aufgabe der Wohnungsbehörden, privatwirtschaftlichen Interessen durch öffentlich-rechtliche Maßnahmen zum Durchbruch zu verhelfen. Dies ist um so weniger zu rechtfertigen, als der durch § 28 Ziff. 1 WBewG neu eingefügte § 4b MSchG dem Vermieter in den meisten Fällen die Mietaufhebungsklage ermöglicht und eine weitreichende Doppelzuständigkeit von Wohnungsbehörden und Gerichten gerade dem Grundgedanken des WBewG (§ 33) widerspricht, Haarmann DVBl 1953, 330. Man kann aber auch in dieser Regelung eine im Interesse der Förderung der Neubautätigkeit (Fischer-Dieskau BBauBl 1953, 88) von seiten des Staates bewußt geleistete Hilfsstellung sehen, Roquette JZ 1953, 261.

3 Allgemeine Voraussetzung für die Räumungsanordnung ist, daß die in den Fällen 1—4 erforderlichen Baumaßnahmen ohne Räumung nicht durchgeführt werden könnten oder doch nur in nicht zumutbarer Weise erschwert würden. Weiterhin muß die Räumung für den Betroffenen zumutbar sein (OLG Schleswig ZMR 1959, 374), d. h. die wohnraumwirtschaftlichen Interessen an der Zwecksetzung in den Fällen 1—4 müssen stärker sein als das privatwirtschaftliche Interesse des Beteiligten an der Erhaltung des Raumbesitzes. In den Fällen 3 u. 4 bedarf die Abwägung der Interessen einer sorgfältigen Prüfung wegen der Möglichkeit des Verlustes des Mieterschutzes für den bisherigen Wohnungsinhaber. Unter Umständen müßte die Räumungsanordnung davon abhängig gemacht werden, daß der Verfügungsberechtigte mit dem bisherigen Rauminhaber einen langfristigen Mietvertrag über die neuen Wohnräume abschließt oder sich der Wohnungsbehörde gegenüber zur Anerkennung der

Wohnraumbewirtschaftung für diese Räume verpflichtet. Auch der Verzicht des Vermieters auf die Freistellung vom Mieterschutz gemäß § 31a MSchG, der als rechtswirksam anzusehen ist, käme in Frage.

4 Während für die vorübergehende Räumung das Gesetz keine Bestimmung über die anderweitige Unterbringung des Räumungspflichtigen erlassen hat, die Bestimmung der an den Ersatzraum zu stellenden Anforderungen vielmehr der die Umquartierung anordnenden Behörde im Einzelfall überläßt, fordert Abs. 3 für die Anordnung des Wohnungswechsels im Sinne der endgültigen Räumung ausdrücklich, daß die Betroffenen innerhalb der Gemeinde angemessen untergebracht werden. Angemessen ist der Ersatzraum, wenn er unter Berücksichtigung der wirtschaftlichen, familiären und persönlichen, insbes. beruflichen Verhältnisse des Räumungspflichtigen dessen anerkennenswerten Bedürfnissen entspricht. Ebensowenig wie vom Räumungspflichtigen ein gleichwertiger Ersatzraum verlangt werden kann, darf ihm, wenn er bisher nur ausreichend oder gar nur notdürftig untergebracht ist, die Annahme eines solchen, seiner Lebensführung offenbar nicht entsprechenden Notstandes neuerdings zugemutet werden. Auch der Mietpreis der Ersatzwohnung soll den wirtschaftlichen Verhältnissen des Mieters angepaßt sein und zugleich dem objektiven Nutzungswert der Wohnung entsprechen; unter dieser Voraussetzung kann er auch höher sein als der bisher bezahlte Mietzins.

5 Der angemessene Ersatzraum muß derart sichergestellt sein, daß die Unterbringung sofort im Anschluß an die Räumung möglich ist; demgemäß muß der Ersatzwohnraum nicht nur frei, sondern auch der Vermieter des Ersatzraums zum Abschluß des Mietvertrages zu angemessenen Bedingungen bereit oder durch mindestens vorläufige Mietverfügung (§ 16 Abs. 2) verpflichtet sein. Lehnt der Räumungspflichtige gleichwohl die Ersatzwohnung ab, so steht diese Weigerung dem Vollzug der Anordnung der Räumung nicht entgegen; hier hat die Obdachlosenhilfe einzugreifen.

6 In der neben der Räumungsanordnung in allen Fällen (1—4) zu erlassenden Durchführungsverordnung ist gemäß Abs. 4 der Kostenbetrag festzusetzen, der von dem Begünstigten — im Falle des § 23 wäre dies die Wohnungsbehörde selbst — dem Räumungspflichtigen im voraus zu ersetzen oder zu dessen Gunsten zu hinterlegen ist. Es handelt sich im Falle der vorübergehenden Räumung um die Kosten der Räumung, d. h. des Auszugs und des Wiedereinzugs. Zu den hier regelmäßig nur anfallenden Kosten des Möbeltransportes treten im Falle des Wohnungswechsels die sonstigen mit dem Umzug in eine andere Wohnung verbundenen Aufwendungen wie z. B. Abnahme und Neuanbringung von Lampen, Verlegung des Telefonanschlusses, nicht dagegen die Kosten für die Neubeschaffung von Gardinen oder Haushaltgeräten (Öfen), LG Duisburg BlGBW 1955, 159; LG Essen HuW 1954, 92; LG Bremen DWW 1955, 117 = Glaser Nr. 347/II/1955; Hans, 3. Aufl. Anm. 7 zu § 4 MSchG; Bettermann Anm. 536 zu § 4 MSchG; a.A. Roquette Mietrecht, S. 339. Zum Begriff der Umzugskosten vgl. im übrigen Anm. 19—22 zu § 4 MSchG.

7 Der Vollzug der Durchführungsverordnung setzt die Unanfechtbarkeit voraus, sofern nicht landesrechtlich die sofortige Vollziehbarkeit angeordnet werden kann und angeordnet ist. Die dem Wohnungswechsel entgegenstehenden Rechte können gemäß Abs. 3 Satz 2 nicht ausgeübt werden; sie erlöschen mit dem Eintritt der formellen Rechtskraft der Durchführungsanordnung.

Sechster Abschnitt

Ergänzende Vorschriften

§ 26

Schriftform

Verfügungen der Wohnungsbehörden bedürfen der Schriftform.

Verfügungen der Wohnungsbehörde bedürfen zufolge der ausdrücklichen Vorschrift des § 26 nunmehr der Schriftform. Dies gilt nicht für unverbindliche Auskünfte oder innerdienstliche Anweisungen, wohl aber für alle Verwaltungsakte der Wohnungsbehörde und der Aufsichtsbehörde (Ausnahmebewilligung, Bereitstellungsverfügung, Zuweisung, Mietverfügung, Genehmigung, Anordnung und deren Zurücknahme). Mündliche Erklärungen, Zusagen verpflichten die Wohnungsbehörden nicht, weil die Schriftform im Interesse der Rechtssicherheit zwingend vorgeschrieben ist. Auch der Grundsatz von Treu und Glauben kann die Beachtung der Schriftform nicht ersetzen, OVG Münster DÖV 1953, 413; OVG Münster ZMR 1956, 242, 427; OVG Hamburg MDR 1957, 764 = ZMR 1958, 28; OVG Lüneburg ZMR 1958, 30; LVG Münster ZMR 1956, 27; OVG Münster ZMR 1959, 116; a. A. VGH Stuttgart ZMR 54, 160 = DÖV 1953, 572. Über die Form der Bekanntgabe (Eröffnung, Zustellung) entscheidet das Landesrecht (vgl. Art. 83, 84 Abs. 1 GG; Verwaltungszustellungsgesetz vom 3. Juli 1952 [BGBl I 379]; vgl. Fellner-Fischer 4 zu § 26). Zur Herbeiführung der formellen Rechtskraft der Verfügung und Anordnung muß diese in aller Regel mit einer Rechtsmittelbelehrung verbunden werden.

§ 27

Verwaltungszwang

Verfügungen der Wohnungsbehörden können im Wege des Verwaltungszwanges vollzogen werden.

1 Verwaltungszwangsverfahren

Gebote und Verbote von Handlungen sowie die Anordnung der Unterlassung von Handlungen sind der zwangsweisen Vollziehung fähig. Diese Vollzugsfähigkeit bedarf unter Umständen der gesonderten Feststellung durch den Erlaß einer besonderen Durchführungsanordnung (§ 25 Abs. 4) oder der Besitzeinweisung (§ 20). Einwendungen gegen die Art und Weise des Vollzugs sind im Rahmen des Verwaltungszwangsverfahrens mit Rechtsmitteln anfechtbar. Die Ausgestaltung dieses Verfahrens obliegt gemäß Art. 83 und 84 Abs. 1 GG den Ländern, OLG Celle ZMR 1958, 234.

2 Zur Frage der gesetzlichen Grundlagen des Verwaltungszwanges im allgemeinen vgl. Zschacke MDR 1953, 12.

§ 28

— — — —

6. Abschnitt: Ergänzende Vorschriften

§ 29

— — — —

Die §§ 28 und 29 betrafen Änderungen des Mieterschutzgesetzes, die in das Mieterschutzgesetz eingearbeitet worden sind; sie sind daher bei der Neufassung des Wohnraumbewirtschaftungsgesetzes weggefallen (Art. X § 6 Abbaugesetz).

§ 30

Vollstreckungsschutz

(1) **Wird ein Mietverhältnis über Wohnraum lediglich auf Grund der §§ 4, 4b, 22 bis 23b des Mieterschutzgesetzes aufgehoben, so hat das Vollstreckungsgericht auf Antrag des Schuldners die Vollstreckung aus dem Aufhebungsurteil wegen des Herausgabeanspruchs einstweilen einzustellen, wenn nicht eine angemessene anderweitige Unterbringung des Schuldners und der zu seinem Hausstand gehörenden Personen gesichert ist. Ist im Zeitpunkt der Entscheidung des Vollstreckungsgerichts der Bedarf im Sinne der §§ 4, 4b, 22 bis 23b des Mieterschutzgesetzes besonders dringend, so genügt an Stelle der angemessenen eine ausreichende Unterbringung, wenn sie dem Schuldner zugemutet werden kann.**

(2) **Bei einem Schuldner, der zu dem nach § 25 des Zweiten Wohnungsbaugesetzes begünstigten Personenkreis gehört, ist die Unterbringung wegen der Höhe der für den Ersatzraum zu entrichtenden Miete nicht als unangemessen oder unzumutbar anzusehen, wenn der Schuldner durch diese Miete nicht stärker belastet wird, als dies für ihn bei einer öffentlich geförderten Wohnung nach dem Zweiten Wohnungsbaugesetz in Betracht kommt.**

(3) **Absatz 1 gilt entsprechend, wenn ein Mieter auf Grund einer Kündigung gemäß § 32 des Mieterschutzgesetzes zur Räumung verurteilt ist, es sei denn, daß**

a) **Tatsachen vorliegen, die eine Aufhebung des Mietverhältnisses nach den §§ 2 bis 3 des Mieterschutzgesetzes gerechtfertigt hätten,**

b) **Umstände vorlagen, unter denen bei einer Werkwohnung der Mieterschutz nach § 20 Satz 2 des Mieterschutzgesetzes entfallen würde.**

(4) **In anderen Fällen — unbeschadet des § 31 — hat das Vollstreckungsgericht auf Antrag des Schuldners die Vollstreckung aus Titeln, die auf Herausgabe oder Räumung von Wohnraum lauten, einstweilen einzustellen, wenn und soweit der Wohnraum für den Schuldner und die zu seinem Hausstand gehörenden Personen unentbehrlich ist und wenn nicht eine ausreichende anderweitige Unterbringung des Schuldners und der zu seinem Hausstand gehören-**

den Personen gesichert ist. Die einstweilige Einstellung ist jedoch zu versagen, wenn sie für den Gläubiger eine unzumutbare Härte darstellen würde. Eine unzumutbare Härte liegt in der Regel vor, wenn der Schuldner zur Räumung von landwirtschaftlichem Werkwohnraum unter den Voraussetzungen des § 20 Satz 2 oder des § 21 in Verbindung mit § 20 Satz 2 des Mieterschutzgesetzes verurteilt ist und der Wohnraum für Zwecke des landwirtschaftlichen Betriebes benötigt wird.

(5) Absatz 4 gilt auch in den Fällen der Absätze 1, 3, wenn nach Schluß der letzten mündlichen Verhandlung Umstände eintreten, die eine Aufhebung des Mietverhältnisses nach den §§ 2 bis 3 des Mieterschutzgesetzes rechtfertigen würden.

(6) Gegen die Entscheidung des Vollstreckungsgerichts ist die sofortige Beschwerde zulässig; vor der Entscheidung ist der Gegner zu hören.

§ 31

Vollstreckungsschutz bei Zahlungsverzug

(1) Ist ein Mietverhältnis wegen Zahlungsverzugs aufgehoben, so darf dem Schuldner eine Räumungsfrist oder Vollstreckungsschutz nur bis zum Ablauf von zwei Wochen seit der Rechtskraft des Urteils oder seit der Vollstreckbarkeit eines gerichtlichen Vergleichs gewährt werden.

(2) Über den in Absatz 1 bezeichneten Zeitpunkt hinaus kann eine Räumungsfrist oder Vollstreckungsschutz gewährt werden, wenn die Zahlung der seit der Aufhebung geschuldeten Nutzungsentschädigung gewährleistet ist, insbesondere wenn die Fürsorgebehörde sich insoweit zur Befriedigung des Gläubigers bereit erklärt hat. Eine Räumungsfrist oder Vollstreckungsschutz soll jedoch nicht gewährt werden, wenn Umstände vorliegen und im Aufhebungsverfahren geltend gemacht worden sind, die eine Aufhebung des Mietverhältnisses nach § 2 des Mieterschutzgesetzes gerechtfertigt hätten, oder wenn Umstände, die eine solche Aufhebung rechtfertigen würden, nach Schluß der letzten mündlichen Verhandlung eingetreten sind.

(3) Geht dem Vollstreckungsgericht eine Erklärung der für die Unterbringung von Obdachlosen zuständigen Behörde zu, daß sie die bisherigen Räume oder einen Teil von ihnen für die vorläufige Unterbringung des Schuldners auf ihre Kosten in Anspruch nehme, so darf insoweit die Räumung nicht ausgeführt werden. Das Vollstreckungsgericht hat die in Satz 1 bezeichnete Erklärung dem Gläubiger zuzustellen und dem Schuldner mitzuteilen. Mit der Zustellung an den Gläubiger, frühestens jedoch mit dem Ablauf der in Absatz 1 bezeichneten Frist, gilt die Vollstreckung hinsichtlich der

in Anspruch genommenen Räume als erfolgt. Unter den in Absatz 2 Satz 2 bestimmten Voraussetzungen hat das Vollstreckungsgericht ohne Rücksicht auf den Zugang der in Satz 1 bezeichneten Erklärung auf Antrag des Gläubigers die Räumung durch Beschluß für zulässig zu erklären, wenn ihre Unterlassung für den Gläubiger eine unzumutbare Härte darstellen würde; bis zur rechtskräftigen Entscheidung über den Antrag des Gläubigers unterbleibt die in Satz 2 vorgesehene Zustellung an den Gläubiger.

(4) **Die Absätze 1 bis 3 gelten entsprechend, wenn ein Mieter auf Grund einer Kündigung wegen Zahlungsverzugs zur Räumung von Wohnraum verurteilt ist oder sich aus diesem Grunde in einem gerichtlichen Vergleich zur Räumung von Wohnraum verpflichtet hat.**

(5) **§ 30 Abs. 6 ist anzuwenden.**

1. Rechtsentwicklung *)

Das Wohnraumbewirtschaftungsgesetz enthält in seinen §§ 30, 31 die Vorschriften über das Verfahren bei der Zwangsvollstreckung aus Mietaufhebungs- und Räumungsurteilen. Damit hat eine Rechtsentwicklung ihren Abschluß gefunden, die zurück reicht bis auf den später wieder beseitigten § 6 Abs. 1 MSchG in der Fassung vom 1. Juni 1923 (RGBl I 353), der die Zwangsvollstreckung aus einem auf Grund des § 4 MSchG ergangenen Eigenbedarfsurteil von der Sicherung angemessenen Ersatzraumes für den Mieter abhängig gemacht hat. Zehn Jahre später sind durch das Gesetz über Räumungsfristen vom 29. März 1933 (RGBl I 147) die Vorschriften über Räumungsfristen (§ 5a (MSchG) in das Mieterschutzgesetz eingefügt worden. Neben § 5a MSchG gab es dann noch das Gesetz zur Verhütung mißbräuchlicher Ausnutzung von Vollstreckungsmöglichkeiten vom 13. Dezember 1934 (RGBl I 1234), das aber wieder durch das Gesetz vom 12. September 1950 (BGBl I 505) aufgehoben worden ist. Die §§ 30, 31 WBewG sind an die Stelle des durch Gesetz vom 20. August 1953 (BGBl I 952) am 1. Oktober 1953 außer Kraft gesetzten Artikels 6 der Schutzverordnung vom 4. Dezember 1943 (RGBl I 666) getreten, der bis dahin neben § 5a MSchG die Rechtsgrundlage des Vollstreckungsschutzes bei Mietaufhebungs- und Räumungsurteilen gebildet hat. Die §§ 30, 31 WBewG versuchen, das Vollstreckungsschutzrecht in Anlehnung an die von der Rechtsprechung entwickelten Grundsätze neu zu ordnen und hierbei einen billigen Ausgleich der widerstreitenden Interessen der Beteiligten herbeizuführen (vgl. amtl. Begründung). Angesichts der außergewöhnlichen Wohnungsnot und der damit verbundenen Schwierigkeiten der Vollstreckung von Räumungsurteilen haben diese Vollstreckungsschutzbestimmungen in der Praxis der Vollstreckungsgerichte alsbald eine besondere Bedeutung gewonnen.

2. Vollstreckungschutz gegenüber Eigenbedarfsurteilen

In allen Fällen, in denen das Mietverhältnis ohne Verschulden des Mieters aufgehoben worden ist, also bei Eigenbedarfs- oder Betriebsbedarfsurteilen im

*) Eine Zusammenstellung der Rechtsprechung zum Vollstreckungsschutzverfahren befindet sich bei Glaser: Mietvollstreckungsrecht, 1961, Verlag Luchterhand, Neuwied/Rhein.

Sinne der §§ 4, 4b, 22—23b MSchG, hat das Vollstreckungsgericht auf Antrag des Räumungsschuldners die Vollstreckung aus dem Mietaufhebungsurteil einstweilen einzustellen, wenn nicht eine angemessene anderweitige Unterbringung des Räumungsschuldners und der zu seinem Hausstand gehörenden Personen gesichert ist (§ 30 Abs. 1 Satz 1 WBewG). Damit ist die früher in § 6 MSchG enthalten gewesene, die Vollstreckung eines Eigenbedarfsurteils außerordentlich erschwerende Ersatzraumklausel praktisch wieder in das Vollstreckungsschutzrecht eingeführt. Nur wenn der Bedarf des Vermieters zur Zeit der Entscheidung des Vollstreckungsgerichts besonders dringend ist, genügt an Stelle der angemessenen eine ausreichende Unterbringung, wenn sie dem Räumungsschuldner zugemutet werden kann (§ 30 Abs. 1 Satz 2 WBewG). An eine ausreichende Ersatzwohnung sind geringere Anforderungen zu stellen; im Gegensatz zur angemessenen Wohnung braucht die ausreichende Wohnung der bisherigen Mietwohnung nicht gleichwertig zu sein. Zum Begriff der ausreichenden Ersatzwohnung vgl. OLG München NJW 1956, 1284 = DWW 1956, 166 = ZMR 1956, 351 = MDR 1957, 103 = BlGBW 1957, 78; OLG Frankfurt a.M. NJW 1956, 190; ZMR 1956, 201; OLG Nürnberg DWW 1956, 286; OLG Celle JR 1956, 299 = ZMR 1956, 283; Schmidt NJW 1955, 1626; LG Münster NJW 1955, 1638; OLG München ZMR 1955, 198 (Ersatzwohnung in der Nachbargemeinde); LG Mannheim ZMR 1959, 86 (Ersatzwohnung in der Nachbargemeinde).

Zum Begriff der angemessenen Ersatzwohnung vgl. LG Freiburg ZMR 1956, 210; LG Landshut ZMR 1958, 67; AG Dortmund ZMR 1959, 281; AG Neuss ZMR 1959, 281; LG Essen Westd. Türmer 1958, 38; LG Bochum ZMR 1959, 117 (Ersatzwohnung in einem anderen Ortsteil).

3. Vollstreckungsschutz gegenüber sonstigen Räumungstiteln

Wenn das Mietverhältnis auf Grund des § 2 MSchG aufgehoben worden ist, oder wenn es sich um die Vollstreckung aus sonstigen Titeln handelt, die auf Herausgabe oder Räumung von Wohnraum lauten (z. B. mieterschutzfreie Mietverhältnisse, Räumungsurteile gem. §§ 556 Abs. 3, 812, 985 BGB; Herausgabeurteile gem. § 27 MSchG, Räumungsvergleiche), so ist die Vollstreckung einstweilen einzustellen, wenn und soweit der Wohnraum für den Räumungsschuldner und seine Familie unentbehrlich ist und wenn nicht eine ausreichende anderweitige Unterbringung des Schuldners und der zu seinem Hausstand gehörenden Personen gesichert ist (§ 30 Abs. 4 Satz 1 WBewG). Die einstweilige Einstellung ist jedoch zu versagen, wenn sie für den Gläubiger eine unzumutbare Härte darstellen würde, z. B. wenn der Hausfriede in besonders grober Weise gestört und der Vermieter erheblich belästigt worden ist (§ 30 Abs. 4 Satz 2 WBewG).

4. Vollstreckungsschutz bei Mietzahlungsverzug

Im Falle der Aufhebung des Mietverhältnisses wegen Mietzahlungsverzug gilt die Sonderregelung des § 31 WBewG. Danach darf dem Räumungsschuldner eine Räumungsfrist oder Vollstreckungsschutz nur bis zum Ablauf von 2 Wochen seit der Rechtskraft des Urteils oder seit der Vollstreckbarkeit eines gerichtlichen Vergleichs gewährt werden. Diese gesetzliche Regelung beruht auf der Erwägung, daß Vollstreckungsschutz bei schuldhaft säumigen Mietern, für die die Fürsorgebehörde nicht eingetreten ist, bei weiterer Nichtzahlung der Miete dem Vermieter nicht zugemutet werden kann. Nur dann, wenn die Zahlung der seit der Aufhebung des Mietverhältnisses geschuldeten Nutzungsentschädigung gewährleistet ist, insbesondere dann, wenn die Fürsorgebehörde sich insoweit zur Befriedigung des Gläubigers bereiterklärt hat, kann Vollstreckungsschutz über die oben erwähnte Frist von 2 Wochen hinaus gewährt werden. Zur Frage der Gewährleistung der Nutzungsentschädigung vgl. Hill MDR 1959, 18; LG Bochum ZMR 1956, 211; LG Duisburg ZMR 1956, 176; AG Bremen BremHZtg 1955 Nr. 9; LG Bonn WM 1955, 91; OLG Hamm JMBl NRW 1955, 285 = ZMR 1956, 69; LG Lüneburg ZMR 1955, 375; OLG Oldenburg MDR 1955, 549 = ZMR 1955, 147; OLG Düsseldorf MDR 1956, 230 = ZMR 1956, 104; AG Frankfurt a. M. WM 1957, 175; OLG Hamburg ZMR 1959, 219; AG Hannover ZMR 1958, 270; LG Wuppertal ZMR 1958, 369. Ist die Zahlung der Nutzungsentschädigung nicht gewährleistet oder liegen Umstände vor, die eine Aufhebung des Mietverhältnisses nach § 2 MSchG wegen erheblicher Belästigungen gerechtfertigt hätten, so soll kein Vollstreckungsschutz gewährt, sondern das Urteil vollstreckt werden. Es ist alsdann Sache der für die Obdachlosenfürsorge zuständigen Behörde, den zur Räumung verurteilten Mieter in einem Obdach notdürftig unterzubringen und dafür die Kosten zu übernehmen.

5. Räumungsvollstreckung aus einem Zuschlagsbeschluß

Die Vollstreckungsschutzbestimmungen des § 30 WBewG finden auch bei der Räumungsvollstreckung aus einem Zuschlagsbeschluß Anwendung, LG Osnabrück BlGBW 1956, 335; OLG Celle JR 1956, 380 = NdsRpfl 1956, 154; OLG Hamburg ZMR 1956, 68 = HbgGrundE 1956, 21; OLG Stuttgart MDR 1956, 38; OLG Hamm NJW 1955, 1286 = MDR 1955, 611; AG Siegburg NJW 1955, 955; LG Bremen MDR 1955, 612 (nur für Anwendung des § 31); OLG Stuttgart NJW 1956, 1844; LG Nürnberg/Fürth ZMR 1957, 31.

Gegen die Anwendung der §§ 30, 31 WBewG: LG Oldenburg, Beschluß vom 23. April 1956 — T 249/56 — Oldenburg HZtg 1956, 86; LG Hamburg ZMR 1955, 374; LG Kiel MDR 1956, 39; LG Bremen MDR 1956, 40; AG Köln NJW 1955, 190; AG Oldenburg ZMR 1958, 210; LG Oldenburg ZMR 1960, 58; vgl auch Grund NJW 1955, 1344; Schumacher BlGBW 1956, 17; derselbe FrWW 1956, 135; Käfer NJW 1955, 170; Roquette 4 zu § 30; Fellner/Fischer 8 zu § 30; Siegelmann BlGBW 1958, 167.

6. Verhältnis der §§ 30, 31 zu §§ 5a, 27 MSchG und § 721 ZPO

Die Vollstreckungsschutzbestimmungen der §§ 30, 31 WBewG haben die Vorschriften über die Bewilligung einer Räumungsfrist im Sinne der §§ 5a, 27 MSchG und § 721 ZPO unberührt gelassen. Die Frage, ob einem Räumungsmieter nach den §§ 30, 31 WBewG auch dann noch Vollstreckungsschutz gewährt werden kann, wenn er es versäumt hat, rechtzeitig nach § 5a Abs. 2 MSchG eine Verlängerung der ihm bewilligten Räumungsfrist zu beantragen, ist mit Rücksicht darauf, daß die Vollstreckungsschutzbestimmungen der §§ 30, 31 dem Schuldner einen selbständigen, von § 5a MSchG unabhängigen, in seinen Voraussetzungen verschiedenen Anspruch auf Vollstreckungsschutz gewähren, entgegen LG Tübingen (ZMR 1954, 21 und NJW 1954, 79, letztere Entscheidung aufgehoben durch OLG Stuttgart NJW 1954, 515), LG Ulm (NJW 1953, 226 — Glaser Nr. 47/IV/1954), LG Göttingen (Nieders. Rechtspflege 1952, 186 — HW 1952, 452) und AG Hildesheim (MDR 1953, 365) in Übereinstimmung mit der wohl herrschenden Rechtsprechung (LG Bielefeld

DWW 1953, 274 — Glaser Nr. 51/IV/1954; LG Bielefeld ZMR 1956, 175; LG Hamburg ZMR 1953, 248 u. 285; OLG Düsseldorf JMBl NRW 1954, 176 — ZMR 1954, 298 — NJW 1954, 120 — MDR 1954, 548; LG Wuppertal MDR 1954, 361 — WM 1954, 90; LG Osnabrück WM 1954, 43 — Glaser Nr. 113/IV/1954; LG Verden/Aller ZMR 1955, 50 — Glaser Nr. 147/IV/1955; LG Bochum ZMR 1955, 50; OLG Karlsruhe NJW 1954, 1206; LG Duisburg MDR 1954, 550; LG München ZMR 54, 218; OLG Celle MDR 1953, 682 — NJW 1953, 1397 — ZMR 1953, 292; OLG Stuttgart NJW 1954, 52; LG Lüneburg MDR 1956, 428; Heinisch ZMR 1954, 198; Sommer JR 1954, 132) zu bejahen.

Daraus folgt, daß das Vollstreckungsgericht jeden auf die Verlängerung der Räumungsfrist gerichteten Antrag, der nach dem Ablauf der in § 5a Abs. 2 MSchG vorgeschriebenen Frist beim Vollstreckungsgericht eingeht, ohne weiteres nach den §§ 30, 31 WBewG wird behandeln müssen (so LG Bielefeld DWW 1953, 274).

Über das Verhältnis des § 30 WBewG zu § 5a MSchG vgl insbesondere LG Darmstadt MDR 1957, 617; LG Essen ZMR 1957, 322; LG Braunschweig ZMR 1960, 89; vgl. auch Anm. 4—8 zu § 5a MSchG.

7. Rechtsschutzbedürfnis des Schuldners

Aus dem Sinn und Zweck der Vollstreckungsschutzbestimmungen, den Schuldner vor der ihm drohenden Gefahr der Vollstreckung des gegen ihn ergangenen Räumungsurteils zu schützen, ist zu entnehmen, daß für einen Vollstreckungsschutzantrag das Rechtsschutzbedürfnis erst dann gegeben ist, wenn aus dem Verhalten des Gläubigers zu erkennen ist, daß dieser beabsichtigt, Vollstreckungsmaßnahmen einzuleiten (vgl. hierüber LG Frankenthal/Pfalz: DWW 1953, 297; Beschlüsse des LG Braunschweig vom 5. Februar 1953 — 18 T 83/53 — Nieders. Rechtspflege 1953, 52 — und vom 28. August 1952 — 18 T 738/52 — Glaser Nr. 36/IV/1954; Hans: WBewG 5 zu § 30; Weitnauer ZMR 1954, 199; LG Göttingen MDR 1955, 678; anders aber Roquette (WBewG 1953 S. 426) u. Bauknecht (NJW 1954, 52), die das Vorliegen eines Vollstreckungstitels allein für entscheidend halten).

8. Schutzwürdigkeit des Räumungsschuldners

Richtig ist, daß nach § 30 WBewG der Vollstreckungsschutz dem Schuldner gewährt werden muß, wenn die darin enthaltenen Voraussetzungen gegeben sind. Anderseits kann aber nach § 30 Vollstreckungsschutz nur dann gewährt werden, wenn der Räumungsmieter schutzwürdig ist; denn jede Gewährung von Vollstreckungsschutz setzt, worauf Reinhold (SchlHA 1954, 177) mit Recht hinweist, neben der Schutzbedürftigkeit auch die Schutzwürdigkeit des Räumungsschuldners voraus. Deshalb hat das Oberlandesgericht Karlsruhe (NJW 1954, 1206) einen Räumungsschuldner, der sich nicht oder nicht ernsthaft um Ersatzraum bemüht hat, für nicht schutzwürdig erklärt; denn aus der Räumungsverpflichtung des Räumungsmieters folgt auch seine Pflicht, sich um die Erlangung von Ersatzräumen ernsthaft zu bemühen (ebenso: Heinisch ZMR 1953, 334; Grein 1954, 419; Breithaupt NJW 1953, 1002; Kämmerling ZMR 1953, 333; Bettermann Anm. 40b zu § 5a MSchG; Lübeck SchlHA 1954, 148 — Glaser Nr. 105/IV/1954; LG Landshut ZMR 1954, 159; Bull ZMR 1954, 158; anders jedoch für den wegen dringenden Eigenbedarfs zur Räumung verurteilten Mieter: LG Hamburg ZMR 1954, 158 mit einer ablehnenden Anmerkung von Fischer; vgl. auch von Richthofen NJW 1953, 1381; OLG Frankfurt WM 1954, 143).

Aber auch dann, wenn sich der Schuldner nach besten Kräften um eine anderweitige Unterbringung bemüht hat, besteht die Möglichkeit, seinen Vollstreckungsschutzantrag abzulehnen, wenn seinem Schutzbedürfnis überwiegende schutzbedürftige Gläubigerbelange gegenüberstehen und wenn die Aufschiebung der Vollstreckung wegen ganz besonderer Umstände für den Gläubiger eine mit den guten Sitten nicht zu vereinbarende Härte bedeuten würde (AG Lübeck SchlHA 1954, 149; AG Kiel ZMR 1956, 282), oder wenn seit der Verkündung des Räumungsurteils längere Zeit verstrichen ist, LG Duisburg ZMR 1957, 31 (18 Monate); AG Oldenburg (9 Monate) OldenburgHZtg 1956, 101; OLG Hamburg ZMR 1956, 68; AG Bonn ZMR 1956, 175 (ein Jahr); LG Düsseldorf ZMR 1956, 68 (1½ Jahre); AG Bremen BremHZtg 1956 Nr. 4 (2 Jahre); AG Oerlinghausen ZMR 1959, 282 (Anm. Fischer) (1¼ Jahre); LG Essen ZMR 1957, 98 (9 Monate); LG Kassel ZMR 1957, 173 (2 Jahre).

Zur Frage der Verwirkung des Vollstreckungsschutzes wegen Untätigkeit vgl. KG HuW 1955, 391; AG Bonn ZMR 1958, 100; LG Essen ZMR 1955, 351; LG Aachen WM 1956, 173; OLG Hamburg ZMR 1955, 274; LG Essen ZMR 1958, 66, 366; LG Duisburg ZMR 1960, 57; AG Dortmund ZMR 1959, 51; OLG Düsseldorf ZMR 1957, 68; LG Bielefeld ZMR 1958, 66; OLG Hamm ZMR 1958, 236; OLG Celle ZMR 1958, 268, 367 = WM 1958, 110; LG Dortmund ZMR 1959, 117; LG Hamburg ZMR 1957, 246 = DWW 1957, 143; AG Northeim ZMR 1958, 140; LG Wuppertal BlGBW 1957, 367; LG Hannover ZMR 1959, 217; AG Kirchen/Sieg ZMR 1958, 236; LG Wuppertal MDR 1959, 130.

9. Vollstreckungsschutz für Gewerberäume

Die §§ 30, 31 WBewG können als Rechtsgrundlage für die Gewährung von Vollstreckungsschutz nur dann in Frage kommen, wenn es sich um die Räumung von Wohnräumen und nicht um die Räumung von Gewerberäumen handelt. Dies ergibt sich nicht nur aus dem Sinn und Zweck dieser Vollstreckungsschutzvorschriften, sondern auch daraus, daß es sich um Vollstreckungsschutzbestimmungen des Wohnraumbewirtschaftungsgesetzes handelt (vgl. OLG Köln JMBl.(NRW) 1954, 21 — MDR 1954, 232 — ZMR 1954, 127 — WM 1954, 32 — GWW 1954, 286 — Glaser Nr. 52/VI/1954). Handelt es sich um Geschäftsräume, deren Räumung vollstreckt werden soll, dann kann Vollstreckungsschutz nur nach der Generalklausel des § 765a ZPO gewährt werden, OLG Oldenburg ZMR 1959, 50; LG Berlin Bln GrundE 1958, 468. Dies soll nach Auffassung des Oberlandesgerichts Düsseldorf (JMBl NRW 1954, 89 — ZMR 1954, 158 — Glaser Nr. 51/VI/1954) bei der Vollstreckung aus Räumungstiteln, die auf die Herausgabe oder Räumung von gewerblichen Räumen lauten, auch dann gelten, wenn die gewerblichen Räume zusammen mit Wohnräumen vermietet sind und das ganze Mietverhältnis gemäß § 5 Abs. 3 GRMG den Mieterschutz genießt (a. A. dagegen Roquette (WBewG S. 438) und Reinhold (SchlHA 1954, 179) hinsichtlich der unter § 5 Abs. 3 GRMG fallenden sogen. Mischmietverhältnisse). Über Vollstreckungsschutz bei Mischmietverhältnissen vgl. OLG Hamm ZMR 1959, 217 = MDR 1959, 664 = JMBl NRW 1959, 104 (nur ein kurz befristeter Vollstreckungsschutz!); LG Hannover NHG 1957, 166; LG Braunschweig MDR 1958, 242; LG Wuppertal ZMR 1959, 86; LG Düsseldorf BlGBW 1957, 255; LG Mannheim ZMR 1958, 298 (verneinend). §§ 30, 31 gelten auch dann nicht, wenn die Geschäftsräume jahrelang zu Wohnzwecken zwangsweise in Anspruch genommen worden sind, Fellner-Fischer 3e zu § 30; a. A. LG Traunstein MDR 1955, 296.

10. Verhältnis der §§ 30, 31 WBewG zu § 765a ZPO

Die allgemeine Härtevorschrift des § 765a ZPO ist auch bei Wohnräumen hilfsweise in den Fällen anwendbar, in denen sich der Schutz zunächst nach den §§ 30, 31 WBewG richtet, dem Räumungsmieter aber nach diesen Vollstreckungsschutzbestimmungen kein Schutz mehr gewährt werden kann (OLG Oldenburg MDR 1954, 485; OLG Hamm JMBl (NRW) 1954, 8 — MDR 1954, 168; AG Lübeck SchlHA 1954, 149 — ZMR 1954, 246; Weitnauer DWW 1954, 36; Riedel JR 1953, 397; Nowack DRiZ 1954, 3; Reinhold SchlHA 1954, 180; Zeitlmann: Hamburger Grundeigentum 1953 Nr. 12; Bertermann: BlGBW 1954, 215; Sommer: JR 1954, 132). Dagegen erblickt die Gegenmeinung (Baumbach-Lauterbach, 22. Aufl. Anhang zu § 776 ZPO; Anm. 1 zu § 30 WBewG; LG Köln JMBl (NRW) 1954, 90; Böhle-Stamschräder NJW 1953, 1449) in den §§ 30, 31 WBewG eine Sonderregelung des Vollstreckungsschutzes, neben der für die Anwendung des § 765a ZPO kein Raum sei.

11. Vollstreckungsschutz für freifinanzierte Wohnungen

Sehr umstritten war die Frage, ob die Vollstreckungsschutzvorschriften des §§ 30, 31 WBewG sich nur auf die Wohnräume beziehen, die den Mieterschutz genießen, oder auch auf freifinanzierte Wohnungen, d. h. Wohnungen, die ohne Inanspruchnahme öffentlicher Darlehen und Zuschüsse geschaffen und nach der Währungsreform bezugsfertig geworden sind. Nachdem aber § 3 WBewG durch § 114 Nr. 1 des II. WohnBauG vom 27. Juni 1956 (BGBl. I 523) mit Wirkung vom 1. Juli 1956 (§ 126 des II. WohnBauG.) abgeändert worden ist, dürfte diese Streitfrage nunmehr in bejahendem Sinne zu entscheiden sein (vgl. OLG Hamm: JMBl. (NRW) 1956, 247 = NJW 1956, 1680 = BBauBl 1956, 658: OLG München NJW 1954, 1611 = Glaser Nr. 184/IV/1955 m. w. N.; OLG Karlsruhe ZMR 1958, 369); denn nun ist durch diese Novelle zum WBewG klargestellt, daß nur die Vorschriften über die Wohnraumbewirtschaftung, also nicht die Bestimmungen der §§ 30, 31 über Vollstreckungsschutz auf die in § 3 von der Wohnraumbewirtschaftung ausgenommenen Räume keine Anwendung finden. Es entspricht aber der wohl überwiegenden Auffassung der Gerichte, daß der Vollstreckungsschutz bei freifinanzierten Wohnungen nur unter ganz besonderen Umständen für eine kurze Übergangszeit gewährt werden kann, die Einstellung der Zwangsvollstreckung zur Vermeidung einer unbilligen Härte für den Gläubiger also zu befristen ist (vgl. insbesondere AG Düsseldorf: ZMR 1957, 385; LG Essen: ZMR 1957, 384; LG Kleve: ZMR 1958, 68; LG Düsseldorf ZMR 1957, 385 — BlGBW 1958, 96).

12. Räumungsschutz bei Vollstreckung eines Räumungsvergleichs

§ 30 Abs. 1 WBewG bezieht sich seinem klaren Wortlaut nach nur auf Eigenbedarfs- und Betriebsbedarfsurteile, nicht auch auf Räumungsvergleiche, die die Parteien in einem Mietaufhebungsprozeß aus §§ 4, 4b, 21, 23 MSchG abgeschlossen haben. Die Gewährung von Vollstreckungsschutz aus Eigenbedarfsvergleichen richtet sich deshalb nicht nach Abs. 1, sondern nach § 30 Abs. 4 WBewG, obwohl diese Vorschrift den Räumungsschuldner vollstreckungsrechtlich erheblich ungünstiger als § 30 Abs. 1 WBewG stellt (vgl. OLG Köln ZMR 1954, 54; OLG Celle NJW 1953, 1956; LG Mainz MDR 1954, 108; LG

Aachen JMBl (NRW) 1954, 210 — MDR 1954, 680 (n. L.); LG Aachen BlGBW 1959, 270; LG Landshut ZMR 1954, 21; LG Bonn DWW 1955, 69; Fellner-Fischer: Anm. 3 u. 5 zu § 30 WBewG; Roquette: Anm. 4 u. 5 zu § 30 WBewG; Fischer: ZMR 1953, 144; Hans: NJW 1953, 841; Burdenski: ZMR 1954, 193 — DRiZ 1954, 188; Weitnauer: DRiZ 1954, 118, 188; derselbe: MDR 1953, 325; Gaul: MDR 1954, 727; a. A.: LG Heilbronn NJW 1953, 1754; LG Wuppertal 1953, 751; LG Köln — 12 T 62/54 — nachgewiesen von Gaul MDR 1954, 727).

Um die darin liegende unbillige Härte für den vergleichsbereiten Räumungsmieter zu vermeiden, stellt die herrschende Rechtssprechung die vor dem Inkrafttreten des Wohnraumbewirtschaftungsgesetzes — 1. Juli 1953 — abgeschlossenen Eigenbedarfs- und Betriebsbedarfsvergleiche den entsprechenden Urteilen gleich und behandelt sie vollstreckungsschutzrechtlich nach § 30 Abs. 1 WBewG (vgl. OLG München NJW 1953, 1955 — ZMR 1954, 158; OLG Celle NJW 1953, 1595; OLG Karlsruhe NJW 1954, 1206; LG Mainz MDR 1954, 108; LG Flensburg NJW 1954, 434; von Richthofen: NJW 1953, 1380; 1954, 1380; Uffhausen: NJW 1953, 1578; Bauknecht: NJW 1954, 52). Dagegen will Reinhold (SchlHA 1954, 181) hier zum Schutz des Räumungsmieters, der sich vor dem Inkrafttreten des Wohnraumbewirtschaftungsgesetzes in Anerkennung des dringenden Eigenbedarfs oder Betriebsbedarfs zur vergleichsweisen Räumung verpflichtet hat, die allgemeine Härteklausel des § 765a ZPO anwenden.

13. Befristung des Vollstreckungsschutzes

Obwohl sich aus dem Wortlaut der Vollstreckungsschutzbestimmungen nicht ergibt, daß im Falle der Einstellung der Zwangsvollstreckung diese bis zu einem bestimmten Zeitpunkt zu befristen ist, wird es vielfach für zweckmäßig gehalten, die Einstellung der Zwangsvollstreckung auf einen bestimmten Zeitpunkt zu begrenzen, um zu vermeiden, daß der Schuldner hinsichtlich der Beschaffung einer Ersatzwohnung untätig bleibt und die Sorge um einen Ersatzraum auf den Gläubiger allein abwälzt (so OLG München NJW 1954, 1612; LG Münster MDR 1954, 297; LG Göttingen Nieders. Rechtspflege 1953, 225 = HW 1954, 32; MDR 1956, 360; KG NJW 1955, 1344; LG Braunschweig ZMR 1953, 324 — Nieders.-Rechtspflege 1953, 184; AG Wuppertal MDR 1954, 619 — Glaser Nr. 109/IV/1954; AG Witten ZMR 1954, 54; OLG Frankfurt a. M. NJW 1956, 190; BlGBW 1956, 191; LG Osnabrück BlGBW 1956, 335; OLG Düsseldorf ZMR 1956, 104 (Anm. Fischer) — NJW 1956, 29; LG Mannheim WM 1959, 31; LG Berlin BlnGrundE 1958, 440; LG Schweinfurt ZMR 1957, 141; AG Geilenkirchen ZMR 1960, 59; OLG Oldenburg, OldenburgHZtg 1957, 182; LG München WM 1956, 188; ebenso Breithaupt NJW 1953, 1002; Heinisch: ZMR 1953, 336; Bauknecht: NJW 1954, 54; Meeske: BlGBW 1954, 70; Fellner-Fischer, 1. Aufl. Anm. 11 zu § 30 WBewG; vgl. aber auch Fischer: ZMR 1953, 324; Bohne NJW 1955, 1709).

Dagegen wird der gegenteilige Standpunkt vertreten unter Hinweis darauf, daß der Gläubiger jederzeit die Möglichkeit habe, darzutun, daß sich die Verhältnisse geändert haben und daher die Aufhebung des Einstellungsbeschlusses gerechtfertigt ist (LG Hof ZMR 1955, 55 (n. L.) — WM 1954, 128). Diese letztere Ansicht empfiehlt sich vor allem auch deshalb, weil wegen der starken Überlastung der Vollstreckungsabteilungen der Amtsgerichte möglichst vermieden werden sollte, den Vollstreckungsschuldner zu nötigen, nach dem Fristablauf immer wieder einen neuen Vollstreckungsschutzantrag zu stellen (so Reinhold: SchlHA 1954, 182; für unbefristeten Vollstreckungsschutz auch:

OLG Hamm MDR 1954, 742 = ZMR 1955, 54 mit einer zustimmenden Anmerkung von Fischer; LG München ZMR 1956, 283; OLG Frankfurt a. M. GWW 1956, 325; LG Wuppertal MDR 1956, 614; LG Düsseldorf ZMR 1955, 145; AG Frankfurt WM 1959, 143; OLG Karlsruhe ZMR 1956, 209; LG Frankfurt a. M. BlGBW 1956, 127. LG Kassel WM 1956, 107; OLG Düsseldorf ZMR 1957, 68; LG München WM 1956, 94 (Anm. Seka); LG Würzburg WM 1953, 102; LG Mainz ZMR 1954, 244; OLG München NJW 1953, 1954; OLG Hamm ZMR 1955, 54; Roquette, Anm. 8. zu § 30 WBewG; Wormit: Anm. 4 zu § 30 WBewG; Fellner-Fischer (3. Aufl.) Anm. 23a zu § 30 WBewG; Hans: Anm. 2a zu § 30 WBewG; Grein: NJW 1954, 419; Hermes: ZMR 1955, 38; v. Richthofen NJW 1953, 1381).

14. Teilweise Einstellung der Zwangsvollstreckung

Eine teilweise Einstellung der Zwangsvollstreckung lediglich hinsichtlich der vom Räumungsmieter dringend benötigten und nicht auch hinsichtlich der untervermieteten Räume ist zulässig, OLG Düsseldorf ZMR 1956, 67; OLG Celle ZMR 1956, 283 = JR 1956, 299; OLG Hamm JMBl NRW 1954, 270; OLG Hamm JR 1957, 463; LG Bonn ZMR 1955, 371; OLG Düsseldorf JMBl NRW 1960, 20; OLG Nürnberg Glaser Nr. 7/IV/1957.

15. Verzicht des Mieters auf Vollstreckungsschutz

Der Verzicht des Mieters auf Vollstreckungsschutz ist unwirksam, weil es sich bei den §§ 30, 31 WBewG um Bestimmungen handelt, die im öffentlichen Interesse erlassen worden sind; OLG Celle ZMR 1955, 103; LG Bonn ZMR 1955, 147 (Anm. Schreiber); LG Lübeck ZMR 1958, 210 = SchlHA 1958, 86; LG Limburg/Lahn NJW 1958, 597; OLG Hamm JMBl NRW 1959, 265; LG Darmstadt MDR 1959, 304; Hans, Anm 4 zu § 30; a. A. LG Tübingen MDR 1954, 680; LG Münster MDR 1958, 922 = WM 1958, 174; LG Göttingen NdsRpfl 1958, 210 = ZMR 1958, 368; wohl auch AG Hamburg MDR 1956, 427; vgl. auch Lutz BlGBW 1958, 329; Schubarth JR 1957, 51; Holthöfer DRiZ 1955, 138.

16. Kosten des Vollstreckungsschutzverfahrens

Die Kosten des Vollstreckungsschutzverfahrens nach den §§ 30, 31 WBewG fallen als Kosten der Zwangsvollstreckung gemäß § 788 ZPO grundsätzlich dem Schuldner zur Last. Nur dann, wenn die Auferlegung der Kosten dem Schuldner gegenüber unbillig sein würde, können die Kosten des Vollstreckungsschutzverfahrens ganz oder teilweise dem Gläubiger auferlegt werden, z. B. dann wenn die gesetzlichen Voraussetzungen für die Gewährung von Vollstreckungsschutz vorgelegen haben und der Gläubiger dennoch die Zwangsvollstreckung betrieben hat oder wenn der Gläubiger gegen eine dem Schuldner günstige Entscheidung Beschwerde erfolglos eingelegt hat (so LG Braunschweig Nds. Rpfl 1954, 20; LG Göttingen: Nieders.-Rechtspflege 1954, 205 — HW 1955, 12 (n. L.) — Glaser Nr. 173/IV/1955; vgl. auch OLG München NJW 1954, 1612 — ZMR 1954, 330 — BayJMBl 1954, 207; OLG Karlsruhe NJW 1954, 1206; OLG Schleswig SchlHA 1955, 254; LG Kassel ZMR 1955, 373; LG Duisburg JMBl. (NRW) 1954, 64 — WM 1954, 91; LG Freiburg NJW 1954, 1690; OLG Freiburg NJW 1954, 1206; LG Braunschweig NdsRpfl 54, 20; OLG Celle ZMR 1956, 70; OLG Stuttgart JR 1954, 261; Stückrath: NJW 1953, 1699; von Richthofen; NJW 1954, 669; Bettermann: Anm. 52 zu § 5a MSchG; a. A. dagegen LG Bremen: HW 1954, 170 — Brem-HZtg. 1954 Nr. 6, weil § 788 ZPO als Ausnahmevorschrift keine Anwendung finden könne; vgl. auch Breithaupt: NJW 1953, 1002 Hodes: NJW 1954, 260; Bauknecht MDR 1954, 391; OLG Oldenburg Nds.Rpfl. 1955, 75; OLG Celle Nds. Rpfl. 1955, 217 = ZMR 1956, 70; Grund NJW 1958, 1119 m. w. N.).

Zu den notwendigen Vollstreckungskosten im Sinne des § 788 ZPO gehören aber nicht die Kosten, die dem Gläubiger durch die Beschaffung von Ersatzraum entstanden sind (LG Münster WM 1955, 92), auch nicht die Kosten des Rechtsmittelverfahrens, über die gemäß §§ 91 ff. ZPO zu entscheiden ist (OLG Oldenburg Nds. Rpfl. 1955, 75; OLG München NJW 1959, 393; OLG Karlsruhe ZMR 1959, 216; OLG Hamm NJW 1957, 28 (Anm. Donau in NJW 1957 636) = JMBl NRW 1956, 186; LG Hof WM 1955, 154; OLG Celle ZMR 1956, 70 = Nds. Rpfl. 1955, 217; LG Göttingen MDR 1956, 360; a. A. OLG Kiel SchlHA 1955, 254; MDR 1957, 422; OLG München NJW 1954, 1612; OLG Karlsruhe NJW 1954, 1206; LG Berlin Bln GrundE 1958, 186/7; LG Schweinfurt ZMR 1957, 141).

§ 32

Bescheinigung

Beabsichtigt ein Vermieter, nach den §§ 4, 22 bis 23 b des Mieterschutzgesetzes auf Aufhebung des Mietverhältnisses über Wohnraum zu klagen, so hat ihm die zuständige Stelle auf Antrag zu bescheinigen, ob sie eine erforderliche Zuteilung des Wohnraums im Falle seines Freiwerdens entsprechend den Absichten des Vermieters vornehmen oder von einer Zuteilung nach § 9 Satz 2 absehen wird oder ob sie eine für die beabsichtigte anderweitige Verwendung des Raumes erforderliche Genehmigung erteilen wird.

1 Der mit Wirkung vom 1. Juli 1953 durch den inzwischen weggefallenen § 28 Nr. 1 WBewG in das Mieterschutzgesetz eingefügte § 4a läßt die Aufhebung wohnraumbewirtschafteter Räume wegen Eigenbedarf des Vermieters gemäß § 4 MSchG nur zu, wenn die Wohnungsbehörde dem Vermieter bescheinigt hat, daß sie ihm die Räume im Falle des Freiwerdens entsprechend den Absichten des Vermieters zuteilen wird. Die gleiche Vorschrift gilt, wenn der Vermieter die Mietaufhebung eines Mietverhältnisses über wohnraumbewirtschaftete Räume zugunsten eines Betriebsangehörigen gemäß §§ 22—23b MSchG verlangt, § 23c MSchG, eingefügt durch § 28 Ziff. 3 WBewG.

§ 32 ist durch Art. II Nr. 11 Abbaugesetz neu gefaßt. Diese Neufassung war wegen der Änderung des § 4 MSchG erforderlich.

§ 32 ist nicht mehr auf Wohnungen anzuwenden, die gemäß §§ 3a bis 3e von der Wohnraumbewirtschaftung ausgenommen worden sind. Die Bescheinigung ist Tatbestandsvoraussetzung für die Eigenbedarfsklage (Betriebsbedarfsklage); vgl. §§ 4a, 23c MSchG.

2 Auf die Erteilung dieser Bescheinigung durch die Wohnungsbehörde oder — nach Wegfall der Wohnraumbewirtschaftung — durch die dafür zuständige Stelle hat der Vermieter in diesen Fällen einen verwaltungsgerichtlich verfolgbaren Rechtsanspruch, Friese NJW 1953, 846. Soweit ein Anspruch auf Zuteilung — ein solcher besteht immer für den Grundstückseigentümer und den ihm gleichstehenden dinglich Berechtigten gemäß § 17 Abs. 1 Satz 1 u. Abs. 2,

aber auch für den Hauptmieter im Falle des § 14 Abs. 2 — anzuerkennen ist, muß die Wohnungsbehörde dem Antrag stattgeben ohne Rücksicht darauf, ob der Wohnraumbedarf des Klägers im Vergleich zu dem Bedarf anderer Wohnungsuchenden dringlich ist oder nicht. Im Falle des § 23c MSchG sind die Grundsätze des § 18 zu beachten; Fellner-Fischer 3 zu § 32. Soweit ein Zuteilungsanspruch nicht besteht, ist die Erteilung, Ablehnung oder beschränkte Ausstellung der Bescheinigung in das pflichtgemäße Ermessen der Wohnungsbehörde gestellt (OVG Münster ZMR 1955, 28).

3 Die erteilte Bescheinigung ist als begünstigender Verwaltungsakt nicht frei widerruflich (LVG Arnsberg ZMR 1956, 344). Der Räumungsmieter wird dagegen durch die Erteilung der Bescheinigung nicht beschwert; er hat also kein Anfechtungsrecht (BVerwG ZMR 1954, 382; Bayr VGH WM 1955, 127; OVG Hamburg MDR 1954, 505; LVG Schleswig SchlHA 1955, 170 = ZMR 1955,247); er ist aber auf Antrag dem Verwaltungsstreitverfahren des Vermieters beizuladen (OVG Münster NJW 1954, 1623 = ZMR 1954, 305 = DVBl. 1954, 718 = DÖV 1954, 759). Nach dem Erlaß des Mietaufhebungsurteil ist die Wohnungsbehörde an ihre Bescheinigung gebunden (§§ 33 Abs. 2 u. 3).

4 Die Bescheinigung ersetzt nicht die nach § 12 erforderliche Genehmigung zur Ingebrauchnahme der Wohnung, die aber von der Wohnungsbehörde in aller Regel nicht versagt werden kann, es sei denn, daß sich nach Erteilung der Bescheinigung die maßgebenden Verhältnisse grundlegend geändert haben. Die Frage der Ersatzraumstellung ist von der Wohnungsbehörde bei Ausstellung der Bescheinigung nicht zu prüfen, Weimar WM 1953, 27; Heinisch DWW 1953, 136, auch nicht die Frage, ob die Mietaufhebungsklage überhaupt Erfolg haben kann, LVG Hannover ZMR 1956, 136; BayVGH München ZMR 1956, 427; OVG Lüneburg ZMR 1958, 69.

§ 33

Verhältnis der Wohnungsbehörden zu den ordentlichen Gerichten

(1) **Maßnahmen der Wohnungsbehörden, die dem Sinne eines rechtskräftigen oder vorläufig vollstreckbaren gerichtlichen Urteils zuwiderlaufen, sind nicht zulässig.**

(2) **Wird ein Mietverhältnis nach § 4 des Mieterschutzgesetzes aufgehoben und liegen die Voraussetzungen des § 4a des Mieterschutzgesetzes vor, so ist hiernach freiwerdender Wohnraum dem durch das Urteil begünstigten Verfügungsberechtigten zuzuteilen; freigewordener Wohnraum gilt zugunsten des Verfügungsberechtigten nicht als überschüssig. Würde der Verfügungsberechtigte durch die Zuteilung mehrere Wohnungen erhalten, so ist nach § 11 zu verfahren.**

(3) **Absatz 2 gilt im Falle des § 23c des Mieterschutzgesetzes entsprechend.**

1 Der für die Dringlichkeitsbewertung im Rahmen des Zuteilungsverfahrens maßgebende Grundsatz der „Berücksichtigung des rechtsstaatlichen Interesses an der Vollstreckung gerichtlicher Räumungstitel" (§ 17 Abs. 1 Satz 6 WBewG) findet seine Ergänzung in der Vorschrift des § 33 Abs. 1 WBewG, die den Wohnungsbehörden ausdrücklich alle Maßnahmen verbietet, die „dem Sinne eines

rechtskräftigen oder vorläufig vollstreckbaren gerichtlichen Urteils (nicht eines gerichtlichen Vergleichs, BVerwG ZMR 1956, 315; OVG Münster ZMR 1957, 173; auch nicht einer einstweiligen Verfügung auf Räumung, OVG Münster ZMR 1959, 375; 1960, 30 = WM 1959, 173) zuwiderlaufen". Durch diese Bestimmung ist die zum WohnG vertretene Auffassung, daß die Wiedereinweisung eines Räumungspflichtigen in keinem Fall der Wohnungsbehörde gestattet sei (OVG Münster MDR 1950, 307 = HMR Rspr. 1950 Nr. 27; LG Hamburg MDR 1950, 291; LG Landshut ZMR 1952, 110) als überholt anzusehen, Fischer ZMR 1953, 53; vgl. auch OVG Lüneburg ZMR 1953, 162 = MDR 1953, 508. Über die Zulässigkeit der Zuweisung des gemäß §§ 556 Abs. 3, 985 BGB herausgeklagten Untermieters als Hauptmieter vgl. OVG Lüneburg ZMR 1953, 162; 1954, 305; OVG Münster ZMR 1956, 284; AG Düsseldorf ZMR 1957, 159; BVerwGE 4, 180; BVerwG ZMR 1958, 101 = BlGBW 1958, 142 = NJW 1958, 605 = WM 1958, 62 = DWW 1958, 88. Daß die Wohnungsbehörden gerichtliche Urteile, wie etwa die rechtskräftige Feststellung des Bestehens eines Mietverhältnisses zu beachten haben, bedarf keiner weiteren Begründung. Darüber hinaus verlangt aber § 33 Abs. 1 auch die Respektierung des sich aus den Entscheidungsgründen, notfalls (bei Versäumnis- oder Anerkenntnisurteilen) aus den Gerichtsakten zu entnehmenden Sinnes der Entscheidung. Dem Sinn eines die Eigenbedarfsklage abweisenden Mietaufhebungsurteiles widerspräche es z. B., wenn dem Vermieter Räume der Wohnung des beklagten Mieters von der Wohnungsbehörde zugeteilt werden würden (OVG Münster DÖV 1953, 411) oder wenn ein, wie aus den Urteilsgründen ersichtlich, für den Vermieter (wegen Zahlungsunwilligkeit, Streitsucht, Belästigung usw.) unzumutbarer Mieter in die Mieträume oder einen Teil derselben wohnungsbehördlich wieder eingewiesen werden würde. Das Verbot ist im übrigen auf vollstrekkungsfähige Urteile beschränkt; bloße einstweilige Verfügungen oder gerichtliche Vergleiche werden von ihm nicht unmittelbar betroffen (BVersG ZMR 1956, 315; OVG Münster ZMR 1957, 173; 1959, 375; 1960. 30); doch wird die Wohnungsbehörde auch in diesen Fällen ebenso wie bei einem noch rechtshängigen Räumungsverfahren unter Umständen Zurückhaltung üben müssen.

2 § 33 Abs. 2 und 3 sind durch Art. II Nr. 12 des Abbaugesetzes geändert worden. Diese Änderungen waren erforderlich, weil in den §§ 4a und 23c MSchG durch das Abbaugesetz die Absätze 2 gestrichen worden sind.

§ 34

Strafvorschrift

— — — — — —

§ 34 ist durch Art. II Nr. 13 des Abbaugesetzes aufgehoben worden. Er enthielt für den Fall der Zuwiderhandlung gegen § 22 eine Strafvorschrift. Diese Zuwiderhandlung (Verstoß gegen das Verbot baulicher Veränderungen) kann jetzt nur noch als Ordnungswidrigkeit nach § 35 Abs. 1 Buchstabe c mit einer Geldstrafe geahndet werden.

§ 35

Ordnungswidrigkeiten

(1) **Eine Ordnungswidrigkeit begeht, wer**

a) entgegen § 12 Wohnraum ohne Genehmigung in Benutzung nimmt oder zur Benutzung überläßt,

b) entgegen § 21 Wohnraum ohne Genehmigung für andere als Wohnzwecke verwendet oder überläßt,

c) entgegen § 22 Abs. 1 Satz 1 ein Gebäude ohne Genehmigung verändert,

d) als Verfügungsberechtigter, Rauminhaber oder Beauftragter den ihm nach § 7 Abs. 2, 3 obliegenden Pflichten zuwiderhandelt.

Wird im Falle des § 21 letzter Satz eine Genehmigung zur Zweckentfremdung erforderlich, weil Räume überschüssig geworden sind, so liegt eine Ordnungswidrigkeit nach Buchstabe b erst von dem Zeitpunkt an vor, in welchem die Genehmigung endgültig abgelehnt ist.

(2) **Die Ordnungswidrigkeit kann mit einer Geldbuße geahndet werden. Im Falle des Absatzes 1 Buchstabe d beträgt die Geldbuße höchstens einhundertfünfzig Deutsche Mark.**

1 § 35 ist durch Art. II Nr. 14 des Abbaugesetzes mit Rücksicht auf die Änderung anderer Vorschriften lediglich redaktionell geändert worden. Die Worte „der Wohnungsbehörde" in Abs. 1 a und b sind gestrichen worden, weil nach der Aufhebung der Wohnraumbewirtschaftung in der Zeit vor dem 31. Dezember 1965 eine andere, von der Landesregierung bestimmte Behörde die Zweckentfremdung (§ 21) genehmigen muß. Die neu eingefügte Vorschrift in Abs. 1 Buchstabe c ist an die Stelle der früheren Strafvorschrift des § 34 getreten.

2 Eine Ordnungswidrigkeit, deren Ahndung nur bei vorsätzlicher Zuwiderhandlung (§ 11 Abs. 1 des Gesetzes über Ordnungswidrigkeiten vom 25. März 1952 — OWG — (BGBl. I, 177); vgl. auch OLG Karlsruhe ZMR 1960, 96) zulässig ist, liegt nach § 35 WBewG vor, wenn

a) bewirtschafteter Wohnraum entgegen § 12 ohne Genehmigung in Benutzung genommen oder zur Benutzung überlassen wird (Aushändigung des Wohnungschüssels genügt, OLG Braunschweig HuW 1956, 249 = ZMR 1956, 393);

b) bewirtschafteter Wohnraum ohne Zweckentfremdungsgenehmigung zu anderen als Wohnzwecken verwendet oder überlassen wird;

c) ein bewirtschaftetes Wohngebäude ohne Genehmigung verändert wird;

d) die dem Verfügungsberechtigten, Rauminhaber und seinen Beauftragten gemäß § 7 Abs. 2 u. 3 obliegende Verpflichtung zur Auskunfterteilung, Meldungs- und Anzeigeerstattung und zur Duldung der Besichtigung nicht oder nicht rechtzeitig erfüllt wird.

Irrtum darüber, ob ein Wohnraum der Bewirtschaftung unterliegt, schließt den Vorsatz aus, BayrObLG München JR 1956, 109; vgl. auch Poppe HuW 1957, 141.

3 Ordnungswidrigkeiten können mit einer Geldbuße geahndet werden. Sie beträgt mindestens 2 DM, höchstens 1000 DM (§ 5 OWG); nur bei Zuwiderhandlungen gegen § 7 Abs. 2 u. 3 WBewG ist der Höchstbetrag gemäß § 35 Abs. 2 Satz 2 auf 150 DM beschränkt. Gebührenpflichtige Verwarnung ist in

minder schweren Fällen gemäß § 8 OWG möglich. Von Geldbuße und Verwarnung kann nach § 7 Abs. 3 OWG abgesehen werden.

Zur Berufung auf übergesetzlichen Notstand bei Ordnungswidrigkeiten vgl. OLG Neustadt/Weinstraße NJW 1951, 852; Bay ObLG München NJW 1953, 1602; OLG Celle MDR 1952, 311; OLG Köln ZMR 1958, 101. Über Sinn und Zweck der Bestrafung wegen einer Ordnungswidrigkeit vgl. OLG Hamm ZMR 1959, 23, 26 = WM 1959, 63 = JMBl NRW 1958, 273.

Siebenter Abschnitt

Schlußvorschriften

§ 36

— — — —

§ 37

— — — —

§§ 36, 37 sind bei der Neufassung des Wohnraumbewirtschaftungsgesetzes (vgl. Art. X § 6 des Abbaugesetzes) als überholt weggelassen worden. § 36 betraf das Inkrafttreten des Wohnraumbewirtschaftungsgesetzes, § 37 enthielt die Berlinklausel. In West-Berlin ist das Wohnraumbewirtschaftungsgesetz durch das Gesetz zur Übernahme des WBewG vom 2. Juni 1953 (GVBl Berlin 1953 S. 377) mit Wirkung vom 1. Juli 1953 eingeführt worden. Am 1. März 1961 ist das Berliner Geschäftsraummietengesetz — Gesetz zur Regelung der Miet- und Pachtverhältnisse über Geschäftsräume und gewerbliche genutzte unbebaute Grundstücke vom 10. Januar 1961 (BGBl I, 13; GVBl Berlin 1961 S. 161) in Kraft getreten.

§ 38

Dieses Gesetz tritt mit Ablauf des 31. Dezember 1965 außer Kraft.

1 § 38 ist durch Art. II Nr. 15 des Abbaugesetzes eingefügt worden.

Vor dem 31. Dezember 1965 wird die Wohnungsbewirtschaftung bereits gebietsweise nach Maßgabe der §§ 3c bis 3e — die §§ 21, 22, 35 ausgenommen — aufgehoben; vgl. Anm. zu §§ 3c bis 3e.

2 Während die Geltungsdauer des öffentlichen Mietpreisrechts und des Mieterschutzgesetzes durch Rechtsverordnung der Bundesregierung bis zum 31. Dezember 1966 verlängert werden kann, ist eine solche Verlängerung der Geltungsdauer des Wohnraumbewirtschaftungsgesetzes nicht vorgesehen (vgl. § 16/II. BMietG; § 54 MSchG).

Für öffentlich geförderte, nach dem 20. Juni 1948 bezugsfertig gewordene Wohnungen bleibt der Vermieter weiterhin in der Auswahl der Mieter beschränkt (vgl. Gesetz über Bindungen für öffentlich geförderte Wohnungen vom 23. Juni 1960 (BGBl I, 389); Art. VIII des Abbaugesetzes.

Gesetz über die Wohnraumbewirtschaftung in Berlin

vom 2. Juni 1953 (GVBl S. 377)

Das Abgeordnetenhaus hat das folgende Gesetz beschlossen:

Artikel I

Das Wohnraumbewirtschaftungsgesetz vom 31. März 1953 (BGBl I, S. 97) — Anlage — findet in Berlin Anwendung.

Artikel II

Der Wortlaut von Rechtsverordnungen, die auf Grund des in Artikel I genannten Gesetzes erlassen werden, wird im Gesetz- und Verordnungsblatt für Berlin, der Wortlaut von Verwaltungsvorschriften im Amtsblatt für Berlin von dem zuständigen Mitglied des Senats veröffentlicht.

Artikel III

Dieses Gesetz mit der Anlage tritt am 1. Juli 1953 in Kraft.

Gesetz über die Wohnraumbewirtschaftung im Saarland

vom 23. Juni 1960 (Amtsblatt 1960, 851)

Die durch den Krieg eingetretene Wohnungsnot erfordert Maßnahmen zur gerechten Verteilung des vorhandenen Wohnraumes. Als Eingriff in das Eigentum und die Unverletzlichkeit der Wohnung sind diese Maßnahmen auf das unbedingt Notwendige zu beschränken und mit der allmählichen Besserung der Wohnverhältnisse zu lockern. Alle Maßnahmen zur Erhaltung und Vermehrung des Wohnraumes sind zu fördern.

I. Allgemeine Bestimmungen

§ 1

Träger und Zweck der Bewirtschaftung

(1) **Die Wohnraumbewirtschaftung ist Aufgabe des Staates. Er übt sie durch die im § 23 bezeichneten Wohnungsbehörden aus.**

(2) **Die Bewirtschaftung hat den Zweck, unter Erhaltung und Vermehrung des vorhandenen Wohnraumes jeder im Saarland wohnberechtigten Person den ihr nach diesem Gesetz zustehenden Wohnraum zu verschaffen.**

Saarland

§ 2

Bewirtschaftete Räume

(1) **Der Wohnraumbewirtschaftung unterliegen alle Räume, die zu Wohnzwecken bestimmt und geeignet sind, einschließlich der zu einer Wohnung gehörenden Nebenräume.**

(2) **Ausgenommen sind gewerbliche Räume, die zu gewerblichen Zwecken voll ausgenutzt sind. Im Sinne dieses Gesetzes sind gewerbliche Räume auch die für landwirtschaftliche oder freiberufliche Zwecke genutzten Räume.**

§ 3

Ausnahmen von der Wohnraumbewirtschaftung

Die Vorschriften dieses Gesetzes sind nicht anzuwenden auf

1. **Wohnraum, der nach dem 20. Juni 1947 bezugsfertig neu erstellt worden ist,**
2. **Wohnraum, der infolge Kriegseinwirkung unbewohnbar oder nur notdürftig bewohnbar war und nach dem 20. Juni 1947 endgültig wieder bewohnbar gemacht worden ist,**
3. **Wohnraum, der wegen seines räumlichen oder wirtschaftlichen Zusammenhangs mit Geschäftsräumen im Sinne des § 2 Abs. 3 des Gesetzes Nr. 429 über eine Fünfte vorläufige Regelung der Mieten und Pachten, mit Ausnahme der Pachten für landwirtschaftlich genutzte Grundstücke, vom 7. Juli 1954 (Amtsbl. des Saarlandes S. 890) zugleich mit diesen vermietet oder verpachtet oder auf Grund eines sonstigen Rechtsverhältnisses einem anderen überlassen ist oder im Hinblick auf einen solchen räumlichen oder wirtschaftlichen Zusammenhang vom Grundstückseigentümer oder einem ihm gleichstehenden dinglichen Berechtigten genutzt wird.**
4. **Wohnraum im Sinne des § 22.**

Die Ausnahme von der Wohnraumbewirtschaftung bleibt auch bestehen, wenn die Voraussetzungen nachträglich wegfallen.

§ 3a

Ausnahmen von der Wohnraumbewirtschaftung ab Inkrafttreten des Gesetzes über den Abbau der Wohnungszwangswirtschaft und über ein soziales Miet- und Wohnrecht

(1) **Mit Wirkung vom Inkrafttreten des Gesetzes über den Abbau der Wohnungszwangswirtschaft und über ein soziales Miet- und**

Wohnrecht an wird folgender Wohnraum von der Wohnraumbewirtschaftung ausgenommen, wenn er bis zum 20. Juni 1947 bezugsfertig geworden ist:

1. ohne Rücksicht auf die Höhe der Grundmiete abgeschlossene Wohnungen mit fünf oder mehr Wohnräumen einschließlich Küche in Gemeinden unter 100000 Einwohnern;
2. ohne Rücksicht auf die Höhe der Grundmiete abgeschlossene Wohnungen mit sechs oder mehr Wohnräumen einschließlich Küche in Gemeinden mit 100000 und mehr Einwohnern;
3. ohne Rücksicht auf die Höhe der Grundmiete Wohnraum in einem Gebäude, das nicht mehr als zwei abgeschlossene Wohnungen hat und in dem der Eigentümer wohnt;
4. ohne Rücksicht auf die Höhe der Grundmiete zweckgebundener Wohnraum im Sinne des § 21.

Die §§ 4 und 38 bleiben unberührt.

(2) Ist nach Absatz 1 Nr. 1 und 2 die Zahl der Wohnräume zu berücksichtigen, so werden Küchen und andere Wohnräume mit weniger als sechs Quadratmetern nicht mitgezählt. Die Wohnflächen sind gemäß §§ 25 bis 27 der Ersten Berechnungsverordnung vom 20. November 1950 / 17. Oktober 1957 (Bundesgesetzbl. 1950, S. 753 / 1957, S. 1719) zu berechnen.

(3) Die Ausnahme von der Wohnraumbewirtschaftung bleibt auch bestehen, wenn die Voraussetzungen nachträglich wegfallen.

§ 3b

Ausnahmen von der Wohnraumbewirtschaftung auf Antrag

(1) Mit Wirkung vom Inkrafttreten des Gesetzes über den Abbau der Wohnungszwangswirtschaft und über ein soziales Miet- und Wohnrecht kann der Verfügungsberechtigte von der Wohnungsbehörde verlangen, daß Wohnraum, der bis zum 20.Juni 1947 bezugsfertig geworden ist, von der Wohnraumbewirtschaftung ausgenommen wird, wenn die monatliche Grundmiete im Sinne des § 1 des Zweiten Bundesmietengesetzes den folgenden Betrag übersteigt:

in Gemeinden	bei Mietverhältnissen über 5 Wohnräume einschl. Küche DM	4 DM	3 DM	2 DM
unter 20000 Einwohnern	—	40,—	35,—	25,—
mit 20000 bis unter 100000 Einwohnern	—	50,—	45,—	32,50
mit 100000 und mehr Einwohnern	70,—	65,—	60,—	45,—

Der Verfügungsberechtigte hat darzulegen, daß diese Voraussetzungen vorliegen. Die §§ 4 und 38 bleiben unberührt.

(2) § 3a Abs. 2 und 3 ist entsprechend anzuwenden.

(3) Besteht kein Mietverhältnis, so ist für die Anwendung des Absatzes 1 der Wohnraum oder die Gesamtheit der Räume maßgebend, die einheitlich genutzt werden oder nach der Bestimmung des Verfügungberechtigten einheitlich genutzt werden sollen.

§ 3c

Gebietsweise Aufhebung der Wohnraumbewirtschaftung drei Monate nach Inkrafttreten des Gesetzes über den Abbau der Wohnungszwangswirtschaft und über ein soziales Miet- und Wohnrecht

(1) Die Wohnraumbewirtschaftung soll mit Wirkung von dem Monatsersten, der drei Monate nach dem Inkrafttreten des Gesetzes über den Abbau der Wohnungszwangswirtschaft und über ein soziales Miet- und Wohnrecht liegt, durch Rechtsverordnung der Landesregierung in den kreisfreien Städten und Landkreisen aufgehoben werden, in denen die Zahl der Wohnparteien die Zahl der vorhandenen Normalwohnungen am 31. Dezember 1959 um weniger als 3 vom Hundert überschritten hat. Die §§ 4 und 38 bleiben unberührt.

(2) Für die Zahl der Normalwohnungen ist die amtliche Bautätigkeitsstatistik maßgebend; jedoch ist die Zahl der Normalwohnungen abzuziehen, die nach der Statistik auf Grund der Verordnung über die Durchführung einer einmaligen Zählung der Gebäude, der Wohnungen, der Bevölkerung im Saarland (Wohnungsstatistik 1959) vom 29. Januar 1959 (Amtsbl. des Saarlandes S. 491) nur beschränkt bewohnbar sind. Als Wohnparteien zählen die Mehrpersonenhaushalte und die Hälfte der Einpersonenhaushalte, in Gemeinden mit 100000 und mehr Einwohnern 60 vom Hundert der Einpersonenhaushalte. Die Zahl der Wohnparteien ist aus der Wohnungsstatistik 1959 mit Fortrechnung bis zum 31. Dezember 1959 zu entnehmen. Die Fortrechnung geschieht so, daß das Verhältnis der Wohnparteien zur Einwohnerzahl nach der Wohnungsstastistik 1959 auf die amtliche Bevölkerungsstatistik am 31. Dezember 1959 übertragen wird.

(3) In der Rechtsverordnung nach Absatz 1 soll die Wohnraumbewirtschaftung in den in Absatz 1 bezeichneten Landkreisen für Gemeinden auf deren Antrag aufrechterhalten werden, wenn die wohnungswirtschaftlichen Verhältnisse es erfordern und wenn

1. die Zahl der Einwohner über 10000 beträgt und die Zahl der Wohnparteien die Zahl der vorhandenen Normalwohnungen am 31. Dezember 1959 um 5 vom Hundert überschritten hat oder

2. die Zahl der Wohnparteien die Zahl der vorhandenen Normalwohnungen am 31. Dezember 1959 um 3 vom Hundert überschritten hat, die Zahl der Einwohner über 2000 beträgt und sich in den letzten drei Jahren vor dem 1. Januar 1960 um mehr als 10 vom Hundert erhöht hat.

(4) Die Wohnraumbewirtschaftung in den in Absatz 3 bezeichneten Gemeinden soll durch Rechtsverordnung der Landesregierung vom 1. Juli 1961 oder vom 1. Juli jedes weiteren Jahres an aufgehoben werden, wenn am 31. Dezember des vorhergegangenen Jahres die Zahl der Wohnparteien die Zahl der vorhandenen Normalwohnungen um weniger als 3 vom Hundert überschritten hat.

§ 3d

Gebietsweise Aufhebung der Wohnraumbewirtschaftung ab 1. Juli 1961

(1) Die Wohnraumbewirtschaftung soll mit Wirkung vom 1. Juli 1961 und sodann vom 1. Juli jedes weiteren Jahres an durch Rechtsverordnung der Landesregierung in den kreisfreien Städten und Landkreisen aufgehoben werden, in denen die Zahl der Wohnparteien die Zahl der vorhandenen Normalwohnungen am 31. Dezember des vorhergegangenen Jahres um weniger als 3 vom Hundert überschritten hat; § 3c Abs. 2 ist entsprechend anzuwenden. Die §§ 4 und 38 bleiben unberührt.

(2) In der Rechtsverordnung nach Absatz 1 soll die Wohnraumbewirtschaftung in den in Absatz 1 bezeichneten Landkreisen für Gemeinden auf deren Antrag durch Rechtsverordnung aufrechterhalten werden, wenn die wohnungswirtschaftlichen Verhältnisse es erfordern und wenn

1. die Zahl der Einwohner über 10000 beträgt und die Zahl der Wohnparteien die Zahl der vorhandenen Normalwohnungen am 31. Dezember des vorhergegangenen Jahres um 5 vom Hundert überschritten hat oder
2. die Zahl der Wohnparteien die Zahl der vorhandenen Normalwohnungen am 31. Dezember des vorhergegangenen Jahres um 3 vom Hundert überschritten hat, die Zahl der Einwohner über 2000 beträgt und sich in den letzten drei Jahren vor dem 1. Januar 1961 oder dem 1. Januar jedes weiteren Jahres um mehr als 10 vom Hundert erhöht hat.

§ 3c Abs. 4 ist entsprechend anzuwenden.

§ 3e

Vorzeitige Aufhebung der Wohnraumbewirtschaftung

(1) Die Landesregierung kann durch Rechtsverordnung die Wohnraumbewirtschaftung für eine kreisfreie Stadt, einen Land-

kreis oder eine Gemeinde eines Landkreises vor den in den §§ 3c und 3d angegebenen Terminen aufheben, wenn die wohnungswirtschaftlichen Verhältnisse dies rechtfertigen. Auf Antrag einer kreisfreien Stadt, eines Landkreises oder einer Gemeinde eines Landkreises soll die Landesregierung eine solche Rechtsverordnung erlassen, wenn die wohnungswirtschaftlichen Verhältnisse dies rechtfertigen. Von der Aufhebung der Wohnraumbewirtschaftung bleiben die §§ 4 und 38 unberührt.

(2) Bei einer Aufhebung der Wohnraumbewirtschaftung durch Rechtsverordnung nach Absatz 1 für Landkreise ist § 3c Abs. 3 und 4 entsprechend anzuwenden.

§ 4

Zweckentfremdung, Verminderung des vorhandenen Wohnraumes

(1) Wohnraum darf anderen als Wohnzwecken nur mit Genehmigung der Wohnungsbehörde, nach Aufhebung der Wohnraumbewirtschaftung nur mit Genehmigung der von der Landesregierung bestimmten Stelle zugeführt werden. Die Genehmigung kann befristet, bedingt oder unter Auflagen erteilt werden. Ist die Wirksamkeit der Genehmigung erloschen, so ist der Raum wieder als Wohnraum zu behandeln. Einer Genehmigung bedarf es nicht für die Umwandlung eines Wohnraumes in einen Nebenraum, insbesondere einen Baderaum. Einer Genehmigung bedarf es ferner nicht, wenn und solange Räume dem Wohnungsinhaber nach den Vorschriften des § 5 zuteilbar sind.

(2) Ein Gebäude darf ohne Genehmigung der Wohnungsbehörde und nach Aufhebung der Wohnraumbewirtschaftung ohne Genehmigung der von der Landesregierung bestimmten Stelle durch bauliche Maßnahmen nicht derart verändert werden, daß eine Wohnung für Wohnzwecke nicht mehr geeignet ist. Die Genehmigung ist zu erteilen, wenn der Verfügungsberechtigte an der Änderung ein überwiegendes berechtigtes Interesse hat. Sie soll erteilt werden, wenn ein öffentliches Bedürfnis vorliegt oder wenn neuerstellter oder wiederhergestellter Wohnraum dem Wohnungsamt als Ersatz zur Verfügung gestellt wird.

§ 5

Zuteilbarer Wohnraum

(1) Niemand darf an bewirtschaftetem Wohnraum mehr zugeteilt oder belassen werden, als er nach Größe und Zusammensetzung seines Haushalts unter Berücksichtigung der Wohnmarktverhältnisse bei der für alle gebotenen Beschränkung benötigt.

(2) Der Wohnungsausschuß hat auf Antrag freien Raum zusätzlich zuzubilligen,

1. wenn er nach amtsärztlichem Zeugnis aus gesundheitlichen Gründen notwendig ist,
2. dem Hauseigentümer, jedoch nicht, wenn dadurch eine Wohnungseinheit außerhalb seiner eigenen Wohnung aufgelöst werden oder ein Mieter weniger als den ihm nach Absatz 1 zuteilbaren Raum behalten würde,
3. wenn neuerstellter oder wiederhergestellter Wohnraum zu Altbaumietpreisen dem Wohnungsamt als Ersatz zur Verfügung gestellt wird,
4. demjenigen, der nach dem 8. Mai 1945 Wohnraum neugeschaffen oder wiederhergestellt hat,
5. wenn ein solcher als Arbeitszimmer zur Berufsausübung notwendig ist.

(3) Der Minister für Arbeit und Sozialwesen erläßt im Einvernehmen mit dem Ausschuß für Sozialpolitik des Landtages Richtlinien über die Anwendung der Bestimmungen der Absätze 1 und 2, die den jeweiligenVerhältnissen auf demWohnungsmarkt anzupassen sind.

§ 6

Wohnungsbedürftige

(1) Jeder, der im Saarland wohnberechtigt ist und nicht den ihm nach § 5 zuteilbaren Wohnraum besitzt, hat Anspruch darauf, beim Wohnungsamt als Wohnungsbedürftiger geführt zu werden, sofern ihm nach dem Einkommen oder dem Vermögen der zu seinem Haushalt gehörenden Personen die Aufwendungen für eine Neubauwohnung nicht zugemutet werden können.

(2) Freier Wohnraum ist in folgender Reihenfolge zuzuweisen:

1. Grundstückseigentümern im eigenen Haus, ihren Eltern und Kindern;
2. Wohnungsbedürftigen, die aus moralischen oder sozialen Gründen anderweitig untergebracht werden müssen;
3. alle übrigen Wohnungsbedürftigen.

(3) Von der Reihenfolge des Absatzes 2 darf nur aus wichtigem Grunde abgewichen werden.

(4) Wohnungssuchende, die unter die Gruppe des Absatzes 2 Ziffer 1 fallen, gelten ohne Rücksicht auf ihre Einkommens- und Vermögensverhältnisse als Wohnungsbedürftige.

(5) Der Minister für Arbeit und Sozialwesen erläßt im Einvernehmen mit dem Ausschuß für Sozialpolitik des Landtages Richtlinien über die Anwendung der Absätze 1 und 2 Ziffer 2, die den jeweiligen Bedürfnissen anzupassen sind.

Saarland

§ 7

Liste der Wohnungsbedürftigen

(1) Jeder beim Wohnungsamt gemeldete Wohnungsbedürftige ist unter Berücksichtigung der Reihenfolge des § 6 Abs. 2 Ziffern 2 und 3 in eine vom Wohnungsamt zu führende Liste einzutragen. Er erhält hierüber eine Bescheinigung.

(2) Der Wohnungsbedürftige kann die Entscheidung des Wohnungsausschusses beantragen, wenn er einen Anspruch auf Eingruppierung in eine bevorzugte Gruppe erhebt. Die Entscheidung des Wohnungsausschusses ist, sofern sich die Verhältnisse des Wohnungsbedürftigen nicht ändern, endgültig.

(3) Jedem Wohnungsbedürftigen, Vermieter oder sonstigen Verfügungsberechtigten ist auf Verlangen Einsicht in die Liste zu gewähren, soweit er ein berechtigtes Interesse glaubhaft macht.

§ 8

Meldepflicht

(1) Jeder Verfügungsberechtigte ist verpflichtet, bewirtschafteten Wohnraum, der nach § 12 als frei gilt, unaufgefordert binnen zwei Wochen nach Inkrafttreten dieses Gesetzes oder dem späteren Eintritt der Voraussetzungen des § 12 dem Wohnungsamt zu melden.

(2) Als Verfügungsberechtigter gilt der Eigentümer des Grundstückes, in dem sich der bewirtschaftete Wohnraum befindet; wenn jedoch die Verfügung darüber einem Dritten zusteht, nur dieser Dritte.

§ 9

Auskunftspflicht

(1) Jeder Wohnungsinhaber und jeder Verfügungsberechtigte (§ 8 Abs. 2) ist verpflichtet, den Wohnungsbehörden oder deren Beauftragten über alle für die Beurteilung der Wohnungsverhältnisse erheblichen Tatsachen wahrheitsgemäß Auskunft zu erteilen und die dienstlich notwendige Besichtigung der Räume zu gestatten.

(2) Die Wohnungsbehörden haben insbesondere auch festzustellen, in welchen Gebäuden Wohnraum neugewonnen oder besser ausgenutzt werden kann.

§ 10

Härteklausel

(1) Bei der Wohnraumbewirtschaftung sind unbillige Härten zu vermeiden.

(2) Als unbillig gelten nur solche Härten, die auch bei der Berücksichtigung der allgemeinen Wohnungsnot und der sonstigen Belange der Allgemeinheit dem einzelnen nicht zugemutet werden können.

Saarland

II. Art der Bewirtschaftung

§ 11
Freiheit der Vermietung

(1) Der Verfügungsberechtigte kann bewirtschafteten Wohnraum, der frei ist, selbst in Anspruch nehmen oder einem von ihm auszuwählenden Wohnungsbedüftigen überlassen.

(2) Die Inanspruchnahme und die Überlassung bedürfen der Genehmigung des Wohnungsamtes. Die Genehmigung ist zu untersagen und der freie Wohnraum gemäß § 13 sofort zu erfassen, wenn der Überlassungsvertrag irreführende Angaben oder gesetzwidrige Abmachungen enthält. Im übrigen darf die Genehmigung nur versagt werden, wenn mehr als der nach § 5 zuteilbare Wohnraum in Anspruch genommen wird oder wenn ein nach § 6 Abs. 2 vorgehender Wohnungsbedürftiger in ihm untergebracht werden soll. Im letzteren Falle kann der Verfügungsberechtigte einen nach § 6 Abs. 2 vorgehenden Wohnungsbedürftigen selbst auswählen. Die Genehmigung zu dieser Überlassung kann nur nach den Gesichtspunkten des § 5 versagt werden.

(3) Im Falle der Versagung der Genehmigung nach Absatz 2 kann der Verfügungsberechtigte die Entscheidung des Wohnungsausschusses beantragen.

§ 12
Freier Wohnraum

Bewirtschafteter Wohnraum gilt im Sinne dieses Gesetzes als frei,

1. **wenn er tatsächlich nicht bewohnt wird,**
2. **wenn er ohne erforderliche Gehehmigung der Wohnungsbehörde benutzt oder zweckentfremdet wird,**
3. **soweit er den nach § 5 zuteilbaren Wohnraum übersteigt,**
4. **wenn ein Benutzungsrechtsverhältnis über ihn nicht besteht,**
5. **wenn der Inhaber stirbt, ohne Familienangehörige zu hinterlassen, die bei seinem Tode zu seinem Haushalt gehört haben.**

§ 13
Erfassung freien Wohnraumes

(1) Macht der Verfügungsberechtigte nach Freiwerden der Wohnräume im Falle des § 11 Abs. 1 oder nach Zustellung der die Genehmigung versagenden Verfügung im Falle des § 11 Abs. 2 oder nach dem Eintritt der Voraussetzungen des § 12 innerhalb einer Woche von seinem Wahlrecht keinen Gebrauch, so ist der freie

Wohnraum von Wohnungsamt zu erfassen. Es kann davon abgesehen werden, Teile einer Wohnung zu erfassen, wenn nicht gewichtige Gründe der Wohnraumbewirtschaftung die Erfassung erfordern.

(2) Die Erfassung enthält das Gebot an den Verfügungsberechtigten, sich jeder Verfügung über den erfaßten Raum zu enthalten.

(3) Einer Erfassung bedarf es nicht,

1. wenn der Raum tatsächlich nicht bewohnt ist,

2. wenn er ohne die erforderliche Genehmigung des Wohnungsamtes in Besitz genommen worden ist.

(4) Der Verfügungsberechtigte kann gegen die Erfassung binnen drei Tagen die Entscheidung des Wohnungsausschusses beantragen.

§ 14

Zuweisung

(1) Nach Rechtskraft der Erfassung ist der erfaßte Wohnraum einem Wohnungsbedürftigen vom Wohnungsamt auf Grund eines Beschlusses des Wohnungsausschusses nach Maßgabe des § 6 zuzuweisen.

(2) Aus besonderen Gründen kann der Wohnungsausschuß die Zuweisung vor Rechtskraft der Erfassung beschließen. Die Gründe sind in der Zuweisungsverfügung anzugeben.

(3) Soweit es nach § 13 Abs. 3 einer Erfassung nicht bedarf, hat das Wohnungsamt nach Ablauf der in § 13 Abs. 1 vorgeschriebenen Frist den Wohnraum auf Grund eines Beschlusses des Wohnungsausschusses nach Maßgabe des § 6 zuzuweisen.

(4) Die Zuweisung darf nur erfolgen, wenn der Wohnungsbedürftige in der Lage ist, die sich für ihn aus der Überlassung des zuweisenden Wohnraumes ergebenden Verpflichtungen zu erfüllen, insbesondere den Mietzins zu entrichten.

§ 15

Wirkung der Zuweisung

(1) Durch die rechtskräftige Zuweisung wird der Verfügungsberechtigte verpflichtet, mit dem zugewiesenen Wohnungsbedürftigen einen Miet- oder sonstigen Überlassungsvertrag über den zugewiesenen Wohnraum zu schließen. Der Vertrag tritt, solange die Zuweisung besteht, an die Stelle jeden anderen über zugewiesenen Wohnraum bestehenden Rechtsverhältnisses.

(2) Wird dem Wohnungsamt nicht binnen zwei Wochen nach Rechtskraft der Zuweisung der Abschluß eines Vertrages nachgewiesen, so hat es den Vertrag festzusetzen und die etwa erforderliche

Zustimmung des Grundstückseigentümers oder Hauptvermieters zu dem Vertrag zu ersetzen. Der Vertrag hat alle für das Benutzungsrechtsverhältnis zweckdienlichen Bedingungen zu enthalten. Die Höhe der Miete kann der Festsetzung durch die Preisbehörde vorbehalten bleiben. Der Inhalt des Vertrages gilt als zwischen den Parteien vereinbart.

(3) Die Zuweisung kann auch auf die Eingehung eines Untermietverhältnisses gerichtet werden.

(4) Eine Küchenmitbenutzung darf nicht angeordnet werden.

(5) Durch die Zuweisung wird eine Haftung der Gemeinde oder des Staates aus dem Gesichtspunkt der Enteignung nicht begründet.

§ 16

Aufhebung der Zuweisung

(1) Die Zuweisung ist aufzuheben, wenn der Zugewiesene die Räume nicht innerhalb der vom Wohnungsamt gesetzten Frist bezieht.

(2) Die Frist kann beim Vorliegen besonderer Gründe verlängert werden.

§ 17

Einweisung

(1) Nach Rechtskraft der Zuweisung hat das Wohnungsamt den Zugewiesenen erforderlichenfalls in den Besitz des zugewiesenen Wohnraumes zu setzen.

(2) Bei besonderer Dringlichkeit, die schriftlich zu begründen ist, kann das Wohnungsamt den Zugewiesenen schon vor Rechtskraft der Zuweisung in den zugewiesenen Wohnraum einweisen.

§ 18

Wohnungstausch

(1) Der freiwillige Tausch von bewirtschaftetem Wohnraum ist ohne Genehmigung des Wohnungsamtes gestattet, wenn hierdurch die Tauschpartner nicht mehr als den ihnen nach § 5 zuteilbaren Wohnraum erhalten.

(2) Der Tausch ist mindestens eine Woche vor seiner Ausführung von den Tauschpartnern dem Wohnungsamt anzuzeigen. Dabei ist das Einverständnis beider Vermieter nachzuweisen.

(3) Die Zustimmung des Vermieters kann auf Grund eines Beschlusses des Wohnungsausschusses durch das Wohnungsamt ersetzt werden, wenn die Weigerungsgründe unter Berücksichtigung der Belange aller am Tausch Beteiligten unbedeutend sind.

Saarland

§ 19

Umsetzung

(1) **Der Wohnungsausschuß kann die Umsetzung eines Wohnungsinhabers ohne dessen Einverständnis in eine angemessene Wohnung (§ 5 Abs. 1) beschließen,**

1. **wenn er in dem ihm nicht gehörenden Haus mehr als einen Wohnraum über den ihm nach § 5 zuteilbaren Wohnraum hinaus besitzt,**
2. **wenn seine Entfernung zur Durchführung von Baumaßnahmen zwecks Vermehrung oder Erhaltung des vorhandenen Wohnraumes erforderlich ist,**
3. **wenn dies zur Erreichung einer Wohnungseinheit in dem ihm nicht gehörenden Haus erforderlich ist.**

(2) **Die Umsetzung darf erst nach Rechtskraft der Umsetzungsverfügung erfolgen.**

(3) **Der Begünstigte trägt die Umzugskosten und die Kosten der Umsetzung. Der Wohnungsausschuß kann aus besonderen Gründen eine abweichende Regelung treffen.**

(4) **Für die Zahlung einer etwaigen Entschädigung finden die §§ 4 und 32 des Mieterschutzgesetzes entsprechende Anwendung.**

§ 20

Notwendige Einrichtungen

(1) **Wenn in bezugsfähigen Räumen notwendige Einrichtungen (z.B. Gas, Wasser, Licht, Abort, Spülstein) fehlen und der Verfügungsberechtigte seine Einwilligung zur Anbringung dieser Einrichtungen ohne triftigen Grund verweigert, so kann diese auf Grund eines Beschlusses des Wohnungsausschusses durch das Wohnungsamt ersetzt werden.**

(2) **Eine Verpflichtung des Verfügungsberechtigten zur Tragung der Kosten dieser Einrichtungen wird hierdurch nicht begründet.**

III. Zweckgebundene Wohnungen

§ 21

Werks- und Betriebswohnungen

(1) **Werks- und Betriebswohnungen im Sinne dieses Gesetzes sind Wohnräume in Gebäuden, die von gewerblichen oder land- oder forstwirtschaftlichen Betrieben zur Unterbringung von Betriebsangehörigen errichtet, erworben oder gemietet worden sind.**

(2) Als zweckgebundener Wohnraum im Sinne des Absatzes 1 gelten für den Heimstätter bestimmte Wohnungen in Reichsheimstätten, für den Kleinsiedler bestimmte Wohnungen in Kleinsiedlungen und Genossenschaftswohnungen, die satzungsgemäß nur an Mitglieder vergeben werden dürfen.

(3) Eine Zweckbindung im Sinne der Absätze 1 und 2 ist nur wirksam, wenn die Zweckbindung vor dem 1. Januar 1950 erfolgte.

§ 22

Dienst- und Behördenwohnungen

(1) Dienst- und Behördenwohnungen im Sinne dieses Gesetzes sind

1. Wohnräume, die in einem im Eigentum oder in der Verwaltung des Landes, einer Gemeinde oder eines Gemeindeverbandes stehenden Gebäude zur Unterbringung ihrer Bediensteten bestimmt sind und benötigt werden;
2. Wohnräume, die in einem nicht im Eigentum oder in der Verwaltung des Landes, einer Gemeinde oder eines Gemeindeverbandes stehenden Gebäude für deren Bedienstete zur Verfügung gehalten und benötigt werden, es sei denn, daß der Hauseigentümer einen berechtigten Anspruch auf den Wohnraum geltend macht;
3. Wohnräume in Gebäuden, die im Eigentum von Wohnungs-, Bau- oder Siedlungsgesellschaften stehen, denen die Mittel zum Bauen ganz oder überwiegend vom Lande, einer Gemeinde oder einem Gemeindeverband zum Zwecke überlassen worden sind, Wohnraum für Bedienstete des Landes, einer Gemeinde oder eines Gemeindeverbandes zu errichten.

(2) Die Bestimmungen des Absatzes 1 gelten entsprechend für die Deutsche Bundespost und die Deutsche Bundesbahn.

IV. Verfahren*)

§ 23

Wohnungsbehörden

(1) Wohnungsbehörde der ersten Stufe ist der Bürgermeister (Wohnungsamt).

(2) Wohnungsbehörde der zweiten Stufe ist in den Landkreisen der Landrat (Kreiswohnungsamt), für das Wohnungsamt der Stadt Saarbrücken der Minister für Arbeit und Sozialwesen.

*) Das Verfahren (§§ 27, 28 und 30—34) ist durch die Verwaltungsgerichtsordnung (VwGO) vom 21. Januar 1960 — Bundesgesetzbl. I, S. 17 — geändert. § 29 ist durch das Gesetz Nr. 719 „Saarländisches Ausführungsgesetz zur Verwaltungsgerichtsordnung" (AGVwGO) vom 5. Juli 1960 (Amtsbl. S. 558) ab 1. August 1960 außer Kraft getreten.

(3) Wohnungsbehörde der dritten Stufe ist für die Kreiswohnungsämter der Minister für Arbeit und Sozialwesen.

§ 24

Wohnungsausschüsse

(1) Bei dem Wohnungsamt wird ein Wohnungsausschuß gebildet. Bei Bedarf können bei dem Wohnungsamt einer größeren Gemeinde mehrere Wohnungsausschüsse gebildet werden. In diesem Falle regelt das Wohnungsamt die örtliche Zuständigkeit der Wohnungsausschüsse.

(2) Der Wohnungsausschuß besteht aus mindestens drei, höchstens sieben Mitgliedern.

(3) Die Mitglieder des Wohnungsausschusses werden aus den nach §§ 12 bis 14 des Gesetzes zur Änderung des Saarländischen Gemeinde- und Kreiswahlgesetzes (Kommunalwahlgesetz — KWG) vom 9. Februar 1960 (Amtsbl. S. 101) und vom 29. September 1960 (Amtsbl. S. 703) wahlberechtigten Einwohnern der Gemeinde auf Vorschlag des Gemeinderates vom Bürgermeister ernannt und abberufen; es sind mindestens zwei Ersatzmitglieder zu ernennen.

(4) Der zum Mitglied oder Ersatzmann des Wohnungsausschusses Ernannte darf das Amt nur aus triftigen Gründen ablehnen. Über die Berechtigung der Ablehnung entscheidet endgültig die übergeordnete Wohnungsbehörde.

(5) Die Tätigkeit der Mitglieder des Wohnungsausschusses ist ehrenamtlich. Bare Auslagen und unvermeidlicher Lohnausfall werden nach Maßgabe der Durchführungsvorschriften erstattet.

§ 25

Zuständigkeit des Wohnungsausschusses

(1) Der Wohnungsausschuß ist zuständig für die Zuteilung bewirtschafteten Wohnraumes und für die durch dieses Gesetz ihm besonders zugewiesenen Angelegenheiten.

(2) Die Einzelheiten des Verfahrens vor dem Wohnungsausschuß werden in den Durchführungsvorschriften geregelt.

§ 26

Aufgaben der Wohnungsbehörden

(1) Das Wohnungsamt hat die zur Durchführung dieses Gesetzes und der dazu erlassenen Durchführungsvorschriften notwendigen Maßnahmen zu treffen. Es hat die Beschlüsse des Wohnungsausschusses durch Verfügungen bekanntzugeben und die Verfügungen zu vollziehen.

(2) Das Kreiswohnungsamt beaufsichtigt die Tätigkeit der ihm unterstellten Wohnungsämter.

(3) Der Minister für Arbeit und Sozialwesen beaufsichtigt die Tätigkeit der Kreiswohnungsämter und des Wohnungsamtes der Stadt Saarbrücken.

§ 27

Form der Bekanntmachung

(1) Die Verfügungen und Entscheidungen der Wohnungsbehörden sind schriftlich zu erlassen und unter Anführung der gesetzlichen Bestimmungen zu begründen. Sie müssen eine kurze Belehrung über das zulässige Rechtsmittel enthalten.

(2) Sie sind den von ihnen unmittelbar Betroffenen gegen Nachweis zuzustellen oder, sofern dies nicht möglich ist, durch Anschlag an der Wohnung und an der Gemeindetafel unter Angabe des Tages des Anschlags bekanntzumachen.

§ 28

Klage im Verwaltungsstreitverfahren

(1) Gegen die Verfügungen der Wohnbehörden können die unmittelbar Betroffenen Klage im Verwaltungsstreitverfahren erheben.

(2) Die Klage ist innerhalb einer Frist von zwei Wochen nach Zustellung, im Falle der Bekanntgabe durch Anschlag innerhalb einer Frist von zwei Wochen nach dem ersten Tag der Bekanntgabe bei der Wohnungsbehörde, gegen deren Verfügung sich die Klage richtet, schriftlich zu erheben oder zu Protokoll zu erklären.

(3) Die Wohnungsbehörde hat die Klage, falls ihr nicht abgeholfen wird, unverzüglich dem Verwaltungsgericht mit ihrer Stellungnahme und den Akten zuzuleiten.

(4) Die Klage hat aufschiebende Wirkung, vorbehaltlich der Bestimmungen der §§ 14 Absatz 2 und 17 Absatz 2. In diesen Fällen kann das Verwaltungsgericht den Vollzug der angefochtenen Verfügung einstellen.

§ 29

Einzelrichter des Verwaltungsgerichts

(1) Über die Klage entscheidet ein Einzelrichter des Verwaltungsgerichts, soweit nicht gemäß § 26 des Verwaltungsgerichtsgesetzes die Zuständigkeit des Oberverwaltungsgerichts begründet ist.

(2) Die Einzelrichter werden für jeden Land- und Stadtkreis gemäß § 9 des Verwaltungsgerichtsgesetzes bestimmt.

§ 30

Gütliche Einigung

Das Verwaltungsgericht hat, bevor es über die Klage entscheidet, auf eine gütliche Einigung der Beteiligten hinzuwirken. Der erfolglose Einigungsversuch ist in der Sitzungsniederschrift zu vermerken.

§ 31

Rechtsbeschwerde

(1) **Gegen die Entscheidung des Verwaltungsgerichts findet die Rechtsbeschwerde an das Oberverwaltungsgericht statt.**

(2) **Die Rechtsbeschwerde kann nur darauf gestützt werden, daß die angefochtene Entscheidung auf einer Gesetzesverletzung beruhe.**

(3) **Die Rechtsbeschwerde ist binnen zwei Wochen nach Zustellung der Entscheidung des Verwaltungsgerichts schriftlich oder zu Protokoll beim Oberverwaltungsgericht einzureichen. Die Frist ist gewahrt, wenn die Rechtsbeschwerde in derselben Zeit beim Verwaltungsgericht eingereicht wird.**

(4) **Die Rechtsbeschwerde hat keine aufschiebende Wirkung. Der Vorsitzende des Oberverwaltungsgerichts kann jedoch den Vollzug der angefochtenen Entscheidung einstellen.**

(5) **Das Oberverwaltungsgericht hat dem Minister für Arbeit und Sozialwesen Gelegenheit zur Äußerung über die Rechtsbeschwerde zu geben und ihn zu den mündlichen Verhandlungen zu laden.**

§ 32

Rechtsbeschwerde des Ministers für Arbeit und Sozialwesen

(1) **Verletzt der Beschluß des Wohnungsausschusses das geltende Recht, so kann der Minister für Arbeit und Sozialwesen aus Gründen des öffentlichen Interesses die Rechtsbeschwerde beim Oberverwaltungsgericht erheben.**

(2) **Die Rechtsbeschwerde ist innerhalb einer Frist von drei Wochen nach der Beschlußfassung des Wohnungsausschusses zu erheben. Sie hat aufschiebende Wirkung.**

(3) **Der Minister für Arbeit und Sozialwesen beantragt mit der Rechtsbeschwerde, die Nichtigkeit des angefochtenen Beschlusses des Wohnungsausschusses zu erklären.**

(4) **Über die Rechtsbeschwerde des Ministers für Arbeit und Sozialwesen wird nach mündlicher Verhandlung entschieden. Zur mündlichen Verhandlung sind der Minister für Arbeit und Sozialwesen und die durch den Beschluß des Wohnungsausschusses unmittelbar Betroffenen zu laden.**

(5) § 30 gilt entsprechend.

(6) Wird der Rechtsbeschwerde des Ministers für Arbeit und Sozialwesen stattgegeben, so kann das Oberverwaltungsgericht die Sache zur erneuten Beschlußfassung an den Wohnungsausschuß zurückverweisen oder im Falle hinreichender Aufklärung selbst entscheiden.

§ 33

Wiedereinsetzung in den vorigen Stand

Bei unverschuldetem Versäumen der Rechtsmittelfrist kann das zur Entscheidung über das Rechtsmittel berufene Gericht auf Antrag die Wiedereinsetzung in den vorigen Stand gewähren.

§ 34

Allgemeine Verfahrensvorschriften

Für das Verwaltungsstreitverfahren gelten die Vorschriften des Verwaltungsgerichtsgesetzes, soweit in den vorstehenden §§ 28 bis 33 keine entgegenstehenden Vorschriften enthalten sind.

§ 35

Verhältnis zu den Gerichten

(1) Die Wohnungsbehörden sind an die rechtskräftigen Entscheidungen der Gerichte gebunden und haben die zur Durchführung dieser Entscheidungen erforderlichen Maßnahmen zu treffen. Sie dürfen Personen, die rechtskräftig zur Räumung verurteilt worden sind oder sich durch gerichtlichen Vergleich zur Räumung verpflichtet haben, nicht wieder in dieselben Räume einweisen, sondern haben ihnen alsbald Ersatzräume zur Verfügung zu stellen, die im Falle der §§ 4 und 32 des Mieterschutzgesetzes dem nach § 5 zuteilbaren Wohnraum entsprechen müssen.

(2) Bildet bewirtschafteter Wohnraum den Gegenstand eines anhängigen gerichtlichen Verfahrens, so haben die Wohnungsbehörden sich während der Dauer dieses Verfahrens der Verfügung über den Wohnraum zu enthalten.

(3) Die Gerichte haben eine Ausfertigung jeder Entscheidung, durch die ein Wohnverhältnis geändert oder aufgehoben wird, dem zuständigen Wohnungsamt zuzustellen.

(4) Die Gerichte haben die von den Wohnungsbehörden im Bereich ihrer Zuständigkeit erlassenen Anordnungen zu beachten. Sie haben den Wohnungsbehörden auf Verlangen Rechtshilfe zu leisten.

(5) Die durch das Mieterschutzgesetz begründete Zuständigkeit der Gerichte wird durch dieses Gesetz nicht berührt. Bei einer

Klage aus § 4 des Mieterschutzgesetzes soll das Gericht vor der mündlichen Verhandlung eine Äußerung der Wohnungsbehörden darüber einholen, ob die Benutzung der streitigen Räume durch den Kläger den Vorschriften der §§ 4 und 5 des vorliegenden Gesetzes nicht zuwiderläuft.

§ 36

Verhältnis zur Polizei, anderen Behörden und Körperschaften des öffentlichen Rechts

(1) **Die Polizeibehörden dürfen Wiedereinsetzung von Personen, die von den Gerichten rechtskräftig zur Räumung verurteilt worden sind oder sich durch gerichtlichen Vergleich zur Räumung verpflichtet haben, nur dann und so lange in dieselbe Wohnung vornehmen, als die unmittelbare und auf andere Weise nicht zu behebende Gefahr der Obdachlosigkeit besteht. Dabei dürfen nur so viele Räume in Anspruch genommen werden, als zur Beseitigung der Obdachlosigkeit notwendig ist.**

(2) **Die Behörden und öffentlich-rechtlichen Körperschaften sind verpflichtet, den Wohnungsbehörden auf Verlangen Auskunft zu erteilen.**

§ 37

Vollzug

(1) **Das Wohnungsamt kann die auf Grund dieses Gesetzes ergangenen vollstreckbaren Verfügungen und Entscheidungen im Wege polizeilichen Zwanges durchführen lassen. Das gleiche gilt für die vor den Wohnungsbehörden und Verwaltungsgerichten geschlossenen Vergleiche.**

(2) **Die Polizeibehörden haben auf Verlangen die erforderliche Hilfe zu leisten.**

V. Ordnungswidrigkeiten

§ 38

Ordnungswidrigkeiten

(1) **Eine Ordnungswidrigkeit begeht, wer**

1. **entgegen § 11 Abs. 2 Wohnraum ohne Genehmigung in Anspruch nimmt oder überläßt,**
2. **entgegen § 4 Abs. 1 Wohnraum ohne Genehmigung für andere als Wohnzwecke verwendet,**
3. **entgegen § 4 Abs. 2 ein Gebäude ohne Genehmigung verändert,**

4. **als Verfügungsberechtigter den Vorschriften des § 8 Abs. 1, als Wohnungsinhaber oder Verfügungsberechtigter den Vorschriften des § 9 Abs. 1 zuwiderhandelt.**

Wird im Falle des § 4 Abs. 1 eine Genehmigung zur Zweckentfremdung erforderlich, weil Räume für den Wohnungsinhaber nicht mehr zuteilbar sind, so liegt eine Ordnungswidrigkeit nach Nummer 2 erst von dem Zeitpunkt an vor, in welchem die Genehmigung endgültig abgelehnt ist.

(2) **Die Ordnungswidrigkeit kann mit einer Geldbuße geahndet werden. Im Falle des Absatzes 1 Nr. 4 beträgt die Geldbuße höchstens 150 Deutsche Mark.**

VI. Schlußbestimmungen

§ 39

Durchführung

Der Minister für Arbeit und Sozialwesen und der Minister des Innern erlassen zu diesem Gesetz die für ihren Geschäftsbereich erforderlichen Durchführungs- und Ausführungsschriften.

§ 40

Außerkrafttreten gesetzlicher Bestimmungen
und Inkrafttreten dieses Gesetzes

Dieses Gesetz in der Fassung der Bekanntmachung vom 26. September 1960 tritt am 1. Juli 1960 in Kraft. Gleichzeitig treten die Bestimmungen dieses Gesetzes in der Fassung vom 19. Juli 1950 (Amtsbl. S. 779) außer Kraft.

§ 41

Außerkrafttreten dieses Gesetzes

Dieses Gesetz tritt mit Ablauf des 31. Dezember 1965 außer Kraft.

DRITTER TEIL

Die Mietzinsbildung

Übersicht

EINLEITUNG

I. Geschichtlicher Rückblick

Der erste Weltkrieg hatte alsbald offenbart, daß die mietrechtlichen Bestimmungen des BGB (2. Buch 7. Abschnitt 3. Titel) nur für normal ausgewogene Zeiten ausreichten, wo Raumangebot und -nachfrage sich die Waage hielten und ein gesundes Verhältnis zwischen Verschleiß und Produktion im Wohnungsbau gegeben sind.

Bereits am 4. August 1914 wurde der Bundesrat zu wirtschaftlichen Sondermaßnahmen ermächtigt und alsbald danach, nämlich am 15. Dezember 1914, erging die reichsrechtliche VO vom 15. Dezember 1914 (RGBl S. 511) betr. Einigungsämter (EÄ), die als Vermittlungsstelle gedacht waren, um Kündigungen auf Anruf des Mieters mangels Einigung, wenn sie als ungerechtfertigt erschienen, für unwirksam zu erklären und evtl. den Mietzins für die neue Mietperiode zu erhöhen. Die Festsetzung einer höheren Miete galt als vertragliche Vereinbarung.

Am 26. Juli 1917 (RGBl S. 659) erfolgte die erste Bekanntmachung zum Schutze der Mieter und damit der erste Schritt auf dem Wege des reichsrechtlichen Mieterschutzes. Am 23. September 1918 (RGBl 1140) folgte eine erweiterte Bekanntmachung zum Schutze der Mieter, die (§ 5) in preisrechtlicher Beziehung die Kontrolle neu abgeschlossener Mietpreisabreden und ihre Herabsetzung in sog. Notbezirken ermöglichte. Die neue VO zum Schutze der Mieter vom 22. Juni 1919 (RGBl S. 591) gab sowohl der Gemeindebehörde wie den Mietern das Recht (§ 5 Abs. 2), beim MEA die Herabsetzung des neu vereinbarten Mietzinses zu beantragen. Mit dieser reichsrechtlichen VO wurde der Grund gelegt zu einer langen Reihe von Sonderanordnungen wie Einführung von Höchst- und Richtmieten; auch sollte der Mieter berechtigt werden können, den Mietzins vom MEA kontrollieren und evtl. herabsetzen zu lassen. Auf der Grundlage dieses Rahmengesetzes erging am 9. Dezember 1919 (GS S. 187) die Preuß. Höchstmieten AnO*).

Das MEA sollte sich — so der RE des KG 17 Y 95/25 — auf Fragen beschränken, die nach billigem Ermessen entschieden werden können. Dasselbe galt für die damaligen Mietschöffengerichte, die nicht anders wie die MEÄ mit einem juristischen Vorsitzenden und zwei Mietschöffen über Kündigungsfragen zu entscheiden hatten. Das KG meinte dabei nur, daß den neuen Behörden, soweit die ordentlichen Gerichte irgendwie in Frage kommen könnten, jede Konkurrenz untersagt sei.

Conrad Bornhak**) formulierte nicht ohne Zuspitzung: „Die EÄ wenden nicht das Gesetz an, das in der geltenden Privatrechtsordnung enthalten ist, sondern setzen sich über das geltende Mietrecht hinweg. Dazu werden sie allerdings vom Gesetz ermächtigt. . . . Sie entfalten die Wirksamkeit einer Verwaltungsbehörde mit Überwiegen des Zweckmoments über die Legalität . . . Die Entscheidung tritt an die Stelle des unter den Parteien geltenden materiellen Mietrechts, das damit auf eine unanfechtbare Grundlage gestellt wird. Eine Änderung der Entscheidungen des EA durch die Gemeindeaufsichtsbehörde würde einen neuen Eingriff in das materielle Mietrecht bedeuten. Ein solcher ist aber nur dem EA eingeräumt, nicht der Aufsichtsbehörde. Damit gewinnt das EA auch die rechtliche Unabhängigkeit gegenüber der Aufsichtsbehörde. Das EA hat daher den Charakter eines Sondergerichts in voller richterlicher Unabhängigkeit; von anderen Gerichten unterschieden durch den weiten Spielraum seines freien Ermessens und durch die Unanfechtbarkeit seiner Entscheidungen. Damit entschied der Berliner Professor des Staatsrechts für den gerichtlichen Behördencharakter des EA, ebenso Anschütz. Askenasy wollte die Aufgabe des ME dem ordentlichen Gericht übertragen, denn seine preisrechtlich auf Feststellung und Festsetzung der Mieten beschränkte Tätigkeit würde ohnehin in den meisten Fällen vom LG (als damals zuständiger Beschwerdestelle) überprüft.

Die ordentliche Justiz war von dem Vollzug der Preisbindungsnormen befreit — nicht ihr, sondern dem sondergerichtlichen MEA stand es an, den Parteien bindend zu sagen, wie hoch ihre Friedensmiete und die sich aus ihr errechnende gesetzliche Miete war. Minima non praetor curat. Ob die Höhe der Friedensmiete aus dem Rahmen der Ortsüblichkeit falle, dazu bedurfte es keiner qualifizierten Rechtskunde, sondern der Kenntnis der Ortsüblichkeit, wie sie die MEA-Beisitzer als Angehörige von Mieter- und Vermieterorganisationen darboten, mit dieser qualifizierten Sachkunde das Amt des Friedensrichters mit dem des Sachverständigen vereinigend und so als richtende Sachverständige Zeit und Kosten sparend.

Es entsprach den genossenschaftlichen Anforderungen, die die Not der nachrevolutionären Zeit stellte, daß das MEA auch mit einer Lastenverteilung befaßt

*) Die Darstellung des Verfassers im Handwörterbuch der Kommunalwissenschaften Verlag Gustav Fischer, 3. Band unter „Mieterschutz", ferner des Verfassers Kommentar zum RMG „Reichsmieten und Wohnungsabgabe" bei Spaeth & Linde, Berlin, sowie „Miet- und Wohnungsrecht" ebenda.

**) „Einigungsamt" 1. JG 1920 (Organ des vom Verfasser und Gewerbegerichts-Präs. Held-München ins Leben gerufenen Reichsverbandes deutscher EÄ. für Miete, Pacht und Hypotheken), ab 1930 „Deutsches Mietrecht", Verlag Franz Vahlen, Berlin, bis einschl. 1932.

wurde, in bezug auf die infolge des Kriegs und der Materialknappheit arg vernachlässigte Instandsetzungen nachgeholt werden sollten. Die Preuß. HöchstmietenVO vom 9. Dezember 1919 *) — von der einen Seite „tatkräftig" genannt, von der anderen eine bedenkliche „Umwertung des gesamten Grundeigentums" nahm den Vortritt für die Zuerkennung von Ab- und Zuschlägen von bzw. auf die Höchstmiete, wenn entweder „die Abwägung der besonderen persönlichen Verhältnisse des Mieters" eine Mietermäßigung billig erscheinen ließ (§ 9) oder bauliche Instandsetzungen neben angemessener Verzinsung des Kapitals („ohne unverschuldete Zubuße") einen Zuschlag zur Miete rechtfertigen.

Die MEÄ plagten sich mit dem „langwierigen Nachweis der Unrentabilität" und empfanden es als eine Verletzung des Grundsatzes der Gleichheit, daß der ungemein verschiedene bauliche Zustand der Häuser und damit der völlig ungleiche Grad der Instandsetzungsbedürftigkeit eine große Ungleichheit der Belastung der Mieter mit Reparaturzuschlägen zur Folge haben mußte.

Eine Vereinheitlichung des Mietzins- und Preisrechts auf rechtsrechtlicher Ebene brachte das Reichsmietengesetz (RMG) vom 24. März 1922 (RGBl S. 273), in Kraft seit 1. Juli 1922. Es war in der Zeit der Inflation, die sich bereits dem Höhepunkt näherte, zur Beschränkung der Steigerungen bestimmt und schuf den Begriff der gesetzlichen Miete, d. i. die Miete, die sich nach den Grundlinien des RMG errechnet.

Sie hatte den Charakter der Jeweilsmiete; es bedurfte nämlich keiner Aufkündigung des laufenden Vertrags mehr, um sie zu ändern, das geschah automatisch, sobald die allgemeinen Zuschläge anders festgesetzt wurden**). Errechnet wurde sie aus der Grundmiete und den vier nachbenannten Zuschlägen. Grundmiete war die Friedensmiete abzüglich der in ihr enthaltenen Betriebs- und Instandsetzungskosten, sowie der Vergütung für Nebenleistungen. Diese Abschläge verfolgten den Zweck, die Grundstücksrente der Vorkriegszeit ungesteigert fortgelten zu lassen. Konnte diese Tendenz als der eine Grundpfeiler des RMG angesprochen werden — und zwar als Pfeiler zugunsten der Mieterschaft —, so erhellt die Kompromißnatur des Gesetzes, wenn man den Charakter der gesetzlichen Miete als Jeweilsmiete, als Grundpfeiler teilweise zugunsten der Vermieterschaft erkennt. Teilweise insofern, als versucht wurde, dem Vermieter durch Anpassung des für die Instandsetzung bestimmten Teils der Miete an die Teuerung die Substanz seines Hauses zu erhalten. Dagegen stagnierte die Verzinsung des Eigenkapitals, denn ausgeschlossen von den Zuschlägen war die Grundmiete als der für den Eigenkapitaldienst bestimmte Teil der Miete. Das Eigenkapital trug keine Früchte mehr, es war sterilisiert — das Fruchtziehungsrecht enteignet. Die vier Zuschläge betrafen die Hypothekenzinssteigerung, die Abgaben (Betriebskosten) und die Kosten einmal für laufende und weiter für große Instandhaltung. Was die Errechnung der Zuschläge anlangte, so ist zu beachten, daß §§ 22 RMG den obersten Landesbehörden freien Raum ließ, wie denn überhaupt dieses Reichsgesetz lediglich den Rahmen abgab, der einmal von den Ländern und weiterhin von den Gemeindebehörden auszufüllen war.

Bei der Berechnung der Zuschläge konkurrierten zwei Systeme, die man als Pauschalabgeltung und als Effektivumlage bezeichnen kann. Es kann nämlich entweder ein allgemeiner Hundertsatz der Grundmiete festgesetzt werden, um Haus-

*) Kommentiert vom Verfasser bei Spaeth & Linde, Berlin, als Nachtrag zu Rohde-Brumby „MSchVO", 5. Aufl.

**) Damit war die Rechtsfigur der „Kündigung zum Zwecke der Steigerung" gefallen, und die Vermieter hatten gleitende Mietpreise gewonnen, denn die gesetzlichen Zuschläge „mußten" der „jeweiligen" Lastenhöhe Rechnung tragen (§ 3 Abs. 2).

lasten abzugelten, oder aber diese wurden in ihrer tatsächlichen Höhe auf die einzelne Hausmieterschaft umgelegt. Die Umlage vermied die Ungenauigkeit jeder Pauschalrechnung, konnte — was z. B. den Wasserverbrauch anlangte — die Mieter zur Sparsamkeit erziehen und schaltete Streitigkeiten darüber aus, zu wessen Vorteil das Mietaufkommen zu verwenden ist. Andererseits wurde das Umlagesystem begrenzt, denn es sollte nicht dazu führen, das Interesse des Vermieters an möglichst billiger Hauswirtschaft auszuschalten. Deshalb konnte die Umlage der Betriebskosten unbedenklich nur insoweit erfolgen, als es sich um öffentlich-rechtliche Leistungen handelte; andere mußten prozentual begrenzt werden. Da der Vermieter in bezug auf den Zuschlag für die laufende Instandhaltung nachweispflichtig und das Aufkommen hierfür also zweckgebunden war, waren die allgemeinen Hundertsätze hierfür nichts anderes als ein Vorschuß auf die tatsächlichen, im Endergebnis auf die Hausmietenschaft umzulegenden Kosten. Hier gingen also Pauschalabgeltung und Umlage ineinander über. Aus dem allgemeinen Hundertsatz für Reparaturen waren herausgenommen die für Schönheitsreparaturen, die die Hamburgische AusführungsVO als „Innendekoration" bezeichnete. Diese Kosten hatte jeder Mieter nur insoweit zu tragen, als die fraglichen Arbeiten in seinem Mietraum tatsächlich geleistet waren. Er war zur Bestimmung der Handwerker berechtigt und konnte bei eigener Sachkunde die Arbeiten selber ausführen. Die Kosten waren ihm zu belegen. Auch bei der Regelung der großen Reparaturen waren mehrere Wege vorgesehen. Zunächst konkurrierte auch hier Pauschale und Umlage. Es konnte ein allgemeiner Hundertsatz festgesetzt werden, der auf ein besonders einzurichtendes Hauskonto einzuzahlen war (Haushaltskostensystem), oder das Mieteinigungsamt hatte im Einzelfall aus Anlaß einer tatsächlich ausgeführten oder für das nächste Jahr auszuführenden großen Reparaturen einen Zuschlag festzusetzen (System des Einzelzuschlags).

Die neuen Rechtsbildungen betr. Hauskonten, ebenso auch die „Mietervertretung" sind mit der 1936er Fassung des RMG (Bekanntmachung vom 20. April 1936, RGBl 380) fortgefallen. Geblieben war die im Streitfall vom MEA festzusetzende „Zusatzmiete" (§ 13a) zur Verzinsung und Tilgung von den Gebäudewert erhöhenden und von der Mehrheit der Mieter gebilligten baulichen Veränderungen, wenn solche Kosten weder aus der gesetzlichen Miete herauszuwirtschaften waren noch ihretwegen eine Erhöhung der Friedensmiete (§ 2 Abs. 4) erfolgt war.

Das sondergerichtliche Kollegialverfahren der MEÄ ist der reinen Verwaltungspraxis gewichen.

Preis- und Wohnungsbehörden sind an ihre Stelle getreten.

Diese Epoche der stopgebundenen Preiswirtschaft beginnt mit der PreisstopVO vom 29. Oktober 1936 (RGBl 927) und dauert mit dem am 1. August 1955 in Kraft getretenen I. BMG fort, wenn dieses auch an die Stelle des auf den 17. Oktober 1936 bezogenen alten Stops den neuen des 31. Dezember 1954 gesetzt hat und der dem 18. Oktober 1936 entsprechende Stichtag der 1. Januar 1955 wurde; nach dem II. BMG sind die entsprechenden Zeitpunkte der 30. Juni und 1. Juli 1960.

Die diese Epoche markierenden Gesetze sind:

1936:	Vierjahresplangesetz
1936:	PreisstopVO
1937:	Runderlaß 184/37
1948:	Übergangsgesetz über Preisbindung und Preisüberwachung (Preisgesetz)
1950/51/53:	I. Wohnungsbaugesetz (WoBauG)

1950:	MietenVO und I. BerechnungsVO (MVO—BVO)
1951:	MaßnahmenVO PR 71/51 („kleine Mietpreisreform")
	(1953: Berliner MaßnahmeVO)
1952:	Geschäftsraummietengesetz (GRMG)
	VO PR 72/52 betr. allg. 10%igen Mietzuschlag
1955:	I. Bundesmietengesetz (I. BMG)
1956:	Neues Geschäftsraummietengesetz
1956:	II. Wohnungsbaugesetz
1957:	II. Berechnungs-VO
1957:	Neubaumieten-VO (NMVO)
1958:	Altbaumieten-VO (AMVO)
1960:	Abbau-Gesetz (GMW) mit II. BMW.

II. Abbau und Aufbau

46 Jahre nach dem Zeitpunkt, der zugleich Beginn des 1. Weltkrieges und Beginn der amtlichen Lenkung der Raumwirtschaft ist, und 15 Jahre nach Schluß des 2. Weltkrieges hat die Überleitung auf eine dem freien sozialen Rechtsstaat angepaßte Raumrechtsordnung begonnen.

Während die Aufhebung der Wohnraumbewirtschaftung, gestuft nach dem Rückgang des Fehlbedarfs an Wohnungen, bereits mit dem 1. 7. 1961 begonnen hat, ist der reguläre Ablauf des Mieterschutzes in der bisherigen Gestalt und das Ende der Preisbindung für den 31. 12. 1965 vorgesehen.

Der auf Dauer berechnete Teil dieses Sozialrechts ist in Gestalt der Änderung bzw. Einschränkung des freien Kündigungsrechts des BGB enthalten und findet sich in dem neu geschaffenen § 556 a und dem neu gefaßten § 565 BGB, und zwar als Art. VI des

Gesetzes über den Abbau der Wohnungszwangswirtschaft und über ein soziales Miet- und Wohnrecht (GMW) vom 23. Juni 1960,

das wir im Zusammenhang am Ende des Dritten (letzten) Teiles dieses Buches als Anhang veröffentlichen.

Während § 565 BGB in der neuen Fassung nur die Kündigungsfristen behandelt, und zwar auch bei einem Mietverhältnis über Geschäftsraum (Abs. 1 Ziff. 3), beschränkt sich die Härteklausel des § 556a auf Wohnungen, indem es dem Mieter — und dies nur bei „vertragsmäßiger Beendigung des Mietverhältnisses über Wohnraum" — in besonderen Fällen der Not („Härte") das Recht des Widerspruchs zum Zwecke der Verlängerung des Mietverhältnisses auf die Dauer des Fortbestandes der Notlage, evtl. unter geänderten Vertragsbedingungen, gibt, wobei das Gesetz primär an eine Einigung der Parteien denkt und dem Urteil einen sekundären Rang zuweist (§ 556a Abs. 3).

Zur sozialen Ausgestaltung des Mietrechts gehört auch die Ankündigung einer endgültigen Regelung der Miet- und Lastenbeihilfen (Art. VII § 2 GMW).

Zwar ist bereits am 10. 4. 1961 ein neues Gesetz über die Gewährung von Miet- und Lastenbeihilfen (BGBl. 421 f.) erschienen (vgl. S. 472), aber auch wiederum nur als Übergangsregelung, denn sein § 2 kündigt seinerseits ein die näheren Einzelheiten über die Gewährung von Miet- und Lastenbeihilfen „nach der Mietpreisfreigabe" regelndes Bundesgesetz an.

ALTBAU-MIETPREISRECHT

Gesetz über Maßnahmen auf dem Gebiete des Mietpreisrechts (Erstes Bundesmietengesetz)*)

vom 27. Juli 1955 (BGBl 458)

mit der Änderung durch § 116 des Zweiten Wohnungsbaugesetzes
vom 27. Juni 1956 (BGBl 573),
Art. IX Ziff. 1 des GMW vom 23. Juni 1960 (BGBl 404),
in Kraft seit 1. Juli 1960
und Art. VII des Gesetzes zur Änderung des II. WoBauG
vom 21. Juli 1961 (BGBl 1041)

Übersicht

Erster Abschnitt

Allgemeine Vorschriften über die preisrechtlich zulässige Miete für Wohnraum

§ 1

(1) **Die Miete für preisgebundenen, bis zum 31. Dezember 1949 bezugsfertig gewordenen Wohnraum ist in der Höhe preisrechtlich**

*) Soweit Teile des Gesetzes nicht auch für Berlin gelten (vgl. § 45), ist dies hinter dem § mit „nicht Berlin" gekennzeichnet. Soweit für Berlin ein geänderter Text gilt, steht er jeweils hinter dem Bundestext. — Das Berliner Übernahmegesetz vom 3. März 1956 ist am 10. März 1956 in Nr. 16 des Gesetz- und Verordnungsblattes für Berlin (GVBl S. 213) veröffentlicht. Es ist mit Wirkung vom 1. August 1955 in Kraft getreten, hinsichtlich des 2., 5. u. 6. Abschnittes, sowie der §§ 28, 32 Satz 2 u. 34 des BMG jedoch erst am 1. Januar 1957.

Die Bekanntmachung des Ersten Bundesmietengesetzes in der in Berlin geltenden Fassung ist am 7. März 1956 (GVBl S. 229) erfolgt, die Bekanntmachung seiner Änderungen durch das Gesetz zur Übernahme des Abbaugesetzes (GMW) datiert vom 29. Juni 1960 (GVBl S. 545); die Besonderheit für Berlin ergeben sich aus der Neufassung des § 45 lt. Art. IX 1 GMW.

zulässig, die sich aus der letzten vor dem 1. Januar 1955 (Berlin: 1. Januar 1960) **zustande gekommenen Vereinbarung ergibt. Ist diese Miete bis zum Inkrafttreten dieses Gesetzes** (Berlin: bis zum Inkrafttreten des Gesetzes über den Abbau der Wohnungszwangswirtschaft und über ein soziales Miet- und Wohnrecht) **durch die Preisbehörde herabgesetzt worden, so tritt an ihre Stelle die herabgesetzte Miete.**

(2) **Vorschriften und Genehmigungen der Preisbehörde, nach denen eine höhere als die in Absatz 1 bezeichnete Miete preisrechtlich zulässig ist oder wird, bleiben unberührt.**

(3) **War eine Mietvereinbarung vor dem Inkrafttreten dieses Gesetzes preisrechtlich unzulässig, so steht dieser Umstand der Wirksamkeit der Vereinbarung von dem Inkrafttreten dieses Gesetzes an nicht entgegen, es sei denn, daß die Miete nach der Vereinbarung durch die Preisbehörde herabgesetzt worden ist.**

(3) Berlin: War eine Mietvereinbarung, die sich aus der letzten vor dem 1. Januar 1960 zustande gekommenen Vereinbarung ergibt, preisrechtlich unzulässig, so steht dieser Umstand der Wirksamkeit der Vereinbarung vom Inkrafttreten des Gesetzes über den Abbau der Wohnungszwangswirtschaft und über ein soziales Miet- und Wohnrecht an nicht entgegen, es sei denn, daß die Miete nach der Vereinbarung durch die Preisbehörde herabgesetzt worden ist.

1 „Miete" ist auch im Sinne dieses Gesetzes das Entgelt mit Umlagen und Zuschlägen für das mietweise Überlassen von Räumen bzw. dafür, daß der Vermieter dem Mieter „den Gebrauch der vermieteten Sache während der Mietzeit gewährt" (§ 535 BGB). § 4 AMVO definiert: „Miete im Sinne dieser VO ist das Entgelt für die Gebrauchsüberlassung von Wohnraum auf Grund von Mietverträgen oder ähnlichen Nutzungsverhältnissen einschließlich von Umlagen und Zuschlägen sowie von Vergütungen nach § 33 Abs. 1 Nr. 1 und § 39. Zu den ähnlichen Nutzungsverhältnissen gehören auch genossenschaftliche Nutzungsverträge."

„Preisgebundener Wohnraum" ist nach § 26 Abs. 1 „Wohnraum, dessen Vermietung den Preisvorschriften unterliegt."

„Wohnraum": der tatsächlich zu Wohnzwecken geeignete und bestimmte Raum einschl. Nebenraum, Einrichtungen und Anlagen (so § 2 Abs. 1 u. 2) (WBewG).

Dem Mietraum steht gleich Pachtraum und der auf Grund ähnlicher entgeltlicher Nutzungsverträge gewährte Raum (§ 33).

2 Der (neue) Stichtag des 1. Januar 1955 stopt die Miete des 31. Dezember 1954

	neu	bisher
Stopmiete . . .	31. Dezember 1954	17. Oktober 1936
Stichtagsmiete . . .	1. Januar 1955	18. Oktober 1936

Der Stop gilt für den neuen Altbau, d. i. für den bis **31. Dezember 1949** bezugsfertig gewordenen i. S. von § 25 = § 8 AMVO.

(Alter Altbau ist der bis 1. Juli 1918 bezugsfertig gewordene: § 16 RMG).

Dieses Gesetz operiert außerdem noch mit Bezugsfertigkeitsterminen vom 20. Juni 1948 (§§ 3, 5, 6) und vom 1. April 1924 (§ 7 Ziff. 6).

Preisbehördliche Mietherabsetzungen bis zum 1. August 1955 (Inkrafttreten des BMG: § 46) machen die herabgesetzte Miete zur Stopmiete (Abs. 1 Satz 2).
Herabsetzungen nach dem 1. Januar 1955 tun dasselbe, kommen aber nur in den Grenzen der §§ 2, 3 in Frage.

Der neue Stop bedeutet zweierlei:

1. Die neue Stopmiete ist Höchstmiete. Sie ab 1. August 1955 zu überschreiten ist verboten und macht die verbotswidrige Überhöhung nichtig (§ 134 BGB).
2. Der neue Stop sanktioniert Überhöhungen, die bis dato erfolgt sind.

3 Abs. 3 Die Sanktionierung wird mit dem 1. August 1955 wirksam, es sei denn, daß vorher (wenn auch nicht unanfechtbar) die „Herabsetzung" erfolgt ist.
Der Gesetzgeber hätte Abs. 1 Satz 2 und Abs. 3 sinngemäß kombinieren müssen. Sagt er zuerst, eine „Herabsetzung" bis 1. August 1955 mache die „herabgesetzte" Miete zur Stichtagmiete, so ließ sich in einem Zuge sagen, daß nur diese Berichtigung die Stichtagsmiete verändert und daß ohne solche die Unrichtigkeit nicht mehr geltend gemacht werden kann.

An Abs. 1 Satz 1, der die preisrechtliche Zulässigkeit der neuen Miete ausspricht, hätte sich anschließen lassen: Dies gilt auch dann, wenn diese Miete nach den bisherigen Preisbestimmungen überhöht war, es sei denn, daß bis zum 1. August 1955 eine Herabsetzung durch die Preisbehörde („nach der Vereinbarung" — vorher ging's nicht gut!) erfolgt war.

Außerdem lebt die unzulässig gewesene Preisabrede im Ausmaß ihrer Verbotswidrigkeit nicht wieder auf, so daß Nichtigkeit (§ 134 BGB) der Wirksamkeit „nicht entgegenstehen" kann; was wegen rechtlicher Nichtigkeit (= Nichtexistenz) keinerlei Wirkung entfalten konnte, kann nicht wieder wirksam werden. Auch die Macht des Gesetzgebers ist durch Logik begrenzt. „Herabsetzungen" i. S. von § 1 der Maßnahmen-VO 71/51 (BGBl 920), aufgehoben am 1. August 1958 mit Inkrafttreten der AMVO (§ 45 Ziff. 1), erfolgten — wiederum in Abänderung des RErl. 184/37 des RfP vom 12. Dezember 37 (§ 20 VO 71/51) — wegen volkswirtschaftlicher Notwendigkeit bis zur Stichtagsmiete v. 17. Oktober 1936 durch die Preisbehörde und sind nach § 36 AMVO ebenso wie Mieterhöhungen nach § 16 das. wirksam geblieben.
Die Sanktionierung ist auf die Dauer des laufenden Mietverhältnisses beschränkt (LG Kassel, Urt. vom 10. Oktober 1956) in ZMR 1959, S. 158 (Glaser Nr. 1/XII/1958), Roquette 2. A. Note 29a.

4 Zu beachten ist daß für Berlin der 1., 3. u. 4. Abschnitt des I. BMG (§§ 1—4 und 8—11) erst durch Art. IX GMW d. i. seit 1. VII. 60 (so Art. X § 12) Geltung erlangt haben. Das machte eine Änderung des (für das Bundesgebiet unverändert gebliebenen) Abs. 3 erforderlich. Während dieser mit Inkrafttreten des I. BMG — d. i. am 1. August 1955 — Wirkung erlangt hatte und entsprechend unzulässige Vereinbarungen bis zum 31. Juli 1955 legalisierte, erfolgt für Berlin die Legalisierung erst durch das GMW, d. i. mit dem 1. Juli 1960. Dabei schuf der Gesetzgeber als neue Stichtagsmiete für Berlin die Miete vom 31. Dezember 1959 („letzte vor dem 1. Januar 1960 zustande gekommene Vereinbarung"). Dem ist die am 1. April 1961 für Berlin in Kraft getretene AMVOB vom 21. März 1961 (GVBl 345) gefolgt, die in § 5 I bestimmt:

„Stichtagsmiete im Sinne dieser VO ist die Miete, die sich aus der letzten vor dem 1. Januar 1960 zustandegekommenen Vereinbarung ergibt, auch wenn sie erst durch § 1 des I. BMG in der für Berlin geltenden Fassung preisrechtlich zulässig geworden ist."

§ 2

(1) **Die nach § 1 Abs. 1 Satz 1 maßgebliche Miete kann auf Antrag des Mieters von der Preisbehörde bis zu der nach den bisherigen Vorschriften preisrechtlich zulässigen Miete herabgesetzt werden, wenn sie diese** *) *um mehr als 10 vom Hundert übersteigt; der Antrag kann nur bis zum 31. Dezember 1955* (Berlin: ‚sechs Monate nach Inkrafttreten des Gesetzes über den Abbau der Wohnungszwangswirtschaft und über ein soziales Miet- und Wohnrecht) *gestellt werden, es sei denn, daß die Miete die nach den bisherigen Vorschriften zulässige Miete* **um mehr als 33$^{1}/_{3}$ vom Hundert übersteigt.**

(2) **Bei der Ermittlung der in Absatz 1 enthaltenen Vomhundertsätze sind** (Berlin: ‚die preisrechtlich zulässigen Umlagen für Kosten des Betriebs von Heizungs- und Warmwasserversorgungsanlagen' nicht zu berücksichtigen.) **Brennstoffkosten, Anfuhrkosten für die Brennstoffe und Kosten der Bedienung für Heizungs- und Warmwasserversorgungsanlagen nicht zu berücksichtigen.**

(3) **Im Falle des Absatzes 1 ist antragsberechtigt auch eine öffentliche Stelle, die ganz oder teilweise für die Bezahlung der Miete aufkommt.**

(4) **Im Falle der Herabsetzung gilt mit Wirkung von dem nächsten auf die Antragstellung folgenden Mietzahlungstermin die herabgesetzte Miete als vereinbart.**

1 § 2 schränkt die Sanktionierung des § 1 ein: Ist dort bestimmt, daß die Stichtagsmiete maßgeblich bleibt, auch wenn sie überhöht war, so bringt § 2 die Einschränkung, daß eine Erhöhung über 33⅓% auch weiterhin als preisrechtlich unzulässig geltend gemacht werden kann. § 1 und 2 lassen sich, wie folgt, zusammenziehen:

Die Preiswidrigkeit einer Vereinbarung vor dem 1. Januar 1955 kann nach dem 1. August 1955 nur noch, und zwar bei der Preisbehörde, geltend gemacht werden, wenn sie bis zu diesem Zeitpunkt preisbehördlich berichtigt war oder eine Überhöhung über 33⅓% darstellt. Sie ist dann in der im Zeitpunkt der Abrede zulässigen Höhe festzusetzen (BVerwG V C 34/55 in Bd. III S. 123).

2 Der Mieter verwirkt das Antragsrecht auch nicht, wenn er über eine längere Zeit den überhöhten Mietzins gezahlt hat. (So OVG Münster — Urt. vom 27. September 1957 — II A 825/57 — ZMR 1958, S. 18; Glaser Nr. 72/XII/1959; ebenso OVG Hamburg — Urt. vom 11. Februar 1958 — Bf. III 51/57 — ZMR 1959, S. 335; Glaser Nr. 26/XII/1960 unter Hinweis auf die soziale Schutzfunktion der Bestimmung.)

---

*) Der in Schrägschrift wiedergegebene Text ist durch Ablauf der Frist (f. Berlin 31. Dezember 1960) überholt.

§ 3 (nicht Berlin)

(1) **Bei preisgebundenem Wohnraum, der bis zum 20. Juni 1948 bezugsfertig geworden ist, gilt eine seit dem 1. Januar 1955 vereinbarte Miete, die höher ist als die preisrechtlich zulässige Miete, für die Dauer des Mietverhältnisses insoweit als preisrechtlich genehmigt, als die sie preisrechtlich zulässige Miete nach dem Stande vom Vertrag des Inkrafttretens des Gesetzes über den Abbau der Wohnungszwangswirtschaft und über ein soziales Miet- und Wohnrecht um nicht mehr als ein Drittel übersteigt. Dabei sind Brennstoffkosten, Anfuhrkosten für die Brennstoffe und Kosten der Bedienung für Heizungs- und Warmwasserversorgungsanlagen nicht zu berücksichtigen.**

(2) **Eine Mietvereinbarung der in Absatz 1 bezeichneten Art ist insoweit und so lange unwirksam, als die vereinbarte Miete die nach Absatz 1 genehmigte Miete übersteigt.**

(3) **Hat sich der Mieter oder eine öffentliche Stelle, die ganz oder zum Teil für die Bezahlung der Miete aufkommt, vor dem Inkrafttreten des Gesetzes über den Abbau der Wohnungszwangswirtschaft und über ein soziales Miet- und Wohnrecht auf die preisrechtlich zulässige Miete berufen, so bleiben die bisherigen Vorschriften maßgebend; dies gilt auch dann, wenn die Erklärung bis zum Inkrafttreten des Gesetzes über den Abbau der Wohnungszwangswirtschaft und über ein soziales Miet- und Wohnrecht noch nicht wirksam geworden ist.**

1 Im Gegensatz zu § 2, der die Überschreitung der $\frac{1}{3}$-Toleranz in bezug auf die Stichtagsmiete vor dem 1. Januar 1955 behandelt, betrifft der durch das GMW (IX 1 a) neu gefaßte § 3 den gleichen Verstoß nach dem 31. Dezember 1954. Dort Antragsverfahren vor der Preisbehörde: hier vom Gesetz bestimmte Unwirksamkeit, die der Forderung des Vermieters entgegengehalten werden kann: die Miete sinkt auch nicht auf die preisrechtlich zulässige Höhe, sondern ist bis $\frac{3}{4}$ der preisrechtlich zulässigen Miete zivilrechtlich wirksam (und dies auch nur für die Dauer des Mietverhältnisses, also nicht auch für den Nachfolge-Mieter), und das zusätzliche Drittel hat auch nicht die Rechtsnatur der preisrechtlichen Zulässigkeit, sondern gilt nur als preisrechtlich „genehmigt", so daß es nicht in die die Mietzuschläge nach dem I. und II. BMG tragende Grundmiete eingeht (§ 7 I. BMG, § 1 Abs. 2 II. BMG).

2 Unterschiedlich ist auch das in beiden Vorschriften (§ 2 und § 3) erfaßte Wohnraum-Kontingent: dort der bis zum 31. Dezember 1949 bezugsfertig gewordene Wohnraum — hier begrenzt bis zum 20. Juni 1948. Die Erklärung geben §§ 6, 7 II. BMG i. Verb. mit §§ 30a—c bzw. mit § 45 Abs. 2—5 und mit § 48 Abs. 1 und 3 I. WoBauG in bezug auf den fraglichen $1\frac{1}{2}$-Jahres-Zeitraum vom 21. Juni 1948 bis 31. Dezember 1949. Danach kann seit 1. Juli 1960 der Vermieter von öffentl. gefördertem soz. Wohnungsbau die Miete durch schriftliche Erklärung nach § 18 I. BMG um 0,10 DM qm/Monat erhöhen und daneben nachträgliche Mehrbelastungen umlegen und weiter bis zum gleichen Betrage die Miete erhöhen, wenn und soweit die Zinsen der Eigenleistungen unter 4% liegen.

3 Handelt es sich um grundsteuer-begünstigten Wohnraum (i. S. von § 7, I, 2 II. BMG, §§ 7, 8 I. WoBauG), so ist die Vereinbarung einer vom Vermieter nach freiem Ermessen bestimmten („selbstverantwortlich gebildeten") Miete zugelassen.

§ 4

Ist der Mieter ohne eigenes Verschulden gehindert, einen Antrag nach § 2 zu stellen oder eine Erklärung nach § 3 abzugeben (für Berlin sind die Worte ‚oder eine Erklärung nach § 3 abzugeben' gestrichen), **so laufen die in den §§ 2 und 3 bestimmten Fristen** (Berlin: ‚läuft die in § 2 bestimmte Frist') **nicht vor Ablauf eines Monats seit Behebung des Hindernisses ab; jedoch kann nach Ablauf von zwei Jahren seit dem Ende der versäumten Frist der Antrag nicht mehr gestellt und die Erklärung nicht mehr abgegeben werden.**

§ 4 ist ebenso überholt wie der ebenfalls auf § 2 Abs. 1 zurückgreifende § 43, denn die Antragsfrist für Überschreitung der maßgeblichen Miete um mehr als 10%, aber nicht mehr als 33⅓% (der neue § 3/I variiert und beliebt, von „nicht mehr als ein Drittel" zu sprechen) war beim Inkrafttreten des GMW (1. Juli 1960) bereits seit 4½ Jahren verstrichen.

Zweiter Abschnitt

Allgemeine Mietzuschläge

Vorbemerkung: Die beiden Kernstücke des I. BMG stecken im 2ten und 7ten Abschnitt: ersterer (§§ 5, 6) wiederholt in Gesetzesform, womit die VO 72/52 3 Jahre zuvor begonnen hatte, nämlich die Preisbindung nicht zur Preislüge werden zu lassen und den Zusammenhang zwischen Baumarkt und Alt-Grundstücksmarkt zu wahren — letzterer (§ 18f.) bricht mit der Ironie der todgeborenen, weil unpraktizierbaren preisbehördlichen Genehmigung, indem nunmehr die als allgemein anerkannte Notwendigkeit der Preisberichtigung das Recht auf Abänderung des Vertrages mit kürzester Frist nach sich zieht.

§ 5

Die Miete für preisgebundenen Wohnraum, der bis zum 20. Juni 1948 (Berlin: 24. Juni 1948) **bezugsfertig geworden ist, darf um einen Zuschlag von 10 vom Hundert erhöht werden.**

1 Der Zuschlag für spätestens am 20. Juni 1948 (Berlin 24. Juni 1948) erstellten Wohnraum berührt nicht den ebenfalls 10%igen Zuschlag für den bis zum 1. April 1924 bezugsfertig gewordenen Wohnraum nach der VO Nr. 72/52 mit Wirkung ab 1. Oktober 1952, seit 1. August 1958 nach § 16 AMVO und zwar zu der nach § 7 I. BMG maßgeblichen Miete. Der Vermieter, der diesen Zuschlag noch nachholen kann, hat ihn daher von der nach § 1 preisrechtlich zulässigen Miete (der Stichtagsmiete v. 31. 12. 1954) zu berechnen, aber zuvor Abzüge nach § 7 Satz 2 zu machen (bis auf den zu Ziff. 6, der mit dem Zuschlag von 10% identisch ist und dessen Abzug daher nur für die Zuschläge nach §§ 5, 6

I. BMG in Frage kommt — nicht auch für den 15%igen Zuschlag nach § 1 Abs. 1 II. BMG, wie dessen Abs. 2 ergibt). Für Berlin gilt der 1952er Zuschlag nicht, der des § 5 war die erste allgemeine Erhöhung.

2 Die Zuschläge konnten für das Bundesgebiet, wo das BMG einheitlich ab 1. August 1955 in Kraft ist, gemäß § 18 frühestens zum 1. September 1955 in Geltung gesetzt werden — in Berlin, wo § 5 erst zum 1. Januar 1957 in Kraft gesetzt ist, frühestens zum 1. Februar 1957. Anders, wenn eine Gleitklausel, also eine vertragliche Vereinbarung jeweils genehmigte Erhöhungen mit dem Inkrafttreten der sie aussprechenden Regelung wirksam werden läßt.

§ 6 (nicht Berlin)

(1) **Die Miete für preisgebundenen Wohnraum, der bis zum 20. Juni 1948 bezugsfertig geworden ist, darf neben dem in § 5 bezeichneten Zuschlag um einen weiteren Zuschlag von 5 vom Hundert erhöht werden, wenn es sich um eine geschlossene Wohnung mit Anschlußmöglichkeiten für Gas- oder Elektroherd, neuzeitlichen und betriebsfähigen sanitären Anlagen innerhalb der Wohnung, einschließlich einer Badeeinrichtung mit zentralen oder besonderem Warmwasserbereiter, und mit Keller oder entsprechendem Ersatzraum handelt. Das gleiche gilt, wenn die Wohnung keine Badeeinrichtung, aber außer der übrigen in Satz 1 bezeichneten Ausstattung eine betriebsfähige Sammelheizung (Zentral- oder Etagenheizung) aufweist.**

(2) **Die Miete für eine abgeschlossene Wohnung, die außer der in Absatz 1 Satz 1 bezeichneten Ausstattung eine betriebsfähige Sammelheizung (Zentral- oder Etagenheizung) aufweist, darf neben dem in § 5 bezeichneten Zuschlag um einen weiteren Zuschlag von 10 vom Hundert erhöht werden.**

(3) **Hat der Mieter die Kosten für die Schaffung der Badeeinrichtung oder der Sammelheizung ganz oder überwiegend getragen, so bleiben diese Einrichtungen bei der Anwendung der Absätze 1 oder 2 außer Betracht.**

(4) **Ist die Miete nach dem 17. Oktober 1936 wegen der in den Absätzen 1 oder 2 genannten Ausstattungsmerkmale bereits bis zu dem Inkrafttreten dieses Gesetzes auf Grund einer Genehmigung der Preisbehörde erhöht worden oder wird sie künftig erhöht, so ermäßigt sich der Mietzuschlag nach den Absätzen 1 oder 2 um den Betrag der von der Preisbehörde genehmigten Mieterhöhung.**

1 Der 10%ige Zuschlag nach § 5 erfährt (aber nicht für Berlin) beim Vorhandensein genau aufgezählter Ausstattungsmerkmale eine weitere Erhöhung um 5 bzw. 10%, so daß er dann insgesamt 15 bzw. 20% beträgt und unter Mitberücksichtigung des Zuschlags von 10% gemäß § 16 i. Verb. mit § 45 Ziff. 1 AMVO, der an Stelle der PRNr 72/52 getreten ist lt. VO 72/52 zusammen 25 bzw. 30%.

Die die Erhöhung rechtfertigenden Ausstattungsmerkmale, die zusammen vorliegen müssen, sind:

1. Abgeschlossenheit (fehlt auch bei Abort auf halber Treppe),
2. Anschluß für Gas- oder Elektroherde,
3. neuzeitliche sanitäre Anlagen,
4. Keller oder entsprechenden Ersatzraum,
5. a) Badeeinrichtung mit Warmwasserbereiter (bloße Dusche genügt nicht, ebenso wenig Gemeinschaftsbad),
   b) betriebsfähige Zentral- oder Etagenheizung.

Die vorgenannten Merkmale 1—5a oder b) rechtfertigen den einfachen Komfortzuschlag von 5%, bei Vorhandensein von 1—5a und b) den erhöhten Zuschlag von 10%.

Die Zuschläge verringern sich um preisbehördliche Erhöhungen, die bereits nach dem 17. Oktober 1936 aus Anlaß gleicher Ausstattungsmerkmale erfolgt sind.

2 Zur Begründung der Zuschläge und zu den einzelnen Merkmalen ist auszuführen:

§ 6 soll dem Umstand Rechnung tragen, daß Wohnungen der bezeichneten Art mit Rücksicht auf die bessere Ausstattung einen höheren Instandhaltungsaufwand erfordern und sich bei ihnen im Falle einer Mietpreisfrage im allgemeinen ohnehin eine höhere Miete herausbilden würde. So stellt diese Mieterhöhung einen wirtschaftlichen Ausgleich für die Mehraufwendungen des Vermieters zur Instandsetzung und Instandhaltung der Anlage dar, so LG Duisburg — Urt. vom 11. Oktober 1956 — 2 S. 22/56 — in: ZMR 1957, S. 160ff.; Glaser Nr. 3/XII/1958; vgl. auch LG Göttingen — Urt. vom 10. Februar 1958 — 5 S. 185/57 — in: ZMR 1959, S. 33; Glaser Nr. 112/XII/1959 — unter Hinweis auf die Begründung der Bundesregierung zum 1. BMG; LG Freiburg i. Br. — Urt. vom 12. März 1958 — 3 S. 85/57 — in: BlGBW 1958, S. 174; Glaser Nr. 81/XII/1959. Auch wird damit ein Anreiz gegeben, auch Altbauwohnungen komfortabel auszustatten, so LG Freiburg i. Br. a.a.O. hinsichtlich neuzeitlicher Badeeinrichtungen. Der Komfort muß vom Vermieter geschaffen sein, denn dieser Mietzuschlag soll nicht eine Art Sondersteuer sein, mit der der Vermieter etwa das Vorhandensein von wertvollen Einrichtungsgegenständen des Mieters belegen darf, AG Hamburg — Urt. vom 21. Dezember 1956 — 41 C 459/56 — in: MDR 1958, S. 39 (40) ZMR 1958, S. 192 (n.L.); Glaser Nr. 7/XII/1958.

Der 10%ige Zuschlag nach § 5 erfährt (aber nicht für Berlin) beim Vorhandensein genau aufgezählter Ausstattungsmerkmale eine weitere Erhöhung um 5 bzw. 10%, so daß er dann insgesamt 15 bzw. 20% beträgt. (Daneben gilt weiter der 10%ige Zuschlag lt. VO 72/52 ab 1. August 1958 statt seiner der gleich hohe lt. § 16 — in Verb. mit § 45 Ziff 1 — AMVO).

Die die Erhöhung rechtfertigenden Ausstattungsmerkmale, die zusammen vorliegen müssen, sind:

1. Abgeschlossenheit

Sie ist nur dann gegeben, wenn die Wohnung räumlich von der Wohnung anderer Hauptmieter und des Eigentümers abgeschlossen ist. Nach einer in Rechtsprechung und Schrifttum vertretenen Ansicht soll es dafür genügen, daß es sich um eine technische Wohnungseinheit handelt, die baulich vollkommen von anderen Wohnungen und Räumen getrennt ist, mit einem eigenen abschließbaren Zugang unmittelbar vom Freien oder von einem Treppenhaus oder von einem Vorraum, unabhängig davon, ob hier eine oder mehrere selbständige Mietparteien zusammenwohnen, vgl. Normblatt DIN 238 (Gem. Min. Bl 1951, S. 79); so LG Hamburg — Urt. vom 16. Mai 1956 — 16 S. 40/56 — in: MDR 1956, S. 554f.; LG Bochum — Urt. vom 4. Dezember 1956 — 5 S. 68/56 — in: NJW 1957, S. 545; Groothold BMG, § 6 Anm. 2. So soll auch nach AG Düsseldorf — Urt. vom 16. Januar 1958 — 62 C 866/57 — in: ZMR 1959, S. 199; BlGBW 1958, S. 271; Düsseldorfer HZtg. 1958, Nr. 5; Glaser Nr. 151/XII/1959 — das unter Hinweis auf das Urt. des LG Düsseldorf — v. 14. November 1956 — 7 S. 375/56 — in: DWW 1957, S. 142f. ebenso wie eine zum Treppenhaus hin als Wohnung abgeschlossene aufgeteilte Großwohnung auch ein Einfamilienhaus als abgeschlossene Wohnung ansieht, eine Mieterhöhung nach § 6 auch zulässig sein, wenn das Einfamilienhaus neben dem Eigentümer noch von einem Mieter bewohnt wird, dessen Wohnung nicht durch einen besonderen Etagenabschluß von derHauptwohnung desEigentümers getrennt ist. Vgl. auch im selben Sinne AG Kiel — Schiedsurt. vom 4. Juni 1956 — 19 C 181/56 — in: WM 1956, S. 155f. mit abl. Anm. v. Braun; Glaser Nr. 13/XII/1958 (Einliegerwohnung im Einfamilienhaus mit gemeinsamer Hausabschlußtür und vom Eigentümer mitbenutzter Vordiele) und LG Düsseldorf — Urt. v. 23. April 1958 — 12 S 87/58 — in: Glaser Nr. 74/XII/1959. Dem kann u. E. n i c h t gefolgt werden. Es muß vielmehr zu dieser rein objektiven Abschließung das alleinige Verfügungsrecht des Mieters an der so vom übrigen Haus getrennten Wohnungseinheit hinzukommen. Denn nicht allein durch die bauliche Abgeschlossenheit, sondern erst dadurch, daß der Mieter sich als alleiniger Inhaber der Wohnung fühlen kann, tritt eine Erhöhung des Gebrauchswerts der Wohnung ein. Daran fehlt es aber, wenn mehrere Mietparteien — z. B. einer abgeschlossenen Etage oder eines Einfamilienhauses — ein selbständiges Mitbenutzungsrecht an einzelnen Wohnungsteilen, insbesondere an den Komforteinrichtungen des § 6 haben. So z. B. auch LG Bonn — ZMR 1958, 192; Glaser Nr. 11/XII/1958; LG Wiesbaden — Urt. vom 12. Dezember 1956 in: MDR 1956, S. 744; LG Dortmund — Urt. vom 13. April 1956 — in MDR 1956, S. 488f.; AG Köln — Urt. vom 5. Dezember 1955 — in MDR 1956, S. 171; mit zust. Anm. v. Weimar; in diesem Sinne wohl auch LG Düsseldorf — Urt. 11. Januar 1957 — in ZMR 1958, S. 82; Glaser Nr. 10/XII/1958; LG Göttingen — Urt. vom 10. Februar 1958 — in ZMR 1959, S. 33; Glaser Nr. 112/XII/1959; R o q u e t t e, BMG, 2. Aufl. 1958, § 6 Anm. 7. Eine Untervermietung läßt darum die vorhandene Abgeschlossenheit der Wohnung unberührt (so LG Kaiserslautern — Urt. vom 10. Juli 1957 in WM 1958, S. 57; Glaser Nr. 73/XII/1959/, denn sie ist Ausübung des Verfügungsrechts des Mieters. Auch wenn ein zusätzlicherWohnraum (z.B. Mädchenstube) außerhalb der abgeschlossenen Wohnung liegt, widerspricht das nicht der Anwendung des § 6, AG Bremen — Urt. vom 29. April 1958 in ZMR 1959, S.355; Glaser Nr. 1/XII/1960; vgl. auch LG Bochum — Urt. vom 4. Dezember 1956 — in NJW 1957, S. 545f. Nach LG Hannover — Urt. vom 15. Mai 1956 — in WM 1956, S. 105; Glaser Nr. 12/XII/1958 mit Anm. — fehlt es an der Abgeschlossenheit, wenn zwar jeder der miteinander u n verbundenen Räumen eine Tür zum Treppenabsatz hin besitzt, die Raumgesamtheit aber nicht durch eine Flurwand mit Wohnungstür gegen das Treppenhaus abgeteilt ist.

Die Abgeschlossenheit fehlt auch bei Abort auf halber Treppe.

2. Anschluß für Gas- oder Elektroherde

Die Anschlußmöglichkeiten für Gas- oder Elektroherde müssen sich in der Küche befinden. Ob sich der Mieter tatsächlich angeschlossen hat, ist ohne Belang, die Einrichtung als solche bestimmt den Komfortcharakter.

3. neuzeitliche sanitäre Anlagen

Nach LG Stuttgart — Urt. vom 29. April 1957 — in ZMR 1958, S. 82; Württ HZtg 1957, Nr. 7; Glaser Nr. 21/XII/1958 ist der Zuschlag nach § 6 auch dann gerechtfertigt, wenn das Klosett vomBadezimmer nicht vollkommen getrennt ist.

4. Keller oder entsprechenden Ersatzraum

5. a) Badeeinrichtung mit Warmwasserbereiter

Auch die Badeeinrichtung muß neuzeitlich und betriebsfähig sein. Eine Duschanlage ist nicht als Badeeinrichtung in diesem Sinne anzusehen, so auch LG Stuttgart — Urt. vom 4. Februar 1959 — in WM 1959, S. 61; Glaser Nr. 113/XII/1959 — hauptsächlich ausgehend vom Sprachgebrauch; LG Hamburg — Urt. vom 25. Juli 1957 — in WM 1957, S. 140; Glaser Nr. 6/XII/1958 — ablehnend nur hinsichtlich einer nur von einem 8-Liter-Boiler gespeisten Duscheinrichtung, im übrigen aber die Frage dahin stehen lassend — vgl. auch Pergande in DWW 1955, S. 155 (156). Bejahend AG Dortmund — Urt. vom 9. Oktober 1956 — in MDR 1957, S. 616, AG Kiel — Urt. vom 27. Februar 1956 — in ZMR 1957, S. 160 — das grundsätzlich eine Duschanlage als Badeeinrichtung ansieht, jedoch bei Vorhandensein eines 8-Liter-Boilers ablehnt; zust. Anm. Glaser unter Hinweis auf AG Hamburg in ZMR 1956, S. 302.

Nach AG Freiburg i. Br. — Urt. vom 22. August 1957 — in ZMR 1958, S. 85 (Glaser Nr. 4/XII/1958) müßte sich die Badeeinrichtung in einem gesonderten Raum befinden und dürfte nicht in der Küche untergebracht sein. Dagegen Anm. Glaser — Urt. des LG Freiburg i. Br. — vom 12. März 1958 — in BlGBW 1958, S. 174; Glaser Nr. 81/XII/1959; das Gesetz spricht ja nicht von einem eingerichteten Badezimmer, sondern von einer Badeeinrichtung innerhalb der abgeschlossenen Wohnung. Vgl. im Ergebnis auch: Schütz, BMG, § 6 Anm. 6; Fischer-Dieskau/Pergande/Wormit BMG, § 6 Anm. 6a und Nachtrag S. 45.

Auch eine nicht eingekachelte, sondern freistehende Badewanne kann eine neuzeitliche Badeeinrichtung sein, LG Krefeld — Urt. vom 31. Dezember 1957 — in ZMR 1958, S. 190; Glaser Nr. 76/XII/1959.

Nach AG Düsseldorf — Urt. vom 25. September 1957 — in ZMR 1958, S. 192; Glaser Nr. 80/XII/1959 genügt, wenn das Bad nicht mit einem Heizkörper an die Zentralheizung angeschlossen ist.

Das Bad muß aber einen zentralen oder besonderen Warmwasserbereiter haben. Dabei bedeutet Vorhandensein eines zentralen Warmwasserbereiters Anschluß an die zentrale Warmwasserheizung (LG Krefeld a.a.O.).

Als neuzeitlicher besonderer Warmwasserbereiter kann auch ein — z.B. in den Jahren 1940/41 aufgestellter — Kohlebadeofen angesehen werden, denn der Begriff „neuzeitlich" ist nicht mit „auf dem technisch neuesten Stand" zu verwechseln, AG Lauenburg, Zweigstelle Geesthacht — Urt. vom 3. Juli 1956 — in SchlHA 1957, S. 182; GWW 1957, S. 394; Glaser Nr. 5/XII/1958; vgl. auch LG Hannover — Urt. vom 21. Oktober 1958 — 11 S 220/58 in NHG 1958, S. 221; Glaser Nr. 78/XII/1959.

Nach LG Arnsberg — Urt. vom 14. Oktober 1957 — in ZMR 1958, S. 191; DWW 1958, S. 47; Glaser Nr. 79/XII/1959 — gemäß Betriebsfähigkeit an sich kommt es auf die tatsächliche Benutzung durch den Mieter an. § 6 ist aber nicht anwendbar, wenn der elektrische Speicher dem Mieter gehört, denn nach der ratio legis muß der Komfort vom Vermieter geschaffen sein. So AG Hamburg — Urt. vom 21. Dezember 1956 — in ZMR 1958, S. 192; MDR 1958,

S. 39f. Glaser Nr. 7/XII/1958; vgl. auch AG Hamburg in ZMR 1956, S. 13; Schütz, BMG, § 6 Anm. 10; and. Ansicht Fischer-Dieskau/Pergande/Wormit BMG § 6 Anm. 13 und Nachtrag 1 zu § 6 Anm. 12.

Fraglich ist aber, inwieweit eine zeitliche Einschränkung der Warmwasserbelieferung die Betriebsfähigkeit der Badeeinrichtung beeinträchtigt. Für die objektive Eigenschaft der Betriebsfähigkeit — worauf allein das Gesetz abstellt — ist nicht entscheidend, ob die Anlage einen vertragsgemäßen Gebrauch zuläßt, so LG Duisburg — Urt. vom 11. Oktober 1956 — in ZMR 1957, S. 160; Glaser Nr. 3/XII/1958; vgl. auch Böhr in GWW 1958, S. 57. Zutreffend bejaht das LG Kassel — Urt. vom 26. September 1957 — in WM 1958, S. 44; ZMR 1958, S. 192; GWW 1958, S. 98 Glaser Nr. 77/XII/1959 — die Betriebsfähigkeit grundsätzlich nur dann, wenn die Badeeinrichtung dem Mieter jederzeit zu Badezwecken zur Verfügung steht. So ist § 6 nicht anwendbar, wenn der Warmwasserbereiter nur zeitlich beschränkt in Betrieb gesetzt wird aus Gründen, die im Willen des Vermieters liegen; anders wenn der Mieter sein Einverständnis mit einer zeitlichen Einschränkung der Warmwasserbelieferung erklärt hat (vgl. auch Netzband-Höffgen BMG, § 6 Anm. VI Nr. 1). Nach dem Urt. des LG Kassel a.a.O. ist im Rahmen einer Wohnungsgemeinschaft auf die Interessen der Mehrheit Rücksicht zu nehmen, die mit der Beschränkung einverstanden ist. Vgl. aber LG Duisburg — Urt. vom 11. Oktober 1956 — in ZMR 1957, S. 160.

b) betriebsfähige Zentral- oder Etagenheizung

Nach AG Kiel — Schiedsurt. vom 14. Mai 1956 — in WM 1956, S. 122; Glaser Nr. 9/XII/1958 — ist eine Etagenheizung i. S. des § 6 vorhanden, wenn die wesentlichen zum dauernden Aufenthalt bestimmten Wohnräume durch die Zentralheizung bedient werden. Erforderlich ist auch eine ausreichende Beheizbarkeit der Schlafräume, wozu es nicht unbedingt der Aufstellung eines Heizkörpers bedarf, vielmehr die Möglichkeit einer Beheizung durch Lufteinführung aus anderen Räumen genügt. Abweichend AG Köln — vom 25. Februar 1957 — in WM 1957, S. 93; Glaser Nr. 8/XII/1958 —, das von der Beheizbarkeit sämtlicher Räume spricht.

Zweifelhaft, ob ein Kachelofen, der mehrere Zimmer beheizt (sog. Mehrzimmerofen), als Etageheizung i. S. § 6 anzusehen ist. Jedenfalls nicht, wenn er nur einen Teil der Wohnung beheizt. So auch Glaser in Anm. zu AG Köln — Urt. vom 25. Februar 1957 — unter Nr. 8/XII/1958; Fischer-Dieskau/Pergande/Wormit BMG, § 6 Anm. 9; Schütz BMG, § 6 Anm. 8. Hurtienne in Hamburg GrundE 1955, S. 193; Pergande in DWW 1955, S. 155 (157). Bejahend LG Essen — Urt. vom 17. November 1955 — in DWW 1955, S. 293; MDR 1956, S. 231; Bormann BMG, § 6 Anm. 8; Schütz BMG § 6 Anm. 8; Düppe in Westdeutscher Türmer 1955, S. 146 — wenn er alle wesentlichen Räume beheizt. Beachtlich der Gedanke von Fischer-Dieskau/Pergande/Wormit Nachtrag 1 zu § 6 Anm. 9, worauf auch Glaser in der Anm. zu AG Köln unter Nr. 8/XII/1958 hinweist, daß ein wesentlicher Unterschied zwischen Etagen- und Mehrzimmerofenheizung insoweit besteht, als nur bei der Etagenheizung eine Regulierung der Wärmekraft in den einzelnen Räumen möglich ist, wodurch dieser Heizungstyp für den Mieter vorteilhafter ist, eine Gleichsetzung mit der Kachelofenheizung darum unbillig erscheint, zumal auch der Sprachgebrauch für eine einengende Auslegung spricht. (Vgl. auch Groothold BMG, § 6 Anm. 9; Ehrenfort in WM 1956, S. 83.)

Die vorgenannten Merkmale 1—5 a) oder b) rechtfertigen den einfachen Komfortzuschlag von 5%, bei Vorhandensein von 1—5 a) und b) den erhöhten Zuschlag von 10%.

Die Zuschläge verringern sich um preisbehördliche Erhöhungen, die bereits nach dem 17. Oktober 1936 aus Anlaß gleicher Ausstattungsmerkmale erfolgt sind.

Unerfindlich scheint, daß die Zulässigkeit der allgemeinen Mietzuschläge nach §§ 5 und 6 noch einmal von der AM VO in deren § 17 attestiert werden mußte — immerhin ist das BMG vom Bundestag mit Zustimmung des Bundesrats beschlossen und vom Bundespräsidenten, dem Bundeskanzler und 5 Bundesministern verkündet worden. Formal waren freilich die Bundesminister für Wirtschaft und Wohnungsbau nach § 39 IBMG ermächtigt, mit Zustimmung des Bundesrats durch RechtsVO das Mietpreisrecht btr. den bis 31. Dezember 1949 bezugsfertig gewordenen Wohnraum aus Rechtsverordnungen und Verwaltungsbestimmungen zu vereinfachen und unter Berücksichtigung des I. BMG zusammenzufassen. Ist das aber alles einfacher und übersichtlicher geworden?

§ 7

(1) **Die Mietzuschläge nach den §§ 5 und 6 sind** (Berlin: ‚Der Mietzuschlag nach § 5 ist') **von der nach § 1 preisrechtlich zulässigen Miete zu berechnen. Von dieser Miete sind abzuziehen**

1. **Umlagen für Wasserverbrauch,**
2. **Brennstoffkosten, Anfuhrkosten für die Brennstoffe und Kosten der Bedienung für zentrale Heizungs- und Warmwasserversorgungsanlagen,**
3. **Umlagen für laufende Mehrbelastungen seit dem 1. April 1945,** (Berlin: ‚Umlagen oder Zuschläge für lfd. Mehrbelastungen seit dem 1. Juli 1953).
4. **Untermietzuschläge,**
5. **Zuschläge wegen Nutzung von Wohnraum zu anderen als Wohnzwecken,**
6. **der seit dem 1. Oktober 1952 erhobene allgemeine Mietzuschlag für Wohnraum, der vor dem 1. April 1924 bezugsfertig geworden ist.** (Berlin: Nr. 6 entfällt).

(2) **Wird die in Absatz 1 Satz 1 bezeichnete Miete nach dem Inkrafttreten dieses Gesetzes** (Berlin: ‚nach dem Inkrafttreten des Gesetzes über den Abbau der Wohnungszwangswirtschaft und über ein soziales Miet- und Wohnrecht') **in preisrechtlich zulässiger Weise erhöht oder herabgesetzt, so tritt an ihre Stelle die erhöhte oder herabgesetzte Miete. Dies gilt nicht für Mieterhöhungen nach dem Zweiten Bundesmietengesetz.**

1 Die allgemeinen Mietzuschläge sind nicht schlechthin der (evtl. berichtigten — Abs. 2) Stichtagsmiete (§ 1) zuzurechnen, sondern einer Grundmiete, die sich durch Abzug der Pos. 1—6 (Berlin 1—5) von der Stichtagsmiete des 31. Dezember 1954 bildet. Es handelt sich um Umlagen, Zuschläge und den

10%igen Zuschlag nach der VO 72/52, die, weil sie vorher von der Stichtagsmiete abzuziehen sind, an der Erhöhung nicht teilnehmen.

2 Von „Grundmiete" spricht § 6 AMVO als Stichtagsmiete vom 31. Dezember 1954 abzüglich der in ihr enthaltenen Umlagen und Zuschläge für Sonderleistungen. Grundmiete im Sinne beider Gesetze ist also (mit einer Formulierung von Roquette S. 155) das am 31. Dezember 1954 vereinbart gewesene „reine Gebrauchsentgelt".

3 Anders die Grundmiete des II. BMG (§ 1 Abs. 2) als am 30. Juni 1960 „preisrechtlich zulässig gewesenes reines Gebrauchsentgelt („auf den 30. Juni 1960 fortgeschriebene Grundmiete", so Fiedler S. 93).

4 Wasserkosten-Umlage (nur als Umlage) ist voll abzuziehen, nicht nur der einen Pauschbetrag übersteigende Teil. Vgl. § 20 AMVO.

Sammelheizungskosten: Vgl. § 25 AMVO.

Mehrbelastungen: Vgl. § 22 zit.

Untermietzuschläge: Vgl. § 19 zit.

Entfremdungszuschlag: Vgl. § 18 zit.

Erster Allg. Mietzuschlag: Vgl. VO 72/52 (BGBl. 648) für Wohnraum, der vor dem 1. April 1924 bezugsfertig geworden ist.

5 Der durch Art. IX 1b GMW dem Abs. 2 eingefügte Satz 2 bedeutet, daß der Grundsatz der Anpassung der allgemeinen Mietzuschläge nach §§ 5, 6 an die jeweils preisrechtlich zulässige Miete nach Inkrafttreten des II. BMG am 1. Juli 1960 nicht dazu führen soll, den Vermieter, der jene seit 1. August 1955 (bzw. wegen § 18 Abs. 3 seit 1. September 1955) zulässigen Zuschläge erst jetzt erhöbe, sie von einer um die 15% des § 1 Abs. II. BMG erhöhten Miete berechnen zu lassen (Reichlich kompliziert und warum? weil ein fingierter Hauswirt, der 5 Jahre lang die Steigerungs-Möglichkeit verschlafen hat, den Verlust mit einem verschwindenden Bruchteil nachholen könnte!).

Dritter Abschnitt

Zulassung einer Kostenvergleichsmiete im Einzelfall

Vorbemerkung: §§ 8 und 9 (damit der 3. Abschnitt) sind durch GMW Art. IX 1c mit dem 1. Juli 1960 aufgehoben. Entsprechend hat GMW Art. IX 1n durch § 45b BMG die Rechts-VO über die Errechnung der KVglM vom 21. Dezember 1956 aufgehoben.

Bis zum 30. Juni 1960 konnte die KVglM vereinbart oder vom Vermieter Antrag auf ihre Genehmigung bei der Preisbehörde gestellt werden. Auch konnte die KVglM an die Stelle der preisrechtlich zulässigen Miete treten, wenn sich der Mieter auf sie innerhalb eines Jahres nach Vereinbarung einer um mehr als $\frac{1}{3}$ überhöhten Miete gemäß § 3 I. BMH (in der alten Fassung) berufen hatte.

§ 8 (aufgehoben)

(1) Ist von den auf Grund dieses Gesetzes und der sonstigen Preisvorschriften allgemein zugelassenen Mieterhöhungen für preisgebundenen Wohnraum, der bis zum 20. Juni 1948 bezugsfertig geworden ist, Gebrauch gemacht worden, ohne daß sich für den Wohnraum in einem Gebäude oder

in einer Wirtschaftseinheit ein Mietertrag ergeben hat, der zur Deckung der im Zeitpunkt der Antragstellung anzusetzenden Beträge für Betriebs-, Instandhaltungs- und Verwaltungskosten und das Mietausfallwagnis sowie der im Vergleichszeitpunkt in der Miete enthaltenen Beträge für Kapitalkosten und Abschreibung erforderlich ist (Kostenvergleichsmiete), so ist eine anteilige Erhöhung der Mieten bis zu diesem Betrage zulässig, soweit ihr die Mieter auf Grund einer Berechnung nach § 9 zustimmen oder wenn die Preisbehörde die Kostenvergleichsmiete genehmigt. Übersteigt die Kostenvergleichsmiete die sonst nach diesem Gesetz zulässige Miete um nicht mehr als 5 vom Hundert, so ist die Genehmigung durch die Preisbehörde unzulässig.

(2) Vergleichszeitpunkt ist für den bis zum 17. Oktober 1936 bezugsfertig gewordenen Wohnraum der 17. Oktober 1936, für den später bezugsfertig gewordenen Wohnraum der Zeitpunkt der Bezugsfertigkeit.

(3) Ist im Falle der Zustimmung des Mieters nach Absatz 1 Satz 1 oder im Falle einer Erklärung des Mieters nach § 3 Abs. 3 die Höhe der Kostenvergleichsmiete streitig, so stellt die Preisbehörde die Kostenvergleichsmiete fest.

§ 9 (aufgehoben)

(1) Zur Errechnung der Kostenvergleichsmiete werden die Beträge für Betriebs-, Instandhaltungs- und Verwaltungskosten und für Mietausfallwagnis im Vergleichszeitpunkt den entsprechenden Beträgen im Zeitpunkt der Antragstellung gegenübergestellt; sie sind auf ein Jahr umzurechnen. Der Mehrbetrag im Zeitpunkt der Antragstellung darf nach vorheriger Berücksichtigung von Mietveränderungen sei dem Vergleichszeitpunkt auf die Mieter nach dem Verhältnis der bisherigen Mieten umgelegt werden; der Mietwert des vom Eigentümer selbst genutzten Wohnraumes ist hierbei zu berücksichtigen.

(2) Bei der Errechnung der Kostenvergleichsmiete ist von folgenden Ansätzen je Jahr auszugehen, soweit sich aus Absatz 3 nichts Abweichendes ergibt:

1. bei Betriebskosten von den tatsächlichen Aufwendungen;
2. bei Instandhaltungskosten
   a) im Vergleichszeitpunkt bei dem bis zum 17. Oktober 1936 bezugsfertig gewordenen Wohnraum von 12 vom Hundert der preisrechtlich zulässigen Jahresmiete nach dem Stande vom 17. Oktober 1936 abzüglich der Brennstoffkosten, Anfuhrkosten für die Brennstoffe und Kosten der Bedienung für zentrale Heizungs- und Warmwasserversorgungsanlagen, bei später bezugsfertig gewordenem Wohnraum von 0,75 vom Hundert der reinen Baukosten,
   b) im Zeitpunkt der Antragstellung von 25 vom Hundert der nach den §§ 1, 2, 5 und 6 sich ergebenden Jahresmiete abzüglich der in

§ 7 Abs. 1 Nr. 1 bis 5 bezeichneten Beträge, höchstens aber 4 Deutsche Mark je Quadratmeter Wohnfläche;

3. bei Verwaltungskosten im Vergleichszeitpunkt von 25 Deutschen Mark und im Zeitpunkt der Antragstellung von 35 Deutschen Mark je Hauptmietverhältnis;
4. bei dem Mietausfallwagnis von 2 vom Hundert der nach den §§ 1, 2, 5 und 6 sich ergebenden Jahresmiete im Zeitpunkt der Antragstellung abzüglich der in § 7 Abs. 1 Nr. 1 bis 5 bezeichneten Beträge; ein Ansatz des Mietausfallwagnisses im Vergleichszeitpunkt entfällt.

(3) Ist der Mietpreisberechnung für den nach dem 17. Oktober 1936 bezugsfertig gewordenen Wohnraum, insbesondere im Zusammenhang mit der Bewilligung öffentlicher Mittel, ein höherer Satz für Instandhaltungskosten als 0,75 vom Hundert der reinen Baukosten zugrunde gelegt worden, so ist der erhöhte Satz maßgebend; ist ein Ansatz für Mietausfallwagnis zugrunde gelegt, so ist er zu berücksichtigen.

(4) Der Bundesminister für Wohnungsbau und der Bundesminister für Wirtschaft werden ermächtigt, durch Rechtsverordnung nähere Vorschriften über die Errechnung der Kostenvergleichsmiete, insbesondere bei den gemischt genutzten Gebäuden sowie über die Berücksichtigung von Mietveränderungen seit dem jeweiligen Vergleichszeitpunkt, zu erlassen.

Sinn und Zweck der KVglM war, daß der Vermieter mit Zustimmung des Mieters oder mit Genehmigung der Preisbehörde die Anpassung einer trotz Ausschöpfung aller Erhöhungsmöglichkeiten gegenüber dem regulären Bedarf unzulänglichen Miete betreiben konnte. Dabei wurde durch die Errechnung der Kostenmiete mittels Vergleichung erreicht, daß der Kapitalwert, wie er 1936 war, gestoppt bleibt, und die Anpassung sich auf Betriebs- und Instandsetzungskosten beschränkt. KVglM verbindet also Kapitaldienst-Stop (1936) mit sonstigen Jetztkosten.

„Die wohnungspolitische Bedeutung der Vorschrift liegt", so die Begründung des Wohnungsausschusses des Bundestags, „in erster Linie in dem Ausgleich des unterschiedlichen Verhältnisses von Miethöhe und Höhe der Bewirtschaftungskosten beim Wohnungsbestand. Durch die Anerkennung der den heutigen Verhältnissen entsprechenden Bewirtschaftungskosten, insbesondere einer entsprechenden Quote für den normalen Instandhaltungsbedarf, soll auch der Hausbesitz, der durch die erste allgemeine Mieterhöhung von 10% am 1. Oktober 1952 und die allgemeinen Mietzuschläge (des BMG) noch nicht seinen normalen Instandshaltungsbedarf decken konnte, in die Lage versetzt werden, eine ordnungsmäßige Bewirtschaftung durchzuführen."

Kostenvergleichsmiete ist (für nicht später als am 20. Juni 1948 bezugsfertig gewordenen Wohnraum — der zwischen 21. Juni 1948 und 31. Dezember 1949 fertig gewordene benötigt die KVglM nicht, da insoweit volle Kostenmiete oder Preisfreiheit gilt (§§ 10, 11) —) diejenige Miete aus dem Grundstück, die der Vermieter benötigt, 1. um alle Ausgaben zu bestreiten, und zwar a) in genormter Höhe für aa) Instandhaltung, bb) Verwaltung, cc) Ausfallrücklage und b) in tatsächlicher Höhe für dd) Betriebskosten (vornehmlich öffentliche Lasten),

2. um das Grundvermögen (fremdes und eigenes Kapital) in dem Maße verzinst zu bekommen, wie es sich am Stichtag, dem 17. Oktober 1936, verzinst hat. Verglichen wird das Gesamtmietaufkommen von heute — d. i. bei Stellung des Antrags auf Zuerkennung des Mehrbedarfs — mit demjenigen vom 17. Oktober 1936 bzw. dem Zeitpunkt späterer Beziehbarkeit. Der Rückgriff auf die Miete im Vergleichszeitpunkt erfolgt, um den Kapitaldienst in gestoppter Höhe zu errechnen.

Kostenvergleichsmiete (ideelle oder manipulierte Kostenmiete) ist also die heutige aus Vergleichung gewonnene Kostenbedarfsmiete, d.h. diejenige Miete, die die Kostendeckung begründet.

In der Kostenvergleichsmiete sind die Instandhaltungskosten für heute mit 25% der Jahresmiete zu berechnen (höchstens mit 4.— DM pro qm Wohnfläche), die Risikoprämie mit 2%, die Verwaltungskosten mit 35,— DM pro Mietverhältnis.

Die Kapitalkosten am Sichtag — und in dieser Höhe werden sie in die Berechnung der heutigen Bedarfsmiete übernommen — werden durch Abzug der vorgenannten Aufwendungen von der Stichtagsmiete gewonnen, wobei aber die Kosten für Instandhaltung mit 12% (statt jetzt 25%) pauschalisiert werden, die Verwaltung mit 25,— DM (statt heute 35,— DM) pro Mietverhältnis, während die Wagnisprämie entfällt.

Beträgt z. B. die jährliche Heutmiete 13 200,— DM gegenüber 10800,— RM am alten Stichtage, und hatten an ihm Betriebskosten die effektive Höhe von 1800,— RM, Instandhaltungskosten von 1300,— RM, Verwaltungskosten von 200,— RM=3300,— RM, so verblieben als Kapitaldienst 10800,— RM — 3300,— RM=7 500,— RM.

Demgegenüber mögen die Bestandteile der Kostenvergleichsmiete betragen: Betriebskosten 2600,— DM, Instandhaltungskosten 3300,— DM, Verwaltungskosten 280,— DM, Wagnisprämie 264,— DM + Kapitaldienst 7500.— DM = 13 944,— DM.

Damit übersteigt die Kostenvergleichsmiete die Istmiete um (13 944—13 200).=744,— DM, d. i. um mehr als 5% (= 660,— DM), womit die Bagatellgrenze erreicht ist als Voraussetung der Zuerkennung des Mehrbedarfs durch die Preisbehörde. Bei einem geringeren Mehrbedarf ist der Vermieter auf die Zustimmung der Mieter bzw. des einzelnen Mieters angewiesen. Dafür, ob die 5% erreicht sind, kommt es nur auf das Gesamtmietaufkommen an, nicht auf die einzelne Miete (§ 18 VO).

Mit der Einführung der Kostenvergleichsmiete garantiert der Gesetzgeber einen auskömmlichen Mietpreis, nämlich neben der Erstattung der sonstigen Bewirtschaftungskosten die Vorkriegsverzinsung des Grundvermögens.

Sieht der Gesetzgeber in der — mit 100,— RM gedachten — Stichtagsmiete vom 17. Oktober 1936 einen Instandhaltungsbedarf von 12% stecken, so bedeutet der für heute zugestandene Bedarf von 25% einer auf 120—135 erhöhten Miete (10% aus PR 72/52, weitere 10% aus § 5 BMG, weitere 5%, evtl. zuzüglich 10% aus § 6 BMG) — bezogen auf die vorgedachte 1936er Miete von

$$100 - \frac{120}{4} \text{ bis } \frac{135}{4} = 30\% \text{ bis } 33{,}75\%.$$

Zum Übergang auf die KVglM ist keine generelle Genehmigung erteilt, vielmehr bedurfte es einer Spezialgenehmigung.

Der Vermieter (nur er) konnte die Preisbehörde zur (1.) Genehmigung, (2.) Feststellung, (3.) Berechnung der KVglM anrufen:

1. zur Genehmigung: § 8 Abs. 1,
2. zur Feststellung der streitig gewordenen Höhe
   a) nach der vorherigen Vereinbarung der KVglM: § 8 Abs. 3 i. Vdg. mit Abs. 1,
   b) nach Berufung des Mieters auf die preisrechtlich zulässige Miete: § 8 Abs. 3 in Vbdg mit § 3 Abs. 3,
3. zur Berechnung (ohne den Fall des Streits),
   a) zum Zwecke der Vereinbarung: § 8 Abs. 1,
   b) nach Berufung des Mieters: § 3 Abs. 3,

Die KVglM wird wirksam mit der Vereinbarung oder auf Grund einer Erklärung des Vermieters gemäß § 18 nach Genehmigung durch die Preisbehörde. Vgl. MinRat Schütz, Düsseldorf „Die Kostenvergleichsmiete" in DWW 1957 S. 26.

Vierter Abschnitt

Miete für zwischen dem 21. Juni 1948 und dem 31. Dezember 1949 bezugsfertig gewordenen Wohnraum

§ 10 (aufgehoben)

Durch Art. IX 1c GMW, da durch §§ 6 und 7 des II. BMG und §§ 30a, 30b I. WoBauG ersetzt. (Nur wenn der Vermieter die Erhöhungserklärung bis zur Kostenmiete spätestens am 30. Juni 1960 nach § 18 BMG den Mieter hat zugehen lassen, ist die neue Miete Berechnungsgrundlage für die Mietzuschläge nach § 6 Abs. 1 II. BMG i.Verb. mit §§ 30a, 30b I. WoBauG.)

§ 11 (nicht Berlin)

Die Vermietung von Wohnraum, der in der Zeit vom 21. Juni 1948 bis zum 31. Dezember 1949 bezugsfertig geworden ist, unterliegt nicht mehr den Preisvorschriften, wenn der Wohnraum ohne öffentliche Mittel im Sinne des § 3 des Ersten Wohnungsbaugesetzes geschaffen worden und nicht grundsteuerbegünstigt im Sinne des § 7 Abs. 1 Satz 2 des Zweiten Bundesmietengesetzes ist.

§ 11 — durch GMW IX 1d neu gefaßt — schließt sich in der Preisregelung den in §§ 5—7 behandelten, bis zum 20. Juli 1948 bezugsfertig gewordenen Wohnräumen an. Es betrifft die alten Neubauten und wiederholt den Grundsatz des § 6 der VO 71/51, daß der ohne öffentliche Mittel geschaffene und auch nicht grundsteuerbegünstigte Wohnraum dieses Zeitabschnittes nicht mehr preisgebunden ist. Nach Bettermann (JZ 1952 S. 65) war die Gültigkeit dieser VO durchaus zweifelhaft. Jetzt gilt die freie Marktmiete. Das ist eine Vorausverlegung des Stichtags für den mietpreisfreien Wohnungsmarkt gegenüber § 46 in Verbindung mit § 42 Abs. 2 des Ersten WoBauG i.d.F. vom 25. August 1953, der Mietverhältnisse für frei finanzierte und nicht steuerbegünstigte nach dem 31. Dezember 1949 bezugsfertig gewordene Wohnungen mit Wirkung ab 1. August 1953 aus der Preisbindung herausnimmt.

Die alte Fassung verwies auf den ab 1. Juli 1960 weggefallenen § 10. Sie war im übrigen unklar, indem sie als Gegenstand ihrer Regelung Wohnraum bezeichnete, auf den § 10 (mit 3 langen Absätzen!) nicht anzuwenden ist", anstatt kurz und bündig eine positive Aussage zu machen.

Fünfter Abschnitt

Ausschluß von Mieterhöhungen

Vorbemerkung: §§ 12 und 14 (§ 13 ist durch GMW — IX 1e — aufgehoben) bilden den 5. Abschnitt mit dem Titel „Ausschluß von Mieterhöhungen" — dabei spricht § 12 von „Unzulässigkeit" und hat auch die Spezialüberschrift „Unzulässigkeit von Erhöhungen", und § 14 enthält ein Verbot von Erhöhungen. Demgegenüber nennt sich § 19 (7. Abschnitt) „Ausschluß von Mieterhöhungen (im Abschnitt „Durchführungen von Mieterhöhungen), wenn nämlich dieParteien sie vertraglich ausdrücklich „ausgeschlossen" haben oder sich der Ausschluß durch erhebliche Beiträge des Mieters auf den Mietgegenstand billigerweise von selbts versteht.

Der Gesetzgeber hätte § 19 in den 5. Abschnitt einbeziehen und ihm den Platz des aufgehobenen § 13 anweisen sollen. Alle 3 Bestimmungen (§§ 12, 14, 19) haben denselben Nenner: Bei jedem der 3 Tatbestände verbietet sich die Durchführung der Mieterhöhung: a) weil der Vermieter Minderwertiges geleistet hat (§ 12), b) weil er sich die nach § 3 I genehmigte Mieterhöhung schon eigenmächtig verschafft hatte (§ 14), c) weil ihm die Erhöhung bereits durch Leistungen des Mieters zugeflossen ist (§ 19).

§ 12

Mieterhöhungen auf Grund dieses Gesetzes sind unzulässig:

1. wenn und solange Mängel vorliegen, welche die Benutzbarkeit des Wohnraumes unter Berücksichtigung der örtlichen Wohnverhältnisse oder Wohngewohnheiten offensichtlich erheblich beeinträchtigen;

2. für Kellerwohnungen, Bunkerwohnungen, Barackenwohnungen, Wohnungen in Behelfsheimen und Nissenhütten sowie für sonstige behelfsmäßige Unterkünfte.

1 Für den hier bestimmten Ausschluß aller Mieterhöhungen des BMG, d.h. der in §§ 1, 3, 5, und 6 gewährten, nicht auch der „Mieterhöhungen im einzelnen Fall aus besonderen Gründen nach § 10f. AMVO (für sie gilt aber auch gemäß § 41 das. in Ausschlußgrund unseres § 12 Ziff. 2), genügt nicht der Mangel an Komfort, der lediglich die über 10% hinausreichende Erhöhung des § 6 ausschließt, vielmehr müssen Mängel vorhanden sein, die offenbar machen, daß die objektive Benutzbarkeit für die Dauer des Bestehens dieser Mängel erheblich beeinträchtigt ist. — Die gleiche Voraussetzung begründet die Sicherungsmaßnahme des § 31.

Wann ist die Bewohnbarkeit — nicht bloße „Wohnlichkeit" (vgl. Roquette S. 203 — offensichtlich erheblich beeinträchtigt? Besteht eine Parallele zwischen diesen die Mieterhöhung ausschließenden Gründen und den die vertragliche Tauglichkeit („Tauglichkeit für den vertragsmäßigen Gebrauch") nach § 537 BGB mindernden Gründen? Von letzteren (den „Fehlern") sagt die Bestimmung des BGB, daß sie den Mieter von einem Teil des Mietzinses befreien, diesen nämlich in dem Verhältnis herabsetzen, in dem sich der Wohnwert der mangelfreien Wohnung zu ihrem wirklichen Wohnwert verhält. Mangels einer diesbezüglichen Bestimmung läßt der preisrechtliche Ausschluß der Mieterhöhung die privatrechtliche Minderung des Mietzinses auf sich beruhen. Auch die amtliche Begründung bekennt, daß die Gewährleistungsansprüche des Mieters (in erster Linie die Minderung) unberührt bleiben.

Soll also nach einem bestimmten oder doch ungefähr bestimmbaren Grad vertragswidriger Untauglichkeit, dem eine verhältnismäßige Minderbarkeit des Mietzinses entspricht, gesucht werden, um ihn als untere Grenze für den Eintritt der Unzulässigkeit zu bezeichnen, so, daß der Mieter, der in Höhe von mindestens x% vom Mietzins bürgerlich rechtlich befreit ist, auch die Unzulässigkeit der bundesmietrechtlichen Unzulässigkeit geltend machen kann? Der Gesetzgeber hätte den ordentlichen Gerichten, die im Streitfall zu entscheiden haben, Richtlinien an die Hand geben sollen. Das frühere MEA hätte sich selbst einheitliche Richtlinien gegeben, und auch die Gerichte werden sich solche zu erarbeiten haben.

Nimmt man den Verlust von einem Drittel des Wohnwerts als untere Grenze für den Erhöhungsausschluß, so hätte eine Dreizimmerwohnung, von der 1 Zimmer 50% des Wohnwerts verloren hat, zu $^{50}/_{3}$ % = 16,66% an Benutzungswert verloren, und es müßte entweder ein Zimmer voll unbenutzbar oder zwei Zimmer müßten halb benutzbar sein, um an die Ausschlußgrenze heranzukommen.

2 Dabei sollen die örtlichen Wohnverhältnisse oder Wohngewohnheiten berücksichtigt werden. Es ist also nicht auf die speziellen Verhältnisse, Anschauungen und Gewohnheiten des einzelnen Wohnmieters abzustellen, sondern darauf, was nach den Anschauungen derer, die die Örtlichkeit teilen und an deren Art gewöhnt sind, benutzbar bzw. erheblich unter die Norm der Benutzbarkeit herabgedrückt erscheint. Es entscheidet mithin die objektive Benutzbarkeit nach ortsgebundenen Wohnmaßstäben.

Wo ein Beispiel des Bundestagsausschusses in seiner Begründung zu § 12 — Aborte und Brunnen sich ortsüblicher Weise auf dem Hofe befinden, ist schon die ortsübliche Miete darauf eingestellt; diese an sich schon niedrigere Miete nicht anzuheben, hieße das Motiv des Gesetzgebers für die Erhöhung mißachten — nämlich dem Vermieter die gerechte Verzinsung des Eigenkapitals (wenigstens 4% § 30b I. WoBauG) dadurch versagen, daß die gestiegenen Bewirtschaftungskosten mangels Anhebung der Miete die Position Zinsen ganz oder teilweise aufzehren.

Bei der grundsätzlichen Abstufung wird der vom Gesetzgeber verfolgte Zweck voranstehen. Sein Wille ist, wie bei Rechtsgeschäften derjenige der handelnden Partei (§ 133 BGB), zu erforschen — beide Male gemessen an objektiven und verkehrüblichen Maßstäben.

Das Gesetz will die Wirtschaftlichkeit des Hausbesitzes bessern, da es ihn als volkswirtschaftliche Potenz nicht ausschalten, sondern mit neuer Initiative zur Erhaltung des in seiner Obhut befindlichen für das Volkswohl bedeutsamen Vermögens erfüllen und den Anreiz zur Befriedigung des Nachholbedarfs verstärken will. Der Gesetzgeber vergibt die Lizenzen da, wo die Vergabe nicht hoffnungslos ist. Das ist sie offensichtlich in den Fällen der Ziff. 2, die als „Bruchbuden"-Klausel bekannt geworden ist. Wo die Erhöhung nicht als vertan anzusehen ist, wo vielmehr damit etwas zum besten der Befriedigung des Wohnbedarfs getan werden wird, sollte sie tunlichst nicht versagt werden. Man kann nicht einmal die Instandsetzungen anheben und zugleich die Preisanhebung verbieten wollen.

Wer freilich sein Haus verkommen läßt — aus pervertierter händlerischer Einstellung — in ihm eine Immobilie sehend, die man kauft, um sie zu verkaufen — wer also keine pflegliche Hausbewirtung betreibt, sondern Hausraubbau und wer damit die Voraussetzungen des § 31 erfüllt oder doch nahe daran ist, sie zu erfüllen, schließt sich selbst vom Privileg der Erhöhungsgenehmigung aus, und die gerichtliche Bestätigung dieses Ausschlußes kann ihn nicht befremden.

AG Düsseldorf Urt. vom 28. Januar 1956 (ZMR 5 S. 159) bejaht Verweigerungsrecht des Mieters, wenn und solange Mängel in der Mietwohnung vorliegen, die die Benutzbarkeit des Wohnraums unter Berücksichtigung der örtlichen Wohnverhältnisse oder Wohngewohnheiten offensichtlich erheblich beeinträchtigen.

AG Essen-Stelle Urt. vom 29. März 1956 (ZMR S. 332) bejaht bei Kellerwohnung, wenn Anlagen für das ganze Haus (15 cm Heizrohre und Rußentnahme) in einer solchen Wohnung untergebracht sind und wenn die Bohlen des Fußbodens ohne feste Unterlage auf das Erdreich aufgesetzt sind.

Das Beispiel der Rauchbelästigung durch versottete und zu entgasende Kamine (Glaser in HW 1956 S. 119) stellt sich bei der Einzimmerwohnung wesentlich anderes dar als bei einem einzelnen Zimmer einer Großwohnung. Wer 7 Monate lang das einzige Zimmer nur bei einem 30%igen Wohnwert benutzen kann, hat für das Jahr den Verlust einer Benutzbarkeit von über 50% zu beklagen.

§ 13 entfällt (Art. IX 1e GMW) infolge Streichung des § 10

Die Zuschlags-Begrenzung des § 13 kann, wo sie beachtet wurde, durch eine neue Erklärung nach § 18 für die Zukunft wettgemacht werden; wo die Grenze überschritten worden ist, entfällt die preisrechtliche Unzulässigkeit.

§ 14 (nicht Berlin)

Die Miete darf um die Mietzuschläge nach den §§ 5 und 6 nicht erhöht werden, wenn

1. **sie nach § 3 Abs. 1 genehmigt ist,**
2. **die Kostenvergleichsmiete nach § 3 Abs. 3 maßgeblich ist,**
3. **die Kostenvergleichsmiete nach § 8 vereinbart oder genehmigt ist.**

Die allgemeinen Sondergenehmigungen von 10 bzw. 15, bzw. 25% entfallen in den drei im Text genannten Fällen:

1. Das Gesetz sagt: „. . . wenn sie (die Miete) nach § 3 Abs. 1 genehmigt ist." Aber nicht die stillschweigende Genehmigung einer irgendwie hohen

Überschreitung der Stichtagsmiete (Höchstmiete) nach § 3 Abs. 1 schließt die allgemeinen Erhöhungen aus. Diese werden nur insoweit ausgeschlossen, als sie schon in der überhöhten (aber bis 33⅓% stillschweigend genehmigten) Preisabrede stecken. Sind mit ihr statt 100 (Stopmiete) 110 vereinbart und diese, da der erlaubte Spielraum bis 133,33 reicht, stillschweigend genehmigt, so würde die Genehmigung zu Zuschlägen von 20% nach §§ 5 und 6 nur im Umfang von 20 — 5 = 15% genutzt werden können. Es müßte also heißen: Wenn und soweit eine den Mietzuschlägen entsprechende Erhöhung bereits nach § 3 Abs. 1 als genehmigt gilt.

2. Die Reduzierung einer überhöhten Preisabrede auf die Kostenvergleichsmiete — also der Fall, wo der Mieter seine Zustimmung zu einer stillschweigend genehmigten (weil 33⅓% nicht überschreitenden) Erhöhung widerruft und der Vermieter die Kostenvergleichsmiete wählt — schließt die allgemein genehmigten Zuschläge aus. Dieser Ausschluß läßt sich hier damit rechtfertigen, daß di› KVglM eine unter Berücksichtigung der Nachkriegsverhältnisse angemessene Bedarfsmiete ist.
3. Dasselbe gilt in erhöhtem Maße, wenn die Wahl der KVglM mit Zustimmung des Mieters oder mit preisbehördlicher Genehmigung erfolgt ist.

Sechster Abschnitt

Gewährung von Beihilfen

Vorbemerkung: Die Einschaltung dieses sachfremden Abschnitts sozialpolitischer Natur erfolgte, um die Annahme des BMG zu erreichen, da dessen Kernstück — die volkswirtschaftlich nicht zu umgehende Anhebung der Miete durch Eingriff in laufende Verträge (§ 18 BMG) — die Besorgnis der Überlastung einkommensschwacher Mieter hervorrief.

Der Abschnitt 6 („Gewährung von Beihilfen") beschränkt sich auf das I. BMG („Mieterhöhungen nach diesem Gesetz" § 15 Abs. 1), während für Mieterhöhungen nach dem GMW, nämlich dem II. BMG (Art. I), der Anwendung des I. WoBauG (Art. V) und den Änderungen des I. BMG und der AMVO (Art IX) das im Art. VII der GMW enthaltene „Gesetz über die Gewährung von Miet- und Lastenbeihilfen gilt. Deshalb gilt dieses Gesetz auch (und nicht der 6. Abschnitt des I. BMG), wenn öffentliche Mittel zum Aufbringen einer Mieterhöhung auf Grund des ab 1. Juli 1960 in neuer Fassung (GMW Art. IX 1f.) geltende § 22 I. BMG erforderlich sind (vgl. zu § 22).

§ 15

(1) **Zur Milderung von Härten, die sich infolge der Mieterhöhungen nach diesem Gesetz ergeben, werden für einen Zeitraum von drei Jahren von dem Inkrafttreten dieses Gesetzes an für einkommensschwache Mieter Beihilfen nach Maßgabe dieses Abschnittes gewährt.**

(2) **Die Beihilfe ist keine Leistung der öffentlichen Fürsorge. Die Bestimmungen des Fürsorgerechts über Kostenersatz durch den Unterstützten (§§ 25ff. der Fürsorgepflichtverordnung) finden keine Anwendung.**

(3) Soweit die Mieterhöhung nach fürsorgerechtlichen Vorschriften berücksichtigt wird, hat es dabei sein Bewenden.

§ 15 betrifft den Anspruch des Mieters auf (bei Besserung seiner Wirtschaftslage nicht rückerstattungspflichtige) Beihilfe. Der Mieter hat diesen Anspruch bei „schwachem" Einkommen, nicht bloß als Fürsorgeempfänger, und immer dann, wenn er durch die Mieterhöhung fühlbar mehrbelastet, andererseits aber entlastungsbedürftig ist, insbesondere bei größerer Familie.

Nach § 6 der FürsorgepflichtVO ist es Pflicht der Fürsorgeverbände, den lebensnotwendigen Lebensunterhalt — und dazu gehören die Kosten für die Wohnung — der im Fürsorgesinne höchstbedürftigen Personen sicherzustellen. Ihnen wird der volle Betrag der Mieterhöhung gewährt. Wegen der mit der neuen Beihilfe (nicht fürsorgerechtlich im engeren Sinne) zu Betreuenden ist besonders an diejenigen gedacht, deren Familieneinkommen 110% der örtlich geltenden Fürsorgerichtsätze nicht überrchreiten. Der Bund rechnet nach der Begründung des Regierungsentwurfs mit 650000 Personen, während einschl. der in der Fürsorge stehenden und deshalb auch wegen der Miete unterstützten Personen 1600000 Parteien mit einem Durchschnittsbetrag von 45,— DM jährlich für die Mieterhöhung unterstützt werden; das ist die Gesamtzahl von Empfänger von Weihnachtsbeihilfen im Rechnungsjahr 1953.

Zur „Familie" rechnen die den Haushalt teilenden Angehörigen im Sinne von §§ 19 MSchG, 1969 BGB (vgl. Bottermann zu § 19 Note 17).

§ 16

(1) Bei der Prüfung der Tragbarkeit der Mieterhöhung ist auf das Familieneinkommen abzustellen, wobei Kindergeld auf Grund des Kindergeldgesetzes vom 13. November 1954 (Bundesgesetzbl. I S. 333) und des Kindergeldanpassungsgesetzes vom 7. Januar 1955 (Bundesgesetzbl. I S. 1) und vergleichbare Bezüge für Kinder bei der Festsetzung unberücksichtigt bleiben.

(2) Beihilfen sind mindestens solchen Mietern zu gewähren, deren Familieneinkommen 110 vom Hundert des Satzes nicht übersteigt, der sich bei Anwendung der örtlich geltenden Fürsorgerichtsätze und Richtlinien für die Berechnung der Leistungen der öffentlichen Fürsorge an solche Familien ergibt.

(3) Die Länder können nähere Bestimmungen, insbesondere über den weiteren Personenkreis, die Bezugsvoraussetzungen und die Höhe dieser Beihilfen, treffen; sie bestimmen die für die Zahlung der Beihilfen zuständige Behörde.

§ 17

(1) Der Bund leistet an die Länder für einen Zeitraum von drei Jahren von dem Inkrafttreten dieses Gesetzes an einen Betrag von jährlich 13 Millionen Deutsche Mark zur Abgeltung von Beihilfen nach Maßgabe der §§ 15 und 16 an die in § 7 Abs. 2 des Ersten Überleitungsgesetzes in der Fassung vom 28. April 1955 (Bundesgesetzbl. I S. 193) bezeichneten Personen, soweit diese Beihilfen nicht im Rahmen der Kriegsfolgenhilfe mit dem Bund zu verrechnen sind.

(2) Der in Absatz 1 bezeichnete Betrag verteilt sich auf die Länder einschließlich Berlin wie folgt:

Baden-Württemberg	**1560000 DM**	**(12,0 v. H.)**
Bayern	**2288000 DM**	**(17,6 v. H.)**
Bremen	**338000 DM**	**(2,6 v. H.)**
Hamburg	**936000 DM**	**(7,2 v. H.)**
Hessen	**962000 DM**	**(7,4 v. H.)**
Niedersachsen	**1378000 DM**	**(10,6 v. H.)**
Nordrhein-Westfalen	**2080000 DM**	**(16,0 v. H.)**
Rheinland-Pfalz	**481000 DM**	**(3,7 v. H.)**
Schleswig-Holstein	**858000 DM**	**(6,6 v. H.)**
Berlin	**2119000 DM**	**(16,3 v. H.)**

(3) Weist ein Land nach, daß der nach Absatz 2 zustehende Betrag nicht ausreicht, um die Hälfte der Aufwendungen an Mietbeihilfen für die Personen, soweit sie zu dem in Absatz 1 bezeichneten Personenkreis gehören, zu decken, deren Familieneinkommen zwischen 100 und 110 vom Hundert der in § 16 Abs. 2 bezeichneten Fürsorgerichtsätze liegt, so ist diesem Land der Fehlbetrag vom Bund zusätzlich zu dem in Absatz 2 bezeichneten Betrag zu gewähren.

(4) Die Bundesregierung wird ermächtigt, durch Rechtsverordnung mit Zustimmung des Bundesrates die Verteilung der Mittel abweichend von Absatz 2 für den Zeitraum des zweiten und dritten Jahres zu regeln, soweit es erforderlich ist, um veränderten Verhältnissen Rechnung zu tragen.

Siebenter Abschnitt

Durchführung von Mieterhöhungen

Vorbemerkung: Der 7. Abschnitt bringt das 2. Kernstück des BMG nach dem 2. Abschnitt „Allgemeine Mietzuschläge": Dort die (3 Jahre vorher sich in der VO 72/52 bahnbrechende) Erkenntnis, daß die Preisbindung nicht Preislüge werden darf — hier die Erkenntnis, daß die in Annäherung an die Preiswahrheit erteilten allgemeinen Genehmigungen in einem Recht auf Änderung des (in seinem Bestande geschützten) Vertrages alsbald zu effektuieren sind.

Während der mietherabsetzende Preisbescheid mit dem ihm nächstfolgenden Mietzahlungstermin wirksam wurde—so der bis 1. August 1958 (§§ 45 Ziff. 1, 48 AMVO) gültig gebliebene Ziff. 70 RErl. 184/37*) i. Verbind. mit § 20 Ziff. 1 der Maßnahme —

*) Wenn der RErl. des Preiskommissars die Preisbehörden auch zu rückwirkenden Herabsetzungsbescheiden ermächtigte, so fehlte ihm dafür eine eigene ausdrückliche rechtssatzungsmäßige Ermächtigung. Dies sagt das BVerwG im Urt. v. 2. 7. 1954 — II C 117/53. — Der 5. Senat des BVerwG (V C 14/55) führt im Urt. v. 20. 5. 1955 (Bd. II. S. 114) aus, § 2 Abs. 1 des PreisbildGes. v. 29. 10. 1936 (RGBl 927) von dem sich der RErl. 184/37 ableitet, sei eine Generalermächtigung des Gesetzgebers an die Exekution ohne jene hinreichende Bestimmtheit, die Voraussetzung rechtsstaatlicher Eingriffe sei — der Widerspruch zu Art. 2, 19, 20, 28 GG mache diesen § 2 Abs. 1 ungültig. Der RErl. enthalte im übrigen bloße Verwaltungsvorschriften zur Preisüberwachung und Preisbildung (so auch **Krieg-Bandmann** „Mietrecht" 5. A. S. 102). Das Übergangsgesetz über Preisbildung und Preisüberwachung v. 10. 4. 1948 (WiGBl 27) hat jenen § 2 Abs. 1 zum 1. 4. 1948 auch förmlich außer Kraft gesetzt.

VO 71/51 (heute § 35 Abs. 3 AMVO) — änderte dagegen die miethöhende Entscheidung an dem Mietvertrage nichts (so Ziff. 72 a.a.O.), sie war nur eine Genehmigung, den Mietpreis zu erhöhen, soweit Vertrag und Gesetz dies ermöglichten*). Die Ironie des Widerspruchs lag in der Entsperrung des Preises bei Gesperrtbleiben der Kündigung. Auch die lediglich zum Zwecke der Steigerung erfolgte Kündigung, wie sie früher rechtlich zugelassen war, wurde nicht anerkannt. Der Versuch, mit der unglücklichen Figur des § 3a MschG**) zu helfen, dem § 40 dieses Gesetzes den Garaus gemacht hat, mußte mißlingen. Dieser Mietaufhebungsgrund wegen Nicht-Anerkennung einer genehmigten Mieterhöhung ist mit § 20 dem außerordentlichen Kündigungsrecht des Mieters gewichen.

Auch heute noch klafft eine Lücke in der Regelung der unter Mieterschutz stehenden, vor ihrem Abschluß preisfrei gewordenen, aber im Preise unter der gebundenen Höchstmiete zurückbleibenden Verträge. (Die Regelung der nach Abschluß aus der Preisbindung entlassenen Verträge enthält § 23.) Der Verfasser hat hierzu (HW 1957 S. 232) ausgeführt: „... Kann der Mietpreis eines erst im Laufe des Vertrages preisfrei gestellten Raumes auf Grund der eingangs genannten Generalermächtigung (§ 23) mit kürzester Frist (unabhängig von der vertraglichen Kündigungsbestimmung) berichtigt werden, so erfordert die verfassungsrechtlich geschützte Vertragsfreiheit, daß der Vermieter eines nicht preisgebundenen Raumes dessen Preisfreiheit wenigstens unter Wahrung der Kündigungsfrist, also in der Form der lediglich zum Zwecke der Preisberichtigung erfolgenden Kündigung ausüben kann. Es ist kein Mißbrauch der Preisfreiheit, sie zu dem gedachten Zweck der Mietberichtigung zu gebrauchen, und es ist kein Einbruch in das Gefüge des Mieterschutzes, wenn der Vermieter zu keinem anderen Zweck kündigt als zum Gebrauch des ihm zustehenden Preisberichtigungsrechts... Die schon früher gekannte Rechtsfigur der Kündigung zum Zwecke der Steigerung ist hier unabweisbar, sie ähnelt der vom Reichsgericht zugelassenen Kündigung der Verlängerungsklausel, wodurch ein mit längerer Periode laufender Vertrag in einen kurzfristigen umgewandelt wird (vgl. Urt. des RG vom 18. Juni 1926 in RGZ 114 S. 135 = JW 1927 S. 577 = Roquette „Mietrecht" 5. A. S. 79)."

§ 18

(1) **Ist bei preisgebundenem Wohnraum der Mieter nur zur Entrichtung einer niedrigeren als der nach diesem Gesetz oder nach sonstigen Vorschriften preisrechtlich zulässigen Miete verpflichtet, so kann der Vermieter dem Mieter gegenüber schriftlich erklären, daß die Miete um einen bestimmten Betrag oder bei Umlagen um einen bestimmbaren Betrag bis zur Höhe der preisrechtlich zulässigen Miete erhöht werden soll. Die Erklärung ist nur wirksam, wenn in ihr der Grund für die Zulässigkeit der Mieterhöhung bezeichnet und die Berechnung mitgeteilt ist. Bestimmt der Vermieter einen Betrag, durch den die preisrechtlich zulässige Miete überschritten wird, so ist die Erklärung insoweit unwirksam.**

(2) **Die Erklärung kann von dem Inkrafttreten der die Mieterhöhung zulassenden Vorschriften an erfolgen. Ist eine Erhöhung**

*) Vgl. **Bettermann** „Grundfragen des Preisrechts" S. 52.
**) Der Verf. bekämpfte ihn bereits in JR. 1947 S. 112.

der Miete nur mit besonderer Genehmigung der Preisbehörde zulässig, so kann die Erklärung von dem Zeitpunkt an erfolgen, in dem der Genehmigungsbescheid dem Vermieter zugestellt worden ist.

(3) **Die Erklärung der Vermieters hat die Wirkung, daß an die Stelle der bisher zu entrichtenden Miete die erhöhte Miete von dem ersten des auf die Erklärung folgenden Monats an tritt; wird die Erklärung erst nach dem fünfzehnten eines Monats abgegeben, so tritt an die Stelle der bisher zu entrichtenden Miete die erhöhte Miete von dem ersten des übernächsten Monats an. Soweit im Falle des Absatzes 2 Satz 2 der Genehmigungsbescheid von dem Mieter angefochten wird, kann der Vermieter Ansprüche aus einer gemäß Satz 1 eingetretenen Mieterhöhung erst geltend machen, wenn der Bescheid unanfechtbar geworden ist; der Vermieter kann jedoch verlangen, daß der Mieter die Erfüllung sicherstellt. Die Sicherstellung kann durch Sicherheitsleistung oder in anderer geeigneter Weise erfolgen.**

(4) **Der Vermieter hat dem Mieter in den Fällen des** (Berlin: des § 22 und des § 23 Abs. 2 Nr. 1 und 2) **§ 10, des § 22 Abs. 1 und des § 23 Abs. 2 Nr. 1 auf Verlangen Einsicht in die Berechnungsunterlagen zu gewähren.**

1 Heute gilt — das Urbild des RMG Abs. 1 aufnehmend — die einfache schriftliche, empfangsbedürftige, ab Empfang (Zuang) mit Spielraum einer vollen 2ten Monatshälfte die erhöhte Miete in Wirkung setzende Erklärung des Vermieters, daß er die zugelassene Erhöhung in bestimmten (bei Umlagen in bestimmbarem) Umfange in Kraft setze. Die Zulassung kann entweder auf einer allgemeinen Genehmigung der obersten Preisbehörde (Bundesminister, Berl. Senator) oder auf einem speziellen, die Miete im Einzelfall berichtigenden Verwaltungsakt der Preisbehörde beruhen. Auch dieser Grund ist (wie der Betrag und die Berechnung) in der „Erklärung" (auch „Bestimmung" genannt) anzugeben. — Wegen der Anforderungen an die „Erklärung" vgl. OLGR Dr. Schopp (ZMR 1956 S. 181f.); Roquette (ZMR 1959 S. 61).

2 Die Erklärung braucht nicht das Gesetz wörtlich zu zitieren, muß aber eindeutig die Forderung und deren Grund nennen, so daß der Mieter unmißverständlich entnehmen kann, worauf der Vermieter sein Verlangen stützt (vgl. ZMR 59, 239; GrundEigt. 61, 178).

Beispiel: „Auf Grund des allgemein genehmigten Mietzuschlags von x%, der ab ... zulässig geworden ist, erkläre ich, daß Ihre Miete vom nächsten Monatsersten nicht mehr y DM, sondern z DM beträgt.

Erläuterung: Die Stichtagsmiete nach dem Stand vom Vortage des Inkrafttretens der Genehmigung betrug a DM.

Dieser Betrag kürzt sich um folgende von Ihnen getragene Sonder-Umlagen und -Zuschläge: ··· = b DM. Das ergibt die Grundmiete von $a - b$ DM

$$\frac{100 + x}{100}\left(a - b\right) = z \text{ DM.''}$$

3 Der Vermieter kann durch solche einseitige Willenserklärung die bisher unter der preisrechtlich zulässigen Höchstmiete gelegene Miete an diese heranholen. Er kann sich dabei auch noch auf eine der Ermächtigungen berufen, die ihm in der Vergangenheit allgemein zu einer Erhöhung und mit ihr zu einer Angleichung an die höheren Bewirtschaftungskosten verhelfen wollten. Weder waren jene Ermächtigungen befristet erteilt noch kann die Nicht-Inanspruchnahme derselben schon als solche eine Verwirkung des sie gewährenden Erhöhungsrechts bedeuten.

Das gilt von dem Ausgleich der Mehrbelastungen durch Gebühren nach der Ano 72/49 i. d. Fassung der VO 71/51 (§§ 4, 5), von dem 10%igen allgemeinen Mietzuschlag der VO 72/52 wie von den allgemeinen Mietzuschlägen dieses Gesetzes (§§ 5—7), der Erhöhbarkeit bis zur Kostenmiete (§§ 10, 22), der angemessenen Erhöhbarkeit (§ 23) und ebenso von der speziellen Erhöhbarkeit auf die Kostenausgleichsmiete (§§ 8, 9 — hier durch Einzelakt der Preisbehörde).

Auf solche Weise wird der Mietvertrag einseitig geändert und an die Stelle der vereinbarten unter der Stopgrenze gelegenen Miete eine der Höchstmiete gleiche oder angenäherte neue Miete gesetzt.

4 Daß das BMG nicht auch dem Mieter wie dem Vermieter ein einseitiges Gestaltungsrecht zur Berichtigung des Mietzinses anvertraut hat, erklärt sich als überflüssig aus dem Umstande, daß Überschreitungen der Höchstmiete verboten und insoweit nichtig sind. Der Mieter braucht also den den Höchstbetrag (die Stopmiete) übersteigenden Betrag der Vertragsmiete, weil er schlechthin ungültig ist, nicht gelten zu lassen. Eine dahingehende Erklärung des Mieters gegenüber dem Vermieter hätte nur deklaratorische Bedeutung, insofern sie bloß deklarieren würde, was schon von Gesetzes wegen Rechtens ist — anders als die dem Vertrag konstitutiv ändernde Erklärung des Vermieters, der sich eine allgemeine oder speziell genehmigte Erhöhbarkeit der Miete nutzbar macht.

Im übrigen entspricht der volkswirtschaftlich gebotenen Erhöhbarkeit der Miete im Einzelfall (§§ 10—15 AMVO) die sozialpolitische Herabsetzbarkeit der Miete — ebenfalls durch Einzelakte der Preisbehörde (§ 35 zit.).

5 Erfolgt statt der einseitigen Erklärung des Vermieters eine zweiseitige (nicht formgebundene) Vereinbarung, so kann diese in dem durch § 3 erweiterten (bis 4 Drittel der neuen Stopmiete vom 31. Dezember 1954 reichenden) Umfang erfolgen. Ebenso kann, wie dies auch laufend geschieht, die automatische Steigerung der vertraglichen Miete um eine gesetzlich zugelassene Erhöhung, und zwar vom Inkrafttreten des sie zulassenden Gesetzes an vereinbart werden (automatisches Wirksamwerden der Gleitklausel).

6 Abs. 3. Die Anfechtung des Genehmigungsbescheides der Preisstelle durch den Mieter verzögert nicht den Wirkungsbeginn der Erhöhung, sofern bzw. soweit die Anfechtung den rechtlichen Bestand der Mieterhöhung nicht mindert; es bleibt vielmehr bei dem in Satz 1 bezeichneten Zeitpunkt für die Ablösung der alten durch die neue Miete, und diese wird fällig, sobald und soweit der Bescheid unanfechtbar geworden ist. Die gesetzlich vorgesehene Sicherstellung der durch die Anfechtung in Zweifel gezogenen Mieterhöhung soll den Vermieter vor Ausfällen schützen, den Mieter vor den Nachteilen einer leichtfertigen Ausübung des Anfechtungsrechts.

7 Abs. 4. Das Recht des Mieters auf Einsicht in die Bewertungsgrundlagen ist mehr als die nach Abs. 1 mitzuteilende Berechnung. Letztere ist ein Grunderfordernis für die Wirksamkeit der Mieterhöhung überhaupt, denn nach

Abs. 1 muß der Vermieter, der sie in Kraft setzen will, a) den bestimmten oder bestimmbaren Betrag der Erhöhung mitteilen, b) den Grund für ihre Zulässigkeit und c) ihre Berechnung (die bei Zuvielerrechnung sich selbst berichtigt, nämlich nur als Übermaß unwirksam ist: Abs. 1 Satz 3). Die Mitteilungspflicht betr. die Grundlagen der Berechnung ist auf die in Abs. 4 genannten drei Fälle beschränkt und setzt ein Verlangen des Mieters voraus, ohne daß die Nicht-Erfüllung oder eine mangelhafte Erfüllung dieser Pflicht die Wirksamkeit der Erhöhung berührt; wohl aber erwüchse dem Mieter ein Zurückbehaltungsrecht in bezug auf die Zahlung des verlangten Mehrbetrages (§ 273 BGB).

Die drei Fälle betreffen a) die Kostenmiete des § 10 Abs. 1 und 3, die Richtsatzmiete des Abs. 2, beide mit Bezug auf die Mieten-VO vom 24. November 1950, b) die Kostenmiete des § 22 Abs. 1 (steuerbegünstigter Wohnraum) mit Bezug auf das 1. WoBauG. vom 25. August 1953, c) die Kostenmiete des § 23 Abs. 2 Nr. 1 (frei finanzierter Wohnraum) mit Bezug auf die MietenVO (wie zu a).

Beispiele

Preisstelle hat Vermieter (V.) genehmigt, die Miete für Wohnung von A und B zu erhöhen. V. hat beiden die Erklärung nach § 18 bis zum 15. März zugestellt. Beide haben Beschwerde eingelegt. A hat unter Vorbehalt ab April die höhere, B nur die alte Miete gezahlt. Die Hauptpreisstelle ändert den angefochtenen Bescheid ab und weist die Anträge zurück. Auf Klage von V. hebt das VerwG den Beschwerdebescheid auf und gibt die Sache an die Hauptpreisstelle zu anderweitiger Entscheidung zurück. Diese genehmigt nunmehr 50% der von der Preisstelle bewilligten Erhöhung. Dieser Bescheid wirkt zum 1. April zurück, so daß A einen Anspruch auf Erstattung zuviel gezahlter Miete hat, während B nachzahlen muß. Im Falle er hinterlegt hat (Abs. 3), sind sich V. und B einander zur Freigabe je einer Hälfte der hinterlegten Summe verpflichtet.

Der Räumungsschuldner muß während der Räumungsfrist (§ 5a MSchG) die ihm nach § 18 abverlangte höhere Miete zahlen, ebenso auch bei Vorenthaltung des Mietraumes, da als „vereinbarter Mietzins" nach § 557 BGB der ordnungsgemäß gesteigerte gilt. (Zum letzteren Punkt abweichend AGRat Wenner ZMR 1956 S. 74.)

§ 19

(1) **Dem Vermieter stehen die Rechte aus § 18 insoweit nicht zu, als eine Erhöhung der Miete auch für den Fall ihrer preisrechtlichen Zulässigkeit durch ausdrückliche Vertragsbestimmung ausgeschlossen ist oder der Ausschluß sich aus den Umständen ergibt.**

(2) **Hat der Mieter oder für ihn ein Dritter auf den Mietgegenstand notwendige Verwendungen gemacht oder durch Gewährung von Zuschüssen oder in sonstiger Weise einen erheblichen Beitrag zur Schaffung, Instandsetzung oder Instandhaltung des Mietgegenstandes geleistet und ist der Vermieter zum Ersatz nicht verpflichtet, so stehen dem Vermieter die Rechte aus § 18 insoweit nicht zu, als im Hinblick auf die Leistungen des Mieters eine Mieterhöhung nicht gerechtfertigt ist. Der Mieter kann sich auf Leistungen nur berufen, soweit sie nicht durch die Dauer der Mietzeit als getilgt anzusehen sind; dabei sind Leistungen in Höhe eines Betrages, der**

einer Jahresmiete zur Zeit der Leistung entspricht, als durch eine Mietdauer von vier Jahren getilgt anzusehen. Leistungen, die den Betrag einer Vierteljahresmiete nicht erreichen, bleiben außer Betracht.

(3) **Absatz 2 gilt nicht für Baukostenzuschüsse, bei denen die Leistung des Mieters in anderer Weise durch Mietermäßigung berücksichtigt wird.**

Vorbemerkung: Dieser Fall des Ausschlusses gehört doch wohl in den 5. Abschnitt (jetzt nur aus § 12 und § 14 bestehend), wie schon dessen Titel „Ausschluß von Mieterhöhungen" verrät. Sein jetziger Platz im „Durchführung von Mieterhöhungen" betitelten 7. Abschnitt stempelt diesen Fall des Ausschlusses rein verfahrensrechtlich: die Erhöhung ist soweit undurchführbar. Was unbillig ist und das Gleichgewicht stört oder die Vertragsgrundlage verschiebt, ist materielles Recht, mag seine Geltendmachung im Verfahren auch den Anspruch eines anderen vernichten.

Der „Ausschluß aus den Umständen" muß mit Vorsicht geübt werden. So schießt es über das Ziel, wenn Weimer (ZMR 1960, S. 289) meint, die mehrfachen Mieterhöhungen könnten den Mieter berechtigen, sich von vertraglich übernommenen Schönheitsreparaturen zu befreien. (Vgl. Pergande Anm. 10 S. 199.)

1 Abs. 1 bestimmt die Abdingbarkeit (den „Ausschluß") der Mieterhöhung: die Parteien können ausdrücklich oder den Umständen nach die Rechte des Vermieters aus § 18 ausgeschlossen haben oder ausschließen.

Daß die Vereinbarung einer niedrigeren als der bisher preisrechtlich zulässigen Miete, eventuell in Verbindung mit einer fest bestimmten Vertragsdauer, schon als Ausschluß der Rechte aus § 18 zu gelten hätte, ist abzulehnen (bestätigt von BGH im Urt. vom 26. September 1958 MDR 1958 S. 917 und KG in NJW 1957 S. 267 mit weiteren Zitaten bei Pergande I, 3 auf S. 194). War der Vermieter bisher billiger, als ihm geboten war, so wäre seine Mäßigung schlecht gewürdigt, wollte man sie extensiv als Preisgabe einer Berichtigung überhaupt ausdeuten. Im Gegenteil ist festzuhalten, daß die Geltendmachung jeglicher Berichtigung einer Fristbegrenzung entbehrt und — allerdings nur für die Zukunft (§ 18 Abs. 3!) — jederzeit erfolgen kann, es sei denn, daß ein dieses Recht ausschließender Wille ausdrücklich oder doch aus den Umständen klar deutbar erklärt worden ist. Ob ein solcher Ausnahmefall vorliegt, hat im Streitfalle der Mieter, der ihn geltend macht, zu beweisen. — Auch die Unverzinslichkeit eines Mieterdarlehens kann Ausschlußgrund sein (BGH vom 20. Oktober 1959 — NJW 60, 382).

2 Abs. 2 bestimmt, daß die Rechte aus § 18 (Mieterhöhung) dem Vermieter nicht zustehen bzw. (vom Abschnitt-Titel „Durchführung von Mieterhöhungen" her gesehen) undurchführbar sind, wenn der Mieter — ohne Ersatzanspruch — direkt oder indirekt Investitionen (notwendige eigene „Verwendungen" oder „Beiträge") getätigt hat.

3 Müssen die Verwendungen „erheblich" sein, und was heißt „erheblich"?

Das Gesetz spricht von 2 Alternativen

a) notwendige Verwendungen gemacht
oder b) einen erheblichen Beitrag geleistet, und zwar
aa) durch Gewährung von Zuschüssen
oder bb) in sonstiger Weise.

Höchstwahrscheinlich muß auch die „notwendige Verwendung" erheblich sein, um das Recht aus § 18 auszuschließen (richtiger: um das Recht auf Erhöhung auszuschließen). Die Sprache hätte erfordert zu sagen: „Hat der Mieter ... notwendige Verwendungen gemacht und dadurch (diese beiden Worte fehlen!) oder durch ... Zuschüsse ... einen erheblichen Beitrag ... geleistet." Vom Mieter übernommene Schönheitsreparaturen sind kein Grund, die Mieterhöhung auszuschließen, wohl aber können dies darüber hinausgehende (die Schönheitsreparaturen erst ermöglichende) Instandsetzungen bewirken, wenn deren Kosten eine bestimmte Höhe erreichen; dasselbe gilt in bezug auf eine erstmalige Schönheits-Herrichtung bei Beginn des Mietverhältnisses, die an sich Sache des Vermieters ist, während des Mieters Schönheitsreparaturpflicht erst beim Auftreten erster Mängel beginnt (vgl. Roquette, Mietrecht 5. A. S. 257).

Unter Hinweis auf § 11 Abs. 2 GRMG, der einen erheblichen Beitrag des Geschäftsmieters (zur Begründung des Rechts auf Widerruf der Kündigung) bei Übersteigen einer Jahresmiete für gegeben ansieht, empfiehlt Roquette (Anm. 21 S. 257) ähnlich zu verfahren.

Dr. Bertram, Hannover (DWW 1961 S. 6) will die Erheblichkeit des verlorenen Baukostenzuschusses nach dem Verhältnis zu den Baukosten beurteilt sehen und verlangt mehr als 10% (der Baukosten des „Mietgegenstandes").

Beitragshöhe und Umfang des Ausschlusses stehen in Relation („stehen ... Rechte aus § 18 insoweit nicht zu"). Die Höhe der Mieter-Leistung begrenzt die Zeit, für die er von erhöhter Miete befreit ist.

Auch Schönheitsreparaturen können hierher gehören, wenn der Mieter sie freiwillig und ohne Anrechnung auf die Miete übernommen hat (vgl. Fiedler S. 104, Weimar ZMR 60, 289; 61, 4).

Satz 2 schließt von dieser Verrechnung (Beitrag des Mieters / erhöhte Mietforderung des Vermieters) abgewohnte Leistungen des Mieters aus, und zwar gilt als abgewohnt eine (Mindest-) Leistung in Höhe der Miete für ¼ Jahr mit dem Vierfachen dieser Zeit, also mit 1 Jahre. Die Leistungen des Mieters sind insoweit „getilgt" (?), richtiger durch Zeitablauf für den Ausschluß des Rechts auf Mieterhöhung unwirksam geworden.

4 Abs. 3 will wohl sagen, daß schon durch Mietermäßigung abgegoltene Leistungen des Mieters zusätzlich nicht auch noch die preisrechtlich zulässige Erhöhung ausschließen können. Natürlich nicht! (Was bedeutet aber sprachlich „Baukostenzuschüsse, bei denen die Leistung des Mieters ‹in anderer Weise durch Mietermäßigung› berücksichtigt wird? Vielleicht ‹in anderer Weise z. B. durch Mietermäßigung›?)

§ 20

(1) **Der Mieter ist unbeschadet sonstiger Kündigungsrechte berechtigt, das Mietverhältnis innerhalb eines Monats seit dem Zugang der Erklärung des Vermieters zu kündigen. Geht die Kündigung dem Vermieter spätestens am fünfzehnten eines Monats zu, so endigt das Mietverhältnis mit Ablauf des Monats; geht sie dem Vermieter nach dem fünfzehnten zu, so endigt das Mietverhältnis mit Ablauf des nächsten Monats. Ist der Mieter ohne eigenes Verschulden an der rechtzeitigen Kündigung gehindert, so läuft die**

Frist, innerhalb deren die Kündigung ausgesprochen werden kann, nicht vor Ablauf von zwei Wochen seit dem Zeitpunkt ab, in dem das Hindernis wegfällt; jedoch kann die Kündigung nach Ablauf von sechs Monaten seit dem Ende der versäumten Frist nicht mehr erklärt werden.

(2) **Kündigt der Mieter innerhalb der in Absatz 1 bezeichneten Frist zu dem dort vorgesehenen Termin, so tritt die Mieterhöhung nach § 18 nicht ein.**

(3) **Hat der Mieter den Genehmigungsbescheid der Preisbehörde angefochten oder sonst die Zulässigkeit der Mieterhöhung bestritten, so ist der Mieter auch berechtigt, innerhalb eines Monats von dem Zeitpunkt an, in dem der Bescheid unanfechtbar geworden oder in dem der Streit über die Zulässigkeit der Mieterhöhung auf andere Weise behoben ist, das Mietverhältnis zu kündigen. Absatz 1 Sätze 2 und 3 sind anzuwenden.**

Die dem Mieter gewährte Möglichkeit, auch bei vertraglicher Bindung auf bestimmte längere Zeit sich der Mieterhöhung durch eine außerordentlich kurzfristige Kündigung zu entziehen, verliert durch die Erschwernis, angesichts der noch keineswegs bewältigten großen Wohnungsnot Ersatzraum zu erlangen, erheblich an praktischem Wert.

Verzögert der Mieter die Kündigung, indem er zunächst den Erhöhungsbescheid anficht und den Ausgang dieses Verfahrens abwartet, so verliert er die Kündigungsbefugnis nicht, wohl aber das Recht des Abs. 2 auf Fortzahlung der Miete in bisheriger Höhe. (Abs. 3 Satz 2 erklärt für diesen Fall nur Abs. 1 Sätze 2 und 3 für anwendbar.) Kritisch dazu Roquette BMG, 2. Aufl. 1958, § 20 Anm. 24, 25, der diese Regelung als unsachlich und nicht gerechtfertigt ablehnt, aber nach positivem Recht und dem Willen des Gesetzgebers bejaht. Demgegenüber rechtfertigt das AG Braunschweig, Urt. vom 8. Januar 1957 (ZMR 1957, S. 365; Glaser Nr. 37/XII/1958) — diese Regelung damit, daß es dem Vermieter nicht zumutbar sei — ins besondere in Hinsicht auf hartnäckige Mieter — solange mit der Mieterhöhung zu warten, bis der Streit über ihre Zulässigkeit beendet ist. Während gemäß Abs. 1 die Kündigungsfrist 1 Monat nach Zugang der (Steigerungs-) Erklärung des Vermieters abläuft, so gemäß Abs. 3 1 Monat nach Beendigung des Streits über die Zulässigkeit des Genehmigungsbescheides. Eine vertragliche Vereinbarung, daß gesetzlich zugelassene Mietpreisänderungen als vom Tage der Zulässigkeit ab vereinbart gelten (Mietpreisänderungsklausel, Gleitklausel), bedeutet, daß durch sie das Recht der außerordentlichen Kündigung gemäß § 20 1. BMG ausgeschlossen wird. So AG Kiel — Urt. vom 25. Mai 1956 — 18 C 201/56 — WM 1957, S. 93; Glaser Nr. 30/XII/1958.

§ 21

Hat ein Mieter, bei dem die Voraussetzungen für die Gewährung einer Weihnachtsbeihilfe gemäß einer Landesregelung nach den Bundesrichtlinien vom 2. September 1954 (Gemeinsames Ministerialblatt S. 441) vorliegen, einen Antrag auf Gewährung einer

Beihilfe nach § 15 bei der für die Beihilfezahlung zuständigen Stelle gestellt, so kann er die Erfüllung der aus einer Mieterhöhung nach § 18 sich ergebenden Verpflichtungen verweigern, bis diese Stelle über den Antrag entschieden hat, jedoch nicht über die Dauer von sechs Monaten seit dem Tage der Antragstellung hinaus.

Der Beihilfe-Antrag des Mieters läßt eine Klage des Vermieters auf den Mehrbetrag nicht als zur Zeit unbegründet erscheinen — wie im Falle der Anfechtung des Bescheides nach § 18 Abs. 3 Satz 2 —, wohl aber hat der Mieter ein auf 6 Monate seit Antragstellung begrenztes Leistungsverweigerungsrecht bis zur Entscheidung über den Beihilfe-Antrag.

§ 22

(1) **Ist bei grundsteuerbegünstigtem Wohnraum im Sinne des § 7 des Zweiten Bundesmietengesetzes oder bei steuerbegünstigtem Wohnraum, der nach dem 31. Dezember 1949 bezugsfertig geworden ist, die vereinbarte Miete niedriger als die Kostenmiete, so gelten die §§ 18 bis 21 entsprechend mit der Maßgabe, daß an die Stelle der preisrechtlich zulässigen Miete die Kostenmiete tritt.**

(2) **Für die Ermittlung der Kostenmiete gelten**

a) **für grundsteuerbegünstigten Wohnraum im Sinne des § 7 des Zweiten Bundesmietengesetzes und für steuerbegünstigten Wohnraum im Sinne des § 42 des Ersten Wohnungsbaugesetzes die Vorschriften des § 45 Abs. 4 in Verbindung mit den Vorschriften nach § 48 Abs. 1 und 3 des Ersten Wohnungsbaugesetzes,**

b) **für steuerbegünstigten Wohnraum im Sinne des § 82 oder im Sinne der §§ 110, 82 des Zweiten Wohnungsbaugesetzes die Vorschriften des § 85 Abs. 3 in Verbindung mit den Vorschriften nach § 105 Abs. 1 des Zweiten Wohnungsbaugesetzes.**

Für Berlin entfallen in Abs. 1 und in Abs. 2a in Z. 1—3 die Worte „bei (bzw. ‚für') grundsteuerbegünstigtem (bzw. -ten) Wohnraum im Sinne des § 7 des BMG oder (bzw. ‚und')".

Die neue Fassung gemäß Art. IX 1 f GMW stellt klar, daß die Anhebung der Miete auf die Kostenmiete für alle — nach dem 20. Juni 1948 bezugsfertig gewordenen — steuerbegünstigten Wohnungen gilt.

Der Begriff der „Grundsteuerbegünstigung" ist in § 7 Abs. 1 Satz 2 des II. BMG bestimmt, der Begriff der „Steuerbegünstigung" in § 42 Abs. 1 Satz 1 des I. WoBauG bzw. (für Wohnungen mit Bezugsfertigkeit nach dem 30. Juni 1956) in § 82 Abs. 1 Satz 1 II. WoBauG.

Die Anhebung der (niedrigeren) Vertragsmiete auf die Kostenmiete wird auf dem Wege des § 18f. I. BMG durchgeführt. § 22 stellt sich als weitere allgemeine Ausnahmegenehmigung dar.

§ 23

(1) Bei Mietverhältnissen über Wohnraum, die nach ihrem Abschluß von den Preisvorschriften ausgenommen worden sind oder ausgenommen werden, gelten die §§ 18 bis 21 entsprechend mit der Maßgabe, daß anstelle der preisrechtlich zulässigen Miete eine angemessen erhöhte Miete tritt.

(2) Eine Miete ist als angemessen erhöht im Sinne des Absatzes 1 anzusehen:

1. bei frei finanziertem Wohnraum im Sinne des Ersten Wohnungsbaugesetzes sowie in den Fällen des § 11, wenn die Miete die Kostenmiete für steuerbegünstigten Wohnraum nach dem Ersten Wohnungsbaugesetz nicht übersteigt.

2. bei Wohnraum, der nach § 3 Abs. 1 oder 2 des Geschäftsraummietengesetzes von den Preisvorschriften ausgenommen ist, wenn die Miete einen Betrag von 130 vom Hundert der Miete für preisgebundenen Wohnraum gleicher Art, Lage und Ausstattung nicht übersteigt.

(3) Der Bundesminister für Wohnungsbau und der Bundesminister für Wirtschaft werden ermächtigt, durch Rechtsverordnung Vorschriften darüber zu erlassen, wann in anderen Fällen einer Preisfreigabe eine Miete als angemessen erhöht im Sinne des Absatzes 1 anzusehen ist.

§ 23 (Berlin)

(2) Eine Miete ist als angemessen erhöht im Sinne des Absatzes 1 anzusehen

1. beim Wohnraum in Einfamilienhäusern mit einem Einheitswert von mehr als 30000 DM, wenn die Miete die Kostenmiete im Sinne der §§ 6 und 7 der Anordnung über Höchstpreise bei der Vermietung von Wohnräumen und gewerblichen Räumen vom 12. Juni 1950 (Verordnungsblatt für Groß-Berlin I S. 216) in der Fassung vom 26. Juni 1951 (Gesetz- und Verordnungsblatt für Berlin S. 492) zuzüglich der Mieterhöhungen nach §§ 5, 7 und nach dem Zweiten Bundesmietengesetz nicht übersteigt;

2. bei frei finanziertem Wohnraum im Sinne des Ersten Wohnungsbaugesetzes, wenn die Miete die Kostenmiete für steuerbegünstigten Wohnraum nach dem Ersten Wohnungsbaugesetz nicht übersteigt;

3. bei Wohnraum, der nach § 3 Abs. 1, 2 oder 4 des Geschäftsraummietengesetzes von den Preisvorschriften ausgenommen ist, wenn die Miete einen Betrag von 110 vom Hundert der Miete für preisgebundenen Wohnraum gleicher Art, Lage und Ausstattung nicht übersteigt.

1 Bereits zu § 18 ist die Problematik der Praktizierbarkeit von Preisbefreiungen nach Abschluß eines Wohnmietvertrages berührt.

Bevor diese Rechtsfigur mit dem 1. August 1955 in Kraft trat, war eine genehmigte Mieterhöhung nicht zu praktizieren, ehe nicht das Mietverhältnis beendet war. Ziff. 72 S. 2 des (die VO 71/51 — § 20 Ziff. 1 — überdauernden und erst mit ihr durch § 45 AMVO am 1. August 1958 aufgehobenen) RErl. 184/37 bestimmte: „Der Vermieter muß, wenn der Mieter nicht freiwillig der Erhöhung zustimmt, den Mietvertrag kündigen." Dabei war die Kündigung unzulässig, und kurz vorher hatte die VO vom 4. Dezember 1937 (BGBl 1325) in § 4 die verweigerte Anerkennung als neuen Aufhebungsgrund geschaffen.

2 Von der Preisbindung befreit hat § 11 den zwischen Währungsreform und Schluß des Jahres 1949 (21. Juni 1948 bis 31. Dezember 1949) mit freien Mitteln erstellten Wohnraum in Erweiterung der wohnungsbaugesetzlichen Regelung (§ 42 Abs. 2 des WoBauG vom 25. August mit Wirkung ab 1. August 1953), die auf Erstellung nach dem 31. Dezember 1949 abstellte. Diese Befreiung wirkte mit dem Inkrafttreten des Gesetzes, d. i. mit dem 1. August 1955. Hier schafft der Gesetzgeber einen Ausgleich für die Unkündbarkeit zum Zwecke der Mietsteigerung und der Unkorrigierbarkeit mittels eines Erhöhungsbescheides. Er gewährt eine allgemeine Ausnahmegenehmigung, den Mietpreis preisbefreiter Wohnraumgattungen in laufenden Verträgen zu erhöhen.

3 Das II. WoBauG befreit den nach dem 30. Juni 1956 bezugsfertig gewordenen Wohnraum mit Wirkung seines Inkrafttretens am 1. Juli 1956; insofern ist für die Anwendung von § 23 nur insoweit Raum, als der Vertrag vor dem frühesten Termin des Geltungsbeginns des II. WoBauG und vor der Bezugsfertigkeit abgeschlossen ist.

4 § 11 wirkt sich auch auf Mischraum (Abs. 2 Ziff. 2) aus, wenn der Mietwert seines Wohnungsteils überwiegt und wenn er vor dem 1. Juli 1960 vermietet worden ist. Die zu diesem Zeitpunkt erfolgte Preisbefreiung beruht auf der Änderung des § 3 GRMG vom 25. Juni 1952 (BGBl 338)/26. Dezember 1954 (503), 27. Juli 1955 (§ 36 I. BMG), 25. Dezember 1955 (866), 28. März 1956 (159) durch Art. IV Ziff. 1 GMW mit Wirkung ab 1. Juli 1960.

5 Die Preisgestaltung hat aber nicht die gleiche Spannweite wie bei Neuabschlüssen, wo nur die wirtschaftsstrafrechtliche Grenze (Wirtschaftsstraf-G. vom 9. Juni 1954/19. Dezember 1956 (BGBl 175/924) — als „Zuwiderhandlung" nur auf Antrag und bei öffentlichem Interesse zu respektieren ist; sie ist vielmehr auf eine „angemessene Erhöhung" beschränkt.

6 Ein nach Freigabe begründetes, aber nach ihr durch eine Mietanhebung verändertes Mietverhältnis dürfte u. E. auch einer weiteren Erhöhung nach § 23 zugänglich sein, was voraussetzt, daß die Abänderung die Kostenmiete nicht erreicht hat. Zwar stand die neue Abrede nicht unter Preiszwang, doch bedeutet das nicht, daß der Vermieter eine höhere Miete mittels Kündigung hätte erzwingen können. — Bei Mischraum ohne Wert-Untergewicht des Geschäftsraums kann der Vermieter mittels Kündigung eine angemessene Miete erreichen bzw. der Mieter die Kündigung nur bei Anerkennung einer solchen Miete abwehren (widerrufbar machen) (§ 9 GRMG). — Im gedachten Falle sollte man deshalb dem Vermieter das Recht aus § 11 nicht abschneiden (a.M. Roquette Anm. 27). Wir erkennen nicht an, daß auf die Kostenmiete der Kosten-Aufwand für bauliche Verbesserungen ohne Einfluß bleiben müßte. § 23 Abs. 1 stellt doch auf „angemessen erhöht" ab. Auch tragen sowohl die AMVO wie die NMVO dem gleichen Umstand Rechnung (§ 12 bzw. § 19) — Glaser in Anm. zu Nr. 20/XII/1960.

7 Vorzeitige Rückzahlung „öffentlicher Mittel" (I. WoBauG § 3, II. WoBauG § 6) bewirkt keine Preisbefreiung in bezug auf laufende Verträge; mag ein späterer Wohnungssuchender erwägen, ob er eine frei finanzierte und als solche entsprechend teuere Wohnung mieten will — der Mieter, dem eine mit der Eigenschaft der öffentlichen Finanzierung ausgestattete Wohnung zugeteilt ist, darf nicht erleben, daß ihm eines Tages eine Kostenmiete serviert wird, die helfen soll, ein Eigenkapital bis 15% der Gesamtkosten mit 4% zu verzinsen, darüber hinaus mit dem marktüblichen Zinssatz für erststellige Hypotheken (§ 32 III 2 AMVO, § 21 II, 1 NMVO, § 20 II BVO, § 27 I. WBauG, § 72 Abs. 3 II.WoBauG), a.M. Roquette (Anm. 17), der analog gelten lassen will, „was für den Fall der rechtssatzungsmäßig erfolgten Preisfreigabe ohnehin rechtens ist"; der Vermieter kann sich aber nicht selbst befreien.

Vgl. auch § 41 Abs. 3 Satz 2 I. WoBauG: „Die Freistellung ist hinsichtlich der Mietpreisbildung und des Mieterschutzes ohne Wirkung auf ein Mietverhältnis, das vor der Freistellung begründet worden ist." Dabei hat § 41 die Überschrift „Vorzeitige Rückzahlung der öffentlichen Mittel".

Die neue Fassung des Abs. 2 Ziff. 1 erklärt sich aus der Aufhebung des in der bisherigen noch verwandten § 10. Kostenmiete ist „die zur Deckung der laufenden Aufwendungen erforderliche Miete" (§ 45 Abs. 2 S. 1), die (worauf § 48 Abs. 3 I. WoBauG verweist) nach der II. BVO zu ermitteln ist.

8 Die Berliner Fassung des § 23 ist mit Wirkung vom 1. März 1961 um Ziff. 3 erweitert und zwar auf Grund von Art. II des Berl. GRMG vom 10. Januar 1961 (BGBl. S. 17).

§ 24

(1) **Bei Miet- und Pachtverhältnissen über Geschäftsräume oder gewerblich genutzte unbebaute Grundstücke, die nach ihrem Abschluß von den Preisvorschriften ausgenommen worden sind oder ausgenommen werden, gelten die §§ 18 bis 21 entsprechend mit der Maßgabe, daß an die Stelle der preisrechtlich zulässigen Miete oder Pacht eine angemessen erhöhte Miete oder Pacht tritt; als angemessen erhöht ist eine Miete oder Pacht anzusehen, wenn sie die ortsübliche Miete oder Pacht im Sinne des § 9 Abs. 2 und des § 21 Abs. 1 des Geschäftsraummietengesetzes nicht übersteigt. Dies gilt auch insoweit, als die Geschäftsräume oder die gewerblich genutzten unbebauten Grundstücke wegen ihres räumlichen oder wirtschaftlichen Zusammenhangs mit Wohnräumen zugleich mit diesen vermietet oder verpachtet sind.**

§ 24 (Berlin)

Die Vorschriften der §§ 5, 7, 18 bis 21 gelten entsprechend für preisgebundene Miet- und Pachtverhältnisse über Geschäftsräume und gewerblich genutzte unbebaute Grundstücke. Eine nach § 6 der Berliner Verordnung über Maßnahmen auf dem Gebiete des Mietpreis rechts vom 8. Juni 1953 (Gesetz- und Verordnungsblatt für Berlin S. 386) in der Fassung der Verordnung vom 24. Juni 1954 (Gesetz- und Verordnungsblatt für Berlin S. 329) und des Artikels II der Verordnung zur Änderung der Anordnung über

Preisbildung für Zuschußwohnungen bei Wegfall von Zinsvergünstigungen vom 9. November 1954 (Gesetz- und Verordnungsblatt für Berlin S. 628) zulässige Mietvereinbarung darf nur insoweit um den Mietzuschlag nach § 5 erhöht werden, als dadurch die sonst preisrechtlich zulässige Miete zuzüglich des Zuschlages nach § 5 nicht überschritten wird. Soweit der Mietzuschlag nach § 5 in zulässiger Weise bereits erhoben worden ist, bleibt er zulässig.

Betrifft § 23 Abs. 2 Ziff. 2 den nach Vertragsschluß preisfrei gewordenen Wohnraum, als einen wegen des räumlichen oder wirtschaftlichen Zusammenhangs mit Geschäftsraum zugleich mit ihm vermieteten Teil eines Mischraumobjekts und gibt er die Ausnahmegenehmigung zur angemessenen Erhöhung (bis 130% der ortsüblichen Miete) so befaßt sich § 24, dessen Abs. 1 durch Art. IX 1 h gestrichen ist, außer (Satz 1) mit reinem vor der Freigabe durch das GRMG am 1. Dezember 1951) vermietetem oder verpachtetem Geschäftsraum (oder gewerblich genutzten unterbauten Grundstücken) mit (Satz 2) dem gewerblichen Teil eines vermieteten oder verpachten Mischobjekts.

Hier gilt wiederum die **allgemeine** Ausnahmegenehmigung einer Erhöhung bis zur ortsüblichen Marktmiete („die sich für Geschäfträume oder Grundstücke gleicher Art und Lage nach Wegfall der Preisbindung bildet": § 9 Abs. 2 GRMG).

Wegen des mitvermieteten Wohnraumteils bleibt es bei der Regel des § 23 Abs. 2 Ziff. 2.

Achter Abschnitt

Ergänzende Vorschriften

§ 25

(1) **Wohnraum ist als in dem Zeitpunkt bezugsfertig geworden anzusehen, in dem der Bau so weit gefördert war, daß den zukünftigen Bewohnern zugemutet werden konnte, den Wohnraum zu beziehen; die Genehmigung der Bauaufsichtsbehörde zum Beziehen ist nicht entscheidend.**

(2) **Im Falle des Wiederaufbaues ist für die Bezeugsfertigkeit der Zeitpunkt maßgebend, in dem der durch den Wiederaufbau geschaffene Wohnraum bezugsfertig geworden ist; Entsprechendes gilt im Falle der Wiederherstellung, des Ausbaues oder der Erweiterung von Wohnraum. Dabei sind die in § 2 der Berechnungsverordnung enthaltenen Begriffsbestimmungen sinngemäß anzuwenden.**

Das Gesetz gibt eine Reihe von Begriffsbestimmungen:

„Bezugsfertigkeit" i. S. des BMG ist nicht das formal baupolizeiliche Beziehendürfen, sondern das objektiv zumutbare Beziehenkönnen des einzelnen „Wohnraumes", also ein Zustand baulicher und gesundheitsmäßiger Fertigkeit zum Bezuge (vgl. § 8 Abs. 1 AMVO).

„Wiederaufbau" der Aufbau eines Gebäudes ohne dauernd benutzbaren Raum oberhalb des Kellergeschoßes (vgl. 16 II.WoBauG, 82 Abs. 2 u. 3 I. BVO).

„Wiederherstellung" — Schaffen dauernd benutzbaren Raumes oberhalb des Kellergeschoßes durch Instandsetzen eines beschädigten Gebäudes (s. die vorbezeichneten Hinweise).

„Ausbau" — Schaffen von Wohnraum mit nicht unwesentlichem Bauaufwand a) durch Ausbau von Dachgeschoßen, b) durch Umwandeln bisher anderen Zwecken dienenden Raumes (vgl. § 17 II.WoBauG, § 2 Abs. 4 I. BVO).

„Erweiterung" — Schaffen von Wohnraum durch Aufstocken oder Anbau (s. die Hinweise des Absatzes vorher).

„Grundsteuerbegünstigt" ist der zwar ohne öffentliche Mittel geschaffene, aber durch Erlaß oder Ermäßigung der Grundsteuer begünstigte Wohnraum (§ 7 Abs. 1 S. 2 II BMG).

§ 26

(1) **Preisgebundener Wohnraum ist Wohnraum, dessen Vermietung den Preisvorschriften unterliegt.**

(2) **Bei preisgebundenem Wohnraum ist eine Mietvereinbarung insoweit und solange unwirksam, als die vereinbarte Miete die Miete übersteigt, die preisrechtlich zulässig ist oder nach § 3 als genehmigt gilt (f.** Berlin entfallen die Worte ab ‚oder').

Zu Abs. 1: Der Begriff des „preisgebundenen" = preiszwangsbewirtschafteten Wohnraums ist in den §§ 1, 3, 5, 6, 18 Abs. 2, 29 verwendet, ferner II. BMG §§ 1, 2, AMVO §§ 1, 2, 3 Abs. 1, I. WoBauG § 30c, II. WoBauG § 72 Abs. 8.

Zu Abs. 2: eingefügt durch Art. IX Nr. 1 i GMW. Preisgebunden ist Wohnraum 1. im Altbau, der bis 20. Juni 1948 bezugsfertig geworden ist: § 3 AG 1 AMVO, § 1 II. BMG, 2. in der Zeit von 21. Juni 1948 bis 31. Dezember 1949 mit oöffentlichen Mittel geförderter (§ 3 Abs. 2 Ziff. 1 — § 11 I. BMG e contrario), 3) im sozialen Neubau (nach dem 31. Dezember 1949 bezugsfertig gewordener: § 3 Abs. 4 I. WoBauG) 30c I. WoBauG, § 1 NMVO.

§ 27 (entfällt)

§ 28

Neben der Miete erbrachte einmalige Leistungen des Mieters bleiben, soweit es nach den §§ 1, 2, 3 und 7 (Berlin: nach § 7) **auf die preisrechtlich zulässige Höhe der Miete ankommt, außer Betracht.**

Den Begriffsbestimmungen in §§ 25, 26 folgt — leider unterbrochen durch § 26 — die Abgrenzung des Begriffs „preisrechtlich zulässige" Miete im Sinne der §§ 1, 2, 3 und 7. Gerade wegen der Beschränkung dieser Ergänzungsvorschrift hätte sie besser ans Ende des zweiten Abschnitts (anschließend an § 7) gehört.

Diese Vorschrift will also nicht etwa an die allgemeine Bestimmung des Begriffs „Miete" i. S. von Mietzins oder Mietpreis rühren, vielmehr bleibt unangetastet, daß darunter die Summe aller geldwerten Leistungen des Mieters als Abgeltung für die Gebrauchsgewährung zu verstehen ist. Hat der Mieter einen Zuschuß zu den Kosten des Baus oder der Instandsetzung (Baukosten- oder Instandsetzungs-Zuschuß) geleistet, so sind auch diese Zuschüsse Teil-Leistungen zur Abgeltung der Vermieter-Leistung, haben also die Natur des Benutzungsentgelts. Vgl. auch § 4 AMVO.

Aber diese einmaligen Leistungen bleiben nach der Sonderregel des § 28 da außer Betracht, wo es auf die absolute Rechnungsgröße der „preisrechtlich zulässigen Miete" d. i. die Summe von Grundmiete plus Umlagen und Zuschläge ankommt. Vorausgezahlte Miete ist keine „Neben"-Leistung und berührt nur die Fälligkeit und Zahlbarkeit — die um einen allgemeinen Zuschlag zu erhöhende Miete wird durch Verrechnung mit Vorleistungen nicht etwa als (den Zuschlag tragende) Grundmiete um die Vorleistung verringert.

§ 29

(1) **Wird durch oder für einen Mieter zum Neubau, Wiederaufbau, zur Wiederherstellung, zum Ausbau oder zur Erweiterung von preisgebundenen Wohn- oder anderen Räumen ein Finanzierungsbeitrag gewährt, so ist dies nicht als Verstoß gegen das Verbot von Preiserhöhungen nach der Verordnung vom 26. November 1936 (Reichsgesetzbl. I S. 955) anzusehen. Sonstige Vorschriften, welche die Gewährung von Finanzierungsbeiträgen regeln, insbesondere § 28 des Ersten Wohnungsbaugesetzes, bleiben unberührt.**

(2) **Wird im Falle der Aufgabe des Besitzes an preisgebundenen Wohn- und anderen Räumen an einen Mieter eine Leistung bewirkt, so ist diese insoweit preisrechtlich zulässig, als**

1. **durch sie Aufwendungen ausgeglichen werden, die der Mieter zur Schaffung oder Instandsetzung der Räume gemacht hat;**
2. **sie dazu verwendet werden soll, für den Mieter Ersatzräume zu schaffen oder instandzusetzen oder Aufwendungen für diese Zwecke auszugleichen, und wenn sie tatsächlich dafür verwendet wird;**
3. **sie die den Mieter entstehenden Umzugskosten ausgleichen soll oder**
4. **sie von dem Vermieter gewährt wird.**

In anderen Fällen kann die Preisbehörde eine Leistung an den Mieter genehmigen, wenn diese nach den Umständen gerechtfertigt erscheint.

(3) **Eine Leistung der in Absatz 1 oder in Absatz 2 Satz 1 bezeichneten Art, die vor dem Inkrafttreten dieses Gesetzes bewirkt worden ist, gilt, soweit sich ihre Zulässigkeit nicht schon aus anderen Vorschriften ergibt, mit dem Inkrafttreten dieses Gesetzes preisrechtlich als genehmigt, es sei denn, daß in diesem Zeitpunkt die preisrechtliche Genehmigung in unanfechtbarer Weise versagt ist. Soweit eine Leistung im Hinblick auf die aus den preisrecht-**

lichen Vorschriften hergeleitete Nichtigkeit des zugrunde liegenden Rechtsgeschäftes zurückgewährt worden ist, hat es hierbei sein Bewenden.

(4) **Die Absätze 1 bis 3 gelten für Pachtverhältnisse entsprechend.**

(5) **Das Hamburgische Gesetz über das Verbot von Abstandszahlungen und Sonderleistungen für Wohnraum vom 2. Oktober 1953 (Hamburgisches Gesetz- und Verordnungsblatt I S. 244) und der Runderlaß PR Nr. 5/49 der Verwaltung für Wirtschaft des Vereinigten Wirtschaftsgebietes vom 7. April 1949 (Mitteilungsblatt der Verwaltung für Wirtschaft des Vereinigten Wirtschaftsgebietes 1949 II S. 44) werden aufgehoben.**

1 Finanzierungsbeiträge an den Vermieter sind kein Preisstop-Verstoß, wohl aber Abstände, die lediglich die Bereitschaft zur Vermietung bzw. das Abstehen von der Vermietung preisgebundenen Raumes an einen Dritten abgelten.

Der Finanzierungsbeitrag, den der Mieter oder für ihn ein Dritter (Arbeitgeber) an den Vermieter zahlt und ohne Verstoß zahlen darf (Abs. 1) berührt nicht gleichartige Beitragsforderungen von Vermietern öffentlich geförderter Wohnungen: hier hat die Bewilligungsstelle dafür zu sorgen, daß nicht etwa der mit der Hingabe öffentlicher Mittel verfolgte Zweck, ,,breite Schichten des Volkes" (§ 3 I. WoBauG) mit Wohnraum zu versorgen, zugunsten beitragsfähiger Wohnungssuchender gefährdet wird; entsprechend ist für einen Teil der geförderten Wohnungen die Annahme von Beiträgen verboten, auch können die Beiträge höchstbegrenzt oder (und) als mit der Miete verrechenbar bestimmt werden (§ 28 I. WoBauG). Noch weiter geht das II. WoBauG, indem es in § 50 in Verb. mit § 4 Abs. 1a d. i. in bezug auf erstmalig nach dem 31. Dezember 1956 bewilligte öffentliche Mittel — die Annahme von Finanzierungsbeiträgen für Rechnung der Wohnungsuchenden als verlorene Baukostenzuschüsse schlechthin verbietet, als Mietvorauszahlungen oder Mietdarlehen aber von der Bewilligungsstelle ausschließen oder beschränken läßt, soweit die Finanzierung dies zuläßt.

2 Abs. 2 behandelt den Abstand, den dem weichenden (den Mietraum aufgebenden) Mieter der zuziehende Mieter oder der Vermieter zahlt und ohne Verstoß zahlen darf — der letztere im eigenen Interesse für die Rückgewähr von Räumen, wie solcher Abstand ihm im Streitfall nach § 4 Abs. 3 MschG bis zur Höhe der Umzugskosten auch bei Obsiegen auferlegt werden kann. Hier wird nicht die Benutzung abgegolten (wie mit jeder Spielart des Mietzinses), sondern erst ermöglicht — Adressat der Leistung ist nicht der Vermieter, sondern der räumungswillige Mieter.

3 § 29 unterscheidet zwischen den reinen Entgelten, die nichts abzugelten haben und deshalb schlechthin bereichern — diese sind verboten —, und denen mit Ausgleichsnatur, die bestimmte Aufwendungen des Mieters in bezug auf die alte oder die neue (Ersatz-)Wohnung abgelten, und zwar 1. notwendige Verwendungen auf die Mietsache und 2. Beiträge zur Schaffung (Erlangung) oder Instandsetzung von Räumen (Bau- und Instandsetzungszuschüsse), 3. Umzugskosten. Zu 2. wird man als noch ausgleichbar diejenigen

Aufwendungen des Mieters anzusehen haben, die a) vom Vermieter nicht zu erstatten (auch nicht abwohnbar) sind und b) zu einem Zeitpunkt erfolgt sind, der gegenüber dem Zeitpunkt des Ausgleichs (Abstandszahlung) nicht so weit zurückliegt, daß eine Quasi-Tilgung gegeben wäre (vgl. § 19 Abs. 2 Satz 2: Einem Leistungswert in Höhe einer Viertel-Jahresmiete entspricht eine Tilgungsdauer von 1 Jahr). Die preisrechtliche Zulässigkeit der Abgeltung dieser Leistungen — ohne Sondergenehmigung — ist auf die genannten Fälle beschränkt; andere Leistungen des Mieters, die über „Schaffung" und „Instandsetzung" von Räumen hinausgehen, so auch bloße Verschönerungen und Modernisierungen, kann die Preisstelle im Einzelfall genehmigen, „wenn" (und soweit) „diese Leistung den Umständen nach gerechtfertigt erscheint" (Abs. 2 Satz 2).

4 Was den Abstand für die alte oder neue (Ersatz-)Wohnung anlangt, so muß der sie abgeltende Aufwand früher tatsächlich erfolgt sein oder zukünftig die Leistung tatsächlich verwendet werden (Abs. 2 S. 1 Ziff. 2), Wenn anderenfalls keine besondere Genehmigung erteilt wird (Abs. 2 Satz 2). ist die Leistung preisrechtlich unzulässig und kann deshalb nach § 812 BGB — als ohne Rechtsgrund erfolgt — zurückgefordert werden.

5 Abs. 3. Ist vor dem 1. August 1955 eine Leistung mit dem vorbezeichneten Abgeltungszweck erfolgt (ungenau stellt das Gesetz auf die „Art" der Leistung ab), so gilt sie nachträglich als genehmigt bzw. wird die nach bisherigem Recht eingetretene Nichtigkeit geheilt. Eine bereits (aus § 812 BGB) erfolgte Rückgewähr bleibt aber bestehen, ebenso eine unanfechtbar gewordene Versagung der Genehmigung; ein noch schwebendes Genehmigungsverfahren erledigt sich.

Entspricht der gedachte Abstand (vor dem 1. August 1955) nicht dem Ausgleichscharakter des Abs. 2, also nicht einer ihn erst rechtfertigenden tatsächlichen Leistung des Abstandnehmers, und liegt auch keine spezielle Ausnahmegenehmigung vor, so kann der Leistende seine Leistung zurückfordern, auch wenn er selbst und nicht nur der Empfänger bewußt preisstopwidrig gehandelt hat; § 30 Abs. 1 Satz 1 hat die Anwendbarkeit von § 817 S. 2 BGB in bezug auf mietpreiswidrige Leistungen ausgeschlossen (s. daselbst).

Bei diesen Leistungen ist also vorweg zu fragen, a) ob sie nach früherem Recht preisrechtlich zulässig waren, b) (bei Verneinung von a)) ob sie nach § 29 Abs. 2 als nachträglich genehmigt gelten. (Bei Verneinung von a) und b)) gilt früheres Recht, was § 30 Abs. 2 noch besonders ausspricht. Es hätte nahe gelegen, dem § 29 Abs. 3 etwa anzufügen: Auf Leistungen ohne den vorbezeichneten und erfüllten Abgeltungszweck sind die bisherigen Vorschriften anzuwenden.

Interessant ist, daß der BGH mit Urt. vom 26. Oktober 1955 in VI ZR 165/53 (Bd. XVIII S. 325 f.) eine Rechtsschelte für gegeben ansieht, wenn die Revision nach Inkrafttreten des BMG geltend macht, die Vorinstanz habe ein inzwischen überholtes Preisrecht angewandt und eine Abstandszahlung entgegen der (im Zeitpunkt des Berufungsurteils noch nicht anwendbaren) Vorschrift des § 29 Abs. 3 BMG als preisrechtlich unzulässig behandelt. Positivrechtlich hatte die Berufungsinstanz kein Gesetz verletzt, am allerwenigsten den noch gar nicht in Kraft gesetzten § 29 BMG, wohl aber kann im naturrechtlichen Sinne eine Bestimmung der ungeschriebenen Rechtsordnung als verletzt angesehen werden, indem das spätere Gesetz sich aus einer bereits vorhanden gewesenen Identität mit dem Rechtsgefühl geschulter rechtsgewissenhafter Juristen entwickelt hat.

§ 29a

(1) Einmalige Leistungen, die der Mieter oder für ihn ein Dritter dem Vermieter mit Rücksicht auf die Vermietung preisgebundenen Wohnraums auf Grund vertraglicher Verpflichtung erbringt, sind unzulässig, soweit sich aus den Absätzen 2 bis 4 nichts anderes ergibt.

(2) Eine Vorausleistung der Miete ist bis zum Vierfachen der jährlichen Grund- oder Einzelmiete nach dem Stande vom Vortag des Inkrafttretens des Gesetzes über den Abbau der Wohnungszwangswirtschaft und über ein soziales Miet- und Wohnrecht zulässig, soweit sie innerhalb von höchstens acht Jahren auf die Miete angerechnet und zur Instandsetzung, Instandhaltung oder zur neuzeitlichen Ausgestaltung des Wohnraums verwendet wird. Das gilt entsprechend für ein Darlehen, das der Mieter oder für ihn ein Dritter dem Vermieter mit Rücksicht auf die Vermietung des Wohnraums gewährt (Mieterdarlehen); jedoch ist ein Mieterdarlehen unbeschränkt nach Höhe und Laufzeit zulässig, wenn es wenigstens vier vom Hundert jährlich zu verzinsen ist.

(3) Bei preisgebundenem Wohnraum, der nach dem 20. Juni 1948 bezugsfertig geworden ist, ist eine Vorausleistung der Miete oder ein Mieterdarlehen zulässig, soweit der Vermieter damit einen noch nicht abgewohnten oder getilgten und nach § 29 Abs. 1 oder 3 zulässigen Finanzierungsbeitrag erstattet.

(4) Die Zulässigkeit der Finanzierungsbeiträge zum Neubau, zum Wiederaufbau, zur Wiederherstellung, zum Ausbau oder zur Erweiterung preisgebundenen Wohnraums nach § 29 Abs. 1 bleibt unberührt.

Für Berlin gilt § 29a ohne Abs. 2, sodaß die Abs. 3 und Abs. 4 in seiner Fassung Abs. 2 und Abs. 3 werden. In dem neuen Absatz 2 wird das Datum 20. Juli 1948 durch ‚24. Juni 1948' und in Absatz 1 werden die Worte ‚Absätze 2 bis 4' durch die Worte ‚Absätze 2 und 3' ersetzt.

Dieser durch Art. IX GMW Ziff. 1k eingefügte § 29a ergänzt § 29; entsprechend läßt sein Abs. 4 die Bestimmung des § 29 Abs. 1 unberührt. Während § 29 („Wird... Finanzierungsbeitrag gewährt") den seit 1. August 1955 (Inkrafttreten des I. BMG) gewährten Neu-Baukostenzuschuß meint, trifft § 29a die seit 1. Juli 1960 vom Mieter bei („mit Rücksicht auf die") Vermietung erbrachten „einmaligen Leistungen" wie Abstände, Übernahme einer Schuld des Mietvorgängers (sei es bare Mietschuld, sei es Nachholung von Reparaturen). Auch Abstände für Überlassung preisgebundener (öffentl. geförderten) Wohnraum sind betroffen.

§ 30

(1) Soweit eine Leistung nach diesem Gesetz oder nach anderen mietpreisrechtlichen Vorschriften unzulässig ist, kann sie nach den allgemeinen Vorschriften zurückgefordert werden; § 817 Satz 2 des

Bürgerlichen Gesetzbuches ist nicht anzuwenden. Der Anspruch verjährt in einem Jahr von der Leistung an.

(2) **Für Leistungen, die vor Inkrafttreten dieses Gesetzes bewirkt sind, hat es bei den bisherigen Vorschriften sein Bewenden; soweit hiernach Rückforderungsansprüche bestehen, verjähren sie spätestens in einem Jahr von dem Inkrafttreten dieses Gesetzes an.**

(3) **Eine nach § 29a unzulässige Leistung ist zurückzuerstatten und von dem Empfang an zu verzinsen. Der Anspruch auf Rückerstattung verjährt nach Ablauf eines Jahres von der Beendigung des Mietverhältnisses an.**

1 Die Rückforderung eines nach den vier Kategorien des § 29 Abs. 2 nicht gerechtfertigten Abstandes stützt sich auf die aus der Nichtigkeit der Abstandsvereinbarung (§ 134 BGB) folgenden ungerechtfertigten Bereicherung des Abstandnehmers (§ 812 BGB). Neu ist die positive Regelung, daß der Erstattungsanspruch nicht entfällt, wenn auch der Leistende bewußt preisrechtswidrig gehandelt hat; also soll der weichende Mieter, der einen Abstand gefordert hat, ohne daß eine eigene Leistung von ihm auszugleichen war, und der nun vom neuen Mieter auf Rückerstattung belangt wird, sich dieser Verpflichtung nicht durch den Einwand entziehen können, der neue Mieter habe genau gewußt, was gespielt werde.

Oft habe, so meint die Begründung des Reg.-Entwurfs, in bezug auf preisrechtswidrige Mietforderungen des Vermieters der Mieter nur notgedrungen den überhöhten Mietzins zugestanden; auch verweist der Entwurf auf die — jetzt in § 42 Abs. 1 enthaltene — Straflosigkeit der Preisstopverstöße, womit gesagt sein will, daß ohne Drohung eines straf- oder zivilrechtlichen Übels keine Hemmung in Richtung eines preisrechtswidrigen Verhaltens gegeben wäre. — Der BGH hat sich im Urt. vom 28. Januar 1953 — II ZR 265/51 (Bd. VIII, 348, 368) mit dem Problem der (von ihm bejahten) Anwendbarkeit des § 817 Satz 2 BGB auch bei bewußter Überpreis-Zahlung auseinandergesetzt.

Zu den „bisherigen Vorschriften" lt. Zurückforderung gehört auch die Wiederherstellungspflicht (§ 249 BGB) aus unerlaubter Handlung, und eine solche ist nach § 823 Abs. 2 zit. der schuldhafte Verstoß gegen ein Schutzgesetz d. i. gegen eine Privatrechtsgüter schützende Norm. Eine solche in erster Linie den einzelnen und erst über ihn hinaus auch die Allgemeinheit schützende Schutzvorschrift ist das dem Mieter zur Ausübung überlassene Preisschutzrecht, nachdem § 42 Abs.1 die Strafvorschrift (noch nicht für Berlin) mit dem 1. August 1955 außer Kraft gesetzt hat. (So grundlegend Roquette S. 79/80 in Übereinstimmung mit BVerwG — Urt. vom 30. Juni 1956 [NJW S. 1491/2]; dgg. BGH — aber noch bei Bestand der Strafbarkeit, nämlich mit Urt. vom 27. Januar 1954, Bd. XII, 146f. [152]).

Der Deliktanspruch (823) reicht über den Bereicherungsanspruch (812f.), da letzterer den Fortbestand der Bereicherung voraussetzt (§ 818 Abs. 3).

2 Abs. 3 beruht auf Art. VII des Gesetzes zur Änderung des II. WoBauG vom 21. Juli 1961 (BGBl. 1041).

§ 31

(1) **Hat ein Vermieter von preisgebundenem Wohnraum die Ausführung notwendiger Instandsetzungs- oder Instandhaltungs-**

arbeiten unterlassen, so kann die zuständige Stelle die sachgemäße Ausführung solcher Arbeiten durch geeignete Verfügungen sicherstellen, wenn Mängel vorliegen, die die Benutzbarkeit des Wohnraumes unter Berücksichtigung der örtlichen Wohnverhältnisse oder Wohngewohnheiten offensichtlich erheblich beeinträchtigen. Die zuständige Stelle hat dabei im Rahmen der Mittel, die nach Absatz 2 in Anspruch genommen werden können, dem Umfang und der Dringlichkeit der notwendigen Arbeiten Rechnung zu tragen. Sie kann insbesondere anordnen, daß die Mieter einen entsprechenden Teil der Miete nicht an den Vermieter, sondern an die Stelle selbst oder an eine andere Stelle zu entrichten haben, oder daß sie die Arbeiten selbst ausführen und einen entsprechenden Betrag der Miete einbehalten können; insoweit erlischt der Anspruch des Vermieters; dies gilt auch für den Fall der Abtretung, Verpfändung, Pfändung oder Beschlagnahme der Mietzinsforderung.

(2) **Der Betrag, der auf Grund einer solchen Verfügung für Instandsetzungs- oder Instandhaltungsarbeiten in Anspruch genommen wird, darf 30 vom Hundert der jeweils fälligen Miete abzüglich der in § 7 Abs. 1 Nr. 1 bis 5 genannten Beträge nicht übersteigen.**

(3) **Die Landesregierungen werden ermächtigt, durch Rechtsverordnung nähere Vorschriften über das Verfahren bei Verfügungen nach Absatz 1 zu erlassen. Sie können namentlich bestimmen, welche Stellen für diese Maßnahmen zuständig sind, und auch vorschreiben, daß die Beiträge von den Mietern wie Gemeindeabgaben beigetrieben werden können.**

1 Der Gesetzgeber, der durch die auf dem Wege des § 18 ohne Kündigung zu verwirklichende Mieterhebung Mittel zu Instandsetzung und Instandhaltung der Wohnräume im Altbau beschaffen will, verfolgt das gleiche Ziel einmal durch obige Vorschrift des mittelbaren Zwanges, sodann durch den neben das Minderungsrecht des Mieters nach § 537 BGB (automatische Zinsbefreiung im Verhältnis zur verringerten Tauglichkeit) gesetzten Ausschluß von Mieterhöhungen (§§ 1, 3, 5, 6) bei erheblichem Absinken der Wohnbenutzbarkeit (§ 12) oder der Wohnhygiene (II. BMG § 9).

2 § 31 erneuert die Regelung in § 6 RMG, der mit allen übrigen Bestimmungen des RMG durch § 41 außer Kraft gesetzt ist; dessen Satz 2 erhält aber die alten Ausführungsvorschriften der Länder zu § 6 RMG aufrecht bis zum Ersatz durch neue Rechtsvorschriften der Länder gemäß der Ermächtigung in Abs. 3.

3 Es handelt sich um eine nach pflichtmäßigem Ermessen („kann") zu handhabende wohnungsamtliche Sicherungsvorschrift, die das freie Verfügungsrecht des sich gegenüber offensichtlich erheblich beeinträchtigter Benutzbarkeit von Wohnräumen passiv verhaltenden Vermieters derart einschränkt, daß ein Mietzinsanspruch bis zu 30% der im Zeitpunkt der Inanspruchnahme fälligen (gültigen) Miete unter Abzug der in § 7 (zur Errechnung der Grundmiete) genannten Vergütung für Nebenleistungen, aber ohne den seit 1. Oktober 1952 geltenden 10%-Zuschlag (vgl. § 16 AMVO u. ebda. § 45 Abs. 1

Ziff. 1 am Ende) zum Erlöschen kommt (Abs. 1 Satz 3), indem das (Wohnungs-) Amt anordnet, ein entsprechender Teil des Mietzinses sei an es zur notwendigen Abstellung der Mängel in amtlicher Regie zu zahlen, oder die Mieter ermächtigt, einen Zinsteil zur Selbstvornahme solcher notwendigen Arbeiten einzubehalten. Bei der Frage, wann die Benutzbarkeit eines Wohnraumes erheblich beeinträchtigt ist, ist von den Anschauungen und Gewohnheiten am Orte auszugehen. Bei der Frage der Verwendung der Mittel kommt es auf das Gesamtmaß notwendiger Instandsetzungen im Hause, auf den Grad der Dringlichkeit der einzelnen Arbeiten und auf das durch Mietzinssperre zu erreichende Gesamtaufkommen an Reparaturgeldern an.

4 Insoweit als der Mieter weisungsgemäß einen Teil des Mietzinses an die „Stelle" entrichtet oder (wiederum weisungsgemäß) nach Ausführung der Arbeiten einbehält, erlischt der Anspruch auf den Mietzins, auch wenn der Vermieter gar nicht mehr Herr der Mietzinsforderung war, sei es, daß er sie abgetreten oder verpfändet hatte, sei es, daß sie ihm weggepfändet war. Der Erwerber einer Mietzinsforderung betr. preisgebundenen Wohnraum muß daher immer mit der Enteignung eines Teils der Forderung rechnen.

§ 31 (Berlin)

(1) **Hat ein Vermieter von preisgebundenem Wohnraum die Ausführung von Instandsetzungs- oder Instandhaltungsarbeiten unterlassen, so kann die zuständige Stelle sachgemäße Ausführung solcher Arbeiten durch geeignete Verfügungen sicherstellen. Die zuständige Stelle hat dabei dem Umfang und der Dringlichkeit der Arbeiten Rechnung zu tragen. Sie kann insbesondere anordnen, daß die Mieter zur Deckung der Kosten bis zu 50 vom Hundert der jeweils fälligen Miete abzüglich der in § 7 Abs. 1 Satz 2 Nr. 1 bis 5 genannten Beträge nicht an den Vermieter, sondern an die Stelle selbst oder an eine andere Stelle zu entrichten haben, oder daß sie die Arbeiten selbst ausführen und den bestimmten Teil der Miete eingehalten können; insoweit erlischt der Anspruch des Vermieters; dies gilt auch für den Fall der Abtretung, Verpfändung, Pfändung oder Beschlagnahme der Mietzinsforderungen.**

(2) **Der Senat von Berlin wird ermächtigt, durch Rechtsverordnung nähere Vorschriften über das Verfahren bei Verfügungen nach Absatz 1 zu erlassen. Er kann namentlich bestimmen, welche Stellen für diese Maßnahmen zuständig sind, und auch vorschreiben, daß die Beträge wie Gemeindeabgaben beigetrieben werden können.**

1 Die Berliner Vorschrift geht weiter, indem sie die Maßnahmen der zuständigen Stelle (WA) an das Unterlassen der Vornahme vertraglich geschuldeter Arbeiten schlechthin knüpft (nicht auf „notwendige" beschränkt) und die Miete bis zu 50% (statt 30%) abzweigen läßt.

2 Von der Ermächtigung gemäß Abs. 2 hatte der Senat mit VO vom 31. Juli 1956 (GVBl. 951) Gebrauch gemacht. Diese Verordnung ist mit dem 5. Juni 1961 außer Kraft getreten und durch die VO vom 18. Mai 1961 (GVBl. 665) ersetzt worden. Gestrichen sind die Bestimmungen des früheren § 3 über „Widerspruch" gegen Verfügungen des WA, dessen regelmäßig aufschiebende Wirkung und den „Widerspruchsbescheid". Der Grund ist die bundesrechtliche Regelung des Verwaltungsrechtsverfahrens durch Teil II der VwGO vom 21. Januar 1960 (BGBl. S. 24f.).

Die neue VO lautet:

§ 1

(1) Verfügungen zur Ausführung von Instandsetzungs- oder Instandhaltungsarbeiten werden vom Bezirksamt von Amts wegen oder auf Antrag des Mieters erlassen.

(2) Vor Erlaß einer Verfügung ist die Notwendigkeit der Arbeiten durch eine amtliche Besichtigung festzustellen, zu der die Beteiligten zu laden sind.

(3) Ergibt die Besichtigung, daß Arbeiten auszuführen sind, so ist der Vermieter auf seine Verpflichtung hinzuweisen und über Art und Umfang der Arbeiten aufzuklären.

Der Hinweis auf die Verpflichtung genügt nicht — das WA hat dem Vermieter eine angemessene Frist für die Nachholung der nach Abs. 2 als notwendig festgestellten Arbeiten zu setzen mit dem Hinweis, daß nach fruchtlosem Ablauf der Frist eine Verfügung i.S. von Abs. 1 ergeht und nach § 2 Abs. 2 auch der Mieter ermächtigt werden kann, die Arbeiten auszuführen.

Ist der Mieter Antragsteller, so sollte er gehalten sein, die Mängel genau zu beschreiben und erkennbar zu machen, daß sie die Benutzbarkeit des Wohnraumes erheblich beeinträchtigen. Auch sollte er angeben, ob (bzw. welchen) Mietrückstand er hat oder in welcher Höhe er Miete verauslagt hat.

§ 2

(1) Das Bezirksamt kann von den Beteiligten alle zur Entscheidung benötigten Auskünfte verlangen und die Vorlage von Belegen und anderen Schriftstücken anordnen.

(2) Stellt der Mieter den Antrag auf Einleitung des Verfahrens, so hat er zu erklären, ob er bereit ist, die Arbeiten selbst auszuführen oder ausführen zu lassen, oder ob er beantragt, daß das Bezirksamt die Arbeiten ausführt oder ausführen läßt.

§ 3

Die von den Mietern auf Grund einer Verfügung des Bezirksamtes an die bezeichnete Stelle zu entrichtenden Beträge (Teile der Miete) werden nach den Vorschriften des Verwaltungs-Vollstreckungsgesetzes beigetrieben.

§ 4

Diese Verordnung tritt am Tage nach ihrer Verkündung im Gesetz- und Verordnungsblatt für Berlin in Kraft*); gleichzeitig tritt die Verordnung zur Durchführung des § 31 des Ersten Bundesmietengesetzes vom 31. Juli 1956 (GVBl S. 951) außer Kraft.

§ 32

Die Mietzuschläge nach den §§ 5 und 6 sowie eine Mieterhöhung nach den §§ 8 oder 10 bleiben bei der Berechnung der Miete, die nach § 2 der Verordnung über die Förderung von Arbeiterwohn-

*) d. i. am 6. Juni 1961.

stätten vom 1. April 1937 (Reichsgesetzbl. I S. 437) und nach der Verordnung zur Änderung der Verordnung über die Förderung von Arbeiterwohnstätten vom 18. Januar 1943 (Reichsgesetzbl. I S. 27) für die Grundsteuerbeihilfe maßgebend ist, außer Betracht. Das gleiche gilt für Umlagen von Kosten für den Wasserverbrauch und für Untermietzuschläge gemäß den §§ 5 und 9 der Verordnung PR Nr. 71/51 über Maßnahmen auf dem Gebiete des Mietpreisrechts vom 29. November 1951 (Bundesgesetzbl. I S. 920) sowie für Umlagen gemäß der Anordnung PR Nr. 72/49 in der Fassung der Anlage zur Verordnung PR Nr. 71/51.

§ 32 (Berlin)

Umlagen von Kosten für den Wasserverbrauch, Untermietzuschläge sowie Zuschläge gemäß der Berliner Verordnung über den Ausgleich von Mehrbelastungen des Hausbesitzes vom 8. Juni 1953 (Gesetz- und Verordnungsblatt für Berlin S. 391) in der Fassung der Verordnung vom 11. Dezember 1957 (Gesetz- und Verordnungsblatt für Berlin S. 1793) bleiben bei der Berechnung der Miete, die nach § 2 der Verordnung über die Förderung von Arbeiterwohnstätten vom 1. April 1937 (Reichsgesetzbl. I S. 437) und nach der Verordnung zur Änderung der Verordnung über die Förderung von Arbeiterwohnstätten vom 18. Januar 1943 (Reichsgesetzbl. I S. 27) für die Grundsteuerbeihilfen maßgebend ist, außer Betracht. Das gleiche gilt für Mietzuschläge nach § 5 dieses Gesetzes.

Die Vorschrift dient der Erhaltung der niedrigen Miethöhe als Voraussetzung für Beihilfen in Höhe der Grundsteuer zugunsten sog. Arbeiterwohnstätten; regelmäßig darf die Miete 40 DM oder 0,60 bis 0,80 DM je qm nicht übersteigen (§ 2 der VO über die Förderung von Arbeiterwohnstätten vom 1. April 1937/18. 1. 1943 (RGBl 437 Gw 27) und § 29 des Grundsteuerges. i.d.F. vom 10. August 1951, BGBl 519).

Als Sitz der Materie sollte nicht das BMG erscheinen, sondern das der Förderung der Arbeiterwohnstätten dienende Gesetz; es belastet unnötig das BMG, der nach seinen Bestimmungen zu errechnenden wirklichen Miete eine fiktive Miete an die Seite zu stellen, nur damit die die Grundsteuerhilfe für Arbeiterwohnstätten bearbeitenden Verwaltungsstellen ihren bisherigen Miettarif unverändert benutzen können.

§ 33

Bei Anwendung der Vorschriften dieses Gesetzes stehen den Miet- oder Pachtverhältnissen ähnliche entgeltliche Nutzungsverhältnisse gleich.

Es ist das Verdienst von Roquette (S. 25 u. 36—68) die analoge Anwendbarkeit des I. BMG — und damit auch zufolge seines entsprechechenden § 12, diejenige des II. BMG — überzeugend abgesteckt zu haben: Seit der Währungsreform, nämlich durch die sog. Preisfreigabe-Ano. vom 25. Juni 1948 (WiGBl S. 61) sind von der Preisfreigabe weiter wirtschaftlicher Kontingente 9 Ausnahmen gemacht, darunter als Nr. 7 „die Vermietung und Verpachtung von Grundstücken jeder Art" (vgl. Haus „Preisrecht" f. Mieten S. 38/39). Diese Ausnahmen lassen sich nicht beliebig erweitern, vielmehr können in sie nur rechtsähnliche Verhältnisse einbezogen werden,, die im Grundcharakter mit „Miete" und „Pacht" übereinstimmen und in § 33 (wie auch in § 4 AMVO und § 31 I. WoBauG) als ähnliches „Nutzungsverhältnis" oder „Rechtsverhältnis" bezeichnet wurden. Das bedeutet eine Beschränkung auf Schuldverhältnisse und verbietet die Einbeziehung des Dauerwohnrechts (Teil II des Ges. über das Wohnungseigentum und das Dauerwohnrecht vom 15. März 1951 (BGBl 175). Die Ähnlichkeit ist gewahrt bei Dienst-, Werk- und Genossenschafts-Wohnungen, da sie auf privatrechtlichem (u. zwar obligationsrechtlichem) Grundstücks-Benutzungsverhältnis ruhen. (Ähnliches gilt bei MSchutz: vgl. Bettermann zu § 1 A 5—15).

Wohnraum kann als Teil eines Mischraumverhältnisses, also zusammen mit Geschäftsräumen überlassen sein, muß dann aber, um preisgebunden zu sein, einen höheren Mietwert als der Geschäftsraum haben (§ 3 Abs. 1 iVerb. mit § 4 GRMG). Der Wohnraum ist hier nur zur Benützung, der Geschäftsraum zugleich zur Nutzung überlassen; im Verhältnis zum Raumgeber hat die Miete bei höherem Nutzungswert das Schwergewicht. Bei ähnlicher Kombination von Miete und Pacht führt die Überlassung eines Teils der Mietwohnung an einen Dritten zu Geschäftszwecken. Eine preisgebundene Wohnraum-Pacht dürfte deshalb nicht mehr vorkommen (vgl. Bettermann, MSchutz Bd. I § 1 A 68aff. u. II § 36 A 2f.).

§ 34

Die §§ 1 bis 10 (Berlin: §§ 1, 2, 4, 5 und 7) **gelten nicht für Untermietverhältnisse und der Untervermietung preisrechtlich gleichstehende Fälle. Insoweit verbleibt es bei den bisherigen Vorschriften.**

Die „bisherigen Vorschriften", auf die § 34 als fortbestehend verweist, waren am 1. August 1953 — d. i. beim Inkrafttreten des I. BMG — die Ano 111/47 und VO 71/51, die durch § 45 Abs. 1 Ziff. 1 AMVO mit dem 1. August 1958 aufgehoben sind. An ihre Stelle ist der 4. Abschnitt der AMVO, betitelt „Untermiete" (§§ 37—40), getreten.

In bezug auf das II. BMG bestimmt § 13 mit Wirkung vom 1. Juli 1960 dasselbe, daß nämlich die Vorschriften des II. BMG nicht für Untermietverhältnisse und der Untervermietung preisrechtlich gleichstehende Fälle gelten. Es wird auf die genannten Bestimmungen der AMVO verwiesen.

§ 35 (nicht Berlin)

(1) **In das Mietschutzgesetz wird folgende Vorschrift als § 31b eingefügt:**

s. Erster Abschnitt „Mieterschutzrecht" S. 187.

(2) **Die Verordnung über Ausnahmen vom Mieterschutz vom 27. November 1951 BGBl I S. 926 wird, soweit sie nicht bereits nach § 23 Satz 2 Nr. 2 des Geschäftsraummietengesetzes außer Kraft getreten ist, aufgehoben.**

Es ist unverständlich, daß diese Änderung des MSchG nicht anläßlich der GMW in dessen Art. III „Änderung des Mieterschutzgesetzes" nicht mitaufgenommen und damit das BMG von diesem artfremden Element befreit worden ist.

§ 36 (nicht Berlin)

Das Geschäftsraummietengesetz vom 25. Juni 1952 (Bundesgesetzbl. I S. 338) in der Fassung des Gesetzes zur Änderung des Geschäftsraummietengesetzes vom 26. Dezember 1954 (Bundesgesetzbl. I S. 503) wird wie folgt geändert:

Bei den Änderungen durch § 36 ist es nicht geblieben; es folgten die Änderungsgesetze vom 25. Dezember 1955 (BGBl. 866), vom 28. März 1956 (BGBl. 159) und Art. IV des GMW vom 23. Juni 1960 (BGBl. 389). In der nunmehr geltenden Fassung bringen wir das GRMG anschließend an das I. BMG.

§ 37 (nicht Berlin)

Betrifft Neufassung von **§ 3 Buchstabe c des Wohnraumbewirtschaftungsgesetzes vom 31. März 1953 (Bundesgesetzbl. I S. 97) in der Fassung des Gesetzes zur Ergänzung des Wohnraumbewirtschaftungsgesetzes vom 13. August 1953 (Bundesgesetzbl. I S. 915).**

Die Bestimmung ist durch Art. II Nr. 2 GMW überholt (vgl. S. 255).

§ 38 (nicht Berlin)

Der Bundesminister für Wohnungsbau und der Bundesminister für Wirtschaft werden ermächtigt, durch Rechtsverordnung mit Zustimmung des Bundesrates Wohnraum bestimmter Art oder Miethöhe oder Wohnraum in Gemeinden bestimmter Größe von den Mietpreisvorschriften auszunehmen, soweit im Hinblick auf die wohnungswirtschaftlichen Verhältnisse ein Fortbestehen der Preisbindung nicht mehr erforderlich erscheint.

Hiermit ist der Bundesregierung das Recht gegeben, das BMG und andere Preisvorschriften teilweise oder für bestimmte Gebiete durch Rechtsverordnung außer Kraft zu setzen. Dem Interesse der Länder ist insoweit Rechnung getragen, als es für den gedachten Abbau des Preisschutzrechts der Zustimmung des Bundesrats bedarf. Der Grundgedanke einer Anpassung des Abbaus der Zwangswirtschaft an die örtlich verschiedenen Gegebenheiten von Angebot und Nachfrage wird auch durch die Geschichte der Zwangswirtschaft (nach dem ersten Weltkrieg) gerechtfertigt.

§ 39

(1) **Der Bundesminister für Wirtschaft und der Bundesminister für Wohnungsbau werden ermächtigt, durch Rechtsverordnung mit Zustimmung des Bundesrates die Vorschriften des Mietpreisrechts, die für den bis zum 31. Dezember 1949 bezugsfertig gewordenen Wohnraum gelten, soweit sie in Rechtsverordnungen und Verwaltungsbestimmungen enthalten sind, einschließlich der Verfahrens- und Kostenvorschriften, zu ändern, zu ergänzen oder aufzuheben, um die Vorschriften des Mietpreisrechts zu vereinfachen**

und unter Berücksichtigung dieses Gesetzes zusammenzufassen; hierbei darf die Miethöhe nicht wesentlich geändert werden.

(2) **Wo auf Preisvorschriften verwiesen wird, die nach Absatz 1 geändert, ergänzt oder aufgehoben werden, erhält die Verweisung ihren Inhalt aus den entsprechenden neuen Vorschriften. Einer Verweisung steht es gleich, wenn die Anwendbarkeit der in Satz 1 bezeichneten Vorschriften stillschweigend vorausgesetzt wird.**

§ 39 (Berlin)

(1) **Der Bundesminister für Wirtschaft und der Bundesminister für Wohnungsbau werden ermächtigt, durch Rechtsverordnung ohne Zustimmung des Bundesrates im Einvernehmen mit dem Senat von Berlin die Vorschriften des in Berlin geltenden Mietpreisrechts für Wohnraum, soweit sie in Rechtsverordnungen und Verwaltungsbestimmungen enthalten sind und von den im übrigen Geltungsbereich dieses Gesetzes maßgeblichen Vorschriften und Bestimmungen abweichen, einschließlich der Verfahrens- und Kostenvorschriften, zu ändern, zu ergänzen oder aufzuheben, um die Vorschriften des Mietpreisrechts zu vereinfachen, unter Berücksichtigung der Bundesmietengesetze in der in Berlin geltenden Fassung zusammenzufassen und an das Mietpreisrecht der Altbaumietenverordnung vom 23. Juli 1958 (Bundesgesetzbl. I S. 549) anzupassen; hierbei darf die Miethöhe nicht wesentlich geändert werden.**

Neunter Abschnitt

Übergangs- und Schlußvorschriften

§ 40

(1) **§ 3a des Mieterschutzgesetzes und § 3 der Hessischen Verordnung über die einstweilige Regelung von Mietstreitigkeiten vom 23. November 1946 (Gesetz- und Verordnungsblatt für Groß-Hessen S. 222) werden aufgehoben.**

(2) **Der Vermieter kann innerhalb von drei Monaten nach dem Inkrafttreten dieses Gesetzes eine Aufhebungsklage, die auf eine im Absatz 1 bezeichnete Vorschrift gestützt war, auf einen anderen Aufhebungsgrund stützen oder zur Klage auf Zahlung des Mietzinses übergehen. Der Übergang zur Zahlungsklage gilt als eine im Zeitpunkt des Inkrafttretens dieses Gesetzes abgegebene Erklärung des Vermieters nach § 18 Abs. 1.**

(3) **Macht der Vermieter von keiner der in Absatz 2 Satz 1 vorgesehenen Möglichkeiten Gebrauch, so gilt die Aufhebungsklage als im Zeitpunkt des Inkrafttretens dieses Gesetzes in der Hauptsache erledigt. Jede Partei trägt in diesem Falle die ihr entstandenen außergerichtlichen Kosten; die Gerichtskosten werden niedergeschlagen.**

(4) **Macht der Vermieter von einer der in Absatz 2 Satz 1 vorgesehenen Möglichkeiten Gebrauch, so gilt Absatz 3 Satz 2 entsprechend hinsichtlich der besonderen Kosten, die durch die ursprüngliche Klage verursacht sind.**

Die Aufhebung des § 3a MschG war das Hauptstück und der Hauptfortschritt des durch das I. BMG eingeführten preisrechtlichen Verfahrens. Der frühere kostspielige und langwierige Aufhebungsprozeß wegen Nicht-Anerkennung einer genehmigten Mietpreiserhöhung resultierte aus dem Unwillen der Rechtsprechung, eine periodische Kündigung zum Zwecke genehmigter Mietpreissteigerung zuzulassen, und aus der Abneigung des Gesetzgebers, sich der alten Rechtsfigur der Berufung auf die gesetzliche Miete zu bedienen, bis dieses nun mit § 18 BMG geschehen ist.

§ 41

Das Reichsmietengesetz in der Fassung der Verordnung über die Änderung des Reichsmietengesetzes und des Mieterschutzgesetzes vom 20. April 1936 (Reichsgesetzbl. I S. 378, 380) und des Gesetzes zur Änderung des Reichsmietengesetzes vom 15. Januar 1941 (Reichsgesetzbl. I S. 37) sowie die auf Grund des Reichsmietengesetzes ergangenen Vorschriften treten außer Kraft. Die zu § 6 des Reichsmietengesetzes ergangenen Ausführungsvorschriften der Länder bleiben jedoch, soweit sie diesem Gesetz nicht widersprechen, in Kraft, bis sie durch Vorschriften auf Grund der Ermächtigung in § 31 Abs. 3 dieses Gesetzes ersetzt werden.

Wie § 40 sich des § 3a MschG entledigte, so § 41 des gesamten RMG, womit der erste Teil der kodifizierenden Arbeit des I. BMG geleistet ist. Die Aufrechterhaltung nicht des § 6 RMG, sondern der ehemals zu seinen Ausführungen ergangenen (dem BMG nicht widersprechenden Ländervorschriften hat nur vorübergehende Natur, die Länder haben neues Ausführungsrecht durch Gesetz oder Rechtsverordnung erlassen wie zu § 31 Abs. 3 (betr. Zwangsmaßnahmen bei grobem Reparatur-Verzug).

§ 42 (nicht Berlin)

(1) **Die in den bisherigen Mietpreisvorschriften enthaltenen Strafvorschriften sind von dem Inkrafttreten dieses Gesetzes an nicht mehr anzuwenden.**

(2) **Im übrigen sind die bisherigen Mietpreisvorschriften, insbesondere die Verordnung PR Nr. 71/51 und die Verordnung PR Nr. 72/52 über einen allgemeinen Mietzuschlag bei Wohnraum des Althausbesitzes vom 27. September 1952 (Bundesgesetzbl. I S. 648), bis zu ihrer Aufhebung weiterhin anzuwenden, soweit in diesem Gesetz nichts anderes bestimmt ist.**

Das Gesetz spricht keine Straflosigkeit schlechthin für Zuwiderhandlungen gegen die öffentliche Ordnung des Preisgefüges aus, vielmehr nur die Unanwendbarkeit der „in den bisherigen Mietpreisvorschriften enthaltenen Strafvorschriften".

Die amtliche Begründung zur Regierungsvorlage stützt sich auf die vermeintliche Erkenntnis, daß das öffentliche Interesse an der strikten Innehaltung der maßgebenden Preisvorschriften zurückgetreten und ein überwiegendes Interesse des Mieters an privatwirtschaftlichem Schutz übriggeblieben sei. Ihm müsse oder könne das Geltendmachen zivilrechtlicher Nichtigkeit von Überpreis-Vereinbarungen überlassen bleiben. Die Regierungsvorlage fügt hinzu, daß „die Geltung der allgemeinen Wuchervorschriften unberührt" bleibe.

Inzwischen hat mit Wirkung ab 1. 8. 1958 die AMVO in § 45 Ziff. 1 die VO PR 71/51 und 72/52 aufgehoben (ebenso die Berl. AMVO mit Wirkung ab 1.4. 1961 in § 38 Ziff. 1 der Maßnahme-VO v. 8. 6. 1953, die in § 15 Preisstop-Verletzungen unter das Wirtschaftsstrafgesetz in der damaligen Fassung v. 25. 3. 1952 stellte).

Damit entfällt obiger Abs. 2; aber es gilt — und zwar auch für Berlin — das „Wirtschaftsstrafgesetz 1954" v. 9. 7. 1954 (BGBl 175ff. dessen Geltungsdauer bis 31. 12 1955 zunächst i. d. F. des Ges. v. 19. 12. 1956 (BGBl 924) bis 31. 12. 1958, dann — mit Ges. v. 21. 12. 1958 (BGBl 949) — bis 31. 12. 1962 verlängert worden ist.

§ 2a zit bsetraft die „Ausnützung einer Mangellage" in bezug auf Gegenstände des lebenswichtigen Bedarfs" bei „Betätigung in einem Beruf oder Gewerbe". Das Merkmal der Mangellage entfällt mit Aufhebung der Wohnraumbewirtschaftung (§§ 3, 3a—e WBewG). Der Tendenz des § 42, bei dessen Entstehen § 2a WiStG schon galt, dürfte es entsprechen, den Begriff der beruflichen oder gewerblichen Handelns nicht auf rein private Raumvermietung zu erstrecken, (so OLG Braunschweig ZMR 1953 S. 161, OLG Hamm ZMR 1954 S. 164, zustimmend zitiert v. Dr. Holzapfl-München i. ZMR 1960 S. 325f, dgg. OLG Hamburg, Beschl. v. 11. 6. 1959 u. 21. 3. 1960 a. a. O).

In bezug auf Abstände hat § 29 BMG die Grenzlinie gezogen und die produktiven Sonderleistungen an den Vermieter, die unter den Begriff der Finanzierungsbeiträge fallen, für erlaubt erklärt hat, ebenso die Abgeltung effektiver Aufwendungen zur Ermöglichung der Aufgabe von Mietraum. Unproduktiv und unerlaubt sind Abstände, die in nicht angemessener Weise den Vermietungswillen honorieren oder mit denen sich der Raumbesitzer die Aufgabe des Raumes honorieren läßt, ohne ungetilgte Verwendungen gehabt oder Aufwendungen noch vor sich zu haben. In solchem Falle kann bei Fehlen erschwerender Merkmale eine bloße Ordnungswidrigkeit vorliegen, für die eine Geldbuße festgesetzt werden kann. Beim Vorliegen von Erschwernissen eine Wirtschafts straftat im engeren Sinne. Solche qualifizierenden Umstände liegen vor, wenn die Tat geeignet ist, die Leistungsfähigkeit der staatlich geschützten Wirtschaftsordnung zu beeinträchtigen, oder der Täter eine besondere Mißachtung dieser Ordnung bekundet, worauf gewerbsmäßiges, hartnäckiges oder sonst verantwortungsloses Handeln hinweist (§ 22 WiStG).

§ 43 (nicht Berlin)

(1) **Eine Erhöhung der nach § 1 Abs. 1 maßgeblichen Miete kann in den Fällen des § 2 Abs. 1 oder 2 der Verordnung PR Nr. 71/51 nur bis zum 31. Dezember 1955 beantragt werden; war mit Rück-**

sicht auf die Person des Mieters eine geringere als die zulässige Miete vereinbart worden, so kann der Antrag innerhalb von sechs Monaten nach Wegfall der Gründe für die Vereinbarung einer geringeren Miete gestellt werden. § 3 der Verordnung über das Verbot von Preiserhöhungen bleibt unberührt.

(2) **Ist der Vermieter ohne eigenes Verschulden gehindert, einen Antrag nach Absatz 1 Satz 1 zu stellen, so findet § 4 entsprechende Anwendung.**

Diese Vorschrift ist i.S. der Eingangsworte von § 45 AG 1 AMVO überholt, da sie a) dieser (späteren) VO entspricht, nämlich in deren 2. Abschnitt (§§ 10f.) aufgegangen ist und da b) die in obigen § 43 zitierten VO PR 71/51 ebenso wie die Preisstop-VO laut § 45 Abs. 1 Ziff. 1 und Abs. 2 der AMVO „aufgehoben" bzw. „nicht mehr anzuwenden" sind.

Hier — wie auch anderswo — zeigt sich, daß dies in § 39 I. BMG in Aussicht gestellte Rechtsvereinfachung und -zusammenfassung noch auf sich warten läßt. Auch die AMVO erfüllt diese Aufgabe noch nicht wie z.B. in ihrem § 45 Abs. 3 die weitere Anwendbarkeit von zwei VOen bestimmt ist, die inzwischen durch das GMW Art. X § 1 Abs. 1 Ziff. 12 und 13 aufgehoben worden sind.

§ 44

Die Beschränkungen des § 2 gelten nicht für Anträge auf Herabsetzung der Miete, die vor dem Inkraftrteten dieses Gesetzes (Berlin: statt ‚dieses Gesetzes': „des Gesetzes über den Abbau der Wohnungszwangswirtschaft und über ein soziales Miet- und Wohnrecht") **gestellt worden sind.**

Solche bis zum 31. Juli 1955 (Berlin bis 30. 6. 1960) gestellten Anträge auf Herabsetzung der Miete waren — entgegen § 2 — als zulässig auch dann zu behandeln, wenn die herabzusetzende Miete die bisher preisrechtlich zulässige Miete um weniger als 10% übersteigt.

§ 45 (betr. Berlin)

Die Vorschriften des Ersten, Zweiten, Fünften, Sechsten, Siebenten, Achten und Neunten Abschnitts dieses Gesetzes gelten gemäß § 13 Abs. 1 des Dritten Überleitungsgesetzes vom 4. Januar 1952 (Bundesgesetzbl. I S. 1) auch im Land Berlin mit folgender Maßgabe:

Der Katalog der Änderungen für Berlin, wie ihn § 45 in der ursprünglichen Fassung des I. BMG in 21 Ziffern und mit Wirkung ab 1. Juli 1960 in der Fassung des GMW in 24 Ziffern vorsieht, ist im Text und Kommentar der §§ 1—45b kenntlich gemacht. Der 1. Abschnitt ist damit für Berlin erst 5 Jahre später gültig geworden.

§ 45a (nicht Berlin)

(1) **Vom Ersten Bundesmietengesetz gelten im Saarland §§ 19 und 20, 29a Abs. 1 und 2, § 30.**

(2) **§ 18 Abs. 1 bis 3 gilt mit der Maßgabe, daß in Absatz 1 Satz 1 die Worte „nach diesem Gesetz oder nach sonstigen Vorschriften" entfallen. § 23 Abs. 1 und 3 gilt mit der Maßgabe, daß in Absatz 3 die Worte in „anderen Fällen" durch die Worte „im Falle" ersetzt werden. § 26 gilt mit der Maßgabe, daß in Absatz 2 die Worte „oder nach § 3 als genehmigt gilt" entfallen. § 29 Abs. 2 bis 4 gilt mit der Maßgabe, daß in Absatz 3 die Worte „in Absatz 1 oder" entfallen und in Absatz 4 die Worte „Absätze 1 bis 3" ersetzt werden durch „Absätze 2 und 3". § 40 Abs. 2 bis 4 gilt mit der Maßgabe, daß in Absatz 2 die Worte „eine in Absatz 1 bezeichnete Vorschrift" ersetzt werden durch „§ 3a des Mieterschutzgesetzes„. § 42 Abs. 1 gilt mit der Maßgabe, daß das Wort „Mietpreisvorschriften" durch „Preisvorschriften„ ersetzt wird und nach dem Wort „an" die Worte „auf Verstöße gegen Mietpreisvorschriften" eingefügt werden.**

§ 45b (nicht Berlin)

Ist vor dem Inkrafttreten dieserVorschrift die Kostenvergleichsmiete beantragt oder vereinbart worden, so sind die §§ 8 und 9 und die Verordnung über die Errechnung der Kostenvergleichsmiete für preisgebundenen Wohnraum nach dem Ersten Bundesmietengesetz vom 21. Dezember 1956 (Bundesgesetzbl. I S. 994) weiter anzuwenden; das gleiche gilt im Falle des § 3 Abs. 3 in der vor dem Inkrafttreten dieser Vorschrift geltenden Fassung.

§ 46

Dieses Gesetz tritt am 1. August 1955 in Kraft.

Ausführungs- bzw. Durchführungsverordnungen zum I. BMG

Übersicht

Ausführungs- bzw. Durchführungsverordnungen

A. gemäß § 31 Abs. 3 betr. Instandsetzungszwang

1.

Bayerische Verordnung zur Durchführung des § 31 des Ersten Bundesmietengesetzes

Vom 10. Juli 1957 (BayerGVBl S. 131)

Auf Grund des § 31 Abs. 3 des Gesetzes über Maßnahmen auf dem Gebiete des Mietpreisrechts (Erstes Bundesmietengesetz) vom 27. Juli 1955 (BGBl I S. 458) erläßt die Bayerische Staatsregierung folgende Verordnung:

§ 1

Der Erlaß von Verfügungen über die Ausführung notwendiger, vom Vermieter unterlassener Instandsetzungs- und Instandhaltungsarbeiten an preisgebundenem Wohnraum nach § 31 Abs. 1 des Ersten Bundesmietengesetzes obliegt der für den Wohnraum örtlich zuständigen Kreisverwaltungsbehörde.

§ 2

(1) Verfügungen nach § 31 Abs. 1 des Bundesmietengesetzes werden auf Grund eines Antrags des Mieters oder von Amts wegen erlassen.

(2) Bei der Antragstellung sind die Mängel, durch welche die Benutzbarkeit des Wohnraumes offensichtlich erheblich beeinträchtigt wird, genau zu beschreiben. Der Betrag der Wohnungsmiete ist anzugeben. Es ist weiter anzugeben, ob und in welcher Höhe der Mieter rückständige Miete schuldet oder Mietvorauszahlungen geleistet hat.

(3) Der Antragsteller hat anzugeben, ob er bereit ist, die notwendigen Instandsetzungs- oder Instandhaltungsarbeiten selbst auszuführen oder ausführen zu lassen oder ob er beantragt, diese Arbeiten von der Kreisverwaltungsbehörde oder einer von ihr beauftragten Stelle ausführen zu lassen.

§ 3

(1) Die Kreisverwaltungsbehörde hat vor Entscheidung über den Antrag den Vermieter zu hören; soweit sie von Amts wegen tätig wird, ist auch der Mieter zu hören.

(2) Die Kreisverwaltungsbehörde kann von beiden Vertragsteilen alle zur Entscheidung benötigten Auskünfte verlangen und die Vorlage von Belegen und anderen Schriftstücken anordnen.

§ 4

(1) Die Kreisverwaltungsbehörde kann Verfügungen nach § 31 Abs. 1 Satz 3 des Bundesmietengesetzes nur nach fruchtlosem Ablauf einer dem Vermieter für die notwendigen Instandsetzungs- oder Instandhaltungsarbeiten gesetzten angemessenen Frist erlassen.

(2) Soweit die Zahlung eines Teilbetrages der Miete an die Kreisverwaltungsbehörde oder eine von ihr benannte Stelle angeordnet wird, können die Beträge wie Gemeindeabgaben beigetrieben werden.

§ 5

Verfügungen nach § 31 Abs. 1 des Bundesmietengesetzes sind mit Rechtsmittelbelehrung zu versehen und dem Vermieter und dem Mieter zuzustellen.

§ 6

(1) Diese Verordnung tritt am 15. Juli 1957 in Kraft.

(2) Gleichzeitig tritt § 6 der Verordnung zur Ausführung des Reichsmietengesetzes vom 28. April 1936 (GVBl S. 78) in der Fassung der Verordnung vom 5. April 1938 (GVBl S. 159) außer Kraft.

2.

Berliner Verordnung zur Durchführung des § 31 des Ersten Bundesmietengesetzes

vom 18. Mai 1961 (GVBl. 665)

Auf Grund des § 31 Abs. 2 des Gesetzes über Maßnahmen auf dem Gebiete des Mietpreisrechts (Erstes Bundesmietengesetz) in der Fassung des Artikels IX Nr. 1 Buchst. 1 Nr. 16 des Gesetzes über den Abbau der Wohnungszwangswirtschaft und über ein soziales Miet- und Wohnrecht vom 23. Juni 1960 (BGBl. I S. 389/GVBl. S. 546) wird verordnet:

§ 1

(1) **Verfügungen zur Ausführung von Instandsetzungs- oder Instandhaltungsarbeiten werden vom Bezirksamt von Amts wegen oder auf Antrag des Mieters erlassen.**

(2) **Vor Erlaß einer Verfügung ist die Notwendigkeit der Arbeiten durch eine amtliche Besichtigung festzustellen, zu der die Beteiligten zu laden sind.**

(3) **Ergibt die Besichtigung, daß Arbeiten auszuführen sind, so ist der Vermieter auf seine Verpflichtung hinzuweisen und über Art und Umfang der Arbeiten aufzuklären.**

Der Hinweis auf die Verpflichtung genügt nicht — das WA hat dem Vermieter eine angemessene Frist für die Nachholung der nach Abs. 2 als notwendig festgestellten Arbeiten zu setzen mit dem Hinweis, daß nach furchtlosem Ablauf der Frist eine Verfügung i. S. von Abs. 1 ergeht und nach § 2 auch der Mieter ermächtigt werden kann, die Arbeiten auszuführen.

Ist der Mieter Antragsteller, so sollte er gehalten sein, die Mängel genau zu beschreiben und erkennbar zu machen, daß sie die Benutzbarkeit des Wohnraumes erheblich beeinträchtigen. Auch sollte er angeben, ob er (bzw. welchen) Mietrückstand hat oder in welcher Höhe er Miete vorausgeleistet hat.

Ausführungs- bzw. Durchführungsverordnungen

§ 2

(1) **Das Bezirksamt kann von den Beteiligten alle zur Entscheidung benötigten Auskünfte verlangen und die Vorlage von Belegen und anderen Schriftstücken anordnen.**

(2) **Stellt der Mieter den Antrag auf Einleitung des Verfahrens, so hat er zu erklären, ob er bereit ist, die Arbeiten selbst auszuführen oder ausführen zu lassen, oder ob er beantragt, daß das Bezirksamt die Arbeiten ausführt oder ausführen läßt.**

§ 3

Die von den Mietern auf Grund einer Verfügung des Bezirksamtes an die bezeichnete Stelle zu entrichtenden Beträge (Teile der Miete) werden nach den Vorschriften des Verwaltungsvollstreckungsgesetzes beigetrieben.

In § 2 der (mit § 4 dieser VO) aufgehobenen VO v. 31. Juli 1956 war richtiger (und klangschöner) in bezug auf den an die Stelle zu zahlenden Teil der Miete gesagt, er „kann" beigetrieben werden. Außerdem machte jener § 2 das zitierte Vollstreckungs-Gesetz leichter auffindbar, nämlich Verwaltungs-Vollstreckungsgesetz v. 27. April 1953 (BGBl. I 157/GVBl. 361).

Im übrigen ist die bisherige (landesrechtliche) Regelung des Widerspruchs-Verfahrens (§ 3 der 1956er VO) durch die am 1. April 1960 in Kraft getretene Verwaltungsgerichtsordnung (VwGO) v. 21. Januar 1960 abgelöst worden (BGBl. I 17). Widerspruchsfrist und Frist zur Anfechtungsklage (nach Zustellung des Widerspruchsbescheides) 1 Monat (§§ 70, 74 VwGO).

§ 4

Diese Verordnung tritt am Tage nach ihrer Verkündung im Gesetz- und Verordnungsblatt für Berlin in Kraft; gleichzeitig tritt die Verordnung zur Durchführung des § 31 des Ersten Bundesmietengesetzes vom 31. Juli 1956 (GVBl. S. 951) außer Kraft.

B. gemäß § 16 Abs. 3 betr. Mietbeihilfen

Vorbemerkung: Die Länder-Ausführungsbestimmungen schließen sich an den 6. Abschnitt des I. BMG betr. „Gewährung von Beihilfen" an. Der Begriff „Beihilfen" korrespondiert mit dem Begriff „Mieterhöhungen", indem diese mit jenen da ausgeglichen werden sollen, wo die Erhöhung im einzelnen Falle für die Mietpartei nicht tragbar erscheint. Gemeint sind nur die Erhöhungen nach dem I. BMG, denn sein § 15 beginnt: „Zur Milderung von Härten . . . infolge der Mieterhöhungen nach diesem Gesetz" d. i. der am 1. August 1953 in Kraft getretenen Fassung des Gesetzes.

Besonders berücksichtigt sind die Erhöhungen der Miete nach dem II. BMG oder auf Grund sonstiger Bestimmungen des am 1. Juli in Kraft getretenen GMW (Art. V „Änderungen des I. WoBauG (§§ 30a—30c, 32 Abs. 5, 50 Abs. 3 S. 2),

Art. IX Änderungen des I. BMG (§§ 22, 23 Abs. 2 Ziff. 1), ferner des II. WoBauG v. 27. Juni 1956 mit seinen gerade mit die Gewährung von Beihilfen betreffenden Änderungen zu §§ 73, 74 durch den 3. Abschnitt von Art. VII des GMW. Dieser Art. VII enthält mit Wirkung v. 1. Juli 1960 das (in 4 Abschnitten gegliederte) „Gesetz über die Gewährung von Miet- und Lastenbeihilfen", anwendbar auf die vorgenannten (dem I. BMG von 1955 nachfolgenden) Mieterhöhungs-Fälle.

1.

Baden-Württembergisches Ausführungsgesetz zum Sechsten Abschnitt des Ersten Bundesmietengesetzes — Gewährung von Mietbeihilfen —

Vom 15. Februar 1956 (GBl S. 27)

Der Landtag hat am 2. Februar 1956 das folgende Gesetz beschlossen, das hiermit verkündet wird:

I. Personenkreis

§ 1

(1) Mietbeihilfe erhalten außer dem in § 16 Abs. 2 des Ersten Bundesmietengesetzes vom 27. Juli 1955 (BGBl I S. 458) bezeichneten Personenkreis auch solche Mieter, deren Einkommen (Familieneinkommen) den in dieser Bestimmung genannten Satz von 110 v. H. um höchstens den Betrag der Mieterhöhung übersteigt.

(2) Mietbeihilfe wird nur für die nach den §§ 5—10 des Ersten Bundesmietengesetzes eintretenden Mietzuschläge gewährt.

(3) Anspruch auf Mietbeihilfe steht auch dem Untermieter von preisgebundenem Wohnraum (§ 26 des Ersten Bundesmietengesetzes) zu, dessen Miethöhe nach der Anordnung PR Nr. 111/47 vom 18. November 1947 (VfWMBl S. 320) berechnet ist.

(4) Erfüllen bei einem untervermieteten Wohnraum sowohl der Hauptmieter als auch der Untermieter die Voraussetzungen für die Gewährung der Mietbeihilfe, so haben beide Anspruch auf Mietbeihilfe.

(5) Ferner erhalten Mietbeihilfe auch solche Personen, deren Renten oder sonstiges Einkommen den örtlich jeweils maßgebenden Fürsorgebedarfsatz nicht in voller Höhe erreicht, die aber eine laufende Fürsorgeunterstützung nicht beantragt haben und nicht beantragen wollen.

§ 2

Mieter, die nur infolge der Mieterhöhung nach dem Ersten Bundesmietengesetz im fürsorgerechtlichen Sinne hilfsbedürftig werden und denen eine Unterstützung zu zahlen wäre, die den vollen Betrag der Mieterhöhung nicht übersteigt, erhalten die Mietbeihilfe in voller Höhe.

Ausführungs- bzw. Durchführungsverordnungen

II. Bezugsvoraussetzungen

§ 3

Die Mietbeihilfe wird auf schriftlichen Antrag gewährt. Der Antragsteller hat die Voraussetzungen des Anspruchs auf Mietbeihilfe nachzuweisen.

§ 4

(1) Die Mietbeihilfe wird mit Wirkung vom Ersten des auf die Antragstellung folgenden Monats an gewährt.

(2) Anträge, die bis zum 31. März 1956 eingereicht werden, gelten für den Zeitpunkt gestellt, in dem die Erklärung des Vermieters nach § 18 des Ersten Bundesmietengesetzes wirksam geworden ist.

§ 5

Bestehen Zweifel an der Zulässigkeit der Mieterhöhung, so hat die für die Entscheidung zuständige Behörde eine Äußerung der örtlich zuständigen Preisbehörde einzuholen.

III. Höhe der Mietbeihilfe

§ 6

(1) Als Mietbeihilfe wird der volle Betrag der Mieterhöhung gewährt, die vom Vermieter nach Maßgabe der Bestimmungen des Ersten Bundesmietengesetzes als Unterschiedsbetrag zwischen der bisherigen und der neuen Miete gefordert wird.

(2) In den Fällen des § 1 ist der die Grenze von 110 v. H. übersteigende Teil des Einkommens auf die Mietbeihilfe anzurechnen. Auf Beträge unter 2 DM monatlich besteht kein Anspruch.

IV. Verfahren und Kostentragung

§ 7

(1) Die Entscheidung über die Anträge auf Gewährung der Mietbeihilfe und die Auszahlung der Beihilfe wird als Weisungsaufgabe den Bezirksfürsorgeverbänden zugewiesen.

(2) Örtlich zuständig zur Entscheidung über den Antrag auf Gewährung der Mietbeihilfe ist der Bezirksfürsorgeverband, in dessen Bereich der Wohnraum gelegen ist.

(3) Den Bezirksfürsorgeverbänden stehen die Großen Kreisstädte im Sinne des § 131 Abs. 2 der Gemeindeordnung vom 25. Juli 1955 (Ges. Bl. S. 129) gleich, soweit ihnen die Entscheidung über Fürsorgemaßnahmen übertragen ist.

§ 8

In den Landkreisen sind die Anträge auf Gewährung der Mietbeihilfe über die Bürgermeisterämter einzureichen. Diese haben die Anträge vorzuprüfen.

§ 9

Die Mietbeihilfe ist monatlich nachträglich zu zahlen; vierteljährliche Zahlung ist zulässig.

§ 10

Den Bezirksfürsorgeverbänden und den nach § 7 Abs. 3 beauftragten Gemeinden können Weisungen erteilt werden, die der Rechtsauslegung und der einheitlichen Durchführung der gesetzlichen Bestimmungen dienen.

§ 11

(1) Gegen die Entscheidungen über Anträge auf Gewährung der Mietbeihilfe ist die Verwaltungsbeschwerde an das Regierungspräsidium zulässig. Für das Verfahren gelten die Vorschriften des 4. Abschnitts des Landesverwaltungsgesetzes vom 7. November 1955 (Ges. Bl. S. 225) entsprechend.

(2) Für die verwaltungsgerichtliche Nachprüfung der Entscheidungen gilt § 8 des Gesetzes zur Ausführung des Wohnraumbewirtschaftungsgesetzes vom 14. Juni 1954 (Ges. Bl. S. 79) sinngemäß.

§ 12

(1) Das Land trägt den Aufwand für die Mietbeihilfen.

(2) Die notwendigen Verwaltungskosten werden vom Land den Bezirksfürsorgeverbänden und beauftragten Gemeinden (§ 7 Abs. 3 und § 8) erstattet. Zur Abgeltung der Verwaltungskosten können durch Rechtsverordnung des Innenministeriums und des Finanzministeriums Pauschbeträge festgesetzt werden.

V. Schlußbestimmungen

§ 13

Entscheidungen über Anträge auf Gewährung der Mietbeihilfe sowie Beschwerdeentscheidungen ergehen gebührenfrei.

§ 14

Die Verwaltungsvorschriften erläßt das Innenministerium, soweit erforderlich im Einvernehmen mit dem Finanzministerium.

§ 15

Das Gesetz tritt mit Wirkung vom 1. September 1955 in Kraft.

Ausführungs- bzw. Durchführungsverordnungen

2.

Rheinland-Pfälzisches Landesgesetz zur Ausführung des Ersten Bundesmietengesetzes (Mietbeihilfengesetz)

Vom 5. Juni 1956 (GVBl S. 69)

Der Landtag von Rheinland-Pfalz hat das folgende Gesetz beschlossen, das hiermit verkündet wird:

§ 1

(1) Mietbeihilfen nach den §§ 15 bis 17 des Bundesgesetzes über Maßnahmen auf dem Gebiete des Mietpreisrechts (Erstes Bundesmietengesetz) vom 27. Juli 1955 (BGBl. I S. 458) erhalten Mieter (auch Untermieter), deren Familieneinkommen den örtlichen Fürsorgerichtsatz zuzüglich Miete und Mehrbedarfszuschläge nach den Bestimmungen der Reichsgrundsätze über Voraussetzung, Art und Maß der öffentlichen Fürsorge um nicht mehr als 10 vom Hundert übersteigt (Bedarfssatz).

(2) Zum Familieneinkommen gehören die nach § 8ff. der Reichsgrundsätze über Voraussetzung, Art und Maß der öffentlichen Fürsorge zu errechnenden Einkommen aller in der Wohngemeinschaft des Mieters lebenden Familienangehörigen, jedoch bleibt Kindergeld auf Grund des Kindergeldgesetzes vom 13. November 1954 (BGBl I S. 333) und des Kindergeldanpassungsgesetzes vom 7. Januar 1955 (BGBl I S. 1) und vergleichbare Bezüge für Kinder bei der Festsetzung unberücksichtigt.

(3) Miete im Sinne des Absatzes 1 ist der Betrag, der unter Beachtung des Miet- und Preisrechtes zu zahlen ist.

(4) Mietbeihilfen werden nicht gewährt, soweit die Unterkunft im Rahmen des notwendigen Lebensbedarfs der hilfsbedürftigen Mieter schon nach fürsorgerechtlichen Vorschriften sichergestellt ist. Mieter, deren Familieneinkommen den Fürsorgerichtsatz zuzüglich Miete und Mehrbedarfszuschläge nicht in voller Höhe erreicht, die aber laufende Fürsorgeunterstützung nicht beantragt haben und nicht beantragen wollen, erhalten Mietbeihilfe.

§ 2

(1) Als Mietbeihilfe wird der Betrag gewährt, um den sich die monatliche Miete während der Zeit vom 1. August 1955 bis 31. Juli 1958 auf Grund der Bestimmungen des Ersten Bundesmietengesetzes erhöht.

(2) Ist der Unterschiedsbetrag zwischen Familieneinkommen und Bedarfssatz (§ 1 Abs. 1) geringer als die Mieterhöhung, so wird die Mietbeihilfe nur in Höhe des Unterschiedsbetrages gewährt.

(3) Eine Mietbeihilfe unter 1,— DM vierteljährlich wird auf diesen Betrag aufgerundet.

§ 3

(1) Die Mietbeihilfe wird vom 1. des Monats an gewährt, in dem sie beantragt wird. Die Auszahlung erfolgt rückwirkend vom Zeitpunkt der

nach dem Ersten Bundesmietengesetz zulässigen und rechtswirksam erfolgten Mieterhöhung, wenn der Antrag bis zum 31. Juli 1956 gestellt ist.

(2) Die Auszahlung der Mietbeihilfe soll vierteljährlich im voraus erfolgen.

(3) Verwaltungsgebühren und Auslagen werden nicht erhoben.

§ 4

(1) Die Mietbeihilfen werden durch die kreisfreien Städte und die Landkreise bewilligt und ausgezahlt.

(2) Die Landkreise können diese Aufgabe ganz oder teilweise den Ämtern und Gemeinden übertragen.

§ 5

(1) Das Land erstattet den Landkreisen und kreisfreien Städten die Aufwendungen für die Mietbeihilfen.

(2) Die entstehenden Verwaltungskosten werden den Landkreisen und kreisfreien Städten sowie den nach § 4 Abs. 2 beauftragten Ämtern und Gemeinden erstattet. Zur Abgeltung der Verwaltungskosten können durch Rechtsverordnung des Ministers des Innern und des Ministers für Finanzen und Wiederaufbau im Einvernehmen mit dem Haushalts- und Finanzausschuß des Landtages Pauschbeträge festgesetzt werden.

§ 6

Gegen die Entscheidungen der mit der Durchführung dieses Gesetzes beauftragten Behörden sind die Rechtsmittel des Landesgesetzes über die Verwaltungsgerichtsbarkeit vom 14. April 1950 (GVBl S. 103) in der Fassung der Landesgesetze zur Änderung und Ergänzung dieses Gesetzes vom 16. Juli 1952 (GVBl S. 111) und vom 12. Februar 1954 (GVBl S. 21) zugelassen.

§ 7

Dieses Gesetz tritt mit dem 1. August 1955 in Kraft.

3.

Berliner Richtlinien [des Senators für Arbeit und Sozialwesen für die] Gewährung von Beihilfen nach dem Gesetz über Maßnahmen auf dem Gebiete des Mietpreisrechts (Erstes Bundesmietengesetz)

Richtl. vom 18. September 1956 — Soz II C 1 - 4003/7 — (Amtsbl. S. 1134)

Vorbemerkung: Dankenswert ist, daß der Senator für Arbeit und Sozialwesen im Abschnitt I einen belehrenden Überblick über die Fälle der zulässigen Mieterhöhung, ihre Durchführung und ihr Inkrafttreten unter Einschluß der „Preisgleitklausel" gibt.

I. BMG

Ausführungs- bzw. Durchführungsverordnungen

Die angesprochenen Stellen des I. BMG sind:
§ 5 mit Ziff. 1 Satz 1
§ 7 Abs. 2 mit Ziff. 1 Satz 2
§ 12 Ziff. 2 mit Ziff. 2
§ 22 Abs. 1 mit Ziff. 3 Abs. 1
§ 22 Abs. 2 mit Ziff. 3 Abs. 2
§ 23 Abs. 2 mit Ziff. 3 Abs. 3

I.

1. Nach dem Ersten Bundesmietengesetz in der in Berlin geltenden Fassung vom 7. März 1956 (GVBl S. 229) kann die Miete für preisgebundenen Wohnraum, der bis zum 24. Juni 1948 bezugsfertig geworden ist, um einen Zuschlag von 10 v.H. erhöht werden. Für die Berechnung des Mietzuschlags sind von der preisrechtlich zulässigen Miete

a) Umlagen für Wasserverbrauch,
b) die Heizungskosten für Zentralheizung und Warmwasserversorgungsanlagen,
c) die seit dem 1. Juli 1953 erhobenen Zuschläge für laufende Mehrbelastungen (in Berlin 3 bzw. 3,5 v.H.),
d) Zuschläge wegen Nutzung von Wohnraum zu anderen als Wohnzwecken

abzuziehen.

2. Mieterhöhungen sind unzulässig u. a. für Kellerwohnungen, Bunkerwohnungen, Barackenwohnungen, Wohnungen in Behelfsheimen und Nissenhütten sowie für sonstige behelfsmäßige Unterkünfte.

3. Bei steuerbegünstigtem Wohnraum, der nach dem 31. Dezember 1949 bezugsfertig geworden ist, kann die vereinbarte Miete, sofern sie niedriger ist, bis zur Höhe der Kostenmiete erhöht werden.

Bei öffentlich gefördertem preisgebundenem Wohnraum, der nach dem 31. Dezember 1949 bezugsfertig geworden ist, kann der Vermieter die vereinbarten Mieten anteilmäßig erhöhen, sofern und soweit sie nicht insgesamt den von der Bewilligungsstelle festgesetzten durchschnittlichen Betrag für das Gebäude oder die Wirtschaftseinheit erreichen. Das gleiche gilt, wenn die Richtsatzmiete durch die Preisbehörde mit Zustimmung der Bewilligungsstelle erhöht wird. Eine weitere Mieterhöhung nach den sonstigen Bestimmungen des Ersten Bundesmietengesetzes tritt in diesen Fällen nicht ein.

Bei Mietverhältnissen über Wohnraum, die nach ihrem Abschluß von den Preisvorschriften ausgenommen worden sind, kann an Stelle der preisrechtlich zulässigen Miete eine angemessen erhöhte Miete treten. Bei Wohnraum in Einfamilienhäusern mit einem Einheitswert von mehr als 30000,— DM und bei Mietverhältnissen über frei finanzierten Wohnraum im Sinne des Ersten Wohnungsbaugesetzes gilt die Miete als angemessen erhöht, wenn sie die Kostenmiete nicht übersteigt (s. a. Abschnitt II Ziff. 4 Abs. 8).

4. Die Mieterhöhung ist von der Abgabe einer schriftlichen Erklärung des Vermieters dem Mieter gegenüber abhängig, daß die Miete um einen bestimmten Betrag erhöht werden soll. In der Erklärung muß der Grund für die Zulässigkeit der Mieterhöhung und die Berechnung mitgeteilt werden. Aus der Erklärung kann daher entnommen werden, ob es sich um einen Fall nach Abschnitt I Ziff. 1 oder 3 handelt.

Die Mieterhöhung ist von dem Ersten des auf die Erklärung folgenden Monats zu zahlen. Wird die Erklärung erst nach dem Fünfzehnten eines Monats abgegeben, tritt die Mieterhöhung erst von dem Ersten des übernächsten Monats ein.

Die Erklärung des Vermieters kann von dem Inkrafttreten der die Mieterhöhung zulassenden Vorschriften an abgegeben werden; das ist für die Fälle nach Abschnitt I Ziffer 1 der 1. Januar 1957.

Enthält der Mietvertrag eine Preisgleitklausel, d. h. eine Vereinbarung der Parteien, daß eine Erhöhung der Miete mit dem Zeitpunkt des Eintretens ihrer preisrechtlichen Zulässigkeit als vereinbart gilt, so bedarf es der Erklärung des Vermieters nach § 18 BMG nicht. In diesen Fällen tritt z. B. der Zuschlag von 10% bereits ab 1. Januar 1957 ein.

II.

1. Zur **Milderung von Härten,** die sich infolge der Mieterhöhungen nach diesem Gesetz ergeben, werden auf Antrag (Vordr. Soz. III S. 1) für einen Zeitraum von drei Jahren vom 1. Januar 1957 an Beihilfen an einkommensschwache Mieter gewährt. Diese Beihilfen sind keine Leistungen der öffentlichen Fürsorge und unterliegen nicht den Bestimmungen über den Kostenersatz.

2. **Personenkreis**

(1) Für die Zeit vom 1. Januar 1957 bis 31. März 1958 gelten als einkommensschwache Mieter

a) Haushalte mit einer Person und einem monatlichen Nettoeinkommen bis zu . . . . 150 DM,

b) Haushalte mit 2 Personen und einem monatlichen Nettofamilieneinkommen bis zu . . . . 210 DM,

c) Haushalte mit 3 Personen und einem monatlichen Nettofamilieneinkommen bis zu . . . . 260 DM,

d) Haushalte mit 4 Personen und einem monatlichen Nettofamilieneinkommen bis zu . . . . 300 DM,

e) Haushalte mit 5 und mehr Personen, wenn ihr Nettofamilieneinkommen die ihnen bei Hilfsbedürftigkeit zu gewährende laufende Barunterstützung nicht um mehr als 10 v. H. übersteigt.

(2) Beträgt bei Haushalten mit einer Person die Mieterhöhung 3,50 DM monatlich oder mehr, so ist die Beihilfe bis zu einem Nettoeinkommen von 180 DM monatlich zu gewähren.

(3) Übersteigt der Fürsorgebedarf zuzüglich 10 v. H. bei Haushalten bis zu 4 Personen die genannten Beträge, so erhöhen sich diese Einkommensgrenzen entsprechend.

(4) Antragsteller, die nur infolge der Mieterhöhung nach dem Ersten Bundesmietengesetz hilfsbedürftig werden, gelten als einkommensschwach und können eine Beihilfe nach den Bestimmungen dieses Gesetzes erhalten.

(5) Antragsteller, deren Einkommen unter dem Fürsorgebedarf liegt, gelten nicht als einkommensschwach. Sie können Unterstützung einschließlich Mietbeihilfen nach den fürsorgerechtlichen Bestimmungen erhalten. Sofern Antragsteller trotz Hinweises hierauf ihren Antrag auf Gewährung einer Beihilfe nach dem Ersten Bundesmietengesetz beschränken, ist nach Absatz 4 zu verfahren.

Ziffer 2 Abs. (1) bis (3) entsprechen dem Beschluß des Abgeordnetenhauses von Berlin vom 2. März 1956.

3. **Höhe der Beihilfe**

(1) a) Bei der Ermittlung des Familieneinkommens sind die Nettoeinkünfte aller zum Haushalt des Antragstellers gehörenden Familienangehörigen zu berücksichtigen (Familienangehörige sind die mit dem Antragsteller durch Ehe, Verwandtschaft oder Schwägerschaft verbundenen Personen). Untermieteinnahmen sind bei der Ermittlung des Familieneinkommens nur mit 50 v. H. anzusetzen. Soweit Antragsteller zu den Personenkreisen des Abschnitts II Ziff. 2 Abs. 1 Buchst. a—d und Abs. 2 gehören, ist eine Bedarfsberechnung nach fürsorgerechtlichen Grundsätzen entbehrlich.

b) Übersteigen die Einkünfte die Festbeträge zu Abschnitt II Ziff. 2 Abs. 1 Buchst. a—d und Abs. 2, so ist zu prüfen, ob die Voraussetzungen nach Ziffer 2 Abs. 3 vorliegen. In diesen Fällen und in Fällen der Ziffer 2 Abs. 1 Buchst. e ist der Fürsorgebedarf unter Beachtung der Richtlinien für die Bewilligung von Fürsorgeleistungen (Dbl IV/1956 Nr. 57) zu ermitteln.

(2) Kindergeld auf Grund der Kindergeldgesetze sowie vergleichbare Bezüge für Kinder, z. B. Kinderzuschläge, die Beamten, Angestellten und Arbeitern für das dritte und jedes weitere Kind nach der Besoldungsordnung oder nach Tarifverträgen gezahlt werden, bleiben unberücksichtigt.

(3) Bei unregelmäßigem Einkommen ist der Durchschnitt der letzten sechs Monate zugrunde zu legen.

Bei Selbständigen ist das Einkommen zu berücksichtigen, das der letzten Einkommensteuervorauszahlung zugrunde liegt.

(4) Die Beihilfe ist in der Regel in der Höhe der tatsächlichen Mieterhöhung nach dem Ersten Bundesmietengesetz zu gewähren. Übersteigt das

anrechenbare Einkommen die in Abschnitt II Ziff. 2 Abs. 1 bis Abs. 3 genannte Einkommensgrenze geringfügig, so ist der übersteigende Betrag von der Mieterhöhung abzuziehen. Bleibt der Restbetrag unter 1,— DM monatlich, so ist keine Beihilfe zu zahlen. Eine Aufrundung der Beträge findet nicht statt.

4. **Verfahren**

(1) Für die Gewährung von Beihilfen sind unbeschadet der sonstigen Zuständigkeitsregelung in Fürsorgeangelegenheiten die Bezirksämter von Berlin — Abteilungen Sozialwesen — zuständig. Das gilt auch für Anträge von Arbeitslosenunterstützungs- und Arbeitslosenhilfeempfängern.

(2) Es ist sicherzustellen, daß die Anträge aus einem Wohnhause an einer Stelle bearbeitet werden.

(3) Der Antragsteller hat Unterlagen über die Nettoeinkünfte sämtlicher zum Haushalt gehörenden Familienangehörigen beizubringen. Außerdem ist die Erklärung des Vermieters über die Mieterhöhung gemäß § 18 BMG vorzulegen, die jedoch Bestandteil des Mietvertrages ist und daher nicht zu den Akten genommen werden darf. Es ist aktenkundig zu machen, welche Unterlagen vorgelegt wurden. Bei Anträgen, die vor dem 1. Januar 1957 gestellt wurden, ist eine Bescheinigung des Vermieters über die voraussichtliche Mieterhöhung nach dem Inkrafttreten der entsprechenden Bestimmungen des Ersten Bundesmietengesetzes in Berlin nach Vordruck Soz. III S. 3 beizufügen, die zu den Akten zu nehmen ist. In diesen Fällen ist die Vorlage der Erklärung gemäß § 18 BMG in der Regel nicht nachzufordern.

(4) Von der Bewilligung der Beihilfe ist der Mieter durch einen Bewilligungsbescheid (Vordruck Soz. III S. 5) und, falls Zahlung an den Vermieter erfolgt, auch dieser zu benachrichtigen (Vordruck Soz. III S. 6).

(5) Soweit Zahlungen an den Vermieter geleistet werden, sollen sie für die Mieter eines Wohnhauses oder eines Wohnblocks möglichst in einer Summe überwiesen werden. Die Aufschlüsselung ist dem Vermieter mitzuteilen und dabei anzugeben, für welche Monate die einzelnen Beihilfen zu verbuchen sind.

(6) Die Nachprüfung der Beihilfevoraussetzungen durch eine Hausprüfung wird sich im allgemeinen auf Ausnahmefälle beschränken können.

Eine stichprobenweise örtliche Nachprüfung der Wohn- und Einkommensverhältnisse ist nach der Bewilligung vorzunehmen. Das Verfahren regeln die Bezirksämter — Abteilungen Sozialwesen —.

(7) Die Berechtigung der vom Vermieter mitgeteilten Mieterhöhung kann in der Regel unterstellt werden. Bestehen Zweifel darüber, ob der Mietzuschlag dem Grunde oder der Höhe nach den gesetzlichen Vorschriften entspricht (vgl. Abschnitt I), so ist der Vorgang unter Beifügung einer Abschrift der Erklärung des Vermieters der zuständigen Preisstelle für Mieten mit der Bitte um Prüfung zu übersenden

(8) Sofern für Wohnraum nach Abschnitt I Ziff. 3 eine Beihilfe beantragt wird, ist der Vorgang der Preisstelle für Mieten unter Beifügung einer Abschrift der Erklärung des Vermieters mit der Bitte um Prüfung zu übersenden.

(9) Die Beihilfe ist für den gesetzlich vorgesehenen Zeitraum festzusetzen.

a) Bei einem Wohnungswechsel dürfen Beihilfen für die bisherige und die neue Wohnung nicht für den gleichen Zeitraum gewährt werden.
b) Mit Einverständnis des Mieters und des Vermieters kann die Beihilfe an den letzteren unmittelbar gezahlt werden.
c) Bei Anweisung an den Vermieter kann die Beihilfe für sechs Monate im voraus, bei Anweisung an den Mieter für drei Monate im voraus gezahlt werden.
d) Die Zahlung erfolgt durch Überweisung auf ein Konto, falls kein Konto unterhalten wird, portofrei durch die Post, in allen Fällen möglichst durch Sammelanweisung. Barzahlung ist auf Ausnahmefälle zu beschränken.

(10) Für Untermietverhältnisse gilt folgende Regelung:

a) Hat der Hauptmieter eine Beihilfe berechtigt beantragt oder wird ihm laufende Fürsorgeunterstützung gezahlt, so erhält er den Ausgleich für die Mieterhöhung für die gesamte Wohnung Der Untermieter erhält in diesem Falle keine Beihilfe.
b) Ist nur der Untermieter einkommensschwach, so erhält er zur Abgeltung der Mieterhöhung einen Pauschbetrag von 2,— DM monatlich ohne Rücksicht auf die tatsächliche Mieterhöhung.
c) Die Beihilfe kann an den Untermieter vierteljährlich im voraus gezahlt werden.
d) Wird Einspruch (vgl. Ziffer 5) gegen die Höhe der Beihilfe eingelegt, ist dem Antragsteller aufzugeben, die Feststellung der zuständigen Preisstelle für Mieten über den auf seinen Wohnraum entfallenden Anteil an der Gesamtmiete beizubringen.

(11) Nachdem die Beihilfe für ein Jahr gezahlt worden ist, ist der Antragsteller mit Vordruck Soz. III S. 9 aufzufordern zu erklären, daß sich seine Verhältnisse nicht geändert haben. Unterlagen sind in der Regel nur bei Änderung der Verhältnisse oder bei Zweifel an der Richtigkeit der Angaben anzufordern. Hinsichtlich der Nachprüfung gelten die Vorschriften des Abschnitts II Ziff. 4 Abs. 6. Weitere Zahlungen sind erst nach Eingang der Erklärung zulässig.

(12) Fällt die Beihilfeberechtigung durch eine Änderung der wirtschaftlichen Verhältnisse des Mieters fort, so sind bereits gezahlte Beihilfen in Ausgabe zu belassen.

Beihilfen, die infolge unrichtiger oder unvollständiger Angaben bei der Antragstellung oder einer nicht mitgeteilten Änderung der wirtschaftlichen Verhältnisse zu Unrecht gezahlt wurden, sind vom Mieter zurückzufordern. Vom Vermieter werden überzahlte Beträge in der Regel nur zurückzufordern sein, wenn das Mietverhältnis vor Ablauf des Zahlungszeitraums beendet wurde oder die Mieterhöhung nach den Bestimmungen des Ersten Bundesmietengesetzes ganz oder teilweise unzulässig war.

5. **Rechtsmittel**

Für das Rechtsmittelverfahren finden die Vorschriften des Gesetzes über die Beteiligung von Beiräten bei der Entscheidung über Rechtsmittel in Fürsorgeangelegenheiten vom 6. Januar 1950 (VOBl I S. 27) und die dazu erlassenen Ausführungsbestimmungen vom 24. Mai 1950 (VOBl I S. 221 — Dbl IV/1950 Nr. 51) entsprechende Anwendung.

6. **Fürsorgeunterstützungsempfänger**

Für Personen, die laufend aus öffentlichen Mitteln unterstützt werden, ist die Mieterhöhung durch eine entsprechende Erhöhung der laufenden Fürsorgeunterstützung auszugleichen (s. Abschnitt II Ziff. 2 Abs. 5).

7. **Mittelbereitstellung**

Die Mittel für die Beihilfen für einkommensschwache Mieter werden den Bezirksämtern von Berlin — Abteilung Sozialwesen — zur auftragsweisen Bewirtschaftung zur Verfügung gestellt.

Geschäftsraummietengesetz

(GRMG)

vom 25. 6. 1952/26. 12. 1954/27. 7. 1955/25. 12. 1955/28. 3. 1956/29. 6. 1960
(BGBl. 338/503/465/866/159/396)
(Berlin: Ges. v. 10. 1. 1961 — BGBl. 13 f.)

Erster Abschnitt

Freigabe der Mieten für Geschäftsräume und gewerblich genutzte unbebaute Grundstücke

Vorbemerkung. Von den 4 Abschnitten des GRMG interessiert preisrechtlich nur der an dieser Stelle abgedruckte 1. Abschnitt (§§ 1—4), der § 36 I. BMG überholt; diese Einbeziehung des mietzinsrechtlichen Teils in das BMG, dessen § 24 (angemessene Erhöhung bei früher begründeten Mietverhältnissen) bereits Geschäftsraum behandelt, hätte nahegelegt, die 3 nachfolgenden Abschnitte dem MSchG anzugliedern, da sie den aufgehobenen Mieterschutz i. S. des MSchG in Kündigungsschutz verwandeln und da das GRMG mit dem MSchG außer Kraft tritt. Das bestimmt Art. IV GMW als Schluß-§ 30 GRMG, ansonsten ändert es nur § 3 Abs. 1 durch Streichung der Sätze 2 und 3. Im übrigen sollte das nicht auf Mietzinse beschränkte Gesetz „Geschäftsraum-Mietgesetz" betitelt sein.

§ 1

Die Vermietung von Geschäftsräumen und gewerblich genutzten unbebauten Grundstücken unterliegt vorbehaltlich des § 3 mit Wirkung vom 1. Dezember 1951 nicht mehr den Preisvorschriften. (Berlin: vom 1. März 1961.)

Der Vermieter, der noch an eine vor diesem Zeitpunkt begründete Mietzinsabrede gebunden ist. kann gemäß § 24 I, BMG i.Verb. mit § 9 Abs. 2 GRMG durch schriftliche Erklärung nach § 18 BMG eine noch nicht die Marktmiete („ortsübliche Miete für Räume gleicher Art und Lage nach Wegfall der Preisbindung") erreichende Vertragsmiete bis auf jene erhöhen. Dieser Weg empfiehlt sich dem Vermieter (Verpächter) auch, um von einer preisbehördlichen Herabsetzung der vormals überhöhten Miete frei zu kommen, denn es kann wohl bezweifelt werden, ob Entscheidungen von Behörden der Zwangswirtschaft mit dem Abbau als nicht erfolgt gelten und der Eingriff in den Vertrag bzw. seine Abänderung als auflösend bedingt erscheint; das würde dahin führen, daß eine vom MEA ersatzweise erlaubte Untermietung als plötzlich nicht mehr erlaubt und der Untervermieter mit Mietaufhebung bedroht wäre (§§ 29 I, 2 I. MSchG). Gebunden bleibt dagegen, wer nach Inkrafttreten des GRMG, also bei Geltung seiner Preisbefreiung auf längere Dauer paktiert hat.

§ 2 (In Berlin gilt nur Abs. 1)

(1) Geschäftsräume im Sinne dieses Gesetzes sind Räume, die nach ihrer baulichen Anlage und Ausstattung auf die Dauer anderen als Wohnzwecken, insbesondere gewerblichen oder beruflichen Zwecken, zu dienen bestimmt sind und solchen Zwecken dienen.

(2) Wohnungen, bei denen mehr als die Hälfte der Wohnfläche anderen als Wohnzwecken dient, stehen bei Anwendung dieses Gesetzes Geschäftsräumen gleich. Das gleiche gilt für selbständig vermietete Teile von Wohnungen.

(3) Wird nicht mehr als die Hälfte der Wohnfläche einer Wohnung, die den Preisvorschriften unterliegt, zu anderen als Wohnzwecken benutzt, so darf zu der für Wohnraum zulässigen Miete ein Zuschlag erhoben werden, der der wirtschaftlichen Mehrbelastung des Vermieters entspricht. Das Nähere bestimmt der Bundesminister für Wirtschaft im Einvernehmen mit dem Bundesminister für Wohnungsbau auf Grund des Preisgesetzes vom 10. April 1948 (WiGBl S. 27) in seiner jeweils geltenden Fassung durch Rechtsverordnung. Die Vorschriften des § 3 Abs. 2 Nr. 4 und des § 11 Abs. 3 Nr. 4 der Mietenverordnung vom 20. November 1950 (Bundesgesetzbl. S. 759) bleiben unberührt.

Der Begriff „Geschäftsraum" ist in Abs. 1 definiert und in Abs. 2 durch Analogie erweitert: Indem eine um mehr als 50% entfremdete Wohnung einem Geschäftsraum gleichgestellt ist, beantwortet sich die Frage nach der

Einordnung „neutraler Räume", d. h. der durch Anlage und Ausstattung nicht spezifizierten Räume von selbst: wenn sie nicht echte (originäre, nach Bau und Ausstattung spezifische) Geschäftsräume sind, so stellt sie die vertragliche Widmung zu anderen als Wohnzwecken den Geschäftsräumen gleich (quasi-Geschäftsräume) — und diese Gleichstellung beginnt schon, wenn das In-Dienststellen zu Geschäftszwecken mehr als 50% des Objekts erfaßt.

Abs. 3. Für die (nur) bis zu 50% entfremdete Wohnung darf der Vermieter einen Mehrbelastungszuschlag bis zu 50% der anteiligen Grundmiete verlangen, gestuft nach dem Grade der höheren Inanspruchnahme (Publikumsverkehr): § 18 AMVO. Grundmiete (§ 6 AMVO, § 1 II BMG) ist die Stichtagsmiete vom 30. Juni 1960 nach Abzug der „Beiträge".

Obwohl das GRMG mit Art. IV GMW v. 23. Juni 1960 (in Kraft 1. Juli 1960) geändert worden ist, hat der Gesetzgeber übersehen, daß die im Schlußsatz des § 2 Abs. 3 als „unberührt" bezeichneten Vorschriften der Mieten-VO vom 20. November 1950 bereits aufgehoben sind und zwar teils durch § 29 NMVO, teils — nämlich die von ihr noch für „weiterhin anwendbar" bezeichneten Vorschriften — durch das GMW selbst, nämlich in Art. X § 1 Ziff. 14 (mit der Aufhebung vom § 2 Abs. 2 NMVO).

§ 3

(1) Sind Geschäftsräume wegen ihres räumlichen oder wirtschaftlichen Zusammenhangs mit Wohnräumen, die bei selbständiger Vermietung den Preisvorschriften unterliegen würden, zugleich mit diesen vermietet, so werden auch die Wohnräume von den Preisvorschriften ausgenommen. Wohnräume, die nach Satz 1 von den Preisvorschriften ausgenommen sind, bleiben von diesen auch dann ausgenommen, wenn die Voraussetzungen des Satzes 1 nachträglich wegfallen.

(2) Sind gewerblich genutzte unbebaute Grundstücke wegen ihres wirtschaftlichen Zusammenhangs mit Wohnräumen zugleich mit diesen vermietet, so gilt Absatz 1 entsprechend.

§ 3 (Berlin)

(1) Auf Geschäftsräume, die wegen ihres räumlichen oder wirtschaftlichen Zusammenhangs mit Wohnräumen zugleich mit diesen vermietet sind, sind die Preisvorschriften weiterhin anzuwenden, wenn die Wohnräume den Preisvorschriften unterliegen. Dies gilt nicht, wenn der Mietwert der Wohnräume weniger als ein Drittel des gesamten Mietwerts der vermieteten Räume beträgt; in diesem Falle sind auch auf die Wohnräume die Preisvorschriften nicht anzuwenden. Für die Mietwerte sind die preisrechtlich zulässigen Mieten vom 1. Juni 1953 maßgeblich.

(2) Sind gewerblich genutzte unbebaute Grundstücke wegen ihres wirtschaftlichen Zusammenhangs mit Wohnräumen zugleich mit diesen vermietet, so gilt Absatz 1 entsprechend.

(3) Soweit nach den Absätzen 1 und 2 auf Geschäftsräume oder gewerblich genutzte unbebaute Grundstücke die Preisvorschriften anzuwenden sind, ist eine Mieterhöhung bis zu 130 vom Hundert der ortsüblichen Miete für Geschäftsräume oder gewerblich genutzte unbebaute Grundstücke gleicher Art, Lage und Ausstattung nach dem Stande vom 1. Juni 1953 zulässig; bei dem Ausmaß der Mieterhöhung ist eine nachhaltige Verschlechterung der örtlichen Geschäftslage seit

dem 1. Januar 1953 zu berücksichtigen. Bei einer nachhaltigen Verbesserung der örtlichen Geschäftslage seit dem 1. Januar 1953 tritt an die Stelle des Satzes von 130 vom Hundert ein Satz von 150 vom Hundert als Höchstsatz. Im Streitfall entscheidet die Preisbehörde über das der Mieterhöhung nach den Sätzen 1 und 2. Die für Geschäftsräume allgemein zugelassenen Mietzuschläge bleiben daneben zulässig.

(4) Sind Geschäftsräume, die nach dem 24. Juni 1948 bezugsfertig geworden sind oder werden, wegen ihres räumlichen oder wirtschaftlichen Zusammenhangs mit Wohnräumen zugleich mit diesen vermietet, so sind die Geschäftsräume und die Wohnräume ohne Rücksicht auf das Verhältnis der Mietwerte von den Preisvorschriften ausgenommen.

Nach der Fassung des I. BMG verblieben Mischräume in der Preisbindung, wenn der Mietwert des Wohnraumes den des Geschäftsraumes überstieg. Das GMW (Art. IV Ziff. 1) hat (durch Streichung des Abs. 1 Satz 2 und 3) jeglichen Mischraum auch in bezug auf den bewohnten Teil und unabhängig von dem Verhältnis der Mietwerte preisrechtlich freigestellt.

In Berlin ist Mischraum preisgebunden, wenn mietwertmäßig mindestens ein Drittel bewohnt ist.

Dafür kann die Miete des ($^2/_3$ des gesamten Mietwerts nicht übersteigenden) Geschäftsraumes auf dem Wege des § 18 I. BMG bis zu 50% der ortsüblichen Geschäftsmiete v. 1. Juni 1953 angehoben werden, wobei Verbesserung ebenso wie Verschlechterung der Geschäftslage das Maß der Anhebung bestimmen. Abs. 3 Satz 4 kennzeichnet die Anhebung als einen Sonderzuschlag neben dem allgemeinen Zuschlag von 10%, den die Berl. Fassung des § 24 I. BMG seit 1. Juli 1960 gewährt.

§ 4

Die Vorschriften der §§ 1 bis 3 finden auf Pachtverhältnisse entsprechende Anwendung.

Die für den Mietzins-Abschnitt ausgesprochene Analogie weitet § 21 auf den 3. Abschnitt aus (§§ 8—20) mit Ausnahme der ausschließlichen sachlichen Zuständigkeit des AG für die Widerrufsklage lt. § 16 Abs. 2. Vgl. auch § 5 Abs. 5.

Eine entsprechende Ausdehnung der Mietvorschriften auf die Pacht enthält für das I. BMG § 33, für das II. BMG § 12, ohne „Pacht" hier oder an anderer Stelle ausdrücklich zu erwähnen. Für das MSchG ist auf § 36 zu verweisen.

Beide — Miete und Pacht — sind „entgeltliche Nutzungsverhältnisse" (so § 12 II. BMG) — genauer ist „Miete" die auf Gebrauchsvorteil beschränkte Nutzung, richtiger, da „Nutzung" im Sprachgebrauch des § 100 BGB Früchte plus Gebrauchsvorteil ist, kein Rechtsverhältnis betr. „Nutzung", sondern betr. „Benutzung" (Sachgebrauch: § 535 BGB, dgg. 581 [betr. Pacht] Sachgebrauch plus Fruchtgenuß).

Zweiter Abschnitt

Aufhebung des Mieterschutzes

§ 5

(1) Miet- und Pachtverhältnisse über Geschäftsräume (§ 2 Abs. 1 und 2) und über gewerblich genutzte unbebaute Grundstücke werden vom Mieterschutz ausgenommen.

(2) Für Miet- und Pachtverhältnisse, die vor dem 1. Dezember 1951 begründet worden sind, gilt Absatz 1 erst mit Wirkung vom 1. Juli 1952.

(3) Sind Geschäftsräume wegen ihres räumlichen oder wirtschaftlichen Zusammenhangs mit Wohnräumen, die bei selbständiger Vermietung unter Mieterschutz stehen würden, zugleich mit diesen vermietet, so wird das Mietverhältnis auch insoweit, als es sich auf die Wohnräume bezieht, vom Mieterschutz ausgenommen. Dies gilt nicht, wenn der Mietwert der Geschäftsräume geringer ist als der Mietwert der Wohnräume; in diesem Falle unterliegt das Mietverhältnis dem Mieterschutz auch insoweit, als es sich auf die Geschäftsräume bezieht. Bei Mietverhältnissen, die vor dem 1. Dezember 1951 begründet worden sind, bleibt eine nach diesem Zeitpunkt eingetretene oder eintretende Änderung des Mietwerts außer Betracht.

(4) Sind gewerblich genutzte unbebaute Grundstücke wegen ihres wirtschaftlichen Zusammenhangs mit Wohnräumen zugleich mit diesen vermietet, so gilt Absatz 3 entsprechend.

(5) Die Absätze 3 und 4 gelten für Pachtverhältnisse entsprechend.

§ 5 (Berlin)

(1) Miet- und Pachtverhältnisse über Geschäftsräume (§ 2) und über gewerblich genutzte unbebaute Grundstücke werden vom Mieterschutz ausgenommen.

(2) Auf Geschäftsräume, die wegen ihres räumlichen oder wirtschaftlichen Zusammenhangs mit Wohnräumen zugleich mit diesen vermietet sind, ist Absatz 1 nicht anzuwenden, wenn die Wohnräume unter Mieterschutz stehen. Dies gilt nicht, wenn der Mietwert der Wohnräume weniger als ein Drittel des gesamten Mietwerts der vermieteten Räume beträgt; in diesem Falle sind die Vorschriften des Mieterschutzgesetzes auch insoweit nicht anzuwenden, als das Mietverhältnis sich auf die Wohnräume bezieht. Für die Mietwerte sind die preisrechtlich zulässigen Mieten vom 1. Juni 1953 maßgeblich.

(3) Sind gewerblich genutzte unbebaute Grundstücke wegen ihres wirtschaftlichen Zusammenhangs mit Wohnräumen zugleich mit diesen vermietet, so gilt Absatz 2 entsprechend.

(4) Die Absätze 2 und 3 gelten für Pachtverhältnisse entsprechend.

Abs. 3 und 4 handeln wie § 3 Abs. 1 und 2 von räumlich und wirtschaftlich mit Wohnräumen zusammenhängenden Geschäftsräumen. Während bei solchem Zusammenhang der Wohnraum schlechthin preisrechtlich freigegeben ist und dieser also unabhängig vom Verhältnis der Mietwerte beider Raumkategorien dem preisfrei gewordenen Geschäftsraum folgt, bleibt in bezug auf Mieterschutz, wenn der Wohnraum den mit ihm verbundenen Geschäftsraum am Mietwert nicht nur erreicht, sondern übersteigt, der gesamte Raum im Mieterschutz, so daß hier umgekehrt (unterwertiger) Geschäfts- dem Wohnraum folgt und eine Kündigung dieses Mietraums ausgeschlossen ist.

Für Berlin gilt die Regel des § 3 auch für § 5: es genügt, daß der Wohnraum ein Drittel des gesamten Mietwerts erreicht, und das Objekt in seiner Gesamtheit bleibt unter Mieterschutz — umgekehrt fällt es aus ihm ganz heraus, wenn der Wohnraum am gesamten Mietwert mit weniger als einem Drittel beteiligt ist.

§ 6

Ein Mietverhältnis, das nach § 5 vom Mieterschutz ausgenommen ist, kann, sofern der Mietzins nach Monaten oder längeren Zeitabschnitten bemessen ist, nur für den Schluß eines Kalendervierteljahres gekündigt werden; die Kündigung hat spätestens am dritten Werktage des Vierteljahrs zu erfolgen. Auf die Vereinbarung einer kürzeren Kündigungsfrist können sich die Parteien nicht berufen.

Der Gesetzgeber gibt dem Geschäftsmieter die Mindestgarantie einer $^1/_4$-jährigen Kündigungsfrist, ändert also den Vertrag, soweit er eine kürzere Frist bestimmt.

§ 7

(1) In dem Urteil, durch das auf Räumung oder Zurückgabe von Geschäftsräumen oder gewerblich genutzten unbebauten Grundstücken erkannt wird, kann dem Mieter oder Pächter auf seinen Antrag eine den Umständen nach angemessene Räumungsfrist gewährt werden; der Antrag kann nur bis zum Schluß der mündlichen Verhandlung gestellt werden, auf die das Urteil ergeht. Ist der Antrag in dem Urteil übergangen, so ist das Urteil zu ergänzen; auf das Verfahren finden die Vorschriften des § 319 Abs. 2, 3 der Zivilprozeßordnung entsprechende Anwendung.

(2) Ein Urteil, durch das auf Räumung oder Zurückgabe von Geschäftsräumen oder gewerblich genutzten unbebauten Grundstücken erkannt wird, darf nur für vorläufig vollstreckbar erklärt werden, wenn glaubhaft gemacht wird, daß die Aussetzung der Vollstreckung dem Vermieter einen nicht zu ersetzenden Nachteil bringen würde.

Mildert § 6 den Vertrag, indem er den durch Kündigung erlangten Räumungsanspruch befristet, so bringt § 7 eine Milderung des Urteils, indem der Richter, wenn die Umstände es ihm angemessen erscheinen lassen, den Vollstreckungsanspruch befristet. Das entspricht der Regelung in § 5a MSchG, wonach die dem Wohnungsmieter zugedachte Räumungsfrist — und das wird man analog auch nach obigem Text gelten zu lassen haben — dann nicht angemessen ist, wenn entweder ihre Gewährung den Vermieter oder ihre Versagung den Mieter unbillig hart träfe.

Abweichend von § 5a MSchG ist die Frist für den Geschäftsmieter nicht verlängerbar. Wie nach § 6 MSchG kann auch hier über das versehentliche Übergehen des (vor Verhandlungsschluß zu stellenden) Mieter-Antrags — anders als im ordentlichen Prozeß — ohne mündliche Verhandlung und unanfechtbar entschieden werden. Der Text verweist deshalb auf § 319 ZPO, der bloße „offenbare Unrichtigkeiten" betrifft, und nicht auf § 320 das., der die Berichtigung des weit gewichtigeren Tatbestandes und der zu ihm gehörigen Anträge behandelt (§ 313 I Ziff. 3 das.) und nicht auf § 321.

§ 7a

(1) Ist ein vor dem 1. Dezember 1951 (Berlin: 1. März 1961) begründetes Mietverhältnis über Geschäftsräume durch Kündigung des Vermieters oder wegen Zeitablaufs beendigt und ist der Mieter aus diesem Grunde zur Räu-

mung oder Zurückgabe des Mietgegenstandes verurteilt worden, so hat das Vollstreckungsgericht die Vollstreckung wegen des Anspruchs auf Räumung oder Zurückgabe auf Antrag des Mieters einstweilen einzustellen, wenn die Vollstreckung für ihn eine erhebliche Gefährdung seiner derzeitigen wirtschaftlichen Lebensgrundlage mit sich bringen würde (Berlin: wenn dies unter Berücksichtigung aller Umstände zur Vermeidung erheblicher Härten dringend geboten ist). Die Einstellung kann auf Antrag auch ein zweites Mal angeordnet werden. Die Vollstreckung kann jedoch insgesamt höchstens auf die Dauer von 9 Monaten, gerechnet vom Tage der Rechtskraft des Urteils oder, falls eine Räumungsfrist gewährt worden ist (§ 7), vom Tage des Ablaufes dieser Frist, eingestellt werden.

(2) Die Einstellung ist zu versagen,

1. wenn der Mieter es unterlassen hat, sich ernsthaft um andere ihm zumutbare Räume zu bemühen;
2. wenn zur Zeit der letzten mündlichen Verhandlung Umstände vorgelegen haben, aus denen der Vermieter zur Kündigung ohne Einhaltung einer Kündigungsfrist berechtigt war, oder wenn später solche Umstände eingetreten sind;
3. wenn und soweit die Einstellung auch unter Berücksichtigung der Verhältnisse des Mieters für den Vermieter oder einen Dritten eine unzumutbare Härte bedeuten würde.

(3) Eine Entscheidung, durch welche die Vollstreckung gemäß Absatz 1 eingestellt worden ist, kann auf Antrag des Vermieters aufgehoben oder geändert werden, wenn die für sie maßgeblichen Verhältnisse sich geändert haben.

(4) Das Vollstreckungsgericht entscheidet über Anträge, die nach den vorstehenden Absätzen gestellt werden können, durch Beschluß; vor der Entscheidung ist der Gegner zu hören. Gegen den Beschluß findet die sofortige Beschwerde statt.

(5) Ist eine Entscheidung des Vollstreckungsgerichts noch nicht ergangen, so kann der Gerichtsvollzieher die Vollstreckung wegen des Anspruchs auf Räumung oder Zurückgabe bis zur Entscheidung des Vollstreckungsgerichts, jedoch nicht länger als eine Woche, aufschieben, wenn ihm die Voraussetzungen für die Einstellung glaubhaft gemacht werden und dem Mieter die rechtzeitige Anrufung des Vollstreckungsgerichts nicht möglich war.

(6) Für die Kosten ist § 788 Abs. 3 der Zivilprozeßordnung entsprechend anzuwenden.

(7) Die Absätze 1 bis 6 gelten für Mietverhältnisse über gewerblich genutzte unbebaute Grundstücke sowie für Pachtverhältnisse über Geschäftsräume oder gewerblich genutzte unbebaute Grundstücke entsprechend.

§ 7b

Wird im Fall der Beendigung eines vor dem 1. Dezember 1951 (Berlin: vor dem 1. März 1961) begründeten Mietverhältnisses über Geschäftsräume eine Räumungsfrist gewährt (§ 7) oder die Vollstreckung eingestellt (§ 7a), so kann der Vermieter für die Zeit von der Beendigung des Mietverhältnisses bis zum Ablauf der Räumungsfrist oder des Vollstreckungsschutzes abweichend von § 557 Satz 2 des Bürgerlichen Gesetzbuchs Ersatz des Schadens, der ihm durch die Vorenthaltung des Mietgegenstandes entsteht, über die Höhe der bis zur Beendigung des Mietverhältnisses geschuldeten Miete hinaus nur insoweit verlangen, als eine Entschädigung nach den Umständen billig erscheint. Entsprechendes gilt für Mietverhältnisse über gewerblich genutzte unbebaute Grundstücke sowie für Pachtverhältnisse über Geschäftsräume oder gewerblich genutzte unbebaute Grundstücke.

§ 7c

Die §§ 7a und 7b sind nur anzuwenden, wenn der Mieter vor dem 31. Dezember 1957 (Berlin: vor dem 1. März 1965) rechtskräftig zur Räumung oder Zurückgabe des Mietgegenstandes verurteilt ist.

§§ 7a, 7b haben ihre praktische Bedeutung für das Bundesgebiet verloren, da sie nicht nur auf Mietverträge vor dem 1. Dezember 1951 beschränkt sind (§ 7a Abs. 1), sondern nach § 7c auch unanwendbar, wenn der Mieter vor dem 31. Dezember 1957 rechtskräftig zur Räumung oder Zurückgabe verurteilt ist. Der Vollstreckungsschutz der §§ 7a und 7b ist aber noch für Berlin (Ges. zur Einführung des GRMG vom 10. Januar 1961 mit Wirkung vom 1. März 1961 [Art. IV]) von Bedeutung, da dieses Gesetz auf die vor dem 1. März 1961 begründeten Mietverhältnisses abstellt (§ 7a) und auf ein rechtskräftiges Räumungsurteil vor dem 1. März 1965 — ein Zeitpunkt, der 10 Monate vor dem Außerkrafttreten des MSchG in Berlin liegt (7c i. Verb. mit GMW X § 9 Ziff. 3; III 5 (§ 54 Abs. 1 S. 1 MSchG).

Dritter Abschnitt

Widerruf der Kündigung

Auch hier gilt das im vorigen Absatz Gesagte: auch dieser den „Widerruf der Kündigung" behandelnde Abschnitt setzt Miet- oder Pachtabschlüsse vor dem 1. Dezember 1951 (§§ 8 Abs. 1, 21) voraus und erklärt §§ 8—21 nur für spätestens zum 31. März 1956 erfolgte Kündigungen für anwendbar, indem **§ 22** lautet: „Auf Kündigungen, die für einen nach dem 31. März 1956 liegenden Zeitpunkt erfolgen, finden die §§ 8—21 keine Anwendung."

§§ 8—21 haben daher nur noch für Berlin Bedeutung, da sein § 22 nur Kündigungen nach dem 29. Februar 1964 ausschließt.

§ 8 (Berlin)

(1) Bringt die Kündigung eines Mietverhältnisses über Geschäftsräume oder gewerblich genutzte unbebaute Grundstücke, das vor dem 1. März 1961 begründet

ist, erhebliche wirtschaftliche Nachteile für den Mieter oder, soweit die Räume öffentlichen Zwecken dienen, eine Gefährdung öffentlicher Belange mit sich, so kann der Mieter den Widerruf der Kündigung verlangen; dies gilt nicht, wenn dem Vermieter die Fortsetzung des Mietverhältnisses nicht zugemutet werden kann.

(2) Vermieter ist auch, wer nach dem Abschluß des Mietvertrages das Eigentum an dem Grundstück erwirbt.

§ 9 (Berlin)

(1) Die Fortsetzung des Mietverhältnisses kann dem Vermieter insbesondere nicht zugemutet werden,

1. wenn ein Grund vorliegt, aus dem der Vermieter zur Kündigung ohne Einhaltung einer Kündigungsfrist berechtigt ist;
2. wenn der Vermieter die Räume oder Grundstücke für eigene Zwecke oder für Zwecke seines Ehegatten oder eines Verwandten gerader Linie benötigt und auch bei Berücksichtigung der Verhältnisse des Mieters die Vorenthaltung des Mietgegenstandes eine schwere Unbilligkeit für den Vermieter darstellen würde; eine schwere Unbilligkeit liegt nicht vor, wenn der Eigenbedarf in der Absicht geltend gemacht wird, dem Mieter in seinem in dem Mietraum geführten Geschäftszweig eine unzumutbare Konkurrenz zu machen;
3. wenn auf dem vermieteten Grundstück oder Grundstücksteil ein Gebäude durch Kriegseinwirkungen zerstört oder erheblich beschädigt ist, der alsbaldige Wiederaufbau oder die alsbaldige Wiederherstellung gewährleistet erscheint und bei Fortsetzung des Mietverhältnisses der Wiederaufbau oder die Wiederherstellung wesentlich erschwert wäre;
4. wenn der Vermieter bei anderweitiger Vermietung eine höhere als die bisherige Miete erzielen könnte und der Mieter sich weigert, in eine angemessene Mieterhöhung von dem Zeitpunkt an einzuwilligen, zu dem die Kündigung wirksam war.

(2) Eine Mieterhöhung ist angemessen im Sinne des Absatzes 1 Nr. 4, wenn die orstübliche Miete für Geschäftsräume oder gewerblich genutzte unbebaute Grundstücke gleicher Art, Lage und Ausstattung nach dem Stande vom 1. Juni 1953 je nach der Entwicklung der örtlichen Geschäftslage um höchstens 75 vom Hundert überschritten wird. Auf Antrag eines Beteiligten hat sich die Preisbehörde über die Angemessenheit der Mieterhöhung gutachtlich zu äußern.

(3) Willigt der Mieter in eine angemessene Mieterhöhung ein, so kann sich der Vermieter nicht darauf berufen, daß er bei anderweitiger Vermietung eine höhere als die in Absatz 2 bezeichnete Miete erzielen könnte.

§ 10 (Berlin)

(1) Der Mieter kann sich nicht darauf berufen, daß die Kündigung für ihn im Sinne des § 8 Abs. 1 erhebliche wirtschaftliche Nachteile mit sich bringt,

1. wenn er die Möglichkeit hat, sich für die gemieteten Räume oder Grundstücke zu zumutbaren Bedingungen einen wirtschaftlich im wesentlichen gleichwertigen Ersatz zu verschaffen, oder
2. wenn der Vermieter ihn für die durch den Verlust der Räume entstehenden Nachteile angemessen entschädigt oder, soweit die Nachteile erst in Zukunft zu erwarten sind, angemessene Sicherheit leistet.

(2) Der Mieter kann sich nicht darauf berufen, daß die Kündigung eine Gefährdung öffentlicher Belange mit sich bringt, wenn die Voraussetzung des Absatzes 1 Nr. 1 vorliegt.

§ 11 (Berlin)

(1) Der Mieter kann bei einem vor dem 1. März 1961 begründeten Mietverhältnis ohne Rücksicht auf die in § 8 Abs. 1 bezeichneten Voraussetzungen den Widerruf der Kündigung verlangen, wenn er durch Gewährung von Zuschüssen oder Darlehen oder in sonstiger Weise einen erheblichen Beitrag zur Schaffung oder Instandsetzung der gemieteten Räume erbracht hat und nicht die in § 9 Abs. 1 Nr. 1, 3 oder 4 bezeichneten Voraussetzungen vorliegen.

(2) Ein Zuschuß ist als erheblich im Sinne des Absatzes 1 anzusehen, wenn er den Betrag der bisherigen Jahresmiete übersteigt. Ein vor der Kündigung getilgtes Darlehen oder ein vor der Kündigung durch die Dauer des Vertrages als getilgt anzusehender Zuschuß oder ein Beitrag, der nicht zu einer nachhaltigen Wertsteigerung geführt hat, bleibt außer Betracht.

(3) Hat der Mieter einen im Sinne des Absatzes 1 erheblichen Beitrag zur Schaffung oder Instandsetzung der Räume geleistet, so ist eine Mieterhöhung angemessen im Sinne des § 9 Abs. 1 Nr. 4, wenn und soweit die von dem Vermieter geforderte Miete die in § 9 Abs. 2 bestimmte Miete abzüglich eines nach der Höhe des Beitrages angemessenen Betrages nicht übersteigt.

§ 12 (Berlin)

(1) Der Mieter kann ohne Rücksicht auf die in § 8 Abs. 1 bezeichneten Voraussetzungen bei Mietverhältnissen, die vor dem 1. März 1961 begründet sind und sich auch auf Wohnräume beziehen, den Widerruf der Kündigung verlangen, wenn weder die in § 9 Abs. 1 Nr. 1, 3 oder 4 bezeichneten Voraussetzungen vorliegen noch für den Vermieter an der Erlangung des Mietraumes ein so dringendes Interesse besteht, daß auch bei Berücksichtigung der Verhältnisse des Mieters die Vorenthaltung eine schwere Unbilligkeit für den Vermieter darstellen würde.

(2) Absatz 1 gilt nicht, wenn der Mieter die Möglichkeit hat, sich für die Wohnräume unter zumutbaren Bedingungen einen angemessenen Ersatz zu verschaffen.

§ 13 (Berlin)

(1) Der Mieter verliert den Anspruch auf Widerruf der Kündigung, wenn er der Kündigung nicht innerhalb eines Monats seit dem in Absatz 2 bezeichneten Zeitpunkt schriftlich widerspricht.

(2) Die Frist nach Absatz 1 beginnt mit dem Zugang einer schriftlichen Erklärung des Vermieters, aus der sich ergibt, daß der Mieter den Anspruch auf Widerruf der Kündigung verliert, wenn er ihr nicht unter Einhaltung der in Absatz 1 bestimmten Form und Frist widerspricht. Diese Erklärung des Vermieters kann mit der Kündigung verbunden werden.

§ 14 (Berlin)

Ist der Mieter ohne eigenes Verschulden an der rechtzeitigen Erklärung des Widerspruchs gehindert, so läuft die Frist des § 13 Abs. 1 nicht vor Ablauf von zwei Wochen seit Behebung des Hindernisses ab. Jedoch kann der Widerspruch nach Ablauf von sechs Monaten seit dem Ende der versäumten Frist nicht mehr erklärt werden.

3. Abschnitt: Widerruf der Kündigung

§ 15 (Berlin)

(1) Macht der Vermieter auf Grund einer Kündigung Ansprüche, inbesondere den Anspruch auf Räumung oder Zurückgabe des Mietgegenstandes, geltend, so kann der Mieter die ihm obliegende Leistung verweigern, wenn er den Widerruf der Kündigung verlangen kann.

(2) Widerruft der Vermieter die Kündigung oder wird er rechtskräftig zum Widerruf verurteilt oder wird die Klage auf Räumung oder Zurückgabe des Mietgegenstandes auf Grund der Einrede nach Absatz 1 rechtskräftig abgewiesen, so gilt die Kündigung als nicht erfolgt.

(3) Hat der Mieter in eine angemessene Mieterhöhung eingewilligt, so tritt in den Fällen des Absatzes 2 an die Stelle der bisherigen Miete die erhöhte Miete.

§ 16 (Berlin)

(1) Über den Anspruch des Mieters auf Widerruf der Kündigung wird, sofern ihn die Mieter durch Einrede gemäß § 15 Abs. 1 geltend macht, in dem Verfahren entschieden, in dem der Vermieter Ansprüche auf Grund der Kündigung geltend macht. Das Recht des Mieters, den Anspruch auf Widerruf im Wege der Klage geltend zu machen, bleibt unberührt.

(2) Für die Klage auf Widerruf der Kündigung ist ohne Rücksicht auf den Wert des Streitgegenstandes das Amtsgericht zuständig, in dessen Bezirk sich der Mietgegenstand befindet.

(3) Ist eine Klage auf Räumung oder Zurückgabe des Mietgegenstandes anhängig, so kann der Anspruch auf Widerruf der Kündigung, falls er nicht durch Einrede nach § 15 Abs. 1 geltend gemacht wird, nur im Wege der Widerklage geltend gemacht werden; ist die Klage auf Widerruf der Kündigung anhängig, so kann der Anspruch auf Räumung oder Zurückgabe des Mietgegenstandes nur im Wege der Widerklage geltend gemacht werden. Klage und Widerklage betreffen in diesen Fällen denselben Streitgegenstand im Sinne des § 16 Abs. 1 des Gerichtskostengesetzes.

(4) Für die Wertberechnung bei einer Klage auf Widerruf der Kündigung gilt § 12 Abs. 2 Satz 1 des Gerichtskostengesetzes.

(5) Für die Vertretung der Parteien gilt bei der Klage auf Räumung oder Zurückgabe des Mietgegenstandes oder auf Widerruf der Kündigung § 12 des Mieterschutzgesetzes entsprechend.

§ 16 (GKG)

(1) Soweit Klage und Widerklage, die nicht in getrennten Prozessen verhandelt werden, denselben Streitgegenstand betreffen, sind die Gebühren nach dem einfachen Wert dieses Gegenstandes zu berechnen. Soweit beide Klagen nicht denselben Streitgegenstand betreffen, sind die Gegenstände zusammenzurechnen.

§ 12 (GKG)

(2) Wird wegen Beendigung eines Miet-, Pacht- oder ähnlichen Nutzungsverhältnisses die Räumung eines Grundstücks, Gebäudes oder Gebäudeteils verlangt, so ist ohne Rücksicht darauf, ob über das Bestehen des Nutzungsverhältnisses Streit besteht, der für die Dauer eines Jahres zu entrichtende Zins maßgebend, wenn sich nicht nach Absatz 1 ein geringerer Streitwert ergibt.

3. Abschnitt: Widerruf der Kündigung

§ 17 (Berlin)

(1) Hat der Mieter in eine angemessene Mieterhöhung eingewilligt, so ist auf Antrag des Vermieters oder des Mieters in dem Urteil, durch das der Vermieter zum Widerruf der Kündigung verurteilt oder durch das die Klage auf Räumung oder Zurückgabe des Mietgegenstandes auf Grund der Einrede nach § 15 Abs. 1 abgewiesen wird, die geschuldete Miete festzustellen.

(2) Ist die geschuldete Miete nach Absatz 1 in dem Urteil festgestellt, so kann im Falle einer neuen Kündigung des Vermieters eine abweichende Miete nur festgestellt werden, wenn sich die Verhältnisse wesentlich geändert haben.

§ 18 (Berlin)

(1) Hat der Mieter einen im Sinne des § 11 Abs. 1 und 2 erheblichen Beitrag zur Schaffung oder Instandsetzung der Räume geleistet, so kann auf Antrag des Mieters in dem Urteil, durch das der Vermieter zum Widerruf der Kündigung verurteilt oder durch das die Klage auf Räumung oder Zurückgabe des Mietgegenstandes auf Grund der Einrede nach § 15 Abs. 1 abgewiesen wird, ein Zeitpunkt bestimmt werden, für den eine Kündigung des Vermieters frühestens zulässig ist.

(2) Der Zeitpunkt ist unter Berücksichtigung aller Umstände, insbesondere der Höhe des Beitrags, der Billigkeit entsprechend zu bestimmen.

(3) Durch eine Bestimmung nach den Absätzen 1 und 2 wird das Recht des Vermieters zur Kündigung ohne Einhaltung einer Kündigungsfrist nicht berührt.

§ 19 (Berlin)

Gegen das Urteil, durch das über den Anspruch auf Widerruf der Kündigung oder über den Anspruch auf Räumung oder Zurückgabe des Mietgegenstandes entschieden wird, findet die Berufung ohne Rücksicht auf den Wert des Beschwerdegegenstandes statt. Das Urteil kann auch nur bezüglich der Feststellung der von dem Mieter geschuldeten Miete oder bezüglich der Bestimmung des Zeitpunktes, für den die Kündigung des Vermieters frühestens zulässig ist, selbständig angefochten werden.

§ 20 (Berlin)

Läuft die Zeit, für die ein Mietverhältnis der in § 8 Abs. 1 bezeichneten Art eingegangen ist, nach dem 28. Februar 1961 ab, so gilt das Mietverhältnis als auf unbestimmte Zeit verlängert, sofern nicht der Vermieter oder der Mieter es unter Einhaltung der gesetzlichen Kündigungsfrist (§ 6) auf den Zeitpunkt des Ablaufs kündigt. Eine vor dem 1. März 1961 getroffene entgegenstehende Vereinbarung ist unwirksam.

§ 21 (Berlin)

(1) Die Vorschriften der §§ 8 bis 20 mit Ausnahme des § 16 Abs. 2 gelten entsprechend für Pachtverhältnisse über Geschäftsräume oder gewerblich genutzte unbebaute Grundstücke, die vor dem 1. März 1961 begründet worden sind. Für die Klage auf Widerruf ist auch das Gericht zuständig, in dessen Bezirk sich der Pachtgegenstand befindet.

(2) Bilden ein Geschäftsbetrieb oder Unternehmen und die zu diesem gehörenden Räume oder Grundstücke den Gegenstand eines einheitlichen Pachtverhältnisses, so ist der Anspruch auf Widerruf der Kündigung ausgeschlossen, es sei denn, daß der Nutzungswert der Räume oder Grundstücke den Nutzungswert der sonst überlassenen Sachen und Rechte erheblich übersteigt.

§ 22

Auf Kündigungen, die für einen nach dem 29. Februar 1964 liegenden Zeitpunkt erfolgen, finden die §§ 8—21 keine Anwendung.

Anmerkungen zu §§ 8—22

1 Die beschränkte Widerruflichkeit der Kündigung von Geschäftsraum entspricht der beschränkten Aufhebbarkeit des Mietverhältnisses betr. Wohnraum.

Mag der Grundsatz der Kündigungsfreiheit dem bisherigen Grundsatz des Bestandschutzes gegenübertreten, so sind beide Grundsätze durch erhebliche Ausnahmen eingeschränkt, so daß man eine Einheitlichkeit der Beendigung von Mietsverhältnissen betr. Wohn- und Geschäftsraum gegen den Willen des Mieters dahin feststellen kann: Der Mieter verliert den Mietraum, wenn aus gesetzlichen Tatbeständen heraus dem Vermieter die Fortsetzung des Mietverhältnisses unzumutbar geworden ist.

2 Die Ähnlichkeit dieser Tatbestände ergibt folgende Gegenüberstellung:

MSchG	GRMG
§ 2	§ 9 Abs. 1 Ziff. 1
a) erhebliche Gefährdung des Mietraums	§ 553 BGB
b) erhebliche Belästigung des Vermieters (Hausbewohners) über Abmahnung hinaus oder von einer die Mietfortsetzung unzumutbar machenden Schwere	Rücktritt §§ 325, 326 BGB (BGH vom 13. November 1956 = NJW 1957, 57, Bettermann § 1 A. 137, 137a)
c) dessen unbefugte Überlassung zum Gebrauch eines Dritten	§ 553 BGB
§ 3 Verzug mit mehr als einer Rate länger als 2 Wochen	§ 554 BGB
§ 4 dringendes Eigeninteresse mit erheblichem Übergewicht über das Mieter-Interesse	§ 9 Abs. 1 Ziff. 2
§ 4b wesentliches Erschwernis der alsbaldigen Wiederherstellung	§ 9 Abs. 1 Ziff. 3
	§ 9 Abs. 2 Verweigerung angemessener Mieterhöhung

Formaler Unterschied ist die Verschiedenheit der Initiative zur Mietbeendigung: Diese hat der Wohnraumvermieter nach MSchG und der Geschäfts-Mieter nach GRMG — jener muß auf Mietaufhebung klagen, dieser auf Widerruf der Kündigung — hier ist es Sache des Mieters, mit Widerspruch gegen die Kündigung zu einer Verständigung zu gelangen, dort Sache des Vermieters, den Mieter zu einer außergerichtlichen Mietaufhebung zu veranlassen. Ihn — den Wohnraumvermieter — liegt es ob, dem Mieter die Unzumutbarkeit der Fortsetzung des Mietverhältnisses klarzumachen — jenem, d. i. dem Geschäftsraummieter die ihm aus seiner Räumung drohende Existenzgefahr.

3 Worin der Vorteil des Geschäftsraum-Vermieters liegt, ist, daß der Mieter auch bei zu erwartenden schweren wirtschaftlichen Nachteilen den kürzeren zieht, wenn allein aus der Situation des Vermieters ihm die Fortsetzung des Vertrages nicht zugemutet werden kann. Das Prä des Vermieters von kündbarem Geschäftsraum ist, daß er auf keinen Vergleich der beiderseitigen Interessen angewiesen ist, anders als bei Mietaufhebung, wo es auch nach der neuen Fassung des § 4 MSchG (GMW Art. III Ziff. 1) noch auf eine solche Interessenrelation ankommt, wenn auch mehr Akzent auf seinen Eigenbedarf gelegt ist, mag auch wiederum das Fehlen einer Aussicht auf angemessenen Ersatzraum auf die Waage des Rechts für den Mieter drücken.

4 § 9 Abs. 1 Ziff. 4 und Abs. 2 laufen auf eine Kündigung zum Zwecke der Steigerung hinaus, die der Mieter durch das Angebot einer angemessenen Erhöhung entkräften kann, wobei der Gesetzgeber als Modell einer dafür ausreichenden Offerte eine Höchstgrenze von 175% der ortsüblichen Miete vom 1. Juni 1953 sieht mit der Modifizierung, daß für den Höhenmesser bestimmend ist, in welchem Umfang sich die örtliche Geschäftslage seit Juni 1953 entwickelt hat, und daß jede Partei ein Gutachten der Preisbehörde einholen kann.

5 Anders als nach § 3 Abs. 3 Satz 4 handelt es sich hier nicht um einen Sonderzuschlag neben allgemeinen Zuschlägen; vielmehr wird ausgesagt, welche Erhöhung der Mieter zugestehen muß, um den Widerruf der Kündigung beanspruchen zu können. Antwort: bis 175% der ortsübl. Miete v. 1. Juni 1953 — „je nach der Entwicklung der örtlichen Geschäftslage". (Die Wendung „Mieterhöhung" ist angemessen, wenn die ... Miete ... um höchstens 75% überschritten wird" ist eine unklare Antwort auf die Frage, welche Erhöhung der Mieter nicht versagen darf!) Abs. 1 Ziff. 4 und Abs. 2 wollen besagen: Der Vermieter braucht seine Kündigung nicht zu widerrufen, wenn sie die Herbeiführung einer angemessenen Miete bezweckt, nämlich einer solchen, die der Entwicklung der Geschäftslage seit 1. Juni 1953 entspricht und die ortsübliche Miete dieses Stichtags um nicht mehr als 75% überschreitet.

Kündigung und Widerspruch sind zu begründen. Dem Mieter muß möglich sein, sich über die Aussichten seines Widerspruchs bzw. über seinen Anspruch auf Widerruf der Kündigung vor dem Entschluß zu ihr klar zu werden. Erst wenn der Mieter den wichtigen Kündigungsgrund kennt, kann er ermessen, ob er dem Vermieter den Widerruf ansinnen kann. Handelt es sich um eine Kündigung zum Zwecke der Mieterhöhung, so liegt es im Sinne von Treu und Glauben, vor Ausspruch der Kündigung eine Einigung zu versuchen oder die Kündigung mit dem Angebot der Fortsetzung des Mietverhältnisses zu einer zu bestimmenden höheren Miete zu verbinden.

6 Der Mieter hat seinerseits nicht nur seinen eigenen erheblichen wirtschaftlichen Nachteil, der ihm von der Kündigung droht, zu begründen, sondern diesen Schaden auch abzuschätzen, da der Vermieter, wenn ihm das Argument der Unzumutbarkeit der Vertragsfortsetzung fehlt, den Widerspruch durch Übernahme einer angemessenen Entschädigung entkräften und so den Widerrufsanspruch zum Erlöschen bringen kann. Vgl. Brumby JR 1961 S. 174/5.

Vierter Abschnitt

Schluß- und Übergangsvorschriften

§ 23

(1) Dieses Gesetz tritt am 1. März 1961 in Kraft.

(2) Gleichzeitig treten die §§ 5 bis 9 und 11 der Berliner Verordnung über Maßnahmen auf dem Gebiete des Mietpreisrechts vom 8. Juni 1953 (Gesetz- und Verordnungsblatt für Berlin S. 386), zuletzt geändert durch die Zweite Verordnung zur Änderung der Verordnung über Maßnahmen auf dem Gebiete des Mietpreisrechts vom 15. Juni 1959 (Gesetz- und Verordnungsblatt S. 738), und die §§ 16 bis 19 der Berliner Anordnung über Höchstpreise bei der Vermietung von Wohnräumen und gewerblichen Räumen vom 12. Juni 1950 (Verordnungsblatt für Groß-Berlin I S. 216) außer Kraft.

§ 24

(1) Der Vermieter oder Verpächter kann nach dem 28. Februar 1961 von der Aufhebungsklage zur Räumungsklage übergehen.

(2) Mit dem 1. März 1961 ist der Aufhebungsstreit in der Hauptsache erledigt. Jede Partei trägt die ihr entstandenen außergerichtlichen Kosten; Gerichtskosten werden nicht erhoben. Das gleiche gilt bei dem Übergang zur Räumungsklage (Absatz 1) bezüglich der durch das Aufhebungsverfahren verursachten besonderen Kosten.

§ 25

(1) Dieses Gesetz tritt außer Kraft, sobald für das Land Berlin das Mieterschutzgesetz nach seinem § 54 außer Kraft tritt oder nicht mehr anzuwenden ist.

(2) Erledigt sich hierdurch ein auf Widerruf der Kündigung gerichteter Rechtsstreit, so werden Gerichtskosten nicht erhoben; jede Partei trägt ihre außergerichtlichen Kosten.

Nach § 30 Bundes-GRMG, der durch Art. 4 GMW eingefügt ist, tritt das GRMG gemäß § 54 Abs. 1 MSchG mit dem MSchG am 31 Dezember 1956 außer Kraft; dieser Termin verschiebt sich, falls das in § 2 des Art. VII GMW, d.i. das Gesetz über die Gewährung von Miet- und Lastenbeihilfen, angekündigte weitere Bundesgesetz erst später in Kraft tritt.

Verordnung über den Mietpreis für den bis zum 31. Dezember 1949 bezugsfertig gewordenen Wohnraum (Altbaumietenverordnung — AMVO).

Vom 23. Juli 1958 (BGBl. I S. 549—559) / 23. Juni 1960 (BGBl. I S. 389f.)

Nicht für Berlin (§ 46) *)

*) Für Berlin gilt die AMVOB v. 21. März 1961 (s. S. 506 f.).

Vorbemerkungen

Die AMVO — im Gegensatz zur NMVO (s. unten) — ist die in § 39 BMG vorgesehene RechtsVO zur Kodifikation des Rechts für preisgebundenen Wohnraum. In jener — Berlin ausnehmenden Bestimmung (Ziff. 18 des § 45 BMG und § 46 dieser VO) — ist die Vereinfachung und Zusammenfassung des Mietpreisrechts vorgesehen, sei es, daß es geändert, ergänzt oder aufgehoben wird. Dabei grenzt bereits § 39 zit. die gedachte RechtsVO gegenständlich auf den bis 31. 12. 1949 bezugsfertig gewordenen Wohnraum ab.

Gegenstück zu der am 1. 8. 1958 in Kraft getretenen AMVO ist die seit 1. 11. 1957 gültige NeubaumietenVO (NMVO) v. 17. 10. 1957 (BGBl. 1736), deren Anwendungsbereich der preisgebundene nach dem 31. 12. 1949 bezugsfertig gewordene Wohnraum ist. Sie gilt nach ihrem § 30 auch für Berlin.

Daß der nach 1949 ohne öffentliche Mittel und ohne Steuervergünstigung erstellte Wohnraum Preisfreiheit genießt, steht in §§ 42, 46 I WohnBauG sowie in § 87 II WohnBauG.

Daß der vor der Währungsreform fertig gewordene Wohnraum preisgebunden ist, ergab sich bisher aus § 6 der VO 71/51 — aufgehoben lt. § 45 I 1 —, denn dort war gesagt, daß erst der nach dem 20. 6. 1948 und nur der frei erstellte Wohnraum Preisfreiheit hat. Dasselbe folgte auch aus § 11 BMG, wonach nur der nicht öffentlich geförderte Wohnraum bei Erstellung ab 21. 6. 1948 den Preisvorschriften nicht unterliegt. Schließlich ergibt sich aus dem mit § 36 BMG neugefaßten GeschRMG, daß (seit 1. 12. 1951) derjenige Wohnraum unabhängig vom Zeitpunkt der Erstellung mietpreisfrei ist, der über die Hälfte Geschäftszwecken dient oder gegenüber dem zugleich mit ihm vermieteten Geschäftsraum keinen höheren Mietwert hat. Diese Befreiung entfällt bei einer seit 1. 7. 1953 begangenen, dem Verbot des (durch GMW Art. II Nr. 9) neu gefaßten § 21 I WRBewG zuwiderlaufenden Zweckentfremdung (vgl. S. 296).

Die Regelung der bis 31. 12. 1949 erstellten Bauten ist in §§ 1, 3, 32f. enthalten. Mietpreisrechtliche Regelung bedeutet aber ebenso Unterstellung unter die Preiszwangswirtschaft wie Befreiung aus ihr.

Dabei ist unterschieden zwischen 2 Baustufen 1) bis 20. 6. 1948, 2) vom 21. 6. 1948 bis 31. 12. 1949.

Nur der Wohnraum nach Stufe 1) ist schlechthin preisgebunden (§ 3 I) mit der Ausnahme in Abs. 3 (mehr als halb Geschäftszwecken bestimmter Wohnraum oder solcher, dessen Mietwert denjenigen des mit ihm kombinierten Geschäftsraumes nicht übertrifft).

Wohnraum nach Stufe 2) ist — soweit frei finanziert — nicht preisgebunden (vgl. § 11 I. BMG), andernfalls gilt die Kostenmiete nach § 3 II in Verbindung mit (anstelle der aufgehobenen § 10 Abs. 1 und 3) §§ 6, 7 II. BMG und dem dortigen Verweis auf §§ 30a, 30b I. WoBauG.

Frei finanzierter Neubau steht also bei Erstellung nach dem 20. 6. 1948 außerhalb der Preiszwangswirtschaft. Der 31. 12. 1949 bzw. 1. 1. 1950 ist kein Stichtag für Preisbindung bzw. Preisfreiheit. Preisgebunden ist der bis 20. 6. 1948 erstellte Wohnraum (§ 3 I), dagegen nicht der danach finanziell eigenständig erstellte (§ 3 II) und nicht, und zwar unabhängig von der Erstellungszeit, der über die Hälfte geschäftszweckbestimmte oder ohne Mietmehrwert mit Geschäftsraum kombinierte Wohnraum (§ 3 III).

Der Gesetzgeber gewährt mithin allen DM-Neubaueigentümern, die ohne alle staatliche Hilfe gebaut haben oder bauen, Mietpreisfreiheit, sofern der Bau nach dem 20. 6. 1948 fertig geworden ist. Damit privilegiert er auch die, die noch einen RM-Überhang im Bau investiert haben, wenn sie nicht schon den Bau bis 20. 6. 1948 soweit gefördert hatten, daß (wie § 8 VO = § 25 BMG = § 1 der jetzt aufgehobenen VO 72/52 es ausdrückt) den zukünftigen Bewohnern der Bezug zumutbar war.

Der 3. Abschnitt über Mietherabsetzungen.

Diese Abschnitte haben ab 1. 8. 1958 die „Berichtigungs"-Vorschriften der Maßnahmen-VO PR Nr. 71/51 v. 29. 11. 51 (BGBl 920) §§ 1—3 abgelöst (§ 45 Abs. 1 (1)). Diese VO hatte ihrerseits in § 20 ab 1. 12. 51 einen Teil der Vorschriften des Runderlasses des Reichskommissars für die Preisbildung Nr. 184/37 aufgehoben, während den verbliebenen Teil ab 1. 8. 58 die AMVO mit § 45 I, 2 außer Kraft gesetzt hat. § 45 II hat die Preisstop-VO v. 26. 11. 36 (RGBl. 955) aufgehoben btr. den bis Ende 1949 fertiggestellten Wohnraum. Während für später erstellten Raum die Preisstop-VO weiter gilt, hat § 14 AMVO deren Härteparagraphen 3 in ihrem Geltungsbereich (bis Ende 1949) übernommen.

Berlin hat seine eigene am 1. 4. 1961 in Kraft getretene AMVO v. 21. 3. 1961 (BGBl. 230 = Berl. GVBl. 346), womit die Berl. Maßnahme-VO v. 8. 6. 1953 (GVBl. 530) und Zuschuß-Wohnungs-VO v. 18. 2. 1952 (GVBl. 97) aufgehoben worden sind (s. § 38). — Bereits 1 Monat früher — 1. 3. 1961 — waren die die GeschR betreffenden Bestimmungen (§§ 5—9 und § 11 Maßn. VO) durch § 23 des Berl. GRMG aufgehoben worden.

Kernstück ist

1. der neu geprägte Begriff a) der Stichtags- und b) der Grundmiete (§§ 5, 6, 10).

   a) Stichtagsmiete (§ 5) = (gegebenenfalls nach §§ 10f., später berichtigte) Vertragsmiete am 21. 12. 54 (mag sie auch erst durch § 1 BMG preisrechtlich zulässig geworden sein).
   b) Grundmiete (§ 6) = Netto-Stichtagsmiete zuzüglich des durch VO 72/52 allgemein (bei Bezugsfertigkeit vor dem 1. 4. 1924) für zu-

lässig erklärten Zuschlags von 10% zur gültigen Nettomiete v. 30. 9. 52. Das Verhältnis der Grundmieten liefert den Maßstab für die Umlegung der Wasserkosten sowie der Mehrbelastung durch Grundsteuer und Gebühren (§§ 20—23). Derselbe Zuschlag ist nach § 7 I Ziff. 6 BMG für die Berechnung der allgemeinen Mietzuschläge nach §§ 5 und 6 (10% + 5 bzw. 10%) von der am 31. 12. 54 gültig vereinbarten (eventuell danach berichtigten), also „preisrechtlich zulässigen" Miete wieder abzurechnen.

Für den 15% Mietzuschlag nach § 1 des II. BMG (bei spätestens am 20. 6. 48 bezugsfertigem Wohnraum) ist dagegen als „Grund-Miete" die am 30. 6. 60 gültige Netto-Miete unter Einrechnung bzw. ohne Abzug der früheren allgemeinen Zuschläge von 10 + 10 + 5 (10) % zu errechnen.

Neu ist die Bestimmung in § 10, nämlich die ohne preisbehördliche Genehmigung zulässige Angleichung der niedrigeren Stichtagsmiete (Vertragsmiete am Stichtag) an die preisrechtlich zulässig gewesene Stichtagsmiete. Die Systematik ist nicht deutlich genug. § 10 ist der erste Fall der unter A in §§ 10 bis 15 behandelten „Mieterhöhungen im einzelnen Fall aus besonderen Gründen". § 10 setzt aber keine Erhöhungsbedürftigkeit aus der Vereinzeltheit des Falles voraus wie §§ 11 bis 14, vielmehr handelt es sich um eine unbestimmte Vielzahl von Fällen der Unterschreitung der Stop-Miete. Betont ist, daß es der Genehmigung der Preisbehörde nicht bedarf.

Darüber hinaus war klarzustellen, daß § 10 eine allgemeine Ausnahmegenehmigung ist und die hier gedachte Erhöhung nach § 18 BMG praktizierbar (vgl. §§ 22 Abs. 2, 23 Abs. 1 I. BMG). Die gesamte Einteilung ist zu korrigieren. Es teilen sich in Wahrheit die Mieterhöhungen des II. Abschnitts (§§ 10 bis 34) in

A. Spezielle Mieterhöhungen (§§ 10 bis 14, 18, 19), die unterteilt sind in solche
   1) aufgrund allgemeiner Genehmigung (§§ 10, 18, 19),
   2) aufgrund preisbehördlicher Genehmigung (§§ 11 bis 14),

B. Allgemeine Mietzuschläge (§§ 16, 17).

§§ 18 und 19 müßten §§ 11 und 12 werden,
§§ 11 und 12 würden §§ 13 und 14, und
§§ 13 bis 17 würden §§ 15 bis 19.

Erster Abschnitt

Allgemeine Vorschriften

§ 1

Anwendungsbereich

Die Verordnung gilt für preisgebundenen Wohnraum, der bis zum 31. Dezember 1949 bezugsfertig geworden ist.

Korrespondiert mit § 1 NMVO (S. 409), der bestimmt:

„Diese VO ist auf preisgebundene Wohnungen anzuwenden, die nach dem 31. 12. 1949 bezugsfertig geworden sind oder werden."

Da § 3 sagt, welcher Teil des nach dem 20. 6. 1948 erstellten Wohnraums noch den Preisvorschriften unterliegt, hätte § 1 besser gelautet:
Die VO ist auf preisgebundenen Wohnraum im Sinne von § 3 anzuwenden, soweit er vor dem 1. 1. 1950 bezugsfertig geworden ist.

§ 2

Preisrechtlich zulässige Miete

(1) **Für preisgebundenen Wohnraum ist die Miete preisrechtlich zulässig, die sich aus der Stichtagsmiete (§ 5) und den in dieser Verordnung genannten Mieterhöhungen und -herabsetzungen sowie unter Berücksichtigung der Vorschriften des Ersten Bundesmietengesetzes ergibt.**

(2) **Die Überschreitung der preisrechtlich zulässigen Miete ist unzulässig, soweit nicht nach § 3 des Ersten Bundesmietengesetzes eine höhere Miete als genehmigt gilt. Eine Überschreitung liegt auch dann vor, wenn die Leistung des Vermieters ohne angemessene Senkung der Miete vermindert wird.**

1 Abs. 1. Preisrechtlich zulässig ist also die Stichtagsmiete (§ 5) in etwa revidierter Höhe (§§ 10—15) zuzüglich der allgemeinen (§§ 16, 17) und besonderen (§§ 18, 19) Zuschläge.

Die unzulässige Miete ist im Umfang ihrer nicht zugelassenen Erhöhung nur solange unwirksam, als nicht Gesetz oder Verwaltungsakt sie nachträglich zulässig erscheinen lassen (Bergmann JR 1961, S. 15 u. 201).

Der Zusatz „unter Berücksichtigung der Vorschriften des BMG" ist gänzlich überflüssig. Die AMVO ist von a—z gemäß § 39 BMG dazu bestimmt, „das Mietpreisrecht unter Berücksichtigung des BMG zusammenzufassen", und das tut die AMVO in Bezug auf die allgemeinen Mieterhöhungen, indem sie in § 17 auf die entsprechenden §§ 5—7, 12—14, 28 des BMG Bezug nimmt. Es ist aber keine von § 39 BMG ausdrücklich geforderte Vereinfachung, wenn als ein Merkmal des Begriffs „preisrechtlich zulässige Miete" genannt wird „Rücksicht nehmend auf die Vorschriften des BMG" oder „zulässig ist, was in den zu spezifizierenden Gesetzen als zulässig erkannt ist".

Aus § 39 I. BMG ergibt sich auch, daß Finanzierungsbeiträge und Abstandszahlungen im sachlichen Geltungsbereich der AMVO nur nach Maßgabe des § 29 I. BMG zulässig sind; im Ergebnis LG München MDR 1960, 403 = Glaser, Entsch. Nr. 7/60 S. 31.

2 Abs. 2 (Satz 2): Eine mittelbare Preisüberschreitung ist die Beibehaltung der bisherigen Vertragsmiete trotz Verminderung der Vertragsleistung des Vermieters. Damit ist das Gleichgewicht bzw. der Tauschwert der beiderseitigen Leistungen gestört; der Vermieter soll deshalb den Mietzins angemessen „senken".

Da § 537 BGB die automatische Befreiung des Mieters von dem der Minderleistung des Vermieters entsprechenden Teil des Mietzinses ausspricht, gilt die Senkung als von Gesetzes wegen vollzogen.

Die VO hätte also formulieren sollen „... wenn die Leistung des Vermieters vermindert wird, ohne daß dieser der dadurch eingetretenen Befreiung von einem entsprechenden Teil des Mietzinses (§ 537 BGB) angemessen Rechnung trägt".

§ 3

Preisgebundener Wohnraum

(1) Die Vermietung von Wohnraum, der bis zum 20. Juni 1948 bezugsfertig geworden ist, unterliegt den Preisvorschriften.

(2) Die Vermietung von Wohnraum, der in der Zeit vom 21. Juni 1948 bis zum 31. Dezember 1949 bezugsfertig geworden ist, unterliegt den Preisvorschriften (§ 10 Abs. 1 und 3 und § 11 des Ersten Bundesmietengesetzes),

1. wenn der Wohnraum mit öffentlichen Mitteln im Sinne des § 3 des Ersten Wohnungsbaugesetzes in der Fassung vom 25. August 1953 (Bundesgesetzbl. I S. 1047) geschaffen worden ist;

2. wenn für ihn auf Grund eines gemäß § 8 des Ersten Wohnungsbaugesetzes vom 24. April 1950 (Bundesgesetzbl. S. 83) ergangenen Landesgesetzes oder entsprechender Vorschriften der Länder oder Gemeinden eine Ermäßigung oder ein Erlaß der Grundsteuer in Anspruch genommen wird;

3. wenn es sich um eine Arbeiterwohnstätte handelt, für die eine Grundsteuerbeihilfe gewährt wird.

(3) Die Preisvorschriften finden auf die Vermietung des in den Absätzen 1 und 2 bezeichneten Wohnraums keine Anwendung,

1. wenn mehr als die Hälfte der Wohnfläche einer Wohnung oder eines selbständig vermieteten Teiles einer Wohnung anderen als Wohnzwecken dient (§ 2 Abs. 2 und § 4 des Geschäftsraummietengesetzes);

2. wenn der Mietwert von Wohnräumen, die wegen ihres räumlichen oder wirtschaftlichen Zusammenhanges mit Geschäftsräumen oder gewerblich genutzten unbebauten Grundstücken zugleich mit diesen vermietet sind, gleich oder geringer ist als der Mietwert der Geschäftsräume oder gewerblich genutzten unbebauten Grundstücke. Bei Mietverhältnissen, die vor dem 1. Dezember 1951 begründet worden sind, bleibt eine nach diesem Zeitpunkt eingetretene oder eintretende Änderung des Mietwertes außer Betracht. Wohnräume, die hiernach von den Preisvorschriften ausgenommen sind, bleiben auch dann ausgenommen, wenn die genannten Voraussetzungen nachträglich wegfallen (§ 3 Abs. 1 und 2 und § 4 des Geschäftsraummietengesetzes).

Das Zitat von § 11 BMG (in Abs. 2 vor Ziff. 1) trifft nicht zu, da es den Fall der Preisfreiheit betrifft, wenn also

a) keine öffentliche Unterstützung gewährt ist,
und b) Bezugsfertigkeit nach dem 20. 6. 1948 vorliegt.

Abs. 3 tritt an die Stelle der Regelung im GeschRMG § 2 Abs. 2 u. 3.

§ 4

Miete

Miete im Sinne dieser Verordnung ist das Entgelt für die Gebrauchsüberlassung von Wohnraum auf Grund von Mietverträgen oder ähnlichen Nutzungsverhältnissen einschließlich von Umlagen und Zuschlägen sowie von Vergütungen nach § 33 Abs. 1 Nr. 1 und § 39. Zu den ähnlichen Nutzungsverhältnissen gehören auch genossenschaftliche Nutzungsverträge.

§ 4 ersetzt die Definition des nach § 45 nicht mehr gültigen § 18 der VO 71/51. Vgl. § 33 I. BMG und Brumby in NJW 1958 S. 1078.

§ 5

Stichtagsmiete

(1) **Stichtagsmiete im Sinne dieser Verordnung ist die Miete, die sich aus der letzen vor dem 1. Januar 1955 zustande gekommenen Vereinbarung ergibt, auch wenn sie erst mit dem Inkrafttreten des Ersten Bundesmietengesetzes preisrechtlich zulässig geworden ist.**

(2) **Neben der Miete erbrachte einmalige Leistungen des Mieters bleiben außer Betracht.**

§ 5 ersetzt § 1 BMG.

§ 6

Grundmiete

(1) **Grundmiete im Sinne dieser Verordnung ist die Stichtagsmiete abzüglich folgender in ihr enthaltener Beträge:**

1. **Umlagen für Wasserverbrauch,**
2. **Kosten des Betriebes der zentralen Heizungs- und Warmwasserversorgungsanlagen,**
3. **Umlagen für laufende Mehrbelastungen seit dem 1. April 1945,**
4. **Untermietzuschläge,**
5. **Zuschläge wegen Nutzung von Wohnraum zu anderen als Wohnzwecken.**

(2) **Ist die Stichtagsmiete in preisrechtlich zulässiger Weise erhöht oder herabgesetzt worden, oder wird sie künftig in preisrechtlich zulässiger Weise erhöht oder herabgesetzt, so tritt an ihre Stelle für die Berechnung der Grundmiete die erhöhte oder herabgesetzte Miete.**

(3) **Gilt die Kostenvergleichsmiete oder die Kostenmiete, so tritt an die Stelle der Grundmiete die Kostenvergleichsmiete oder die Kostenmiete nach Abzug etwaiger Beträge für Kosten des Betriebes von zentralen Heizungs- und Warmwasserversorgungsanlagen.**

§ 6 ersetzt § 7 BMG. Vgl. auch Anm. zu § 2.

Abs. 2
betrifft die Fälle der Erhöhung laut § 10 und Herabsetzung in § 35.

§ 7

Ersatz der Stichtagsmiete

(1) **War Wohnraum zwischen dem 17. Oktober 1936 und dem 1. Januar 1955 nicht vermietet, so gilt als Stichtagsmiete die Miete, die der Grundmiete für vergleichbaren Wohnraum in der Gemeinde nach dem Stande vom 31. Dezember 1954 entspricht (ortsübliche Grundmiete), zuzüglich der zulässigen Umlagen und Zuschläge nach dem Stande vom 31. Dezember 1954.**

(2) **Bei der Auswahl des vergleichbaren Wohnraums sollen insbesondere Art, Finanzierungsweise, Lage und Ausstattung berücksichtigt werden; Unterschieden ist durch Zu- und Abschläge angemessen Rechnung zu tragen. Bei der Finanzierungsweise soll in der Regel nur danach unterschieden werden, ob der Wohnraum mit öffentlichen Mitteln geschaffen worden ist oder nicht. Wohnraum, für den aus besonderen Gründen, namentlich mit Rücksicht auf die Person des Mieters, eine besonders geringe, insbesondere eine geringere als die zulässige Miete vereinbart worden ist, bleibt außer Betracht.**

(3) **Steht in der Gemeinde vergleichbarer Wohnraum nicht zur Verfügung, so kann auch Wohnraum in anderen vergleichbaren Gemeinden herangezogen werden.**

§ 7 ersetzt § 3 der VO 71/51.

§ 8

Bezugsfertigkeit

(1) **Wohnraum ist als in dem Zeitpunkt bezugsfertig geworden anzusehen, in dem der Bau so weit gefördert war, daß den zukünftigen Bewohnern zugemutet werden konnte, den Wohnraum zu beziehen; die Genehmigung der Bauaufsichtsbehörde zum Beziehen ist nicht entscheidend.**

(2) **Im Falle des Wiederaufbaues ist für die Bezugsfertigkeit der Zeitpunkt maßgebend, in dem der durch den Wiederaufbau geschaffene Wohnraum bezugsfertig geworden ist; Entsprechendes gilt im Falle der Wiederherstellung, des Ausbaues oder der Erweiterung von Wohnraum. Für Wohnraum, der nicht dem Zweiten Wohnungsbaugesetz vom 27. Juni 1956 (Bundesgesetzbl. I S. 523) unterliegt, sind die Begriffsbestimmungen, die in § 2 der Ersten Berechnungsverordnung vom 20. November 1950 (Bundesgesetzbl. S. 753) in der sich aus § 47 der Zweiten Berechnungsverordnung vom 17. Oktober 1957 (Bundesgesetzbl. I S. 1719) ergebenden Fassung enthalten sind, anzuwenden.**

§ 8 Abs. 1 und 2 Satz 1 wiederholen § 25 BMG. Nur Satz 2 ist in Bezug auf das inzwischen in Kraft getretene II. WohnBauG geändert, das seine zeitliche Geltung in § 4 (S. 580) bestimmt.

Wegen der zit. neugefaßten I. BerechnungsVO wird auf S. 369f. und S. 407 verwiesen.

§ 9

Wohnflächenberechnung

Für die Berechnung der Wohnfläche sind die Vorschriften der §§ 25 bis 27 der Ersten Berechnungsverordnung anzuwenden.

§ 9 nimmt Bezug auf Teil III der VO v. 20. 11. 1950/17. 10. 1957.

Zweiter Abschnitt

Mieterhöhungen

A. Mieterhöhungen im einzelnen Fall aus besonderen Gründen

§ 10

Zu niedrige Stichtagsmiete

Ist die Stichtagsmiete niedriger als die am 31. Dezember 1954 preisrechtlich zulässige Miete, so ist die Erhöhung der Miete um den Unterschiedsbetrag ohne Genehmigung der Preisbehörde zulässig.

Die Überschrift „Zu niedrige Stichtagsmiete" erscheint wenig glücklich, da sie den in §§ 35, 36 behandelten und entsprechend betitelten „Mietherabsetzungen" zu entsprechen hatte.

Richtig ist, von „Erhöhung der Stichtagsmiete" zu sprechen, zumal das in „zu niedrig" steckende Werturteil nicht am Platz ist.

Die Voraussetzung der Erhöhung ist, daß die Stichtagsmiete gemäß § 5, also die letzte Vertragsmiete vor dem 1. 1. 1955, hinter der preisrechtlich zulässigen Stichtagsmiete zurückbleibt.

Das ist der Fall, wenn damals nicht alle Möglichkeiten der Heranführung an die preisrechtlich zulässige (Höchst-)Miete erschöpft waren, so der allgemeine Mietzuschlag von 10% aus der PR 72/52 oder wenn die von der Preisstelle genehmigte Mieterhöhung noch nicht ausgenutzt war, wie dies für die Zeit vom 1. 1. 1955 bis zum 1. 8. 1958 § 15 behandelt.

Diese Mietberichtigung geschieht „ohne Genehmigung der Preisbehörde"; es handelt sich um eine bereits mit dem Gesetz erfolgende allgemeine Genehmigung, die im Wege des § 18 Abs. I BMG zu praktizieren ist, nämlich durch die schriftliche Erklärung, daß gem. § 10 der VO die Stichtagsmiete sich um den zu nennenden Betrag erhöht und damit sowohl die Grundmiete des § 6 wie entsprechend die Vertragsmiete.

Hiermit erledigt sich § 43 I.BMG mit seiner letzten Antragsfrist für die Korrektur der Stichtagsmiete, die noch unter der ortsüblichen Stopmiete v. 17. 10. 1936 lag.

§ 11

Von der Person des Mieters abhängige Stichtagsmiete

(1) **Ist bei Wohnraum, der bis zum 20. Juni 1948 bezugsfertig geworden ist, mit Rücksicht auf die Person des Mieters die Stichtagsmiete niedriger als die ortsübliche Grundmiete zuzüglich der zulässigen Umlagen und Zuschläge nach dem Stande vom 31. Dezember 1954, so hat die Preisbehörde auf Antrag des Vermieters eine Mieterhöhung um den Unterschiedsbetrag zu genehmigen.**

(2) **Der Antrag kann nur innerhalb von sechs Monaten nach Wegfall der Gründe für die Vereinbarung einer geringeren Miete gestellt werden. Ist der Vermieter ohne eigenes Verschulden gehindert, den Antrag zu stellen, so läuft die Frist nicht vor Ablauf eines Monats seit Behebung des Hindernisses ab; jedoch kann nach Ablauf von zwei Jahren seit dem Ende der versäumten Frist der Antrag nicht mehr gestellt werden.**

§ 11 ersetzt wie auch § 14 § 3 PreisstopVO, der von volkswirtschaftlich notwendiger Berichtigung spricht, in Verbindung mit Ziff. 40 RErl. 184/37 (aufgehoben durch § 45 Ziff. 2).

§ 12

Bauliche Verbesserungen, Einrichtungen,
Ausbau der Verkehrsflächen,
Anlage der Kanalisation oder von Hausanschlüssen

(1) **Eine jährliche Mieterhöhung ist zulässig:**

1. **bei baulichen Verbesserungen und bei Einrichtungen um 14 vom Hundert der aufgewendeten Bau- und Einrichtungskosten,**
2. **bei Aufwendungen des Vermieters nach dem 31. Dezember 1954 für den Ausbau einer Verkehrsfläche oder die Anlage der Kanalisation um 6 vom Hundert dieser Aufwendungen,**
3. **bei Hausanschlüssen an Versorgungsleitungen um 6 vom Hundert der Aufwendungen.**

(2) **Durch die Mieterhöhung sind alle Kosten einschließlich der Kosten der Verzinsung, Abschreibung und Instandhaltung abgegolten. Zusätzliche Betriebskosten dürfen in der tatsächlichen Höhe umgelegt werden; die Vorschriften dieser Verordnung über die Umlegung von Betriebskosten gelten sinngemäß.**

(3) **Kosten und Aufwendungen dürfen nur insoweit berücksichtigt werden, als sie vom Vermieter getragen werden und durch sie der Gebrauchswert des Wohnraumes, für den die Mieterhöhung zulässig ist, oder seine Wohnlage auf die Dauer verbessert wird. Werden die Kosten für die Durchführung der Maßnahmen durch zinsverbilligte oder zinslose Darlehen aus öffentlichen Haushalten, vom Mieter oder für diesen von einem Dritten gedeckt, so ermäßi-**

gen sich insoweit die in Absatz 1 genannten Vomhundertsätze um den Unterschiedsbetrag zwischen dem marktüblichen Zinssatz für erststellige Hypotheken und dem für das Darlehen zu entrichtenden Zinssatz; eine Mietvorauszahlung steht einem Darlehen des Mieters gleich.

(4) **Kosten, die während der Nutzungsdauer zur Erhaltung des bestimmungsmäßigen Gebrauchs aufgewendet werden müssen, um die durch Abnutzung, Alterung und Witterungseinwirkung entstehenden baulichen oder sonstigen Mängel ordnungsgemäß zu beseitigen (Instandhaltungskosten), berechtigen nicht zu einer Mieterhöhung.**

§ 12, neu gefaßt durch AbbauG Art. IX 2 (BGBl 1960, 408), ersetzt Ziff. 40 und 42 RErl. 184/37. Die Neufassung streicht das Erfordernis des Anrufs der Preisbehörde, die bisher Erhöhungen über 5% genehmigen mußte. Ferner gewährt Abs. 1 Ziff. 1 den Vomhundertsatz von 14 einheitlich für bauliche Verbesserungen (bisher nur 12%) und für Einrichtungen (bisher nur 15%). Die Zulassung von Erhöhungen bedeutet eine allgemeine Genehmigung; deren Wirksamkeit erfordert für den einzelnen Fall, daß sich der Vermieter i. S. von §1 8 I, 2 I. BMG in seiner schriftlichen Erklärung, mit der er die Genehmigung zur Erhöhung durchführt, auf einen oder mehrere der Erhöhungsgründe (Abs. 1 Ziff. 1—3) beruft und die Berechnung mitteilt.

Weder der Mieter noch das ordentl. Gericht (in Berlin die Preisbehörde) haben bei der Prüfung kleinlich zu verfahren, „damit" — wie es in der dem Sinne nach gültig gebliebenen Ziff. 4 gesagt war — „den Vermietern der Anreiz, bauliche Verbesserungen in den Wohnungen vorzunehmen, nicht genommen wird".

Abs. 2, 3 „Vorschriften über die Umlegung von Betriebskosten" beziehen sich auf §§ 20 bis 29. Aufwendungen und Kosten erfordern zur Berücksichtigung

a) keine bloße Instandsetzung i. S. von § 22 I. BVO, § 28 II. BVO,
b) eine auszugleichende Belastung des Vermieters,
c) dauernde Steigerung des Gebrauchswertes.

Wird der Vermieter für die Kosten einer Versorgungsleitung selbst nicht herangezogen, so liegt kein Erhöhungsgrund vor.

Will der Mieter die bauliche (dauernde) Verbesserung nicht dulden, so kann auf Grund des neuen § 28a MSchG das MEA eine Duldungspflicht des Mieters bestimmen, wenn es sich von ihrer Zumutbarkeit überzeugt (vgl. § 8 DEMV).

In Berlin sind danach 2 Stellen zur Entscheidung zuständig, und zwar bei Streit über a) die zulässige Erhöhung (ob und wieviel) die Preisbehörde (auf Antrag v. Vermieter oder Mieter), b) über die Duldungspflicht das MEA (auf Antrag des Vermieters). Eine Besonderheit für Berlin ist auch, daß es (§ 11, V) als bauliche Verbesserung auch die Aufteilung einer Wohnung in abgeschlossene Teile behandelt.

§ 13

Zusammenhang mit neugeschaffenem Wohnraum

Eine Mieterhöhung für den vorhandenen Wohnraum im Zusammenhang mit der Neuschaffung von öffentlich gefördertem oder steuerbegünstigtem Wohnraum durch Wiederherstellung, Er-

weiterung oder Ausbau des Dachgeschosses nach den §§ 7, 8, 9 und 13 der Mietenverordnung vom 20. November 1950 (Bundesgesetzbl. S. 759) bleibt zulässig, soweit sie vor dem 1. November 1957 wirksam geworden ist oder nach § 29 Abs. 2 der Verordnung über den Mietpreis für den seit dem 1. Januar 1950 bezugsfertig gewordenen Wohnraum (Neubaumietenverordnung — NMVO) vom 17. Oktober 1957 (Bundesgesetzbl. I S. 1736) weiterhin vorgenommen werden kann.

Der in Bezug genommene Teil der (alten) NeubaumietenVO ist durch § 29 I der (neuen) NMVO vom 17. Oktober 1957 bei Bestand gelassen.

§ 14

Ausgleich besonderer Härten

Die Preisbehörde kann auf Antrag eine angemessene Mieterhöhung genehmigen, wenn diese im einzelnen Fall aus Gründen, die weder in der Person des Vermieters noch des Mieters liegen, zur Vermeidung besonderer Härten dringend erforderlich erscheint.

Mehr noch als in den Fällen der §§ 11 und 12 handelt es sich hier um eine Härteklausel i. S. v. § 3 PreisstopVO, der auch ganz allgemein „volkswirtschaftliche Gründe" genügen ließ. Maßgebend ist ein ruinöses Zurückbleiben des Ertrages im Verhältnis zu den Kosten — unbeachtlich dagegen ein Zurückbleiben unter der ortsüblichen Miete (vgl. Bartsch ZMR 1960, 4f. BVerwG NJW 1957, 1851 = ZMR 1957, 418).

§ 15

Nicht ausgenutzte Einzelgenehmigungen

Mieterhöhungen, die die Preisbehörde vom 1. Januar 1955 bis zum Inkrafttreten dieser Verordnung genehmigt hat, bleiben zulässig.

Hier ist durch allgemeine Genehmigung dem Vermieter verstattet, eine bisher nicht ausgenutzte Einzelgenehmigung im Wege der schriftlichen Erklärung nach § 18 I. BMG für die Zukunft geltend zu machen. Eine Rückforderung verbietet sich, da nicht schon der Genehmigungsakt der Preisbehörde den Mietzins erhöht hat, die Erhöhung vielmehr nur durch Vertrag oder seit 1. August 1955 (Inkrafttreten des BMG) durch einseitige schriftliche Erklärung erfolgen konnte.

B. Allgemeine Mietzuschläge

§ 16

Allgemeine Mieterhöhung für Wohnraum des Althausbesitzes

Für Wohnraum, der vor dem 1. April 1924 bezugsfertig geworden ist, ist an Stelle des bisher nach der Verordnung PR Nr. 72/52 über einen allgemeinen Mietzuschlag bei Wohnraum des Althaus-

besitzes vom 27. September 1952 (Bundesgesetzbl. I S. 648) zulässigen Zuschlages ein Zuschlag von 10 vom Hundert der nach § 7 des Ersten Bundesmietengesetzes maßgeblichen Miete zulässig. Ist der nach der Verordnung PR Nr. 72/52 bisher erhobene Zuschlag höher, so bleibt dieser zulässig.

Die Aufhebung der VO 72/52 (lt. § 45 I 1 am Ende) mußte die Einarbeitung der mit dieser VO seit 1. Oktober 1952 zulässig gewordenen und seit 1. August 1955 d. i. seit Inkrafttreten des BMG nach dessen § 18 I praktizierbaren 10%-igen Erhöhung nach sich ziehen.

Der Zuschlag wird ab Geltung der AMVO, also ab 1. August 1958, nach der am 31. Dezember 1954 gültig gewesenen Stop-Miete (§ 1 BMG) berechnet.

Das führt zu einer Verbesserung des Mietertrages immer da, wo vor dem 1. August 1955 eine durch § 1 Abs. 3 BMG sanktionierte Mieterhöhung vereinbart war, die nach § 2 Abs. 1 bei Erhöhung um mehr als $33^1/_3$% im Einzelfall durch die Preisstelle wieder herabzusetzen war.

§ 17

Allgemeine Mietzuschläge nach den §§ 5 und 6 des Ersten Bundesmietengesetzes

Für Wohnraum, der bis zum 20. Juni 1948 bezugsfertig geworden ist, sind Zuschläge von 10, 15 und 20 vom Hundert nach Maßgabe der §§ 5 bis 7, 12 bis 14 und 28 des Ersten Bundesmietengesetzes zulässig.

C. Besondere Mietzuschläge

§ 18

Zuschlag für die Benutzung von Wohnraum zu anderen als Wohnzwecken

Der Zuschlag, der nach § 2 Abs. 3 des Geschäftsraummietengesetzes für die Benutzung einer Wohnung oder eines selbständig vermieteten Teiles einer Wohnung zu anderen als Wohnzwecken zulässig ist, darf je nach dem Grad der wirtschaftlichen Mehrbelastung des Vermieters bis zu 50 vom Hundert der anteiligen Grundmiete der zu anderen als Wohnzwecken benutzten Räume betragen. Ist bei Inkrafttreten dieser Verordnung die Miete in zulässiger Weise um einen höheren Zuschlag erhöht, so bleibt der höhere Zuschlag zulässig.

§§ 18 und 19 bilden mit § 10 Fälle der speziellen Mieterhöhung auf Grund allgemeiner Genehmigung, so daß beide im Anschluß an § 10 ihren Platz gehabt hätten.

Der Gewerbezuschlag bis zu 50% der „anteiligen", also der nach dem Verhältnis des nicht wohnlich benutzten Raumes zum gesamten Wohnraum zu errechnenden Grundmiete (§ 6) löst die bisherige Regelung nach dem in § 2 Abs. 3 genannten Geschäftsraummietengesetz ab (vgl. S. 410).

Ob und inwieweit der Zuschlag unter 50% der Grundmiete eigenverantwortlich zu bestimmen, bzw. wenn nicht durch Vertrag, so nach § 18 Abs. 1 BMG geltend zu machen ist, regelt sich nach dem „Grad der wirtschaftlichen Mehrbelastung des Vermieters". Der Höchstzuschlag von 50% setzt also eine 1½fache Belastung voraus.

§ 19

Untermietzuschläge

(1) **Wird Wohnraum auf die Dauer von wenigstens einem Monat untervermietet oder in sonstiger Weise zur selbständigen Benutzung einem Dritten überlassen, so darf die Hauptmiete um einen Untermietzuschlag erhöht werden.**

(2) **Der Untermietzuschlag beträgt monatlich je Untermietverhältnis drei Deutsche Mark, wenn der untervermietete Wohnungsteil von einer Person benutzt wird;**

fünf Deutsche Mark, wenn der untervermietete Wohnungsteil von zwei und mehr Personen benutzt wird.

(3) **Ein Untermietzuschlag ist nicht zulässig,**

1. **wenn Räume, die Gegenstand eines Hauptmietverhältnisses sind, in ihrer Gesamtheit vermietet werden;**
2. **soweit für den untervermieteten Raum ein Zuschlag nach § 18 zulässig ist.**

(4) **Ist bei Inkrafttreten dieser Verordnung die Miete in zulässiger Weise um einen höheren Untermietzuschlag erhöht, so bleibt für die Dauer des Untermietverhältnisses der höhere Untermietzuschlag zulässig.**

Diese Regelung ist an die Stelle derjenigen in §§ 8, 9 der VO 71/51 getreten. Der Mehrbelastungs-Zuschlag nach § 18 ist auf den nach § 19 anzurechnen und schließt ihn, wenn er höher ist, aus.

Außer eigentlicher Untermiete genügt die auch unentgeltliche selbständige Benutzungs eines Mietraumteils durch einen Dritten — wenigstens für die Dauer eines Monats (LG Hannover 11. Juni 1959 in ZMR 60, 387 = Glaser 8/XII. 60). Selbständig ist der Dritte bei Unabhängigkeit von Weisungen des (Haupt-)Mieters, die bei Aufnahme in dessen Hausgemeinschaft nicht ausgeschlossen zu sein braucht: LG Hannover in ZMR 60, 386, LG Essen ebda. 388. Selbständig ist der Dritte (Familienangehörige), der in der ihm ganz überlassenen Wohnung den Mieter mitbetreut (ZMR 60, 386).

Nach § 40 gilt der gleiche Zuschlag bei der sog. Quasi-Untermiete, wenn also der Vermieter einen Teil seiner eigen-genutzten Wohnung vermietet.

Abs. 4.

Diese Regelung unterscheidet sich von der bisherigen in § 10 der VO 71/51 dadurch, daß dort nur eine Anrechenbarkeit des bisherigen Zuschlags bestimmt war, jetzt aber das Bestehenbleiben eines bisher höheren Zuschlages.

D. Umlegung von Betriebskosten

§ 20

Kosten des Wasserverbrauchs

(1) **Die Kosten des Wasserverbrauchs dürfen abzüglich von 2 vom Hundert der Grundmiete auf die Mieter umgelegt werden. Zu den Kosten des Wasserverbrauchs gehört auch die Zählermiete. Monatliche Vorauszahlungen in Höhe des durchschnittlichen Umlegungsbetrages vorbehaltlich jährlicher Abrechnung sind zulässig.**

(2) **Bei der Berechnung der Umlage sind zunächst die Kosten des Wasserverbrauchs abzuziehen, die nicht mit der üblichen Benutzung des preisgebundenen Wohnraums zusammenhängen.**

(3) **Soweit bei Inkrafttreten dieser Verordnung in zulässiger Weise die Kosten des Wasserverbrauchs ohne Abzug eines Pauschbetrages auf die Mieter umgelegt werden, bleibt dies auch weiterhin zulässig.**

Bisher galt § 5 VO PR Nr. 71/51. Ist das Umlegeverfahren danach mit einem anderen Maßstab zum Inhalt des Mietvertrages geworden, so muß der Mieter kleine Ungerechtigkeiten, die sich aus dem Umlegungsmaßstab ergeben, hinnehmen, AG Frankfurt/M. ZMR 1960, 389.

§ 21

Grundsteuermehrbelastung

Bei bebauten Grundstücken im Sinne des Bewertungsgesetzes vom 16. Oktober 1934 (Reichsgesetzbl. I S. 1035) dürfen Grundsteuermehrbelastungen, die auf einer Erhöhung des Grundsteuerhebesatzes oder auf dem vollständigen oder teilweisen Wegfall bisher gewährter Grundsteuerbefreiungen oder -beihilfen nach dem 31. Dezember 1954 beruhen und die der Vermieter nicht zu vertreten hat, vom Eintritt der Mehrbelastung ab umgelegt werden.

Die Mehrbelastung wegen erhöhter Grundsteuer entspricht VO 72/49 und § 4 der VO 71/51/51.

§ 22

Gebührenmehrbelastung

(1) **Werden nach dem 31. Dezember 1954 bei bebauten Grundstücken im Sinne des Bewertungsgesetzes andere den Hausbesitz belastende öffentliche Abgaben, insbesondere öffentlich-rechtliche Benutzungsgebühren, neu eingeführt oder erhöht oder wird der Hausbesitz durch öffentliche Abgaben in sonstiger Weise zusätzlich belastet, so dürfen die laufenden Mehraufwendungen vom Eintritt**

der Mehrbelastung an umgelegt werden. Das gleiche gilt für Schornsteinfeger- und Deichgebühren sowie für private Nutzungsentgelte für Fäkalien- und Abwässerbeseitigung, Müllabfuhr und Straßenreinigung. Werden öffentlich-rechtliche Benutzungsgebühren nach dem Wasserverbrauch bemessen, findet insoweit § 20 Abs. 1 letzter Satz sinngemäß Anwendung.

(2) **Absatz 1 gilt entsprechend für Mehrbelastungen, die auf § 3 des Einführungsgesetzes zu den Realsteuergesetzen vom 1. Dezember 1936 (Reichsgesetzbl. I S. 961) beruhen.**

(3) **Die Hypothekengewinnabgabe gilt nicht als öffentliche Abgabe im Sinne des Absatzes 1.**

Auch insoweit gilt das zu § 21 Gesagte.

§ 23

Umlegungsmaßstab für Wasserverbrauch, Grundsteuer- und Gebührenmehrbelastung

(1) **Die Umlegung nach den §§ 20 bis 22 erfolgt nach dem Verhältnis der Grundmieten.**

(2) **Hat der Vermieter mit allen Mietern ein Einvernehmen über einen anderen Umlegungsmaßstab erzielt, so ist die Umlegung nach diesem Maßstab zulässig. Kommt ein Einvernehmen nicht zustande, so kann die Preisbehörde auf Antrag des Vermieters einen anderen Umlegungsmaßstab zulassen.**

Früher § 5 der VO 71/51.

Die Zulassung eines anderen Umlegungsmaßstabs gilt auch für § 29 Abs. 2.

Die bisher in der Ano.Pr. 72/49 § 6 Abs. 3 und in der VO 71/51 § 5 Ano. Abs. 4 enthaltene Verpflichtung des Vermieters, dem Mieter anläßlich der Umlage neuer Abgaben oder der Wasserkosten „Einsicht in die Berechnungsunterlagen" zu gewähren, hat mit der Aufhebung beider Bestimmungen laut § 45 ihre spezialrechtliche Begründung eingebüßt; indes verbleibt die Pflicht, eine Berechnung mitzuteilen nach § 18 Abs. 1 Satz 2 BMG. Diese Bestimmung greift ein, weil die Erhöhung der Miete nach dem Verhältnis der Grundmieten auf Grund der allgemeinen Genehmigung in §§ 21, 22 AMVO erfolgt („. . . dürfen umgelegt werden") und der Vermieter seine hierauf fußende schriftliche Erklärung, daß die Miete anteilig erhöht werden soll, durch eine klare Berechnung zu begründen hat.

§ 24

Pauschalierung des Wasserverbrauchs, der Grundsteuer- oder Gebührenmehrbelastung

Die Preisbehörde kann für eine Gemeinde allgemein oder nach Grundstücksgruppen oder nach Gemeindeteilen Umlegungssätze in Vomhundert der Grundmiete bestimmen, die an Stelle der nach den §§ 20 bis 23 umzulegenden Beträge treten. Die Umlegungssätze

müssen der durchschnittlichen Mehrbelastung Rechnung tragen. Die Anordnung bedarf der Genehmigung der für die Preisbildung zuständigen obersten Landesbehörde.

§ 25

Kosten des Betriebes einer zentralen Heizungsanlage

(1) **Ist Wohnraum mit einer zentralen Heizungsanlage ausgestattet, so dürfen die Kosten ihres Betriebes (Brennstoffkosten einschließlich der Kosten für Heizstrom, Anfuhrkosten für Brennstoffe und angemessene Kosten für die Bedienung der Heizungsanlage) umgelegt werden. Ein angemessener Betrag für die Bedienung der Heizungsanlage kann auch dann umgelegt werden, wenn der Vermieter die Anlage selbst bedient. Ist Wohnraum an eine Fernheizung angeschlossen, so dürfen die vom Vermieter für die Fernheizung zu entrichtenden Beträge umgelegt werden.**

(2) **Sind in der Miete die Kosten des Betriebes der zentralen Heizungsanlage pauschal enthalten, so kann der Vermieter die sich aus Absatz 1 ergebenden Kosten nach Kürzung um 10 vom Hundert der Stichtagsmiete umlegen. Ist zur Abgeltung der Kosten des Betriebes der zentralen Heizungsanlage die Zahlung eines bestimmten Betrages vereinbart, so ist die Umlegung nach Absatz 1 nur zulässig, wenn der vereinbarte Betrag entfällt.**

(3) **Werden bei Inkrafttreten dieser Verordnung die Kosten des Betriebes der zentralen Heizungsanlage in den in Absatz 2 Satz 1 genannten Fällen nach Abzug eines geringeren Betrages als 10 vom Hundert der Stichtagsmiete in zulässiger Weise umgelegt, so bleibt dies weiterhin zulässig.**

Diese Regelung ist an die Stelle des RErl. 27/48 getreten. Hier wie in den nächstfolgenden §§ bedeutete der Ausdruck „dürfen . . .umgelegt werden", eine allgemeine Genehmigung, es so zu handhaben, und eine entsprechende Erklärung gegenüber den Mietern nach § 18 Abs. 1 abzugeben.

Die Vorschrift zählt — erschöpfend (vgl. Holzapfel DWW 1959, 267 (268), Schumacher WM 1959, 33) — drei Arten von Betriebskosten auf, nämlich für:

a) Brennstoff einschl. Heisztrom — bei Ölheizung also Kosten für Heizöl und zum Betrieb der Kompressoren und Ölpumpe benötigten Strom, Pergande/Wormit AMVO § 25 Anm.3.

Ihm tatsächlich gewährte Bezugs-Rabatte wird der Vermieter dem Mieter gutzubringen haben (Mengen- und Sommerrabatt — diesen evtl. gekürzt um Entgang von Zinsen bei einem die Mieter-Vorschüsse übersteigenden Einkauf, ferner Skontos — mit der gleichen Einschränkung).

Nicht aber ist der Vermieter verpflichtet (womöglich mit Risiko einer Zuwiderhandlung gegen das Rabattgesetz v. 25. November 1933, RGBl. 10 11/ 21. Juli 1954, BGBl. 212) besonders billig einzukaufen und sein Interesse an einer als solide erprobten Belieferung preiszugeben: LG Berlin v. 24. April 1961 — 61 S. 31/61.

Dgg. will AG Oldenburg (ZMR 60, 389) dem Vermieter den Sondervorteil eines Einkaufs unter Marktpreis zugute kommen lassen.

b) Anfuhr

Dazu gehören auch angemessene, ortsübliche (vgl. z. B. Schumacher a. a. O. und BlGBW 1957, 264 (265) Trinkgelder.

c) Bedienung

Bedient ein noch mit anderen Hausarbeiten befaßter Hauswart die Anlage, dann kann nur ein entsprechender Lohnanteil umgelegt werden ($^2/_3$ in 7 Wintermonaten, $\frac{1}{4}$ in 5 Sommermonaten, Lutz AMVO §§ 25—27 Anm. 2 unter Hinweis auf LG Hamburg BlGBW 56, 191). Bei einer Ölheizung können wegen der verhältnismäßig geringen Arbeit keine Bedienungskosten berechnet werden, vgl. Pergande/ Wormit AMVO § 25 Anm. 5; Lutz AMVO §§ 25—27 Anm. 2; LG Düsseldorf ZMR 1958, 117f.

Auch die Selbstbedienung durch den Vermieter bzw. seine Ehefrau (AG Oldenburg ZMR 1960, 389) kann mit einem angemessenen Betrage (ca. DM 25 bis 30, vgl. Lutz AMVO §§ 25—27 Anm. 2; Pergande/Wormit AMVO § 25 Anm. 5) oder u. U. auf Stundenlohnbasis mehr (wobei die ständige Lohnsteigerung zu bedenken ist) berechnet werden. Näheres: Glaser, „Die Sammelheizung in Schrifttum und Rechtsprechung" 1957 S. 37f.

Abs. 2: Der Kürzungssatz für eine in der Miete steckende Betriebskostenpauschale betrug nach dem RErl. 27/48 Ziff. 1 S. 1 140%, (ebenso nach § 2 Berl. Heizkosten-VO v. 24. August 1954), jetzt (Berlin § 21) nur 12 × 10% = 120%.

§ 26

Umlegungsmaßstab für Kosten des Betriebes einer zentralen Heizungsanlage

(1) **Die Heizungskosten dürfen nach Quadratmetern der Wohnfläche der beheizten Räume, nach der Fläche der Heizkörper oder nach einem anderen, dem Wärmeverbrauch Rechnung tragenden Maßstab umgelegt werden. Werden Wärmemesser verwandt, so muß mindestens die Hälfte der Heizungskosten nach einem festen Maßstab umgelegt werden.**

(2) **Ein zulässiger Umlegungsmaßstab darf von dem Vermieter nur im Einvernehmen mit allen Mietern durch einen anderen zulässigen Umlegungsmaßstab ersetzt werden. Kommt ein Einvernehmen nicht zustande, so kann die Preisbehörde auf Antrag des Vermieters einen anderen Umlegungsmaßstab nach Absatz 1 genehmigen.**

Abs. 2: Ein Wechsel des Umlegungsmaßstabes setzt entweder das Einvernehmen aller Mieter voraus oder mangels der Erreichbarkeit eines solchen preisbehördliche Genehmigung.

§ 27

Vorauszahlungen auf den Umlegungsbetrag für die Kosten des Betriebes einer zentralen Heizungsanlage

Auf den voraussichtlichen Umlegungsbetrag für die Kosten des Betriebes einer zentralen Heizungsanlage während einer Heizperiode sind monatliche Vorauszahlungen vorbehaltlich der Abrechnung unverzüglich nach Schluß der Heizperiode zulässig. Bei Einverständnis des Mieters sind höhere Vorauszahlungen nach Vorlage der Rechnung zulässig.

Letzter Tag der Heizperiode ist der 30. April, wenn keine anderen Vereinbarungen getroffen sind, Lutz AMVO §§ 25—27 Anm. 6; LG Düsseldorf BlGBW 1955, 31.

Bei Wiederinbetriebnahme der Anlage werden die Mieter billigerweise ihr Einverständnis nicht versagen können.

§ 28

Kosten des Betriebes einer zentralen Warmwasserversorgungsanlage

(1) **Ist Wohnraum mit einer zentralen Warmwasserversorgungsanlage ausgestattet, so dürfen die Kosten ihres Betriebes einschließlich der Kosten des Wasserverbrauchs entsprechend den Vorschriften der §§ 25 und 27 umgelegt werden. Bei durchgehender jährlicher Warmwasserversorgung ist § 27 mit der Maßgabe entsprechend anzuwenden, daß jährlich abzurechnen ist. An die Stelle des in § 25 Abs. 2 Satz 1 genannten Satzes von 10 vom Hundert der Stichtagsmiete tritt bei durchgehender jährlicher Warmwasserversorgung ein Satz von 4 vom Hundert, in anderen Fällen ein angemessen niedriger Satz.**

(2) **Für den Umlegungsmaßstab gilt § 23 entsprechend.**

Auch hier (vgl. § 25 Abs. 2) ist der Kürzungssatz für die in die Miete eingerechneten Warmwasserkosten von bisher 5% (Ziff. 1 Abs. 1 des RErl. 27/48) herabgesetzt, und zwar auf 4%.

§ 29

Umlegung von Betriebskosten für Fahrstuhlanlagen

(1) **Soweit die Umlegung von Betriebskosten für Fahrstuhlanlagen zulässig ist, erfolgt sie nach dem Verhältnis der Grundmieten.**

(2) **§ 23 Abs. 2 findet entsprechende Anwendung mit der Maßgabe, daß der Wohnraum im Erdgeschoß von der Umlegung ausgenommen werden kann.**

E. Kostenvergleichsmiete

§ 30

Kostenvergleichsmiete

(1) Für Wohnraum, der bis zum 20. Juni 1948 bezugsfertig geworden ist, ist nach Maßgabe der §§ 8, 9, 12 und 13 des Ersten Bundesmietengesetzes und der Verordnung vom 21. Dezember 1956 über die Errechnung der Kostenvergleichsmiete für preisgebundenen Wohnraum nach dem Ersten Bundesmietengesetz (Bundesgesetzbl. I S. 994) eine Erhöhung der Miete bis zur Kostenvergleichsmiete zulässig.

(2) Für die Umlegung der Kosten zentraler Heizungs- und Warmwasserversorgungsanlagen gelten § 25 Abs. 1, §§ 26, 27 und 28 Abs. 1 Satz 1, 2 und Absatz 2.

§§ 8—10 u. § 13 I. BMG sind aufgehoben (Art. IX 1 c und e).

§ 31

Erhöhungen bei Kostenvergleichsmiete

Gilt die Kostenvergleichsmiete, so sind folgende Mieterhöhungen zulässig:

1. **eine Mieterhöhung entsprechend § 11;**
2. **Mieterhöhungen nach den §§ 12 und 13, soweit die in diesen Vorschriften genannten Umstände nicht bereits vor der Erhöhung der Miete bis zur Kostenvergleichsmiete zu einer Mieterhöhung geführt haben;**
3. **eine Erhöhung der Kostenvergleichsmiete, welche die Preisbehörde vor Inkrafttreten dieser Verordnung genehmigt hat oder nach § 14 genehmigt;**
4. **Zuschläge nach den §§ 18 und 19, wenn und soweit diese Zuschläge in der Kostenvergleichsmiete nicht enthalten sind;**
5. **Umlagen nach den §§ 20 bis 23 in Höhe der tatsächlichen Aufwendungen abzüglich der bereits bei Errechnung der Kostenvergleichsmiete angesetzten Beträge.**

§ 19 der Verordnung über die Errechnung der Kostenvergleichsmiete für preisgebundenen Wohnraum nach dem Ersten Bundesmietengesetz vom 21. Dezember 1956 ist nicht anzuwenden.

F. Kostenmiete für den in der Zeit vom 21. Juni 1948 bis zum 31. Dezember 1949 bezugsfertig gewordenen Wohnraum

Mit der Aufhebung des § 10 I. BMG (GMW IX 1 c) sind §§ 32—34 gegenstandslos, wenn auch das GMW IX 2 lediglich § 12 dieser VO geändert hat.

§ 32
Kostenmiete

(1) Für Wohnraum, der in der Zeit vom 21. Juni 1948 bis zum 31. Dezember 1949 bezugsfertig geworden ist, ist nach § 10 Abs. 1 und 3 vorbehaltlich der §§ 12, 13 des Ersten Bundesmietengesetzes eine Erhöhung der Miete bis zu dem Betrage zulässig, der zur Deckung der laufenden Aufwendungen erforderlich ist (Kostenmiete).

(2) Die Kostenmiete ist auf Grund einer Wirtschaftlichkeitsberechnung entsprechend der Ersten Berechnungsverordnung für den Zeitpunkt der Bezugsfertigkeit zu ermitteln. Der sich danach ergebende Betrag der laufenden Aufwendungen ist auf die einzelnen Wohnungen unter angemessener Berücksichtigung ihrer Wohnfläche, Lage und Ausstattung zu verteilen.

(3) Für die Wirtschaftlichkeitsberechnung gelten folgende Besonderheiten:

1. Für nicht dinglich gesicherte Fremdmittel dürfen Zinsen mit höchstens dem marktüblichen Zinssatz für erststellige Hypotheken als Kapitalkosten angesetzt werden.
2. Für Eigenleistungen gilt Nummer 1 entsprechend. Bei dem mit öffentlichen Mitteln geförderten Wohnraum ist der Wert der Eigenleistung, soweit er 15 vom Hundert der Gesamtkosten des Bauvorhabens nicht übersteigt, mit 4 vom Hundert zu verzinsen; der darüber hinausgehende Betrag ist in Höhe des marktüblichen Zinssatzes für erstellige Hypotheken zu verzinsen.
3. Wiederkehrende Leistungen dürfen als Kapitalkosten höchstens in Höhe des marktüblichen Zinssatzes für erststellige Hypotheken von dem unter den Gesamtherstellungskosten angesetzten und im Finanzierungsplan als Fremdmittel ausgewiesenen Kapitalisierungsbetrag angesetzt werden.
4. Für Baukostenzuschüsse, die von Mietern oder zu ihren Gunsten erbracht werden, dürfen Zinsen mit höchstens dem marktüblichen Zinssatz für erststellige Hypotheken angesetzt werden; ein Ansatz ist jedoch nur insoweit zulässig, als für den Mieter, von dem oder zu dessen Gunsten der Baukostenzuschuß erbracht wird, die Miete ermäßigt wird; für Zuschüsse, die unter Inanspruchnahme der Steuervergünstigung nach § 7c des Einkommensnteuergesetzes gewährt wurden, ist der Ansatz unzulässig.
5. Tilgungsbeträge, deren Ansatz nach § 17 Abs. 4 Satz 2 und 3 der Ersten Berechnungsverordnung zulässig ist, dürfen nur

bis 3 vom Hundert des Darlehensbetrages jährlich, darüber hinausgehende Tilgungsbeträge nur mit Genehmigung der Preisbehörde angesetzt werden.

Die Regelung der Kostenmiete knüpft an § 3 Abs. 2 VO an und gilt für den preisgebundenen — nicht frei finanzierten — Wohnraum, der bis 31. Dezember 1949 erstellt ist; während der später erstellte im I. und II. WohnBauG geregelt ist, und zwar wegen des Mietpreises ebenfalls in Höhe der Kostenmiete gem. § 45 des I. WohnBauG (S. 555) und gem. § 85 des II. WohnBauG (S. 622).

Abs. 2: Es gilt Teil II der Ersten Berechnungs-VO, §§ 3 bis 24 (S. 562).

§ 33

Erhöhungen bei Kostenmiete

(1) **Gilt die Kostenmiete, so sind folgende Mieterhöhungen zulässig:**

1. **Vergütungen für Nebenleistungen, welche die Wohnraumbenutzung betreffen, aber nicht allgemein üblich sind oder nur einzelnen Mietern zugute kommen;**
2. **Mieterhöhungen nach den §§ 12 und 13, soweit die in diesen Vorschriften genannten Umstände nicht schon bei der Ermittlung der Kostenmiete berücksichtigt worden sind;**
3. **eine Erhöhung der Kostenmiete, welche die Preisbehörde vor Inkrafttreten dieser Verordnung genehmigt hat oder nach § 14 genehmigt;**
4. **Zuschläge nach den §§ 18, 19;**
5. **Umlagen nach den §§ 20 bis 28 in Höhe der tatsächlichen Aufwendungen sowie für die Kosten des Betriebes einer Fahrstuhlanlage abzüglich der bereits in der Wirtschaftlichkeitsberechnung angesetzten Beträge.**

(2) **Werden Schönheitsreparaturen vereinbarungsgemäß vom Mieter übernommen, so ermäßigt sich die Kostenmiete um den Betrag von 0,40 Deutsche Mark je Quadratmeter Wohnfläche im Jahr, sofern bei der Ermittlung der Kostenmiete ein Abzug hierfür nicht erfolgt ist.**

§ 34

Kostenmiete bei Wiederherstellung, Erweiterung und Dachgeschoßausbau

(1) **Bei Wiederherstellung, Erweiterung und Dachgeschoßausbau ist die Wirtschaftlichkeitsberechnung nur für den neugeschaffenen Wohnraum aufzustellen.**

(2) **Wird bei Aufstockung oder Dachgeschoßausbau die bisherige Miete für den vorhandenen Wohnraum herabgesetzt, weil**

die Benutzung von Dachgeschoßraum fortgefallen, ist so kann der Minderungsbetrag der nach Absatz 1 berechneten Miete für den neugeschaffenen Wohnraum hinzugerechnet werden.

(3) Die Absätze 1 und 2 gelten nicht, wenn bereits vor Inkrafttreten dieser Verordnung die Miete bis zur Kostenmiete erhöht worden ist.

Dritter Abschnitt

Mietherabsetzungen

§ 35

Herabsetzung der Stichtagsmiete

(1) **Auf Antrag des Mieters kann die Stichtagsmiete von der Preisbehörde auf die ortsübliche Grundmiete zuzüglich der zulässigen Umlagen und Zuschläge nach dem Stande vom 31. Dezember 1954 herabgesetzt werden, wenn sie diesen Betrag um mehr als $33^1/_3$ vom Hundert übersteigt. Die Herabsetzung kann auch von einer öffentlichen Stelle, die ganz oder teilweise für die Bezahlung der Miete aufkommt, beantragt werden.**

(2) **Bei der Ermittlung der Grenze von $33^1/_3$ vom Hundert sind die Kosten des Betriebes einer zentralen Heizungs- und Warmwasserversorgungsanlage nicht zu berücksichtigen.**

(3) **Die Herabsetzung wird von dem nächsten auf die Antragstellung folgenden Mietzahlungstermin an wirksam.**

Dieser Paragraph korrespondiert mit der preisbehördlichen Korrektur der Stichtagsmiete nach § 2 I BMG und hat einen Vorgang in § 1 der VO 71/51.

Die Stichtagsmiete — d. i. nach § 5 die am 31. Dezember 1954 gültig gewesene Vertragsmiete — kann bei erheblicher Übersteigerung auf Antrag des Mieters herabgesetzt werden. Das Maß der Übersteigerung wird dahin bestimmt, daß eine solche von mehr als $33^1/_3$% vorliegen muß.

Die verglichenen Rechnungsgrößen sind:

1. vertragliche Stichtagsmiete,
2. ortsübliche (nun aber nicht Stichtagsmiete, sondern) Grundmiete zuzüglich zulässiger Umlagen und Zuschläge.

Da diese „Umlagen und Zuschläge" die Beträge sind, deren Abzug von der Stichtagsmiete die Grundmiete ergibt, ist kein Grund ersichtlich, weshalb die VO nicht von ortsüblicher Stichtagsmiete spricht und diese der vertraglichen Stichtagsmiete gegenüberstellt.

Außerdem ist es nicht erkennbar, weshalb der Gesetzgeber es bei Überschreitung der $33^1/_3$% nicht auf eine Berichtigung abstellt, sondern — gleichsam als Buße — der Preisstelle ermöglicht, nicht nur den Satz über $33^1/_3$% zu streichen, sondern auch die $33^1/_3$%. Mithin könnte eine Überschreitung von auch nur $^1/_3$% (wenn also um $33^2/_3$% erhöht ist) die Stichtagsmiete um volle $33^2/_3$% herabsetzen.

§ 36

Mietherabsetzung nach bisherigem Recht

Eine Herabsetzung der Stichtagsmiete, welche die Preisbehörde vor Inkrafttreten dieser Verordnung vorgenommen hat, bleibt wirksam.

Bisher galt § 1 der VO 71/51.

Vierter Abschnitt

Untermiete

§ 37

Freie Vereinbarung der Untermiete

(1) **Wird Wohnraum untervermietet, so darf die Untermiete frei vereinbart werden. Dies gilt nicht für die Untervermietung einer unmöblierten Wohnung im ganzen.**

(2) **Bei frei vereinbarter Untermiete kann sich jeder Vertragsteil dem anderen gegenüber schriftlich auf die preisgebundene Untermiete berufen. Die Berufung hat die Wirkung, daß von dem ersten des auf die Erklärung folgenden Monats an die Vorschriften über die preisgebundene Untermiete anzuwenden sind; wird die Erklärung erst nach dem 15. eines Monats abgegeben, so gilt das gleiche von dem ersten des übernächsten Monats an.**

Bisher galt PR 111/47, ferner §§ 7 bis 11 der VO 71/51. Die neuen Vorschriften wurden anwendbar ab 1. September 1958 (§ 43 I).

Überzeugend hat Bettermann (NJW 1954 S. 964/5) anläßlich des vom LG Braunschweig im Urt. vom 4. März 1954 (ebenda) gutgeheißenen vertraglichen Ausschlußes der Berufung auf die gesetzl. Miete die in der Regel zwingende Natur öffentl. Rechts und seines sozialen Schutzes, der in Interesse der Allgemeinheit dem Einzelnen angedeiht, hervorgehoben.

Eine Ausschlußfrist besteht für die Berufung nicht (AG Kiel in ZMR 59, 39).

§ 38

Preisgebundene Untermiete für die Überlassung des Wohnraums

(1) **Die preisgebundene Untermiete für die Überlassung einer Wohnung im ganzen darf die preisrechtlich zulässige Miete nicht übersteigen, die für das Hauptmietverhältnis preisrechtlich zulässig ist oder nach § 3 des Ersten Bundesmietengesetzes als genehmigt gilt.**

(2) **Bei der Untervermietung eines Teiles einer Wohnung darf die preisgebundene Untermiete für den Wohnraum einen entsprechenden Teil der nach Absatz 1 maßgeblichen Miete des Hauptmietverhältnisses nicht übersteigen. Dieser Teil bestimmt sich nach dem Verhältnis der Wohnfläche des untervermieteten Teils zur Gesamtwohnfläche, wobei gemeinschaftlich genutzte Räume außer Betracht bleiben; wesentliche Unterschiede im Wohnwert der Räume sind angemessen zu berücksichtigen.**

(3) **Bei der Ermittlung der preisgebundenen Untermiete nach Absatz 2 bleiben Zuschläge für die Benutzung von Wohnraum zu anderen als Wohnzwecken und Untermietzuschläge, die in der Hauptmiete enthalten sind, außer Ansatz. Die danach ermittelte Untermiete darf um diese Zuschläge erhöht werden, soweit sie den untervermieteten Raum betreffen.**

§ 39

Einrichtungsgegenstände und Nebenleistungen

(1) **Gilt die preisgebundene Untermiete, so ist für die mietweise Mitüberlassung von Einrichtungsgegenständen eine angemessene Vergütung zulässig. Wird eine vollständige Ausstattung überlassen, so ist für die Angemessenheit der Vergütung je nach der Art der Ausstattung von 50 bis 100 vom Hundert der sich aus § 38 ergebenden preisgebundenen Untermiete für die Überlassung des Wohnraums auszugehen.**

(2) **Für Nebenleistungen, die vom Hauptmieter erbracht werden, ist eine Vergütung in angemessener Höhe zulässig. Zu den Nebenleistungen gehören insbesondere die Mitüberlassung der Kücheneinrichtung, der anteilige Strom- und Gasverbrauch, die Lieferung von Bettwäsche und Dienstleistungen.**

§ 40

Mietverhältnisse, die der Untervermietung gleichstehen

Der Untervermietung eines Teiles einer Wohnung steht es gleich, wenn der Eigentümer oder jemand, der sonst zur Nutzung oder zum Gebrauch einer Wohnung berechtigt ist, einen Teil der von ihm selbst benutzten Wohnung vermietet. Die preisgebundene Untermiete darf um einen Zuschlag erhöht werden, der sich bei sinngemäßer Anwendung des § 19 ergibt.

Hier handelt es sich um die Fall der Quasi-Untermiete, wo also der Vermieter einen Teil der eigengenutzten Wohnung vermietet hat; das Wesen der eigentlichen Untermiete besteht aber in der Zwischenschaltung des Hauptmieters.

Fünfter Abschnitt

Änderung der Miete in besonderen Fällen

§ 41

Miete für Wohnraum in Baracken, Bunkern, Behelfsheimen und dergleichen

Auf Wohnraum in Bunkern, Baracken, Behelfsheimen, Nissenhütten sowie auf sonstige behelfsmäßige Unterkünfte finden § 12 Abs. 1 Nr. 3, §§ 13, 17, 29 bis 34 keine Anwendung. Ist bei Inkrafttreten dieser Verordnung die Miete nach den in § 13 genannten Vorschriften erhöht, so bleibt die erhöhte Miete zulässig.

Die Verweisung auf § 12 Abs. 1 Nr. 3 ist auf Nr. 2 richtigzustellen gemäß der Änderung des § 12d durch GMW IX 2; der GMW-Gesetzgeber hätte außer § 12 insoweit § 41 AMVO zu ändern gehabt.

Sechster Abschnitt

Übergangsregelung

§ 42

Übergangsregelung für Mieterhöhungen und Mietherabsetzungen

Ist bei Inkrafttreten dieser Verordnung über einen Antrag auf Genehmigung einer Mieterhöhung oder auf Herabsetzung der Stichtagsmiete noch nicht entschieden worden, oder ist die Entscheidung noch nicht unanfechtbar geworden, so bleiben die bisherigen Vorschriften anwendbar.

§ 43

Übergangsregelung für Untermieten

(1) **Gilt bei Inkrafttreten dieser Verordnung für untervermieteten Wohnraum die preisgebundene Untermiete nach den bisherigen Vorschriften, so sind mit Wirkung von dem ersten des auf das Inkrafttreten folgenden Monats an die Vorschriften des Vierten Abschnittes anzuwenden, ohne daß es der Abgabe einer Erklärung nach § 37 Abs. 2 bedarf. Ist die nach den Vorschriften des Vierten Abschnittes zulässige preisgebundene Untermiete niedriger als die bisherige preisgebundene Untermiete, so bleibt diese für das bestehende Untermietverhältnis zulässig.**

(2) **Hat sich einer der Vertragsteile vor Inkrafttreten dieser Verordnung auf die preisgebundene Untermiete berufen und ist die Wirkung dieser Erklärung bei Inkrafttreten dieser Verordnung noch nicht eingetreten, so gelten die in § 37 Abs. 2 bestimmten Fristen.**

Siebenter Abschnitt

Schlußvorschriften

§ 44

Gewerbliche Zimmervermietung

(1) **Die Vermietung von Wohnraum unterliegt nicht den Vorschriften dieser Verordnung, soweit und solange er nach Art eines Betriebes des Beherbergungsgewerbes tageweise vermietet wird (gewerbliche Zimmervermietung) oder in Kur- und Badeorten oder Sommerfrischen ohne Konzession an Fremde vermietet wird (Privatbeherbergung).**

(2) **Erfolgt die Vermietung nach Absatz 1 im Wege der Untermiete, so darf die Hauptmiete um den in § 18 genannten Zuschlag erhöht werden.**

§ 45

Außerkrafttretende und weitergeltende Vorschriften

(1) **Vorschriften, die dieser Verordnung entgegenstehen oder entsprechen, treten außer Kraft. Insbesondere werden aufgehoben:**

1. **Verordnungen**

   Anordnung über die Auswirkung der Abgeltung der Gebäudeentschuldungssteuer auf Miet- und Pachtverträge vom 12. Januar 1943 (Reichsanzeiger Nr. 19 vom 25. Januar 1943); Anordnung PR Nr. 111/47 über Höchstpreise bei Untervermietung von Wohnraum vom 18. November 1947 (Mitteilungsblatt der Verwaltung für Wirtschaft des Vereinigten Wirtschaftsgebietes B 1948 S. 13);

   Anordnung PR Nr. 72/49 über den Ausgleich von Grundsteuer- und Gebührenmehrbelastungen des Hausbesitzes in der Fassung vom 29. November 1951 (Bundesgesetzbl. I S. 924);

   Verordnung PR Nr. 83/50 über die Inkraftsetzung von Mietpreisvorschriften in den Ländern Baden, Rheinland-Pfalz, Württemberg-Hohenzollern und dem bayerischen Kreis Lindau vom 22. Dezember 1950 (Bundesanzeiger Nr. 22 vom 1. Februar 1951);

   Verordnung PR Nr. 29/51 über die Aufhebung des Runderlasses Nr. 56/40 betr. Mietzinserhöhung bei Einrichtung endgültiger Luftschutzräume in bestehenden Gebäuden vom 28. April 1951 (Bundesanzeiger Nr. 85 vom 5. Mai 1951);

Verordnung PR Nr. 71/51 über Maßnahmen auf dem Gebiete des Mietpreisrechts vom 29. November 1951 (Bundesgesetzbl. I S. 920); Verordnung PR Nr. 72/52 über einen allgemeinen Mietzuschlag bei Wohnraum des Althausbesitzes vom 27. September 1952 (Bundesgesetzbl. I S. 648);

2. Runderlasse

Runderlaß des Reichskommissars für die Preisbildung Nr. 184/37 betr. Preisüberwachung und Preisbildung bei Mieten vom 12. Dezember 1937 (Mitteilungsblatt, Sondernummer vom 15. Dezember 1937);

Runderlaß des Reichskommissars für die Preisbildung Nr. 153/38 betr. Mieterhöhung bei Änderung der Benutzungsart von Räumen vom 29. Dezember 1938 (Mitteilungsblatt I 1939 S. 10);

Runderlaß des Reichskommissars für die Preibildung Nr. 154/38 betr. Verweisung an Miteinigungsämter vom 30. Dezember 1938 (Mitteilungsblatt I 1939 S. 10);

Runderlaß des Reichskommissars für die Preisbildung Nr. 29/39 betr. Mieterhöhung durch den Wegfall von Steuerbefreiungen am 1. April 1939 vom 12. April 1939 (Mitteilungsblatt I S. 132);

Runderlaß des Reichskommissars für die Preisbildung Nr. 8/40 betr. Mietzinssenkung bei verringerter Warmwasserversorgung vom 17. Januar 1940 (Mitteilungsblatt I S. 81);
Runderlaß des Reichskommissars für die Preisbildung Nr. 17/40 betr. Mietzinssenkung bei verringerter Sammelheizung vom 1. Februar 1940 (Mitteilungsblatt I S. 106);

Runderlaß des Reichskommissars für die Preisbildung Nr. 55/40 betr. Preisbildung und Preisüberwachung bei Mieten während des Krieges vom 5. Mai 1940 (Mitteilungsblatt I S. 300);

Runderlaß des Reichskommissars für die Preisbildung Nr. 151/40 betr. Mietzinssenkung bei verringerter Sammelheizung vom 16. Dezember 1940 (Mitteilungsblatt I S. 883);

Runderlaß des Reichskommissars für die Preisbildung Nr. 85/42 betr. Erhöhung des Mietzinses bei Einbau von Fettabscheidern vom 9. September 1942 (Mitteilungsblatt II S. 237);

Runderlaß des Reichskommissars für die Preisbildung Nr. 29/42 betr. Berücksichtigung der Abgeltung der Gebäudeentschuldungssteuer bei Ertragsberechnungen auf Grund der Ziffern 48 ff. des Runderlasses Nr. 184/37 vom 12. Dezember 1937; vom 19. Mai 1943 (Mitteillungsblatt I S. 339);

Runderlaß des Reichskommissars für die Preisbildung Nr. 2/44 betr. Wegfall der Steuerbefreiung für die Eigenheime des neuesten Neuhausbesitzes im Altreich und im Saarland ab 1. April 1944, hier: Mieterhöhung; vom 24. Januar 1944 (Mitteilungsblatt I S. 81);

Runderlaß des Reichskommissars für die Preisbildung Nr. 75/43 betr. Anträge auf Mietzinserhöhung nach Rückzahlung der Arbeitgeberdarlehen des Reiches vom 10 Februar 1944 (Mitteilungsblatt I S. 94);

Runderlaß des Reichskommissars für die Preisbildung Nr. 52/44 betr. Vereinfachter Geschäftsverkehr zwischen Vermietern und Mietern vom 16. Oktlber 1944 (Mitteilungsblatt I S. 487);

Rundschreiben Nr. 49 betr. Auswirkungen des Fortfalls von Zinsermäßigungen oder Zinszuschüssen bei Reichsbau- bzw. Ergänzungsdarlehen auf die Miethöhe vom 20. Juli 1946 (Mitteilungsblatt der Verwaltung für Wirtschaft des Vereinigten Wirtschaftsgebiets 1948 B S. 36);

Runderlaß Nr. 5/47 betr. Mietpreisbildung — Herstellung der Rechtsgleichheit zwischen dem amerikanischen und britischen Besatzungsgebiet — vom 2. März 1947 (Nachrichten der Preisverwaltung A S. 17);

Runderlaß Nr. 29/47 betr. Richtlinien für Wohnraummieten auf dem Lande vom 18. November 1947 (Mitteilungsblatt der Verwaltung für Wirtschaft des Vereinigten Wirtschaftsgebiets 1948 B S. 27);

Runderlaß Nr. 19/48 betr. Durchführung der Anordnung PR Nr. 111/47 über Höchstpreise bei Untervermietung von Wohnraum vom 18. November 1947; vom 12. Juli 1948 (Mitteilungsblatt der Verwaltung für Wirtschaft des Vereinigten Wirtschaftsgebiets II S. 167);

Runderlaß Nr. 27/48 betr. Umlegung von Brennstoffkosten, Anfuhrkosten, Bedienungskosten bei Sammelheizung und Warmwasserversorgung vom 13. November 1948 (Mitteilungs-der Verwaltung für Wirtschaft des Vereinigten Wirtschaftsgebiets II S. 184);

Runderlaß Nr. 8/49 betr. Änderung des Runderlasses Nr. 29/47 über Richtlinien für Wohnraummieten auf dem Lande vom 18. November 1947, hier: Abschnitt IV: Stromverbrauch; vom 21. Mai 1949 (Mitteilungsblatt der Verwaltung für Wirtschaft des Vereinigten Wirtschaftsgebiets II S. 58);

3. **Erlasse und Grundsätzliche Entscheidungen**

Grundsätzliche Entscheidung des Reichskommissars für die Preisbildung betr. Mietsicherheiten und Baukostenzuschüsse vom 10. Februar 1938 (Mitteilungsblatt I Nr. 1 S. 7);

Grundsätzlichen Entscheidung des Reichskommissars für die Preisbildung betr. Umlegung des Wassergeldes und Übertragung der Schönheitsreparaturen auf die Mieter vom 1. März 1938 (Mitteilungsblatt I Nr. 3 S. 7);

Grundsätzliche Entscheidung des Reichskommissars für die Preisbildung betr. unzulässige Mieterhöhung bei baulichen Verbesserungen vor dem 15. Oktober 1937 vom 8. März 1938 (Mitteilungsblatt I Nr. 3 S. 7);

Grundsätzliche Entscheidung des Reichskommissars für die Preisbildung betr. Verkürzung (Änderung) der Kündigungsfrist vom 10. Mai 1938 (Mitteilungsblatt I Nr. 11 S. 8);

Grundsätzliche Entscheidung des Reichskommissars für die Preisbildung betr. Abstandssummen bei Mietwohnungen vom 5. Juli 1938 (Mitteilungsblatt I Nr. 19 S. 2);

Grundsätzliche Entscheidung des Reichskommissars für die Preisbildung betr. Stopmiete vom 18. Juli 1938 (Mitteilungsblatt I Nr. 21 S. 3);

Grundsätzliche Entscheidung des Reichskommissars für die Preisbildung betr. Verschlechterung der Kündigungsfristen vom 1. August 1938 (Mitteilungsblatt I Nr. 23 S. 5);

Erlaß des Reichskommissars für die Preisbildung betr. Erhöhung des Mietzines auf Grund baulicher Verbesserungen vom 20. Oktober 1938 (Mitteilungsblatt I Nr. 34 S. 3);

Erlaß des Reichskommissars für die Preisbildung betr. Erhöhung des Zinssatzes für Hauszinssteuerhypotheken vom 24. November 1938 (Mitteilungsblatt I Nr. 39 S. 17);

Grundsätzliche Entscheidung des Reichskommissars für die Preisbildung betr. freifinanzierte Neubauten (Mietzinsberechnung bei Neubauten mit Reichsbürgschaft) vom 6. Dezember 1938 (Mitteilungsblatt I Nr. 41 S. 3);

Erlaß des Reichskommissars für die Preisbildung betr. Wegfall von Zinsnachlaß für die aus dem Wohnungsfürsorgefonds des Reiches gewährten Baudarlehen vom 25. Mai 1939 (Mitteilungsblatt I S. 196);

Erlaß des Reichskommissars für die Preisbildung betr. Erhöhung des Zinssatzes für Hauszinssteuerhypotheken vom 14. Juni 1939 (Mitteilungsblatt I S. 223);

Erlaß des Reichskommissars für die Preisbildung betr. Angleichung von Gefälligkeitsmieten vom 21. Juli 1939 (Mitteilungsblatt I S. 309); Erlaß des Reichskommissars für die Preisbildung betr. Gewährung von Zinszuschüssen aus Rückflüssen der Hauszinssteuerhypotheken zur Zinsverbilligung für sogen. Ersatz- und Streckungshypotheken vom 20. Juli 1940 (Mitteilungsblatt I S. 541);

Erlaß des Reichskommissars für die Preisbildung betr. Verpflichtung zur Rückzahlung des Überpreises bei Verstoß gegen Preisvorschriften vom 22. November 1940 (Mitteilungsblatt I S. 817);

Erlaß des Reichskommissars für die Preisbildung betr. Mietsenkung bei Stillegung von Fahrstühlen vom 6. März 1941 (Mitteilungsblatt I S. 265);

Erlaß des Reichskommissars für die Preisbildung betr. Preisüberwachung bei Mieten vom 16. März 1942 (Mitteilungsblatt I S. 169); Erlaß des Reichskommissars für die Preisbildung betr. Preisvorbehalte bei Abschluß von Mietverträgen vom 23. März 1942 (Mitteilungsblatt I S. 180);

Erlaß des Reichskommissars für die Preisbildung betr. Optionsrecht des Mieters vom 30. März 1942 (Mitteilungsblatt I S. 200);

Erlaß des Reichskommissars für die Preisbildung betr. Preisvorbehalte bei Abschluß von Mietverträgen vom 27. Juli 1942 (Mitteilungsblatt I S. 502).

(2) Die Verordnung über das Verbot von Preiserhöhungen vom 26. November 1936 (Reichsgesetzblatt I S. 955) ist auf Wohnraum, der bis zum 31. Dezember 1949 bezugsfertig geworden ist, nicht mehr anzuwenden.

(3) *Folgende Vorschriften auf dem Gebiete des Mietpreisrechts sind weiterhin anzuwenden:*

Verordnung PR Nr. 15/53 über die Vergütung für die Benutzung von Räumen des Beherbergungsgewerbes zu Dauerwohnzwecken vom 12. Juni 1953 (Bundesanzeiger Nr. 116 vom 20. Juni 1953); Verordnung vom 21. Dezember 1956 über die Errechnung der Kostenvergleichsmiete für preisgebundenen Wohnraum nach dem Ersten Bundesmietengesetz (Bundesgesetzbl. I S. 994).

(4) Anordnungen nach § 5 Abs. 6 der Verordnung PR Nr. 71/51 und Anordnungen nach § 6 Abs. 1 und 2 der Anordnung PR Nr. 72/49 sind weiterhin anzuwenden; sie treten am 31. März 1959 außer Kraft, soweit sie den Vorschriften dieser Verordnung widersprechen.

Abs. 3 gilt nicht mehr, da GMW X § 1 Abs. 1 Ziff. 12 und 13 beide VO Wirkung ab 1. Juli 1960 aufgehoben haben. Folgerichtig hätte GMW IX in Ziff. 2, die sich mit Änderung der AMVO befaßt, sich nicht auf die Neufassung von § 12 zu beschränken gehabt, vielmehr außer § 41 auch § 45 Abs. 3 ändern sollen.

§ 46

Geltung in Berlin

Diese Verordnung gilt nicht im Land Berlin.

Für Berlin gilt seit 1. April 1961 eine eigene VO: AMVOB vom 21. März 1961.

§ 47

Geltung im Saarland

Diese Verordnung gilt nicht im Saarland.

§ 48

Inkrafttreten

Diese Verordnung tritt am 1. August 1958 in Kraft.

Zweites Bundesmietengesetz

vom 23. Juni 1960 (BGBl 389—392)

Übersicht

1. Abschnitt §§ 1—5:
   Miete für Wohnraum, der bis zum 20. Juni 1948 bezugsfertig geworden ist
2. Abschnitt §§ 6, 7:
   Miete für Wohnraum, der in der Zeit vom 21. Juni 1948 bis zum 31. Dezember 1949 bezugsfertig geworden ist
3. Abschnitt §§ 8—14:
   Gemeinsame Vorschriften für den Wohnraum, der bis zum 31. Dezember 1949 bezugsfertig geworden ist
4. Abschnitt §§ 15—18;
   Allgemeine Vorschriften für preisgebundenen Wohnraum

Lt. Vorspruch zu Art. I GMW ist das II. BMG neben das I. BMG getreten, so daß es eine Fortsetzung und keine Abänderung des 5 Jahre älteren Gesetzes ist und beide Gesetze eine Einheit bilden. Das wird auch in bezug auf die Mietanhebung zum Zwecke der Normalisierung des Grundstücksmietgeschäfts deutlich. Während das I. BMG eine allgemeine Mieterhöhung von 10% bzw. 15% bzw. 20% genehmigt, und zwar ab 1. August 1955 (§§ 5, 6) und für die Berechnung der erhöhten Miete § 7 neben § 1 benötigt, versteht es das II. BMG, allein in § 1 die nunmehr zulässige Miete aus der am 30. Juni 1960 gültig gewesenen („preisrechtlich zulässigen")

II. BMG

Vorbem. 1. Abschn.: Bis 20. 6. 48 fertig gew. Wohnraum

Miete — Stichtagsmiete — unter Abzug der Umlagen und Sonderzuschläge (für Nebenleistungen des Vermieters) zu entwickeln, um die allgemeine Erhöhung dieser Grundmiete um 15% zuzulassen.

Preisrechtlich zulässig war am 30. Juni 1960 die der Vereinbarung vom 31. Dezember 1954 (d.i. der nach § 1 I. BMG) entsprechende Miete unter Berücksichtigung der Veränderungen, die diese Miete auf Grund allgemeiner Erhöhungen (§§ 5, 6 I. BMG) oder von preisbehördlichen Mieterhöhungen oder -herabsetzungen (§ 1) Abs. 3, § 2 I. BMG und §§ 11—14, 35 u. 36 AMVO), sowie von eigenverantwortlicher Anhebung der niedrig gewesenen Miete (§ 10 AMVO) erfahren hat.

Nur „preisrechtlich genehmigt" ist eine seither, d.i. nach dem 31. Dezember 1954 vereinbarte Miete, soweit sie die am 30. Juni 1960 preisrechtlich zulässige Miete nicht mehr als um ein Drittel übersteigt; diese Erhöhung scheidet also aus der Grundmiete-Berechnung nach § 1 Abs. 2 II. BMG aus: die entsprechend gekürzte Stichtagsmiete ergibt unter Abzug der Sonderentgelte die preisrechtlich zulässige Grundmiete und deren Erhöhung um den neuen Mietzuschlag die neue gültige Vertragsmiete zuzüglich der verbleibenden Sonderentgelte.

Während der zur Grundmiete führenden Differenzmiete die wirkliche Stichtagsmiete zugrunde liegt (einschl. der allgemeinen Zuschläge von a) 10% seit 1. Oktober 1952 und b) von 10% bzw. 10 + 5% bzw. 10 + 10% seit 1. August 1955, also von a) + b) = bis 30% hatte das I. BMG (§ 1 und AMVO § 5) die Stichtagsmiete vom 31. Dezember 1954 (Berlin 31. Dezember 1959) um die erste allgemeine Erhöhung von 10% (VO-Pr. 72/52) verringert dargestellt bzw. diesen echte Miete gewordenen Bestandteil von der allgemeinen Erhöhung ausgenommen (ihn ohne guten Sinn zusammen mit der Sonderabgeltung für Sonderleistungen des Vermieters in Abzug bringend).

Umschreibt § 25 I. BMG den Begriff „Bezugsfertigkeit" eines Baus mit der den Bezug zumutbar machenden Baureife, so gilt diese Erläuterung natürlich ebenso für das II. BMG.

Dasselbe gilt für den Begriff der „Preisgebundenheit" nach § 26 I. BMG als Herrschaft der Preisvorschriften, der außer reine Geschäftsräume (diese seit 1. Dezember 1951, Berlin 1. März 1961) nicht mehr unterstehen Mischräume (seit 1. Juli 1960 schlechthin, vorher nur, falls mietwertmäßig weniger als $^1/_3$ bewohnt wurde), ferner um mehr als 50% entfremdete Wohnungen (oder verselbständigte Wohnungsteile) sowie nicht sozial geförderte Neubauwohnungen (I. WoBauG §§ 46, 42 Abs. 2, 41, 45 Abs. 2; II. WoBauG §§ 87, 83 Abs. 3, 71, 85).

Den Begriff „Miete" erweitert § 12 und definiert § 4 AMVO (vgl. Bettermann in MSchG § 1 A. 51: „Miete ist die schuldrechtliche entgeltliche Überlassung eines Gegenstandes zu Besitz und Benutzung auf Zeit —, Pacht auch zur Nutzung").

Der 15%-Zuschlag betrifft wie der 10%-Zuschlag nach § 5 I. BMG vor der Währungsreform (bis zum 20. Juni 1948) bezugsfertig gewordene Wohnungen.

Erster Abschnitt

Miete für Wohnraum, der bis zum 20. Juni 1948 (Berlin: 24. Juni 1948) bezugsfertig geworden ist

§ 1

(1) **Die Miete für preisgebundenen Wohnraum, der bis zum 20. Juni 1948** (Berlin: 24. Juni 1948) **bezugsfertig geworden ist, darf**

vom Inkrafttreten dieses Gesetzes an um einen Zuschlag von 15 vom Hundert erhöht werden.

(2) **Der Mietzuschlag ist von der Grundmiete nach dem Stande vom Vortag des Inkrafttretens dieses Gesetzes zu berechnen. Grundmiete nach dem Stande vom Vortag des Inkrafttretens dieses Gesetzes ist die an diesem Tage preisrechtlich zulässige Miete abzüglich folgender in ihr enthaltener Beträge:**

1. **Umlagen für Wasserverbrauch,**
2. **Kosten des Betriebes der zentralen Heizungs- und Warmwasserversorgungsanlagen,**
3. **Umlagen für laufende Mehrbelastungen seit dem 1. April 1945** (Berlin: Umlagen oder Zuschläge für laufende Mehrbelastungen seit dem 1. Juli 1953),
4. **Untermietzuschläge,**
5. **Zuschläge wegen Nutzung von Wohnraum zu anderen als Wohnzwecken.**

(3) **Gilt die Kostenvergleichsmiete, so tritt für die Berechnung des Mietzuschlages an die Stelle der Grundmiete die Kostenvergleichsmiete abzüglich der in ihr enthaltenen Kosten des Betriebes der zentralen Heizungs- und Warmwasserversorgungsanlagen. Die übrigen in Absatz 2 bezeichneten Umlagen und Zuschläge sind abzuziehen, soweit sie nach dem Zeitpunkt entstanden sind, von dem an die Kostenvergleichsmiete gilt** (Berlin: Abs. 3 entfällt).

§ 2 (nicht Berlin)

Die Miete für preisgebundenen Wohnraum, der bis zum 20. Juni 1948 bezugsfertig geworden ist, darf vom Inkrafttreten dieses Gesetzes an nach § 4 erhöht werden,

1. **wenn in Gemeinden unter 100000 Einwohnern eine abgeschlossene Wohnung mit fünf oder mehr Wohnräumen einschließlich Küche Gegenstand des Mietverhältnisses ist oder**
2. **wenn im Gemeinden mit 100000 und mehr Einwohnern eine abgeschlossene Wohnung mit sechs oder mehr Wohnräumen einschließlich Küche Gegenstand des Mietverhältnisses ist oder**
3. **wenn das Gebäude nicht mehr als zwei abgeschlossene Wohnungen hat und der Eigentümer in dem Gebäude wohnt oder**

4. wenn die monatliche Grundmiete nach § 1 den folgenden Betrag übersteigt:

in Gemeinden	bei Mietverhältnissen über 5 Wohnräume einschließlich Küche DM	4 DM	3 DM	2 DM
unter 20000 Einwohnern	—,—	40,—	35,—	25,—
mit 20000 bis unter 100000 Einwohnern	—,—	50,—	45,—	32,50
mit 100000 und mehr Einwohnern	70,—	65,—	60,—	45,—

1 **§ 2** bietet die Chance einer **weiteren Erhöhung,** wenn 115% der i. S. von § 1 erhöhten Grundmiete unter der tabellarischen Normmitte des § 4 bleiben. Die Tabelle teilt die Gemeinden nach der Einwohnerzahl in drei Größenklassen und die Wohnungen in 6 Qualitätsklassen: mit und ohne Sammelheizung, mit und ohne Bad und letztere Klasse noch mit drei Verschiedenheiten. Die Spanne in den Preisen pro qm/Monat reicht von 0,65 DM bis 1,60 DM. An dieser Hebung der Miete durch Ausrichtung auf den Tabellenpreis (höchstens um 20% der 115% Grundmiete) nehmen gemäß den 4 Ziffern des § 2 teil a) Großwohnungen (i. S. von § 6 Abs. 1 I. BMG „abgeschlossen") von 5 bzw. 6 Wohnräumen [einschl. Küche] in Gemeinden unter bzw. über 100000 Einwohnern (Ziff. 1 u. 2), b) Ein- und Zweifamilienhäuser, (soweit sie nicht unter a) fallen), wo auch der Eigentümer einwohnt (als Alleinbenutzer oder als Untermieter oder Angehöriger des Inhabers einer der beiden abgeschlossenen Wohnungen — Ziff. 3), c) Wohnungen von 2—4 Wohnräumen einschließlich Küche, in Großstädten bis 5, mit einer einen Niedrigst-Standard übersteigenden Miethöhe (Ziff. 4). Zum Begriff „Wohnraum" und seiner Berechnung ist auf § 5 sowie auf I. BVO §§ 25—27 zu verweisen.

2 Ziff. 3 und 4 geben Rätsel auf. Pergande (A. 4) meint, daß der Eigentümer sein „besonders enges Zusammenleben mit dem Mieter" bezahlt bekommen solle. Weshalb soll der Mieter als Alleinbewohner eines — keine Großwohnung (i. S. der Ziff. 1 u. 2) darstellenden — Einfamilienhauses von der Erhöhung verschont bleiben? Er wird freilich in der Regel eine die Tabellenmiete der Ziff. 4 übersteigende Grundmiete haben. Auch können wir Holtgrave (A. 10) nicht beipflichten, wenn er unter Ziff. 4 „besonders teuren Wohnraum" versteht, also an Mieter denkt, die sich — wie Großwohnungsmieter — eine Korrektur in Hinsicht auf die Tabellenmiete gefallen lassen können. Zu bedenken ist, daß dieser „teure" Wohnraum bei 2 Räumen und Küche nur 25,— DM in der Kleinstadt, 45,— DM in der Großstadt zu übersteigen braucht und eine 4-Zimmerwohnung mit Küche nur 40,— DM bzw. 65,— DM; mißt nun der erste Raum 40 qm und der letzte 70 qm und vervielfältigt man diese Zahlen mit mittleren Werten der § 4 – Tabelle, nämlich 1,— DM für die Kleinstadt und 1,30 DM für die Großstadt, so ergeben sich für die 2-Zimmerwohnung Werte von 40,— DM bzw. 52,— DM und für die 4-Zimmerwohnung 70,— DM bzw. 91,— DM. Mit-

hin sind die Mindestsätze des § 2 bei der 2-Zimmerwohnung von 25,— DM um 15,— DM und von 45,— DM um 7,— DM überschritten, bei der 4-Zimmerwohnung von 70,— DM um 30,— DM und von 65,— DM um 26,— DM.

§ 3

Die Miete für preisgebundenen Wohnraum, der bis zum 20. Juni 1948 bezugsfertig geworden ist und nicht unter § 2 fällt, darf vom 1. Januar 1963 an nach § 4 erhöht werden.

§ 3 (Berlin)

Die Miete für preisgebundenen Wohnraum, der bis zum 24. Juni 1948 bezugsfertig geworden ist, darf vom 1. August 1963 an nach § 4 erhöht werden.

1 § 3 rückt den Termin des von § 2 nicht erfaßten Wohnraums auf den 1. Januar 1963 hinaus. Seine Miete bleibt bis dahin auf dem Stande der Grundmiete + 15% (§ 1) und rückt auf die Tabellenmiete des § 4 erst nach 2½ Jahren. Diese Verzögerung wird nur für eine kleine Minderheit von Fällen zutreffen, denn die in § 4 zugestandenen Mieten pro qm/Monat sind in der Regel mit der seit 1. Juli 1960 geltenden 115%-Grundmiete (= um Sonderbeträge gekürzte preisrechtlich zulässige Miete vom 30. Juni 1960 + 15%) schon erreicht. Diese Miete enthält die allgemeinen Zuschläge von 10% seit 1. Oktober 1952, die Mehrbelastungs-Zuschläge (Berlin 6½%), die Zuschläge nach dem I. BMG von 15 bzw. 20% für abgeschlossene ofen- bzw. sammelbeheizte Wohnungen ab 1. August 1955. Die in § 4 gedachte Höchstmiete etwa für eine 100 qm Komfortwohnung a) in einer Gemeinde unter 20000, b) ab 100000 Einwohner betrüge a) 130 × 12 = 1560,— DM jährlich bzw. 1920,— DM; das ergibt für eine 4-Zimmerwohnung einen Preis pro Zimmer und Jahr von 390,— DM bzw. 480,— DM. Da die Gesamtsteigerungen von 1952 bis einschl. zum II. BMG evtl. 56% betragen, entsprächen den genannten qm-Höchstpreisen für die Zeit vom Preisstop i. J. 1936 bis 1952 Mieten im Verhältnis von 156 : 100 = 130 bzw. 160 : x. Das ergibt rd. 83,— DM bzw. rd. 100,— DM, d. h. pro Zimmer und Jahr $\frac{83}{4} \times 12 = 240$,— DM bzw. $\frac{100}{4} \times 12 = 300$,— DM. Dieser Durchschnitt des Zimmerpreises pro Monat bei einer 4-Zimmer-Komfortwohnung einschl. Küche und Bad dürfte fast überall 1936 bzw. 1952 erreicht gewesen sein.

2 Dagegen hat § 3 für Berlin Bedeutung, da § 2 von der Geltung in Berlin ausgeschlossen ist; ein Übriges ist getan, indem § 3 in Berlin erst ab 1. August 1963 gilt.

§ 4

(1) **Ist in den Fällen der §§ 2 oder 3 die nach § 1 erhöhte monatliche Grundmiete niedriger als der Betrag, der sich aus der Vervielfältigung der Zahl der Quadratmeter der Wohnfläche mit dem nach Absatz 2 maßgeblichen Betrag ergibt, so ist eine Erhöhung um den Unterschiedsbetrag, jedoch um nicht mehr als 20 vom Hundert der nach § 1 erhöhten monatlichen Grundmiete, zulässig.**

(2) **Für Absatz 1 sind folgende Beträge maßgeblich:**

in Gemeinden	bei Wohnungen mit Sammelheizung mit Bad	bei Wohnungen mit Sammelheizung ohne Bad	bei Wohnungen ohne Sammelheizung mit Bad	ohne Sammelheizung ohne Bad mit Toilette in der Wohnung	ohne Sammelheizung ohne Bad mit Toilette im Hause	ohne Sammelheizung ohne Bad mit Toilette außerhalb des Hauses
	DM	DM	DM	DM	DM	DM
unter 20000 Einwohnern	1,30	1,05	1,05	0,95	0,85	0,65
mit 20000 bis unter 100000 Einwohnern	1,45	1,15	1,15	1,05	0,90	0,70
mit 100000 und mehr Einwohnern	1,60	1,30	1,30	1,20	1,00	0,80

§ 4 (Berlin)

(1) **Ist die nach § 1 erhöhte monatliche Grundmiete niedriger als der Betrag, der sich aus der Vervielfältigung der Zahl der Quadratmeter der Wohnfläche mit dem nach Absatz 4 maßgeblichen Betrag ergibt, so ist eine Erhöhung um den Unterschiedsbetrag, jedoch um nicht mehr als 10 vom Hundert der nach § 1 erhöhten monatlichen Grundmiete zulässig.**

(2) **Der in Absatz 1 bezeichnete Betrag von 10 vom Hundert erhöht sich um 5 vom Hundert, wenn es sich um eine abgeschlossene Wohnung mit Anschlußmöglichkeiten für Gas- und Elektroherd, neuzeitlichen und betriebsfähigen sanitären Anlagen innerhalb der Wohnung, einschließlich einer Badeeinrichtung mit zentralem oder besonderem Warmwasserbereiter, mit einer betriebsfähigen Sammelheizung (Zentral- oder Etagenheizung) und mit Keller oder entsprechendem Ersatzraum handelt. Dies gilt nicht, wenn der Mieter die Kosten für die Schaffung der Badeeinrichtung oder der Sammelheizung ganz oder überwiegend getragen hat.**

(3) **Ist die Miete nach dem 17. Oktober 1936 wegen der in Absatz 2 genannten Ausstattungsmerkmale bereits bis zu dem Inkrafttreten des Gesetzes über den Abbau der Wohnungszwangswirtschaft und über ein**

soziales Miet- und Wohnrecht auf Grund einer Genehmigung der Preisbehörde erhöht worden oder wird sie künftig erhöht, so ermäßigt sich der in Absatz 2 genannte Betrag von 5 vom Hundert um den Betrag der von der Preisbehörde genehmigten Mieterhöhung.

(4) **Für die Absätze 1 und 2 sind folgende Beträge maßgeblich:**

bei Wohnungen					
mit Sammelheizung		ohne Sammelheizung			
mit Bad	ohne Bad	mit Bad	mit Toilette in der Wohnung	ohne Bad mit Toilette im Hause	mit Toilette außerhalb des Hauses
DM 1,60	DM 1,30	DM 1,30	DM 1,20	DM 1,00	DM 0,80

1 Zu dem schon bei § 3 Angemerkten sei auf den Vergleich mit den Mietpreisen für öffentlich geförderte Neubau-Mietwohnungen hingewiesen. In Frage kommen die innerhalb der 6½ Jahre vom 1. Januar 1950 bis 30. Juni 1956 bezugsfertig gewordenen öffentlich geförderten und damit dem Richtsatzmieten-System des I. WoBauG und der I. BVO unterstellten Wohnungen, während für die steuerbegünstigten und nach dem II. WoBauG, d.i. bei Bezugsfertigkeit nach dem 30. Juni 1956 für beide Arten von Wohnungen die Kostenmiete gilt, und zwar bei den nur steuerbegünstigten Objekten beider WoBauG nur subsidiär zur selbstverantwortlichen Miete, wenn nämlich der Vermieter, der Selbstverantwortung nicht genügend, die Kostenmiete überschritten hat und sich der Mieter nunmehr auf sie beruft, was innerhalb eines Jahres nach der Vereinbarung, und zwar schriftlich, zu erfolgen hat (I. WoBauG § 29 — Richtsatzmiete —, II. WoBauG § 72 — Kostenmiete — sowie §§ 30, 45 I. WoBauG und § 85 II. WoBauG — selbstverantwortliche Miete, evtl. Kostenmiete —).

Die Richtsatzmiete des § 29 I. WoBauG lag zwischen 1,— DM bis 1,43 DM pro qm/Monat; sie ist ab 1. Juli 1960 um 0,10 DM und bei sonst unter 4% bleibender Verzinsung der Eigenleistung ab 1. Oktober 1960 um weitere 0,10 DM erhöhbar (§§ 30a, 30b I. WoBauG gem. Art. V GMW). Mithin liegt die Bewegung der Mietsätze im sozialen Wohnungsbau zwischen 1,— DM und 1,70 DM.

2 Für Berlin erklären sich Abs. 2 und 3 daraus, daß § 6 I. BMG mit seinen weiteren Zuschlägen von 5 bzw. 10% neben dem Grundzuschlag des § 5 nicht gilt (und auch nach der alten Fassung des § 45 I. BMG nicht gegolten hat). Die jetzige Einfügung setzt nur die Höchstgrenze herauf, über die hinaus die neu erhöhte Grundmiete nicht der Tabellenmiete angeglichen werden darf. Da die Berliner Fassung die Höchstgrenze in Abs. 1 mit 10% statt 20% zieht und Abs. 2 nur eine Erweiterung der Grenze bei Komfortwohnungen um 5% statt 15% lt. § 6 I. BMG vorsieht, bleibt Berlin bei Komfortwohnungen um 5%, im übrigen um 10% (im Rahmen von § 4) hinter der Bundesregelung zurück und gewährt im übrigen die im Bund seit 1. August 1955 gültigen zusätzlichen 10% des § 6 I. BMG nur in Höhe von 5% und diese nur, wenn noch nicht die im Regelfall schon erreichten Mindestquadratmeterpreise der Tabelle gezahlt werden.

§ 5

(1) **Ist nach § 2 die Zahl der Wohnräume zu berücksichtigen, so werden Küchen und andere Wohnräume mit weniger als sechs Quadratmetern nicht mitgezählt.**

(2) **Die Wohnflächen sind gemäß den §§ 25 bis 27 der Ersten Berechnungsverordnung vom 20. November 1950/17. Oktober 1957 (Bundesgesetzblatzbl. 1950 S. 753, 1957 I S. 1719) zu berechnen; betragen die nach § 25 der Ersten Berechnungsverordnung anrechenbaren Grundflächen von Fluren, Dielen und sonstigen Nebenräumen mehr als 10 vom Hundert der Wohnfläche, so bleibt für die Berechnung nach § 4 die Hälfte der Mehrfläche außer Betracht.**

Die 1. BVO ist auf S. 560f. abgedruckt.

§ 5 (Berlin)

Die Wohnflächen sind gemäß den §§ 25 bis 27 der Ersten Berechnungsverordnung vom 20. November 1950/17. Oktober 1957 (Bundesgesetzbl. 1950 S. 753, 1957 I S. 1719) zu berechnen; betragen die nach § 25 der Ersten Berechnungsverordnung anrechenbaren Grundflächen von Fluren, Dielen und sonstigen Nebenräumen mehr als 10 vom Hundert der Wohnfläche, so bleibt für die Berechnung nach § 4 die Hälfte der Mehrfläche außer Betracht.

§ 5 ergänzt § 2 durch Ausklammerung von Wohnräumen und Küchen mit weniger als 6 qm, sowie durch Ab- und Zurechnung gewisser Grundflächen, wie freistehender Pfeiler einerseits und Fensternischen und Erkern andererseits (§ 26 Abs. 4 und 5 I. BVO).

Zweiter Abschnitt

Miete für Wohnraum, der in der Zeit vom 21. Juni 1948 (Berlin: 25. Juni 1948) bis zum 31. Dezember 1949 bezugsfertig geworden ist

§ 6

(1) **Für preisgebundenenWohnraum, der in der Zeit vom 21. Juni 1948 bis zum 31. Dezember 1949 bezugsfertig geworden und mit öffentlichen Mitteln im Sinne des § 3 des Ersten Wohnungsbaugesetzes geschaffen worden ist, ist vom Inkrafttreten dieses Gesetzes an die Miete preisrechtlich zulässig, die sich bei entsprechender Anwendung der §§ 30 a bis 30 c des Ersten Wohnungsbaugesetzes ergibt.**

(2) **Gilt am Vortag des Inkrafttretens dieses Gesetzes eine Miete nach § 3 des Ersten Bundesmietengesetzes als genehmigt, die höher ist als die nach Absatz 1 zulässige Miete, so bleibt die Genehmigung wirksam. § 3 Abs. 3 des Ersten Bundesmietengesetzes in der Fas-**

sung des Artikels IX des Gesetzes über den Abbau der Wohnungszwangswirtschaft und über ein soziales Miet- und Wohnrecht ist entsprechend anzuwenden.

§ 6 (Berlin)

Für preisgebundenen Wohnraum, der in der Zeit vom 25. Juni 1948 bis zum 31. Dezember 1949 bezugsfertig geworden und mit öffentlichen Mitteln im Sinne des § 3 des Ersten Wohnungsbaugesetzes geschaffen worden ist, ist vom Inkrafttreten dieses Gesetzes an die Miete preisrechtlich zulässig, die sich bei entsprechender Anwendung der §§ 30 a bis 30 c des Ersten Wohnungsbaugesetzes ergibt.

§ 7

(1) **Für grundsteuerbegünstigten Wohnraum, der in der Zeit vom 21. Juni 1948 bis zum 31. Dezember 1949 bezugsfertig geworden ist, darf vom Inkrafttreten dieses Gesetzes an eine vom Vermieter selbstverantwortlich gebildete Miete vereinbart werden. Grundsteuerbegünstigt ist Wohnraum, der ohne öffentliche Mittel im Sinne des § 3 des Ersten Wohnungsbaugesetzes geschaffen worden ist, für den aber auf Grund eines gemäß § 8 des Ersten Wohnungsbaugesetzes ergangenen Landesgesetzes oder entsprechender Vorschriften der Länder oder Gemeinden eine Ermäßigung oder ein Erlaß der Grundsteuer (Grundsteuervergünstigung) in Anspruch genommen oder, soweit es sich um Arbeiterwohnstätten handelt, eine Grundsteuerbeihilfe gewährt wird.**

(2) **Übersteigt die vereinbarte Miete die zur Deckung der laufenden Aufwendungen erforderliche Miete (Kostenmiete) und beruft sich der Mieter durch schriftliche Erklärung gegenüber dem Vermieter innerhalb eines Jahres nach der Vereinbarung auf die Kostenmiete, so gilt § 45 Abs. 2 bis 5 in Verbindung mit § 48 Abs. 1 und 3 des Ersten Wohnungsbaugesetzes entsprechend. Als Berufung gilt auch eine Erklärung, die vor dem Inkrafttreten dieses Gesetzes nach § 3 Abs. 3 des Ersten Bundesmietengesetzes abgegeben worden und deren Wirkung bei Inkrafttreten dieses Gesetzes noch nicht eingetreten ist.**

(3) **Die Vorschriften der Absätze 1 und 2 gelten auch dann, wenn die Grundsteuervergünstigung oder die Grundsteuerbeihilfe entfallen ist.**

§ 7 (Berlin)

(1) **Für grundsteuerbegünstigten Wohnraum, der in der Zeit vom 25. Juni 1948 bis zum 31. Dezember 1949 bezugsfertig geworden ist, gelten die Vorschriften des Ersten Abschnitts entsprechend. Grundsteuerbegünstigt ist Wohnraum, der ohne öffentliche Mittel im Sinne des § 3 des Ersten Wohnungsbaugesetzes geschaffen worden ist, für den aber auf Grund eines gemäß § 8 des Ersten Wohnungsbaugesetzes ergangenen Landesgesetzes oder entsprechender Vorschriften der Länder oder Gemeinden**

eine Ermäßigung oder ein Erlaß der Grundsteuer (Grundsteuervergünstigung) in Anspruch genommen oder, soweit es sich um Arbeiterwohnstätten handelt, eine Grundsteuerbeihilfe gewährt wird.

(2) **Absatz 1 gilt auch dann, wenn die Grundsteuervergünstigung oder die Grundsteuerbeihilfe entfallen ist.**

(3) **Für Wohnraum, der in der Zeit vom 25. Juni 1948 bis 31. Dezember 1949 bezugsfertig geworden und der ohne öffentliche Mittel geschaffen worden ist und für den keine Grundsteuervergünstigung oder Grundsteuerbeihilfe gewährt wird, gelten ebenfalls die Vorschriften des Ersten Abschnitts entsprechend.**

1 **§§ 6, 7** (2. Abschnitt des) II. BMG sind an die Stelle von §§ 10, 11 (4. Abschnitt des) I. BMG getreten.

Dabei ersetzt § 6 Abs. 1 in Verbindung mit (und unter zeitlicher Vorverlegung von) §§ 30a bis 30c I. WoBauG den fortgefallenen § 10 Abs. 1 I. BMG.

§ 6 Abs. 2 erweitert § 3 I. BMG, d.i. die Genehmigung einer $^4/_3$ Grundmiete bzw. der Überschreitung um $^1/_3$ auf den zwischen 21. Juni 1948 bis 31. Dezember 1949 bezugsfertig gewordenen Raum.

§ 7 Abs. 1 ersetzt den fortgefallenen § 10 Abs. 3 I. BMG betr. grundsteuerbegünstigten Wohnraum.

§ 7 Abs. 2 erklärt bei Überschreitung der Kostenmiete §§ 45 Abs. 2 bis 5, 48 Abs. 1 und 3 I. WoBauG für analog anwendbar (sie zeitlich vorverlegend).

2 Diese Verschachtelung ist wahrlich nicht musterhaft: der 4. Abschnitt des I. BMG vegetiert mit § 11 als einziger Bestimmung, die die Geltung der Marktmiete, wie sie § 46 (§ 42 Abs. 2) I. WoBauG für Bauten ab 1950 statuiert, auf Wohnraum zurückbezieht, der in den 1½ Jahren vorher (21. Juni 1948 bis 31. Dezember 1949) fertiggestellt ist. Und der 2. Abschnitt des II. BMG weiß sich nicht aus sich heraus verständlich zu machen, sondern geht auf den Krükken aus I. WoBauG §§ 3, 8, 30a bis c, 45 Abs. 2 bis 5, 48 Abs. 1 und 3 sowie I. BMG § 3. Das ist weder klar noch verständlich, auch wenn man den Übergangscharakter dieses Rechts und dieses Wirtschaftszweiges berücksichtigt.

Dem Gesetzgeber war die Aufgabe gestellt, die dreistufige Preiswirtschaft gemeinverständlich darzustellen, wie sie sich vom krassen Preisstop mit allgemeinen und mit der einzelnen Preisbehörde überlassenen besonderen Genehmigungen über die Kostenmiete und deren Erhöhbarkeit zur freien Marktmiete entfaltet. Es war zu zeigen, wie die Altwohnungen mietpreismäßig zunächst an die öffentlich geförderten Wohnungen herangeführt werden, um sie mit Ende 1965 bzw. 1966 (§ 18 II. BMG) der freien Marktwirtschaft zurückzugeben, der sie 30 Jahre vorher das Diktat des Preisstop (VO vom 26. November 1936) entzogen hatte — ein Diktat, das wiederum von der Kriegs- und Nachkriegsbedingtheit der Jahre ab 1918 vorgezeichnet war*).

Wenn nicht neue Störungen auftreten, wird man vor Ablauf dieses Jahrzehnts ein knapp 50jähriges Interregnum der Preis- und Raumzwangswirtschaft zu Grabe läuten.

*) Damals verkündete der Staatskommissar für das Wohnungswesen im „Deutschen Reichsanzeiger", vom 24. September 1918:

„Da nun die Kündigungen der Nachprüfung und, falls Anordnungen nach § 6 MSchV ergangen sind, sogar der Vorprüfung des MEA unterliegen, so ist damit den Ämtern ein wesentlicher und ausreichender Einfluß auf die Gestaltung der Mieten eingeräumt."

3 „Bezugsfertig" ist — so § 25 I. BMG — Wohnraum dann, wenn sein Bau so weit gefördert ist, daß ihn zu beziehen zumutbar erscheint.

4 „Selbstverantwortliche" Miete ist nach § 45 I. WoBauG, § 85 II. WoBauG die frei vereinbarte, aber vom Mieter anfechtbare und durch Berufung auf die Kostenmiete austauschbare und anhand der Wirtschaftlichkeitsberechnung (§ 32 Abs. 2 und 3 AMVO, §§ 14, 17 NMVO) nachprüfbare Miete.

Dritter Abschnitt

Gemeinsame Vorschriften für den Wohnraum, der bis zum 31. Dezember 1949 bezugsfertig geworden ist

§ 8 (nicht Berlin)

Ist nach § 3 Abs. 1 des Ersten Bundesmietengesetzes eine Miete vereinbart, die höher ist als die preisrechtlich zulässige Miete, so sind die Mietzuschläge nach den §§ 1 bis 4 nicht von der vereinbarten Miete, sondern von der Grundmiete nach § 1 zu berechnen. Die vereinbarte Miete darf um die Mietzuschläge nach den §§ 1 bis 4 nur bis zu dem Betrag erhöht werden, der der Grundmiete nach § 1 zuzüglich der Mietzuschläge nach den §§ 1 bis 4 entspricht. Satz 2 ist auf Mieterhöhung nach § 6 entsprechend anzuwenden.

§ 8 modifiziert die Berechnung der „Grundmiete", die nach § 1 aus der am 30. Juni 1960 in preisrechtlich zulässige Höhe durch Abzug der Sonderbeträge seines Abs. 2 Ziff. 1—5 gebildet wird.

Satz 1 ist überflüssig, denn § 7 I. BMG sagt bereits, daß die nach §§ 5, 6 genehmigten Zuschläge von der nach § 1 preisrechtlich zulässigen Miete zu berechnen sind, also von der seit 1. Januar 1955 vereinbarten Miete, soweit diese nicht höher ist als die preisrechtlich zulässige Miete. Daß Überschreitungen bis zu $^1/_3$ nach § 3 I. BMG als preisrechtlich genehmigt gelten, bedeutet nicht, daß sie an den Mietzuschlägen teilnehmen.

Entspricht also eine preisrechtlich zulässige Miete von 120,— DM bei Abzug von 20,— DM einer Grundmiete von 100,— DM und sind 132,— DM vereinbart, so ist die neue Miete 100,— DM + 15,— DM = 115,— DM + 20,— = 135,— DM um nicht mehr als die Differenz von 135,— DM minus 132,— DM, also um 3,— DM erhöhbar.

Satz 2 wäre verständlich (und dabei kürzer), wenn er lautete:

> Eine überhöhte, aber nach § 3 Abs. 1 I. BMG preisrechtlich genehmigte Miete darf nur bis zur Angleichung an die neu berechnete preisrechtlich zulässige Miete erhöht werden.

§ 9

Eine Mieterhöhung nach den §§ 1 bis 7 ist nicht zulässig

1. für Wohnraum, der nach seiner Beschaffenheit den allgemeinen Anforderungen an gesunde Wohnverhältnisse offensicht-

lich nicht genügt, insbesondere wegen ungenügender Licht- und Luftzufuhr, wegen dauernder Feuchtigkeit oder wegen unhygienischer oder unzureichender sanitärer Einrichtungen (Berlin: statt „oder wegen unhygienischer" „wegen hygienisch nicht einwandfreier");

2. **für Kellerwohnungen, Bunkerwohnungen, Baracken, Wohnungen in Behelfsheimen, Nissenhütten und sonstige behelfmäßige Unterkünfte sowie für Wohnraum, dessen weitere Benutzung aus bauordnungsrechtlichen Gründen oder auf Grund von Anordnungen der Wohnungsaufsicht und Wohnungspflege wegen baulicher oder sonstiger Mängel untersagt ist.**

1 Den Unterschied des § 9 zu § 12 I. BMG ergibt Ziff. 1) von § 12, der die Unzulässigkeit der Mieterhöhungen nach dem I. BMG danach bestimmt, ob „Mängel vorliegen, welche die Benutzbarkeit des Wohnraumes unter Berücksichtigung der örtlichen Wohnverhältnisse oder Wohngewohnheiten offensichtlich erheblich beeinträchtigen".

Ohne die Vorschrift des § 9 II. BMG gälte § 12 I. BMG noch fort, da ja das II. BMG, wie Art. I GMW vorausschickt, neben das I. BMG tritt, es also weiter gelten läßt, soweit nichts Gegenteiliges gesagt ist. Dabei entspricht der Systematik des GMW, in seinem Art. IX Änderungen des I. BMG zusammenzufassen, was gemäß Ziff. 1) des Art. IX unter den 13 Buchstaben a—n geschehen ist.

Ziff. 1) von § 12 I. BMG stellt auf offensichtlich erheblich beeinträchtigte Benutzbarkeit, Ziff. 1) von § 9 II. BMG auf offensichtlich ungenügende Hygiene ab. Nicht jede stark herabgesetzte Benutzbarkeit gefährdet die Gesundheit, während doch wohl jede Gesundheitsschädlichkeit — wenn auch nicht die Benutzung —, so doch die Benutzbarkeit stark beeinträchtigt.

Danach will der Gesetzgeber dem von den Zuschlägen des I. BMG ausgeschlossenen Vermieter nur insoweit auch die Zuschläge des II. BMG versagen, als er nicht nur unbequemen, sondern gesundheitsschädlichen Wohnraum feilbietet — Wohnraum, der so beschaffen ist, daß er „den allgemeinen Anforderungen an gesunde Wohnverhältnisse offensichtlich nicht genügt".

2 Schlechte Fußböden, erhebliche Putzschäden, Wandrisse, dünne Wände mindern das Behagen, aber regelmäßig noch nicht die Gesundheit, dagegen kann dies auf erhebliche (das Gesetz spricht von „dauernder"), Feuchtigkeit, ungenügende Licht- und Luftzufuhr, Schwamm, Rauchbelästigung durch den Kamin (dagegen LG Essen lt. ZMR 1956 S. 400), Geruchsbelästigung durch versotteten Schornstein zutreffen, mindestens aber fallen diese Erscheinungen unter § 12 I. BMG.

3 Wie bei der Minderung kommt es nicht auf ein Verschulden des Vermieters an, sondern auf den objektiven Tatbestand des Vorhandenseins eines den Anforderungen der Allgemeinheit an gesunde Wohnverhältnisse offensichtlich widersprechenden Wohnraums. Ein solcher hebt sich negativ von der Vorstellung normaler Wohnungsbeschaffenheit ab und soll nicht teilhaben an der Rückführung der Mietzinse zu normaler Miete.

4 Ob in die Wohnung eindringende üble Gerüche benachbarter Fabriken unter diese Bestimmung fallen, erscheint zweifelhaft; Holtgrave (S. 205) bejaht

die Einordnung unter § 9, denn es komme nicht darauf an, ob ein Mangel der fraglichen Art dem Raum selbst anhafte, sondern ob dieser nach seiner Beschaffenheit nicht dagegen geschützt ist. Die Tragweite solcher Interpretation ist nicht zu verkennen: eine Nylon-Fabrik kann mit widerlichen Gerüchen auf die Dauer die Mieter eines ganzen Wohnbezirks schädigen, und es sollte Grund genug für die organisierte Vermieterschaft sein, ein Einwirken der Gemeinde- und Landesbehörden zu verlangen, damit die nötigen (wenn auch kostspieligen) Vorrichtungen gebaut werden. Wenn der Hausbesitz auch nur für 1000 Wohnungen ein jährlicher Minderertrag von je 300,— DM = 300000,— DM entsteht, so ist eine Passivität der Behörden nicht zu verantworten.

5 Abzugrenzen sind § 9 II. BMG, § 12 I. BMG von § 537 BGB, der einen durch Mängel herabgesetzten Gebrauchswert im Sinne des vertraglich zu gewährenden bzw. zu beanspruchenden Gebrauchs durch automatisches Absinken der Miete im Verhältnis zur Gebrauchsminderung bestimmt.

§ 10

Eine nach anderen Vorschriften in Betracht kommende Erhöhung oder Herabsetzung der preisrechtlich zulässigen Miete bleibt unberührt.

Daß „andere Vorschriften", welche Erhöhungen oder Herabsetzungen der Miete regeln, nicht ohne ihre ausdrückliche Aufhebung fortbestehen, sollte sich von selbst verstehen. In erster Linie ist an die AMVO vom 23. Juli 1958 (Berlin 21. März 1961) zu denken. Sie behandelt im 2. Abschnitt (§§ 10 bis 19) „Mieterhöhungen", im 3. Abschnitt (§§ 35, 36) „Mietherabsetzungen". Die Erhöhungen sind unterteilt in A) solche „im einzelnen Fall aus besonderen Gründen", B) „Allgemeine Mietzuschläge", C) „Besondere Mietzuschläge".

§ 11

Eine Mieterhöhung nach den §§ 1 bis 6 bleibt bei der Berechnung der Miete, die nach § 2 der Verordnung über die Förderung von Arbeiterwohnstätten vom 1. April 1937 (Reichsgesetzbl. I S.437) und nach der Verordnung zur Änderung der Verordnung über die Förderung von Arbeiterwohnstätten vom 18. Januar 1943 (Reichsgesetzbl. I S. 27) für die Grundsteuerbeihilfe maßgebend ist, außer Betracht. Das gleiche gilt, wenn im Falle des § 7 Abs. 1 die vereinbarte Miete die Kostenmiete nach § 7 Abs. 2 nicht übersteigt.

§ 11 (für Berlin)

Eine Mieterhöhung nach diesem Gesetz bleibt bei der Berechnung der Miete, die nach § 2 der Verordnung über die Förderung von Arbeiterwohnstätten vom 1. April 1937 (Reichsgesetzbl. I S. 437) und nach der Verordnung zur Änderung der Verordnung über die Förderung von Arbeiterwohnstätten vom 18. Januar 1943 (Reichsgesetzbl. I S. 27) für die Grundsteuerbeihilfe maßgebend ist, außer Betracht.

Die Bestimmung entspricht derjenigen des I. BMG in § 32. Für die nur bis zu einer bestimmten Miethöhe zu gewährenden Grundsteuerbeihilfe bleiben die Mieterhöhungen dieses Gesetzes außer Betracht.

§ 12

Bei Anwendung der Vorschriften dieses Gesetzes stehen den Mietverhältnissen ähnliche entgeltliche Nutzungsverhältnisse gleich.

Die Vorschrift entspricht § 33 I. BMG und § 4 AMVO.

§ 13

Die Vorschriften dieses Gesetzes gelten nicht für Untermietverhältnisse und der Untervermietung preisrechtlich gleichstehende Fälle.

Die Vorschrift entspricht § 34 I. BMG.

Gilt preisgebundene Untermiete, so wirkt sich die Erhöhung der preisrechtlich zulässigen Hauptmiete mittelbar auf die Untermiete aus.

§ 14

Die Durchführung der Mieterhöhungen nach diesem Gesetz richtet sich nach dem Siebenten Abschnitt des Ersten Bundesmietengesetzes.

Der Hinweis auf die Bestimmungen des 7. Abschnitts I. BMG (§§ 18—24) betrifft die erleichterte Durchführung der Mieterhöhungen durch einseitige schriftliche Erklärung des Vermieters nach § 18 I. BMG, sofern sich die Mietparteien nicht auf dem Wege eines Änderungs- oder Zusatzvertrages verständigen.

Vierter Abschnitt

Allgemeine Vorschriften für preisgebundenen Wohnraum

§ 15

(1) **Die Mietpreise für preisgebundenen Wohnraum werden nach Maßgabe der Absätze 2 bis 6 frühestens am 1. Juli 1963 und spätestens am 1. Januar 1966 freigegeben, jedoch nicht vor dem Zeitpunkt, zu dem das in § 2 des Gesetzes über die Gewährung von Miet- und Lastenbeihilfen bezeichnete Gesetz in Kraft getreten ist.**

(2) **Wird die Wohnraumbewirtschaftung für eine kreisfreie Stadt oder einen Landkreis durch eine Rechtsverordnung der Landesregierung nach §§ 3 c oder 3 d des Wohnraumbewirtschaftungsgesetzes bis zum 30. Juni 1963 aufgehoben, so unterliegen Mietverhältnisse über preisgebundenen Wohnraum vom 1. Juli 1963 an nicht mehr den Preisvorschriften; auf diese Rechtsfolge ist in der Rechtsverordnung hinzuweisen.**

(3) Wird die Wohnraumbewirtschaftung für eine kreisfreie Stadt oder einen Landkreis durch eine Rechtsverordnung der Landesregierung gemäß § 3 d des Wohnraumbewirtschaftungsgesetzes nach dem 30. Juni 1963 aufgehoben, so unterliegen Mietverhältnisse über preisgebundenen Wohnraum vom Zeitpunkt der Aufhebung an nicht mehr den Preisvorschriften; auf diese Rechtsfolge ist in den Rechtsverordnungen hinzuweisen.

(4) Soweit in den Fällen der Absätze 2 und 3 die Wohnraumbewirtschaftung für eine Gemeinde eines Landkreises über den 30. Juni 1963 hinaus aufrechterhalten wird, unterliegen Mietverhältnisse über preisgebundenen Wohnraum weiter den Preisvorschriften. Wird die Wohnraumbewirtschaftung für eine solche Gemeinde später durch eine Rechtsverordnung der Landesregierung nach § 3 c Abs. 4 oder § 3 d Abs. 2 Satz 2 des Wohnraumbewirtschaftungsgesetzes aufgehoben, so unterliegen Mietverhältnisse über preisgebundenen Wohnraum vom Zeitpunkt der Aufhebung an nicht mehr den Preisvorschriften; auf diese Rechtsfolge ist in den Rechtsverordnungen hinzuweisen.

(5) Wird die Wohnraumbewirtschaftung für eine kreisfreie Stadt, einen Landkreis oder eine Gemeinde eines Landkreises auf deren Antrag durch eine Rechtsverordnung der Landesregierung nach § 3 e des Wohnraumbewirtschaftungsgesetzes vorzeitig aufgehoben, so unterliegen Mietverhältnisse über preisgebundenen Wohnraum weiter den Preisvorschriften; auf diese Rechtsfolge ist in dieser Rechtsverordnung hinzuweisen. Überschreitet die Zahl der Wohnparteien die Zahl der vorhandenen Normalwohnungen am 31. Dezember 1962 oder am 31. Dezember eines der nachfolgenden Jahre um weniger als 3 vom Hundert, so soll die Landesregierung durch eine weitere Rechtsverordnung bestimmen, daß die Mietverhältnisse über preisgebundenen Wohnraum frühestens von dem darauffolgenden 1. Juli an nicht mehr den Preisvorschriften unterliegen; § 3 c Abs. 2 des Wohnraumbewirtschaftungsgesetzes ist anzuwenden.

(6) Wird im Falle des Absatzes 5 die Wohnraumbewirtschaftung für eine Gemeinde eines Landkreises aufrechterhalten, so unterliegen Mietverhältnisse über preisgebundenen Wohnraum, sofern die Wohnraumbewirtschaftung für diese Gemeinde vor dem 1. Juli 1963 aufgehoben wird, vom 1. Juli 1963 an nicht mehr den Preisvorschriften. Wird die Wohnraumbewirtschaftung für diese Gemeinde nach dem 30. Iuni 1963 aufgehoben, so unterliegen Mietverhältnisse über preisgebundenen Wohnraum von der Aufhebung an nicht mehr den Preisvorschriften. Auf diese Rechtsfolgen ist in den Rechtsverordnungen hinzuweisen.

§ 15 (für Berlin)

Die Mietpreise für preisgebundenen Wohnraum werden ein Jahr nach der Aufhebung der Wohnraumbewirtschaftung, frühestens am 1. Juli 1963, freigegeben, jedoch nicht vor dem Zeitpunkt, zu dem das in § 2 des Gesetzes über die Gewährung von Miet- und Lastenbeihilfen bezeichnete Gesetz in Kraft getreten ist.

Während die Freistellung aus der Zwangsbewirtschaftung von Wohnraum ab 1. Oktober 1960 da erfolgt, wo mit Stichtag vom 31. Dezember 1959 der Bestand an Normalwohnungen mit weniger als 3% die Zahl der Wohnparteien unterschreitet und während dasselbe gilt mit Stichtag eines jeden Jahresendes ab 31. Dezember 1960 so, daß jeweils am nächstfolgenden 1. Juli die Freistellung erfolgt, hat solche Privatisierung der Wohnraumwirtschaft eine Preisbefreiung frühestens ab 1. Juli 1963 zur Folge, vorausgesetzt, daß bis dahin das in Art. VII § 2 GMW angekündigte und gültige Miet- und Lasten-Beihilfegesetz in Kraft getreten ist.

Der Verknüpfung von WBewG und BMG entspricht eine solche von BMG und MSchG. Ist das BMG in seiner Geltungsdauer von derjenigen des WBewG abhängig, so das MSchG von der des BMG. Das besagt Abs. 2 des (durch Art. III Nr. 5 GMW eingefügten) § 54 MSchG.

Die reguläre Geltungsdauer beider BMG'e und des sonstigen Mietpreisrechts bestimmt § 18 II. BMG.

§ 16

Die Bundesregierung wird ermächtigt, durch Rechtsverordnung mit Zustimmung des Bundesrates die im § 15 gesetzten Termine um ein Jahr zu verlegen, soweit die Lage auf dem Wohnungsmarkt wegen eines unerwarteten Zustroms von Wohnungsuchenden in den Geltungsbereich dieses Gesetzes dies erfordert.

Die etwaige Verlängerung der Geltungsdauer des BMG um 1 Jahr, läßt den nach § 17 ohnehin für ein zusätzliches Jahr aufrecht erhaltenen § 23 (u. entsprechend §§ 18—20) I. BMG noch 2 weitere Jahre bestehen.

§ 17

§ 23 sowie die §§ 18 bis 20 des Ersten Bundesmietengesetzes, soweit die nach § 23 entsprechend anzuwenden sind, sind auf Mietverhältnisse, die nach §§ 15 und 16 nicht mehr den Preisvorschriften unterliegen, noch ein Jahr nach der Mietpreisfreigabe anzuwenden.

Hiermit wird ein Übergangsrecht geschaffen derart, daß der Vermieter auf Grund eines bei Preisfreigabe laufenden Vertrages binnen 1 Jahr eine angemessene Mieterhöhung auf dem Wege des § 18 I. BMG geltend machen kann.

Während § 23 Abs. 2 I. BMG für die unter Ziff. 1 genannten Fälle die Kostenmiete als angemessene Miete i. S. des Abs. 1 bezeichnet, betrifft Ziff. 2 den durch Art. IV GMW ab 1. Juli 1960 preisfrei gewordenen Mischraum. Im übrigen wird durch bundesministerielle Rechts-VO gemäß § 23 Abs. 3 in

Hinsicht auf die Preisfreigabe nach §§ 15, 16 II. BMG rechtzeitig zu bestimmen sein, welche Miete für das Übergangsjahr als „angemessen erhöht" gilt bzw. gemäß § 18 I. BMG geltend gemacht werden kann.

§ 18

(1) **Dieses Gesetz tritt mit Ablauf des 31. Dezember 1965 außer Kraft, jedoch nicht vor dem Zeitpunkt** (für Berlin: Dieses Gesetz tritt ein Jahr nach Aufhebung der Wohnraumbewirtschaftung außer Kraft, jedoch nicht vor Ablauf des 31. Dezember 1965 und nicht vor dem Zeitpunkt), **in dem das in § 2 des Gesetzes über die Gewährung von Miet- und Lastenbeihilfen bezeichnete Gesetz in Kraft tritt. Gleichzeitig treten die sonstigen Mietpreisvorschriften, soweit sie bis zu diesem Zeitpunkt noch gelten, außer Kraft, insbesondere treten außer Kraft:**

1. **das Erste Bundesmietengesetz vorbehaltlich des Absatzes 2;**
2. **die mietpreisrechtlichen Vorschriften des Ersten und Zweiten Wohnungsbaugesetzes;**
3. **die Altbaumietenverordnung vom 23. Juli 1958 (Bundesgesetzbl. I S. 549);**
4. **die Neubaumietenverordnung vom 17. Oktober 1957 (Bundesgesetzbl. I S. 1736).**

(2) **§ 23 sowie die §§ 18 bis 20 des Ersten Bundesmietengesetzes soweit sie nach § 23 entsprechend anzuwenden sind, treten für Mietverhältnisse, für welche die Preisvorschriften bis zum 31. Dezember 1965 gelten, mit Ablauf des 31. Dezember 1966 außer Kraft.**

(3) **Wird eine Rechtsverordnung nach § 16 erlassen und ist darin ein Termin vorgesehen, der nach dem 31. Dezember 1965 liegt, so treten die in Absatz I genannten Mietpreisvorschriften erst zu diesem Zeitpunkt und die in Absatz 2 genannten Mietpreisvorschriften ein Jahr danach außer Kraft.**

Der reguläre Ablauftermin der Geltungsdauer des II. BMG und mit ihm der des I. BMG und des sonstigen Mietpreisrechts ist der 31. Dezember 1965 — jedoch nur, wenn

a) spätestens zum gleichen Termin das mit § 2 Art. VII GMW angekündigte endgültige Miet und Lastenbeihilfegesetz in Kraft tritt; sonst bleibt das gesamte Mietpreisrecht entsprechend länger in Geltung,

b) die Bundesregierung nicht durch Gebrauch ihrer Ermächtigung nach § 16 die Preisfreigabe über den 31. Dezember 1965 verschoben hat.

Erfolgt eine solche bundesrechtliche Maßnahme, so verschiebt sich entsprechend das zusätzliche Jahr für die Übergangsregelung nach § 17.

Gesetz über die Gewährung von Miet- und Lastenbeihilfen

— Art. VII GMW — 23. 6. 1960 (BGBl. 399f.)/10. 4. 1961 (BGBl. 421f.)/ 21. 7. 1961 (BGBl. 1045)

Vorbemerkungen

1.

Während auf die Mieterhöhungen nach dem I. BMG und nur auf sie der die „Gewährung von Beihilfen" behandelte 6. Abschnitt des I. BMG (§§ 15—17) anwendbar ist, erforderte das Zustandekommen weiterer Mieterhöhungen ab 1. 7. 1960 eine mit ihnen verknüpfte neue Regelung, und diese enthält das GMW in seinem Art. VII als „Gesetz über die Gewährung von Miet- und Lastenbeihilfen" mit der auf ihm ruhenden und es ausführenden (hier im Anschluß an das Gesetz abgedruckten) RechtsVO über die Gewährung von Miet- und Lastenbeihilfen vom 21. Dezember 1960 (BGBl. 1056). Wegen des rechtspolitischen und volkswirtschaftlichen Zusammenhangs mit dem Mietpreisrecht wird auf die „Vorbemerkung" zum 6. Abschnitt des I. BMG (vor § 15) verwiesen.

Das neue Gesetz ist, wie folgt, gegliedert:

1. Abschnitt: Miet- und Lastenbeihilfen nach der Mietpreisfreigabe (§§ 1, 2)
2. Abschnitt: Miet- und Lastenbeihilfen vor der Mietpreisfreigabe (§§ 3—13)
3. Abschnitt: Miet- und Lastenbeihilfen nach dem II. WoBauG (§ 14)
4. Abschnitt: Aufbringung der Kosten für die Miet- und Lastenbeihilfen

Zur Übersicht über den Inhalt des Gesetzes diene:

§ 1: Die nicht mehr tragbare Mietbelastung — höchstens der Betrag der neuen Mietanhebungen — soll a) durch Mietbeihilfen (bei Wohnen im Mietverhältnis) und b) durch Lastenbeihilfen (bei Wohnen im Eigenheim, in einer Kleinsiedlung oder Eigentumswohnung) (§§ 10, 11) ausgeglichen wurden, aber nur unter Ansatz eines Mindestmaßes an Wohnraum. Die durch Inanspruchnahme eines Mehr an Wohnraum entstehende Mehrbelastung bleibt unberücksichtigt.

§ 2: Ist die Ansage eines die späteren Mietpreisfreigabe ausgleichenden Miet- und Lastenbeihilfs-Gesetzes.

Nach §§ 15, 16 II. BMG erfolgt die Freigabe zwischen 1. Juli 1963 und 1. Januar 1966 — bei „unerwartetem Zustrom von Wohnungssuchenden" evtl. 1 Jahr später — keineswegs vor dem Inkrafttreten eben des neuen Beihilfsgesetzes (§ 18 II. BMG).

Der Gesetzgeber behält so das Setzen der auflösenden Bedingung für die Fortgeltung des Mietpreisschutzes in der Hand.

§ 3: Mietbeihilfe nach diesem Gesetz (im Gegensatz zum 6. Abschnitt des I. BMG) erfolgt nur in Hinsicht auf

a) Erhöhungen nach dem II. BGM (§ 1: 15%; § 4: bis 20%) und
b) nachträgliche Mehrbelastung (für 1 Jahr) und zur Verzinsung der Eigenleistungen für (preisgebundenen) zwischen 21. Juni 1948 und

31. Dezember 1949 mit öffentl. Mitteln errichteten Wohnraum gemäß § 6 II. BMG in Verb. mit § 30a I. WoBauG.

c) Anhebung auf die Kostenmiete aa) für steuerbegünstigten Wohnraum (§ 22 I. BMG) oder bb) (nach Abschluß) preisfreigewordenen Wohnraum.

§ 4: Höhe der Beihilfe

§ 5: Tragbarkeit des Einkommens (vgl. § 73 Abs. 2 II. WoBauG)

§ 6: Ausschluß der Beihilfe

§§ 7, 8: Änderung der für die Beihilfe maßgebenden Verhältnisse

§ 9: Analog bei anderen Nutzungsverhältnissen

§§ 10, 11: betreffen Lasten-Beihilfe für Eigenheim, Kleinsiedlung und Eigentumswohnung
Begrenzung der Beihilfe auf die „benötigte Wohnfläche" (wie § 1)

§ 12: Anwendbarkeit der I. und II. Berechnungs-VO

Die nachfolgende Rechts-Verordnung vom 21. Dezember 1960 ruht auf dies ausdrücklich bestimmenden Paragraphen des Gesetzes, und zwar

ihr 2. Abschnitt („Berechnung des Jahreseinkommens" §§ 3—7) auf § 5 Abs. 2 Satz 2 des Gesetzes,
ihr 3. Abschnitt („Wohnfläche" §§ 8, 9) auf § 12 des Gesetzes,
ihr 4. Abschnitt („Verfahrensvorschriften" §§ 10—13) auf § 13 des Gesetzes.

Grundgedanke der Beihilfe und Beispiele

„Wohnungssuchende mit geringem Einkommen" sollen „ausreichend" mit Wohnungsraum „zu tragbarer Miete" versorgt werden (§ 27 Abs. 1 II. WoBauG, §§ 5, 6 des BeihilfeG).

Diese Anweisung des Gesetzgebers an die obersten Landesbehörden kategorisiert eine 6köpfige Familie (Ehepaar und 4 Kinder) entsprechend, wenn ihr nicht mehr als 3600 + (4×1200) = 4800 = 8400,— DM jährlich = 700,— DM monatlich zur Verfügung stehen.

Die Tragbarkeit soll durch Einsatz öffentlicher Mittel erreicht werden, nämlich 1. durch nachstellige (die Finanzierungslücke schließende) evtl. zinsfreie Baudarlehen (§§ 46, 42, II. WoBauG), 2. durch Miet- oder Lastenbeihilfen (§ 73 II. WoBauG, 6. Abschnitt des I. BMG — §§ 15—17 — und das seit 1. Juli 1960 als Art. VII des GMW gültig gewordene „Gesetz über die Gewährung von Miet- und Lastenbeihilfen" und die es ausführende Rechts-VO über die Gewährung dieser Hilfen vom 21. Dezember 1960 (BGBl. 1056). Für 6 Personen gelten als „benötigt" (§ 1 Abs. 1 S. 2, § 4 Abs. 2 u. 3 des BeihilfenG) in bezug auf später als am 20. Juni 1948 bezugsfähig gewordene Wohnungen 40 + (4×10 =) 40 = 80 qm (§ 4 Abs. 3 S. 3 zit.). — Als förderbar schlechthin gelten nach § 39 Abs. 1 die Wohnungen in der Regel bis 85 qm. — Im Beispiel würde die Miete für die 80 qm große öffentlich geförderte Neubauwohnung der 6köpfigen Familie nach §§ 29, 30a, 30 I. WoBauG mindestens 80×1,30 qm/Monat = 104,— DM, bis durchschnittlich 80 × 1,43 = 114,40 DM betragen. Als tragbar in unserem Falle gilt nach § 5 Abs. 1 des BeihilfeG eine Miete bis 13% des Einkommens von 700,— DM monatlich = 91,— DM, mithin betrüge die Beihilfe 13,— DM bzw. 23,40 DM monatlich.

Beihilfen

Über die Erfordernisse des Antrags auf Miet- bzw. Lastenbeihilfe (letztere bei Eigenheimen und ähnl. Wohnungen) unterrichten §§ 1, 2 bzw. 14, 15 der Durchf.-VO vom 21. Dezember 1960, über den Bewilligungsbescheid § 10 das.

Erster Abschnitt

Miet- und Lastenbeihilfen nach der Mietpreisfreigabe

§ 1

(1) Um jeder Familie wirtschaftlich ein Mindestmaß an Wohnraum zu sichern, wird einem Mieter von Wohnraum, dem Eigentümer eines Eigenheims, einer Kleinsiedlung oder einer Eigentumswohnung oder einem Dauerwohnberechtigten eine Miet- oder Lastenbeihilfe gewährt, wenn die Miete oder Belastung über einen bestimmten Anteil des Einkommens des Wohnungsinhabers und seiner Familienangehörigen hinausgeht und ihm aus Gründen, die er nicht zu vertreten hat, die volle Aufbringung der Miete oder Belastung unmöglich ist. Dabei wird nur die Miete oder Belastung berechnet, die auf die benötigte Wohnfläche entfällt.

(2) Miet- und Lastenbeihilfen sind keine Leistungen der öffentlichen Fürsorge.

§ 2

Die näheren Einzelheiten über die Gewährung von Miet- und Lastenbeihilfen nach der Mietpreisfreigabe gemäß §§ 15, 16 des Zweiten Bundesmietengesetzes regelt ein Bundesgesetz. Bis zu seinem Inkrafttreten gelten die §§ 3 bis 15.

Zweiter Abschnitt

Miet- und Lastenbeihilfen vor der Mietpreisfreigabe

§ 3

(1) Ist für preisgebundenen Wohnraum die Miete auf Grund

1. der §§ 1 bis 4 oder des § 6 des Zweiten Bundesmietengesetzes oder
2. des § 30a Abs. 1, des § 30 b, des § 32 Abs. 5 oder des § 50 Abs. 3 Satz 2 des Ersten Wohnungsbaugesetzes oder
3. einer Grundsteuererhöhung oder des Wegfalls einer Grundsteuerbeihilfe für eine Arbeiterwohnstätte

für ein Mietverhältnis erhöht worden, für das die Mieterhöhung nach seiner Begründung zulässig geworden ist, so kann der Mieter bei der von der Landesregierung bestimmten Stelle eine Mietbeihilfe beantragen.

(2) Bezieht ein Mieter, der in Wohnraum im Sinne des § 9 oder in einer Unterkunft im Sinne des § 9 Nr. 2 des Zweiten Bundesmietengesetzes wohnte, auf Grund eines nach dem Vortag des Inkrafttretens dieses Gesetzes

begründeten Mietverhältnisses eine preisgebundene Wohnung, für die nach den in Absatz 1 bezeichneten Vorschriften eine Mieterhöhung zulässig ist, oder dient der Bezug einer solchen preisgebundenen Wohnung der Neugründung eines Familienhaushalts, so kann der Mieter eine Mietbeihilfe beantragen, soweit eine höhere als die preisrechtlich zulässige Miete nach dem Stande vom Vortag des Inkrafttretens dieses Gesetzes zu entrichten ist.

(3) Hatte ein Mieter mit zwei oder mehr Kindern, für die ihm Kinderermäßigung nach § 32 Abs. 2 Nr. 1 bis 3 des Einkommensteuergesetzes zusteht oder gewährt wird, bisher eine Wohnung inne, deren Wohnfläche die Hälfte der benötigten Wohnfläche (§ 4 Abs. 3) nicht überstieg, und hat er auf Grund eines nach dem Vortag des Inkrafttretens dieses Gesetzes begründeten Mietverhältnisses eine größere preisgebundene Wohnung bezogen, für die nach den in Absatz 1 bezeichneten Vorschriften eine Mieterhöhung zulässig ist, so kann er ebenfalls eine Mietbeihilfe beantragen, soweit eine höhere als die preisrechtlich zulässige Miete nach dem Stande vom Vortrag des Inkrafttretens dieses Gesetzes zu entrichten ist. Eine Mietbeihilfe wird nicht dadurch ausgeschlossen, daß die bisherige Wohnung des Mieters eine Wohnfläche hatte, die geringfügig über die Hälfte der nach § 4 Abs. 3 als benötigt anzuerkennenden Wohnfläche hinausging.

(4) Absatz 1 ist auf Untermietverhältnisse entsprechend anzuwenden, wenn die preisgebundene Untermiete gilt.

(5) Ist die Miete auf Grund

1. den §§ 22 oder 23 Abs. 2 Nr. 1 des Ersten Bundesmietengesetzes in der Fassung des Artikels IX des Gesetzes über den Abbau der Wohnungszwangswirtschaft und über ein soziales Miet- und Wohnrecht oder
2. des § 23 Abs. 2 Nr. 2 des Ersten Bundesmietengesetzes in Verbindung mit Artikel IV Nr. 1 des Gesetzes über den Abbau der Wohnungszwangswirtschaft und über ein soziales Miet- und Wohnrecht

für ein Mietverhältnis erhöht worden, für das die Mieterhöhung nach seiner Begründung zulässig geworden ist, so kann der Mieter ebenfalls eine Mietbeihilfe beantragen.

§ 4

(1) Auf Antrag nach § 3 wird die Mietbeihilfe in Höhe des Betrages gewährt, um den die zu entrichtende Miete die tragbare Miete (§ 5) übersteigt. Die Mietbeihilfe darf jedoch nicht über den Betrag hinausgehen, um den die Miete nach den in § 3 genannten Vorschriften erhöht worden ist. Umlagen, Zuschläge und Vergütungen bleiben bei diesen Berechnungen außer Betracht; das gilt nicht für Umlagen in den in § 3 Nr. 1 Nr. 3 genannten Fällen.

(2) Bei einer Wohnung, deren Wohnfläche größer ist als die benötigte Wohnfläche, ist nur der Teil der Miete zu berücksichtigen, der auf die be-

nötigte Wohnfläche entfällt. Die Miete ist nach dem Verhältnis der Wohnflächen aufzuteilen.

(3) Die benötigte Wohnfläche wird im Einzelfall von der Stelle festgesetzt, die für die Gewährung von Mietbeihilfen zuständig ist. Für einen Haushalt mit zwei Personen soll in der Regel eine Wohnfläche bis zu 50 Quadratmetern und für jede weitere zum Haushalt rechnende Person von je weiteren 15 Quadratmetern als benötigt anerkannt werden. Bei Wohnungen, die nach dem 20. Juni 1948 bezugsfertig geworden sind, sollen in der Regel für einen Haushalt mit zwei Personen nur 40 Quadratmeter und für jede weitere zum Haushalt rechnende Person je weitere 10 Quadratmeter als benötigt anerkannt werden. Ist der Mieter oder ein Familienangehöriger infolge einer Schwerbeschädigung oder einer Dauererkrankung, insbesondere Tuberkulose, auf einen besonderen Wohnraum angewiesen, so soll zusätzlich die Wohnfläche eines Raumes als benötigt anerkannt werden.

§ 5

(1) Als tragbar im Sinne des § 4 Abs. 1 ist der Betrag anzusehen, der folgende Vomhundertsätze des Jahreseinkommens des Mieters und der zu seinem Haushalt rechnenden Familienangehörigen nicht übersteigt:

	bei einem Jahreseinkommen bis zu 3600 DM	über 3600 DM bis 6000 DM	über 6000 DM
für einen Alleinstehenden	16	18	20
für eine Familie mit zwei	14	16	18
drei	13	15	17
vier	12	14	16
fünf	11	13	15
sechs	10	11	13
sieben	9	10	11
acht oder mehr Familienangehörigen	7	8	9

(2) Jahreseinkommen sind die in einem Jahr anfallenden Einkünfte in Geld oder Geldeswert, ohne Rücksicht auf ihre Quelle und ohne Rücksicht darauf, ob die Einkünfte im Sinne des Einkommensteuergesetzes steuerpflichtig sind oder nicht. Die Bundesregierung bestimmt durch Rechtsverordnung mit Zustimmung des Bundesrates Näheres über die Berechnung des Jahreseinkommens und die abzuziehenden Beträge; sie kann zur Vermeidung von Härten Ausnahmen von Satz 1 zulassen.

(3) Als Familienangehörige gelten die in § 8 Abs. 2 des Zweiten Wohnungsbaugesetzes genannten Personen.

Beihilfen

§ 6

(1) Eine Mietbeihilfe wird auch in den Fällen, in denen die Miete den nach § 5 als tragbar anzusehenden Betrag übersteigt, nicht gewährt, wenn dem Mieter nach seinem persönlichen und wirtschaftlichen Verhältnissen zugemutet werden kann, die Miete in voller Höhe aufzubringen, oder wenn er infolge eigenen schweren Verschuldens dazu außerstande ist. In den Fällen des § 3 Abs. 2 und 3 wird eine Mietbeihilfe ferner nicht gewährt, wenn der Mieter ohne zwingenden Grund eine Wohnung bezogen hat, die für ihn nach seinen wirtschaftlichen Verhältnissen offenbar zu aufwendig ist.

(2) Mietbeihilfen sind keine Leistungen der öffentlichen Fürsorge; sie unterliegen nicht den Steuern vom Einkommen.

(3) Eine Mietbeihilfe wird nicht gewährt, wenn die Miete ganz oder zum Teil aus Fürsorgemitteln getragen wird oder zu tragen ist. Wer jedoch nur infolge einer Erhöhung der Wohnungsmiete nach § 3 fürsorgerechtlich hilfsbedürftig wird, erhält eine Mietbeihilfe nach den Vorschriften dieses Abschnitts und insoweit keine Fürsorgeleistungen.

(4) Wird ein Mietbeihilfeempfänger fürsorgerechtlich hilfsbedürftig, so ist die Mietbeihilfe nach diesem Abschnitt bis zu einem halben Jahr in der bisherigen Höhe weiter zu gewähren. Sie fällt weg, wenn die fürsorgerechtliche Hilfsbedürftigkeit länger als ein halbes Jahr dauert.

§ 7

Ändern sich die für die Bewilligung der Mietbeihilfe maßgebenden Verhältnisse, so hat der Empfänger der Mietbeihilfe dies der bewilligenden Stelle unverzüglich mitzuteilen.

§ 8

Die Mietbeihilfe ist zu entziehen, soweit die für ihre Gewährung erforderlichen Voraussetzungen nicht mehr vorliegen. Die Entziehung kann rückwirkend von dem Zeitpunkt an ausgesprochen werden, von dem an die zur Entziehung berechtigenden Voraussetzungen gegeben sind.

§ 9

Bei Anwendung der §§ 3 bis 8 stehen den Mietverhältnissen andere Nutzungsverhältnisse gleich, bei denen das Entgelt auf Grund der in § 3 genannten Vorschriften erhöht worden ist.

§ 10

(1) Für die eigengenutzte Wohnung in einem Eigenheim oder einer Kleinsiedlung oder für eine eigengenutzte Eigentumswohnung ist auf Antrag eine Lastenbeihilfe zu gewähren, wenn sich das Familieneinkommen durch Tod oder Arbeitsunfähigkeit des Eigentümers oder eines Familienangehörigen, der zur Aufbringung der Belastung beigetragen hat, nach dem Vortag des Inkrafttretens dieses Gesetzes wesentlich verringert und aus diesem

Grunde die volle Belastung nicht mehr tragbar ist. Das gleiche gilt für eine Wohnung in der Rechtsform des Dauerwohnrechts, wenn sie von dem Dauerwohnberechtigten selbst genutzt wird und das Dauerwohnrecht nicht zu den von § 9 betroffenen Nutzungsverhältnissen gehört.

(2)*) Absatz 1 gilt nicht, wenn § 73 des Zweiten Wohnungsbaugesetzes in seiner jeweils geltenden Fassung anwendbar ist.

§ 11

Die Lastenbeihilfe ist in Höhe des Unterschiedes zwischen dem Betrag der zu berücksichtigenden Belastung, die auf die benötigte Wohnfläche der Wohnung entfällt, und dem als tragbar angesehenen Teil der Belastung zu gewähren. Ist die tatsächliche Belastung für die benötigte Wohnfläche höher als der Betrag der Miete für die entsprechende Wohnfläche einer vergleichbaren Mietwohnung mit durchschnittlicher Ausstattung, so ist der Lastenbeihilfenberechnung der Unterschied zwischen der zumutbaren Belastung und der vergleichbaren Miete für die benötigte Wohnfläche zugrunde zu legen. § 4 Abs. 3 und die §§ 5 bis 8 gelten entsprechend.

§ 12

(1) Die Bundesregierung kann durch Rechtsverordnung mit Zustimmung des Bundesrates das Nähere über die Berechnung von Wohnflächen bestimmen.

(2) Solange eine Rechtsverordnung nach Absatz 1 nicht ergangen ist, gelten für die Berechnung von Wohnflächen für Wohnungen, auf welche die Vorschriften des Zweiten Wohnungsbaugesetzes anzuwenden sind, die §§ 42 bis 44 der Zweiten Berechnungsverordnung vom 17. Oktober 1957 (Bundesgesetzbl. I S. 1719), für die übrigen Wohnungen die §§ 25 bis 27 der Ersten Berechnungsverordnung vom 20. November 1950/17. Oktober 1957 (Bundesgesetzbl. 1960 S. 753, 1957 I S. 1719).

(3) In der Rechtsverordnung nach Absatz 1 kann bestimmt werden, daß die Zweite Berechnungsverordnung in allen Fällen des Absatzes 2 anzuwenden ist; dabei kann die Zweite Berechnungsverordnung entsprechend geändert oder ergänzt werden.

§ 13

(1) Die Bundesregierung kann durch Rechtsverordnung mit Zustimmung des Bundesrates das Nähere über die Bewilligung, die Auszahlung und die Entziehung der Miet- und Lastenbeihilfen bestimmen, insbesondere über den Umfang und die Berechnung der Belastung, die bei der Bewilligung der Lastenbeihilfen zu berücksichtigen ist.

---

*) Die Fassung von Abs. 2 beruht auf Art. V des Ges. zur Änderung des II. WoBauG. v. 21. Juli 1961 (BGBl 1041).

(2) Die Landesregierungen werden ermächtigt, die in Absatz 1 bezeichnete Rechtsverordnung zu erlassen, soweit die Bundesregierung von ihrer Ermächtigung keinen Gebrauch macht.

Dritter Abschnitt

Miet- und Lastenbeihilfen nach dem Zweiten Wohnungsbaugesetz

§ 14 betrifft Änderungen des § 73 Abs. 2—4, ferner den eingefügten Abs. 5 und § 74 Abs. 2 des II. WoBauG, bei dessen Abdruck sie berücksichtigt sind.

Vierter Abschnitt

Aufbringung der Kosten für die Miet- und Lastenbeihilfen

§ 15

(1) Die Mittel für die Miet- und Lastenbeihilfen nach dem Zweiten Abschnitt dieses Gesetzes werden vom Bund und von dem Land zu gleichen Teilen getragen, und zwar für jedes Jahr gesondert. Der Anteil des Bundes kann den in § 20 des Zweiten Wohnungsbaugesetzes bezeichneten Mitteln entnommen werden.

(2) Für die Aufbringung der Mittel, die für die Gewährung von Miet- und Lastenbeihilfen nach dem Dritten Abschnitt dieses Gesetzes erforderlich sind, gilt § 74 des Zweiten Wohnungsbaugesetzes.

Verordnung über die Gewährung von Miet- und Lastenbeihilfen

Vom 21. Dezember 1960 (BGBl. 1056—1062)

Inhaltsübersicht

Auf Grund des § 5 Abs. 2 Satz 2, des § 12 Abs. 1, 3 und des § 13 Abs. 1 des Gesetzes über die Gewährung von Miet- und Lastenbeihilfen vom 23. Juni 1960 (Bundesgesetzbl. I S. 389, 399), des § 73 Abs. 2 Satz 2 des Zweiten Wohnungsbaugesetzes (Wohnungsbau- und Familienheimgesetz) vom 27. Juni 1956 (Bundesgesetzbl. I S. 523) und des § 38 Satz 2 des Gesetzes Nr. 696, Wohnungsbaugesetz für das Saarland, vom 17. Juli 1959 (Amtsblatt des Saarlandes S. 1349) verordnet die Bundesregierung mit Zustimmung des Bundesrates:

Teil I

Mietbeihilfen

Erster Abschnitt

Antrag

§ 1

Antragsteller

Eine Mietbeihilfe nach dem Zweiten Abschnitt des Gesetzes über die Gewährung von Miet- und Lastenbeihilfen wird nur auf Antrag des Mieters gewährt. Bei einem Nutzungsverhältnis, das dem Mietverhältnis nach § 9 des Gesetzes gleichsteht, tritt der Nutzungsberechtigte an die Stelle des Mieters.

§ 2

Angaben und Nachweise

(1) Der Antragsteller hat die für die Gewährung der Mietbeihilfe erforderlichen Angaben zu machen, insbesondere über

1. den Betrag der bisherigen Miete, den Betrag, um den die Miete erhöht worden ist, und den vom Vermieter angegebenen Grund der Mieterhöhung,
2. die Anzahl der Familienangehörigen und sonstigen Personen, die zum Haushalt rechnen,
3. die Höhe des Familieneinkommens nach § 3,
4. die Wohnfläche der Wohnung oder der Räume, die den Gegenstand des Mietverhältnisses bilden, die Zahl der Räume sowie die Wohnfläche und die Zahl der Räume, die nicht von den zum Haushalt rechnenden Personen benutzt werden.

(2) Der Antragsteller hat die Richtigkeit seiner Angaben nachzuweisen; die bewilligende Stelle kann von einem Nachweis absehen, sofern nicht Anhaltspunkte dafür vorliegen, daß die Angaben unzutreffend sind. Sie kann dem Antragsteller insbesondere aufgeben, den Betrag der Mieterhöhung durch eine Bescheinigung des Vermieters oder durch dessen Erklärung nach § 18 des Ersten Bundesmietengesetzes oder in sonstiger Weise nachzuweisen.

Zweiter Abschnitt

Berechnung des Jahreseinkommens

§ 3

Familieneinkommen

(1) Der Berechnung der Mietbeihilfe ist das Familieneinkommen zugrunde zu legen. Familieneinkommen ist der Gesamtbetrag des Jahreseinkommens des Mieters und der Jahreseinkommen der zu seinem Haushalt rechenden Familienangehörigen.

(2) Die Jahreseinkommen sind nach §§ 4 bis 7 zu ermitteln.

(3) Ein Ausgleich von Verlusten, die sich bei dem Mieter oder bei einem Familienangehörigen ergeben haben, kann jeweils nur bei der Berechnung des Jahreseinkommens dieser Person vorgenommen werden.

§ 4

Jahreseinkommen

Bei der Ermittlung des Jahreseinkommens ist von dem doppelten Betrag der Einnahmen in den letzten sechs Monaten vor der Stellung des Antrages auf Gewährung der Mietbeihilfe auszugehen. Wird der Mieter oder der Familienangehörige zur Einkommensteuer veranlagt, so sind dem

Antrag der letzte Einkommensteuerbescheid, ergänzende Vorauszahlungsbescheide und die letzte Einkommensteuererklärung beizufügen. Ist zu erwarten, daß sich die Einnahmen oder Aufwendungen im Beihilfezeitraum nicht unerheblich ändern, so ist von den mutmaßlich zu erwartenden Beträgen auszugehen.

§ 5

Einnahmen

(1) Bei der Ermittlung des Jahreseinkommens sind alle Einnahmen in Geld oder Geldeswert zu berücksichtigen, ohne Rücksicht auf ihre Quelle und ohne Rücksicht darauf, ob sie als Einkünfte im Sinne des Einkommensteuergesetzes steuerpflichtig sind oder nicht. Für Einnahmen aus nichtselbständiger Arbeit, die nicht in Geld bestehen, namentlich Kost, Waren und andere Sachbezüge, sind die auf Grund der jeweils geltenden Lohnsteuer-Durchführungsverordnung festgesetzten Werte der Sachbezüge maßgebend.

(2) Nicht als Einnahmen gelten Einnahmen aus der Verwertung von Vermögensgegenständen, wenn und soweit dem Mieter oder dem Familienangehörigen nicht zugemutet werden kann, diese Einnahmen zur gänzlichen oder teilweisen Aufbringung der Miete zu verwenden; dies gilt insbesondere für Einnahmen aus der Verwertung von Vermögensgegenständen, von deren Einsatz die Leistungen der öffentlichen Fürsorge nicht abhängig sind.

§ 6

Außer Betracht bleibende Einnahmen

(1) Bei Ermittlung des Jahreseinkommens bleiben folgende Einnahmen außer Betracht:

1. Grundrenten und Schwerstbeschädigtenzulagen nach dem Bundesversorgungsgesetz und nach den Gesetzen, die das Bundesversorgungsgesetz für anwendbar erklären,
2. Leistungen, die zur Abgeltung eines durch Körperbehinderung verursachten Mehrverschleißes an Kleidern und Wäsche oder zur Abgeltung eines besonderen Aufwandes wegen körperlicher Hilflosigkeit gewährt werden, namentlich Pflegegeld oder Pflegezulage auf gesetzlicher Grundlage, ferner die Leistungen, die Blinde wegen ihrer Blindheit erhalten,
3. das Kindergeld nach dem Kindergeldgesetz, dem Kindergeldanpassungsgesetz und dem Kindergeldergänzugsgesetz,
4. gesetzliche und tarifliche Kinderzulagen zu Löhnen, Gehältern und Renten sowie vergleichbare Bezüge,
5. Erziehungs- und Ausbildungsbeihilfen aus öffentlichen Mitteln zu drei Vierteln,
6. laufende Unterstützungen aus Mitteln der öffentlichen Fürsorge, der Kriegsopferfürsorge, der Tuberkulosehilfe sowie der freien Wohlfahrtspflege, soweit sie die im Einzelfall maßgeblichen Richtsätze

übersteigen und nicht der Deckung des Wohnbedarfs dienen, ferner einmalige Unterstützungen durch die Träger dieser Leistungen,

7. Entschädigungsleistungen oder Härtebeihilfen, soweit sie nicht einen Ersatz für entgangene oder entgehende Einnahmen darstellen oder nicht zur Deckung des allgemeinen laufenden Lebensbedarfs für Nahrung und Wohnung bestimmt sind, ohne Rücksicht darauf, ob sie in einem Betrag oder ratenweise gewährt werden.
8. sonstige Leistungen, die für einen anderen Zweck als zur Deckung des allgemeinen laufenden Lebensbedarfs bestimmt sind, soweit ihre Berücksichtigung offenbar unbillig sein würde.

(2) Betragen die in Betracht kommenden Einnahmen des Mieters im Monat nicht mehr als 200 Deutsche Mark, so bleibt ein Betrag von 50 Deutsche Mark außer Ansatz. Rechnen zum Haushalt des Mieters ein oder mehrere Familienangehörige und betragen die in Betracht kommenden Einnahmen im Monat zusammen nicht mehr als 300 Deutsche Mark, so bleibt ein Betrag von 100 Deutsche Mark außer Ansatz.

(3) Von den Einnahmen eines jeden Familienangehörigen mit Ausnahme des Ehegatten bleibt ein Betrag von 100 Deutsche Mark im Monat außer Betracht.

§ 7

Absetzbare Beträge

(1) Von den sich nach §§ 5 und 6 ergebenden Einnahmen sind die zu ihrer Erwerbung, Sicherung und Erhaltung notwendigen Aufwendungen abzusetzen.

(2) Für jede Person, die Einnahmen aus nichtselbständiger Arbeit erzielt, wird bei diesen Einnahmen ein Pauschbetrag von 47 Deutsche Mark monatlich zur Abgeltung der Aufwendungen nach Absatz 1 abgesetzt, sofern nicht höhere Aufwendungen nachgewiesen werden. Bei Personen, die zur Einkommensteuer veranlagt werden, werden als Aufwendungen die Werbungskosten oder Betriebsausgaben mit Ausnahme von Absetzungen nach §§ 7a bis 7e des Einkommensteuergesetzes abgesetzt; im Falle des § 7b des Einkommensteuergesetzes gilt das jedoch nur insoweit, als die erhöhten Absetzungen die normalen Absetzungen für Abnutzung nach § 7 des Einkommensteuergesetzes übersteigen.

(3) Von den Einnahmen ist zur Abgeltung der Aufwendungen für Versicherungen und Steuern ein Pauschbetrag von zehn vom Hundert der nach den Absätzen 1 und 2 verminderten Einnahmen abzusetzen.

Dritter Abschnitt

Wohnfläche

§ 8

Benötigte Wohnfläche

(1) Bei der Berechnung der Wohnfläche sind die §§ 25 bis 27 der Ersten Berechnungsverordnung anzuwenden, soweit nicht die §§ 42 bis 44 der Zweiten Berechnungsverordnung nach ihrem § 1 gelten.

(2) Betragen bei Wohnungen und Räumen, die bis zum 20. Juni 1948 bezugsfertig geworden sind, die nach § 25 der Ersten Berechnungsverordnung anrechenbaren Grundflächen der Nebenräume mehr als zehn vom Hundert der Wohnfläche, so bleibt die Hälfte der Mehrfläche außer Betracht. Zu den Nebenräumen gehören namentlich, soweit sie bei der Berechnung der Wohnfläche zu berücksichtigen sind, Flure, Dielen, Speisekammern, Bade-, Wasch- oder Duschräume, Aborte, Besenkammern und sonstige Abstellräume.

(3) Ist ein Teil einer Wohnung untervermietet oder ausschließlich gewerblich oder beruflich benutzt, so ist die auf diesen Teil entfallende anrechenbare Grundfläche bei der Berechnung der Wohnfläche der Wohnung außer Betracht zu lassen. § 4 Abs. 2 Satz 2 des Gesetzes ist entsprechend anzuwenden.

(4) Ist der Mieter oder ein Familienangehöriger infolge einer Schwerbeschädigung oder einer Dauererkrankung auf einen besonderen Wohnraum angewiesen, so soll für den zusätzlich benötigten Raum eine Wohnfläche bis zu 20 Quadratmetern anerkannt werden.

(5) Als benötigt soll für einen Einpersonenhaushalt in der Regel eine Wohnfläche bis zu 35 Quadratmetern, bei Wohnungen, die nach dem 20. Juni 1948 bezugsfertig geworden sind, in der Regel eine Wohnfläche bis zu 30 Quadratmetern anerkannt werden.

§ 9

Aufteilung der Wohnfläche bei mehreren Mietverhältnissen

Ist eine Wohnung Gegenstand mehrerer Mietverhältnisse, so ist zur Ermittlung der Wohnfläche, auf die sich die einzelnen Mietverhältnisse erstrecken, die nach den in § 8 Abs. 1 bezeichneten Vorschriften ermittelte Wohnfläche der Wohnung aufzuteilen. Dabei sind die anrechenbaren Grundflächen der Räume, die ausschließlich Gegenstand eines Mietverhältnisses sind, diesem Mietverhältnis voll zuzurechnen; die anrechenbaren Grundflächen der Räume, die von den Mietern gemeinsam benutzt werden, sind entsprechend der Zahl der Mietverhältnisse aufzuteilen.

Vierter Abschnitt

Verfahrensvorschriften

§ 10

Bewilligungsbescheid

(1) Die Entscheidung über den Antrag ist dem Antragsteller schriftlich mitzuteilen.

(2) Die Mietbeihilfe wird vom Ersten des Monats an, in dem der Antrag auf Gewährung der Beihilfe gestellt worden ist, gewährt. Treten die Voraussetzungen für ihre Gewährung erst später ein, so wird die Beihilfe von dem dann folgenden Monatsersten an gewährt. § 27 bleibt unberührt.

(3) Die Mietbeihilfe wird in der Regel für ein Jahr bewilligt. Der Monatsbetrag ist auf einen vollen Betrag in Deutscher Mark festzusetzen; Beträge bis zu 0,50 Deutsche Mark sind nach unten abzurunden, über 0,50 Deutsche Mark nach oben aufzurunden.

(4) Bei der Bewilligung der Mietbeihilfe ist der Antragsteller darauf hinzuweisen, daß die Mietbeihilfe entzogen wird, wenn er bei der Antragstellung unrichtige oder unvollständige Angaben gemacht hat oder wenn er es unterläßt, eine Änderung der für die Bewilligung der Mietbeihilfe maßgebenden Verhältnisse unverzüglich mitzuteilen.

§ 11

Auszahlung der Mietbeihilfe

(1) Die Mietbeihilfe wird an den Antragsteller gezahlt. Sie kann mit seiner Einwilligung an den Vermieter gezahlt werden.

(2) Die Mietbeihilfe wird in der Regel monatlich im voraus gezahlt. Beihilfebeträge unter 10 Deutsche Mark im Monat werden in der Regel vierteljährlich im voraus gezahlt.

§ 12

Änderung oder Verlängerung der Mietbeihilfe

(1) Der Mieter kann eine Erhöhung der Beihilfe beantragen, wenn sich die Voraussetzungen geändert haben.

(2) Die Beihilfe ist in der Regel um ein Jahr zu verlängern, wenn der Mieter bis zum Ende des Monats nach Ablauf des Beihilfezeitraumes einen Antrag auf Verlängerung stellt und die Voraussetzungen für die Weitergewährung vorliegen.

(3) § 10 findet entsprechende Anwendung.

§ 13

Entziehung der Mietbeihilfe

(1) Ergibt sich aus einer Mitteilung des Beihilfeempfängers oder aus Tatsachen, die der bewilligenden Stelle sonst bekanntgeworden sind, daß die bei der Gewährung der Mietbeihilfe zugrunde gelegten Voraussetzungen nicht mehr oder nur noch teilweise vorliegen, so ist die Mietbeihilfe ganz oder teilweise nach § 8 des Gesetzes zu entziehen.

(2) Die Mietbeihilfe ist ferner zu entziehen, soweit die Gewährung der Beihilfe auf unrichtigen oder unvollständigen Angaben des Antragstellers oder auf einer Verletzung seiner Anzeigepflicht gemäß § 10 Abs. 4 beruht. Die Entziehung der Beihilfe ist bei schuldhaftem Verhalten des Antragstellers von dem Zeitpunkt an auszusprechen, von dem an die zur Entziehung berechtigenden Voraussetzungen gegeben sind.

(3) Ist die Mietbeihilfe rückwirkend entzogen worden, so sind zuviel gewährte Beträge zurückzuzahlen.

(4) Wegen einer Erhöhung des Familieneinkommens darf die Beihilfe nicht entzogen werden, wenn sich das Familieneinkommen um nicht mehr als fünf vom Hundert gegenüber dem bei der Bewilligung zugrunde gelegten Familieneinkommen erhöht hat.

Teil II

Lastenbeihilfen

Erster Abschnitt

Antrag

§ 14

Antragsteller

Eine Lastenbeihilfe nach dem Zweiten Abschnitt des Gesetzes über die Gewährung von Miet- und Lastenbeihilfen wird dem Eigentümer eines Eigenheims oder einer Kleinsiedlung für die eigengenutzte Wohnung auf seinen Antrag gewährt. Dem Eigentümer steht gleich, wer einen Anspruch auf Übereignung des Gebäudes als Eigenheim oder Kleinsiedlung hat, bereits darin wohnt und die Belastung für die Wohnung trägt.

§ 15

Angaben und Nachweise

(1) Der Antragsteller hat die für die Gewährung der Lastenbeihilfe erforderlichen Angaben zu machen, insbesondere über

1. die wesentliche Verringerung des Familieneinkommens durch seine Arbeitsunfähigkeit oder durch den Tod des bisherigen Eigentümers oder durch den Tod oder die Arbeitsunfähigkeit eines Familienangehörigen, der zur Aufbringung der Belastung beigetragen hat,
2. die Anzahl der Familienangehörigen und sonstigen Personen, die zum Haushalt rechnen,
3. die Wohnfläche der eigengenutzten Wohnung, die Zahl ihrer Räume sowie die Zahl der Räume, die nicht von den zum Haushalt rechnenden Personen benutzt werden.
4. die Belastung für die eigengenutzte Wohnung.

(2) § 2 Abs. 2 Satz 1 ist entsprechend anzuwenden.

Zweiter Abschnitt

Voraussetzungen für die Gewährung

§ 16

Beiträge zur Belastung

Ist ein Familienangehöriger gestorben oder arbeitsunfähig geworden, so hat der Antragsseller nachzuweisen, daß der Familienangehörige nicht nur vorübergehend Beiträge zu den Ausgaben für die Belastung aus dem Kapitaldienst oder aus der Bewirtschaftung geleistet hat. Gehört oder gehörte der Familienangehörige zum Haushalt des Antragstellers, so sind die Voraussetzungen des Satzes 1 auch als gegeben anzusehen, wenn er nicht nur vorübergehend zum allgemeinen Lebensunterhalt der Familie Geld oder geldwerte Leistungen erbracht hat.

§ 17

Wesentliche Verringerung des Familieneinkommens

(1) Die Verringerung des Familieneinkommens ist wesentlich, wenn sie mehr als ein Drittel beträgt. Bei der Ermittlung der Verringerung sind das Familieneinkommen vor dem Tod oder der Arbeitsunfähigkeit (§ 15 Abs. 1 Nr. 1) und das Familieneinkommen, das sich voraussichtlich für den ersten Beihilfezeitraum ergibt, gegenüberzustellen. Eine Verringerung des Familieneinkommens, die nicht auf den Tod oder die Arbeitsunfähigkeit zurückzuführen ist, bleibt bei dieser Gegenüberstellung außer Betracht.

(2) Auf die Berechnung des Familieneinkommens vor dem Tod oder der Arbeitsunfähigkeit sind die §§ 3 bis 7 mit folgenden Maßgaben anzuwenden:

1. Bei der Ermittlung des Jahreseinkommens ist von dem doppelten Betrag der Einnahmen in den letzten sechs Monaten vor dem Tod oder der Arbeitsunfähigkeit auszugehen;
2. als Einnahmen gelten auch Beiträge im Sinne des § 16 Satz 1, die von einem gestorbenen oder arbeitsunfähig gewordenen Familienangehörigen, der nicht zum Haushalt des Antragstellers gehört hat oder gehört, geleistet worden sind.

(3) Auf die Berechnung des Familieneinkommens, das sich voraussichtlich für den ersten Beihilfezeitraum ergibt, sind die §§ 3 bis 7 entsprechend anzuwenden.

Dritter Abschnitt

Berechnung des Jahreseinkommens und der Belastung

§ 18

Zugrunde zu legendes Familieneinkommen

Für die Bewilligung der Lastenbeihilfe ist das Familieneinkommen zugrunde zu legen, das sich unter Anwendung der §§ 3 bis 7 ergibt.

§ 19

Belastung für die Wohnung

(1) Für die Bewilligung der Lastenbeihilfe ist die Belastung für die vom Eigentümer des Eigenheims oder der Kleinsiedlung eigengenutzte Wohnung zugrunde zu legen. Dies gilt nicht, wenn nach § 11 Satz 2 des Gesetzes die

Miete einer vergleichbaren Mietwohnung mit durchschnittlicher Ausstattung zugrunde zu legen ist; vergleichbar ist eine Mietwohnung, die zu etwa derselben Zeit an demselben oder an einem benachbarten Ort mit vergleichbarer Finanzierung gebaut worden ist und sich in einem Gebäude ähnlicher Art und Lage befindet.

(2) Bei der Ermittlung der Belastung für die eigengenutzte Wohnung ist von dem Betrag auszugehen, der sich auf Grund der Lastenberechnung für den Quadratmeter der Wohn- und Nutzfläche des Gebäudes durchschnittlich ergibt (Durchschnittsbelastung). Auf der Grundlage der Durchschnittsbelastung ist die Belastung für die eigengenutzte Wohnung nach deren Wohnfläche unter angemessener Berücksichtigung ihrer Lage und Ausstattung zu berechnen. Ist die Wohnfläche der Wohnung größer als die benötigte Wohnfläche, so ist nur die benötigte Wohnfläche zu berücksichtigen. Bei der Berechnung der Wohnfläche sind die §§ 8 und 9 anzuwenden.

(3) Bei der Ermittlung der Belastung ist von der Belastung im vorangegangenen Jahr auszugehen; hat sich die Belastung nachhaltig geändert oder ist zu erwarten, daß sie sich nachhaltig ändern wird, so ist von der geänderten Belastung auszugehen.

§ 20

Lastenberechnung

(1) Die Belastung wird in der Lastenberechnung ermittelt

1. aus der Belastung aus dem Kapitaldienst und
2. aus der Belastung aus der Bewirtschaftung.

(2) Die Lastenberechnung ist für das Gebäude aufzustellen; zugehörige Nebengebäude, Anlagen und Einrichtungen sowie das Baugrundstück sind einzubeziehen. Das Baugrundstück besteht aus den überbauten und den dazugehörigen Flächen, soweit sie einen angemessenen Umfang nicht überschreiten; bei einer Kleinsiedlung gehört auch die Landzulage dazu.

(3) Hat der Wohnungsinhaber einem Dritten ein Nutzungsentgelt oder einen ähnlichen Beitrag zum Kapitaldienst oder zur Bewirtschaftung zu leisten, so ist dieses Entgelt in die Lastenberechnung an Stelle der sonst ansetzbaren Beträge aufzunehmen, soweit es zur Deckung der Belastung bestimmt ist.

(4) Bei einer Kleinsiedlung vermehrt sich die Belastung um die Pacht einer gepachteten Landzulage.

(5) Werden von einem Dritten Aufwendungsbeihilfen, Zinszuschüsse oder Annuitätsdarlehen gewährt, so vermindert sich die Belastung entsprechend.

(6) Leistungen eines Familienangehörigen nach § 16 bleiben in der Lastenberechnung außer Betracht.

(7) Einnahmen aus Miete oder Pacht bleiben in der Lastenberechnung außer Betracht.

Berechnung des Jahreseinkommens

§ 21

Belastung aus dem Kapitaldienst

(1) Zu der Belastung aus dem Kapitaldienst gehören, soweit sie tatsächlich auszugeben sind,

1. Zinsen und Tilgungsbeträge für die Mittel nach den Absätzen 2 und 3,
2. laufende Kosten, die aus Bürgschaften für Mittel nach den Absätzen 2 und 3 entstehen,
3. sonstige wiederkehrende Leistungen aus Mitteln nach den Absätzen 2 und 3, namentlich aus Rentenschulden.

Laufende Nebenleistungen, namentlich Verwaltungskostenbeiträge, sind wie Zinsen zu behandeln. Zu der Belastung aus dem Kapitaldienst gehören auch die Erbbauzinsen.

(2) Bei Ansatz der Leistungen nach Absatz 1 sind folgende Mittel zu berücksichtigen:

1. Auf Deutsche Mark umgestellte Verbindlichkeiten, die am 20. Juni 1948 auf dem Grundstück dinglich gesichert waren,
2. Fremdmittel im Sinne des § 13 der Zweiten Berechnungsverordnung, soweit sie der Deckung von Gesamtkosten nach dem 20. Juni 1948 gedient haben,
3. fremde Mittel, die der Deckung der Kosten von Instandsetzungen, baulichen Verbesserungen, Einrichtungen oder des Ausbaues von Verkehrsflächen gedient haben.

Hat der Eigentümer das Eigenheim oder die Kleinsiedlung nach dem 20. Juni 1948 erworben, so sind auch die in Anrechnung auf den Kaufpreis übernommenen Verbindlichkeiten sowie das Restkaufgeld zu berücksichtigen.

(3) Sind die in Absatz 2 bezeichneten Mittel durch andere fremde Mittel ersetzt worden, so sind die neuen Mittel an Stelle der bisherigen Mittel auszuweisen. Dies gilt bei einer Ersetzung durch neue Mittel, deren Kapitalkosten höher sind als die der bisherigen Mittel, nur, wenn die Ersetzung auf Umständen beruht, die der Eigentümer nicht zu vertreten hat.

§ 22

Belastung aus der Bewirtschaftung

(1) Zu der Belastung aus der Bewirtschaftung gehören

1. die Ausgaben für die Verwaltung,
2. die Betriebskosten,
3. die Ausgaben für die Instandhaltung.

(2) Ausgaben für die Verwaltung sind die Beträge, die für die Verwaltung des Gebäudes einem Dritten laufend zu entrichten sind. Je Eigenheim oder Kleinsiedlung dürfen höchstens 50 Deutsche Mark jährlich angesetzt werden.

(3) Die Betriebskosten dürfen nach § 27 der Zweiten Berechnungsverordnung angesetzt werden, jedoch nicht Kosten des Betriebes zentraler Warmwasserversorgungsanlagen, des Betriebes zentraler Heizungsanlagen, der Gartenpflege und der Beleuchtung.

(4) Ausgaben für die Instandhaltung sind die Beträge, die in dem nach § 19 Abs. 3 maßgebenden Zeitraum zur Erhaltung des bestimmungsmäßigen Gebrauchs der Wohnung verausgabt werden mußten, um die durch Abnutzung, Alterung und Witterungseinwirkung entstandenen baulichen oder sonstigen Mängel ordnungsmäßig zu beseitigen. Sind während des Beihilfezeitraumes wesentlich veränderte Ausgaben zu erwarten, so sind sie anzusetzen. Ausgaben für die Instandhaltung dürfen nicht angesetzt werden, soweit sie aus Darlehen geleistet worden sind, die nach § 21 bei Berechnung der Belastung aus dem Kapitaldienst zu berücksichtigen sind.

Vierter Abschnitt
Sondervorschriften

§ 23
Wohnungseigentum und Dauerwohnrecht

(1) Die §§ 14 bis 22 sind auf eine eigengenutzte Eigentumswohnung und eine Wohnung in der Rechtsform des eigentumsähnlichen Dauerwohnrechts, die vom Dauerwohnberechtigten selbst genutzt wird, entsprechend anzuwenden. Dem Wohnungseigentümer oder Dauerwohnberechtigten steht gleich, wer einen Anspruch auf Bestellung oder Übertragung des Wohnungseigentums oder des Dauerwohnrechts hat, in der Wohnung bereits wohnt und die Belastung trägt.

(2) Die §§ 14 bis 22 sind entsprechend anzuwenden mit der Maßgabe, daß bei der Belastung aus der Bewirtschaftung als Ausgaben für die Verwaltung höchstens 90 Deutsche Mark je Eigentumswohnung oder je Wohnung in der Rechtsform des Dauerwohnrechts jährlich angesetzt werden dürfen.

Fünfter Abschnitt
Verfahrensvorschriften

§ 24
Bewilligung der Lastenbeihilfe

Für die Bewilligung der Lastenbeihilfe sind die §§ 10 bis 13 mit der Maßgabe entsprechend anzuwenden, daß die Auszahlung der Beihilfe in der Regel vierteljährlich erfolgt.

Teil III
Miet- und Lastenbeihilfen nach § 73 des Zweiten Wohnungsbaugesetzes

§ 25
Berechnung des Jahreseinkommens

Die Vorschriften der §§ 3 bis 7 dieser Verordnung sind auf die Ermittlung des Jahreseinkommens entsprechend anzuwenden, wenn eine Miet- oder Lastenbeihilfe nach § 73 des Zweiten Wohnungsbaugesetzes beantragt wird.

Teil IV

Schlußvorschriften

§ 26

Erbbaurecht und Wohnungserbbaurecht

Bei Anwendung der Vorschriften dieser Verordnung steht das Erbbaurecht dem Eigentum, das Wohnungserbbaurecht dem Wohnungseigentum gleich.

§ 27

Übergangsvorschriften

Diese Verordnung ist auf die Miet- und Lastenbeihilfen anzuwenden, die für die Zeit nach dem Inkrafttreten dieser Verordnung zu gewähren sind. Über die Weitergewährung vorher bewilligter Beihilfen ist von Amts wegen nach den Vorschriften dieser Verordnung zu entscheiden. Bis zu dieser Entscheidung sind an Beihilfeempfänger Abschlagszahlungen in der bisherigen Höhe zu leisten, soweit sich die tatsächlichen Verhältnisse nicht offensichtlich geändert haben.

§ 28

Geltung in Berlin

Diese Verordnung gilt nach § 14 des Dritten Überleitungsgesetzes vom 4. Januar 1952 (BGBl. I S. 1) in Verbindung mit Artikel X § 10 des Gesetzes über den Abbau der Wohnungszwangswirtschaft und über ein soziales Miet- und Wohnrecht auch im Land Berlin.

§ 29

Geltung für das Saarland

Diese Verordnung gilt im Saarland mit folgenden Maßgaben:

1. § 6 Abs. 1 Nr. 1 erhält folgende Fassung:

   „1. Grundrenten und Schwerstbeschädigtenzulagen nach den im Saarland geltenden versorgungsrechtlichen Vorschriften und nach den Gesetzen, die diese Vorschriften für anwendbar erklären,"

2. In § 8 Abs. 1 entfällt der zweite Halbsatz.
3. In § 8 Abs. 2 werden die Worte „bei Wohnungen und Räumen, die bis zum 20. Juni 1948 bezugsfertig geworden sind", gestrichen.
4. In § 8 Abs. 5 wird das Datum „20. Juni 1948" ersetzt durch „1. April 1948".
5. § 21 Abs. 2 Nr. 1 wird gestrichen.

   Nummer 2 wird Nummer 1 und erhält folgende Fassung:

   „1. Fremdmittel, soweit sie der Deckung von Gesamtkosten gedient haben,".

Nummer 3 wird Nummer 2.
In Satz 2 werden die Worte „nach dem 20. Juni 1948" gestrichen.

6. § 22 Abs. 3 erhält folgende Fassung:

   „(3) Als Betriebskosten dürfen angesetzt werden:

   1. laufende öffentliche Lasten des Grundstücks, namentlich die Grundsteuer,
   2. Kosten der Sach- und Haftpflichtversicherung,
   3. Kosten der Wasserversorgung,
   4. Kosten der Straßenreinigung und Müllabfuhr,
   5. Kosten der Entwässerung,
   6. Kosten der Schornsteinreinigung."

7. In § 23 Abs. 2 wird folgender Satz 2 angefügt: „Unter den Betriebskosten dürfen auch Kosten für den Hauswart, für den Betrieb des Fahrstuhls, für die Hausreinigung und Ungezieferbekämpfung angesetzt werden."

8. In § 25 werden die Worte „§ 73 des Zweiten Wohnungsbaugesetzes" ersetzt durch die Worte „dem Teil III, siebten Titel des Gesetzes Nr. 696, Wohnungsbaugesetz für das Saarland".

§ 30

Inkrafttreten

Diese Verordnung tritt am 1. Januar 1961 in Kraft.

BERLINER MIETPREISRECHT

1. Berliner Gesetz über preisrechtliche **Mietsenkung** vom 15. Mai 1953 (GVBl 317) S. 493.
2. Berliner Verordnung über den Ausgleich von **Mehrbelastungen** des Hausbesitzes vom 8. Juni 1953 (GVBl 391)/11. Dezember 1957 (GVBl 1793) S. 500.
3. Berliner Anordnung über **Höchstpreise** bei der Vermietung von Wohnräumen und gewerblichen Räumen vom 12. Juni 1950/26. Juni 1951/8. Juni 1953 (VOBl 216/GVBl 492/388) S. 502.
4. Verordnung über den Mietpreis für den bis zum 31. Dezember 1949 bezugsfertig gewordenen Wohnraum in Berlin (Altbaumietenverordnung Berlin — AMVOB) vom 21. März 1961 (GVBl 346) S. 506.
5. Berliner Geschäftsraummietengesetz (GRMGB) s. S. 409 (im Zusammenhang mit dem GRMG des Bundes).

1.
Berliner Gesetz über preisrechtliche Mietsenkung für Wohnraum

Vom 15. Mai 1953 (GVBl 317)

Das Abgeordnetenhaus hat das folgende Gesetz beschlossen:

Teil I
Allgemeine Vorschriften

§ 1

Anwendungsbereich

(1) Die Miete für Wohnraum, dessen Gebrauch durch bauliche oder andere Mängel beeinträchtigt ist, ist nach Maßgabe der Vorschriften dieses Gesetzes zu senken.

(2) Auf frei finanzierte Wohnungen im Sinne von § 23 Abs. 2 des Ersten Wohnungsbaugesetzes und auf Wohnräume, die wegen ihres baulichen Zusammenhanges mit Geschäftsräumen zugleich mit diesen vermietet sind, sind die Vorschriften dieses Gesetzes nicht anzuwenden.

(3) Die Vorschriften des § 537 BGB bleiben unberührt.

§ 2

Berechnungsgrundlage (Miete)

(1) Für die Berechnung der Mietsenkung gemäß § 4 und § 5 Abs. 1 ist die Miete nach der Zahl der einzelnen Räume aufzuteilen. Dabei zählen

a) als ganze Räume:
Wohn- und Schlafräume mit mindestens 12 qm Grundfläche und Küchen mit mindestens 10 qm Grundfläche,

b) als halbe Räume:
Wohn- und Schlafräume unter 12 qm Grundfläche, Küchen unter 10 qm Grundfläche, Kammern mit mindestens 12 qm Grundfläche, Dielen und Flure mit mindestens 4 qm Grundfläche sowie Aborte und Baderäume,

c) als viertel Räume:
Kammern mit mindestens 4 qm Grundfläche sowie Dielen und Fluren unter 4 qm Grundfläche.

(2) Bei Wohnraum in Gebäuden mit Sammelheizung, Warmwasserversorgung oder Fahrstuhl ist die Miete zugrundezulegen, die nach Abzug der Beträge für Mietsenkungen gemäß Teil III dieses Gesetzes verbleibt.

§ 3

Berechnung der Mietsenkung

(1) Die Mietsenkung gemäß §§ 4 und 5 ist für jeden Mangel einzeln zu berechnen. Wird an derselben Schadensstelle ein Mangel durch einen höher bewerteten Mangel überdeckt, so ist nur der höher bewertete Mangel zu berücksichtigen.

(2) Die für einen Raum gemäß § 5 Abs. 1 zu gewährende Mietsenkung darf nicht mehr als drei Viertel der anteiligen Raummiete betragen. Die Summe der Mietsenkungen gemäß § 5 darf drei Viertel der Miete für die gesamte Wohnung, mit Ausnahme der unter § 4 fallenden Räume, nicht überschreiten.

(3) Für Mängel in Räumen, die in § 2 Abs. 1 nicht erwähnt sind, wird die Miete nach diesem Gesetz, unbeschadet der Vorschrift des § 1 Abs. 3, nicht gesenkt.

Teil II

Umfang der Mietsenkung

§ 4

Vollschäden bei Wohnungen

Die Zahlung der Miete entfällt für diejenigen Teile von Wohnungen, die

1. völlig zerstört sind oder
2. baupolizeilich für die Benutzung gesperrt und nicht benutzt sind oder
3. infolge eindringender Feuchtigkeit oder infolge Fehlens von Teilen der Außenwände oder der Decke oder des Fußbodens völlig unbenutzbar und nicht benutzt sind.

§ 5

Mängel bei Wohnungen

(1) Für jeden betroffenen Raum ist die anteilige Miete für die in der Anlage 1 aufgeführten Mängel um die dort vorgesehenen Hundertsätze zu senken.

(2) Für Mängel, die in der Anlage 2 aufgeführt sind, ist die Miete der gesamten Wohnung um die vorgesehenen Hundertsätze zu senken. Bestehen auch Mängel gemäß § 4, so sind die hierauf entfallenden Senkungsbeträge vorher von der Miete abzusetzen.

(3) Eine Mietsenkung gemäß Absatz 1 und 2 ist nur vorzunehmen, wenn der Mangel nachhaltig besteht. Als nachhaltig ist im allgemeinen eine Dauer von drei Monaten anzusehen.

Teil III

Besondere Mietsenkung bei Einstellung von Sammelheizung, Warmwasserversorgung und Fahrstuhlbetrieb

§ 6

Sammelheizung

(1) Sind die Kosten der Sammelheizung vertraglich in der Miete einbegriffen, so ist die Miete in den Monaten Oktober bis einschließlich April

wegen der eingesparten Heizstoffkosten um 20 v. H. zu senken, solange die Heizung stillgelegt ist.

(2) Ist für die Kosten der Sammelheizung neben der Miete ein für die Wintermonate zu zahlender Pauschalbetrag vereinbart, so ist der Mieter von der Zahlung dieses Betrages befreit, solange die Heizung stillgelegt ist. Ein während des ganzen Jahres neben der Miete zu zahlender Pauschalbetrag gilt als Teil der Miete; die Miete ist in diesem Fall nach Absatz 1 zu senken.

§ 7

Warmwasserversorgung

(1) Sind die Kosten der Warmwasserversorgung vertraglich in der Miete einbegriffen, so ist die Miete wegen der eingesparten Heizstoffkosten um 5 v. H. zu senken, solange die Warmwasserversorgung stillgelegt ist.

(2) Ist für die Kosten der Warmwasserversorgung neben der Miete ein Pauschalbetrag vereinbart, so ist der Mieter von der Zahlung dieses Betrages befreit, solange die Warmwasserversorgung stillgelegt ist.

§ 8

Gesamtpauschalbetrag für Sammelheizung und Warmwasserversorgung

Ist für die Kosten der Sammelheizung und Warmwasserversorgung ein Gesamtpauschalbetrag vereinbart, so gelten zwei Drittel dieses Betrages als Pauschalbetrag für die Kosten der Sammelheizung und ein Drittel als Pauschalbetrag für die Kosten der Warmwasserversorgung.

§ 9

Fernheizung

Die Vorschriften der §§ 6 bis 8 gelten auch bei Sammelheizung und Warmwasserversorgung durch Fernheizung.

§ 10

Fahrstuhlbetrieb

(1) Sind die Kosten des Fahrstuhlbetriebes vertraglich in der Miete einbegriffen, so ist die Miete wegen der eingesparten Betriebskosten um 2 v. H. zu senken, solange der Fahrstuhl stillgelegt ist.

(2) Ist für die Kosten des Fahrstuhlbetriebes neben der Miete ein Pauschalbetrag vereinbart, so ist der Mierter für die Dauer der Stillegung von der Zahlung des Pauschalbetrages befreit.

§ 11

Härtevorschrift

Ergeben sich bei der Anwendung der §§ 6 bis 10 für einen der Beteiligten außergewöhnliche Härten, so kann die Preisstelle für Mieten auf Antrag eine von den Vorschriften der §§ 6 bis 10 abweichende Regelung zu lassen.

Berlin

Gesetz über preisrechtliche Mietsenkung

Teil IV

Schlußvorschriften

§ 12

Mitteilungspflicht des Vermieters

(1) Der Vermieter muß die Miete nach den Vorschriften dieses Gesetzes senken und dem Mieter den Senkungsbetrag innerhalb einer angemessenen Frist schriftlich mitteilen, ohne daß es eines besonderen Antrages des Mieters bedarf.

(2) Fallen Mängel fort und ändert sich dadurch der Senkungsbetrag, so soll der Vermieter mit Wirkung vom ersten Tage des Monats, der auf die Behebung des Mangels folgt, den neuen Senkungsbetrag dem Mieter schriftlich mitteilen; die Wirkung der schriftlichen Mitteilung gilt höchstens für die drei vorhergehenden Kalendermonate. Dies gilt entsprechend, wenn alle Mietsenkungsgründe fortfallen.

§ 13

Verfahren bei Streitigkeiten

(1) Bei Unterlassen der schriftlichen Mitteilung des Vermieters (§ 12) oder bei Streit über die Anwendung der Vorschriften dieses Gesetzes entscheidet auf Antrag eines Beteiligten das Bezirksamt — Preisstelle für Mieten —. Zuständig ist das Bezirksamt, in dessen Verwaltungsbezirk das Grundstück liegt. Der Antrag ist in doppelter Ausferigung einzureichen. Dem Antragsgegner ist vor der Entscheidung durch Übersendung der Zweitschrift des Antrages Gelegenheit zur Stellungsnahme zu geben.

(2) Gegen die Entscheidung der Bezirksämter — Preisstellen für Mieten — ist die Beschwerde beim Senator für Bau- und Wohnungswesen — Hauptpreisstelle für Mieten — zulässig.

(3) Die Beschwerde ist innerhalb von zwei Wochen in doppelter Ausfertigung bei der Stelle einzulegen, welche die angefochtene Entscheidung erlassen hat. Die Frist gilt auch dann als gewahrt, wenn die Beschwerde bei der für die Entscheidung zuständigen Stelle eingereicht worden ist. Die Stelle, welche die angefochtene Entscheidung erlassen hat, kann der Beschwerde selbst abhelfen. Dem Beschwerdegegner ist vor der Entscheidung durch Übersendung der Zweitschrift der Beschwerde Gelegenheit zur Stellungsnahme zu geben.

§ 14

Strafvorschrift

Zuwiderhandlungen gegen dieses Gesetz werden nach dem Wirtschaftsstrafgesetz in der Fassung der Bekanntmachung vom 25. März 1952 (BGBl I S. 190 / GVBl S. 671) und des Verlängerungsgesetzes vom 17. Dezember 1952 (BGBl I S. 805 / GVBl S. 1089) verfolgt.

Gesetz über preisrechtliche Mietsenkung

§ 15

Übergangsvorschrift

Für die Zeit bis zum Inkrafttreten dieses Gesetzes sind die Mieten nach den bis dahin geltenden Bestimmungen zu senken.

§ 16

Inkrafttreten

Dieses Gesetz tritt am 1. Juli 1953 in Kraft. Gleichzeitig tritt das Gesetz über preisrechtliche Mietsenkung bei Beeinträchtigung des Gebrauchs von Wohnräumen und gewerblichen Räumen vom 8. April 1950 (VOBl I S. 103) außer Kraft.

Anlage 1 (zu § 5 Abs. 1)

Lfd. Nr.	Mangel	Senkungssatz v. H. der Wohnungsmiete Mai—Sept.	Senkungssatz v. H. der Wohnungsmiete Okt.—April
1	**Wand** des Raumes zur Nachbarwohnung oder zum Treppenhaus fehlt ganz oder teilweise:		
	a) Es fehlen mehr als 50 v.H.	70	70
	b) Es fehlen mehr als 30 v.H. bis 50 v.H.	50	50
	c) Es fehlen mehr als 1 qm bis 30 v.H.	30	30
	d) Es fehlen mehr als 0,25 qm bis 1 qm	10	10
	Bei behelfsmäßiger Wiederherstellung ist um die halben Sätze zu senken		
2	Teile von **Außenwänden, Decken** und **Fußböden** fehlen in ganzer Konstruktionsstärke:		
	a) Es fehlen mehr als 1 qm	20	50
	b) Es fehlen mehr als 0,25 qm bis zu 1 qm	10	30
	Bei behelfsmäßiger Wiederherstellung ist um die halben Sätze zu senken.		
3	Durch die ganze Wand hindurchgehende Risse in den **Außenwänden,** auch in den Außenwänden von Räumen ausgebauter Dachgeschosse:		
	a) Risse von mehr als 2 cm Breite auf mindestens 1 m Länge	20	50
	b) Schwächere Risse	—	20
	Risse unter 0,5 cm Breite werden nicht berücksichtigt.		
4	**Wand** eines Raumes ist Außenwand geworden und hat nicht die Wärmedämmung einer 25 cm starken Ziegelwand:		
	a) Trennwand zwischen Räumen	—	50
	b) Giebelwand	—	30
5	**Trennwand** des Aborts fehlt ganz oder teilweise oder ist geruchsdurchlässig:		
	a) Es fehlen mehr als 1 qm	70	70
	b) Es fehlen mehr als 0,25 qm bis 1 qm	50	50
	c) Erhebliche Geruchsbelästigung infolge durchgehender Risse	50	50

Gesetz über preisrechtliche Mietsenkung

<table>
<tr><th rowspan="2">Lfd. Nr.</th><th rowspan="2">Mangel</th><th colspan="2">Senkungssatz v. H. der anteiligen Raummiete</th></tr>
<tr><th>Mai—Sept.</th><th>Okt.—April</th></tr>
<tr><td></td><td>Bei behelfsmäßiger Wiederherstellung ist in den Fällen a) und b) um die halben Sätze zu senken, wenn eine Geruchsbelästigung nicht mehr eintreten kann.</td><td></td><td></td></tr>
<tr><td>6</td><td>Sonstige Trennwände fehlen ganz oder teilweise:</td><td></td><td></td></tr>
<tr><td></td><td>a) Es fehlen mehr als 50 v.H.</td><td>30</td><td>30</td></tr>
<tr><td></td><td>b) Es fehlen mehr als 30 v.H. bis 50 v.H.</td><td>20</td><td>20</td></tr>
<tr><td></td><td>c) Es fehlen mehr als 1 qm bis 30 v.H.</td><td>10</td><td>10</td></tr>
<tr><td></td><td>d) Es fehlen mehr als 0,25 qm bis 1 qm</td><td>5</td><td>5</td></tr>
<tr><td></td><td>Bei behelfsmäßiger Wiederherstellung ist um die halben Sätze zu senken.</td><td></td><td></td></tr>
<tr><td>7</td><td>Trennwand ist gerissen und in ihrer Standfestigkeit beeinträchtigt</td><td>20</td><td>20</td></tr>
<tr><td>8</td><td>Stakung der Decke fehlt ganz oder teilweise:</td><td></td><td></td></tr>
<tr><td></td><td>a) Es fehlen mehr als 25 v.H.</td><td>50</td><td>50</td></tr>
<tr><td></td><td>b) Es fehlen mehr als 10 v.H. bis 25 v.H.</td><td>30</td><td>30</td></tr>
<tr><td></td><td>c) Es fehlen bis zu 10 v.H.</td><td>20</td><td>20</td></tr>
<tr><td>9</td><td>Putzträger der Decke fehlt ganz oder teilweise:</td><td></td><td></td></tr>
<tr><td></td><td>a) Es fehlen mehr als 50 v.H.</td><td>50</td><td>50</td></tr>
<tr><td></td><td>b) Es fehlen mehr als 30 v.H. bis 50 v.H.</td><td>30</td><td>30</td></tr>
<tr><td></td><td>c) Es fehlen mehr als 10 v.H. bis 30 v.H.</td><td>10</td><td>10</td></tr>
<tr><td></td><td>Bei behelfsmäßiger Wiederherstellung ist um die halben Sätze zu senken.</td><td></td><td></td></tr>
<tr><td>10</td><td>Wand- oder Deckenputz fehlt ganz oder teilweise:</td><td></td><td></td></tr>
<tr><td></td><td>a) Es fehlen mehr als 50 v.H. } der gesamten Fläche</td><td>20</td><td>20</td></tr>
<tr><td></td><td>b) Es fehlen mehr als 30 v.H. bis 50 v.H. } der gesamten Fläche</td><td>15</td><td>15</td></tr>
<tr><td></td><td>c) Es fehlen mehr als 10 v.H. bis 30 v.H. } der gesamten Fläche</td><td>10</td><td>10</td></tr>
<tr><td>11</td><td>Fußboden fehlt teilweise:</td><td></td><td></td></tr>
<tr><td></td><td>a) Es fehlen mehr als 25 v.H.</td><td>50</td><td>50</td></tr>
<tr><td></td><td>b) Es fehlen mehr als 10 v.H. bis 25 v.H.</td><td>30</td><td>30</td></tr>
<tr><td></td><td>c) Es fehlen bis zu 10 v.H.</td><td>10</td><td>10</td></tr>
<tr><td>12</td><td>Eine oder mehrere Innentüren</td><td></td><td></td></tr>
<tr><td></td><td>a) fehlen</td><td>10</td><td>10</td></tr>
<tr><td></td><td>b) sind ohne vollständige Füllungen</td><td>5</td><td>5</td></tr>
<tr><td></td><td>Die Mietsenkung ist jeweils nur für den größeren Raum zu gewähren.</td><td></td><td></td></tr>
<tr><td>13</td><td>Alle oder einzelne Fenster mit Rahmen fehlen:</td><td></td><td></td></tr>
<tr><td></td><td>a) Alle Fenster mit Rahmen fehlen</td><td>50</td><td>70</td></tr>
<tr><td></td><td>b) Einzelne Fenster mit Rahmen fehlen</td><td>20</td><td>50</td></tr>
<tr><td>14</td><td>Alle oder einzelne Fensterflügel fehlen:</td><td></td><td></td></tr>
<tr><td></td><td>a) Alle Fensterflügel fehlen</td><td>20</td><td>50</td></tr>
<tr><td></td><td>b) Bei Doppelfenstern fehlt mindestens ein Innenflügel oder mindestens ein Außenflügel</td><td>—</td><td>10</td></tr>
<tr><td></td><td>c) Bei einem Doppelfenster fehlen mehrere verschiedene Flügel (Innen- und Außenflügel)</td><td>5</td><td>20</td></tr>
<tr><td></td><td>d) Bei einfachen Fenstern fehlen einzelne Fensterflügel</td><td>5</td><td>20</td></tr>
</table>

Lfd. Nr.	Mangel	Senkungssatz v. H. der Wohnungsmiete Mai—Sept.	/Okt.—April
15	**Fensterverglasung** fehlt:		
	a) Einfache Verglasung fehlt vollständig	20	50
	b) Einfache Verglasung fehlt teilweise	5	20
	c) Bei Doppelfenstern fehlt die zweite Verglasung ganz oder teilweise	—*)	10
	*) Ab 1. Mai 1954	5	
16	Wiederholt. oder nachhalt. **Eindringen von Feuchtigkeit:**		
	a) Raum ist nur als Unterstellraum für Möbel benutzbar	75	75
	b) Raum ist wiederholt vorübergehend unbenutzbar	50	75
	c) Raum ist beschränkt benutzbar	25	25
17	**Heizgelegenheit** ist unbenutzbar (nur in Wohnungen mit Ofenheizung)	—	20
	Sind bei Inkrafttreten dieses Gesetzes in einem Hause mehr als 3 Öfen unbenutzbar, so entfällt eine Senkung bis zum 30. April 1954. Weist der Vermieter nach, daß er bis zum 30. April 1954 mindestens die Hälfte der unbenutzbaren Öfen des Hauses wieder benutzbar gemacht hat, so entfällt die Senkung bis zum 30. April 1955.		
18	Desgleichen bei behelfsmäßigem Ersatz	—	10
1	**Wohnungsabschlußtür** in Geschoßhäusern oder Haustür in Einfamilienhäusern fehlt oder ist so beschädigt, daß sie nicht verschließbar ist	10	10
2	**Abort** ist beschädigt und unbenutzbar	15	15
3	**Wasser- und Abwasserleitung** ist beschädigt und unbenutzbar	20	20
4	**Wasser- oder Abwasserleitung** ist beschädigt und unbenutzbar	10	10
5	**Kochgelegenheit** ist beschädigt und unbenutzbar	20	20
6	**Badeeinrichtung** ist beschädigt und unbenutzbar	10	10
7	Der zur Wohnung gehörende **Keller** ist nicht mehr vorhanden oder nicht benutzbar oder anderweitig vergeben und Ersatz nicht dafür gestellt worden	5	5
		höchstens jedoch 3,— DM mtl.	
8	**Sammelheizung** ist		
	a) nicht in Betrieb	—	10*)
	b) nur behelfsmäßig ersetzt worden	—	5*)
9	**Warmwasseranlage** ist nicht in Betrieb	5*)	5*)
	Kann in der Küche oder im Baderaum Warmwasser aus einem Durchlauferhitzer oder Elektrospeicher entnommen werden, so ist um die Hälfte zu senken. Kann in der Küche und im Baderaum Warmwasser aus einem Durchlauferhitzer oder Elektrospeicher entnommen werden, so entfällt eine Senkung.		

*) Die Senkung tritt erst am 1. Oktober 1954 ein.

Berlin

VO über den Ausgleich von Mehrbelastungen

Lfd. Nr.	Mangel	Senkungssatz v. H. der Wohnungsmiete Mai—Sept.	/Okt.—April
10	**Fahrstuhl** ist nicht in Betrieb	2*)	2*)
11	**Waschküche** oder Trockenanlage ist unbenutzbar und kein Ersatz geschaffen	5	5 höchstens jedoch 3,— DM mtl.
12	**Treppenhausfenster** sind nicht verglast	—	2
13	Vorhanden gewesene **Hauslauben, Loggien oder Balkone** fehlen oder sind unbenutzbar	3	3

2.

Berliner Verordnung über den Ausgleich von Mehrbelastungen des Hausbesitzes

Vom 8. Juni 1953 (GVBl 391)/11. Dezember 1957 (GVBl 1793)

Vorbemerkung

Diese VO ist gemäß Berl. AMVO § 38[II] seit dem Inkrafttreten dieser VO, d. i. seit dem 1. Juli 1961 nur noch auf Wohnraum anwendbar, der nach dem 31. Dezember 1949 bezugsfertig geworden ist.

Seit diesem Zeitpunkt kann also der Vermieter, der von seinem Recht, die Miete um den Abwälzungssatz von 6,5% (3,5% + 3%) nach § 18 I BMG anzuheben, noch keinen Gebrauch gemacht hat, dies nicht mehr nachholen. Anders bei preisgebundenen, also öffentlich geförderten oder mit Kostenmiete abgegoltenen Neubau-Wohnungen (§§ 22, 25 NMVO, §§ 45, 30 I. WoBauG, § 85 II. WoBauG).

Auf Grund des § 3 des Preisgesetzes vom 22. März 1950 (VOBl I S. 95) in Verbindung mit § 2 Abs. 1 der Organisations-Anordnung vom 13. Juni 1950 (VOBl I S. 219) und § 11 des Reichsmietengesetzes in der Fassung vom 20. April 1936 (RGBl I S. 378) wird verordnet:

§ 1

(1) Vermieter bebauter Grundstücke im Sinne des Reichsbewertungsgesetzes vom 16. Oktober 1934 (RGBl I S. 1035) dürfen mit Wirkung vom Inkrafttreten dieser Verordnung ab die laufenden Mehrbelastungen des Hausbesitzes nach Maßgabe des § 2 auf die Mieter abwälzen.

(2) Laufende Mehrbelastungen sind Grundsteuererhöhungen, die auf einer Erhöhung des Grundsteuerhebesatzes seit dem 1. April 1947 beruhen, und andere den Hausbesitz belastende öffentliche Abgaben, insbesondere öffentlich-rechtliche Benutzungsgebühren, sowie Schornsteinfeger-, Müll-

*) Die Senkung tritt erst am 1. Oktober 1954 ein.

abfuhr- und Straßenreinigungsgebühren, Wassergeld und private Entgelte für Fäkalienabfuhr, soweit die Abgaben- und Gebührensätze oder die Sätze der privaten Benutzungsentgelte seit dem 1. April 1947 erhöht worden sind.

§ 2

Der abwälzbare Betrag für die Mehrbelastungen beträgt:

1. für die bis zum 31. März 1924 bezugsfertig gewordenen Räume 6,5 v. H. (genauer: statt 3,5 % bis 30. Juni 1953),
2. für die vom 1. April 1924 bis zum 22. Dezember 1951 bezugsfertig gewordenen Räume 6 v.H. (genauer: statt 3 % bis 30. Juni 1953),
3. für die nach dem 22. Dezember 1951 bezugsfertig gewordenen oder werdenden öffentlich geförderten Wohnungen nach dem Ersten WoBauG 3 v. H. der Miete.

§ 3

(1) § 1 findet keine Anwendung, wenn der Mieter die Mehrbelastungen bereits trägt. Werden die Mehrbelastungen nur zum Teil vom Mieter getragen oder entstehen sie nicht in voller Höhe, so kann mit Zustimmung des Bezirksamtes — Preisstelle für Mieten — ein entsprechender Teil der in § 2 bestimmten Hundertsätze erhoben werden.

(2) Wird das Wassergeld auf Gund des § 4 der Preußischen Ausführungs-Verordnung zum Reichsmietengesetz vom 24. April 1936 (GS S. 99) oder auf Grund einer preisrechtlichen Genehmigung auf den Mieter umgelegt, so darf der Vermieter für die Dauer der Umlage die übrigen Mehrbelastungen bei den bis 31. März 1924 bezugsfertig gewordenen Räumen mit 5,5 v.H. und bei den vom 1. April 1924 bis zum 22. Dezember 1951 bezugsfertig gewordenen Räumen mit 5 v.H. der Miete abwälzen, ohne daß es einer Zustimmung des Bezirksamtes — Preisstelle für Mieten — bedarf.

§ 4

Die Hundertsätze gemäß § 2 und § 3 Abs. 2 sind von der Leerraummiete abzüglich der Anteile zu berechnen, die nach den mietpreisrechtlichen Vorschriften in der Miete für Heizstoffkosten der Sammelheizung und Warmwasserversorgung sowie bei Fernheizung für Kosten der Wärmebelieferung durch Dritte enthalten sind. Von der Miete sind auch die Beträge abzusetzen, um die die Miete gemäß § 4 des Gesetzes über preisrechtliche Mietsenkung für Wohnraum vom 15. Mai 1953 (GVBl S. 317) zu senken ist.

§ 5

Der Mieter darf über die preisrechtlich zulässige Untermiete hinaus den Abwälzungsbetrag von den Untermietern und Eingewiesenen nach dem Verhältnis der Leerraummieten anteilig fordern. Die anteilige Leerraummiete ist bei Wohnraum nach den Vorschriften der §§ 3 und 4 Abs. 1 und bei Geschäftsraum nach den Vorschriften der §§ 16 und 17 Abs. 1 Satz 1 und Abs. 2 der Anordnung über Höchstpreise bei der Vermietung von Wohnräumen und gewerblichen Räumen vom 12. Juni 1950 (VOBl I S. 216) in der Fassung vom 26. Juni 1951 (GVBl S. 492) zu berechnen.

§ 6

Die Vorschriften dieser Verordnung gelten entsprechend für Pachtverhältnisse sowie für solche entgeltlichen Nutzungsverhältnisse, die Miet- oder Pachtverhältnissen ähnlich sind.

§ 7

Diese Verordnung findet keine Anwendung auf die Vermietung oder Verpachtung von land- und forstwirtschaftlichen Grundstücken.

§ 8

Wer 1. als Vermieter oder Verpächter oder als dessen Beauftragter einen höheren als den nach dieser Verordnung zulässigen Miet- oder Pachtbetrag sich versprechen läßt, fordert oder annimmt,

2. als Mieter oder Pächter einen höheren als den nach dieser Verordnung zulässigen Miet- oder Pachtbetrag zu zahlen verspricht oder zahlt,

begeht eine Zuwiderhandlung im Sinne des Wirtschaftsstrafgesetzes in der Fassung vom 25. März 1952 (BGBl I S. 190/GVBl S. 671) und des Verlängerungsgesetzes vom 17. Dezember 1952 (BGBl I S. 805/GVBl S. 1089).

§ 9

Diese Verordnung tritt am 1. Juli 1953/1. Juli 1958 in Kraft.

Die VO vom 11. Dezember 1957 besagt in Art. I: „Die VO ... vom 8. Juni 1953 wird wie folgt geändert" (es folgen unter Ziff. 1—4 die neugefaßten §§ 2, 3, 6, 7). Art. II besagt: „Diese VO tritt am 1. Januar 1958 in Kraft." — Dieser neue Stichtag betrifft daher nur den Wirkungsbeginn der Änderungen, läßt aber die bisher als Grundlage der Aufstockung rechnende Miete unberührt. Miete im Sinne von §§ 2, 9 ist der Mietzins am 1. Juli 1953.

3.

Anordnung über Höchstpreise bei der Vermietung von Wohnräumen und gewerblichen Räumen vom 12. Juni 1950 (VOBl 216) in Verbindung mit der Anordnung vom 26. Juni 1951 (GVBl 492) und § 14 der VO vom 8. Juni 1953

Auf Grund des § 3 Abs. (1) des Gesetzes über Preisregelung vom 22. März 1950 (VOBl I S. 95) wird angeordnet:

Anordnung über Höchstpreise bei der Vermietung

§ 3

Untervermietung von Wohnungen im ganzen

Bei der Untervermietung leerer Wohnungen darf als Untermiete höchstens die vertragliche, preisrechtlich zulässige Miete der Wohnung gefordert werden. Weicht die Miete aus Gründen, die in der Person des Mieters liegen, erheblich von der ortsüblichen Miete ab, so kann mit Zustimmung des Bezirksamts (Preisstelle für Mieten) höchstens die Miete gefordert werden, die üblicherweise für diese Wohnung vereinbart worden wäre.

§ 4

Untervermietung von Wohnungsteilen

(1) Bei der Untervermietung von Wohnungsteilen ist von der anteiligen Miete auszugehen. Bei deren Ermittlung bleiben Küche und Nebenräume, wie Diele, Flur und Abort, unberücksichtigt. Die anteilige Miete ist danach wie folgt zu ermitteln:

$$\frac{\text{Miete mal Fläche des Wohnungsteiles in qm}}{\text{Fläche aller Wohnräume in qm}} = \text{anteilige Miete.}$$

(2) Bei bevorzugter Lage der untervermieteten Räume innerhalb der Wohnung kann ein Zuschlag bis zu 10 v. H. der anteiligen Miete gefordert werden. Bei ungünstiger Lage ist ein entsprechender Abschlag vorzunehmen.

(3) Zu dem nach Abs. (1) und (2) errechneten Betrage tritt ein Zuschlag bis zu 10 v. H. hinzu.

§ 5

Begriffsbestimmung

(1) Als Einfamilienhäuser im Sinne dieser Anordnung gelten Wohngebäude, die nach ihrer baulichen Gestaltung außer den für das Hauspersonal (Hauswart, Heizer, Gärtner u. dgl.) bestimmten Wohnräumen nicht mehr als eine Wohnung enthalten.

(2) Bei der Vermietung von Einfamilienhäusern finden die bei Inkrafttreten dieser Anordnung geltenden Preisvorschriften keine Anwendung, wenn der Einheitswert mehr als 30 000.— DM beträgt.

§ 6

Vermietung im ganzen

(1) Bei der Vermietung von Einfamilienhäusern im ganzen ist die Miete aus der Summe der einzelnen Posten einer Bedarfsberechnung zu ermitteln. Die so ermittelte Miete ist die gesetzlich zulässige Miete.

(2) Die Bedarfsberechnung ist für ein volles Kalenderjahr nach folgenden Grundsätzen aufzustellen:

a) Verzinsung des Fremd- und Eigenkapitals: Die Grundlage für die Verzinsung des im Wohngebäude und Grundstück angelegten Fremd- und Eigenkapitals bilden die nachgewiesenen Baukosten und die Kosten des Grunderwerbs für das

Grundstück. Es wird jedoch nur eine Grundstücksgröße von höchstens 1000 qm berücksichtigt. Das Fremdkapital ist zum vereinbarten Zinsfuß zu verzinsen, während das Eigenkapital mit 4% zu verzinsen ist. Dabei bleiben Strafzinsen und eine durch Währungsreform erfolgte Herabsetzung des Fremdkapitals außer Betracht. Ist das Einfamilienhaus-Grundstück käuflich erworben, so kann auf Antrag an die Stelle der Kosten des Erwerbs des Grundstücks und der Baukosten der notariell vereinbarte Kaufpreis gesetzt werden, zu dem die Grunderwerbssteuer und Notariatskosten hinzukommen.

b) Instandsetzungskosten: Die Instandsetzungskosten sind mit 1 v. H. der Baukosten gemäß a) anzusetzen. Obliegt dem Mieter die Ausführung der Schönheitsinstandsetzungen, so ermäßigt sich dieser Satz auf 0,75 v. H.

c) Abschreibung: Die Abschreibung ist mit 1 v. H. der Baukosten gemäß a) einzusetzen.

d) Betriebskosten: Die Betriebskosten für das Grundstück sind in nachgewiesener Höhe anzusetzen. Verwaltungskosten sind nicht zu berücksichtigen.

§ 7

Vermietung von Teilen

Bei der Vermietung von Teilen eines Einfamilienhauses gelten die §§ 5 und 6. Die Miete für den vermieteten Teil ist aus der Ertragsberechnung gemäß § 6 zu ermitteln.

§ 8

Änderung der Benutzunsgart

Werden Wohnräume zu anderen als Wohnzwecken benutzt und entstehen dem Vermieter dadurch Mehraufwendungen, so darf neben der Miete für die Dauer dieser Benutzung ein Zuschlag bis zu 10 v. H. gefordert werden. Die Erhebung des Zuschlages bedarf der vorherigen Zustimmung des Bezirksamtes (Preisstelle für Mieten).

§ 9

Möbelbenutzung

Sind vermietete Wohnräume möbliert oder teilmöbliert, so darf ein Möblierungszuschlag berechnet werden. Der Möblierungszuschlag beträgt monatlich höchstens 1% des Verkehrswertes der Ausstattungsgegenstände nach dem Stand vom 1. September 1939.

§ 10

Nebenleistungen

(1) Nebenleistungen dürfen nur zu angemessenen Preisen in Rechnung gestellt werden.

(2) Für die nachstehenden Nebenleistungen gilt folgendes:

a) Bedienung: Wird Bedienung (Aufräumen und Reinigen des Raumes und der Ausstattung) vereinbart, so kann ein Zuschlag bis zu 25% der Miete (Leerraummiete zuzüglich Möblierungszuschlag) gefordert werden.

b) Strom- und Gasentnahme: Kosten und Gebühren sind anteilmäßig nach dem Verbrauch zu berechnen.
c) Küchenbenutzung: Bei Mitbenutzung der Küche kann ein Zuschlag bis zu 3.— DM je Monat berechnet werden. Bei Mitbenutzung von Küchengeschirr und Küchengeräten kann dieser Zuschlag bis zu 6.— DM erhöht werden.

§ 11

Gartennutzung

Ist neben der Vermietung von Wohnräumen die ganze oder teilweise Gartennutzung vereinbart, so gelten hierfür folgende Höchstpreise:
a) für Hausgärten mit altem, ertragreichem Obstbaum- und Beerensträucherbestand 0,30 DM jährlich je qm,
b) für Hausgärten mit mitteljährigem Obstbaum- und Beerensträucherbestand 0,20 DM jährlich je qm und
c) für sonstige Hausgärten 0,10 DM jährlich je qm.

§ 12

Besondere Anlagen

Ist neben der Vermietung von Wohnraum die Benutzung oder Mitbenutzung der zum Grundstück gehörenden besonderen Anlagen wie Bootshäuser, Bootsstege, Garagen, Sommerhäuser usw. vereinbart, so dürfen die ortsüblichen Preise nicht überschritten werden.

§ 13

Begriffsbestimmung

Als Schlafstellen im Sinne dieser Anordnung gelten eingerichtete Räume oder Teile von Räumen, die nur zum Schlafen und nicht zum dauernden Aufenthalt überlassen sind.

§ 14

Höchstpreise

Bei der Überlassung von Schlafstellen dürfen folgende Preise nicht überschritten werden:

Bei Überlassung des Raumes	a) an eine Person		wöchentl.	5,— DM
	b) an zwei Personen	für jede Person	„	4,— DM
	c) an drei oder mehr Personen	für jede Person	„	3,50 DM

§ 16

§§ 16—19 sind durch § 23 Abs. 2 GRMGB außer Kraft gesetzt. (Vgl. S. 423).

§ 20

Verfahren bei Streitigkeiten

Bei Streit über die Anwendung der Bestimmungen dieser Anordnung gilt § 15 des Gesetzes über preisrechtliche Mietsenkung bei Beeinträchtigung des Gebrauchs von Wohnräumen und gewerblichen Räumen vom 8. April 1950 (VOBl I S. 103) entsprechend.

§ 21

Verpachtungen und Einweisungen

(1) Die Bestimmungen dieser Anordnung finden auf Verpachtungen entsprechende Anwendung.

(2) Das gleiche gilt für Einweisungen, mit der Maßgabe, daß der Zuschlag gemäß § 4 Abs. (3) nicht erhoben werden darf und bei der Berechnung eines Möblierungszuschlags (§ 9) an Stelle des Verkehrswertes der angemessene Gebrauchswert, den die Ausstattungsgegenstände für einen Eingewiesenen haben, tritt.

§ 22

Bewilligung von Ausnahmen

Soweit aus volkswirtschaftlichen Gründen oder zur Vermeidung besonderer Härten eine Ausnahme von den Bestimmungen dieser Anordnung dringend erforderlich erscheint, kann das Bezirksamt (Preisstelle für Mieten) Ausnahmen zulassen.

§ 23

Geltungsbereich und Inkrafttreten

(1) Die Bestimmungen dieser Anordnung finden auf Räume im Beherbergungsgewerbe keine Anwendung.

(2) Diese Anordnung tritt am ersten Tage des auf die Verkündung folgenden Monats in Kraft. Vorschriften, die den Bestimmungen dieser Anordnung entgegenstehen, sind nicht mehr anzuwenden.

4.

Verordnung über den Mietpreis für den bis zum 31. Dezember 1949 bezugsfertig gewordenen Wohnraum in Berlin (Altbaumietenverordnung Berlin — AMVOB)

Vom 21. März 1961 (GVBl. S. 346f.)

Inhaltsübersicht

Erster Abschnitt

Allgemeine Vorschriften

Auf Grund des § 39 des Ersten Bundesmietengesetzes vom 27. Juli 1955 (Bundesgesetzbl. I S. 458)*) in der Fassung des § 45 des Ersten Bundesmietengesetzes (Artikel IX Nr. 1 Buchstabe 1 des Gesetzes über den Abbau

*) GVBl. 1956 S. 213.

Berlin

Altbaumietenverordnung

der Wohnungszwangswirtschaft und über ein soziales Miet- und Wohnrecht vom 23. Juni 1960 — Bundesgesetzbl. I S. 389)*) wird im Einvernehmen mit dem Senat von Berlin verordnet:

Erster Abschnitt

Allgemeine Vorschriften**)

§ 1

Anwendungsbereich

Die Verordnung gilt für preisgebundenen Wohnraum in Berlin, der bis zum 31. Dezember 1949 bezugsfertig geworden ist.

§ 2

Preisrechtlich zulässige Miete

(1) Für preisgebundenen Wohnraum ist die Miete preisrechtlich zulässig, die sich aus der Stichtagsmiete (§ 5) und den in dieser Verordnung genannten Mieterhöhungen und -herabsetzungen sowie unter Berücksichtigung der Vorschriften des Ersten und des Zweiten Bundesmietengesetzes in den für Berlin geltenden Fassungen ergibt.

(2) Die Überschreitung der preisrechtlich zulässigen Miete ist unzulässig. Eine Überschreitung liegt auch dann vor, wenn die Leistung des Vermieters ohne angemessene Senkung der Miete vermindert wird.

§ 3

Preisgebundener Wohnraum

(1) Die Vermietung von Wohnraum, der bis zum 31. Dezember 1949 bezugsfertig geworden ist, unterliegt den Preisvorschriften.

(2) Die Preisvorschriften finden keine Anwendung

1. auf die Vermietung von Wohnraum, der wegen seines räumlichen oder wiertschaftlichen Zusammenhangs mit Geschäftsraum oder wegen seines wirtschaftlichen Zusammenhangs mit einem gewerblich genutzten, unbebauten Grundstück zugleich mit diesem vermietet ist, wenn entweder der Mietwert des Wohnraums weniger als ein Drittel des gesamten Mietwerts beträgt oder der Geschäftsraum nach dem 24. Juni 1948 bezugsfertig geworden ist oder wird; für die Mietwerte sind die preisrechtlich zulässigen Mieten vom 1. Juni 1953 maßgeblich (§ 3 Abs. 1, 2, 4 des Geschäftsraummietengesetzes in der

---

*) GVBl. S. 545.

**) Die Vorschriften dieser VO finden sich zum größten Teil auch, aber ab § 11 an anderer Stelle der (Bundes-)AMVO. Auf die entsprechenden Fundstellen ist bei den einzelnen Paragraphen dieser VO hingewiesen, um so die Kommentierung des Bundesgesetzes auch für das Berl. Gesetz nutzbar zu machen.

für Berlin geltenden Fassung vom 10. Januar 1961 — Bundesgesetzbl. I S. 13)*);

2. auf die Vermietung eines Einfamilienhauses oder eines Teils hiervon, wenn der Einheitswert im Sinne des Bewertungsgesetzes vom 16. Oktober 1934 (Reichsgesetzblatt I S. 1035) nach den Wertverhältnissen vom 1. Januar 1935 mehr als 30000 Deutsche Mark beträgt; als Einfamilienhaus gilt ein Wohngebäude, das nach seiner baulichen Gestaltung außer den für das Hauspersonal (Hauswart, Heizer, Gärtner und dergleichen) bestimmten Wohnräumen nicht mehr als eine Wohnung enthält; diese Ausnahme bleibt bestehen, wenn die Voraussetzungen nachträglich wegfallen.

§ 4

Miete

Miete im Sinne dieser Verordnung ist das Entgelt für die Gebrauchsüberlassung von Wohnraum auf Grund von Mietverträgen oder ähnlichen Nutzungsverhältnissen einschließlich von Umlagen und Zuschlägen sowie von Vergütungen nach § 31. Zu den ähnlichen Nutzungsverhältnissen gehören auch genossenschaftliche Nutzungsverträge.

§ 5

Stichtagsmiete

(1) Stichtagsmiete im Sinne dieser Verordnung ist die Miete, die sich aus der letzten vor dem 1. Januar 1960 zustande gekommenen Vereinbarung ergibt, auch wenn sie erst durch § 1 des Ersten Bundesmietengesetzes in der für Berlin geltenden Fassung preisrechtlich zulässig geworden ist.

(2) Neben der Miete erbrachte einmalige Leistungen des Mieters bleiben außer Betracht.

§ 6

Grundmiete

(1) Grundmiete im Sinne dieser Verordnung ist die Stichtagsmiete abzüglich folgender in ihr enthaltener Beträge:

1. Umlagen für Wasserverbrauch,
2. Kosten des Betriebes der zentralen Heizungs- und Warmwasserversorgungsanlagen,
3. nach dem 30. Juni 1953 zulässig gewordene Umlagen und Zuschläge für laufende Mehrbelastungen,
4. Untermietzuschläge,
5. Zuschläge wegen Nutzung von Wohnraum zu anderen als Wohnzwecken.

*) GVBl. S. 161.

(2) Ist die Stichtagsmiete in preisrechtlich zulässiger Weise erhöht oder herabgesetzt worden, oder wird sie künftig in preisrechtlich zulässiger Weise erhöht oder herabgesetzt, so tritt an ihre Stelle für die Berechnung der Grundmiete die erhöhte oder herabgesetzte Miete.

§ 7

Ersatz der Stichtagsmiete

(1) War Wohnraum zwischen dem 17. Oktober 1936 und dem 1. Januar 1960 nicht vermietet, so gilt als Stichtagsmiete die Miete, die der Grundmiete für vergleichbaren Wohnraum in Berlin nach dem Stande vom 31. Dezember 1959 entspricht (ortsübliche Grundmiete), zuzüglich der zulässigen Umlagen und Zuschläge nach dem Stande vom 31. Dezember 1959.

(2) Bei der Auswahl des vergleichbaren Wohnraums sollen insbesondere Art, Finanzierungsweise, Lage und Ausstattung berücksichtigt werden; Unterschieden ist durch Zu- und Abschläge angemessen Rechnung zu tragen. Bei der Finanzierungsweise soll in der Regel nur danach unterschieden werden, ob der Wohnraum mit öffentlichen Mitteln geschaffen worden ist oder nicht. Wohnraum, für den aus besonderen Gründen, namentlich mit Rücksicht auf die Person des Mieters, eine besonders geringe, insbesondere eine geringere als die zulässige Miete vereinbart worden ist, bleibt außer Betracht.

§ 8

Bezugsfertigkeit

(1) Wohnraum ist als in dem Zeitpunkt bezugsfertig geworden anzusehen, in dem der Bau so weit gefördert war, daß den zukünftigen Bewohnern zugemutet werden konnte, den Wohnraum zu beziehen; die Genehmigung der Bauaufsichtsbehörde zum Beziehen ist nicht entscheidend.

(2) Im Falle des Wiederaufbaues ist für die Bezugsfertigkeit der Zeitpunkt maßgebend, in dem der durch den Wiederaufbau geschaffene Wohnraum bezugsfertig geworden ist; Entsprechendes gilt im Falle der Wiederherstellung, des Ausbaues oder der Erweiterung von Wohnraum. Für Wohnraum, der nicht dem Zweiten Wohnungsbaugesetz vom 27. Juni 1956 (Bundesgesetzbl. I S. 523)*) unterliegt, sind die Begriffsbestimmungen, die in § 2 der Ersten Berechnungsverordnung vom 20. November 1950 (Bundesgesetzbl. S. 753)**) in der sich aus § 47 der Zweiten Berechnungsverordnung vom 17. Oktober 1957 (Bundesgesetzbl. I S. 1719)***) ergebenden Fassung enthalten sind, anzuwenden.

---

*) GVBl. S. 795.
**) GVBl. 1951 S. 1169.
***) GVBl. S. 1726.

§ 9

Wohnflächenberechnung

Für die Berechnung der Wohnfläche sind die Vorschriften der §§ 25 bis 27 der Ersten Berechnungsverordnung anzuwenden.

Zweiter Abschnitt

Mieterhöhungen

A. Mieterhöhungen im einzelnen Fall aus besonderen Gründen

§ 10

Zu niedrige Stichtagsmiete

Ist die Stichtagsmiete niedriger als die am 31. Dezember 1959 preisrechtlich zulässige Miete, so ist die Erhöhung der Miete um den Unterschiedsbetrag ohne Genehmigung der Preisbehörde zulässig.

§ 11 (AMVO § 12)

Bauliche Verbesserungen, Einrichtungen, Ausbau der Verkehrsflächen, Anlage der Kanalisation oder von Hausanschlüssen

(1) Eine jährliche Mieterhöhung ist zulässig

1. bei baulichen Verbesserungen und bei Einrichtungen um 14 vom Hundert der aufgewendeten Bau- und Einrichtungskosten,
2. bei Aufwendungen des Vermieters nach dem 31. Dezember 1959 für den Ausbau einer Verkehrsfläche oder die Anlage der Kanalisation um 6 vom Hundert dieser Aufwendungen,
3. bei Hausanschlüssen an Versorgungsleitungen um 6 vom Hundert der Aufwendungen.

(2) Durch die Mieterhöhung sind alle Kosten einschließlich der Kosten der Verzinsung, Abschreibung und Instandhaltung abgegolten. Für die Umlegung von Betriebskosten gelten die Vorschriften der §§ 17, 21 bis 25.

(3) Kosten und Aufwendungen dürfen nur insoweit berücksichtigt werden, als sie vom Vermieter getragen werden und durch sie der Gebrauchswert des Wohnraumes, für den die Mieterhöhung zulässig ist, oder seine Wohnlage auf die Dauer verbessert wird. Werden die Kosten für die Durchführung der Maßnahmen durch zinsverbilligte oder zinslose Darlehen aus öffentlichen Haushalten, vom Mieter oder für diesen von einem Dritten gedeckt, so ermäßigen sich insoweit die in Absatz 1 genannten Vomhundertsätze um den Unterschiedsbetrag zwischen dem marktüblichen Zinssatz

für erststellige Hypotheken und dem für das Darlehen zu entrichtenden Zinssatz; eine Mietvorauszahlungsteht einem Darlehen des Mieters gleich.

(4) Kosten, die während der Nutzungsdauer zur Erhaltung des bestimmungsmäßigen Gebrauchs aufgewendet werden müssen, um die durch Abnutzung, Alterung und Witterungseinwirkung entstehenden baulichen oder sonstigen Mängel ordnungsgemäß zu beseitigen (Instandhaltungskosten), berechtigen nicht zu einer Mieterhöhung.

(5) Die Teilung einer Wohnung in abgeschlossene Teilwohnungen gilt als Verbesserung des Gebrauchswerts. Die preisrechtlich zulässigen Mieten der Teilwohnungen ergeben sich aus der bisherigen preisrechtlich zulässigen Miete der ungeteilten Wohnung zuzüglich des nach den Absätzen 1 bis 4 zulässigen Erhöhungsbetrages nach dem Verhältnis der Wohnflächen. Wesentlichen Unterschiede im Wohnwert der Teilwohnungen ist im Rahmen des Gesamtbetrages durch Zu- und Abschläge angemessen Rechnung zu tragen.

(6) Im Streitfalle entscheidet die Preisbehörde auf Antrag des Vermieters oder des Mieters über den zulässigen Mieterhöhungsbetrag.

§ 12 (AMVO § 14)

Ausgleich besonderer Härten

Die Preisbehörde kann auf Antrag eine angemessene Mieterhöhung genehmigen, wenn diese im einzelnen Fall aus Gründen, die weder in der Person des Vermieters noch des Mieters liegen, zur Vermeidung besonderer Härten dringend erforderlich erscheint.

§ 13 (AMVO § 15)

Nicht ausgenutzte Einzelgenehmigungen

Mieterhöhungen, die die Preisbehörde vom 1. Januar 1960 bis zum Inkrafttreten dieser Verordnung genehmigt hat, bleiben zulässig.

B. Allgemeine Mietzuschläge

§ 14

Allgemeine Mietzuschläge nach dem Zweiten Bundesmietengesetz

Für Wohnraum, der bis zum 24. Juni 1948 bezugsfertig geworden ist, sind Zuschläge nach Maßgabe der §§ 1, 3 bis 5 und 9 ,für Wohnraum, der in der Zeit vom 25. Juni 1948 bis zum 31. Dezember 1949 bezugsfertig geworden ist, sind Zuschläge nach Maßgabe der §§ 6, 7 und 9 des Zweiten Bundesmietengesetzes vom 23. Juni 1960 (Bundesgesetzbl. I S. 389) in der für Berlin geltenden Fassung zulässig.

C. Besondere Mietzuschläge

§ 15 (AMVO § 18)

Zuschläge für die Benutzung von Wohnraum zu anderen als Wohnzwecken

(1) Wird eine Wohnung ganz oder teilweise zu anderen als Wohnzwecken benutzt, so darf ein Zuschlag erhoben werden, der je nach dem Grad der wirtschaftlichen Mehrbelastung des Vermieters bis zu 50 vom Hundert der anteiligen Grundmiete der zu anderen als Wohnzwecken benutzten Räume beträgt. Ist bei Inkrafttreten dieser Verordnung die Miete in zulässiger Weise um einen höheren Zuschlag erhöht, so bleibt der höhere Zuschlag zulässig.

(2) Im Streitfalle entscheidet die Preisbehörde auf Antrag des Vermieters oder des Mieters über die Höhe des Zuschlages

§ 16 (AMVO § 19)

Untermietzuschläge

(1) Wird Wohnraum auf die Dauer von wenigstens einem Monat untervermietet oder in sonstiger Weise zur selbständigen Benutzung einem Dritten überlassen, so darf die Hauptmiete um einen Untermietzuschlag erhöht werden.

(2) Der Untermietzuschlag beträgt monatlich je Untermietverhältnis
drei Deutsche Mark, wenn der untervermietete Wohnungsteil von einer Person benutzt wird;
fünf Deutsche Mark, wenn der untervermietete Wohnungsteil von zwei und mehr Personen benutzt wird.

(3) Ein Untermietzuschlag ist nicht zulässig,

1. wenn Räume, die Gegenstand eines Hauptmietverhältnisses sind, in ihrer Gesamtheit vermietet werden,
2. soweit für den untervermieteten Raum ein Zuschlag nach § 15 zulässig ist.

D. Umlegung von Betriebskosten

(§ 17 (AMVO § 20)

Kosten des Wasserverbrauchs

(1) Soweit bei Inkrafttreten dieser Verordnung die tatsächlich aufgewendeten Kosten des Wasserverbrauchs in zulässiger Weise umgelegt werden, bleibt dies auch weiterhin zulässig.

(2) Steigen die Kosten des Wasserverbrauchs infolge einer Erhöhung der Tarife, so erfolgt eine Abwälzung dieser Belastung durch Rechtsverordnung des Senats nach § 3 des Berliner Preisgesetzes vom 22. März 1950 (Verordnungsblatt für Groß-Berlin I S. 95).

(3) Auf Antrag des Vermieters hat die Preisbehörde, wenn die Kosten des Wasserverbrauchs für ein Gebäude in dem der Antragstellung vorhergegangenen Jahr 4 vom Hunder der Grundmieten überstiegen haben, die Umlegung der Kosten des Wasserverbrauchs abzüglich 4 vom Hundert der Grundmieten für die Zukunft zu genehmigen; Kosten des Wasserverbrauchs, die nicht mit der üblichen Benutzung des preisgebundenen Wohnraums zusammenhängen, bleiben außer Betracht. Zu den Kosten des Wasserverbrauchs gehört auch die Zählermiete. Monatliche Vorauszahlungen in Höhe des durchschnittlichen Umlegungsbetrages vorbehaltlich jährlicher Abrechnung sind zulässig. Für den Umlegungsmaßstab gilt § 18 Abs. 2 entsprechend. Im Falle einer Genehmigung ist eine Abwälzung nach der in Absatz 2 bezeichneten Rechtsverordnung unzulässig; ebenfalls unzulässig ist der in der Stichtagsmiete enthaltene Zuschlag für Wasserverbrauch von eins vom Hundert nach der Berliner Verordnung über den Ausgleich von Mehrbelastungen des Hausbesitzes vom 8. Juni 1953 (Gesetz- und Verordnungsblatt für Berlin S. 391), geändert durch die Berliner Verordnung zur Änderung der Verordnung über den Ausgleich von Mehrbelastungen des Hausbesitzes vom 11. Dezember 1957 (Gesetz- und Verordnungsblatt für Berlin S. 1793).

§ 18 (AMVO § 21)

Grundsteuermehrbelastung

(1) Bei bebauten Grundstücken im Sinne des Bewertungsgesetzes dürfen Grundsteuermehrbelastungen, die auf einer Erhöhung des Grundsteuerhebesatzes oder auf dem vollständigen oder teilweisen Wegfall bisher gewährter Grundsteuerbefreiungen oder -beihilfen nach dem 31. Dezember 1959 beruhen und die der Vermieter nicht zu vertreten hat, vom Eintritt der Mehrbelastung ab umgelegt werden.

(2) Die Umlegung erfolgt nach dem Verhältnis der Grundmieten. Hat der Vermieter mit allen Mietern ein Einvernehmen über einen anderen Umlegungsmaßstab erzielt, so ist die Umlegung nach diesem Maßstab zulässig. Kommt ein Einvernehmen nicht zustande, so kann die Preisbehörde auf Antrag des Vermieters einen anderen Umlegungsmaßstab zulassen.

§ 19 (AMVO § 22)

Gebührenmehrbelastung

(1) Werden nach dem 31. Dezember 1959 bei bebauten Grundstücken im Sinne des Bewertungsgesetzes andere den Hausbesitz belastende öffentliche Abgaben, insbesondere öffentlich-rechtliche Benutzungsgebühren, neu eingeführt oder erhöht oder wird der Hausbesitz durch öffentliche Abgaben in sonstiger Weise zusätzlich belastet, so erfolgt eine Abwälzung dieser Belastung durch Rechtsverordnung des Senats nach § 3 des Berliner Preisgesetzes. Das gleiche gilt für Schornsteinfegergebühren sowie für private

Nutzungsentgelte für Fäkalien- und Abwässerbeseitigung, Müllabfuhr und Straßenreinigung.

(2) Mehrbelastungen, die auf § 3 des Einführungsgesetzes zu den Realsteuergesetzen vom 1. Dezember 1936 (Reichsgesetzbl. I. S 961) beruhen, dürfen nach § 18 dieser Verordnung umgelegt werden.

(3) Die Hypothekengewinnabgabe gilt nicht als öffentliche Abgabe im Sinne des Absatzes 1.

§ 20

Umlagen nach § 6 des Zweiten Bundesmietengesetzes

(1) Bei Wohnraum, der in der Zeit vom 25. Juni 1948 bis zum 31. Dezember 1949 bezugsfertig geworden und mit öffentlichen Mitteln im Sinne des § 3 des Ersten Wohnungsbaugesetzes vom 25. August 1953 (Bundesgesetzbl. I) S. 1047)*) geschaffen worden ist, dürfen nach Maßgabe der §§ 6, 9 des Zweiten Bundesmietengesetzes in Verbindung mit § 30a Abs. 2 des Ersten Wohnungsbaugesetzes Mehrbelastungen des Vermieters umgelegt werden, die nach der Bewilligung der öffentlichen Mittel dadurch eingetreten sind, daß sich die für ein Jahr ergebenden

1. laufenden öffentlichen Lasten des Grundstücks, namentlich die Grundsteuer, jedoch nicht die Hypothekengewinnabgabe,
2. Kosten der Straßenreinigung und Müllabfuhr,
3. Kosten der Entwässerung,
4. Kosten der Schornsteinreinigung oder
5. Kosten der Sach- und Haftpflichtversicherung

erhöht haben, oder daß derartige Kosten neu entstanden sind, soweit die Mehrbelastung nicht auf Umständen beruht, die der Vermieter zu vertreten hat. Für den Umlegungsmaßstab gilt § 18 Abs. 2 entsprechend.

(2) Die Umlage tritt an die Stelle des nach der Berliner Verordnung über den Ausgleich von Mehrbelastungen des Hausbesitzes vom 8. Juni 1953, geändert durch die Berliner Verordnung zur Änderung der Verordnung über den Ausgleich von Mehrbelastungen des Hausbesitzes vom 11. Dezember 1957, zugelassenen Zuschlags abzüglich eins vom Hundert der Grundmiete und an die Stelle der Umlage nach der Berliner Verordnung über die Umlegung von Grundsteuermehrbelastungen vom 2. Juli 1959 (Gesetz- und Verordnungsblatt für Berlin S. 770).

§ 21 (AMVO § 25)

Kosten des Betriebes einer zentralen Heizungsanlage

(1) Ist Wohnraum mit einer zentralen Heizungsanlage ausgestattet, so dürfen die Kosten ihres Betriebes (Brennstoffkosten einschließlich der Kosten für Heizstrom, Anfuhrkosten für Brennstoffe und angemessene

*) GVBl. S. 1051.

Kosten für die Bedienung der Heizungsanlage) umgelegt werden. Ein angemessener Betrag für die Bedienung der Heizungsanlage kann auch dann umgelegt werden, wenn der Vermieter die Anlage selbst bedient. Ist Wohnraum an eine Fernheizung angeschlossen, so dürfen die vom Vermieter für die Fernheizung zu entrichtenden Beträge sowie zusätzliche Betriebskosten, die beim Vermieter entstehen, umgelegt werden.

(2) Sind in der Miete die Kosten des Betriebes der zentralen Heizungsanlage pauschal enthalten, so kann der Vermieter die sich aus Absatz 1 ergebenden Kosten nach Kürzung um 10 vom Hundert der Stichtagsmiete umlegen. Ist zur Abgeltung der Kosten des Betriebes der zentralen Heizungsanlage die Zahlung eines bestimmten Betrages vereinbart, so ist die Umlegung nach Absatz 1 nur zulässig, wenn der vereinbarte Betrag entfällt.

(3) Werden bei Inkrafttreten dieser Verordnung die Kosten des Betriebes der zentralen Heizungsanlage in den in Absatz 2 Satz 1 genannten Fällen nach Abzug eines geringeren Betrages als 10 vom Hundert der Stichtagsmiete in zulässiger Weise umgelegt, so bleibt dies weiterhin zulässig.

(4) Die Preisbehörde kann im Einzelfall auf Antrag zur Vermeidung von Härten eine von Absatz 2 Satz 1 abweichende Regelung treffen.

§ 22 (AMVO § 26)

Umlegungsmaßstab für Kosten des Betriebes einer zentralen Heizungsanlage

(1) Die Heizungskosten dürfen nach Quadratmetern der Wohnfläche der beheizten Räume, nach der Fläche der Heizkörper oder nach einem anderen, dem Wärmeverbrauch Rechnung tragenden Maßstab umgelegt werden. Werden Wärmemesser verwandt, so muß mindestens die Hälfte der Heizungskosten nach einem festen Maßstab umgelegt werden.

(2) Ein zulässiger Umlegungsmaßstab darf von dem Vermieter nur im Einvernehmen mit allen Mietern durch einen anderen zulässigen Umlegungsmaßstab ersetzt werden. Kommt ein Einvernehmen nicht zustande, so kann die Preisbehörde auf Antrag des Vermieters einen anderen Umlegungsmaßstab nach Absatz 1 genehmigen.

§ 23 (AMVO § 27)

Vorauszahlungen auf den Umlegungsbetrag für die Kosten des Betriebes einer zentralen Heizungsanlage

Auf den voraussichtlichen Umlegungsbetrag für die Kosten des Betriebes einer zentralen Heizungsanlage während einer Heizperiode sind monatliche Vorauszahlungen vorbehaltlich der Abrechnung unverzüglich nach Schluß der Heizperiode zulässig. Bei Einverständnis des Mieters sind höhere Vorauszahlungen nach Vorlage der Rechnung zulässig.

§ 24 (AMVO § 28)

Kosten des Betriebes einer zentralen Warmwasserversorgungsanlage

(1) Ist Wohnraum mit einer zentralenWarmwasserversorgungsanlage ausgestattet, so dürfen die Kosten ihres Betriebes entsprechend den Vorschriften der §§ 21 und 23 umgelegt werden. Bei durchgehender jährlicher Warmwasserversorgung ist § 23 mit der Maßgabe entsprechend anzuwenden, daß jährlich abzurechnen ist. An die Stelle des in § 21 Abs. 2 Satz 1 genannten Satzes von 10 vom Hundert der Stichtagsmiete tritt bei durchgehender jährlicher Warmwasserversorgung ein Satz von 4 vom Hundert, in anderen Fällen ein angemessen niedrigerer Satz.

(2) Für den Umlegungsmaßstab gilt § 18 Abs. 2 entsprechend.

(3) Die Preisbehörde kann im Einzelfall auf Antrag zur Vermeidung von Härten eine von Absatz 1 Satz 3 abweichende Regelung treffen.

(4) Für die Kosten des Wasserverbrauchs gilt § 17.

§ 25 (AMVO § 29)

Umlegung von Betriebskosten für Fahrstuhlanlagen

(1) Soweit die Umlegung von Betriebskosten für Fahrstuhlanlagen zulässig ist, erfolgt sie nach dem Verhältnis der Grundmieten.

(2) § 18 Abs. 2 Sätze 2 und 3 finden entsprechende Anwendung mit der Maßgabe, daß der Wohnraum im Erdgeschoß von der Umlegung ausgenommen werden kann.

Dritter Abschnitt

Mietherabsetzungen und Mietsenkungen

§ 26 (AMVO § 35)

Herabsetzung der Stichtagsmiete

(1) Auf Antrag des Mieters kann auch § 2 des Ersten Bundesmietengesetzes in der für Berlin geltenden Fassung die Stichtagsmiete von der Preisbehörde auf die Miete, die am 31. Dezember 1959 preisrechtlich zulässig war, herabgesetzt werden,

1. wenn sie diese um mehr als $33^1/_3$ vom Hundert übersteigt,
2. wenn sie diese nicht um mehr als $33^1/_3$ vom Hundert, jedoch um mehr als 10 vom Hundert übersteigt und die Voraussetzungen des § 4 des Ersten Bundesmietengesetzes in der für Berlin geltenden Fassung vorliegen.

Die Herabsetzung kann auch von einer öffentlichen Stelle, die ganz oder teilweise für die Zahlung der Miete aufkommt, beantragt werden.

(2) Bei der Ermittlung der in Absatz 1 enthaltenen Vomhundertsätze sind die Kosten des Betriebes einer zentralen Heizungs- und Warmwasserversorgungsanlage nicht zur berücksichtigen.

(3) Die Herabsetzung wird von dem nächsten auf die Antragstellung folgenden Mietzahlungstermin an wirksam.

§ 27 (AMVO § 36)

Mietherabsetzung nach bisherigem Recht

Eine Herabsetzung der Stichtagsmiete, welche die Preisbehörde vor Inkrafttreten dieser Verordnung vorgenommen hat, bleibt wirksam.

§ 28

Mietsenkungen

Die Vorschriften des Berliner Gesetzes über preisrechtliche Mietsenkungen für Wohnraum vom 15. Mai 1953 (Gesetz- und Verordnungsblatt für Berlin S. 317) bleiben unberührt, soweit nicht der Erste Abschnitt des Ersten Bundesmietengesetzes in der für Berlin geltenden Fassung entgegensteht.

Vierter Abschnitt

Untermiete

§ 29 (AMVO § 37)

Freie Vereinbarung der Untermiete

(1) Wird Wohnraum untervermietet, so darf die Untermiete frei vereinbart werden. Dies gilt nicht für die Untervermietung einer unmöblierten Wohnung im ganzen.

(2) Bei frei vereinbarter Untermiete kann sich jeder Vertragsteil dem anderen gegenüber schriftlich auf die preisgebundene Untermiete berufen. Die Berufung hat die Wirkung, daß von dem ersten des auf die Erklärung folgenden Monats an die Vorschriften über die preisgebundene Untermiete anzuwenden sind; wird die Erklärung erst nach dem 15. eines Monats abgegeben, so gilt das gleiche von dem ersten des übernächsten Monats an.

§ 30 (AMVO § 38)

Preisgebundene Untermiete für die Überlassung des Wohnraums

(1) Die preisgebundene Untermiete für die Überlassung einer Wohnung im ganzen darf die preisrechtlich zulässige Miete nicht übersteigen, die für das Hauptmietverhältnis preisrechtlich zulässig ist.

(2) Bei der Untervermietung eines Teiles einer Wohnung darf die preisgebundene Untermiete für den Wohnraum einen entsprechenden Teil

der nach Absatz 1 maßgeblichen Miete des Hauptmietverhältnisses nicht übersteigen. Dieser Teil bestimmt sich nach dem Verhältnis der Wohnfläche des untervermieteten Teils zur Gesamtwohnfläche, wobei gemeinschaftlich genutzte Räume außer Betracht bleiben; wesentliche Unterschiede im Wohnwert der Räume sind angemessen zu berücksichtigen.

(3) Bei der Ermittlung der preisgebundenen Untermiete nach Absatz 2 bleiben Zuschläge für die Benutzung von Wohnraum zu anderen als Wohnzwecken und Untermietzuschläge, die in der Hauptmiete enthalten sind, außer Ansatz. Die danach ermittelte Untermiete darf um diese Zuschläge erhöht werden, soweit sie den untervermieteten Raum betreffen.

§ 31 (AMVO § 39)

Einrichtungsgegenstände und Nebenleistungen

(1) Gilt die preisgebundene Untermiete, so ist für die mietweise Mitüberlassung von Einrichtungsgegenständen eine angemessene Vergütung zulässig. Wird eine vollständige Ausstattung überlassen, so ist für die Angemessenheit der Vergütung je nach der Art der Ausstattung von 50 bis 100 vom Hundert der sich aus § 30 ergebenden preisgebundenen Untermiete für die Überlassung des Wohnraums auszugehen.

(2) Für Nebenleistungen, die vom Hauptmieter erbracht werden, ist eine Vergütung in angemessener Höhe zulässig. Zu den Nebenleistungen gehören insbesondere die Mitüberlassung der Kücheneinrichtung, der anteilige Strom- und Gasverbrauch, die Lieferung von Bettwäsche und Dienstleistungen.

§ 32 (AMVO § 40)

Mietverhältnisse, die der Untervermietung gleichstehen

Der Untervermietung eines Teiles einer Wohnung steht es gleich, wenn der Eigentümer oder jemand, der sonst zur Nutzung oder zum Gebrauch einer Wohnung berechtigt ist, einen Teil der von ihm selbst benutzten Wohnung vermietet. Die preisgebundene Untermiete darf um einen Zuschlag erhöht werden, der sich bei sinngemäßer Anwendung des § 16 ergibt.

Fünfter Abschnitt

Änderung der Miete in besonderen Fällen

§ 33 (AMVO § 41)

Miete für Wohnraum in Baracken, Bunkern, Behelfsheimen und dergleichen

Auf Wohnraum in Bunkern, Baracken, Behelfsheimen, Nissenhütten sowie auf sonstige behelfsmäßige Unterkünfte finden § 11 Abs. 1 Nr. 2 und § 25 keine Anwendung.

Altbaumietenverordnung

Sechster Abschnitt

Übergangsregelungen

§ 34 (AMVO § 42)

Übergangsregelung für Mieterhöhungen und Mietherabsetzungen

Ist bei Inkrafttreten dieser Verordnung über einen Antrag auf Genehmigung einer Mieterhöhung oder auf Herabsetzung der Stichtagsmiete noch nicht entschieden worden, oder ist die Entscheidung noch nicht unanfechtbar geworden, so bleiben die bisherigen Vorschriften anwendbar.

§ 35 (AMVO § 43)

Übergangsregelung für Untermieten

Ist die nach den Vorschriften des Vierten Abschnittes zulässige preisgebundene Untermiete niedriger als die bisherige preisrechtlich zulässige Untermiete, so bleibt diese für das bestehende Untermietverhältnis zulässig.

§ 36

Übergangsregelung für Kosten des Betriebes einer neutralen Heizungs- oder Warmwasserversorgungsanlage

Für die Zeit bis zum 3. April 1961 sind an Stelle der §§ 21 bis 24 die Vorschriften der Berliner Verordnung über die Erhebung der Heizungskosten bei Inbetriebnahme der Sammelheizungs- und Warmwasserversorgungsanlagen in der Fassung der Bekanntmachung vom 24. August 1954 (Gesetz- und Verordnungsblatt für Berlin S. 530) anzuwenden.

Siebenter Abschnitt

Schlußvorschriften

§ 37 (AMVO § 44)

Gewerbliche Zimmervermietung

(1) Die Vermietung von Wohnraum unterliegt nicht den Vorschriften dieser Verordnung, soweit und solange er nach Art eines Betriebes des Beherbungsgewerbes tageweise vermietet wird (gewerbliche Zimmervermietung).

(2) Erfolgt die Vermietung nach Absatz 1 im Wege der Untermiete, so darf die Hauptmiete um den in § 15 genannten Zuschlag erhöht werden.

§ 38 (AMVO § 45)

Außerkrafttretende Vorschriften

(1) Vorschriften die dieser Verordnung entgegenstehen oder entsprechen, treten außer Kraft. Insbesondere werden aufgehoben:

1. Verordnungen

Anordnung über die Auswirkung der Abgeltung der Gebäudeentschuldungssteuer auf Miet- und Pachtverträge vom 12. Januar 1943 (Reichsanzeiger Nr. 19 vom 25. Januar 1943);

Verordnung über die Senkung der Mieten von Räumen, die dem Reichsmietengesetz unterliegen, vom 22. Dezember 1937 (Amtsblatt der Reichshauptstadt Berlin S. 899);

Anordnung zur Verordnung über die Senkung der Mieten von Räumen, die dem Reichsmietengesetz unterliegen, vom 22. Dezember 1937/14. Januar/18. Januar 1938 — Berliner Mietsenkungsverordnung — vom 1. März 1938 (Amtsblatt der Reichshauptstadt Berlin S. 177);

Anordnung zur Verordnung über die Senkung der Mieten von Räumen, die dem Reichsmietengesetz unterliegen, vom 22. Dezember 1937/14. Januar/18. Januar/30. Mai 1938 — Berliner Mietsenkungsverordnung — vom 1. September 1938 (Amtsblatt der Reichshauptstadt Berlin S. 701); Anordnung über Höchstpreise bei der Vermietung von Wohnräumen und gewerblichen Räumen vom 12. Juni 1950 (Verordnungsblatt für Groß-Berlin I S. 216);

Anordnung über Mieten von Wohnungen, die durch den Wiederaufbau teilzerstörter oder die Wiederherstellung beschädigter Wohngebäude gewonnen werden, vom 5. Dezember 1950 (Verordnungsblatt für Berlin I S. 554);

Verordnung über die Erhebung der Heizungskosten bei Inbetriebnahme der Sammelheizungs- und Warmwasserversorgungsanlagen in der Fassung der Bekanntmachung vom 24. August 1954 (Gesetz- und Verordnungsblatt für Berlin S. 530);

Anordnung über Mietsicherheiten vom 2. Oktober 1951 (Gesetz- und Verordnungsblatt für Berlin S. 915);

Anordnung über Baukostenzuschüsse und Baudarlehen Wohnungsuchender vom 7. Januar 1952 (Gesetz- und Verordnungsblatt für Berlin S. 70);

Verordnung über Preisbildung für Zuschußwohnungen bei Wegfall von Zinsvergünstigungen vom 18. Februar 1952 (Gesetz- und Verordnungsblatt für Berlin S. 97) in der Fassung der Verordnung zur Änderung der Anordnung über Preisbildung für Zuschußwohnungen bei Wegfall von Zinsvergünstigungen vom 9. November 1954 (Gesetz- und Verordnungsblatt für Berlin S. 628);

Verordnung über Maßnahmen auf dem Gebiete des Mietpreisrechts vom 8. Juni 1953 (Gesetz- und Verordnungsblatt für Berlin S. 386);

Verordnung über die Umlegung von Grundsteuerbelastungen vom 2. Juli 1959 (Gesetz- und Verordnungsblatt für Berlin S. 770);

2. **Runderlasse**

Runderlaß des Reichskommissars für die Preisbildung Nr. 184/37 betr. Preisüberwachung und Preisbildung bei Mieten vom 12. Dezember 1937 (Mitteilungsblatt, Sondernummer vom 15. Dezember 1937);

Runderlaß des Reichskommissars für die Preisbildung Nr. 153/38 betr. Mieterhöhung bei Änderung der Benutzungsart von Räumen vom 29. Dezember 1938 (Mitteilungsblatt I 1939 S. 10); Runderlaß des Reichskommissars für die Preisbildung Nr. 154,'38 betr. Verweisung an Mieteinigungsämter vom 30. Dezember 1938 (Mitteilungsblatt I 1939 S. 10);

Runderlaß des Reichskommissiars für die Preisbildung Nr. 29/39 betr. Mieterhöhung durch den Wegfall von Steuerbefreiungen am 1. April 1939 vom 12. April 1939 (Mitteilungsblatt I S. 132);

Runderlaß des Reichskommissars für die Preisbildung Nr. 8/40 betr. Mietzinssenkung bei verringerter Warmwasserversorgung vom 17. Januar 1940 (Mitteilungsblatt I S. 81);

Runderlaß des Reichskommissars für die Preisbildung Nr. 17/40 betr. Mietzinssenkung bei verringerter Sammelheizung vom 1. Februar 1940 (Mitteilungsblatt I S. 106);

Runderlaß des Reichskommissars für die Preisbildung Nr. 55/40 betr. Preisbildung und Preisüberwachung bei Mieten während des Krieges vom 5. Mai 1940 (Mitteilungsblatt I S. 300);

Runderlaß des Reichskommissars für die Preisbildung Nr. 151/40 betr. Mietzinssenkung bei verringerter Sammelheizung vom 16. Dezember 1940 (Mitteilungsblatt I S. 883);

Runderlaß des Reichskommissars für die Preisbildung Nr. 85/42 betr. Erhöhung des Mietzinses bei Einbau von Fettabscheidern vom 9. September 1942 (Mitteilungsblatt II S. 237);

Runderlaß des Reichskommissars für die Preisbildung Nr. 29/49 betr. Berücksichtigung der Abgeltung der Gebäudeentschuldungssteuer bei Ertragsberechnungen auf Grund der Ziffern 48ff. des Runderlasses Nr. 184/37 vom 12. Dezember 1937; vom 19. Mai 1943 (Mitteilungsblatt I S. 339);

Altbaumietenverordnung

Runderlaß des Reichskommissars für die Preisbildung Nr. 2/44 betr. Wegfall der Steuerbefreiung für die Eigenheime des neusten Neuhausbesitzes im Altreich und im Saarland ab 1. April 1944, hier: Mieterhöhung; vom 24. Januar 1944 (Mitteilungsblatt I S. 81);

Runderlaß des Reichskommissars für die Preisbildung Nr. 75/43 betr. Anträge auf Mietzinserhöhung nach Rückzahlung der Arbeitgeberdarlehen des Reiches vom 10. Februar 1944 (Mitteilungsblatt I S. 94);

Runderlaß des Reichskommissars für die Preisbildung Nr. 52/44 betr. Vereinfachter Geschäftsverkehr zwischen Vermietern und Mietern vom 16. Oktober 1944 (Mitteilungsblatt I S. 487);

3. Erlasse und Grundsätzliche Entscheidungen

Grundsätzliche Entscheidung des Reichskommissars für die Preisbildung betr. Mietsicherheiten und Baukostenzuschüsse vom 10. Februar 1938 (Mitteilungsblatt I Nr. 1 S. 7);

Grundsätzliche Entscheidung des Reichskommissars für die Preisbildung betr. Umlegung des Wassergeldes und Übertragung der Schönheitsreparaturen auf die Mieter vom 1. März 1938 (Mitteilungsblatt I Nr. 3 S. 7);

Grundsätzliche Entscheidung des Reichskommissars für die Preisbildung betr. unzulässige Mieterhöhungen bei baulichen Verbesserungen vor dem 15. Oktober 1937 vom 8. März 1938 (Mitteilungsblatt I Nr. 3 S. 7);

Grundsätzliche Entscheidung des Reichskommissars für die Preisbildung betr. Verkürzung (Änderung) der Kündigungsfrist vom 10. Mai 1938 (Mitteilungsblatt I Nr. 11 S. 8);

Grundsätzliche Entscheidung des Reichskommissars für die Preisbildung betr. Abstandssummen bei Mietwohnungen vom 5. Juli 1938 (Mitteilungsblatt I Nr. 19 S. 2);

Grundsätzliche Entscheidung des Reichskommissars für die Preisbildung betr. Stopmiete vom 18. Juli 1938 (Mitteilungsblatt I Nr. 21 S. 3);

Grundsätzliche Entscheidung des Reichskommissars für die Preisbildung betr. Verschlechterung der Kündigungsfristen vom 1. August 1938 (Mitteilungsblatt I Nr. 23 S. 5);

Erlaß des Reichskommissars für die Preisbildung betr. Erhöhung des Mietzinses auf Grund baulicher Verbesserungen vom 20. Oktober 1938 (Mitteilungsblatt I Nr. 34 S. 3);

Erlaß des Reichskommissars für die Preisbildung betr. Erhöhung des Zinssatzes für Hauszinssteuerhypotheken vom 24. November 1938 (Mitteilungsblatt I Nr. 39 S. 17);

Altbaumietenverordnung

Grundsätzliche Entscheidung des Reichskommissars für die Preisbildung betr. frei finanzierte Neubauten (Mietzinsberechnung bei Neubauten mit Reichsbürgschaft) vom 6. Dezember 1938 (Mitteilungsblatt I Nr. 41 S. 3);

Erlaß des Reichskommissars für die Preisbildung betr. Wegfall von Zinsnachlaß für die aus dem Wohnungsfürsorgefonds des Reiches gewährten Baudarlehen vom 25. Mai 1939 (Mitteilungsblatt I S. 196);

Erlaß des Reichskommissars für die Preisbildung betr. Erhöhung des Zinssatzes für Hauszinssteuerhypotheken vom 14. Juni 1939 (Mitteilungsblatt I S. 223);

Erlaß des Reichskommissars für die Preisbildung betr. Angleichung von Gefälligkeitsmieten vom 21. Juli 1939 (Mitteilungsblatt I S. 309);

Erlaß des Reichskommissars für die Preisbildung betr. Gewährung von Zinszuschüssen aus Rückflüssen der Hauszinssteuerhypotheken zur Zinsverbilligung für sogenannte Ersatz- und Streckungshypotheken vom 20. Juli 1940 (Mitteilungsblatt I S. 541);

Erlaß des Reichskommissars für die Preisbildung betr. Verpflichtung zur Rückzahlung des Überpreises bei Verstoß gegen Preisvorschriften vom 22. November 1940 (Mitteilungsblatt I S. 817);

Erlaß des Reichskommissars für die Preisbildung betr. Mietsenkung bei Stillegung von Fahrstühlen vom 6. März 1941 (Mitteilungsblatt I S. 265);

Erlaß des Reichskommissars für die Preisbildung betr. Preisüberwachung bei Mieten vom 16. März 1942 (Mitteilungsblatt I S. 169);

Erlaß des Reichskommissars für die Preisbildung betr. Preisvorbehalte bei Abschluß von Mietverträgen vom 23. März 1942 (Mitteilungsblatt I S. 180);

Erlaß des Reichskommissars für die Preisbildung betr. Optionsrecht des Mieters vom 30. März 1942 (Mitteilungsblatt I S. 200);

Erlaß des Reichskommissars für die Preisbildung betr. Preisvorbehalte bei Abschluß von Mietverträgen vom 27. Juli 1942 (Mitteilungsblatt I S. 502).

(2) § 3 der Verordnung über das Verbot von Preiserhöhungen vom 26. November 1936 (Reichsgesetzbl. I S. 955) und die Berliner Verordnung über den Ausgleich von Mehrbelastungen des Hausbeseitzes vom 8. Juni 1953 sind auf Wohnraum, der bis zum 31. Dezember 1949 bezugsfertig geworden ist, nicht mehr anzuwenden.

§ 39

Zuwiderhandlungen

Durch diese Verordnung wird die Anwendbarkeit der Straf- und Bußgeldvorschriften des Wirtschaftsstrafgesetzes 1954 auf Verstöße gegen das Verbot von Preiserhöhungen nach der Verordnung vom 26. November 1936 in Verbindung mit Mietpreisvorschriften nicht berührt.

§ 40 (BG § 46)

Geltung im Land Berlin

Diese Verordnung gilt nach § 14 des Dritten Überleitungsgesetzes vom 4. Januar 1952 (Bundesgesetzbl. I S. 1) in Verbindung mit Artikel X § 10 des Gesetzes über den Abbau der Wohnungszwangswirtschaft und über ein soziales Miet- und Wohnrecht auch im Land Berlin.

§ 41 (BG § 48)

Inkrafttreten

Diese Verordnung tritt am 1. April 1961 in Kraft.

NEUBAU-MIETPREISRECHT

Den Wohnungs-Neubau regeln

1. das I. WoBauG (neue Fassung) vom 25. August 1953 (BGBl. 1047) mit Änderungen durch Art. V GMW betr. §§ 30a—c, 48 und 50 durch § 124 II. Wo BauG v. 27. Juni 1956 (RGBl. 523), Ges. v. 26. September 1957 (BGBl. 1393) und Art. III des Ges. v. 12. April 1961 (BGBl. 426).
2. die I. BVO über Wirtschaftlichkeits- und Wohnflächenberechnung nach dem I. WoBauG vom 20. November 1950/17. Oktober 1957 (BGBl 753/1719) — in Kraft seit 1. Januar 1951,
3. das II. WoBauG vom 27. Juni 1956 (BGBl. 523) mit Änderung durch Art. VI GMW § 14 betr. §§ 73, 74,
4. die II. BVO über Wirtschaftlichkeits- und Wohnflächenberechnung nach dem II. WoBauG vom 17. Oktober 1957 (BGBl. 1719),
5. die NMVO vom 17. Oktober 1957 (BGBl. 1736).

Das Recht zu 1—5 gilt nicht im Saarland, wohl aber in Berlin.

Anwendbar ist auf Wohnungen

a) öffentlich geförderte [§ 3 I. WoBauG, § 6 II. WoBauG],
b) steuerbegünstigte [§ 42 Abs. 1 I. WoBauG, § 5 Abs. 2 II.WoBauG],

c) frei finanzierte [§ 42 Abs. 2 I. WoBauG, § 5 Abs. 3 II. WoBauG], bei Bewilligung öffentl. Mittel bis 31. Dezember 1956 I. WoBauG § 50a, bei Bezugsfertigkeit bis 30. Juni 1956 II. WoBauG §§ 108—112, bei Bewilligung öffentl. Mittel nach 31. Dezember 1956 II. WoBauG § 4, bei Bezugsfertigkeit nach 30. Juni 1956 II. WoBauG § 4.

Für öffentlich geförderte wie für steuerbegünstigte Wohnungen gilt die „Kostenmiete" (§§ 21, 25 NMVO), für die die „Bewirtschaftungskosten" maßgebend sind, nämlich 1. Abschreibung, 2. Verwaltungskosten, 3. Betriebskosten, 4. Instandhaltungskosten, 5. Mietausfallwagnis (§ 18 I. BVO mit Hinweis auf die vorgenannte Unterteilung in §§ 19—23 sowie § 24 II. BVO).

Näheres Prof. *Enderlein* in „Berl. Grundrecht" 1956 S. 456f. und „Die Richtsatzmiete" von Pieterek-Hamburg in DWW 1961 S. 69f.

Die NMVO — den Geltungsbereich beider WoBauG umspannend (§ 1) — ist das Preisrecht für Neubau-Wohnungen, die a) öffentlich gefördert sind und b) als steuerbegünstigt durch die Kostenmiete abgegolten werden — sei es, daß diese von vornherein vereinbart ist, sei es, daß sich der Mieter auf sie binnen 1 Jahr nach Anerkennung (!) einer vom Vormieter „selbstverantwortlich gebildeten" Miete schriftlich berufen hat (§ 2 NMVO, § 26 I. BMG, § 45 I. WoBauG).

Die „Einzelmiete" (s. u.) — nach § 6a an die Stelle der Grundmiete i. S. der AMVO tretend — wird erhöht (§§ 3, 4) durch Umlage (Kalt- u. Warm-Wasser, Heizung, Fahrstuhl), Zuschläge (Untermiete, Entfremdung entsprechend §§ 18, 19 AMVO) und Vergütung für Nebenleistungen (Einbauten, Antenne).

Unberührt bleiben Sonderentgelte für Sonderleistungen des Vermieters zusätzlich zur eigentlichen Wohnraumgewährung (Garage, Schuppen, Garten) — § 2 Abs. 3. Umgekehrt senkt sich die Miete, wenn die Bewirtschaftung verbilligende Sonderleistungen des Mieters vereinbart sind (Instandsetzung, Gartenpflege, Schneefegen) — vorausgesetzt, daß der Finanzierungsplan entsprechende Bewirtschaftungskosten enthält (§§ 12, 18, 21, 22 I. BVO; §§ 24, 27, 28 II. BVO).

Der soziale Wohnungsbau ist zweckbestimmt derart, daß die öffentlichen Körperschaften (öffentliche Hand) verbilligt und einer Verbilligung der Miete dienende Mittel gewähren zur (Wieder-) Herstellung von Wohnungen für breite Schichten des Volkes nach bestimmten sozialen Grundsätzen (§ 3 Abs. 1 I. WoBauG, § 6 Abs. 1, II. WoBauG, GMW X § 3). Die Mittel sollen das Bauvorhaben schlechthin finanzieren oder — und das ist die Regel — neben privatem erststellig zu sicherndem Kapital zusätzliche Darlehen gegen Hypotheken zweiten Ranges darstellen.

Neben dieser großgeplanten Förderung und über sie hinaus (GMW Art. X § 3) wird der Wohnungsbau durch Fürsorgemittel begünstigt, die in den öffentlichen Haushalten gesondert ausgewiesen werden, ohne zu den „öffentlichen Mitteln" im engeren Sinne zu zählen. Solche Begünstigungen sind z. B. die Vor- und Zwischenfinanzierung, ferner für die Dauer von 10 Jahren bestimmte Grundsteuervergünstigungen für förderungswürdige Wohnungsbauten (unter Ausklammerung von anhängenden Geschäftsräumen), wenn durch Begrenzung der Wohnflächen (80—120 qm) oder auf andere Weise dem sozialen Wiederaufbau gedient wird*).

Hierher gehören auch die durch Steuervergünstigung nach § 7c EStG mobilisierten Darlehen wie die an Wohnbausparer gewährten Prämien. Auch die begrenzt zugelassenen Baukostenzuschüsse („Finanzierungsbeiträge")gehören hierher**). § 29 I. BMG nimmt solche Leistungen aus dem Verbot von Preiserhöhungen (Preisstop — VO vom 26. Oktober 1936) heraus, und § 28 I. WoBauG setzt die Grenze mit der Anweisung an die obersten Landesbehörden und Bewilligungsstellen, dafür zu sorgen, daß damit bei der öffentlichen Förderung diejenigen nicht zu kurz kommen, die, weil sie zu solchen Beiträgen nicht in der Lage sind, besondere Rücksicht verdienen.

Grundsatz für die Miete des sozialen Baumarkts ist die Preisbindung; dem entspricht § 30c I. WoBauG, der bestimmt: „Die Vermietung der öffentlich geförderten Wohnungen unterliegt den Preisvorschriften".

Seit dem 1. August 1957 d.i. dem Inkrafttreten des I. WoBauG (neue Fassung) setzt die die öffentlichen Mittel bewilligende Stelle qm-Durchschnittsmieten für öffentlich geförderte Wohnungen fest. Das geschieht an Hand landesbehördlicher Mietrichtsätze durch die Bewilligungsstelle, woraufhin der Vermieter berechtigt ist, die Einzelmieten nach Größe, Lage und Ausstattung der einzelnen Wohnungen zu berechnen —so, daß deren Summe das Produkt von Durchschnittsmiete und qm der Gesamtwohnfläche nicht übersteigt (§§ 29, 45 I. WoBauG).

Diese gerechte Aufteilung ergibt die preisrechtlich zulässige Miete (§ 1f. NMVO), die nicht überschritten werden darf, andernfalls ein Preisstop-Verstoß nach § 2 Abs. 2 NMVO wie nach der gemäß § 45 Abs. 2 AMVO auch für preisgebundenen Neubau-Wohnraum noch anwendbare Preisstop-VO vom 26. November 1936 (VO über das Verbot von Preiserhöhungen) vorliegt. Eine Strafbarkeit nach Mietpreisrecht entfällt nach § 42 I. BMG, kann aber nach § 2a „WirtschStG" vom 9. Juli 1954/ 19. Dezember 1956 (BGBl. 175/924) gegeben sein, wenn eine „Ausnutzung der Mangellage" festzustellen ist (vgl. Anm. z. § 42 I. BMG: S. 393).

Höchstbetrag der Richtsatzmiete ist zunächst 1,10 DM pro qm/Monat, dazu bei „Wiederaufbau" und „Wiederherstellung" (Begriff I. BVO § 2, II. WoBauG § 16) und bei Besonderheit von Lage und Ausstattung ein Zuschlag bis 30 % = 1,43 DM (§ 29 I. WoBauG); in letzteren beiden Fällen kann dem Bauherrn auf Antrag in Selbstverantwortung die Bildung einer

*) Verzicht auf die Grundsteuervergünstigung berechtigt den Vermieter, den Mietzins um die nunmehr fällige Grundsteuer nach §§ 23, 18 I. BMG anzuheben; der erreichte Fortfall der Preisbindung läßt sich aber voll erst bei Abschluß eines neuen Vertrages fruktifizieren.

**) Vgl. Refr. *Bachmann*, „Die rechtliche Behandlung der Baukostenzuschüsse" unter besonderer Berücksichtigung der Rechtsprechung in ZMR 1961, 33 f.

Miete bis 150 % gestattet werden, wenn damit das nachstellige öffentliche Baudarlehen um mindestens 1/3 geringer sein kann als bei Vereinnahmung nach der Grundmiete von 1,10 DM. Die Mehreinnahmen von 0,40 DM pro qm/Monat ergibt bei einer Mietfläche von 500 qm pro Jahr: 12 × 200 = = 2400,— DM jährlich, was der 5 %igen Verzinsung von 48000,—DM entspricht. Damit wäre ein zweitstelliges öffentliches Darlehen von (3 × 48000=) 144,000,— DM, wie erforderlich, um 1/3 gesenkt.

Die Richtsatzmiete hat sich ab 1. Juli 1960 um 10 % erhöht, d.i. von 1,10 DM auf 1,21 DM pro qm/Monat bzw. von 1,43 DM auf 1,573 pro qm/Monat plus Mehrbelastung an Grundsteuer, Straßenreinigung, Müllabfuhr, Entwässerung, Schornsteinfeger, Sach- und Haftpflichtversicherung (§ 30a I. WoBauG). Vgl. Dr. *Bertram*-Hannover „Die Mieterhöhung nach § 30a I. WoBauG" in DWW 1961, S. 3f.).

Verordnung über den Mietpreis für den seit dem 1. Januar 1950 bezugsfertig gewordenen Wohnraum

(Neubaumietenverordnung — NMVO)

Vom 17. Oktober 1957 (BGBl. 1736f.)

nebst ÄnderungsVO vom 19. Dezember 1958 (BGBl. 966) u. GMW. Art. X § 1 Ziff. 14 vom 23. Juni 1960 (BGBl. 389)

Übersicht

Die Zahlen bedeuten die Paragraphen

Auf Grund des § 48 Abs. 1 Buchstaben a bis d und des § 50 Abs. 3 des Ersten Wohnungsbaugesetzes in der Fassung vom 25. August 1953 (Bundesgesetzbl. I S. 1047), des § 72 Abs. 6, des § 85 Abs. 2 Satz 2 und des § 105 Abs. 1 Satz 1 Buchstaben a bis c des Zweiten Wohnungsbaugesetzes (Wohnungsbau- und Familienheimgesetz) vom 27. Juni 1956 (Bundesgesetzbl. I S. 523) wird von der Bunderegierung mit Zustimmung des Bundesrates verordnet:

Teil I
Allgemeine Vorschriften

§ 1
Anwendungsbereich dieser Verordnung

Diese Verordnung ist auf preisgebundene Wohnungen anzuwenden, die nach dem 31. Dezember 1949 bezugsfertig geworden sind oder werden.

§ 2
Preisrechtlich zulässige Miete

(1) Preisrechtlich zulässige Miete ist, soweit sich aus §§ 9 bis 11, 17 und 22 nichts anderes ergibt, die Einzelmiete, die vom Vermieter auf der Grundlage einer festgesetzten, genehmigten oder ermittelten Durchschnittsmiete unter angemessener Berücksichtigung von Größe, Lage und Ausstattung der einzelnen Wohnungen berechnet ist, zuzüglich der nach §§ 3, 4 und 12 zulässigen Umlagen, Vergütungen und Zuschläge. Die Durchschnittsmiete für Wohnungen eines Gebäudes oder einer Wirtschaftseinheit oder eines Teiles davon ist der für den Quadratmeter der Wohnfläche bemessene

durchschnittliche Mietbetrag. Die Summe der Einzelmieten darf den Betrag nicht übersteigen, der sich aus der Vervielfältigung der Durchschnittsmiete mit der nach Quadratmetern berechneten Summe der Wohnflächen ergibt.

(2) Die Überschreitung der preisrechtlich zulässigen Miete ist unzulässig. Eine Überschreitung liegt auch dann vor, wenn die Leistung des Vermieters ohne angemessene Senkung der Miete vermindert wird.

(3) Zusätzliche Leistungen des Vermieters, die nicht die Wohnraumbenutzung betreffen, aber neben der Wohnraumbenutzung gewährt werden und für die üblicherweise ein besonderes Entgelt entrichtet wird, sind durch die preisrechtlich zulässige Miete nicht abgegolten.

(4) Der Vermieter hat dem Mieter auf Verlangen Einsicht in die Unterlagen über die Berechnung der Mieten zu gewähren.

§ 3

Umlagen neben der Einzelmiete

(1) Neben der Einzelmiete dürfen folgende Betriebskosten, soweit Beträge hierfür nicht in der Einzelmiete enthalten sind, auf die Mieter umgelegt werden:

1. Kosten des Wasserverbrauchs,
2. Kosten des Betriebs der zentralen Heizungs- und Warmwasserversorgungsanlagen,
3. Kosten des Betriebs des Fahrstuhls.

(2) Bei der Berechnung der umzulegenden Kosten des Wasserverbrauchs sind zunächst die Kosten des Wasserverbrauchs abzuziehen, die nicht mit der üblichen Benutzung der Wohnungen zusammenhängen. Die Umlegung erfolgt nach dem Verhältnis der Einzelmieten. Hat der Vermieter mit allen Mietern ein Einvernehmen über einen anderen Umlegungsmaßstab erzielt, so ist die Umlegung nach diesem Maßstab zulässig. Kommt das Einvernehmen nicht zustande, so kann die Preisbehörde auf Antrag des Vermieters einen anderen Umlegungsmaßstab zulassen.

(3) Für den Umlegungsmaßstab und die Abrechnung der Kosten des Betriebs der zentralen Heizungsanlage und der Kosten des Betriebs des Fahrstuhls gelten die Mietpreisvorschriften für Wohnraum, der bis zum 31. Dezember 1949 bezugsfertig geworden ist. Das gleiche gilt für die Kosten des Betriebs der zentralen Warmwasserversorgungsanlage mit der Maßgabe, daß bei der Berechnung und der Umlegung der Kosten des Wasserverbrauchs Absatz 2 anzuwenden ist.

§ 4

Zuschläge und Vergütungen neben der Einzelmiete

Neben der Einzelmiete können, soweit Beträge hierfür nicht in der Einzelmiete enthalten sind, folgende Zuschläge und Vergütungen erhoben werden:

1. Untermietzuschläge sowie Zuschläge wegen Benutzung von Wohnraum zu anderen als Wohnzwecken entsprechend den Mietpreisvor-

schriften für Wohnraum, der bis zum 31. Dezember 1949 bezugsfertig geworden ist;

2. Vergütungen für Nebenleistungen des Vermieters, die zwar die Wohnraumbenutzung betreffen, aber nicht allgemein üblich sind oder nur einzelnen Mietern zugute kommen.

§ 5

Mieterleistungen

(1) Erbringt ein Mieter vereinbarungsgemäß Leistungen, die zu einer Verringerung von Bewirtschaftungskosten, die in der Miete enthalten sind, führen, so senkt sich die preisrechtlich zulässige Miete entsprechend; dies gilt besonders dann, wenn die Kosten der Schönheitsreparaturen vom Mieter übernommen worden sind.

Die früheren Abs. 2—4 sind durch GMW Art. X Abs. 1 Nr. 14 ab 1. Juli 1960 aufgehoben worden. Danach führte die Mietermäßigung zugunsten eines Mieters, der dem Bauherrn einen verlorenen Baukostenzuschuß oder ein billiges Darlehen auf mindestens 15 Jahre gegeben hatte, zu einer anteiligen Erhöhung der Einzelmieten aller anderen Wohnungen, was zu einer Belastung finanzschwacher Mieter und zur Schwierigkeit der Umrechnung beim vorzeitigen Auszug des begünstigten Mieters führen könnte.

Die Folge der Aufhebung dieser Bestimmung hat zur Folge, daß ab 1. Juli 1960 der Finanzierungsbeitrag eines Mieters durch Verringerung der Bewirtschaftungskosten lediglich allgemein die Kostenmiete senkt, aber nicht mehr die Einzelmiete des bisher begünstigten Mieters zu Lasten der übrigen Mieter verringert.

§ 6

Anwendung der Ersten und Zweiten Berechnungsverordnung

Soweit eine Wirtschaftlichkeitsberechnung aufzustellen oder die Wohnfläche zu berechnen ist oder Aufwendungen und Erträge zu ermitteln sind, ist

1. für Wohnungen, auf welche §§ 8 bis 12 oder §§ 21 bis 23 anzuwenden sind, die Verordnung über Wirtschaftlichkeits- und Wohnflächenberechnung nach dem Ersten Wohnungsbaugesetz (Erste Berechnungsverordnung) vom 20. November 1950 (Bundesgesetzbl. S. 753) in der Fassung vom 17. Oktober 1957 (Bundesgesetzbl. I S. 1719),
2. für Wohnungen, auf welche §§ 14 bis 19 oder §§ 25 und 26 anzuwenden sind, die Verordnung über wohnungswirtschaftliche Berechnungen nach dem Zweiten Wohnungsbaugesetz (Zweite Berechnungsverordnung) vom 17. Oktober 1957 (Bundesgesetzbl. I S. 1719)

anzuwenden.

§ 6a

Verweisung auf die Altbaumietenverordnung

Soweit in dieser Verordnung auf Mietpreisvorschriften für Wohnraum, der bis zum 31. Dezember 1949 bezugsfertig geworden ist, verwiesen wird, tritt an die Stelle der Grundmiete im Sinne des § 6 AMVO vom 23. Juli 1958 (BGBl. 549) die Einzelmiete.

Teil II

Zulässige Miete für öffentlich geförderte Wohnungen nach dem Ersten Wohnungsbaugesetz

§ 7

Anwendungsbereich des Teils II

(1) §§ 8 bis 12 gelten für öffentlich geförderte Wohnungen, die nach dem 31. Dezember 1949 bezugsfertig geworden sind oder werden und für welche die öffentlichen Mittel erstmalig vor dem 1. Januar 1957 bewilligt worden sind, soweit sich aus § 10 Abs. 2 des Gesetzes über Maßnahmen auf dem Gebiete des Mietpreisrechts (Ersten Bundesmietengesetzes) vom 27. Juli 1955 (Bundesgesetzbl. I S. 458) in der Fassung des § 116 des Zweiten Wohnungsbaugesetzes nichts anderes ergibt.

(2) §§ 8 bis 12 gelten nicht für öffentlich geförderte Wohnungen, die nach dem 30. Juni 1956 bezugsfertig geworden sind oder werden und für welche die öffentlichen Mittel erstmalig vor dem 1. Januar 1957 bewilligt worden sind, wenn auf Grund einer Rechtsverordnung der Landesregierung nach § 108 Abs. 2 des Zweiten Wohnungsbaugesetzes auf diese Wohnungen § 72 des Zweiten Wohnungsbaugesetzes anzuwenden ist.

§ 8

Vorläufig festgesetzte Durchschnittsmiete

Hat die Bewilligungsstelle die Durchschnittsmiete nur vorläufig festgesetzt, so kann sie die endgültige Festsetzung nur bis zum 31. Dezember 1959 vornehmen. Wird die endgültige Durchschnittsmiete nicht bis zu diesem Zeitpunkt festgesetzt, so gilt die vorläufig festgesetzte Durchschnittsmiete als am 1. Januar 1960 endgültig festgesetzt.

§ 9

Preisrechtlich zulässige Miete bei Festsetzung von Einzelmieten

Hat die Bewilligungsstelle die Miete für die öffentlich geförderte Wohnung als Einzelmiete festgesetzt, so ist diese zusätzlich der in §§ 3 und 4 genannten Umlagen, Vergütungen und Zuschläge, soweit Beträge hierfür nicht in der Einzelmiete enthalten sind, die preisrechtlich zulässige Miete. § 8 gilt sinngemäß.

§ 10

Preisrechtlich zulässige Miete bei Festsetzung von Mietwerten

Hat die Bewilligungsstelle einen Mietwert festgesetzt, so gilt dieser für die Ermittlung der preisrechtlich zulässigen Miete als Einzelmiete (§ 9) oder, wenn der Mietwert für mehrere Wohnungen festgesetzt worden ist, als Durchschnittsmiete (§ 2 Abs. 1).

§ 11

Preisrechtlich zulässige Miete in anderen Fällen

(1) Ist bei der Bewilligung der öffentlichen Mittel eine Miete oder ein Mietwert nicht festgesetzt worden, so gilt für die Ermittlung der preisrechtlich zulässigen Miete die der Bewilligung der öffentlichen Mittel zugrunde gelegte Miete als Einzelmiete (§ 9) oder, wenn die Miete für mehrere Wohnungen zugrunde gelegt worden ist, als Durchschnittsmiete (§ 2 Abs. 1).

(2) Ist eine bestimmte Miete oder ein bestimmter Mietwert nicht festgesetzt oder der Bewilligung der öffentlichen Mittel nicht zugrunde gelegt worden, so bestimmt sich die Einzelmiete nach entsprechenden Einzelmieten für vergleichbare öffentlich geförderte Mietwohnungen.

(3) Ist bei der Bewilligung der öffentlichen Mittel eine selbstverantwortlich gebildete Miete zugelassen worden, so ist die in Satz 2 bezeichnete Einzelmiete zuzüglich der in §§ 3 und 4 genannten Umlagen, Vergütungen und Zuschläge die preisrechtlich zulässige Miete. Die Einzelmiete beträgt vorbehaltlich § 30 Abs. 2 Satz 2 des Ersten Wohnungsbaugesetzes je Quadratmeter Wohnfläche 150 vom Hundert des nach § 29 Abs. 1 des Ersten Wohnungsbaugesetzes für öffentlich geförderte Wohnungen am 1. Oktober 1954 für die Gemeinde oder den Gemeindeteil bestimmten Mietrichtsatzes; ist der Mietrichtsatz innerhalb derselben Gemeinde oder innerhalb desselben Gemeindeteils gestaffelt, so ist der örtlich in Betracht kommende höchste Satz entscheidend.

§ 12

Ausgleich von Mehrbelastungen

Neben der Einzelmiete dürfen, soweit in ihr Beträge hierfür nicht enthalten sind, unbeschadet des § 3 folgende Mehrbelastungen umgelegt werden, sofern sie auf Umständen beruhen, die der Vermieter nicht zu vertreten hat:

1. Erhöhungen der Grundsteuer, die auf einer Änderung des Hebesatzes beruhen, sowie Erhöhungen anderer öffentlicher Abgaben,
2. Kosten der Straßenreinigung und Müllabfuhr,
3. Kosten der Entwässerung,
4. Kosten der Schornsteinreinigung.

Für den Umlegungsmaßstab und die Abrechnung der Kosten gelten die Mietpreisvorschriften für Wohnraum, der bis zum 31. Dezember 1949 bezugsfertig geworden ist, entsprechend.

Teil III

Zulässige Miete für öffentlich geförderte Wohnungen nach dem Zweiten Wohnungsbaugesetz

§ 13

Anwendungsbereich des Teils III

(1) §§ 14 bis 19 gelten für öffentlich geförderte Wohnungen, für die die öffentlichen Mittel erstmalig nach dem 31. Dezember 1956 bewilligt worden sind oder bewilligt werden.

(2) §§ 14 bis 19 finden auch Anwendung auf öffentlich geförderte Wohnungen, die nach dem 30. Juni 1956 bezugsfertig geworden sind oder werden und für die die öffentlichen Mittel erstmalig vor dem 1. Januar 1957 bewilligt worden sind, wenn auf Grund einer Rechtsverordnung der Landesregierung nach § 108 Abs. 2 des Zweiten Wohnungsbaugesetzes auf diese Wohnungen § 72 des Zweiten Wohnungsbaugesetzes anzuwenden ist.

§ 14

Genehmigung der Durchschnittsmiete

(1) Die Bewilligungsstelle hat, sofern nicht die Voraussetzungen des § 17 vorliegen, für die öffentlich geförderten Wohnungen des Gebäudes oder der Wirtschaftseinheit die Durchschnittsmiete zu genehmigen, die nach der Wirtschaftlichkeitsberechnung zur Deckung der laufenden Aufwendungen erforderlich ist.

(2) Die Bewilligungsstelle kann in den Fällen, in denen die Betriebskosten in der Wirtschaftlichkeitsberechnung mit einem Pauschbetrag nach § 27 Abs. 4 der Zweiten Berechnungsverordnung angesetzt sind, die Durchschnittsmiete mit der Maßgabe genehmigen, daß die erstmalig tatsächlich entstehenden jährlichen Betriebskosten an die Stelle des Pauschbetrages treten.

§ 15

Durchschnittsmiete bei Bewilligung von Darlehen oder Zuschüssen zur Deckung der laufenden Aufwendungen, Zinszuschüssen oder Annuitätsdarlehen

(1) Werden neben oder an Stelle von öffentlichen Baudarlehen öffentliche Mittel als Darlehen oder Zuschüsse zur Deckung der laufenden Aufwendungen, als Zinszuschüsse oder als Annuitätsdarlehen für alle öffentlich geförderten Wohnungen des Gebäudes oder der Wirtschaftseinheit bewilligt, so hat die Bewilligungsstelle die Durchschnittsmiete zu genehmigen, die sich aus der Verminderung der laufenden Aufwendungen nach § 18 Abs. 2 Satz 1 der Zweiten Berechnungsverordnung ergibt.

(2) Werden die in Absatz 1 genannten öffentlichen Mittel nur für einen Teil der öffentlich geförderten Wohnungen des Gebäudes oder der Wirt-

schaftseinheit bewilligt (begünstigte Wohnungen), so hat die Bewilligungsstelle auf Grund der vom Vermieter vorgelegten Teilwirtschaftlichkeitsberechnungen oder Wirtschaftlichkeitsberechnung mit Teilberechnungen der laufenden Aufwendungen für die begünstigten Wohnungen und die anderen Wohnungen je eine Durchschnittsmiete zu genehmigen; für die begünstigten Wohnungen gilt Absatz 1 entsprechend.

(3) Werden die in Absatz 1 genannten öffentlichen Mittel für alle öffentlich geförderten Wohnungen oder nur für einen Teil der öffentlich geförderten Wohnungen des Gebäudes oder der Wirtschaftseinheit erst nach Genehmigung der Durchschnittsmiete bewilligt, so bleibt es bei der genehmigten Durchschnittsmiete, jedoch vermindern sich die Einzelmieten der Wohnungen, für die diese öffentlichen Mittel bewilligt worden sind, für die Dauer der Bewilligung der in Absatz 1 genannten öffentlichen Mittel anteilig um den Betrag, um den sich die laufenden Aufwendungen verringern.

§ 16

Durchschnittsmiete bei Bewilligung von erhöhten öffentlichen Baudarlehen

Enthält das Gebäude oder die Wirtschaftseinheit öffentlich geförderte Wohnungen, die für Wohnungsuchende mit geringem Einkommen vorbehalten sind, und zugleich andere öffentlich geförderte Wohnungen und werden die vorbehaltenen Wohnungen durch Gewährung von erhöhten, der nachstelligen Finanzierung dienenden öffentlichen Baudarlehen gefördert, so hat die Bewilligungsstelle auf Grund der vom Vermieter vorgelegten Teilwirtschaftlichkeitsberechnungen oder Wirtschaftlichkeitsberechnung mit Teilberechnungen der laufenden Aufwendungen eine Durchschnittsmiete für die vorbehaltenen Wohnungen und eine Durchschnittsmiete für die anderen öffentlich geförderten Wohnungen zu genehmigen.

§ 17

Preisrechtlich zulässige Einzelmiete beim Fehlen einer Wirtschaftlichkeitsberechnung

Hat die Bewilligungsstelle eine Durchschnittsmiete nicht genehmigt, weil eine Wirtschaftlichkeitsberechnung nicht vorzulegen war, so bestimmt sich die Einzelmiete nach entsprechenden Einzelmieten für vergleichbare öffentlich geförderte Mietwohnungen.

§ 18

Mieterhöhungen

(1) Tritt nach der Genehmigung der Durchschnittsmiete bis zur Anerkennung der Schlußabrechnung, spätestens jedoch bis zum Ablauf von zwei Jahren nach Bezugsfertigkeit der Wohnungen, eine Erhöhung des Gesamt-

betrages der laufenden Aufwendungen ein, die der Vermieter nicht zu vertreten hat, so hat die Bewilligungsstelle auf Grund einer neuen Wirtschaftlichkeitsberechnung eine entsprechende Erhöhung der Durchschnittsmiete zu genehmigen.

(2) Der Vermieter darf die Durchschnittsmiete auf Grund einer neuen Wirtschaftlichkeitsberechnung ermitteln, wenn sich der Gesamtbetrag der laufenden Aufwendungen durch Umstände, die er nicht zu vertreten hat und die nach Ablauf des in Absatz 1 genannten Zeitraums eintreten, erhöht.

§ 19

Mieterhöhung bei baulichen Verbesserungen

Die Preisbehörde hat auf Grund einer neuen Wirtschaftlichkeitsberechnung eine Erhöhung der preisrechtlich zulässigen Miete zu genehmigen, soweit laufende Aufwendungen zusätzlich durch Änderungen oder Einrichtungen entstehen, die den Gebrauchswert der öffentlich geförderten Wohnungen auf die Dauer erhöhen und denen die Bewilligungsstelle zugestimmt hat.

Teil IV

Kostenmiete für steuerbegünstigte Wohnungen nach dem Ersten Wohnungsbaugesetz

§ 20

Anwendungsbereich des Teils IV

(1) §§ 21 bis 23 gelten für steuerbegünstigte Wohnungen, die in der Zeit vom 1. Januar 1950 bis zum 30. Juni 1956 bezugsfertig geworden sind.

(2) §§ 21 bis 23 gelten nicht für Wohnungen in Eigenheimen, Kleinsiedlungen und Kaufeigenheimen, die nach dem 31. Juli 1953 und bis zum 30. Juni 1956 bezugsfertig geworden und nach § 110 in Verbindung mit §§ 82, 83 und 99 Abs. 2 des Zweiten Wohnungsbaugesetzes als steuerbegünstigt anerkannt sind.

§ 21

Ermittlung der Kostenmiete

(1) Bei der Ermittlung der Kostenmiete für die steuerbegünstigten Wohnungen des Gebäudes oder der Wirtschaftseinheit ist von der Durchschnittsmiete auszugehen, die nach der Wirtschaftlichkeitsberechnung zur Deckung der laufenden Aufwendungen erforderlich ist.

(2) Für die Aufstellung der Wirtschaftlichkeitsberechnung gelten folgende Besonderheiten:

1. Für nicht dinglich gesicherte Fremdmittel und für Eigenleistungen dürfen Zinsen mit höchstens dem marktüblichen Zinssatz für erste Hypotheken bei Bezugsfertigkeit der Wohnungen als Kapitalkosten angesetzt werden.
2. Wiederkehrende Leistungen dürfen als Kapitalkosten höchstens in Höhe des marktüblichen Zinssatzes für erste Hypotheken bei Bezugsfertigkeit der Wohnungen von dem Kapitalisierungsbetrage angesetzt werden, der unter den Gesamtkosten angesetzt und im Finanzierungsplan als Fremdmittel ausgewiesen ist.
3. Tilgungsbeträge, deren Ansatz ausnahmsweise zulässig ist, dürfen nur bis zu 3 vom Hundert des Darlehensbetrages jährlich, darüber hinausgehende Tilgungsbeträge nur mit Genehmigung der Preisbehörde angesetzt werden.

§ 22

Herabsetzung auf die Kostenmiete

(1) Hat der Mieter einen Antrag nach § 45 Abs. 2 des Ersten Wohnungsbaugesetzes gestellt, so hat die Preisbehörde die Miete auf die Einzelmiete herabzusetzen, die nach der Wirtschaftlichkeitsberechnung zur Deckung der laufenden Aufwendungen erforderlich ist. Der Vermieter hat auf Verlangen der Preisbehörde eine Wirtschaftlichkeitsberechnung vorzulegen; legt er sie nicht vor, so kann die Preisbehörde zur Ermittlung der Kostenmiete durchschnittliche Erfahrungssätze von geeigneten Vergleichsgrundstücken heranziehen.

(2) Die Preisbehörde darf die Miete nicht unter den Betrag herabsetzen, der je Quadratmeter Wohnfläche den nach § 29 Abs. 1 des Ersten Wohnungsbaugesetzes für öffentlich geförderte Wohnungen am 1. Oktober 1954 für die Gemeinde oder den Gemeindeteil bestimmten Mietrichtsatz für öffentlich geförderte Wohnungen vergleichbarer Art, Lage und Ausstattung um die Hälfte übersteigt. Ist der Mietrichtsatz innerhalb derselben Gemeinde oder desselben Gemeindeteils gestaffelt, so ist der örtlich in Betracht kommende höchste Satz entscheidend.

(3) Die Einzelmiete ist zuzüglich der nach §§ 3 und 4 zulässigen Umlagen, Vergütungen und Zuschläge von dem nächsten Mietzahlungstermin an, der auf den Eingang des Antrags des Mieters bei der Preisbehörde folgt, die preisrechtlich zulässige Miete.

§ 23

Änderung der Kostenmiete

Ist die Kostenmiete verbindlich und tritt eine Änderung des Gesamtbetrages der Betriebskosten ein, so ändert sich die Durchschnittsmiete entsprechend. Dies gilt bei einer Erhöhung des Gesamtbetrages der Betriebskosten nur, wenn sie auf Umständen beruht, die der Vermieter nicht zu vertreten hat.

Teil V

Kostenmiete für steuerbegünstigte Wohnungen nach dem Zweiten Wohnungsbaugesetz

§ 24

Anwendungsbereich des Teils V

(1) §§ 25 und 26 gelten für Wohnungen, die nach dem 30. Juni 1956 bezugsfertig geworden sind oder werden und die nach §§ 82 und 83 des Zweiten Wohnungsbaugesetzes als steuerbegünstigt anerkannt sind oder werden.

(2) §§ 25 und 26 gelten auch für Wohnungen in Eigenheimen, Kleinsiedlungen und Kaufeigenheimen, die nach dem 31. Juli 1953 und bis zum 30. Juni 1956 bezugsfertig geworden und nach § 110 in Verbindung mit §§ 82, 83 und 99 Abs. 2 des Zweiten Wohnungsbaugesetzes als steuerbegünstigt anerkannt sind oder werden.

§ 25

Berufung auf die Kostenmiete

(1) Beruft sich der Mieter nach § 85 Abs. 2 des Zweiten Wohnungsbaugesetzes auf die Kostenmiete, so hat der Vermieter in einer Wirtschaftlichkeitsberechnung für die steuerbegünstigten Wohnungen des Gebäudes oder der Wirtschaftseinheit eine Durchschnittsmiete zu ermitteln, die zur Dekkung der laufenden Aufwendungen erforderlich ist. Die nach § 2 preisrechtlich zulässige Miete ist nur für das bestehende Mietverhältnis verbindlich.

(2) Eine Berufung auf die Kostenmiete ist nur zulässig, wenn die vereinbarte Miete ohne die in §§ 3 und 4 genannten Umlagen, Vergütungen und Zuschläge je Quadratmeter Wohnfläche den Mietrichtsatz um mehr als 80 vom Hundert übersteigt, der nach § 29 Abs. 1 des Ersten Wohnungsbaugesetzes für öffentlich geförderte Wohnungen am 1. Oktober 1954 für die Gemeinde oder den Gemeindeteil bestimmt war. Ist der Mietrichtsatz innerhalb derselben Gemeinde oder innerhalb desselben Gemeindeteils gestaffelt, so ist der örtlich in Betracht kommende höchste Satz entscheidend.

§ 26

Änderung der Kostenmiete

Ist die Kostenmiete verbindlich und tritt eine Änderung des Gesamtbetrages der laufenden Aufwendungen ein, so ändert sich die Durchschnittsmiete entsprechend; der Vermieter hat in einer neuen Wirtschaftlichkeitsberechnung die geänderte Durchschnittsmiete zu ermitteln. Dies gilt bei einer Erhöhung des Gesamtbetrages der laufenden Aufwendungen nur, wenn sie auf Umständen beruht, die der Vermieter nicht zu vertreten hat.

Teil VI
Übergangs- und Schlußvorschriften

§ 27
Vertretung von Umständen

Soweit nach dieser Verordnung die Höhe der preisrechtlich zulässigen Miete davon abhängt, ob die Erhöhung von Aufwendungen auf Umständen beruht, die der Vermieter zu vertreten hat, gilt dasselbe, wenn solche Umstände vom Bauherrn oder dessen Rechtsnachfolger zu vertreten sind.

§ 28
Einzelne Wohnräume, Wohnheime und Untermietverhältnisse

(1) Die in dieser Verordnung für Wohnungen getroffenen Vorschriften gelten für einzelne Wohnräume und Wohnheime entsprechend.

(2) Die Vorschriften dieser Verordnung gelten nicht für Untermietverhältnisse und der Untervermietung preisrechtlich gleichstehende Fälle; insoweit gelten die Mietpreisvorschriften für Wohnraum, der bis zum 31. Dezember 1949 bezugsfertig geworden ist, entsprechend.

§ 29
Aufhebung der Mietenverordnung von 1950

(1) Die Verordnung über die Miethöhe für neugeschaffenen Wohnraum (Mietenverordnung) vom 20. November 1950 (Bundesgesetzbl. S. 759) wird aufgehoben.

Die Aufhebung ist seit 1. Juli 1960 ausschließlich, nachdem das GMW Art. X § 1 Ziff. 14 Abs. 2 des § 29 und damit die noch von der NMVO bei Bestand gelassenen Vorschriften der MVO (§§ 3 Abs. 2 S. 2, 4—9, 13, 17) ebenfalls aufgehoben hat.

§ 30
Geltung in Berlin

Diese Verordnung gilt nach § 14 des Dritten Überleitungsgesetzes vom 4. Januar 1952 (Bundesgesetzbl. I S. 1) in Verbindung mit § 53 des Ersten Wohnungsbaugesetzes und mit § 125 des Zweiten Wohnungsbaugesetzes auch im Land Berlin. Soweit diese Verordnung die entsprechende Anwendung der Mietpreisvorschriften für Wohnraum, der bis zum 31. Dezember 1949 bezugsfertig geworden ist, vorschreibt, sind die im Land Berlin maßgebenden Mietpreisvorschriften entsprechend anzuwenden.

§ 31
Geltung im Saarland

Diese Verordnung gilt nicht im Saarland.

Übersicht

§ 32

Inkrafttreten

Diese Verordnung tritt am Ersten des auf die Verkündung folgenden Monats in Kraft.

Erstes Wohnungsbaugesetz (WoBauG)

In der Fassung vom 25. August 1953 (BGBl I 1047, geändert und ergänzt durch § 124 des Zweiten Wohnungsbaugesetzes vom 27. Juni 1956 (BGBl I 523), durch das Änderungsgesetz vom 26. September 1957 (BGBl I 1393) und durch Art. III des Gesetzes vom 12. April 1961 (BGBl I 426).

Inhaltsübersicht

Die Zahlen bedeuten die Paragraphen

Auszug

Teil I

Allgemeine Vorschriften

§ 1

Wohnungsbauförderung als öffentliche Aufgabe

Bund, Länder, Gemeinden und Gemeindeverbände haben den Wohnungsbau unter besonderer Bevorzugung des Baues von Wohnungen, die nach Größe, Ausstattung und Miete (Belastung) für die breiten Schichten des Volkes bestimmt und geeignet sind (sozialer Wohnungsbau), als vordringliche Aufgabe zu fördern mit dem Ziel, daß in den Jahren 1951 bis 1956 möglichst 2 Millionen Wohnungen dieser Art geschaffen werden. Der Wohnungsbau soll unter Berücksichtigung der Arbeitsmöglichkeiten namentlich der Wohnraumbeschaffung für die Vertriebenen, Kriegssachgeschädigten und die übrigen Bevölkerungsgruppen dienen, die ihre Wohnungen unverschuldet verloren haben.

§ 3

Öffentliche Mittel

(1) Öffentliche Mittel sind nur für den sozialen Wohnungsbau nach Maßgabe der Vorschriften der §§ 19 bis 36 zu verwenden. Öffentliche Mittel im Sinne dieses Gesetzes sind Mittel des Bundes, der Länder, Gemeinden und Gemeindeverbände, die von ihnen zum Bau von Wohnungen für die breiten Schichten des Volkes bestimmt sind.

(2) Nicht als öffentliche Mittel im Sinne dieses Gesetzes gelten insbesondere

a) die als Eingliederungsdarlehen für den Wohnungsbau bestimmten Mittel des Ausgleichsfonds (§ 254 Abs. 2 und 3 und § 259 Abs. 1 Satz 3 des Lastenausgleichsgesetzes) oder die mit einer ähnlichen Zweckbestimmung in öffentlichen Haushalten ausgewiesenen Mittel,

b) die in öffentlichen Haushalten gesondert ausgewiesenen Wohnungsfürsorgemittel für Verwaltungsangehörige,

c) die von Steuerpflichtigen gegebenen Zuschüsse und unverzinslichen Darlehen, für die Steuervergünstigungen gemäß § 7c des Einkommensteuergesetzes gewährt werden,

d) die Grundsteuervergünstigungen.

(3) Werden Mittel des Bundes, die nicht als öffentliche Mittel im Sinne dieses Gesetzes gelten, für den Wohnungsbau eingesetzt, so sollen in der Regel 75 vom Hundert der Mittel für Bauvorhaben verwendet werden, die den für den öffentlich geförderten sozialen Wohnungsbau geltenden Grundsätzen entsprechen, wenn es nach der Zweckbestimmung der Wohnungen möglich ist.

(4) Wohnungen, die durch Neubau, durch Wiederaufbau zerstörter oder Wiederherstellung beschädigter Gebäude oder durch Ausbau oder Erweiterung bestehender Gebäude geschaffen und nach dem 31. Dezember 1949 bezugsfertig geworden sind, sind öffentlich geförderte Wohnungen im Sinne dieses Gesetzes, wenn öffentliche Mittel im Sinne von Absatz 1 zur Deckung der Gesamtkosten des Bauvorhabens oder der Kapitalkosten eingesetzt sind.

§ 7

Grundsteuervergünstigung

(1) Werden nach dem 31. Dezember 1949 Wohnungen bezugsfertig, die durch Neubau, durch Wiederaufbau zerstörter oder Wiederherstellung beschädigter Gebäude oder durch Ausbau oder Erweiterung bestehender

Gebäude geschaffen werden und die gemäß Absatz 2 begünstigt sind, so darf die Grundsteuer auf die Dauer von zehn Jahren nur nach dem Steuermeßbetrag erhoben werden, in dem die neugeschaffenen Wohnungen nicht berücksichtigt sind. Bei dem Wiederaufbau zerstörter oder der Wiederherstellung beschädigter Gebäude ist bis zu dem Zeitpunkt, von dem an die Grundsteuer nach Maßgabe der Fortschreibung des Einheitswertes auf den 21. Juni 1948 erhoben wird, die auf Grund von Grundsteuerbilligkeitsrichtlinien wegen Ertragsminderung gesenkte Grundsteuer zu zahlen.

(2) Begünstigt sind

a) öffentlich geförderte Wohnungen

b) andere Wohnungen, deren Wohnfläche 80 Quadratmeter nicht übersteigt. Diese Wohnflächengrenze kann bis zu einer Größe von 120 Quadratmetern überschritten werden, wenn die Wohnung für einen Haushalt mit mehr als vier Personen bestimmt ist oder wenn die Mehrfläche im Rahmen der örtlichen Aufbauplanung bei Wiederaufbau, Wiederherstellung, Ausbau oder Erweiterung oder bei der Schließung von Baulücken durch eine wirtschaftlich notwendige Grundrißgestaltung bedingt ist. Die für das Wohnungs- und Siedlungswesen zuständige oberste Landesbehörde kann für besondere Fälle Ausnahmen von der Wohnflächengrenzen zulassen; sie kann diese Befugnis einer nachgeordneten Stelle übertragen.

(3) Als begünstigte Wohnungen im Sinne von Absatz 2 gelten auch Wohnungen, die zu gewerblichen oder beruflichen Zwecken mitbenutzt werden, sofern nicht mehr als die Hälfte der Wohnfläche gewerblichen oder beruflichen Zwecken dient.

(4) Werden auf dem Grundstück teils begünstigte, teils andere Wohnungen, gewerbliche oder sonstige Räume geschaffen, so wird für den Teil des Grundstückes, der auf die nicht begünstigten Wohnungen, und die gewerblichen oder sonstigen Räume entfällt, die volle Grundsteuer erhoben. Dieser Teil des Grundstückes ist bei Mietwohngrundstücken und bei gemischtgenutzten Grundstücken nach dem Verhältnis der Jahresrohmieten, bei Geschäftsgrundstücken und bei Einfamilienhäusern nach dem Verhältnis des umbauten Raumes zu ermitteln.

§ 9

Beginn und Fortfall der Grundsteuervergünstigung

(1) Die Grundsteuervergünstigung gemäß § 7 beginnt mit dem 1. April des Jahres, das auf das Kalenderjahr folgt, in dem das Gebäude oder die Wohnung bezugsfertig geworden ist.

(2) Fallen die Voraussetzungen für die Grundsteuervergünstigung vor Ablauf des Zeitraumes von zehn Jahren ganz oder teilweise fort, so entfällt insoweit die Vergünstigung mit dem Ablauf des Kalenderjahres, in dem die Voraussetzungen fortgefallen sind.

(3) Endet der Zeitraum von zehn Jahren für die Grundsteuervergünstigung mit dem 31. März eines Jahres, so gilt folgendes:

1. Auf den 1. Januar des Jahres, in dem die Vergünstigung ausläuft, wird ein Steuermeßbetrag festgesetzt, der sich zusammensetzt
   a) aus einem Viertel des nach § 7 festgesetzten Steuermeßbetrages und
   b) aus drei Vierteln des Steuermeßbetrages, der sich nach dem Auslaufen der Vergünstigung ergibt.
2. Auf den 1. Januar des folgenden Jahres wird der Steuermeßbetrag festgesetzt, der sich nach dem Auslaufen der Vergünstigung ergibt.

§ 9a

Auskunft über die Grundsteuervergünstigung

Das Finanzamt hat dem Mieter von Wohnraum auf dessen Verlangen Auskunft zu erteilen, ob und für welchen Zeitraum eine Grundsteuervergünstigung nach §§ 7 oder 8 oder nach den in § 11 bezeichneten Vorschriften gewährt wird oder gewährt worden ist; dem Mieter ist auch Auskunft darüber zu erteilen, von wann ab auf eine solche Vergünstigung verzichtet worden ist.

§ 10

Bescheinigung für die Grundsteuervergünstigung

Dem Bauherrn ist auf Antrag, im Falle des § 7 schon vor Baubeginn, eine Bescheinigung über das Vorliegen der Voraussetzungen der §§ 7, 8 zu erteilen. Die für das Wohnungs- und Siedlungswesen zuständige oberste Landesbehörde bestimmt die Stelle, die diese Bescheinigung auszustellen hat. Der Bauherr soll bei der Erteilung der Bescheinigung für nicht öffentlich geförderte Wohnungen belehrt werden, daß die Miete für die Wohnungen der Preisbindung gemäß den Vorschriften des § 45 unterliegt.

§ 11

Sondervorschriften für Bayern über die Grundsteuervergünstigung

(1) Im Land Bayern finden die §§ 7—10 für die Dauer der Geltung des bayerischen Gesetzes über die Grundsteuerfreiheit und Gebührenfreiheit für den sozialen Wohnungsbau vom 28. November 1949 (Bayerisches Gesetz- und Verordnungsblatt 1950 S. 30) keine Anwendung.

(2) Werden nach dem 31. März 1953 Wohnungen bezugsfertig, die den Voraussetzungen des § 7 entsprechen und die nicht nach dem in Absatz 1 bezeichneten bayerischen Gesetz begünstigt sind, so finden auf die Festsetzung des Steuermeßbetrages für das Grundstück die §§ 7 bis 10 des vorliegenden Gesetzes Anwendung.

(3) Die für das Wohnungs- und Siedlungswesen zuständige oberste Behörde des Landes Bayern kann in besonderen Fällen im Einvernehmen mit dem Bayerischen Staatsministerium der Finanzen auch für Wohnungen, die vor dem 31. März 1953 bezugsfertig geworden sind, Ausnahmen von den Wohnflächengrenzen des in Absatz 1 genannten Gesetzes zulassen.

(4) In den Fällen des Absatzes 3 ist auf Antrag der Steuermeßbetrag nach den Vorschriften des § 7 neu zu veranlagen. Die Steuervergünstigung gilt mit Wirkung vom Beginn des auf den Antrag folgenden Rechnungsjahres und ist nur noch für den Rest des zehnjährigen Vergünstigungszeitraumes zu gewähren. Für den Beginn des Vergünstigungszeitraumes ist der erstmalige Bezug der Wohnung maßgebend.

(5) Endet der Zeitraum von zehn Jahren für die Grundsteuerbefreiung mit dem 31. März eines Jahres, so gilt § 9 Abs. 3 entsprechend.

Teil III

Öffentlich geförderter sozialer Wohnungsbau

Erster Abschnitt

Allgemeine Förderungsvorschriften

§ 19

Förderungswürdigkeiten der Bauvorhaben

(1) Die öffentlichen Mittel sind entsprechend den Wohnbedürfnissen der breiten Schichten des Volkes zur Finanzierung des Baues von Eigenheimen, Kleinsiedlungen, Kaufeigenheimen, Wohnungen in der Rechtsform des Wohnungseigentums oder des Dauerwohnrechts, Genossenschaftswohnungen und Mietwohnungen einzusetzen; die Wohnungen können durch Neubau, durch Wiederaufbau zerstörter oder Wiederherstellung beschädigter Gebäude oder durch Ausbau oder Erweiterung bestehender Gebäude geschaffen werden.

(2) Beim Neubau von Wohnungen ist in erster Linie der Bau von Eigenheimen, Kleinsiedlungen und Kaufeigenheimen zu fördern; dabei sind Bauvorhaben, die unter erheblichem Einsatz von Selbsthilfe durchgeführt werden, zu bevorzugen. Kleinsiedlungen sollen nach Möglichkeit keine Einliegerwohnung enthalten. Zur Förderung des Baues von Eigenheimen und Kleinsiedlungen ist je ein angemessener Anteil der öffentlichen Mittel zu verwenden. Die für das Wohnungs- und Siedlungswesen zuständige oberste Landesbehörde hat sicherzustellen, daß diese Anteile erreicht werden.

(3) Beim Neubau von Mehrfamilienhäusern sollen unter sonst gleichen Voraussetzungen Bauvorhaben bevorzugt gefördert werden, bei denen vorgesehen ist, daß die Wohnungen in der Rechtsform des Wohnungseigentums oder eines eigentumsähnlichen Dauerwohnrechts überlassen werden.

Allgemeine Förderungsvorschriften

(4) In Gemeinden mit Kriegszerstörungen ist in erster Linie der Bau von Wohnungen durch Wiederaufbau zerstörter oder Wiederherstellung beschädigter Gebäude, namentlich auf Trümmerflächen in den zerstörten Wohngebieten, zu fördern, soweit im Rahmen der örtlichen Aufbauplanung eine gesunde städtebauliche Gestaltung und Auflockerung gewährleistet ist.

§ 20

Begriffsbestimmungen

(1) Ein Eigenheim ist ein Wohngebäude mit nicht mehr als zwei Wohnungen, von denen eine Wohnung für den Eigentümer (Erbbauberechtigten) oder seine nächsten Familienangehörigen bestimmt ist.

(2) Eine Kleinsiedlung ist eine Siedlung, die aus einem Einfamilienhaus mit angemessenem Wirtschaftsraum und angemessener Landzulage besteht und die nach Größe, Bodenbeschaffenheit und Einrichtung dazu bestimmt und geeignet ist, dem Siedler durch Selbstversorgung aus vorwiegend gartenbaumäßiger Nutzung des Landes und Kleintierhaltung eine fühlbare Ergänzung seines sonstigen Einkommens zu bieten. Die Kleinsiedlung verliert ihre Eigenschaft nicht dadurch, daß sie neben der für den Kleinsiedler bestimmten Wohnung eine zweite abgeschlossene oder nicht abgeschlossene Wohnung von untergeordneter Bedeutung (Einliegerwohnung) enthält.

(3) Ein Kaufeigenheim ist ein Wohngebäude mit nicht mehr als zwei Wohnungen, das von einem Bauherrn mit der Verpflichtung geschaffen wird, es auf Grund eines Kaufvertrages an natürliche Personen als Eigenheim zu übertragen.

(4) Ein Dauerwohnrecht gilt als eigentumsähnlich, wenn der Dauerwohnberechtigte wirtschaftlich einem Wohnungseigentümer gleichgestellt ist.

§ 26

Einsatz der öffentlichen Baudarlehen

(1) Die öffentlichen Mittel sind in der Regel als Darlehen zu bewilligen (öffentliche Baudarlehen).

(2) Das öffentliche Baudarlehen soll in erster Linie für die nachstellige Finanzierung bewilligt werden.

(3) Das öffentliche Baudarlehen kann ausnahmsweise vorübergehend auch für die erststellige Finanzierung bewilligt werden, wenn die Verhältnisse des Kapitalmarktes es erfordern. Die Ablösung eines der erststelligen Finanzierung dienenden öffentlichen Baudarlehens aus Mitteln des Kapitalmarktes kann verlangt werden, wenn die Verhältnisse des Kapitalmarktes es gestatten.

(4) Das öffentliche Baudarlehen kann in besonderen Fällen auch für die Restfinanzierung als Ersatz der Eigenleistung des Bauherrn oder einem

Unternehmen als Betriebsmittelkredit zur vorübergehenden Vorfinanzierung von Eigenleistungen zum Bau von Eigenheimen, Kleinsiedlungen und Kaufeigenheimen bewilligt werden.

(5) Die die Wohnraumhilfe betreffenden Vorschriften des Lastenausgleichsgesetzes sind mit der Maßgabe anzuwenden, daß die Vorschriften der Absätze 3 und 4 auch für die für die Wohnraumhilfe bestimmten Mittel gelten.

§ 27

Einsatz des nachstelligen Baudarlehens

(1) Das der nachstelligen Finanzierung dienende öffentliche Baudarlehen ist ohne Rücksicht auf den Rang seiner dinglichen Sicherung der Höhe nach so einzusetzen und erforderlichenfalls soweit zinsfrei zu stellen, daß die nach der Wirtschaftlichkeitsberechnung nachhaltig zu erwartenden Kapital- und Bewirtschaftungskosten (Aufwendungen) durch die Erträge gedeckt werden können. (Wirtschaftlichkeit). Der Wert der Eigenleistung ist hierbei, soweit er 15 vom Hundert der Gesamtkosten des Bauvorhabens nicht übersteigt, mit 4 vom Hundert zu verzinsen; der darüber hinausgehende Betrag ist im Rahmen der Wirtschaftlichkeit in Höhe des marktüblichen Zinssatzes für erststellige Hypotheken zu verzinsen. Das Nähere wird durch Rechtsverordnung der Bundesregierung gemäß § 48 Abs. 1 bestimmt.

(2) Als Erträge gelten die Einnahmen, die bei einer Vermietung oder Verpachtung erzielt werden können. Bei Eigenheimen, Kleinsiedlungen und Kaufeigenheimen, sowie bei Wohnungen in der Rechtsform des Wohnungseigentums und eines eigentumsähnlichen Dauerwohnrechts gilt der Mietwert als Ertrag.

§ 28

Finanzierungsbeiträge

(1) Die für das Wohnungs- und Siedlungswesen zuständige oberste Landesbehörde hat sicherzustellen, daß ein angemessener Teil der öffentlich geförderten Wohnungen für Wohnungssuchende verfügbar bleibt, die nicht in der Lage sind, einen Finanzierungsbeitrag zum Bau einer Wohnung zu leisten.

(2) Die Bewilligungsstelle hat, soweit es zur Durchführung der gemäß Absatz 1 erlassenen Bestimmungen erforderlich ist, bei der Bewilligung öffentlicher Mittel die Annahme von Finanzierungsbeiträgen für einen Teil der in ihrem Bezirk geförderten Wohnungen auszuschließen. Soweit die Annahme von Finanzierungsbeiträgen nicht ausgeschlossen wird, kann die Bewilligungsstelle bei der Bewilligung bestimmen, daß ein Finanzierungsbeitrag nur bis zu einem Höchstbetrag angenommen werden darf; sie kann ferner bestimmen, daß ein Finanzierungsbeitrag nur als Mietvorauszahlung oder Mieterdarlehen angenommen werden darf. Bei dem Ausschluß oder der

Beschränkung der Annahme von Finanzierungsbeiträgen ist den Erfordernissen der Finanzierung des Bauvorhabens Rechnung zu tragen.

(3) Eine Vereinbarung mit einem Wohnungssuchenden ist unwirksam, soweit sie gegen eine nach Absatz 2 erlassene Verfügung der Bewilligungsstelle verstößt. Soweit eine Vereinbarung hiernach unwirksam ist, ist ein geleisteter Finanzierungsbeitrag zurückzugewähren; weitergehende Ansprüche bleiben unberührt.

Zweiter Abschnitt

Sondervorschriften für Mietwohnungen

§ 29

Richtsatzmiete

(1) Die für das Wohnungs- und Siedlungswesen zuständige oberste Landesbehörde bestimmt Mietrichtsätze für die öffentlich geförderten Mietwohnungen. Die Mietrichtsätze sind nach Gemeindegrößenklassen oder sonstigen, unterschiedliche Mietpreise rechtfertigenden Merkmalen bis zu einem Höchstbetrage von 1,10 Deutsche Mark je Quadratmeter Wohnfläche im Monat zu staffeln.

(2) Die Bewilligungsstelle setzt für die öffentlich geförderten Mietwohnungen entsprechend den Mietrichtsätzen einen nach Quadratmetern der Wohnfläche bemessenen durchschnittlichen Mietbetrag fest, auf dessen Grundlage der Vermieter die Mieten unter Berücksichtigung von Größe, Lage und Ausstattung der einzelnen Wohnungen zu berechnen hat.

(3) Die für das Wohnungs- und Siedlungswesen zuständige oberste Landesbehörde kann für Mietwohnungen, die durch Wiederaufbau zerstörter oder Wiederherstellung beschädigter Gebäude geschaffen werden, und für Mietwohnungen mit besonderen Lagevorteilen oder mit überdurchschnittlicher Ausstattung Zuschläge zu den Mietrichtsätzen bis zu 30 vom Hundert zulassen. Sie kann für Mietwohnungen, die durch Wiederaufbau oder durch Wiederherstellung auf Trümmerflächen in den zerstörten Wohngebieten geschaffen werden, eine Überschreitung der Mietrichtsätze bis zur Höhe der Mieten zulassen, die vor der Zerstörung oder Beschädigung für Wohnungen vergleichbarer Art, Lage und Ausstattung in diesem Wohngebiet entrichtet worden sind.

(4) Die Bewilligungsstelle darf bei der Festsetzung des Mietbetrages in den in Absatz 3 Satz 1 bezeichneten Fällen den Mietrichtsatz bis zu der zugelassenen Höhe nur überschreiten, soweit die Überschreitung zur Gewährleistung der Wirtschaftlichkeit des Bauvorhabens geboten erscheint. Eine Überschreitung ist unzulässig, soweit dadurch eine höhere Verzinsung des der nachstelligen Finanzierung dienenden öffentlichen Baudarlehens erzielt werden soll.

Sondervorschriften für Mietwohnungen

§ 30

Selbstverantwortlich gebildete Miete

(1) Bei der Förderung des Baues von Mietwohnungen, die durch Wiederaufbau oder Wiederherstellung geschaffen werden, und von Mietwohnungen mit besonderen Lagevorteilen oder mit überdurchschnittlicher Ausstattung kann auf Antrag des Bauherrn die Erhebung einer selbstverantwortlich gebildeten Miete zugelassen werden, wenn dadurch ein um mindestens ein Drittel niedrigeres, der nachstelligen Finanzierung dienendes öffentliches Baudarlehen benötigt wird, als bei Zugrundelegung einer Miete, die nach den Mietrichtsätzen ohne Berücksichtigung von Zuschlägen festgesetzt ist.

(2) Ist die Erhebung einer selbstverantwortlich gebildeten Miete zugelassen, so darf höchstens eine Miete vereinbart werden, die den geltenden Mietrichtsatz um die Hälfte übersteigt. Die Landesregierungen werden ermächtigt, durch Rechtsverordnung einen niedrigeren Höchstbetrag, den die selbstverantwortlich gebildete Miete nicht übersteigen darf, zu bestimmen; der Höchstbetrag kann für Gemeinden oder größere Gebiete oder für bestimmte Gruppen von Bauvorhaben unterschiedlich bestimmt werden.

(3) Die Erhebung einer selbstverantwortlich gebildeten Miete soll nur zugelassen werden, wenn genügend vordringlich unterzubringende Wohnungsuchende vorhanden sind, welche die Miete entrichten können, und wenn die für die örtliche Planung zuständige Stelle aus städtebaulichen Gründen die Förderungswürdigkeit des Bauvorhabens anerkennt.

(4) Beantragt der Bauherr die Zulassung einer selbstverantwortlich gebildeten Miete, so kann auf die Vorlage einer vollständigen Wirtschaftlichkeitsberechnung verzichtet werden. Das der nachstelligen Finanzierung dienende öffentliche Baudarlehen ist zu einem gleichbleibenden Zinssatz zu bewilligen; die Vorschriften des § 27 Abs. 1 finden keine Anwendung.

(5) Die für das Wohnungs- und Siedlungswesen zuständige oberste Landesbehörde bestimmt den Anteil der öffentlichen Mittel, die gemäß den Vorschriften der Absätze 1 bis 4 unter Zulassung einer selbstverantwortlich gebildeten Miete eingesetzt werden dürfen. Der Bundesminister für Wohnungsbau wird ermächtigt, durch Rechtsverordnung einen Höchstanteil für die öffentlichen Mittel, der für die einzelnen Länder verschieden bemessen werden kann, festzusetzen.

§ 30a

Mieterhöhungen

(1) Für öffentlich geförderte Mietwohnungen, die nach dem 31. Dezember 1949 bezugsfertig geworden sind, darf die Miete für die einzelne Wohnung (Einzelmiete) vom Inkrafttreten des Gesetzes über den Abbau der Wohnungszwangswirtschaft und über ein soziales Miet- und Wohnrecht an um 0,10 Deutsche Mark je Quadratmeter Wohnfläche im Monat erhöht werden.

(2) Sind nach der Bewilligung der öffentlichen Mittel Mehrbelastungen des Vermieters dadurch eingetreten, daß sich die für ein Jahr ergebenden

1. laufenden öffentlichen Lasten des Grundstücks, namentlich die Grundsteuer, jedoch nicht die Hypothekengewinnabgabe,
2. Kosten der Straßenreinigung und Müllabfuhr,
3. Kosten der Entwässerung,
4. Kosten der Schornsteinreinigung oder
5. Kosten der Sach- und Haftpflichtversicherung

erhöht haben oder daß derartige Kosten neu entstanden sind, so darf der Mehrbetrag neben der Einzelmiete umgelegt werden, soweit die Mehrbelastung nicht auf Umständen beruht, die der Vermieter zu vertreten hat.

(3) Auf Grund einer Mieterhöhung nach den Absätzen 1 oder 2 darf eine höhere Verzinsung des der nachstelligen Finanzierung dienenden öffentlichen Baudarlehens nicht verlangt werden.

§ 30b

Mieterhöhung zur Verzinsung der Eigenleistung

(1) Ist der erstmaligen Bewilligung der öffentlichen Mittel eine Wirtschaftlichkeitsberechnung oder eine ähnliche Berechnung zugrunde gelegt worden und sind Zinsen für die darin ausgewiesene Eigenleistung nicht oder nur in einer Höhe von weniger als 4 vom Hundert in Anspruch genommen oder anerkannt worden oder hat der Vermieter oder sein Rechtsvorgänger auf einen Ansatz der Zinsen bis zu dieser Höhe ganz oder teilweise verzichtet, so dürfen die Mieten für die öffentlich geförderten Mietwohnungen des Gebäudes oder der Wirtschaftseinheit drei Monate nach Inkrafttreten des Gesetzes über den Abbau der Wohnungszwangswirtschaft und über ein soziales Miet- und Wohnrecht über die nach § 30a zulässigen Mieten hinaus um den Betrag erhöht werden, der an einer Verzinsung der Eigenleistung von 4 vom Hundert fehlt. Haben sich nach der erstmaligen Bewilligung der öffentlichen Mittel gegenüber der bei der Bewilligung zugrunde gelegten Berechnung die Gesamtkosten erhöht und ist diese Erhöhung durch Eigenleistung oder Ersatz von Eigenleistung ganz oder teilweise gedeckt worden, so ist die Erhöhung zu berücksichtigen; diese gilt nur, soweit die Erhöhung auf Umständen beruht, die der Vermieter nicht zu vertreten hat. Der für das Gebäude oder die Wirtschaftseinheit sich ergebende Betrag der Mieterhöhung ist auf die einzelnen Wohnungen nach dem Verhältnis der Einzelmieten aufzuteilen; die nach § 30a zulässige Einzelmiete darf jedoch höchstens um weitere 0,10 Deutsche Mark je Quadratmeter Wohnfläche im Monat erhöht werden.

(2) Die von der Landesregierung bestimmte Stelle hat dem Vermieter auf Antrag zu bescheinigen, um welchen Betrag eine Mieterhöhung nach Absatz 1 zulässig ist; die Bescheinigung kann bereits vor dem Zeitpunkt

erteilt werden, von dem an die Mieterhöhung zulässig ist. Eine Erklärung des Vermieters nach § 18 des Ersten Bundesmietengesetzes ist nur wirksam, wenn die Bescheinigung oder eine Abschrift beigefügt ist.

(3) § 30a Abs. 3 gilt entsprechend.

§ 30c

Preisbindung

Die Vermietung der öffentlich geförderten Wohnungen unterliegt den Preisvorschriften.

§ 31

Erweiterter Anwendungsbereich der Vorschriften für Mietwohnungen

Die für öffentlich geförderte Mietwohnungen geltenden Vorschriften dieses Gesetzes sind auch anzuwenden auf öffentlich geförderte Wohnungen, die auf Grund eines anderen Rechtsverhältnisses als eines Mietverhältnisses, insbesondere eines genossenschaftlichen Nutzungsverhältnisses, überlassen oder vom Eigentümer selbst genutzt werden, mit Ausnahme der Wohnungen in Eigenheimen, Kleinsiedlungen und Kaufeigenheimen sowie der Wohnungen in der Rechtsform des Wohnungseigentums und eines eigentumsähnlichen Dauerwohnrechts.

Dritter Abschnitt

Sondervorschriften für Eigenheime und ähnliche Wohnungen

§ 32

Mietwerte

(1) Die für das Wohnungs- und Siedlungswesen zuständige oberste Landesbehörde bestimmt Richtsätze für die Mietwerte der Wohnungen in öffentlich geförderten Eigenheimen, Kleinsiedlungen und Kaufeigenheimen sowie der öffentlich geförderten Wohnungen in der Rechtsform des Wohnungseigentums und eines eigentumsähnlichen Dauerwohnrechts. Die Richtsätze sind nach Gemeindegrößenklassen oder sonstigen, unterschiedliche Mietwerte rechtfertigenden Merkmalen bis zu einem Höchstbetrage von 1,10 Deutsche Mark je Quadratmeter Wohnfläche im Monat zu staffeln.

(2) Die Bewilligungsstelle setzt für die in Absatz 1 bezeichneten Wohnungen den nach Quadratmetern der Wohnfläche bemessenen Mietwert entsprechend den Richtsätzen fest.

(3) Die für das Wohnungs- und Siedlungswesen zuständige oberste Landesbehörde kann für Wohnungen in Eigenheimen und Kaufeigenheimen sowie für Wohnungen in der Rechtsform des Wohnungseigentums und eines eigentumsähnlichen Dauerwohnrechts Zuschläge zu den Richtsätzen

bis zu 30 vom Hundert zulassen. Die Bewilligungsstelle darf bei der Festsetzung des Mietwertes den Richtsatz bis zu der zugelassenen Höhe nur überschreiten, soweit die Überschreitung zur Gewährleistung der Wirtschaftlichkeit des Bauvorhabens geboten erscheint. Eine Überschreitung ist unzulässig, soweit dadurch eine höhere Verzinsung und Tilgung des der nachstelligen Finanzierung dienenden öffentlichen Baudarlehens erzielt werden soll.

(4) Bei Vermietung einer in Absatz 1 bezeichneten Wohnung hat der Vermieter die Miete unter Berücksichtigung von Größe, Lage und Ausstattung der Wohnung auf der Grundlage des festgesetzten Mietwertes zu berechnen.

(5) Bei Vermietung einer in Absatz 1 bezeichneten Wohnung sind die Vorschriften der §§ 30a bis 30c entsprechend anzuwenden.

§ 34

Vereinfachtes Bewilligungsverfahren

Zum Bau eines Eigenheimes, einer Kleinsiedlung, eines Kaufeigenheimes oder einer Wohnung in der Rechtsform des Wohnungseigentums oder eines eigentumsähnlichen Dauerwohnrechts kann auf Antrag des Bauherrn das der nachstelligen Finanzierung dienende öffentliche Baudarlehen ohne Vorlage einer vollständigen Wirtschaftlichkeitsberechnung bewilligt werden. In diesem Falle ist das Baudarlehen zu einem gleichbleibenden Zinssatz oder zinslos zu gewähren. Die Vorschriften des § 27 Abs. 1 finden keine Anwendung.

Fünfter Abschnitt

Wohnraumbewirtschaftung

§ 37

Anwendung des Wohnraumbewirtschaftungsgesetzes

(1) Auf öffentlich geförderte Wohnungen, die nach dem 31. Dezember 1949 bezugsfertig geworden sind, sind die Vorschriften des Wohnraumbewirtschaftungsgesetzes vom 31. März 1953 (Bundesgesetzbl. I S. 97) anzuwenden, soweit sich nicht aus diesem Gesetz etwas anderes ergibt.

(2) Die Wohnungsbehörde kann einen Antrag auf Erteilung der Benutzungsgenehmigung für eine öffentlich geförderte Wohnung gemäß § 14 des Wohnraumbewirtschaftungsgesetzes auch ablehnen, wenn die Zuteilung der Wohnung den Vorschriften oder Zielen dieses Gesetzes widersprechen würde oder wenn dem mit der Bewilligung der öffentlichen Mittel verfolgten besonderen Zweck hinsichtlich der Belegung der Wohnung nicht Rechnung getragen wird. § 15 Abs. 5 des Wohnraumbewirtschaftungsgesetzes findet auf öffentlich geförderte Wohnungen keine Anwendung.

Wohnraumbewirtschaftung

§ 38

Zuteilung der Wohnungen

(1) Öffentlich geförderte Wohnungen sollen, vorbehaltlich der Vorschriften des § 17a des Wohnraumbewirtschaftungsgesetzes, in der Regel Wohnungsuchenden zugeteilt werden, deren Jahreseinkommen den Betrag von 9000 Deutsche Mark nicht übersteigt. Diese Grenze erhöht sich um je 1200 Deutsche Mark für jeden zur Familie des Wohnungsuchenden rechnenden, von ihm unterhaltenen Angehörigen. Für Schwerbeschädigte erhöht sich die Grenze um weitere 1200 Deutsche Mark.

(2) Sind bei der Bewilligung öffentlicher Mittel öffentlich geförderte Wohnungen Angehörigen begrenzter Personenkreise vorbehalten worden, so dürfen die Wohnungen nur entsprechend diesem Vorbehalt zugeteilt werden. Die Wohnungsbehörde kann nach Maßgabe der vom Bundesminister für Wohnungsbau gemäß § 16 Abs. 3 dieses Gesetzes erteilten Auflagen oder der vom Präsidenten des Bundesausgleichsamtes gemäß § 348 Abs. 3 des Lastenausgleichsgesetzes erlassenen Bestimmungen auf den Vorbehalt verzichten.

§ 39

Betriebs- und Werkwohnungen

Öffentlich geförderte Wohnungen, die von dem Inhaber eines gewerblichen, land- oder forstwirtschaftlichen Betriebes zur Unterbringung von Angehörigen des Betriebes geschaffen werden, und öffentlich geförderte Wohnungen, die nach Rechtsgeschäft für Angehörige eines Betriebes oder einer bestimmten Art von Betrieben zur Verfügung zu halten sind, sind als zweckbestimmter Wohnraum anzuerkennen, wenn der Inhaber des Betriebes zu ihrer Finanzierung angemessen beigetragen hat.

§ 40

Rechtsansprüche auf Zuteilung

(1) Ein Wohnungsuchender, der selbst oder durch einen Dritten einen nach seinem Einkommen und Vermögen angemessenen Finanzierungsbeitrag leistet, hat Anspruch auf Zuteilung der Wohnung; dies gilt nicht, wenn die Bewilligungsstelle die Annahme eines Finanzierungsbeitrages für die Wohnung gemäß § 28 ausgeschlossen hat. Der Finanzierungsbeitrag kann auch in Arbeitsleistungen bestehen. Der Finanzierungsbeitrag soll, sofern Vermögen nicht vorhanden ist, in der Regel als angemessen angesehen werden, wenn er 20 vom Hundert des steuerpflichtigen Jahreseinkommens des Wohnungsuchenden beträgt. Der Antrag auf Zuteilung der Wohnung kann von dem Wohnungsuchenden mit Zustimmung des Verfügungsberechtigten oder nur von dem Verfügungsberechtigten gestellt werden.

(2) Dem Bauherrn ist mindestens ein Raum mehr zuzubilligen, als ihm gemäß § 10 des Wohnraumbewirtschaftungsgesetzes zugestanden werden

kann. Das gleiche gilt für einen Wohnungsuchenden, der zum Bau der Wohnung einen wesentlichen Finanzierungsbeitrag erbracht hat; als wesentlich soll ein Finanzierungsbeitrag in der Regel angesehen werden, wenn er den auf den zusätzlichen Raum anteilig entfallenden Baukosten entspricht.

(3) Die Bundesregierung wird ermächtigt, durch Rechtsverordnung Vorschriften über die Erstattung von Finanzierungsbeiträgen durch einen späteren Wohnungsinhaber und die für die Wohnraumbewirtschaftung sich ergebenden Folgen zu erlassen.

Sechster Abschnitt

Vorzeitige Rückzahlung der öffentlichen Mittel

§ 41

Freistellung

(1) Ist das zum Bau einer Wohnung in einem Eigenheim, einer Kleinsiedlung, oder einem Kaufeigenheim oder zum Bau einer Wohnung in der Rechtsform des Wohnungseigentums oder eines eigentumsähnlichen Dauerwohnrechts gewährte öffentliche Baudarlehen vorzeitig, ohne rechtliche Verpflichtung dazu, zurückgezahlt worden, so sind auf Antrag des Eigentümers, des Erbbauberechtigten oder des Dauerwohnberechtigten die Wohnungen von den für öffentlich geförderte Wohnungen bestehenden Bindungen gemäß Absatz 2 freizustellen. Das gleiche gilt, wenn das zum Bau von Mietwohnungen gewährte öffentliche Baudarlehen für sämtliche geförderten Wohnungen eines Gebäudes vorzeitig zurückgezahlt ist. Über die Freistellung entscheidet die Gemeinde, sofern nicht die für das Wohnungs- und Siedlungswesen zuständige oberste Landesbehörde eine andere Stelle bestimmt. Die Freistellung ist dem Antragsteller schriftlich mitzuteilen.

(2) Durch die Freistellung werden die Wohnungen hinsichtlich der Wohnraumbewirtschaftung, der Mietpreisbildung und des Mieterschutzes steuerbegünstigten oder, falls keine der in § 42 Abs. 1 bezeichneten Steuervergünstigungen in Anspruch genommen ist, frei finanzierten Wohnungen gleichgestellt. Die Vorschriften der §§ 21 und 35 des Wohnraumbewirtschaftungsgesetzes sind auch nach der Freistellung anzuwenden.

(3) Die Freistellung wird hinsichtlich der Wohnraumbewirtschaftung frühestens nach der erstmaligen Zuteilung der Wohnung wirksam. Die Freistellung ist hinsichtlich der Mietpreisbildung und des Mieterschutzes ohne Wirkung auf ein Mietverhältnis, das vor der Freistellung begründet worden ist.

(4) Die Freistellung ist ohne Wirkung auf die Grundsteuervergünstigung und andere für die Wohnungen gewährte Vergünstigungen.

(5) Wird bei vorzeitiger Rückzahlung des öffentlichen Baudarlehens ein teilweiser Erlaß gewährt, so ist eine Freistellung ausgeschlossen, soweit es in einer gemäß § 48 Abs. 2 Buchstabe e erlassenen Rechtsverordnung vorgeschrieben ist.

(6) Auf die vorzeitig zurückgezahlten Beträge der öffentlichen Baudarlehen finden die Vorschriften des § 70 Abs. 4 und 5 des II. Wohnungsbaugesetzes vom 27. Juni 1956 (Bundesgesetzbl. I S. 523) entsprechende Anwendung.

Teil IV

Steuerbegünstigter und frei finanzierter Wohnungsbau

§ 42

Befreiung von der Wohnraumbewirtschaftung

(1) Wohnungen, die durch Neubau, durch Wiederaufbau zerstörter oder Wiederherstellung beschädigter Gebäude oder durch Ausbau oder Erweiterung bestehender Gebäude unter Inanspruchnahme von Steuervergünstigungen nach §§ 7, 11 dieses Gesetzes oder nach § 7c des Einkommensteuergesetzes, jedoch ohne Einsatz öffentlicher Mittel im Sinne von § 3 Abs. 1 geschaffen und nach dem 31. Dezember 1949 bezugsfertig geworden sind (steuerbegünstigte Wohnungen), unterliegen nicht der Wohnraumbewirtschaftung, soweit sich nicht aus dem Wohnraumbewirtschaftungsgesetz etwas anderes ergibt.

(2) Absatz 1 gilt entsprechend für Wohnungen, die ohne Einsatz öffentlicher Mittel im Sinne von § 3 Abs. 1 und ohne Inanspruchnahme der im Absatz 1 bezeichneten Steuervergünstigungen geschaffen und nach dem 31. Dezember 1949 bezugsfertig geworden sind (frei finanzierte Wohnungen).

§ 43

Freibauen

Vermieter, die eine angemessene anderweitige Unterbringung ihrer Mieter auf Grund freier Vereinbarung dadurch ermöglichen, daß sie Wohnungen im Sinne von § 42 schaffen oder schaffen lassen, haben Anspruch auf Zuteilung der dadurch freigewordenen Räume.

§ 44

Weitergehende landesrechtliche Auflockerungsvorschriften

Bestehende Vorschriften der Länder, die eine weitergehende Lockerung der Wohnraumbewirtschaftung zur Förderung der Neubautätigkeit enthalten, als sie in den §§ 37 bis 43 vorgeschrieben ist, bleiben unberührt.

§ 45

Miete für steuerbegünstigte Wohnungen

(1) Für steuerbegünstigte Wohnungen im Sinne von § 42 Abs. 1 kann eine vom Vermieter selbstverantwortlich gebildete Miete vereinbart werden.

(2) Übersteigt die vereinbarte Miete die zur Deckung der laufenden Aufwendungen erforderliche Miete (Kostenmiete) und beruft sich der

Mieter durch schriftliche Erklärung gegenüber dem Vermieter innerhalb eines Jahres nach der Vereinbarung auf die Kostenmiete, so ist vom Ersten des auf die Erklärung folgenden Monats an die Mietpreisvereinbarung insoweit und solange unwirksam, als die vereinbarte Miete die Kostenmiete übersteigt.

(3) Absatz 2 gilt nur, soweit die vereinbarte Miete ohne Umlagen, Vergütungen und Zuschläge je Quadratmeter Wohnfläche den Mietrichtsatz um mehr als 80 vom Hundert übersteigt, der nach § 29 Abs. 1 für öffentlich geförderte Wohnungen am 1. Oktober 1954 für die Gemeinde oder den Gemeindeteil bestimmt war. Ist der Mietrichtsatz innerhalb derselben Gemeinde oder innerhalb desselben Gemeindeteils gestaffelt, so ist der örtlich in Betracht kommende höchste Satz entscheidend.

(4) Bei der Ermittlung der Kostenmiete ist von der Miete auszugehen, die sich für die steuerbegünstigten Wohnungen des Gebäudes oder der Wirtschafteinheit auf Grund der Wirtschaftlichkeitsberechnung für den Quadratmeter der Wohnfläche durchschnittlich ergibt (Durchschnittsmiete). Auf der Grundlage der Durchschnittsmiete ist die Miete für die einzelnen Wohnungen unter angemessener Berücksichtigung ihrer Größe, Lage und Ausstattung zu berechnen. Die Summe der Einzelmieten darf den Betrag nicht übersteigen, der sich aus der Vervielfältigung der Durchschnittsmiete mit der nach Quadratmetern berechneten Summe der Wohnflächen ergibt. Die danach für die Wohnung des Mieters, der eine schriftliche Erklärung nach Absatz 2 abgegeben hat, sich ergebende Einzelmiete ist die Kostenmiete im Sinne des Absatzes 2. Der Vermieter hat dem Mieter auf Verlangen Einsicht in die Berechnungsunterlagen zu gewähren.

(5) Die Vermietung der steuerbegünstigten Wohnungen unterliegt den Preisvorschriften, wenn und solange die Kostenmiete nach Abs. 2 verbindlich ist.

(6) Die Vorschriften der Absätze 2 bis 5 gelten auch dann, wenn die Grundsteuervergünstigung nach §§ 7, 11 dieses Gesetzes entfallen ist oder wenn ein nach § 7c des Einkommensteuergesetzes begünstigtes Finanzierungsmittel zurückgezahlt worden ist.

§ 46

Miete für frei finanzierte Wohnungen

Auf Mietverhältnisse über frei finanzierte Wohnungen im Sinne von § 42 Abs. 2 finden die Vorschriften über die Preisbildung keine Anwendung (Marktmiete).

Teil V

Schluß- und Übergangsvorschriften

§ 47

Einzelne Wohnräume

Die in diesem Gesetz für Wohnungen getroffenen Vorschriften gelten für einzelne Wohnräume entsprechend.

Schluß- und Übergangsvorschriften

§ 48

Durchführungsvorschriften

(1) Die Bundesregierung wird ermächtigt, für öffentlich geförderte und für steuerbegünstigte Wohnungen durch Rechtsverordnung Vorschriften zur Durchführung dieses Gesetzes zu erlassen über:

a) die Wirtschaftlichkeit, ihre Berechnung und ihre Sicherung, sowie die Belastung und ihre Berechnung;
b) die Ermittlung und Anerkennung der Gesamtkosten, der Finanzierungsmittel, der laufenden Aufwendungen (Kapitalkosten und Bewirtschaftungskosten), die Ermittlung und Anerkennung von Änderungen der Kosten und Finanzierungsmittel, die Begrenzung der Ansätze und Ausweise sowie die Aufbringung und Bewertung der Eigenleistung;
c) die Ermittlung der preisrechtlich zulässigen Miete, namentlich auch die Erhebung und Berechnung von Umlagen, Vergütungen und Zuschlägen, sowie die Mietpreisüberwachung und das Verfahren;
d) die Mietwerte;
e) die Ermittlung, Festsetzung und Begrenzung der Nutzungsentgelte für Wohnungen, die in der Rechtsform des Wohnungseigentums oder des Dauerwohnrechts geschaffen oder überlassen werden;
f) die Wohnflächenberechnung.

(2) Die Bundesregierung wird ermächtigt, für öffentlich geförderte Wohnungen durch Rechtsverordnung Vorschriften zur Durchführung dieses Gesetzes zu erlassen über:

a) allgemeine Finanzierungsgrundsätze für den Einsatz öffentlicher Mittel, insbesondere solche, die der Steigerung und Erleichterung der Bautätigkeit im sozialen Wohnungsbau oder der Verbesserung der Wirtschaftlichkeit der Wohnungen dienen;
b) die Ausstattung;
c) den Verzicht des Gläubigers des öffentlichen Baudarlehens auf seinen Anspruch auf Aufhebung eines im Range vorgehenden Grundpfandrechts, insbesondere für den Fall, daß anstelle eines zurückgezahlten, im Range vor dem Baudarlehen durch Grundpfandrecht gesichteren Darlehens ein neues Darlehen für förderungswürdige wohnungswirtschaftliche Zwecke aufgenommen werden soll;
d) die Verzinsung und Tilgung des öffentlichen Baudarlehens, insbesondere um Anreize für eine vorzeitige Rückzahlung eines im Range vor dem Baudarlehen durch Grundpfandrecht gesicherten Darlehens zu schaffen;
e) die Möglichkeit eines teilweisen Erlasses bei vorzeitiger Rückzahlung des öffentlichen Baudarlehens und den Ausschluß einer Freistellung nach § 41; der Ausschluß soll in der Regel in diesen Fällen vorgeschrieben werden.

(3) Solange nicht durch Rechtsverordnung nach Absatz 1 Vorschriften zur Durchführung des § 45 in der vorstehenden Fassung dieses Gesetzes ergangen sind, gilt für die Wirtschaftlichkeitsberechnung nach § 45 die Zweite Berechnungsverordnung vom 17. Oktober 1957 (Bundesgesetzbl. I S. 1719). Die Bundesregierung kann in der Rechtsverordnung nach Absatz 1 auch bestimmen, daß die Zweite Berechnungsverordnung zur Durchführung dieses Gesetzes weiterhin anwendbar bleibt; dabei kann die Zweite Berechnungsverordnung entsprechend geändert oder ergänzt werden.

§ 50

Überleitungsvorschriften

(1) Die Vorschriften des § 3 Abs. 1 Satz 2, Abs. 2 und 4, der §§ 7, 30a bis 30c, des § 32 Abs. 5, der §§ 37 bis 41 und des § 45 der vorstehenden Fassung dieses Gesetzes gelten auch für die in der Zeit vom 1. Januar 1950 bis zum 31. Juli 1953 bezugsfertig gewordenen Wohnungen und Wohnräume.

(2) Für öffentlich geförderte Wohnungen und Wohnräume, die vor dem 1. August 1953 bezugsfertig geworden sind und auf welche die Vorschriften der §§ 3, 16 bis 20 des Ersten Wohnungsbaugesetzes in der bisherigen Fassung vom 24. April 1950 (Bundesgesetzbl. S. 83) und vom 23. Oktober 1951 (Bundesgesetzbl. I S. 865) anzuwenden waren, gelten anstelle der Vorschriften der §§ 19 bis 30, 31, des § 32 Abs. 1 bis 4 und der §§ 33 bis 36 der vorstehenden Fassung dieses Gesetzes die entsprechenden Vorschriften des Ersten Wohnungsbaugesetzes in der bisherigen Fassung weiter. Das gleiche gilt für öffentlich geförderte Wohnungen und Wohnräume, die nach dem 31. Juli 1953 bezugsfertig geworden sind, wenn vor diesem Zeitpunkt die öffentlichen Mittel bereits bewilligt und die Mieten (Mietwerte) von der Bewilligungsstelle festgesetzt worden sind; ist jedoch bei derartigen Wohnungen eine Miete oder ein Mietwert bis zum 31. Juli 1953 nur vorläufig festgesetzt worden, so kann die endgültige Festsetzung nach den Vorschriften der §§ 29 oder 32 der vorstehenden Fassung dieses Gesetzes vorgenommen werden.

(3) Ist über ein nach § 45 des Ersten Wohnungsbaugesetzes in der bisherigen Fassung vom 25. August 1953 (Bundesgesetzbl. I S. 1047) vom Mieter gestellten Antrag auf Herabsetzung der vereinbarten Miete bis zum Vortag des Inkrafttretens des Gesetzes über den Abbau der Wohnungszwangswirtschaft und über ein soziales Miet- und Wohnrecht noch nicht entschieden, so sind § 45 in der bisherigen Fassung vom 25. August 1953 und die zu seiner Durchführung ergangenen Rechtsvorschriften weiterhin anzuwenden. Ist die Miete nach § 45 des Ersten Wohnungsbaugesetzes in der bisherigen Fassung vom 25. August 1953 herabgesetzt worden, so darf sie vom Inkrafttreten des Gesetzes über den Abbau der Wohnungszwangswirtschaft und über ein soziales Miet- und Wohnrecht an auf den Betrag erhöht werden, der sich auf Grund einer neuen Wirtschaftlichkeitsberechnung nach §§ 45 und 48 der vorstehenden Fassung dieses Gesetzes ergibt.

(4) Die Bundesregierung wird ermächtigt, durch Rechtsverordnung nähere Vorschriften zur Überleitung des Ersten Wohnungsbaugesetzes in der bisherigen Fassung in die vorstehende Fassung zu erlassen. Sie kann dabei, soweit es zur Überleitung oder zur Beseitigung von Unbilligkeiten erforderlich ist, die in Absatz 2 Satz 1 bezeichneten Vorschriften auf die nach der bisherigen Fassung des Ersten Wohnungsbaugesetzes zu behandelnden Wohnungen erstrecken.

(5) Die Bundesregierung wird ermächtigt, durch Rechtsverordnung Vorschriften zu erlassen, durch welche die Durchführungsvorschriften zum Gesetz über die Gemeinnützigkeit im Wohnungswesen vom 29. Februar 1940 (Reichsgesetzbl. I S. 438) an die Vorschriften dieses Gesetzes angepaßt werden.

§ 50a (neu gefaßt gemäß § 124 II. WoBauG)

Anwendungsbereich

(1) Die Förderung des Wohnungsbaues bestimmt sich bis zum Beginn des zeitlichen Geltungsbereichs des Zweiten Wohnungsbaugesetzes nach den Vorschriften des vorliegenden Gesetzes. Die Vorschriften des vorliegenden Gesetzes finden, soweit sich aus dem Zweiten Wohnungsbaugesetz nichts anderes ergibt, sonach nur Anwendung

a) im öffentlich geförderten sozialen Wohnungsbau auf Wohnungen und Wohnräume, für die die öffentlichen Mittel erstmalig bis zum 31. Dezember 1956 bewilligt worden sind oder bewilligt werden,

b) im steuerbegünstigten und frei finanzierten Wohnungsbau auf Wohnungen und Wohnräume, die bis zum 30. Juni 1956 bezugsfertig geworden sind oder bezugsfertig werden.

(2) Auf Wohnungen und Wohnräume, auf die die Vorschriften des vorliegenden Gesetzes anzuwenden sind, finden auch die Vorschriften der §§ 108—112 des Zweiten Wohnungsbaugesetzes unter den dort bezeichneten Voraussetzungen Anwendung.

§ 51

Zustimmung des Bundesrates zu Rechtsverordnungen

Die Rechtsverordnungen der Bundesregierung und des Bundesministers für Wohnungsbau, die auf Grund dieses Gesetzes erlassen werden, bedürfen der Zustimmung des Bundesrates.

§ 52

Verweisungen

Soweit in Rechts- oder Verwaltungsvorschriften auf Vorschriften des Ersten Wohnungsbaugesetzes in der bisherigen Fassung verwiesen wird, erhält die Verweisung ihren Inhalt aus den entsprechenden Vorschriften der vorstehenden Fassung des Gesetzes. Einer Verweisung steht es gleich, wenn die Anwendung von Vorschriften des Ersten Wohnungsbaugesetzes in der bisherigen Fassung stillschweigend vorausgesetzt wird.

§ 53

Geltung in Berlin

Die vorstehende Fassung dieses Gesetzes gilt nach Maßgabe des § 13 Abs. 1 des Dritten Überleitungsgesetzes vom 4. Januar 1952 (Bundesgesetzbl. I S. 1) auch im Lande Berlin. Rechtsverordnungen, die auf Grund der in diesem Gesetz enthaltenen Ermächtigungen erlassen werden, gelten im Lande Berlin nach § 14 des Dritten Überleitungsgesetzes.

§ 54

Inkrafttreten

Die vorstehende Fassung dieses Gesetzes tritt am 1. August 1953 in Kraft.

Verordnung über Wirtschaftlichkeits- und Wohnflächenberechnung nach dem Ersten Wohnungsbaugesetz (Erste Berechnungsverordnung — I. BVO)

Vom 20. November 1950/17. Oktober 1957 (BGBl 1950 S. 753; 1957 I S. 1719)

Auf Grund der §§ 6 Absatz 2 Buchstabe b, 17 Absatz 4 und 27 Absatz 1 Satz 2 des Ersten Wohnungsbaugesetzes vom 24. April 1950 (BGBl S. 83), der §§ 2 und 3 des Preisgesetzes vom 10. April 1948 (WiGBl S. 27) / 3. Februar 1949 (WiGBl S. 14) / 21. Januar 1950 (BGBl S. 7) / 8. Juli 1950 (BGBl S. 274) / 25. September 1950 (BGBl S. 681) und des § 32 des Gesetzes über die Gemeinnützigkeit im Wohnungswesen in der Fassung des Gesetzes vom 29. Februar 1940 (Reichsgesetzbl I S. 438) wird mit Zustimmung des Bundesrates verordnet:

Übersicht

Die Zahlen bedeuten die Paragraphen

Teil I

Allgemeine Vorschriften

§ 1

Anwendungsbereich

(1) Diese Verordnung ist, soweit sich aus Absatz 2 nichts anderes ergibt, anzuwenden, wenn Wirtschaftlichkeit oder Wohnfläche zu berechnen ist

1. im öffentlich geforderten sozialen Wohnungsbau für neugeschaffenen Wohnraum, der nach dem 31. Dezember 1949 bezugsfertig geworden ist oder bezugsfertig wird und für den die öffentlichen Mittel erstmalig vor dem 1. Januar 1957 bewilligt worden sind;
2. im steuerbegünstigten Wohnungsbau für neugeschaffenen Wohnraum, der nach dem 31. Dezember 1949 und bis zum 30. Juni 1956 bezugsfertig geworden ist.

(2) Diese Verordnung ist nicht anzuwenden

1. im öffentlich geförderten sozialen Wohnungsbau für neugeschaffenen Wohnraum, der nach dem 30. Juni 1956 bezugsfertig geworden ist oder bezugsfertig wird und für den die öffentlichen Mittel erstmalig vor dem 1. Januar 1957 bewilligt worden sind, wenn auf Grund einer Rechtsverordnung der Landesregierung nach § 108 Abs. 2 des Zweiten Wohnungsbaugesetzes auf diesen Wohnraum § 72 des Zweiten Wohnungsbaugesetzes anzuwenden ist;
2. im steuerbegünstigten Wohnungsbau für neugeschaffenen Wohnraum in Eigenheimen, Kleinsiedlungen und Kaufeigenheimen, der nach

dem 31. Juli 1953 und bis zum 30. Juni 1956 bezugsfertig geworden ist und nach § 110 in Verbindung mit §§ 82, 83 und 99 Abs. 2 des Zweiten Wohnungsbaugesetzes als steuerbegünstigt anerkannt ist oder anerkannt werden soll.

§ 2

Begriffe

(1) Neugeschaffener Wohnraum sind Wohnungen und einzelne Wohnräume, die durch Neubau, durch Wiederaufbau zerstörter oder Wiederherstellung beschädigter Gebäude oder durch Ausbau oder Erweiterung bestehender Gebäude geschaffen und nach dem 31. Dezember 1949 bezugsfertig geworden sind (§§ 7, 16, 28 des Ersten Wohnungsbaugesetzes).

(2) Wiederaufbau ist der Aufbau eines zerstörten Gebäudes. Ein Gebäude gilt im Zweifel als zerstört, wenn oberhalb des Kellergeschosses auf die Dauer benutzbarer Raum nicht vorhanden ist.

(3) Wiederherstellung ist die Schaffung von Wohnraum durch Instandsetzung eines beschädigten Gebäudes, in dem oberhalb des Kellergeschosses auf die Dauer benutzbarer Raum vorhanden ist.

(4) Ausbau ist die Schaffung von Wohnraum durch Ausbau von Dachgeschossen, ferner durch Umwandlung von bisher anderen Zwecken dienenden Räumen in Wohnraum, falls hierzu ein wesentlicher Bauaufwand erforderlich ist.

(5) Erweiterung ist die Schaffung von Wohnraum durch Aufstockung oder Anbau.

Teil II

Wirtschaftlichkeitsberechnung

Erster Abschnitt

Gegenstand und Gliederung der Berechnung

§ 3

Gegenstand der Berechnung

(1) Die Wirtschaftlichkeit von Wohnraum wird durch eine Berechnung ermittelt. In der Wirtschaftlichkeitsberechnung sind die Aufwendungen (§ 16) und die Erträge (§ 24) für die Wirtschaftseinheit gegenüberzustellen.

(2) Wirtschaftseinheit ist das Gebäude, das den neugeschaffenen Wohnraum enthält. Sofern nichts anderes allgemein vorgeschrieben ist oder im Einzelfall vorgeschrieben wird, kann auch eine Mehrheit solcher Gebäude als Wirtschaftseinheit angesehen werden, wenn die Gebäude demselben Eigentümer gehören, in örtlichem Zusammenhang stehen und ihrer Errichtung ein einheitlicher Finanzierungsplan zugrunde liegt.

(3) Die Wirtschaftseinheit erstreckt sich auch auf zugehörige Nebengebäude, Anlagen und Einrichtungen. Sofern nichts anderes allgemein vorgeschrieben ist oder im Einzelfall vorgeschrieben wird, kann sie auch vorhandene bewohnte Gebäude umfassen, wenn diese demselben Eigentümer gehören und der örtliche und wohnungswirtschaftliche Zusammenhang eine einheitliche Bewirtschaftung erfordert.

(4) Zur Wirtschaftseinheit gehört auch das Baugrundstück. Das Baugrundstück besteht aus den überbauten und den dazugehörigen Flächen, soweit diese einen angemessenen Umfang nicht überschreiten.

(5) Wenn es allgemein vorgeschrieben ist oder im Einzelfall vorgeschrieben wird, ist die Gegenüberstellung der Aufwendungen und Erträge auf einen Teil der Wirtschaftseinheit zu beschränken. In diesem Fall ist die Wirtschaftlichkeitsberechnung nur für diesen Teil der Wirtschaftseinheit aufzustellen. Aufwendungen, die für die ganze Wirtschaftseinheit entstehen, dürfen nur mit dem auf den Teil der Wirtschaftseinheit entfallenden Anteil angesetzt werden. Aufwendungen oder Mehraufwendungen, die allein durch den sonstigen Wohn- oder Gewerberaum der Wirtschaftseinheit entstehen, dürfen nur diesem zugerechnet werden. Die auf den sonstigen Wohn- oder Gewerberaum entfallenden Aufwendungen und Erträge sind gesondert auszuweisen, wenn es allgemein vorgeschrieben ist oder im Einzelfall vorgeschrieben wird.

§ 4

Gliederung der Berechnung

Die Wirtschaftlichkeitsberechnung muß enthalten:

1. die Grundstück- und Gebäudebeschreibung,
2. die Berechnung der Gesamtherstellungskosten (§§ 5 bis 11),
3. den Finanzierungsplan (§§ 12 bis 15),
4. die Aufwendungen und Erträge (§§ 16 bis 24).

Zweiter Abschnitt

Berechnung der Gesamtherstellungskosten

§ 5

Gliederung der Gesamtherstellungskosten

(1) Gesamtherstellungskosten sind die Kosten des Baugrundstücks und die Baukosten. Kosten des Baugrundstücks sind der Bodenwert und die Erwerbskosten, bei nicht erschlossenen Grundstücken auch die Erschließungskosten. Baukosten sind die Kosten der Gebäude, Kosten der Außenanlagen, Baunebenkosten, Kosten besonderer Betriebseinrichtungen und Kosten des Gerätes und sonstiger Wirtschaftsausstattungen. Wird der Wert verwendeter Gebäudeteile oder Gebäudereste angesetzt, so ist er unter den Baukosten gesondert auszuweisen.

Wirtschaftlichkeitsberechnung

(2) Bei der Berechnung der Gesamtherstellungskosten ist die Gliederung des Normblattes DIN 276 des Deutschen Normenausschusses zugrunde zu legen, soweit nicht diese Verordnung Abweichendes bestimmt.

§ 6

Anteilige Gesamtherstellungskosten

(1) Wird die Wirtschaftlichkeitsberechnung nur für einen Teil der Wirtschaftseinheit aufgestellt und sind die auf diesen Teil entfallenden Gesamtherstellungskosten nicht gesondert feststellbar, so sind die Gesamtherstellungskosten nach dem Verhältnis der Wohnfläche aufzuteilen; umfaßt die Wirtschaftseinheit auch Gewerberaum, so sind die Gesamtherstellungskosten für den Wohn- und den Gewerberaum nach dem Verhältnis des umbauten Raumes aufzuteilen, wobei die auf den Wohnraum entfallenden anteiligen Kosten des Baugrundstücks jedoch 15 vom Hundert der Baukosten für diesen Wohnraum nicht übersteigen dürfen. Kosten oder Mehrkosten, die nur durch den sonstigen Wohn- oder Gewerberaum, der nicht Gegenstand der Wirtschaftlichkeitsberechnung ist, entstehen, dürfen nur diesem zugerechnet werden.

(2) Zur Berechnung des umbauten Raumes ist das Normblatt DIN 277 des Deutschen Normenausschusses anzuwenden.

§ 7

Kostenansätze

(1) Ansätze für die Bau- und Erschließungskosten sind nur zulässig, soweit die Kosten tatsächlich entstehen und bei gewissenhafter Abwägung aller Umstände, bei wirtschaftlicher Bauausführung und bei ordnungsmäßiger Geschäftsführung gerechtfertigt sind.

(2) Die Sach- und Arbeitsleistung des Bauherrn, eines Mieters oder eines Dritten darf höchstens mit dem hierdurch ersparten Betrage angesetzt werden. Eine Verzinsung der vom Bauherrn während der Bauzeit zur Zwischenfinanzierung bereitgestellten eigenen Mittel darf jedoch höchstens mit dem marktüblichen Zinssatz für erststellige Hypotheken angesetzt werden.

§ 8

Sondervorschrift für Wiederaufbau

(1) Bei Wiederaufbau kann bei den Baukosten auch der Wert der wiederverwendeten Gebäudereste (Gebäuderestwert) angesetzt werden. Der Gebäuderestwert kann ermittelt werden:

1. aus den früheren Baukosten des Gebäudes abzüglich einer Abschreibung von 1 vom Hundert jährlich bis zur Zerstörung, herabgesetzt im Verhältnis des Schadensgrades, oder

2. aus dem gemäß Gesetz betreffend Fortschreibungen und Nachfeststellungen von Einheitswerten des Grundbesitzes auf den 21. Juni 1948 vom 10. März 1949 (WiGBl S. 25) fortgeschriebenen Einheitswert des Grundstücks oder
3. bei den vor dem 1. Januar 1900 bezugsfertig gewordenen Gebäuden aus dem letzten Einheitswert des Grundstücks vor dem 21. Juni 1948, bei nach dem 31. Dezember 1899 bezugsfertig gewordenen Gebäuden aus dem letzten Einheitswert vor dem 21. Juni 1948 unter Hinzurechnung eines Zuschlages bis zu 20 vom Hundert, bei den nach dem 31. März 1924 bezugsfertig gewordenen Gebäuden unter Hinzurechnung eines Zuschlages bis zu 35 vom Hundert, jeweils herabgesetzt im Verhältnis des Schadensgrades, oder
4. aus anderen amtlich anerkannten Gebäudewerten, wie dem Brandkassenwert, herabgesetzt im Verhältnis des Schadensgrades.

(2) Die für den Wohnungsbau zuständigen Obersten Landesbehörden können für den öffentlich geförderten sozialen Wohnungsbau bestimmen, welche der vorstehend aufgeführten Berechnungsverfahren anzuwenden sind.

§ 9

Sondervorschrift für Wiederherstellung

(1) Wird bei Wiederherstellung die Wirtschaftlichkeitsberechnung für die gesamte Wirtschaftseinheit aufgestellt, so sind die Gesamtherstellungskosten nach den für Wiederaufbau geltenden Vorschriften zu ermitteln. Dabei kann der Wert der erhalten gebliebenen Gebäudeteile entsprechend den Vorschriften über den Gebäuderestwert (§ 8), der Wert der nach dem Schadensfall wiederaufgebauten oder instandgesetzten Gebäudeteile mit den hierfür aufgewendeten Baukosten, jedoch höchstens mit den heutigen vergleichbaren Baukosten angesetzt werden.

(2) Wird bei Wiederherstellung die Wirtschaftlichkeitsberechnung nur für einen Teil der Wirtschaftseinheit aufgestellt, so dürfen als Baukosten nur die für diesen Teil aufgewendeten Kosten der wiederhergestellten Gebäudeteile (Wiederherstellungskosten) angesetzt werden; ein Wert für wiederverwendete Gebäudereste ist nicht anzusetzen. Für den Ansatz der Kosten des Baugrundstücks gilt die Vorschrift des § 6.

§ 10

Sondervorschrift für Erweiterung und Dachgeschoßausbau

Wird bei Erweiterung oder Dachgeschoßausbau die Wirtschaftlichkeitsberechnung nur für einen Teil der Wirtschaftseinheit aufgestellt, so dürfen als Baukosten nur die für diesen Teil aufgewendeten Kosten angesetzt werden; ein Wert für verwendete Gebäudeteile ist nicht anzusetzen. Kosten des Baugrundstücks dürfen nur angesetzt werden, wenn das Grundstück für einen Anbau neu erworben wurde.

Wirtschaftlichkeitsberechnung

§ 11

Sondervorschrift für sonstigen Ausbau

Wird Wohnraum durch Ausbau von Räumen, die bisher anderen Zwekken dienten, neugeschaffen, so darf bei den Baukosten auch der Wert der verwendeten Gebäudeteile angesetzt werden, soweit die Gebäudeteile zur Herstellung von Wohnraum erforderlich gewesen wären. Die bisherige Zweckbestimmung ist nicht zu berücksichtigen. Als Kosten des Baugrundstücks darf der bisherige Bodenwert, höchstens jedoch der Bodenwert vergleichbarer Grundstücke für Wohngebäude, angesetzt werden.

Dritter Abschnitt

Finanzierungsplan

§ 12

Inhalt des Finanzierungsplanes

(1) Der Finanzierungsplan muß die Mittel zur Deckung der in der Wirtschaftlichkeitsberechnung angesetzten Gesamtherstellungskosten ausweisen, und zwar:

1. die Fremdmittel unter Angabe der vereinbarten Auszahlungs-, Zins- und Tilgungsbedingungen,
2. die Baukostenzuschüsse,
3. die Eigenleistungen.

(2) Werden nur die auf einen Teil der Wirtschaftseinheit entfallenden Gesamtherstellungskosten angesetzt, so sind die für diesen Teil gegebenen Fremdmittel und Baukostenzuschüsse in dem Finanzierungsplan in voller Höhe anzusetzen. Im übrigen sind Fremdmittel, Baukostenzuschüsse und Eigenleistungen im Verhältnis der Aufteilung der Gesamtherstellungskosten anzusetzen.

(3) Folgende Fremdmittel oder Baukostenzuschüsse sind besonders zu kennzeichnen:

1. unverzinsliche Darlehen und Zuschüsse Dritter, die dem Bauherrn unter Inanspruchnahme von Steuervergünstigungen nach § 7c des Einkommensteuergesetzes gewährt wurden,
2. die von bestimmten Mietern oder zu ihren Gunsten erbrachten Leistungen, namentlich Baukostenzuschüsse und unverzinsliche Darlehen (Mieterleistungen), und zwar auch dann, wenn sie schon nach Ziffer 1 gekennzeichnet sind.

Wirtschaftlichkeitsberechnung

§ 13

Fremdmittel

(1) Fremdmittel sind die zur Deckung der Gesamtherstellungskosten dienenden

1. Darlehen,
2. gestundeten Restkaufgelder,
3. gestundeten öffentlichen Lasten des Grundstücks,
4. kapitalisierten Beträge wiederkehrender Leistungen, namentlich von Rentenschulden.

(2) Als Fremdmittel gelten die auf dem Baugrundstück ruhenden umgestellten Grundpfandrechte Dritter. Werden die Kosten des Baugrundstücks bei den Gesamtherstellungskosten nur anteilig angesetzt, so sind die umgestellten Grundpfandrechte nur im gleichen Verhältnis anzusetzen.

§ 14

Baukostenzuschüsse

Baukostenzuschüsse sind nicht rückzahlbare Zuwendungen und Sach- und Arbeitsleistungen Dritter, die zur Deckung der Gesamtherstellungskosten dienen.

§ 15

Eigenleistungen

(1) Eigenleistungen sind die vom Bauherrn erbrachten Leistungen, die zur Deckung der Gesamtherstellungskosten dienen, namentlich Geldmittel, der Wert der Selbsthilfe und sonstiger Leistungen, sowie der Wert des eigenen Baugrundstücks.

(2) Bei Ermittlung der Eigenleistung sind die vor der Bebauung vorhandenen Verbindlichkeiten, namentlich die umgestellten Grundpfandrechte Dritter abzuziehen, wenn sie in dem Finanzierungsplan als Fremdmittel angesetzt werden (§ 13).

(3) Im Fall des Wiederaufbaues können der Wert des Baugrundstücks und der Gebäuderestwert als Eigenleistung nur mit dem Anteil angesetzt werden, der dem im Bodenwert und Gebäudewert vor der Zerstörung enthaltenen Werte der Eigenleistung entspricht. Der Anteil der Eigenleistung ist derart zu ermitteln, daß von dem Bodenwert und dem Gebäudewert, der der Berechnung nach § 8 zugrunde gelegt ist, die auf dem Grundstück ruhenden, am 20. Juni 1948 bestehenden Belastungen abzuziehen und der hiernach ermittelte Wert im Verhältnis des Schadensgrades zu kürzen sind; in jedem Fall kann jedoch mindestens der Bodenwert als Eigenleistung angesetzt werden.

(4) Zur Ermittlung der Eigenleistung des Bauherrn im öffentlich geförderten sozialen Wohnungsbau können als Ersatz der Eigenleistung anerkannt werden:

Wirtschaftlichkeitsberechnung

1. Baukostenzuschüsse,
2. auf dem Baugrundstück nicht dinglich gesicherte Fremdmittel,
3. im Range nach den öffentlichen Darlehen auf dem Baugrundstück dinglich gesicherte Fremdmittel,
4. auf dem Baugrundstück dinglich gesicherte Darlehen, die dem Bauherrn oder einem Mieter auf Grund von Bau- oder Wohnsparverträgen gewährt werden, bis zur Höhe des angesparten Betrages.

Die für Fremdmittel und Baukostenzuschüsse geltenden Vorschriften werden im übrigen hierdurch nicht berührt.

Vierter Abschnitt

Aufwendungen und Erträge

§ 16

Aufwendungen

Aufwendungen sind die laufend entstehenden Kapitalkosten (§ 17) und die Bewirtschaftungskosten (§§ 18 bis 23).

§ 17

Kapitalkosten

(1) Kapitalkosten sind die sich aus der Inanspruchnahme der im Finanzierungsplan ausgewiesenen Mittel nachhaltig ergebenden Kosten, insbesondere die Zinsen. Sie dürfen, soweit nichts anderes bestimmt ist, in der vereinbarten Höhe, höchstens jedoch mit dem tatsächlich zu entrichtenden Betrage, angesetzt werden; maßgebend ist der Zinsbetrag (Rentenbetrag) der ersten Jahresleistung. Laufend erhobene Nebenleistungen, insbesondere Verwaltungskostenbeiträge, sind wie Zinsen zu behandeln.

(2) Kapitalkosten sind insbesondere:

1. Zinsen für die auf dem Baugrundstück dinglich gesicherten Fremdmittel,
2. Zinsen für sonstige Fremdmittel,
3. laufende Kosten, die aus Bürgschaften für Fremdmittel entstehen,
4. Zinsen für die gestundeten öffentlichen Lasten des Grundstücks,
5. Erbbauzinsen,
6. sonstige wiederkehrende Leistungen,
7. Zinsen für Eigenleistungen.

(3) Für Baukostenzuschüsse ist der Ansatz von Kapitalkosten unzulässig, desgleichen für den Teil des Gebäuderestwertes (§ 8), der weder als Eigenleistung nach § 15 Abs. 3 noch als Fremdmittel nach § 15 Abs. 2 angesetzt werden darf (unverzinslicher Gebäuderestwert).

(4) Tilgungsbeträge sind keine Kapitalkosten und dürfen nicht als Aufwendungen angesetzt werden. Ausnahmsweise darf ein Tilgungsbetrag für ein unter Inanspruchnahme der Steuervergünstigung nach § 7c des Einkommensteuergesetzes gewährtes unverzinsliches Darlehen angesetzt werden, soweit die vereinbarten Tilgungsbedingungen es erfordern, insbesondere die Tilgungsbeträge aus der Abschreibung und den Zinsen der Eigenleistung nicht gedeckt werden können. Das gleiche gilt für unverzinsliche Darlehen, die von oder zugunsten von Mietern gegeben worden sind.

§ 18

Bewirtschaftungskosten

(1) Bewirtschaftungskosten sind die Kosten, die zur Bewirtschaftung der Wirtschaftseinheit laufend erforderlich sind. Ihr Ansatz hat den Grundsätzen einer ordnungsgemäßen Bewirtschaftung zu entsprechen. Bewirtschaftungskosten dürfen nur angesetzt werden, wenn sie ihrer Höhe nach feststehen oder wenn mit ihrem Entstehen mit Sicherheit gerechnet werden kann, wobei Erfahrungswerte vergleichbarer Bauten heranzuziehen sind; sind Rahmensätze zugelassen (§§ 20 und 22), so dürfen Bewirtschaftungskosten nur in einer den tatsächlichen Verhältnissen entsprechenden Höhe unter Berücksichtigung der ortsüblichen Sätze für vergleichbare Bauten angesetzt werden.

(2) Bewirtschaftungskosten sind im einzelnen:

1. Abschreibung (§ 19),
2. Verwaltungskosten (§ 20),
3. Betriebskosten (§ 21),
4. Instandhaltungskosten (§ 22),
5. Mietausfallwagnis (§ 23).

(3) Wird bei Wiederherstellung, Erweiterung und Dachgeschoßausbau die Wirtschaftlichkeitsberechnung nur für einen Teil der Wirtschaftseinheit aufgestellt, so dürfen Bewirtschaftungskosten nur angesetzt werden, soweit sie für diesen zusätzlich entstehen.

(4) Erbringt ein Mieter Leistungen, die zur Ermäßigung von Bewirtschaftungskosten führen, so kann der Wert der Leistung als Aufwendung angesetzt werden, wenn die Miete des betreffenden Mieters um den Betrag während der Dauer des Mietverhältnisses ermäßigt wird.

§ 19

Abschreibung

(1) Abschreibung ist der auf jedes Jahr der Nutzung entfallende Anteil der verbrauchsbedingten Wertminderung der Gebäude, Anlagen und Einrichtungen. Die Abschreibung ist nach der mutmaßlichen Nutzungsdauer zu errechnen.

(2) Die Abschreibung soll bei Gebäuden 1 vom Hundert der Baukosten, bei Erbbaurechten der Gesamtherstellungskosten, abzüglich der Baukostenzuschüsse (§ 14) nicht übersteigen, sofern nicht besondere Umstände eine Überschreitung rechtfertigen.

(3) Beim öffentlich geförderten sozialen Wohnungsbau braucht die Abschreibung bei Aufnahme von Tilgungsdarlehen als zunehmende Abschreibung nur bis $^1/_2$ vom Hundert anerkannt zu werden; sie muß jedoch ausreichen, um die für die Tilgung erforderlichen Beträge aufzubringen.

(4) Eine besondere Abschreibung der zu der Wirtschaftseinheit gehörenden Anlagen und Einrichtungen sowie der zu ihrer Unterbringung bestimmten Gebäude darf nur angesetzt werden, wenn eine Abschreibung hierfür nach Absatz 2 nicht angesetzt ist.

(5) Bei Wiederaufbau können die Baukosten und der Gebäuderestwert abgeschrieben werden (§ 8).

(6) Bei Ausbau von Räumen, die bisher anderen Zwecken dienten, können die Baukosten und der Wert der verwendeten Gebäudeteile abgeschrieben werden (§ 11).

(7) Soweit Abschreibungen nach anderen Gesichtspunkten vorgenommen werden, bleiben sie außer Betracht.

§ 20

Verwaltungskosten

(1) Verwaltungskosten sind die Kosten der zur Verwaltung der Wirtschaftseinheit erforderlichen Arbeitskräfte und Einrichtungen, die Kosten der Aufsicht sowie der Wert der vom Vermieter persönlich geleisteten Verwaltungsarbeit. Zu den Verwaltungskosten gehören die Kosten für die gesetzlichen oder freiwilligen Prüfungen des Jahresabschlusses und der Geschäftsführung und eine Beraubungsversicherung.

(2) Die Verwaltungskosten können mit 25 bis höchstens 35 DM jährlich je Hauptmietverhältnis angesetzt werden, sofern nicht besondere Umstände eine Überschreitung im Ausnahmefall rechtfertigen. Beim Ansatz der Verwaltungskosten sind Umfang, Art und Lage des Wohnhausbesitzes sowie örtliche und sonstige besondere Kostenverhältnisse zu berücksichtigen. Der Satz von 25 DM ist in der Regel als angemessen anzusehen, wenn der Wohnhausbesitz nicht mehr als 10 Wohnungen umfaßt.

(3) Bei öffentlich geförderten Eigenheimen und Kleinsiedlungen brauchen Verwaltungskosten nicht anerkannt zu werden, wenn das Eigenheim oder die Kleinsiedlung vom Eigentümer selbst verwaltet wird. Wird die Verwaltung von Betreuungsstellen ausgeführt, so brauchen bis zur Auflassung nur 25 DM und nach der Auflassung nur 18 DM anerkannt zu werden.

Wirtschaftlichkeitsberechnung

§ 21

Betriebskosten

(1) Betriebskosten sind:

1. laufende öffentliche Lasten des Grundstücks, namentlich die Grundsteuer,
2. Kosten der Wasserversorgung,
3. Kosten der Warmwasserversorgung,
4. Kosten des Betriebes der Heizung,
5. Kosten des Betriebes der Fahrstuhlanlage,
6. Kosten der Straßenreinigung und Müllabfuhr,
7. Kosten der Entwässerung,
8. Kosten der Hausreinigung und Ungezieferbekämpfung,
9. Kosten der Gartenpflege,
10. Kosten der Beleuchtung,
11. Kosten der Schornsteinreinigung,
12. Kosten der Sach- und Haftpflichtversicherung,
13. Kosten für den Hauswart.

(2) Persönliche Kosten der Straßenreinigung, Hausreinigung, Gartenpflege, Bedienung von Heizungs- oder Fahrstuhlanlage sind nicht anzusetzen, soweit die Arbeiten vom Hauswart ausgeführt werden.

(3) Außer den in Absatz 1 bezeichneten Betriebskosten dürfen sonstige Kosten als Betriebskosten nur angesetzt werden, wenn sie mit der Bewirtschaftung der Wirtschaftseinheit unmittelbar zusammenhängen; dies gilt namentlich für Betriebskosten der Nebengebäude, Anlagen und Einrichtungen im Sinne von § 3 Abs. 3. Erträge, die neben der Miete anfallen, sind in der zu erwartenden Höhe abzusetzen.

§ 22

Instandhaltungskosten

(1) Instandhaltungskosten sind Kosten, die während der Nutzungsdauer zur Erhaltung des bestimmungsmäßigen Gebrauchs aufgewendet werden müssen, um die durch Abnutzung, Alterung und Witterungseinwirkung entstehenden baulichen oder sonstigen Mängel ordnungsgemäß zu beseitigen.

(2) Die Instandhaltungskosten sind mit einem auf die Nutzungsdauer abgestellten Durchschnittssatz zwischen 1,75 bis 2,25 DM je Quadratmeter Wohnfläche im Jahr anzusetzen, sofern nicht besondere Umstände eine Überschreitung rechtfertigen. Bei Eigenheimen und Kleinsiedlungen kann

der Mindestsatz unterschritten werden, soweit der Inhaber für die Instand haltung des Gebäudes selbst sorgt.

(3) Übernimmt der Mieter die Kosten der Schönheitsreparaturen für die Wohnung, so ist der Satz für Instandhaltungskosten um 0,40 DM je Quadratmeter Wohnfläche im Jahr zu ermäßigen. Schönheitsreparaturen umfassen nur das Tapezieren, Anstreichen oder Kalken der Wände und Decken, das Streichen der Fußböden, der Fenster von innen und der Türen.

(4) Kosten eigener Instandhaltungswerkstätten sind mit den vorstehenden Sätzen abgegolten.

§ 23

Mietausfallwagnis

Mietausfallwagnis ist das Wagnis einer Ertragsminderung, die durch uneinbringliche Mietrückstände oder Leerstehen von Wohnungen entsteht. Kosten einer Rechtsverfolgung auf Zahlung, Aufhebung eines Mietverhältnisses oder Räumung wegen Mietrückstandes werden hiermit abgegolten. Das Mietausfallwagnis kann in der Regel mit einem Satz von 2 vom Hundert der Jahresmiete angesetzt werden. Ist in anderer Weise die Deckung von Mietausfällen gewährleistet, so darf ein Mietausfallwagnis nicht angesetzt werden.

§ 24

Erträge

(1) Erträge sind die tatsächlichen oder zu erwartenden Einnahmen aus Mieten, Umlagen und Vergütungen.

(2) Als Ertrag gilt auch der Mietwert von Wohnraum, der vom Eigentümer selbst benutzt wird, auf Grund eines anderen Rechtsverhältnisses als eines Mietverhältnisses überlassen wird oder nicht vermietet ist.

Teil III

Wohnflächenberechnung

§ 25

Wohnfläche

(1) Die Wohnfläche einer Wohnung ist die Summe der anrechenbaren Grundflächen der Räume, die ausschließlich zu der Wohnung gehören.

(2) Die Wohnfläche eines einzelnen Wohnraumes besteht aus dessen anrechenbarer Grundfläche; hinzuzurechnen ist die Grundfläche der Räume, die ausschließlich zu diesem Wohnraum gehören.

(3) Zur Wohnfläche gehört nicht die Grundfläche von

1. Dachböden, Kellern, Trockenräumen, Waschküchen;
2. Wirtschaftsräumen, wie Wasch- und Futterküchen, Vorratsräumen, Ställen, Abstellräumen, Schuppen;
3. gewerblichen Räumen, wie Läden, Werkstätten, Lagerräumen.

§ 26

Berechnung der Grundfläche

(1) Die Grundfläche eines Raumes ist aus den Fertigmaßen oder den Rohbaumaßen zu ermitteln.

(2) Fertigmaße sind die lichten Maße zwischen den Wänden ohne Berücksichtigung von Wandgliederungen, Wandbekleidungen, Scheuerleisten, Öfen, Heizungskörpern, Herden und dergleichen.

(3) Werden die Rohbaumaße zugrunde gelegt, so sind diese um die Putzdicke oder die errechneten Grundflächen um 3 vom Hundert zu kürzen.

(4) Von den errechneten Grundflächen sind abzuziehen die Grundflächen von Schornstein- und sonstigen Mauervorlagen, freistehenden Pfeilern und Säulen, wenn sie in der ganzen Raumhöhe durchgehen und über eine geringfügige Grundfläche hinausgehen, sowie von Treppen mit über drei Steigungen.

(5) Zu den errechneten Grundflächen sind hinzuzurechnen die Grundflächen

1. von Fenster- und offenen Wandnischen, die bis zum Fußboden herunterreichen und mehr als 13 Zentimeter tief sind,
2. von Erkern und Wandschränken, die eine Grundfläche von mindestens 0,5 Quadratmeter haben,
3. von Raumteilen unter Treppen, soweit die lichte Höhe mindestens 2 Meter ist.

(6) Wird die Grundfläche nach den Rohbaumaßen ermittelt, so bleibt die hiernach berechnete Wohnfläche maßgebend, es sei denn, daß von der Bauzeichnung abweichend gebaut ist.

§ 27

Anrechenbare Grundfläche

(1) Zur Ermittlung der Wohnfläche werden angerechnet

1. voll:

Grundflächen von Räumen und Raumteilen mit einer lichten Höhe von 2 Metern;

2. zur Hälfte:
   Grundflächen von Räumen und Raumteilen mit einer lichten Höhe zwischen 1 und 2 Metern und von Wintergärten und ähnlichen, nach allen Seiten geschlossenen Räumen;
3. zu einem Viertel:
   Grundflächen, die nicht nach allen Seiten umbaut sind, wie Balkone, Loggien;
4. nicht:
   Grundflächen von Räumen oder Raumteilen mit einer lichten Höhe von weniger als 1 Meter.

(2) Bei Einfamilienhäusern können für Haus- und Treppenflur von der ermittelten Grundfläche der Wohnung (ohne Einliegerwohnung) 10 vom Hundert abgezogen werden.

Teil IV

Übergangs- und Schlußvorschriften

§ 28

Ergänzung des § 10 der Verordnung zur Durchführung des Gesetzes über die Gemeinnützigkeit im Wohnungswesen

In § 10 Abs. 3 der Verordnung zur Durchführung des Gesetzes über die Gemeinnützigkeit im Wohnungswesen vom 23. Juli 1940 (Reichsgesetzbl. I S. 1012) wird folgender Satz angefügt:

„Für steuerbegünstigte und öffentlich geförderte Wohnungen und Wohnräume, die nach dem 31. Dezember 1949 bezugsfertig geworden sind, ist die Wohnfläche nach den Vorschriften der Verordnung über die Wirtschaftlichkeits- und Wohnflächenberechnung für neugeschaffenen Wohnraum (Berechnungsverordnung) vom 20. November 1950 (BGBl S. 753) zu berechnen.“

§ 29

Inkrafttreten

(1) Diese Verordnung tritt am Tage nach ihrer Verkündung, für den öffentlich geförderten sozialen Wohnungsbau am 1. Januar 1951, in Kraft. Die Länder sind verpflichtet, ihre Vorschriften über Wirtschaftlichkeits- und Wohnflächenberechnung bis zum 31. Dezember 1950 entsprechend den Vorschriften dieser Verordnung umzustellen.

(2) Soweit bis zum Inkrafttreten dieser Verordnung bei neugeschaffenem Wohnraum im Sinne von §§ 1 und 2 entgegenstehende Bestimmungen über Wirtschaftlichkeits- und Wohnflächenberechnung angewendet worden sind, bewendet es dabei.

Zweites Wohnungsbaugesetz

(Wohnungsbau- und Familienheimgesetz)

Vom 27. Juni 1956 (BGBl. I 523)
in der Fassung des Gesetzes zur Abänderung des Zweiten Wohnungsbaugesetzes vom 26. September 1957 (BGBl. I 1393),
des § 14 des Miet- und Lastenbeihilfe-Gesetzes (Art. VII GMW)
vom 23. Juni 1960 (BGBl. I 399ff.) des Art. IV des Gesetzes v. 12. April 1961 (BGBl. I 427) und des Gesetzes v. 21. Juli 1961 (BGBl. I 1041)

Übersicht

Übersicht

Übersicht

Der Bundestag hat mit Zustimmung des Bundesrates das folgende Gesetz beschlossen:

Teil I

Grundsätze, Geltungsbereich und Begriffsbestimmungen

§ 1

Wohnungsbauförderung als öffentliche Aufgabe

(1) Bund, Länder, Gemeinden und Gemeindeverbände haben den Wohnungsbau unter besonderer Bevorzugung des Baues von Wohnungen, die nach Größe, Ausstattung und Miete oder Belastung für die breiten Schichten des Volkes bestimmt und geeignet sind (sozialer Wohnungsbau), als vordringliche Aufgabe zu fördern.

(2) Die Förderung des Wohnungsbaues hat das Ziel, die Wohnungsnot, namentlich auch der Wohnungsuchenden mit geringem Einkommen, zu beseitigen und zugleich weite Kreise des Volkes durch Bildung von Einzeleigentum, besonders in der Form von Familienheimen, mit dem Grund und Boden zu verbinden. Sparwille und Tatkraft aller Schichten des Volkes sollen hierzu angeregt werden. In ausreichendem Maße sind solche Wohnungen zu fördern, die die Entfaltung eines gesunden Familienlebens, namentlich für kinderreiche Familien, gewährleisten.

(3) In Gemeinden mit Kriegszerstörungen soll der Bau von Wohnungen durch Wiederaufbau zerstörter oder Wiederherstellung beschädigter Gebäude unter Beachtung einer gesunden städtebaulichen Gestaltung und Auflockerung bevorzugt gefördert werden.

(4) Der Wohnungsbau soll unter Berücksichtigung der Arbeitsmöglichkeiten der Wohnraumbeschaffung für die Vertriebenen, Kriegssachgeschädigten und die übrigen Bevölkerungsgruppen dienen, die ihre Wohnungen unverschuldet verloren haben.

(5) Mit diesen Zielen sind in den Jahren 1957 bis 1962 möglichst 1,8 Millionen Wohnungen des sozialen Wohnungsbaues zu schaffen.

§ 2

Wohnungsbau

(1) Wohnungsbau ist das Schaffen von Wohnraum durch Neubau, durch Wiederaufbau zerstörter oder Wiederherstellung beschädigter Gebäude oder durch Ausbau oder Erweiterung bestehender Gebäude. Der auf diese Weise geschaffene Wohnraum ist neugeschaffen im Sinne dieses Gesetzes.

(2) Der Wohnungsbau erstreckt sich auf Wohnraum der folgenden Arten:

a) Familienheime in der Form von Eigenheimen, Kaufeigenheimen und Kleinsiedlungen;
b) Eigentumswohnungen und Kaufeigentumswohnungen;
c) Genossenschaftswohnungen;
d) Mietwohnungen;
e) Wohnteile ländlicher Siedlungen;
f) sonstige Wohnungen;
g) Wohnheime;
h) einzelne Wohnräume.

§ 3

Maßnahmen zur Wohnungsbauförderung

(1) Die Förderung des Wohnungbaues erfolgt insbesondere durch

a) Einsatz öffentlicher Mittel (§§ 25 bis 68),
b) Übernahme von Bürgschaften (§ 24),
c) Gewährung von Miet- und Lastenbeihilfen (§§ 73 und 74),
d) Gewährung von Prämien für Wohnbausparer (§ 88),
e) Bereitstellung von Bauland (§§ 89 und 90),

f) Maßnahmen zur Baukostensenkung (§ 91),
g) Beitragsvergünstigung in der Unfallversicherung (§ 122),
h) Steuer- und Gebührenvergünstigungen (§§ 92 bis 96),
i) Vergünstigungen bei vorzeitiger Rückzahlung öffentlicher Mittel (§§ 69 bis 71),
k) Auflockerung der Wohnraumbewirtschaftung (§§ 75 bis 81, 84, 86, 97 und 98),
l) Auflockerung der Mietpreisbindung (§§ 72, 85 und 87).

(2) Je nach der Art der Förderung ist der Wohnungsbau
a) öffentlich geförderter sozialer Wohnungsbau (§§ 25 bis 81),
b) steuerbegünstigter Wohnungsbau (§§ 82 bis 85) oder
c) frei finanzierter Wohnungsbau (§§ 86 und 87).

§ 4

Zeitlicher Geltungsbereich für die Wohnungsbauförderung nach diesem Gesetz

(1) Die Förderung des Wohnungsbaues bestimmt sich im Anschluß an den zeitlichen Geltungsbereich des Ersten Wohnungsbaugesetzes nach den Vorschriften des vorliegenden Gesetzes. Die Vorschriften des vorliegenden Gesetzes finden, soweit in dem Gesetz nichts anderes bestimmt ist, sonach Anwendung
a) im öffentlich geförderten sozialen Wohnungsbau auf neugeschaffenen Wohnraum, für den die öffentlichen Mittel erstmalig nach dem 31. Dezember 1956 bewilligt worden sind oder bewilligt werden,
b) im steuerbegünstigten und frei finanzierten Wohnungsbau auf neugeschaffenen Wohnraum, der nach dem 30. Juni 1956 bezugsfertig geworden ist oder bezugsfertig wird.

(2) Ist über einen Antrag auf Bewilligung öffentlicher Mittel bis zum Inkrafttreten dieses Gesetzes noch nicht entschieden, so kann der Antragsteller verlangen, daß über seinen Antrag erst nach dem 31. Dezember 1956 entsprechend den Vorschriften dieses Gesetzes entschieden wird; das gleiche gilt für Anträge, die nach dem Inkrafttreten dieses Gesetzes bis zum 31. Dezember 1956 eingereicht werden.

§ 5

Einteilung der Wohnungen nach ihrer Förderung

(1) Öffentlich geförderte Wohnungen im Sinne dieses Gesetzes sind neugeschaffene Wohnungen, bei denen öffentliche Mittel im Sinne des § 6 Abs. 1 zur Deckung der für den Bau dieser Wohnungen entstehenden Gesamtkosten oder zur Deckung der laufenden Aufwendungen oder zur Deckung der für Finanzierungsmittel zu entrichtenden Zinsen oder Tilgungen eingesetzt sind.

(2) Steuerbegünstigte Wohnungen im Sinne dieses Gesetzes sind neugeschaffene Wohnungen, die nicht öffentlich geördert sind und nach den Vorschriften der §§ 82 und 83 als steuerbegünstigt anerkannt sind.

(3) Frei finanzierte Wohnungen im Sinne dieses Gesetzes sind neugeschaffene Wohnungen, die weder öffentlich gefördert noch als steuerbegünstigt anerkannt sind.

§ 6

Öffentliche Mittel

(1) Mittel des Bundes, der Länder, Gemeinden und Gemeindeverbände, die von ihnen zur Förderung des Baues von Wohnungen für die breiten Schichten des Volkes bestimmt sind, sowie die nach dem Lastenausgleichsgesetz für die Wohnraumhilfe bestimmten Mittel des Ausgleichsfonds sind öffentliche Mittel im Sinne dieses Gesetzes. Die öffentlichen Mittel sind nur zur Förderung des sozialen Wohnungsbaues nach den Vorschriften der §§ 25 bis 68 zu verwenden.

(2) Nicht als öffentliche Mittel im Sinne dieses Gesetzes gelten insbesondere

a) die nach dem Lastenausgleichsgesetz als Eingliederungsdarlehen bestimmten Mittel des Ausgleichsfonds oder die mit einer ähnlichen Zweckbestimmung in öffentlichen Haushalten ausgewiesenen Mittel,
b) die als Prämien an Wohnbausparer gewährten Mittel,
c) die in öffentlichen Haushalten gesondert ausgewiesenen Wohnungsfürsorgemittel für Angehörige des öffentlichen Dienstes,
d) die in Haushalten der Gemeinden und Gemeindeverbände ausgewiesenen Mittel zur Unterbringung von solchen Obdachlosen, die aus Gründen der öffentlichen Sicherheit und Ordnung von den Gemeinden und Gemeindeverbänden unterzubringen sind,
e) die einer Kapitalsammelstelle aus einem öffentlichen Haushalt für Zwecke der Vor- und Zwischenfinanzierung des Wohnungsbaues zur Verfügung gestellten Mittel,
f) die von Steuerpflichtigen gegebenen unverzinslichen Darlehen, für die Steuervergünstigungen nach § 7c des Einkommensteuergesetzes gewährt werden,
g) die Grundsteuervergünstigungen.

(3) Soweit in einem öffentlichen Haushalt andere als die in den Absätzen 1 und 2 bezeichneten Mittel für die Förderung des Wohnungsbaues zur Verfügung gestellt werden, dürfen sie in der Regel nur für den Bau von Wohnungen verwendet werden, die für den nach § 25 begünstigten Personenkreis bestimmt sind und die Mindestausstattung nach § 40 aufweisen.

§ 7

Familienheime

(1) Familienheime sind Eigenheime, Kaufeigenheime und Kleinsiedlungen, die nach Größe und Grundriß ganz oder teilweise dazu bestimmt sind, dem Eigentümer und seiner Familie oder einem Angehörigen und dessen Familie als Heim zu dienen. Zu einem Familienheim in der Form des

Eigenheims oder des Kaufeigenheims soll nach Möglichkeit ein Garten oder sonstiges nutzbares Land gehören.

(2) Das Familienheim verliert seine Eigenschaft, wenn es für die Dauer nicht seiner Bestimmung entsprechend genutzt wird. Das Familienheim verliert seine Eigenschaft nicht, wenn weniger als die Hälfte der Wohn- und Nutzfläche des Gebäudes anderen als Wohnzwecken, insbesondere gewerblichen oder beruflichen Zwecken, dient.

§ 8

Familie und Angehörige

(1) Zur Familie rechnen die Angehörigen, die zum Familienhaushalt gehören oder alsbald nach Fertigstellung des Bauvorhabens, insbesondere zur Zusammenführung der Familie, in den Familienhaushalt aufgenommen werden sollen.

(2) Als Angehörige im Sinne dieses Gesetzes gelten folgende Personen:

a) der Ehegatte;
b) Verwandte in gerader Linie und Verwandte zweiten und dritten Grades in der Seitenlinie;
c) Verschwägerte in gerader Linie und Verschwägerte zweiten Grades in der Seitenlinie;
d) durch Annahme an Kindes Statt in gerader Linie miteinander verbundene Personen;
e) Pflegeeltern und Pflegekinder.

(3) Als kinderreich gelten Familien mit drei oder mehr Kindern, für die Kinderermäßigung nach § 32 Abs. 4 Nr. 2 bis 4 oder § 39 Abs. 4 Nr. 2 bis 4 des Einkommensteuergesetzes zusteht oder gewährt wird.

§ 9

Eigenheime und Kaufeigenheime

(1) Ein Eigenheim ist ein im Eigentum einer natürlichen Person stehendes Grundstück mit einem Wohngebäude, das nicht mehr als zwei Wohnungen enthält, von denen eine Wohnung zum Bewohnen durch den Eigentümer oder seine Angehörigen bestimmt ist.

(2) Ein Kaufeigenheim ist ein Grundstück mit einem Wohngebäude, das nicht mehr als zwei Wohnungen enthält und von einem Bauherrn mit der Bestimmung geschaffen worden ist, es einem Bewerber als Eigenheim zu übertragen.

(3) Die in dem Wohngebäude enthaltene zweite Wohnung kann eine gleichwertige Wohnung oder eine Einliegerwohnung sein.

§ 10

Kleinsiedlungen

(1) Eine Kleinsiedlung ist eine Siedlerstelle, die aus einem Wohngebäude mit angemessenem Wirtschaftsteil und angemessener Landzulage besteht

und die nach Größe, Bodenbeschaffenheit und Einrichtung dazu bestimmt und geeignet ist, dem Kleinsiedler durch Selbstversorgung aus vorwiegend gartenbaumäßiger Nutzung des Landes und Kleintierhaltung eine fühlbare Ergänzung seines sonstigen Einkommens zu bieten. Das Wohngebäude kann neben der für den Kleinsiedler bestimmten Wohnung eine Einliegerwohnung enthalten.

(2) Eine Eigensiedlung ist eine Kleinsiedlung, die von dem Kleinsiedler auf einem in seinem Eigentum stehenden Grundstück geschaffen worden ist.

(3) Eine Trägerkleinsiedlung ist eine Kleinsiedlung, die von einem Bauherrn mit der Bestimmung geschaffen worden ist, sie einem Bewerber zu Eigentum zu übertragen. Nach der Übertragung des Eigentums steht die Kleinsiedlung einer Eigensiedlung gleich.

§ 11

Einliegerwohnungen

Eine Einliegerwohnung ist eine in einem Eigenheim, einem Kaufeigenheim oder einer Kleinsiedlung enthaltene abgeschlossene oder nicht abgeschlossene zweite Wohnung, die gegenüber der Hauptwohnung von untergeordneter Bedeutung ist.

§ 12

Eigentumswohnungen und Kaufeigentumswohnungen

(1) Eine Eigentumswohnung ist eine Wohnung, an der Wohnungseigentum nach den Vorschriften des Ersten Teiles des Wohnungseigentumsgesetzes vom 15. März 1951 (Bundesgesetzbl. I S. 175) begründet ist. Eine Eigentumswohnung, die zum Bewohnen durch den Wohnungseigentümer oder seine Angehörigen bestimmt ist, ist eine eigengenutzte Eigentumswohnung im Sinne des vorliegenden Gesetzes.

(2) Eine Kaufeigentumswohnung ist eine Wohnung, die von einem Bauherrn mit der Bestimmung geschaffen worden ist, sie einem Bewerber als eigengenutzte Eigentumswohnung zu übertragen.

§ 13

Genossenschaftswohnungen

Eine Genossenschaftswohnung ist eine Wohnung, die von einem Wohnungsunternehmer in der Rechtsform der Genossenschaft geschaffen worden und dazu bestimmt ist, auf Grund eines Nutzungsvertrages einem Mitglied zum Bewohnen überlassen zu werden.

§ 14

Wohnungen für Alleinstehende

Eine Wohnung für Alleinstehende ist eine Wohnung, die nach ihrer Größe, baulichen Anlage und Ausstattung zum Bewohnen durch eine allein lebende Person bestimmt ist.

II. WoBauG

Grundsätze, Geltungsbereich

§ 15

Wohnheime

Als Wohnheime im Sinne dieses Gesetzes gelten Heime, die nach ihrer baulichen Anlage und Ausstattung für die Dauer dazu bestimmt und geeignet sind, Wohnbedürfnisse zu befriedigen.

§ 16

Wiederaufbau und Wiederherstellung

(1) Wiederaufbau eines zerstörten Gebäudes ist das Schaffen von Wohnraum oder von anderem auf die Dauer benutzbarem Raum durch Aufbau dieses Gebäudes oder durch Bebauung von Trümmerflächen. Ein Gebäude gilt als zerstört, wenn ein außergewöhnliches Ereignis bewirkt hat, daß oberhalb des Kellergeschosses auf die Dauer benutzbarer Raum nicht mehr vorhanden ist.

(2) Wiederherstellung eines beschädigten Gebäudes ist das Schaffen von Wohnraum oder von anderem auf die Dauer benutzbarem Raum durch Baumaßnahmen, durch die die Schäden ganz oder teilweise beseitigt werden; hierzu gehören auch Baumaßnahmen, durch die auf die Dauer zu Wohnzwecken nicht mehr benutzbarer Wohnraum wieder auf die Dauer benutzbar gemacht wird. Ein Gebäude gilt als beschädigt, wenn ein außergewöhnliches Ereignis bewirkt hat, daß oberhalb des Kellergeschosses auf die Dauer benutzbarer Raum nur noch teilweise vorhanden ist.

(3) Raum ist auf die Dauer nicht benutzbar, wenn ein zu seiner Benutzung erforderlicher Gebäudeteil zerstört ist oder wenn der Raum oder der Gebäudeteil sich in einem Zustand befindet, der aus Gründen der Bau- oder Gesundheitsaufsicht eine dauernde, der Zweckbestimmung entsprechende Benutzung des Raumes nicht gestattet; dabei ist es unerheblich, ob der Raum tatsächlich benutzt wird.

(4) Ein Gebäude gilt nicht als zerstört oder beschädigt, wenn die Schäden durch Mängel der Bauteile oder infolge Abnutzung, Alterung oder Witterungseinwirkung entstanden sind.

§ 17

Ausbau und Erweiterung

(1) Wohnungsbau durch Ausbau eines bestehenden Gebäudes ist das Schaffen von Wohnraum durch Ausbau des Dachgeschosses oder durch eine unter wesentlichen Bauaufwand durchgeführte Umwandlung von Räumen, die nach ihrer baulichen Anlage und Ausstattung bisher anderen als Wohnzwecken dienten. Als Wohnungsbau durch Ausbau eines bestehenden Gebäudes gilt auch der unter wesentlichem Bauaufwand durchgeführte Umbau von Wohnräumen, die infolge Änderung der Wohngewohnheiten

nicht mehr für Wohnzwecke geeignet sind, zur Anpassung an die veränderten Wohngewohnheiten.

(2) Wohnungsbau durch Erweiterung eines bestehenden Gebäudes ist das Schaffen von Wohnraum durch Aufstockung des Gebäudes oder durch Anbau an das Gebäude.

Teil II

Bundesmittel und Bundesbürgschaften

§ 18

Bereitstellung von Bundesmitteln

(1) Der Bund beteiligt sich an der Finanzierung des von den Ländern mit öffentlichen Mitteln geförderten sozialen Wohnungsbaues. Im Rechnungsjahr 1957 stellt der Bund hierfür einen Betrag von mindestens 700 Millionen Deutsche Mark im Bundeshaushalt zur Verfügung; vom Rechnungsjahr 1958 ab stellt der Bund jährlich einen Betrag im Bundeshaushalt zur Verfügung, der sich, vorbehaltlich der Vorschriften des § 88 Abs. 3, gegenüber dem vorbezeichneten Betrage je Rechnungsjahr um 70 Millionen Deutsche Mark verringert.

(2) Mittel, die der Bund nach §§ 20 und 88 oder auf Grund eines anderen Gesetzes für den Wohnungsbau zur Verfügung zu stellen hat, sind auf den in Absatz 1 Satz 2 bezeichneten Betrag nicht anzurechnen, auch wenn der Bund sich mit diesen Mitteln an der Finanzierung des von den Ländern geförderten sozialen Wohnungsbaues beteiligt; das gleiche gilt für Mittel, die der Bund in besonderen Ausgabetiteln des Bundeshaushaltes für die Erfüllung eigener Aufgaben oder zur Durchführung von Sonderwohnungsbauprogrammen zur Verfügung stellt.

(3) Leistungen des Bundes für die Wohnraumversorgung

a) der Flüchtlinge aus der sowjetisch besetzten Zone und dem sowjetisch besetzten Sektor Berlins, die im Notaufnahmeverfahren aus Rechts- oder Ermessungsgründen aufgenommen und zugewiesen werden mit Ausnahme der Flüchtlinge, die auf Grund des Artikels 11 Abs. 2 des Grundgesetzes wegen des Vorhandenseins einer ausreichenden Lebensgrundlage aufgenommen werden und mit Ausnahme der alleinstehenden Personen bis zum vollendeten vierundzwanzigsten Lebensjahr sowie nach Abzug der wieder zurückgewanderten Flüchtlinge,

b) der Vertriebenen, die nach § 31 des Bundesvertriebenengesetzes umzusiedeln sind, der Personen, die nach § 1 Abs. 2 Nr. 3 des Bundesvertriebenengesetzes als Vertriebene gelten, sowie der aus dem Ausland zurückgeführten Vertriebenen, jeweils mit Ausnahme der alleinstehenden Personen,

c) der Personen, die aus Anlaß der Freimachung von Liegenschaften für Verteidigungszwecke in Ersatzwohnraum unterzubringen sind,

d) der Angehörigen des öffentlichen Dienstes, deren Wohnungsfürsorge dem Bund obliegt,

ergeben sich aus dem Jahreshaushaltsplan des Bundes.

§ 19

Verteilung der Bundesmittel

(1) Der Bundesminister für Wohnungsbau verteilt die in § 18 Abs. 1 bezeichneten Bundesmittel auf die Länder. Die Verteilung erfolgt im Einvernehmen mit den für das Wohnungs- und Siedlungswesen zuständigen obersten Landesbehörden. Das Einvernehmen ist gegeben, wenn sämtliche obersten Landesbehörden sich mit dem Verteilungsvorschlag des Bundesministers für Wohnungsbau einverstanden erklärt haben. Wird ein Einvernehmen nicht erzielt, so macht der Bundesminister für Wohnungsbau unverzüglich einen Vermittlungsvorschlag. Stimmen nicht sämtliche obersten Landesbehörden diesem Vermittlungsvorschlag innerhalb einer vom Bundesminister für Wohnungsbau gesetzten angemessenen Frist zu, so entscheidet dieser unter Berücksichtigung des Wohnungsbedarfs in den Ländern nach pflichtmäßigem Ermessen über die Verteilung der Mittel. Die Vorschriften des § 23 dieses Gesetzes und des § 11 des Gesetzes zur Förderung des Bergarbeiterwohnungsbaues im Kohlenbergbau in der Fassung vom 30. November 1954 (Bundesgesetzbl. I S. 358) bleiben unberührt.

(2) Der Bundesminister für Wohnungsbau ist ermächtigt, zum Zwecke einer planmäßigen Vorbereitung des öffentlich geförderten sozialen Wohnungsbaues die Verteilung des in § 18 Abs. 1 Satz 2 bezeichneten Betrages bereits vor Beginn des Rechnungsjahres, für das der Betrag im Haushaltsplan zur Verfügung zu stellen ist, vorzunehmen und die Auszahlung für das Rechnungsjahr verbindlich zuzusagen. Der Bundesminister für Wohnungsbau soll die Verteilung bis zum 1. Dezember des dem Rechnungsjahr vorangehenden Jahres vornehmen.

(3) Der Bundesminister für Wohnungsbau kann die Verteilung der Bundesmittel mit Auflagen, insbesondere hinsichtlich des zu begünstigenden Personenkreises, der Sicherung und der Zins- und Tilgungsbedingungen für diese Mittel, verbinden. Der Bund darf von dem Land für die ihm zugewiesenen Mittel keine höheren Zinsen fordern, als demjenigen Anteil der im Land aufgekommenen Zinsen entspricht, der sich nach dem Verhältnis der am Ende des Kalenderjahres ausgeglichenen Bundesmittel zu den übrigen öffentlichen Mitteln errechnet. Hiervon abweichende Verwaltungsvereinbarungen zwischen Bund und Länder sind zulässig.

Bundesmittel und Bundesbürgschaften

§ 20

Rückflüsse an den Bund

(1) Die Rückflüsse (Rückzahlung der Darlehenssumme im ganzen oder in Teilen, Zinsen und Tilgungsbeträge) aus den Darlehen, die der Bund zur Förderung des Wohnungsbaues den Ländern oder sonstigen Darlehensnehmern gewährt hat und künftig gewährt, sind laufend zur Förderung von Maßnahmen zugunsten des sozialen Wohnungsbaues, jedoch nicht für die Gewährung von Miet- und Lastenbeihilfen zu verwenden; § 15 Abs. 1 Satz 2 des Gesetzes über die Gewährung von Miet- und Lastenbeihilfen vom 23. Juni 1960 (Bundesgesetzbl. I S. 389, 399) bleibt unberührt.

(2) Die Vorschriften des Absatzes 1 gelten entsprechend für die Rückflüsse aus den Darlehen, die aus Wohnungsbauförderungsmitteln des Rciches und des ehemaligen Landes Preußen einschließlich des staatlichen Wohnungsfürsorgefonds gewährt worden sind, sowie für die Rückflüsse aus den durch die Vergebung dieser Mittel begründeten Vermögenswerten.

(3) Die Vorschriften des Absatzes 1 gelten entsprechend für die dem Bund zufließenden Erträge, Rückzahlungen und Erlöse aus Kapitalbeteiligungen des Bundes, des Reiches oder des ehemaligen Landes Preußen an Organen der staatlichen Wohnungspolitik, Wohnungsunternehmen und anderen Unternehmen, die nach ihrer Satzung die Aufgabe haben, den Wohnungsbau zu fördern.

(4) Die Vorschriften des § 1 Abs. 7 bis 10 des Gesetzes über den Geldentwertungsausgleich bei bebauten Grundstücken vom 1. Juni 1926 (Reichsgesetzbl. I S. 251) in der Fassung des Änderungsgesetzes vom 22. März 1930 (Reichsgesetzbl. I S. 91) bleiben unberührt.

(5) Die Vorschriften des Absatzes 1 gelten nicht für die Rückflüsse aus den Darlehen, die aus dem Ausgleichsfonds und den Soforthilfefonds (§§ 5 und 354 des Lastenausgleichsgesetzes) sowie aus den Zinsen und Tilgungsbeträgen der Umstellungsgrundschulden für den Wohnungsbau gewährt worden sind oder gewährt werden. Die Vorschriften des Absatzes 3 gelten nicht für Kapitalbeteiligungen des Ausgleichsfonds.

§ 21

Vor- und Zwischenfinanzierung aus Bundesmitteln

(1) Der Bundesminister für Wohnungsbau ist ermächtigt, von den in § 18 Abs. 1 bezeichneten Mitteln bis zu ihrer Verwendung durch die Länder und von den in § 20 Abs. 1 bis 3 bezeichneten Mitteln bis zu 50 Millionen Deutsche Mark der Deutschen Bau- und Bodenbank Aktiengesellschaft darlehnsweise für Zwecke der Vor- und Zwischenfinanzierung des Baues von Familienheimen im sozialen Wohnungsbau zur Verfügung zu stellen; die zur Verfügung gestellten Mittel sollen vorzugsweise zur Vor- oder Zwischenfinanzierung der Eigenleistung verwendet werden.

Bundesmittel und Bundesbürgschaften

(2) Der in Absatz 1 bezeichnete Betrag in Höhe von 50 Millionen Deutsche Mark kann durch Aufnahme von Mitteln des Geld- und Kapitalmarktes aufgestockt werden. Die Beschaffung geeigneter Geld- und Kapitalmarktmittel soll durch Übernahme von Bürgschaften und Gewährleistungen nach den Vorschriften des § 24 gefördert werden.

(3) Die Vor- und Zwischenfinanzierungsdarlehen sind zu einem niedrigen und gleichbleibenden Zinssatz oder zinslos zu gewähren. Die Darlehen sollen in einem angemessenen Zeitraum unter Berücksichtigung der Leistungsfähigkeit des Darlehnsnehmers zurückgezahlt werden.

(4) Bei der Deutschen Bau- und Bodenbank Aktiengesellschaft wird für die Auswahl der Anträge auf Bewilligung der Vor- und Zwischenfinanzierungsdarlehen ein Ausschuß gebildet.

(5) Das Nähere bestimmt der Bundesminister für Wohnungsbau im Einvernehmen mit dem Bundesminister der Finanzen.

§ 22

Zuständigkeit für die Bewirtschaftung von Bundesmitteln

(1) Die nach ihrer Zweckbestimmung für den Wohnungsbau vorgesehenen Bundesmittel sind im Bundeshaushalt in den Einzelplan des Bundesministers für Wohnungsbau einzustellen. Sollen Mittel, die in anderen Einzelplänen des Bundeshaushaltes eingestellt sind, für den Wohnungsbau verwendet werden, so sind sie dem Bundesminister für Wohnungsbau zur Bewirtschaftung zuzuweisen.

(2) Die Vorschriften des Absatzes 1 gelten nicht für die Mittel, die von der Bundesbahn und der Bundespost in ihrer Eigenschaft als Arbeitgeber zum Bau von Wohnungen für ihre Bediensteten zur Verfügung gestellt werden, sowie für Mittel, die für den Bau von Wohnungen in Dienstgebäuden oder innerhalb geschlossener Anlagen bestimmt sind, die überwiegend anderen als Wohnzwecken dienen sollen.

(3) Die Vorschriften des Absatzes 1 gelten nicht für die in § 23 bezeichneten Mittel des Ausgleichsfonds.

§ 23

Sondervorschriften für Mittel des Ausgleichsfonds

(1) Der Präsident des Bundesausgleichsamtes bedarf zur Verteilung von Mitteln des Ausgleichsfonds, die als Eingliederungsdarlehen für den Wohnungsbau (§ 254 Abs. 2 und 3 § 259 Abs. 1 Satz 3 des Lastenausgleichsgesetzes) oder für die Wohnraumhilfe (§§ 298 bis 300 des Lastenausgleichsgesetzes) bestimmt sind, der Zustimmung des Bundesministers für Wohnungsbau. Die für die Wohnraumhilfe bestimmten Mittel des Ausgleichsfonds sind von den Ländern zusammen mit den sonstigen von ihnen für die

Förderung des sozialen Wohnungsbaues zu verwendenden öffentlichen Mitteln nach einheitlichen Grundsätzen unter Beachtung der Zwecke des Lastenausgleichsgesetzes einzusetzen. Die Ansprüche des Ausgleichsfonds auf Rückzahlung den den Ländern gewährten Darlehen nach § 348 Abs. 2 des Lastenausgleichsgesetzes werden durch den Einsatz der Mittel nach den Vorschriften des vorliegenden Gesetzes, vorbehaltlich der Vorschriften des § 70 und des § 71 Abs. 5, nicht berührt.

(2) Zum Zwecke einer planmäßigen Vorbereitung des Wohnungsbaues soll der Präsident des Bundesausgleichsamtes nach Möglichkeit bis zum 1. Dezember eines jeden Jahres die im folgenden Rechnungsjahr aufkommenden Mittel des Ausgleichsfonds, die als Eingliederungsdarlehen für den Wohnungsbau oder für die Wohnraumhilfe zur Verfügung gestellt werden sollen, verteilen und die Auszahlung für das Rechnungsjahr verbindlich zusagen.

(3) Verfügungen über die Verwendung von Mitteln, allgemeine Verwaltungsvorschriften und allgemeine Anordnungen des Präsidenten des Bundesausgleichsamtes nach § 319 Abs. 1 und 2, § 320 Abs. 2, § 346 und § 348 Abs. 3 des Lastenausgleichsgesetzes, die sich auf die Förderung des Wohnungsbaues beziehen, insbesondere auch auf das Verfahren und auf die Verteilung der Wohnungen, bedürfen der Zustimmung des Bundesministers für Wohnungsbau; das gleiche gilt für die Darlehnsbedingungen und Auflagen, unter denen die Mittel den Ländern gewährt werden.

(4) Die Zustimmung des Bundesministers für Wohnungsbau ist vor einer Zustimmung des Kontrollausschusses (§ 320 Abs. 2 in Verbindung mit § 319 Abs. 1 des Lastenausgleichsgesetzes) einzuholen. Die Befugnisse des Kontrollausschusses werden durch die Vorschriften der Absätze 1 und 3 nicht berührt.

(5) Soweit aus dem Härtefonds (§ 301 des Lastenausgleichsgesetzes) oder im Rahmen der sonstigen Förderungsmaßnahmen (§ 302 des Lastenausgleichsgesetzes (Mittel für die Förderung des Wohnungsbaues bereitgestellt werden, sind die Vorschriften der Absätze 1 bis 4 sinngemäß anzuwenden.

§ 24

Übernahme von Bundesbürgschaften

(1) Die Bundesregierung wird ermächtigt, zur Förderung des Wohnungsbaues und der damit verbundenen städtebaulichen Maßnahmen, namentlich auch im öffentlich geförderten sozialen Wohnungsbau, Bürgschaften und Gewährleistungen bis zu einer Höhe von 500 Millionen Deutsche Mark zu übernehmen. Bürgschaften und Gewährleistungen können zur Förderung des Baues gewerblicher Räume übernommen werden, wenn der Bau der gewerblichen Räume im Zusammenhang mit dem Bau von Wohnungen geboten erscheint.

(2) Über Anträge auf Übernahme von Bürgschaften oder Gewährleistungen nach den Vorschriften des Absatzes 1 entscheidet der Bundesminister für Wohnungsbau im Einvernehmen mit dem Bundesminister der Finanzen. Urkunden über Bürgschaften oder Gewährleistungen werden von der Bundesschuldenverwaltung nach den Vorschriften des Gesetzes über die Errichtung einer Schuldenverwaltung des Vereinigten Wirtschaftsgebietes vom 13. Juli 1948 (WiGBl. S.73) in Verbindung mit der Verordnung über die Bundesschuldenverwaltung vom 13. Dezember 1949 (Bundesgesetzbl. 1950 S. 1) ausgestellt.

Teil III

Öffentlich geförderter sozialer Wohnungsbau

Erster Abschnitt

Allgemeine Förderungsvorschriften

Erster Titel

Grundsätze für den öffentlich geförderten sozialen Wohnungsbau

§ 25

Begünstigter Personenkreis

(1) Mit öffentlichen Mitteln ist in der Regel der soziale Wohnungsbau zugunsten der Wohnungsuchenden zu fördern, deren Jahreseinkommen den Betrag von 9000 Deutsche Mark nicht übersteigt. Diese Grenze erhöht sich um je 1800 Deutsche Mark für jeden zur Familie des Wohnungsuchenden rechnenden, von ihm unterhaltenen Angehörigen. Für Schwerbeschädigte und ihnen Gleichgestellte erhöht sich die Grenze um weitere 1800 Deutsche Mark; das gleiche gilt für Personen im Sinne des Häftlingshilfegesetzes vom 6. August 1955 (Bundesgesetzbl. I S. 498) in seiner jeweils geltenden Fassung, wenn sie infolge einer gesundheitlichen Schädigung durch den Gewahrsam in wenigstens 50 vom Hundert in ihrer Erwerbsfähigkeit gemindert sind.

(2) Jahreseinkommen im Sinne dieses Gesetzes ist der Gesamtbetrag der im vorangegangenen Kalenderjahr bezogenen Einkünfte im Sinne des § 2 Abs. 3 und 4 des Einkommensteuergesetzes. Beträge, die nach §§ 7a bis 7e des Einkommensteuergesetzes abgesetzt worden sind, sind jedoch bei der Feststellung des Jahreseinkommens den Einkünften hinzuzurechnen. Das Kindergeld nach der Kindergeldgesetzgebung bleibt bei der Feststellung des Jahreseinkommens unberücksichtigt; das gleiche gilt für gesetzliche und tarifliche Kinderzulagen zu Löhnen, Gehältern und Renten sowie für vergleichbare Bezüge.

Allgemeine Förderungsvorschriften

§ 26

Grundsätze für die öffentliche Förderung

(1) Zur Verwirklichung der in § 1 bestimmten Ziele sind die öffentlichen Mittel nach folgenden Grundsätzen einzusetzen:

a) Der Neubau von Familienheimen hat den Vorrang vor dem Neubau anderer Wohnungen nach Maßgabe der Vorschriften des § 30.

b) Der Neubau von Eigentumswohnungen hat den Vorrang vor dem Neubau anderer Wohnungen in Mehrfamilienhäusern.

c) In Gemeinden mit Kriegszerstörungen haben, soweit eine geordnete städtebauliche Entwicklung des Gemeindegebietes es erfordert, der Wiederaufbau und die Wiederherstellung den Vorrang vor dem Neubau. Dabei sind bevorzugt Bauvorhaben solcher Bauherren zu fördern, die im Zeitpunkt der Zerstörung oder Beschädigung Eigentümer der Grundstücke waren oder Erben derartiger Eigentümer sind, sowie von Geschädigten, die einen Vertreibungsschaden der in § 12 Abs. 1 Nr. 1 des Lastenausgleichsgesetzes bezeichneten Art geltend machen können oder Erben solcher Geschädigter.

d) Bauvorhaben von Eigentümern oder deren Erben, die den Wiederaufbau der zerstörten Gebäude im Rahmen der örtlichen Bauplanung oder auf Grund einer Umlegung nicht durchführen können und statt dessen auf einem anderen Grundstück bauen wollen, haben den Vorrang vor dem Neubau anderer Wohnungen, jedoch nicht vor dem Neubau von Familienheimen. Den gleichen Vorrang haben Bauvorhaben von Geschädigten, die einen Vertreibungsschaden der in § 12 Abs. 1 Nr. 1 des Lastenausgleichsgesetzes bezeichneten Art geltend machen können, oder von Erben solcher Geschädigter, wenn sie einen Ersatzbau durchführen wollen. Will einer der genannten Bauherren ein Familienheim bauen, so ist ein Bauvorhaben im Rahmen des Vorranges der Vorschriften des Buchstaben a bevorzugt zu fördern.

(2) Förderungsfähige Bauvorhaben von privaten Bauheren, gemeinnützigen und freien Wohnungsunternehmen, Organen der staatlichen Wohnungspolitik, Gemeinden, Gemeindeverbänden, anderen Körperschaften des öffentlichen Rechts und sonstigen Bauherren sind innerhalb des gleichen Förderungsranges ohne Bevorzugung bestimmter Gruppen von Bauherren in gleicher Weise zu berücksichtigen. Innerhalb der einzelnen Förderungsränge sind beim Einsatz von Wohnraumhilfemitteln jeweils die Bauherren in der im Lastenausgleichsgesetz bestimmten Rangfolge zu berücksichtigen.

§ 27

Wohnraumversorgung der Wohnungsuchenden mit geringem Einkommen

(1) Die zuständigen obersten Landesbehörden haben dafür zu sorgen, daß die Wohnungsuchenden mit geringem Einkommen in ausreichendem

Maße mit Wohnraum zu tragbarer Miete oder Belastung versorgt werden. Als Wohnungsuchende mit geringem Einkommen gelten diejenigen, deren Jahreseinkommen

a) bei Alleinstehenden den Betrag von 3000 Deutsche Mark,

b) bei Familien mit zwei Familienmitgliedern den Betrag von 4200 Deutsche Mark, zuzüglich 1800 Deutsche Mark für jeden weiteren zur Familie rechnenden Angehörigen

nicht übersteigt. Bei der Ermittlung des Jahreseinkommens sind die Jahreseinkommen des Wohnungsuchenden und der zur Familie rechnenden Angehörigen zusammenzurechnen.

(2) Die zugunsten der Wohnungssuchenden mit geringem Einkommen geltenden Vorschriften finden auch Anwendung auf

a) kinderreiche Familien,

b) Heimkehrer, die nach dem 31. Dezember 1948 zurückgekehrt sind,

c) Schwerbeschädigte und ihnen Gleichgestellte,

d) Kriegerwitwen mit Kindern,

e) Opfern der nationalsozialistischen Verfolgung und ihnen Gleichgestellte im Sinne des Bundesentschädigungsgesetzes vom 18. September 1953 (Bundesgesetzbl. I S. 1387) in seiner jweils geltenden Fassung,

f) Personen im Sinne des Häftlingshilfegesetzes vom 6. August 1955 (Bundesgesetzbl. I S. 498) in seiner jweils geltenden Fassung,

sofern das Jahreseinkommen die in § 25 bestimmte Grenze nicht übersteigt.

(3) Um das in Absatz 1 bezeichnete Ziel zu erreichen, haben die soberten Landesbehörden dafür zu sorgen, daß bei der Förderung des Wohnungsbaues in ausreichendem Maße neugeschaffene Wohnungen durch die Bewilligungsstellen für Wohnungsuchende mit geringem Einkommen vorbehalten werden und daß alle Möglichkeiten nach den für die Wohnraumbewirtschaftung geltenden Vorschriften, namentlich nach § 17a des Wohnraumbewirtschaftungsgesetzes, ausgeschöpft werden, um diese Wohnungssuchenden in Wohnungen des Wohnungsbestandes angemessen unterzubringen.

§ 28

Wohnungen für Familien mit Kindern und für Alleinstehende

Die für das Wohnungs- und Siedlungswesen zuständigen obersten Landesbehörden haben dafür zu sorgen, daß eine ausreichende Zahl von Wohnungen geschaffen wird, in denen genügend Wohn- und Schlafräume für Familien mit mehreren Kindern enthalten sind. In angemessenem Umfang sind auch die Wohnbedürfnisse von Alleinstehenden, von berufstätigen Frauen mit Kindern und von älteren Ehepaaren zu berücksichtigen.

Zweiter Titel

Maßnahmen zur Durchführung der Grundsätze für den öffentlich geförderten sozialen Wohnungsbau

§ 29

Wohnungsbauprogramme

(1) Die für das Wohnungs- und Siedlungswesen zuständigen obersten Landesbehörden haben bis zum 1. Oktober eines jeden Jahres für das darauffolgende Kalenderjahr ein Wohnungsbauprogramm für den öffentlich geförderten sozialen Wohnungsbau entsprechend den für diesen geltenden Grundsätzen und unter Berücksichtigung der zu ihrer Durchführung notwendigen Maßnahmen aufzustellen. Sie stimmen unter Leitung des Bundesministers für Wohnungsbau ihre Programme und deren Finanzierung so aufeinander ab, daß für das Gebiet der Bundesrepublik ein Gesamtprogramm entsteht, welches den in § 1 bezeichneten Zielen entspricht.

(2) Die obersten Landesbehörden sollen die zur Durchführung des Wohnungsbauprogrammes notwendigen Maßnahmen so rechtzeitig treffen, daß die öffentlichen Mittel vor Beginn der für den Wohnungsbau geeigneten Jahreszeit bewilligt werden können.

§ 30

Sicherstellung des Vorranges des Baues von Familienheimen und einer ausreichenden Wohnraumversorgung der Wohnungsuchenden mit geringem Einkommen

(1) Um den Vorrang des Neubaues von Familienheimen und eine ausreichende Wohnraumversorgung der Wohnungsuchenden mit geringem Einkommen sicherzustellen, haben die für das Wohnungs- und Siedlungswesen zuständigen obersten Landesbehörden die Verteilung der öffentlichen Mittel unter Beachtung der in § 1 bestimmten Ziele und unter Berücksichtigung der Vorschriften des § 26 so vorzunehmen, daß

a) zunächst den Anträgen auf Bewilligung öffentlicher Mittel zum Bau von Familienheimen entsprochen werden kann, wenn diese für Wohnungsuchende mit geringem Einkommen bestimmt sind, oder wenn durch den Bezug eines Familienheims eine nach § 17a des Wohnraumbewirtschaftungsgesetzes vorbehaltene Wohnung oder eine sonstige geeignete Wohnung des Wohnungsbestandes für einen Wohnungsuchenden mit geringem Einkommen frei wird,

b) alsdann mit gleichwertigem Rang einem möglichst großen Teil der Anträge entsprochen werden kann, die gerichtet sind

   aa) auf Bewilligung öffentlicher Mittel zum Bau sonstiger Familienheime, insbesondere durch Bauherren, die nach § 35 Abs. 2 und 3 bevorzugt zu berücksichtigen sind, oder

   bb) auf Bewilligung öffentlicher Mittel zum Bau von sonstigen Wohnungen, die für Wohnungsuchende mit geringem Einkommen bestimmt sind, soweit diese Wohnungsuchenden noch nicht ausreichend mit Wohnraum versorgt sind und nicht in einer nach § 17a des Wohnraumbewirtschaftungsgesetzes vorbehaltenen Wohnung oder einer sonstigen geeigneten Wohnung des Wohnungsbestandes untergebracht werden können.

(2) Die von der obersten Landesbehörde bestimmten Stellen haben die ihnen zugeteilten öffentlichen Mittel entsprechend der Weisung der obersten Landesbehörde zur Befriedigung der in Absatz 1 bezeichneten Anträge einzusetzen. Soweit die oberste Landesbehörde öffentliche Mittel mit der Weisung zugeteilt hat, sie ganz oder teilweise zugunsten bestimmter Personenkreise oder für bestimmte Zwecke zu verwenden, ist Satz 1 unter Beachtung dieser besonderen Weisung anzuwenden.

§ 31

Unterlagen für die Verteilung der öffentlichen Mittel durch die obersten Landesbehörden

Die für das Wohnungs- und Siedlungswesen zuständigen obersten Landesbehörden haben dafür zu sorgen, daß ihnen rechtzeitig vor der Verteilung der öffentlichen Mittel die für die Anwendung des § 30 erforderlichen Unterlagen vollständig vorliegen, insbesondere über die noch nicht erledigten Anträge auf Förderung des Baues von

a) Familienheimen, darunter diejenigen, denen nach § 30 Abs. 1 Buchstabe a zur Unterbringung von Wohnungsuchenden mit geringem Einkommen zunächst zu entsprechen ist,
b) sonstigen Wohnungen für Wohnungsuchende mit geringem Einkommen, die unter den Voraussetzungen des § 30 Abs. 1 Buchstabe b zu berücksichtigen sind.

§ 32

Berichterstattung an den Bundesminister für Wohnungsbau

(1) Die für das Wohnungs- und Siedlungswesen zuständigen obersten Landesbehörden haben dem Bundesminister für Wohnungsbau jährlich Berichte über die Durchführung des § 30, die danach vorgenommenen Mittelverteilungen und die Auswertung der in § 31 bezeichneten Unterlagen zusammen mit den Wohnungsbauprogrammen vorzulegen.

(2) Der Bundesminister für Wohnungsbau stellt die nach Absatz 1 erstatteten Berichte unter Auswertung der Erhebung nach dem Gesetz über eine Statistik der Wohn- und Mietverhältnisse und des Wohnungsbedarfs vom 17. Mai 1956 (Bundesgesetzbl. I S. 427) zu einem Gesamtbericht für das Bundesgebiet zusammen. In dem Gesamtbericht ist auch die Wohnraumversorgung der Wohnungsuchenden zu behandeln, die in Lagern, Baracken, Bunkern, Nissenhütten oder ähnlichen nicht dauernd für Wohnzwecke geeigneten Unterkünften bisher untergebracht waren oder noch untergebracht sind.

Dritter Titel

Bauherren

§ 33

Voraussetzung für die Berücksichtigung der Bauherren

(1) Öffentliche Mittel können auf Antrag einem Bauherrn bewilligt werden, der Eigentümer eines geeigneten Baugrundstücks ist oder nachweist, daß der Erwerb eines derartigen Grundstücks gesichert ist oder durch die Gewährung der öffentlichen Mittel gesichert wird. Voraussetzung ist, daß das Bauvorhaben den Zielen dieses Gesetzes sowie den auf Grund dieses Gesetzes für den öffentlich geförderten sozialen Wohnungsbau geltenden Rechtsvorschriften und Förderungsbestimmungen entspricht, daß der Bauherr die erforderliche Leistungsfähigkeit und Zuverlässigkeit besitzt und daß Gewähr für eine ordnungsmäßige und wirtschaftliche Durchführung des Bauvorhabens und für eine ordnungsmäßige Verwaltung der Wohnungen besteht. Bei der Beurteilung der Leistungsfähigkeit ist den besonderen Verhältnissen der Vertriebenen, Sowjetzonenflüchtlinge und Kriegssachgeschädigten Rechnung zu tragen.

(2) Öffentliche Mittel können auf Antrag auch einem Bauherrn bewilligt werden, für den an einem geeigneten Baugrundstück ein Erbbaurecht auf die Dauer von mindestens 99 Jahren bestellt ist oder der nachweist, daß der Erwerb eines derartigen Erbbaurechts gesichert ist. Die Bewilligungsstelle kann bei Vorliegen besonderer Gründe im Einzelfall oder allgemein für das Gebiet einer Gemeinde zulassen, daß das Erbbaurecht auf eine kürzere Zeitdauer, in der Regel jedoch auf nicht weniger als 75 Jahre, bestellt ist.

(3) Ein Rechtsanspruch auf Bewilligung öffentlicher Mittel besteht, vorbehaltlich der Vorschriften des § 45, nicht.

(4) Gemeinden, Gemeindeverbände, sonstige Körperschaften des öffentlichen Rechts sowie gewerbliche Betriebe sollen sich in der Regel eines geeigneten Wohnungsunternehmens oder Organs der staatlichen Wohnungspolitik bedienen.

§ 34

Eigenleistung der Bauherren

(1) Öffentliche Mittel sollen nur bewilligt werden, wenn der Bauherr eine angemessene Eigenleistung zur Deckung der Gesamtkosten des Bauvorhabens erbringt.

(2) Die erforderliche Eigenleistung des Bauherrn kann auch durch andere Finanzierungsmittel erbracht werden, soweit diese von der Bewilligungsstelle als Ersatz der Eigenleistung anerkannt sind.

(3) Als Ersatz der Eigenleistung sind, soweit der Bauherr nichts anderes beantragt, anzuerkennen

a) ein der Restfinanzierung dienendes Familienzusatzdarlehen nach § 45,
b) ein Aufbaudarlehen an den Bauherrn nach § 254 des Lastenausgleichsgesetzes oder ein ähnliches Darlehen aus Mitteln eines öffentlichen Haushalts,
c) ein Darlehen an den Bauherrn zur Beschaffung von Wohnraum nach § 30 des Kriegsgefangenenentschädigungsgesetzes.

(4) Andere Finanzierungsmittel, die der Restfinanzierung dienen, können von der Bewilligungsstelle ganz oder teilweise als Ersatz der Eigenleistung anerkannt werden.

§ 35

Eigenleistung für den Bau von Familienheimen

(1) Ein Antrag auf Bewilligung öffentlicher Mittel zum Bau eines Familienheims darf nicht wegen unzulänglicher Eigenleistung abgelehnt werden, wenn der Bauherr eine Eigenleistung erbringt, die zum Bau vergleichbarer Mietwohnungen gefordert wird. Die Vorschriften des § 44 Abs. 1 bleiben unberührt.

(2) Bauherren von Familienheimen in der Form von Eigenheimen oder Eigensiedlungen, die eine Eigenleistung von

10 vom Hundert der Gesamtkosten des Bauvorhabens bei einer Kopfquote bis 1500 Deutsche Mark,
15 vom Hundert der Gesamtkosten des Bauvorhabens bei einer Kopfquote von über 1500 bis 1800 Deutsche Mark,
22 vom Hundert der Gesamtkosten des Bauvorhabens bei einer Kopfquote von über 1800 bis 2500 Deutsche Mark,
30 vom Hundert der Gesamtkosten des Bauvorhabens bei einer Kopfquote von über 2500 Deutsche Mark

erbringen, sind bei der Bewilligung öffentlicher Mittel bevorzugt zu berücksichtigen. Zur Berechnung der Kopfquote wird das Jahreseinkommen des Bauherrn und der zur Familie rechnenden Angehörigen durch die Zahl der Familienmitglieder geteilt.

(3) Der Bauherr eines Familienheims in der Form des Kaufeigenheims oder der Trägerkleinsiedlung ist in gleicher Weise wie ein Bauherr nach Absatz 2 bevorzugt zu berücksichtigen, wenn sichergestellt ist, daß der Bewerber für das Kaufeigenheim oder die Trägerkleinsiedlung zur Deckung der Gesamtkosten des Bauvorhabens eine Leistung in der in Absatz 2 bezeichneten Höhe erbringt.

(4) Die Eigenleistung soll jedoch so hoch sein, daß sie die Kosten des Baugrundstücks deckt. Dies gilt nicht für den Bau von Kleinsiedlungen.

§ 36

Eigenleistung durch Selbsthilfe

(1) Soll die Eigenleistung ganz oder teilweise durch Selbsthilfe erbracht werden, so gilt dies als sichergestellt, wenn nach der schriftlichen Erklärung eines Betreuungsunternehmens oder der Gemeinde die Gewähr be-

steht, daß die Selbsthilfe in dem im Finanzierungsplan vorgesehenen Umfange geleistet wird.

(2) Zur Selbsthilfe gehören die Arbeitsleistungen, die zur Durchführung eines Bauvorhabens erbracht werden

a) von dem Bauherrn selbst,
b) von seinen Angehörigen,
c) von anderen unentgeltlich oder auf Gegenseitigkeit.

(3) Der Wert der Selbsthilfe ist mit dem Betrage als Eigenleistung anzuerkennen, der gegenüber den üblichen Kosten der Unternehmerleistung erspart wird.

(4) Dem Bauherrn steht bei einem Kaufeigenheim, einer Trägerkleinsiedlung, einer Kaufeigentumswohnung und einer Genossenschaftswohnung der Bewerber gleich.

Vierter Titel
Betreuung der Bauherren

§ 37
Betreuung der Bauherren

(1) Bedient sich der Bauherr bei der technischen oder wirtschaftlichen Vorbereitung oder Durchführung des Bauvorhabens eines Betreuers oder eines Beauftragten, so muß dieser die für diese Aufgabe erforderliche Eignung und Zuverlässigkeit besitzen. Bei Betreuungsunternehmen bedarf es in der Regel keiner näheren Prüfung der Eignung und Zuverlässigkeit.

(2) Betreuungsunternehmen im Sinne des Absatzes 1 sind

a) Organe der staatlichen Wohnungspolitik, zu deren Aufgaben nach ihrer Satzung die Betreuung von Bauherren gehört;
b) gemeinnützige Wohnungsbauunternehmen, gemeinnützige ländliche Siedlungsunternehmen und andere Unternehmen, insbesondere auch freie Wohnungsunternehmen im Sinne von § 11 der Einkommensteuer-Durchführungsverordnung vom 31. März 1954 (Bundesgesetzbl. I S. 67), die durch die für das Wohnungs- und Siedlungswesen zuständige oberste Landesbehörde oder die von ihr bestimmte Stelle als Betreuungsunternehmen zugelassen sind; Unternehmen, die bis zum Inkrafttreten dieses Gesetzes im Rahmen ihrer ordentlichen Geschäftstätigkeit Betreuungen durchgeführt haben, gelten als zugelassen, sofern nicht die oberste Landesbehörde oder die von ihr bestimmte Stelle die Zulassung widerruft, weil das Unternehmen es beantragt hat oder weil es nicht die erforderliche Eignung und Zuverlässigkeit besitzt.

(3) Das Betreuungsunternehmen kann von dem Bauherrn für die Betreuungstätigkeit und, falls das Bauvorhaben nicht zur Ausführung kommt, für die Bearbeitung des Betreuungsantrages eine angemessene Gebühr verlangen. Die für das Wohnungs- und Siedlungswesen zuständigen obersten

Landesbehörden werden ermächtigt, Rahmenbestimmungen über die Betreuungsgebühren zu erlassen.

§ 38

Betreuungsverpflichtung zugunsten von Bauherren von Familienheimen

(1) Die in § 37 Abs. 2 bezeichneten Betreuungsunternehmen dürfen die von dem Bauherrn eines Familienheims in der Form des Eigenheims oder der Eigensiedlung verlangte, innerhalb des Gebietes ihrer Geschäftstätigkeit durchzuführende Betreuung nur ablehnen, wenn ein wichtiger Grund entgegensteht. Das Verlangen kann nur von einem Bauwilligen gestellt werden, der nachweist, daß er Eigentümer eines geeigneten Baugrundstücks ist oder daß der Erwerb eines derartigen Grundstücks gesichert ist. Gegenüber einem Betreuungsunternehmen in der Rechtsform der Genossenschaft oder des Vereins kann das Verlangen nur von einem Mitglied gestellt werden. Ein Rechtsanspruch eines einzelnen auf Betreuung kann hieraus nicht hergeleitet werden.

(2) Lehnt das Betreuungsunternehmen die Betreuung ohne wichtigen Grund ab, so kann es in Fällen beharrlicher Weigerung von der obersten Landesbehörde oder der von ihr bestimmten Stelle von der Berücksichtigung bei der Bewilligung öffentlicher Mittel ausgeschlossen werden.

Fünfter Titel

Förderungsfähige Bauvorhaben

§ 39

Wohnungsgrößen

(1) Mit öffentlichen Mitteln soll nur der Bau von Wohnungen gefördert werden, deren Wohnfläche die nachstehenden Grenzen nicht überschreitet:

a) Familienheime mit nur einer Wohnung 120 Quadratmeter;
b) Familienheime mit zwei Wohnungen 160 Quadratmeter;
c) eigengenutzte Eigentumswohnungen und Kaufeigentumswohnungen 120 Quadratmeter;
d) andere Wohnungen in der Regel 85 Quadratmeter.

(2) Innerhalb der sich aus Absatz 1 ergebenden Grenzen ist die Wohnfläche zuzulassen, die im Hinblick auf die vorgesehene Bestimmung der Wohnung als angemessen anzusehen ist und die es ermöglicht, in der Wohnung zwei Kinderzimmer zu schaffen, es sei denn, daß die Wohnung für ältere Ehepaare oder für Alleinstehende bestimmt ist.

(3) Steht der künftige Wohnungsinhaber bereits fest oder ist die Größe seines Haushalts bestimmbar, so ist die Wohnfläche als angemessen anzusehen, die es ermöglicht, daß auf jede Person, die zum Haushalt gehört oder alsbald nach Fertigstellung des Bauvorhabens in den Haushalt aufgenommen werden soll, ein Wohnraum ausreichender Größe entfällt. Darüber

hinaus ist die Wohnfläche als angemessen anzusehen, die zur Berücksichtigung der persönlichen und beruflichen Bedürfnisse des künftigen Wohnungsinhabers sowie zur Erfüllung eines Anspruchs auf Zuteilung eines zusätzlichen Raumes nach § 81 erforderlich ist. Bei Familienheimen ist auch auf den voraussichtlichen künftigen Raumbedarf der Familie Rücksicht zu nehmen und mindestens die sich aus Absatz 2 ergebende Wohnfläche zuzubilligen.

(4) Eine Überschreitung der in Absatz 1 bezeichneten Wohnflächengrenzen ist zulässig,

a) soweit die Mehrfläche unter entsprechender Anwendung der Vorschriften des Absatzes 3 angemessen ist oder
b) soweit die Mehrfläche im Rahmen der örtlichen Bauplanung bei Wiederaufbau, Wiederherstellung, Ausbau oder Erweiterung oder bei der Schließung von Baulücken durch eine wirtschaftlich notwendige Grundrißgestaltung bedingt ist.

(5) Die Wohnfläche einer Wohnung soll in der Regel 50 Quadratmeter nicht unterschreiten. Eine Unterschreitung ist in besonderen Fällen, namentlich bei Wiederaufbau und bei Einliegerwohnungen, zulässig. Bei Wohnungen, die für ältere Ehepaare bestimmt sind, soll jedoch eine Wohnfläche von 32 Quadratmetern und bei Wohnungen, die für Alleinstehende bestimmt sind, eine Wohnfläche von 26 Quadratmetern nicht unterschritten werden.

(6) Die für das Wohnungs- und Siedlungswesen zuständigen obersten Landesbehörden oder die von ihnen bestimmten Stellen können weitere Abweichungen von den Wohnflächengrenzen zulassen.

(7) Soll ein durch Wiederherstellung, Ausbau oder Erweiterung neugeschaffener Wohnraum der Vergrößerung einer vorhandenen Wohnung dienen, so ist bei der Ermittlung der Wohnflächengrenze die Wohnfläche der gesamten Wohnung zugrunde zu legen.

§ 40
Mindestausstattung der Wohnungen

(1) Mit öffentlichen Mitteln soll nur der Bau von Wohnungen gefördert werden, für die folgende Mindestausstattung vorgesehen ist:

a) Wohnungsabschluß mit Vorraum in der Wohnung;
b) Kochraum mit ausreichenden Entlüftungsmöglichkeiten, Wasserzapfstelle und Spülbecken, Anschlußmöglichkeit für Kohleherd und Gas- oder Elektroherd sowie entlüftbarer Speisekammer oder entlüftbarem Speiseschrank;
c) neuzeitliche sanitäre Anlagen innerhalb der Wohnung;
d) eingerichtetes Bad oder eingerichtete Dusche sowie Waschbecken;
e) ausreichender Abstellraum auch innerhalb der Wohnung;
f) Anschlußmöglichkeit für Ofen oder gleichwertiges Heizgerät für mindestens je einen Wohn- und Schlafraum außer Küche;
g) elektrischer Brennstellenanschluß in allen Räumen, in Küche, Wohn- und Schlafräumen außerdem mindestens je eine Steckdose;

h) ausreichender Keller oder entsprechender Ersatzraum;
i) zur Mitbenutzung Wasch- und Trockenraum sowie Abstellraum für Kinderwagen und Fahrräder.

(2) Bei einer Einliegerwohnung kann auf die in Absatz 1 Buchstaben a, c und e bezeichnete Ausstattung, mit Ausnahme einer besonderen Toilette, verzichtet werden; auf das Bad oder die Dusche kann dann verzichtet werden, wenn innerhalb der Einliegerwohnung ein größeres Waschbecken vorgesehen ist.

(3) Die für das Wohnungs- und Siedlungswesen zuständigen obersten Landesbehörden oder die von ihnen bestimmten Stellen können Abweichungen von den Vorschriften der Absätze 1 und 2 zulassen.

§ 41

Städtebauliche Voraussetzungen

(1) Mit öffentlichen Mitteln sollen nur Bauvorhaben gefördert werden, die eine geordnete bauliche Entwicklung des Gemeindegebietes gewährleisten und in Erschließung und Auflockerung den Zielsetzungen neuzeitlichen Städtebaues entsprechen.

(2) Mit öffentlichen Mitteln sollen nur Bauvorhaben gefördert werden, bei denen die Gemeinden an die Grundstückserschließung, insbesondere den Straßenbau, keine höheren Anforderungen stellen, als es den Vorschriften des § 90 Abs. 1 und 2 entspricht.

Sechster Titel

Bewilligung der öffentlichen Mittel durch die Bewilligungsstelle

§ 42

Einsatz der öffentlichen Mittel

(1) Die öffentlichen Mittel, die zur Deckung der für den Bau der Wohnungen entstehenden Gesamtkosten eingesetzt werden, sind in der Regel als Darlehen zu bewilligen (öffentliche Baudarlehen).

(2) Das öffentliche Baudarlehen soll für die nachstellige Finanzierung bewilligt werden.

(3) Das öffentliche Baudarlehen kann ausnahmsweise vorübergehend auch für die erststellige Finanzierung bewilligt werden, wenn die Verhältnisse des Kapitalmarktes es erfordern. Im Darlehensvertrag soll sichergestellt werden, daß das der erststelligen Finanzierung dienende öffentliche Baudarlehen zum Zwecke der Ablösung aus Mitteln des Kapitalmarktes gekündigt werden kann, wenn die Verhältnisse des Kapitalmarktes es gestatten.

(4) Das öffentliche Baudarlehen kann in besonderen Fällen auch für die Restfinanzierung bewilligt werden. Dies gilt nicht für die für die Wohnraumhilfe bestimmten Mittel des Ausgleichsfonds.

(5) Öffentliche Mittel können auch einem Unternehmen darlehnsweise zur vorübergehenden Vorfinanzierung des Baues von Familienheimen, die mit öffentlichen Baudarlehen, namentlich für Wohnungsuchende mit geringem Einkommen, geschaffen werden sollen, bewilligt werden.

(6) Neben oder an Stelle von öffentlichen Baudarlehen können öffentliche Mittel auch als Darlehen oder Zuschüsse zur Deckung der laufenden Aufwendungen, als Zuschüsse zur Deckung der für Finanzierungsmittel zu entrichtenden Zinsen (Zinszuschüsse) oder als Darlehen zur Deckung der für Finanzierungsmittel zu entrichtenden Zinsen oder Tilgungen (Annuitätsdarlehen) bewilligt werden. Die Darlehen oder Zuschüsse zur Deckung der laufenden Aufwendungen, die Zinszuschüsse oder die Annuitätsdarlehen können auch befristet gewährt werden.

§ 43

Durchschnitts- und Höchstsätze für nachstellige Baudarlehen

(1) Die für das Wohnungs- und Siedlungswesen zuständigen obersten Landesbehörden bestimmen Durchschnittssätze für die der nachstelligen Finanzierung dienenden öffentlichen Baudarlehen. Die Durchschnittssätze sollen nach der Wohnfläche gestaffelt werden, und zwar in der Weise, daß der Durchschnittssatz für eine Wohnung mit vier Räumen unter Berücksichtigung der Baukosten für Bad, Toilette und Flur bestimmt wird und für Wohnungen mit größerer oder kleinerer Wohnfläche Zuschläge oder Abzüge vorgesehen werden. Die Durchschnittssätze sind unter Berücksichtigung der Möglichkeit, öffentliche Mittel nach § 42 Abs. 6 einzusetzen, so zu bemessen, daß die Zielsetzungen des § 1 gewährleistet werden.

(2) Die Durchschnittssätze für Baudarlehen zum Bau von Familienheimen sind um mindestens 10 vom Hundert höher zu bemessen als die Durchschnittssätze für Baudarlehen zum Bau von Mietwohnungen vergleichbarer Größe und Ausstattung.

(3) Die obersten Landesbehörden sollen bei der Festsetzung der Durchschnittssätze bestimmen, bis zu welchen Beträgen diese zur Schließung der Finanzierungslücken überschritten werden dürfen (Höchstsätze). Auf die Bestimmung der Höchstsätze finden die Vorschriften der Absätze 1 und 2 entsprechende Anwendung.

(4) Die obersten Landesbehörden stimmen unter Leitung des Bundesministers für Wohnungsbau die Bemessung der Durchschnitts- und Höchstsätze und die Bedingungen für die öffentlichen Baudarlehen aufeinander ab.

§ 44

Einsatz des nachstelligen Baudarlehens

(1) Das der nachstelligen Finanzierung dienende öffentliche Baudarlehen wird ohne Rücksicht auf den Rang seiner dinglichen Sicherung von der Bewilligungsstelle auf Grund der nach § 43 bestimmten Durchschnittssätze und unter Berücksichtigung der nach § 39 zulässigen Wohnfläche zur

Schließung der Finanzierungslücke bewilligt, die bei der Deckung der Gesamtkosten des Bauvorhabens auch dann noch verbleibt, wenn erststellige Finanzierungsmittel, Eigenleistungen des Bauherrn und sonstige Finanzierungsmittel in angemessener Höhe vorgesehen sind. Wird durch Selbsthilfe eine höhere als die in § 35 vorgesehene Eigenleistung erbracht, so darf das der nachstelligen Finanzierung dienende öffentliche Baudarlehen nicht deshalb gekürzt werden; das gleiche gilt, wenn ein Aufbaudarlehen nach dem Lastenausgleichsgesetz oder ein ähnliches Darlehen aus Mitteln eines öffentlichen Haushalts gewährt wird.

(2) Das Baudarlehen soll, unbeschadet der Vorschriften der Absätze 3 bis 6, zu einem niedrigen Zinssatz oder zinslos gewährt werden.

(3) Bei der Bestimmung des Zinssatzes für das Baudarlehen dürfen Zinszuschüsse für erststellige Finanzierungsmittel nicht berücksichtigt werden, die aus Mitteln eines öffentlichen Haushalts, die nicht öffentliche Mittel im Sinne des § 6 Abs. 1 sind, namentlich aus Mitteln für die landwirtschaftliche Siedlung, gewährt werden.

(4) Wird zum Bau eines Familienheims das Baudarlehen nur zu einem Betrag beantragt, der mindestens um ein Drittel niedriger ist als der Betrag der für Bauvorhaben vergleichbarer Art, Lage und Ausstattung üblicherweise gewährt wird, so soll es zinslos gewährt werden.

(5) Bei Familienheimen darf eine Erhöhung des für das Baudarlehen bestimmten Zinssatzes oder eine Verzinsung für das zinslos gewährte Baudarlehen nicht gefordert werden.

(6) Das Baudarlehen soll zu einem gleichbleibenden Tilgungssatz, der sich nur um den Betrag ersparter Zinsen erhöht, gewährt werden. Eine weitere Erhöhung der Tilgung darf vor Ablauf der Zeit nicht gefordert werden, die für eine planmäßige Tilgung erststelliger Finanzierungsmittel bei einem Tilgungssatz von 1 vom Hundert üblich ist.

§ 45

Familienzusatzdarlehen

(1) Werden einem Bauherrn, der zwei oder mehr Kinder hat, zum Bau eines Familienheims in der Form des Eigenheims oder der Eigensiedlung öffentliche Mittel nach § 42 Abs. 2 oder Abs. 6 bewilligt, so ist ihm auf Antrag ein zusätzliches öffentliches Baudarlehen (Familienzusatzdarlehen) zu bewilligen. Das Familienzusatzdarlehen beträgt 2000 Deutsche Mark für das zweite und jedes weitere Kind und ist zinslos und zu einem Tilgungssatz von höchstens 2 vom Hundert zu gewähren. Zu berücksichtigen sind diejenigen Kinder, für die dem Bauherrn Kinderfreibeträge nach § 32 Abs. 2 Nr. 1 bis 3 des Einkommensteuergesetzes zustehen oder gewährt werden. Maßgebend sind die Verhältnisse bei Antragstellung; ändern sich die Verhältnisse bis zum Ablauf des dritten Monats nach Bezugsfertigkeit zugunsten des Bauherrn, so sind die geänderten Verhältnisse zu berücksichtigen. Der Antrag auf Bewilligung des Familienzusatzdarlehens kann bis zur Bewilligung der öffentlichen Mittel gestellt werden; haben sich die

Verhältnisse geändert, so kann der Antrag bis zum Ablauf des vierten Monats nach Bezugsfertigkeit gestellt werden.

(2) Die öffentlichen Mittel nach § 42 Abs. 2 oder Abs. 6 dürfen nicht deshalb gekürzt werden, weil ein Familienzusatzdarlehen zu bewilligen ist. Das Familienzusatzdarlehen ist auf Antrag des Bauherrn für die Restfinanzierung oder für die erststellige Finanzierung zu bewilligen. Auf das der erststelligen Finanzierung dienende Familienzusatzdarlehen finden die Vorschriften des § 42 Abs. 3 keine Anwendung.

(3) Hat der Bauherr eines Familienheims in der Form des Kaufeigenheims oder der Trägerkleinsiedlung einen auf Übertragung des Eigentums gerichteten Vertrag oder Vorvertrag mit einem geeigneten Bewerber abgeschlossen und erfüllt der Bewerber die Voraussetzungen, die in Absatz 1 für die Gewährung eines Familienzusatzdarlehens an einen Bauherrn bestimmt sind, so ist auf seinen Antrag ein Familienzusatzdarlehen unter entsprechender Anwendung der Vorschriften des Absatzes 1 Sätze 1 bis 3 und des Absatzes 2 zu bewilligen. Maßgebend sind die Verhältnisse bei Bezugsfertigkeit; ändern sich die Verhältnisse bis zum Ablauf des dritten Monats nach Bezugsfertigkeit zugunsten des Bewerbers, so sind die geänderten Verhältnisse maßgebend. Wird der auf Übertragung des Eigentums gerichtete Vertrag oder Vorvertrag erst später abgeschlossen, so sind die Verhältnisse bei Vertragsabschluß maßgebend. Der Antrag auf Bewilligung des Familienzusatzdarlehens kann bis zu einem Jahr nach Bezugsfertigkeit des Familienheims gestellt werden.

§ 46

Miet- und Lastenbeihilfen zur Ergänzung des Einsatzes öffentlicher Mittel

Die für das Wohnungs- und Siedlungswesen zuständige oberste Landesbehörde hat dafür zu sorgen, daß die öffentlichen Mittel gemäß § 42 in der Weise eingesetzt werden, daß die Wohnungen nach Mieten oder Belastungen für die breiten Schichten des Volkes geeignet sind. Soweit die sich danach ergebende Miete oder Belastung für den Wohnungsinhaber im Einzelfall nicht tragbar ist, wird ihm eine Miet- oder Lastenbeihilfe nach § 73 gewährt.

§ 47

Mehrtilgungen und Mehraufwendungen

Sind die aufzubringenden Tilgungen höher als die Beträge, die in der Wirtschaftlichkeitsberechnung hierfür angesetzt werden dürfen, so steht dies der Bewilligung öffentlicher Mittel zum Bau von Familienheimen, eigengenutzten Eigentumswohnungen und Kaufeigentumswohnungen nicht entgegen. Das gleiche gilt, wenn im Zusammenhang mit der Finanzierung der in Satz 1 bezeichneten Bauvorhaben oder im Zusammenhang mit ihrer Nutzung Aufwendungen entstehen, die nach den für die Aufstellung der Wirtschaftlichkeitsberechnung geltenden Grundsätzen nicht berücksichtigt werden können.

Allgemeine Förderungsvorschriften

§ 48

Verfahren bei der Bewilligung öffentlicher Mittel für Familienheime

(1) Alle Anträge auf Bewilligung öffentlicher Mittel zum Bau von Familienheimen, mit Ausnahme der offensichtlich nicht förderungsfähigen Anträge, sind von den zuständigen Stellen entgegenzunehmen, auch wenn im Zeitpunkt der Antragstellung öffentliche Mittel zur Förderung der Bauvorhaben nicht zur Verfügung stehen. Die Anträge sind listenmäßig so zu erfassen, daß die Unterlagen nach § 31 zusammengestellt werden können.

(2) Die Anträge auf Bewilligung öffentlicher Mittel zum Bau von Familienheimen sind von den zuständigen Stellen ohne Aufschub zu bearbeiten. Dem Antragsteller ist innerhalb angemessener Frist eine Entscheidung über den Antrag mitzuteilen oder ein Bescheid über die Aussichten und die voraussichtliche Weiterbearbeitung des Antrages zu erteilen.

§ 49

Vereinfachtes Bewilligungsverfahren

Zum Bau von Familienheimen durch Einzelbauherren kann das der nachstelligen Finanzierung dienende öffentliche Baudarlehen auf Antrag des Bauherrn ohne Vorlage einer Wirtschaftlichkeitsberechnung oder auf Grund einer vereinfachten Wirtschaftlichkeitsberechnung bewilligt werden.

Siebenter Titel

Bedingungen und Auflagen bei der Bewilligung öffentlicher Mittel

§ 50

Finanzierungsbeiträge

(1) Zum Bau von öffentlich geförderten Wohnungen dürfen Finanzierungsbeiträge der Wohnungsuchenden als verlorene Baukostenzuschüsse nicht angenommen werden. Verlorene Baukostenzuschüsse, die von Dritten zugunsten von Wohnungsuchenden geleistet werden und keine Verbindlichkeiten für die Wohnungsuchenden begründen, sind zulässig.

(2) Die Annahme von Finanzierungsbeiträgen der Wohnungsuchenden als Mietvorauszahlungen oder Mieterdarlehen zum Bau von öffentlich geförderten Wohnungen kann von der Bewilligungsstelle ausgeschlossen werden. Die Bewilligungsstelle kann bestimmen, daß die Annahme nur bis zu einem Höchstbetrage zulässig ist. Bei dem Ausschluß oder der Beschränkung der Annahme von Finanzierungsbeiträgen ist den Erfordernissen der Finanzierung des Bauvorhabens Rechnung zu tragen.

(3) Die Bewilligung öffentlicher Mittel zum Bau von Wohnungen für Wohnungsuchende mit geringem Einkommen darf nicht davon abhängig gemacht werden, daß die Wohnungsuchenden Mietvorauszahlungen oder Mieterdarlehen leisten.

(4) Soweit die Leistung eines Finanzierungsbeitrages nach den Vorschriften der Absätze 1 oder 2 unzulässig ist, ist der geleistete Finanzierungsbeitrag zurückzuerstatten und von dem Empfang an zu verzinsen. Der Anspruch auf Rückerstattung verjährt nach Ablauf eines Jahres von der Beendigung des Mietverhältnisses an.

(5) Die Vorschriften der Absätze 2 bis 4 finden keine Anwendung auf

a) Mietvorauszahlungen oder Darlehen, die von Dritten zugunsten von Wohnungsuchenden geleistet werden und keine Verbindlichkeiten für die Wohnungsuchenden begründen;
b) die nach dem Lastenausgleichsgesetz gewährten Aufbaudarlehen oder ähnliche Darlehen aus Mitteln eines öffentlichen Haushalts;
c) Einzahlungen auf die in der Satzung vorgeschriebenen Geschäftsanteile bei Wohnungsunternehmen in der Rechtsform der Genossenschaft oder ähnliche Mitgliedsbeiträge.

(6) Die Bewilligungsstelle soll in angemessenem Umfange öffentlich geförderte Wohnungen auch für solche Wohnungsuchende vorbehalten, die Geschädigte nach dem Lastenausgleichsgesetz sind und keine Aufbaudarlehen erhalten.

§ 51

Baukosten

Die Bewilligung öffentlicher Mittel soll mit Bedingungen oder Auflagen verbunden werden, die der Senkung der Baukosten dienen.

§ 52

Eigentumsbindungen

(1) Die Bewilligung öffentlicher Mittel zum Bau von Eigenheimen, Kaufeigenheimen, eigengenutzten Eigentumswohnungen und Kaufeigentumswohnungen darf, unbeschadet der Vorschriften des Absatzes 2, nicht davon abhängig gemacht werden, daß

a) das Grundstück als Reichsheimstätte nach dem Reichsheimstättengesetz in der Fassung vom 25. November 1937 (Reichsgesetzbl. I S. 1291) ausgegeben wird,
b) ein Wiederkaufs-, Ankaufs- oder Vorkaufsrecht begründet wird oder
c) dem Eigentümer oder Bewerber über die Vorschriften dieses Gesetzes hinausgehende vertragliche Verpflichtungen auferlegt werden, die ihn in der rechtlichen oder tatsächlichen Verfügung über das Grundstück oder das Bauwerk in unangemessener Weise beschränken.

(2) Bei der Bewilligung öffentlicher Baudarlehen zum Bau von Eigenheimen, Kaufeigenheimen, Kleinsiedlungen, Eigentumswohnungen und Kaufeigentumswohnungen soll in den Darlehensverträgen sichergestellt werden, daß bis zur Rückzahlung der öffentlichen Baudarlehen die Gebäude oder Wohnungen nicht ohne Genehmigung der Bewilligungsstelle an Personen veräußert werden, deren Jahreseinkommen die in § 25 bestimmte Grenze übersteigt.

§ 53

Betriebs- und Werkwohnungen

Sollen Wohnungen von dem Inhaber eines gewerblichen Betriebes zur Unterbringung von Angehörigen des Betriebes geschaffen werden, so ist die Bewilligung öffentlicher Mittel mit der Auflage zu verbinden, daß mit den Betriebsangehörigen Mietverhältnisse zu vereinbaren sind, die nach Ablauf von fünf Jahren von dem Bestehen der Dienst- oder Arbeitsverhältnisse unabhängig werden. Das gleiche gilt für den Bau von Wohnungen, die nach Gesetz oder Rechtsgeschäft für Angehörige eines bestimmten gewerblichen Betriebes oder einer bestimmten Art von gewerblichen Betrieben zur Verfügung zu halten sind.

Zweiter Abschnitt

Sondervorschriften zur Förderung der Bildung von Einzeleigentum

Erster Titel

Öffentlich geförderte Kaufeigenheime

§ 54

Verkaufsverpflichtung bei Kaufeigenheimen

(1) Zum Bau eines Familienheims in der Form des Kaufeigenheims ist die Bewilligung öffentlicher Mittel mit der Auflage zu verbinden, daß der Bauherr das Kaufeigenheim einem geeigneten Bewerber auf Grund eines Kaufvertrages oder eines anderen auf Übertragung des Eigentums gerichteten Vertrages (Veräußerungsvertrag) zu angemessenen Bedingungen als Eigenheim zu übertragen hat.

(2) In dem Veräußerungsvertrag ist vorzusehen, daß die Nutzungen und Lasten des Kaufeigenheims alsbald nach Bezugsfertigkeit des Kaufeigenheims oder, wenn der Veräußerungsvertrag erst nach der Bezugsfertigkeit abgeschlossen wird, alsbald nach Vertragsabschluß auf den Bewerber übergehen. In dem Veräußerungsvertrag ist weiter vorzusehen, daß dem Bewerber das Eigentum übertragen wird, sobald die im Vertrag hierfür vereinbarten Voraussetzungen erfüllt sind. Die Übertragung des Eigentums

darf nicht davon abhängig gemacht werden, daß das Grundstück als Heimstätte im Sinne des Reichsheimstättengesetzes ausgegeben wird.

(3) In dem Veräußerungsvertrag ist vorzusehen, daß die von dem Bauherrn zur Deckung der Gesamtkosten des Kaufeigenheims eingegangenen Verbindlichkeiten, insbesondere aus der Gewährung von öffentlichen Baudarlehen, von dem Käufer übernommen werden.

(4) In dem Vertrag über die Gewährung des öffentlichen Baudarlehens ist vorzusehen, daß das Darlehen gegenüber dem Bauherrn fristlos gekündigt werden kann, wenn der Bauherr die sich aus der Auflage ergebenden Verpflichtungen verletzt.

§ 55

Bewerber für Kaufeigenheime

(1) Geeignete Bewerber für Kaufeigenheime sind Personen, bei denen die Voraussetzungen des § 25 im Zeitpunkt des Kaufabschlusses gegeben sind und bei denen gewährleistet ist, daß sie oder ihre Angehörigen das Gebäude als Eigenheim benutzen. Ist der Bauherr ein Wohnungsunternehmen in der Rechtsform der Genossenschaft oder des Vereins, so soll der Bewerber Mitglied der Genossenschaft oder des Vereins sein.

(2) Ist das Kaufeigenheim bei der Bewilligung öffentlicher Mittel für Wohnungsuchende mit geringem Einkommen oder für Angehörige eines anderen Personenkreises vorbehalten worden, so muß der Bewerber jeweils diesem Personenkreis angehören. Dies gilt nicht, soweit die Wohnungsbehörde nach § 17a des Wohnraumbewirtschaftungsgesetzes oder nach § 76 Abs. 4 des vorliegenden Gesetzes auf den Vorbehalt verzichtet hat.

§ 56

Vertragsabschluß über das Kaufeigenheim

(1) Der Bauherr darf das Verlangen eines geeigneten Bewerbers, mit ihm einen Veräußerungsvertrag über das Kaufeigenheim zu angemessenen Bedingungen abzuschließen, nur ablehnen, wenn ein wichtiger Grund in der Person oder in den Verhältnissen des Bewerbers vorliegt.

(2) Der Bauherr darf das Kaufeigenheim ohne Abschluß eines Veräußerungsvertrages nur vermieten, wenn bis zur Bezugsfertigkeit kein geeigneter Bewerber den Abschluß eines Veräußerungsvertrages verlangt hat.

(3) Hat der Bauherr das Kaufeigenheim vermietet, so geht das Verlangen eines als Bewerber geeigneten Mieters auf Abschluß eines Veräußerungs vertrages dem eines anderen Bewerbers vor. Der Bauherr darf dem Verlangen des anderen Bewerbers erst entsprechen, wenn der Mieter auf den Abschluß des Veräußerungsvertrages verzichtet hat. Der Verzicht gilt als erklärt, wenn der Mieter nicht innerhalb eines Monats, nachdem der Bauherr ihm das Verlangen des anderen Bewerbers mitgeteilt hat, den Abschluß eines Veräußerungsvertrages verlangt.

Förderung der Bildung von Einzeleigentum

Zweiter Titel

Öffentlich geförderte Kleinsiedlungen

§ 57

Förderung der Kleinsiedlung

(1) Die für das Wohnungs- und Siedlungswesen zuständigen obersten Landesbehörden haben dafür zu sorgen, daß der Bau von Familienheimen in der Form der Kleinsiedlung in ausreichendem Maße gefördert wird, um siedlungswilligen Familien die Verbindung mit dem Grund und Boden zu ermöglichen und um sie wirtschaftlich zu festigen. Kleinsiedlungen sollen nach Möglichkeit in Gruppen und nur dort errichtet werden, wo die wirtschaftliche Lebensgrundlage der einzelnen Kleinsiedler gesichert erscheint.

(2) Bei der Bewilligung öffentlicher Mittel zum Bau von Kleinsiedlungen sind in den Gesamtkosten des Bauvorhabens auch die Kosten des Erwerbs der Landzulage und des Baues des Wirtschaftsteiles zu berücksichtigen. Hat die oberste Landesbehörde keine besonderen Höchstsätze für die öffentlichen Baudarlehen zum Bau von Kleinsiedlungen nach § 43 Abs. 3 bestimmt, so können die für den Bau von Familienheimen bestimmten Höchstsätze überschritten werden, soweit es zur Schließung der Finanzierungslücke nach § 44 Abs. 1 erforderlich ist. Für die Ersteinrichtung der Kleinsiedlung sollen besondere Darlehen oder Zuschüsse in angemessener Höhe gewährt werden.

(3) Die obersten Landesbehörden haben dafür zu sorgen, daß beim Bau von Kleinsiedlungen für Wohnungsuchende mit geringem Einkommen die Tragbarkeit der sich ergebenden Belastung in erster Linie durch die Gewährung von erhöhten, der nachstelligen Finanzierung dienenden öffentlichen Baudarlehen erzielt wird. Dabei können die nach § 43 Abs. 3 für die öffentlichen Baudarlehen bestimmten Höchstsätze auch dann überschritten werden, wenn die oberste Landesbehörde besondere Höchstsätze für den Bau von Kleinsiedlungen bestimmt hat.

§ 58

Trägerkleinsiedlungen

(1) Zum Bau eines Familienheims in der Form der Trägerkleinsiedlung dürfen öffentliche Mittel nur einem Bauherrn bewilligt werden, der Kleinsiedlungsträger ist. Als Kleinsiedlungsträger kommen in Betracht

a) Gemeinden und Gemeindeverbände;

b) Organe der staatlichen Wohnungspolitik, zu deren Aufgaben nach ihrer Satzung der Bau und die Betreuung von Kleinsiedlungen gehören;

c) diejenigen gemeinnützigen Wohnungsunternehmen, gemeinnützigen ländlichen Siedlungsunternehmen und anderen Unternehmen, die durch die für das Wohnungs- und Siedlungswesen zuständige oberste Landesbehörde oder die von ihr bestimmte Stelle als Kleinsiedlungsträger zugelassen worden sind.

(2) Sind einem Kleinsiedlungsträger öffentliche Mittel zum Bau einer Trägerkleinsiedlung bewilligt worden, so ist er verpflichtet, die Kleinsiedlung für Rechnung eines als Kleinsiedler geeigneten, bereits feststehenden oder künftigen Bewerbers zu errichten, ihm zur selbständigen Bewirtschaftung zu überlassen und ihm sechs Monate nach Anerkennung der Schlußabrechnung, spätestens jedoch zwei Jahre nach Bezugsfertigkeit, das Eigentum zu übertragen. Auf Verlangen des Bewerbers kann die Übertragung des Eigentums für einen späteren Zeitpunkt vereinbart werden.

(3) Ein Bewerber ist als Kleinsiedler geeignet, wenn er fähig ist, die Kleinsiedlung mit seiner Familie ordnungsmäßig zu bewirtschaften und wenn kein wichtiger Grund in der Person oder den Verhältnissen des Bewerbers der Überlassung der Kleinsiedlung entgegensteht. Der Bewerber soll für die Durchführung des Bauvorhabens Selbsthilfe leisten, sofern er nicht aus besonderem Grunde daran gehindert ist. Die Vorschriften des § 55 finden im übrigen entsprechende Anwendung.

(4) Der Kleinsiedlungsträger kann die Übertragung des Eigentums nur verweigern und den Bewerber durch einen anderen geeigneten Bewerber ersetzen,

a) wenn der Bewerber seinen Verpflichtungen gegenüber dem Kleinsiedlungsträger oder der Kleinsiedlergruppe innerhalb eines Monats nach schriftlicher Mahnung nicht nachgekommen ist,
b) wenn der Bewerber die Kleinsiedlung trotz Abmahnung nicht ordnungsmäßig bewirtschaftet hat oder
c) wenn im Verhalten des Bewerbers ein wichtiger Grund dafür vorliegt.

§ 59

Eigensiedlungen

Zum Bau eines Familienheims in der Form der Eigensiedlung dürfen öffentliche Mittel nur bewilligt werden, wenn der Bauherr nach § 58 Abs. 3 Satz 1 als Kleinsiedler geeignet ist. Die Vorschriften des § 58 Abs. 3 Satz 2 sind entsprechend anzuwenden.

§ 60

Bewirtschaftung der Kleinsiedlung

(1) Die Bundesregierung wird ermächtigt, durch Rechtsverordnung Vorschriften darüber zu erlassen, welche vertraglichen Bindungen dem Kleinsiedler zur Gewährleistung einer dauernden ordnungsmäßigen Bewirtschaftung der Kleinsiedlung aufzuerlegen sind.

(2) Der Kleinsiedler soll sich bei der Bewirtschaftung der Kleinsiedlung fachlich beraten lassen.

Förderung der Bildung von Einzeleigentum

Dritter Titel

Öffentlich geförderte Eigentumswohnungen

§ 61

Förderung von Kaufeigentumswohnungen

Für die Förderung des Baues von Kaufeigentumswohnungen mit öffentlichen Mitteln gelten die Vorschriften der §§ 54 bis 56 über Kaufeigenheime entsprechend.

§ 62

Dingliche Sicherung des öffentlichen Baudarlehens bei Eigentumswohnungen

Soll bei der Förderung des Baues von Eigentumswohnungen das öffentliche Baudarlehen durch Grundpfandrecht gesichert werden, so ist von einer Gesamtbelastung der Wohnungseigentumsrechte abzusehen, wenn bei den im Range vorgehenden Grundpfandrechten von einer Gesamtbelastung abgesehen ist.

Vierter Titel

Förderung der Eigentumsbildung beim Bau von Mietwohnungen

§ 63

Bauliche Ausführung

Mietwohnungen sollen nach Möglichkeit in Ein- oder Zweifamilienhäusern geschaffen und so gebaut werden, daß eine spätere Überlassung als Eigenheime möglich ist. Soweit aus städtebaulichen oder anderen Gründen Mehrfamilienhäuser geschaffen werden, Soll eine angemessener Teil so gebaut werden, daß eine spätere Überlassung der Wohnungen als Eigentumswohnungen möglich ist.

§ 64

Verkaufsverpflichtung bei Ein- und Zweifamilienhäusern

(1) Zum Bau von Mietwohnungen, die in Ein- oder Zweifamilienhäusern geschaffen werden, soll die Bewilligung öffentlicher Mittel an Organe der staatlichen Wohnungspolitik, gemeinnützige und freie Wohnungsunternehmen und Bauherren, die den Wohnungsbau gewerbsmäßig betreiben, mit der Auflage verbunden werden, daß der Bauherr mit einem geeigneten Bewerber auf dessen Verlangen einen Veräußerungsvertrag zu angemessenen Bedingungen mit dem Ziele abzuschließen hat, das mit dem Wohngebäude bebaute Grundstück dem Bewerber als Eigenheim zu übertragen.

(2) Ist die Auflage erteilt, so finden die Vorschriften der §§ 54 bis 56 über Kaufeigenheime entsprechende Anwendung.

(3) Von der Auflage soll abgesehen werden, wenn die beabsichtigte Zweckbestimmung des Wohngebäudes die Übertragung ausschließt oder wenn sonst ein wichtiger Grund der Übertragung entgegensteht.

§ 65

Auflagen beim Bau von Mehrfamilienhäusern

(1) Zum Bau von Mietwohnungen in Mehrfamilienhäusern kann die Bewilligung öffentlicher Mittel an Organe der staatlichen Wohnungspolitik, gemeinnützige und freie Wohnungsunternehmen und an Bauherren, die den Wohnungsbau gewerbsmäßig betreiben, mit der Auflage verbunden werden, daß der Bauherr eine angemessene Anzahl Kaufeigentumswohnungen zu schaffen hat. Die dem Bauherrn erteilte Auflage gilt auch dann als erfüllt, wenn ein anderer geeigneter Bauherr die Kaufeigentumswohnungen an seiner Stelle geschaffen hat.

(2) Die Bewilligungsstelle hat die Auflage zurückzunehmen, wenn der Bauherr sich verpflichtet, an Stelle der in der Auflage bezeichneten Wohnungen andere geeignete Wohnungen Bewerbern, bei denen die Voraussetzungen des § 25 im Zeitpunkt des Kaufabschlusses gegeben sind, als Eigentumswohnungen oder als Eigenheime zu übertragen.

§ 66

Anwendungsbereich der Vorschriften für Mietwohnungen

Die für öffentlich geförderte Mietwohnungen geltenden Vorschriften dieses Gesetzes, mit Ausnahme der Vorschriften des § 65 sind auch anzuwenden auf öffentlich geförderte Wohnungen, die zur Überlassung auf Grund eines dem Mietverhältnis ähnlichen entgeltlichen Nutzungsverhältnisses, insbesondere auf Grund eines genossenschaftlichen Nutzungsverhältnisses, bestimmt sind.

Dritter Abschnitt

Sonstige Förderungsmaßnahmen

§ 67

Förderung von Wohnungen für die Landwirtschaft

(1) Zum Bau von Wohnteilen ländlicher Siedlungen, von Wohnungen für Altenteiler, von Landarbeiterwohnungen und von Wohnungen auf dem Lande für Personen, die in der Landwirtschaft oder für die Landwirtschaft tätig sind, kann das der nachstelligen Finanzierung dienende öffentliche Baudarlehen ohne Vorlage einer Wirtschaftlichkeitsberechnung oder auf Grund einer vereinfachten Wirtschaftlichkeitsberechnung bewilligt werden.

(2) Je nach Art der in Absatz 1 bezeichneten Wohnungen sind die für Familienheime, Eigentumswohnungen, Kaufeigentumswohnungen oder Mietwohnungen geltenden Vorschriften sinngemäß anzuwenden.

(3) Zur Förderung des Baues von Wohnungen, die zur Freimachung von zweckentfremdeten landwirtschaftlichen Werkwohnungen dienen, ist den nach § 18 Abs. 1 für das Rechnungsjahr 1957 zur Verfügung gestellten Bundesmitteln ein Betrag bis zu 50 Millionen Deutsche Mark zu entnehmen; auf die Verteilung dieser Mittel sind die Vorschriften des § 19 nicht anzuwenden. Der Bundesminister für Wohnungsbau erläßt im Benehmen mit dem Bundesminster für Ernährung, Landwirtschaft und Forsten Richtlinien über den Einsatz dieser Mittel.

§ 68

Förderung von Wohnheimen

(1) Zum Bau von Wohnheimen können öffentliche Mittel unter sinngemäßer Anwendung der für die Bewilligung öffentlicher Mittel zum Bau von Wohnungen geltenden Vorschriften bewilligt werden; die Vorschriften des § 39 über die Wohnungsgrößen und des § 40 über die Mindestausstattung der Wohnungen finden keine Anwendung.

(2) Das der nachstelligen Finanzierung dienende öffentliche Baudarlehen kann ohne Vorlage einer Wirtschaftlichkeitsberechnung oder auf Grund einer vereinfachten Wirtschaftlichkeitsberechnung bewilligt werden.

Vierter Abschnitt

Vorzeitige Rückzahlung der öffentlichen Mittel

§ 69

Ablösung des öffentlichen Baudarlehens

(1) Der Eigentümer eines Familienheims in der Form des Eigenheims oder der Eigensiedlung oder der Wohnungseigentümer einer eigengenutzten Eigentumswohnung kann nach Ablauf von zwei Jahren und vor Ablauf von zwanzig Jahren seit Bezugsfertigkeit über die vereinbarungsgemäß zu entrichtenden Tilgungen hinaus das öffentliche Baudarlehen ganz oder in Teilen vorzeitig durch Zahlung noch nicht fälliger Leistungen abzüglich von Zwischenzinsen unter Berücksichtigung von Zinseszinsen ablösen.

(2) Hat der Bauherr eines Familienheims in der Form des Kaufeigenheims oder der Trägerkleinsiedlung einen auf Übertragung des Eigentums gerichteten Vertrag oder Vorvertrag mit einem geeigneten Bewerber abgeschlossen, so finden die Vorschriften des Absatzes 1 zugunsten des Bewer-

bers entsprechende Anwendung, wenn er das öffentliche Baudarlehen ganz oder in Teilen vorzeitig ablöst.

(3) Die Bundesregierung wird ermächtigt, durch Rechtsverordnung nähere Vorschriften über die Ablösung der noch nicht fälligen Jahresleistungen zu erlassen und den zugrunde zu legenden Zinssatz zu bestimmen; der Zinssatz ist nach der Kinderzahl zu staffeln. Die Bundesregierung kann in der Rechtsverordnung auch die in Absatz 1 bestimmte Frist von zwanzig Jahren verlängern und bestimmen, auf welchen Zeitpunkt des Kalenderjahres die Ablösung zugelassen wird und für welche Leistungen sie wenigstens erfolgen muß.

§ 70

Tragung des Ausfalls

(1) Der durch die Ablösung nach § 69 sich bei den Ländern ergebende Ausfall an Rückflüssen wird anteilig vom Bund, vom Ausgleichsfonds und von den Ländern getragen.

(2) Die Anteile bestimmen sich nach dem Verhältnis, in dem die Mittel des Bundes, des Ausgleichsfonds und des Landes zueinander stehen, die der obersten Landesbehörde für die Förderung des sozialen Wohnungsbaues seit dem 1. Januar 1950 als öffentliche Mittel zur Verfügung gestellt worden sind. Das Verhältnis ist jeweils zum Ende eines Rechnungsjahres für die in diesem Jahr sich ergebenden Ausfälle zu ermitteln. Zu den Mitteln des Ausgleichsfonds rechnen dabei auch die Mittel, die der obersten Landesbehörde aus den Soforthilfefonds oder aus den Zinsen und Tilgungsbeträgen der Umstellungsgrundschulden als öffentliche Mittel zur Verfügung gestellt worden sind.

(3) In Höhe der demgemäß auf den Bund und den Ausgleichsfonds entfallenden Anteile vermindern sich die Ansprüche des Bundes und des Ausgleichsfonds auf Rückzahlung der den Ländern gewährten Darlehen.

(4) Das Land hat Ablösungsbeträge, die es nach § 60 im Laufe eines Rechnungsjahres erhalten hat, am Ende des Rechnungsjahres an den Bund und den Ausgleichsfonds zu den Anteilen abzuführen, die dem in Absatz 2 bestimmten Verhältnis entsprechen. Dies gilt nicht für die auf den Bund entfallenden Anteile der Ablösungsbeträge, wenn durch Landesgesetz vorgeschrieben ist, daß die Rückflüsse aus den Darlehen, die das Land zur Förderung des Wohnungsbaues gewährt hat und künftig gewährt, laufend zur Förderung von Maßnahmen zugunsten des sozialen Wohnungsbaues zu verwenden sind.

(5) Über die Tragung des durch die Ablösung sich bei den Ländern ergebenden Ausfalls sowie über die Abführung der Ablösungsbeträge an den Bund und den Ausgleichsfonds können zwischen dem Bund und den Ländern Verwaltungsvereinbarungen getroffen werden, in denen die Vorschriften der Absätze 1 bis 4 ergänzt werden oder in denen von diesen Vorschriften abgewichen wird.

Mieten und Belastungen

§ 71

Freistellung

(1) Hat der Eigentümer das zum Bau einer Wohnung in einem Familienheim, einer eigengenutzten Eigentumswohnung oder einer Kaufeigentumswohnung gewährte öffentliche Baudarlehen, ohne dazu rechtlich verpflichtet zu sein, vorzeitig zurückgezahlt, so ist auf seinen Antrag die Wohnung von den für öffentlich geförderte Wohnungen bestehenden Bindungen freizustellen. Das gleiche gilt, wenn der Eigentümer das zum Bau von anderen Wohnungen gewährte öffentliche Baudarlehen für sämtliche geförderten Wohnungen eines Gebäudes zurückgezehalt hat. Über die Freistellung entscheidet die Gemeinde, sofern nicht die für das Wohnungs- und Siedlungswesen zuständige oberste Landesbehörde eine andere Stelle bestimmt. Die Freistellung ist den Eigentümer schriftlich mitzuteilen.

(2) Durch die Freistellung werden die Wohnungen hinsichtlich der Wohnraumbewirtschaftung, der Mietpreisbildung und des Mieterschutzes steuerbegünstigten oder, falls weder Grundsteuervergünstigung nach § 92 noch Einkommensteuervergünstigung nach § 7c des Einkommensteuergesetzes in Anspruch genommen ist, frei finanzierten Wohnungen gleichgestellt. Die Vorschriften der §§ 21 und 35 des Wohnraumbewirtschaftungsgesetzes sind auch nach der Freistellung anzuwenden.

(3) Die Freistellung wird hinsichtlich der Wohnraumbewirtschaftung frühestens nach der ersten Zuteilung der Wohnung wirksam. Die Freistellung ist hinsichtlich der Mietpreisbildung und des Mieterschutzes ohne Wirkung auf ein Mietverhältnis, das vor der Freistellung begründet worden ist.

(4) Die Freistellung ist ohne Wirkung auf die Grundsteuervergünstigung und andere für die Wohnungen gewährte Vergünstigungen.

(5) Auf die vorzeitig zurückgezahlten Beträge der öffentlichen Baudarlehen finden die Vorschriften des § 70 Abs. 4 und 5 entsprechende Anwendung.

Fünfter Abschnitt

Mieten und Belastungen für öffentlich geförderte Wohnungen

§ 72

Zulässige Miete und Belastung

(1) Für öffentlich geförderte Wohnungen, für die die öffentlichen Mittel erstmalig nach dem 31. Dezember 1956 bewilligt worden sind, ist die Miete preisrechtlich zulässig, die zur Deckung der laufenden Aufwendungen erforderlich ist.

(2) Bei der Ermittlung der preisrechtlich zulässigen Miete ist von der Miete auszugehen, die sich für die öffentlich geförderten Wohnungen des Gebäudes oder der Wirtschaftseinheit auf Grund der Wirtschaftlichkeits-

berechnung für den Quadratmeter der Wohnfläche durchschnittlich ergibt (Durchschnittsmiete) und die von der Bewilligungsstelle bei der Bewilligung der öffentlichen Mittel genehmigt worden ist. Die Bewilligungsstelle hat dem Bauherrn diese Durchschnittsmiete mitzuteilen. Auf der Grundlage der Durchschnittsmiete hat der Vermieter die Miete für die einzelnen Wohnungen unter angemessener Berücksichtigung ihrer Größe, Lage und Ausstattung zu berechnen. Der Durchschnitt der Einzelmieten muß der Durchschnittsmiete entsprechen. Der Vermieter hat dem Mieter auf Verlangen Einsicht in die Unterlagen über die Berechnung der Einzelmieten zu gewähren.

(3) Bei der Ermittlung der Durchschnittsmiete darf für den Wert der Eigenleistung, soweit er 15 vom Hundert der Gesamtkosten des Bauvorhabens nicht übersteigt, eine Verzinsung von 4 vom Hundert, für den darüber hinausgehenden Betrag eine Verzinsung in Höhe des marktüblichen Zinssatzes für erststellige Hypotheken angesetzt werden.

(4) In den Fällen, in denen der Bewilligungsstelle eine Wirtschaftlichkeitsberechnung nicht vorzulegen ist, ist die Miete preisrechtlich zulässig, die der Miete für vergleichbare öffentlich geförderte Mietwohnungen entspricht.

(5) Erhöhen sich nach der Bewilligung der öffentlichen Mittel die Aufwendungen gegenüber der Wirtschaftlichkeitsberechnung nach Absatz 2 und beruht die Erhöhung auf Umständen, die der Bauherr nicht zu vertreten hat, so ist die sich nunmehr ergebende Miete preisrechtlich zulässig. Mieterhöhungen dieser Art, die sich bis zur Anerkennung der Schlußabrechnung, spätestens jedoch bis zu zwei Jahren nach Bezugsfertigkeit ergeben, bedürfen der Genehmigung durch die Bewilligungsstelle.

(6) Das Nähere über die Ermittlung der Miete und über die Mietpreisüberwachung bestimmt die Rechtsverordnung nach § 105 Abs. 1 Buchstabe c.

(7) Die für das Wohnungs- und Siedlungswesen zuständigen obersten Landesbehörden können bestimmen, daß öffentliche Mittel nur für Bauvorhaben bewilligt werden dürfen, bei denen die sich ergebende Durchschnittsmiete oder Belastung einen bestimmten Betrag nicht übersteigt. Der Bundesminister für Wohnungsbau wird ermächtigt, Höchstsätze hierfür durch Rechtsverordnung zu bestimmen.

(8) Die öffentlich geförderten Wohnungen sind preisgebundener Wohnraum im Sinne des Ersten Bundesmietengesetzes.

§ 73
Miet- und Lastenbeihilfen

(1) Dem Inhaber einer öffentlich geförderten Wohnung, die nach dem 31. Dezember 1961 bezugsfertig geworden ist, wird auf Antrag eine Miet- oder Lastenbeihilfe gewährt, wenn das Jahreseinkommen des Wohnungsinhabers und der zu seinem Haushalt gehörenden Angehörigen die in § 25 Abs. 1 bestimmte Grenze nicht übersteigt. Die Miet- oder Lastenbeihilfe wird in Höhe des Unterschiedes zwischen der Miete oder Belastung, die auf die zugrunde zu legende Wohnfläche entfällt, und der tragbaren Miete oder Belastung gewährt.

(2) Zugrunde zu legen ist die Wohnfläche der eigengenutzten Wohnung. Ist ein Teil der Wohnung untervermietet oder ausschließlich gewerblich oder beruflich benutzt, so ist die Wohnfläche ohne diesen Teil zugrunde zu legen. Ist die Wohnfläche nach Satz 1 oder Satz 2 größer als die benötigte Wohnfläche, so ist nur die benötigte Wohnfläche zugrunde zu legen. Die benötigte Wohnfläche wird im Einzelfall von der Stelle festgesetzt, die für die Gewährung der Miet- oder Lastenbeihilfe zuständig ist. Als benötigt soll in der Regel eine Wohnfläche anerkannt werden für einen Alleinstehenden bis zu 30 Quadratmetern, für einen Haushalt mit zwei Personen bis zu 45 Quadratmetern, für einen Haushalt mit drei Personen bis zu 60 Quadratmetern und für jede weitere zum Haushalt gehörende Person von je 10 Quadratmetern mehr. Ist der Wohnungsinhaber oder ein Angehöriger infolge einer Schwerbeschädigung oder einer Dauererkrankung, insbesondere Tuberkulose, auf einen besonderen Wohnraum angewiesen, so soll zusätzlich die Wohnfläche eines Raumes als benötigt anerkannt werden.

(3) Tragbar ist die Miete oder Belastung, die folgende Vomhundertsätze des Jahreseinkommens des Wohnungsinhabers und der zu seinem Haushalt gehörenden Angehörigen nicht übersteigt:

	bei einem Jahreseinkommen		
	bis zu 3600 DM	über 3600 DM bis 6000 DM	über 6000 DM
Für einen Alleinstehenden	16	19	22
für eine Familie mit			
zwei Personen	14	17	20
drei Personen	13	16	19
vier Personen	12	15	18
fünf Personen	11	14	17
sechs Personen	10	12	15
sieben Personen	9	11	14
acht oder mehr Personen	7	9	12

(4) Eine Miet- oder Lastenbeihilfe wird auch in den Fällen, in denen die Miete oder Belastung den nach Absatz 3 als tragbar anzusehenden Betrag übersteigt, nicht gewährt, wenn ihre Inanspruchnahme wegen der besonderen Umstände des Einzelfalles nicht gerechtfertigt ist. Dies gilt namentlich, wenn

a) dem Wohnungsinhaber und seinen zum Haushalt gehörenden Angehörigen nach ihren persönlichen oder wirtschaftlichen Verhältnissen zugemutet werden kann, die Miete oder Belastung selbst aufzubringen, oder

b) der Wohnungsinhaber oder ein zu seinem Haushalt gehörender Angehöriger infolge eigenen schweren Verschuldens dazu außerstande ist oder

c) dem Mieter und den zu seinem Haushalt gehörenden Angehörigen der Bezug einer ihren wirtschaftlichen Verhältnissen entsprechenden

Wohnung möglich und zumutbar war oder ist oder wenn sie eine derartige Wohnung ohne triftigen Grund aufgegeben haben.

(5) § 5 Abs. 2, § 6 Abs. 2 bis 4, §§ 7, 8, 11 Satz 2 und § 13 des Gesetzes über die Gewährung von Miet- und Lastenbeihilfen vom 23. Juni 1960 (Bundesgesetzbl. I S. 389, 399) gelten entsprechend. Die Bundesregierung wird ermächtigt, durch Rechtsverordnung Näheres über die Voraussetzungen für die Gewährung der Miet- und Lastenbeihilfen zu bestimmen, insbesondere über die Gründe, die die Gewährung einer Miet- oder Lastenbeihilfe ausschließen.

(6) Die Miet- und Lastenbeihilfen werden bis zum Inkrafttreten des in § 2 des Gesetzes über die Gewährung von Miet- und Lastenbeihilfen bezeichneten Gesetzes gewährt.

§ 74

Aufbringung der Miet- und Lastenbeihilfen

Aufwendungen für Miet- und Lastenbeihilfen nach § 73, die einem Land entstanden sind, werden vom Bund zur Hälfte erstattet, und zwar für jedes Jahr gesondert. Bei Wohnungen, für die öffentliche Mittel erstmalig aus dem Haushalt des Rechnungsjahres 1962 oder eines der folgenden Rechnungsjahre nach § 42 bewilligt worden sind, kann der Bund die Erstattung der Aufwendungen verweigern, wenn die Richtlinien der Wohnungsbauförderung in einem Land der Vorschrift des § 46 Satz 1 offensichtlich nicht Rechnung tragen.

Sechster Abschnitt

Wohnraumbewirtschaftung für öffentlich geförderte Wohnungen

§ 75

Anwendung des Wohnraumbewirtschaftungsgesetzes

(1) Auf öffentlich geförderten Wohnungen, für die die öffentlichen Mittel erstmalig nach dem 31. Dezember 1956 bewilligt worden sind, sind die Vorschriften des Wohnraumbewirtschaftungsgesetzes anzuwenden, soweit sich nicht aus den Vorschriften des vorliegenden Gesetzes etwas anderes ergibt.

(2) Die Wohnungsbehörde kann einen Antrag auf Erteilung der Benutzungsgenehmigung für eine öffentlich geförderte Wohnung nach § 14 des Wohnraumbewirtschaftungsgesetzes auch ablehnen, wenn die Zuteilung der Wohnung den Vorschriften oder Zielen des vorliegenden Gesetzes widersprechen würde oder wenn dem mit der Bewilligung der öffentlichen Mittel verfolgten besonderen Zweck hinsichtlich der Belegung der Wohnung nicht Rechnung getragen wird. § 15 Abs. 5 des Wohnraumbewirtschaftungsgesetzes findet auf öffentlich geförderte Wohnungen keine Anwendung.

II. WoBauG

Wohnraumbewirtschaftung

§ 76

Zuteilung der Wohnungen

(1) Öffentlich geförderte Wohnungen sind Wohnungsuchenden zuzuteilen, deren Jahreseinkommen die in § 25 bestimmte Grenze nicht übersteigt.

(2) Öffentlich geförderte Wohnungen, die bei der Bewilligung der öffentlichen Mittel für Wohnungsuchende mit geringem Einkommen (§ 27) vorbehalten worden sind, sind diesen Wohnungsuchenden zuzuteilen. Die Vorschriften des § 17a des Wohnraumbewirtschaftungsgesetzes bleiben unberührt.

(3) Die Wohnungsbehörden können in besonderen Fällen Ausnahmen von den Vorschriften der Absätze 1 und 2 zulassen.

(4) Sind bei der Bewilligung der öffentlichen Mittel öffentlich geförderte Wohnungen für Angehörige eines anderen als des in Absatz 2 bezeichneten Personenkreises vorbehalten worden, so dürfen die Wohnungen, auch wenn die Voraussetzungen des Absatzes 2 vorliegen, nur entsprechend diesem Vorbehalt zugeteilt werden. Die Wohnungsbehörde kann nach Maßgabe der vom Bundesminster für Wohnungsbau nach § 19 Abs. 3 dieses Gesetzes erteilten Auflagen oder der vom Präsidenten des Bundesausgleichsamtes nach § 348 Abs. 3 des Lastenausgleichsgesetzes erlassenen Bestimmungen auf den Vorbehalt verzichten.

§ 77

Zuteilung von Betriebs- und Werkwohnungen

Öffentlich geförderte Wohnungen, die von dem Inhaber eines gewerblichen, land- oder forstwirtschaftlichen Betriebes zur Unterbringung von Angehörigen des Betriebes geschaffen werden, und öffentlich geförderte Wohnungen, die nach Rechtsgeschäft für Angehörige eines Betriebes oder einer bestimmten Art von Betrieben zur Verfügung zu halten sind, sind als zweckbestimmter Wohnraum anzuerkennen, wenn der Inhaber des Betriebes zu ihrer Finanzierung angemessen beigetragen hat.

§ 78

Rechtsansprüche auf Zuteilung von Wohnungen in Familienheimen

(1) Der Bauherr eines öffentlich geförderten Familienheims in der Form des Eigenheims oder der Eigensiedlung hat Anspruch auf Zuteilung der von ihm ausgewählten Wohnung des Familienheims. Das gleiche gilt für denjenigen, der Anspruch auf Übereigung eines öffentlich geförderten Familienheims in der Form des Kaufeigenheims oder der Trägerkleinsiedlung hat. Die Vorschriften des § 76 Abs. 2 und 4 bleiben unberührt.

(2) Dem Verfügungsberechtigten sind, unbeschadet seines Anspruchs auf Zubilligung von zusätzlichen Raum nach § 81, in der von ihm ausgewählten Wohnung nach § 10 des Wohnraumbewirtschaftungsgesetzes die Räume zuzubilligen, die ihm zur angemessenen Unterbringung des Familienhaushalts unter Berücksichtigung der persönlichen und beruflichen Bedürfnisse zugestanden werden können; die Vorschriften des § 39 Abs. 2 und 3 finden

für die angemessene Unterbringung des Familienhaushalts entsprechende Anwendung.

(3) Der Verfügungsberechtigte bedarf zur Aufnahme seiner Angehörigen in die ihm zugeteilte Wohnung nicht der Genehmigung der Wohnungsbehörde nach § 14 Abs. 2 des Wohnraumbewirtschaftungsgesetzes.

(4) Eine zweite Wohnung in einem öffentlich geförderten Familienheim ist entsprechend dem Vorschlag des Verfügungsberechtigten, der in der von ihm ausgewählten Wohnung des Familienheims wohnt oder Anspruch auf deren Zuteilung nach den Vorschriften des Absatzes 1 hat, zuzuteilen. Der Verfügungsberechtigte kann auch verlangen, daß ihm selbst die Genehmigung zur Benutzung der zweiten Wohnung ganz oder teilweise erteilt wird, soweit die Räume zusammen mit den Räumen der von ihm ausgewählten Wohnung für ihn nach den Vorschriften der Absätze 2 und 3 nicht überschüssig sind.

(5) Die von dem Verfügungsberechtigten nach den Vorschriften des Absatzes 4 beantragte Benutzungsgenehmigung darf nur versagt werden, wenn die Zuteilung an den vorgeschlagenen Wohnungsuchenden den Vorschriften des § 76, die Zuteilung an den Verfügungsberechtigten den Vorschriften des § 76 Abs. 2 und 4 widersprechen würde.

§ 79

Rechtsansprüche auf Zuteilung von Eigentumswohnungen und Kaufeigentumswohnungen

(1) Der Bauherr einer öffentlich geförderten eigengenutzten Eigentumswohnung hat Anspruch auf Zuteilung der Wohnung. Das gleiche gilt für denjenigen, der Anspruch auf Übereignung einer öffentlich geförderten Kaufeigentumswohnung hat.

(2) Die Vorschriften des § 78 Abs. 1 Satz 3, Abs. 2 und 3 finden Anwendung.

§ 80

Rechtsansprüche auf Zuteilung von anderen Wohnungen

(1) Der Bauherr von öffentlich geförderten Mietwohnungen, dessen Jahreseinkommen die in § 25 bestimmte Grenze nicht übersteigt, hat Anspruch auf Zuteilung der von ihm aus diesen Mietwohnungen ausgewählten Wohnung. Das gleiche gilt für den Bauherrn von Mietwohnungen, dessen Jahreseinkommen die in § 25 bestimmte Grenze übersteigt, wenn er mindestens vier öffentlich geförderte Wohnungen geschaffen hat.

(2) Ein Wohnungsuchender, der selbst oder durch einen Dritten einen nach seinem Einkommen und Vermögen angemessenen Finanzierungsbeitrag leistet, hat Anspruch auf Zuteilung der Wohnung; dies gilt nicht, soweit die Leistung eines Finanzierungsbeitrages nach § 50 unzulässig ist. Ein Finanzierungsbeitrag ist auch ein nach dem Lastenausgleichsgesetz einem Wohnungsuchenden gewährtes, an den Bauherrn weitergeleitetes Aufbaudarlehen oder ein ähnliches Darlehen aus Mitteln eines öffentlichen Haus-

halts. Der Finanzierungsbeitrag kann auch in Arbeitsleistungen bestehen; auf die Arbeitsleistungen finden die Vorschriften des § 36 über die Selbsthilfe entsprechende Anwendung. Der Finanzierungsbeitrag soll, sofern Vermögen nicht vorhanden ist, in der Regel als angemessen angesehen werden, wenn er 20 vom Hundert des Jahreseinkommens des Wohnungsuchenden beträgt. Auf den an ein Wohnungsunternehmen in der Rechtsform der Genossenschaft geleisteten Finanzierungsbeitrag eines Mitglieds sind seine Einzahlungen auf den Geschäftsanteil anzurechnen. Der Antrag auf Zuteilung der Wohnung kann von dem Wohnungsuchenden mit Zustimmung des Verfügungsberechtigten oder nur von dem Verfügungsberechtigten gestellt werden.

(3) Die Vorschriften des § 76 Abs. 2 und 4 finden Anwendung.

(4) Die Bundesregierung wird ermächtigt, durch Rechtsverordnung Vorschriften über die Erstattung von Finanzierungsbeiträgen durch einen späteren Wohnungsinhaber und über die für die Wohnraumbewirtschaftung sich ergebenden Folgen zu erlassen.

§ 81

Rechtsanspruch auf Zuteilung von zusätzlichem Wohnraum

Dem Bauherrn oder dem Berechtigten, der nach §§ 78, 79 und 80 Abs. 1 Anspruch auf Zuteilung der Wohnung hat, ist mindestens ein Raum mehr zuzubilligen als ihm nach § 10 des Wohnraumbewirtschaftungsgesetzes zugestanden werden kann. Das gleiche gilt für einen Wohnungsuchenden, der nach § 80 Abs. 2 auf Grund eines Finanzierungsbeitrages Anspruch auf Zuteilung der Wohnung hat, sofern der Finanzierungsbeitrag so hoch ist, daß er den auf den zusätzlichen Raum anteilig entfallenden Baukosten entspricht.

Teil IV

Steuerbegünstigter und frei finanzierter Wohnungsbau

Erster Abschnitt

Steuerbegünstigter Wohnungsbau

§ 82

Anerkennung als steuerbegünstigte Wohnungen

(1) Neugeschaffene Wohnungen, die nach dem 30. Juni 1956 bezugsfertig geworden sind oder bezugsfertig werden, sind als steuerbegünstigte Wohnungen anzuerkennen, wenn keine öffentlichen Mittel im Sinne des § 6 Abs. 1 zur Deckung der für den Bau dieser Wohnungen entstehenden Gesamtkosten oder zur Deckung der laufenden Aufwendungen oder zur Deckung der für Finanzierungsmittel zu entrichtenden Zinsen oder Tilgungen eingesetzt sind. Voraussetzung ist, daß die Wohnungen die in § 39 Abs. 1 bestimmten Wohnflächengrenzen um nicht mehr als 20 vom Hundert überschreiten.

(2) Eine Überschreitung der sich nach Absatz 1 ergebenden Wohnflächengrenzen ist zulässig,

a) soweit die Mehrfläche zu einer angemessenen Unterbringung eines Haushalts mit mehr als fünf Personen erforderlich ist oder
b) soweit die Mehrfläche zur angemessenen Berücksichtigung der persönlichen oder beruflichen Bedürfnisse des künftigen Wohnungsinhabers erforderlich ist oder
c) soweit die Mehrfläche im Rahmen der örtlichen Bauplanung bei Wiederaufbau, Wiederherstellung, Ausbau oder Erweiterung oder bei der Schließung von Baulücken durch eine wirtschaftlich notwendige Grundrißgestaltung bedingt ist.

(3) Zur angemessenen Unterbringung eines Haushalts mit mehr als fünf Personen (Absatz 2 Buchstabe a) ist für jede weitere Person, die zu dem Haushalt gehört oder alsbald nach Fertigstellung des Bauvorhabens in den Haushalt aufgenommen werden soll, eine Mehrfläche bis zu 20 Quadratmetern zulässig. Eine Verminderung der Personenzahl nach dem erstmaligen Bezug der Wohnung ist unschädlich.

(4) Die Vorschriften des § 39 Abs. 6 und 7 finden Anwendung.

(5) Wohnungen, die zu gewerblichen oder beruflichen Zwecken mitbenutzt werden, sind als steuerbegünstigt anzuerkennen, wenn nicht mehr als die Hälfte der Wohnfläche ausschließlich gewerblichen oder beruflichen Zwecken dient.

§ 83

Anerkennungsverfahren

(1) Über den Antrag auf Anerkennung einer Wohnung als steuerbegünstigt entscheidet die Stelle, welche die für das Wohnungs- und Siedlungswesen zuständige oberste Landesbehörde bestimmt. Der Antrag auf Anerkennung kann von dem Bauherrn oder mit seiner Einwilligung von einem Dritten, der an der Anerkennung ein berechtigtes Interesse hat, gestellt werden.

(2) Die Anerkennung ist auf Antrag schon vor Baubeginn der Wohnung auszusprechen, wenn die Voraussetzungen hinsichtlich der Größe und beabsichtigten Nutzungasrt der geplanten Wohnung vorliegen.

(3) Die Wohnung gilt von der Anerkennung an als steuerbegünstigte Wohnung im Sinne dieses Gesetzes, auch wenn sie noch nicht bezugsfertig ist.

(4) In dem Anerkennungsbescheid soll der Bauherr darüber belehrt werden, daß die Miete für die Wohnung der Preisbindung nach den Vorschriften des § 85 unterliegt und daß bei der Annahme eines verlorenen Zuschusses eine Rückerstattungspflicht nach Artikel VI des Gesetzes zur Änderung des Zweiten Wohnungsbaugesetzes, anderer wohnungsbaurechtlicher Vorschriften und über die Rückerstattung von Baukostenzuschüssen vom 21. Juli 1961 (Bundesgesetzbl. I S. 1041) besteht.

(5) Die Anerkennung ist zu widerrufen, wenn die Wohnung nicht oder nicht mehr den Vorschriften des § 82 über die zulässige Wohnfläche oder die

zulässige Benutzung entspricht. Der Widerruf ist für den Zeitpunkt auszusprechen, von dem ab die zum Widerruf berechtigenden Voraussetzungen gegeben waren.

§ 84

Befreiung von der Wohnraumbewirtschaftung

Steuerbegünstigte Wohnungen unterliegen nicht der Wohnraumbewirtschaftung, soweit sich nicht aus dem Wohnraumbewirtschaftungsgesetz etwas anderes ergibt.

§ 85

Miete für steuerbegünstigte Wohnungen

(1) Für steuerbegünstigte Wohnungen kann eine vom Vermieter selbstverantwortlich gebildete Miete vereinbart werden.

(2) Übersteigt die vereinbarte Miete die zur Deckung der laufenden Aufwendungen erforderliche Miete (Kostenmiete) und beruft sich der Mieter durch schriftliche Erklärung gegenüber dem Vermieter innerhalb eines Jahres nach der Vereinbarung auf die Kostenmiete, so ist von dem Ersten des auf die Erklärung folgenden Monats an die Mietvereinbarung insoweit und solange unwirksam, als die vereinbarte Miete die Kostenmiete übersteigt. Dies gilt nicht, soweit die vereinbarte Miete einen Betrag nicht übersteigt, der von der Bundesregierung durch Rechtsverordnung bestimmt ist.

(3) Bei der Ermittlung der Kostenmiete ist von der Miete auszugehen, die sich für die steuerbegünstigten Wohnungen des Gebäudes oder der Wirtschaftseinheit auf Grund der Wirtschaftlichkeitsberechnung für den Quadratmeter der Wohnfläche durchschnittlich ergibt (Durchschnittsmiete). Auf der Grundlage der Durchschnittsmiete ist die Miete für die einzelnen Wohnungen unter angemessener Berücksichtigung ihrer Größe, Lage und Ausstattung zu berechnen. Der Durchschnitt der Einzelmieten muß der Durchschnittsmiete entsprechen. Die danach für die Wohnung des Mieters, der eine schriftliche Erklärung nach Absatz 2 abgegeben hat, sich ergebende Einzelmiete ist die Kostenmiete im Sinne des Absatzes 2. Der Vermieter hat dem Mieter auf Verlangen Einsicht in die Berechnungsunterlagen zu gewähren.

(4) Steuerbegünstigte Wohnungen sind preisgebundener Wohnraum im Sinne des Ersten Bundesmietengesetzes, wenn und solange die Kostenmiete nach Absatz 2 verbindlich ist.

Zweiter Abschnitt

Frei finanzierter Wohnungsbau

§ 86

Befreiung von der Wohnraumbewirtschaftung

Frei finanzierte Wohnungen unterliegen nicht der Wohnraumbewirtschaftung.

§ 87

Miete für frei finanzierte Wohnungen

Auf Mietverhältnisse über frei finanzierte Wohnungen finden die Vorschriften über die Preisbildung keine Anwendung (Marktmiete).

Teil V

Förderung des Wohnungsbaues durch besondere Maßnahmen und Vergünstigungen

Erster Abschnitt

Prämien für Wohnbausparer

§ 88*)

Aufbringung der Mittel für Wohnungsbauprämien

(1) Die für die Auszahlung der Prämien nach dem Wohnungsbau-Prämiengesetz in der Fassung vom 21. Dezember 1954 (Bundesgesetzbl. I S. 482) erforderlichen Beträge werden bis zur Höhe von 100 Millionen Deutsche Mark vom Rechnungsjahr 1957 an jährlich vom Bund gesondert zur Verfügung gestellt und auf die Länder anteilig nach ihrer Prämienbelastung verteilt. Im übrigen werden darüber hinausgehende, für die Auszahlung der Prämien erforderliche Beträge von den Ländern den ihnen nach § 18 Abs. 1 zugeteilten Mitteln entnommen.

(2) Benötigt ein Land für die Auszahlung der Prämien einen höheren Anteil der nach § 18 Abs. 1 zugeteilten Mittel, als von allen Ländern im Bundesdurchschnitt benötigt wird, so sind dem Land zusätzliche Mittel vom Bund in der Höhe zuzuteilen, in der der Bundesdurchschnitt überschritten wird. Der Bundesdurchschnitt berechnet sich nach dem Verhältnis, in dem der Gesamtbetrag der Entnahmen aller Länder gemäß Absatz 1 Satz 2 zu den ihnen nach § 18 Abs. 1 Satz 2 zugeteilten Mitteln steht. Bei der Berechnung der zusätzlich benötigten Mittel ist jeweils von der Prämienbelastung des Rechnungsjahres auszugehen, das der Verteilung der Mittel nach § 19 vorangegangen ist.

(3) In Höhe der nach Absatz 2 erforderlichen zusätzlichen Mittel tritt die in § 18 Abs. 1 S. 2 vorgesehene Verringerung des Betrages, der jährlich im Bundeshaushalt zur Verfügung zu stellen ist, nicht ein. Auf die Zuteilung der zusätzlichen Mittel sind die Vorschriften des § 19 nicht anzuwenden.

---

*) § 88 tritt ab 1. Januar 1962 außer Kraft (Artikel I Nr. 15 des Gesetzes zur Änderung des Zweiten Wohnungsbaugesetzes, anderer wohnungsbaurechtlicher Vorschriften und über die Rückerstattung von Baukostenzuschüssen vom 21. Juli 1961 — Bundesgesetzbl. I S. 1041).

(4) In Höhe des Gesamtbetrages, der in den Rechnungsjahren 1958 bis 1966 für Zwecke des Absatzes 2 zusätzlich zur Verfügung gestellt worden ist, sind in den Rechnungsjahren 1967 und 1968 die in § 20 bezeichneten Rückflüsse den allgemeinen Deckungsmitteln des Bundeshaushalts zuzuführen; insoweit findet § 20 keine Anwendung. Soweit vom Rechnungsjahr 1967 ab nach § 20 zu verwendende Mittel den Ländern zugeteilt werden, sollen die den einzelnen Ländern zusätzlich gewährten Mittel berücksichtigt werden.

Zweiter Abschnitt

Baulandbereitstellung

§ 89

Beschaffung von Bauland

(1) Bund, Länder, Gemeinden, Gemeindeverbände, sonstige Körperschaften und Anstalten des öffentlichen Rechts und die von ihnen wirtschaftlich abhängigen Unternehmen haben zur Erreichung der in § 1 bestimmten Ziele die Aufgabe, geeignete ihnen gehörende Grundstücke als Bauland für den Wohnungsbau zu angemessenen Preisen zu Eigentum oder in Erbbaurecht zu überlassen oder als Bauland ungeeignete Grundstücke zum Austausch gegen geeignetes Bauland bereitzustellen. Sie haben bevorzugt geeignetes Bauland für den sozialen Wohnungsbau, namentlich für eine Bebauung mit Familienheimen, zu überlassen oder als Bauland ungeeignete Grundstücke zum Austausch gegen geeignetes Bauland bereitzustellen.

(2) Die Gemeinden haben darüber hinaus die Aufgabe, für den Wohnungsbau, namentlich für eine Bebauung mit Familienheimen, geeignete Grundstücke zu beschaffen, im Rahmen der landesrechtlichen Bestimmungen baureif zu machen und als Bauland Bauwilligen zu Eigentum oder in Erbbaurecht zu überlassen.

(3) Die Gemeinden haben im Rahmen einer geordneten Entwicklung des Gemeindegebietes in ihren rechtsverbindlichen städtebaulichen Plänen für eine Bebauung mit Familienheimen geeignete Flächen in einem so ausreichenden Umfange auszuweisen, daß die vorrangige Förderung des Baues von Familienheimen entsprechend den Vorschriften dieses Gesetzes durchgeführt werden kann.

(4) Die Gemeinden haben Bauwillige, die ein Baugrundstück, namentlich für eine Bebauung mit einem Familienheim, erwerben wollen, bei dem Erwerb eines geeigneten Baugrundstücks zu beraten und zu unterstützen.

(5) Die in Absatz 1 bezeichneten Körperschaften sollen den zur Finanzierung des Bauvorhabens erforderlichen Grundpfandrechten den Vorrang

vor einem zur Sicherung ihrer Kaufpreisforderung bestellten Grundpfandrecht, namentlich einer Restkaufgeldhypothek, oder vor einem für die Bestellung eines Erbbaurechts ausbedungenen Erbbauzins einräumen.

(6) Rechtsansprüche können hieraus nicht hergeleitet werden.

§ 90

Baulanderschließung

(1) An die Baulanderschließung, namentlich den Straßenbau, sollen keine höheren Anforderungen gestellt werden, als es im Rahmen der Gesamtplanung zur zweckmäßigen Erschließung unter Berücksichtigung der Erfordernisse der Bauvorhaben notwendig ist. Dies gilt für einmalige und laufende Abgaben.

(2) Die Gemeinden dürfen im sozialen Wohnungsbau Erschließungskosten nur bis zu der Höhe verlangen oder vereinbaren, die die Eigentümer der anliegenden Grundstücke nach den für Anliegerleistungen geltenden Vorschriften als Erschließungsbeiträge zu entrichten verpflichtet sind. Die Länderregierungen werden ermächtigt, nähere Vorschriften durch Rechtsverordnung zu erlassen.

(3) Auf Antrag können auch einer Gemeinde öffentliche Mittel als Darlehen für die Vorfinanzierung der Erschließung geeigneter Flächen als Bauland für den öffentlich geförderten sozialen Wohnungsbau, insbesondere für Familienheime, (Baulanderschließungsdarlehen) bewilligt werden. Über den Antrag der Gemeinde entscheidet die für das Wohnungs- und Siedlungswesen zuständige oberste Landesbehörde. Die Mittel, die als Baulanderschließungsdarlehen bewilligt werden, dürfen 5 vom Hundert der jährlich dem Land für die Förderung des sozialen Wohnungsbaues zur Verfügung stehenden öffentlichen Mittel nicht überschreiten.

(4) Baulanderschließungsdarlehen dürfen nur bewilligt werden, wenn geeignetes erschlossenes Bauland für den öffentlich geförderten sozialen Wohnungsbau, insbesondere für Familienheime, nicht zur Verfügung steht, die Kosten der Erschließung den Vorschriften des Absatzes 1 entsprechen und von der Gemeinde nicht aus eigenen Mitteln oder ohne wesentliche Kostenerhöhung in sonstiger Weise getragen werden können. Für die Beschaffung und Herstellung von Verkehrsflächen, die nicht überwiegend dem Anliegerverkehr der Bewohner der Familienheime dienen sollen, darf ein Baulanderschließungsdarlehen nicht bewilligt werden.

(5) Werden die Grundstücke, für deren Erschließung die Gemeinde ein Baulanderschließungsdarlehen erhalten hat, nicht innerhalb von fünf Jahren seit der Bewilligung des Darlehens mit Wohnungen des öffentlich geförderten sozialen Wohnungsbaues, insbesondere mit Familienheimen, bebaut, so kann die Rückzahlung des Darlehens verlangt werden.

Dritter Abschnitt

Förderung bauwirtschaftlicher Maßnahmen

§ 91

Maßnahmen zur Baukostensenkung

(1) Zum Zwecke der Senkung der Baukosten und der Rationalisierung des Bauvorganges fördert die Bundesregierung

a) die Bauforschung,
b) die Schaffung von Normen für Baustoffe und Bauteile,
c) die Entwicklung von Typen für Bauten und Bauteile.

(2) Die Bundesregierung wird ermächtigt, durch Rechtsverordnung Vorschriften zu erlassen über

a) die Zulassung von Baustoffen und Bauarten,
b) die Anwendung von Normen des Deutschen Normenausschusses,
c) die einheitliche Regelung des Verdingungswesens.

Vierter Abschnitt

Steuer- und Gebührenvergünstigungen

§ 92

Grundsteuervergünstigung

(1) Für Grundstücke mit neugeschaffenen Wohnungen, die nach Absatz 2 begünstigt sind, darf die Grundsteuer auf die Dauer von zehn Jahren nur nach dem Steuermeßbetrag erhoben werden, der maßgebend war, bevor die begünstigten Wohnungen geschaffen worden sind; beruht die Veranlagung auf erhöhten Steuermeßzahlen im Sinne der §§ 12a oder 12b des Grundsteuergesetzes in der Fassung des § 172 des Bundesbaugesetzes vom 23. Juni 1960 (Bundesgesetzbl. I S. 341), so bleibt der Teil des Steuermeßbetrages außer Betracht, der den ohne Anwendung dieser Vorschriften maßgebenden Steuermeßbetrag übersteigt. Die Vorschriften der §§ 13 und 14 des Grundsteuergesetzes und des § 225a der Abgabenordnung finden insoweit keine Anwendung.

(2) Begünstigt sind

a) öffentlich geförderte Wohnungen, für die die öffentlichen Mittel erstmalig nach dem 31. Dezember 1956 bewilligt worden sind;
b) steuerbegünstigte Wohnungen, die nach dem 30. Juni 1956 bezugsfertig geworden sind.

(3) Werden auf dem Grundstück außer begünstigten auch andere Wohnungen, gewerbliche und sonstige Räume geschaffen, so ist der nach Absatz 1 maßgebende Steuermeßbetrag um den Betrag zu erhöhen, der auf

diese Wohnungen und Räume entfällt. Dabei ist von dem Betrag auszugehen, der sich ergibt, wenn von dem Steuermeßbetrag, der für den ganzen Steuergegenstand ohne die Grundsteuervergünstigung maßgebend wäre, der Steuermeßbetrag abgezogen wird, der maßgebend war, bevor die begünstigten Wohnungen geschaffen worden sind. Der Unterschiedsbetrag ist im Verhältnis der begünstigten und nicht begünstigten Wohnungen und Räume aufzuteilen.

(4) Treten nachträglich Änderungen des nicht begünstigten Teiles des Grundstücks ein, die zu einer Fortschreibung des Einheitswerts führen, so ist der Steuermeßbetrag mit Wirkung vom Beginn des Kalenderjahres an neu zu veranlagen, das mit dem Fortschreibungszeitpunkt beginnt. Der neue Steuermeßbetrag ist dabei nach den Vorschriften des Absatzes 3 zu ermitteln.

(5) Die Vorschriften der Absätze 1, 3 und 4 gelten entsprechend für nach dem 30. Juni 1956 bezugsfertig gewordene Wohnheime.

§ 93

Unterlagen für die Grundsteuervergünstigung

(1) Die Grundsteuervergünstigung nach § 92 ist zu gewähren, wenn vorgelegt wird

a) bei einer öffentlich geförderten Wohnung der Bescheid der Bewilligungsstelle über die Bewilligung öffentlicher Mittel,

b) bei einer steuerbegünstigten Wohnung der Anerkennungsbescheid nach § 82,

c) bei einem Wohnheim eine Bescheinigung der für das Wohnungs- und Siedlungswesen zuständigen obersten Landesbehörde oder der von ihr bestimmten Stelle darüber, daß die in § 15 bestimmten Voraussetzungen vorliegen.

(2) Der Bewilligungsbescheid, der Anerkennungsbescheid oder die Bescheinigung ist im Verfahren über die Gewährung der Grundsteuervergünstigung in tatsächlicher und rechtlicher Hinsicht verbindlich und unterliegt nicht der Nachprüfung durch die Finanzbehörden und Finanzgerichte.

§ 94

Beginn und Fortfall der Grundsteuervergünstigung

(1) Die Grundsteuervergünstigung nach § 92 beginnt mit dem 1. Januar des Jahres, das auf das Kalenderjahr folgt, in dem das Gebäude, die Wohnung oder das Wohnheim bezugsfertig geworden ist.

(2) Fallen die Voraussetzungen für die Grundsteuervergünstigung vor Ablauf des Zeitraumes von zehn Jahren ganz oder teilweise fort, so entfällt insoweit die Vergünstigung. Dabei ist der Steuermeßbetrag mit Wirkung vom Beginn des auf den Fortfall der Voraussetzungen für die Grundsteuervergünstigung folgenden Kalenderjahres an neu zu veranlagen.

(3) Die Voraussetzungen für die Grundsteuervergünstigung fallen bei steuerbegünstigten Wohnungen fort, wenn der Anerkennungsbescheid nach § 83 Abs. 5 widerrufen wird, und zwar von dem Zeitpunkt an, der in dem Widerrufsbescheid bezeichnet ist.

(4) Die Freistellung einer öffentlich geförderten Wohnung von den für diese Wohnungen bestimmten Bindungen nach § 71 ist ohne Wirkung auf die Grundsteuervergünstigung.

(5) Endet der Zeitraum von zehn Jahren für die Grundsteuervergünstigung mit dem 31. März eines Jahres, so gilt folgendes:

1. Auf den 1. Januar des Jahres, in dem die Vergünstigung ausläuft, wird ein Steuermeßbetrag festgesetzt, der sich zusammensetzt
   a) aus einem Viertel des nach § 92 festgesetzten Steuermeßbetrages und
   b) aus drei Vierteln des Steuermeßbetrages, der sich nach dem Auslaufen der Vergünstigung ergibt.
2. Auf den 1. Januar des folgenden Jahres wird der Steuermeßbetrag festgesetzt, der sich nach dem Auslaufen der Vergünstigung ergibt.

§ 94a

Auskunft über die Grundsteuervergünstigung

Das Finanzamt hat dem Mieter von Wohnraum auf dessen Verlangen Auskunft zu erteilen, ob und für welchen Zeitraum eine Grundsteuervergünstigung nach den §§ 92 bis 94 gewährt wird oder gewährt worden ist; dem Mieter ist auch Auskunft darüber zu erteilen, von wann ab auf eine solche Vergünstigung verzichtet worden ist.

§ 95

Bescheinigung für die Einkommensteuervergünstigung

(1) Die Bescheinigung zum Nachweis der in § 7c des Einkommensteuergesetzes bezeichneten Voraussetzungen für die Gewährung der Einkommensteuervergünstigung wird von der für das Wohnungs- und Siedlungswesen zuständigen obersten Landesbehörde oder der von ihr bestimmten Stelle ausgestellt.

(2) Die Bescheinigung ist zu erteilen, wenn die in § 7c des Einkommensteuergesetzes bezeichneten, zu bescheinigenden Voraussetzungen gegeben sind und wenn vorliegt

a) bei einer öffentlich geförderten Wohnung der Bescheid der Bewilligungsstelle über die Bewilligung öffentlicher Mittel,
b) bei einer anderen Wohnung der Anerkennungsbescheid nach § 82.

(3) Die Bescheinigung ist im Verfahren für die Gewährung der Einkommensteuervergünstigung in tatsächlicher und rechtlicher Hinsicht verbindlich und unterliegt nicht der Nachprüfung durch die Finanzbehörden und Finanzgerichte.

Vergünstigungen bei vorhandenem Wohnraum

§ 96

Steuer- und Gebührenvergünstigungen

(1) Soweit in Rechts- oder Verwaltungsvorschriften die Gewährung von Steuer- oder Gebührenvergünstigungen oder von sonstigen besonderen Vorteilen für die Kleinsiedlung davon abhängig gemacht ist, daß die Kleinsiedlung als solche anerkannt ist, gilt der nach den Vorschriften dieses Gesetzes erteilte Bescheid der Bewilligungsstelle über die Bewilligung öffentlicher Mittel als Anerkennung. Bei nicht mit öffentlichen Mitteln geförderten Siedlerstellen kann die Anerkennung als Kleinsiedlung durch die zuständige Bewilligungsstelle ausgesprochen werden, wenn die sachlichen Voraussetzungen für eine Bewilligung öffentlicher Mittel vorliegen.

(2) Kleinsiedlungen, deren Bau nach den Vorschriften dieses Gesetzes öffentlich gefördert wird oder die nach Absatz 1 Satz 2 als Kleinsiedlungen anerkannt worden sind, sind Kleinsiedlungen im Sinne von § 20 des Kapitels II des Vierten Teils der Dritten Verordnung des Reichspräsidenten vom 6. Oktober 1931 (Reichsgesetzbl. I S. 537, 551).

(3) Wird in Rechts- oder Verwaltungsvorschriften die Gewährung einer Steuer- oder Gebührenvergünstigung für die Kleinsiedlung davon abhängig gemacht, daß ein Kleinsiedlungsträger das Siedlungsverfahren durchführt, so genügt es bei Eigensiedlungen, deren Bau nach den Vorschriften dieses Gesetzes öffentlich gefördert wird oder die nach Absatz 1 Satz 2 als Kleinsiedlungen anerkannt worden sind, daß ein Kleinsiedlungsträger (§ 58 Abs. 1) als Betreuer eingeschaltet worden ist.

Fünfter Abschnitt

Vergünstigungen in der Wohnraumbewirtschaftung bei vorhandenem Wohnraum

§ 97

Freibauen

(1) Wer als Bauherr eine nach dem 30. Juni 1956 bezugsfertig werdende steuerbegünstigte oder frei finanzierte Wohnung schafft und dadurch eine angemessene anderweitige Unterbringung eines Wohnungsuchenden ermöglicht, der bisher in einer der Wohnraumbewirtschaftung unterliegenden Wohnung gewohnt hat, hat für seine Wohnzwecke Anspruch auf Zuteilung der dadurch freigewordenen Räume. Der Anspruch besteht nur, wenn der über die freigewordenen Räume Verfügungsberechtigte zustimmt. Ist der Bauherr der neugeschaffenen Wohnung zugleich über die freigewordenen Räume verfügungsberechtigt, so kann er an Stelle einer Zuteilung an sich die Zuteilung an einen von ihm benannten Wohnungsuchenden verlangen. Die Vorschriften der §§ 11 und 17a des Wohnraumbewirtschaftungsgesetzes bleiben unberührt.

(2) Der Bauherr der steuerbegünstigten oder frei finanzierten Wohnung kann, wenn er nicht Anspruch auf Zuteilung der freigewordnen Räume nach den Vorschriften des Absatzes 1 erhebt, verlangen, daß ihm in seiner der Wohnraumbewirtschaftung unterliegenden Wohnung über den Raum hinaus, der ihm nach § 10 des Wohnraumbewirtschaftungsgesetzes zugestanden werden kann, zusätzlicher Raum in angemessenem Umfange zugebilligt wird. Der Anspruch kann geltend gemacht werden, wenn in der von dem Wohnungsinhaber bewohnten Wohnung Raum frei wird oder wenn er eine andere Wohnung bezieht.

(3) Die Vorschriften der Absätze 1 und 2 finden auf denjenigen entsprechende Anwendung, der einen wesentlichen Finanzierungsbeitrag zum Bau einer nach dem 30. Juni 1956 bezugsfertig werdenden steuerbegünstigten oder frei finanzierten Wohnung leistet. Ein Finanzierungsbeitrag ist wesentlich, wenn er mindestens ein Drittel der auf die Wohnung entfallenden Gesamtkosten des Bauvorhabens beträgt und, sofern er als Darlehen oder Mietvorauszahlung geleistet wird, unverzinslich ist und für eine Laufzeit von mindestens zehn Jahren gewährt wird.

(4) Bestehende Vorschriften der Länder über weitergehende Freibaumöglichkeiten sowie die in § 4 des Wohnraumbewirtschaftungsgesetzes vorgesehenen Ermächtigungen zur Lockerung oder Aufhebung der Wohnraumbewirtschaftung, wenn dies der Schaffung neuen Wohnraums dient, bleiben unberührt.

§ 98

Freikauf

(1) Wer einen wesentlichen Finanzierungsbeitrag im Sinne von § 97 Abs. 3 an die Gemeinde zur Förderung des Wohnungsbaues leistet, kann die Zuteilung zusätzlichen Raumes unter entsprechender Anwendung der Vorschriften des § 97 Abs. 2 verlangen.

(2) Die Gemeinde hat die empfangenen Finanzierungsbeiträge als öffentliche Mittel im Sinne von § 6 Abs. 1 zum Bau öffentlich geförderter Wohnungen zu verwenden.

Teil VI

Ergänzungs-, Durchführungs- und Überleitungvorschriften

Erster Abschnitt

Ergänzungsvorschriften

§ 99

Gleichstellungen

(1) Bei Anwendung der Vorschriften dieses Gesetzes steht das Erbbaurecht dem Eigentum an einem Grundstück, das Wohnungserbbaurecht dem Wohnungseigentum gleich.

Ergänzungsvorschriften

(2) Die in diesem Gesetz für Wohnungen getroffenen Vorschriften gelten für einzelne Wohnräume entsprechend, soweit sich nicht aus Inhalt oder Zweck einzelner Vorschriften etwas anderes ergibt.

§ 100

Anwendungen von Begriffsbestimmungen dieses Gesetzes

Soweit in Rechtsvorschriften außerhalb dieses Gesetzes die in §§ 2, 5, 7, 9 bis 17 bestimmten Begriffe verwendet werden, sind diese Begriffsbestimmungen zugrunde zu legen, sofern nicht in jenen Rechtsvorschriften ausdrücklich etwas anderes bestimmt ist.

§ 101

Sondervorschriften für die Stadtstaaten

(1) Der Bundesminister für Wohnungsbau wird ermächtigt, für die Länder Berlin, Hamburg und Bremen Abweichungen von den Bestimmungen des § 26 Abs. 1 und des § 30 Abs. 1 zuzulassen.

(2) Berlin und die Freie und Hansestadt Hamburg gelten für die Anwendung dieses Gesetzes auch als Gemeinden.

§ 102

Rechtsweg

(1) Für öffentlich-rechtliche Streitigkeiten, die aus diesem Gesetz entstehen können, ist der Verwaltungsrechtsweg gegeben. Dies gilt insbesondere für Streitigkeiten, die sich ergeben aus Anträgen auf Bewilligung öffentlicher Mittel, auf Übernahme von Bürgschaften und Gewährleistungen und auf Zulassung eines Betreuungsunternehmens (§ 37 Abs. 2).

(2) Für bürgerlich-rechtliche Streitigkeiten, die aus diesem Gesetz entstehen können, ist der ordentliche Rechtsweg gegeben. Dies gilt insbesondere für Streitigkeiten über Ansprüche aus den auf Grund der Bewilligung öffentlicher Mittel geschlossenen Verträgen, aus übernommenen Bürgschaften und Gewährleistungen sowie für Streitigkeiten zwischen einem Bauherrn und einem Bewerber aus einer Verkaufsverpflichtung und für Streitigkeiten zwischen einem Bauherrn und einem Betreuungsunternehmen (§ 37 Abs. 3).

(3) Soweit für bestimmte Streitigkeiten aus diesem Gesetz andere Gerichte als die allgemeinen Verwaltungsgerichte oder die ordentlichen Gerichte angerufen werden können, behält es hierbei sein Bewenden.

§ 103

Dingliche Sicherung von Kapitalmarktdarlehen bei Eigentumswohnungen

Sollen Darlehen von Kapitalsammelstellen zum Bau von Eigentumswohnungen gewährt werden, so soll von einer Gesamtbelastung der Wohnungseigentumsrechte abgesehen werden, sofern nicht wichtige Gründe entgegenstehen.

Zweiter Abschnitt

Durchführungsvorschriften

§ 104

Vorschriften über den Einsatz von Kapitalmarktmitteln

Die Bundesregierung wird ermächtigt, durch Rechtsverordnung den Kapitalsammelstellen die Verpflichtung aufzuerlegen, einen bestimmten Teil ihrer Mittel, die im Rahmen des ordnungsmäßigen Geschäftsbetriebes zur langfristigen Anlage bestimmt und geeignet sind, gemäß den gesetzlichen Vorschriften und Satzungsbestimmungen für die Finanzierung des Wohnungsbaues einzusetzen.

§ 105

Ermächtigung der Bundesregierung zum Erlaß von Durchführungsvorschriften

(1) Die Bundesregierung wird ermächtigt, für öffentlich geförderte und für steuerbegünstigte Wohnungen durch Rechtsverordnung Vorschriften zur Durchführung dieses Gesetzes zu erlassen über

a) die Wirtschaftlichkeit, ihre Berechnung und ihre Sicherung sowie die Belastung und ihre Berechnung;

b) die Ermittlung und Anerkennuug der Kapital- und Bewirtschaftungskosten und deren Höchstsätze sowie die Aufbringung, die Bewertung und den Ersatz der Eigenleistung;

c) die Mietpreisbildung und die Mietpreisüberwachung;

d) die Berechnung von Wohn- und Nutzflächen sowie von Wohn- und sonstigen Gebäudeteilen.

In der Rechtsverordnung kann auch die sinngemäße Anwendung der Vorschriften dieser Rechtsverordnung für die Ermittlung der Kostenmiete im Sinne des Ersten Bundesmietengesetzes bestimmt werden.

(2) Die Bundesregierung wird ermächtigt, für öffentlich geförderte Wohnungen durch Rechtsverordnung Vorschriften zur Durchführung dieses Gesetzes zu erlassen über

a) allgemeine Finanzierungsgrundsätze für den Einsatz öffentlicher Mittel, insbesondere solche, die der Steigerung und Erleichterung der Bautätigkeit im sozialen Wohnungsbau oder der Verbesserung der Wirtschaftlichkeit der Wohnungen dienen;

b) die Voraussetzungen und Bedingungen, unter denen öffentliche Mittel als Darlehen oder Zuschüsse zur Deckung der laufenden Aufwendungen, als Zinszuschüsse oder als Annuitätsdarlehen bewilligt werden können.

(3) Die Bundesregierung wird ermächtigt, zur Durchführung dieses Gesetzes und des § 31a des Mieterschutzgesetzes durch Rechtsverordnung

nähere Vorschriften darüber zu erlassen, unter welchen Voraussetzungen und von welchem Zeitpunkt an einer Wohnung die Eigenschaft als öffentlich geförderter, steuerbegünstigter oder frei finanzierter Wohnung zukommt und unter welchen Voraussetzungen und zu welchem Zeitpunkt die Wohnung diese Eigenschaft verliert.

§ 106

Ermächtigung der Landesregierungen zum Erlaß von Durchführungsvorschriften

Die Landesregierungen werden ermächtigt, nähere Bestimmungen zur Regelung der in § 105 Abs. 1 und 2 bezeichneten Tatbestände zu erlassen, soweit die Bundesregierung von ihrer Ermächtigung keinen Gebrauch macht.

§ 107

Zustimmung des Bundesrates zu Rechtsverordnungen

Die Rechtsverordnungen der Bundesregierung und des Bundesministers für Wohnungsbau, die auf Grund des vorliegenden Gesetzes erlassen werden, bedürfen der Zustimmung des Bundesrates.

Dritter Abschnitt

Überleitungsvorschriften

§ 108

Allgemeine Überleitungsvorschrift

(1) Für Wohnungen und Wohnräume, auf die die Vorschriften des Ersten Wohnungsbaugesetzes anzuwenden sind, finden auch die Vorschriften der §§ 109 bis 112 des vorliegenden Gesetzes unter den dort bezeichneten Voraussetzungen Anwendung.

(2) Die Landesregierungen werden ermächtigt, durch Rechtsverordnung vorzuschreiben, daß auf öffentlich geförderte Wohnungen und Wohnräume, die nach dem 30. Juni 1956 bezugsfertig geworden sind oder bezugsfertig werden und für die die öffentlichen Mittel erstmalig vor dem 1. Januar 1957 bewilligt worden sind oder bewilligt werden, auf Antrag des Bauherrn bestimmte Vorschriften des vorliegenden Gesetzes an Stelle der entsprechenden Vorschriften des Ersten Wohnungsbaugesetzes anzuwenden sind. In diesem Falle finden auf diese Wohnungen und Wohnräume die in der Rechtsverordnung bezeichneten Vorschriften des vorliegenden Gesetzes auch dann Anwendung, wenn sie sonst nur auf Wohnraum anwendbar sind, für den die öffentlichen Mittel nach dem 31. Dezember 1956 bewilligt worden sind oder bewilligt werden.

Überleitungsvorschriften

§ 109

Überleitungsvorschriften für öffentlich geförderte Eigenheime, Kleinsiedlungen, Kaufeigenheime und Eigentumswohnungen

(1) Öffentlich geförderte Eigenheime, Kleinsiedlungen und Kaufeigenheime, auf die die Vorschriften des Ersten Wohnungsbaugesetzes anzuwenden sind, sind auf Antrag als Familienheime anzuerkennen, wenn sie den in § 7 des vorliegenden Gesetzes bestimmten Voraussetzungen entsprechen. Öffentlich geförderte Eigentumswohnungen, auf die die Vorschriften des Ersten Wohnungsbaugesetzes anzuwenden sind, sind auf Antrag als eigengenutzte Eigentumswohnungen anzuerkennen, wenn sie den in § 12 Abs. 1 Satz 2 bestimmten Voraussetzungen entsprechen. Die Anerkennung erfolgt durch die Stelle, welche die für das Wohnungs- und Siedlungswesen zuständige oberste Landesbehörde bestimmt.

(2) Bei anerkannten Familienheimen darf von der Anerkennung ab eine Erhöhung des Zinssatzes, der für das der nachstelligen Finanzierung dienende öffentliche Baudarlehen bestimmt worden ist, oder eine Verzinsung für das zinslos gewährte Baudarlehen nicht gefordert werden; eine Erhöhung der Tilgung darf, abgesehen von der Erhöhung um den Betrag ersparter Zinsen, vor Ablauf der Zeit nicht gefordert werden, die für eine planmäßige Tilgung erststelliger Finanzierungsmittel bei einem Tilgungssatz von 1 vom Hundert üblich ist.

(3) Auf anerkannte Familienheime und anerkannte eigengenutzte Eigentumswohnungen finden die Vorschriften der §§ 69 und 70 über die Ablösung und über die Tragung des Ausfalls Anwendung, soweit nach der Anerkennung Ablösungen erfolgen.

(4) Auf anerkannte Familienheime finden die Vorschriften des § 78, auf anerkannte eigengenutzte Eigentumswohnungen die Vorschriften des § 79 über Rechtsansprüche auf Zuteilung Anwendung.

§ 110

Überleitungsvorschriften für die Grundsteuervergünstigung

(1) Eigenheime, Kleinsiedlungen und Kaufeigenheime, die nach dem 31. Juli 1953 und bis zum 30. Juni 1956 bezugsfertig geworden sind und bei denen die in § 7 Abs. 2 Buchstabe b des Ersten Wohnungsbaugesetzes bestimmten Voraussetzungen nicht vorliegen, sind auf Antrag nach den Vorschriften der §§ 82 und 83 des vorliegenden Gesetzes als steuerbegünstigte Wohnungen anzuerkennen, wenn die in § 82 in Verbindung mit § 7 bestimmten Voraussetzungen im Zeitpunkt der Bezugsfertigkeit vorgelegen haben.

(2) Für Eigenheime, Kleinsiedlungen und Kaufeigenheime, die nach Absatz 1 als steuerbegünstigt anerkannt sind, ist die Grundsteuervergünstigung auf Antrag nach den Vorschriften der §§ 92 bis 94 des vorliegenden Gesetzes auf die Dauer von zehn Jahren vom 1. April des Jahres an zu ge-

währen, das auf das Kalenderjahr folgt, in dem die Anerkennung als steuerbegünstigte Wohnung ausgesprochen worden ist.

(3) Ist für Wohnheime, die bis zum 30. Juni 1956 bezugsfertig geworden sind, die Grundsteuervergünstigung bisher noch nicht gewährt worden, so ist sie auf Antrag nach den Vorschriften der §§ 92 bis 94 des vorliegenden Gesetzes auf die Dauer von zehn Jahren vom 1. April des Jahres an zu gewähren, das auf das Kalenderjahr folgt, in dem der Antrag gestellt worden ist.

(4) Für Wohnungen und Wohnräume, auf die die Vorschriften des Ersten Wohnungsbaugesetzes anzuwenden sind und die nach § 7 des Ersten Wohnungsbaugesetzes begünstigt sind, ist auf Antrag der Steuermeßbetrag für die Erhebung der Grundsteuer nach den Vorschriften des § 92 des vorliegenden Gesetzes neu zu veranlagen, wenn der für den nichtbegünstigten Teil des Grundstücks rechtskräftig festgesetzte Steuermeßbetrag höher ist als der Steuermeßbetrag, der sich nach § 92 ergibt. Die Grundsteuervergünstigung auf Grund des neu veranlagten Steuermeßbetrages gilt mit Wirkung vom Beginn des der Antragstellung folgenden Rechnungsjahres an für den noch nicht abgelaufenen Teil des Zeitraumes von zehn Jahren.

(5) Auf Eigenheime, Kleinsiedlungen und Kaufeigenheime, die nach Absatz 1 als steuerbegünstigt anerkannt sind, finden die Vorschriften des § 85 des vorliegenden Gesetzes mit der Maßgabe Anwendung, daß die in § 85 Abs. 2 bezeichnete Jahresfrist von dem Zeitpunkt ab zu laufen beginnt, in dem der Mieter Kenntnis von der Anerkennung erlangt hat. Der Vermieter hat dem Mieter unverzüglich die Anerkennung mitzuteilen und ihn auf die Vorschriften des § 85 hinzuweisen.

§ 111

Überleitungsvorschriften für die gesetzliche Unfallversicherung

(1) Die Vorschriften des Artikels 2 § 3 der Verordnung zur Kleinsiedlung und Bereitstellung von Kleingärten vom 23. Dezember 1931 / 15. Januar 1937 (Reichsgesetzbl. 1937 I S. 17) sind auf Kleinsiedlungen nicht mehr anzuwenden. Dies gilt nicht für Unfälle, die vor dem Inkrafttreten des vorliegenden Gesetzes eingetreten sind.

(2) Für Unfälle, die nach dem Inkrafttreten des vorliegenden Gesetzes eintreten, gelten die Vorschriften der Reichsversicherungsordnung in der Fassung des § 122 des vorliegenden Gesetzes auch dann, wenn es sich um den Bau von Wohnungen der in § 537 Nr. 13 der Reichsversicherungsordnung bezeichneten Art handelt, auf die die Vorschriften des Ersten Wohnungsbaugesetzes anzuwenden sind.

§ 112

Verweisungen

(1) Soweit in Rechts- und Verwaltungsvorschriften auf Vorschriften des Ersten Wohnungsbaugesetzes verwiesen wird, bezieht sich die Verweisung

auf die entsprechenden Vorschriften des vorliegenden Gesetzes, soweit es sich handelt

a) im öffentlich geförderten sozialen Wohnungsbau um neugeschaffenen Wohnraum, bei dem die öffentlichen Mittel erstmalig nach dem 31. Dezember 1956 bewilligt worden sind oder bewilligt werden,

b) im steuerbegünstigten und frei finanzierten Wohnungsbau um neugeschaffenen Wohnraum, der nach dem 30. Juni 1956 bezugsfertig geworden ist oder bezugsfertig wird.

(2) Soweit auf Wohnungen und Wohnräume, auf die die Vorschriften des Ersten Wohnungsbaugesetzes anzuwenden sind, auch die Vorschriften der §§ 109 bis 111 des vorliegenden Gesetzes Anwendung finden, beziehen sich Verweisungen auf das Erste Wohnungsbaugesetz auch auf die entsprechenden anzuwendenden Vorschriften des vorliegenden Gesetzes.

(3) Einer Verweisung steht es gleich, wenn die Anwendung von Vorschriften des Ersten Wohnungsbaugesetzes stillschweigend vorausgesetzt wird.

§ 113

Weitergeltung der Durchführungsvorschriften zum Ersten Wohnungsbaugesetz

Die Vorschriften der Berechnungsverordnung vom 20. November 1950 (Bundesgesetzbl. S. 753) und die Vorschriften der Mietenverordnung vom 20. November 1950 (Bundesgesetzbl. S. 759) sind bis zu ihrer Änderung oder Aufhebung auch zur Durchführung des vorliegenden Gesetzes anzuwenden, soweit ihr Inhalt nicht den Vorschriften des vorliegenden Gesetzes widerspricht.

Teil VII

Änderung anderer Gesetze

§ 114

Änderung des Wohnraumbewirtschaftungsgesetzes

§ 115

Änderung des Mieterschutzgesetzes

§ 116

Änderung des Ersten Bundesmietengesetzes

§ 117

Änderung des Gesetzes und der Durchführungsverordnung über die Gemeinnützigkeit im Wohnungswesen

Änderung anderer Gesetze

§ 118

Änderung des Lastenausgleichgesetzes

§ 119

Änderung des Wohnungsbau-Prämiengesetzes v. 21. 12. 1954 (BGBl. 482)

§ 120

Änderung des Gesetzes über Gebührenbefreiungen beim Wohnungsbau v. 30. 5. 1953 (BGBl. 273)

§ 121

Änderung des Gesetzes zur Förderung des Bergarbeiterwohnungsbaues im Kohlenbergbau v. 30. 11. 1954 (BGBl. 358)

§ 122

Änderung der Reichsversicherungsordnung

§ 123

Änderung des Kleinsiedlungsrechts

§ 124

Änderung des Ersten Wohnungsbaugesetzes v. 25. 8. 1953 (BGBl. 1047)

Teil VIII

Schlußvorschriften

§ 125

Geltung in Berlin

Dieses Gesetz gilt nach Maßgabe des § 13 Abs. 1 des Dritten Überleitungsgesetzes vom 4. Januar 1952 (Bundesgesetzbl. I S. 1) auch im Land Berlin. Rechusverordnung, die auf Grund dieses Gesetzes erlassen werden, gelten im Land Berlin nach § 14 des Dritten Überleitungsgesetzes.

§ 126

Dieses Gesetz tritt, unbeschadet der Vorschriften des § 4, am 1. Juli 1956 in Kraft.

Übersicht

Verordnung über wohnungswirtschaftliche Berechnungen nach dem Zweiten Wohnungsbaugesetz (Zweite Berechnungsverordnung — II. BVO).

Vom 17. Oktober 1957 (BGBl S. 1719f)

Übersicht

Die Zahlen bedeuten die Paragraphen

Auf Grund des § 91 Abs. 2 Buchstabe b und des § 105 Abs. 1 Satz 1 Buchstaben a, b und d des Zweiten Wohnungsbaugesetzes (Wohnungsbau- und Familiengesetz) vom 27. Juni 1956 (Bundesgesetzblatt I S. 523) und des § 48 Abs. 1 Buchstaben a, b und f des Ersten Wohnungsbaugesetzes in der Fassung vom 25. August 1953 (Bundesgesetzbl. I S. 1047) und vom 27. Juni 1956 (Bundesgesetzbl. I S. 523) verordnet die Bundesregierung mit Zustimmung des Bundesrates:

Teil I
Allgemeine Vorschriften

§ 1
Anwendungsbereich

Diese Verordnung ist anzuwenden, wenn nach ihrem Inkrafttreten Wirtschaftlichkeit, Belastung oder Wohnfläche zu berechnen ist

1. im öffentlich geförderten sozialen Wohnungsbau
   a) für Wohnraum, für den die öffentlichen Mittel erstmalig nach dem 31. Dezember 1956 bewilligt worden sind oder bewilligt werden,
   b) für Wohnraum, der nach dem 30. Juni 1956 bezugsfertig geworden ist oder bezugsfertig wird und für den die öffentlichen Mittel erstmalig vor dem 1. Januar 1957 bewilligt worden sind, wenn auf Grund einer Rechtsverordnung der Landesregierung nach § 108 Abs. 2 des Zweiten Wohnungsbaugesetzes auf diesen Wohnraum § 72 des Zweiten Wohnungsbaugesetzes anzuwenden ist;
2. im steuerbegünstigten Wohnungsbau
   a) für Wohnraum, der nach dem 30. Juni 1956 bezugsfertig geworden ist oder bezugsfertig wird und nach §§ 82, 83 und 99 Abs. 2 des Zweiten Wohnungsbaugesetzes als steuerbegünstigt anerkannt ist oder anerkannt werden soll,
   b) für Wohnraum in Eigenheimen, Kleinsiedlungen und Kaufeigenheimen, der nach dem 31. Juli 1953 und bis zum 30. Juni 1956 bezugsfertig geworden ist und nach § 110 in Verbindung mit §§ 82, 83 und 99 Abs. 2 des Zweiten Wohnungsbaugesetzes als steuerbegünstigt anerkannt ist oder anerkannt werden soll.

Teil II

Wirtschaftlichkeitsberechnung

Erster Abschnitt

Gegenstand und Gliederung der Berechnung

§ 2

Gegenstand der Berechnung

Die Wirtschaftlichkeit von Wohnraum wird durch eine Berechnung (Wirtschaftlichkeitsberechnung) ermittelt. In ihr sind die laufenden Aufwendungen zu ermitteln und den Erträgen gegenüberzustellen.

(2) Die Wirtschaftlichkeitsberechnung ist für das Gebäude, das den Wohnraum enthält, aufzustellen. Sie ist für eine Mehrheit solcher Gebäude aufzustellen, wenn die Gebäude demselben Eigentümer gehören, in örtlichem Zusammenhang stehen und ihrer Errichtung ein einheitlicher Finanzierungsplan zugrunde gelegt worden ist oder zugrunde gelegt werden soll (Wirtschaftseinheit). Ob der Errichtung einer Mehrheit von Gebäuden ein einheitlicher Finanzierungsplan zugrunde gelegt werden soll, bestimmt der Bauherr. Im öffentlich geförderten sozialen Wohnungsbau kann die Bewilligungsstelle die Bewilligung öffentlicher Mittel davon abhängig machen, daß der Bauherr eine andere Bestimmung über den Gegenstand der Berechnung trifft.

(3) In die Wirtschaftlichkeitsberechnung sind außer dem Gebäude oder der Wirtschaftseinheit auch zugehörige Nebengebäude, Anlagen und Einrichtungen sowie das Baugrundstück einzubeziehen. Das Baugrundstück besteht aus den überbauten und den dazugehörigen Flächen, soweit sie einen angemessenen Umfang nicht überschreiten; bei einer Kleinsiedlung gehört auch die Landzulage dazu.

(4) Enthält das Gebäude oder die Wirtschaftseinheit neben dem Wohnraum, für den die Wirtschaftlichkeitsberechnung aufzustellen ist, noch anderen Raum, so ist die Wirtschaftlichkeitsberechnung unter den Voraussetzungen und nach Maßgabe des Fünften Abschnittes als Teilwirtschaftlichkeitsberechnung oder als Gesamtwirtschaftlichkeitsberechnung oder mit Teilberechnungen der laufenden Aufwendungen aufzustellen.

§ 3

Gliederung der Berechnung

Die Wirtschaftlichkeitsberechnung muß enthalten:

1. die Grundstücks- und Gebäudebeschreibung,
2. die Berechnung der Gesamtkosten,
3. den Finanzierungsplan,
4. die laufenden Aufwendungen und die Erträge.

Wirtschaftlichkeitsberechnung

§ 4

Maßgebende Verhältnisse für die Aufstellung der Berechnung

(1) Im öffentlich geförderten sozialen Wohnungsbau ist, soweit nichts anderes vorgeschrieben ist, die Wirtschaftlichkeitsberechnung nach den Verhältnissen aufzustellen, die beim Antrag auf Bewilligung öffentlicher Mittel bestehen oder bestanden haben. Haben sich die Verhältnisse bis zur Bewilligung der öffentlichen Mittel geändert, so kann die Bewilligungsstelle die geänderten Verhältnisse zugrunde legen; sie hat sie zugrunde zu legen, wenn der Bauherr es beantragt.

(2) Hat im öffentlich geförderten sozialen Wohnungsbau die Bewilligungsstelle bei der Bewilligung der öffentlichen Mittel die Durchschnittsmiete auf Grund der Wirtschaftlichkeitsberechnung genehmigt, so dürfen höhere als die von ihr zugrunde gelegten Gesamtkosten, Finanzierungsmittel und laufenden Aufwendungen in einer späteren Wirtschaftlichkeitsberechnung nur angesetzt werden, soweit es sich aus den Vorschriften dieser Verordnung ergibt.

(3) Im steuerbegünstigten Wohnungsbau ist, soweit nichts anderes vorgeschrieben ist, die Wirtschaftlichkeitsberechnung nach den Verhältnissen bei Bezugsfertigkeit aufzustellen.

Zweiter Abschnitt

Berechnung der Gesamtkosten

§ 5

Gliederung der Gesamtkosten

(1) Gesamtkosten sind die Kosten des Baugrundstücks und die Baukosten.

(2) Kosten des Baugrundstücks sind der Wert des Baugrundstücks, die Erwerbskosten und die Erschließungskosten. Kosten, die im Zusammenhang mit einer das Baugrundstück betreffenden freiwilligen oder gesetzlich geregelten Umlegung, Zusammenlegung oder Grenzregelung (Bodenordnung) entstehen, gehören zu den Erwerbskosten, außer den Kosten der dem Bauherrn dabei obliegenden Verwaltungsleistungen. Bei einem Erbbaugrundstück sind Kosten des Baugrundstücks nur die dem Erbbauberechtigten entstehenden Erwerbs- und Erschließungskosten.

(3) Baukosten sind die Kosten der Gebäude, die Kosten der Außenanlagen, die Baunebenkosten, die Kosten besonderer Betriebseinrichtungen sowie die Kosten des Gerätes und sonstiger Wirtschaftsausstattungen. Wird der Wert verwendeter Gebäudeteile angesetzt, so ist er unter den Baukosten gesondert auszuweisen.

(4) Baunebenkosten sind

1. die Kosten der Architekten- und Ingenieurleistungen,
2. die Kosten der dem Bauherrn obliegenden Verwaltungsleistungen bei Vorbereitung und Durchführung des Bauvorhabens,
3. die Kosten der Behördenleistungen bei Vorbereitung und Durchführung des Bauvorhabens, soweit sie nicht Erwerbskosten sind,
4. die Kosten der Beschaffung der Finanzierungsmittel und, soweit sie während der Bauzeit entstehen, die Zinsen der Fremdmittel, Kosten der Zwischenfinanzierung und Steuerbelastungen des Baugrundstücks,
5. sonstige Nebenkosten bei Vorbereitung und Durchführung des Bauvorhabens.

(5) Der Ermittlung der Gesamtkosten ist die dieser Verordnung beigefügte Anlage 1 „Aufstellung der Gesamtkosten" zugrunde zu legen.

§ 6
Kosten des Baugrundstücks

(1) Als Wert des Baugrundstücks ist anzusetzen,

1. wenn das Baugrundstück vom Bauherrn gekauft worden ist, der Kaufpreis,
2. wenn das Baugrundstück durch Enteignung zur Durchführung des Bauvorhabens vom Bauherrn erworben worden ist, die Entschädigung,
3. in anderen Fällen oder wenn der Kaufpreis nicht festzustellen ist, der im gewöhnlichen Geschäftsverkehr für das Baugrundstück zu erzielende Preis (Verkehrswert).

Entspricht der Kaufpreis nicht dem Verkehrswert, so kann dieser angesetzt werden; dies gilt nicht, wenn das Baugrundstück zur Förderung des Wohnungsbaues unter dem Verkehrswert überlassen worden ist. Liegt der Kauf nicht mehr als drei Jahre vor dem nach § 4 maßgebenden Zeitpunkt, so wird vermutet, daß der Kaufpreis dem Verkehrswert entspricht.

(2) Bei Ausbau durch Umwandlung oder Umbau darf als Wert des Baugrundstücks höchstens der Verkehrswert vergleichbarer unbebauter Grundstücke für Wohngebäude angesetzt werden.

(3) Soweit Preisvorschriften bestehen, dürfen höchstens die danach zulässigen Preise zugrunde gelegt werden.

(4) Erwerbskosten und Erschließungskosten dürfen, vorbehaltlich der §§ 9 und 10, nur angesetzt werden, soweit sie tatsächlich entstehen oder mit ihrem Entstehen sicher gerechnet werden kann.

§ 7
Baukosten

(1) Baukosten dürfen nur angesetzt werden, soweit sie tatsächlich entstehen oder mit ihrem Entstehen sicher gerechnet werden kann und soweit

sie bei gewissenhafter Abwägung aller Umstände, bei wirtschaftlicher Bauausführung und bei ordentlicher Geschäftsführung gerechtfertigt sind. Die Vorschriften der §§ 8 bis 10 bleiben unberührt.

(2) Bei Wiederaufbau und bei Ausbau durch Umwandlung oder Umbau eines Gebäudes gehört zu den Baukosten auch der Wert der verwendeten Gebäudeteile. Der Wert der verwendeten Gebäudeteile ist mit dem Betrage anzusetzen, der einem Unternehmer für die Bauleistungen im Rahmen der Kosten des Gebäudes zu entrichten wäre, wenn an Stelle des Wiederaufbaues oder des Ausbaues ein Neubau durchgeführt würde, abzüglich der Kosten des Gebäudes, die für den Wiederaufbau oder den Ausbau tatsächlich entstehen oder mit deren Entstehen sicher gerechnet werden kann. Bei der Ermittlung der Kosten eines vergleichbaren Neubaues dürfen verwendete Gebäudeteile, die für einen Neubau nicht erforderlich gewesen wären, nicht berücksichtigt werden. Bei Wiederaufbau ist der Restbetrag der auf dem Grundstück ruhenden Hypothekengewinnabgabe von dem nach den Sätzen 2 und 3 ermittelten Wert der verwendeten Gebäudeteile mit dem Betrage abzuziehen, der sich vor Herabsetzung der Abgabeschulden nach § 104 des Lastenausgleichsgesetzes für den Herabsetzungsstichtag ergibt.

(3) Bei Wiederherstellung, Ausbau eines Gebäudeteiles und Erweiterung darf der Wert der verwendeten Gebäudeteile nur nach dem Fünften Abschnitt angesetzt werden.

§ 8

Baunebenkosten

(1) Als Kosten der Architekten- und Ingenieurleistungen dürfen höchstens die nach den Gebührenordnungen zulässigen Beiträge angesetzt werden. Dies gilt auch dann, wenn der Bauherr die Leistungen selbst auf Grund seines Berufes oder im Rahmen seiner unternehmerischen Tätigkeit erbringt.

(2) Als Kosten der dem Bauherrn obliegenden Verwaltungsleistungen bei Vorbereitung und Durchführung des Bauvorhabens dürfen höchstens die sich nach den Absätzen 3 bis 5 ergebenden Beträge angesetzt werden, wenn der Bauherr die Leistungen selbst auf Grund seines Berufes oder im Rahmen seiner unternehmerischen Tätigkeit erbringt oder wenn er sie durch einen Dritten erbringen läßt. Erbringt der Bauherr die Leistungen selbst, jedoch nicht auf Grund seines Berufes oder nicht im Rahmen seiner unternehmerischen Tätigkeit, so darf der Ansatz die Hälfte dieser Beträge nicht überschreiten. Erbringt der Bauherr die Leistungen nur zum Teil, so darf hierfür nur ein entsprechender Teil der zulässigen Beträge angesetzt werden.

(3) Als Kosten der dem Bauherrn obliegenden Verwaltungsleistungen bei Vorbereitung und Durchführung des Bauvorhabens darf im Rahmen des Absatzes 2 höchstens ein Vomhundertsatz der Baukosten ohne Baunebenkosten und, soweit der Bauherr, die Erschließung auf eigene Rechnung

durchführt, auch der Erschließungskosten angesetzt werden, und zwar für Kosten

bis zu	50 000	Deutsche Mark	3,00	vom Hundert,
bis zu	100 000	Deutsche Mark	2,75	vom Hundert,
		mindestens	1 500	Deutsche Mark,
bis zu	200 000	Deutsche Mark	2,50	vom Hundert,
		mindestens	2 750	Deutsche Mark,
bis zu	350 000	Deutsche Mark	2,25	vom Hundert,
		mindestens	5 000	Deutsche Mark,
bis zu	550 000	Deutsche Mark	2,00	vom Hundert,
		mindestens	7 875	Deutsche Mark,
bis zu	800 000	Deutsche Mark	1,75	vom Hundert,
		mindestens	11 000	Deutsche Mark,
bis zu	1 100 000	Deutsche Mark	1,50	vom Hundert,
		mindestens	14 000	Deutsche Mark,
bis zu	1 500 000	Deutsche Mark	1,25	vom Hundert,
		mindestens	16 500	Deutsche Mark,
über	1 500 000	Deutsche Mark	1,00	vom Hundert,
		mindestens	18 750	Deutsche Mark.

(4) Die in Absatz 3 bezeichneten Vomhundertsätze erhöhen sich um je 0,5

1. im Falle der Betreuung des Baues von Eigenheimen, Eigensiedlungen und Eigentumswohnungen,
2. wenn besondere Maßnahmen zur Bodenordnung (§ 5 Abs. 2 Satz 2) notwendig sind,
3. wenn die Vorbereitung oder Durchführung des Bauvorhabens mit sonstigen besonderen Verwaltungsschwierigkeiten verbunden ist.

Erhöhungen nach den Nummern 1, 2 und 3 können nebeneinander angesetzt werden.

(5) Ist der Bauherr verpflichtet, die Wirtschaftseinheit zur Eigentumsübertragung aufzuteilen, so sind für die Berechnung der Kosten der Verwaltungsleistungen nach den Absätzen 3 und 4 die Kosten für die einzelnen Gebäude oder für die Wirtschaftseinheiten, die nach der Eigentumsübertragung entstehen, zugrunde zu legen; der Kostenansatz dient auch zur Deckung der Kosten der dem Bauherrn im Zusammenhang mit der Eigentumsübertragung obliegenden Verwaltungsleistungen. Bei Eigentumswohnungen und Kaufeigentumswohnungen sind für die Berechnung der Kosten der Verwaltungsleistungen die Kosten für die einzelnen Wohnungen zugrunde zu legen.

(6) Der Kostenansatz nach den Absätzen 2 bis 5 dient auch zur Deckung der Kosten der Verwaltungsleistungen, die der Bauherr oder der Betreuer zur Beschaffung von Finanzierungsmitteln erbringt.

(7) Kosten der Beschaffung der Finanzierungsmittel dürfen nicht für den Nachweis oder die Vermittlung von Mitteln aus öffentlichen Haushalten angesetzt werden.

(8) Eine Verzinsung der vom Bauherrn während der Bauzeit zur Zwischenfinanzierung eingesetzten eigenen Mittel darf höchstens mit dem marktüblichen Zinssatz für erste Hypotheken angesetzt werden.

§ 9

Sach- und Arbeitsleistungen

(1) Der Wert der Sach- und Arbeitsleistungen des Bauherrn, vor allem der Wert der Selbsthilfe, darf bei den Gesamtkosten mit dem Betrage angesetzt werden, der für eine gleichwertige Unternehmerleistung angesetzt werden könnte. Für die Baunebenkosten bleibt es bei § 8.

(2) Absatz 1 gilt entsprechend für den Wert der Sach- und Arbeitsleistungen des Bewerbers um ein Kaufeigenheim, eine Trägerkleinsiedlung, eine Kaufeigentumswohnung und eine Genossenschaftswohnung sowie für den Wert der Sach- und Arbeitsleistungen des Mieters.

§ 10

Leistungen gegen Renten

(1) Sind als Entgelt für eine der Vorbereitung oder Durchführung des Bauvorhabens dienende Leistung eines Dritten wiederkehrende Leistungen zu entrichten, so darf der Wert der Leistung des Dritten bei den Gesamtkosten angesetzt werden,

1. wenn es sich um die Übereignung des Baugrundstücks handelt, mit dem Verkehrswert,
2. wenn es sich um eine andere Leistung handelt, mit dem Betrage, der für eine gleichwertige Unternehmerleistung angesetzt werden könnte.

(2) Absatz 1 gilt nicht für die Bestellung eines Erbbaurechts.

§ 11

Änderung der Gesamtkosten, Wertverbesserungen

(1) Haben sich die Gesamtkosten geändert

1. im öffentlich geförderten sozialen Wohnungsbau nach der Bewilligung der öffentlichen Mittel gegenüber dem bei der Bewilligung auf Grund der Wirtschaftlichkeitsberechnung zugrunde gelegten Betrag,
2. im steuerbegünstigten Wohnungsbau nach der Bezugsfertigkeit,

so sind in Wirtschaftlichkeitsberechnungen, die nach diesen Zeitpunkten aufgestellt werden, die geänderten Gesamtkosten anzusetzen. Dies gilt bei einer Erhöhung der Gesamtkosten nur, wenn sie auf Umständen beruht, die der Bauherr nicht zu vertreten hat.

(2) Wertänderungen sind nicht als Änderungen der Gesamtkosten anzusehen.

(3) Die Gesamtkosten können sich auch dadurch erhöhen, daß bei einer Ersetzung von Finanzierungsmitteln durch andere Mittel nach § 12 Abs. 4 Kosten der Beschaffung der neuen Mittel entstehen.

(4) Sind im öffentlich geförderten sozialen Wohnungsbau nach der Bewilligung der öffentlichen Mittel gegenüber dem bei der Bewilligung zugrunde gelegten Bauplan oder im steuerbegünstigten Wohnungsbau nach der Bezugsfertigkeit Änderungen vorgenommen oder Einrichtungen geschaffen worden, die den Gebrauchswert des Wohnraums auf die Dauer erhöhen, so dürfen die Kosten dieser Wertverbesserungen den Gesamtkosten hinzugerechnet werden; sie sind gesondert auszuweisen. Im öffentlich geförderten sozialen Wohnungsbau dürfen diese Wertverbesserungen nur berücksichtigt werden, wenn die nach Landesrecht zuständige Stelle ihnen zugestimmt hat.

Dritter Abschnitt

Finanzierungsplan

§ 12

Inhalt des Finanzierungsplanes

(1) Im Finanzierungsplan sind die Mittel auszuweisen, die zur Deckung der in der Wirtschaftlichkeitsberechnung angesetzten Gesamtkosten dienen (Finanzierungsmittel), und zwar

1. die Fremdmittel mit den vereinbarten oder vorgesehenen Auszahlungs-, Zins- und Tilgungsbedingungen,
2. die verlorenen Baukostenzuschüsse,
3. die Eigenleistungen.

Vor- oder Zwischenfinanzierungsmittel sind nicht als Finanzierungsmittel auszuweisen.

(2) Werden nach § 11 Abs. 1 bis 3 geänderte Gesamtkosten angesetzt, so sind die Finanzierungsmittel auszuweisen, die zur Deckung der geänderten Gesamtkosten dienen.

(3) Werden nach § 11 Abs. 4 den Gesamtkosten die Kosten von Wertverbesserungen hinzugerechnet, so sind die Mittel, die zur Deckung dieser Kosten dienen, im Finanzierungsplan gesondert auszuweisen. Für diese Mittel gelten die Vorschriften über Finanzierungsmittel.

(4) Sind

1. im öffentlich geförderten sozialen Wohnungsbau nach der Bewilligung der öffentlichen Mittel oder
2. im steuerbegünstigten Wohnungsbau nach der Bezugsfertigkeit

Finanzierungsmittel durch andere Mittel ersetzt worden, so sind die neuen Mittel an der Stelle der bisherigen Finanzierungsmittel auszuweisen. Dies gilt bei einer Ersetzung durch neue Mittel, deren Kapitalkosten höher sind als die der bisherigen Finanzierungsmittel nur, wenn die Ersetzung auf Umständen beruht, die der Bauherr nicht zu vertreten hat. Bei einem Tilgungsdarlehen ist der Betrag, der planmäßig getilgt ist, unter Hinweis hierauf in der bisherigen Weise auszuweisen; die Sätze 1 und 2 finden auf diesen Betrag keine Anwendung.

(5) Sind öffentlich geförderte Wohnungen nach vorzeitiger Rückzahlung des öffentlichen Baudarlehens von den Bindungen freigestellt worden, die für diese Wohnungen bestehen, so gilt in Höhe des vorzeitig zurückgezahlten Betrages, bei Familienheimen und eigengenutzten Eigentumswohnungen im Falle der Ablösung in Höhe des Ablösungsbetrages, die Rückzahlung als Ersetzung des Finanzierungsmittels durch eigene Mittel des Bauherrn, die auf Umständen beruht, die der Bauherr nicht zu vertreten hat. Der übrige Teil des öffentlichen Baudarlehens ist unter Hinweis auf die Rückzahlung in der bisherigen Weise auszuweisen.

§ 13

Fremdmittel

(1) Fremdmittel sind

1. Darlehen,
2. gestundete Restkaufgelder,
3. gestundete öffentliche Lasten des Baugrundstücks außer der Hypothekengewinnabgabe,
4. kapitalisierte Beträge wiederkehrender Leistungen, namentlich von Rentenschulden,
4. Mietvorauszahlungen,

die zur Deckung der Gesamtkosten dienen.

(2) Vor der Bebauung vorhandene Verbindlichkeiten, die auf dem Baugrundstück dinglich gesichert sind, gelten als Fremdmittel, soweit sie den Wert des Baugrundstücks und der verwendeten Gebäudeteile nicht übersteigen.

(3) Kapitalisierte Beträge wiederkehrender Leistungen, namentlich von Rentenschulden, dürfen höchstens mit dem Betrage ausgewiesen werden, der bei den Gesamtkosten für die Gegenleistung nach § 10 angesetzt ist.

§ 14

Verlorene Baukostenzuschüsse

Verlorene Baukostenzuschüsse sind Geld-, Sach- und Arbeitsleistungen an den Bauherrn, die zur Deckung der Gesamtkosten dienen und erbracht werden, um den Gebrauch von Wohn- oder Geschäftsraum zu erlangen oder Kapitalkosten zu ersparen, ohne daß vereinbart ist, den Wert der Leistung zurückzuerstatten oder mit der Miete oder einem ähnlichen Entgelt zu verrechnen oder als Vorauszahlung hierauf zu behandeln.

Wirtschaftlichkeitsberechnung

§ 15

Eigenleistungen

(1) Eigenleistungen sind die Leistungen des Bauherrn, die zur Deckung der Gesamtkosten dienen, namentlich

1. Geldmittel,
2. der Wert der Sach- und Arbeitsleistungen, vor allem der Wert der eingebrachten Baustoffe und der Selbsthilfe,
3. der Wert des eigenen Baugrundstücks und der Wert verwendeter Gebäudeteile.

Die in Nummer 2 und 3 bezeichneten Werte sind, vorbehaltlich des Absatzes 2, mit dem Betrage auszuweisen, der bei den Gesamtkosten angesetzt ist.

(2) Bei Ermittlung der Eigenleistung sind gestundete Restkaufgelder und die in § 13 Abs. 2 bezeichneten Verbindlichkeiten mit dem Betrage abzuziehen, mit dem sie im Finanzierungsplan als Fremdmittel ausgewiesen sind.

§ 16

Ersatz der Eigenleistung

(1) Im öffentlich geförderten sozialen Wohnungsbau sind von der Bewilligungsstelle, soweit der Bauherr nichts anderes beantragt, als Ersatz der Eigenleistung anzuerkennen

1. ein der Restfinanzierung dienendes Familienzusatzdarlehen nach § 45 des Zweiten Wohnungsbaugesetzes,
2. ein Aufbaudarlehen an den Bauherrn nach § 254 des Lastenausgleichsgesetzes oder ein ähnliches Darlehen aus Mitteln eines öffentlichen Haushalts,
3. ein Darlehen an den Bauherrn zur Beschaffung von Wohnraum nach § 30 des Kriegsgefangenenentschädigungsgesetzes.

(2) Im öffentlich geförderten sozialen Wohnungsbau kann die Bewilligungsstelle auf Antrag des Bauherrn ganz oder teilweise als Ersatz der Eigenleistung anerkennen

1. der Restfinanzierung dienende verlorene Baukostenzuschüsse, soweit ihre Annahme nach § 50 Abs. 1. des Zweiten Wohnungsbaugesetzes zulässig ist,
2. auf dem Baugrundstück nicht dinglich gesicherte Fremdmittel,
3. im Range nach dem der nachstelligen Finanzierung dienenden öffentlichen Baudarlehen auf dem Baugrundstück dinglich gesicherte Fremdmittel,
4. der Restfinanzierung dienende öffentliche Baudarlehen.

(3) Für die als Ersatz der Eigenleistung anerkannten Finanzierungsmittel gelten im übrigen die Vorschriften für Fremdmittel oder verlorene Baukostenzuschüsse.

§ 17

Eigenleistung bei Familienheimen

Bei Ermittlung der Eigenleistung, die nach § 35 Abs. 2 und 3 des Zweiten Wohnungsbaugesetzes zu einer bevorzugten Berücksichtigung erforderlich ist, bleiben die nach § 16 Abs. 2 als Ersatz der Eigenleistung anerkannten Finanzierungsmittel unberücksichtigt.

Vierter Abschnitt

Laufende Aufwendungen und Erträge

§ 18

Laufende Aufwendungen

(1) Laufende Aufwendungen sind die Kapitalkosten und die Bewirtschaftungskosten. Zu den laufenden Aufwendungen gehören nicht die Leistungen aus der Hypothekengewinnabgabe.

(2) Werden aus öffentlichen Mitteln Darlehen oder Zuschüsse zur Deckung der laufenden Aufwendungen oder Zinszuschüsse gewährt, so vermindern sich insoweit die laufenden Aufwendungen; dasselbe gilt, wenn aus öffentlichen Mitteln Annuitätsdarlehen gewährt werden, soweit sie zur Deckung laufender Aufwendungen bestimmt sind. Werden die in Satz 1 bezeichneten öffentlichen Mittel nicht mehr gewährt, ohne daß die laufenden Aufwendungen, zu deren Deckung sie bestimmt waren, wegfallen, so erhöhen sich insoweit die laufenden Aufwendungen.

§ 19

Kapitalkosten

(1) Kapitalkosten sind die Kosten, die sich aus der Inanspruchnahme der im Finanzierungsplan ausgewiesenen Finanzierungsmittel nachhaltig ergeben, namentlich die Zinsen. Zu den Kapitalkosten gehören die Eigenkapitalkosten und die Fremdkapitalkosten.

(2) Leistungen aus Nebenverträgen, namentlich aus dem Abschluß von Personenversicherungen, dürfen als Kapitalkosten auch dann nicht angesetzt werden, wenn der Nebenvertrag der Beschaffung von Finanzierungsmitteln oder sonst dem Bauvorhaben gedient hat.

(3) Für verlorene Baukostenzuschüsse ist der Ansatz von Kapitalkosten unzulässig.

(4) Zur Aufbringung von Tilgungen dürfen, soweit nichts anderes vorgeschrieben ist, Kapitalkosten nur als Zinsersatz nach § 22 angesetzt werden.

Wirtschaftlichkeitsberechnung

§ 20

Eigenkapitalkosten

(1) Eigenkapitalkosten sind die Zinsen für die Eigenleistungen.

(2) Für Eigenleistungen darf eine Verzinsung in Höhe des im Zeitpunkt nach § 4 marktüblichen Zinssatzes für erste Hypotheken angesetzt werden. Im öffentlich geförderten sozialen Wohnungsbau darf jedoch für den Teil der Eigenleistung, der 15 vom Hundert der Gesamtkosten nicht übersteigt, nur eine Verzinsung von 4 vom Hundert angesetzt werden.

§ 21

Fremdkapitalkosten

(1) Fremdkapitalkosten sind die Kapitalkosten, die sich aus der Inanspruchnahme der Fremdmittel ergeben, namentlich

1. Zinsen für Fremdmittel,
2. laufende Kosten, die aus Bürgschaften für Fremdmittel entstehen,
3. sonstige wiederkehrende Leistungen aus Fremdmitteln, namentlich aus Rentenschulden.

Als Fremdkapitalkosten gelten auch die Erbbauzinsen. Laufende Nebenleistungen, namentlich Verwaltungskostenbeiträge, sind wie Zinsen zu behandeln.

(2) Zinsen für Fremdmittel, namentlich für Tilgungsdarlehen, sind mit dem Betrage anzusetzen, der sich aus dem im Finanzierungsplan ausgewiesenen Fremdmittel mit dem maßgebenden Zinssatz errechnet.

(3) Maßgebend ist, soweit nichts anderes vorgeschrieben ist, der vereinbarte Zinssatz oder, wenn die Zinsen tatsächlich nach einem niedrigeren Zinssatz zu entrichten sind, dieser, höchstens jedoch der für erste Hypotheken im Zeitpunkt nach § 4 marktübliche Zinssatz. Für das der nachstelligen Finanzierung dienende öffentliche Baudarlehen ist der Zinssatz maßgebend, den die Bewilligungsstelle der Genehmigung der Durchschnittsmiete zugrunde legt oder gelegt hat.

(4) Fremdkapitalkosten nach Absatz 1 Nr. 3 und Erbbauzinsen sind, soweit nichts anderes vorgeschrieben ist, in der vereinbarten Höhe oder, wenn der tatsächlich zu entrichtende Betrag niedriger ist, in dieser Höhe anzusetzen, höchstens jedoch mit dem Betrag, der einer Verzinsung zu dem im Zeitpunkt nach § 4 marktüblichen Zinssatz für erste Hypotheken entspricht; für die Berechnung dieser Verzinsung ist bei einem Erbbaurecht höchstens der Verkehrswert des Baugrundstücks zugrunde zu legen.

§ 22

Zinsersatz zur Aufbringung erhöhter Tilgungen

(1) Zur Aufbringung von Tilgungen, die aus der Abschreibung unter Berücksichtigung der übrigen Tilgungsverpflichtungen nicht aufgebracht

werden können (erhöhte Tilgungen), kann bei unverzinslichen Fremdmitteln unter den Kapitalkosten ein Zinsersatz angesetzt werden; das gleiche gilt bei Fremdmitteln, die zu einem Zinssatz gewährt werden, der niedriger ist, als der im Zeitpunkt nach § 4 marktübliche Zinssatz für erste Hypotheken. Bei Mietvorauszahlungen sind als Tilgungen die Beträge anzusehen, die nach der Vereinbarung auf die Miete im voraus zu entrichten sind.

(2) Der Zinsersatz darf den Betrag der erhöhten Tilgungen nicht überschreiten und zusammen mit den Zinsen nicht höher sein als der Betrag, der sich aus der Verzinsung des Fremdmittels zu dem im Zeitpunkt nach § 4 marktüblichen Zinssatz für erste Hypotheken ergibt. Im öffentlich geförderten sozialen Wohnungsbau darf der Zinsersatz bei Fremdmitteln, die als Ersatz der Eigenleistung anerkannt sind, zusammen mit den Zinsen den Betrag von 4 vom Hundert des Fremdmittels jedoch nicht überschreiten.

(3) Im öffentlich geförderten sozialen Wohnungsbau sind Ansätze nach den Absätzen 1 und 2 nur insoweit zulässig, als die Bewilligungsstelle zustimmt.

§ 23

Änderung der Kapitalkosten

(1) Hat sich der Zins- oder Tilgungssatz für ein Fremdmittel nachhaltig geändert

1. im öffentlich geförderten sozialen Wohnungsbau nach der Bewilligung der öffentlichen Mittel gegenüber dem bei der Bewilligung auf Grund der Wirtschaftlichkeitsberechnung zugrunde gelegten Satz,
2. im steuerbegünstigten Wohnungsbau nach der Bezugsfertigkeit,

so sind in Wirtschaftlichkeitsberechnungen, die nach diesen Zeitpunkten aufgestellt werden, die Kapitalkosten anzusetzen, die sich auf Grund der Änderung nach Maßgabe des § 21 oder des § 22 ergeben. Dies gilt bei einer Erhöhung der Kapitalkosten nur, wenn sie auf Umständen beruht, die der Bauherr nicht zu vertreten hat, und nur insoweit, als der Kapitalkostenbetrag im Rahmen des § 21 oder des § 22 den Betrag nicht übersteigt, der sich aus der Verzinsung des Fremdmittels zu dem bei der Kapitalkostenerhöhung marktüblichen Zinssatz für erste Hypotheken ergibt.

(2) Bei einer nachhaltigen Änderung der in § 21 Abs. 4 bezeichneten Fremdkapitalkosten gilt Absatz 1 entsprechend.

(3) Absatz 1 gilt nicht bei einer Erhöhung der Zinsen oder Tilgungen für das der nachstelligen Finanzierung dienende öffentliche Baudarlehen nach Tilgung anderer Finanzierungsmittel, soweit die Erhöhung die Kapitalkosten der getilgten Finanzierungsmittel nicht übersteigt.

(4) Werden an der Stelle der bisherigen Finanzierungsmittel nach § 12 Abs. 4 andere Mittel ausgewiesen, so treten die Kapitalkosten der neuen Mittel insoweit an die Stelle der Kapitalkosten der bisherigen Finanzierungs-

mittel, als sie im Rahmen des § 21 oder des § 22 den Betrag nicht übersteigen, der sich aus der Verzinsung zu dem bei der Ersetzung marktüblichen Zinssatz für erste Hypotheken ergibt. Bei einem Tilgungsdarlehen bleibt es für den Betrag, der planmäßig getilgt ist (§ 12 Abs. 4 Satz 3), bei der bisherigen Verzinsung. Sind Finanzierungsmittel durch eigene Mittel des Bauherrn ersetzt worden, so dürfen im öffentlich geförderten sozialen Wohnungsbau für diese Mittel Zinsen nur unter entsprechender Anwendung des § 20 Abs. 2 angesetzt werden.

(5) Nach der Freistellung öffentlich geförderter Wohnungen von den Bindungen, die für diese Wohnungen bestehen, darf für die Eigenleistung und die zur Ersetzung von Finanzierungsmitteln verwendeten eigenen Mittel eine Verzinsung in Höhe des im Zeitpunkt nach § 4 marktüblichen Zinssatzes für erste Hypotheken angesetzt werden. Dies gilt nicht, wenn die Miete für ein vor der Freistellung begründetes Mietverhältnis zu ermitteln ist. Für den Teil des zurückgezahlten oder abgelösten öffentlichen Baudarlehens, der nach § 12 Abs. 5 Satz 2 in der bisherigen Weise auszuweisen ist, bleibt es bei der bisherigen Verzinsung.

§ 24

Bewirtschaftungskosten

(1) Bewirtschaftungskosten sind die Kosten, die zur Bewirtschaftung des Gebäudes oder der Wirtschaftseinheit laufend erforderlich sind. Bewirtschaftungskosten sind im einzelnen

1. Abschreibung,
2. Verwaltungskosten,
3. Betriebskosten,
4. Instandhaltungskosten,
5. Mietausfallwagnis.

(2) Der Ansatz der Bewirtschaftungskosten hat den Grundsätzen einer ordentlichen Bewirtschaftung zu entsprechen. Bewirtschaftungskosten dürfen nur angesetzt werden, wenn sie ihrer Höhe nach feststehen oder wenn mit ihrem Entstehen sicher gerechnet werden kann und soweit sie bei gewissenhafter Abwägung aller Umstände und bei ordentlicher Geschäftsführung gerechtfertigt sind. Erfahrungswerte vergleichbarer Bauten sind heranzuziehen. Soweit nach §§ 26 und 28 Ansätze bis zu einer bestimmten Höhe zugelassen sind, dürfen Bewirtschaftungskosten bis zu dieser Höhe angesetzt werden, es sei denn, daß der Ansatz im Einzelfall unter Berücksichtigung der jeweiligen Verhältnisse nicht angemessen ist.

(3) Erbringt ein Mieter Leistungen, die zur Verringerung von Bewirtschaftungskosten führen, so kann gleichwohl der Wert der Leistung als laufende Aufwendung angesetzt werden.

Wirtschaftlichkeitsberechnung

§ 25

Abschreibung

(1) Abschreibung ist der auf jedes Jahr der Nutzung fallende Anteil der verbrauchsbedingten Wertminderung der Gebäude, Anlagen und Einrichtungen. Die Abschreibung ist nach der mutmaßlichen Nutzungsdauer zu errechnen.

(2) Die Abschreibung soll bei Gebäuden 1 vom Hundert der Baukosten, bei Erbbaurechten 1 vom Hundert der Gesamtkosten nicht übersteigen, sofern nicht besondere Umstände eine Überschreitung rechtfertigen.

(3) Eine besondere Abschreibung der Anlagen und Einrichtungen darf nur angesetzt werden, soweit eine Abschreibung hierfür nach Absatz 2 nicht angesetzt ist. Die besondere Abschreibung kann auch nach der mutmaßlichen Dauer der wirtschaftlichen Verwendbarkeit der Anlagen und Einrichtungen errechnet werden.

§ 26

Verwaltungskosten

(1) Verwaltungskosten sind die Kosten der zur Verwaltung des Gebäudes oder der Wirtschaftseinheit erforderlichen Arbeitskräfte und Einrichtungen, die Kosten der Aufsicht sowie der Wert der vom Vermieter persönlich geleisteten Verwaltungsarbeit. Zu den Verwaltungskosten gehören auch die Kosten für die gesetzlichen oder freiwilligen Prüfungen des Jahresabschlusses und der Geschäftsführung.

(2) Die Verwaltungskosten dürfen höchstens mit 50 Deutsche Mark jährlich je Wohnung, bei Eigenheimen, Kaufeigenheimen und Kleinsiedlungen je Wohngebäude angesetzt werden.

(3) Eine Überschreitung des vorstehenden Satzes ist zulässig, wenn für die Verwaltung des Gebäudes oder der Wirtschaftseinheit auf die Dauer nachweislich höhere Kosten entstehen. Der Nachweis kann auf Grund einer Betriebsabrechnung geführt werden.

§ 27

Betriebskosten

(1) Betriebskosten sind die Kosten, die dem Eigentümer (Erbbauberechtigten) durch das Eigentum am Grundstück (Erbbaurecht) oder durch den bestimmungsmäßigen Gebrauch des Gebäudes oder der Wirtschaftseinheit laufend entstehen. Betriebskosten sind im einzelnen

1. laufende öffentliche Lasten des Grundstücks, namentlich der Grundsteuer, jedoch nicht die Hypothekengewinnabgabe,
2. Kosten der Wasserversorgung,
3. Kosten des Betriebes der zentralen Warmwasserversorgungsanlage,
4. Kosten des Betriebes der zentralen Heizungsanlage,
5. Kosten des Betriebes des Fahrstuhls,

6. Kosten der Straßenreinigung und Müllabfuhr,
7. Kosten der Entwässerung,
8. Kosten der Hausreinigung und Ungezieferbekämpfung,
9. Kosten der Gartenpflege,
10. Kosten der Beleuchtung,
11. Kosten der Schornsteinreinigung,
12. Kosten der Sach- und Haftpflichtversicherung,
13. Kosten für den Hauswart,
14. sonstige Kosten (Absatz 3).

Kosten, die bei einer Vermietung üblicherweise vom Mieter außerhalb der Miete unmittelbar getragen werden, sind keine Betriebskosten.

(2) Persönliche Kosten der Straßenreinigung, Hausreinigung, Gartenpflege, Bedienung der Warmwasserversorgungsanlage, der Heizungsanlage oder des Fahrstuhls sind nicht anzusetzen, soweit die Arbeiten vom Hauswart ausgeführt werden.

(3) Sonstige Kosten dürfen als Betriebskosten nur angesetzt werden, wenn sie mit der Bewirtschaftung des Gebäudes oder der Wirtschaftseinheit unmittelbar zusammenhängen. Dies gilt namentlich für Betriebskosten zugehöriger Nebengebäude, Anlagen und Einrichtungen (§ 2 Abs. 3). Von den Betriebskosten sind Erträge, die neben der Miete eingehen, in der zu erwartenden Höhe abzusetzen.

(4) Stehen die Betriebskosten bei Aufstellung der Wirtschaftlichkeitsberechnung ganz oder teilweise noch nicht fest, so kann ein Erfahrungswert als Pauschbetrag angesetzt werden.

(5) Soweit Betriebskosten durch Umlagen gedeckt werden sollen, kann ein Ansatz unterbleiben.

§ 28

Instandhaltungskosten

(1) Instandhaltungskosten sind die Kosten, die während der Nutzungsdauer zur Erhaltung des bestimmungsmäßigen Gebrauchs aufgewendet werden müssen, um die durch Abnutzung, Alterung und Witterungseinwirkung entstehenden baulichen oder sonstigen Mängel ordnungsgemäß zu beseitigen.

(2) Die Instandhaltungskosten sind mit einem auf die Nutzungsdauer abgestellten Durchschnittssatz anzusetzen, der ohne Kosten der Schönheitsreparaturen je Quadratmeter Wohnfläche im Jahr höchstens 2,50 Deutsche Mark betragen darf.

(3) Die Kosten der Schönheitsreparaturen dürfen höchstens mit 1,25 Deutsche Mark je Quadratmeter Wohnfläche im Jahr angesetzt werden. Schönheitsreparaturen umfassen nur das Tapezieren, Anstreichen oder Kalken der Wände und Decken, das Streichen der Fußböden, Heizkörper und Innentüren sowie der Fenster und Außentüren von innen.

(4) Kosten eigener Instandhaltungswerkstätten sind mit den vorstehenden Sätzen abgegolten.

Wirtschaftlichkeitsberechnung

§ 29

Mietausfallwagnis

Mietausfallwagnis ist das Wagnis einer Ertragsminderung, die durch uneinbringliche Mietrückstände oder Leerstehen von Raum, der zur Vermietung bestimmt ist, entsteht. Es dient auch zur Deckung der Kosten einer Rechtsverfolgung auf Zahlung, Aufhebung eines Mietverhältnisses oder Räumung. Das Mietausfallwagnis kann in der Regel mit einem Satz von 2 vom Hundert der Jahresmiete angesetzt werden. Soweit die Deckung von Mietausfällen anders gewährleistet ist, darf kein Mietausfallwagnis angesetzt werden.

§ 30

Änderung der Bewirtschaftungskosten

(1) Haben sich die Betriebskosten oder die Verwaltungskosten auf die Dauer geändert

1. im öffentlich geförderten sozialen Wohnungsbau nach der Bewilligung der öffentlichen Mittel gegenüber dem bei der Bewilligung auf Grund der Wirtschaftlichkeitsberechnung zugrunde gelegten Betrag,
2. im steuerbegünstigten Wohnungsbau nach der Bezugsfertigkeit,

so sind in Wirtschaftlichkeitsberechnungen, die nach diesen Zeitpunkten aufgestellt werden, die geänderten Betriebskosten oder Verwaltungskosten anzusetzen. Dies gilt bei einer Erhöhung dieser Kosten nur, wenn sie auf Umständen beruht, die der Bauherr nicht zu vertreten hat.

(2) Der Ansatz für die Abschreibung ist in Wirtschaftlichkeitsberechnungen, die nach den in Absatz 1 bezeichneten Zeitpunkten aufgestellt werden, zu ändern, wenn nach § 11 Abs. 1 bis 3 geänderte Gesamtkosten angesetzt werden; eine Änderung des für die Abschreibung angesetzten Vomhundertsatzes ist unzulässig.

(3) Der Ansatz für das Mietausfallwagnis ist in Wirtschaftlichkeitsberechnungen, die nach den in Absatz 1 bezeichneten Zeitpunkten aufgestellt werden, zu ändern, wenn sich die Jahresmiete ändert; eine Änderung des Vomhundertsatzes für das Mietausfallwagnis ist zulässig, wenn sich die Voraussetzungen für seine Bemessung nachhaltig geändert haben.

(4) Werden nach § 11 Abs. 4 den Gesamtkosten die Kosten von Wertverbesserungen hinzugerechnet, so dürfen die durch die Wertverbesserungen entstehenden Bewirtschaftungskosten den anderen Bewirtschaftungskosten hinzugerechnet werden.

§ 31

Erträge

(1) Erträge sind die Einnahmen aus Mieten oder Pachten einschließlich Umlagen und Vergütungen, die bei ordentlicher Bewirtschaftung des Gebäudes oder der Wirtschaftseinheit nachhaltig erzielt werden können.

(2) Als Ertrag gilt auch der Miet- oder Nutzungswert von Räumen oder Flächen, die vom Eigentümer selbst benutzt werden oder auf Grund eines anderen Rechtsverhältnisses als Miete oder Pacht überlassen sind. Als Erträge gelten nicht die Zuschläge für Untervermietung und für gewerbliche oder berufliche Mitbenutzung von Wohnraum.

(3) Sind in der Wirtschaftlichkeitsberechnung laufende Aufwendungen angesetzt, die durch Umlagen oder Vergütungen gedeckt werden sollen, so sind diese Umlagen und Vergütungen unter den Erträgen auszuweisen.

Fünfter Abschnitt

Besondere Arten der Wirtschaftlichkeitsberechnung

§ 32

Voraussetzungen für besondere Arten der Wirtschaftlichkeitsberechnung

(1) Die Wirtschaftlichkeitsberechnung ist, vorbehaltlich des Absatzes 3, als Teilwirtschaftlichkeitsberechnung aufzustellen, wenn das Gebäude oder die Wirtschaftseinheit neben dem Wohnraum, für den die Berechnung aufzustellen ist, auch anderen Wohnraum oder Geschäftsraum enthält.

(2) Enthält das Gebäude oder die Wirtschaftseinheit neben steuerbegünstigtem Wohnraum, der mit Wohnungsfürsorgedarlehen für Angehörige des öffentlichen Dienstes gefördert ist, anderen steuerbegünstigten Wohnraum, so ist die Wirtschaftlichkeitsberechnung als Teilwirtschaftlichkeitsberechnung für den mit Wohnungsfürsorgedarlehen geförderten Wohnraum oder für den anderen Wohnraum aufzustellen.

(3) Die Wirtschaftlichkeitsberechnung für öffentlich geförderten Wohnraum ist als Teilwirtschaftlichkeitsberechnung oder mit Zustimmung der Bewilligungsstelle als Gesamtwirtschaftlichkeitsberechnung aufzustellen, wenn das Gebäude oder die Wirtschaftseinheit auch frei finanzierten Wohnraum oder Geschäftsraum enthält.

(4) Die Wirtschaftlichkeitsberechnung für öffentlich geförderten Wohnraum ist in Form von Teilwirtschaftlichkeitsberechnungen oder als Wirtschaftlichkeitsberechnung mit Teilberechnungen der laufenden Aufwendungen aufzustellen, wenn für einen Teil dieses Wohnraumes (begünstigter Wohnraum) eine Senkung der laufenden Aufwendungen erzielt werden soll

1. durch Gewährung öffentlicher Mittel als Darlehen oder Zuschüsse zur Deckung der laufenden Aufwendungen, als Zinszuschüsse oder als Annuitätsdarlehen (§ 18 Abs. 2) oder
2. durch Gewährung von erhöhten, der nachstelligen Finanzierung dienenden öffentlichen Baudarlehen.

(5) Die nach Absatz 3 oder 4 getroffene Wahl bleibt für alle späteren Wirtschaftlichkeitsberechnungen maßgebend.

(6) Für die Aufstellung der Wirtschaftlichkeitsberechnung gelten

1. bei der Teilwirtschaftlichkeitsberechnung die sich aus §§ 33 bis 36 ergebenden Besonderheiten,
2. bei der Gesamtwirtschaftlichkeitsberechnung die sich aus § 37 ergebenden Besonderheiten,
3. bei den Teilberechnungen der laufenden Aufwendungen die sich aus § 38 ergebenden Besonderheiten.

§ 33

Teilwirtschaftlichkeitsberechnung

In der Teilwirtschaftlichkeitsberechnung ist die Gegenüberstellung der laufenden Aufwendungen und der Erträge auf den Teil des Gebäudes oder der Wirtschaftseinheit zu beschränken, der den Wohnraum enthält, für den die Berechnung aufzustellen ist.

§ 34

Gesamtkosten in der Teilwirtschaftlichkeitsberechnung

(1) In der Teilwirtschaftlichkeitsberechnung sind nur die Gesamtkosten anzusetzen, die auf den Teil des Gebäudes oder der Wirtschaftseinheit fallen, der Gegenstand der Berechnung ist. Soweit bei Gesamtkosten nicht festgestellt werden kann, auf welchen Teil des Gebäudes oder der Wirtschaftseinheit sie fallen, sind sie bei Wohnraum nach dem Verhältnis der Wohnflächen aufzuteilen; enthält das Gebäude oder die Wirtschaftseinheit auch Geschäftsraum, so sind sie für den Wohnteil und den Geschäftsteil im Verhältnis des umbauten Raumes aufzuteilen. Kosten oder Mehrkosten, die nur durch den Wohn- oder Geschäftsraum entstehen, der nicht Gegenstand der Berechnung ist, dürfen nur diesem zugerechnet werden. Bei der Berechnung des umbauten Raumes ist der Auszug aus dem Normblatt DIN 277 des Deutschen Normenausschusses zugrunde zu legen, der dieser Verordnung als Anlage 2 beigefügt ist.

(2) Enthält das Gebäude oder die Wirtschaftseinheit außer Wohnraum auch Geschäftsraum von nicht nur unbedeutendem Ausmaß, so dürfen die Kosten des Baugrundstücks, die dem Wohnraum zugerechnet werden, 15 vom Hundert seiner Baukosten nicht übersteigen; in besonderen Fällen, namentlich bei Grundstücken in günstiger Wohnlage, kann der Vomhundertsatz überschritten werden. Erhöhte Kosten des Baugrundstücks, die durch die Geschäftslage veranlaßt sind, dürfen nicht dem Wohnraum zugerechnet werden.

(3) Bei Wiederherstellung, Ausbau und Erweiterung gehört zu den Baukosten auch der Wert der beim Bau des Wohnraums, für den die Berechnung aufzustellen ist, verwendeten Gebäudeteile; er ist entsprechend § 7 Abs. 2 Sätze 2 und 3, bei Wiederherstellung auch entsprechend § 7 Abs. 2 Satz 4 zu ermitteln. Kommt eine Wiederherstellung auch dem noch vorhandenen, auf die Dauer benutzbaren Raum zugute, so dürfen Baukosten

nur insoweit angesetzt werden, als die Wiederherstellung dem neugeschaffenen Wohnraum zugute kommt; Absatz 1 gilt entsprechend. Kosten des Baugrundstücks dürfen bei Dachgeschoßausbau nicht, bei Erweiterung nur dann angesetzt werden, wenn das Grundstück für einen Anbau neu erworben worden ist.

§ 35

Finanzierungsmittel in der Teilwirtschaftlichkeitsberechnung

In der Teilwirtschaftlichkeitsberechnung sind zur Deckung der angesetzten anteiligen Gesamtkosten die Finanzierungsmittel, die nur für den Teil des Gebäudes oder der Wirtschaftseinheit bestimmt sind, der Gegenstand der Berechnung ist, in voller Höhe im Finanzierungsplan auszuweisen. Die anderen Finanzierungsmittel sind angemessen zu verteilen.

§ 36

Laufende Aufwendungen und Erträge in der Teilwirtschaftlichkeitsberechnung

(1) In der Teilwirtschaftlichkeitsberechnung sind die laufenden Aufwendungen anzusetzen, die für den Teil des Gebäudes oder der Wirtschaftseinheit, der Gegenstand der Berechnung ist, entstehen.

(2) Bewirtschaftungskosten, die für das ganze Gebäude oder die ganze Wirtschaftseinheit entstehen, sind nur mit dem Teil anzusetzen, der sich nach dem Verhältnis der Teilung der Gesamtkosten nach § 34 ergibt. Bewirtschaftungskosten oder Mehrbeträge von Bewirtschaftungskosten, die allein durch den Wohn- oder Geschäftsraum, der nicht Gegenstand der Berechnung ist, entstehen, dürfen nur diesem zugerechnet werden. Bei Wiederherstellung, Ausbau und Erweiterung dürfen Bewirtschaftungskosten nur insoweit angesetzt werden, als sie für den Teil des Gebäudes oder der Wirtschaftseinheit, der Gegenstand der Berechnung ist, zusätzlich entstehen.

(3) In der Teilwirtschaftlichkeitsberechnung sind die Erträge auszuweisen, die sich für den Teil des Gebäudes oder der Wirtschaftseinheit, der Gegenstand der Berechnung ist, nach § 31 ergeben.

§ 37

Gesamtwirtschaftlichkeitsberechnung

(1) In der Gesamtwirtschaftlichkeitsberechnung ist die Gegenüberstellung der laufenden Aufwendungen und der Erträge für das gesamte Gebäude oder die gesamte Wirtschaftseinheit vorzunehmen und sodann der Teil der laufenden Aufwendungen und der Erträge auszugliedern, der auf den öffentlich geförderten Wohnraum entfällt.

(2) Bewirtschaftungskosten für Geschäftsraum sind mit den Beträgen anzusetzen, die zur ordentlichen Bewirtschaftung des Geschäftsraums laufend erforderlich sind.

(3) Zur Ausgliederung des Teils der laufenden Aufwendungen, der auf den öffentlich geförderten Wohnraum fällt, ist der Gesamtbetrag der laufenden Aufwendungen auf diesen Wohnraum und auf den anderen Wohnraum sowie den Geschäftsraum angemessen zu verteilen. Laufende Aufwendungen oder Mehrbeträge laufender Aufwendungen, die allein durch den öffentlich geförderten Wohnraum oder durch den anderen Wohnraum oder den Geschäftsraum entstehen, dürfen jeweils nur dem in Betracht kommenden Raum zugerechnet werden.

§ 38

Teilberechnungen der laufenden Aufwendungen

(1) Für die Teilberechnungen der laufenden Aufwendungen ist der in der Wirtschaftlichkeitsberechnung für den öffentlich geförderten Wohnraum errechnete Gesamtbetrag der laufenden Aufwendungen nach dem Verhältnis der Wohnfläche auf den begünstigten Wohnraum und den anderen Wohnraum aufzuteilen. Laufende Aufwendungen oder Mehrbeträge laufender Aufwendungen, die allein durch den begünstigten Wohnraum oder den anderen Wohnraum entstehen, dürfen nur dem jeweils in Betracht kommenden Wohnraum zugerechnet werden.

(2) Im Falle des § 32 Abs. 4 Nr. 1 ist die Verminderung der laufenden Aufwendungen nach § 18 Abs. 2 nur bei dem auf den begünstigten Wohnraum fallenden Teil der laufenden Aufwendungen vorzunehmen.

(3) Im Falle des § 32 Abs. 4 Nr. 2 sind bei Berechnung des Gesamtbetrages der laufenden Aufwendungen für die der nachstelligen Finanzierung dienenden öffentlichen Baudarlehen Rechnungszinsen in Höhe des im Zeitpunkt nach § 4 marktüblichen Zinssatzes für erste Hypotheken anzusetzen. Nach Aufteilung des Gesamtbetrages der laufenden Aufwendungen auf den begünstigten Wohnraum und den anderen Wohnraum sind wieder abzuziehen

1. von dem Teil der laufenden Aufwendungen, der auf den begünstigten Wohnraum fällt, die für die erhöhten öffentlichen Baudarlehen angesetzten Rechnungszinsen,
2. von dem Teil der laufenden Aufwendungen, der auf den anderen Wohnraum fällt, die für die anderen öffentlichen Baudarlehen angesetzten Rechnungszinsen.

Die Zinsen, die sich nach § 21 Abs. 2 und 3 für die öffentlichen Baudarlehen ergeben, sind sodann jeweils hinzuzurechnen.

§ 39

Vereinfachte Wirtschaftlichkeitsberechnung

In der vereinfachten Wirtschaftlichkeitsberechnung ist die Ermittlung der laufenden Aufwendungen sowie die Gegenüberstellung der laufenden Aufwendungen und der Erträge in vereinfachter Form zulässig.

Teil III

Lastenberechnung

§ 40

Lastenberechnung

(1) Ist die Belastung des Bauherrn eines Eigenheims, einer Eigensiedlung oder einer eigengenutzten Eigentumswohnung zu ermitteln, so ist eine Berechnung (Lastenberechnung) aufzustellen. Das gleiche gilt, wenn die Belastung des Bewerbers um ein Kaufeigenheim, eine Trägerkleinsiedlung oder eine Kaufeigentumswohnung zu ermitteln ist.

(2) Wird die Lastenberechnung nicht auf Grund einer Wirtschaftlichkeitsberechnung aufgestellt, so muß sie enthalten

1. die Grundstücks- und Gebäudebeschreibung,
2. die Berechnung der Gesamtkosten,
3. den Finanzierungsplan,
4. die Ermittlung der Belastung.

Für die Aufstellung der Lastenberechnung gelten § 2 Abs. 2 Satz 1 und Abs. 3 sowie §§ 4 bis 17 entsprechend.

(3) Wird die Lastenberechnung auf Grund einer Wirtschaftlichkeitsberechnung aufgestellt, so beschränkt sie sich auf die Ermittlung der Belastung.

§ 41

Ermittlung der Belastung

(1) Die Belastung wird ermittelt

1. aus der Belastung aus dem Kapitaldienst,
2. aus der Belastung aus der Bewirtschaftung.

(2) Die Belastung aus dem Kapitaldient besteht aus

1. den Fremdkapitalkosten, die entsprechend §§ 19, 21 und 23 zu berechnen sind,
2. den Tilgungen für Fremdmittel, die aus dem im Finanzierungsplan ausgewiesenen Fremdmittel mit dem Tilgungssatz zu berechnen sind.

(3) Die Belastung aus der Bewirtschaftung besteht aus

1. den Ausgaben für die Verwaltung, die an einen Dritten laufend zu entrichten sind,
2. den Betriebskosten,
3. den Ausgaben für die Instandhaltung.

Die Vorschriften der §§ 24, 26 bis 28 und 30 sind entsprechend anzuwenden.

(4) Erträge aus Miete oder Pacht vermindern die Belastung. § 18 Abs. 2 findet entsprechende Anwendung. Bei Kleinsiedlungen vermehrt sich die Belastung um die Pacht einer gepachteten Landzulage.

Teil IV
Wohnflächenberechnung

§ 42
Wohnfläche

(1) Die Wohnfläche einer Wohnung ist die Summe der anrechenbaren Grundfläche der Räume, die ausschließlich zu der Wohnung gehören.

(2) Die Wohnfläche eines einzelnen Wohnraumes besteht aus dessen anrechenbarer Grundfläche; hinzuzurechnen ist die anrechenbare Grundfläche der Räume, die ausschließlich zu diesem einzelnen Wohnraum gehören.

(3) Die Wohnfläche eines Wohnheimes ist die Summe der anrechenbaren Grundfläche der Räume, die zur alleinigen und gemeinschaftlichen Benutzung durch die Bewohner bestimmt sind.

(4) Zur Wohnfläche gehört nicht die Grundfläche von

1. Zubehörräumen; als solche kommen in Betracht: Keller, Waschküchen, Abstellräume außerhalb der Wohnung, Dachböden, Trokkenräume, Schuppen (Holzlegen), Garagen und ähnliche Räume;
2. Wirtschaftsräumen; als solche kommen in Betracht: Futterküchen, Vorratsräume, Backstuben, Räucherkammern, Ställe, Scheunen, Abstellräume und ähnliche Räume;
3. Geschäftsräumen.

§ 43
Berechnung der Grundfläche

(1) Die Grundfläche eines Raumes ist nach Wahl des Bauherrn aus den Fertigmaßen oder den Rohbaumaßen zu ermitteln. Die Wahl bleibt für alle späteren Berechnungen maßgebend.

(2) Fertigmaße sind die lichten Maße zwischen den Wänden ohne Berücksichtigung von Wandgliederungen, Wandbekleidungen, Scheuerleisten, Öfen, Heizkörpern, Herden und dergleichen.

(3) Werden die Rohbaumaße zugrunde gelegt, so sind die errechneten Grundflächen um 3 vom Hundert zu kürzen.

(4) Von den errechneten Grundflächen sind abzuziehen die Grundflächen von

1. Schornsteinen und anderen Mauervorlagen, freistehenden Pfeilern und Säulen, wenn sie in der ganzen Raumhöhe durchgehen und ihre Grundfläche mehr als 0,1 Quadratmeter beträgt,
2. Treppen mit über drei Steigungen und deren Treppenabsätze.

(5) Zu den errechneten Grundflächen sind hinzuzurechnen die Grundflächen von

1. Fenster- und offenen Wandnischen, die bis zum Fußboden herunterreichen und mehr als 0,13 Meter tief sind,
2. Erkern und Wandschränken, die eine Grundfläche von mindestens 0,5 Quadratmeter haben,
3. Raumteilen unter Treppen, soweit die lichte Höhe mindestens 2 Meter ist.

Nicht hinzuzurechnen sind die Grundflächen der Türnischen.

(6) Wird die Grundfläche auf Grund der Bauzeichnung nach den Rohbaumaßen ermittelt, so bleibt die hiernach berechnete Wohnfläche maßgebend, außer wenn von der Bauzeichnung abweichend gebaut ist. Ist von der Bauzeichnung abweichend gebaut worden, so ist die Grundfläche auf Grund der berichtigten Bauzeichnung zu ermitteln.

§ 44

Anrechenbare Grundfläche

(1) Zur Ermittlung der Wohnfläche sind anzurechnen

1. voll:
   die Grundflächen von Räumen und Raumteilen mit einer lichten Höhe von mindestens 2 Metern;
2. zur Hälfte:
   die Grundflächen von Räumen und Raumteilen mit einer lichten Höhe von mindestens 1 Meter und weniger als 2 Metern und von Wintergärten und ähnlichen, nach allen Seiten geschlossenen Räumen;
3. nicht:
   die Grundflächen von Räumen oder Raumteilen mit einer lichten Höhe von weniger als 1 Meter.

(2) Gehören ausschließlich zu dem Wohnraum Balkone, Loggien, Dachgärten oder gedeckte Freisitze, so können deren Grundflächen zur Ermittlung der Wohnfläche bis zur Hälfte angerechnet werden.

(3) Zur Ermittlung der Wohnfläche können abgezogen werden

1. bei einem Wohngebäude mit einer Wohnung bis zu 10 vom Hundert der ermittelten Grundfläche der Wohnung,
2. bei einem Wohngebäude mit zwei nicht abgeschlossenen Wohnungen bis zu 10 vom Hundert der ermittelten Grundfläche beider Wohnungen,
3. bei einem Wohngebäude mit einer abgeschlossenen und einer nicht abgeschlossenen Wohnung bis zu 10 vom Hundert der ermittelten Grundfläche der nicht abgeschlossenen Wohnung.

(4) Die Bestimmung über die Anrechnung oder den Abzug nach Absatz 2 oder 3 kann nur für das Gebäude oder die Wirtschaftseinheit einheitlich getroffen werden. Die Bestimmung bleibt für alle späteren Berechnungen maßgebend.

Teil V

Schluß- und Überleitungsvorschriften

§ 45

Befugnisse des Bauherrn und seines Rechtsnachfolgers

(1) Läßt diese Verordnung eine Wahl zwischen zwei oder mehreren Möglichkeiten zu oder setzt sie bei einer Berechnung einen Rahmen, so ist der Bauherr, soweit sich aus dieser Verordnung nichts anderes ergibt, befugt, die Wahl vorzunehmen oder den Rahmen auszufüllen.

(2) Die Befugnisse des Bauherrn nach dieser Verordnung stehen auch seinem Rechtsnachfolger zu. Soweit der Bauherr nach dieser Verordnung Umstände zu vertreten hat, hat sie auch der Rechtsnachfolger zu vertreten.

§ 46

Überleitungsvorschriften

Soweit bis zum Inkrafttreten dieser Verordnung für den in § 1 bezeichneten Wohnraum Wirtschaftlichkeit oder Wohnfläche nach der Verordnung über Wirtschaftlichkeits- und Wohnflächenberechnung für neugeschaffenen Wohnraum (Berechnungsverordnung) vom 20. November 1950 (Berechnungsverordnung) vom 20. November 1950 (Bundesgesetzbl. S. 753) berechnet worden ist, bleibt es für diese Berechnungen dabei.

§ 47

Änderung der Berechnungsverordnung vom 20. November 1950

[betr. deren § 1 — neue Fassung S. 369]

§ 48

Geltung in Berlin

Diese Verordnung gilt nach § 14 des Dritten Überleitungsgesetzes vom 4. Januar 1952 (Bundesgesetzbl. I S. 1) in Verbindung mit § 125 des Zweiten Wohnungsbaugesetzes auch im Land Berlin.

§ 49

Geltung im Saarland

Diese Verordnung gilt nicht im Saarland.

§ 50

Inkrafttreten

Diese Verordnung tritt am Ersten des auf die Verkündung folgenden Monats in Kraft.

ANHANG

Gesetz über den Abbau der Wohnungszwangswirtschaft und über ein soziales Miet- und Wohnrecht

Vom 23. Juni 1960 (in Kraft seit 1. Juli 1960)
(BGBl. I S. 389)

Auszug

(Gesamt-)Inhaltsübersicht

über das Gesetz, von dem nur Art. VI, VIII und X §§ 1—8 folgen, da alle anderen Artikel an den betreffenden Stellen des Buches eingearbeitet sind.

Artikel VI

Änderung des Bürgerlichen Gesetzbuchs

Das Bürgerliche Gesetzbuch wird wie folgt geändert:

1. Nach § 556 wird der folgende § 556a eingefügt:

„§ 556a

(1) Würde die vertragsmäßige Beendigung des Mietverhältnisses über Wohnraum wegen besonderer Umstände des Einzelfalles einen Eingriff in die Lebensverhältnisse des Mieters oder seiner Familie bewirken, dessen Härte auch unter voller Würdigung der Belange des Vermieters nicht zu rechtfertigen ist, so kann der Mieter der Kündigung widersprechen und vom Vermieter verlangen, das Mietverhältnis so lange fortzusetzen, als dies unter Berücksichtigung aller Umstände angemessen ist.

(2) Ist dem Vermieter die Fortsetzung des Mietverhältnisses zu den bisherigen Bedingungen nicht zuzumuten, so kann der Mieter nur verlangen, daß das Mietverhältnis unter einer angemessenen Änderung der Vertragsbedingungen fortgesetzt wird.

(3) Kommt keine Einigung zustande, so wird über die Dauer des Mietverhältnisses und die Vertragsbedingungen, unter denen das Mietverhältnis fortgesetzt wird, durch Urteil Bestimmung getroffen.

(4) Der Mieter kann eine Fortsetzung des Mietverhältnisses nicht verlangen,

1. wenn er das Mietverhältnis gekündigt hat;
2. wenn ein Grund vorliegt, aus dem der Vermieter zur Kündigung ohne Einhaltung einer Kündigungsfrist berechtigt ist;
3. wenn auf Widerspruch des Mieters durch Einigung oder Urteil eine Fortsetzung des Mietverhältnisses bereits einmal bestimmt ist.

(5) Die Erklärung des Mieters, mit der er der Kündigung widerspricht und die Fortsetzung des Mietverhältnisses verlangt, bedarf der schriftlichen Form.

(6) Der Vermieter kann die Einwilligung verweigern, wenn der Mieter den Widerspruch nicht spätestens drei Monate vor der Beendigung des Mietverhältnisses dem Vermieter gegenüber erklärt hat; bestimmt sich die Kündigungsfrist nach § 565 Abs. 2 Satz 1, so genügt es, wenn das Verlangen zwei Monate vor der Beendigung des Mietverhältnisses erklärt worden ist.

(7) Auf eine entgegenstehende Vereinbarung können sich die Vertragsteile nicht berufen.

(8) Diese Vorschriften gelten nicht für Wohnraum, der zu nur vorübergehendem Gebrauch vermietet ist."

2. § 565 wird wie folgt gefaßt:

„§ 565

(1) Bei einem Mietverhältnis über Grundstücke, Räume oder im Schiffsregister eingetragene Schiffe ist die Kündigung zulässig,

1. wenn der Mietzins nach Tagen bemessen ist, an jedem Tag für den Ablauf des folgenden Tages;
2. wenn der Mietzins nach Wochen bemessen ist, spätestens am ersten Werktag einer Woche für den Ablauf des folgenden Sonnabends;
3. wenn der Mietzins nach Monaten oder längeren Zeitabschnitten bemessen ist, spätestens am dritten Werktag eines Kalendermonats für den Ablauf des übernächsten Monats, bei einem Mietverhältnis über Geschäftsräume, gewerblich genutzte unbe-

baute Grundstücke oder im Schiffsregister eingetragene Schiffe jedoch nur für den Ablaufeines Kalendervierteljahres.

(2) Bei einem Mietverhältnis über Wohnraum ist die Kündigung spätestens am dritten Werktag eines Kalendermonats für den Ablauf des übernächsten Monats zulässig. Nach fünf, acht und zehn Jahren seit der Überlassung des Wohnraums verlängert sich die Kündigungsfrist um jeweils drei Monate. Auf die Vereinbarung einer kürzeren Kündigungsfrist kann sich der Vermieter nur berufen, wenn der Wohnraum zu nur vorübergehendem Gebrauch vermietet ist. Auf eine Vereinbarung, nach der die Kündigung nur für den Schluß bestimmter Kalendermonate zulässig sein soll, können sich die Vertragsteile nicht berufen.

(3) Ist Wohnraum, den der Vermieter ganz oder überwiegend mit Einrichtungsgegenständen auszustatten hat, nicht zum dauernden Gebrauch für eine Familie überlassen, so ist die Kündigung zulässig,

1. wenn der Mietzins nach Tagen bemessen ist, an jedem Tag für den Ablauf des folgenden Tages,
2. wenn der Mietzins nach Wochen bemessen ist, spätestens am ersten Werktag einer Woche für den Ablauf des folgenden Sonnabends,
3. wenn der Mietzins nach Monaten oder längeren Zeitabschnitten bemessen ist, spätestens am Fünfzehnten eines Monats für den Ablauf dieses Monats.

(4) Bei einem Mietverhältnis über bewegliche Sachen ist die Kündigung zulässig,

1. wenn der Mietzins nach Tagen bemessen ist, an jedem Tag für den Ablauf des folgenden Tages,
2. wenn der Mietzins nach längeren Zeitabschnitten bemessen ist, spätestens am dritten Tag vor dem Tag, mit dessen Ablauf das Mietverhältnis endigen soll.

(5) Absatz 1 Nr. 3, Absatz 2 Satz 1, Absatz 3 Nr. 3, Absatz 4 Nr. 2 sind auch anzuwenden, wenn ein Mietverhältnis unter Einhaltung der gesetzlichen Frist vorzeitig gekündigt werden kann."

Artikel VIII

Gesetz über Bindungen für öffentlich geförderte Wohnungen

§ 1

(1) Bei Wohnungen, die nach dem 20. Juni 1948 bezugsfertig geworden sind oder bezugsfertig werden und für deren Bau öffentliche Mittel (§ 3 des Ersten Wohnungsbaugesetzes, § 6 des Zweiten Wohnungsbaugesetzes) als Darlehen bewilligt worden sind oder bewilligt werden, hat der Schuldner gegenüber dem Gläubiger die in diesem Gesetz bestimmten Verpflichtungen. Entsprechende Verpflichtungen hat der Empfänger von Darlehen oder

Zuschüssen zur Deckung der laufenden Aufwendungen (Aufwendungsbeihilfen), von Zinszuschüssen oder von Annuitätsdarlehen gegenüber der Stelle die diese öffentlichen Mittel gewährt.

(2) Die Verpflichtungen nach diesem Gesetz erlöschen bei einer Wohnung in einem Familienheim, einer eigengenutzten Eigentumswohnung oder einer Kaufeigentumswohnung, sobald für diese Wohnung, bei anderen Wohnungen, sobald für sämtliche öffentlich geförderten Wohnungen eines Gebäudes als Darlehen gewährte öffentliche Mittel zurückgezahlt sind und öffentliche Mittel nicht mehr in Anspruch genommen werden.

§ 2

(1) Der Schuldner darf eine Wohnung, die der Wohnraumbewirtschaftung nicht oder nicht mehr unterliegt, nur einem Wohnungssuchenden vermieten oder sonst zum Gebrauch überlassen, der ihm bei Abschluß des Mietvertrages oder bei der Überlassung eine Bescheinigung darüber übergibt, daß sein Jahreseinkommen die in § 25 des Zweiten Wohnungsbaugesetzes bestimmte Grenze nicht übersteigt. Ist diese Wohnung bei der Bewilligung der öffentlichen Mittel Angehörigen eines besonderen Personenkreises vorbehalten worden, so darf der Schuldner sie für die Dauer des Vorbehaltes nur einem Wohnungsuchenden vermieten oder sonst zum Gebrauch überlassen, wenn sich außerdem aus der Bescheinigung ergibt, daß der Wohnungsuchende diesem Personenkreis angehört.

(2) Die Bescheinigung wird auf Antrag von der Stelle erteilt, die von der Landesregierung bestimmt wird. Die Bescheinigung ist nur für das laufende Kalenderjahr gültig.

(3) Die von der Landesregierung bestimmte Stelle kann in besonders begründeten Fällen Ausnahmen von Absatz 1 zulassen.

(4) Soweit das öffentliche Interesse eine Bindung nach Absatz 1 Satz 1 oder Satz 2 nicht erfordert, kann die von der Landesregierung bestimmte Stelle den Schuldner hiervon freistellen. Die Freistellung kann für die einzelne Wohnung oder allgemein für Wohnungen bestimmter Art ausgesprochen werden. Der Schuldner kann auch befristet von der Bindung freigestellt werden. Die Freistellung ist dem Schuldner schriftlich mitzuteilen; die Mitteilung kann bei einer allgemeinen Freistellung durch öffentliche Bekanntmachung ersetzt werden.

§ 3

(1) Der Schuldner darf eine Wohnung, deren Vermietung infolge der Preisfreigabe nach §§ 15, 16 des Zweiten Bundesmietengesetzes nicht mehr den Preisvorschriften unterliegt, nur gegen ein Entgelt vermieten oder sonst zum Gebrauch überlassen, das die vor der Preisfreigabe preisrechtlich zulässige Miete nicht übersteigt. Ist das Entgelt erheblich niedriger als die zur Deckung der laufenden Aufwendungen erforderliche Miete (Kostenmiete), wie sie sich auf Grund der Rechtsverordnung nach § 7 ergibt, so

kann die von der Landesregierung bestimmte Stelle auf Antrag zulassen, daß ein Entgelt bis zur Kostenmiete vereinbart wird, jedoch nicht höher als 25 vom Hundert über der vor der Mietpreisfreigabe preisrechtlich zulässigen Miete. Der Schuldner ist bei der Berechnung der Kostenmiete nicht daran gebunden, daß er oder sein Rechtsvorgänger gegenüber der Bewilligungsstelle auf einen Ansatz der Zinsen für die Eigenleistung oder von Bewirtschaftungskosten ganz oder teilweise verzichtet hat. Auf Grund der Erhöhung des Entgeltes bis zur Kostenmiete nach Satz 2 darf eine höhere Verzinsung für das der nachstelligen Finanzierung dienende öffentliche Baudarlehen nicht verlangt werden.

(2) Der Schuldner darf eine Wohnung, die nach der Preisfreigabe bezugsfertig geworden ist, nur gegen ein Entgelt vermieten oder sonst zum Gebrauch überlassen, das die Kostenmiete nicht übersteigt. Ist der Bewilligung der öffentlichen Mittel eine Wirtschaftlichkeitsberechnung nicht zugrunde gelegt worden, so darf der Schuldner die Wohnung nur gegen ein Entgelt vermieten oder sonst zum Gebrauch überlassen, das die Miete für vergleichbare öffentlich geförderte Mietwohnungen nicht übersteigt.

(3) Die von der Landesregierung bestimmte Stelle kann in besonders begründeten Fällen Ausnahmen von Absatz 1, Absatz 2 Satz 2 zulassen; die Vereinbarung eines die Kostenmiete überschreitenden Entgeltes darf jedoch nicht zugelassen werden.

(4) Erhöhen sich die laufenden Aufwendungen für die Wohnung nachhaltig und beruht die Erhöhung auf Umständen, die der Schuldner nicht zu vertreten hat, so darf er die Wohnung zu einem entsprechend höheren Entgelt vermieten oder sonst zum Gebrauch überlassen, sofern die von der Landesregierung bestimmte Stelle zugestimmt hat. Die Zustimmung gilt als erteilt, wenn die Stelle nicht binnen zwei Wochen nach Eingang der Mitteilung des Schuldners widersprochen hat.

(5) Der Schuldner hat der von der Landesregierung bestimmten Stelle auf Verlangen Auskunft über die Höhe der vereinbarten Miete oder des vereinbarten sonstigen Entgeltes zu erteilen und Berechnungsunterlagen vorzulegen.

§ 4

(1) Für die Zeit, in welcher der Schuldner eine der Verpflichtungen nach den §§ 2, 3 schuldhaft verletzt, kann der Gläubiger verlangen, daß die jeweils noch bestehende Darlehensschuld zusätzlich zu der bisher zu entrichtenden Verzinsung mit fünf vom Hundert für das Jahr verzinst wird; der Gläubiger kann ferner das Darlehen fristlos kündigen. Darüber hinausgehende vertragliche Vereinbarungen bleiben unberührt.

(2) Zuschüsse zur Deckung der laufenden Aufwendungen und Zinszuschüsse können für die Zeit, in welcher der Empfänger eine der Verpflichtungen nach den §§ 2, 3 schuldhaft verletzt hat, zurückgefordert werden. Ferner kann die Bewilligung noch nicht gewährter Darlehen oder Zuschüsse widerrufen werden.

(3) Der Gläubiger soll von der Geltendmachung der Befugnisse nach Absatz 1 oder Absatz 2 nur absehen, wenn die Geltendmachung unter Berücksichtigung der Verhältnisse des Einzelfalles, namentlich der Bedeutung des vom Schuldner begangenen Verstoßes, unbillig sein würde. Der Gläubiger kann von der Geltendmachung des Rechtes der Kündigung und des Widerrufs der Bewilligung absehen, wenn hierdurch für ihn Verluste zu befürchten sind.

§ 5

Die Vorschriften dieses Gesetzes für Wohnungen gelten für einzelne Wohnräume entsprechend; die §§ 2, 3 gelten nicht für Wohnheime sowie für Räume, die Teil der Wohnung des Schuldners sind.

§ 6

Verpflichtungen, die durch die Gewährung oder mit Rücksicht auf die Gewährung anderer als der in § 1 Abs. 1 bezeichneten Mittel begründet worden sind oder begründet werden, bleiben unberührt, soweit sich aus Artikel X § 3 des Gesetzes über den Abbau der Wohnungszwangswirtschaft und über ein soziales Miet- und Wohnrecht nicht anderes ergibt.

§ 7

(1) Die Bundesregierung wird ermächtigt, durch Rechtsverordnung mit Zustimmung des Bundesrates Vorschriften zur Durchführung des § 3 zu erlassen über

a) die Wirtschaftlichkeit, ihre Berechnung und Sicherung,
b) die Ermittlung und Anerkennung der Gesamtkosten, der Finanzierungsmittel, der laufenden Aufwendungen (Kapitalkosten und Bewirtschaftungskosten) und der Erträge, die Ermittlung und Anerkennung von Änderungen der Kosten und Finanzierungsmittel, die Begrenzung der Ansätze und Ausweise sowie die Bewertung der Eigenleistung,
c) die Ermittlung der Kostenmiete, namentlich auch die Erhebung und Berechnung von Umlagen, Vergütungen und Zuschlägen,
d) die Berechnung von Wohnflächen.

(2) In der Rechtsverordnung nach Absatz 1 Buchstaben a und b ist für öffentlich geförderte Wohnungen, auf die das Zweite Wohnungsbaugesetz nicht anzuwenden ist, vorzusehen, daß in eine neue Wirtschaftlichkeitsberechnung nur die Gesamtkosten zu übernehmen sind, die in der der Bewilligung der öffentlichen Mittel zugrunde gelegten Berechnung enthalten waren oder die in der Schlußabrechnung oder sonst von der Bewilligungsstelle anerkannt worden sind. Kosten für Wertverbesserungen dürfen den Gesamtkosten nur in den in der Rechtsverordnung aufgeführten Fällen hinzugerechnet werden.

(3) Solange nicht durch Rechtsverordnung nach Absatz 1 Vorschriften zur Durchführung des § 3 ergangen sind, gilt für die Wirtschaftlichkeitsberechnung die Zweite Berechnungsverordnung vom 17. Oktober 1957 (Bundesgesetzbl. I S. 1719).

Artikel X

Schlußvorschriften

§ 1

(1) Mit Wirkung vom Inkrafttreten dieses Gesetzes an werden aufgehoben

1. das Gesetz zur Ergänzung und Änderung der Vorschriften über Miet- und Pachtstreitigkeiten vom 20. Juli 1933 (Reichsgesetzbl. I S. 521);
2. das Gesetz über Anerkennung und Beaufsichtigung von Vereinigungen von Hausbesitzern und Mietern vom 7. März 1935 (Reichsgesetzbl. I S. 352);
3. die Verordnung über Kündigungsschutz für Miet- und Pachträume vom 28. August 1937 (Reichsgesetzbl. I S. 917) und die bayerische Verordnung Nr. 44 über die verlängerte Geltungsdauer der Verordnung über Kündigungsschutz für Miet- und Pachträume vom 2. Januar 1946 (Bayerisches Gesetz- und Verordnungsblatt S. 140);
4. das Gesetz über die Auflockerung der Kündigungstermine bei Mietverhältnissen über Wohnräume vom 24. März 1938 (Reichsgesetzbl. I S. 306);
5. § 4 der Durchführungsverordnung zur Verordnung über die Stilllegung von Betrieben zur Freimachung von Arbeitskräften vom 27. August 1940 (Reichsgesetzbl. I S. 1190);
6. die Verordnung über die Kündigung von Mietverhältnissen über Garagenräume vom 18. Februar 1943 (Reichsgesetzbl. I S. 107);
7. die Verordnung zur Wohnraumversorgung der luftkriegsbetroffenen Bevölkerung vom 21. Juni 1943 (Reichsgesetzbl. I S. 355);
8. die Verordnung über Änderungen des Mieterschutzrechtes vom 7. November 1944 (Reichsgesetzbl. I S. 319);
9. die hessische Verordnung über die einstweilige Regelung von Mietstreitigkeiten vom 23. November 1946 (Gesetz- und Verordnungsblatt für Groß-Hessen S. 222);
10. das württemberg-badische Gesetz Nr. 228 zur Änderung des Mieterschutzrechts vom 4. März 1948 (Regierungsblatt der Regierung Württemberg-Baden S. 48);
11. § 35 des schleswig-holsteinischen Eingliederungsgesetzes vom 30. Januar 1952 (Gesetz- und Verordnungsblatt für Schleswig-Holstein S. 5);
12. die Verordnung PR Nr. 15/53 über die Vergütung für die Benutzung von Räumen des Beherbergungsgewerbes zu Dauerwohnzwecken vom 12. Juni 1953 (Bundesanzeiger Nr. 116 vom 20. Juni 1953);

13. die Verordnung über die Errechnung der Kostenvergleichsmiete für preisgebundenen Wohnraum nach dem Ersten Bundesmietengesetz vom 21. Dezember 1956 (Bundesgesetzbl. I S. 994);
14. § 5 Abs. 2 bis 4 und § 29 Abs. 2 der Neubaumietenverordnung vom 17. Oktober 1957 (Bundesgesetzbl. I S. 1736) und die dort bezeichneten Vorschriften.

(2) An die Stelle der in Absatz 1 Nr. 9 und 10 bezeichneten Vorschriften tritt das im übrigen Bundesgebiet geltende Recht.

§ 2

Ist für eine steuerbegünstigte Wohnung die Kostenmiete nach § 85 des Zweiten Wohnungsbaugesetzes verbindlich und auf Grund der in § 113 des Zweiten Wohnungsbaugesetzes bezeichneten Vorschriften berechnet worden, so darf sie vom Inkrafttreten des vorliegenden Gesetzes an auf den Betrag erhöht werden, der sich aus einer neuen Wirtschaftlichkeitsberechnung auf Grund der Zweiten Berechnungsverordnung vom 17. Oktober 1957 (Bundesgesetzbl. I S. 1719) ergibt.

§ 3

Ist für den Bau einer nach dem 20. Juni 1948 bezugsfertig gewordenen Wohnung ein Darlehen oder ein Zuschuß aus anderen als den in § 3 Abs. 1 des Ersten Wohnungsbaugesetzes oder in § 6 Abs. 1 des Zweiten Wohnungsbaugesetzes bezeichneten Mitteln eines öffentlichen Haushalts gewährt und im Zusammenhang damit vereinbart worden, daß der Vermieter keine höhere als eine bestimmte Miete verlangen darf, so gilt folgendes:

a) Bei öffentlich gefördertem Wohnraum gilt als Vertragsinhalt, daß keine höhere Miete verlangt werden darf, als nach den für den jeweiligen Wohnraum geltenden mietpreisrechtlichen Vorschriften des Ersten oder des Zweiten Wohnungsbaugesetzes und der Durchführungsvorschriften oder nach dem Gesetz über Bindungen für öffentlich geförderte Wohnungen vereinbart werden darf;
b) bei anderem Wohnraum bleibt die Vereinbarung wirksam, doch ist die Stelle, die das Darlehen oder den Zuschuß gewährt hat, verpflichtet, einer Erhöhung der Miete insoweit zuzustimmen, als eine Beihaltung der in der Vereinbarung bestimmten Miete die Wirtschaftlichkeit des Wohnraums gefährdet.

§ 4

(1) Die Bundesregierung wird ermächtigt, durch Rechtsverordnung mit Zustimmung des Bundesrates die auf dem Gebiet des Mietpreisrechts ergangenen Rechtsverordnungen zu ändern, zu ergänzen oder aufzuheben, um sie zu vereinfachen; hierbei darf die Miethöhe für die einzelnen Gruppen von Wohnungen nicht wesentlich geändert werden.

(2) Die Bundesregierung wird ermächtigt, durch Rechtsverordnung mit Zustimmung des Bundesrates die Erste Berechnungsverordnung und

die Zweite Berechnungsverordnung zu ändern, zu ergänzen oder aufzuheben, soweit dies zur Anpassung an die Rechtslage notwendig ist, die durch dieses Gesetz gegeben ist; sie kann dabei zur Vereinfachung des Rechts der wohnungswirtschaftlichen Berechnungen diese beiden Verordnungen und damit auch die Rechtsverordnungen zusammenfassen, die nach § 48 des Ersten Wohnungsbaugesetzes, § 105 des Zweiten Wohnungsbaugesetzes, §§ 12, 13 des Gesetzes über die Gewährung von Miet- und Lastenbeihilfen sowie nach § 7 des Gesetzes über Bindungen für öffentlich geförderte Wohnungen erlassen werden.

§ 5

Soweit in Rechts- oder Verwaltungsvorschriften auf Gesetze oder Rechtsverordnungen verwiesen wird, die in diesem Gesetz geändert werden, erhält die Verweisung ihren Inhalt aus den entsprechenden Vorschriften der Fassung der geänderten Gesetze oder Rechtsverordnungen, die sich aus den entsprechenden Vorschriften dieses Gesetzes ergibt.

§ 6

Das Wohnraumbewirtschaftungsgesetz gilt vom Inkrafttreten dieses Gesetzes an in der aus der Anlage ersichtlichen Fassung.

§ 7

Ein Mietverhältnis, das zur Zeit des Inkrafttretens dieses Gesetzes besteht, richtet sich von diesem Zeitpunkt an nach dem neuen Recht.

§ 8

In Rechtsstreitigkeiten über die Aufhebung eines Mietverhältnisses gilt von dem Zeitpunkt an, in dem das Mieterschutzgesetz nach seinem § 54 außer Kraft tritt oder unanwendbar wird, folgendes:

1. Die Klage gilt als auf die Räumung gerichtet. Dabei ist die Aufhebungsklage als eine Kündigung anzusehen, die der Vermieter im Zeitpunkt der Rechtshängigkeit dem Mieter gegenüber erklärt hat.
2. Das Gericht hat eine mündliche Verhandlung, die geschlossen worden ist, wieder zu eröffnen.
3. Eine Klage oder eine Berufung kann ohne Einwilligung des Beklagten oder des Berufungsbeklagten zurückgenommen werden, solange dieser nicht erneut zur Hauptsache verhandelt hat.
4. Das Gericht entscheidet nach billigem Ermessen, ob die Kosten des Rechtsstreits (§ 91 der Zivilprozeßordnung) ganz oder teilweise zu erstatten sind. Hat eine Partei Kosten durch ein unbegründetes Rechtsmittel oder durch grobes Verschulden veranlaßt, so sind ihr die Kosten aufzuerlegen; dies gilt nicht für Kosten, die eine Partei durch ein unbegründetes Rechtsmittel veranlaßt hat, wenn sich das Rechtsmittel gegen ein Urteil richtet, das ergangen ist, bevor das Mieterschutzgesetz außer Kraft getreten oder unanwendbar geworden ist.

Sachregister

Zahlen = Seitenzahlen

N

O

P

W

Z

Kolibri 360 GmbH
Ferdinand-Jühlke-Straße 7
99095 Erfurt, Deutschland
produktsicherheit@kolibri360.de